Georg Möhlenbruch (Hrsg.)

Beruf Pferdewirt

Die in diesem Buch enthaltenen Empfehlungen und Angaben sind von den Autoren mit größter Sorgfalt zusammengestellt und geprüft worden. Eine Garantie für die Richtigkeit der Angaben kann aber nicht gegeben werden. Autoren und Verlag übernehmen keinerlei Haftung für Schäden und Unfälle.

Bibliografische Information der Deutschen Nationalbibliothek
Die Deutsche Nationalbibliothek verzeichnet diese Publikation in der Deutschen Nationalbibliografie; detaillierte bibliografische Daten sind im Internet über http://dnb.d-nb.de abrufbar.

Wollgrasweg 41, 70599 Stuttgart (Hohenheim)
E-Mail: info@ulmer.de
Internet: www.ulmer.de
Lektorat: Werner Baumeister
Herstellung: Ulla Stammel
Umschlagentwurf: Atelier Reichert, Stuttgart
Repro und DTP: Michael Kokoscha, Oberhausen
Druck und Bindung: Livonia Print, Riga, Lettland
Printed in Latvia

ISBN 978-3-8001-1255-5

Georg Möhlenbruch (Hrsg.)

Beruf Pferdewirt

4., aktualisierte Auflage

Unter Mitarbeit von
Dr. Wilfried Enzinger, Hennef
Barbara Gläser, Swisttal
Werner Klein, Grafschaft
Ute Limbach, Solingen
Georg Symalla, Bad Münstereifel

256 Abbildungen
86 Tabellen

Ulmer

Inhalt

Vorwort 8

1 Pferde halten (Dr. Enzinger) 9
1.1 Evolution und zoologische Grundlagen 9
1.2 Verhalten deuten 14
1.2.1 Arteigene Verhaltensweisen 15
1.2.2 Verhaltensauffälligkeiten 33
1.3 Pferde im Stall halten 37
1.3.1 Einzelhaltung (Boxenhaltung) 37
1.3.2 Gruppenhaltung 47
1.3.3 Das Stallklima 50
1.3.4 Lagerstätten für Futtermittel und Einstreu 60
1.3.5 Die Reithalle 65
1.3.6 Reitplatz, Longierplatz, Führanlage 70
1.3.7 Bauplanung und rechtliche Vorschriften 73
1.4 Pferde auf der Weide halten 77
1.4.1 Verfahren der Weidenutzung 79
1.4.2 Weideeinrichtungen 79
1.4.3 Pflegemaßnahmen 85
1.4.4 Über-/Nachsaat, Neuansaat 86
1.4.5 Düngung 86

2 Pferde pflegen und behandeln (Dr. Enzinger/Limbach) 92
2.1 Kondition und Gesundheit des Pferdes beurteilen 92
2.2 Haut- und Haarpflege durchführen 96
2.2.1 Aufbau und Funktionen der Haut und Haare 96
2.2.2 Das Putz-Programm 99
2.2.3 Hauterkrankungen 103
2.3 Hufpflege durchführen 114
2.3.1 Regelmäßige Pflegemaßnahmen 114
2.3.2 Aufbau und Funktionsweise des Hufes 116
2.3.3 Der regelmäßige Vorder- und Hinterhuf 120
2.3.4 Abweichende Hufformen 121
2.3.5 Huferkrankungen und Hufhorndefekte 126
2.3.6 Der Hufschutz 137
2.4 Pflegemaßnahmen für Zucht- und Sportveranstaltungen durchführen 141
2.4.1 Pflege der Langhaare 142
2.4.2 Scheren 143
2.4.3 Bandagieren 144
2.5 Pferde verladen und transportieren 146
2.5.1 Einüben des Verladens 146
2.5.2 Ausrüstung für den Pferdetransport 147
2.5.3 Fahrweise beim Pferdetransport 148
2.5.4 Der Zielort 149
2.5.5 Tierschutztransportverordnung 150
2.6 Die Gefährdung des Pferdes durch Infektionskrankheiten einschätzen 153
2.6.1 Einteilung der möglichen Krankheitserreger 153
2.6.2 Spezielle Schadwirkungen der einzelnen Mikroorganismen 153
2.6.3 Inkubationszeit 154
2.6.4 Eintrittspforten für Krankheitserreger in den Körper 154
2.6.5 Schema des Ablaufes einer Infektionskrankheit 155
2.6.6 Abwehrmechanismen des Körpers 155
2.7 Bakteriell bedingte Infektionskrankheiten erkennen und Maßnahmen ergreifen 158
2.7.1 Druse 158
2.7.2 Wundstarrkrampf (Tetanus) 158
2.7.3 Salmonellose 160
2.7.4 Deckseuchen / Ansteckende Gebärmutterentzündung (CEM) 161
2.7.5 Fohlenfrühlähme 162
2.7.6 Fohlenspätlähme (klassische Fohlenlähme) 162
2.7.7 Botulismus 163
2.7.8 Borreliose (Lyme-Disease) 163

2.8 Virusinfektionen erkennen und Maßnahmen ergreifen 164
2.8.1 Equine Herpesinfektionen 164
2.8.2 Influenza / Hoppegartener Husten / Seuchenhafter Husten 166
2.8.3 Ansteckende Blutarmut des Pferdes / Infektiöse Anämie 167
2.8.4 Tollwut 167
2.8.5 Equine virale Arteritis / Pferdestaupe / Rotlaufseuche 168
2.8.6 Borna-Krankheit 169
2.9 Infektionen durch Bakterien und Viren vorbeugen 169
2.9.1 Allgemeine Verhaltensregeln zur Infektionsvermeidung bzw. beim Auftreten von Infektionen 169
2.9.2 Schutzimpfungen beim Pferd 170
2.9.3 Impfvorschriften gem. § 66.6.10 LPO (Deutsche Reiterliche Vereinigung) für Turnierpferde, die an Leistungsprüfungen teilnehmen (Stand 2013) 170
2.9.4 Empfehlungen zur Schutzimpfung gegen Influenza und Herpes-Virus Infektionen gem. Rennordnung (Direktorium für Vollblutzucht und Rennen) 171
2.9.5 Impfvorschriften gem. § 28 Abs. 1d der Trabrennordnung (Hauptverband für Traber-Zucht und -Rennen) (Stand 2013) 171
2.10 Parasiten des Pferdes bekämpfen 172
2.10.1 Erkrankungen durch äußere Parasiten (Ektoparasiten) 172
2.10.2 Erkrankungen durch innere Parasiten (Endoparasiten) 173
2.10.3 Strategien der Parasitenbekämpfung 179
2.11 Wundverletzungen beim Pferd behandeln 182
2.11.1 Wunden durch mechanische Schädigungen 182
2.11.2 Verletzungen durch physikalische Schädigungen 184
2.11.3 Verletzungen durch UV-Strahlung 185
2.11.4 Zusammenfassung möglicher Komplikationen nach Verletzungen 185
2.11.5 Grundsätze der Wundversorgung 186
2.11.6 Verbände 186
2.11.7 Notfallversorgung beim Pferd 187
2.11.8 Die Stallapotheke 188
2.12 Vergiftungen vermeiden 190
2.12.1 Giftpflanzen 190
2.12.2 Vergiftungen durch Pilze (Mykotoxikosen) 196
2.12.3 Vergiftungen durch chemische Substanzen 197
2.12.4 Vergiftungen durch Nitrate, Nitrite 197
2.12.5 Maßnahmen beim Verdacht einer Vergiftung 198
2.13 Tierschutz im Pferdesport umsetzen 198
2.13.1 Das Tierschutzgesetz 198
2.13.2 Leitlinien zur Beurteilung von Pferdehaltungen unter Tierschutzgesichtspunkten 199
2.13.3 Leitlinien Tierschutz im Pferdesport 202
2.13.4 Doping 206
2.14 Tierseuchen nach dem Tiergesundheitsgesetz vermeiden helfen 209
2.14.1 Anzeigepflichtige Pferdeseuchen 209
2.14.2 Die Tierseuchenkassen 211
2.14.3 Meldepflichtige Pferdeseuchen 212
2.14.4 Die Verordnung zum Schutz gegen Verschleppung von Tierseuchen / Viehverkehrsordnung (ViehVerV) 212
2.14.5 Das Tierische Nebenprodukte-Beseitigungsgesetz (TierNebG) 212
2.14.6 Die Bestandsbuchverordnung 213

3 Pferde füttern (Klein) 214
3.1 Arttypische Bedürfnisse befriedigen 215
3.2 Besonderheiten der Verdauung beachten 218
3.2.1 Kopf 218
3.2.2 Schlund und Magen 225
3.2.3 Dünndarmverdauung 228
3.2.4 Dickdarmverdauung 229
3.2.5 Darmflora 231
3.2.6 Leber und Bauchspeicheldrüse 231

3.2.7 Milz und Nieren 233
3.2.8 Milchdrüse und Milchbildung 233
3.3 Nährstoffe unterscheiden 236
3.3.1 Nährstoffe einteilen 236
3.3.2 Nährstoffgehalte ermitteln 237
3.3.3 Futteraufnahme beurteilen 240
3.3.4 Ballaststoffe (Rohfaser) zuteilen 243
3.3.5 Eiweiß 244
3.3.6 Treibstoff Energie 247
3.3.7 Eiweiß-Energieverhältnis (PEQ) 250
3.3.8 Mineralstoffversorgung beachten 251
3.3.9 Vitaminversorgung einbeziehen 257
3.4 Futtermittel bestimmen und beurteilen 261
3.4.1 Futtermittel einteilen 261
3.4.2 Futtermittel beurteilen 263
3.4.3 Raufutter 266
3.4.4 Saftfutter 273
3.4.5 Kraftfutter 280
3.4.6 Zusatzfuttermittel 289
3.4.7 Futtermittel pferdegerecht zuteilen 290
3.4.8 Futterplanung 291
3.5 Futterrationen zusammenstellen, berechnen und beurteilen 291
3.5.1 Nährstoffbedarf ermitteln 292
3.5.2 Rationen berechnen 301
3.5.3 Rationen beurteilen 303
3.5.4 Rationen zusammenstellen 306
3.5.5 Rationen mit Weidegang berechnen und beurteilen 306
3.5.6 Zuchtpferde füttern 308
3.5.7 Aufzuchtpferde füttern 312
3.5.8 Sportpferde füttern 315
3.5.9 Leichtfuttrige Pferde (Kaltblut, Ponyrassen) füttern 321
3.6 Ernährungsbedingte Erkrankungen vermeiden 321
3.6.1 Erkrankung der Zähne vorbeugen 321
3.6.2 Koliken erkennen und die richtigen Maßnahmen ergreifen 323
3.6.3 Magenerkrankungen vorbeugen 323
3.6.4 Schlundverstopfungen vermeiden 325
3.6.5 Störungen der Darmfunktion erkennen 325
3.6.6 Fütterungsrehe vermeiden 327
3.6.7 Kreuzverschlag erkennen 329
3.6.8 Entwicklungsstörungen vermeiden 329
3.6.9 Sonstige durch die Ernährung beeinflusste Erkrankungen 331

4 Pferde züchten (Gläser) 332

4.1 Pferde anpaaren 332
4.1.1 Pferde identifizieren 332
4.1.2 Pferde vorführen und beurteilen 337
4.1.3 Rosse und Anpaarung 353
4.1.4 Trächtigkeit und Geburt 363
4.1.5 Fohlenaufzucht 374
4.2 Kenntnisse der Vererbung für die Zucht nutzen 378
4.2.1 Grundlagen der Vererbung 378
4.2.2 Zellteilung und Reifeteilung 379
4.2.3 Farbvererbung 381
4.2.4 Geschlechtsvererbung 383
4.2.5 Vererbung von Krankheit und Leistung 384
4.3 Zuchtmethoden 386
4.4 Pferderassen bestimmen und auswählen 389
4.4.1 Rennpferde 390
4.4.2 Arabische Rassen 392
4.4.3 Deutsches Reitpferd/Warmblut 393
4.4.4 Kaltblutpferde 400
4.4.5 Kleinpferde und Ponys 400
4.4.6 Gangpferde 402
4.4.7 Westernpferde 403
4.4.8 Spezialrassen 403
4.5 Zuchtorganisation 404
4.5.1 Praktische Zuchtorganisation am Beispiel Deutsches Reitpferd, Verband Hannoverscher Warmblutzüchter e.V. 406

5 Pferde ausbilden und trainieren (Symalla) 414

5.1 Entwicklungs- und Ausbildungsstand beurteilen 414
5.1.1 Der passive Bewegungsapparat 414
5.1.2 Der aktive Bewegungsapparat 421

5.1.3 Das Herz-Kreislaufsystem 426
5.1.4 Das Nervensystem 428
5.2 Pferde nach Gangart und Gangqualität auswählen 429
5.2.1 Die Grundgangarten 430
5.2.2 Die Spezialgangarten 432
5.3 Pferde ausrüsten 433
5.3.1 Sättel 433
5.3.2 Zäumungen 435
5.3.3 Hilfszügel 439
5.3.4 Ausbildungshilfen 441
5.4 Pferde ohne Reiter ausbilden 442
5.4.1 Führen 443
5.4.2 Longieren 443
5.4.3 Handpferdereiten 444
5.4.4 Arbeit an der Hand 444
5.4.5 Arbeit am Round Pen 445
5.4.6 Freispringen 445
5.5 Pferd und Reiter mit der korrekten Hilfengebung vertraut machen 446
5.5.1 Der Grundsitz 446
5.5.2 Der leichte Sitz 449
5.5.3 Der Rennsitz 450
5.5.4 Die Hilfen 450
5.5.5 Gewichtshilfen 451
5.5.6 Schenkelhilfen 451
5.5.7 Zügelhilfen 451
5.6 Pferde unter dem Reiter gymnastizieren 453
5.7 Pferde vor dem Rennwagen ausbilden 456

6 Betriebsmanagement
(Dr. Möhlenbruch) 459
6.1 Den Ausbildungsbetrieb erkunden und beurteilen 459
6.1.1 Struktur der Ausbildungsstätte 460
6.1.2 Betriebsgebäude 464
6.1.3 Betriebsflächen 465
6.1.4 Pferdebestand 468
6.1.5 Arbeitskräfte im Betrieb 469
6.1.6 Maschinen im Betrieb 470
6.1.7 Arbeitsschutz und Unfallverhütungsmaßnahmen 472
6.2 Betriebliche Abläufe ökonomisch und ökologisch beurteilen 474
6.2.1 Wirtschaftliche Grundsätze 474
6.2.2 Leistungen und Kosten im Betrieb 476
6.2.3 Entlohnung der Arbeit 481
6.2.4 Pferdehaltung und Umweltschutz 483
6.3 Pferde und Dienstleistungen kundenorientiert vermarkten 489
6.3.1 Marketing 489
6.3.2 Werbung und Kundenbetreuung 491
6.3.3 Pferde kaufen und verkaufen 492
6.3.4 Qualität im Betrieb sichern 499
6.4 Pferdehaltung als Wirtschaftszweig volkswirtschaftlich beurteilen 504

7 Ausbildungsberuf Pferdewirt/Pferdewirtin
(Dr. Möhlenbruch) 506
7.1 Beruf und Betrieb auswählen 506
7.1.1 Anforderungen an den Pferdewirt/die Pferdewirtin 506
7.1.2 Anforderungen an den Ausbilder und an den Ausbildungsbetrieb 508
7.1.3 Die Bewerbung 509
7.2 Die Berufsausbildung planen und durchführen 510
7.2.1 Berufsausbildungsvertrag abschließen 511
7.2.2 Ablauf der Berufsausbildung
7.2.3 Prüfungen 513
7.3 Die berufliche Weiterbildung 517
7.3.1 Pferdewirtschaftsmeister/-meisterin 518
7.3.2 Andere Fortbildungsmaßnahmen 518

Serviceteil
Literatur 521
Bildquellen 524
Register 525

Vorwort zur vierten Auflage

Die Bedeutung und das Interesse am Pferd als auch am Reitsport sind in Deutschland weiterhin sehr groß. Nicht nur dass 8,7 Millionen Bundesbürger ihre Vorliebe für das Pferd bekunden, dass die volkswirtschaftliche Leistung dieses Bereiches mit 6 Mrd. Euro pro Jahr veranschlagt wird, auch viele Jugendliche interessieren sich für den Ausbildungsberuf Pferdewirt/Pferdewirtin. Ihre Gesamtzahl liegt bundesweit seit 10 Jahren bei ca. 2000 mit einer leicht rückgängigen Tendenz.

Zielgruppen dieser vierten Auflage sind die Auszubildenden und alle Personen, die sich eine fundierte, strukturierte Grundbildung als auch notwendige Spezialkenntnisse aneignen wollen (z. B. Sachkundenachweis). Zu allen wesentlichen Handlungsfeldern des Berufes – Pferde Halten, Pflegen, Behandeln, Füttern, Züchten, Ausbilden und Trainieren sowie Betriebsmanagement – werden die notwendigen Kompetenzen, die Belange des Ausbildungsbetriebs und des Berufskollegs verständlich bearbeitet, so dass das Buch den Lernprozess begleitend als auch als Nachschlagewerk genutzt werden kann. Das abschließende Kapitel Ausbildungsberuf Pferdewirt gibt wertvolle Hinweise zur Berufswahl, zum Ablauf der Berufsausbildung und zu geeigneten Weiterbildungsmöglichkeiten.

Die Handlungsfelder werden mit komplexen Aufgabenstellungen der Praxis sog. Lernsituationen eingeleitet, um so ihre Ziele, Strukturen, Anforderungen und Besonderheiten handlungs- und lernerorientiert zu thematisieren. Die Darstellungsweise der Inhalte ist zielstrebig, informativ und mit vielen Abbildungen veranschaulicht. Wiederholungsfragen und Vertiefungsaufträge am Ende der Kapitel bieten dem Leser Lernerfolgskontroll- und Transfermöglichkeiten an. Die Autoren erhoffen sich, mit dieser völlig neu überarbeiteten Auflage die professionelle Handlungskompetenz – das selbständige Planen, Durchführen und Kontrollieren – bei den Pferdewirten und Pferdeliebhabern nachhaltig zu fördern und zu festigen.

Die im Text verwendeten Bezeichnungen „Auszubildender", „Ausbilder" oder „Pferdewirt" usw. sind nicht ausschließlich und uniformierend gedacht, sondern wurden aus Gründen der Lesbarkeit verwendet.

Sommer 2013 Die Autorinnen und Autoren

1 Pferde halten

Das Leben der Pferde in menschlicher Obhut hat nur noch wenig mit der natürlichen Lebensweise ihrer wilden Vorfahren zu tun. Trotzdem muss versucht werden, jedes Haltungssystem so zu gestalten, dass das Pferd keine physischen und psychischen Schäden bekommt und seine Leistungsbereitschaft erhalten bleibt. Wir sprechen in dem Zusammenhang von artgerechter Haltung. Was ist damit gemeint? Zum besseren Verständnis dieser Problematik werden zunächst die stammesgeschichtliche Entwicklung der Equiden sowie die typischen Verhaltensweisen des Hauspferdes dargestellt.

1.1 Evolution und zoologische Grundlagen

?

Die Freundinnen Claudia und Petra haben sich für eine Ausbildung zur Pferdewirtin entschieden. Obwohl beide seit vielen Jahren reiten, wissen sie relativ wenig über die Herkunft und Geschichte des Pferdes. Auf Anraten ihres Ausbilders besuchen sie den Kölner Zoo. Dort lesen sie auf einer Informationstafel, dass alle Equiden einen gemeinsamen Vorfahren haben, der vor etwa 60 Millionen Jahren gelebt hat. Sie fragen sich: ...

Die Geschichte der Einhufer beginnt vor etwa 60 bis 70 Mio. Jahren. Damals existierte ***Hyracotherium*** (das klippschlieferähnliche Tierchen), früher auch als ***Eohippus*** (Pferdchen der Morgenröte) bezeichnet. Dieser Urahn aller Equiden kam in vier Unterarten vor. Die Größen variierten zwischen 20 und 50 cm Schulterhöhe, wie aus Skelettfunden rekonstruiert werden konnte. Sein Verbreitungsgebiet war die Nordhalbkugel (Nordamerika und Eurasien). Die Vegetation bestand damals überwiegend aus dichten Wäldern. *Eohippus* war an diese Umwelt optimal angepasst. Seine Nahrung bestand überwiegend aus Blättern und Früchten. Gräser waren noch selten. Der Verdauungstrakt des Urpferdchens war auf die im Wald vorkommende pflanzliche Nahrung optimal eingestellt. Kennzeichen dieses Verdauungstyps waren Backenzähne mit niedrigen Kronen und weichem Zahnschmelz sowie ein umfangreicher Dickdarm zur mikrobiellen Verdauung von Zellulose.

Das Aussehen bzw. der Körperbau der Urpferdchen erinnert an Duckerantilopen, die noch heute in den tropischen Regenwäldern Afrikas zu finden sind. Der Hals war kurz, der Rücken aufgebogen und die Hinterbeine deutlich länger als die Vorderbeine. Die kräftigen Hinterbeine verliehen dem Tierchen die erforderliche Anfangsgeschwindigkeit bei der Flucht vor Raubtieren. An den Vorderbeinen besaß es vier, an den Hinterbeinen drei Zehen. Die dritte Zehe war jedoch schon kräftiger als die anderen. Das Vorhandensein von mehreren Zehen war vor allem auf weichem, sumpfigem Waldboden von Vorteil, sie verhinderten in gespreizter Form ein übermäßiges Einsinken. Darüber hinaus waren Elle und Speiche noch nicht miteinander verschmolzen und das Wadenbein stärker ausgeprägt. Die getrennten Unterarm- bzw. Unterschenkelknochen verhalfen dem Urpferd zur erforderlichen Wendigkeit im dichten Wald.

Der Schädel des Urpferdchens wies ebenfalls einige Besonderheiten auf. So war der Gesichtsabschnitt des Schädels noch relativ kurz und die Lücke zwischen den Eck- und Backenzähnen noch nicht sonderlich ausgeprägt. Die seitlich angeordneten Augenhöhlen waren zum Rücken hin noch offen. Offensichtlich konnte das Urpferdchen das Geschehen hinter seinem Rücken gut überschauen. Das

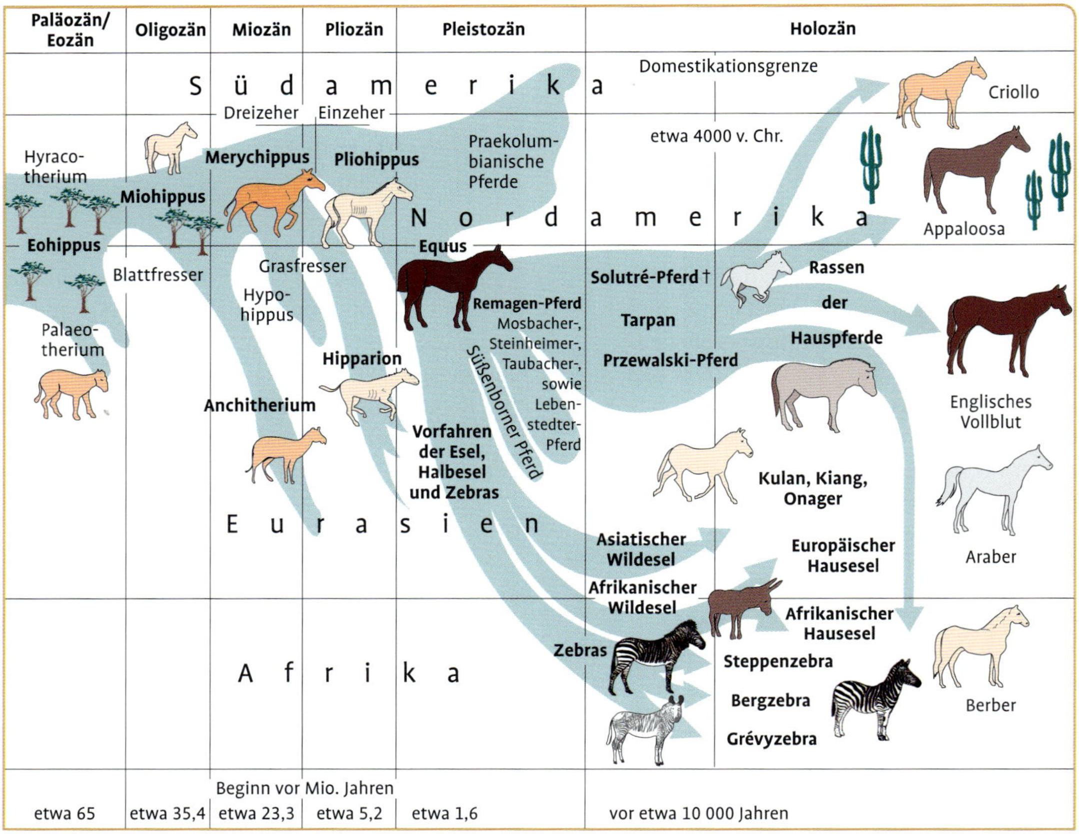

Abb. 1: Räumliche und zeitliche Entfaltung der Equiden.

Gehirn der ersten Equiden wies mit etwa 15 g ein relativ geringes Gewicht auf. Bezogen auf das Körpergewicht betrug es etwa 20 % von dem heutiger Pferde. Unser Hauspferd besitzt ein Gehirngewicht von etwa 500 bis 600 g (ausgewachsenes Warmblutpferd).

Durch das Zusammenwirken von Mutationen, veränderten Umweltbedingungen, natürlicher Selektion und Isolation (Trennung von Populationen durch geographische Schranken) sowie weiterer evolutionär wirkender Faktoren veränderten die Equiden im Laufe von Millionen Jahren ihr Aussehen. Sie wurden insgesamt größer, kräftiger und schneller und entwickelten sich allmählich zum Einhufer.

Eohippus starb in Eurasien vor etwa 40 Mio. Jahren aus. In Nordamerika setzte sich jedoch die Entwicklung der Equiden fort.

Im Oligozän lebte ***Miohippus***. Seine Körpergröße hatte gegenüber der des *Eohippus* bereits zugenommen. Die dritte Zehe sowie der dritte Mittelfußknochen waren bereits deutlich kräftiger geworden, während die anderen Knochen des Fußes sich im Prozess der Rückbildung befanden. Dieses Urpferd trat aber noch mit drei Zehen auf. Es lebte im Wald und ernährte sich überwiegend von Blättern. Von *Hyracotherium* zu *Miohippus* wandelten sich die dreiseitigen vorderen Backenzähne (Prämolaren) in quadratische um, die den hinteren Backenzähnen (Molaren) glichen. So entstand eine einheitliche große Kaufläche. Diese Mutation hielten alle Equiden bis *Equus* bei.

Vor etwa 40 Mio. Jahren begann die Trennung Australiens von der Antarktis. Eine kalte Meeresströmung legte sich um die Antarktis, die schließlich unter einem Eismantel verschwand. Als Folge wurde das Klima auf der Erde kühler und trockener. Viel Regenwasser wurde als Eis gebunden. Das veränderte Klima begünstigte die Ausbreitung von Gräsern. Die Wälder bildeten sich zurück. An ihre Stelle traten vor etwa 25 Mio. Jahren ausgedehnte Graslandschaften. Der Lebensraum der Waldbewohner wurde immer kleiner, sodass diese gezwungen wurden in die Graslandschaften auszuwandern. Überleben konnten jedoch nur die anpassungsfähigen Tierarten. Hierzu zählte auch das Pferd. Mutierte Pferde mit hartem Zahnschmelz, die in der Lage waren harte Gräser zu zermahlen, hatten bessere Überlebenschancen als jene mit weichem Zahnschmelz, die allmählich verschwanden. Im Miozän entwickelte sich ***Merychippus***. Als Steppenbewohner ernährte es sich nun überwiegend von Gräsern. Die noch relativ kleinen Backenzähne besaßen deutliche Schmelzfalten. Das mittlere Zehenglied wurde kräftiger und trug jetzt das zunehmende Gewicht. Hierdurch wurden die Pferde schneller und konnten sich vor Feinden besser in Sicherheit bringen.

Die Evolution brachte schließlich vor etwa zehn Millionen Jahren den einzehigen ***Pliohippus*** hervor. Der dritte Mittelfußknochen

Abb. 2: Veränderungen des Schädels, der Körpergröße, des Vorderfußes und der Backenzähne innerhalb von etwa 70 Millionen Jahren.

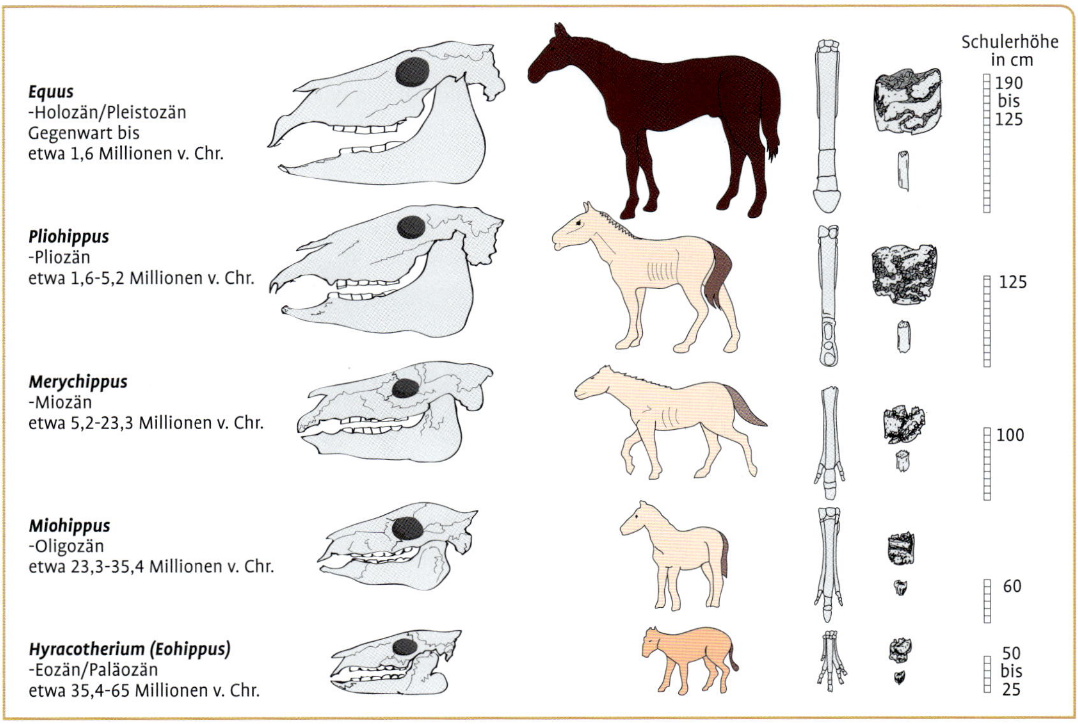

(Röhrbein) war deutlich kräftiger und länger als bei den früheren Equiden. Der zweite und vierte Mittelfußknochen waren nur noch rudimentär (Griffelbeine) vorhanden. Die relativ breiten und hochkronigen Backenzähne wiesen die für das Zermahlen harter Gräser notwendigen Schmelzfalten auf. *Pliohippus* ist der unmittelbare Vorfahr aller Pferde, Zebraarten, Wildesel und Halbesel. In Nord- und Südamerika starben die Nachfahren dieses Urpferdes vor etwa 12 000 Jahren aus. Die Ursache hierfür ist nicht bekannt. Das Pferd gelangte erst im ausgehenden 15. Jh. durch die spanischen Eroberer zurück nach Amerika. Bei den einst großen Mustangherden (spanisch: herrenloses Pferd) in Nordamerika handelt es sich insofern nicht um echte Wildpferde sondern um die Nachfahren verwilderter Hauspferde.

In mehreren Wellen wanderten Vertreter des *Pliohippus* bzw. seiner Nachfahren am Ende des Pliozäns und Beginn des Pleistozäns über die damals noch vorhandene Landbrücke (Behringstraße) zwischen Alaska und Sibirien nach Asien aus. Von dort aus verbreiteten sie sich nach Westen und Süden bis nach Europa und Afrika. Die letzte entstandene Gattung nennt man *Equus*. Bei *Equus* sind die aufgezeigten Merkmale weiter fortentwickelt.

!

Alle Einhuferarten zählen zur **Gattung *Equus*** (Pferd). Sie bilden die zoologische Familie der Equiden (Pferdeartige). Zusammen mit den Nashornverwandten (Tapire, Nashörner) gehören sie zur Ordnung der Unpaarhufer.

Wildpferde der Gattung *Equus* traten in Deutschland nachweislich im Mittelpleistozän mit dem **Mosbachpferd** (*Equus mosbachensis*) auf (Mosbach bei Heidelberg). Dieses Pferd erreichte bereits eine Widerristhöhe von durchschnittlich 158 cm. Aufgrund ungünstiger Klimabedingungen (Mindel- und Rissvereisungen) setzte jedoch ein Verzwergungsprozess ein. Die Wildpferde jüngeren Datums

Abb. 3: Die Verbreitung der Wildequiden. Quagga, Nubischer Wildesel und Wildtarpan sind bereits ausgestorben. Der heutige Tarpan wurde ab 1930 aus Koniks nachgezüchtet.

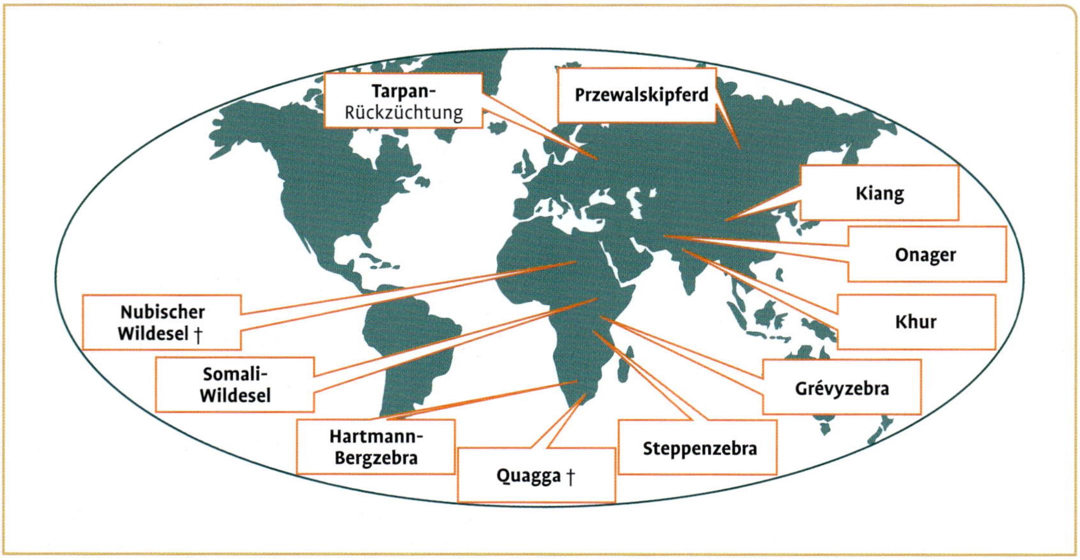

aus Steinheim und Taubach waren wieder kleiner als das Mosbachpferd. Pferde von der Größe des Mosbachpferdes lebten jedoch am Beginn des Jungpleistozäns u. a. in Achenheim bei Straßburg. Ob es sich bei ihnen um Nachfahren des Mosbachpferdes oder um Neueinwanderer aus dem Osten handelte ist unklar. In der Folgezeit verminderte sich auch die Größe des **Achenheimpferdes**. Aus ihm entwickelte sich das **Remagenpferd** (*Equus remagensis*) mit einer durchschnittlichen Widerristhöhe von 143 cm. Aus diesem mittelgroßen Wildpferd entwickelte sich schließlich ***Equus ferus***. Ein Vertreter dieser Art war das sog. **Solutré-Pferd** aus Südfrankreich. Dieses Wildpferd hatte eine Widerristhöhe von 136 bis 138 cm. Es stellte eine Verzwergungsform des Remagenpferdes dar. Die Unterarten in Ost- und Südeuropa gewannen dagegen aufgrund günstiger Umweltbedingungen wieder an Größe.

Gegen Ende der letzten Eiszeit vor etwa 10 000 Jahren können schließlich drei Unterarten von ***Equus ferus*** unterschieden werden. Dies sind in West- und Zentraleuropa ***Equus ferus solutreensis*** (Solutré-Pferd), in Ost- und Südeuropa ***Equus ferus gmelini*** (Tarpan) und in Asien ***Equus ferus przewalskii*** (Przewalski-Pferd). Diese entwickelten sich weiter zu Territorialvarianten.

Neben den echten Pferden entstanden drei Zebraarten (spanisch Tigerpferde), der Afrikanische Wildesel und der Asiatische Wildesel (Halbesel).

Die **Domestikation** des Wildpferdes begann vor etwa 6 000 Jahren auf dem Gebiet der ehemaligen Sowjetunion. Unter Domestikation versteht man die allmähliche Umwandlung (gezielte Umzüchtung) von Wildtieren in Haustiere durch den Menschen. Die natürliche Selektion wird durch eine künstliche ersetzt. Mit dem Einsetzen der planmäßigen Zucht wurden Pferde für die verschiedensten Zwecke gezüchtet. Das Ergebnis sind die heute weltweit etwa 250 verschiedenen Rassen.

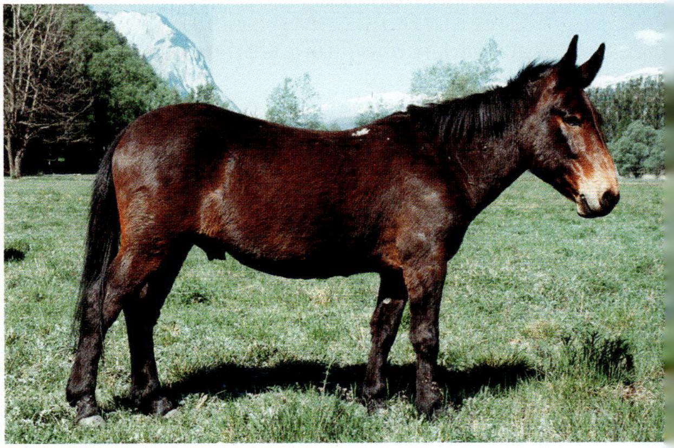

Abb. 4 (oben): Maulesel. Die Mutter ist eine Eselstute, der Vater ein Pferdehengst. Alle Equiden-Arten können untereinander gepaart werden. Der Nachkomme ist jedoch i. d. R. unfruchtbar.

Abb. 5 (unten): Maultier. Die Mutter ist eine Pferdestute, der Vater ein Esel-Hengst.

Die genetische Verwandtschaft der Einhuferarten ist so nah, dass alle untereinander Fortpflanzungsfähig sind. Die Nachkommen sind jedoch i. d. R. unfruchtbar. In der Praxis werden solche Einfachgebrauchskreuzungen zwischen Esel und Pferd seit Jahrtausenden praktiziert. Den Nachkommen aus der Paarung zwischen Pferdestute und Eselhengst nennt man **Maultier**, den Nachkommen aus

Zur Wiederholung und Vertiefung

1. Stellen Sie in einer Tabelle chronologisch (zeitlich geordnet) die Entwicklungsreihe der Pferde vom *Eohippus* bis zum Przewalski-Pferd zusammen:

Entwicklungsreihe der Pferde vom *Eohippus* bis zum Przewalski-Pferd			
Bezeichnung	**Zeitalter**	**Vorkommen / Lebensraum**	**Merkmale des Körperbaus**
Eohippus			

2. Welche wildlebenden Einhuferarten zählen zur Gattung *Equus*?
3. Erläutern Sie den Begriff „Domestikation".
4. Welche Folgen hatte die Domestikation für das Pferd?
5. Wie nennt man die Nachkommen aus den Paarungen Pferdestute mit Eselhengst bzw. Eselstute mit Pferdehengst? Warum werden solche Artkreuzungen durchgeführt?
6. Was versteht man unter artgerechter Pferdehaltung? Leiten Sie aus den angeborenen Verhaltensmustern des Pferdes die Kriterien ab, die ein Haltungssystem erfüllen muss.

der Paarung zwischen Eselstute und Pferdehengst **Maulesel**. Die positiven Eigenschaften von Pferd und Esel werden an den Mischling weitergegeben. Vom Esel erbt er die Robustheit, Genügsamkeit und Trittsicherheit. Das Pferd dagegen vererbt Kraft, Schnelligkeit und Umgänglichkeit.

Die enge Verwandtschaft der Equiden untereinander zeigt sich auch in ihrem Verhalten. Abgesehen von einigen artspezifischen Besonderheiten sind alle Equiden **Herdentiere**, die sich leiten lassen. Sie leben in Graslandschaften **(Steppentiere)**, sind **Vegetarier** und legen täglich bei der Suche nach Nahrung große Strecken zurück. Bis zu 18 Stunden am Tag sind sie mit Fressen beschäftigt **(Dauerfresser)**. Außerdem sind alle Equiden **Beutetiere (Fluchttiere)**, die vor Raubtieren auf der Hut sein müssen. Hieraus resultiert ihr misstrauisches Verhalten gegenüber allem Unbekannten. Diese angeborenen Verhaltensweisen besitzt unser Hauspferd nach wie vor. Aus diesen Eigenschaften leiten sich seine Bedürfnisse und Ansprüche an die Haltung ab.

1.2 Verhalten deuten

?

Der achtjährige Wallach Ferdinand ist in einem Pensionsstall in einer Einzelbox untergebracht. Einmal in der Woche kommt seine Besitzerin, um ihn eine Stunde in der Halle zu reiten. In letzter Zeit bemerkt sie seltsame Veränderungen an ihrem Pferd. Immer wenn Ferdinand sich unbeobachtet fühlt, pendelt er mit seinem Hals und Kopf lange anhaltend von einer Seite zur anderen.

Das Verhalten des Pferdes setzt sich zusammen aus ererbten (angeborenen) und erworbenen (erlernten) Elementen. Angeboren sind die Reflexe, Automatismen und Instinktbewegungen.

Instinkthandlungen werden durch bestimmte innere Impulse (Triebe, z. B. Hunger) oder bestimmte Umweltreize (Schlüsselreize) ausgelöst. Die Instinkthandlung wird durch ein im Gehirn festgelegtes Koordinationssystem gesteuert. Im Laufe des Lebens kann die Instinkthandlung durch Lernen ergänzt bzw. abgewandelt werden. Dem gegenüber stehen **Reflexe** ohne Zwischenschaltung des Gehirns (z. B. Ausschlagen).

Die angeborenen Verhaltensweisen dürfen durch die Haltung in menschlicher Obhut nicht übermäßig beeinträchtigt werden. Verhaltensauffälligkeiten bzw. -störungen wären die Folge.

Auch bei der Ausbildung des Pferdes durch den Menschen werden angeborene Fähigkeiten und Verhaltensweisen weiter entwickelt und durch regelmäßige Übung zur Vollkommenheit (Dressur, Hohe Schule) gebracht.

1.2.1 Arteigene Verhaltensweisen

Die arteigenen Verhaltensweisen aller Pferde werden maßgeblich durch ihre Herkunft und Form ihres Zusammenlebens in Herden in freier Wildbahn geprägt.

Die eigentliche Heimat der Wildpferdherden waren die Steppen in allen Formen, aber auch Gebirge, lichte Wälder und Tundragebiete. Die weite Verbreitung der Wildpferde in unterschiedlichen Vegetations- und Klimazonen erforderte die Anpassung an die jeweils gegebenen Umweltverhältnisse und -bedingungen.

Teilweise wanderten die Herden bei Hitze nach Norden und bei Kälte nach Süden, andere lebten ortsgebunden und passten sich den Gegebenheiten an (z. B. Winterhaar und Sommerhaar). Der von den eigentlich ortstreuen Pferden beanspruchte Lebensraum richtete sich vornehmlich nach dem Futterangebot und den Wasserstellen. Das Ergebnis aller Anpassungsprozesse an die Umweltgegebenheiten (ökologische Bedingungen) lässt sich grob vereinfacht wie folgt zusammenfassen:

- In Trockengebieten wurden Pferdetypen heimisch, die bei wenig Ballastaufnahme lange Strecken zurücklegten.
- An futterreichen Standorten lebten muskulöse, weniger spezialisierte Universaltypen.

An diese Verhältnisse angepasst, entwickelten sich auch unterschiedliche Verhaltensweisen bei den Tieren:

- In futterreichen Gegenden lebten die Pferde friedlich nahe beieinander.
- In Gebieten mit spärlichem Futterangebot war die Individualdistanz erheblich größer. Futterneid war an der Tagesordnung.

Diese Besonderheiten wirken bis heute in der „Gefangenschaft“ weiter. Die Duldsamkeit der aus vegetationsreichen Klimazonen stammenden Pferde ist ganz allgemein groß. Das gilt zum Beispiel für Kaltblüter, schwere Warmblüter und viele Ponys. Die Tiere leben friedlich in Gruppen relativ eng zusammen, ohne dass große Schwierigkeiten auftreten.

Aus relativ futterarmen Trockengebieten stammende Pferderassen dagegen verhalten sich oft weniger verträglich und sind vielfach futterneidisch. Es zählen dazu Araber, Berber, Andalusier und deren Nachfolgerassen.

Das Verhaltensrepertoire von Pferden umfasst im Wesentlichen die folgenden Verhaltenskomplexe:

Sozialverhalten

Pferde lieben Geselligkeit. In freier Wildbahn leben sie in familienähnlichen Verbänden mit einem **Leithengst** (3 bis 13 Tiere). Wo unter günstigen Umweltbedingungen Großverbände zusammenleben, bestehen sie aus mehreren oder vielen Kleinverbänden. Ausgewachsene oder sehr alte Hengste leben vielfach als Einzeltier. Die Rangordnung einer Herde orientiert sich normalerweise am Alter sowie an der Kraft und der Stärke der Einzeltiere. Nach dem Leithengst kommt die **Leitstute**, an die sich alle Gruppenmitglieder in festgefügter Rangfolge anschließen. Die Ranghöhe der Tiere legt fest, wer zuerst die Tränke benutzen darf und die besten Futter- und Schlafplätze beanspruchen kann.

Freundschaften unter Pferden können oft beobachtet werden, aber auch Unverträglichkeit oder gar Feindschaft, die zu Rangeleien und Raufereien führen.

Diese Verhaltensweisen bleiben beim Hauspferd weitgehend erhalten. Sie müssen beim Zusammenstellen von Weidegruppen, Trainingslots, Reitabteilungen und bei der Aufstallung im Laufstall berücksichtigt werden.

Jedes Pferd hält zu seinen Artgenossen, wo immer es geht, einen individuellen, rassebedingt unterschiedlichen Abstand ein. Dieser notwendige „persönliche" Freiraum sollte bei der Stallhaltung beachtet werden.

!

Aufgrund des angeborenen Verhaltens, sich ein- bzw. unterzuordnen, wird es uns Menschen erst möglich, ihnen gegenüber eine ranghöhere Stellung aufzubauen. Das gelingt jedoch nur den Menschen, die, gleichsam als „Artgenosse", viel Einfühlungsvermögen, Geduld und Liebe zum Tier mitbringen.

Der Umgang mit Pferden erfordert Beobachtungsgabe, angepasste Reaktionen und ein großes Maß an (Pferde-)Verstand, denn bezüglich der Körperkraft sind sie den Menschen überlegen. Enger Kontakt zwischen beiden Partnern kann erst dann entwickelt werden, wenn das Pferd seine Betreuer oder Reiter als Artgenossen annimmt. Es steht aber längst nicht von vornherein fest, ob der Mensch als ranghöher, ranggleich oder rangniedriger betrachtet wird. Die Position „Ranghöherer Artgenosse" muss sich jeder Mensch, der mit Pferden umgeht, einfühlsam erarbeiten und laufend bestätigen.

Begeht der Pferdewirt / die Pferdewirtin dabei mehrfach Fehler, hält ihn / sie der „Partner Pferd" für lästig oder gar gefährlich, sieht er ihn / sie als Feind und der Umgang miteinander wird zur Qual und fast unmöglich.

Erkundungsverhalten / Fluchtverhalten

Pferde beobachten aufmerksam ihre Umwelt. Sie sind von Natur aus neugierig und anteilnehmend. Als Beutetiere müssen sie jedoch jederzeit fluchtbereit sein. Mit ihren Augen, Ohren und der Nase registrieren sie jede noch so kleine Veränderung in ihrer Umgebung.

Sie haben ein großes Sicherheitsbedürfnis. In Freiheit bestimmt dieses Sicherheitsbedürfnis die Wahl der Futterplätze, der Tränken, der Raststellen und der Schlaforte. Pferde flüchten bei Gefahr. Sie suchen darum für ihren Aufenthalt vornehmlich Gelände auf, von dem aus sie Gefahren frühzeitig erkennen können.

Dieses Sicherheitsbedürfnis besteht auch bei den heute gezüchteten Hauspferderassen noch in hohem Maße. Das „Sich-Sicher-Fühlen" trägt zum Wohlbefinden der Tiere erheblich bei und sollte daher stets beachtet werden, besonders bei der Aufstallung. Einzelhaltung ohne Geruchs-, Hör- und Sichtkontakt mit Artgenossen fördert Angst und Scheu.

Die Stall- und Außenwelt sollte wahrgenommen werden können. Außenkontakt und Umweltorientierung fördern Sicherheitsgefühl und seelisches Gleichgewicht der Pferde.

Komfortverhalten

Ein besonderes Problem stellt für domestizierte Pferde das Befriedigen der angeborenen Komfortbedürfnisse dar. Gemeint ist die Hautpflege (Scheuern, Suhlen, Wälzen, Sonnen), die Huf- und Beinpflege (in Bächen und Teichen) sowie das auf der Weide stets zu beobachtende sich gegenseitige Beknabbern, zum Beispiel am Mähnenkamm.

Sachgemäßes, tägliches Putzen sowie Behang- und Hufpflege können bei Stallhaltung manches ausgleichen. Das Verlangen, sich zu scheuern und zu wälzen, kann durch noch so viel sauberes Stroh auch in großen Boxen kaum befriedigt werden.

Ruheverhalten
Optimales Wohlbefinden der Pferde steht in engem Zusammenhang mit Ausgeruht- und Entspanntsein. Freilebende Pferde bevorzugen zum Schlafen höher gelegene, trockene, mit kurzen Pflanzen bewachsene und vom Wind bestrichene Lagerstellen. Sie wechseln die Schlafplätze selten. Das Sicherheitsbedürfnis ist die Haupttriebfeder für die Standortwahl. Der Wind trägt den auf Anhöhen ruhenden Tieren leicht Geräusche und Gerüche zu.

Im Stall muss sich das Pferd demnach sicher fühlen, wenn der Schlaf erholsam sein soll. Licht und Geräusche sind die Hauptstörenfriede beim Schlaf.

Das Ruhen bzw. Schlafen der Pferde verläuft in drei Stufen oder Intensitätsgraden:

1. Das Ruhen oder Dösen erfolgt im Stehen auf drei Beinen. Es ist im Sommer in den heißen Mittagsstunden zu beobachten, aber auch zeitweise während der Nachtruhe. Es wird vornehmlich von erwachsenen Pferden praktiziert.
2. Das eigentliche Ruhen geschieht im Liegen. Die Tiere kauern mit untergeschlagenen Gliedmaßen am Boden. Der Kopf wird entweder frei getragen oder aufgestützt. Der Schlaf ist leicht und nicht völlig entspannt. Jungpferde lieben diese Ruheform während der Mittagsruhe.
3. Während des sog. Tiefschlafes liegen alle Pferde auf der Seite. Die Beine sind ausgestreckt und auch der Kopf ruht auf dem Boden. Diese Schlafstellung nehmen ausgewachsene Pferde lediglich für zwei bis vier Stunden während der Nacht ein. Jungpferde bis zu sieben Stunden und Fohlen über Tag und Nacht verteilt, wann immer sie dazu ein Bedürfnis verspüren.

Der Platzbedarf für die Verwirklichung der geschilderten Schlaf- und Ruhegewohnheiten der Pferde ist unterschiedlich groß, beim Tiefschlaf am größten, beim Ruhen im Stehen am geringsten. Boxen, Laufställe, Weidehüten und schattenspendende Baumgruppen müssen entsprechend angepasst eingerichtet werden. Sie sollen zusätzlich auf den erforderlichen Individualabstand der Pferde beim Schlafen Rücksicht nehmen.

Ernährungsverhalten
Wild lebende und auf der Weide gehaltene Pferde sind täglich 12 bis 18 Stunden mit der Nahrungsaufnahme beschäftigt. Sie nehmen ihr Futter in vielen, kleinen Mahlzeiten zu sich. Ihr Fressverhalten ist darüber hinaus sehr selektiv. Besonders strukturreiches, kaufähiges Futter ist für eine gut funktionierende Verdauung unverzichtbar. Die Fütterung im Stall wird den Bedürfnissen des Pferdes leider häufig nicht gerecht. Die Folgen sind Verdauungsstörungen und Verhaltensauffälligkeiten (siehe Kap. 3 Pferde füttern).

Ausscheidungsverhalten
Im Freien bevorzugen es die Pferde, ihre Exkremente (vornehmlich den Kot) an ganz bestimmten Stellen abzusetzen. Es bilden sich echte Kotplätze, die von den Tieren als Fress-, Ruhe- und Schlafplatz gemieden werden, weil sie die arteigenen Fäkalien instinktiv als gesundheitsgefährdend erkennen.

Daraus ergibt sich, dass Kot und Harn im Stall das Wohlbefinden der Pferde empfindlich stören. Die von Haus aus sauberen, sich pflegenden Tiere können in der Box ihr angeborenes Hygieneverhalten nicht praktizieren.

Fortpflanzungsverhalten
Gezielte Anpaarung und Selektion, künstliche Besamung und Embryotransfer kennzeichnen die moderne Pferdezucht. Der Natursprung findet nur noch in wenigen Populationen statt (z.B. Englisches Vollblut).

Insofern haben die Pferde i.d.R. nicht mehr die Möglichkeit ihr natürliches Fortpflanzungsverhalten zu praktizieren.

Fortbewegungsverhalten
Typisch für das Lauftier Pferd ist sein ausgeprägter Drang zur Bewegung. Viele Erkrankungen der Hauspferde insbesondere im Bereich der Gliedmaßen sind die Folge mangelnder Bewegung. Insofern gehört zu einer artgerechten Haltung, den Pferden ganzjährig täglich für mehrere Stunden einen galoppierfähigen Auslauf zur Verfügung zu stellen.

> **!** Das Pferd lernt durch Nachahmung sowie durch Versuch und Irrtum (Zufallslernen). Das Erlernte wird im Gedächtnis gespeichert, um es bei Bedarf wieder abzurufen.

Die geschilderten Verhaltensweisen werden überwiegend durch angeborene Instinkte gelenkt. Pferde können jedoch wie alle höheren Tiere ihr Verhalten aufgrund von individuellen Erfahrungen ändern. Dieser Prozess wird allgemein als **Lernen** bezeichnet.

Zur Wiederholung und Vertiefung

1. Was versteht man unter Instinkthandlungen? Nennen Sie einige Beispiele.
2. Wodurch werden die Verhaltensweisen der Pferde geprägt?
3. Stellen Sie in einer Tabelle die wichtigsten arteigenen Verhaltensweisen des Pferdes mit Beispielen zusammen.

Arteigene Verhaltensweisen des Pferdes	
Verhaltenskomplex	**Verhaltensbeispiele**
Sozialverhalten	Rangordnungskämpfe, ...

4. Auf welche Weise können Menschen mit Pferden kommunizieren?
5. Nach welchen Grundprinzipien lernen Pferde?

Die Erziehung bzw. Ausbildung durch den Menschen beruht im Wesentlichen auf einer positiven Verstärkung **(Konditionierung)** der gewünschten Handlung durch Aufmunterung, Lob und Zustimmung **(positiver Stimulus)**. Unerwünschtes bzw. falsches Verhalten wird dagegen ignoriert, missbilligt oder bestraft **(negativer Stimulus)**. Das Pferd lernt dadurch, die positiven Verhaltensweisen beizubehalten und die negativen zu vermeiden. Ein weiteres, wichtiges Element beim Lernprozess ist häufiges bzw. regelmäßiges Wiederholen. Dies bewirkt die „Einschleifung des Erlernten".

1.2.1.1 Die Sinnesorgane

Die Sinnesorgane haben die Aufgabe, die Lebewesen über die sie umgebende Außenwelt bzw. Umwelt zu informieren und dieselbe wahrzunehmen. Mit ihrer Hilfe können Tiere schädliche Einflüsse abwehren und sich

Abb. 6: Das Auge, senkrecht durchgeschnitten: 1 = Hornhaut, 2 = vordere Augenkammer, 3 = Regenbogenhaut (Iris), 4 = Traubenkörner, 5 = Pupille, 6 = hintere Augenkammer, 7 = Strahlenkörper (Ziliarkörper), 8 = Linse, 9 = Glaskörper, 10 = Lederhaut (Sklera), 11 = Netzhaut (Retina), 12 = Aderhaut, 13 = „blinder Fleck", 14 = Sehnervenstrang.

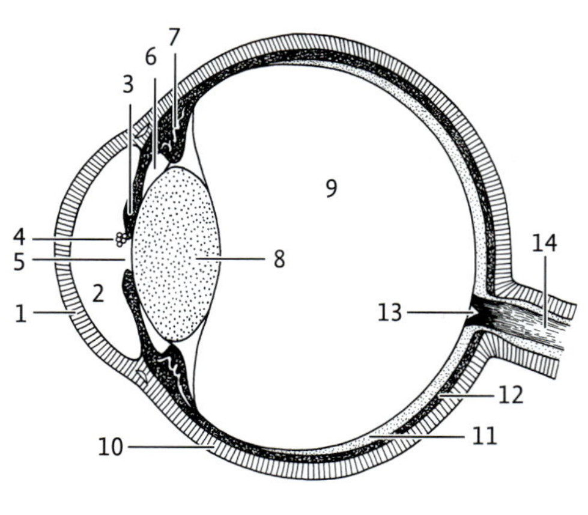

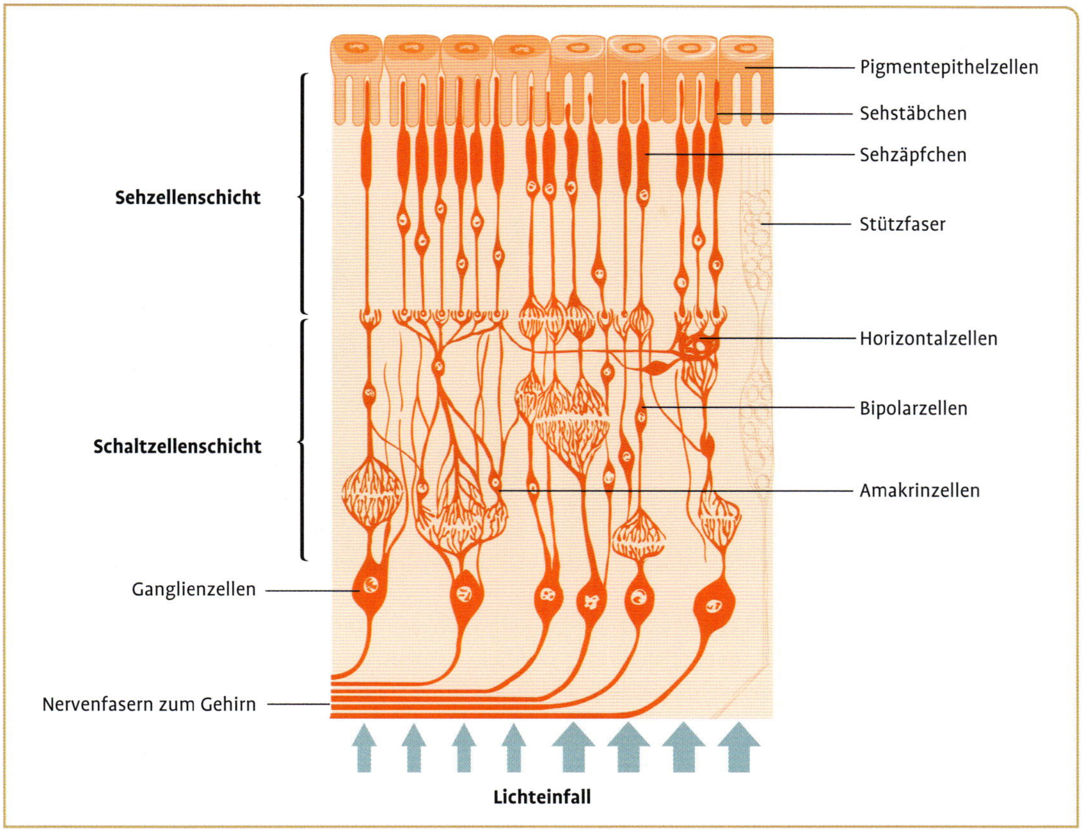

Abb. 7: Aufbau der Netzhaut (linke Hälfte des Bildes bei schwachem, rechte bei starkem Licht).

nützliche und notwendige Dinge nutzbar machen.

Bei Pferden – wie bei allen Nutztieren – gelten die Sinnesorgane außerdem als wichtige Organe für die Beurteilung nach äußeren Merkmalen.

Sechs Sinnessysteme werden unterschieden:

- der Gesichtssinn (Augen),
- der Geruchssinn (Nase),
- der Geschmackssinn (Zunge),
- der Gefühlssinn (Haut),
- der Gehörsinn (Ohren),
- der Bewegungs- und Gleichgewichtssinn (Ohren).

Gesichtssinn

Das **Auge** besteht aus Sehzellen, Hilfs- und Schutzeinrichtungen.

Die **Sehzellen** sind die eigentlichen lichtreizaufnehmenden Endorgane des sog. **Sehnervs**. Dieser mündet vom Gehirn aus in den **Augapfel**.

Der Augapfel ist von fester **Lederhaut** umgeben. Sie ist vorne durchsichtig und heisst dort **Hornhaut**. Zusammen mit den Muskelansätzen bildet sie die äußere Hülle des Auges. Darunter liegt die stark durchblutete dunkle **Aderhaut**. Sie verhindert die Reflexion (das Zurückwerfen) einfallender Lichtstrahlen. Vorne, hinter der Hornhaut, heißt die Aderhaut Regenbo-

Abb. 8: Farbsehen des Pferdes. Links wie der Mensch seine Umwelt sieht. Rechts wie vermutlich das Pferd seine Umwelt sieht. Das Pferd erkennt vor allem Blau und Gelb sehr gut. Grün und Rot werden dagegen schlecht unterschieden. Sie werden vermutlich nur als kontrastarme graubraune Töne erkannt.

genhaut (Iris). Sie lässt eine Öffnung frei zum Durchtritt der Lichtstrahlen, die Pupille. Die Iris arbeitet wie eine Kamerablende, sie passt sicht durch Verkleinern oder Vergrößern den Lichtverhältnissen an. Bei starkem Lichteinfall wird die Pupille eng, bei geringem Lichteinfall weit. Pfefferkorngroße Knötchen (Traubenkörner) am oberen Pupillenrand sind an der Regulation des Lichteinfalls beteiligt. Sie wirken wie eine Schirmkappe. Zwischen Horn- und Regenbogenhaut liegt die mit klarer Flüssigkeit (Kammerwasser) angefüllte vordere Augenkammer, die über den Schlemmschen Kanal mit der hinteren Augenkammer verbunden ist. Hinter der Iris befindet sich die Linse. Sie bricht die durch die Pupille einfallenden Lichtstrahlen so, dass auf der Netzhaut ein umgekehrtes Bild entsteht. Die Brennweite der Augenlinse ist veränderlich, anpassungsfähig und das Bild ist daher stets scharf. Dies wird durch mit Muskeln (Ziliarmuskeln) versehene Strahlenkörper ermöglicht. Das Augeninnere ist mit dem Glaskörper, einer gallertartigen, farblos-durchsichtigen Masse angefüllt. Vom Gehirn her dringt der Sehnerv in den Augapfel ein und breitet sich auf der Aderhaut als Netzhaut (Retina) aus. Die Netzthaut enthält die lichtempfindlichen Fotorezeptoren. Die Eintrittsstelle des Sehnervs in den Augapfel enthält jedoch keine lichtempfindlichen Sinneszellen. Aus diesem Grund nennt man diese Stelle „blinder Fleck".

Auftreffende Lichtwellen bewirken in den Sinneszellen (Rezeptoren) der Netzhaut, dass ein roter Farbstoff (Sehpurpur) in einen gelben Farbstoff (Sehgelb) umgewandelt wird. Die Lichtstrahlen werden hierdurch zu **Nervenimpulsen** umgewandelt. In der Dunkelheit kommt es zur Regeneration des Sehpurpurs. Zu seiner Herstellung benötigt der Organismus Vitamin A.

Wie alle Säugetiere verfügt auch das Pferd über zwei Klassen von Rezeptoren im Auge.

Die sog. **Sehstäbchen** sind für das Hell-/Dunkelsehen zuständig und die sog. **Sehzäpfchen** für das Farbsehen. Pferde haben etwa 20-mal so viel Stäbchen wie Zäpfchen. Die Sehzäpfchen werden entsprechend dem Lichtspektrum welches sie absorbieren in Blau-Zäpfchen, Rot-Zäpfchen und Grün-Zäpfchen unterteilt. Nach heutigem Wissensstand enthält die Netzhaut des Pferdes jedoch nur zwei Typen von Zäpfchen. Der erste Typ absorbiert kurzwelliges blaues Licht, der zweite Typ sowohl mittel- als auch langwelliges rotes und grünes Licht. Insofern gehört das Pferd zu den sog. **Dichromaten**. Aufgrund dieser Erkenntnis und weiteren gezielten Experimenten weiß man, dass das Pferd Gelb und Blau intensiver als Grün und Rot sehen kann. Da Rot und Grün auf demselben Rezeptor ankommen, können diese Farben zudem nur schlecht unterschieden werden. Schwer erkennbar wäre demnach ein roter Zaun vor grünem Gras. Einen guten Kontrast dagegen bildet die Farbe Weiß vor grünem Hintergrund.

!

Als geeignete Farbkombinationen für Hindernisstangen sind Schwarz/Weiß, Blau/Rot, Blau/Grün oder Blau/Gelb zu empfehlen.

!

Pferde können auch gute oder schlechte Erfahrungen mit einer bestimmten Farbe verknüpfen.

Außer den Fotorezeptoren sind weitere Zelltypen in der Netzhaut an der Verarbeitung und Weiterleitung der Impulse zum Gehirn beteiligt. **Horizontalzellen** stellen Querverbindungen zwischen den Rezeptoren her und verknüpfen die Informationen. **Bipolarzellen** leiten die Impulse zu den **Ganglienzellen**, deren Fortsätze sich zum **Sehnerv** vereinen. **Amakrinzellen** sind zwischen Bipolarzellen und Ganglienzellen zwischengeschaltet. Ihre Aufgabe besteht ebenfalls in der Koordination der Informationen. Die Impulse werden schließlich über den Sehnervenstrang zum Gehirn geleitet. Hier entsteht der eigentliche Seheindruck.

Geschützt werden die empfindlichen Augen durch Einbettung in die mit Fett gepolsterten, knöchernen **Augenhöhlen**. **Augenbrauen** und **Wimpern** verhindern das Eindringen von Schweiß, Regen, Staub und Schmutz aus der Stirnregion.

Die schnell beweglichen **Augenlider** können auffliegende Fremdkörper relativ sicher abwehren. Das dritte Augenlid **(Nickhaut)** ist eine Bindehautfalte im medialen Augenwinkel. Beim Pferd enthält die Nickhaut den Blinzknorpel. Die Tränendrüsen sondern Tränenflüssigkeit ab, die eingedrungene feste Teilchen von den Augenoberflächen abspült und die Hornhaut feucht hält. Die Tränen sorgen außerdem dafür, dass keine Schädigungen durch Reibung bei der Bewegung der Augen und Lider entstehen.

Abb. 9: Der Abstand zwischen Hornhaut und Netzhaut ist im Pferdeauge verschieden. Hierdurch kann das Pferd Gegenstände in unterschiedlichen Entfernungen gleichzeitig erkennen. Durch Veränderung der Kopfhaltung ergibt sich ein scharfes Bild.

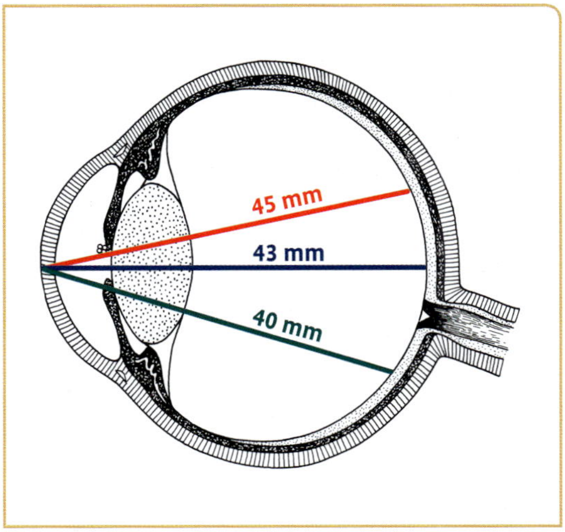

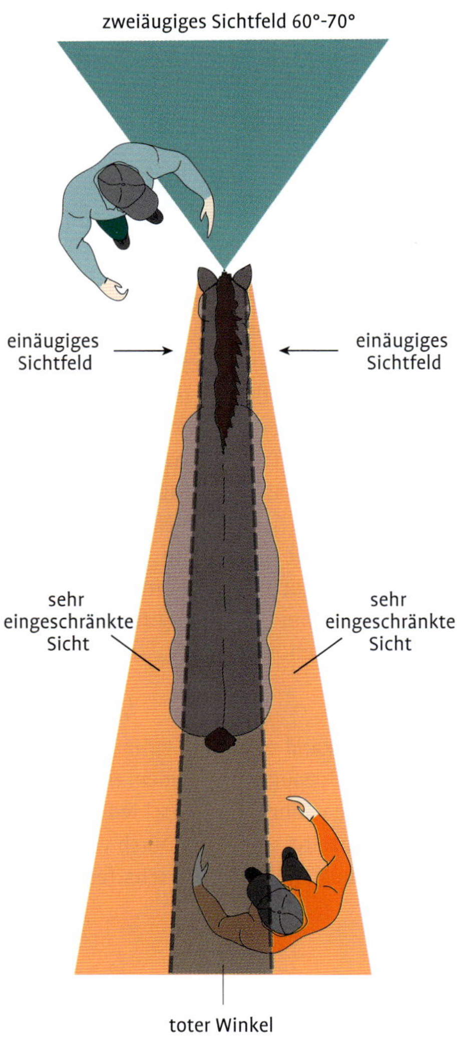

Abb. 10: Das Gesichtsfeld des Pferdes bei erhobenem Kopf.

> **!**
> Das Pferdeauge ist kein Stimmungs- oder Reaktionsbarometer, sondern dient lediglich der Feststellung und Orientierung.

Die Leistungen des Pferdeauges sind insgesamt relativ stark ausgeprägt. Die seitliche Anordnung der Augen bedingt ein **Gesichtsfeld** von fast 360°. Nach vorne besteht ein zweiäugiges Sichtfeld von 60 bis 70°. Durch das Zusammenwirken beider Augen wird ein relativ scharfes, räumliches Bild im Gehirn erzeugt. Das einäugige Sichtfeld jeweils zur Seite und nach hinten lässt dagegen kein scharfes Bild zu. Ein toter Winkel besteht über dem Rücken und direkt vor dem Maul. Im Vergleich zum Menschen erkennt das Pferd Formen schlechter, während das Bewegungssehen besser entwickelt ist. Das **Scharfsehen** ist demnach schlechter als beim Menschen. Die Linse des Pferdeauges ist auf Fernsicht eingestellt. Der Abstand zwischen der Hornhaut und der Netzhaut ist im Unterschied zum Menschenauge unterschiedlich groß. Dies ermöglicht dem Pferd das Erkennen von Gegenständen bei verschiedenen Entfernungen durch Erhöhen oder Senken der Blickrichtung. Die Augen des Pferdes sind ferner für ein relativ gutes Sehen in der Dämmerung ausgestattet. Durch die große weitgeöffnete Pupille kann viel Licht ins Auge fallen. Hinter der Netzhaut befindet sich eine Membrane **(Tapetum)**, die wie ein Spiegel wirkt und die Lichtmenge auf der Netzhaut verdoppelt. Die Anpassungszeit bei raschen Helligkeitsänderungen ist jedoch länger als beim menschlichen Auge.

Geruchssinn

Die Schleimhäute der Nase sind der Sitz des beim Pferd stark ausgebildeten Geruchssinns.

> **!**
> Der Geruchssinn ist für das Pferd neben der Sprache die natürlichste Form der Kontaktaufnahme, weil es Sichtkontakt nicht in dem Maße aufnehmen kann, wie sein menschliches Gegenüber. Darum ist es stets ein Vorteil, wenn man den Tieren Gelegenheit bietet, Hand und Körper zu beschnuppern, bevor man sie berührt.

Tab. 1. Erkrankungen des Auges

Periodische Augenentzündung (Mondblindheit)	Nicht eitrige, chronische, wiederkehrende Entzündung der Iris und der Aderhaut unter Mitbeteiligung des Glaskörpers und der Linse. Vermutlich sind Allergene und Giftstoffe verantwortlich. Möglicherweise spielen auch die von Nagetieren übertragenen Leptospiren eine Rolle. Kann zur Erblindung führen.
Amaurosis	Lähmungserscheinungen des Sehnervs und der Netzhaut.
Blepharitis	Eitrige Lidentzündung (Gerstenkorn). Bakterielle Erkrankung. Behandlung mit Antibiotikum.
Conjunctivitis	Bindehautentzündung. Ursachen: Reizungen, Verstopfung des Tränennasenkanals, Infektionen oder Allergien. Entzündungshemmende Behandlung. Spülung des Tränennasenkanals.
Dermoid	Hautartige Fellbildung an den Schleimhäuten.
Glaukom	Grüner Star. Erhöhung des Innendrucks im Augapfel durch Abflussstörung des Kammerwassers. Erblindung ist die Folge.
Grauer Star (Katarakt)	Linsentrübung. Die Pupille erscheint grauweiß. Das betroffene Auge ist blind.
Hypopyon	Eiteransammlung in der vorderen Augenkammer. Entsteht infolge einer tiefen Hornhautverletzung durch das Eindringen von Bakterien.
Iritis adhaesiva chronica	Chronische Entzündung der Regenbogenhaut (Iris).
Keratitis	Hornhautentzündung. Kann zur übermäßigen Verhornung und Trübung der Hornhaut führen.
Kurzsichtigkeit	Augapfel gestreckt. Die Lichtstrahlen erzeugen die Abbildung vor der Netzhaut.
Orbitalphlegmone	Eitrige Gewebeentzündung der Augenhöhle durch Streptokokken.
Retinitis	Entzündung der Netzhaut.
Weitsichtigkeit	Augapfel gestaucht. Die Lichtstrahlen erzeugen die Abbildung hinter der Netzhaut.

Sie bestehen aus Sinneszellen, die feine Härchen tragen und von schleimabsondernden Zellen umgeben sind. Die Riechstoffe werden in diesem Schleim gelöst. Dabei kommen sie mit den Sinneshaaren in Berührung. Sie üben auf diese Weise einen Reiz aus. Dieser Impuls gelangt über den Riechnerv zum Riechzentrum im Gehirn.

!

Geruchs- und Geschmackssinn stehen in enger Wechselbeziehung zueinander.

Der Geruchssinn dient

- dem Aufspüren und Selektieren der Nahrung,
- dem Zusammenfinden der Geschlechter (Rosse und Paarungsbereitschaft),
- dem Unterscheiden von Freund und Feind,
- der Orientierung u. a. m.

Von besonderer Bedeutung ist das sog. **Jacobsonsche Organ** am hinteren Ende des Gaumens. Dieses Organ besitzt die Fähigkeit, **Pheromone** (chemische Botenstoffe, z. B. von einer paarungsbereiten Stute) zu identifizieren. Durch das **Flehmen** wird vermehrt Atemluft zum Jacobsonschen Organ geleitet und dort untersucht.

Geschmackssinn
Die Geschmacksnerven enden mit ihren Fasern an der Oberfläche der Zunge.

Abb. 11: Das Ohr des Pferdes: 1 = Ohrmuscheltüte, 2 = äußerer Gehörgang, 3 = Trommelfell, 4 = Paukenhöhle, 5 = Gehörknöchelchen, 6 = ovales Fenster, 7 = Gehörschnecke, 8 = Gehörnerv, 9 = Gleichgewichtsorgan (Bogengänge und Vorhof).

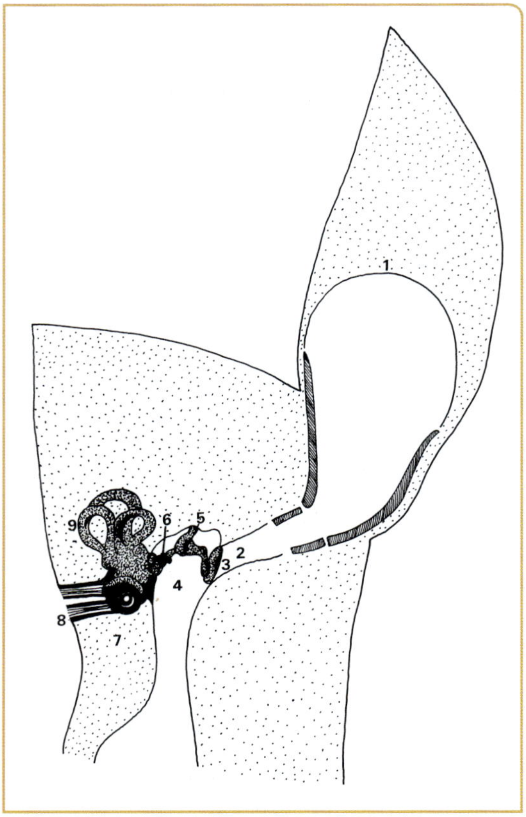

- Zungenspitze – süß,
- Zungenrand – salzig und sauer,
- Zungengrund – bitter.

Geruchsempfindungen tragen wesentlich zum Gesamtgeschmack der Futtermittel bei, z. B. wird schlecht riechendes Futter abgelehnt. Geschmacksempfindungen können nur von gelösten Stoffen ausgehen. Ein ausgeprägter Geruchs- und Geschmackssinn bewahren gesunde Pferde vor der Aufnahme giftiger oder verdorbener Futterstoffe und damit vor Schäden und Krankheiten.

Gefühlssinn
Gefühlszellen und Gefühlsnerven sind in recht unterschiedlicher Dichte in der Haut und zum Teil in den Haaren angesiedelt.

Das Pferd hat empfindliche Körperpartien (z. B. Kopf, Genitalien, Sinnesorgane, untere Gliedmaßen) und weniger empfindliche Körperpartien (z. B. Hals, Schulter, Rücken, Bauch). Der besonders empfindliche **Tastsinn** der Lippen mit den Tasthaaren schützt das Pferd vor der Aufnahme von Fremdkörpern (Metallen und Kunststoffen), die im Futter enthalten sein können.

Die Pferde suchen Berührungskontakt mit Menschen, die oft beim Hauspferd die Herde ersetzen müssen. Sie reagieren dankbar auf anerkennendes Klopfen und Streicheln nach guter Leistung.

Gehörsinn
Das **Ohr** nimmt Schallwellen der Luft auf, die als Geräusche oder Töne wahrgenommen werden, und es beherbergt das Gleichgewichtsorgan.

Als Einteilung gilt ganz allgemein:

- Das **äußere Ohr**. Es besteht aus der beweglich verstellbaren Ohrmuschel, welche die Schallwellen auffängt und auch die Richtung erkennt, aus der sie kommen. Durch den äußeren Gehörgang werden die Laute zum Trommelfell geleitet. Im Gehörgang sondern Drüsen Ohrenschmalz ab, das zusammen mit Schutzhärchen eindringende Fremdkörper abfängt. Gleichzeitig hält Ohrenschmalz das Trommelfell geschmeidig, welches das äußere vom mittleren Ohr trennt und das durch Schallwellen in Schwingung versetzt wird.

- Das luftgefüllte **Mittelohr** (Paukenhöhle). Es steht über die **Ohrtrompete** (eustachische Röhre) zum Druckausgleich mit der Rachenhöhle in Verbindung. Dadurch wird das empfindliche Trommelfell vor dem Zerreißen bei Überdruck von außen geschützt. Die **Gehörknöchelchen** (Hammer, Amboss und Steigbügel) bilden eine Brücke vom Trommelfell zum **ovalen Fenster**. Diese Brücke vermittelt Schwingungen des Trommelfells auf die Flüssigkeit im inneren Ohr weiter. Das ovale Fenster trennt mittleres und inneres Ohr.
- Das **innere Ohr** (Labyrinth). Es wird von einer geschlossenen Knochenkapsel in der Schädelhöhle gebildet. Es besteht aus dem **Vorhof**, der **Schnecke** sowie **drei Bogengängen** und ist mit Gehörwasser angefüllt. Die innere Wand beherbergt die Endzellen des großen Gehörnervs, welcher die Schwingungen der Flüssigkeit aufnimmt und dem Gehirn übermittelt, wo sie als Töne oder Geräusche bewusst werden.

Der Gehörsinn des Pferdes ist äußerst gut und differenziert ausgebildet. Im Vergleich zum Menschen hört es sowohl tiefere als auch höhere Töne besser.

Das **Ohrenspiel** ist Ausdruck von Aufmerksamkeit. Es drückt zu dem in erheblichem Maße Empfindungen und Stimmungen des Pferdes aus. Die Bewegungen der Ohren prägen Mimik und Pferdegesicht erheblich mit. Angelegte Ohren zeigen Missmut bis hin zur Bösartigkeit an. Lauschend nach vorn oder dem Menschen zugerichtete Ohren drücken immer gute Laune und freundliche Stimmung aus.

Pferde sind gute Hörer und Zuhörer. Sie verstehen Tonlage, Sprechstimmung (freundlich – zornig) und Lautstärke. Zu laute Sprache, Schelte und seltsamerweise menschliches Lachen verunsichern sie, was an den unlustig zurückgelegten Ohren erkennbar wird. Erregte und ängstliche Pferde lassen sich meistens durch vertrauliches Zureden besänftigen und beruhigen. Umgekehrt lassen sich die Tiere oftmals von aufgeregten Betreuern oder Reitern anstecken.

!

Pferdeohr und Menschenstimme sind die wichtigsten Kontaktträger beim Umgang miteinander.

Routinierte Schulpferde befolgen im Regelfall die Kommandos der Reitlehrer und machen den Reitschüler glauben, er beherrsche die geforderte Lektion. **Aufmerksamkeit** erkennt der Reiter am Ohrenspiel seines Pferdes. Es dreht ihm die Ohren zu, wenn er mit ihm spricht. Leise Worte in angepasster Stimmlage genügen, weil es gut hört. Pferde im Training, im Sport und vor allem im Geschirr (in der Forstwirtschaft) können nicht selten allein über bekannte Befehle gelenkt und gesteuert werden.

Besondere Freundschaft wird angezeigt, wenn Pferde ihre Kontaktperson (besonders morgens beim Betreten des Stalles) wiehernd begrüßen, denn sie äußern sich Menschen gegenüber relativ selten stimmlich. Vereinzelt gibt es aber sehr „gesprächige“ Tiere.

!

Man sollte Pferde stets ansprechen, bevor man ihre Box betritt oder sie berühren will. Dies ist unerlässlich, insbesondere wenn man sich den Tieren von hinten nähert, weil sie andernfalls erschreckt ausschlagen könnten.

Pferde untereinander begrüßen sich vornehmlich durch **Wiehern**, das unendlich variiert und verschieden moduliert werden kann.

Pferde schnauben bisweilen aus Übermut oder als Warnung, und nicht selten ist es ein Schrecklaut oder ein Zeichen der Abwehr, auch gegenüber fremden oder ungeliebten Menschen. Körperhaltung und Art des Schnaubens geben Auskunft über den verfolgten Zweck.

Insgesamt bleibt festzuhalten: Es kommt maßgeblich auf die Tonqualität und nicht auf die Lautstärke an, wenn man Wert darauf legt, von seinem Pferd verstanden zu werden.

Bewegungs- und Gleichgewichtssinn
Die drei mit Flüssigkeit angefüllten, dreidimensional angeordneten Bogengänge im Ohr dienen nach dem Prinzip der **kommunizierenden Röhren** als Gleichgewichtsorgan. Sie sitzen auf der Schnecke. Feine Haarzellen, die im Inneren der Bogengänge liegen, fungieren als Rezeptoren des Gleichgewichtssinns. Das Gleichgewichtsorgan versorgt das Gehirn mit Informationen über die Lage des Körpers und Bewegungsempfindungen.

Der Bewegungs- und Gleichgewichtssinn ist durch die Mithilfe des Menschen weiter entwickelt worden. Es werden nicht Reize von außen aufgenommen und verarbeitet, vielmehr geht es um gleichzeitig ablaufende, vielfältige Körperbewegungen, welche sich gegenseitig bedingen. Hinzu kommen die regulierenden und koordinierenden Tätigkeiten der Sinne und Nerven. Anders ausgedrückt: Erst das Zusammenspiel von Skelett, Muskeln und Sehnen sowie Sinnen und Nerven garantiert das Zustandekommen des Einklangs der Bewegungen in der jeweils geforderten Gangart eines Pferdes. Das sich stets, jedoch nicht immer in Einklang bewegende Reitergewicht kommt erschwerend hinzu und muss ausbalanciert werden.

Auf die Auslösung von Verhaltensreaktionen wirken sich beim Pferd Sinneswahrnehmungen zusammenfassend in etwa wie folgt aus:

- Das Auge nimmt die Umwelt sehr aufmerksam und lebhaft wahr.
- Pferde hören sehr gut und reagieren auf Laute, Töne und Stimmen von Pflegern und Reitern.
- Der stark ausgeprägte Geruchssinn hilft dem Pferd, sich in der Umwelt richtig zu orientieren.
- Etwas weniger stark ausgebildet sind Geschmackssinn und Gefühlssinn.

Zur Wiederholung und Vertiefung

1. Erläutern Sie den Aufbau des Pferdeauges.
2. Beschreiben Sie die Sehfähigkeiten des Pferdeauges im Vergleich zum menschlichen Auge.
3. Der Hengst Fabiano weigert sich grundsätzlich über Hindernisse mit blauen Stangen zu springen. Egal wie niedrig oder hoch – bei Blau ist Schluss. Versuchen Sie dieses Verhalten des Pferdes zu erklären.
4. Welche Bedeutung haben für das Pferd
   a) der Geruchssinn?
   b) der Geschmackssinn?
   c) der Gefühlssinn?
   d) der Gehörsinn?
   e) der Bewegungs- und Gleichgewichtssinn?
5. Auf welche Weise werden Schallwellen zu Lauten und Tönen?

1.2.1.2 Das Nervensystem

Das Nervensystem übernimmt die von den Sinnesorganen aufgenommenen Reize, leitet sie weiter und übergibt sie nach Umwandlung als Handlungsimpulse an die ausführenden Organe (Muskeln). Enge Wechselbeziehungen bestehen zum Hormonsystem. Zu unterscheiden sind das **zentrale Nervensystem**, das **periphere Nervensystem** und das **vegetative Nervensystem**.

Das Nervengewebe besteht aus einem Geflecht von Nervenzellen, die durch ihre Ausläufer miteinander verbunden sind. Eine

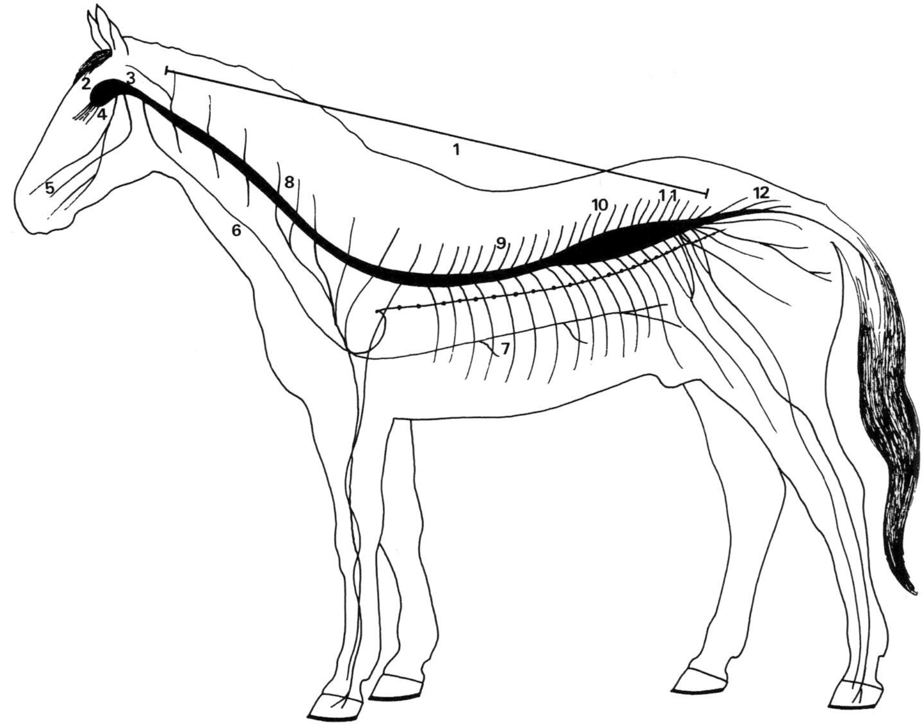

Abb. 12: Das Nervensystem (schematisch): 1 = Rückenmark, 2 = Großhirn, 3 = Kleinhirn, 4 = Stammhirn, 5 = Gehirnnerven, 6 = Nervus vagus (parasympathisch), 7 = sympathischer Grenzstrang, 8 = Halsnerven, 9 = Brustnerven, 10 = Lendennerven, 11 = Kreuznerven, 12 = Schwanznerven.

Nervenzelle ist rundlich bzw. leicht gestreckt ausgebildet und mit einem relativ großen Kern ausgestattet. Die Fortsätze (Dendriten) verbinden entweder die Nervenzellen **(Neuronen)** untereinander oder haben Kontakt mit den Nervenfasern, den **Neuriten** (Axone), die den Hauptteil der Nervenmasse ausmachen. Sie bestehen aus einer Hülle, der **Nervenscheide**, und dem **Nervenmark** in der Mitte. Dazwischen befinden sich vielfach lamellenartig angeordnete **Markscheiden (Schwannsche Scheide)**. Diese lassen an den Neuriten freie Stellen (Ranvierische Schnürringe) offen, die die Reizleitung beschleunigen.

In Ruhe ist die Außenseite des Axons positiv, die Innenseite negativ geladen **(Ruhepotential)**. Dies ist auf eine unterschiedliche Konzentration von Ionen zurückzuführen. Im Inneren des **Axons** befinden sich überwiegend positiv geladene Kaliumionen und große negativ geladene organische Ionen, außerhalb dagegen hauptsächlich positiv geladene Natriumionen und negativ geladene Chloridionen. Durch einen auslösenden Reiz verändert sich die Durchlässigkeit der Zellmembran für diese Ionen. Infolge einer Erregung strömen vermehrt Natriumionen nach innen, was eine Umladung der Membran bewirkt **(Aktionspotential)**. In den schnell leitenden Nervenbahnen mit **Schwannscher Scheide** (Myelinscheide) können die Ionen nur an den Schnürringen

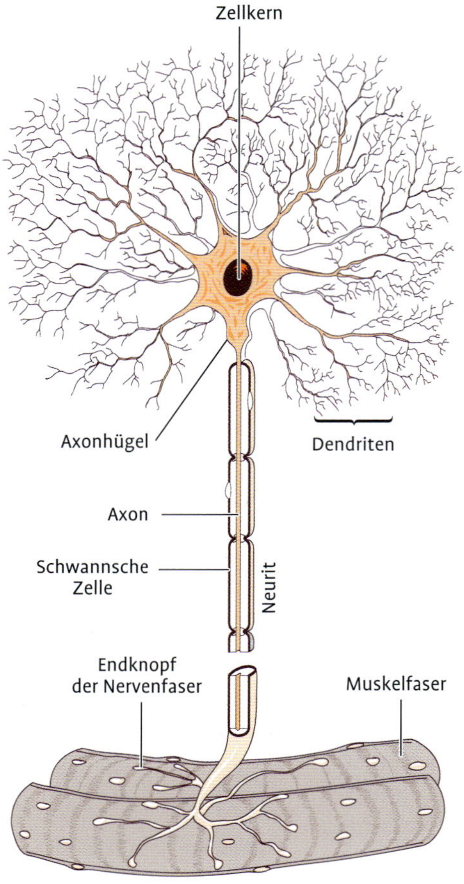

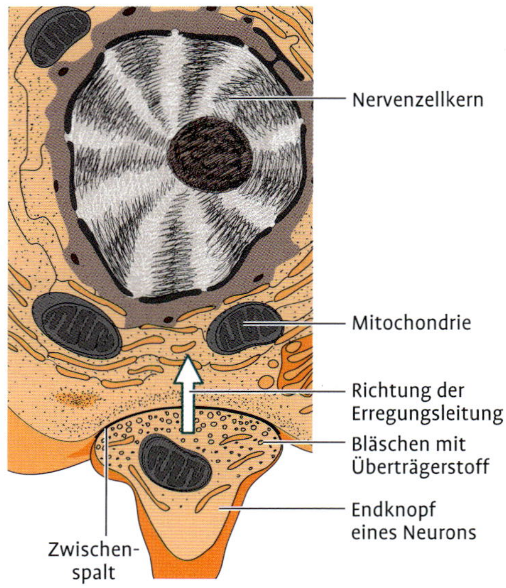

Abb. 13 (links): Nervenzelle mit motorischer, an Muskelfasern endigender Nervenfaser.

Abb. 15 (oben): Erregungsübertragung an der Synapse zwischen zwei Nervenzellen. Im Endknopf des Neurons befinden sich Bläschen mit Überträgerstoffen, sog. Transmittern. Sie werden in den Synapsenspalt ausgeschüttet und aktivieren die angrenzende Membran einer Zelle.

Abb. 14 (unten): Erregungsleitung in einer Nervenfaser mit Markscheide.

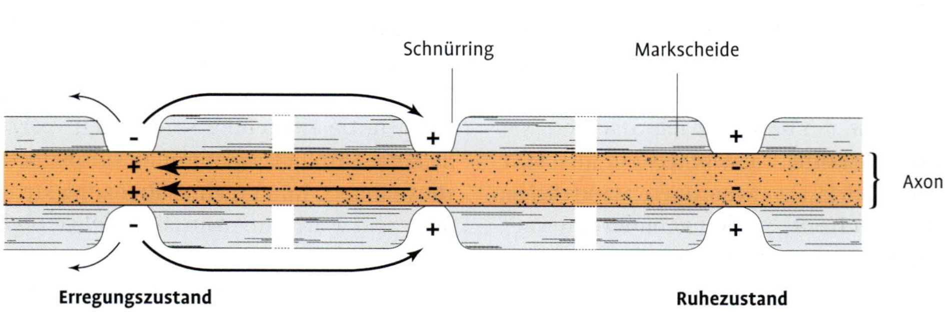

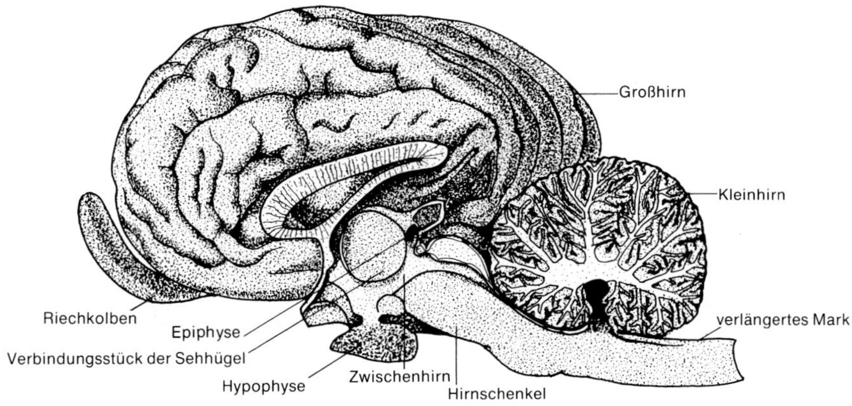

Abb. 16: Schnitt durch ein Pferdehirn.

fließen, sodass sich nur an diesen Stellen Aktionspotentiale bilden können. Die Aktionspotentiale werden von Schnürring zu Schnürring weitergegeben, mit einer Fortleitungsgeschwindigkeit von etwa 10 m je Sekunde **(saltatorische Nervenleitung)**. Nach Abklingen des Aktionspotentials wird die ursprüngliche Ionenverteilung durch einen aktiven Transportvorgang wieder hergestellt.

Synapsen (Kontaktstellen) verbinden die Nervenfasern miteinander und mit den ausführenden Organen. Hier übertragen kleine Verdickungen (Endknöpfchen) die Informationen. Nach der Funktion sind anregende und hemmende Synapsen zu unterscheiden.

Umweltreize werden von den Sinnesorganen aufgenommen und über die Nervenzellen weitergeleitet. Chemische und physikalische Vorgänge greifen dabei stark ineinander über.

Das **zentrale Nervensystem** besteht aus dem Gehirn und dem Rückenmark. Die **graue Substanz** wird von Nervenzellen gebildet, die **weiße Substanz** von Nervenfasern.

Im Gehirn liegt die graue Masse außen und die weiße innen. Im Rückenmark liegen die Verhältnisse genau umgekehrt. Zwischen die Nervenzellen eingebettet befinden sich **Stützzellen** (Gliazellen). Sie haben die Funktion, das Nervengewebe zu ernähren und halten es zusammen.

Das Gehirn, das zentrale Steuerorgan des Organismus, ist von Hirnhaut umgeben.

Es setzt sich zusammen aus:

- Großhirn,
- Kleinhirn,
- Zwischenhirn,
- Hirnanhangsdrüse (Hypophyse),
- Zirbeldrüse (Epiphyse),
- Mittelhirn und
- verlängertem Mark.

Das **Großhirn** mit seinen zahlreichen Windungen und Furchen ist zuständig für die dem Willen unterliegenden Handlungen und Bewegungen. Die einzelnen Regionen erledigen getrennt oder zu mehreren gemeinschaftlich spezielle Aufgaben. Die **Riechkolben** am vorderen Ende nehmen zum Beispiel Geruchseindrücke auf.

Das **Zwischenhirn** beherbergt viele Reflexionszentren. Hier kann medikamentös Einfluss auf Reizvorgänge genommen werden. In

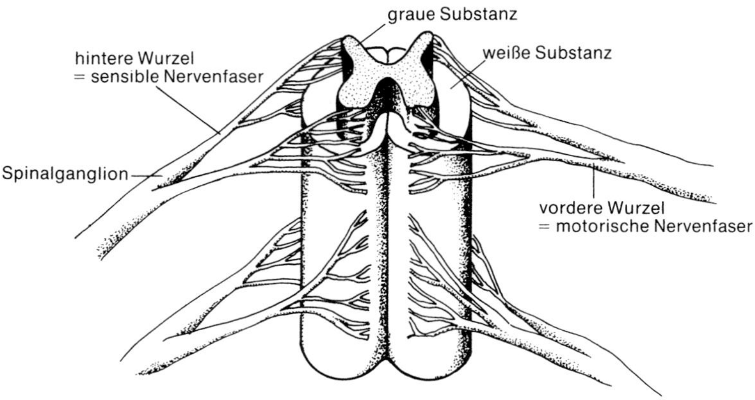

Abb. 17: Rückenmark mit Rückenmarksnerven.

unmittelbarer Nähe liegen die **Hirnanhangsdrüse** (Hpophyse) und die **Zirbeldrüse** (Epiphyse), welche Hormone (körpereigene Wirkstoffe) produzieren.

Das **Mittelhirn** steuert die Reaktionen auf Gehör-, Seh- und Gleichgewichtsreize.

Im verlängerten Mark liegen das Atmungssteuerungszentrum und das Kreislaufsteuerungszentrum. Verletzungen in diesem Bereich führen sofort zum Tod (z. B. bei Genickbruch). Das kugelige, stark gefurchte **Kleinhirn** sitzt über dem verlängerten Mark. Hier wird die Koordination der Bewegungen gesteuert.

Das **Rückenmark**, von Rückenmarkshaut umgeben, liegt eingebettet im Wirbelkanal, der von den Wirbellöchern der einzelnen Wirbel gebildet wird.

Es ist die Schaltstation zwischen zentralem und peripherem (am Rand befindlichen) Nervensystem. Zwischen zwei Wirbeln entspringen vorne aus der grauen Substanz die motorischen und hinten die sensiblen Nervenfasern.

Das **periphere Nervensystem** besteht aus sensiblen und motorischen Nervenfasern. Die sensiblen Nervenfasern leiten Reize von den Sinnesorganen zum zentralen Nervensystem, die motorischen Reize von dort an die ausführenden Organe, z. B. an die Muskeln.

Der Gesamtkörper ist von Nervenfasern beider Typen durchzogen. An den sogenannten empfindlichen Stellen und in den Sinnesorganen ist das Netz dichter als an den unempfindlichen.

Das **vegetative Nervensystem** arbeitet vom Willen unabhängig. Es steuert alle Lebensvorgänge wie Atmung, Blutkreislauf u. a.

Enge Zusammenhänge zwischen zentralem Nervensystem, Hormondrüsen und vegetativem (selbständigem) Nervensystem sind gegeben.

Zwei Nervenbahnensysteme mit gegensätzlicher Wirkung kennzeichnen das vegetative Nervensystem.

Der **Sympathikus** bewirkt die Erweiterung der Blutgefäße in den Muskeln, Beschleunigung des Herzschlages, Erweiterung von Bronchien und Pupille, Verengung der Gefäße in der Haut und den Eingeweiden. Seine Zentrale bildet der beiderseits des Rückenmarks verlaufende Grenzstrang.

Der **Parasympathikus** hat zwei Nervenäste. Einer davon entspringt im unteren Teil des Rückenmarks, der andere im Hirnstamm. Als Gegenspieler des Sympathikus kehrt er dessen Wirkung um.

Zur Wiederholung und Vertiefung

1. Nennen Sie die Funktionen der drei Nervensysteme.
2. Erläutern Sie den Aufbau einer Nervenzelle.
3. Wie geschieht die Weiterleitung von Reizen in den Nervenbahnen?
4. Welche Funktion haben Synapsen?
5. Beschreiben Sie den Grundaufbau des Gehirns.

1.2.1.3 Das Hormonsystem

Hormone sind spezifische Wirkstoffe, die in den sog. **endokrinen Drüsen** (mit innerer Sekretion) produziert werden. Sie steuern – ins Blut gegeben – schon in kleinsten Dosierungen manche Lebensvorgänge sehr wirksam oder stimmen diese aufeinander ab (z. B. Wachstum, Fortpflanzung, Stoffwechselvorgänge, Temperatur etc.). Diese Wirkungen sind mit zurückzuführen auf die Beeinflussung anderer Wirkstoffgruppen, z. B. der **Enzyme** (organische Verbindungen, die den Stoffwechsel regulieren).

Die Hormone verändern bisweilen die Durchlässigkeit von Zellwänden, aktivieren die Erbanlagen und steuern den Aufbau

Abb. 18: Lage der Hormondrüsen: 1 = Hypophyse, 2 = Epiphyse, 3 = Schilddrüse, 4 = innere Nebenschilddrüse, 5 = äußere Nebenschilddrüse, 6 = Nebenniere, 7 = Bauchspeicheldrüse, 8 = Eierstock, 9 = Hoden.

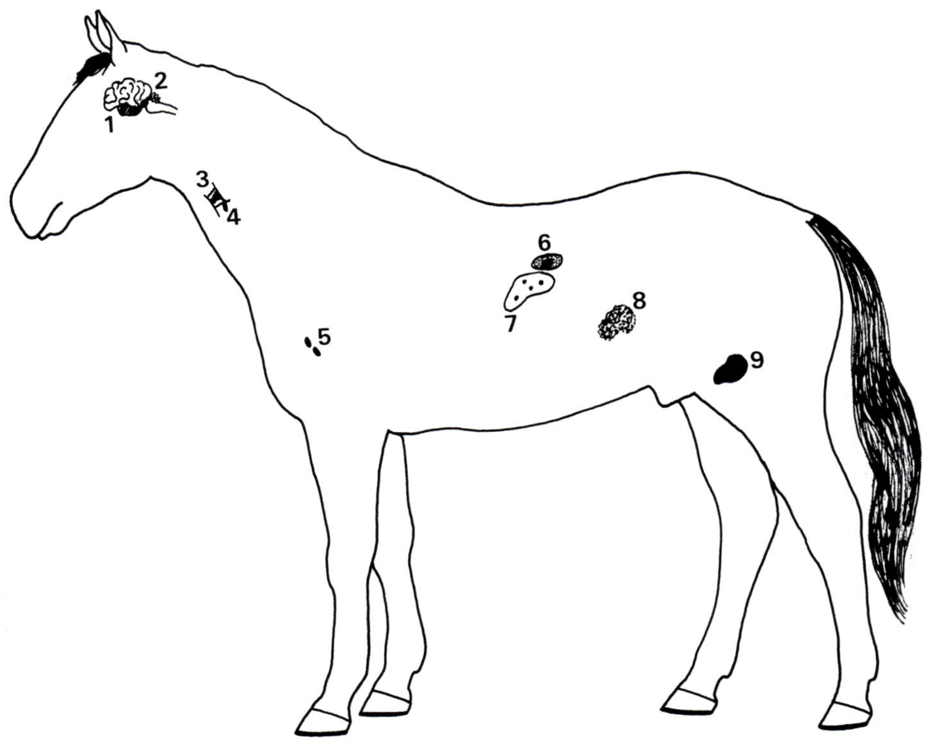

bestimmter Proteine. Einige Hormondrüsen produzieren mehrere Hormone, welche an ganz unterschiedlichen Stellen im Körper wirksam werden.

Die **Hirnanhangsdrüse** (Hypophyse) bildet:

- das Wachstumshormon **Somatotropin**. Es reguliert das Jugendwachstum;
- das **Thyreotropin**, welches insbesondere Einfluss auf die Tätigkeit der Schilddrüse ausübt;
- das **Adrenokortikotropin**. Es beeinflusst direkt die Hormonabgabe durch die Nebennierenrinde, und indirekt bewirkt es eine gewisse Widerstandskraft gegenüber Belastungen und Stress;
- das **Melanotropin**. Es wirkt aus dem Hirnanhangsmittellappen auf die Pigmentbildung ein;
- das **Oxytocin.** Es hat Mehrfachwirkung durch Zusammenziehen glatter Muskulatur. Z. B. bewirkt es das Einschießen der Milch. Es fungiert ferner als Wehenhormon;
- das **Adiuretin.** Es steuert die Wasserrückgewinnung in den Nieren;
- die **Gonadotropine** FSH, LH und LTH. Diese regulieren die Arbeit der Keimdrüsen. **FSH** (Follikelstimulierendes Hormon) ist für die Follikelreifung, das Hodenwachstum und die Spermienbildung verantwortlich. **LH** (Luteinisierendes Hormon) ist ebenfalls an der Follikelreifung beteiligt. Ferner steuert es den Eisprung, die Gelbkörperbildung und das Wachstum der Zwischenzellen in den Hoden. **LTH** (Luteotropes Hormon) bewirkt den Aufbau von Milchdrüsengewebe und die Milchsekretion. Darüber hinaus fördert es den Mutterinstinkt.

Schilddrüse und **innere Nebenschilddrüsen** liegen in Lappenform beiderseits der Luftröhre in Kehlkopfnähe.

Die Schilddrüse sondert – beeinflusst durch Thyreotropin – die zwei jodhaltigen Hormone **Thyroxin** und **Trijodthyroxin** in die Blutbahn ab. Sie regulieren und steuern den Stoffumsatz im Körper. Bei Jodmangel können beide Hormone nicht gebildet werden.

Die Nebenschilddrüsen produzieren das **Parathormon** (PTH), welches den Kalzium-Phosphorspiegel im Blut abstimmt. Muskelkrämpfe deuten Mangel an.

Die **Bauchspeicheldrüse** produziert in den Hauptdrüsen ein fermentartiges Sekret, das die Verdauung von Protein, Fett und Kohlenhydraten bewirkt. In den anliegenden sog. **Langerhansschen Inseln** bilden die A-Zellen das Hormon **Glukagon**, das den Blutzuckerspiegel anhebt. Die dort gleichfalls angesiedelten B-Zellen liefern das antagonistisch (als Gegenspieler) wirkende Hormon **Insulin**, das den Blutzuckerspiegel senkt.

Die **Nebennieren** bestehen aus Mark und Rinde. In der **Nebennierenrinde** (NNR) werden die **Kortikosteroide** gebildet. Sie beeinflussen den Kohlenhydratstoffwechsel, die Glykogeneinlagerung in die Leber und den Mineralstoffwechsel, besonders aber die Mineralstoffeinlagerung in die Zellen, wodurch die Widerstandskraft gestärkt wird. Die NNR bildet in geringem Umfang auch **Geschlechtshormone**. Dies sind zum einen die männlichen Geschlechtshormone **Testosteron** und **Androstendion** und zum anderen weibliche Geschlechtshormone, vor allem **Östrogene** und **Progesteron**.

Im **Nebennierenmark** (NNM) werden **Adrenalin** und **Noradrenalin** gebildet. Sie werden zur Regulation des Blutkreislaufes und im Stoffwechsel benötigt. Z. B. steigert Adrenalin den Glykogenabbau in der Leber und der Muskulatur. Von besonderer Bedeutung ist das Adrenalin in Stress- und Notfallsituationen. Es bewirkt eine Verengung der Blutgefäße der Haut und des Magen-Darm-Kanals bzw. eine Erweiterung der Gefäße der Skelettmuskulatur. Die für die Flucht benötigte Muskulatur wird so mit der erforderlichen Blutmenge versorgt. Außerdem wird das Zentralnervensystem in Alarmbereitschaft versetzt.

Adrenalin und Noradrenalin werden auch in den Endknöpfchen der Nervenenden gebildet, wo sie als Überträgerstoffe zur Aktivierung angrenzender Muskulatur eingesetzt werden.

Die **Geschlechtsdrüsen** (Hoden, Eierstöcke) produzieren neben Samen und Eizellen Hormone, die den Geschlechtscharakter und das Paarungsverhalten beeinflussen. Sie wirken mit den Gonadotropinen der Hypophyse zusammen. Das männliche Geschlechtshormon **Testosteron** zeichnet verantwortlich für die Ausbildung der primären und sekundären Geschlechtsmerkmale und steuert den Geschlechtstrieb. Die weiblichen **Östrogene** setzen den Geschlechtszyklus in Gang. Sie bewirken die Ausbildung der Milchdrüse und stimulieren die Gebärmutterschleimhaut im Geschlechtszyklus. Das **Progesteron** – im Gelbkörper gebildet – löst die Absonderung der Sekrete in den Gebärmutterdrüsen aus, die die Ernährung des Embryos sicherstellen.

Die Aufgaben der **Epiphysenhormone** sind schwer genau festzustellen. Sie scheinen bei der Ausbildung der Geschlechtsorgane beteiligt zu sein.

In den Zellen mancher Gewebe entstehen **Gewebshormone**, z. B. in der Magen- und Darmschleimhaut, im Sperma, in den Blutplättchen usw. Diese Hormone beleben zum Teil die Bildung von Enzymen, sind unentbehrlich für das Befruchtungsgeschehen oder regulieren teilweise das Funktionieren der Abwehrmechanismen des Körpers.

1.2.2 Verhaltensauffälligkeiten

!

Verhaltensstörungen sind der Ausdruck innerer Unruhe, Stress und Unzufriedenheit. Sie treten in der Mehrzahl der Fälle infolge einer nicht pferdegerechten Haltung, Pflege und Fütterung auf. Handelt es sich bei der Verhaltensstörung um wiederkehrende, gleichförmige Bewegungsabläufe spricht man von einer **Stereotypie**.

Zwei Kategorien von unerwünschten Verhaltensweisen des Pferdes können unterschieden werden:

a) Echte Verhaltensstörungen mit evtl. Schadensfolge für die Tiere.
b) Schadensvermeidende Reaktionen als Anpassung an einen falschen Umgang mit dem Pferd.

1.2.2.1 Verhaltensstörungen

Zu den Verhaltensstörungen und Stereotypien zählen:

- das Koppen,
- das Weben,
- das Kreislaufen,
- Sich-nicht-Legen,
- Barrenwetzen / Holzbeißen / Gitterbeißen,
- das Ausschlagen gegen die Boxenwand,
- exzessives Scharren,

Zur Wiederholung und Vertiefung

1. Stellen Sie in einer Tabelle die Hormondrüsen, die von ihnen gebildeten Hormone und ihre Hauptfunktionen zusammen.

Die Hormondrüsen, die von ihnen gebildeten Hormone und ihre Hauptfunktionen		
Hormondrüse	**Hormone**	**Aufgaben**
Hypophyse	Somatropin, ...	Jugendwachstum, ...

2. Inwieweit wird durch Hormone das Verhalten des Pferdes gesteuert?

- das Kopfschütteln („head-shaking"),
- die Selbstverstümmelung.

Koppen

Beim Koppen nimmt das Pferd Luft über das Maul auf, die es mit einem rülpsenden Ton wieder ausstößt oder teilweise abschluckt. Dies geschieht unter Zuhilfenahme der langen Halsmuskulatur.

Pferde praktizieren diese Verhaltensstörung in zwei Varianten. Als **Aufsatzkopper** (Krippensetzer) stützen sie die Schneidezähne auf eine harte Unterlage, z. B. den Rand des Troges. Dies führt meist zu einer unnatürlichen Abnutzung der Schneidezähne des Oberkiefers. Die **Freikopper** (Windschnapper) dagegen verzichten auf eine Unterlage. Sie treten zahlenmäßig hinter den Aufsatzkoppern zurück.

Die Gründe für diese Verhaltensstörung sind in ungenügender Beschäftigung, nicht geeignetem Futter, mangelhafter Stallluft sowie Fehler in der Ausbildung zu suchen. Einige Wissenschaftler sind der Meinung, dass ein nicht ausreichend befriedigter Saugtrieb als Ursache in Betracht zu ziehen sei. Berichtet wird auch, dass Pferde das Koppen durch Nachahmung lernen könnten.

Als Folgen des Koppens können Verdauungsstörungen (Magentympanie), schlechte Futterverwertung und Abmagerung auftreten. Die Leistungsfähigkeit wird hierdurch eingeschränkt. Fohlen entwickeln sich nur unzureichend.

Wesentlicher Bestandteil der Therapie muss eine Verbesserung der Haltung sein. Durch tägliche und ausreichende Arbeit muss das Bewegungsbedürfnis des Pferdes befriedigt werden. Stroheinstreu, reichlich Heufütterung und zusätzlich Weidegang sorgen für Beschäftigung und beugen Langeweile vor. Das Anlegen eines sog. Kopperriemens soll das Koppen erschweren. Mit dem Kopperriemen wird Druck auf den Kehlkopf und die den Kehlkopf bewegenden Muskeln ausgeübt. Aufsatzkoppern sollte man zu dem alle Möglichkeiten des Aufsetzens nehmen. Vorgeschlagen wird auch der Einsatz einer sog. Koppertränke, bei der das Pferd seinen Wasserbedarf saugend und nicht trinkend aufnehmen muss. Hierdurch soll der beim Pferd überentwickelte Saugtrieb befriedigt werden. Lässt sich durch die genannten Maßnahmen keine Besserung erzielen, besteht auch die Möglichkeit eines operativen Eingriffs. In etwa 70–80 Prozent der Fälle lässt sich hierdurch das Krippensetzen beheben.

Weben und im Kreislaufen

In beiden Fällen handelt es sich um eine lokomotorische (auf Bewegung beruhende) **Stereotypie**.

Beim Weben pendelt das Pferd mit Kopf und Hals stundenlang von einer Seite zur anderen. Bei extremer Ausprägung schwingt der gesamte Vorderkörper im Rhythmus der Kopfbewegung mit. Das Gesamtbild dieser Verhaltensstörung kann jedoch von Pferd zu Pferd stark variieren. In Untersuchungen an betroffenen Pferden hat man zwischen 400 bis 18 000 Pendelbewegungen am Tag gezählt.

Weben tritt meist bei Pferden mit starkem Bewegungsdrang ohne ausreichende Arbeit auf. Es kann demnach als eine **Ersatzhandlung** für nicht ausreichende Fortbewegung gedeutet werden. Exzessives Weben kann zu Schäden an den Gelenken im Vorderhandbereich führen. Eine Therapie im fortgeschrittenen Alter gestaltet sich oft schwierig.

Einzeltierhaltung, unzureichende Zuwendung und mangelnde Beschäftigung sind auch die Ursachen für das oft stundenlange zwanghafte Laufen im Kreis.

Sich-nicht-Legen

Pferde sind hochspezialisierte Fluchttiere. Sie haben ein ausgeprägtes **Sicherheitsbedürfnis**. Legt sich ein Pferd über mehrere Tage nicht hin, kann dies darauf zurückzuführen sein, dass es sich in seiner Umgebung nicht sicher fühlt. Stress und Einsamkeit bewirken eine seelische Unausgeglichenheit. In seltenen Fällen können auch ein nicht rutschfester Boden oder ein schlecht gemisteter Stall (Nässe) die Ursache für unterbleibendes Hinlegen sein.

Barrenwetzen / Holzbeißen / Gitterbeißen

Der übermäßige Einsatz der Zähne an harten Objekten führt häufig zu einer starken Abnutzung der Schneidezähne bis hin zum Verlust. Manchmal treten auch Entzündungen am Zahnfleisch auf. Eine Beeinträchtigung der Futteraufnahme bzw. Futterverwertung ist dann die Folge.

Die Gründe für diese abnorme Verhaltensweise können verschieden sein:

- Aufgestaute Aggressionen infolge fehlender Sozialkontakte zu Artgenossen werden an Ersatzobjekten abreagiert.
- Fehler in der Fütterung wie eine unzureichende Versorgung mit Raufutter oder zu wenige Mahlzeiten am Tag,
- mangelnde Beschäftigung,
- unzureichende Zuwendung.

Ausschlagen gegen die Boxenwände und exzessives Scharren

Durch häufiges und kräftiges Treten gegen die Boxenwände können ernste Verletzungen an den Hufen auftreten. Außerdem kommt es zu Beschädigungen an der Einrichtung.

Beobachtet wird dieses Verhalten meist zu Beginn der Fütterung sowie beim Heraus- oder Hereinführen von Stallgenossen.

Das Scharren in der Einstreu kann man als Betteln nach Futter interpretieren. Es sollte auf keinen Fall durch Futtergaben belohnt werden, weil sich dadurch das Pferd in seinem Verhalten noch bestärkt fühlt. Die Folge wäre dann eine Zunahme dieses unerwünschten Verhaltens.

Kopfschütteln (Kopfschlagen)

Kommt es in unregelmäßigen Abständen, ohne erkennbaren äußern Anlass, zu heftigen Kopfbewegungen beim Pferd, bezeichnet man dies als Kopfschütteln oder Kopfschlagen („head-shaking"). Dieses unberechenbare Verhalten birgt Gefahrenpotential für Mensch und Tier.

Durch sorgfältige, tierärztliche Untersuchungen muss versucht werden, die Ursache aufzuspüren. In der Mehrzahl der Fälle wird jedoch keine Grunderkrankung gefunden. Dies ist auch der Grund, warum erfolgversprechende Therapien selten sind.

Selbstverstümmelung

Das drastische Verhalten der Selbstverstümmelung wird insbesondere bei Hengsten beobachtet. Sie beißen sich bevorzugt in die Flanken, aber auch in die Gliedmaßen. Dies führt meist zu schweren Verletzungen der Haut, die medizinisch versorgt werden müssen.

Wahrscheinlich ist ein **Triebstau** die Ursache und löst diese **Ersatzhandlung** aus. Vorrangig betroffen sind besonders lebhafte und triebstarke Hengste. Können die Tiere ihrem Sexualtrieb und Herdentrieb nicht nachkommen, hat dies Stress, Aggression und Frustration zur Folge.

1.2.2.2 Schadensvermeidende Reaktionen

Die im vorangehenden Kapitel beschriebenen Verhaltensstörungen sind meist mit Schäden für die Tiere verbunden. Demgegenüber zeigen Pferde auch ein Repertoire an schadensvermeidenden Reaktionen, deren Ursprung in angeborenen Verhaltensweisen liegt. Gemeint sind Reaktionen, die dem Selbsterhaltungstrieb zu zuordnen sind. Hierzu einige Beispiele:

Schreckhaftigkeit (Scheuen)

Dieses Verhalten ist Bestandteil des **Fluchttriebes**. Für ein Beutetier in freier Wildbahn ist es überlebenswichtig, Feinde frühzeitig zu erkennen. Als Reaktion erfolgt die Flucht. Ein Pferd in menschlicher Obhut wird scheuen, wenn es eine Gefahrensituation wittert. Die vom Menschen gestaltete Umgebung enthält viele für das Pferd unbekannte Dinge, die es als bedrohlich ansieht. Der Mensch muss das

Pferd schon als Fohlen an seine Umwelt heranführen, um ihm so die Angst zu nehmen. Durch eine fachgerechte Ausbildung und Nutzung kann die Reizschwelle für das Auslösen des Fluchttriebes zu dem herabgesetzt werden. Ein falscher Umgang mit dem Pferd hat genau das Gegenteil zur Folge. Überängstliche Pferde scheuen bei jeder Gelegenheit und machen so den Umgang mit ihnen zum gesundheitlichen Risiko.

Bösartigkeit

Pferde, die negative Erfahrungen mit Menschen gemacht haben, versuchen durch **Beißen** oder **Schlagen** diese auf Distanz zu halten. Nur mit viel Geduld, Zuwendung und Einfühlungsvermögen können derartige Pferde wieder korrigiert werden.

Zungenstrecken

Durch Zungenstrecken wehrt sich das Pferd gegen eine fehlerhafte Anwendung des Gebisses. Die Zunge wird zeitweilig oder dauernd aus der Maulhöhle herausgestreckt. Das Pferd zeigt das Verhalten auch dann, wenn es kein Gebiss im Maul trägt.

Widersetzlichkeit

Die Widersetzlichkeit in bestimmten Situationen (z. B. beim Verladen, beim Beschlagen oder gar beim Reiten) stellt ein ernstes Problem im Umgang mit dem Pferd dar. Die Verwendbarkeit des Pferdes kann durch ein solches Verhalten stark eingeschränkt werden. Widersetzlichkeit ist, sofern nicht genetisch oder krankheitsbedingt, wiederum auf einen fehlerhaften Umgang durch den Menschen zurückzuführen.

Damit sich das Pferd ein solches Verhalten nicht angewöhnt, ist es äußerst wichtig, dass der Ausbilder es kein einziges Mal toleriert. Er darf jedoch nicht mit Strafe reagieren, sondern muss sofort versuchen, das Pferd durch fachmännisches Handeln zur gewünschten Handlung oder Duldung zu bringen. Sobald ein Pferd jedoch gelernt hat, mit einer unerwünschten Reaktion Erfolg zu haben, wird es auch zukünftig versuchen, so zu agieren.

Zur Wiederholung und Vertiefung

1. Schildern sie die Ursachen, die für
   a) das Auftreten von Verhaltensstörungen und
   b) schadensvermeidende Reaktionen verantwortlich sind.
2. Welche gesundheitlichen Schäden können beim Pferd infolge von Verhaltensstörungen auftreten? Legen Sie hierzu eine Tabelle an.

Gesundheitliche Schäden infolge von Verhaltensstörungen	
Verhaltensstörung	**Gesundheitliche Schäden**
Koppen	...

1.3 Pferde im Stall halten

?

Herr Maier unterhält einen Reiterhof mit der Erteilung von Reitunterricht und der Ausbildung von Pferden. Der Betrieb beherbergt 50 Pferde (Warmblut) und verfügt über 25 ha Grünland. Die Stallhaltung geschieht in Einzelboxen. Das Grünland ist in Koppeln unterteilt. Auf der Hälfte der Fläche wird der erste Aufwuchs zur Heugewinnung genutzt. Zur weiteren Ausstattung des Betriebes zählen eine Reithalle (20 × 40 m), ein Außenreitplatz, eine Führanlage, eine Scheune und ein Schuppen für Maschinen und Geräte. Da die Nachfrage insbesondere nach Pensionsplätzen sehr groß ist, beabsichtigt Herr Maier den Betrieb bis auf etwa achtzig Pferde zu vergrößern. Herr Maier und seine Mitarbeiter setzen sich zusammen, um gemeinsam die erforderlichen Baumaßnahmen zu planen. Es wird auch über alternative Stallhaltungsformen nachgedacht.

Die Unterbringung im Stall bedeutet für das Pferd eine starke Einschränkung seiner angeborenen Verhaltensweisen. Zur Erinnerung: Das Pferd ist ein **Herden-**, **Lauf-** und **Fluchttier**. Es ist in der Wildbahn bis zu 18 Stunden am Tag mit Futtersuche beschäftigt **(Dauerfresser)**. Man fragt sich, wie es überhaupt möglich ist, dass das Fluchttier „Pferd“ sich im Stall einsperren lässt? Die Antwort liegt vermutlich in den Genen der wilden Urahnen. *Eohippus* lebte bekanntlich im Wald und fand dort Schutz im Dickicht vor Feinden. Unser Hauspferd besitzt noch Gene des Urpferdchens. Im Stall fühlt es sich sicher vor Feinden. Allerdings müssen auch die sonstigen Bedürfnisse angemessen berücksichtigt werden. Dies geschieht je nach Haltungsform in unterschiedlichem Umfang.

Folgende Stallhaltungsformen werden unterschieden:

a) Einzelhaltung in Boxen ohne / mit Paddock.
b) Gruppenhaltung im Einraumlaufstall ohne / mit Auslauf.
c) Gruppenauslaufhaltung (Bewegungsstall) mit getrennten Funktionsbereichen.

!

Jede Stallhaltungsform sollte grundsätzlich mit Weidegang kombiniert werden. Dies fördert die allgemeine Gesundheit und das Wohlbefinden des Pferdes.

1.3.1 Einzelhaltung (Boxenhaltung)

Die Einzelaufstallung in Boxen ist bedingt geeignet für Pferde die täglich bewegt werden oder zusätzlich Auslauf haben. Eine ausschließliche Boxenhaltung ist nicht artgerecht. Dennoch werden die meisten Großpferde in Einzelboxen gehalten. Insbesondere Sportpferde (Rennpferde, Turnierpferde) sind bevorzugt in dieser Aufstallungsform untergebracht. Die Hauptvorteile sind: Der Besitzer hat einen schnellen Zugriff auf das Pferd. Die Überwachung ist relativ einfach. Das Verletzungsrisiko ist gering. Das Pferd lässt sich individuell füttern und pflegen. Der Hygienestatus ist relativ hoch. Von Nachteil ist dagegen die große Einschränkung der Bewegungsfreiheit. Darüber hinaus kann bei dieser Haltungsform kein Sozialverhalten praktiziert werden.

!

Das Pferd benötigt ausreichend Beschäftigung und Umweltreize, sonst nimmt es körperlich und seelisch Schaden.

Das Haltungssystem ist ferner gekennzeichnet durch einen relativ hohen Arbeitsaufwand. Das Boxenpferd muss täglich geputzt und seine Hufe kontrolliert werden. Man muss es mindestens zwei- bis dreimal am Tag füttern und seine Box sauber halten, d.h., misten, einstreuen, Trog und Tränke reinigen. Boxenhaltung ist insgesamt gesehen eine teure Haltungsform. Jedes Pferd hat seinen eigenen kleinen Stall mit Trog und Tränke.

Richtmaße

Die Grundlage zur Berechung der Abmessungen einer Box bildet die Widerristhöhe des Pferdes (Tab. 2, Abb. 19). Für Warmblutpferde ergibt sich eine Boxenfläche von etwa 12 m^2. Bei einer rechteckigen Box muss die kürzere Seite mindestens 2,90 m lang sein, damit sich das Pferd mühelos umdrehen kann. Für besonders temperamentvolle Pferde (Englisches Vollblut, Traber) sollte die Boxengrundfläche etwa 10 bis 20 % größer als mit der Faustformel errechnet bemessen werden.

Für Stuten mit Fohlen errechnet sich die Grundfläche wie folgt (Warmblut, Absetzalter des Fohlens etwa 6 Monate):

$(2 \times 1{,}67\ m)^2 + (2 \times 1{,}34\ m)^2 = 18{,}34\ m^2$, d.h. die Gemeinschaftsbox muss etwa 18 m^2 groß sein.

Tab. 2. Richtmaße für Boxen

	Faustformel	Maße (etwa) für durchschnittlich große	
		Pferde (Wh = 1,67 m)	Ponys (Wh = 1,40 m)
Boxenfläche	Mindestens $(2 \times Wh)^2$	11,16 m^2 Empfehlung: 12,00 m^2	7,84 m^2 Empfehlung: 8,00 m^2
Kurze Seite der Box	Mindestens 1,75 × Wh	2,92 m	2,45 m
Trennwandhöhe:			
Brusthoch, oben offen	0,80 × Wh	1,34 m	1,12 m
Oberteil vergittert, durchsichtig	1,30 × Wh	2,17 m	1,82 m
Bis oben undurchsichtig, nur in Ausnahmefällen	1,45 × Wh	2,42 m	2,03 m
Türen:			
Höhe Boxeninnentür	1,30 × Wh	2,17 m	1,82 m
Höhe Boxenaußentür	1,40 × Wh	2,34 m	1,96 m
Höhe der unteren Türhälfte bei halbierten Türen	0,80 × Wh	1,34 m	1,12 m
Breite der Boxentür	etwa 0,72 × Wh	1,20 m	1,00 m
Trog/Tränke:			
Höhe der Krippensohle (Fressebene)	etwa 0,33 × Wh	0,55 m	0,46 m
Höhe der Tränke (Wasserspiegel)	etwa 0,33 × Wh	0,55 m	0,46 m
Anordnung von Trog und Tränke	Diagonal	Diagonal	Diagonal

Wh = Widerristhöhe (Stockmaß)

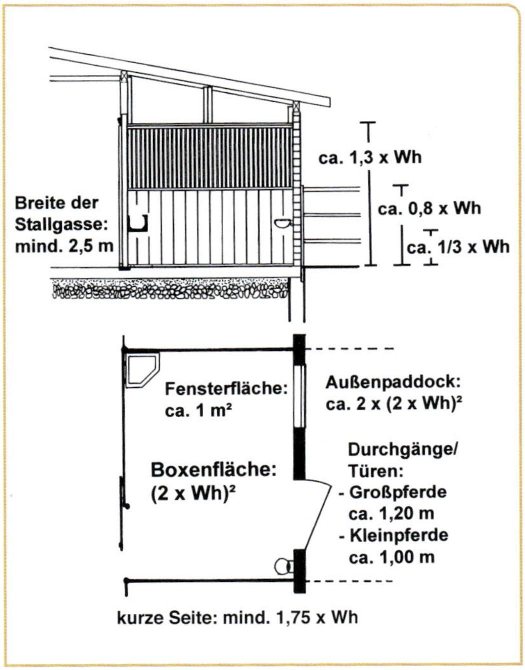

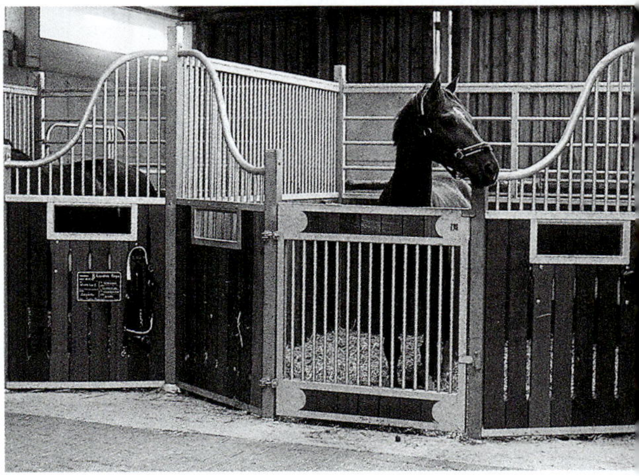

Abb. 19 (oben): Boxenrichtmaße.

Abb. 20 (oben rechts): Vorderfront der Boxen mit horizontaler Vergitterung. Untere Hälfte der vorderen Abtrennung mit Lüftungsschlitzen.

Abb. 21 (rechts): Halboffene Boxen-Vorderfront.

Abtrennung und Tür

Die meisten Zwischenwände sind bis zur Brusthöhe geschlossen und aus Holz. Die Holzkonstruktion muss stabil und vor Fäulnis geschützt sein. Am besten geeignet sind Harthölzer, z. B. Eiche oder Lärche. Damit eine gute Durchlüftung der Box gewährleistet ist, müssen zur Stallgasse hin Öffnungen in die Bretter eingefräst werden. Die untere Abtrennung kann aber auch aus Mauerwerk oder Beton bestehen. Beton ist jedoch wärmetechnisch bedenklich. Der obere Teil der Zwischenwände besteht i. d. R. aus einem Gitter (Gesamthöhe: 1,3 × Wh). Die Metallstäbe des Gitters sind meist senkrecht angeordnet mit einem lichten Abstand von 5 bis 6 cm. Alternativ verwendet man auch waagerecht verlaufende Rohre mit 16 bis 17 cm Abstand. Hierdurch wird die Sicht des Pferdes verbessert. Noch pferdefreundlicher sind unterbrochene Gitterkonstruktionen. Diese gibt es in vielen Varianten. Meistens ist die Abtrennung jedoch nur zur Stallgasse hin unterbrochen. Bei dieser

> **!**
> Alle Eisenteile der Box müssen vor Korrosion geschützt sein.

Variante kann das Pferd seinen Kopf über die untere Abtrennung (0,8 × Wh) hinaus strecken und das Geschehen auf der Stallgasse besser verfolgen (Abb. 21).

Die Tür muss ausreichend breit und hoch sein (siehe Richtmaße). Zum Einsatz kommen **Schiebe-** oder **Schwenktüren**. Schwenktüren sollten immer zweigeteilt sein, damit das Pferd bei geöffnetem oberem Türflügel seinen Kopf hinausstrecken kann. Sie kann aber auch aus einem nur brusthohen Türflügel bestehen (0,8 × Wh). Schwenktüren werden zur Stallgasse hin geöffnet und können so zum Hindernis bzw. zur Gefahrenquelle werden, insbesondere wenn die Stallgasse eng ist. Für das in die Box bzw. aus der Box zu führende Pferd und die führende Person ist die rechtsanschlagende Tür, von der Stallgasse aus gesehen, ungefährlicher als die linksanschlagende Tür.

!

Um Haltungsneurosen bzw. einem Beknabbern der hölzernen Boxenteile vorzubeugen, ist zu empfehlen, den Pferden Knabbermöglichkeiten, z. B. in Form von Weichholzklötzen oder -stangen, anzubieten.

Türverschlüsse müssen leichtgängig, funktionssicher und verschließbar sein. Pferde dürfen sie nicht öffnen können.

Trog und Tränke

Jede Box muss über Fütterungseinrichtungen und eine Tränke verfügen. Diese sollten diagonal angeordnet sein. Dadurch soll verhindert werden, dass die Pferde das Futter einweichen sowie die Tränke verunreinigen. Der Trog befindet sich i. d. R. an der zur Stallgasse hin gewandten Boxenwand. Idealerweise lässt er sich über eine von außen zu öffnende Klappe befüllen, ohne dass die Boxentür geöffnet werden muss. Der Trog muss stabil sein und eine glatte Oberfläche besitzen, damit er leicht gereinigt werden kann. Bewährt haben sich Tröge aus Steingut, die innen glasiert sind. Aber auch solche aus geglättetem Eisenbeton, Polyester oder Metall (verzinktem Blech) können benutzt werden. Von Vorteil sind muldenförmige Tröge mit innen überstehenden Rändern, wodurch das Futterherauswerfen reduziert wird. Alle Kanten müssen abgerundet sein, damit das Verletzungsrisiko klein bleibt. Neben rechteckigen Trögen finden auch platzsparende Ecktröge Verwendung.

Abb. 22: Pferdetrog aus rostfreiem Stahl.

Abb. 23: Stabtränke.

Raufutter (Heu) nimmt das Pferd am besten vom Boden auf. Dies entspricht seiner natürlichen Fresshaltung. Hochraufen sind abzulehnen, weil die unnatürliche Körperhaltung zu Wirbelsäulenschäden und Augenleiden (Staub) führen kann.

Wasser in Trinkwasserqualität muss dem Pferd zur freien Aufnahme zur Verfügung stehen. Dies lässt sich am besten über **Selbsttränken** sicherstellen. Das Wasser ist in diesen stets sauber und frisch.

Die Zuleitungen müssen in Kaltställen und an Außenwänden wärmeisoliert verlegt werden und die Tränken, wo nötig, elektrisch beheizbar sein.

Trog und Tränke sollten nicht zu hoch angebracht sein (siehe Richtmaße).

Stallboden

Der Boden der Box und der Stallgasse hat folgende Anforderungen zu erfüllen:

- Er muss rutschfest und stabil sein, die Tritte beschlagener Pferde dürfen ihn nicht beschädigen können.
- Insbesondere der Boxenboden darf keine Feuchtigkeit oder gar Nässe von unten eindringen lassen.
- Der Boden soll gegen Kälte von unten schützen.
- Zur Beseitigung anfallender Jauche müssen Gefälle und Abflüsse vorhanden sein.
- Der Boden soll trittelastisch sein, damit die Gliedmaßen der Pferde geschont werden.

Weit verbreitet sind rau abgezogene Betonböden. Diese sind zwar dicht, stabil und beständig, jedoch unelastisch und kalt. Das Aufbringen eines Spezialbelages (z. B. Stallit, Steinit) verbessert den Boxenboden. Bewährt haben sich auch genoppte Gummimatten und Weich-PVC. Diese sind allerdings in der Anschaffung teuer und ihre Haltbarkeit ist begrenzt.

Alle Stallböden erfüllen die Anforderungen nicht hundertprozentig. Ein Kompromiss zwischen pferdegerecht, baurechtlich zulässig und finanziell machbar muss im Einzelfall gesucht und gefunden werden.

> **!**
> Gute und reichliche Einstreu kompensiert häufig einen nicht optimalen Boxenboden. Beschädigungen müssen jedoch sofort ausgebessert werden.

Boxenhygiene, Einstreu, Dunglagerung

Die Stallhygiene beeinflusst die Gesundheit und das Wohlbefinden des Pferdes erheblich. In der Wildbahn sind Fress-, Liege- und Kotplätze getrennt. In der Box kann das Pferd seinen Ausscheidungen nicht ausweichen. Werden diese durch den Menschen nicht entfernt, beginnen sie sich durch Bakterien zu zersetzen, wobei schädliche Gase entstehen. Darüber hinaus zieht der Mist Insekten, insbesondere Fliegen an. Durch eine schlecht gemistete Box wird ferner der Kreislauf von Magen-Darmparasiten nicht unterbrochen. Feuchter Mist schädigt zudem die Hufe (Strahlfäule).

Weit verbreitet ist die **Matratzen-Haltung**. Der Kot wird täglich mehrmals abgesammelt und die nasse Einstreu ein- bis zweimal am

Abb. 24: Eine reichlich eingestreute Box trägt wesentlich zum Wohlbefinden des Pferdes bei.

Tag aus der Box entfernt. Morgens und abends ebnet man die übrige Einstreu ein und ergänzt sie durch frische Einstreu. Bei Bedarf wird die Box komplett entmistet.

Die Haltung im **Tretmistverfahren**, bei dem über einen längeren Zeitraum nicht entmistet, sondern nur täglich übergestreut wird, ist aus Sicht der Hygiene nicht zu empfehlen.

Optimal aus hygienischer Sicht ist dagegen das **Wechselstreuverfahren**. Die Box wird hierbei täglich komplett ausgeräumt und neu eingestreut. Dieses Verfahren erfordert zwar eine größere Menge an Einstreu und ist auch arbeitsaufwendiger als die vorgenannten, dafür erhält man aber eine gute Stallluft und reduziert das Risiko einer Erkrankung des Pferdes.

Als Einstreumaterial wird überwiegend Stroh verwendet. Die Einstreu soll die Ausscheidungen des Pferdes möglichst vollständig aufsaugen bzw. binden, eine zusätzliche Wärmeisolierung schaffen sowie vor Verletzungen schützen. Sie trägt auch zur Beschäftigung des Pferdes bei. Geeignet sind Weizen-, Roggen- und Gerstenstroh. Das Stroh sollte qualitativ hochwertig sein und wenig stauben. Es darf weder schimmelig noch faulig sein. In Abhängigkeit von der Aufstallungsform werden etwa 4 bis 12 kg Einstreu pro Pferd und Tag benötigt.

Anstelle von Stroh können auch entstaubte Hobelspäne als Einstreu genutzt werden. Sie sind eine Alternative für Pferde mit Stauballergie. Ihre Saugwirkung ist jedoch ungünstiger. Darüber hinaus bereitet die Entsorgung häufig Schwierigkeiten.

!

Die Boxen sollten in regelmäßigen Abständen sowie vor jeder Neubelegung generalgereinigt und desinfiziert werden. Auch der Anstrich der Außenwand ist regelmäßig zu erneuern.

Abb. 25: Mistplatz. Austretendes Mistwasser muss aufgefangen werden.

Die Entmistung der Boxen geschieht meist von Hand. Unter bestimmten Vorrausetzungen ist aber auch eine Mechanisierung möglich. Dann kommen Stalltraktoren mit Frontlader zum Einsatz. Die Stallgasse muss jedoch ausreichend breit sein und die Boxenvorderwände müssen sich ganz öffnen lassen. Es gibt darüber hinaus auch Boxensysteme, bei denen man die seitlichen Abtrennungen zur Stallgasse hin weg ziehen und dann durch die Boxenreihe fahren kann. Die Pferde stehen während dieser Zeit auf der Stallgasse.

Pferde produzieren am Tag 10 bis 25 kg Kot und 3 bis 12 l Urin. In Verbindung mit der Einstreu aus Stroh resultiert eine Mistmenge von etwa 20 bis 40 kg pro Pferd und Tag. Der Mist ist umweltverträglich zu entsorgen. Er wird bis zur Weiterverwertung auf einem Mistplatz gelagert. Der Mistplatz sollte an einer Stelle liegen wo er leicht zu erreichen ist, aber niemanden stört, am besten an der

!

Der Standardmistplatz besteht aus einer wasserdichten Betonplatte mit Gefälle zur abflusslosen Jauchegrube, um ggf. austretendes Mistwasser aufzufangen.

windabgewandten Seite des Stalles. Die Größe hängt vom täglichen Mistanfall, von der Lagerdauer und der weiteren Verwendung ab.

Behördliche Vorschriften verlangen oft weitere Maßnahmen, z. B. eine dreiseitige Mauereinfassung oder die Pflanzung von Bäumen und Sträuchern als Sicht- und Geruchsschutz.

Pferdehaltungen ohne ausreichende landwirtschaftliche Nutzfläche sind auf die Abnahme (Käufer) des Mistes angewiesen. Eine begrenzte Nachfrage besteht u. a. seitens der Champignonzüchter. **Kompostierung** ermöglicht die hygienisch unbedenkliche Ausbringung des Pferdemistes auf Pferdekoppeln. Die aerobe (unter Sauerstoff) Zersetzung des Mistes tötet Krankheitskeime, Eier und Larven von Endoparasiten und Insekten ab. Es entsteht nach 6 bis 12 Monaten ein wertvoller Humus. Hobelspäne benötigen mindestens 12 Monate bis sie kompostiert sind. Die Kompostierung kann durch die Zugabe von Stickstoffdünger beschleunigt werden. Außerdem sollte der Komposthaufen vor Austrocknung und Auskühlung geschützt sowie mehrmals umgesetzt werden.

Boxenställe

Boxenställe werden als ein- oder zweireihige geschlossene Stallungen mit Stallgasse errichtet. Die Stallgasse sollte ausreichend breit sein, bei zweireihigen Boxenställen mindestens 3 m. Es werden daneben auch einreihige **Außenboxenstallungen** mit davorliegendem Versorgungsgang hergestellt. Einzelboxen, die mit einem davorliegendem Auslauf kombiniert sind, stellen eine deutliche Verbesserung der Boxenhal-

Abb. 26: Boxenstall mit Kleinpaddocks. Boxenfläche 12,25 m², Fläche der Kleinpaddocks jeweils 24,50 m².

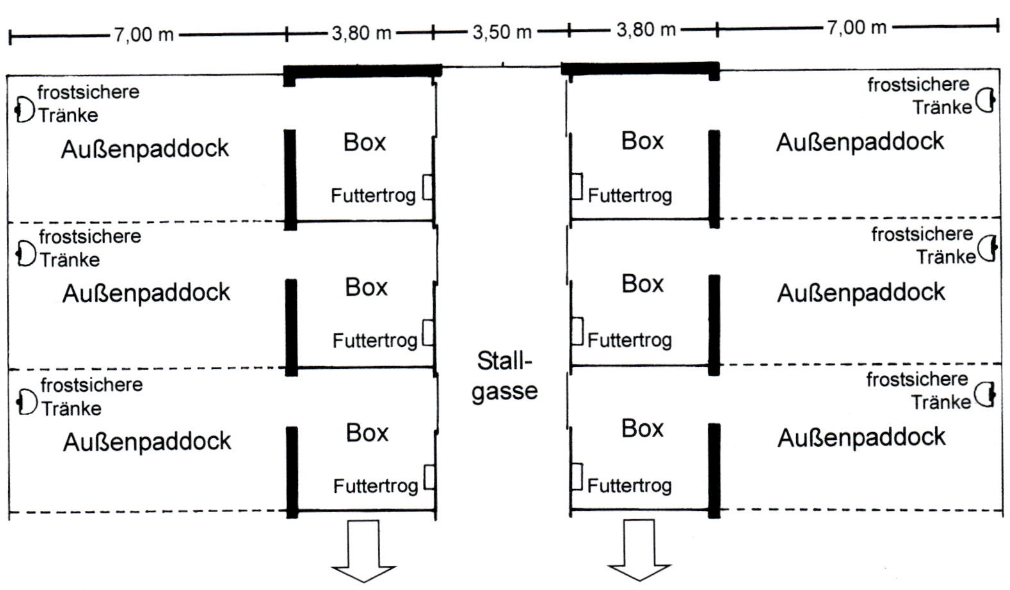

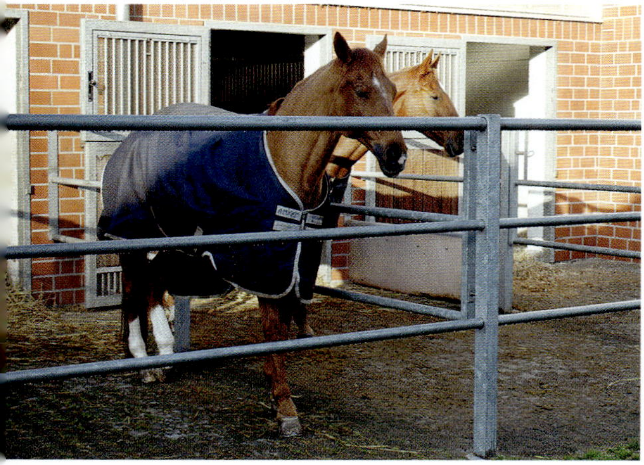

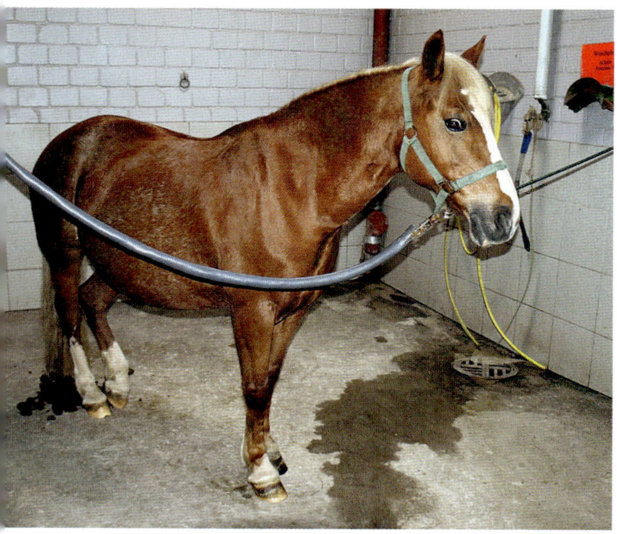

Abb. 27 (oben links): Paddockboxen. Die Pferde können jederzeit ins Freie. Dies trägt wesentlich zur Förderung der Gesundheit bei.

Abb. 28 (oben rechts): Außenboxen. Die Ausgänge bestehen aus zwei Türflügeln.

Abb. 29 (Mitte links): Heller, geräumiger und vor allem luftiger Stalltrakt.

Abb. 30 (Mitte rechts): Sattelkammer.

Abb. 31 (links): Waschbox.

tung dar. Ein solcher **Kleinpaddock** sollte etwa die doppelte Größe der Box besitzen.

Für Ställe mit deckenlastiger Lagerung von Heu und Stroh gilt eine Deckenhöhe von mindestens 2 × Wh. Die Decken müssen ausreichend wärmegedämmt und gegen Feuchtigkeit isoliert sein, damit die Lagergüter nicht verderben. Die Staubentwicklung in diesen Ställen ist meist höher als in Ställen ohne deckenlastiger Lagerung, weil Heu und Stroh durch Luken in der Decke auf die Stallgasse geworfen werden.

Heute werden Ställe i. d. R. ohne eingezogene Decke errichtet. Futtermittel und Einstreu werden aus Gründen besserer Mechanisierungsmöglichkeiten außerhalb des Stallgebäudes gelagert. Hierdurch steigt allerdings der Platzbedarf. Es wird eine zusätzliche Scheune benötigt. Die Lagerung von Heu- und Stroh-Großballen im Freien, geschützt durch eine Folie, ist auch möglich. Folienverpackte Grassilage wird immer außerhalb der Gebäude gelagert. Größere Kraftfuttermengen werden am wirtschaftlichsten in Kraftfuttersilos untergebracht. Für kleinere Mengen ist eine Futterkammer vorzusehen. Das Kraftfutter muss kühl und trocken lagern.

!

Zur Vermeidung von Arbeitsunfällen müssen die Abwurfluken für Heu und Stroh strengstens den Vorschriften der Berufsgenossenschaften entsprechen.

Ställe ohne eingezogene Decke bieten den Pferden mehr Luftvolumen und sind meist auch heller, weil zusätzlich Licht über lichtdurchlässige Platten im Dach fallen kann. Zur Ausstattung eines Stalles zählt auch eine **Sattelkammer**. Sie dient der Aufbewahrung der wertvollen Sättel und Zaumzeuge. Ferner werden hier Hilfszügel, Longen, Führstricke, Geschirre, Pferdedecken, Putzzeug, Pflegeutensilien usw. aufbewahrt. Die Sattelkammer sollte ausreichend groß, wärmegedämmt und trocken sein.

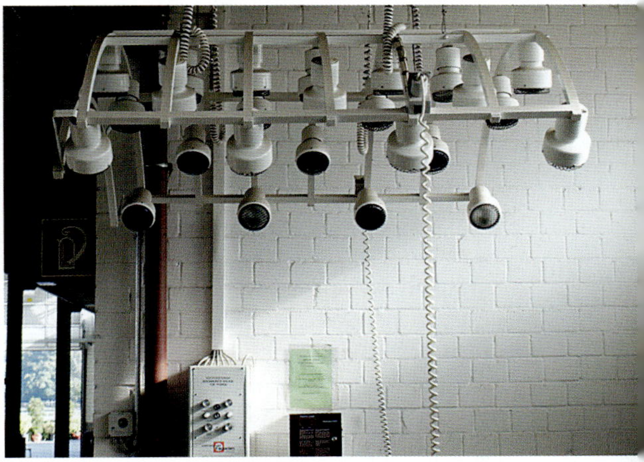

Abb. 32: Solarium.

!

Regelmäßige Lederpflege erhält die Funktionssicherheit und Langlebigkeit der Lederteile.

Putz- und Waschplätze können sowohl innerhalb des Stallgebäudes als auch außerhalb eingerichtet werden. Aus Gründen der Staubvermeidung jedoch empfiehlt es sich, die Pferde außerhalb des Stalles zu putzen. Der Boden sollte rutschfest und leicht zu reinigen sein. Eine geeignete Anbindevorrichtung wird benötigt.

Zahlreiche Pferdeställe verfügen auch über ein **Solarium**. Unter der künstlichen Sonne kann das Fell frisch gewaschener Pferde schneller trocknen. Ferner fördert die regelmäßige Besonnung, insbesondere im Winter, die allgemeine Gesundheit.

Eine **Abstellkammer,** für die im Stall benötigten Gerätschaften sowie ein gesonderter **Apothekenraum** mit Kühlschrank, der abgeschlossen werden kann, gehören ebenfalls in jeden Pferdebetrieb.

Zur Wiederholung und Vertiefung

1. Stellen Sie in einer Tabelle die wichtigsten Vor- und Nachteile der Einzelhaltung in Boxen gegenüber.
2. Berechnen Sie für folgende Pferde die Mindestboxenfläche in m² sowie die Mindestlänge der kurzen Boxenseite in m:
   a) Shetlandpony, Wh 95 cm
   b) Welsh Pony, Wh 143 cm
   c) Holsteiner, Wh 170 cm
   d) Englisches Vollblut, Wh 165 cm
   e) Lipizzaner-Stute, Wh 155 cm, mit Fohlen (Wh beim Absetzen 128 cm)
3. Überprüfen Sie folgende Box hinsichtlich ihrer Eignung zur artgerechten Unterbringung eines Warmblutpferdes mit einer Widerristhöhe von 175 cm: Boxenbreite 392 cm. Boxentiefe 270 cm. Breite der Boxentür 115 cm. Trennwandhöhe 217 cm. Stellen Sie die „Soll-„ und „Istwerte“ tabellarisch gegenüber.
4. Beschreiben Sie drei Formen der Boxentrennwandgestaltung.
5. Welche Gründe sprechen für offene oder zum Teil offene Boxenaufsätze?
6. Schildern Sie die Unterschiede zwischen Schwenk- und Schiebetüren bezüglich ihrer Verwendbarkeit im Pferdestall.
7. Welche wiederkehrenden Arbeiten zählen zur Boxenpflege?
8. Warum sollten Trog und Tränke diagonal und nicht zu hoch angebracht werden?
9. Welche Kriterien muss eine Futterkrippe erfüllen?
10. Erläutern Sie die Vorteile der Selbsttränke.
11. Welche Anforderungen muss ein guter Boxenboden erfüllen?
12. Erläutern Sie die unterschiedlichen Entmistungs- und Einstreuverfahren.
13. Welche Umweltaspekte müssen bei der Errichtung der Dungstätte berücksichtigt werden?
14. Ein Reitbetrieb beherbergt 120 ausgewachsene Warmblutpferde. Der Mistanfall liegt bei durchschnittlich 30 kg pro Pferd und Tag. Das Raumgewicht des frischen Mistes beträgt etwa 400 kg/m³. Wie groß ist der Flächenbedarf (m²) für den Mistplatz (Lagerhöhe maximal 2,50 m), wenn die Lagerzeit a) 3 Monate, b) 6 Monate und c) 12 Monate beträgt?
15. Inwieweit verbessern Kleinpaddocks die Boxenhaltung?
16. Beschreiben Sie die Vor- und Nachteile
    a) einer deckenlastigen,
    b) einer erdlastigen Heu- und Strohlagerung.
17. Planen und zeichnen Sie den Grundriss eines Boxenstalles (Maßstab 1:200) für
    a) 30 Reitpferde (Warmblut).
    b) 30 Zuchtstuten (Englisches Vollblut) mit Fohlen (Gemeinschaftsboxen).
    c) 30 Galopprennpferde oder 30 Trabrennpferde (Trainingsstall).
    Geben Sie alle Abmessungen an und berechnen Sie die Gesamtstallfläche in m². Begründen Sie die gewählten Maße.

Abb. 33: Einraumlaufstall für Mutterstuten mit Fohlen.

1.3.2 Gruppenhaltung

Pferde sind Herdentiere. Nur in der Gruppe lernen sie Sozialverhalten. In ritualisierten Rangordnungskämpfen wird die soziale Stellung innerhalb der Gruppe festgelegt. Dieses Verhalten bildete eine Grundvoraussetzung für die Domestizierbarkeit dieser Tierart: Das Pferd akzeptiert den Menschen als ranghöheren Partner.

> **!**
> In der Gruppenhaltung wird das Bedürfnis des Pferdes nach Kontakten zu Artgenossen befriedigt. Es ist ausgeglichener und umgänglicher.

1.3.2.1 Einraumlaufstall

Die bautechnisch einfachste Variante der Gruppenhaltung ist der Einraumlaufstall. Fressen, Saufen, Laufen und Liegen geschieht in nur einem Raum. Geeignet ist dieses Haltungssystem in erster Linie für Stuten ohne / mit Fohlen sowie für die Jungpferdeaufzucht. Zur Vermeidung von Verletzungen durch Rangordnungskämpfe empfiehlt sich ein gleichbleibender Pferdebestand (gerade Anzahl von Pferden). Die Gruppengröße sollte überschaubar sein. Der Flächenbedarf pro Pferd kann mit der Faustformel $(2 \times Wh)^2$ ermittelt werden. Zur Unterbringung über einen längeren Zeitraum ist der Einraumlaufstall jedoch nicht geeignet. Er sollte deshalb stets mit einem Paddock und Weidegang gekoppelt werden. Einraumlaufställe werden i. d. R. als Tieflaufställe im Tretmistverfahren betrieben. Die komplette Entmistung geschieht mit Traktoren, die über einen Frontlader verfügen. Den arbeitswirtschaftlichen Vorteilen bei der Entmistung stehen jedoch Bedenken aus hygienischer Sicht gegenüber. Erschwert ist auch die individuelle Futterzuteilung. Die Tröge für Saft-, Kraft- und Zusatzfutter befinden sich entweder innerhalb der Lauf- und Liegefläche oder sind durch ein Fressgitter getrennt außerhalb angebracht. Die Abstände der senkrechten Rohre des Fressgitters müssen der

Zur Wiederholung und Vertiefung

1. Stellen Sie in einer Tabelle die Vor- und Nachteile der Einraumlaufstallhaltung gegenüber.
2. Berechnen Sie den Flächenbedarf im Einraumlaufstall (ohne permanenten Zugang zum Auslauf) für folgende Pferde (Warmblut):

Platzbedarf für die Einraumlaufstallhaltung				
	Fohlen	**Jährlinge**	**Zweijährige**	**Dreijährige und älter**
Widerristhöhe (m)				
Flächenbedarf pro Pferd (m^2)				
Flächenbedarf für acht Pferde (m^2)				

3. Warum ist die Unterbringung im Einraumlaufstall ohne Auslauf über einen längeren Zeitraum nicht artgerecht?
4. Planen und zeichnen Sie den Grundriss eines Einraumlaufstalles im geschlossenen Gebäude mit Stallgasse und angeschlossenem Futterlager für 10 Jährlinge (Warmblut). Zeichnen Sie Füttertröge und Tränken mit ein.

Größe der Tiere angepasst sein. Ferner muss die Anzahl der Fressplätze mit der Anzahl der Pferde übereinstimmen. Ggf. müssen die Pferde zur Krippenfutter-Fütterung angebunden werden. Raufutter kann zur freien Aufnahme über Rundraufen dargereicht werden. Die Wasserversorgung ist über eine angemessene Anzahl von Selbsttränken sicher zu stellen.

1.3.2.2 Gruppenauslaufhaltung (Mehrraumlaufstall)

Die Gruppenauslaufhaltung ist gekennzeichnet durch die räumliche Trennung der Funktionsbereiche Fressen, Saufen, Laufen und Liegen. Dadurch wird das Pferd zur Bewegung animiert. Durch geschickt angeordnete **Raumteiler** können die Wege, die vom Pferd zurück gelegt werden müssen, verlängert werden (Bewegungsstall / Aktivstall). Geeignet ist dieses Stallsystem für alle Pferde, insbesondere für Pferde, die unregelmäßig bewegt werden. Die Kombination mit einer Weide ist auch hier für Reitpferde empfehlenswert, für Zuchttiere und Jungpferde Bedingung.

Das Haltungssystem besteht aus einem eingestreuten **Liegebereich** in einem Stallgebäude, einem davorliegenden Auslauf und aus Fressständen. Durch zwei Zugänge zum Liegebereich soll verhindert werden, dass ein ranghöheres Pferd ein rangniedriges Pferd am Betreten hindert. Die Türöffnungen sollten zum Süden hin liegen. Als Windschutz können 15 bis 20 cm breite PVC-Streifen angebracht werden. Der Flächenbedarf pro Pferd beträgt im Liegebereich etwa $(1{,}8 \times Wh)^2$. Die Idealerweise überwiegend befestigte **Auslauffläche** sollte pro Pferd mindestens $2 \times (2 \times Wh)^2$ betragen. Im Auslaufbereich sind frostsichere Tränken zu installieren. Auf einer kleinen nicht befestigten Teilfläche sollte Sand zum Wälzen aufgeschüttet werden. Die

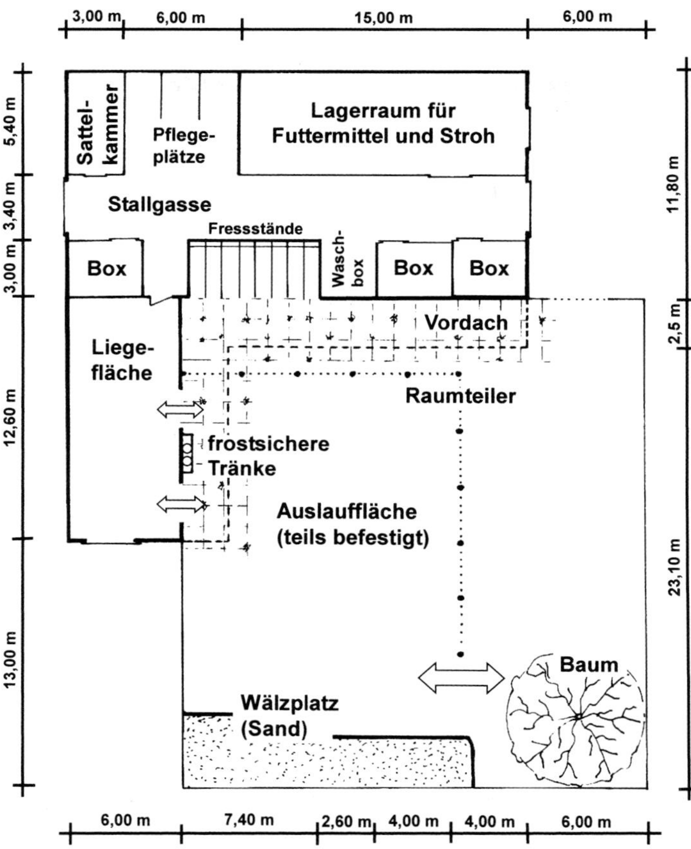

Abb. 34: Mehrraumlaufstall mit Fressständen für 8 Pferde (Warmblut) und 3 Einzelboxen.

Fressstände sollten möglichst weit von der Liegefläche und den Tränken entfernt liegen. Für jedes Pferd muss ein **Fressstand** vorhanden sein. Die Größe der Fressstände muss der Größe der Pferde angepasst werden (Länge: 1,8 × Wh). Sie dürfen nur so breit sein, dass ein Pferd hineinpasst. In den Fressständen ist eine individuelle Zuteilung von Krippenfutter möglich. Die Verabreichung des Raufutters kann über aufgestellte Rundraufen in der Auslauffläche zur freien Aufnahme geschehen.

Anstelle von konventionellen Fressständen kann auch eine **Kraftfutterabrufstation** für bis zu 30 Pferde installiert werden. Diese bietet aus Sicht der Ernährungsphysiologie wesentliche Vorteile. Die für jedes Pferd individuell ermittelte Futtermenge (Kraftfutter und Mineralfutter) lässt sich auf viele kleine Mahlzeiten verteilen. Die Einzeltiererkennung erfolgt mittels eines **Transponders**, den das Pferd unter die Haut (linke Halsseite) injiziert bekommt oder an einem speziellen Halsband trägt. Betritt das Pferd den Kraftfutterautomaten, wird die ihm zustehende Futtermenge in den Trog dosiert. Eine gesteuerte Nachlaufsperre gewährleistet eine ungestörte Futteraufnahme. Nach der

Zur Wiederholung und Vertiefung

1. Welche Vorteile bietet die Gruppenauslaufhaltung gegenüber der Gruppenhaltung im Einraumlaufstall?
2. Welche Besonderheiten weist ein Bewegungsstall für Pferde auf?
3. Ermitteln Sie den Platzbedarf für die Gruppenauslaufhaltung.

Platzbedarf für die Gruppenauslaufhaltung			
Fläche	**Faustformel**	**Das ergibt pro Pferd**	
		Wh = 1,67 m	**Wh = 1,45 m**
Liegefläche	$N \times (1{,}8 \times Wh)^2$		
Auslauf	$N \times 2 \times (2 \times Wh)^2$		
Einzelfressstand Länge Breite	 $1{,}8 \times Wh$ Alters- und rasseabhängig	 0,8 m	 0,7 m

N = Anzahl der Pferde
Wh = Widerristhöhe

4. a) Planen und zeichnen Sie den Grundriss eines Mehrraumlaufstalles für 6 Schulpferde (durchschnittliche Widerristhöhe 1,65 m). Planen Sie eine Sattelkammer, eine Krankenbox, eine Waschbox, eine Abstellkammer, eine Kraftfutterkammer sowie ein Heu-/Strohlager mit ein. Wie groß ist ihr Stallsystem (mit Auslauf) insgesamt?
   b) Wie vor, jedoch für 6 Haflinger mit einer durchschnittlichen Widerristhöhe von 1,40 m.
5. Erklären Sie die Funktionsweise einer computergesteuerten Futterzuteilung? Worin liegen die wesentlichen Vorteile? Welche Probleme können auftreten?

Futteraufnahme verlässt das Pferd den Automaten über die Ausgangstür nach vorne. Das nächste Pferd kann nachrücken.

Auch die Raufutterzuteilung lässt sich automatisieren. An einem computergesteuerten **Heudosierer** wird die tägliche Fressdauer für Raufutter eingestellt. Das mit Transponder ausgestattete Pferd erhält mehrmals am Tag in Intervallen Zugang zum Raufutter. Nach Betreten des Automaten (Futterstand mit Seitenausgang) öffnet sich vorne ein Schieber zum Fressgitter hin. Bis zu 4 Pferde können mit einem Heudosierer versorgt werden.

!

Betriebe mit Gruppenhaltung benötigen zusätzlich immer eine separate Krankenbox. Eingewöhnungsboxen für Neuzugänge sind ebenfalls sinnvoll.

1.3.3 Das Stallklima

Optimale Luftverhältnisse sind die Voraussetzung für widerstandsfähige und gesunde Pferde. Insbesondere im geschlossenen Stall (Warmstall) sind diese nicht immer gegeben. Ein geringes Luftvolumen, mangelhafte Hygiene und ein nicht ausreichender Luftaustausch sind die Ursachen für schlechte Luft. Die Folgen sind häufig chronische Atemwegserkrankungen.

1.3.3.1 Stallklimafaktoren

Temperatur

Die Stalltemperatur sollte den Bedürfnissen des Pferdes gerecht werden. Eine relativ konstante Stalltemperatur ist ungünstig. Die Folge wäre, dass die **Thermoregulationseinrichtungen** des Pferdes unzureichend gefordert würden. Dies würde mit der Zeit die Widerstandsfähigkeit gegen Krankheiten mindern. Würde das Pferd dann plötzlich stark abweichenden Temperaturen ausgesetzt, z. B. bei einem Ausritt, wäre es auf diese Situation nicht vorbereitet und könnte krank werden. Es ist also nicht sinnvoll, Pferde bei konstanten Stalltemperaturen zu halten. Insbesondere zu hohe Stalltemperaturen im Winter machen die Pferde krankheitsanfällig. Zum Training der Thermoregulationsmechanismen ist es demnach empfehlenswert, dass die Stalltemperatur ganzjährig der Außentemperatur folgt. Ställe sollten nur vor extremer Witterung schützen, d.h., im Winter vor all zu großer Kälte und Nässe und im Sommer vor übermäßiger Hitze.

Luftzusammensetzung

Im geschlossenen Stall werden die Anteile der Komponenten der Luft maßgeblich durch die Atmung und die Ausscheidungen des Pferdes bestimmt.

Tab. 3. Zusammensetzung der Luft und die Veränderung ihrer Komponenten durch die Atmung

Komponenten	Eingeatmete Luft	Ausgeatmete Luft
Sauerstoff	21 Vol. %	16 Vol. %
Kohlendioxid	0,03 Vol. %	etwa 4,5 Vol. %
Wasserdampf	verschieden	gesättigt
Temperatur	verschieden	34 °C
Stickstoff	78 Vol. %	78 Vol. %
Edelgase	etwa 1 Vol. %	etwa 1 Vol. %

Relative Luftfeuchtigkeit

Die Fähigkeit der Luft, Wasser in Form von Wasserdampf zu binden, ist temperaturabhängig. So nimmt das Wasserbindungsvermögen bei sinkenden Temperaturen rapide ab. Während bei 20 °C noch maximal 17,3 g Wasser pro m³ Luft aufgenommen werden können, sind es bei -10 °C gerade mal 2,4 g. Die relative Luftfeuchtigkeit gibt den prozentuellen Anteil an der maximal möglichen Aufnahmemenge an. 60 % relative Luftfeuchtigkeit bei einer Temperatur von 20 °C entsprechen demnach 10,38 g Wasser pro m³ Luft (s. Tab. 4, Seite 52).

Über die Atmung und die Hautverdunstung gibt ein Großpferd (ohne Arbeit) etwa 350 g Wasser in der Stunde ab. Dies sind am Tag über 8 Liter Wasser. Diese müssen über die Lüftung abgeführt werden, um einen Anstieg der relativen Luftfeuchtigkeit zu vermeiden.

> !
> Die optimale relative Luftfeuchtigkeit beträgt in geschlossenen Pferdeställen 60 bis 70 %.

Zur Überprüfung sollte ein **Hygrometer** im Stall aufgehängt werden. Zu trockene Luft schädigt die Atemwege durch Austrocknung. Darüber hinaus wird die Staubbildung begünstigt. Der Staub reizt die Schleimhäute zusätzlich. Ferner dient er als Träger für Krankheitserreger. Ein zu feuchter Stall fördert ebenfalls das Auftreten von Atemwegserkrankungen. Feuchte Ställe sind meist im Winter ein Problem. In Verbindung mit hohen Temperaturen wird die Entwicklung von Krankheitserregern begünstigt. Bei deutlich niedrigeren Außentemperaturen kondensiert die Luftfeuchtigkeit in nicht wärmegedämmten Ställen an allen kalten Flächen, insbesondere an den Außenwänden und Fenstern. Dies wird auch als „Schwitzen des Stalles“ bezeichnet.

Tab. 4. Zusammenhang zwischen Lufttemperatur, maximaler und relativer Luftfeuchtigkeit (g/m³)							
Temperatur (°C)	40	30	20	10	0	−10	−20
Maximale Luftfeuchtigkeit	51,2	30,4	17,3	9,4	4,9	2,4	1,1
Relative Luftfeuchtigkeit 60 %	30,7	18,2	10,4	5,6	2,9	1,4	0,7

Schadgase

Durch die Atmung wird die Stallluft ständig mit **Kohlendioxid** (CO_2) angereichert. Dieses nicht brennbare Gas ist farb-, geschmack- und geruchlos. Da es 1,5-mal schwerer als Luft ist, sinkt es zu Boden und sammelt sich dort. Die Toleranzgrenze für den CO_2-Gehalt der Luft im Pferdestall liegt bei 0,1 bis 0,2 Volumenprozent. Unverbrauchte Luft enthält 0,03, ausgeatmete Luft etwa 4,5 Volumenprozent. Bei steigendem CO_2-Gehalt der Atemluft verschlechtert sich die Sauerstoffversorgung. Die Atmung wird schwerer, Puls- und Atemfrequenz steigen. Die Bewegungsaktivität sinkt. 4 bis 5 Volumenprozent in der Atemluft wirken betäubend. Bei noch höheren Konzentrationen droht der Erstickungstod.

Ammoniak (NH_3) entsteht im Pferdestall bei der Zersetzung des im Urin befindlichen Harnstoffs. Es ist ein farbloses, stechend riechendes Gas, das sich sehr gut in Wasser löst. Beim Einatmen werden die Schleimhäute gereizt und es sammelt sich Wasser in der Lunge. Der im Pferdestall zulässige Höchstwert liegt bei 0,01 Liter pro m³ Luft (= 10 ppm). Eine hohe Ammoniakkonzentration steht im engen Zusammenhang mit einer mangelhaften Stallhygiene.

> !
>
> ppm = parts per million (Teile von einer Million)

Schwefelwasserstoff (H_2S) ist ein brennbares, farbloses, sehr giftiges Gas, das schwerer als Luft ist. In niedriger Konzentration riecht es unangenehm nach faulen Eiern. Ab einer Konzentration von 0,26 Liter pro m³ Luft (= 260 ppm) besteht Lebensgefahr für Mensch und Tier. Das Gas wird über die Lunge aufgenommen. Es reagiert mit dem Hämoglobin der roten Blutkörperchen. Dadurch kommt es zu einer Sauerstoffunterversorgung mit Todesfolge. Schwefelwasserstoff entsteht bei der mikrobiellen Zersetzung schwefelhaltiger Proteine aus dem Pferdekot (Tretmist). Die Konzentration im Pferdestall sollte 0 ppm betragen. Der Nachweis von Schwefelwasserstoff im Pferdestall weist auf katastrophale hygienische Verhältnisse hin.

Methan (CH_4) ist die einfachste Kohlenwasserstoffverbindung aus der Gruppe der Alkane. Das farb- und geruchlose Gas entsteht bei der anaeroben (ohne Sauerstoff) bakteriellen Zersetzung der organischen Substanz im Dickdarm des Pferdes. Die im Methan gebundene Energie ist vom Pferd nicht nutzbar. Das Gas entweicht in die Stallluft. Methan ist leicht entzündlich und verbrennt mit bläulicher Flamme. Sein Brennwert beträgt 39,8 MJ/m³. Es ist leichter als Luft und steigt deshalb nach oben und trägt zum Treibhauseffekt bei.

Staub und Keime

Staubpartikel und anhaftende Keime bedeuten eine große Belastung für die Atemwege. Entstehungsquellen für Staub und Keime gibt es viele im Stall. Das Pferd selbst trägt wesentlich zur Staub- und Keimbildung über seine Ausscheidungen und Fellerneuerung (Haare, Schuppen) bei. Des Weiteren tragen Heu und Stroh zur Kontamination der Luft bei. Insbesondere Schimmelpilzbildung gilt es zu vermeiden. Diese werden durch ein feuchtwarmes Stallklima begünstigt. Schimmelpilzsporen sind meist für das Auftreten allergischer Atemwegserkrankungen verantwortlich. Staub wird auch beim Fegen der Stallgasse aufgewirbelt. Dies kann jedoch durch vorheriges Anfeuchten minimiert werden. Weitere Möglichkeiten der Staubreduzierung sind:

- Heu vor dem Verfüttern in Salzwasser einweichen oder ganz durch Heulage (Silage) ersetzen.
- Als Einstreu staubfreie Materialien verwenden, z. B. Hobelspäne.
- In Ställen mit deckenlastiger Lagerung, Heu und Stroh nur durch verkleidete Abwurfschächte abwerfen.
- Pferde außerhalb des Stalles putzen.
- Die Haferquetsche nicht im Stall aufstellen.

Luftbewegung

Ohne Luftbewegung ist ein Abtransport der verbrauchten Luft aus dem Stall nicht möglich. Bei Stalltemperaturen unter 14 °C sollte die Luftgeschwindigkeit bis 0,2 m/sec betragen. Bei höheren Temperaturen, insbesondere im Sommer, kann sie bis zu 0,8 m/sec zunehmen. Der Pferdebesitzer muss jedoch darauf achten, dass keine Zugluft im Stall auftritt. Zugluft ist eine gegenüber der Raumtemperatur kältere Luftströmung, die den Pferdekörper nur an einer Stelle trifft. Dem Körper wird dadurch plötzlich Wärme entzogen. Hierdurch werden Erkältungskrankheiten begünstigt. Positiv ist dagegen, wenn die gesamte Körperseite des Pferdes von bewegter Luft getroffen wird, so wie dies auch außerhalb des Stalles durch Wind geschieht. Dann werden nämlich die Thermoregulationsmechanismen des Pferdes aktiviert. Dies trägt wesentlich zur Abhärtung des Pferdes bei. Abgehärtete Pferde sind zu dem deutlich weniger Zugluftempfindlich.

Lichtverhältnisse

Licht hat für die Gesunderhaltung des Pferdes eine große Bedeutung. Dunkle Ställe beeinträchtigen die Psyche des Pferdes negativ. Bei Zuchtpferden kommt es zudem infolge von Lichtmangel zu Fruchtbarkeitsstörungen. Vom Licht gehen zahlreiche Einflüsse auf den Stoffwechsel aus, z. B. bewirken die UV-Strahlen des Lichtes die Umwandlung von 7-Dehydrocholesterin in wirksames Vitamin D_3 in der Unterhaut.

Durch Vitamin D_3 wird

- das Kalzium-Phosphor-Verhältnis reguliert,
- das Wachstum gefördert,
- der Knochenbrüchigkeit und
- der Knochenweiche (Rachitis) vorgebeugt.

UV-Strahlen

- regen ferner die Stoffwechselvorgänge an,
- fördern die Bildung roter Blutkörperchen,
- machen resistent gegenüber manchen Infektionen, weil sie einige Erreger abtöten oder deren Entwicklung hemmen.

Ausschließlich im Stall gehaltene Fohlen entwickeln sich nicht richtig und sind krankheitsanfällig, weil zu wenige UV-Strahlen sie erreichen. Das Fensterglas resorbiert nämlich UV-Strahlen. Das bedeutet, dass auch die hellsten Stallungen einen reichlichen Aufenthalt im Freien allein schon wegen der unzureichenden Lichtwirkung nicht ersetzen können. Hochangesetzte Fenster haben den Vorteil,

> !
> Die Fensterfläche pro Pferd sollte mind. 1 m² betragen, die Beleuchtungsstärke etwa 100 Lux über mind. 8 Stunden/Tag.

dass sie bei hochstehender Sonne Licht- und Wärmeeinfall mindern. Sie gewähren aber im Winter der schräg bis waagerecht einfallenden Sonne mit ihren wärmenden Strahlen Einlass.

1.3.3.2 Atmungsorgane und Atmung

Wie bereits angesprochen, beeinträchtigt ein ungünstiges Stallklima insbesondere die Gesundheit der Atmungsorgane des Pferdes. Aus diesem Grund sollte man sich die Anato-

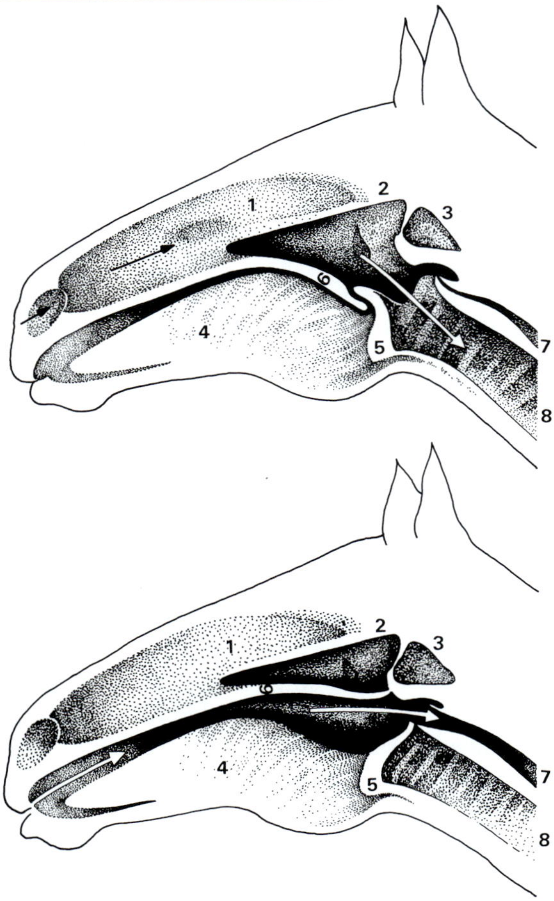

Abb. 35: Kreuzung des Atem- und Bissenweges beim Pferd.
Oben: Der Atemweg ist offen, der Bissenweg geschlossen.
Unten: Der Bissenweg ist offen, der Atemweg geschlossen.
1 = Nasenhöhle, 2 = Rachenhöhle, 3 = Luftsack, 4 = Zunge, 5 = Kehldeckel, 6 = Gaumensegel, 7 = Speiseröhre, 8 = Luftröhre.

!

In der Lunge findet der Gasaustausch statt. Außerdem hilft sie bei der Regulation des Wasser- und Wärmehaushaltes.

mie und Funktionen der relativ empfindlichen Atmungsorgane etwas genauer ansehen.

Der Körper braucht zur Erhaltung des Lebens fortwährend Sauerstoff (O_2) in allen Geweben. Er ist vor allem unentbehrlich bei allen Verbrennungsvorgängen (Oxidationen). Die anfallenden Abfallprodukte (CO_2 und H_2O) müssen wieder ausgeschieden werden.

Die Lunge ist das Organ der äußeren Atmung. Ihre Funktionstüchtigkeit bestimmt zu großen Teilen die Leistungsfähigkeit des Pferdes.

Zunächst jedoch gelangt die sauerstoffreiche Außenluft in die **Nase**. Diese besteht aus knöcherner Grundsubstanz und Knorpel sowie aus zwei durch eine Längsscheidewand getrennte Nasenhöhlen. Die **Nasenhöhlen** werden durch die obere und untere Nasenmuschel in insgesamt vier Gänge unterteilt. Hinzu kommen die sog. „Sinusgänge" in der Mitte, die zu den Nasennebenhöhlen führen. Die beiden oberen Gänge sind mit Riechschleimhaut ausgekleidet. Sie dienen als Riechorgane. Durch die unteren Nasengänge wird die Luft zur Rachenhöhle weitergeleitet. Dabei wird sie an den gut durchbluteten Nasenschleimhäuten angefeuchtet, vorgewärmt und vorgereinigt.

In der **Rachenhöhle** kreuzen sich Luft- und Futterweg. Darum können Tiere – ausgenommen Einhufer wie Pferde – auch durchs Maul atmen. Anordnung und Aufbau des **Gaumensegels** sowie des **Kehldeckels** verhindern, dass Luft und Futter auf ihren Wegen miteinander kollidieren.

Der an den **Schlundkopf** anschließende Kehlkopf besteht aus

- dem Ringknorpel, der den Atemweg umschließt,
- dem Schildknorpel,
- zwei Gießkannenknorpeln mit zwischengespannten Stimmbändern,
- dem Kehldeckel und
- den Knorpelstückchen des Kehlkopfes, die durch Muskeln und Bänder miteinander verbunden werden.

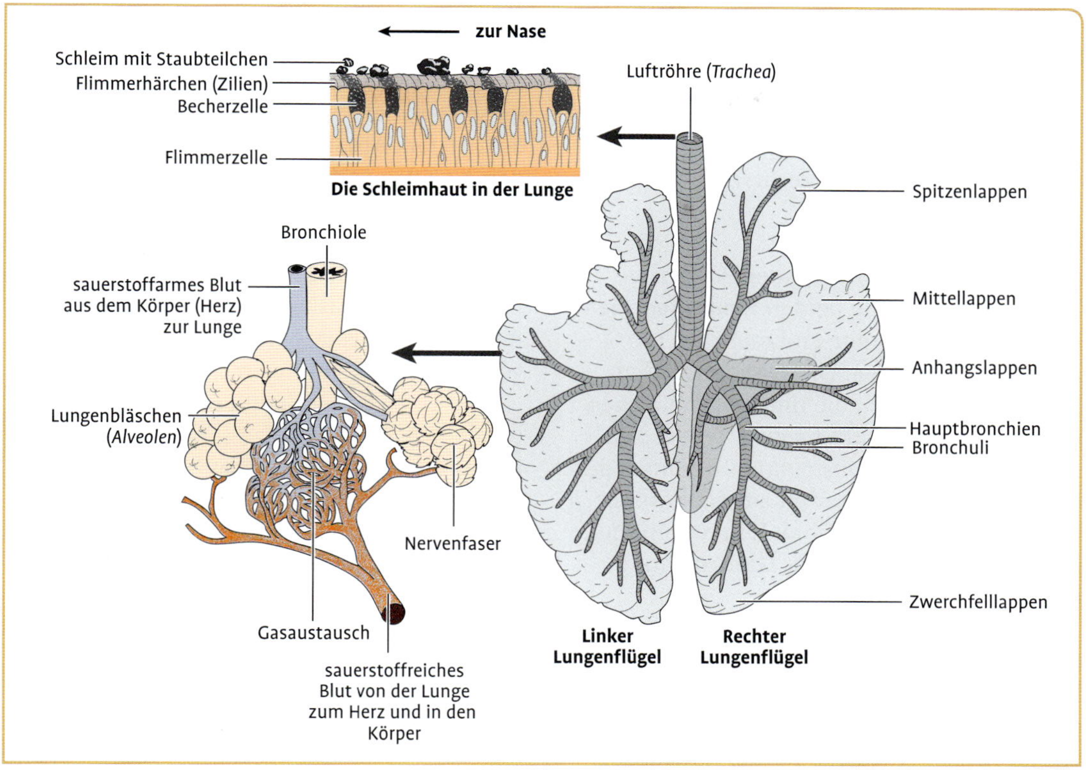

Abb. 36: Lunge des Pferdes (schematisch).

Alle Knorpelteile sind beweglich. Dadurch wird die Spannung der Stimmbänder veränderbar.

Vom Kehlkopf führt der Luftzug weiter durch die **Luftröhre**. Diese bildet durch hufeisenförmige Knorpelspangen, die mittels Bindegewebefaserhaut miteinander verbunden sind, einen versteiften Kanal. Dadurch kann der Druck benachbarter Gewebe diesen Luftweg nicht abschnüren. Am unteren Ende – bereits im Brustraum – gabelt sich die Luftröhre in zwei starke Äste, die sog. Hauptbronchien. Sie führen in die beiden Lungenflügel.

Die **Lunge** füllt den gesamten Raum der Brusthöhle aus. Die Oberfläche ist in Abhängigkeit vom Blutgehalt hell- bis dunkelrot gefärbt und in viele Felder aufgeteilt.

!

Drüsenreiche Schleimhaut im Inneren der Luftröhre, ausgestattet mit Flimmerepithel, reinigt die Luft, feuchtet sie an und wärmt sie vor. Das wässerige Sekret des Epithels ist daran maßgeblich beteiligt. Ein Schleimfilm (Surfactant = Kunstwort von „surface active argent") bewegt sich kontinuierlich Richtung Nasenöffnung, sodass kleinere eingedrungene Fremdkörper aber auch Viren, Bakterien und abgestorbene Zellen hinausgespült werden. Unterstützt wird dieses Schutzsystem durch den Hustenreflex.

In jedem Lungenflügel sind verschiedene Lungenlappen erkennbar:

- Spitzenlappen,
- Mittellappen,
- Zwerchfelllappen (Lungenkörper),
- Anhangslappen (nur rechts).

Die Lunge ist von Bindegewebe umgeben. Als Gerüst ziehen sich Bindegewebszüge lungeneinwärts. Die beiden **Hauptbronchien** verzweigen sich mehr und mehr bis hin zu den **Endbronchien**. Diese enden in den sog. Blindsäckchen, die mit **Lungenbläschen** (Alveolen) ausgestattet sind. Die **Alveolen**, zunächst von der Konstruktion her noch der Luftröhre ähnlich, werden zu einem superfeinen Röhrensystem ohne Flimmerepithel, und sie verflachen, sodass Gassaustausch möglich wird.

Ein dichtes Netz kleinster Blutgefäße **(Kapillaren)** überzieht die Lungenbläschen. Es führt aus dem Körper venöses Blut heraus (CO_2-reich) und bringt arterielles Blut (O_2-angereichert) in den Körper hinein. Die Alveolen haben einen Durchmesser von ungefähr 0,3 Millimetern. Ihre Anzahl übersteigt mehrere Millionen. Insgesamt ergibt sich eine Gasaustauschfläche von etwa 2500 Quadratmetern. Die aktive Gasaustauschfläche ist also enorm groß und kann durch Training sogar noch erweitert werden.

Die Mechanik der Atmung und der Gasaustausch

Das elastische, schwammige Lungengewebe ist von einer dünnen Haut, dem **Lungenfell**, umgeben. Diese schmiegt sich an das die Rippen innen überziehende **Rippenfell** an, lässt dabei aber Raum für Flüssigkeit (Serum) zwischen beiden Fellen und damit Verschiebungsmöglichkeiten bei den Atembewegungen. Zwischen Brusthöhle und Bauchhöhle liegt das sehnig-muskulöse **Zwerchfell** als Scheidewand. Dieses Zwerchfell ermöglicht in Zusammenarbeit mit den **Zwischenrippenmuskeln** die Erweiterung und Verengung des Brustkorbes. Die elastische Lunge folgt diesen Bewegungen. Im Brustkorb herrscht Unterdruck, der sich beim Ein- und Ausatmen ändert. Der Gasaustausch vollzieht sich kontinuierlich, weil auch bei tiefstem Ausatmen noch ein Rest Luft in den Alveolen verbleibt. In der Ruhe bewirkt vorwiegend das Zwerchfell die Atemzüge. Bei stärker werdender Beanspruchung der Pferde beteiligen sich die Zwischenrippenmuskeln und die Bauchmuskulatur. Bei höchster Leistungsbeanspruchung werden noch Nasenflügel und Kehlkopf aktiviert.

!

Ein gesundes ausgewachsenes Pferd macht pro Minute 8 bis 16 Atemzüge. Das Luftvolumen beträgt dabei etwa 5 l/Atemzug. Im schnellen Galopp kann die Atemfrequenz bis auf 140 Atemzüge pro Minute ansteigen. Gut trainierte Pferde können unter Belastung bis zu 20 l Luft pro Atemzug einatmen. Bei Fohlen beträgt die Atemfrequenz in Ruhe 24 bis 30 Atemzüge pro Minute.

Der Sitz des Atemzentrums liegt im Rückenmark. Reizauslöser ist der Kohlendioxidgehalt des Blutes. Die Atemfrequenz steigt mit zunehmendem Kohlendioxidgehalt des Blutes durch Spannungen in den roten Blutkörperchen. Sauerstoff wird an **Hämoglobin** (roter Blutfarbstoff) gebunden in alle Körperzellen transportiert. Das Stoffwechselprodukt CO_2 ist zum Teil ebenfalls an das Hämoglobin gebunden und zum Teil an das Blutplasma.

1.3.3.3 Bronchitis

Eine relativ häufig vorkommende Erkrankung des Pferdes ist die Bronchitis. Hierunter versteht man eine Entzündung der Bronchialschleimhaut mit akutem oder chronischem Verlauf.

Ursachen

Die Ursachen für das Auftreten dieser Erkrankung liegen zum Teil in den bereits beschriebenen ungünstigen Luftverhältnissen im Stall. Staub, Schadgase, hohe relative Luftfeuchtigkeit und hohe Raumtemperatur sowie Zugluft schwächen die Immunabwehr des Pferdes. Fehler in der Ernährung sowie eine parasitäre Belastung (z. B. Spulwurmlarven in der Lunge) wirken sich ebenfalls negativ auf die Fähigkeit der Krankheitsabwehr aus. Viren wie z. B. Influenza-, Herpes- oder Arteritisviren können das geschwächte Pferd nun befallen. Den Viren folgen die Bakterien und Mykoplasmen (bakterienähnliche Mikroorganismen). Eitererreger wie Streptokokken und Staphylokokken befallen die durch Viren vorgeschädigten Atemwege. Auch harmlose Stallbakterien können nun für das Pferd gefährlich werden. Bakterielle Sekundärinfektionen sind besonders gefährlich. Aber auch ohne eine Vorschädigung durch Viren kann eine bakterielle Erkrankung der Lunge entstehen. Nichtinfektiöse Erkrankungen der Lunge sind auf Staub (mechanischer Reizhusten) und/oder Allergene (eiweißhaltige Partikel) in der Luft zurückzuführen. Die Anfälligkeit für Bronchitis ist zu dem bei vielen Pferden genetisch verankert.

Symptome

Die akute Form (meist infektiös) zeichnet sich durch erhöhte Körpertemperatur und ein gestörtes Allgemeinbefinden aus. Der Husten ist meist oberflächlich, leise und kraftlos, die Atmung erschwert. Zu Beginn der Erkrankung zeigt sich ein wässriger, später schleimiger Nasenausfluss. Im Verlauf der Erkrankung kann er gelbgrün bis eitrig (bakterielle Sekundärinfektion) werden. Die Leistungsfähigkeit des Pferdes ist stark eingeschränkt.

Geht die Entzündung von den Bronchien auf das Lungengewebe über, folgt eine Lungenentzündung **(Bronchopneumonie)**. Diese ist besonders für Fohlen gefährlich. Die chronische Bronchitis, die sich aus der akuten entwickeln kann, geht i. d. R. ohne Fieber einher. Es handelt sich meist um eine Mischform aus Infektionskrankheit und Allergie. Die Krankheitsanzeichen sind schwächer. Für allergisches Geschehen typisch ist eine Verkrampfung der Bronchialmuskulatur **(Bronchospasmus)** mit starker Atemnot.

Eine unbehandelte oder zu spät behandelte Lungenerkrankung kann zu einem **Lungenemphysem** (Lungenblähung, krankhafte Verminderung der Lungenbläschen durch Überdehnung des Lungengewebes) führen. Die Lunge verliert ihre Funktionstüchtigkeit. Bei Anstrengung gerät das Pferd sofort in Atemnot. Das Lungenemphysem ist nicht heilbar. Nur durch frühzeitiges Erkennen der Symptome einer Lungenerkrankung und schnelles Einsetzen einer Behandlung können bleibende Schäden weitgehend verhindert werden.

Behandlung

Zunächst müssen Haltung und Fütterung optimiert werden. Insbesondere ist für eine staubfreie Unterbringung mit viel frischer Luft zu sorgen. Zugluft (Auskühlung) muss unter allen Umständen vermieden werden. Die Liegefläche muss gut wärmegedämmt und trocken sein. Ein Aufenthalt im Freien bei nicht extremer Witterung ist für die Genesung von Vorteil. Führen im Schritt schadet nicht. So lange das Pferd krank ist, darf es jedoch nicht gearbeitet werden.

Vitaminreiche Fütterung unterstützt ebenfalls die allgemeinen Abwehrkräfte.

Die medikamentöse Behandlung sollte dem Tierarzt vorbehalten bleiben. Gegen die Viren gibt es allerdings keine Medikamente. Das Abwehrsystem kann jedoch durch sog. **Paramunitätsinducern** unterstützt werden. Die Bakterien bekämpft man mit **Antibiotika** und **Sulfonamiden**. Im Falle eines Bronchospasmus ist die Gabe eines **Bronchospasmolytikums** angezeigt. **Cortisongaben** haben sich bei starken, asthmatischen Atemnotfällen bewährt.

Durch **Inhalation** können desinfizierende, entzündungshemmende und schleimlösende

Medikamente direkt in die Lungenbläschen befördert werden. Das Inhalat wird mithilfe eines Verneblers „lungengängig" gemacht und über eine Atemmaske verabreicht. Als besonders effektiv hat sich die Inhalation bei gleichzeitiger leichter Bewegung auf einem Laufband erwiesen. Durch die körperliche Belastung atmet das Pferd dann das Inhalat verstärkt ein.

Eine weitere Behandlungsmethode ist die **Hyperfusion** (Lungenwäsche). Hierbei wird über mehrere Tage Kochsalzlösung intravenös und / oder per Nasenschlundsonde zur Verflüssigung des zähen Bronchialsekrets zugeführt.

Die Gabe von Homöopathika kann den Verlauf der Krankheit positiv beeinflussen.

Zu den vorbeugenden Maßnahmen zählen neben einer optimalen Haltung die regelmäßigen **Impfungen** gegen Influenza- und Herpesviren.

1.3.3.4 Lüftungssysteme

Ein leistungsstarkes und gut funktionierendes Lüftungssystem ist die Grundvoraussetzung für optimale Luftverhältnisse im geschlossenen Stall. Im Sommer muss die Lüftung in der Lage sein, für ausreichend Kühlung zu sorgen, d.h., die von den Pferden produzierte Wärme (etwa 3 200 J/h je 500 kg Lebendgewicht) muss nach draußen geleitet werden **(Sommerluftrate)**. Dies erfordert bei hohen Außentemperaturen zur Aufrechterhaltung einer erträglichen Stalltemperatur einen etwa sechsfachen stündlichen Luftwechsel. Im Winter müssen in erster Linie die Luftfeuchtigkeit und die Schadgase abgeführt werden **(Winterluftrate)**. Hierzu muss mindestens ein einmaliger Luftwechsel pro Stunde gewährleistet sein.

Unterstellt man ein Raumvolumen von etwa 40 m^3 pro Pferd, würde sich eine stündliche Sommerluftrate von 240 m^3/Pferd und eine stündliche Mindestwinterluftrate von 40 m^3/Pferd ergeben.

Die Lüftungssysteme werden wie folgt eingeteilt:

- **Schwerkraftlüftung** (thermische Lüftung):
  - Fensterlüftung,
  - Schachtlüftung,
  - Trauf-First-Lüftung.
- **Ventilatorenlüftung** (Zwangslüftung):
  - Unterdrucklüftung,
  - Gleichdrucklüftung,
- **Querlüftung** (in Außenklimaställen).

Die **Schwerkraftlüftung** setzt einen Temperaturunterschied zwischen der Innen- und Außenluft voraus. Die Temperaturdifferenz muss mindestens 3 bis 5 °C betragen. Im Winter ist es i. d. R. im geschlossenen Stall wärmer als draußen. Die von den Pferden erzeugte Körperwärme heizt den Stall auf. Es entsteht ein Luftdruckunterschied zwischen dem Stallinneren und der äußeren Umgebung. Warme Luft dehnt sich aus und steigt nach oben. Daraus resultiert am Boxenboden relativ niedriger Luftdruck. Die kalte Außenluft dagegen zieht sich zusammen, wird dadurch schwerer und sinkt zu Boden. Dadurch kommt es außerhalb des Stalles zu relativ hohem Luftdruck. Luft tendiert zum Druckausgleich. Sie fließt daher von außen, dem Gebiet mit hohem Druck, durch alle vorhandenen Öffnungen in den Stall hinein. Hier schiebt sich die dichte kalte Luft unter die leichtere warme Stallluft. Diese wird angehoben, abgekühlt und aus dem Stall gedrängt. Wird die warme Stallluft jedoch zu stark abgekühlt kommt es zur Kondenswasserbildung. Dies geschieht meist im Bereich der Öffnungen. Außerdem werden die Schadgase nicht vollständig abgeführt.

Im Sommer, bei höheren Außentemperaturen, kehrt sich der Strömungswechsel um.

In den meisten Pferdeställen geschieht der Luftaustausch über geöffnete Fenster und Türen. Die Effektivität der **Fensterlüftung** hängt jedoch von der Größe und Anordnung der Fenster, von der Temperaturdifferenz zwischen Stall- und Außenluft und dem Standort

Lüftungssystem	Merkmale und Beurteilung
Schachtlüftung 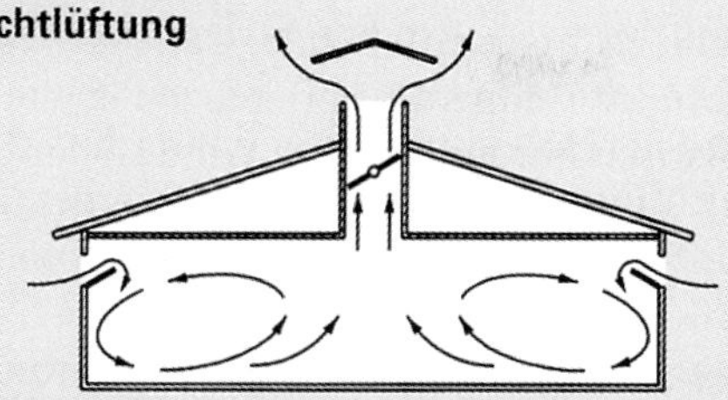	mind. 5 m Schachthöhe, Drosselklappe und Zuluftöffnungen *Vorteil:* kein Energieverbrauch, keine Lärmemissionen, kein Ventilatorenverschleiß *Nachteil:* funktionsfähig nur bei Außentemperaturen unter Stalltemperatur, hoher Bauaufwand bei flachen Gebäuden
Trauf-First-Lüftung 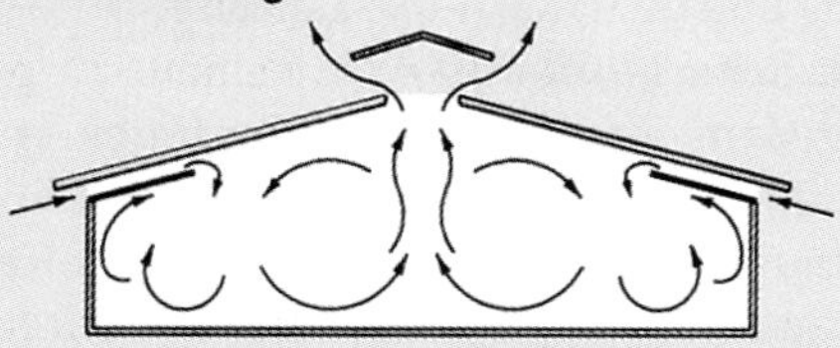	Voraussetzung: schräge Decke (Dachdecke) *Vorteil:* kein Energieverbrauch, keine Lärmemissionen, kein Ventilatorenverschleiß *Nachteil:* Funktionsfähig nur bei Außentemperaturen unter Stalltemperatur, empfindlich gegen Windströmungen
Querlüftung 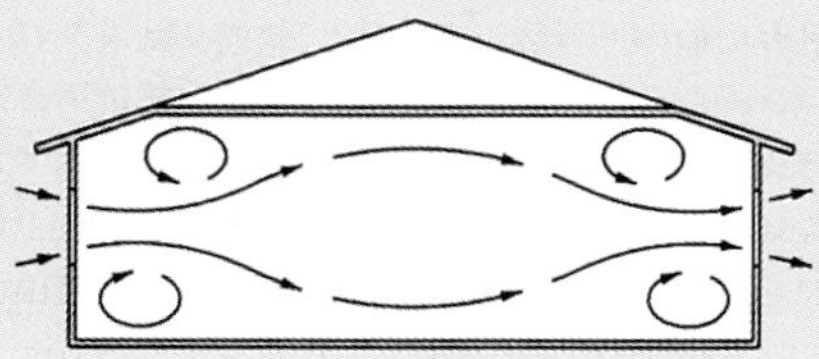	große Zu- und Abluftflächen in den Wänden *Vorteil:* kein Energieverbrauch, keine Lärmemissionen, kein Ventilatorenverschleiß, hohe Luftraten bei Wind möglich *Nachteil:* funktionsfähig nur bei Wind, kein Warmstall möglich, eventuell zusätzliche Klimazonen im Stall erforderlich

Abb. 37: Systeme der freien Lüftung

des Stalles ab. Bei zu geringer Temperaturdifferenz ist sie auf die Hilfe äußerer Luftbewegung (Wind) angewiesen.

Die Strömungsleistung wird maßgeblich von dem Höhenunterschied zwischen Ein- und Austrittsöffnungen bestimmt. Abluftschächte über der Stallgasse können den Luftaustausch in Ställen mit deckenlastiger Lagerung verbessern. Für diese sog. **Schachtlüftung** benötigt man pro 100 m² Stallfläche einen Abluftschacht. Die Höhe ab Unterkante der Decke sollte etwa 5 m betragen und mindestens 0,5 m über den First hinausragen. Eine Abdeckung schützt vor Witterungseinflüssen. Nur ausreichend große (0,35 × 0,35 m bis 1,00 × 1,00 m) Abluftschächte sorgen für einen zügigen Abtransport der verbrauchten Luft. Zur Vermeidung von Kondensationswasser müssen die Abluftschächte wärmegedämmt sein. Dies gilt übrigens für alle raumumschließenden Bauteile des Stalles einschließlich der Decke (Warmstall). Frische Luft tritt entweder über spezielle Zuluftöffnungen oder über geöffnete Fenster in den Stall. Über Klappen in den Schächten kann die Luftrate gesteuert werden.

In Ställen ohne deckenlastige Lagerung kann eine **Trauf-First-Lüftung** installiert werden. Bei diesem System strömt unverbrauchte Luft durch Lüftungsschlitze entlang der Traufe ein. Damit die kalte Luft nicht direkt in die Box sinkt, wird sie oberhalb einer Abdeckung (Scheindecke) unterhalb des Daches bis über die Hälfte der Box geführt.

Erst dann sinkt sie langsam zu Boden, wobei sie sich erwärmt und die verbrauchte Luft verdrängt. Diese entweicht über Öffnungen am Dachfirst. Über dem First befindet sich ein Witterungsschutz. Empfehlenswert ist eine Lichthaube, damit auch von oben Licht in den Stall fällt. Das Dach und die dazu parallel verlaufende „Decke" müssen einen Neigungswinkel von mindestens 20 Grad aufweisen. Damit es im Sommer nicht zu einer Überhitzung kommt, sind zusätzliche Lüftungsmöglichkeiten über Fenster und Türen notwendig.

Reicht die Schwerkraftlüftung zur Erlangung eines optimalen Stallklimas nicht aus, sollte über die Installation einer **Ventilatorenlüftung** nachgedacht werden. Bei der **Unterdrucklüftung** saugen Ventilatoren die verbrauchte Stallluft ab. Diese können in Abluftschächten, aber auch in den Außenwänden eingebaut werden. Durch das Absaugen der Luft herrscht im Stall ein leichter Unterdruck. Die frische Außenluft strömt durch Zuluftschlitze knapp unter der Stalldecke in den Stall. Mithilfe von Schächten kann sie weiter in den Stall geführt werden. Die richtige Anordnung der Zuluftöffnungen ist entscheidend für ein gleichmäßiges Strömungsbild. Die Gefahr bei einer Unterdrucklüftung besteht darin, dass Zugluft auftreten kann, da die Luft von außen durch sämtliche Öffnungen in den Stall strömt. Insbesondere bei stärkerem Unterdruck können durch geöffnete Türen und Fenster oder Undichtigkeiten der raumumschließenden Bauteile unerwünschte Luftströme auftreten.

Die beste Funktionssicherheit bietet eine **Gleichdrucklüftung**. Bei dieser Form der Zwangslüftung werden Zu- und Abluft über Ventilatoren geführt. Sie funktioniert unabhängig vom Öffnen und Schließen von Türen und Fenstern. Nachteilig sind jedoch die relativ hohen Anschaffungs- und Betriebskosten. Die Regulation der Ventilatoren geschieht über Thermostate und Drehzahlschalter.

Die sog. **Querlüftung** stellt das System der freien Lüftung in Außenklimaställen (nicht wärmegedämmte Gebäude) dar. Aufgrund fehlender Temperaturdifferenzen entsteht ein Luftstrom nur mithilfe des Windes, der den Stall auf breiter Front durchströmt (Abb. 37).

Zur Wiederholung und Vertiefung

1. Inwieweit besteht zwischen der Haltungsform und dem Auftreten von Atemwegsproblemen ein Zusammenhang?
2. Welche Kriterien muss ein optimales Stallklima erfüllen?
3. Erläutern Sie den Aufbau und die Funktionen der Atmungsorgane des Pferdes?
4. Beschreiben Sie das Krankheitsbild (Ursachen, Symptome, Behandlung) der Bronchitis.
5. Welche technischen Möglichkeiten (Lüftungssysteme) gibt es zur Erreichung eines optimalen Stallklimas? Beschreiben Sie jeweils die Funktionsweise sowie die Vor- und Nachteile.

1.3.4 Lagerstätten für Futtermittel und Einstreu

Von besonderer Bedeutung ist die ordnungsgemäße Lagerung der Futtermittel und Einstreu. Ihre Qualität muss während der Lagerung erhalten bleiben. Verdorbene bzw. im Futterwert stark geminderte Futtermittel dürfen nicht verfüttert werden.

Die Vorratsräume für Raufutter, Kraftfutter und Einstreu sind sowohl erdlastig als auch deckenlastig angelegt. Deckenlastige Lagerräume findet man bei fast allen älteren Stallgebäuden. Neue Ställe werden i. d. R. ohne einen deckenlastigen Lagerraum errichtet.

Bergeräume mit direktem Zugang zu den Verbrauchsstellen schaffen günstige Voraussetzungen für einen arbeitswirtschaftlich optimalen Ablauf aller anfallenden Arbeiten.

Erdlastige Lagerräume (Scheunen) erfordern große Baulandflächen. Manchmal erhöht sich auch der Aufwand an Baumaterial. Dafür können Vorratslager und Stall getrennt werden.

Es besteht dann keine direkte Luftverbindung. Im Stall kann eine Trauf-First-Lüftung installiert werden, und die Arbeitswege verlaufen ebenerdig.

Die Arbeitsprozesse können relativ einfach und kostengünstig mechanisiert werden. Diese Lagerungsform eignet sich insbesondere für Großballen. Der Markt bietet relativ preisgünstige und einfach konstruierte Bergehallen in allen Größen an. Diese auch zum Unterstellen von Maschinen und Geräten geeigneten Hallen müssen nicht wärmegedämmt sein. Sie müssen jedoch vor Feuchtigkeit und Hitze schützen. Dazu ist es erforderlich, dass sie gut durchlüftet sind. Die Erstellungskosten einer Halle hängen zum Großteil von der gewählten Dachkonstruktion ab. Hallen mit frei tragendem Dach (z. B. Kantholzbinder) sind meist teuerer als solche mit Mittelstützen.

Deckenlastige Lagerräume, meistens über dem Stall angesiedelt, nutzen das vorhandene Baugerüst gut aus. Der Baulandbedarf ist dadurch geringer.

Die Decken müssen äußerst tragfähig erstellt werden, gegen aufsteigende Feuchtigkeit (Stalldunst) isoliert und wärmegedämmt sein. Dadurch erhöhen sich die Baukosten. Die Beschickung dieser Lagerräume ist arbeitsaufwendig und technisch nicht immer einfach. Unter den Dächern bleibt relativ viel ungenutzter Freiraum. Die Dachböden eignen sich zur Lagerung von Heu, Stroh und Kraftfutter (Getreide und Mischfutter).

Kraftfutter in Säcken zu lagern beschränkt sich auf kleine Posten und relativ kurze Lagerzeiten. Für größere Betriebe ist es betriebswirtschaftlich sinnvoller, Kraftfutter in Silos

!

Voraussetzung für die Lagerhaltung (Vorratshaltung) sind trockene, luftige Räume und lagerfähiges Vorratsgut (Kraftfutter etwa 12 %, Heu und Stroh etwa 14 % Wassergehalt).

Tab. 5. Raumgewichte einiger Kraftfuttermittel

Kraftfuttermittel	Raumgewicht in dt/m^3
Hafer	4,0–6,0
Gerste	5,6–6,5
Roggen/Weizen	6,5–8,0
Mais	7,0–8,3
Mischfutter	4,8–7,0
Trockenschnitzel	3,0–3,6

dt = Dezitonne (100 kg)

Abb. 38: Kraftfuttersilo.

zu lagern. **Silos** (Rund-/Viereckbehälter) in den unterschiedlichsten Ausführungen garantieren die beste Raumausnutzung. Sie werden in allen Größen und Höhen als Belüftungs- und Lagerbehälter angeboten. Sie können nur mechanisch beschickt werden (z. B. durch Tankwagen).

Siloanlagen mit Vortrocknung interessieren in der Hauptsache Getreideanbauer und vom Erzeuger ab Feld beziehende Pferdehalter.

Getreide macht einen Schwitzprozess durch, der vor Gebrauch abgewartet werden muss (ungefähr 8 Wochen). Auch **Heu** und **Stroh** machen nach der Einlagerung einen Schwitzprozess durch (4 bis 6 Wochen). Während dieser Zeit sollte das Heu (Stroh) nicht verfüttert werden, weil Verdauungsstörungen sonst nicht ausbleiben. Die beim Schwitzprozess durch Bakterientätigkeit entstehende Wärme und frei werdende Feuchtigkeit müssen entweichen können. Lagert das Heu (Stroh) direkt an kalten Wänden, wird hier das Wasser kondensieren und Schimmelpilzbildung auftreten. Man sollte also etwas Platz zwischen dem Stapel und den Wänden lassen, damit die Luft dort zirkulieren kann.

Heu und Stroh müssen bei Bodenlagerung vor Feuchtigkeit auch von unten geschützt werden (Lattenroste, Altstroh). Bei deckenlastiger Lagerung beugt eine Dunstsperre vor Verlusten durch aufsteigende Stalldünste vor.

Abwurfschächte müssen den Vorschriften der Berufsgenossenschaften entsprechen und dürfen nicht als Dunstkamin wirken, der den „Stallmief“ in die Bergeräume leitet.

Erdlastige Lagerung von Heu und Stroh in Form von kleinen HD-Ballen (Hochdruck-Ballen), die nach Qualität getrennt aufbewahrt werden sollten, bedarf oftmals keiner Mechanisierung. Bei höher werdenden Stapeln erleichtern Förderbänder oder Ballenförderer die Arbeit. Bei deckenlastiger Lagerung können Querförderer nachgeschaltet werden.

Die Bergung und Lagerung von losem Heu und Stroh ist heute nicht mehr üblich. Heute werden überwiegend Großballen hergestellt. Das Erntegut muss vor dem Pressen jedoch ausreichend trocken sein, sonst kommt es während der Lagerung zur Schimmelpilzbildung. Außerdem setzt die Herstellung und Handhabung der Großballen geeignete leistungsstarke Maschinen voraus.

Silage (Mais-, Grassilage) wird außerhalb von Gebäuden luftdicht verpackt gelagert. In guter Qualität bereichert sie die Futterration

Tab. 6. Raumgewichte von Heu und Stroh (dt/m³)

	Heu	Stroh
Lose	0,75	0,5
HD-Ballen ungeschichtet	1,50	0,7
HD-Ballen geschichtet	1,80	1,0

HD = Hochdruck; dt = Dezitonne (100 kg)

Tab. 7. Gewichte von Heu- und Strohballen unterschiedlicher Abmessungen (nach Marten u. Salewski, 1989)

Hochdruckballen	Heu in kg	Stroh in kg
Eckige Kleinballen		
75 cm lang	17–27	10–17
90 cm lang	20–32	12–20
110 cm lang	25–40	15–25
Rundballen		
140 cm–150 cm Ø, bis 120 cm lang	bis 450	bis 270
165 cm–180 cm Ø, 150–165 cm lang	400–700	300–500
Eckige Großballen		
150 × 150 × 140 cm	400–700	300–500

bestimmter Pferdegruppen (z. B. Zuchtstuten). Nur täglich frisch entnommene Silage ist als Pferdefutter unbedenklich.

Die Lagerung geschieht in mit Folie luftdicht abgedeckten Fahrmieten oder in Form folienverpackter Großballen (Grassilage). Entscheidend für den Erfolg der Silageherstellung in Fahrmieten sind schnelle Befüllung, optimale Verdichtung, sofortige luftdichte Abdeckung und Schutz vor Nagetieren und Vögeln (Luftzutritt). Das Prinzip der Silageherstellung beruht auf dem Abbau von Kohlenhydraten (Zucker, Stärke) zu Milchsäure durch Milchsäurebakterien unter Luftabschluss (Gärung). Als Siliergut übertreffen kohlenhydrat- und zuckerreiche Pflanzen die eiweißreichen. Gehäckselter Mais in der Milchreife siliert zum Beispiel unproblematisch.

Für die Qualität der Grassilage ist das Vortrocknen (Vorwelken) der Grünfutterpflanzen entscheidend. Findet die Lagerung in Fahrmieten statt, sollte das Erntegut auf mind. 35 % Trockensubstanz, bei der Lagerung in Form von folienverpackten Großballen auf mind. 50 % Trockensubstanz vorgewelkt werden. Trockene Grasssilage (Gärheu) wird von Pferden lieber gefressen als nasse.

> **!**
> Während der Silagelagerung darf die luftdichte Folie nicht beschädigt werden. Sobald Luft (Sauerstoff) in die Silage gelangt, beginnen Fäulnisprozesse.

Tab. 8. Raumgewichte von Silagen

Silage	Raumgewicht in dt/m³
Grassilage	
35 % Trockensubstanz	etwa 5,0
50 % Trockensubstanz	etwa 3,5
Maissilage	
27 % Trockensubstanz	etwa 7,0

Abb. 39: Lagerung von folienverpackter Grassilage.

Nur wenige Pferdehalter stellen Silage selber her. Grassilage wird meistens in Form folienverpackter Großballen zugekauft.

Das Raumgewicht der Silage hängt vom Wassergehalt und dem Verdichtungsgrad ab.

Möhren als Saftfutter ergänzen die Futterration des Pferdes. Sie regen den Appetit an und tragen zur Versorgung mit β-Carotin (Provitamin A) bei. Werden Möhren vorrätig gelagert, sollte dies in feuchten, kühlen Kellern oder sonstigen frostfreien Räumen bei etwa 4 °C und 85 bis 95 % relativer Luftfeuchtigkeit geschehen. Das Raumgewicht der Möhren beträgt 6,00 bis 7,60 dt/m³.

Die Größe der Lagerräume für Futtermittel und Einstreu richtet sich nach der Anzahl der Pferde und der gewünschten Lagerdauer. Große Lagerkapazitäten machen den Pferdehalter von Marktpreisschwankungen unabhängiger. Insbesondere für Heu und Stroh sollte der Lagerraum nach Möglichkeit für ein Jahr reichen.

Zur Wiederholung und Vertiefung

1. Erläutern Sie die Vor- und Nachteile der verschiedenen Lagerungsmöglichkeiten für Futtermittel und Einstreu.
2. Berechnen Sie für nachfolgende Betriebe den Raumbedarf für Futtermittel und Einstreu. Legen Sie jeweils eine Tabelle nach folgendem Muster an:

Raumbedarf für Futtermittel und Einstreu						
Lagergut	**Verbrauch pro Pferd (kg/Tag)**	**Lagerzeit (Monate)**	**Vorrat pro Pferd (kg)**	**Raum-gewicht (kg/m³)**	**Raumbedarf pro Pferd (m³)**	**Gesamt-raumbedarf (m³)**

Betrieb A: Es werden 50 Rennpferde (Englisches Vollblut) gehalten und trainiert. Der tägliche durchschnittliche Futterverbrauch pro Pferd beträgt: 5 kg Wiesenheu, 2 kg Haferkörner, 4 kg Maiskörner, 1 kg Mischfutter und 0,05 kg vitam. Mineralfutter. Eingestreut werden 10 kg Gerstenstroh pro Pferd und Tag. Die Lagerkapazität soll für drei Monate ausgelegt werden.

Betrieb B: Für 20 Zuchtstuten sollen neue Lagerkapazitäten für Futtermittel und Einstreu geschaffen werden. Der durchschnittliche Futterverbrauch (Winterhalbjahr) pro Pferd und Tag wird wie folgt kalkuliert: 3 kg Wiesenheu, 12 kg Grassilage (35 % TS), 2 kg Mischfutter, 0,05 kg vitam. Mineralfutter. Der Strohverbrauch wird mit etwa 8 kg pro Pferd und Tag erwartet. Die Lagerkapazitäten sollen für die Grundfuttermittel etwa 8 Monate reichen, für Kraft- und Mineralfutter 3 Monate und für die Einstreu 12 Monate.

Betrieb C: Auf dem Reitpferdehof C werden im Durchschnitt pro Pferd und Tag 6 kg Wiesenheu, 3 kg Haferkörner und 1,5 kg Mischfutter verfüttert. Der tägliche Einstreuverbrauch liegt bei rund 5 kg pro Pferd. Wie groß (m³) müssen die Lager sein, wenn Heu, Hafer und Stroh 12 Monate und Mischfutter 3 Monate vorrätig gelagert werden? Im Betrieb sind 80 Pferde untergebracht.

3. Wie viel m³ Lagerraum stehen in der abgebildeten Scheune zur Verfügung unter Berücksichtigung einer Arbeits- und Verkehrsfläche von 25 %. Wie viel t Heu können in der Scheune gelagert werden, wenn ein m³ etwa 180 kg wiegt?

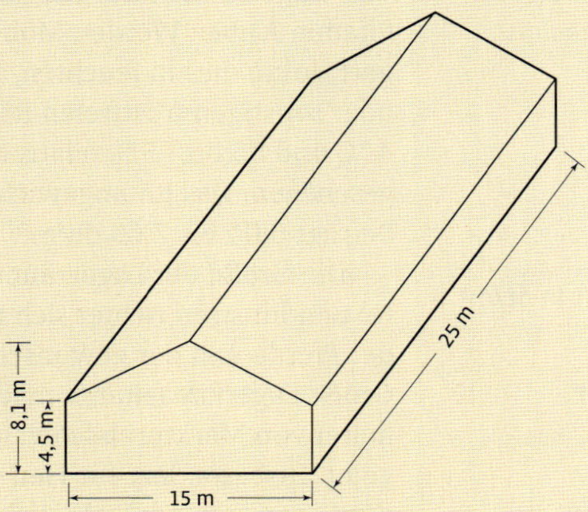

4. In einem Rundsilo ist Hafer eingelagert. Er hat ein Raumgewicht von etwa 550 kg/m³. Wie viel dt Hafer sind in dem Silo enthalten, wenn die oberen 90 cm des Behälters nicht gefüllt sind? Der Behälter hat folgende Abmessungen:

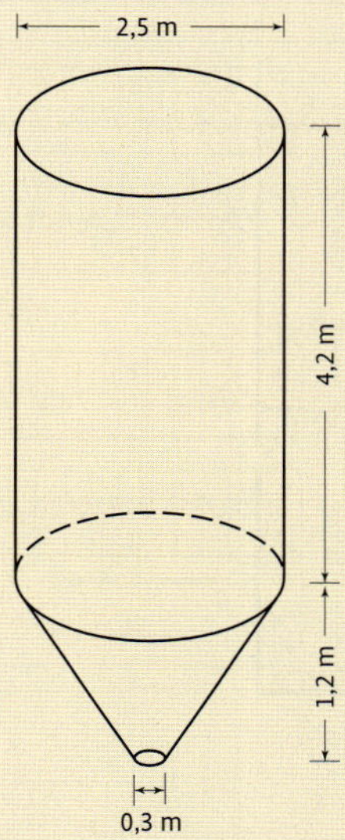

5. Betrieb Y besitzt 35 Pferde. Gefüttert werden im Durchschnitt pro Pferd und Tag: 5,5 kg Heu, 4,5 kg Hafer, 1,0 kg Mischfutter. Der durchschnittliche Strohverbrauch pro Pferd und Tag beträgt 6 kg. Heu und Stroh werden 12 Monate gelagert. Hafer und Mischfutter werden jeweils 3 Monate gelagert. 1 l Mischfutter wiegt 600 g. 1 l Hafer wiegt 550 g. 1 m³ Heu (HD-Ballen) wiegt 180 kg. 1 m³ Stroh (HD-Ballen) wiegt 100 kg. Mischfutter und Hafer werden getrennt in zylinderförmigen Silos gelagert. Heu und Stroh werden gemeinsam in einer Scheune untergebracht.
a) Wie groß müssen die Kraftfuttersilos sein (m³)?
b) Wie groß muss die Scheune sein unter Berücksichtigung einer Arbeits- und Verkehrsfläche von 25 % (m³)?
c) Wie lang muss die Scheune sein, wenn die Breite 15 m und die Traufhöhe 4,20 m betragen und der First 8,10 m hoch ist?
d) Zeichnen Sie die Scheune im Maßstab 1:200 (siehe Zeichnung Aufgabe 3).

1.3.5 Die Reithalle

In Reithallen können Pferde aller Verwendungs- und Nutzungsrichtungen bei jedem Wetter unter dem Reiter, an der Hand oder im freien Auslauf bewegt werden. Um für alle Fälle gerüstet zu sein, hält man bei Neubauten die geforderten Hufschlagmaße für Prüfungen oder Turniere ein.

Neben baurechtlichen Vorschriften (regional unterschiedlich) müssen beim Reithallenbau viele Forderungen miteinander koordiniert werden:

- Die Reithalle ist den übrigen Gebäuden harmonisch anzupassen.
- Sie darf das Landschaftsbild nicht stören.
- Die Halle soll von allen Ställen des Betriebes aus auf kurzen Wegen gefahrlos erreichbar sein.
- Sie muss mit Schleppern, Hängern und Pflegegeräten, eventuell auch mit Pkw,

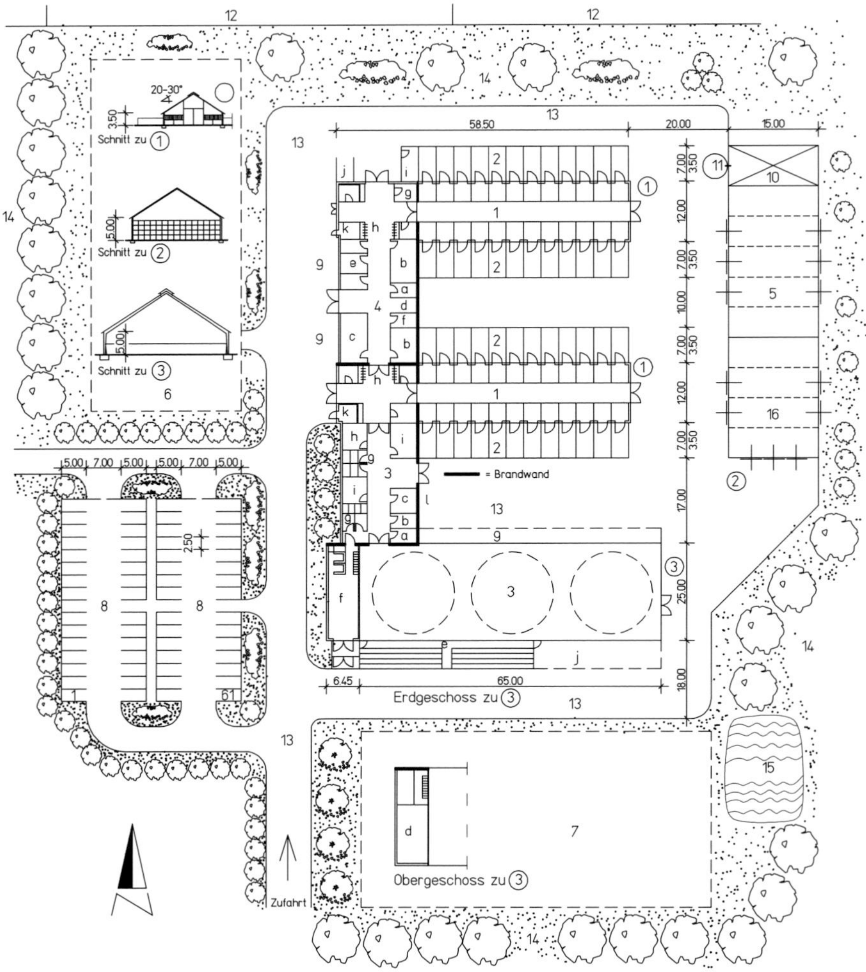

3 Reiten:
- a Meldestelle 8,0 – 10,0 m²
- b Unfallstation 12,0 m²
- c Abstellraum 15,0 – 20,0 m²
- d Schulungsraum 20,0 – 30,0 m²
- e Tribüne
- f Café, Gastwirtschaft, Küche, Theke 1,0 – 1,5 m²/Pferd
- g Sanitärräume 1,0 – 1,5 m²/Pferd
- h Reitlehrer 40,0 – 60,0 m²
- i Pferdepfleger 30,0 – 40,0 m²
- j Hindernislager 10,0 – 12,0 m²
- k Quarantäne
- l Außenputzplatz

4 Versorgungsräume
- a Büro 10,0 m²
- b Sattelkammer 2,0 m²/Pferd
- c Futterkammer 0,5 – 1,0 m²/Pferd
- d Solarium 10,0 – 12,0 m²
- e Sanitärbereich 1,0 — 1,5 m²/Pferd
- f Naßputzplatz 10,0 – 12,0 m²
- g Stell- und Geräteplatz 1,0 – 1,5 m²/Pferd
- h Deckenplatz 0,5 m²/Pferd
- i Schmiede 16,0 m²
- j Außenputzplatz 12,0 m²
- k Quarantäne

1 Pferdeställe, z. B. 2 x 24 Boxen
2 Paddocks 3,0 x 7,0 m
3 Reithalle 25,0 x 65,0 m u. Vorraum
4 Versorgungsräume
5 Bergeraum 40,0 – 50,0 m³/Pferd
6 Sandplatz 30,0 x 70,0 m
7 Springgarten 30,0 x 70,0 m
8 Parkplätze
9 Hänger, Besucher, Gäste
10 Mistlege 2,0 m²/Pferd
11 Jauchegrube ≥ 50,0 m³
12 Koppeln ≥ 0,3 ha/Pferd
13 Wege, befestigte Flächen
14 Garten, Grünanlagen
15 Teich, Oberflächenwasser
16 Garagen, Maschinen

Abb. 40: Planungsbeispiel für Reitanlage mit 40 bis 60 Pferden (ALB Bayern).

befahrbar sein. Dafür ist ein Eingangstor mit 3,0 bis 3,5 m Breite und 4,0 m lichter Höhe notwendig.
- Reithallen erfüllen nur ausreichend und schattenfrei beleuchtet den gewünschten Zweck. Das gilt für das Tageslicht und die elektrische Beleuchtung.
- Alle Bauteile und Baumaterialien müssen garantiert korrosionsfest sein.
- Die Halle darf im Sommer nicht zur „Sauna“ werden. Eine Wärmedämmschicht unter dem Dach schafft Abhilfe und wirkt im Winter als Kälteschutz (Sandwich-Dächer).
- Störende Geräusche bei Regen, Sturm oder Hagel werden ebenfalls durch eine Dachdämmung abgemildert.
- Wärmegedämmte Seitenwände erleichtern die Wärmeregulation.
- Wirksame Be- und Entlüftung erhöhen die Brauchbarkeit von Reithallen.
- Ist eine spätere Verlängerung geplant, sollte das Giebelfeld mit einem Endfeldbinder errichtet werden.

Hallengröße

Die Hallengröße wird in erster Linie von der Betriebsgröße (Anzahl der Pferde) und der geplanten Nutzung bestimmt.

Die Gesamtgröße der Reithalle ist vom sog. Hufschlagmaß zu unterscheiden. Unter dem Hufschlagmaß versteht man die vom Reiter und Pferd nutzbare Fläche. Diese wird von

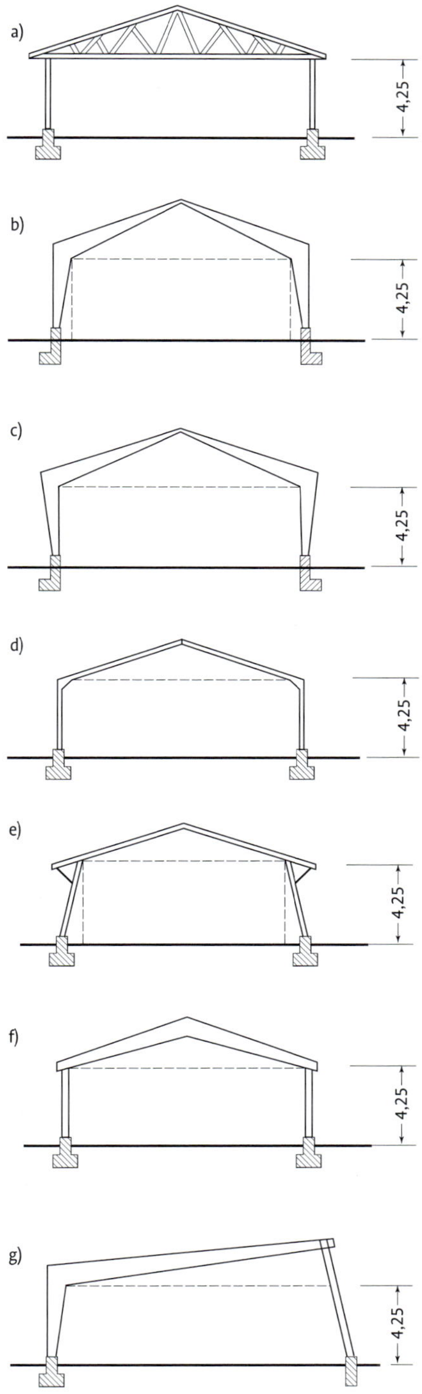

Abb. 41: Hallenkonstruktionen (Angaben in m):
a) Fachwerkbinder auf eingespannten Stützen,
b) Dreigelenkrahmen mit innenliegender Rahmenecke,
c) Dreigelenkrahmen mit außenliegender Rahmenecke,
d) Zweigelenkrahmen,
e) Starrrahmen,
f) Biegeträger auf eingespannten Stützen,
g) Dreigelenkrahmen (Sonderkonstruktion).

den Banden begrenzt. Gemessen wird das Hufschlagmaß ab Bandenunterkante.

Bei Neubauten empfiehlt es sich, ein etwas größeres Hufschlagmaß zu wählen, z. B. für die 20 × 40 m-Halle die Maße 25 × 45 m und für die 20 × 60 m-Halle die Maße 25 × 65 m, damit die Reitfläche durch Abtrennungen (Wartefläche) etwas flexibler genutzt werden kann. Die Gesamtabmessungen der Halle ergeben sich aus dem Platzbedarf für das Hufschlagmaß und die Zusatzeinrichtungen, z. B. Tribünen, Warteraum vor dem Bandentor, Richterplätze etc.

!

Die Mindestmaße für Turnierprüfungen in der Halle sind in der Leistungs-Prüfungs-Ordnung (LPO) vorgeschrieben. Danach muss das Hufschlagmaß für Spring- und Dressurprüfungen mind. 20 × 40 m oder 20 × 60 m (je nach Ausschreibung bzw. Klasse) betragen.

Reithallen baut man stützenlos. Leimbinderkonstruktionen und andere Holzbauweisen sowie Ausführungen in Stahl und Stahlbeton werden auf dem Markt angeboten und zum Teil auch für den Eigenbau vorgefertigt.

Die Fundamentierung von Reithallen schlägt kostenmäßig erheblich zu Buche. Es gilt die Regel: Preisgünstige Hallenkonstruktionen (einfach und materialsparend) erfordern materialaufwendige, relativ teure Fundamente. Umgekehrt können aufwendigere Hallen preisgünstiger fundamentiert werden.

Ausstattung

Die Ausstattung der Reithalle entscheidet mit über die Akzeptanz beim Kunden. Hallen, in denen Prüfungen und Turniere ausgetragen werden, müssen über ausreichend Platz fürs Publikum verfügen.

Tribünen können fest eingebaut, aber auch bei Bedarf montiert werden. Sie brauchen ein festes Gelände zum Hufschlag hin, sollten etwa einen Meter über dem Hallenboden liegen und ab zwei Meter Breite stufenförmig angelegt sein.

Stabiler Einbau vermittelt nicht nur Sicherheit, sondern mindert auch den Reitbetrieb störende Geräusche.

Richterplätze gehören in die Mitte der kurzen Seiten.

Spiegel, in der Mitte einer langen Seite und an der Ecke einer Giebelseite aufgehängt, geben den Reitern Gelegenheit zur Selbstkontrolle. Die Spiegel müssen angemessen groß und verzerrungsfrei sein. Beim Freispringen sollten sie abgedeckt werden.

Banden rund um den Hufschlag verhindern, dass Pferde zu nahe an die Hallenwände gelangen und dabei sich und die Reiter gefährden.

Man legt sie 1,5 bis 2,0 m hoch mit 15 bis 22 Grad Neigung zur Wand an. Bretter (1 Zoll = 2,54 cm), genutet und gefedert oder gesäumt (ab 1,5 Zoll), können bei einem Meter Stützenabstand senkrecht oder waagerecht verlegt werden. Der stabile Hinterbau ist entscheidend für die Haltbarkeit. Sperrholz- oder Spanplatten (1 Zoll) müssen auf Fugen verarbeitet werden, weil sie beim Wechsel von Feuchtigkeit und Trockenheit arbeiten. Große Stützweiten (über 1 m) erfordern stärkere Bretter oder Platten, und umgekehrt kommen enger stehende Stützen mit dünnerem Belag aus.

Unten am Boden dürfen die Banden nicht offen sein – das Verletzungsrisiko wäre zu hoch. Der Sockel kann aus Beton oder fäulnissicherem Hartholz bestehen. Hinter der Bande sollte die Luft gut zirkulieren können, um eine Ansammlung von Feuchtigkeit zu vermeiden.

Eingangsschleusen werden oft zwischen Hallentor und Bande errichtet.

Die Bandentore dürfen sich im Profil nicht von der Gesamtbande abheben, das irritiert die Pferde. Öffnen nach außen ohne schräges Anheben erleichtert die Bedienung und mindert Gefahren.

Der zusätzliche Einbau von leicht zu öffnenden **Fluchttüren** erhöht die Sicherheit.

Von besonderer Bedeutung ist die **Ausleuchtung** der Halle. Diese muss gleichmäßig hell, schatten- und blendfrei sein. Tageslicht kann durch Lichtbänder in den Wänden und zusätzlich im Dach eingeleitet werden. Glasfenster sind langlebiger und ansprechender als Lichtbänder aus transparentem Kunststoff. Die Anordnung der Fenster sollte ab einer Höhe von etwa 1,8 bis 2,0 m (Fensterunterkante) erfolgen, sodass die Reiter hinaussehen können, die Pferde aber nicht abgelenkt werden. Künstliche Beleuchtung über leistungsstarke Lampen macht die Nutzung der Reithalle vom Außenlicht unabhängig.

Finden Turniere oder sonstige Veranstaltungen in der Halle statt, ist eine **Beschallungsanlage** unverzichtbar.

Für Kunden besonders attraktiv ist das Vorhandensein eines **Reiterstübchens** (Kasino) mit Blick in die Halle.

Sanitäre Einrichtungen in unmittelbarer Nähe der Reithalle für Personal, Kunden und Turnierteilnehmer sind Pflicht. Erforderlich sind außerdem Aufenthalts- und Umkleideräume.

Hallenboden

Ein guter Boden ist rutschfest, staubfrei sowie bein- und hufschonend. Zu „tiefe" Beläge können zu Sehnenerkrankungen führen.

> **!**
> Der Hallenboden besteht aus einer Trag- und einer Tretschicht.

Der Unterboden, die sog. **Tragschicht,** muss vor allem tragfähig sein. Bindige, feste Naturböden (z. B. Lehm) eignen sich dafür (15 bis 30 cm dick). Lehm kann durch Zusatzstoffe z. B. Kalk zusätzlich verfestigt werden. Trag- und Tretschicht dürfen sich nicht durchmischen.

Abb. 42: Die Ausleuchtung dieser Reithalle wird durch den Stand der Sonne ungünstig beeinflusst.

Die **Tretschicht** wird in einer Stärke von 10 bis 15 cm aufgetragen. Man verwendet meistens Mischungen. Zum Beispiel:

- grober Sand und Nadelholzspäne im Verhältnis 5:4,
- grober Sand und Gummi- oder Lederspäne im Verhältnis 5:4,
- Rindenspäne maschinell entrindeter Bäume.

Eine alternative Form des Bodenaufbaus ist die Verwendung einer **Trennschicht** zwischen der Trag- und Tretschicht. Bei dieser Variante besteht der Unterboden aus Beton, Asphalt oder Schotter. Es folgt die Trennschicht aus Gummimatten (Reitplatzmatten), PVC-Matten oder Wabengitterelementen. Den Abschluss bildet wieder die Tretschicht. Der Vorteil dieser Ausführung liegt in seiner stoßabsorbierenden Funktion. Von Nachteil sind jedoch die relativ hohen Anschaffungs- bzw. Erstellungskosten.

Der Hallenboden muss permanent gepflegt werden. Dazu gehören:

a) Regelmäßiges Einebnen der Bodenoberfläche mit Egge, Grubber oder Schiebeschild.
b) Tägliches Absammeln des Kotes. Dadurch wird die Lebensdauer der Tretschicht wesentlich verlängert.
c) Auswechseln des Tretschichtbodens bei starkem Funktionsverlust. Dies ist häufig schon nach drei bis sechs Jahren der Fall. Durch Pferdekot und Urin reichern sich organische Stoffe im Bodenbelag an, die der Verrottung durch Bakterien unterliegen. Die hygienische Unbedenklichkeit geht dadurch verloren.
d) Anfeuchten des Bodens, um Staubbildung zu vermeiden. Staub in der Luft belastet die Atemwege des Pferdes auch in der Reithalle. Während der Arbeit ist die Atmung besonders intensiv. Untersuchungen haben gezeigt, dass ein Pferd während eines 90 Minuten Trainings etwa 30 bis 40 % seines täglichen Luftbedarfs aufnimmt. Neben der Befeuchtung des Hallenbodens müssen auch sonstige Staubquellen (z. B. Spinnweben) regelmäßig beseitigt werden. Um den Bodenbelag feucht zu halten, gibt es verschiedene Möglichkeiten:
   - Besprühen von Hand mit einem Wasserschlauch. Dies ist arbeitsaufwendig und das Ergebnis nicht immer zufriedenstellend.
   - Automatische Bewässerungssysteme sind zwar teuer in der Anschaffung, gewährleisten aber eine gleichmäßige Befeuchtung des Tretbelags. Im Winter müssen sie bei Frostgefahr entleert werden. Zum Einsatz kommen Beregnungssysteme von der Decke (Strangberegung, Seitenberegnung, Schlittenberegnung) oder eine Unterflurbewässerung (Ebbe / Flut-System).

Zur Wiederholung und Vertiefung

1. Fertigen Sie einen Bericht über die Bauausführung, Ausstattung und Nutzung der Reithalle ihres Ausbildungsbetriebes an.
2. Wovon hängt die Größe einer Reithalle ab?
3. Über welche Mindestausstattung muss eine Reithalle verfügen?
4. Welche Eigenschaften muss der Hallenboden aufweisen?
5. Aus welchen Schichten setzt sich ein Hallenboden zusammen?

1.3.6 Reitplatz, Longierplatz, Führanlage

Ohne **Reitplatz** in der Nähe des Pferdestalles kommt kein Pferdehalter aus, der Pferde oder Reiter ausbildet. Größe und Form werden durch die örtlichen Gegebenheiten festgelegt und bestimmt.

Als Mindestgröße wären 40 × 70 m wünschenswert. Die Rechteckform ist allgemein üblich. Sie ermöglicht auch die Arbeit auf dem Zirkel.

Größere Reitbetriebe sollten über getrennte Reitplätze für Dressur und Springen verfügen. Aus Sicherheitsgründen sollte ein Reitplatz stabil eingefriedet und mit einem verschließbaren Eingangstor versehen werden. Hecken, Sträucher, kleine Bäume und Stauden, nicht störend angepflanzt, lockern das Bild des Geländes auf, schaffen Abwechslung und gewöhnen die Pferde an Eindrücke.

Die erforderlichen Mindestmaße für Turnierplätze sind in der Leistungs-Prüfungs-Ordnung (LPO) aufgelistet. Die Mindestgröße des Reitplatzes für ein Springturnier muss je nach Ausschreibung mind. 40 × 70 m bzw. 50 × 80 m betragen. Bei Spring-Leistungsprüfungen der Klasse L und höher muss zu dem mind. ein Wassergraben vorhanden sein. Eine geeignete Umgrenzung des Springplatzes ist aus Sicherheitsgründen erforderlich. Für eine nationale Dressurprüfung (Reitpferde) muss das Dressurviereck mind. 20 × 40 m oder 20 × 60 m (je nach Ausschreibung) groß sein. Für eine internationale Dressurprüfung ist eine Dressurplatzgröße von mind. 20 × 60 m vorgeschrieben. Darüber hinaus gilt für Dressurprüfungen, dass die Zuschauerabgrenzung bei nationalen Prüfungen 5 m und bei internationalen Prüfungen 20 m vom Viereck entfernt sein muss.

Der **Reitplatzboden** bereitet häufig Probleme infolge der Belastung durch wechselnde Witterung. Bei der Erstellung eines Reitplatzbodens ist äußerst sorgfältig zu verfahren. Das Ziel ist, einen pferdegerechten und ganzjährig nutzbaren Platz herzustellen. Dies gelingt nur durch einen mehrschichtigen Aufbau des Bodens. Zunächst muss der Mutterboden abgeräumt und der freiwerdende **Untergrund** planiert werden. Starke Unebenheiten gleicht man durch das Aufbringen eines sog. Unterbaus aus. Auf den so vorbereiteten **Baugrund** wird die **Tragschicht** in einer Stärke von 10 bis 20 cm aufgetragen. Hierbei handelt es sich um ein wasserdurchlässiges Schottergemisch. Die darauffolgende **Trennschicht** hat die Aufgabe, eine Vermischung von Tret- und Tragschichtbestandteilen zu verhindern. Sie muss wasserdurchlässig, aber auch wasserspeichernd sein und sie sollte eine stoßdämpfende Funktion aufweisen. Für die Trennschicht können traditionelle Materialien, z. B. wasserdurchlässiger Mineralbeton oder die von Spezialfirmen angebotenen Reitplatzmatten aus Gummi bzw. Reitbodenwaben aus Kunststoff (mit Lava gefüllt) verwendet werden. Den Abschluss bildet die etwa 8 bis 13 cm dicke **Tretschicht.** Diese besteht meistens aus Sand ohne / mit Zuschlagstoffen (Holzschnitzel, Kunststoffmaterialien).

Entscheidend für den Funktionserhalt des Reitplatzes ist eine gut funktionierende Entwässerung bei Regen und eine Bewässerung bei Trockenheit. Zur schnellen **Entwässerung** ist es erforderlich, dass das **Erdplanum** (planierte Oberfläche des Baugrundes) ein Gefälle von 1 bis 1,5 % aufweist (Pultdach- / Satteldach- / Walmdachgefälle). Grundsätzlich sollte der Reitplatz gegenüber der Umgebung etwas erhöht liegen. Das abfließende Wasser kann dann ins Umland abfließen oder es wird von einem den Reitplatz umgebenden **Drainagesystem** aufgefangen und in einen **Sickerschacht** geleitet. Noch effektiver ist eine Entwässerung über ein direkt im Baugrund verlegtes Drainagesystem.

Abb. 43: Reitplatz.

Dagegen zeigt sich in trockenen Sommern häufig das Problem der **Staubbildung**. Dann muss durch eine **Bewässerung** Abhilfe geschaffen werden.

Vollautomatische, durch einen Feuchtigkeitsmesser gesteuerte, in den Boden eingebaute Bewässerungssysteme, die bei Bedarf auch entwässern, stellen für beide Probleme die ideale Lösung dar.

Zur **Bodenpflege** zählen ferner das regelmäßige Absammeln des Pferdeskotes und die Planierung mit Federzahngrubber, Egge oder Planierschild.

Die Anlage von **Rasenreitplätzen** ist auch möglich, der Pflegeaufwand ist jedoch enorm.

Abb. 44: Führanlage mit Überdachung.

Ein Rasenreitplatz muss während der warmen Jahreszeit regelmäßig gemäht und gedüngt werden. Schäden an der Grasnarbe sind umgehend zu beseitigen.

Künstliche **Beleuchtung** erhöht den Gebrauchswert des Außenreitplatzes. Die Anordnung und Leistung der Lampen muss eine gleichmäßige Ausleuchtung mit ausreichender Helligkeit sicherstellen.

Für **Longierplätze** – am besten abgetrennt vom Reitplatz – gelten ebenfalls die vorher beschriebenen Grundausstattungen. Runde oder achteckige Formen mit 15 bis 25 m Durchmesser sind zu empfehlen. Eine Umzäunung sollte nicht fehlen.

Führmaschinen können in Betrieben mit Personal- und Zeitmangel, sachgerecht eingesetzt, zum Wohlbefinden der Pferde beitragen. Sie ergänzen in Renn- und Turnierställen das normale Trainingsprogramm und erledigen auch feste Aufgaben:

- die Gymnastik vor dem Reiten oder Fahren,
- das Trockenreiten (-fahren) nach der Arbeit,
- das Bewegen und Führen von Rekonvaleszenten.

Das gesundheitsfördernde Bewegen der Pferde kann mit der Führmaschine wenig personalaufwändig im Schritt und Trab beliebig dosiert werden.

Um Beinschäden zu vermeiden, müssen Rundlaufbahnen mindestens zwölf Meter Durchmesser aufweisen, da bei schnelleren Gangarten die Belastung der Gliedmaßen sonst zu groß wird.

Auslegerenden von 3 bis 3,5 m Höhe und elastische Führungszügel (fangen ruckartige Bewegungen ab) mindern die Verletzungsgefahren. Außen- und Innenbegrenzungen des Hufschlages dienen als Orientierungshilfe.

Überdachungen einfachster Konstruktion und Ausführung machen die Nutzung der Führmaschine vom Wetter unabhängig. Der stark strapazierte Hufschlag bedarf trotzdem intensiver Pflege (siehe Kap. 1.3.5).

Bewegungsmaschinen gibt es in zwei Grundausführungen:

1. Als feste Rundbahn. Ein Zentralmast rotiert von einem Motor angetrieben. Er ist mit 6, 8, 12 oder 16 Auslegern ausgerüstet, die entweder stabil abgesteift sind oder frei rotierend bzw. auf Gummibändern laufend von einer Rohrkonstruktion getragen werden. Eine Rutschkupplung ist aus Sicherheitsgründen eingebaut.
2. Als ungebundene Laufbahnform. In Seilscheiben laufende, elektrisch angetriebene, endlose Führungsseile sind nicht an Laufbahnformen gebunden. Sie können z. B. an Hallenkonstruktionen oder Standsäulen, die stabil genug sein müssen, befestigt werden. Der Antrieb, mit einer Rutschkupplung versehen, ist auf Rechts- und Linksumlauf umschaltbar.

Die Laufgeschwindigkeiten der Führmaschinen können stufenlos variiert werden. Sie liegen etwa im Bereich zwischen 50 bis 200 m pro Minute. Im Allgemeinen gewöhnen sich Pferde schnell an die Arbeit mit den Bewegungsmaschinen.

Zur Wiederholung und Vertiefung

1. Listen Sie in einer Tabelle die Mindestgrößen für Turnierplätze im Freien auf. Ziehen Sie auch die LPO zur Rate.
2. Welchen Schichtaufbau muss der Boden eines Außenreitplatzes aufweisen? Machen Sie hierzu eine Skizze.
3. Welche Pflegemaßnahmen sind zum Erhalt der Funktionsfähigkeit des Bodens eines Außenreitplatzes erforderlich?
4. Erläutern Sie den sinnvollen Einsatz einer Führmaschine.
5. Mithilfe einer Führmaschine sollen Pferde im Schritt bewegt werden (Rundbahn). Die Führmaschine hat einen Durchmesser von 18 m. Die Pferde sollen eine Strecke von 1 800 m zurücklegen.
   a) Wie oft müssen die Pferde die Bahn umrunden?
   (Umfang eines Kreises = $2\pi r$)
   b) Wie lange müssen die Pferde in der Führmaschine verbleiben, wenn die Laufgeschwindigkeit 60 m pro Minute beträgt?

1.3.7 Bauplanung und rechtliche Vorschriften

Bevor mit einer Baumaßnahme begonnen werden kann, sind zahlreiche Vorarbeiten zu leisten. Der Bauherr muss sich über gesetzliche Bestimmungen informieren und in Zusammenarbeit mit einem Architekten sein Bauvorhaben planen.

Planungshilfen für die Erstellung von Pferdeställen und Reithallen bieten u. a. folgende Institutionen und Firmen an:

1. Die Bauberatungsstellen der Landwirtschaftskammern und der Landwirtschaftsämter sowie der Ministerien.
2. Die Pferdezuchtverbände und Pferdesportorganisationen.
3. Einschlägige Baufirmen bzw. Hersteller von Fertigstallungen und Reithallen.

Sie alle können Besichtigungsobjekte empfehlen und die Orientierung am Objekt vermitteln. Überall im Bundesgebiet stehen beispielhafte Baulösungen für Informationen zur Verfügung.

Die genannten Stellen machen Planungsvorschläge. Ein ortsnah ansässiger Architekt muss die Planfertigung übernehmen und die Baugenehmigungsunterlagen erstellen. Er übernimmt im Regelfall auch die Bauaufsicht.

Wird der Bau an einen Bauunternehmer vergeben, dann stellt dieser normalerweise den Bauleiter.

Grundsätzlich wird die Durchführung von Baumaßnahmen durch Bestimmungen des **Bundesbaugesetzes** und der **Bauordnungen** der Länder geregelt. Vereinfacht ausgedrückt: Durch die Bundesgesetzgebung wird festgelegt, wo gebaut werden darf, während die Landesgesetzgebung dafür zuständig ist, wie gebaut werden darf. Dadurch resultieren z. T. in den Bundesländern abweichende Vorschriften.

Von entscheidender Bedeutung ist für jeden Bauherrn die Frage, ob das Bauvorhaben am geplanten Standort überhaupt zulässig ist. Die Antwort hierauf erfährt er beim zuständigen Bauamt seiner Gemeinde oder Stadt.

Bauplanungsrechtlich können drei Gebiete unterschieden werden:

1. Flächen im Geltungsbereich eines Bebauungsplans.
2. Flächen im unbeplanten Innenbereich.
3. Flächen im Außenbereich.

Unter Einhaltung der Vorschriften des Baugesetzbuches sind die Kommunen berechtigt, einen **Bebauungsplan** aufzustellen, d.h., festzulegen, wie ein Gebiet baulich genutzt werden darf. Ob der Neubau oder die Erweiterung einer Reitanlage zulässig ist, hängt also von den Festlegungen im Bebauungsplan ab.

Ein **„unbeplanter Innenbereich“** ist ein Gebiet mit Bebauung, für das jedoch kein Bebauungsplan vorliegt. Nach dem Baugesetzbuch sind hier Vorhaben zulässig, die sich „nach Art und Maß der baulichen Nutzung, der Bauweise und der Grundstücksfläche, die überbaut werden soll, in die Eigenart der näheren Umgebung einfügen, und deren Erschließung gesichert ist“. Die Zulässigkeit der Errichtung eines Pferdebetriebes hängt hier von der bereits vorhandenen Bebauung ab. Handelt es sich z. B. um ein reines Wohngebiet ist eine Genehmigung i. d. R. von vornherein ausgeschlossen. Liegt dagegen ein landwirtschaftlich geprägtes Gebiet vor, steht dem Bauvorhaben nichts im Wege, sofern nicht sonstige öffentliche Belange tangiert werden.

In der dritten Zone, dem sog. **Außenbereich** ist eine Bebauung so gut wie ausgeschlossen. Es handelt sich hierbei um Flächen für die kein Bebauungsplan vorliegt und die außerhalb von „im Zusammenhang bebauter Ortsteile“ liegen. Der Gesetzgeber möchte durch seine Rechtsvorschriften die freie Landschaft vor Bebauung weitestgehend schützen. Jedoch sind Ausnahmeregelungen vorgesehen. Danach ist ein Bauvorhaben im Außenbereich zulässig, wenn öffentliche Belange nicht entgegenstehen, das Grundstück erschlossen ist und die Baumaßnahme ausschließlich einem land- oder forstwirtschaftlichen Betrieb dient. Ob diese Kriterien erfüllt sind, muss bei jedem Bauantrag vom Bauamt geprüft werden.

!

Landwirtschaft im Sinne des Baugesetzbuches wird u.a. über Bodengebundenheit der Tierproduktion, Flächenausstattung, Gewinnerzielungsmöglichkeit und Qualifikation des Betriebsleiters definiert.

Es stellt sich nun folgende Frage: Unter welchen Bedingungen zählt Pferdehaltung zur Landwirtschaft? Zur Landwirtschaft zählen z. B. folgende Bauvorhaben:

1. Bauten für die Pferdezucht in einem landwirtschaftlichen Betrieb.
2. Bauten für Pensionspferdehaltung auf vorwiegend eigener Futtergrundlage.
3. Eine Bewegungshalle für Zucht- / Pensionspferdehaltung.
4. Eine begrenzte Zahl an Wohnungen fürs Personal in Zucht- und Pensionspferdebetrieben.
5. Die Altenteilerwohnung für das ausscheidende Betriebsleiterehepaar.

Darüber hinaus muss die Fortführung des Betriebes dauerhaft gesichert sein. Das setzt i. d. R. die Erfüllung folgender Kriterien voraus:

1. Der Betrieb verfügt über eine Fläche von mind. 0,5 ha pro GV Pferd (GV = Großvieheinheit, Großpferde über 3 Jahre = 1,1 GV, Großpferde unter 3 Jahre = 0,7 GV).
2. Beruht die Flächenausstattung z. T. auf Pachtverträgen, so müssen diese auf mind. 12 (wenn möglich 18) Jahre unkündbar abgeschlossen sein.
3. Der Betrieb muss auf Gewinnerzielung ausgelegt sein. Für die Hobbypferdehaltung kann im Außenbereich nicht privilegiert gebaut werden.
4. Der Betriebsleiter muss über eine ausreichende Qualifikation verfügen. Dies wäre z. B. nach der erfolgreichen Absolvierung einer Ausbildung zum Pferdewirt / zur Pferdewirtin gegeben.
5. Die Betriebsnachfolge muss gesichert sein.

!

Nach dem Baugesetzbuch zählen gewerbliche Reit- und Trainingsbetriebe nicht zur Landwirtschaft. Ihre Errichtung bzw. Erweiterung ist im Außenbereich somit ausgeschlossen.

Für die Genehmigungsfähigkeit eines Bauvorhabens spielen auch öffentliche Belange eine große Rolle. Im Außenbereich sind dies meistens Belange des Naturschutzes und der Landschaftspflege, die besonders beim Bauen in Schutzgebieten geltend gemacht werden. Genehmigungen werden häufig nur unter entsprechenden Auflagen erteilt. Z. B. dürfen im Landschaftsschutzgebiet nur bestimmte Baustoffe verwendet werden, und es müssen **ökologische Ausgleichsmaßnahmen** (z. B. Eingrünungsmaßnahmen mit heimischen Gehölzen) durchgeführt werden.

Bei der Bauplanung müssen des Weiteren die Anforderungen des Bauordnungsrechtes erfüllt werden. Dieses enthält landesrechtliche Vorschriften u. a. zur Standsicherheit, zum Brandschutz und zu Grenzabständen.

Zur Abwicklung des Baugenehmigungsverfahrens müssen folgende Unterlagen bei der Unteren Bauaufsichtsbehörde vorgelegt werden:

- ein amtliches Antragsformular mit allgemeinen Angaben,
- ein Auszug aus dem Flurkartenverzeichnis,
- ein Lageplan des Baugrundstücks mit Eintrag der Gebäudeabmessungen, Maßstab 1:500,
- die Bauzeichnungen, Maßstab 1:100 (Grundriss, Schnitte, Ansichten),
- eine Baubeschreibung auf Formblättern,
- die Statik mit Konstruktionszeichnungen,
- evtl. sonstige bautechnische Nachweise, z. B. Wärmeschutznachweis,
- Angaben über die Ver- und Entsorgung (Strom, Wasser, Abwasser),
- Baukostenberechnung.

> **!**
> Das Baugenehmigungsverfahren ist kostenpflichtig. Die Gebühren richten sich nach den berechneten Baukosten.

Die zuständige Baubehörde bearbeitet den eingereichten Bauantrag unter Einschaltung der Träger öffentlicher Belange. Diese werden um Stellungnahmen gebeten, die für die Erteilung oder Nichterteilung der Baugenehmigung ausschlaggebend sein können. Zu den Trägern öffentlicher Belange zählen die Naturschutzbehörden, die Wasserwirtschaftsämter / Untere Wasserbehörde, die Gewerbeaufsichtsämter / Umweltschutzämter, die Landwirtschaftsämter bzw. -kammern, Ordnungsämter, Straßenbauämter sowie Denkmalschutzbehörden.

In einigen wenigen Fällen sind Gebäude untergeordneter Bedeutung von der Genehmigungspflicht nach der Baugesetzgebung der Länder freigestellt. Dies gilt beispielsweise nach der Bauordnung (BauO) des Landes Nordrhein-Westfalen für die Errichtung von Gebäuden im Außenbereich die einem land- und forstwirtschaftlichen Betrieb dienen und bestimmte Größen nicht überschreiten. Dies sind im Einzelnen:

1. Gebäude bis zu 30 m^3 Bruttorauminhalt ohne Aufenthaltsräume, Ställe, Aborte oder Feuerstätten, Gewächshäuser ohne Verkaufsstätten bis 4 m Firsthöhe.
2. Gebäude bis zu 4 m Firsthöhe, die nur zum vorübergehenden Schutz von Pflanzen oder Tieren bestimmt sind.

Hierunter fällt beispielsweise der **Weideunterstand** (Schutzhütte). Entscheidend ist hierbei, dass die Tiere den Unterstand nach Belieben betreten und verlassen können und keine Einrichtungen zur Versorgung enthalten sind. Ställe dagegen, die der Haltung und Versorgung von landwirtschaftlichen Nutztieren dienen, bedürfen immer einer Baugenehmigung, unabhängig von der Größe. Baugenehmigungspflichtig sind ferner Gebäude zur Lagerung landwirtschaftlicher Produkte (Heu, Getreide, Stroh), die größer als 30 m^3 sind. Die Länge der Lagerungszeit spielt dabei keine Rolle. Auch Einstellräume für landwirtschaftliche Fahrzeuge und Geräte mit mehr als 30 m³ umbautem Raum bedürfen im Außenbereich immer einer Baugenehmigung.

Ebenfalls i. d. R. baugenehmigungspflichtig sind mobile Ställe, während mobile Unterstände, die dem vorrübergehenden Schutz von Tieren dienen, wie ortsfeste, baugenehmigungsfreie Unterstände rechtlich behandelt werden.

Nach dem **Landschaftsgesetz NRW** stellen Gebäude im Außenbereich einen Eingriff in Naturhaushalt und Landschaftsbild dar. Ein ökologischer Ausgleich ist erforderlich. Auch baugenehmigungsfreie Gebäude belasten die Umwelt. Für ihre Erstellung muss ebenfalls die Zustimmung der **Unteren Landschaftsbehörde** (ULB) eingeholt werden. Der Antrag ist mit den erforderlichen Unterlagen über die Untere Baugenehmigungsbehörde einzureichen. Besonders problematisch sind Bauvorhaben im Landschaftsschutzgebiet zu bewerten. Für sie muss ein Antrag auf Befreiung von den Vorschriften des Landschaftsgesetzes gestellt werden. Es kann jedem Bauherrn nur empfohlen werden, sich frühzeitig mit der ULB in Verbindung zu setzen, um das geplante Bauvorhaben und den landschaftspflegerischen Begleitplan, der mit dem Bauantrag einzureichen ist, mit den Belangen der Behörde zu koordinieren.

!

Auch baugenehmigungsfreie Gebäude unterliegen den Vorschriften der BauO. Diese betreffen u.a. die Statik. Für die Einhaltung ist der Bauherr selbst verantwortlich.

Erst sollten alle rechtlichen Fragen geklärt sein, bevor man mit den architektonischen Planungen beginnt. Sinnvoll ist es, eine sog. **Bauvoranfrage** zu stellen, um unnötige Planungskosten zu vermeiden.

Zur Wiederholung und Vertiefung

1. Über welche Punkte muss sich ein Bauherr zu Beginn eines Bauvorhabens informieren? Erstellen sie eine Checkliste für das planerische Vorgehen.
2. Welche rechtlichen Vorschriften sind im Zusammenhang mit Bauvorhaben zu berücksichtigen?
3. Unter welchen Bedingungen sind Bauvorhaben im Außenbereich zulässig?
4. Für welche Bauvorhaben sind in ihrem Bundesland keine Baugenehmigungen erforderlich? Informieren Sie sich im Internet.
5. Sind folgende Bauvorhaben nach der BauO ihres Bundeslandes baugenehmigungsfrei? Begründen Sie ihre Antwort!
   a) Pferdestall für ein Pferd mit 30 m³ Bruttorauminhalt und einer Firsthöhe von 4,00 m.
   b) Pferdestall für zwei Pferde mit 60 m³ Bruttorauminhalt und einer Firsthöhe von 3,80 m.
   c) Weideunterstand mit 30 m³ Bruttorauminhalt und einer Firsthöhe von 4,20 m.
   d) Weideunterstand mit 50 m³ Bruttorauminhalt und einer Firsthöhe von 4,00 m.
   e) Lagerstätte für Heu mit 30 m³ Bruttorauminhalt und einer Firsthöhe von 4,00 m.
   f) Scheune für Heu und Stroh mit 250 m³ Bruttorauminhalt und einer Firsthöhe von 3,80 m.
   g) Einstellraum für landwirtschaftliche Fahrzeuge und Geräte mit 120 m³ Bruttorauminhalt und einer Firsthöhe von 3,90 m.
6. Ist der nachfolgend abgebildete Weideunterstand für zwei Großpferde in Nordrhein-Westfalen baugenehmigungspflichtig? Wie groß ist der Rauminhalt? Welche Genehmigung muss in jedem Fall vorliegen?

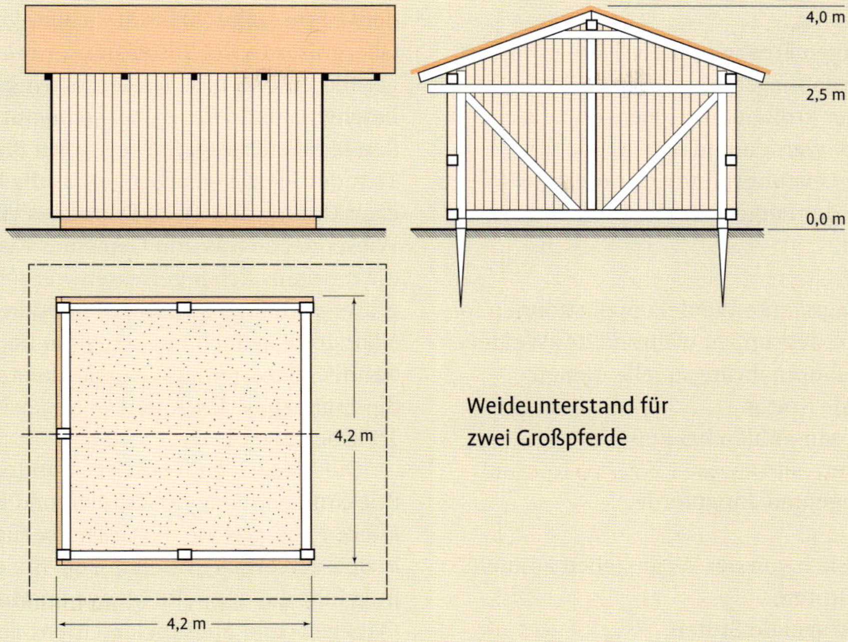

Weideunterstand für zwei Großpferde

1.4 Pferde auf der Weide halten

?

Es ist Frühling. Demnächst beginnt wieder die Weidesaison. Der neu eingestellte Pferdewirt Martin soll für das ganze Jahr die Pflege der Koppeln übernehmen. Die Auszubildende Petra soll ihn dabei unterstützen. Sie fragt sich: Welche Arbeiten sind durchzuführen und warum müssen Pferdeweiden überhaupt gepflegt werden?

Pferdezucht ist ohne ausreichende Koppelflächen nicht denkbar. Robustpferde fühlen sich auf der Weide mit Offenlaufstall ganzjährig am wohlsten. Sport- und Rennpferde, von denen Höchstleistungen gefordert werden, nehmen ein bis zwei Stunden Weidegang täglich gerne an.

Sie alle finden auf der Koppel frische Luft, Sonne, Wind und Entspannung, Umweltreize, verdauungsförderndes, frisches Grünfutter, die Möglichkeit, vom Stress abzuschalten, sich zu wälzen und so das seelische Gleichgewicht wiederzufinden. Durch viel Bewegung werden Muskeln, Sehnen und die Lunge trainiert. Der Kreislauf wird angeregt. Die Sonnenstrahlen aktivieren Vitamin D. Durch die wechselnde Witterung werden die Pferde abgehärtet und widerstandsfähiger gegenüber Krankheiten.

!

Die Weide wird den natürlichen Lebensansprüchen der Hauspferde am besten gerecht.

Die Haltung in der Gruppe fördert zu dem das Sozialverhalten. Längere Verweildauer auf der Koppel setzt jedoch die Kondition der Leistungspferde herab, weil

- die voluminöse Fütterung zu Weidebäuchen führt,

- eine Futteraufnahmekontrolle nur begrenzt möglich ist,
- die langen Fresszeiten die Tiere ermüden,
- die Verdauungsorgane bei der Verarbeitung der großen Futtermengen zu stark belastet werden und
- die für Leistungspferde erforderliche Pflege wegen der langen Weidezeiten zu kurz kommt.

Gute, ertragsstarke Weidekoppeln können folgenden Pferdegruppen während der Weideperiode als Hauptnahrungsquelle dienen:
- tragende Stuten,
- Stuten mit Fohlen bei Fuß,
- Absetzer,
- Jährlinge und Jungpferde.

Ausschließlich von der Weide leben können:
- güste Stuten,
- niedertragende Stuten,
- Robustpferde,
- viele Ponys und Kleinpferde,
- manche Rekonvaleszenten,
- Zwei- und Dreijährige.

Der **Flächenbedarf** pro Pferd richtet sich nach
- dem Alter und dem Lebendgewicht,
- ihrer Bewegungsaktivität (Zertreten der Grasnarbe),
- nach Boden und Klima, die den Futteraufwuchs begrenzen, und
- der Bewirtschaftungsintensität (z. B. Düngung).

!

Man rechnet für eine Stute (Großpferd) mit Nachzucht als Faustzahl mit einem Weideflächenbedarf (Beweidung und Heugewinnung) von 0,75 bis 1,5 ha (durchschnittlich 1,0 ha) und im Extrem mit 2,0 ha.

Das Futterangebot einer Weide besteht aus Gräsern (Ober- und Untergräsern), Leguminosen (= Hülsenfrüchtler, z. B. Klee) sowie Kräutern (Nutz- und Wildkräutern). Der Anteil der Gräser sollte 70 bis 80 % betragen. Die Obergräser (hohe Blütenstände, relativ geringer Blattanteil, u. a. Wiesenschwingel, Wiesenlieschgras und Wiesenfuchsschwanz) bringen den Mengenertrag. Sie vertragen Biss und Tritt der Pferde weniger gut als die blattreichen Untergräser (u. a. Deutsches Weidelgras, Wiesenrispengras und Gemeines Rispengras), die meistens lieber gefressen werden. Weidegräser enthalten alle von Pferden benötigten Nährstoffe, jedoch nur selten im richtigen Verhältnis. Kleearten und Nutzkräuter schaffen die Ergänzung. Ihr Anteil sollte jeweils 10 bis 15 % betragen.

Die Kleearten (Weißklee, Rotklee) sind als Stickstoffsammler eiweißreich und füllen die Lücken aus, welche die Gräser bezüglich der Eiweißversorgung offen lassen. Sie enthalten ungefähr die doppelte Menge an Mineralien (Mengen- und Spurenelementen) als die Gräser. Außerdem sind sie vitaminreich.

Auch bei den Nutzkräutern (u. a. Löwenzahn, Schafgarbe und Spitzwegerich) sind die Gehalte an Mineralien und Vitaminen relativ hoch. Wildkräuter werden, wenn überhaupt, nur aus Langeweile gefressen. Die blattreichen Arten (z. B. Ampfer, Disteln) verdrängen gerne die Nutzpflanzen. Sie müssen daher bekämpft werden, bevor sie überhand nehmen. Entfernen muss man vor allem auch die giftig wirkenden Kräuter (Scharfer und Knolliger Hahnenfuß, Sumpfdotterblume, Herbstzeitlose u. a.). Die Bekämpfung geschieht durch richtige Nutzung und Düngung, auf mechanischem Wege (mähen, ausstechen), über die chemische Unkrautbekämpfung oder in extremen Fällen durch Umbruch und Neueinsaat.

!

Weiden müssen sorgfältig gepflegt und gedüngt werden, wenn sie die gestellten Anforderungen erfüllen sollen. Weidehygiene ist umso bedeutsamer, je dichter der Pferdebesatz (Pferde/ha) ist.

1.4.1 Verfahren der Weidenutzung

Für die Bewirtschaftung der Weide kommen drei Verfahren in Betracht:

1. Portionsweide

Dieses aus der Milchkuhhaltung bekannte Nutzungssystem gewährleistet die intensivste Form der Weidenutzung. Täglich oder jeden zweiten Tag wird den Tieren mittels Elektrozaun eine neue geringe Futterfläche zugeteilt. Infolge des knappen Futterangebots wird weniger selektiert. Der sog. Weiderest ist gering und die Grasnarbe wird relativ wenig belastet. Über die Größe der zugeteilten Fläche sowie über die Beweidungsdauer lässt sich die Grünfutteraufnahme bedingt steuern.

Tab. 9. Erforderlicher Mindestflächenbedarf für die Pferdehaltung auf Standweiden

Pferdetyp/Gewicht (kg) von … bis	Fläche (ha) von … bis
Freizeitpferd	
bis 200	0,25
200–400	0,25–0,40
400–600	0,40–0,60
600 und mehr	0,60–0,80
Laktierende Stuten mit Fohlen bei Fuß	
Warmblut	0,50–0,70
Vollblut	0,90–1,20

2. Standweide

Eine festumzäunte Grünlandfläche, auf der sich die Tiere während der gesamten Vegetationszeit bzw. des ganzen Jahres aufhalten, wird als Standweide bezeichnet. Die Fläche muss der Anzahl und Größe der Pferde angepasst sein.

Probleme bereitet das im Vegetationsverlauf ungleichmäßige Wachstum der Pflanzen. So treten Zeiten mit Überangebot an Nährstoffen (Mai, Juni), aber auch Zeiten mit Nährstoffmangel auf. Der Pferdebesitzer muss den Ernährungszustand seiner Pferde genauestens beobachten, um bei Bedarf für Ausgleich zu sorgen. Extensivrassen können auch im Winter unter entsprechender Zufütterung draußen gehalten werden.

Selektives Verbeißen der Grasnarbe führt relativ schnell zur Zunahme unerwünschter Pflanzen. Im Umfeld der Kotplätze entstehen sog. Geilstellen. Die Folgen sind rückläufiger Ertrag und steigendes Verwurmungsrisiko. Dem kann, bedingt durch Pflegemaßnahmen, entgegen gewirkt werden. Z. B. ist eine Kombinationsbeweidung mit Rindern eine Möglichkeit, zum Qualitätserhalt der Standweide beizutragen.

3. Umtriebsweide (Koppelhaltung)

Die abwechselnde Beweidung mehrerer Koppeln hat sich in der Praxis als die praktikabelste Methode zur Bewirtschaftung von Pferdeweiden durchgesetzt. Die Koppelgrößen sollten so gewählt werden, dass der Aufwuchs für eine bestimmte Anzahl Pferde etwa 2 bis 3 Wochen ausreicht. Nach dem Abweiden einer Koppel erhält diese mind. drei Wochen Ruhezeit (Witterungsabhängig). Während der Ruhephase können dann alle erforderlichen Pflegemaßnahmen durchgeführt werden. Die Besatzstärke kann zwischen 4 bis 6 Pferden pro ha liegen. Rechteckige Koppeln kommen dem Bewegungsbedürfnis der Pferde besonders entgegen. Auf den Koppeln, die im Frühjahr nicht beweidet werden, wird der erste Aufwuchs zur Heu- oder Silagegewinnung genutzt (Mähweiden).

1.4.2 Weideeinrichtungen

Wenn Pferde den ganzen Tag auf der Koppel verbleiben, sollten zum Schutz vor extremer Witterung Baumgruppen, Hecken oder eine Weideschutzhütte vorhanden sein. Die **Wetterschutzeinrichtungen** genügen jedoch nur dann

Abb. 45 (oben): Ganzjahreskoppel (Standweide).

Abb. 46 (unten): Wasserversorgung auf der Pferdekoppel (Wasserfass mit Selbsttränkebecken).

den Anforderungen, wenn sie allen Tieren gleichzeitig Schutz gewähren.

Pferde fühlen sich in lichtem **Laubwald** oder **Gestrüpp** besonders wohl. Wenn derartige Vegetationsflächen zur Verfügung stehen, sollten sie mit eingezäunt werden.

Scheuerpfähle, freistehend und stabil eingerammt, werden von Pferden gerne angenommen und vielfach genutzt.

Ein **Wälzplatz** (mind. 3 × 5 m groß) mit 20 bis 25 cm Sandaufschüttung und Überdachung wird von Pferden ebenfalls gerne aufgesucht. Nach Anstrengungen benutzen sie ihn ausgiebig. Er verschafft ihnen körperliche und seelische Entspannung. Das Wälzen draußen ist zudem weniger verletzungsträchtig als das Wälzen in der Box.

Ohne eine ständige **Trinkwasserversorgung** lässt sich selbst ein Halbtagsweidegang nicht pferdegerecht durchführen. Der Tagesbedarf ist abhängig von Alter, Größe und Kondition der Pferde, vom Feuchtigkeitsgehalt des Grases und der Witterung. Er beträgt pro Pferd etwa 20 bis 60 Liter/Tag. Die Versorgung kann über **Wasserfässer** mit Direktentnahme oder im geschlossenen System mit Selbsttränken sichergestellt werden. Zu hofnahen Weiden verlegt man am besten **Wasserleitungen**. Getränkt werden kann dann über Wassertröge oder mittels Selbsttränkebecken. Alle Tränkeeinrichtungen müssen leicht zu reinigen, frostsicher angelegt oder im Winter abmontierbar sein.

> **!**
> Weidezäune und Weidetore müssen ausbruchs- und verletzungssicher konstruiert sein. Die Pferde müssen sie außerdem gut sehen können.

Baumaterialien für den Zaun
Folgende Materialien können zum Zaunbau verwendet werden:

1. Holz
Rundstangen, Halbrundstangen und Planken aus Fichten, Lärchen und Kiefern überwiegen. Die **Bohlen** (Planken) bestehen bisweilen auch aus teurem, aber dafür sehr haltbarem Eichenholz. Rund- und Halbrundstangen müssen einen Durchmesser von etwa 12 bis 15 cm aufweisen. Die Planken sollten mind. 4 cm dick und etwa 15 cm breit sein. Für eine lange Haltbarkeit ist eine Imprägnierung aller Holzteile

unumgänglich. Die besten Ergebnisse liefert eine Kesseldruckimprägnierung. Die verwendeten chemischen Präparate müssen jedoch in jedem Fall pferde- und umweltverträglich sein.

2. Gummibänder
Seit einigen Jahren kommen 15 bis 20 cm breite Bänder aus Gummi zur Anwendung. Sie werden im Recyclingverfahren (Wiederverwendungsverfahren) aus Förderbändern herausgeschnitten. Sie zeichnen sich durch Witterungsbeständigkeit und geringe Verletzungsgefahr aus, sind aber nicht billig, weil die Kosten für das Schneiden der eisenhaltigen Förderbänder hoch liegen. Die Verarbeitung ist schwierig, weil sich das Material bei Temperaturwechsel sehr stark ausdehnt oder zusammenzieht. Die Eckpfosten müssen zu dem ausreichend stabil sein, um diesen Belastungen stand zu halten.

3. Knotengitter
Der von Wildgattern her bekannte Zaun aus weitmaschigen Knotengittern kommt i. d. R. nur zum Einsatz, wenn gleichzeitig Schafe auf der Koppel gehalten werden. Für Pferde ist er nicht ganz gefahrlos. Der glatte Draht wird von den Pferden nur schwer erkannt. Die Gefahr besteht darin, dass sie mit einen Huf oder Bein durchtreten und hängen bleiben. Aus diesem Grund sollte eine zusätzliche Sicherung in Form eines Elektrozauns angebracht werden.

4. Walzdraht / Drahtlitze / Stacheldraht
Walzdraht (Aluminium, Stahl) ist der preisgünstigste und am leichtesten zu verarbeitende Baustoff für Koppelzäune. Die Drahtlitze besteht aus mehreren verdrehten Einzeldrähten. Sie ist sehr flexibel und leicht zu verarbeiten. Aus Sicherheitsgründen (er wird von Pferden leicht übersehen) und wegen des relativ großen Verletzungsrisikos (Durchtreten) wird Draht vielfach in Kombination mit Holz (HDH oder DDH) verwendet. Stacheldraht ist wegen dem hohen Verletzungsrisiko (Schnittverletzungen) zur Einzäunung von Pferdeweiden ungeeignet.

5. Elektrodraht / -band / -seil
Elektrozäune, als zusätzliche Sicherheitseinrichtungen, können ohne Bedenken empfohlen werden. Als alleinige Außeneinfriedung scheint das Sicherheitsrisiko jedoch recht groß zu sein. Am besten nimmt man dann drei stromführende Leiter. Ein **Impulsgeber** sendet etwa alle 1,2 sec. einen 0,0005 sec. langen Stromschlag durch die Drähte. Eine ausreichende Stromspannung ist erforderlich, um den Stromschlag (Impuls) zu transportieren. Nach VDE muss die Mindestspannung des Zaunes auch bei Belastung 2000 Volt (2 kV) betragen. Aus Sicherheitsgründen sollte die Spannung auf dem Zaun zwischen 3000 und 4000 Volt (3 bis 4 kV) liegen. Der elektrische Weidezaun stellt wie jeder Stromkreis ein geschlossenes System dar. Strom wird nur dann übertragen (fließen), wenn der Kreislauf geschlossen ist. Wird der Kreislauf

Abb. 47: Elektrozaun. Oben und unten stromführende Bänder. In der Mitte ein stromführendes Seil.

unterbrochen (z. B. durch Bewuchs) sinkt die Spannung, und u.U. reicht dann die Energie (Joule) für den Stromschlag (Impuls) zur Abschreckung nicht mehr aus. Die Funktionstüchtigkeit des Zaunes muss also regelmäßig überprüft werden. Hierfür gibt es spezielle Testgeräte.

Als Impulsgeber werden 230 Volt Netzgeräte sowie mobile 9 Volt / 12 Volt **Elektrozaungeräte** für Trockenbatterien und Akkus im Handel angeboten. Die erforderliche Ladeenergie der Geräte richtet sich nach der Zaunlänge und der Belastung durch Bewuchs. **Impulsenergie** (Entladungsenergie) ist die Energie, die das Elektrozaungerät abgibt. Empfehlenswert sind Elektrozaungeräte, die eine Impulsenergie von mehr als einem Joule abgeben. Nach VDE darf die Impulsenergie jedoch 5 Joule nicht übersteigen, weil sonst Schäden bei Mensch und Tier auftreten können.

Die Weidezaungeräte müssen zudem ausreichend geerdet sein, weil sonst der Strom nicht fließen kann.

Aus Sicherheitsgründen dürfen nur nach den VDE-Richtlinien zugelassene Geräte eingesetzt werden. Die Brauchbarkeit wird zu dem durch anerkannte Prüfsiegel bescheinigt (DLG-Prüfsiegel).

Optisch für die Pferde gut sichtbar sind zweifarbige Elektrobänder, das sind gewebte Kunststoffbänder mit eingeflochtenen Nirostaleitern und / oder verzinnten Kupferleitern (Farbkombinationen z. B. Schwarz/Weiß, Rot/Weiß, Gelb/Blau). Die Befestigung der etwa 2 bis 4 cm breiten Bänder geschieht mittels Breitbandisolatoren an den Pfosten.

Gebräuchlich sind auch etwa 0,6 bis 0,8 cm dicke, zweifarbige Kunststoffseile mit eingearbeiteten stromführenden Leitern.

!

Besucher und Spaziergänger müssen durch Warnschilder vor Elektrozäunen gewarnt werden.

6. Kunststoffe

Zäune aus witterungsbeständigem und schlagfestem Kunststoff (PVC, Polyethylen, Polycarbonat) werden als Komplettlösungen vom Handel angeboten. Aufgrund des relativ hohen Preises werden sie i. d. R. nur zur Einzäunung kleiner Koppeln oder Paddocks benutzt.

7. Sträucher

Eine dichte Hecke aus Sträuchern kann als alleinige Einzäunung in Frage kommen, wenn sie mind. 1,5 m hoch und 0,6 m breit ist. Eine ständige Kontrolle ist erforderlich zur Aufdeckung von Schwachstellen, die dann zusätzlich gesichert werden müssen.

Als **Weidepfähle** sind runde (Durchmesser 8 bis 20 cm) oder eckige (4 × 4 cm bis 10 × 10 cm) Holzpfähle, angespitzt zum Einschlagen oder stumpf zum Eingraben, am gebräuchlichsten. Sie können aus Fichten- oder Lärchenholz gefertigt sein. Die Tor- und Eckpfähle müssen massiver sein als die Streckenpfähle. Nur **kesseldruckimprägnierte** Pfähle sind lange haltbar und gewährleisten so ihre Funktion. Besonders haltbar sind Eichenpfähle. Oben abgeschrägte Holzpfähle halten länger als waagerechte, weil das fäulnisfördernde Wasser ablaufen kann.

Eine sehr lange Lebensdauer haben einbetonierte, rostgeschützte Eisenpfähle (feuerverzinkt) sowie **Betonpfähle**. Die Beschaffungskosten dafür liegen jedoch relativ hoch.

Mit teerölhaltigen Holzschutzmitteln imprägnierte **Bahnschwellen** dürfen wegen ihrer gesundheitsschädlichen Emissionen (krebserregende Stoffe) seit dem 1. September 2002 nicht mehr zum Zaunbau verwendet werden. Ihre Verwendung und die Veräußerung stehen nach den Vorschriften der Chemikalienverordnung unter Strafe. Gleiches gilt auch für mit Teeröl behandelte Leitungsmaste und Pfähle. Nur Bahnschwellen, die vor dem 1. September 2002 rechtmäßig verbaut wurden, können belassen werden, wenn sie so ein-

Abb. 48: Kombi-Zaun. Einzäunung aus viereckigen Holzpfählen und Halbrundstangen (kesseldruckimprägniert), zusätzliche Sicherung mit zwei stromführenden Seilen.

Abb. 49: Abgerundete Koppelecke (spitz zulaufende Koppelecken bedürfen zusätzlicher Sicherung).

gebaut sind, dass von ihnen keine Gefahr für Mensch und Umwelt ausgeht. Die Abgabe von Bahnschwellen an Privatpersonen bzw. die Verwendung im privaten Bereich ist bereits seit dem 1. April 1992 verboten.

Weidepfähle müssen 2,00 bis 2,50 m lang sein. Je nach Festigkeit des Bodens schlägt oder gräbt man sie etwa 0,5 bis 0,8 m tief ein, sodass Zäune von 1,40 bis 1,60 m Höhe errichtet werden können. Für Ponys bzw. Kleinpferde reichen Zaunhöhen von 1,20 bis 1,30 m aus.

Die Errichtung eines neuen Weidezaunes beginnt mit dem Ausfluchten der Verlaufslinien. Der ortsübliche Grenzabstand muss eingehalten werden, um Streit mit den Anliegern auszuschließen. Gerade verlaufende, in der Oberlinie waagerechte Einfriedungen stören das Landschaftsbild und die eigenen Augen weniger als krumme und ungleich hohe Zäune. Die Stangen lassen sich einfacher parallel und gerade anbringen, wenn die Pfähle bereits exakt gesetzt worden sind.

Die eigentliche Arbeit fängt mit dem Setzen der besonders stabilen Eckpfosten an. Sie müssen in Richtung beider Zaunfluchten abgestützt und verstrebt werden, damit sie allen Druck und Zug aushalten.

Die Weidepfähle bringt man bei Zäunen aus Holz im Abstand von 2,5 bis maximal 4 m (Seil 3 bis 5 m, Band 3 bis 4 m, Draht 3 bis 6 m) so tief in den Boden ein, dass sie nicht mehr wackeln.

Bei sehr langen Fronten sollten alle 60 bis 70 m starre, seitlich abgestützte Pfähle zur Erhöhung der Zaunstabilität eingebaut werden.

Rund- und Halbrundstangen, Planken und Gummibänder sowie Drähte werden immer an der Innenseite zur Koppel hin angenagelt (Nägel oder Krampen), damit auch die Pfähle eventuellen Druck der Pferde mit abfangen und die Nägel nicht ausreißen.

Bei zweireihigen Zäunen befestigt man die untere Stange mit der Unterkante etwa 80 bis 90 cm vom Boden entfernt am Pfahl und die zweite mit der Oberkante 50 bis 60 cm darüber. Zäune über 1,40 m Höhe (Hengstweide) werden zweckmäßigerweise dreireihig angelegt. Sie beginnen mit der Unterkante 50 bis 60 cm über dem Boden.

Weidetore

Weidetore dienen Tieren und Menschen als Durchlass, müssen aber auch von Maschinen und Geräten zur Weidepflege sowie von Pferdetransportern bequem passiert werden können. Aus diesem Grund sollten sie gut vier Meter breit sein.

Die Tore müssen so stabil sein, dass sie von vor dem Ausgang wartenden und drängenden Pferden nicht eingedrückt werden können. Aus Sicherheitsgründen müssen sie verschließbar sein. Erste Sicherheitsgaranten sind stabile, fest verankerte Torpfosten. Als Baumaterial kommen Holz oder Eisen in Betracht.

Gebräuchliche und bewährte Weidetorausführungen sind:

1. Das Stangentor

Es besteht aus drei bis vier Einzelstangen, die in Halterungen (oft aus Hufeisen) eingeführt werden. An einer Seite werden die Stangen durch eine in Bohrlöcher gesteckte Eisenstange miteinander verbunden und gleichzeitig gegen Herausrutschen abgesichert. Die Halterungen bringt man an den Torpfosten an.

Abb. 50: Stabiles Weidetor in Gatterform.

2. Weidetore in Gatterform

Sie sind einfach zu handhaben und werden in Rahmenkonstruktion ausgeführt. Sie bedürfen starker Gehänge oder Scharniere, weil sie nur auf einer Seite am Pfosten befestigt sind. Ein Stützrad auf der anderen Seite erleichtert das Öffnen und Schließen. Überwürfe und gelochte Flacheisen über Ösen geführt, die im zweiten Pfosten angebracht sind, schließen diese Tore sicher.

3. Zweiflügelige Weidetore

Sie entsprechen in der Grundkonstruktion den vorherigen. Jede Hälfte wird jedoch für sich mit Gehängen oder Scharnieren an den Torpfosten aufgehängt. In der Mitte können die Torflügel durch Überwürfe und Ketten mit Schlössern gesichert werden. Konstruktionen mit einzelnen, in der Mitte festzustellenden Hälften sind möglich.

4. Weideverschlüsse aus Draht

Drei bis vier Drähte (kein Stacheldraht) werden an einer Seite am Pfosten festgemacht und am anderen Ende in Torlänge an einer Stange befestigt, mit der man sie spannt und in zwei Ösen (davon die oberste klappbar) am anderen Pfosten einführt. Ein Mittelpfosten verleiht dem Tor mehr Stabilität. Die Gefahr bei dünnen Drähten besteht jedoch in der schlechten Wahrnehmbarkeit.

5. Verschlüsse mit zwei bis drei Elektrodrähten / -bändern / -seilen

Zwischen zwei Pfosten bilden auf Isolatoren befestigte Drähte, Bänder oder Seile den Durchlass. Auf der Öffnungsseite werden isolierte Handgriffe verwendet, damit beim Öffnen der Strom nicht abgeschaltet werden muss.

6. Schiebetore
Eine variable Öffnungsbreite lässt sich über Schiebtore realisieren. Die auf Stützrädern laufenden Schiebetore stellen zu dem eine sehr stabile und sichere Torvariante dar.

1.4.3 Pflegemaßnahmen

Von Pferden genutzte Weiden verlieren ohne eine intensive Pflege der Grasnarbe innerhalb kurzer Zeit ihre ursprüngliche Ertragskraft. Die Gründe hierfür sind

- selektives Fressen,
- kurzer Verbiss der Grasnarbe,
- das Entstehen von Geilstellen (überständige Gräser / Kräuter) im Umfeld der Kothaufen und
- die hohe Trittbelastung durch die Hufe.

> !
> Bevor die Weidesaison eröffnet wird, muss eine eingehende Kontrolle der Zäune, Weidetore und sonstigen Einrichtungen stattfinden. Ggf. sind Schäden zu beseitigen.

Die Pflegemaßnahmen beginnen im Frühjahr vor Vegetationsbeginn mit dem Einebnen der **Maulwurfshügel**. Dazu eignen sich Schleppen aus Eisenreifen, Eisenrahmen oder halbierten Autoreifen. Mithilfe von speziellen Wieseneggen (kurze Zinken) kann zusätzlich Moos und abgestorbenes Gras ausgekämmt werden.

Aufgefrorene Weidenarben müssen sofort nach dem Einebnen mit einer schweren Wiesenwalze (1 bis 2 t/m^2 Gewicht) angedrückt werden, damit die Wurzeln der Weidepflanzen wieder Bodenschluss bekommen. Das Walzen fördert darüber hinaus die Wasser- und Wärmeleitung des Bodens und beugt einer verstärkten Ausbreitung von Doldenblütlern und Brennnesseln vor. Auf schweren Lehm- und Tonböden sollte jedoch auf Walzen aufgrund der Verdichtungsgefahr verzichtet werden.

Während der Vegetationszeit sollten die **Geilstellen** regelmäßig beseitigt werden, weil die dort wachsenden minderwertigen Gräser und Kräuter zuerst Samen bilden bzw. sich vermehren. Dadurch verschlechtert sich die Weidebestandsqualität.

Ein Reinigungsschnitt trägt auch zur Verjüngung des Bestandes bei und fördert die Narbendichte. Auf Standweiden sollte regelmäßig abschnittsweise nachgemäht werden. Der gemähte und getrocknete Aufwuchs wird oft gefressen. Größere Mengen sollten aber eingesammelt und abtransportiert werden, damit die nachwachsenden Pflanzen darunter nicht ersticken. Einen geringen Weiderest kann man auch häckseln. Ein Nachmähen im Spätherbst fördert die Winterfestigkeit. Die Schnitthöhe sollte jeweils 5 bis 7 cm betragen.

Kombinierte Weidenutzung durch Pferde, Rinder und Schafe lässt keine Geilstellen hochkommen, weil die Tiere unterschiedliche Futteraufnahmetechniken praktizieren, andersgeartete Geschmacksansprüche ans Futter stellen und besondere Abneigungen nur gegen den Geruch der eigenen Exkremente (Ausscheidungen) bestehen.

Sollten die **Wildkräuter** durch Nachmähen oder Mischbeweidung nicht ausreichend in Schach gehalten werden können, kann man diese auch mit chemischen Präparaten (Herbizide) bekämpfen. Aus ökologischen Gründen sollten die Substanzen jedoch nur sparsam verwendet werden. Eine gezielte Horstbekämpfung reicht häufig schon aus, um unerwünschte Pflanzen wie z. B. Brennnesseln zurückzudrängen. Die Anwendungsvorschriften für die Herbizide müssen genauestens befolgt werden, ebenso sind die Wartezeiten einzuhalten.

Ständiges **Kotabsammeln** trägt wesentlich zur Eindämmung der Infektionsgefahr durch Endoparasiten bei. Darüber hinaus beugt man

> !
> Auch die Trinkwasserversorgungseinrichtungen sind laufend zu überwachen, damit die Versorgung störungsfrei abläuft.

hierdurch auch der Geilstellenbildung vor. Diese doch sehr zeitaufwendige Tätigkeit lässt sich mithilfe von speziellen Maschinen mechanisieren.

1.4.4 Über-/Nachsaat, Neuansaat

Bei kleineren Lücken in der Grasnarbe ist eine **Übersaat** sinnvoll. Geeignet ist hierfür Deutsches Weidelgras. Die Ausbringung kann im Kreiseldüngerstreuer gemischt mit Mineraldünger geschehen. Ein nachfolgendes Striegeln und Walzen fördert das Anwachsen.

Bei größeren Narbenschäden wird eine **Nachsaat** erforderlich. Es sind etwa 20 kg/ha Deutsches Weidelgras notwendig. Die Saatmischung wird am besten mit speziellen Sämaschinen in die kurze Altnarbe gesät. Anschließend ist die Grasnarbe schonend zu behandeln bis sich die neuen Pflanzen etabliert haben. Kurzhalten der Grasnarbe durch Schnitt fördert die Bestockung und damit die Bestandsdichte.

Eine **Neuansaat** wird fällig, wenn weniger als 40 % wertvolle Gräser im Bestand vorzufinden sind. Bei hohem Besatz mit Quecke, Gemeiner Rispe und Wildkräutern muss zunächst der komplette Pflanzenbestand mit Roundup (4 l/ha) abgetötet werden. Erst nach dem Absterben (14 Tage) kann gepflügt und anschließend das Saatbett vorbereitet werden.

Für die Saat werden **Drillsämaschinen** eingesetzt. Die Saattiefe sollte 1 cm betragen. Direktsaat ohne Narbenumbruch ist auch möglich. Das abgestorbene Pflanzenmaterial muss jedoch vorher abgeräumt werden. Günstige Termine für eine Neuansaat sind März / April oder Juli / August. Die Jungpflanzen werden durch frühen Schnitt (15 cm Wuchshöhe) oder Beweidung mit Rindern zur Bestockung angeregt. Eine Stickstoffdüngung (30 bis 40 kg N/ha) fördert das Wachstum. Als Ansaatmischungen für Pferdeweiden sind z. B. die von der Arbeitsgemeinschaft norddeutscher Landwirtschaftskammern empfohlenen Standardmischungen G IIo oder G II geeignet.

Tab. 10. Ansaatmischungen für Pferdeweiden (in kg/ha)

	G IIo		G II	
	kg	%	kg	%
Deutsches Weidelgras				
– Früh	4	13	4	13
– Mittel	6	20	5	17
– Spät	6	20	5	17
Wiesenschwingel	6	20	6	20
Wiesenlieschgras	5	17	5	17
Wiesenrispe	3	10	3	10
Weißklee	–	–	2	6
	30	100	30	100

Quelle: Reinhard Miltner, Landwirtschaftskammer NRW, Landbau

1.4.5 Düngung

Pflanzen brauchen keine komplexen organischen Verbindungen, wie Proteine, Fette, Kohlenhydrate und Vitamine, aufzunehmen. Sie besitzen die Fähigkeit, alle lebensnotwendigen Verbindungen selbst zu synthetisieren. Als autotrophe Lebewesen bilden sie in ihren chlorophyllhaltigen Zellen aus Kohlendioxid und Wasser energiereiche Kohlenhydrate und Sauerstoff. Die dabei gewonnene Energie stammt aus dem Sonnenlicht (Photosynthese). Der Vorgang ist jedoch wärmeabhängig.

Zur Synthese weiterer komplexer Verbindungen benötigen sie jedoch über ein Dutzend chemischer Elemente, die in einer für die Pflanze aufnehmbarer Form vorliegen müssen.

Die Pflanzennährstoffe lassen sich in vier Gruppen einteilen:

1. Hauptnährelemente

Hierzu zählen Stickstoff (N), Phosphor (P), Kalium (K), Calcium (Ca) und Magnesium

(Mg). Im Boden liegen sie als anorganische Salze vor. Stickstoff z. B. nimmt die Pflanze in Form von im Bodenwasser gelösten Ammonium-Ionen (NH_4^+) bzw. Nitrat-Ionen (NO_3^-) auf. Nur Hülsenfrüchtler (u. a. Kleearten) sind in der Lage, mithilfe von Symbionten in ihrem Wurzelwerk (Knöllchenbakterien), den Stickstoff aus der Luft zu nutzen. Stickstoff benötigen die Pflanzen u. a. zur Proteinsynthese.

2. Nebennährelemente
Sie werden von der Pflanze in nur geringen Mengen benötigt. Dies sind z. B. Schwefel (S), Eisen (Fe), Chlor (Cl) und Zink (Zn).

3. Spurenelemente
Zu den nur in kleinsten Mengen benötigten Nährelementen gehören u. a. Bor (B), Mangan (Mn), Kupfer (Cu) und Molybdän (Mo).

4. Nichtmineralische Nährelemente
Die nichtmineralischen Nährelemente Kohlenstoff (C), Wasserstoff (H) und Sauerstoff (O) nimmt die Pflanze in Form von Kohlendioxid (CO_2) aus der Luft bzw. Wasser (H_2O) aus dem Boden auf.

Das Wachstum der Pflanzen hängt maßgeblich von der Versorgung mit den oben genannten Nährelementen ab. Z. B. zeigt sich Stickstoffmangel deutlich durch schwachen Wuchs, hellgrüne Farbe und Mindererträge.

Eine **Überversorgung** schädigt ebenfalls die Pflanzen und belastet zu dem die Umwelt. Insbesondere werden das Grundwasser, aber auch stehende und fließende Gewässer durch unsachgemäße Düngung gefährdet. Die ausgebrachten Düngemittel können von den Pflanzen nur z. T. aufgenommen werden. Ein großer Teil wird durch Niederschläge ausgewaschen. Besonders empfindlich reagieren kleinere stehende Gewässer (Seen, Teiche) auf den Eintrag von Pflanzennährstoffen. Gelangen größere Mengen an Nährstoffen in ein solches, normalerweise nährstoffarmes aber sauerstoffreiches, Ökosystem, setzt ein vermehrtes Wachstum der Wasserpflanzen ein **(Eutrophierung)**. Sterben diese dann ab und werden durch sauerstoffverbrauchende Organismen (Bakterien) zersetzt, kommt es schnell zu einem Sauerstoffmangel. Die Folge ist, dass ein Großteil der Fische erstickt. Durch den permanenten Eintrag von Pflanzennährstoffen kann ein stehendes Gewässer sogar ökologisch „umkippen".

Düngermengen
Die erforderliche Düngermenge hängt von der Nutzungsintensität, den Bodenverhältnissen und dem Klima ab. Pferdeweiden sollten jedoch weniger stark gedüngt werden als

Tab. 11. Nährstoffbedarf des Grünlands (Orientierungswerte)

	Stickstoff (kg, N/ha)	Phosporsäure (kg, P_2O_5/ha)	Kali (kg, K_2O/ha)	Kalk (kg, CaO/ha)
Weiden	40– 80[1)]	90–120	120–160	mind. 1000 [2)]
Mähweiden	80–160[1)]	90–120	120–160	mind. 1000 [2)]
Portionsweiden	100–220[1)]	120–150	120–200	mind. 1000 [2)]

1) in drei bis vier Gaben
2) Kalk wird alle 3 Jahre gegeben, die erforderliche Menge ist abhängig von der Bodenart und dem pH-Wert des Bodens. Leichte und mittlere Böden (Sand, lehmiger Sand/sandiger Lehm) benötigen etwa 1200 kg CaO/ha. Für schwere, bindige Böden (Lehm, Ton) muss man mit etwa 2300 kg CaO/ha rechnen (Erhaltungskalkung).

Intensivweiden für Milchvieh, weil sonst das Angebot an Rohfaser zu gering und das an Rohprotein zu reichlich wäre.

Eine bedarfsgerechte Düngung ist grundsätzlich nur auf der Grundlage von Bodenuntersuchungsergebnissen möglich. **Bodenanalysen** werden von den LUFAen (Landwirtschaftlichen Untersuchungs- und Forschungsanstalten) und anderen Instituten durchgeführt. Aussagefähige Ergebnisse sind jedoch nur bei sachgerechter Probenahme möglich. Die Bodenentnahme muss zwischen Herbst und Frühjahr erfolgen. Pro ha Fläche sollte Erde an jeweils 20 verschiedenen Stellen über die Fläche verteilt aus einer Tiefe bis 10 cm entnommen werden. Die gut durchmischte Erde kann dann in Plastikbeutel verpackt (etwa 400 g) zum Labor gebracht oder per Post geschickt werden. Auf der Basis der Untersuchungsbefunde erhält der Pferdehalter dann eine individuelle Düngungsempfehlung für seine Grünlandflächen. Es genügt, wenn Mineralstoffgehaltsfeststellungen im Boden alle 2 bis 3 Jahre erfolgen.

Tabellen bieten dagegen nur grobe Orientierungswerte (s. Tab. 11, Seite 87).

Düngungsplan

Für jede Weide sollte ein Düngungsplan aufgestellt werden. Der Düngungsplan ist in etwa einer Futterrationsberechnung vergleichbar. Als erstes wird der Bedarf bestimmt (Bodenanalyse, Tabellenwert). Daraufhin wählt man die Dünger aus bzw. kombiniert sie so, dass die Mineralstoffgehalte dem Bedarf entsprechen.

Relativ einfach ist die Düngung mit sogenannten Volldüngern (NPK-Düngern). Diese enthalten alle wichtigen Hauptnährelemente im richtigen Verhältnis. Die Gesamtmenge wird während der Vegetationsperiode in 3 bis 4 gleich großen Gaben gestreut. Eine andere Möglichkeit besteht darin, im Frühjahr zunächst eine Grunddüngung mit einem PK-Dünger vorzunehmen und anschließend den Stickstoffbedarf mit einem Stickstoffdünger in 3 bis 4 Gaben sicherzustellen.

Gebräuchliche **Mineraldünger** für Weiden sind:

1. Kalkammonsalpeter ($NH_4NO_3 + CaCO_3$)
Er besteht aus 27% N und 35% CaO. Der Kalkammonsalpeter gehört zu den kalkschonenden Düngemitteln. Seine gleichmäßige Körnung macht ihn gut streufähig. An der Luft wird er feucht und löst sich schnell im Boden. Kalkammonsalpeter ist grün und braun gekörnt. Die erste Stickstoffgabe folgt kurz vor Vegetationsbeginn. Dem Bedarf angepasst wird nach jedem oder nach jedem zweiten Umtrieb nachgedüngt.

2. Kalkstickstoff ($CaCN_2$)
Sein Stickstoffgehalt beträgt 21 %. Außerdem enthält er 60 % Kalk. Bewährt hat sich die Ausbringung im zeitigen Frühjahr. Im Boden setzt er sich mit Wasser über Harnstoff $\{CO(NH_2)_2\}$ in Ammonium-Ionen, später in Nitrat-Ionen um, die beide von den Pflanzenwurzeln aufgenommen werden. Bei der Umsetzung durchläuft der Kalkstickstoff ein für Mensch, Tier und Pflanze giftiges Stadium (Cyanamid: H_2CN_2). Bei einer Aufwandmenge von etwa 4 dt/ha werden unerwünschte Kräuter zurückgedrängt sowie Eier und Larven von Parasiten abgetötet. Hierbei gelangt jedoch eine relativ große Menge an Stickstoff auf die Grünlandfläche (etwa 80 kg N/ha). Diese ist ausreichend für eine Schnittnutzung oder zwei Umtriebe. Wegen seines hohen Gehaltes an Branntkalk ist Kalkstickstoff zu dem für kalkarme Böden besonders geeignet. Seine Farbe ist wegen des freien Gehaltes an Kohlenstoff grau bis schwarz.

3. Magnesia-Kainit ($KCl \cdot MgO \cdot Na_2O$)
Dieser Dünger ist ein chlorhaltiges gemahlenes Kalisalz, mit etwa 12 % K_2O, 6 % MgO und 24 % Na_2O, ein spezieller Kalidünger für

Weiden. Außerdem enthält der Dünger etwa 4 % Schwefel. Magnesia-Kainit verbessert die Schmackhaftigkeit sowie den Gehalt an Magnesium und Natrium des Weidefutters. Durch seine Ätzwirkung wird zu dem der Moosanteil in der Grasnarbe zurückgedrängt. Im Frühjahr ist darauf zu achten, dass Magnesia-Kainit nicht auf tiefgefrorenen Boden gestreut wird, da sonst Narbenverätzungen möglich sind. Die Ausbringmenge liegt bei etwa 5 dt/ha auf Weiden und bei etwa 6 bis 8 dt/ha auf Mähweiden. Magnesia-Kainit ist an der feinkörnigen Struktur, und seiner rotbraunen oder weißgrauen Farbe zu erkennen.

4. Rhenania-Kalium-Phosphat (Rhe-Ka-Phos)
Es handelt sich um einen Zwei-Nährstoffdünger mit Phosphorsäure und Kali (PK-Dünger). Er enthält 14 % P_2O_5 und 24 % K_2O. PK-Dünger werden zur Grunddüngung auf Grünland im Frühjahr angewendet.

5. Zwei-Nährstoffdünger mit Stickstoff und Kali (NK-Dünger)
Sog. Stickstoffkali enthält 16 % N und 24 % K_2O (16 0 24) oder 20 % N und 20 % K_2O (20 0 20). Er wird besonders für eine gleichmäßige NK-Düngung auf Umtriebsweiden nach jedem Umtrieb gestreut.

6. Drei-Nährstoffdünger mit Stickstoff, Phosphorsäure und Kali (NPK-Dünger)
Sie enthalten z. T. auch noch als vierten Nährstoff Magnesium sowie Zusätze von Spurenelementen. Zu den Vorteilen dieser Dünger zählen die genaue Mischung und relativ hohe Mineralstoffgehalte. Der Arbeitsaufwand ist auch insgesamt niedriger gegenüber der Düngung mit Einzelnährstoffdüngern. Von Nachteil ist dagegen der höhere Preis pro kg Reinnährstoff. Für die richtige Anwendung ist das Nährstoffverhältnis wichtig. Beispiel: Nitrophoska Blau (12 12 17 2) enthält 12 % N, 12 % P_2O_5, 17 % K_2O und 2 % MgO.

7. Kalkdünger
Sie haben mehrere Aufgaben zu erfüllen:
a) Verbesserung der Bodenstruktur (Durchlüftung und Erwärmung)
b) Erhaltung günstiger Bodenreaktionen (Anheben des pH-Wertes)
c) Förderung des Bodenlebens (Bakterien)
d) Versorgung der Pflanzen mit Calcium

Der Kalk ist nicht nur Pflanzendünger, sondern vor allem auch ein Bodenverbesserer. Der Boden verliert jährlich große Mengen Kalk durch Auswaschung, durch die Ernten und infolge Bindung durch Säuren. Deshalb muss alle 3 bis 4 Jahre eine Kalkung durchgeführt werden. Für die Erhaltungskalkung, z. B. mit kohlensaurem Kalk ($CaCO_3$), werden alle 3 Jahre mind. 10 dt/ha Rein-CaO (etwa 20 dt $CaCO_3$) benötigt.

Organische Dünger
Zu den organischen Düngern zählen z. B. Stallmist, Flüssigmist (Gülle) und Jauche.

Im Pferdebetrieb fallen große Mengen strohreichen Mistes an. Diese können in kompostierter Form zur Düngung des Grünlandes herangezogen werden. Die Gehalte pro 100 kg Kompost betragen etwa 0,8 kg N, 0,3 kg P_2O_5, 1,2 kg K_2O und 0,4 kg CaO. Die Nutzung von frischem Pferdemist ist zu unterlassen, weil das Risiko einer Verseuchung mit Parasiten zu hoch ist.

Die Ausbringung von bis zu 100 dt/ha kompostiertem Pferdemist sollte nur im Herbst nach dem Abtrieb erfolgen. Eine gleichmäßige und flächendeckende Verteilung ist erforderlich, damit für die Pferde keine Geruchsunterschiede entstehen. Die alleinige Düngung mit organischem Dünger reicht jedoch meist nicht aus. Eine Ergänzung mit entsprechenden Mineraldüngern ist erforderlich. Der Kompost trägt in idealer Weise zur Bodenverbesserung bei, weil er das Bodenleben anregt und damit die Humusbildung fördert. Im Winter schützt er zu dem vor Auswinterungs-, im Sommer vor Austrocknungsschäden.

Zur Wiederholung und Vertiefung

1. Warum ist eine erfolgreiche Pferdezucht ohne Weidegang nicht möglich? Ist Weidegang auch für Sportpferde zu empfehlen?
2. Erstellen Sie einen Weidepflegeplan für die gesamte Weidesaison in tabellarischer Form.

Weidepflegeplan		
Zeit	**Maßnahmen**	**Gründe**
Frühjahr (kurz vor Beginn der Weidesaison)		
Während der Beweidung		
Nach jedem Koppelwechsel		
Herbst (Ende der Weidesaison)		

3. Nennen Sie die verschiedenen Weidenutzungsverfahren mit Vor- und Nachteilen.
4. Eine bisher ausschließlich als Wiese (Mähnutzung) genutzte Grünlandfläche (Rechteckform: Länge 150 m, Breite 80 m) soll zukünftig als Koppel für Warmblutpferde genutzt werden.
   a) Planen Sie die Ausgestaltung und ermitteln Sie den für die Umzäunung erforderlichen Materialbedarf.
   b) Fertigen Sie eine Planskizze mit allen Einrichtungen der Koppel an (Maßstab 1:1000).
5. Was ist bei der Verwendung eines Elektrozaunes zu berücksichtigen?
6. Erklären Sie die Vorgehensweise bei der Neuansaat.
7. Welche Nährstoffe brauchen Pflanzen zum Leben?
8. Was versteht man unter Fotosynthese?
9. Erklären Sie, inwiefern eine Überdüngung für die Umwelt gefährlich ist. Erläutern Sie in dem Zusammenhang den Begriff „Eutrophierung".
10. Erklären Sie die Vorgehensweise bei der Probenahme von Boden zur Mineralstoffbestimmung.
11. Welche besonderen Eigenschaften besitzen
    a) Kalkstickstoff?
    b) Magnesia-Kainit?
12. Warum muss die Koppel regelmäßig mit Kalk versorgt werden?
13. Die Skizze einer Wiese hat folgende Maße (Rechteck): Länge = 14 cm; Breite = 10 cm; Maßstab 1 : 2 000. Diese Wiese wird mit 12,50 dt Kalkstickstoff (21 % Reinstickstoff (N)) gedüngt. Wie viel kg Reinstickstoff (N) werden auf 1 ha gestreut?
14. Eine trapezförmige Weideskizze hat folgende Maße: G (lange parallele Seite) = 10 cm; g (kurze parallele Seite) = 8 cm; h (Höhe) = 6 cm. Der Maßstab beträgt 1 : 2 000.
    a) Die Weide erhält eine Düngergabe mit Kornkali (enthält 40 % reines Kali). Wie viel dt Kornkali werden benötigt, wenn je ha 120 kg Reinkali ausgestreut werden sollen?
    b) Der Preis des Düngers wurde je dt um 9 % gesenkt und kostet jetzt noch 24,00 €/dt. Wie viel hat der Betrieb gegenüber dem vorherigen Preis gespart?
    c) Der Düngerstreuer mit dem der Dünger ausgebracht wird, kostet 5 100,00 €. In dem Preis ist eine Erhöhung von 6 % enthalten. Wie hoch war der Preis vor der Erhöhung?

15. Stellen Sie einen Düngungsplan für eine Weidekoppel (1 ha) auf. Im Frühjahr erhält die Koppel eine Grunddüngung mit Rhe-Ka-Phos (14 % Phosphat und 24 % Kali). Pro ha sollen 95 kg P_2O_5 ausgebracht werden. Anschließend erhält die Koppel in vier gleichen Gaben Kalkammonsalpeter (26 % N) mit einer Gesamtstickstoffmenge von 85 kg N/ha.

Düngungsplan für eine Weidekoppel					
Düngezeitpunkt	**Dün-gerart**	**Düngermenge**	**Darin enthaltene Reinnährstoffe kg/ha**		
		kg/ha	**Stickstoff (N)**	**Phosphat (P_2O_5)**	**Kalium (K_2O)**
März (Grunddüngung)					
Juni					
August					
September					
Gesamt/Jahr					

16. Rhenaniaphosphat (28 % P_2O_5) wird mit 50er Kalidüngersalz (50 % K_2O) im Verhältnis 1,5 : 1 gemischt. Wie viel Prozent P_2O_5 und wie viel Prozent K_2O enthält die Mischung?
17. Stellen Sie einen Düngungsplan für eine 1,5 ha große Pferdekoppel auf. Es soll ausschließlich Nitrophoska blau verwendet werden (Nährstoffangaben siehe Text). Verwenden Sie die Bedarfswerte aus Tab. 11.
18. Wie viel Nährstoffe gelangen mit 60 dt kompostierten Pferdemist auf ein ha Weidefläche (Nährstoffangaben siehe Text)? Mit welchen Mineraldüngern würden Sie die organische Düngung ergänzen? Stellen Sie einen Düngungsplan für 1 ha auf.

2 Pferde pflegen und behandeln

Jeder Pferdebesitzer übernimmt mit der Haltung eines Pferdes eine große Verantwortung. Neben der artgerechten Unterbringung und Fütterung sind zahlreiche Pflegemaßnahmen zur Gesunderhaltung des Pferdes erforderlich. Hierzu zählen insbesondere die Fell- und Hufpflege sowie regelmäßige Wurmkuren und Impfungen. In dem Zusammenhang kommt der frühzeitigen Erkennung von Krankheitsanzeichen eine wichtige Rolle zu.

2.1 Kondition und Gesundheit des Pferdes beurteilen

?

Andrea und ihr Ausbilder fahren zu einem benachbarten Zuchtbetrieb, um ein neues Pferd zu kaufen. Der angebotene dreijährige Hengst Randy gefällt auf Anhieb. Bevor jedoch mit Verkaufsverhandlungen begonnen wird, wollen beide zunächst den Gesundheitszustand des Pferdes kontrollieren.

!

Gesundheit ist laut medizinischer Definition der Status des völligen physischen, mentalen und psychischen Wohlbefindens.

Folgende Merkmale können zur **Gesundheitsbeurteilung des Pferdes** herangezogen werden:

1. Fell / Haut

Im Normalzustand ist das Fell glänzend, glatt und anliegend sowie frei von Hautkrankheiten und Wunden (Verletzungen). Ein langes, verklebtes und glanzloses Haarkleid kann einen Hinweis auf eine innere Erkrankung (z. B. Endoparasiten) geben. Dies gilt auch für einen verzögerten Fellwechsel im Frühjahr.

Die Haut des Pferdes zuckt im Normalfall bei Berührung. Mit dem **„Hautgriff"** lässt sich der Feuchtigkeitsgehalt des Pferdes überprüfen. Beim ausreichend mit Wasser versorgtem Pferd bildet die Haut keine Falten.

Eine Veränderung der Haut ist z. B. das sog. **Sträuben der Haare.** Es wird durch eine Reaktion des vegetativen Nervensystems ausgelöst. Durch Anspannung der Haarbalgmuskeln werden bei beginnendem Fieber, bei Angst, Erregung sowie Kältegefühl die Haare aufgerichtet. Hiervon sind meistens die Kruppen- und Lendengegend betroffen. Kleine lokale Hautveränderungen mit Quaddelbildung, z. B. durch Insektenstiche oder beginnenden Satteldruck, äußern sich in ihrem Frühstadium ebenfalls durch Aufstellen der Haare an den betroffenen Körperstellen.

Vermehrte **Schweißbildung** wird bei anstrengender Arbeit beobachtet. Sie dient der Kühlung der Körperinnentemperatur. Meistens beginnt der Schweißausbruch seitlich am Hals, kann sich jedoch je nach Intensität zum Flankenbereich hin über den gesamten Körper des Pferdes ausbreiten. Bei Pferden, die keine Arbeit verrichtet haben, muss jedem Schweißausbruch besondere Aufmerksamkeit geschenkt werden. Er kann u. a. durch eine hohe Stalltemperatur bei gleichzeitig hoher Luftfeuchtigkeit sowie durch Fieber und hochgradige Schmerzzustände (z. B. Darmkolik) hervorgerufen werden.

Die **Hauttemperatur** ist eine Reaktion auf den Grad der Durchblutungsintensität sowie auf die Menge der abgegebenen Wärme an die Umgebung. Sie wird, anders als bei offensichtlichem Schwitzen, wegen geringer Temperaturunterschiede mit dem Handrücken festgestellt. Die Hauttemperatur ist normalerweise im Bereich der Beine, der Nüstern und der Ohren etwas geringer als an den übrigen

Körperregionen. Beim Pferd werden daher verschiedene Körperpartien abgefühlt, z. B. die Beine, die Sattellage, die Kruppe wie auch die Ohren, um die Temperaturunterschiede bzw. die Höhe der Temperaturen feststellen zu können. Erhöhte Hauttemperaturen treten nach der Arbeit, nach Sonneneinstrahlung, aber auch als Reaktion auf lokale Entzündungen auf und weichen dann deutlich von der menschlichen Hauttemperatur ab.

Zu niedrige Hauttemperatur ist dagegen meist die Folge mangelhafter Durchblutung, die z. B. durch Kreislaufschwäche verursacht werden kann.

2. Augen

Die Augen gesunder Pferde sind klar und aufmerksam. Zahlreiche Erkrankungen der Augen sind möglich. Hierzu zählen z. B. der **Graue Star** (Linsentrübung) und die **Periodische Augenentzündung**. Veränderungen an den Augen können aber auch Sekundärsymptome innerer Erkrankungen sein.

3. Bindehäute

Beim gesunden Pferd sind die Bindehäute im Ruhezustand rosarot. Sie verändern sich unter Belastung von rot über dunkelrot bis bläulich (Erschöpfung).

4. Ohrenspiel

Gesunde Pferde zeigen ein lebhaftes Ohrenspiel. Die Ausrichtung der Ohren folgt den Geräuschquellen.

5. Nüstern

Die Nüstern sollten frei von Ausfluss sein. Ausfluss weist auf eine Atemwegserkrankung hin. Dabei ist die Qualität des Ausflusses – **wässrig, schleimig** oder **eitrig** – zu unterscheiden. Bei Pferden, die über einen längeren Zeitraum an Nasenausfluss leiden, werden an den Nüstern helle Sekretrinnen sichtbar, die durch die Entpigmentierung der Nüsternhaut entstehen. Sie können als Hinweis auf eine seit längerer Zeit bestehende Erkrankung der Luftwege gewertet werden.

Schaumiger Nasenausfluss infolge schneller Bewegung ist dagegen i. d. R. unbedenklich.

6. Maul

Die Kontrolle der Maulhöhle zur Feststellung von z. B. Zahnerkrankungen oder Schleimhautveränderungen sollte zur regelmäßigen Routine gehören. Blasse Schleimhäute weisen auf Blutarmut hin. Dies kann z. B. die Folge einer Infektion, einer starken Verwurmung oder eines Eisenmangels sein.

7. Rücken

Durch Abtasten lassen sich Verhärtungen oder schmerzhafte Bezirke lokalisieren.

8. Beine, Hufe

Häufig treten bei Sportpferden Erkrankungen an den Gelenken und Sehnen auf. Gesunde Gelenke sind klar und frei von Entzündungen, Knochenwucherungen und Gallen. Die **Beugesehnen** (oberflächliche und tiefe Beugesehne, Fesselträger) müssen einzeln fühlbar sein. Entzündete Sehnen erkennt man an einer Schwellung und erhöhter Temperatur.

Die regelmäßige Kontrolle der Hufe ist besonders wichtig. Verletzungen, Fäulnisprozesse, Hufhorndefekte und sonstige Huferkrankungen müssen sofort behandelt werden.

9. Lahmheiten

Schmerzhafte Veränderungen an den Gliedmaßen zeigen sich häufig erst im Bewegungsablauf in Form einer Lahmheit.

10. Geschlechtsteile

Für den Züchter von besonderem Interesse sind gesunde, funktionierende Geschlechtsorgane bei seinen Zuchtpferden. Pferde mit chronischen Erkrankungen an den Geschlechtsteilen müssen aus der Zucht genommen werden. Nur hundert Prozent gesunde Pferde dürfen in der Zucht eingesetzt werden.

11. Kontrolle der Kehlgangslymphknoten
Die Kehlgangslymphknoten sind bei beginnender Erkrankung der oberen Luftwege meist geschwollen.

12. Kontrolle auf Ödeme
Das Vorhandensein von Ödemen (kalt) ist der Ausdruck von Kreislaufstörungen bzw. auch ein Hinweis auf Ernährungsstörungen insbesondere bei jungen Pferden.

13. Verhalten
Gesunde Pferde sind aufmerksam, reagieren auf Umweltreize und zeigen Neugierde. Sie legen sich in Ruhephasen entspannt hin. Erschöpfte Pferde zeigen wenig bis keine Reaktion. Ihr Bewegungsablauf ist langsam und unkoordiniert.

Auch das **Fress-** und **Ausscheidungsverhalten** gibt Auskunft über den Gesundheitszustand. Im Regelfall frisst ein Pferd langsam und kaut sorgfältig. Für den Verzehr von einem kg Heu benötigt es etwa 40 Minuten. Kraftfutter wird vollständig gefressen. Nicht aufgefressenes Futter kann die Folge einer Gebisserkrankung sein. Als Ursache kann aber auch eine Infektionskrankheit vorliegen. Die aufgenommene Trinkwassermenge liegt zwischen 30 bis 60 l pro Tag. Die Ausscheidungen geben Hinweise auf Verdauungsstörungen und Stoffwechselerkrankungen. Gesunde Pferde setzen 5 bis 12mal am Tag geformte Kotballen ab. Die Menge beträgt bei Großpferden etwa 10 bis 25 kg. Urin wird 5 bis 8mal am Tag abgegeben (Großpferd etwa 3 bis 12 l täglich). Pferdeurin ist im Regelfall gelblich und trüb.

Abb. 51: Pulsmessung am Unterkiefer.

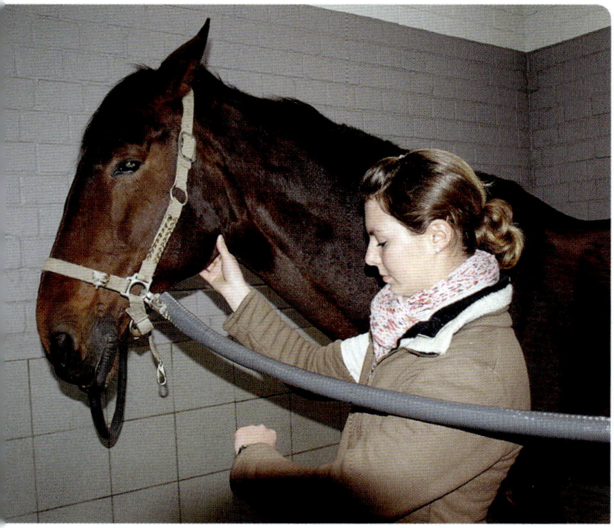

14. PAT-Werte
Objektive Messwerte liefern die PAT-Werte (Puls, Atmung, Temperatur), vorausgesetzt sie werden richtig ermittelt.
a) Die **Pulsmessung** wird an einer Arterie vorgenommen, i. d. R. am Unterkiefer. Man drückt das Gefäß mit Zeige-/Mittelfinger gegen den Unterkieferast und zählt 30 sec lang die Pulsschläge. Der Messwert wird anschließend auf die Minute hochgerechnet. Desgleichen kann man die Pulsaktion an der Mittelfußarterie in Höhe des Fesselkopfes fühlen. Sehr sicher lässt sich der Pulsschlag mit einem Phonendoskop direkt am Herzen (unter dem linken Ellenbogen) ermitteln.

Der Puls wird beurteilt nach seiner Frequenz (Pulsschläge pro Minute), seiner Qualität (Kraft und Form), seinem Rhythmus und seiner Gleichmäßigkeit. Außerdem wird die Füllung der Arterie geprüft.

Die **Herzfrequenz** beträgt im

- Ruhezustand 28–40 Schläge/min. (Fohlen etwa 80 Schläge/min.),
- Schritt 60–90 Schläge/min.,
- Trab 90–250 Schläge/min.,
- Galopp 110–250 Schläge/min.

Der Pulsrhythmus sollte regelmäßig und gleichmäßig sein, das Blutgefäß bleistiftdick und gut gefüllt.

b) Die **Atemzüge** sind an den Nüstern sowie Flanken sichtbar. Beim Einatmen öffnen sich die Nüstern des Pferdes und gleichzeitig werden die Flanken des Pferdes leicht aufgezogen. Die Atemfrequenz darf niemals höher als die Pulsfrequenz sein. Dies kommt z. B. bei einem überforderten und völlig erschöpften Pferd vor. Die **Atemfrequenz** beträgt im

- Ruhezustand 8–16 Atemzüge/min. (Fohlen 24–30 Atemzüge/min.),
- Schritt 60–90 Atemzüge/min.,
- Trab 80–130 Atemzüge/min.,
- Galopp 110–140 Atemzüge/min.

Die Atemfrequenz ist wiederum abhängig vom Trainingszustand sowie vom Allgemein- oder Erregungszustand des Pferdes.

Die Beurteilung der Atemwerte gelingt am besten in einem Belastungstest, bei dem das Pferd eine bestimmte Zeit (etwa 10 bis 15 Minuten) belastet wird und sich anschließend innerhalb der doppelten Zeitspanne wieder dem Ruhewert nähern muss. Liegen hier Abweichungen vor, kann das auf einen krankhaften Befund hindeuten.

Die Beobachtung der Atmung im Ruhezustand sollte jedoch immer vorausgehen. Hier muss ein besonderes Augenmerk auf das Vorhandensein einer sog. **Dampfrinne** gelegt werden. Beim gesunden Pferd ist die Einatmung ein aktiver Vorgang unter Zuhilfenahme des Zwerchfelles und der Zwischenrippenmuskulatur, während die Ausatmung passiv durch die natürliche Elastizität der Lunge erfolgt.

Bei **Dämpfigkeit** kann die Ausatmung jedoch nur noch aktiv unter Zuhilfenahme der Bauchmuskulatur erfolgen. Bei diesen kranken Pferden wird dann an der Flanke am Übergang zwischen gerader Bauchmuskulatur und quergestreifter Rippenmuskulatur die sog. Dampfrinne sichtbar. Die Zuhilfenahme der Bauchmuskulatur bei der Ausatmung ist ein typisches Kennzeichen für die Dämpfigkeit des Pferdes.

c) Die **Körpertemperatur** wird rektal mit einem Fieberthermometer gemessen. Am zweckmäßigsten sind digitale Messgeräte, die den Abschluss der Messung akustisch mitteilen. Während des Messvorganges sollte das Thermometer festgehalten werden, damit es nicht herausgepresst werden kann. Aus Sicherheitsgründen stellt man sich zur Messung der Körpertemperatur seitlich neben das Pferd und niemals dahinter. Sie beträgt

- im Ruhezustand 37,5–38,0 °C (Fohlen 37,5–38,5 °C),
- bei körperlicher Anstrengung bis 41 °C.

Bei der Beurteilung der Körpertemperatur sind auch tageszeitliche Schwankungen zu berücksichtigen. Morgens liegt sie oftmals niedriger als abends. Anstrengung, aber auch Erregungszustände (z. B. Transporte, neue Umgebung, vor Turnier- bzw. Rennstarts) können die Körpertemperatur erheblich steigern. Temperaturen in der Ruhe gemessen bis 39,0 °C bezeichnet man als erhöhte Temperatur und solche über 39,0 °C als Fieber. Bei festgestelltem Fieber ist unverzüglich der Tierarzt zu informieren.

Mithilfe der PAT-Werte lässt sich auch der Trainingszustand von Hochleistungspferden gut überprüfen. Die Kondition des Pferdes ist umso besser, je schneller die Werte nach der Arbeit wieder auf Normalniveau sinken.

Stellt der Pferdebesitzer Krankheitsanzeichen fest, muss er den Tierarzt zu Rate ziehen. Dieser stellt dann nach eingehender Untersuchung die Krankheitsdiagnose und leitet die Behandlung ein. Weiterreichende Untersuchungen sind häufig nur in einer Tierklinik möglich. Zur Krankheitsdiagnose können auch Blutanalysen herangezogen werden. Aber nur der Tierarzt ist zur Probenahme berechtigt.

!

Je früher ein Tierarzt zu einem kranken Pferd hinzugezogen wird, desto besser sind die Heilungschancen.

Zur Wiederholung und Vertiefung

1. Erstellen Sie eine Checkliste zur Überprüfung des allgemeinen Gesundheitszustandes eines Pferdes.

Checkliste zur Überprüfung des allgemeinen Gesundheitszustandes eines Pferdes		
Merkmal	**Normalzustand**	**Abweichung (mögliche Ursache)**
Fell		

2. Welche Krankheitsanzeichen können auftreten?
3. Welche Informationen zum Gesundheitsstatus des Pferdes liefert der Pferdepass?

2.2 Haut- und Haarpflege durchführen

?

Jenny erhält an ihrem ersten Ausbildungstag den Auftrag, die Stute Madonna auf die Koppel zu führen. Vorher soll sie jedoch das Pferd gründlich putzen. Dabei soll sie besonders auf Hautveränderungen achten.

Die **Fellpflege** zählt zu den unverzichtbaren Pflegemaßnahmen bei allen Gebrauchspferden. Insbesondere die Pferde in Boxenhaltung sind auf das Putzen durch den Menschen angewiesen, weil es an Möglichkeiten für die eigene Fellpflege fehlt und eine gegenseitige Fellpflege durch Herdengenossen nicht möglich ist.

Die tägliche Putzpflege dient der Reinigung des Felles von Schmutz und Staub, abgestoßenen Schuppen und losen Haaren. Darüber hinaus werden Schweiß und Verklebungen entfernt. Ferner wird eine durchblutungsfördernde Massagewirkung erzielt. Dies alles beugt Hauterkrankungen vor, trägt zum Wohlbefinden des Pferdes bei und fördert so die Leistungsbereitschaft, -fähigkeit und die Widerstandskraft. Zu dem wird das Vertrauen zwischen Mensch und Pferd gefestigt.

2.2.1 Aufbau und Funktionen der Haut und Haare

Das Fell schützt den Körper des Pferdes vor Umwelteinflüssen (z. B. Regen, Wind) und vor Austrocknung. Es stellt über den Tastsinn die Verbindung zur Umwelt her. Die Haut ist außerdem ein Organ des Kreislaufs, denn sie kann viel Blut speichern. Darüber hinaus reguliert sie maßgeblich den Wärmehaushalt des Körpers (Fettschicht, Schweißabsonderung) und ist ein Ausscheidungsorgan.

Die Haut setzt sich aus drei Schichten zusammen:
- Oberhaut,
- Lederhaut,
- Unterhaut.

Die pigmenthaltige **Oberhaut** lässt mehrere Epithelschichten erkennen:

Den Abschluss bildet die **Hornschicht**. Ihre äußeren abgestorbenen Zellen werden als Schuppen abgestoßen. Die darunter liegende **Keimschicht** erneuert fortlaufend die Hornschicht durch ständige Zellteilungen.

Eine Verankerung zwischen Oberhaut und Lederhaut wird über Ausbuchtungen der Lederhaut, den **Lederhautpapillen** hergestellt. Die Verankerungszone wird auch als **Papillarkörper** bezeichnet. Die im Papillarkörper reichlich vorkommenden Blutkapillare transportieren die zum Zellwachstum erforderlichen Nährstoffe heran und transportieren die Stoffwechselabfallprodukte ab. Die Oberhaut enthält keine Blutgefäße. Oberflächliche Verletzungen können insofern nicht bluten. Die Oberhaut ist aber mit 50 bis 75 µm relativ dünn.

Die 2,8 bis 4,0 mm dicke **Lederhaut** (wird durch Gerben zu Leder) ist fest, dehnbar und reich an Blutgefäßen (Arterien und Venen) und Nerven, die in den sog. Tastkörperchen endigen. Sie besteht aus straffem Bindegewebe, das mit elastischen, leimgebenden Fasern durchzogen ist. Das **Kapillarsystem** der Lederhaut ernährt die Haare, welche aus der Oberhaut sprießen, sowie die Schweiß- und Talgdrüsen. Außerdem dient es als Blutspeicher.

Die **Wärmeregulierung** über die Haut gestaltet sich beim Pferd zweigleisig.

An warmen Tagen erweitern sich die Blutkapillaren der Lederhaut. Sie nehmen vermehrt Blut auf und geben verstärkt Wärme ab.

Bei Kälte verengen sie sich. Das Reserveblut bleibt dann in den inneren Körperspeichern. Die Wärmeabgabe sinkt.

Die wirksamere Wärmeregulierung erfolgt über die **Schweißabsonderung**. Das Pferd besitzt mehr lange, schlauchförmige Schweißdrüsen, die in der tiefen Lederhaut bzw. Unterhaut in einem Knäuel enden, als andere Haustiere. Sie geben bei Erwärmung vermehrt Flüssigkeit ab (schwitzen). Die Flüssigkeit verdunstet. Dabei entsteht Verdunstungskälte. Der **Schweiß** enthält Mineralien, insbesondere Natrium, welche er dem Körper entzieht und die ersetzt werden müssen.

!

Der Schweißverlust pro 100 kg Lebendgewicht beträgt am Tag bei mittlerer Umgebungstemperatur infolge

– leichter Arbeit	0,75 Liter,
– mittlerer Arbeit	1,50 Liter,
– schwerer Arbeit	3,50 Liter,
– extrem schwerer Arbeit bis zu	20,00 Liter.

Die **Unterhaut** besteht aus lockerem Bindegewebe. Dieses **Unterhautbindegewebe** ist verschiebbar. Es enthält je nach Ernährungszustand des Pferdes mehr oder weniger eingelagertes Fett.

Fett dient als Wärmeschutz. Als elastisches Polster schützt es zudem darunterliegende Muskeln, Sehnen und Knochen vor Stößen und sonstigen mechanischen Einwirkungen.

Haare

Die Haare bestehen aus feinen, elastischen Hornfäden, die in schräg verlaufende Haarbälge eingebettet sind. In dieser Röhre sitzt die Haarwurzel. **Haarschaft** und **Haarspitze** ragen heraus.

Die sich nach unten zur **Haarzwiebel** verdickende Haarwurzel steckt in der Lederhaut. Vielfach sind die Haarbälge mit kleinsten Muskeln ausgestattet, welche die Haare aufrichten können (z. B. bei Erregung oder als Kälteschutz, um ein größeres Luftpolster zu erzeugen).

Das **Haarkleid** der Pferde besteht aus feinen, markfreien Wollhaaren (unterer Wärmeschutz) und den dickeren, sie überragenden **Grannenhaaren,** die aus Mark- und Rindenschicht bestehen. Als Schutz und Schmuck dient das **Langhaar**. Die **Tasthaare**, besonders am Maul zu finden, sind mit **Tastnerven** verbunden und stellen eine Gefühlsverbindung zur Umwelt her.

Das Haar wächst aus der Haarzwiebel heraus. Der **Haarschaft** wird nach außen geschoben und löst sich, wenn ausgewachsen, aus der Haarzwiebel und fällt aus. Neues Haar wächst sofort nach. Im hiesigen Klimabereich wechseln Pferde zweimal ihr Haarkleid (Sommer- und Winterhaar).

In der Mark- und Rindenschicht der Haare ist ein **Farbstoff** (Pigment) eingelagert, der die Färbung des Haares bewirkt. Das Pigment **(Melanin)** ist ein rotbrauner feinkörniger Farbstoff. Die Farbausprägung beruht nicht etwa

Zur Wiederholung und Vertiefung

1. Bearbeiten Sie das nachfolgende Arbeitsblatt (Kopiervorlage).

Aufbau und Funktionen der einzelnen Hautabschnitte

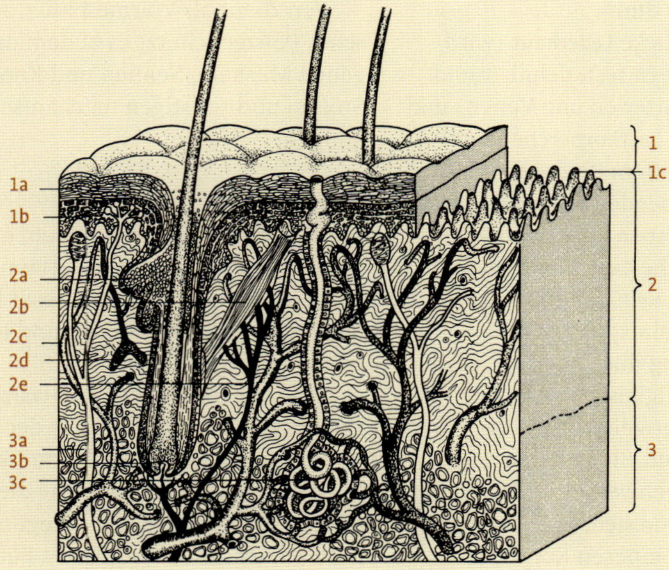

	Bezeichnung	Aufgaben
1		
1a		
1b		
1c		
2		
2a		
2b		
2c		
2d		
2e		
3		
3a		
3b		
3c		

Ordnen Sie folgende Bezeichnungen der Abbildung (Aufgabe 1, S. 98) zu und nennen Sie die Hauptaufgaben: Fettzellen, Hornschicht, Unterhautbindegewebe, Oberhaut, Keimschicht, Nerv, Arterie (weiß), Talgdrüse, Vene (schwarz), Schweißdrüse, Lederhautpapille, Haarpapille, Haarbalgmuskel, Lederhaut.

2. Erklären Sie die Gründe für die tägliche Putzpflege von Pferden in Boxenhaltung.
3. Welche Hauptfunktionen hat die Haut?
4. Stellen Sie die Wärmeregulierung des Körpers durch die Haut im Einzelnen dar.
5. Warum sind hohe Schweißverluste für das Pferd gefährlich?
6. Über welche verschiedenen Haartypen verfügt das Pferd?

auf verschiedenen Farbtönen des Pigments, sondern auf seiner differenzierten Stärke der Ablagerung im Haar.

Aus Anhängseln der Haarbälge, den bläschenförmigen **Talgdrüsen**, werden Haut und Haarkleid mit **Talg** gefettet, somit geschmeidig gehalten und mit einem Schutzfilm gegen Feuchtigkeit und Fremdstoffe überzogen.

Duftdrüsen an den Haarbälgen entwickeln spezifische Duftstoffe, die den Pferden das gegenseitige Erkennen erleichtern und dadurch ihr Sozialverhalten mit beeinflussen.

2.2.2 Das Putz-Programm

Fohlen und Jungpferde

Man sollte die Pferde möglichst früh an die Prozedur der Körperpflege gewöhnen. Am besten beginnt man schon kurz nach der Geburt des Fohlens damit. Zunächst einmal wird man bemüht sein, dass Vertrauen des Fohlens zu gewinnen. Das geschieht durch freundlichen Zuspruch, viel Geduld und Handkontakte. Überstreichen des Rückens und Abtasten der Gliedmaßen bereiten auf Putzen und Hufpflege vor. Nach acht bis vierzehn Tagen kann ein Halfter angelegt werden.

Nach und nach bemüht man sich, auf dem Rücken beginnend, alle Körperteile an die Berührung mit einer weichen Bürste (Kardätsche) zu gewöhnen und die Füße aufzuheben.

Das richtige Putzen und das Anbinden werden erst allmählich gelingen. Beides hängt vom Temperament des Fohlens ab. Es darf niemals Angst bekommen.

! Das Pferd muss mit dem Putzvorgang ein positives Erlebnis verbinden.

Mit etwa sechs Wochen sollte das Gewöhnen an Putzen, Anbinden und Aufheben der Füße so weit fortgeschritten sein, dass Hufpflege und eventuell Hufkorrekturen durchgeführt werden können. Das Fohlen muss sich nun führen lassen.

Besorgte Stuten werden bei allen Übungen zuerst festgehalten und später angebunden. Sie dürfen in keinem Falle „durchdrehen“. Nach dem Weideauftrieb entfällt das Putzen, weil dadurch die natürliche Schutzschicht der Haut zerstört würde. Die Hufbeobachtung und Hufpflege müssen aber fortgesetzt werden. Man sollte auch weiterhin bestrebt sein, das Vertrauensverhältnis des Pferdes zum Menschen in der Weideperiode aufrechtzuerhalten (Führen, Abtasten, Füße aufheben usw.).

Die Kontaktförderung geht im ersten Winter nach dem Absetzen weiter. Aus erzieherischen Gründen sollten die Tiere bei allen Pflegemaßnahmen angebunden werden.

Jährlinge verbringen, wie alle nichtarbeitenden Pferde und Fohlenstuten, den Sommer vornehmlich auf der Weide.

Die Tiere können sich nach Belieben scheuern und wälzen. Wind und Regen übernehmen die weitere Körperpflege. Die Kontrolle und eventuelle Korrektur der Hufe, aber auch die Kontaktpflege (z. B. anlässlich der Beifütterung) müssen beibehalten werden.

Für auffälliges Scheuern an der Schweifrübe können Wurmbefall, verfilzter Schweif sowie Läuse-, Milben- oder Pilzbefall die Ursache sein. Darauf ist stets zu achten.

!

Alle Gebrauchspferde müssen regelmäßig geputzt und nach der Arbeit abgewartet werden.

Boxenpferde

Zum Putzen sollten die Pferde aus der Box herausgeholt werden, damit die Einstreu nicht unnötig verschmutzt. In den meisten Reitbetrieben findet der Putzvorgang i. d. R. auf der Stallgasse statt. Dies ist jedoch nicht unproblematisch. Zum einen wird die Staubbelastung der Luft erhöht und zum anderen entsteht eine Gefahrenquelle für Mensch und Tier, besonders wenn die Stallgasse eng ist bzw. rege von anderen Pferdebesitzern benutzt wird. Pferde sind sehr schreckhaft und können schnell in Panik geraten.

Ein separater **Putzplatz** außerhalb des Stalles ist insofern vorteilhafter. Der Boden sollte rutschfest sein und im Umfeld des Pferdes sollten keine losen Gegenstände herumliegen. Das Pferd sollte zum Putzen immer an einem fest in der Wand verankerten Ring, einer Putzstange oder dem festen Teil der Boxenfront angebunden werden. Auf der Stallgasse und in Waschboxen kann man die Pferde auch von beiden Seiten anbinden.

Zum Putzen trägt das Pferd ein Stallhalfter. Am Halfter wird ein Führstrick mit **Panikhaken** befestigt. Der Strick wird an der Anbindevorrichtung so geknotet, dass er mit einem Zug geöffnet werden kann, wenn das Pferd fest hängt. Falls der Knoten sich bei Gefahr nicht öffnen lässt, bietet der Panikhaken eine weitere Möglichkeit das Pferd zu befreien. Der Strick sollte niemals an Türgriffen, beweglichen Gegenständen oder der Boxentür befestigt werden.

Das **Outfit** der Arbeitskraft muss der Tätigkeit entsprechend angemessen sein. Festes Schuhwerk, eine strapazierfähige Hose und ein anliegendes, nicht flatterndes Oberteil (Hemd, Weste) tragen zur Arbeitssicherheit bei. Während des Putzens sollte man das Pferd öfters ansprechen und mit der Stimme beruhigen. Gefährliche Aktionen, wie z. B. unter dem Bauch hindurch die Seiten wechseln, sind zu unterlassen.

!

Für jedes Pferd sollten eigene Putzutensilien vorhanden sein, am besten in einer Putzbox aufbewahrt, damit durch sie keine Krankheiten von Pferd zu Pferd übertragen werden.

Zum Putzen benutzt man eine Kardätsche (ital.: grobe Bürste) und einen Striegel aus Hartgummi oder Kunststoff. Es kommen hinzu:

- eine Wurzelbürste,
- ein Wischlappen,
- mind. zwei Schwämme oder Einwegtücher, sowie weitere Utensilien (Abb. 52).

Ein **Metallstriegel** kann zum Reinigen der Kardätsche und in Ausnahmefällen zum Lösen verklebter Haare auf muskelgepolsterten Körperpartien eingesetzt werden. Die gesamte Haut wird durch übertriebenes Striegeln zu überhöhter Schuppenabsonderung angeregt. Es sollte daher gezielt dosiert werden.

Am Kopf und an den Gliedmaßen ist das Striegeln zu unterlassen, weil die meisten Pferde dadurch nervös oder gar bösartig werden können.

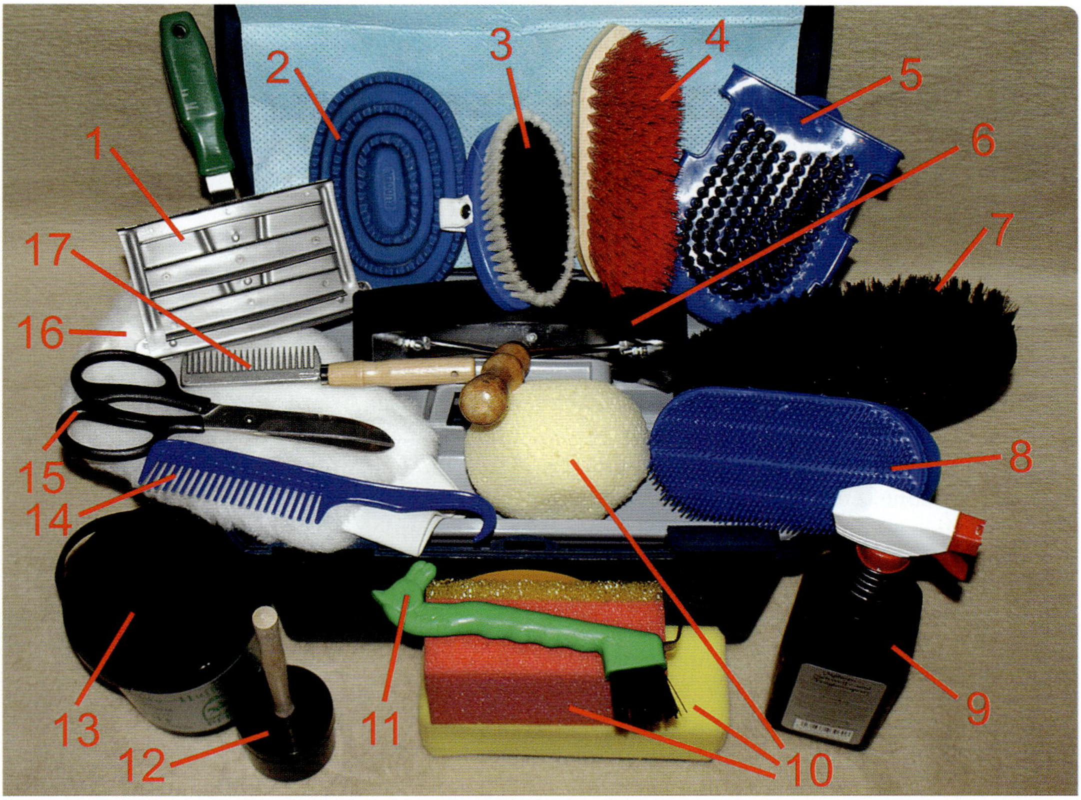

Abb. 52: Putzkasten. 1 = Eisenstriegel, 2 = Gummistriegel, 3 = Schmusebürste, 4 = Mähnenbürste, 5 = Kombi-Striegel, 6 = Schweißabzieher, 7 = Kardätsche, 8 = Nadelstriegel, 9 = Fellglanzspray, 10 = Putz- und Pflegeschwämme, 11 = Hufpick, 12 = Huffett-Pinsel, 13 = Huffett, 14 = Mähnenkamm mit Hufräumer, 15 = Fesselhaarschere, 16 = Putzhandschuh, 17 = Mähnenkamm aus Metall mit Holzgriff.

Putzen bedeutet nicht streicheln. Es sollte zügig und energisch erfolgen. Ein geputztes Pferd muss an allen Körperpartien sauber sein und gepflegtes Langhaar sowie gereinigte Hufe vorweisen.

Die Arbeitsschritte im Einzelnen:
Zunächst werden **verdreckte Körperstellen** durch kreisende Bewegungen mit dem **Hartgummistriegel**, ohne großen Druck auszuüben, gelöst. Anschließend werden der **aufgeraute Staub** und die **losen Haare** mit der **Kardätsche** aus dem Fell gebürstet.

Man fängt vorne links hinter dem Kopf an und nimmt dabei die Kardätsche in die linke und den Striegel in die rechte Hand. Beim Putzen der rechten Seite wird das Putzzeug gewechselt, weil das Abstreichen der Kardätsche vom Pferd abgewandt (Staubrücklage) erfolgen sollte. Der Striegel wird von Zeit zu Zeit am Boden ausgeklopft. **Elektrische Putzgeräte** (Staubsauger) können die Arbeit erleichtern und die Staubentwicklung minimieren.

Die **Körperöffnungen** am Kopf (Augen, Maul, Nüstern) reinigt man mit einem feuchten **Schwamm** und benutzt für die Unterseite der Schweifrübe und den After einen zweiten Schwamm. Für die **Geschlechtsteile** verwendet man am besten **Einwegtücher**. Die Schwämme müssen häufig in heißem Wasser oder einer Desinfektionslösung gründlich ausgewaschen werden. **Der Kopf** selbst ist besonders behutsam mit Kardätsche, Lappen und eventuell Schwamm zu säubern.

Schweif und Mähne bedürfen auch täglicher Pflege, nicht zuletzt aus optischen Gründen. Im Umgang mit den **Schweifhaaren** ist Vorsicht geboten, weil sie leicht ausreißen. Zum Nachwachsen benötigen sie etwa sieben Monate. Stroh und Sägespäne werden mit der Hand entfernt. Anschließend wird der Schweif **verlesen**, d.h. die verknoteten Haare entwirrt. Regelmäßig etwas **Fellspray** eingesprüht erleichtert die Arbeit. Ein stark verdreckter Schweif sollte mit einem milden Shampoo gewaschen werden. Sorgfältiges Auswaschen verhindert Allergien und Juckreiz. Die Länge des Schweifes ist so zu kürzen, dass er nicht über den Boden schleift. Beim Reitpferd sollte der Schweif etwa eine Handbreit unterhalb des Sprunggelenkes enden. Das Scheren der Haare an der Schweifrübe ist für Pferde mit Weidegang bzw. Auslauf nicht zu empfehlen. Sie besitzen Schutzfunktion vor Regenwasser. Dies gilt auch für die Fesselhaare.

Die **Mähne** wird mit einer angefeuchteten Wurzelbürste oder mit einer normalen Haarbürste bearbeitet. Mit Mähnenspray eingesprühte Haare lassen sich leichter bürsten. Durch regelmäßiges **Verziehen** (etwa alle 8 Wochen) wird verhindert, dass die Mähne zu dick und ungleichmäßig lang wird. Hierzu benötigt man einen **Mähnenkamm**. Man schiebt die kürzeren Deckhaare mit dem Kamm zurück und wickelt die längeren Unterhaare um den Kamm und zieht diese mit einem Ruck heraus.

Die letzte Politur erhält das Pferd durch Abwischen des Oberflächenstaubes mit einem **Wischtuch** oder **Fellhandschuh**. Durch Fellglanzsprays wird der Effekt noch verstärkt. Die Gurt- und Sattellage darf jedoch nicht besprüht werden, weil bestimmte Substanzen in den Sprays (Siloxane) das Fell rutschig machen und dann der Sattel schlecht sitzt.

> **!**
> Tierschutzwidrig handelt, wer die Tasthaare im Maulbereich oder Ohrhaare entfernt.

Die Gesamtpferdepflege eines Tages ist erst abgeschlossen, wenn auch die **Hufe** gesäubert und genauestens kontrolliert worden sind. Die Strahlfurchen müssen von Mist, Erde und evt. eingeklemmten Steinchen mit dem Hufkratzer befreit werden. Mit einer Wurzelbürste arbeitet man nach.

Eine ausführliche Beschreibung der Hufpflege erfolgt in Kapitel 2.3.

Abwarten

Nach jeder Arbeit, ob Training oder Wettkampf, müssen Pferde trockengeritten oder geführt werden (10 bis 15 Minuten). Diese Aufgabe kann auch eine Führmaschine übernehmen. Die Körperwerte (PAT) normalisieren sich dabei wieder und Milchsäure wird in den Muskeln abgebaut. Dies beugt zum einen Erkältungskrankheiten und zum andern Muskelverspannungen vor. Anschließend sind alle Körperpartien von Schmutz und Schweiß zu befreien. Alle Erd- und Sandteilchen müssen auch aus der Beinbehaarung entfernt werden, weil sie aggressiv scheuern und dabei die Haut des Pferdes verletzen können. Vor allem sind auch die Hufe zu reinigen und zu kontrollieren.

An warmen Tagen ist das **Abspritzen der Gliedmaßen** mit einem Wasserschlauch sinnvoll. Neben dem sehr guten Reinigungseffekt ist die kühlende Wirkung des Wassers für Sehnen und Gelenke von Vorteil. Waschungen von Brust, Gurt- und Sattellage stärken die Haut und beugen gegen das Auftreten von

Druck- und Scheuerstellen vor. Abschließend muss das Pferd wieder gründlich getrocknet werden. Dies kann von Hand mithilfe eines **Schweißmessers** und **Lappen** geschehen oder das Pferd wird unter ein **Solarium** gestellt. Vereinzelt verfügen die Betriebe auch über Duschanlagen mit Warmlufttrocknung.

Zur Wiederholung und Vertiefung

1. Stellen Sie die Erziehung des Fohlens im ersten Lebensjahr dar.
2. Welche Sicherheitsvorkehrungen sind bei der Putzpflege von Pferden zu treffen?
3. Erläutern Sie die Wichtigkeit und Vorgehensweise bei der täglichen Putzpflege von Boxenpferden.
4. Was versteht man unter dem Abwarten eines Pferdes? Welche Maßnahmen sind erforderlich?

2.2.3 Hauterkrankungen

Neben einer Vielzahl erworbener Krankheiten der Haut gibt es auch angeborene. Bekannt ist z. B. angeborener Haarmangel, Mähnen- und Schweifdystrophie (kurze, struppige, stumpfe und brüchige Haare) sowie Albinismus (fehlende Pigmentbildung). Solche Pferde sind für die Zucht ungeeignet. Häufiger sind jedoch erworbene Störungen und entzündliche Krankheiten. Hierzu zählen:

Verminderte Pigmentation

Es treten weiße Haare oder Hautflecken als Folge von Entzündungen oder Verletzungen auf. Ein schlecht sitzender Sattel erzeugt Satteldruck. An den Druckstellen verlieren die Hautzellen häufig die Fähigkeit zur Pigmentbildung. Die Eigenschaft kehrt nicht zurück.

Vermehrte Pigmentation

Dieses Phänomen tritt nach chronisch-entzündlichen Hautkrankheiten hauptsächlich bei Schimmeln auf.

Haarlosigkeit

Der stellenweise Haarverlust kann nach Infektionskrankheiten (z. B. Influenza, Druse und Salmonellose), nach übermäßiger Verfütterung bestimmter Futtermittel (Kartoffeln, Rohrzucker, Stoppelrüben u.a.), infolge Druckatrophie und hormonellen Störungen auftreten.

Fehlende Schweißbildung

Die Ursache für die Erkrankung ist unbekannt. Da die Körperkühlung nicht mehr richtig funktioniert kann es bei diesen Pferden zum Hitzestau und Kreislaufversagen kommen.

Vermehrter Schweißausbruch

Auch diese Reaktion des Körpers ist möglich. Unnatürlich starke Schweißbildung tritt z. B. bei Herz- und Kreislaufinsuffizienz und Lungenkrankheiten auf. Die Symptome sind mitunter so stark, dass das Wasser regelrecht vom Körper tropft. Dem Körper werden große Mengen Elektrolyte entzogen und es kommt zur Bluteindickung. Ein Ausgleich muss stattfinden sonst wird es für das Pferd gefährlich.

Vermehrte Talgproduktion, Schuppenbildung

Einzelne Hautpartien können von vermehrter Talgproduktion und / oder Schuppenbildung betroffen sein. Das Fell ist an diesen Stellen verklebt. Es kann z. B. die Folge einer Hautentzündung sein. Meist jedoch ist die Ursache unbekannt.

Ekzeme

Oberflächliche Entzündungen der Haut, die auf die Oberhaut und den Papillarkörper begrenzt bleiben, werden als **Ekzeme** (vom griechischen Wort ekzeo = ich koche auf) bezeichnet. Ekzeme sind nicht ansteckend. Sie treten häufig schubweise auf, werden von Juckreiz begleitet und heilen ohne Narbenbildung ab. Die bekanntesten Ekzeme beim Pferd sind das Sommerekzem (Sommerräude), Mähnen- und Schweifekzem, Sattelekzem sowie die Mauke und Raspe.

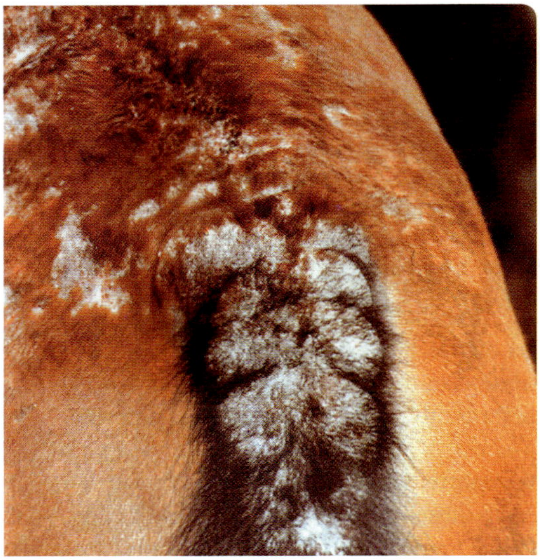

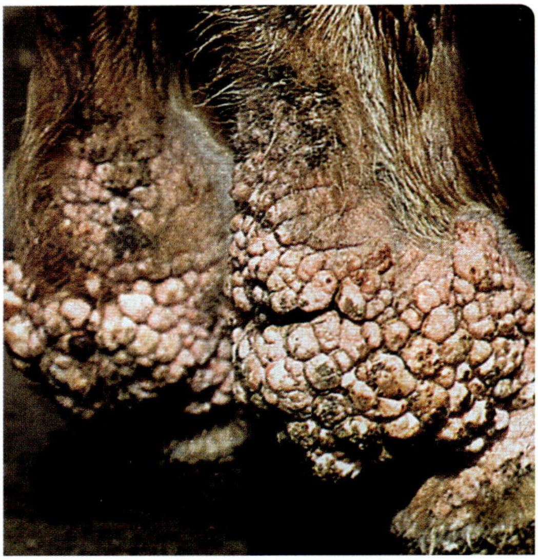

Abb. 53: Ekzeme der Haut. Links: Sommerekzem. Rechts: Warzenmauke.

- **Sommerekzem**
  Das fälschlicherweise auch als Sommerräude bezeichnete Ekzem tritt während der warmen Jahreszeit bevorzugt bei Kleinpferden auf. Aber auch Großpferde können betroffen sein. Die Krankheitssymptome findet man vorwiegend am Schweifansatz, auf dem Rücken und am Widerrist. Sichtbar wird die Erkrankung durch quälenden Juckreiz, der die Pferde zu erheblichem Scheuern veranlasst. Dies führt sehr schnell zum Ausfall der Mähnenhaare und der Behaarung weiterer befallener Körperstellen, nicht zuletzt auch zum Ausfall der Schweifhaare. Nicht selten entstehen offene und nässende Wunden. Eindringende Bakterien und Pilze können das Krankheitsbild noch verschlimmern (sekundär eitrige Dermatitis). Das Sommerekzem tritt in erster Linie bei Pferden auf, die eine erbliche Veranlagung besitzen, auf Insektenstiche allergisch zu reagieren und eine Neigung zu Stoffwechselstörungen haben. UV-Strahlen und eiweißreiche Ernährung scheinen die Krankheit zu begünstigen.

Ausgelöst wird das Sommerekzem primär durch die Stiche von befruchteten weiblichen **Mücken** (Gnitzen) der Gattung ***Culicoides***. Damit das Blut nicht gerinnt, geben die Mücken Speichel in die Stichwunde. Der Speichel enthält Substanzen, auf die das Pferd allergisch reagiert. Die Insekten suchen vorwiegend die vorher genannten Stellen des Pferdes auf. Die allergischen Reaktionen treten vorzugsweise lokal in diesen Körperregionen auf. In der Nähe stehender sowie langsam fließender Gewässer ist die Insektenbelastung besonders hoch. Die Mücken benutzen das Wasser als Brutstätte. Ihre Vermehrungsrate ist witterungsabhängig. In heißen, schwülen Sommern mit gelegentlichen Regenschauern ist die Vermehrungsrate besonders hoch. Dauerregen dagegen vernichtet den Insektennachwuchs ebenso wie Nachtfröste im Herbst. Die Krankheit heilt meist nach Aufstallung ab, kehrt aber im nächsten Sommer nach erneutem Mückenbefall wieder. Die Folge von wiederholtem Auftreten und Abheilen ist eine chronische Hautentzündung mit Hautverdickung, vermehrter Pigmentation und Haarverlust. Therapeutisch sind die Krankheitssymptome nur schwer anzugehen. Mithilfe **cortisonhaltiger Präparate** wird versucht, die Überreaktion der Abwehrkräfte zu unterdrücken. Entzündungshemmende Salben und Lotionen werden auf den entzündeten Stellen aufgetragen. Darüber hinaus steht eine weitere Palette an alternativen Behandlungsmethoden zur Auswahl. Hierzu zählen die Eigenblutbehandlung und die Gegensensibilisierung. Die Allergieanfälligkeit soll hierdurch reduziert werden. Eine Unterstützung des Stoffwechsels durch Vitamingaben (B-Vitamine) beeinflusst den Krankheitsverlauf günstig. Erfolg wird man letztlich jedoch nur dann verzeichnen, wenn man die Pferde gleichzeitig vor den Insekten ausreichend schützt. Dies kann z. B. mit einer **Ekzemerdecke** und Kopfschutz gelingen. Ferner sollte der Weidegang auf die Zeit zwischen 10 bis etwa 16 Uhr begrenzt werden. Während der Dämmerungsstunden morgens und abends sind die Insektenflugaktivitäten besonders hoch. Koppeln, die mind. 10 km von stehenden oder langsam fließenden Gewässern entfernt liegen, bieten den Pferden ebenfalls ausreichend Schutz vor *Culicoides*-Mücken.

!

Als Vorbeugung gegen das Sommerekzem hat sich die Impfung gegen Hautpilz bewährt. Sie hilft in bis zu 80 % der Fälle. Der Ekzemer erhält drei Impfungen (Insol Dermatophyton) in doppelter Dosis im Abstand von 14 Tagen, die erste bereits im Januar.

- **Mauke**
  Unter Mauke versteht man ein vorwiegend in den Fesselbeugen des Pferdes auftretendes, zunächst **nässendes Ekzem**, das durch bakterielle Sekundärinfektion mit nekrotisierenden Bakterien (Streptokokken, Staphylokokken) zu tiefergreifenden Entzündungen mit übermäßiger Hornhaut- und Krustenbildung führt.
  Häufig befallen sind Pferde mit langem Fesselbehang und Pferde, die ständig in feuchter und unhygienischer Umgebung stehen. Durch die Feuchtigkeit wird die Fettschicht der Haut zerstört. Matsch, Schlamm, Sand, Streusalz und der Urin der Pferde schädigen die Haut mechanisch bzw. chemisch, sodass Viren, Bakterien, Pilze oder Parasiten sich ansiedeln können. Fehler in der Fütterung (Mineralstoff- und Vitaminmangel) schwächen die Widerstandsfähigkeit der Haut und begünstigen so das Auftreten der Mauke. Eine genetische Veranlagung ist nicht auszuschließen. Die Haut der entzündeten Fesselbeuge ist gerötet (nur bei heller Haut erkennbar) und schmerzhaft geschwollen. Es bilden sich Knötchen und Bläschen, die aufplatzen und nässen. Zunächst tritt eine klare, später gelbliche und übel riechende Flüssigkeit aus. Auf den Wunden bilden sich Krusten. Der Juckreiz macht die Pferde unruhig, sie treten gegen die Boxenwände. Manchmal kommt es auch zum Lahmen. Bei der trockenen Mauke werden übermäßig Hornzellen gebildet, die als Schuppen abgestoßen werden. Übermäßige Verhornung kann auch zur Warzenmauke (Wucherungen) führen. In Folge einer Mauke können der Einschuss (eine Phlegmone) und schwere Huferkrankungen (Hufkrebs) entstehen. Je früher die Mauke erkannt und mit der Behandlung begonnen wird, desto besser sind die Heilungschancen. Parallel zur Behandlung müssen die Ursachen abgestellt werden. In leichten Fällen hilft meist schon das gründliche Reinigen mit warmem Wasser und einem milden Shampoo. Bei der nässenden und bakteriellen Mauke kommen Desinfektionsmittel (dreiprozentige Wasserstoffperoxyd-Lösung, Betaisodona) und Antibiotika

oder Sulfonamide zum Einsatz. Ein Verband hält die Wunde sauber. Krusten müssen vor dem Auftragen einer Salbe oder Lösung vorsichtig entfernt werden. Am besten weicht man sie mit salizylsäure-haltiger Salbe auf. Wucherungen (Warzenmauke) können nur chirurgisch entfernt werden. Anschließend muss eine Wundversorgung stattfinden.

!

Die Vorbeugung gegen Mauke besteht in einer Optimierung der Haltung, Fütterung und Pflege. Die Fesselbeuge muss sauber und trocken gehalten werden. Hautpflegende Mittel (Zink-Lebertran-Salbe, Melkfett, Teebaumöl-Creme) geben der Haut einen zusätzlichen Schutz.

Ein schuppendes Ekzem in der Beugefläche des Karpalgelenkes bezeichnet man als Raspe.

Warzen (Papillomatose)
Bei Warzen handelt es sich um Wucherungen der oberflächlichen Hautschichten. Die Zellen sind stark verhornt. Form und Größe können verschieden sein. Warzen können am ganzen Körper auftreten. Hervorgerufen werden sie durch ein **equines Papovavirus**. Die Übertragung kann durch stechende Insekten geschehen. Einzelne Warzen, die nicht weiter stören, müssen nicht unbedingt behandelt werden. Meist reicht die aktive Immunisierung des Pferdes zur Selbstheilung aus. Treten sie jedoch in großer Zahl und an ungünstigen Stellen auf (Maul-, Nasen- und Ohrenregion, Sattel- und Gurtlage) wird eine Behandlung erforderlich. Die Applikation von Salben (0,1%ige Retinolsalbe) über einen längeren Zeitraum reicht meist zur Behandlung aus. In schlimmen Fällen hilft nur die chirurgische Entfernung und Nachbehandlung.

Abb. 54: Warzen (Papillomatose). Zahlreiche kleine Papillome an Maul und Nüstern (tritt vorwiegend bei jungen Pferden auf).

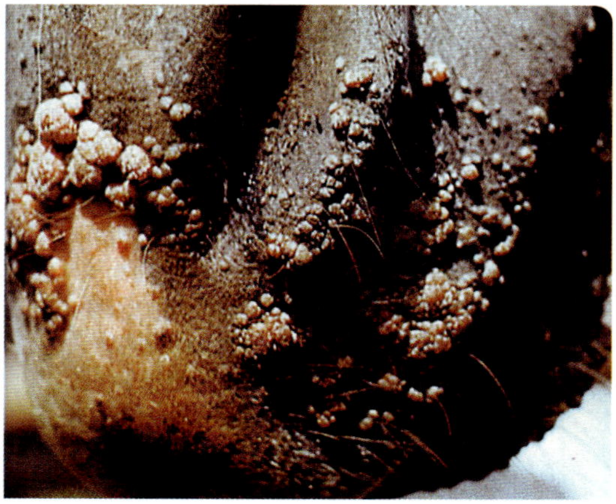

Phlegmone (Einschuss)
Eine eitrige Wundinfektion ohne Bindegewebsabgrenzung nennt man Phlegmone. Sie tritt meist an den Beinen des Pferdes auf. Die Krankheit wird durch **Eitererreger** (Strepto- und Staphylokokken sowie Colibakterien) hervorgerufen. Diese gelangen durch kleinste Verletzungen in die Haut und vermehren sich unter Luftabschluss. Betroffen sind die Unterhaut, das Bindegewebe und die Lymphgefäße. Innerhalb kürzester Zeit schwillt das Bein bedrohlich an. Meistens sind die betroffenen Pferde dann auch allgemein krank. Sie haben erhöhte PAT-Werte, werden müde und verlieren den Appetit. Im Extremfall lahmt das Pferd. Es können sich **Abszesse** bilden. Gelangen die Bakterien in die Blutbahn, Gelenke oder Sehnenscheiden entsteht eine **Blutvergiftung**, die nicht selten tödlich endet. Selbst nach Abklingen der Erkrankung bleiben meist Folgeschäden zurück. Es entstehen z. T. dauerhafte Verdickungen durch die Vermehrung von Bindegewebszellen. Ein Teil der überschüssigen Gewebsflüssigkeit kann sich unterhalb der Entzündung sammeln und ein Stauungsödem bilden. Die Pferde bleiben nach der Genesung anfällig für ein erneutes Auftreten der Entzündung (chronisch wiederkehrende Phlegmone). Infolge des beschädigten Unterhautgewebes und nicht mehr richtig funktionierender Lymphgefäße bekommen

viele ehemalige Phlegmone-Patienten nach längerem Stehen dicke Beine.

Eine Phlegmone muss sofort behandelt werden. Zunächst einmal ist Boxenruhe angesagt. Die Bakterien werden mit **Antibiotika** bekämpft. Zur weiteren Behandlung erhält das Pferd Medikamente, die abschwellend, entzündungshemmend, schmerzstillend und fiebersenkend wirken. In schlimmen Fällen wird zusätzlich ein **Kurzzeit-Cortison** eingesetzt und eine Infusion (z. B. Dimethysulfoxid) gegeben. Das Bein erhält einen abschwellenden und desinfizierenden **Angußverband**. Alternativ kann auch eine Kühlsalbe zur Abschwellung genommen werden. Später nimmt man eine durchblutungsfördernde Salbe, damit die überschüssige Gewebsflüssigkeit besser abtransportiert wird. Auf jeden Fall muss auch der vorhandene Tetanusschutz überprüft und ggf. aufgefrischt werden. Bei jeder noch so kleinen Verletzung, insbesondere wenn sie nur wenig oder gar nicht blutet, gelangen auch Tetanuserreger in den Körper. Nach Abklingen der Symptome kann man das Pferd wieder vorsichtig bewegen. Leichte Bewegung fördert die Durchblutung.

Abszess (Eitergeschwulst)

Eine gut abgegrenzte eitrige Gewebeentzündung wird als Abszess (abgekapselte Eiteransammlung) bezeichnet. In den Körper eingedrungene Bakterien, Protozoen oder Pilze lösen eitrige Krankheitsprozesse aus, gegen die sich der Körper zur Wehr setzt. Abszesse können an den verschiedensten Stellen des Körpers auftreten, z. B. in der Haut, im Zahnfleisch, in den Knochen und in inneren Organen. Die Bezirke sind heiß und schmerzhaft geschwollen. Durch die Ansammlung von Eiter wird Druck auf das umliegende Gewebe ausgeübt. Es bildet sich mit der Zeit ein unphysiologischer Gang, die sog. **Fistel**, um den Eiter zu entleeren.

Hautabszesse brechen i. d. R. nach außen auf. Die Behandlung besteht in einer allgemeinen und lokalen **Antibiotikatherapie**. Häufig wird eine chirurgische Versorgung erforderlich. Über eine Drainage werden dann das Wundsekret und der Eiter zum vollständigen abfließen gebracht. Die Wunde muss man steril halten, damit keine weiteren Keime in den Körper gelangen können und die Haut sich wieder regeneriert.

Furunkel (Eiterbeule)

Eitererreger (meist Staphylokokken) verursachen eine eitrige Entzündung eines Haarbalgs oder der dazugehörigen Talgdrüse. Es entwickelt sich ein erbsen- bis walnussgroßer, schmerzhaft geröteter Knoten mit zentralem Eiterpfropf. Die Abheilung geschieht unter Narbenbildung. Bilden sich in der Haut an mehreren Stellen Furunkel nennt man das Krankheitsbild **Furunkulose**. Vereinen sich mehrere nebeneinander liegende Furunkel zu einem Entzündungsherd spricht man von einem **Karbunkel**. Die Behandlung geschieht mit Antibiotika. In schlimmen Fällen muss eine chirugische Versorgung stattfinden.

Hautpilzerkrankungen

Der Befall mit Hautpilzen zeigt bei Pferden ein typisches Bild. Sichtbar werden kreisrunde Hautbezirke, in denen die Haare ausfallen. Die Kahlstellen sind oft mit Schorf bedeckt. Juckreiz veranlasst das Pferd zum scheuern, wobei die Pusteln meist platzen und anschließend nässen. Die Haut bildet vermehrt Schuppen. Die Pilze bevorzugen die Stellen an denen das Pferd stark schwitzt, z. B. die Sattellage. Grundsätzlich können aber alle Hautpartien betroffen sein. In manchen Fällen dringen die Pilze in tiefere Hautschichten ein und verursachen schwere Entzündungen. Auch das Hufhorn kann befallen werden.

Die meisten Hautpilzerkrankungen sind auf die Pilzarten ***Trichophyton equinum*** und ***Microsporum equinum*** zurückzuführen. Die Pferde stecken sich gegenseitig an. Da die Pilze auch andere Tiere (Rinder, Hunde, Katzen) und sogar den Menschen befallen können, kommen diese als Überträger ebenfalls

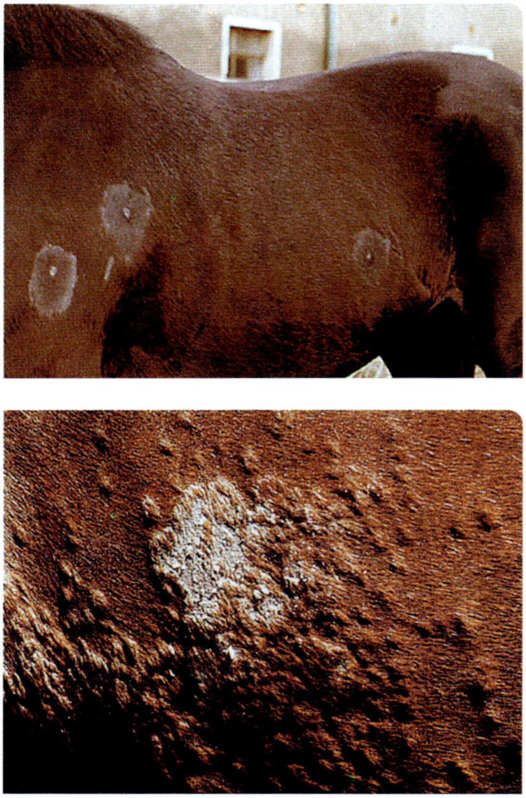

Abb. 55: Hautpilz.
Oben: Runde, haarlose Stellen, die sich zentrifugal vergrößern.
Unten: Runde, borkige, sich vergrößernde und zusammenfließende Hautveränderungen.

in Betracht. Eine indirekte Übertragung, z. B. über einen gemeinsam benutzten Scheuerpfahl auf der Weide oder über Putzzeug, Satteldecke und sonstigen Ausrüstungsgegenständen, ist häufig. Feuchtwarmes Klima sowie ein geschwächtes Immunsystem begünstigen den Ausbruch der Krankheit. Ebenfalls erhöht eine hohe Bestandsdichte das Infektionsrisiko.

Außerhalb des Wirtes überleben die Pilzsporen monate- bis jahrelang im Erdreich, im Mist oder an Ausrüstungsgegenständen. Gelangen die Pilzsporen auf die Haut eines Pferdes sondern sie giftige Stoffwechselprodukte ab. Die oberen Zellschichten der Haut werden geschädigt, sodass die Pilze hineingelangen können. Langsam arbeiten sie sich in immer tiefere Schichten vor bis zu den Haarwurzeln, die sie zerstören. Die Wände der Blutgefäße werden durchlässig, Flüssigkeit tritt aus.

Die Behandlung wird mit einem **Antimykotium** durchgeführt. Zur Verfügung stehen zurzeit die Waschlösungen Imaverol und Mycophyt. Alle Körperpartien sind zu behandeln, auch die ohne sichtbare Veränderungen. Nur so kann man sicher sein, das alle Pilzsporen absterben. Zur Vermeidung bakterieller Sekundärinfektionen sollten stark geschädigte Stellen vorbeugend mit einer desinfizierenden Lösung behandelt werden. Zur Behandlung und Vorbeugung ist auch eine Impfung mit Insol Dermatophyton möglich.

> **!**
> Eine zweimalige Impfung im Abstand von zwei Wochen kurz nach Ausbruch der Pilzerkrankung führt in den meisten Fällen zum Erfolg.

Ergänzend zur medikamentösen Behandlung sind Mängel in der Hygiene abzustellen. Optimale Fellpflege, saubere luftige Ställe, gesunde Ernährung, für jedes Pferd eine eigene Putzbox, saubere Satteldecken sowie gepflegtes Zaum- und Sattelzeug beugen Hautpilzerkrankungen vor.

Nesselfieber (Urtikaria)

Beim Nesselfieber handelt es sich um eine **Allergieerkrankung**. Es kommt zu einer Überempfindlichkeitsreaktion gegenüber körperfremden Substanzen (Allergene). Das Immunsystem des Pferdes gerät aus dem Gleichgewicht. Ausgelöst wird Nesselfieber z. B. durch unverträgliche Proteine im Futter, Toxine, Holzschutzmittel, schimmeliges Futter, Wasch-/Pflegemittel, Salben, Medikamente, Impfstoffe, Gräserpollen, Stallstaub und Insektenstiche. Auch Stress,

Sattel- oder Geschirrdruck können das Immunsystem so nachhaltig schwächen, dass als Folge Nesselfieber auftritt.

Die typischen **Symptome** sind mit Flüssigkeit gefüllte **Quaddeln** auf der Haut. Treten sie in parallel verlaufenden Streifen auf, spricht man von einer **Streifen-Urtikaria**. In leichten Fällen sind die Quaddeln weder schmerzhaft noch mit Juckreiz verbunden.

In schlimmen Fällen ist das Pferd allgemein krank. Der Blutdruck sinkt bei gleichzeitig steigender Pulsfrequenz. Das Pferd hat Fieber und wird apathisch. Es entsteht Juckreiz. In manchen Fällen treten Haarausfall und nässende Hautentzündungen auf. Die Augenlider oder Nüstern können anschwellen. Gefährlich ist die Bildung von Ödemen in den Atemwegen. Dies kann Atemnot zur Folge haben bis hin zum Ersticken. Eine extreme Ödembildung im Kopfbereich kann das Pferd entstellen (Nilpferd-Kopf).

Die **Behandlung** richtet sich nach der Schwere der Erkrankung. In leichten Fällen verschwindet das Nesselfieber meist von selbst. Man sollte das Pferd vor der Sonne schützen und die Quaddeln kühlen (Wasser mit Obstessig). Wenn der Auslöser bekannt ist, muss dieser ausgeschaltet werden. In schweren Fällen wird der Tierarzt Cortison verwenden. Droht der Erstickungstod, hilft meist nur noch ein **Luftröhrenschnitt**. Zur Behandlung können auch **Antihistaminika** (Anti-Allergiemittel) und Calcium-Infusionen gegeben werden.

Zu den alternativen Behandlungsmethoden zählen die Akupunktur, Desensibilisierung (das Pferd wird langsam durch die wiederholte Zufuhr des auslösenden Allergens unempfindlich gemacht), Eigenblutbehandlung (dem Pferd wird eigenes Blut unter die Haut gespritzt) und Gegensensibilisierung (entnommenes Blut wird verdünnt und zurück gespritzt).

Abb. 56: Nesselfieber. Hals und Brust sind von zahlreichen, flächigen Hautquaddeln überzogen.

Habronematose (Sommerwunden)

Die Habronematose ist eine durch **Helminthenlarven** verursachte Geschwür- und Narbengewebe-bildende Wundinfektion und weltweit verbreitet. Auslöser sind die Wurmarten *Habronema muscae* und *Habronema majus* sowie *Draschia megastoma*, die als ausgewachsene Würmer im Magen des Pferdes vorkommen.

Die Larven geraten durch Fliegen, die sie aus dem Pferdekot aufnehmen, in Wunden und können auch die intakte Haut durchbohren. Es wird vermutet, dass die Reaktion in der Wunde auf einer allergischen Basis beruht.

Die Krankheit beginnt in der Regel im Frühjahr oder Frühsommer, wenn die Fliegen ausschwärmen. Sie ist meist an den Gliedmaßen, dem Penis und am Augenlid und den Augenbindehäuten lokalisiert. Befallen werden ferner Zufallswunden, die dann Knötchen, Narbengewebe (Granulome), Geschwüre sowie schlechte Heiltendenz aufweisen. Das Narbengewebe kann größere Umfänge annehmen. Es entleert sich vielfach ein blutiges Sekret.

Die Diagnose wird mithilfe eines Abklatschpräparates und der Biopsie gestellt. Die Therapie muss individuell festgelegt werden. Umfangreiche Granulome werden chirurgisch versorgt. Auch wird über günstige Einflüsse einer lokalen Vereisung (Kryochirurgie) berichtet. Entwurmungsmittel (Anthelmintika) sorgen für die Abtötung der Larven. Gute Ergebnisse werden mit der gleichzeitigen Anwendung von Corti-

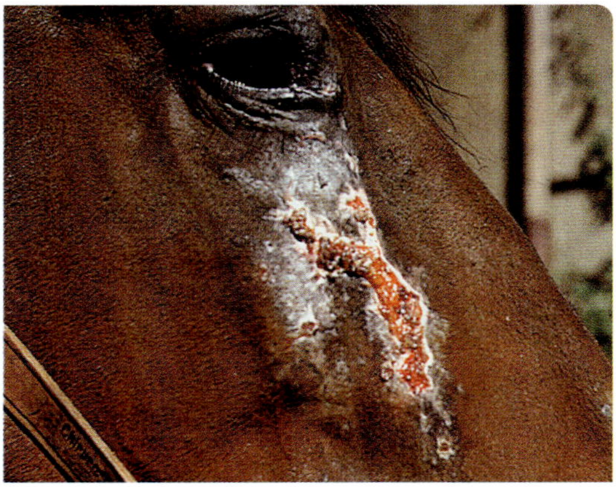

Abb. 57: Habronematose (Sommerwunden). Geschwürige Wunden, die durch Larven von Pferdemagenwürmern hervorgerufen werden und sehr schlecht heilen.

kosteroiden erzielt. Eine Cortikosteroidapplikation verkürzt die Krankheit auf 8 bis 14 Tage, während die Heilung ohne Cortikosteroide drei Wochen und länger dauert. Reicht eine einzige Entwurmung nicht aus, so ist sie nach 14 Tagen zu wiederholen. Die örtliche Behandlung wird ebenfalls mit Anthelmintika durchgeführt.

Parafilariose (Sommerbluten)

Die Parafilariose ist eine durch die Wurmart ***Parafilaria multipapillosa*** ausgelöste, mit Knotenbildung einhergehende **Hautblutung** des Pferdes, die vorwiegend im Frühjahr und Sommer auftritt. Der ausgewachsene Wurm, der bis zu 7 cm lang wird, lebt in Knoten im Bindegewebe unter der Haut. Die Blutungen entstehen, wenn die Knoten sich nach außen öffnen und ihren blutigen Inhalt entleeren. In diesem Sekret sind Eier und Larven enthalten. Die Übertragung geschieht durch Fliegen, die vom Sekret schlecken. Bevorzugt betroffen sind der Rumpf und der Hals. Während die Krankheit im Frühjahr entsteht, bildet sie sich im Herbst und Winter zurück. Die Therapie besteht in der Applikation von Ivermectin (0,2 mg/kg KM).

Onchocerose

Verschiedene Arten der Gattung ***Onchocerca*** rufen Hautkrankheiten beim Pferd hervor. Die z. T. bis einen halben Meter lang werdenden Würmer leben im Bindegewebe. Ihre Larven gelangen in die Haut. Die klinischen Symptome bestehen in Juckreiz, Haarausfall, Rötungen, Geschwür-, Schuppen- und Krustenbildung. Besonders Kopf, Hals und die Unterseiten von Brust und Bauch sind betroffen. Die Behandlung erfolgt mit Ivermectin (0,2 mg/kg KM), ggf. wiederholt nach vier Wochen.

Räude

Die Räude wird durch **Milben** hervorgerufen. Milben (Acari) sind Spinnentiere mit meist vier Beinpaaren und kauenden oder stechend-saugenden Mundwerkzeugen. Räudebefall betrifft häufig schlecht ernährte und sehr stark belastete Pferde. Hier scheinen Vitamin- und Mineralstoffmangelsituationen für den Befall mit Räudemilben eine besondere Rolle zu spielen. Grundsätzlich unterscheidet man drei verschiedene Räudemilbenarten:

- Die Grabmilbe
  Die Grabmilbe (*Sarcoptes equi*) siedelt sich meistens an dünnbehaarten Körperstellen an. Häufig beginnt die Erkrankung am Kopf und greift über auf Hals- und Schulterpartien sowie auf Sattel- und Geschirrlage. Sie neigt zur Ausdehnung über den gesamten Körper. Es handelt sich dabei um eine mit Juckreiz einhergehende, eher chronisch verlaufende Hautkrankheit, die mit Hautknötchen-, Krusten- und Borkenbildung verbunden ist. In späteren Stadien treten kleieartige Beläge und die typische Faltenbildung der Haut auf. Infolge des Juckreizes entstehen Scheuerwunden, die zu Narbenbildungen führen. Während des fortschreitenden Krankheitsverlaufes kommt es auch zu Störungen des Allgemeinbefindens durch mögliche bakterielle Sekundärinfektionen. Die Grabmilbe kann auch Menschen befallen und die sog.

Scheinräude oder Pseudo-Skabies hervorrufen.

- Die Saugmilbe
  Die Saugmilbe (*Psoroptes equi*), setzt sich zunächst an den langbehaarten Körperstellen (Mähnenansatz und Schweifansatz) fest. Von dort aus kann sich die Psoroptesmilbe über den gesamten Körper ausbreiten. Es kommt zu Juckreiz mit Haarausfall, Knotenbildungen und typischer Hautverdickung.
- Die Schuppenmilbe
  Als dritte Art ist die Fußräude (*Chorioptes equi*) bekannt, eine schuppenfressende Milbe. Wie der Name bereits sagt, geht die Krankheit von der Fesselbeuge des Pferdes aus, vor allen Dingen bei Pferderassen mit langen Kötenbehängen (Kaltblüter). Von den oberen Hautschichten frisst sich die Milbe in die tieferen hinein, sodass schließlich die Haut verschwunden ist und die Milben von der austretenden Lymphe und dem Blut leben können. Als Reaktion der Haut entstehen übermäßig viele Schuppen mit typischer Bildung von Krusten, Schorf und zusätzlichem granulationsgewebeähnlichem Randsaum. **Bakterielle Sekundärinfektionen** kommen hinzu, sodass eine schmierige, nässende Entzündung entsteht. Eine Verwechselung mit Mauke ist für Laien möglich. Infolge des quälenden Juckreizes, den der Räudemilbenbefall auslöst, sind die befallenen Pferde extrem unruhig und stampfen mit den befallenen Beinen ständig auf den Boden. Eine sichere Diagnose kann mithilfe von Hautgeschabseln oder klinisch gestellt werden. Die Therapie besteht im Einwaschen von **Kontaktinsektiziden**, die vom Tierarzt verschrieben werden müssen. Daneben sind **antibiotische Behandlungen** einzuleiten, um dann die bakteriellen Sekundärinfektionen zu bekämpfen.

Tumore der Haut

Tumore sind durch übermäßige Zellteilungsprozesse gekennzeichnet. Die Erbsubstanz (DNA) der Zelle weist krankhafte Veränderungen auf und ist nicht mehr in der Lage, die Aufgaben der Zelle und das Zellwachstum korrekt zu steuern. Veränderungen am Erbgut nennt man Mutationen. Auslöser sind z. B. äußere Einflüsse, wie chemische Substanzen (Toxine), Viren oder Strahlung (radioaktive Strahlung, UV-Strahlen der Sonne). Spontane Veränderungen am Erbgut kommen ebenfalls vor. Die Veranlagung für die Entstehung von Tumoren kann auch vererbt werden.

Für den Erfolg der Behandlung ist die Art des Tumors von größter Bedeutung. Gutartige Tumore sind i. d. R. von dem umliegenden Gewebe gut abgegrenzt, was eine Behandlung bzw. chirugische Entfernung erleichtert. Die Behandlung bösartiger Tumore gestaltet sich dagegen meist problematischer. Bösartige Tumore wachsen ins Ursprungsgewebe hinein und zerstören es. Das Gewebe (Organ) kann seine Funktion nicht mehr erfüllen. Ein weiteres Kennzeichen des bösartigen Tumors ist, dass seine entartenden Zellen über das Blut oder die Lymphe im Körper verteilt werden, und weitere bösartige Tumore entstehen (Metastasen). Die Beschwerden sind hierdurch nicht nur auf das befallene Organ beschränkt, sondern der Patient leidet an einer Vielzahl von Symptomen (z. B. Müdigkeit, erhöhte Temperatur, Schmerzen). Ohne Behandlung führen bösartige Tumore meist zum Tod. Nicht jeder Tumor lässt sich eindeutig als gutartig oder bösartig diagnostizieren. Es gibt auch „Zwischenstadien“ (halb-bösartige Tumore).

Die bekanntesten Hauttumore sind die folgenden:

- Fibrom (Fasergeschwulst)
  Das langsam wachsende Fibrom zählt zu den gutartigen Geschwulsten. Es entwickelt sich aus gefäßreichem Bindegewebe. Die Gewebeneubildung kann an allen Stellen des Körpers vorkommen und eine beachtliche Größe erreichen (Kopfgröße). Als **Fibrosarkom** wird die selten vorkommende bösartige Form bezeichnet.

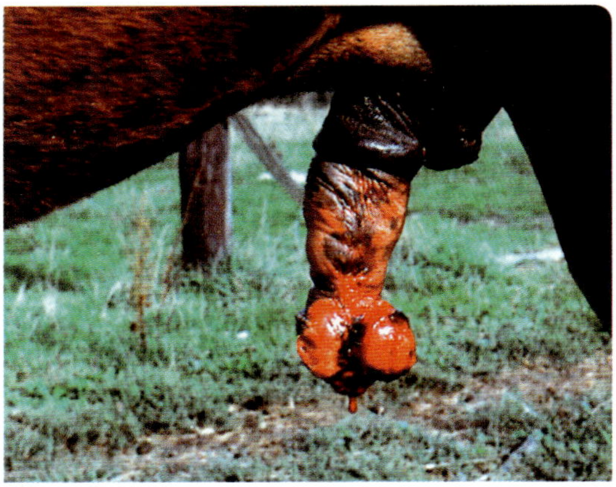

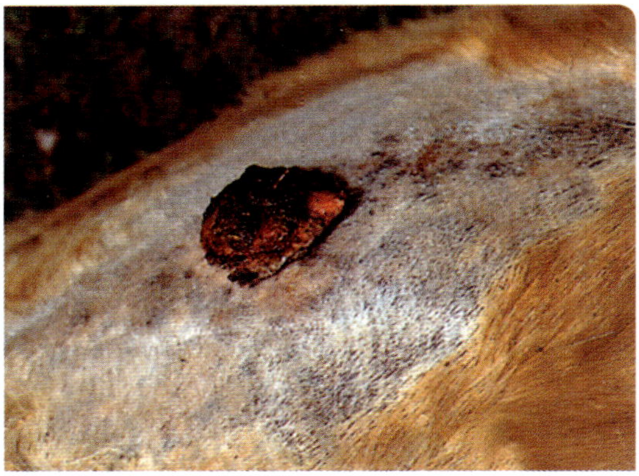

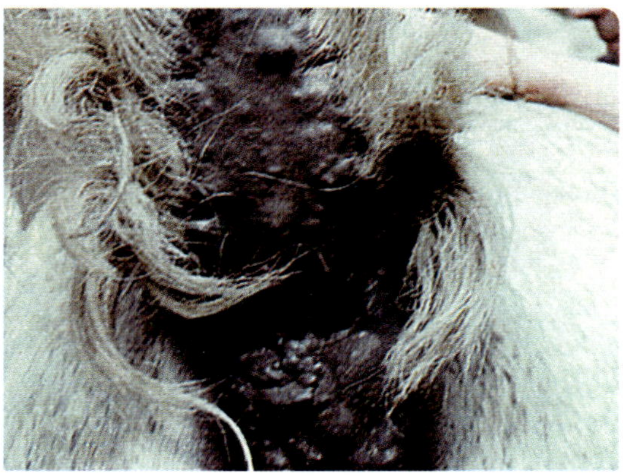

Abb. 58: Tumore der Haut.
Oben: Plattenepithelkarzinom am Penis.
Mitte: Equines Sarkoid.
Unten: Melanome in der Analgegend und am Schweifansatz.

- Plattenepithelkarzinom
  Dieser bösartige Tumor entwickelt sich aus dem Epithelgewebe. Die Krebszellen können sich im ganzen Körper verteilen und Metastasen bilden.
- Equines Sarkoid
  Das Sarkoid ist der häufigste Hauttumor des Pferdes. Es handelt sich um einen **Bindegewebstumor**. Fünf Typen lassen sich unterscheiden:
  1. Okkultes Sarkoid (bleibt unter der Haut verborgen),
  2. Noduläres Sarkoid (kugelförmig),
  3. Verruköses Sarkoid (warzenartig),
  4. Malevolentes Sarkoid (strangartig und knotig verdickt, breitet sich in den Lymphbahnen aus),
  5. Fibroblastisches Sarkoid (faserig, stark durchblutet und auffallend rot).

  Als Verursacher wird das **Bovine Papillomvirus (BPV)** angesehen. Die Viren dringen über kleinste Verletzungen in die Haut ein. Man vermutet darüber hinaus eine genetische Veranlagung.
  Sarkoide gehören zu den halb-bösartigen Tumoren. Sie streuen nicht. Ihre Behandlung ist dennoch schwierig. Operative Entfernung führt meistens nicht zum Erfolg, weil häufig sofort ein neuer Tumor nachwächst. Inaktive Sarkoide, die das Pferd nicht weiter beeinträchtigen, lässt man aus diesem Grund besser in Ruhe. Große Geschwüre an ungünstigen Stellen, z. B. in der Gurt- oder Sattellage, die das Pferd unreitbar machen oder in irgendeiner Form beeinträchtigen, müssen jedoch behandelt werden. An Behandlungsmethoden stehen zur Verfügung:
  1. Chirugie in Verbindung mit einer Immuntherapie (BCG-Vakzine). Vor der Operation erhält das Pferd mehrmals eine Injektion mit BCG (Bacillus-Calmette-Guérin)-Vakzine zur Stimulierung des unspezifischen Abwehrsystems.
  2. Lasertherapie. Die Operation wird mit dem Lichtskalpell durchgeführt. Der

Laser lässt eine sehr feine und genaue Schnittführung zu.
3. Kryochirugie. Die Tumorzellen werden mit flüssigem, minus 196 °C kaltem Stickstoff zerstört.
4. Thermotherapie. Mithilfe von Radiofrequenzstrom wird das Tumorgewebe erhitzt.
5. Radio- oder Brachytherapie. Radioaktive Stoffe werden in den Tumor eingeführt und sollen ihn abtöten.
6. Chemotherapie. Der Einsatz Chemotherapeutika soll den Tumor zerstören. Die Chemotherapie ist meist von starken Nebenwirkungen begleitet.

- Melanom
  Melanome treten häufig bei älteren Schimmeln auf. Es bilden sich graue, schwarze oder schwarzbraune Knoten (1 bis 2 cm im Durchmesser) unter der Haut. Die Knoten können hart oder weich sein. Die Haut wird nicht durchbrochen. Melanome entstehen aus **Melanozyten**, jenen Hautzellen, die das Pigment Melanin bilden. Infolge genetischer Ursachen teilen sich die Melanozyten unkontrolliert. Die Melanome wachsen relativ langsam. Häufig unterbleibt eine Metastasenbildung. Beim Patienten verursachen die gutartigen Melanome keine Beschwerden. Sie können jedoch plötzlich entarten. Dann werden Tumorzellen über die Lymphgefäße in die Lymphknoten transportiert. Von dort aus werden die inneren Organe (Leber, Lunge, Milz) befallen. Todesfälle sind jedoch eher selten.
  Die operative Entfernung einzelner Melanome ist grundsätzlich möglich. Die Operation ist jedoch risikoreich. Man muss in jedem Einzelfalle den möglichen Nutzen gegenüber dem Risiko abwägen. Meistens werden bei der Operation nicht alle Tumorzellen erwischt. Diese teilen sich anschließend umso schneller. Wenn bereits Metastasen vorliegen ist die Entfernung einzelner Knoten meist zwecklos. Zur Behandlung kann auch das aus der Humanmedizin bekannte Medikament **Cimetidin** eingesetzt werden. Die Therapie ist jedoch sehr teuer und langwierig und das Ergebnis unsicher.

Zur Wiederholung und Vertiefung

1. Stellen Sie in einer Tabelle die häufigsten beim Pferd vorkommenden Hautkrankheiten zusammen.

Die häufigsten beim Pferd vorkommenden Hautkrankheiten			
Hautkrankheit	**Ursache**	**Symptome**	**Behandlung**
Sommerekzem			

2. Ein Jährling hat eine mit Haarausfall und Juckreiz einhergehende Hautentzündung in der Fesselbeuge des rechten Hinterbeines.
   a) Um welche Krankheit handelt es sich vermutlich? Welche Ursachen können zu der Erkrankung geführt haben?
   b) Beschreiben Sie die Behandlung und wie in Zukunft ein erneutes Auftreten verhindert werden kann.
3. Durch welche Maßnahmen kann der Pferdewirt/die Pferdewirtin zur Vermeidung von Hautkrankheiten beim Pferd beitragen?

2.3 Hufpflege durchführen

?

Pferdebesitzerin Ingrid hat ihr Freizeitpferd in einem Offenstall mit Paddock stehen. Die Liegefläche des Stalles wird täglich übergestreut. Ausgemistet wird einmal in der Woche. Vor und nach jedem Ritt kontrolliert Ingrid die Hufe ihres Pferdes. Zum Reiten hat sie jedoch meistens nur am Wochenende Zeit. Diesmal bemerkt sie beim Aufheben des linken Vorderhufes einen penetrant fauligen Geruch. In den Strahlfurchen hat sich eine schmierige, schwarze Masse gebildet.

Die regelmäßige Hufkontrolle bzw. Hufpflege ist eine der wesentlichsten Voraussetzungen für die Erhaltung der Leistungsfähigkeit und Tauglichkeit eines Pferdes. Deshalb muss ihr schon beim Fohlen Aufmerksamkeit geschenkt werden.

2.3.1 Regelmäßige Pflegemaßnahmen

Fohlen und Jungpferde
Die Überwachung der Hufe und ihrer Stellung beginnt beim neugeborenen Fohlen und muss in regelmäßigen Abständen (etwa alle 4 Wochen) wiederholt werden.

Die Hufe des neugeborenen Fohlens unterscheiden sich zunächst wesentlich in Form und Aussehen von denen eines erwachsenen Pferdes. Der Durchmesser des Hufes ist am Tragerand kleiner als am Kronrand. Darüber hinaus befindet sich an der Hufunterseite eine polsterähnliche, weiche und zottige Hornmasse. Dieses sog. **Fohlenkissen** dient dem Schutz der Gebärmutter und der Geburtswege. An der Luft trocknet dieses Gewebe schnell aus und wird, sobald das Fohlen stehen kann und sich bewegt, abgeschliffen. Etwa vier bis sechs Wochen nach der Geburt sollten ggf. Überreste des fötalen Zottenhorns an Sohle und Strahl entfernt werden. Alle weiteren Maßnahmen dienen anschließend dazu, die Fohlenhufe in korrekter Form zu halten und Erkrankungen zu vermeiden. Der noch relativ weiche Huf ist anfällig für das Entstehen fehlerhafter Hufformen und -stellungen. Diese sind nur zu erkennen, wenn das Fohlen auf ebenem, festem Boden steht und anschließend geführt wird.

Größere Korrekturen sollte immer nur ein Fachmann durchführen. Kleinere Korrekturen kann auch der Pferdewirt / die Pferdewirtin selbst vornehmen. Er / sie sollte jedoch vorher eine entsprechende Fortbildung absolviert haben. Die Korrekturen werden mit der Raspel, vorsichtig mit dem Hufmesser und möglichst ohne Hauklinge vorgenommen.

!

Entscheidend für eine korrekte Hufentwicklung und Gliedmaßenstellung ist ausreichend Bewegung auf nicht zu weichem und nicht zu hartem Untergrund.

Erst nachdem alle Möglichkeiten durch Raspeln und Schneiden ausgeschöpft sind, sollte ein Korrekturbeschlag angebracht werden.

Pferde in ausschließlicher Weidehaltung
Ganzjährig auf der Koppel gehaltene **Robustpferde** dürfen nicht beschlagen werden. Die Hufpflege beschränkt sich zunächst auf eine tägliche Kontrolle. Veränderungen in der Hufform und Hufstellung müssen frühzeitig erkannt und behoben werden. Die Abnutzung des Hufhorns hängt vom Boden und der Bewegungsaktivität des Pferdes ab. Ggf. müssen ausgebrochene Trageränder oder Tragerandhornspalten beseitigt werden. Auf verklemmte Steinchen im Strahlbereich ist zu achten. Fäulnisprozesse am Hufhorn oder sonstige Huferkrankungen muss sofort der Tierarzt behandeln.

Pferde in Stallhaltung ohne / mit Weidehaltung
Eingetretener Mist muss mindestens einmal am Tag mit dem Hufkratzer entfernt werden. Er bildet einen idealen Nährboden für Bakte-

rien, die Fäulnisprozesse hervorrufen können. Von besonderer Wichtigkeit sind die Kontrolle und das Säubern nach der Arbeit. Alle Hufe werden der Reihe nach aufgehoben und die Unterseite gesäubert. Festsitzende Steine werden aus den seitlichen Strahlfurchen herausgekratzt. Der Kraftaufwand ist dabei so zu dosieren, dass das Hufhorn nicht beschädigt wird. Die Sohle reinigt man am besten mit einer harten Bürste.

Darüber hinaus sollten die Hufe regelmäßig gewaschen werden (1- bis 2-mal wöchentlich). Außerplanmäßig auch bei jeder starken Verschmutzung. Mit dem Waschen der Hufe werden zwei wichtige Aufgaben erfüllt. Zum einen erfolgt eine Generalreinigung und zum anderen wird den Hufen Feuchtigkeit zugeführt. Beim Waschen darf man jedoch die äußere Hornschicht, die sog. Glasurschicht, nicht beschädigen. Auch die Unterseite des Hufes ist gründlich zu waschen.

!

Eingetrocknete Erde oder Mist an der Hornwand immer erst aufweichen und dann mit warmem Wasser und einem Schwamm entfernen.

Das Hufhorn darf nicht zu stark austrocknen, sonst wird es spröde und brüchig. Die Hufe von Boxenpferden ohne ausreichenden Kontakt mit feuchtem Boden neigen zum Austrocknen. Hieraus können zahlreiche Probleme erwachsen. In extremen Fällen können sich Zwanghufe entwickeln mit nicht mehr richtig funktionierendem **Hufmechanismus**. Insofern ist die regelmäßige Zuführung von Feuchtigkeit unverzichtbar. Die Hornzellen der Glasurschicht quellen durch Wasser auf. Sie nehmen eine milchig trübe Farbe an. Im trockenen Zustand erscheint die **Glasurschicht** dagegen matt glänzend. Eine intakte Glasurschicht verhindert zudem, dass das Wandhorn zu viel Feuchtigkeit verliert. Infolge einer zerstörten Glasurschicht besteht die Gefahr, dass die Hufe

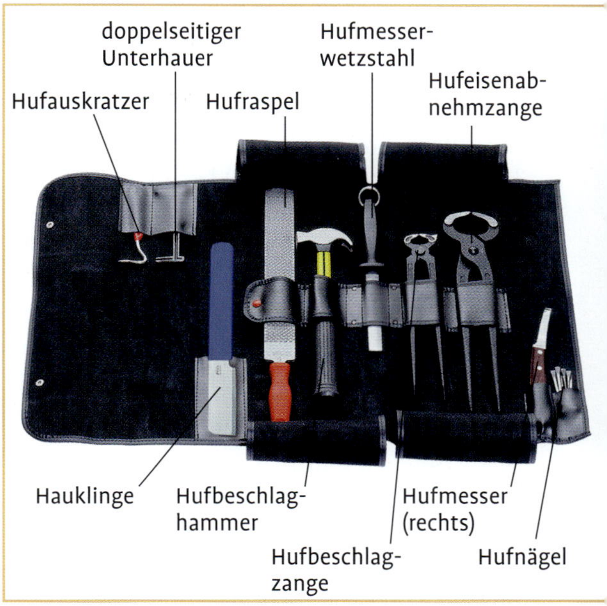

Abb. 59: Hufbeschlag-Garnitur.

zu trocken werden. Die Hufoberfläche ist insofern stets vorschichtig zu behandeln.

Huffett kann dem Huf einen zusätzlichen Schutz verleihen. Es kommt jedoch auf die richtige Anwendung an. Das Fett selbst verbessert die Hornqualität nicht. Es zieht nicht in die Tiefe ein. Durch das Fetten wird aber verhindert, dass Feuchtigkeit aus dem Huf verloren geht bzw. von außen in den Huf eindringt. Stark ausgetrocknete Hufe müssen aus dem Grund vor dem Auftragen von Fett mit Wasser versorgt werden. Hierzu stellt man die Hufe für etwa 15 Minuten in einen Eimer mit Wasser. Anschließend wird die Oberfläche mit einem Tuch abgetrocknet und dann das Fett aufgetragen. Auch die Unterseite mit Ausnahme des Strahls sollte man einfetten. Das Huffett darf jedoch nicht auf die Haut gelangen, diese könnte gereizt werden und sich entzünden (Saumbandentzündung).

Zusätze im Huffett wie z. B. **Lorbeeröl** bringen keinen Nutzen. Das Lorbeeröl wirkt nur auf der Haut. Bei schlecht wachsendem Hufhorn kann man Lorbeeröl im Bereich der Krone (Fellansatz) zur Steigerung der Durchblutung anwenden. Man legt hierzu dem Pferd Filzgamaschen an, die innen mit Lorbeeröl (pur oder Salbe) bestrichen werden. Nach einer Behandlungsdauer von etwa 2 bis 3 Monaten hat sich in den meisten Fällen eine Verbesserung der Hornqualität eingestellt.

Zu den Pflegemaßnahmen zählt des Weiteren die tägliche Kontrolle des Hufschutzes. Hat sich z. B. ein Eisen gelockert, muss man es sofort wieder befestigen, bevor es verloren geht. Ein Pferdewirt / eine Pferdewirtin kann diese Tätigkeit selbst ausführen, vorausgesetzt, die notwendigen Werkzeuge sind vorhanden. Auch ein abgefallenes Hufeisen lässt sich mit etwas Geschick wieder aufnageln. Die neuen Hufnägel werden wieder in die alten Nagellöcher eingeschlagen. Zur regelmäßigen Hufkorrektur beschlagener Pferde wird jedoch im Abstand von etwa 6 bis 8 Wochen ein Fachmann benötigt. Auch unbeschlagene Pferde müssen hinsichtlich Hufform und Hufstellung regelmäßig kontrolliert und ggf. die Hufe korrigiert werden.

2.3.2 Aufbau und Funktionsweise des Hufes

Für eine sachgemäße Pflege sowie eventuell notwendig werdende Korrekturen oder Behandlungen ist es unabdingbar, den komplexen Aufbau und die Funktionsweise des Hufes zu kennen.

Den äußeren Teil des Hufes bildet der **Hornschuh**, der sich aus der Hornkapsel und der darunter liegenden **Lederhaut** zusammensetzt. Die relativ schmerzempfindliche Lederhaut ist gut durchblutet und von zahlreichen Nerven durchzogen. Zahlreiche Rezeptoren machen den Huf zu einem sensiblen **Tastorgan**. Der äußere Teil des Hufes ist demnach ein Bestandteil der Haut. Die Hornkapsel kann als eine Modifikation des Zehennagels angesehen werden. Sie ist schmerzunempfindlich, da sie keine Nervenzellen enthält.

Die **Huflederhaut** differenziert sich in die
- Saumlederhaut,
- Kronlederhaut,
- Wandlederhaut,
- Ballenlederhaut,
- Sohlenlederhaut,
- Eckstrebenlederhaut,
- Strahllederhaut.

Die relativ schmale Saumlederhaut bildet den Übergang zwischen der Lederhaut des Felles und der des Hufes. Im hinteren Teil des Hufes wird sie breiter und geht in die Ballenlederhaut über.

Unter der Lederhaut befindet sich das **Unterhautbindegewebe** in unterschiedlicher Stärke und Ausprägung. Besonders dick in Form eines Wulstes ist die Unterhaut (Subcutis) unter der Kronlederhaut vertreten. Auch das **Ballen-** und **Strahlpolster** besteht aus Unterhautbindegewebe. Die beiden Polster fungieren als Stoßdämpfer. Wandlederhaut und Sohlenlederhaut sind frei von Unterhautbindegewebe. Sie liegen direkt auf der Knochenhaut des Hufbeins.

!

Die Keimschicht der Oberhaut produziert die Hornzellen der Hornkapsel.

Die Hornwandzellen werden vom Epithel der Kronlederhaut gebildet, die auf einem dicken Wulst sitzt. Die Wuchsrichtung der Hornwand ist von oben nach unten. Die komplette Erneuerung dauert etwa ein halbes Jahr. Drei Schichten sind zu unterscheiden:

- die äußere, dünne Glasurschicht,
- die dickere Schutzschicht,
- die Verbindungsschicht zur Lederhaut (Blättchenschicht).

Das Epithel der Saumlederhaut bildet den Hornsaum, das der Sohlenlederhaut die Hornsohle, das der Strahllederhaut den Hornstrahl, das der Eckstrebenlederhaut die

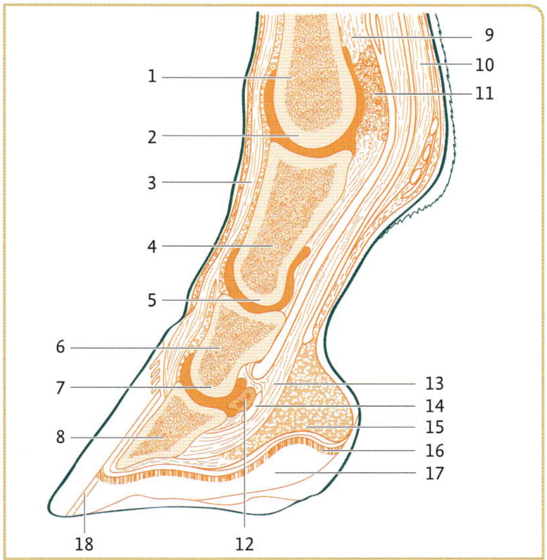

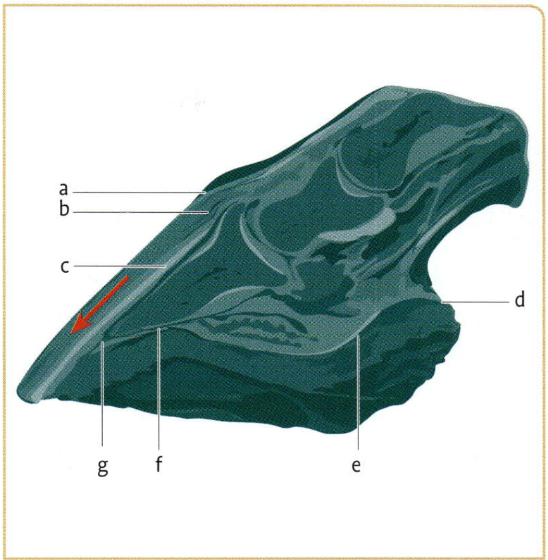

Abb. 60 (oben links): Schnitt durch Huf und Fessel: 1 = Röhrbein, 2 = Fesselgelenk, 3 = Strecksehne, 4 = Fesselbein, 5 = Krongelenk, 6 = Kronbein, 7 = Hufgelenk, 8 = Hufbein, 9 = Fesselträger, 10 = oberflächliche Beugesehne (Kronbeinbeuger), 11 = Gleichbein, 12 = Strahlbein, 13 = Tiefe Beugesehne (Hufbeinbeuger), 14 = Schleimbeutel der Hufrolle, 15 = Strahlkissen, 16 = Huflederhaut, 17 = Hornkapsel, 18 = Weiße Linie.

Abb. 62 (oben rechts): Die Huflederhäute: a = Saumlederhaut, b = Kronlederhaut, c = Wandlederhaut, d = Ballenlederhaut, e = Strahllederhaut, f = Sohlenlederhaut, g = Entstehung der Weißen Linie. Der rote Pfeil zeigt die Wuchsrichtung der Hornwand an.

Abb. 61 (unten): Huf, Sohlenfläche. Links: Vorderhuf, rechts: Hinterhuf.

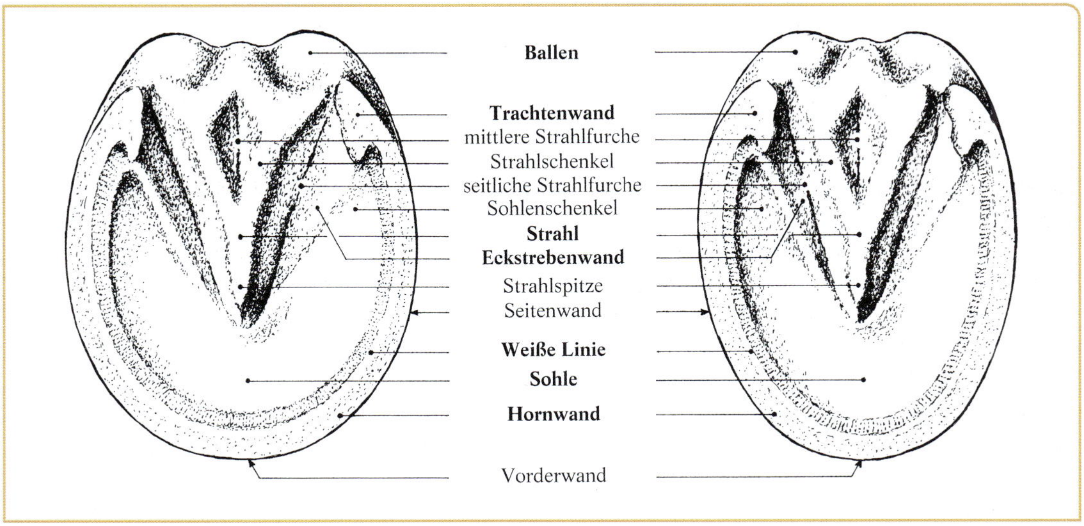

Eckstreben und das der Ballenlederhaut den Hornballen.

Wandlederhaut und Hornkapsel sind über 1 bis 4 mm hohe Lamellen fest miteinander verzahnt. Etwa 600 dieser Blättchen, die parallel, schräg nach vorn von oben nach unten verlaufen, sind pro Huf vorhanden. Auf jedem Blättchen finden sich bis zu 200 weitere sog. Sekundärblättchen. Die anderen Lederhäute sind mit Zöttchen (Papillen) unterschiedlicher Dichte und Größe ausgestattet.

Der Tragerand der Hornwand und die Hornsohle werden durch die sog. **Weiße Linie** verbunden. Dieses relativ weiche und pigmentfreie Horn wird vom Epithel der Wandlederhaut gebildet. Die Weiße Linie ist schmerzunempfindlich, sodass hier der Schmied die Hufnägel einschlagen kann.

Strukturell gesehen bilden die Saum-, Ballen- und Strahllederhaut eine Einheit, ebenso wie der Hornsaum, Hornballen und Hornstrahl. Das gleiche gilt für die Lederhäute von Hufkrone, Hufwand und Eckstreben. Hornwand und Eckstreben sind demzufolge ebenfalls eine strukturelle Einheit. Die Sohlenlederhaut bzw. die Hornsohle sind dagegen eigenständige Gebilde.

Eingebettet in den Hornschuh liegen die Stützteile, das **Hufbein** mit den **Hufbeinknorpeln**. Sie bilden das vorderste Zehenglied und geben der Hornsohle die Form. Die Oberfläche der Hufbeinwand ist rau und porös. Sie ist von zahlreichen Kanälen durchzogen, in denen Blutgefäße verlaufen. Das Hufbein ist über das Hufgelenk mit dem Kronbein verbunden. Bänder geben dem Gelenk die notwendige Stabilität. Durch die beiden Hufknorpel wird das Hufgelenk zusätzlich gestützt. Die beiden Knorpelscheiben sind biegsam. Knorpel enthält im Gegensatz zu Knochen kein Calcium. Die mit den Hufbeinästen verbundenen Hufknorpel sind auch mit dem Kronbein durch Bänder verbunden. Die elastische Konstruktion ermöglicht eine seitliche Bewegung nach innen und außen. Die Hufknorpel ragen z. T. aus der Hornkapsel her-

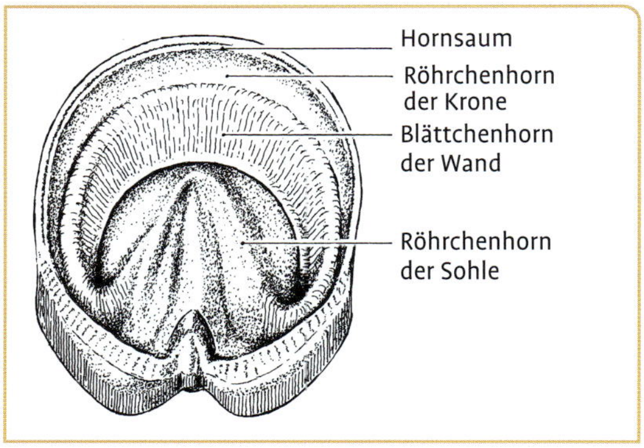

Abb. 63: Innenansicht der Hornkapsel.

Abb. 64: Huf, schräg von unten gesehen. Nach Entfernung des Hornschuhs liegt die Lederhaut frei.

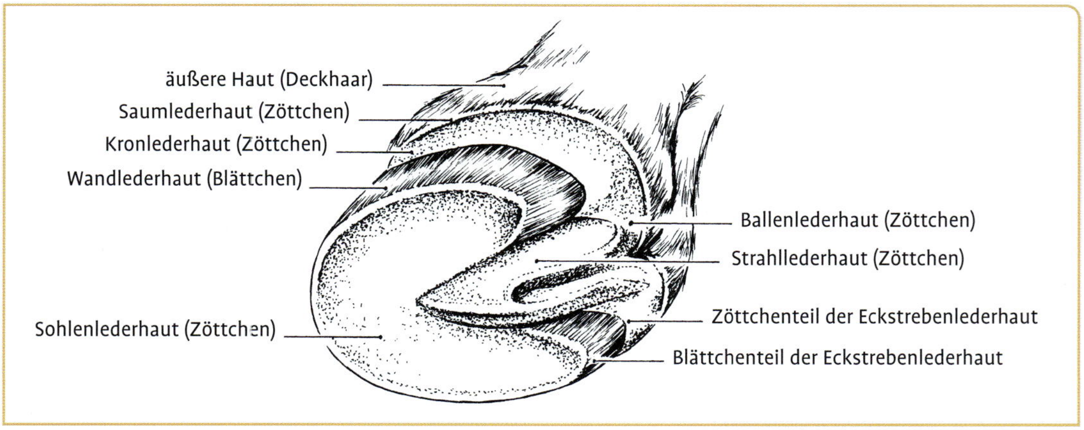

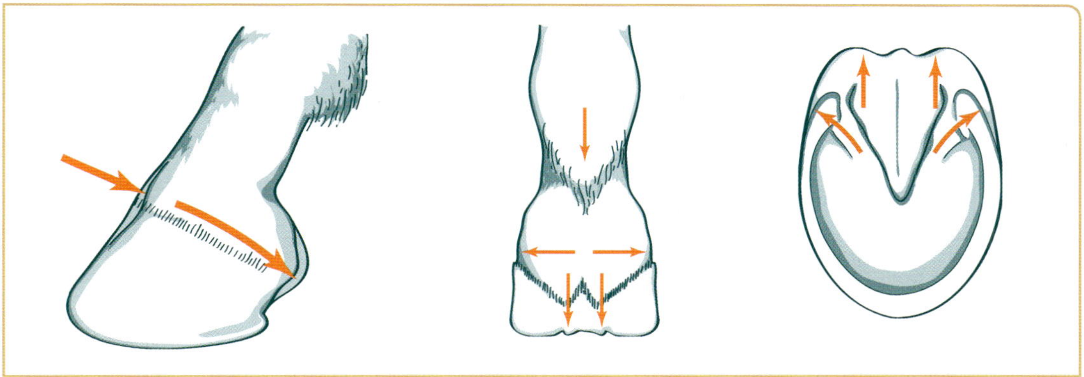

Abb. 65: Der Hufmechanismus, seitlich, von hinten und von unten gesehen.

aus und sind so mit der Hand fühlbar. Durch die Einlagerung von Calcium infolge von Alterung oder krankhaften Prozessen wird die Beweglichkeit eingeschränkt bzw. geht ganz verloren.

An der Rückseite des Hufgelenks befindet sich das **Strahlbein**. Es ist durch Bänder mit dem Huf- und Kronbein sowie den Hufknorpeln verbunden. Die Aufgabe des Strahlbeins besteht darin, die tiefe Beugesehne (Hufbeinbeuger) über das Hufgelenk zu führen. Zwischen der Sehne und dem Strahlbein befindet sich ein Schleimbeutel, der als Gleitkissen fungiert. Die Funktionseinheit aus Sehnenfläche des Strahlbeins, Schleimbeutel und anteiliger tiefer Beugesehne bezeichnet man auch als **Hufrolle**. Da die Hufrolle beim Sportpferd großen Belastungen ausgesetzt ist, kommt es hier häufig zu Entzündungen.

Den Gegenpart zur tiefen Beugesehne bildet die gemeinsame Strecksehne mit der dazugehörigen Muskulatur. Die gemeinsame Strecksehne ist mit dem Hufbein vorne an der Hufbeinkappe (Strecksehnenfortsatz) verbunden.

Der Hufmechanismus

Das Körpergewicht des Pferdes wird durch die Erdanziehung senkrecht nach unten gezogen. Insbesondere bei schneller Bewegung entstehen enorme Kräfte, die auf Gelenke, Sehnen und Bänder wirken. Am Fesselkopf werden die Kräfte in zwei Komponenten zerlegt. Eine Hälfte der Belastung wird von den Zehenknochen (Fesselbein, Kronbein, Hufbein) und Zehengelenken übernommen, die andere Hälfte von den Beugesehnen (Fesselträger, oberflächliche und tiefe Beugesehne). Beim Durchtreten wird darüber hinaus über die Hufbeinbeugesehne eine zusätzliche Zugkraft auf das Hufbein ausgeübt. Für die genaue Verteilung der Kräfte ist letztlich die Stellung der Fesselachse verantwortlich. Bei weicher Fesselung werden die Beugesehnen stärker belastet, bei steiler Fesselung die Zehengelenke.

Die Kräfte wirken in den Huf hinein. Unter Belastung verformt sich die Hornkapsel und bei Entlastung nimmt sie wieder ihre ursprüngliche Gestalt an. Dieser Vorgang wird als Hufmechanismus bezeichnet.

Der Hufmechanismus hat im Wesentlichen zwei Aufgaben. Er soll die auftretenden Kräfte entschärfen und die Durchblutung im Hufbereich fördern. Der W-förmige Strahl, die Eckstreben, Blättchenschicht und die Weiße Linie tragen wesentlich zur Elastizität des Hufes bei. Desweitern sind Ballenpolster, Strahlpolster und die Hufknorpel am Hufmechanismus beteiligt. Sie haben eine federnde Wirkung. Schädigungen an diesen Strukturen beeinträchtigen den Hufmechanismus nachteilig.

Dies gilt auch für jede unnatürliche Einengung der Hornkapsel, z. B. durch fehlerhaften Hufbeschlag. Hufnägel dürfen nur bis zur weitesten Stelle des Hufes eingeschlagen werden.

!

Optimale Hufpflege, ausreichende Versorgung der Hufe mit Feuchtigkeit, korrekter Hufbeschlag und vor allem viel Bewegung fördern den Hufmechanismus.

!

Beim unbeschlagenen Pferd kann sich der Hufmechanismus naturgemäß besser entfalten als beim beschlagenen.

Die Verformung der Hornkapsel wirkt wie eine Blutpumpe. Eine gute Blutversorgung begünstigt das Wachstum der Hornzellen und damit die Hornqualität. Bewegungarmut dagegen verschlechtert die Hornqualität. Dies kann zu einer Verengung des Hufes im Trachtenbereich führen, wodurch der Hufmechanismus in seiner Funktion gestört wird.

Zur Wiederholung und Vertiefung

1. Erläutern Sie die erforderlichen regelmäßigen Hufpflegemaßnahmen:
   a) beim Fohlen und Jungpferd,
   b) bei Pferden auf Standweiden,
   c) bei Pferden in Stallhaltung.
2. Erklären Sie den Aufbau des Pferdehufes.
3. Was versteht man unter dem Hufmechanismus und wie funktioniert er?
4. Durch welche Maßnahmen kann der Hufmechanismus gefördert werden?

2.3.3 Der regelmäßige Vorder- und Hinterhuf

Vorder- und Hinterhuf unterscheiden sich hinsichtlich Größe und Form. Dies ist z. T. auf die unterschiedliche Gewichtsverteilung beim Pferdekörper zurückzuführen. Auf den Vorderhufen lastet mehr Gewicht. Entsprechend ist ihre Auftrittsfläche größer. Der Schub für die Vorwärtsbewegung kommt aus der Hinterhand. Eine geringere Auftrittsfläche an den Hinterhufen bedeutet einen geringeren Reibungswiderstand und ist insofern für das Abstoßen von Vorteil. Gestoppt wird dagegen mit den Vorderhufen. Hier bietet die größere Auftrittsfläche eine bessere Bremswirkung.

Weitere Unterschiede bestehen beim **Zehenwinkel**, das ist der Winkel zwischen der Zehenwand und der Auftrittsfläche. Die Vorderhufe weisen einen Zehenwinkel von 45 bis 50°, die Hinterhufe einen Winkel von 50 bis 55° auf.

Betrachtet man die Hufe von der Seite, so stellt man fest, dass das Längenverhältnis der Zehenwand zu den Trachtenwänden bei den Vorderhufen 3:1 und bei den Hinterhufen 2:1 beträgt. Von vorne betrachtet sind die Vorderhufe niedriger und weiter als die entsprechenden Hinterhufe. Die Unterseite des Vorderhufes ist dementsprechend im vorderen Teil eher rund, während die des Hinterhufes mehr oval (eiförmig) ist. Ferner ist am Hinterhuf der Strahl kräftiger ausgebildet und die Sohle stärker gewölbt. Die Trachten der Hinterhufe sind länger. Die weiteste Stelle liegt beim Vorderhuf etwas hinter der Mitte. Beim Hinterhuf liegt sie dagegen am Übergang vom mittleren zum hinteren Drittel. Aufgrund dieser Gegebenheiten kann der Hufschutz an den Hinterhufen weiter nach hinten befestigt werden als bei den Vorderhufen. Sowohl bei den Vorderhufen als auch bei den Hinterhufen steht die innere (mediale) Seitenwand meist etwas steiler.

!

Der Huf muss zum Fesselstand passen und eine medio-laterale Symmetrie aufweisen.

Von der Seite betrachtet, müssen Fessellinie, das ist eine imaginäre Linie durch die Mitte

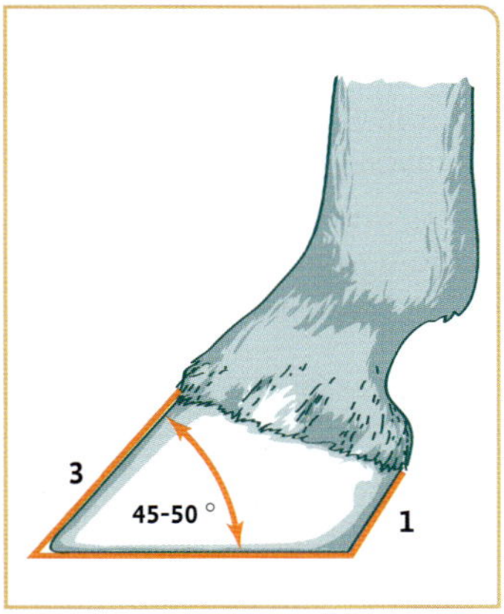

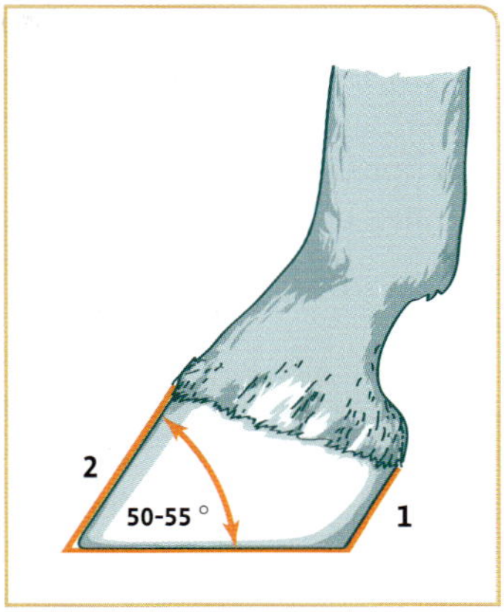

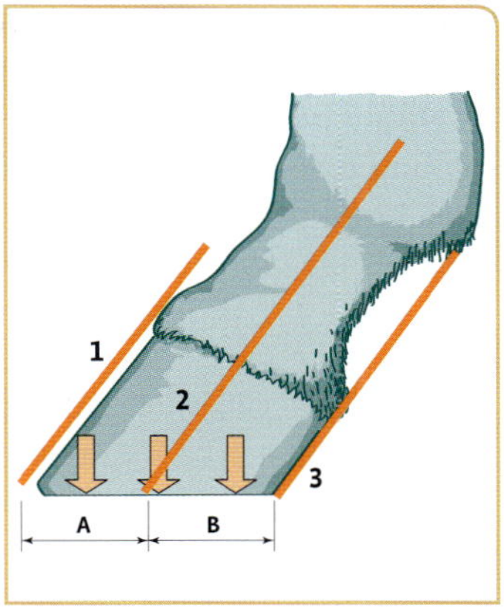

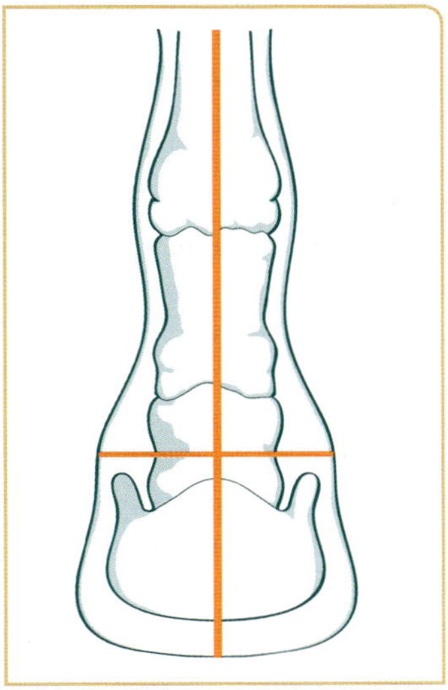

Abb. 66 (links oben):
Der regelmäßig geformte Vorderhuf: Länger der Vorderwand : Länge der Trachten = 3 : 1, Zehenwinkel = 45–50°.

Abb. 67 (Mitte oben):
Der regelmäßig geformte Hinterhuf. Länge der Vorderwand : Länge der Trachten = 2 : 1, Zehenwinkel = 50–55°.

Abb. 68 (rechts oben):
Der Huf passt zum Fesselstand, wenn Zehenlinie (1), Fessellinie (2) und Trachtenlinie (3) parallel verlaufen. Die Fessellinie darf nicht gebrochen sein. Ein normaler Huf wird zu dem gleichmäßig (A und B) mit ebenmäßigem Druck auf den Boden belastet (orangefarbene Pfeile).

Abb. 69: Medio-laterale Symmetrie.

der drei Zehenknochen, Zehenlinie (Vorderwand) und Trachtenlinie (hintere Wand) parallel verlaufen. Die Fessellinie darf keinen Knick aufweisen. Laufen alle drei Linien parallel, passt der Huf zum Fesselstand (Abb. 68).

Bei der Betrachtung von vorne und hinten sollte eine imaginäre Linie durch die Mitte des Röhrbeins und der Zehenknochen den Huf in zwei gleich große Hälften teilen. Auch diese Linie darf keinen Knick aufweisen (Abb. 69).

Beim korrekten Huf stehen demnach Fessellinie und Kronrand sowie Halbierungslinie und Kronrand jeweils im Winkel von 90° zueinander. Nur so ist eine optimale Verteilung der statisch wirkenden Kräfte gegeben.

2.3.4 Abweichende Hufformen

Die Hufform wird von mehreren Faktoren beeinflusst. Zunächst einmal spielt die Genetik eine Rolle. Schwere Pferderassen weisen in der Regel große weite Hufe auf, leichte Pferderassen neigen zu kleinen engen Hufen. Eine große Rolle spielen auch die Bodenverhältnisse. Harte und trockene Böden begünstigen die Entwicklung von engen Hufen mit hartem Hufhorn, während feuchte Böden die

Entstehung weiter Hufe mit weichem Horn begünstigen. Außerdem besteht eine enge Wechselwirkung zwischen der Gliedmaßenstellung und der Hufform bzw. Hufstellung. Auch krankhafte Prozesse am Huf können der Auslöser für eine Formveränderung sein.

!

Grundsätzlich gilt, je früher die Korrektur einer fehlerhaften Hufform bzw. Hufstellung durchgeführt wird, desto besser sind die Erfolgsaussichten.

Der spitze Huf
Beim spitzen Huf ist das Längenverhältnis der Zehenwand zu den Trachtenwänden größer als 3:1 und der Zehenwinkel kleiner als beim regelmäßigen Huf. Das Pferd belastet vermehrt die Trachten. Durch die Gewichtsverlagerung auf die Trachten verschlimmert sich das Problem dergestalt, dass die Trachten vermehrt abgelaufen werden und das Wachstum der Hornzellen in dieser Region gebremst wird, während die Zehe immer länger wird. In der Folge bricht die Fessellinie nach hinten. Die drei Orientierungslinien laufen nicht mehr parallel. Bei dieser Hufform werden die Zehengelenke und die Beugesehnen übermäßig belastet. Die zu lange Zehe muss gekürzt und die Trachten durch einen entsprechenden Hufschutz entlastet werden. Spitze Hufe entstehen bei flacher Fesselstellung und bei weiter als normal nach vorn stehenden Beinen.

Beim Fohlen entstehen sie häufig in Verbindung mit einer angeborenen **Durchtrittigkeit**. Der Fesselstand ist extrem flach. Das Fohlen federt mit dem Fesselkopf bis auf den Boden. Die Ursache liegt in einer Schlaffheit der tiefen Beugesehne. Meistens sind die Hinterbeine betroffen. Durch einen speziellen Hufschutz (verlängerte Schenkel) versucht man, dem Durchtreten entgegen zu wirken. In schwerwiegenden Fällen hilft nur eine chirurgische Kürzung der tiefen Beugesehne.

Auch während der Beschlagsperiode wird die fest mit dem Eisen verbundene Zehe länger, während die Trachten sich auf den Schenkeln des Eisens leicht abnutzen. Aus diesem Grunde darf mit dem Beschlagswechsel niemals zu lange gewartet werden, weil sonst die Fessellinie zu stark bricht und an den Zehengelenken und Beugesehnen krankhafte Prozesse in Gang gesetzt werden.

Der stumpfe Huf
Von einem stumpfen Huf spricht man, wenn der Zehenwinkel am Vorderhuf mehr als 50° bzw. am Hinterhuf mehr als 55° beträgt. Die Zehe wird stärker belastet und abgelaufen, während die Trachten geschont werden. Dadurch nähern sich die Länge der Vorderwand und die der Trachten mit der Zeit an. Stumpfe Hufe treten bei Pferden mit regelmäßig steil gewinkeltem Fesselstand auf. Ist die Fessellinie nicht gebrochen und verläuft sie parallel zur Zehen- und Trachtenlinie, braucht keine Korrektur stattzufinden. Ferner findet man stumpfe Hufe bei Pferden mit zurückstehenden Beinen und bei Pferden mit bärenfüßiger Stellung. Stumpfe Hufe können auch in Folge entzündlicher Prozesse im hinteren Huf entstehen, wenn das Pferd dadurch den Huf im Zehenbereich stärker belastet. Verkürzt sich die erkrankte „Tiefe Beugesehne", wird das Hufbein nach hinten gezogen und der Huf im Zehenbereich mehr belastet. Auch dies kann einen stumpfen Huf zur Folge haben. Unsachgemäßes Kürzen des Hufhorns, wenn an der Zehe zu viel und an den Trachten zu wenig Horn weggenommen wird, kommt auch als Ursache in Betracht. Schuld kann auch ein unsachgemäßer Hufbeschlag sein. Werden z. B. die Nägel zu weit nach hinten gesetzt, hemmt dies den Hufmechanismus. Das Pferd verlagert sein Gewicht vermehrt auf die Zehe.

Beim unregelmäßigen, stumpfen Huf bricht die Fessellinie nach vorn. Die Trachten müssen in dem Fall gekürzt und die Zehe durch einen sachgemäßen Hufschutz geschützt werden.

Der Bockhuf

Der Form nach ist der Bockhuf ein extrem stumpfer Huf. Der Zehenwinkel liegt zwischen 60 und 90°. Zehen- und Trachtenwand weisen manchmal die gleiche Länge auf. Der Bockhuf kann mit einem Trachtenzwanghuf einhergehen.

In seltenen Fällen ist ein Bockhuf angeboren. Meistens entwickelt er sich aus einer regelmäßigen Hufform. Die Gründe sind letztlich dieselben wie die für das Entstehen eines stumpfen Hufes. Den stumpfen Huf kann man als Vorstufe des Bockhufes ansehen.

Beim Fohlen findet man Bockhufe häufig als Folge abweichender Gliedmaßenstellung, wie z. B. dem angeborenen **Stelzfuß**. Ein Stelzfuß kann aber auch als Folge eines erworbenen Bockhufes auftreten. An diesem Beispiel wird deutlich, dass enge Wechselwirkungen zwischen Hufform und Gliedmaßenstellung bestehen.

Beim Stelzfuß steht die Fessel fast im Winkel von 90° zum Boden. Das Pferd läuft auf der Zehenspitze und neigt zum **Überköten**. Die Ursachen für den Stelzfuß können verkürzte Beugesehnen (tiefe und oberflächliche Beugesehne) oder missgebildete Gelenke sein. Stelzfüße treten hauptsächlich an den Vorderbeinen auf.

Zur Behebung eines Bockhufes ist es erforderlich, die Trachten zu kürzen. Die Zehe wird durch einen Hufschutz geschützt. Bei steiler Fesselung kann das Durchtreten durch ein vorne verlängertes Hufeisen (Schnabelhufeisen) gefördert werden.

Beim **Fohlenbockhuf** infolge stark verkürzter Beugesehnen kann häufig nur ein chirurgischer Eingriff helfen. Man durchtrennt das Unterstützungsband der tiefen Beugesehne. Dies bewirkt ein Absenken der Trachten. Um ein Zusammenwachsen der Strukturen an der Operationsstelle zu verhindern, müssen operierte Fohlen schon kurz nach der Operation leicht bewegt werden.

Der enge Huf

Steile und hohe Seitenwände (etwa 85°), eine stark gewölbte Sohle und ein schlecht entwickelter Strahl zeichnen den engen Huf aus. Die Hornstruktur ist meistens sehr hart. Von der Sohle aus betrachtet zeigt sich eine relativ kleine Auftrittsfläche, begrenzt durch einen ovalen Tragerand.

Der enge Huf ist für bestimmte Pferderassen (Araber) typisch. Enge Hufe können aber auch entstehen in Folge der Haltung auf trockenen harten Untergründen oder durch ein ständiges Weiter-nach-hinten-Nageln. Die Folge ist ein eingeschränkter Hufmechanismus. In den engen und tiefen Strahlfurchen setzen sich gerne Dreck und kleine Steinchen fest.

Der weite Huf

Weite Hufe weisen eine größere Auftrittsfläche als regelmäßig geformte Hufe auf. Die Seitenwände sind niedriger und flacher (etwa 65°). Der Zehenwinkel beträgt weniger als 45°. Die Sohlenfläche zeigt wenig Wölbung. Die breiten Strahlfurchen sind nur mäßig vertieft. Bisweilen sind die niedrigen kurzen Trachtenwände deutlich untergeschoben. Das Hufhorn ist meist von weicher Struktur. Für schwere Pferderassen (Kaltblüter) gelten

Abb. 70: Fohlenbockhuf.

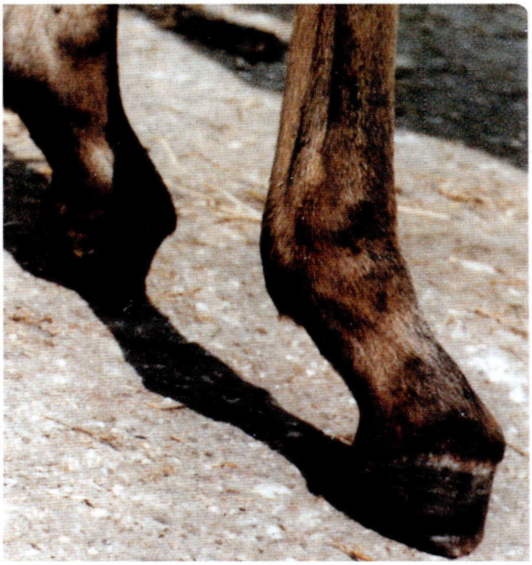

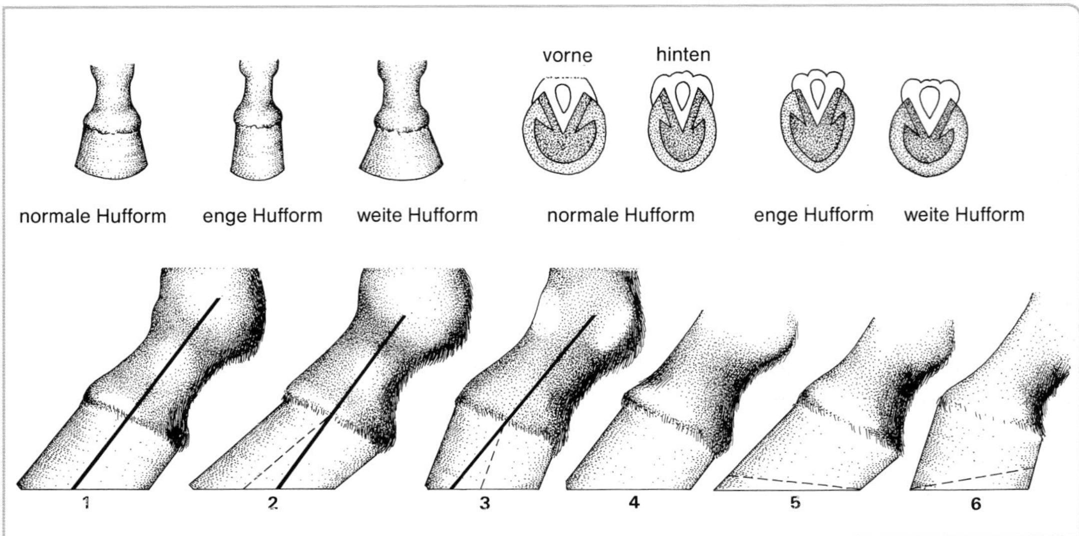

Abb. 71: Hufformen. 1 = Vorderhuf (relativ steile Fesselung), 2 = spitz, 3 = stumpf, 4 = Hinterhuf (regelmäßige Form), 5 = Korrekturempfehlung bei spitzem Stand, 6 = Korrekturempfehlung bei stumpfem Stand.

weite Hufe als normal. Sie können aber auch in Folge einer dauerhaften Haltung auf nassen, relativ festen Untergründen entstehen.

Halbenger-halbweiter Huf
Bei dieser Hufform ist eine Seite steiler und enger, die andere Seite dagegen schräger und weiter als normal. Das Pferd belastet die Hufe einseitig. Die Ursache liegt meist in einer fehlerhaften Gliedmaßenstellung (zeheneng, zehenweit, bodeneng, bodenweit). Die stärker belastete Hufhälfte wird steiler und enger. Durch die größere Druckbelastung wird das Hornwachstum gehemmt. Ein korrektes Vorwärtsschwingen der Gliedmaßen ist nicht mehr möglich. Infolge der ungleichmäßigen Auffußung kann die kurze steile Seitenwand konvex und die lange flache Seitenwand konkav werden. Die einseitige Belastung der Zehengelenke begünstigt darüber hinaus das Entstehen einer Knochengelenksschale. Auch kann der stärker belastete Hufknorpel verknöchern.
In einigen Fällen (es hängt von der Ursache ab) kann die korrekte medio-laterale Symmetrie des Hufes wieder hergestellt werden. Hierzu wird die zu lange und schräge Hufseite gekürzt. Anschließend wird ein Hufeisen angebracht, das der Form nach zu einem regelmäßigen Huf passt.

Der diagonale Huf
Auch diese Hufform kann bei nach außen oder innen abweichender Gliedmaßenstellung entstehen. Der Tragerand verändert sich unsymmetrisch. Die weiteste Stelle ist auf einer Sohlenseite zur Zehenspitze hin, auf der anderen Seite zum Ballen hin verschoben.

Der Flachhuf
Ein Huf bei dem die Hornsohle auf dem Niveau des Tragerandes liegt, wird als Flachhuf bezeichnet. Hieraus resultiert ein vermehrter Druck auf die Sohlenlederhaut, wodurch sich diese entzünden kann. Das Pferd wird dann aufgrund der Schmerzen lahmen. Flachhufe treten meist in Kombination mit weiten Hufen auf,

häufiger an den Vorderhufen als an den Hinterhufen. Man verwendet zur Korrektur einen Beschlag mit erhöhtem Tragerand oder erhöht den Tragerand des Hufes mit Kunsthorn.

Der Vollhuf
Beim Vollhuf ist die Sohle bodenwärts hervorgewölbt. Sie trägt nun das Pferdegewicht alleine. Die Sohlenlederhaut entzündet sich aufgrund der Überbelastung und das Pferd lahmt. Der Vollhuf tritt häufig bei chronischer Hufrehe auf. Durch Erhöhung des Tragerandes kann man dem Pferd Erleichterung verschaffen.

Der Rehehuf (Knollhuf)
Eine stark deformierte Hufkapsel mit schnabelartig nach oben gewölbtem Zehenteil und Ringen im Horn nennt man Knollhuf. Er tritt bei chronischer Hufrehe, aber auch bei verwahrlosten Pferden in Erscheinung. Bei Pferden mit chronischer Hufrehe muss das Horn häufiger als bei gesunden Pferden korrigiert werden, weil es schneller wächst. Darüber hinaus erhalten sie einen Rehebeschlag, der die schmerzhaften Bezirke entlasten und ein gutes Abrollen über die Zehe nach vorne und zur Seite ermöglichen soll. Stark deformierte Hufe müssen u.U. in mehreren Schritten in die normale Form gebracht werden.

Der Zwanghuf
Hufe bei denen bestimmte Abschnitte unphysiologisch eingeengt sind werden als Zwanghufe bezeichnet:

Zur Wiederholung und Vertiefung

1. Stellen Sie in einer Tabelle die wesentlichen Unterschiede zwischen einem regelmäßigen Vorder- und Hinterhuf gegenüber.
2. Erläutern Sie die Aussage: Der Huf muss zum Fesselstand passen.
3. Listen Sie tabellarisch die wichtigsten abweichenden Hufformen nach folgendem Muster auf:

Die wichtigsten abweichenden Hufformen			
Hufform	**Beschreibung**	**Entstehung**	**Maßnahmen**
Spitzer Huf			

4. Ein zweijähriges Pferd besitzt vorständige Vorderbeine. Die Vorderhufe sind dadurch im Zehenbereich stark verlängert (spitzer Huf).
   a) Welchen Einfluss kann dies auf den Verlauf der Fessellinie haben? Zeichnen Sie
      1. den Verlauf der korrekten Fesselachse und
      2. den Verlauf der veränderten Fesselachse.
   b) Welche Korrekturmaßnahmen schlagen Sie vor?
5. Ein zweijähriges Pferd besitzt rückständige Vorderbeine. Die Vorderhufe sind dadurch im Zehenbereich stark abgelaufen (stumpfer Huf).
   a) Wie kann sich hierdurch die Fesselachse verändern? Fertigen Sie eine Skizze der möglichen Veränderung an.
   b) Welche Strukturen im Zehenbereich werden übermäßig belastet? Mit welchen Schäden ist zu rechnen?
   c) Wie müssen die Korrekturmaßnahmen aussehen?

Beim **Trachtenzwanghuf** z. B. ist die hintere Hufhälfte stark eingeengt. Die Ursache ist in einem schlecht funktionierenden Hufmechanismus zu suchen.

Hierfür kommen wieder viele Gründe in Betracht, z. B. eine Verknöcherung der Hufknorpel oder geschwächte bzw. angefaulte Eckstreben. Die Eckstreben drücken die Hufkapsel im hinteren Bereich auseinander. Auch unsachgemäßes Ausschneiden sowie eine Nagelung über die weiteste Stelle hinaus können dafür verantwortlich sein.

Dem Trachtenzwang wird entgegengewirkt, indem man den Hufmechanismus fördert. Verwendet werden Beschläge bei denen Strahl und Sohle mittragen müssen oder bei denen die Schenkel nach außen leicht abfallen. Darüber hinaus sollte die Elastizität des Hufhorns gefördert werden.

Weitere Zwanghufe sind der Sohlenzwanghuf, der Kronenzwanghuf sowie der Tragerandzwanghuf.

2.3.5 Huferkrankungen und Hufhorndefekte

Alle äußeren und inneren Strukturen des Hufes können letztlich erkranken bzw. sich krankhaft verändern, nicht selten mit dramatischen Folgen.

Fäulnisprozesse am Hufhorn

Fäulnis kann an allen Stellen der Hornkapsel auftreten, bevorzugt jedoch in den Strahlfurchen. Die **Strahlfäule** zählt zu den am häufigsten vorkommenden Huferkrankungen. Durch unzureichende Pflege des Hufes sowie durch ständige Haltung in feuchter, nasser Einstreu, kommt es zum Eindringen von Bakterien in die Strahlfurchen, die zur Zerstörung des Strahlhornes führen. Begünstigt wird die Erkrankung durch mangelhafte Belastung des Strahles infolge unregelmäßiger und zu geringer Bewegung. Auch steile Trachten – das Strahlgewebe hat keinerlei Kontakt mehr mit dem Boden – begünstigt die Strahlfäule. Durch fehlende Bodenberührung kommt es nicht zum Druckreiz auf das Strahlgewebe, sodass das Wachstum nicht mehr genügend angeregt wird. Pferde mit engen Hufen bzw. tiefen Strahlfurchen sind besonders anfällig für Strahlfäule. In den tiefen Strahlfurchen werden die Bakterien durch Schmutz und Pferdemist luftdicht abgeschlossen. Dies ermöglicht dann die Vermehrung der anaeroben Bakterien. Kommen noch Feuchtigkeit und Wärme hinzu, sind dies ideale Bedingungen für eine hohe Vermehrungsrate. Aus diesem Grund müssen die Strahlfurchen immer sauber und trocken gehalten werden.

Typische Symptome der Strahlfäule sind der unangenehme Geruch, eine feuchte, schmierige und dunkle Masse von Zerfallshorn sowie Vertiefungen im Horn. Unbehandelt dringt die Fäulnis in immer tiefere Schichten des Horns ein bis zur Lederhaut. Der Strahl schrumpft. Dies zieht eine Verengung der Hufkapsel im Trachtenbereich nach sich (Trachtenzwanghuf).

Erhöht sich der Druck auf die Strahllederhaut infolge dünner werdenden Strahlhorns, führt dies meist zu deren Entzündung. Das Pferd wird aufgrund der Schmerzen lahmen. Bietet das Strahlhorn keinen ausreichenden Schutz mehr und Bakterien dringen in die Strahllederhaut ein, zieht dies eine eitrige Entzündung nach sich. Soweit darf es natürlich nicht kommen.

Die Behandlung dieser Erkrankung muss durch Verbesserung der Haltung (trockene, saubere Einstreu) eingeleitet und mit regelmäßiger täglicher Hufpflege fortgesetzt werden. Bevor austrocknende Desinfektionsmittel zur Anwendung kommen, müssen alle losen und faulen Hornteile vom Tierarzt bzw. Hufschmied weggeschnitten werden. Zur Desinfektion stehen zahlreiche Mittel zur Verfügung, z. B.:

- Jodoformäther-Lösung (4 bis 10%ig),
- Jodoform als Pulver,
- Jodtinktur,
- Wasserstoffperoxid,
- Kaliumpermanganat-Lösung,

- Zinksulfat-Lösung (20%ig),
- Formaldehyd,
- Kupfervitriol.

Welches Desinfektionsmittel letztlich zum Einsatz kommt, hängt von den Erfahrungen und Vorlieben des Tierarztes ab. Umstritten sind der Einsatz von Jodoformäther und Kupfervitriol. Aufgrund ihrer stark ätzenden und austrocknenden Wirkung kann der Strahl schrumpfen. Vorsicht ist auch beim Einsatz von Holzteer geboten. Holzteer schließt den Huf luftdicht ab, sodass eingeschlossene Bakterien sich erst recht vermehren können. Holzteer darf insofern nur auf gesundes Horn zur Vorbeugung aufgebracht werden. Entscheidend bei der Behandlung der Fäulnis ist, dass das Desinfektionsmittel die Bakterien erreicht und auch lange genug einwirken kann. Eine Fixierung z. B. durch eine Tamponade ist sinnvoll.

Durch zusätzliche Gaben von Biotin übers Futter (15 mg täglich) über einen Zeitraum von 3 bis 6 Monaten lässt sich die Hornqualität zu dem positiv beeinflussen.

Sollten diese Maßnahmen alleine nicht zum Erfolg führen, und sollte weiterhin kein Druck auf den Strahl kommen, wird ein therapeutischer Beschlag benötigt. Dieser kann z. B. mit einem Steg versehen sein, um dadurch einen dauerhaften Druckreiz auf das Strahlgewebe auszuüben.

Bei rechtzeitigem Erkennen der Strahlfäule und sorgfältig durchgeführter Behandlung ist die Aussicht auf Heilung im Allgemeinen gut. Sind jedoch auch tiefere Hufstrukturen befallen, können schwere Folgeerkrankungen bis zum Totalausfall eintreten.

Sind Bakterien in den Tragerand des Wandhornes eingedrungen und zersetzen das Horn, liegt eine **Wandfäule** vor. Das Horn bekommt eine bröckelige, aufgefaserte, weiche und mürbe Qualität. Die Behandlung geschieht nach den gleichen Grundsätzen wie die der Strahlfäule.

Entzündungen der Huflederhaut

Die Lederhäute des Hufes sind reichlich mit Gefäßen und Nerven durchzogen. Sie reagieren auf Störungen jeglicher Art sehr schmerzhaft. Die Erkrankungen der Lederhäute lassen sich in eitrige (infektiöse) und nichteitrige (nichtinfektiöse) Entzündungen differenzieren.

Eitrige Entzündungen entstehen durch das Eindringen von Bakterien. Dies kann z. B. durch Nageltritt, Vernageln oder sonstiger Zerstörungen des Horns (Fäulnis, Hornspalten) geschehen. Auch infolge von Quetschungen (z. B. Steingallen, Sohlenquetschung) können eitrige Prozesse ausgelöst werden. In der Hornkapsel befindliche Eitererreger beginnen mit der Vermehrung im vorgeschädigten Gewebe. Die Körperabwehr tritt in Aktion. Es bildet sich Eiter. Der sich zwischen Hufbein und Hufkapsel sammelnde Eiter **(Hufabszess)** sucht einen Ausgang. Bei nicht Behandlung entsteht entweder ein Sohlendurchbruch oder der Eiter wandert bis zum Kronrand und tritt dort aus.

Der Eiter übt auf das umliegende Gewebe einen starken Druck aus, wodurch die dort verlaufenden Nerven gereizt werden. Hierdurch empfindet das Pferd große Schmerzen und beginnt zu lahmen. Weitere Krankheitsanzeichen sind eine klopfende Pulsation in den Zehenarterien und eine Druckempfindlichkeit des entzündeten Bereichs. Mit einer Hufuntersuchungszange kann dieser lokalisiert werden. Anschließend wird der Tierarzt den Eiterherd freilegen, damit der Eiter abfließen kann. Die Wunde wird mit einer Desinfektionslösung behandelt. Ein Hufverband hält die Stelle sauber und verhindert das Eindringen weiterer Bakterien. Bei größeren Öffnungen in der Hornkapsel ist ein Druckverband erforderlich, damit die Lederhaut nicht vorquellt. Der Tetanusstatus muss ebenfalls überprüft werden.

Zu den nicht eitrigen Entzündungen der Huflederhaut (Wandlederhaut) zählt die sehr schmerzhafte **Hufrehe**. Es handelt sich um eine stoffwechselbedingte Krankheit, die infolge der entzündeten Blättchenschicht zu einer Lockerung bzw. Trennung der Verbindung zwischen Hufbein und Hornkapsel führt. Durch die entzündlichen Vorgänge entsteht ein großer Druck auf die sensiblen und empfindlichen Hufstrukturen. Meistens sind die Vorderhufe betroffen.

Aufgrund der starken Schmerzen bewegt sich das Pferd nur widerwillig. Als weitere Symptome sind erhöhte Temperatur der Hufwand und starke Pulsation in den Mittelfußarterien festzustellen. Außerdem können Fieber, Muskelzittern, Schwitzen sowie erhöhte Puls- und Atemfrequenz auftreten.

!

Typisch für das Vorliegen einer Hufrehe an beiden Vorderhufen ist das weite Untersetzen der Hinterbeine unter den Schwerpunkt des Pferdes, um eine Entlastung der Vorderhufe zu bewirken.

Eine akute Hufrehe kann sich auch in eine chronische Verlaufsform umwandeln. Dann werden die Saumbänder der Hufe in Mitleidenschaft gezogen, sodass es zur Deformation des Hufes kommt (Knollhuf). Ferner verbreitert sich die Weiße Linie und es bilden sich Hornrillen. Schlimmstenfalls kann das Pferd seinen Hornschuh abwerfen (Ausschuhen). Dann muss es i. d. R. eingeschläfert werden.

Es werden je nach Ursache verschiedene Formen der Hufrehe unterschieden:

1. Fütterungsrehe
Die übermäßige Aufnahme von Kohlenhydraten aus Getreide oder frischem Gras zählt zu den häufigsten Ursachen (siehe Kap. 3.6.6 Fütterungsrehe vermeiden).

2. Toxische Rehe:
Verschiedene Toxine (Gifte), z. B. durch das Fressen von giftigen Pflanzen führen zu einer Entzündung der Wandlederhaut.

3. Arzneimittel-Rehe
Die Verabreichung von Arzneimitteln, z. B. von bestimmten Cortisonpräparaten, können Hufreheerscheinungen auslösen.

4. Metastatische / Symptomatische Rehe
Infolge bestimmter Infektionskrankheiten (z. B. Influenza, Druse), Kreuzverschlag, Koliken, Nachgeburtsverhalten und Cushing (Erkrankung durch einen gutartigen Tumor im Gehirn) kann ebenfalls eine Hufrehe auftreten. Es sind bei diesen Krankheiten die zahlreich im Blut zirkulierenden Toxine, die auf die Wandlederhaut des Hufes entzündungsauslösend wirken.

Besonders anfällig für das Auftreten der Hufrehe sind leichtfuttrige Kleinpferde und Ponys. Ein häufiges Überangebot an Kohlenhydraten bewirkt die Verfettung der Tiere. Durch eine Entgleisung des gesamten Stoffwechsels (Fettlebersyndrom) werden dann im Körper Toxine produziert, die letztlich die Hufrehe auslösen.

5. Belastungsrehe / Traumatische Rehe
Durch starken Druck auf die Huflederhaut, bedingt durch längeres, ungewohntes Bewegen und Arbeiten auf hartem Boden, können starke entzündliche Reaktionen der Huflederhaut hervorgerufen werden.

Bei den ersten Anzeichen einer Hufrehe ist sofort der Tierarzt hinzuzuziehen.

Als erstes wird das Pferd auf sehr weichem Boden in einer Einzelbox ruhiggestellt. Das Kraftfutter wird abgesetzt. Mehrmaliges Kühlen der erkrankten Hufe lindert den Schmerz. Der Druck, der infolge der Schwellung der Lederhaut auftritt, lässt sich durch Dünnraspeln der Hornwand senken.

Der Tierarzt verabreicht entzündungshemmende Präparate, blutdrucksenkende Mittel sowie Medikamente zur Hemmung der Blutgerinnung. Mitunter wird auch ein Aderlass mit anschließender Reinfusion einer physiologi-

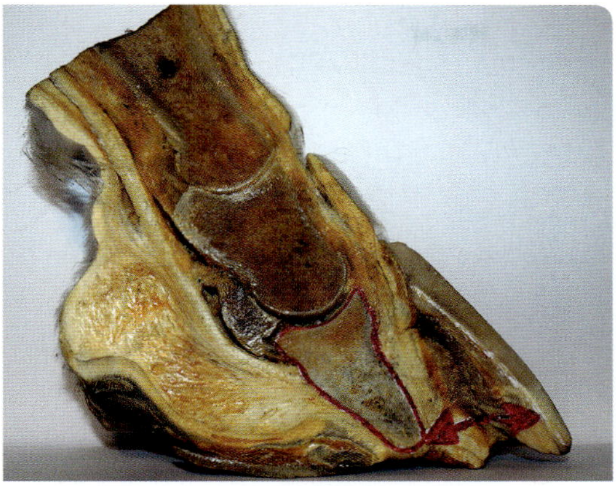

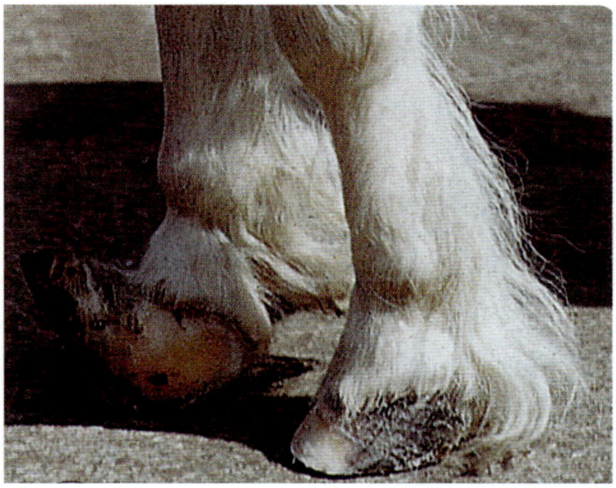

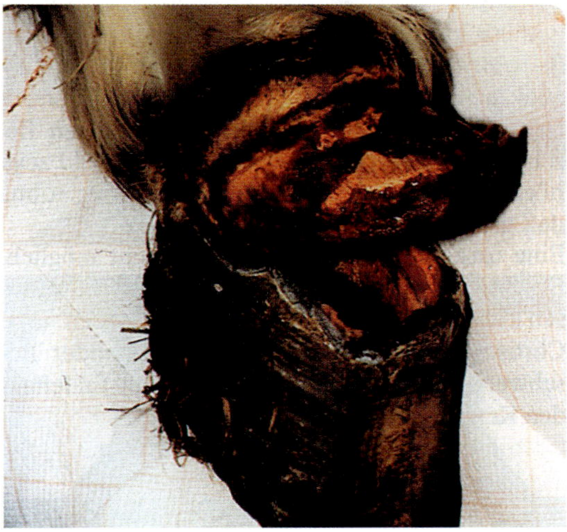

Abb. 72 (oben links):
Chronische Hufrehe. Die Wandlederhaut ist nichteitrig entzündet. Durch den Druck der Entzündungsflüssigkeit lösen sich die Hornblättchen ab und das Hufbein verliert seinen Halt. Der Hufbeinbeuger zieht es nach hinten. Die Weiße Linie verbreitert sich. Es droht ein Sohlendurchbruch.

Abb. 73 (oben rechts):
Deformierter Huf (Knollhuf) durch chronische Hufrehe. Korrektur des zweiten Hufes.

Abb. 74 (links):
Ausschuhen infolge chronischer Hufrehe. Das Pferd musste eingeschläfert werden.

schen Elektrolyt-Lösung durchgeführt. Einem 600 kg schweren Pferd kann man fünf bis zehn Liter Blut abnehmen. Hierdurch wird ein Teil der im Blut befindlichen Toxine entfernt. Darüber hinaus wird das Blut fließfähiger.

Durch mehrmaliges Röntgen des Hufes überprüft der Tierarzt den Krankheitsverlauf. Insbesondere die Senkung bzw. Drehung des Hufbeins muss er überwachen. Durch die Trennung der Lederhaut von der Hornkapsel kann das Hufbein eine abnorme Beweglichkeit erlangen, sich mit der Hufbeinspitze in Richtung Hufsohle bewegen und oftmals sogar durchbrechen. Die hierbei beschädigte Sohlenlederhaut entzündet sich ebenfalls. Das Hufbein kann sich deformieren. Derartige Krankheitsentwicklungen versucht man durch **orthopädische Beschläge** zu beherrschen. Über deren Ausführung gehen die Meinungen der Experten jedoch auseinander. Einige lehnen zudem einen genagelten Hufschutz ab, da die Hufwand ohnehin schmerzhaft geschwächt ist und Hufnägel noch weitere Schmerzen hervorrufen würden. Sie empfehlen statt dessen eine Unterpolsterung der Hufsohle in einem Verbandschutzschuh, der sich mit Schnallen an jede Hufform anpassen lässt. Durch vorrübergehendes Höherstellen der Trachten wird

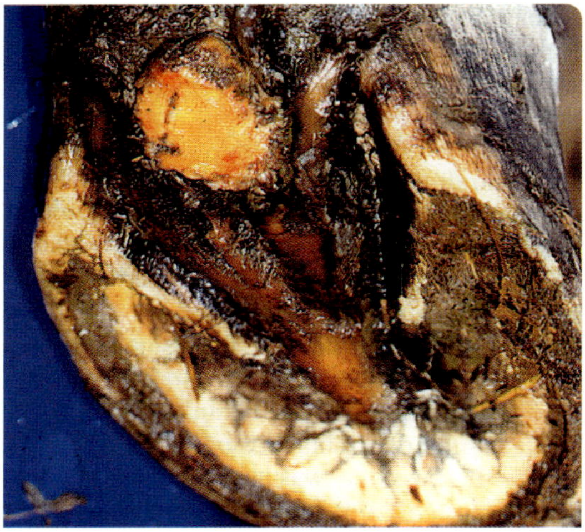

Abb. 75: Hufkrebs am Strahl.

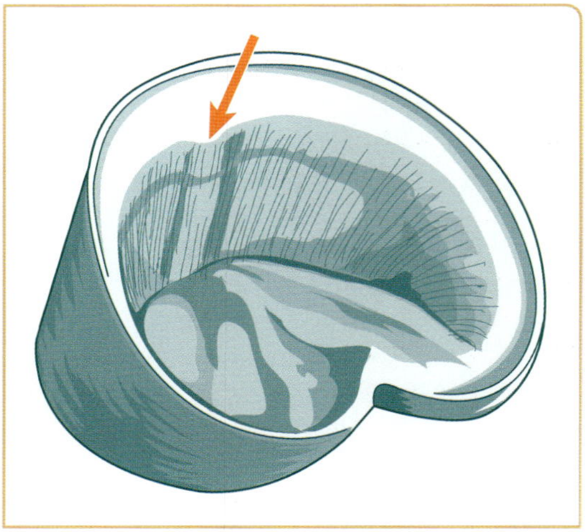

Abb. 76: Hornsäule.

zudem der Zug der tiefen Beugesehne auf das Hufbein verringert. Nach Abklingen der Entzündung müssen die Trachten dann schrittweise wieder in die Normalhöhe gebracht werden. Pferde, die einmal an Rehe erkrankten, bleiben für den Rest ihres Lebens vermehrt anfällig für ein erneutes Auftreten.

Bei der Vorbeugung steht eine artgerechte und bedarfsgerechte Fütterung an erster Stelle (siehe Kap. 3.6.6 Fütterungsrehe vermeiden). Außerdem sollte man bei reheanfälligen Pferden die Hufe nach größeren Anstrengungen mit fließendem Wasser kühlen.

Hufkrebs

Es handelt sich beim Hufkrebs um keinen Tumor, sondern um eine Huflederhautentzündung in Verbindung mit Wucherungen und Zerfallsprozessen im Hufhorn. Die Wucherungen sind meist warzen- bis blumenkohlförmig.

Die **Keimschicht** produziert übermäßig viele, weiche, käsige Hornzellen, die nur unzureichend verhornen. Als Folge der ausbleibenden Verhornung kommt es zu einer Wucherung der Lederhaut. Fäulnisbakterien greifen die wenig widerstandsfähigen Hornzellen an und zersetzen sie. Es entstehen Zerfallsprodukte im Übermaß. Die sich bildende käsige Maße riecht penetrant. Anfänglich ist diese noch von normal aussehendem, trockenem Horn überzogen, sodass der Hufkrebs zunächst meist unentdeckt bleibt. Am häufigsten ist die Strahllederhaut betroffen **(Strahlkrebs)**, jedoch kann der Hufkrebs auf die angrenzenden Bezirke übergreifen. Mit fortschreitender Erkrankung kann die entzündete, geschwollene Lederhaut die äußere dünne Hornschicht durchbrechen. Die Lederhautzotten sind um ein vielfaches vergrößert. Aufgrund der großen Schmerzen, beginnt das Pferd zu lahmen.

Die Ursachen für das Auftreten dieser Erkrankung sind nicht genau bekannt. Mangelhafte Stallhygiene und unzureichende Hufpflege scheinen den Ausbruch der Krankheit zu begünstigen. Häufig gehen nicht oder erfolglos behandelte Fäulnisprozesse am Strahlhorn dem Ausbruch von Hufkrebs voraus.

Die Therapie gestaltet sich schwierig, sodass die Heilungschancen ungünstig zu beurteilen sind. Wichtigste Maßnahme ist zunächst die rigorose Entfernung aller faulen

Hornteile und Wucherungen von der Lederhaut. Anschließend wird die kranke Lederhaut unter Betäubung geschält. Es folgt eine medikamentöse Behandlung der offenliegenden Lederhaut. Man verwendet ein Medikament, das desinfizierend, trocknend, zusammenziehend und blutstillend wirkt, z. B. die „Gießener Mischung“ aus Jodoform, Zinkoxid und Tanninsäure. Die geschälte Lederhaut wird abschließend mit Antibiotikum getränkter Watte austamponiert. Durch die Anlage eines Druckverbandes soll ein weiteres Vorquellen der Lederhaut verhindert werden. Zudem wird die Keimschicht zur Produktion gesunder Hornzellen angeregt. Man muss den Verband täglich wechseln und die Wunde kontrollieren. Bei erneut auftretendem Hufkrebs muss die Prozedur von vorne begonnen werden. Für den Erfolg der Therapie ist es unabdingbar, die Haltung zu optimieren. Der Patient muss sich ausschließlich auf sauberen und trockenen Böden aufhalten. In der Regel zieht sich die Behandlung über Monate hin.

Hornsäule

Unter einer Hornsäule versteht man eine zylindrische Verdickung aus Horn, die in Längsrichtung an der Innenseite der Hornwand verläuft. Eine Kronrandverletzung kann zur Bildung einer Hornsäule führen. Die Keimschicht auf der Kronlederhaut produziert dann übermäßig viele Hornzellen. Meist ist die Ursache aber unbekannt. Das verdickte Horn übt einen Druck auf die Wandlederhaut bzw. auf die Knochenhaut des Hufbeines aus. Im Hufbein kann als Folge eine Rille entstehen. Lahmt das Pferd oder infiziert sich die Hornsäule sowie die darunterliegende Lederhaut, muss eine operative Entfernung durchgeführt werden.

Hufrollenentzündung (Podotrochlose)

Die sog. Hufrolle wird gebildet vom Strahlbein, dem darüber gleitenden Teil der „Tiefen Beugesehne“ sowie dem dazwischenliegenden Schleimbeutel (Bursapodotrochlearis). Aufgrund der Lokalisation und der Funktion dieser Organteile im Huf werden hier zu einem Großteil die auftretenden Belastungen und Stöße abgefangen. Unter einer Hufrollenentzündung versteht man nun zunächst die Entzündung des Schleimbeutels mit Ausdehnung der entzündlichen Veränderungen auf das Strahlbein und die tiefe Beugesehne.

Im fortgeschrittenen Stadium der Erkrankung kommt es zu narbigen Veränderungen an der tiefen Beugesehne und zu Auflösungserscheinungen des Strahlbeines. Die Auflösungserscheinungen des Strahlbeines werden durch ordnungsgemäß angefertigte Röntgenaufnahmen sichtbar gemacht. Zu sehen sind Bohrgang-Veränderungen bzw. lochartige Veränderungen in dem weberschiffchenartigen Strahlbein. Lahmheiten durch diese Krankheit treten meistens bei älteren Pferden auf, obschon auch jüngere Pferde betroffen sein können. Bei der tierärztlichen Untersuchung tritt nach der Leitungsanästhesie des lahmen Beines häufig eine Lahmheit des zunächst nicht betroffenen Beines auf (Umspringende Lahmheit). Nur durch Anfertigen von Röntgenaufnahmen kann die Verdachtsdiagnose bestätigt werden. Da die Belastung der Hufrolle bei Springpferden sehr groß ist, sind diese besonders anfällig. Aber auch Huffehlstellungen, z. B. steile Fesselstellung, Zwanghuf und zu starke Beschlagskorrekturen mit plötzlicher Umstellung der Zehenachse, können solche Krankheitsprozesse verursachen und auch beschleunigen. Fehler in der Aufzucht mit gestörtem Mineralstoffhaushalt können diese Krankheit begünstigen. Eine genetische Disposition ist auch nicht auszuschließen.

Symptomatisch für die Hufrollenentzündung ist der schleichende Verlauf. Die Pferde sind im Regelfall zunächst gangunfreudig, der Gang wird zunehmend stumpfer, und die Pferde versuchen beim Auffußen die Trachten und Ballen zu entlasten. Dadurch kommt es zu geringerer Abnutzung der Trachtenpartie, sodass die Hufstellung mit der Zeit steiler wird und ein Zwanghuf entstehen kann. Während des Reitens verlieren sich die Symptome oftmals, jedoch zeigen die Pferde nach stärkeren Belastungen häufig am nächsten Tag deutliche **Lahmheitssymptome**. Auf unebenem Boden verschlimmert sich die Lahmheit. Von der Hufrollenentzündung sind fast ausschließlich die Vorderbeine betroffen, meistens beide, aber nicht unbedingt im gleichen Ausmaß.

Eine völlige Heilung im fortgeschrittenen Stadium (chronische Hufrollenentzündung) ist nicht möglich. Die Veränderungen am Strahlbein sind irreversibel. Die Therapie richtet sich in erster Linie gegen die Beschwerden. Der Huf ist zunächst in die regelmäßige Form zu bringen. Ein orthopädischer Beschlag soll zudem die Hufrolle entlasten. Das Höherstellen der Trachten ist jedoch nicht zu empfehlen, weil hierdurch meist die Fesselachse bricht und dadurch weitere Probleme induziert werden. Empfohlen wird meist die Verwendung von Rundeisen (Eiereisen), die hinten weit überstehen und so viel Gewicht hinter dem Huf abfangen und Druck von der Hufrolle nehmen. Einige Fachleute halten ein Stegeisen für die bessere Lösung. Bei diesem ist nach Meinung der Experten eine gleichmäßigere Verteilung der Last beim Laufen gegeben.

Durch eine zusätzliche **Ledereinlage** zwischen Hufeisen und Huf können die Stöße beim Gehen z. T. absorbiert werden. Der Beschlag sollte darüber hinaus über eine ausgeprägte Zehenrichtung verfügen, damit der Huf schneller abfußen kann.

Außerdem fördert viel Bewegung auf weichem Boden die Blutzirkulation in den Beinen. Man darf das kranke Pferd jedoch auf keinen Fall überlasten. Harter, unebener Boden sollte gemieden werden.

Der Tierarzt gibt dem Hufrollenpatient entzündungshemmende und durchblutungsfördernde Medikamente. Ins Hufgelenk wird außerdem künstliche Gelenkschmiere injiziert. Weitere Medikamente stehen zur Therapie bereit. So kann z. B. mit dem Hormon Calcitonin das Knochenwachstum gesteigert werden. Andere Wirkstoffe hemmen den Knochenabbau. Auch der Einsatz von Stoßwellen wird versucht. Ein operativer Eingriff sowie die Durchtrennung von Nerven können den Patienten noch für einige Zeit brauchbar halten. Ein **Nervenschnitt** (Neurektomie) ist jedoch mit äußerster Vorsicht und nach reiflicher Überlegung vorzunehmen, weil diese Pferde beim Reiten oftmals einen unsicheren Gang zeigen und auch gelegentlich ein Ausschuhen (Abwerfen des Hornschuhes) vorkommt. Im internationalen Turniersport dürfen neurektomierte Pferde nicht eingesetzt werden. Ferner stellt sich die Frage, ob die sportliche Nutzung eines neurektomierten Pferdes mit der Verantwortung des Reiters bzw. Fahrers gegenüber dem Mitgeschöpf Pferd vereinbar ist.

Die für das Pferd verantwortliche Person kann viel zur Vorbeugung gegen diese Huferkrankung beitragen. Hierzu zählen optimale Hufpflege, viel Bewegung auf geeigneten Böden sowie eine ausreichende Aufwärmphase vor der Arbeit. Vermieden werden sollte das Galoppieren auf hartem Boden oder im tiefen Sand, das Reiten von scharfen Wendungen auf der Vorhand und zu hohe Sprünge.

Die Gelenksschale

Als Gelenksschale bezeichnet man **Knochenzubildungen**, die am Hufbein, am Kronbein und am Fesselbein auftreten können. Durch eine Entzündung der Knochenhaut kommt es zu entzündlichen Reaktionen mit Knochenauftreibungen. Diese können schließlich zu einer **Arthrose** mit anschließender Versteifung des betroffenen Gelenkes führen. Die Ursachen für diese Reizung der Knochenhaut sind einwirkende Traumen. Die wiederum können durch starke Druck- und Zugeinwirkung (enge Wendungen), aber auch durch Anschlagen an Hindernissen oder durch tiefe Wunden verursacht werden. Sichtbar werden diese Erkrankungen oftmals durch äußerlich erkennbare Zubildungen (Exostosen), vorwiegend im Kronbereich. Die Kno-

chenzubildungen führen dann zu Lahmheiten, wenn sie bereits die Gelenkflächen ergriffen haben. In diesen Fällen wird die Gelenkfunktion beeinträchtigt, sodass bei entsprechend weiter Beugung oder Streckung der Gelenke zueinander die Exostosen auf den Gelenkflächen reiben und damit zu Schmerzen führen.
Wichtig ist daher die sorgfältige Behandlung von Prellungen bzw. Zerrungen an den Pferdebeinen. Es gilt, die akuten Entzündungserscheinungen durch geeignete therapeutische Maßnahmen, wie Einreibungen und u.U. Injektionen mit entzündungshemmenden Arzneimitteln, zu dämpfen.

Bei bereits bestehenden Knochenzubildungen müssen Lahmheiten nicht unbedingt auftreten, wenn die Lokalisation (Ansiedlung) der Knochenexostosen die Funktion der Gelenke nicht beeinträchtigt. Als Nebenwirkung kann jedoch auch ein Abbrechen der Auftreibung vorkommen. Das Bruchstück findet man gelegentlich als sog. freien Gelenkkörper (Gelenkmaus) in den Gelenkspalten. Dort führt es sporadisch zu hochgradigen, aber auch bisweilen zu dauerhaften Lahmheiten. Solche freien Gelenkkörper können nach vorheriger Gelenkspiegelung bei günstiger Lokalisation entfernt werden.

Die Behandlung der Gelenksschale zielt darauf ab, das Pferd schmerzfrei zu halten. Ein orthopädischer Beschlag hat die Aufgabe, die Beweglichkeit des erkrankten Gelenkes einzuschränken sowie die Erschütterungen zu dämpfen. Darüber hinaus ist für eine gleichmäßige Belastung zu sorgen. Die Knochenwucherungen können jedoch nicht rückgängig gemacht werden. Entzündungshemmende Medikamente wie Cortison und Dimethylsulfoxid werden vom Tierarzt verabreicht. **Hyaluronsäure** kann zur Unterstützung des Knorpels in das erkrankte Gelenk gespritzt werden. Erfolge wurden auch mit der Anwendung der **Stoßwellentherapie** erzielt. Eine weitere Methode ist die Bestrahlung des kranken Gelenks mit Röntgenstrahlen **(Orthovoltage)**.

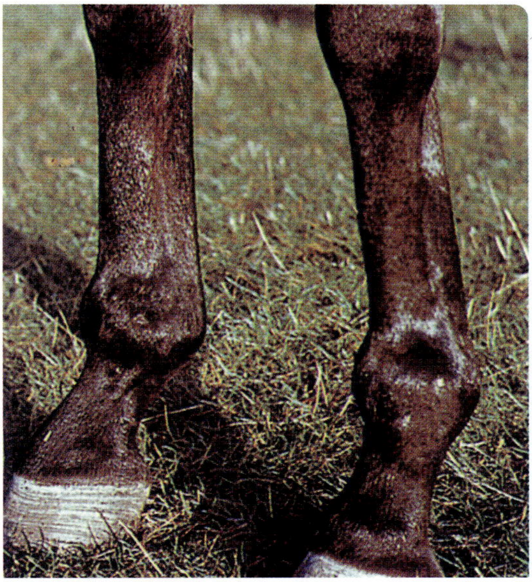

Abb. 77: Fesselgelenksschale. Harte Umfangsvermehrung des Fesselgelenks durch Knochenzubildung.

Im Falle einer hochgradigen Krongelenksschale können durch Operation Fesselbein und Kronbein mithilfe von Platten fest miteinander verbunden werden. Dadurch wird das Krongelenk unbeweglich und das Pferd meist schmerzfrei. Grundsätzlich gilt, je früher eine beginnende Schale erkannt wird und Maßnahmen ergriffen werden, desto besser sind die Ergebnisse.

Auch gegen diese Krankheit kann man vorbeugen. Das frühzeitige erkennen und behandeln von Stellungsfehlern zählt hierzu. Optimale Haltung mit viel Bewegung und richtige Ernährung sind weitere vorbeugende Maßnahmen. Besondere Aufmerksamkeit ist dem Training von Sportpferden zu schenken. Abrupte Stops und zu enge Wendungen sollte man vermeiden. Die Anforderungen während der Ausbildung sollten langsam gesteigert werden. Eine Überforderung muss man in jedem Fall vermeiden.

Abb. 78: Ein tiefgreifender Hornspalt, der den Huf regelrecht in zwei Hälften teilt. Das Horn muss bis in die Störzone abgetragen werden, damit das nachwachsende Horn nicht im Wachstum behindert wird.

Hornspalten

Unter Hornspalten versteht man Risse in der Hufwand, die entweder vom Tragerand oder vom Kronsaum ausgehend u.U. den ganzen Bereich zwischen Tragerand und Kronsaum umfassen. Danach unterscheidet man **Tragerand-**, **Kronrandhornspalten** und **durchgehende Hornwandspalten**. Nach der Tiefenausbildung kann man sie in **oberflächliche** und **tiefe Hornspalten** differenzieren.

Ursachen für das Entstehen von **Tragerandhornspalten** sind:

- zu lange Zehe,
- Stellungsfehler mit ungleichmäßiger Belastung der Trageränder,
- mangelhafte Hufpflege,
- ein in die Weiße Linie eingetretenes Steinchen,
- viel Bewegung auf unebenen oder harten Böden,
- hartes und trockenes Hufhorn,
- laufen auf steinigem Untergrund,
- schlecht passende Hufeisen,
- abtreten des Hufeisens,
- der Huf passt nicht zum Fesselstand.

Das eingerissene Hufhorn wächst nicht mehr zusammen. Neues Horn wächst nur von oben (Krone) nach unten nach. Die Behandlung hat zum Ziel, ein weiteres Einreißen des Horns zu verhindern. Als erstes ist die Ursache abzustellen. Die Spalte ist so weit wie möglich zu entfernen, damit auch evt. Entzündungen sichtbar werden. Abschließend wird der Huf beschlagen, um ihn zu schützen. Die vorrübergehende Verwendung eines Hufeisens mit zwei Seitenkappen kann gerechtfertigt sein.

Kronrandhornspalten können folgende Ursachen haben:

- Kronrandverletzungen,
- chronisch entzündete Lederhautblättchen,
- eine Hornsäule.

Eine Kronrandhornspalte kann sich entzünden. Von Bedeutung ist vor allem die Tiefe der Spalte. Die Behandlung geschieht in Abhängigkeit von der Ursache. Verletzungen im Kronbereich müssen zunächst sorgfältig versorgt werden. Hornsäulen muss man entfernen. Das Zusammenfügen des Spaltes mit einer geschraubten oder geklebten Platte sowie das Klammern des Spaltes bewirkt i. d. R. genau das Gegenteil. Oberhalb dieser Manipulation verstärken sich die Kräfte, sodass die Spalte bestehen bleibt. Die Spalte muss vielmehr vollständig weggefräst werden. Um einer Infektion vorzubeugen wird anschließend ein **Povidon-Jod-Kompressionsverband** angelegt. Den Huf beschlägt man mit einem Steghufeisen. Der Steg soll verhindern, dass sich das Eisen bewegt. Der Hufmechanismus darf aber nicht behindert werden. Auf Seitenaufzüge sollte man aus diesem Grund verzichten, weil durch die Behinderung des Hufmechanismus zusätzliche Kräfte im Kronbereich auftreten können. Auf eine Abdeckung der Wunde mit Kunsthorn

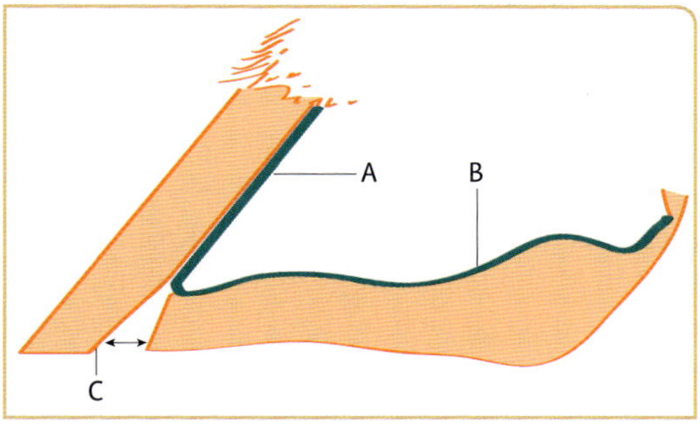

Abb. 79: Lose Wand (tief): A = Wandlederhaut, B = Sohlenlederhaut, C = Zerstörte Weiße Linie. In der ungeschützten Huflederhaut entwickelt sich eine eitrige Entzündung.

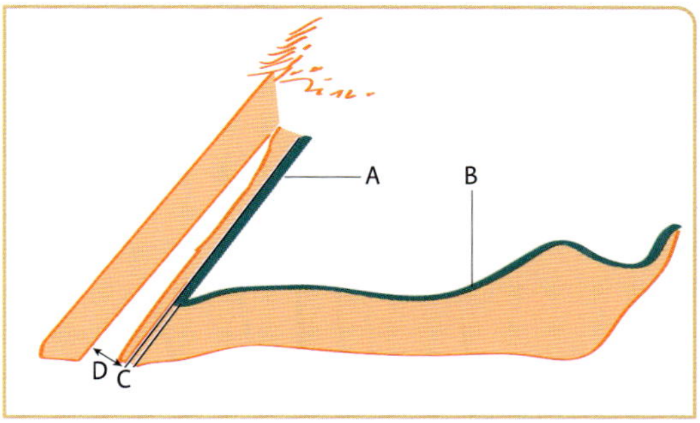

Abb. 80: Hohle Wand (tief): A = Wandlederhaut, B = Sohlenlederhaut, C = Weiße Linie, D = Trennung zwischen den einzelnen Hornwandschichten.

sollte zunächst ebenfalls verzichtet werden, weil unter dem Füllmittel wieder eine Entzündung entstehen kann.

Eine Rekonstruktion der Hufwand mit Kunsthorn ist jedoch grundsätzlich möglich, wenn keine Entzündung vorliegt und die Keimschicht auf der Kronlederhaut gesunde Hornzellen produziert.

Durchgehende Hornwandspalten sind meistens oberflächlich, können aber auch tief verlaufen. Verletzungen im Kronbereich sind die Hauptursache. Oberflächliche Spalten werden behandelt, indem man die Hornwand dünn raspelt. Zu dem erhält das Pferd ein großzügiges Hufeisen.

Problematischer sind tiefe durchgehende Hornwandspalten. Sie können bis auf die Lederhaut reichen und sich entzünden. Die Folge ist meist eine Lahmheit. Durch Ausfräsen der Hornwand muss man die Spalte komplett entfernen. Außerdem muss die Keimschicht auf der Kronlederhaut gesäubert werden, damit sie wieder gesundes Horn bilden kann. Bei dieser Prozedur darf jedoch die Kronlederhaut nicht verletzt werden. Eine entzündete Lederhaut ist sorgfältig zu behandeln. Der betroffene Huf ist mit einem Entlastungsbeschlag (Dreiviertel-Hufeisen) zu versehen.

Hornkluft

Verläuft ein Hornspalt in Querrichtung zu den Hornröhrchen spricht man von einer Hornkluft. Die Ursache kann eine Verletzung am Kronrand (Kronentritt) sein. Die Hornzellenbildung setzt vorrübergehend aus. Nach Genesung der Kronlederhaut setzt die Hornzellenbildung wieder ein und die Hornkluft kann herunter wachsen. Bei einer tiefreichenden Hornkluft, die bis auf die Wandlederhaut reicht, muss unter allen Umständen einer eitrigen Entzündung vorgebeugt werden.

Lose Wand

Eine Unterbrechung der Verbindung zwischen dem Tragerand der Hornwand und der Hornsohle im Bereich der Weißen Linie führt zur losen Wand. Die Trennung kann sich Richtung Kronrand fortsetzen. Die Hornwand löst sich von der Wandlederhaut, sodass keine Verbindung mehr zwischen Hornschuh und Hufbein besteht.

Für die Entstehung kommen mehrere Ursachen in Betracht:

- Hufrehe.
- In die Weiße Linie eingedrungene Bakterien oder Pilze lösen eine Entzündung aus, die nach oben wandert.

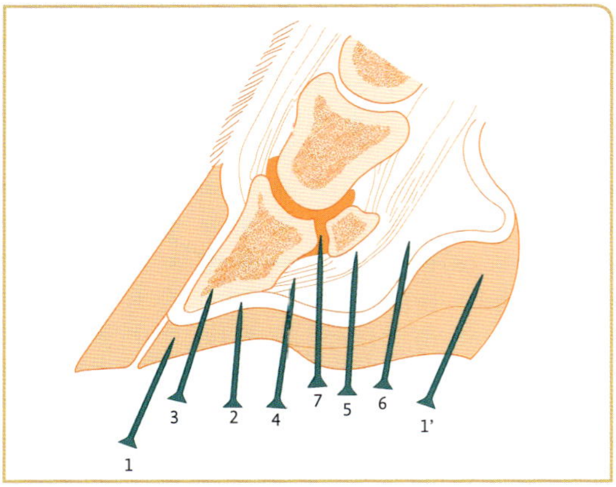

Abb. 81: Nageltritt (Schema). Die Schwere der Verletzung hängt von der Eintrittsstelle und Eintrittstiefe ab. 1 = Hornsohle, 1' = Strahl, 2 = Sohlenlederhaut, 3 = Hufbein, 4 = Hufbeinbeugesehne, 5 = Schleimbeutel der Hufrolle, 6 = Strahlpolster, 7 = Hufgelenk.

- Falsche Belastung der Hornwand infolge von Fehlstellungen oder falschem Ausschneiden.
- Ein falsch angepasster Hufbeschlag. Insbesondere zu kleine Eisen führen zur Fehlbelastung des Hufes.
- Mangelhafte Hufpflege.

Die Folgen einer losen Wand können verheerend sein. Als erstes muss die Ursache abgestellt werden. Ist eine entzündete Huflederhaut die Ursache, liegt der Schwerpunkt der Behandlung darin, diese zum Abklingen zu bringen. Haben sich bereits größere Teile der Hornwand gelöst, müssen diese vollständig entfernt werden. Außerdem erhält das Pferd einen Entlastungsbeschlag.

Hohle Wand

Von einer hohlen Wand spricht man, wenn es zur Trennung zwischen den einzelnen Hornwandschichten kommt. Im Gegensatz zur losen Wand bleibt die Wandlederhaut jedoch von einer Hornwandschicht bedeckt. Pferde mit hartem, trockenem Hufhorn, die viel auf hartem Untergrund traben müssen, können von diesem Problem betroffen sein. Der Hohlraum in der Hufwand ist anfällig für Fäulnisprozesse. Eine Lahmheit tritt jedoch meistens nicht auf. Erst wenn die Kronlederhaut in Mitleidenschaft gezogen wird und sich entzündet, zeigt sich infolge der Schmerzen eine Lahmheit. Maßnahmen sind das Abtragen der losen Hornteile und das Anbringen eines Entlastungsbeschlages. Darüber hinaus muss die Hufhornqualität gefördert werden.

Vernagelung

Trifft beim Aufnageln des Hufeisens ein Nagel die Huflederhaut spricht man von einem **Nagelstich**. Das Pferd zeigt eine entsprechende Schmerzreaktion. Der Hufnagel muss sofort wieder entfernt werden. Da durch ihn Bakterien unter die Hufkapsel gelangt sind, besteht die Gefahr einer eitrigen Huflederhautentzündung. Die Wunde muss deshalb desinfiziert werden.

Kommt es durch den eingeschlagenen Hufnagel zu einer Quetschwirkung auf die Huflederhaut liegt ein sog. Nageldruck vor. Auch der **Nageldruck** kann eine eitrige Huflederhautentzündung zur Folge haben. Diese zeigt sich drei bis fünf Tage später durch heftiges Lahmen. Der Beschlag muss dann sofort entfernt und die Behandlung einem Tierarzt übertragen werden.

Nageltritt

Durchdringt ein spitzer Gegenstand die Hufunterseite, liegt ein Nageltritt vor. Der Umfang der Schädigung hängt von der Eintrittsstelle und Eintrittstiefe ab. Wird die Hornkapsel durchstochen, infizieren sich die Huflederhaut (Sohlen- oder Strahllederhaut) und die angrenzenden Gewebe. Auch sind Verletzungen des Hufbeins, der „Tiefen Beugesehne“, des Hufrollenschleimbeutels und des Strahlbeins sowie des Hufgelenks möglich. Je tiefer der Gegenstand eindringt, desto umfangreicher sind die Schäden.

Zur Wiederholung und Vertiefung

1. Stellen Sie in einer Tabelle die wichtigsten Huferkrankungen des Pferdes zusammen.

Die wichtigsten Huferkrankungen des Pferdes			
Hufkrankheit	**Ursachen**	**Symptome**	**Behandlung**
Strahlfäule			

2. Erstellen Sie einen Katalog mit vorbeugenden Maßnahmen gegen Huferkrankungen.

Vorbeugende Maßnahmen gegen Huferkrankungen	
Hufkrankheit	**Vorbeugende Maßnahmen**
Strahlfäule	

3. Nageltritt kann zu ernsthaften Verletzungen des Hufes führen.
   a) Nennen Sie problematische Stellen des Hufes, die verletzt werden könnten.
   b) Welche Maßnahmen sind im Falle eines Nageltrittes erforderlich?
4. Was versteht man unter Vernagelung?
5. Durch welche Pflegemaßnahmen kann der Pferdewirt / die Pferdewirtin zur Gesunderhaltung der Pferdehufe beitragen?

Der Nageltritt zeigt sich durch starkes Lahmen. Der Fremdkörper muss vollständig entfernt werden. Entfernt der Reiter den Gegenstand selber, sollte er ihn aufbewahren und sich die Eintrittsstelle merken. So kann er dem Tierarzt wertvolle Hinweise geben. Die Behandlung richtet sich nach dem Umfang der Beschädigung. In jedem Fall muss der Stichkanal freigelegt und desinfiziert werden. Anschließend wird ein in einer desinfizierenden Lösung getränkter Nassverband angelegt. Außerdem sollte eine Überprüfung des Tetanusimpfstatus erfolgen. Kommt es zu einer eitrigen Huflederhautentzündung muss man für den Abfluss des Eiters sorgen. Die Bakterien werden mit Antibiotika bekämpft. Bei tieferen Verletzungen hilft meist nur noch eine Operation. Besonders schwerwiegend ist eine eitrige Hufgelenksentzündung. Diese ist meist nicht mehr zu therapieren.

2.3.6 Der Hufschutz

!

Grundsätzlich muss der Hufschutz dem Gebrauchszweck der Pferde sowie der Größe und Form der Hufe angepasst sein.

Der Hufschutz (Hufbeschlag) hat verschiedene Aufgaben zu erfüllen:

- er soll die natürliche Hufform erhalten oder Fehlstellungen korrigieren und so den Gang des Pferdes verbessern,
- das Hufhorn vor zu starker Abnutzung schützen,
- den Hufen bei Belastungen (z. B. Rennen, Springen) den notwendigen Halt geben,
- spröde, bröckelnde Hufe vor dem Ausbrechen von Hornteilen bewahren,

- erkrankte Bezirke gezielt entlasten sowie Heilungsprozesse unterstützen.

Am gebräuchlichsten sind nach wie vor Hufeisen aus Metall, i. d. R. Schmiedeeisen, die mit Nägeln am Huf befestigt werden.

Das Hufeisen für den gesunden Huf bei normaler Gliedmaßenstellung besteht aus einem Zehenteil, zwei Schenkeln und ist hinten offen. Vorder- und Hinterhufeisen unterscheiden sich der Form nach. Das Vorderhufeisen ist eher rundlich bzw. kreisförmig, während das Hinterhufeisen eher oval ist. An den Hufeisen unterscheidet man eine Ober- bzw. Tragefläche und eine Unter- bzw. Bodenfläche, außerdem einen inneren und einen äußeren Rand. Die Eisen sind vollkommen flach, die Kanten jedoch leicht gerundet. Die Tragefläche ist so breit, dass auf ihr der Tragerand, die Weiße Linie und ein kleiner Streifen der Sohlenfläche Platz haben.

In der Bodenfläche befindet sich eine Rinne, der sog. Nagelfalz, in dem die Nagelkopfversenkungen angebracht sind. Falz und Nagellöcher müssen sich präzise mit der Weißen Linie decken. Die Innenwand des Falzes ist ganz steil und senkrecht ausgebildet, die äußere Wand dagegen neigt sich. Im Vorderteil ist der Nagelfalz i. d. R. unterbrochen. Die Tiefe des Falzes beträgt etwa zwei Drittel der Hufeisendicke. Die beiden vorderen Nagellöcher befinden sich beiderseits des Zehenteils, daran schließen sich je zwei bis drei weitere Gesenke an. Die jeweils letzten Nagellöcher befinden sich etwa an der weitesten Stelle des Hufeisens. Das Vorderhufeisen ist i. d. R. mit einem Vorderaufzug ausgestattet. Dieser verleiht dem Hufeisen einen besseren Sitz. Darüber hinaus sollte beim Vorderhufeisen eine Zehenrichtung vorhanden sein, die dem Pferd ein besseres Abrollen ermöglicht. Hinterhufeisen besitzen meistens zwei Seitenaufzüge, die den Hufmechanismus jedoch nicht zu sehr einschränken dürfen.

In welchen Zeitabständen Pferde beschlagen werden müssen, hängt von ihrem Einsatz und ihrer Verwendung ab. Auch das Wachstumsvolumen der Hornwände spielt eine maßgebliche Rolle dabei. Ungefähr alle vier bis sechs (acht) Wochen sollten die Eisen umgelegt oder gewechselt werden.

Beim Abnehmen der Eisen dürfen keine Hornteile ausbrechen. Schmiedeeisen werden heiß, aber nicht glühend angepasst. Die Enden der Schenkel sollen die Trachtenecken abdecken und dürfen sie um etwa vier Millimeter überragen. Der Huf sollte bei der Ausdehnung im Trachtenbereich (Hufmechanismus) immer noch vom Eisen ganz getragen werden.

Wenn sie innen (medial) etwas bodeneng geformt sind, vermindert sich die Verletzungsgefahr durch Streichen. In gleichmäßigen Abständen werden die kantenfreien Eisen mit sechs bis acht Nägeln in den Hufseitenwänden befestigt. Die Nägel sollen die Hornwand etwa 2 bis 2,5 cm über dem Eisen durchbrechen. Sie werden abgekniffen, genietet und versenkt. Bei dieser Arbeit darf die Glasurschicht des Hufes nicht mehr als unbedingt nötig beschädigt werden, weil dadurch die natürliche Schutzschicht verloren ginge. Vom korrekten Sitz des Beschlages muss man sich anschließend überzeugen und zwar im Stand, im Schritt und im Trab.

Die Wahl des richtigen Hufschutzes gestaltet sich in den letzten Jahren zunehmend schwieriger. Zahlreiche neue Produkte zum Schutz der Hufe wurden entwickelt. Jede Hufschutzvariante ist jedoch mit Vor- und Nachteilen behaftet. Der richtige Hufschutz hängt immer von den individuellen Erfordernissen ab. Pauschale Empfehlungen sind insofern nicht möglich. Im Folgenden werden die geläufigsten **Hufschutzvarianten** kurz vorgestellt:

1. Eisenbeschläge

Schmiedeeisen gibt es in allen erdenklichen Formen, Größen, Dicken und Profilierungen. Sie bieten die beste Möglichkeit der exakten Anpassung durch Schmieden. Auch können verschiedene Arten von Gleitschutz problem-

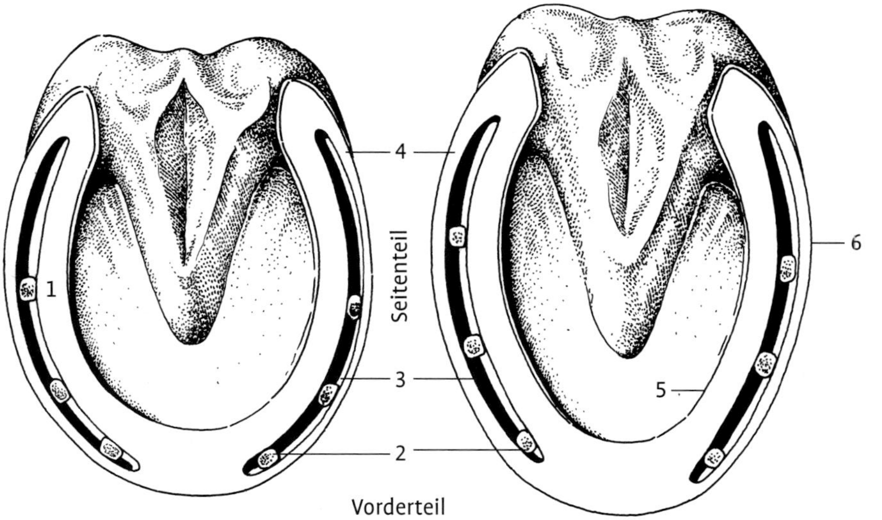

Abb. 82: Beschlagener regelmäßiger linker Vorderhuf und beschlagener regelmäßiger linker Hinterhuf eines Reitpferdes. 1 = Hufeisenschenkel, 2 = Hufnagelkopf, 3 = Nagelfalz, 4 = Schenkelende, 5 = Innere Randfläche, 6 = Äußere Randfläche.

los angebracht werden. Sie sind billig und ihre Haltbarkeit ist sehr gut. Man kann mit ihnen gezielt einzelne Huf- und Beinabschnitte entlasten. Eingesetzt werden sie darüber hinaus bei korrigierenden, orthopädischen und therapeutischen Maßnahmen. Von Nachteil ist jedoch die Beschädigung der Hufwand durch die Nägel sowie die fehlende Stoßdämpfung. Auch ist ein relativ starker Trachtenabrieb zu beobachten. Dies hat zur Folge, dass der Huf im Laufe der Beschlagsperiode zunehmend spitzer wird und dann nicht mehr zum Fesselstand passt. Das starre Material lässt ferner keine Reliefanpassung des Hufes an den Untergrund zu.

2. Alubeschläge

Aluminium ist ein sehr weiches und leichtes Material. Alubeschläge sind nur geeignet auf weichen Böden. Sie finden hauptsächlich Verwendung im Galopp- und Trabrennsport. Für die Befestigung sind weniger Nägel nötig als beim Schmiedeeisen. Die individuelle Anpassung an den Huf ist möglich. Allerdings ist die Verarbeitung wesentlich schwieriger als bei Eisen. Meistens werden sie kalt aufgeschlagen. Schwieriger ist auch das Anbringen eines Gleitschutzes. Schraubstollen können nicht angebracht werden. Hierfür ist das Material zu weich. Die weiteren Nachteile sind im Wesentlichen mit denen von Schmiedeeisen identisch. Hinzu kommen allerdings noch der höhere Preis sowie die geringere Haltbarkeit. Außerdem können sich die Trachten in den Beschlag einarbeiten, sodass der Hufmechanismus blockiert wird.

3. Beschläge aus Materialkombinationen

Verschiedene Beschläge aus Materialkombinationen sind im Handel erhältlich:

- Beschläge aus Metallkern mit Gummimantel in Verbundbauweise.

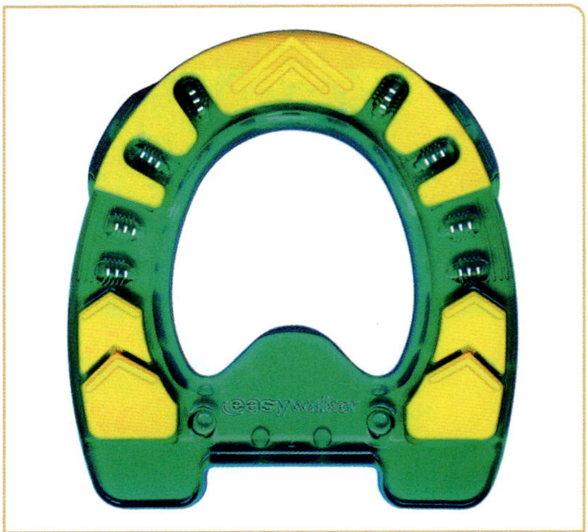

Abb. 83: Kunststoffbeschlag „easywalker".

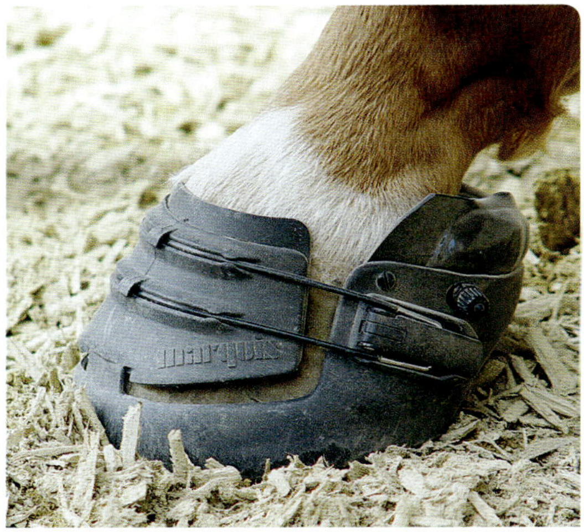

Abb. 84: Hufschuh „marquis supergrip".

- Beschläge mit Kern aus Aluminiumlegierung, eingegossen in Polyurethan-Kunststoffummantelung.
- Beschläge aus einem warm schmiedbarem Basiseisen und auswechselbarer Laufsohle aus Polyurethan. Das Basiseisen lässt sich konventionell bearbeiten und wird mit Nägeln befestigt. Die Laufsohle wird mit Druckknöpfen am Basiseisen fest gemacht und kann bei Bedarf ausgetauscht werden.

Beschläge aus Materialkombinationen wurden für Pferde, die viel auf hartem Boden laufen sowie für Pferde, die eine besondere Stoßdämpfung benötigen, entwickelt. Zu den Vorteilen zählen außer der guten Stoßdämpfung der geringe Trachtenabrieb sowie das geringe Verletzungsrisiko. Ferner bieten diese Beschläge einen guten Gleitschutz auf harten Untergründen. Von großem Nachteil ist dagegen der etwa sechsmal höhere Preis gegenüber Schmiedeeisen. Auch ist die Bearbeitung bzw. Anpassung an den Huf wesentlich aufwendiger, wodurch auch höhere Arbeitskosten beim Anbringen entstehen. Weitere Nachteile sind die nur mittlere Haltbarkeit sowie das relativ hohe Gewicht.

4. Kunststoffbeschläge

Ein Kunststoffbeschlag ist geeignet für Pferde, die auch barhuf gut zurechtkommen und hauptsächlich geradeaus geritten werden. Sie sind ungeeignet für Pferde mit weiten und weichen Hufen. Ebenfalls ungeeignet sind sie für Hufe mit hohlen oder losen Wänden, Hornspalten sowie schlechter Hornqualität.

Kunststoffbeschläge zeichnen sich durch ein geringes Gewicht, eine gute Stoßdämpfung und einen geringen Trachtenabrieb aus. Sie verursachen keine Verletzungsgefahr und ihr Gleitverhalten ist ähnlich dem unbeschlagener Hufe. Die Hufwand wird geschont, da man zum Befestigen nur wenige Nägel benötigt und kein Aufbrennen stattfindet. Aufgrund der Verformbarkeit ist eine gute Reliefanpassung des Hufes möglich. Der Tastsinn des Pferdes bleibt somit weitestgehend erhalten. Ferner ist die Haltbarkeit relativ gut.

Sie sind jedoch deutlich teurer als Schmiedeeisen. Außerdem sind den Möglichkeiten der Anpassung an die Hufform Grenzen gesetzt. Probleme bereitet auch die Anbringung von Gleitschutzstollen. Da das Material sehr biegsam ist, müssen die Schenkel mit einem Steg verbunden sein, um dem Beschlag die notwendige Stabilität zu verleihen. Dieser Steg kann sich u.U. nekrotisch auf den Strahl auswirken.

Darüber hinaus muss man berücksichtigen, dass die Umstellung von Eisen auf Kunststoff den Pferden in der Anfangsphase meist Schwierigkeiten bereitet. Sie bewegen sich deutlich vorsichtiger als vorher. Diese erhöhte Fühligkeit geht zwar mit der Zeit etwas zurück, jedoch wird der vorherige Zustand nie ganz erreicht.

5. Geklebter Hufschutz

Geklebte Hufschuhe werden als orthopädischer Hufschutz bei Hornverlusten, Hufrehe, Hornspalten und zur Korrektur von Fohlenhufen etc. eingesetzt. Mittlerweile werden auch Entwicklungen für normale, gesunde Hufe vom Handel angeboten. Jedoch ist höchste Sorgfalt bei der Verarbeitung geboten, damit ein zufriedenstellendes Resultat erzielt wird. Diese Hufschutzvarianten sind sehr teuer, aufwendig in der Verarbeitung und nur von mittlerer Haltbarkeit. Von Vorteil sind jedoch der Wegfall einer Beschädigung der Hufwand durch Nägel, eine nur geringe Beeinträchtigung des Hufmechanismus und eine gute bis sehr gute Stoßdämpfung.

6. Hufschuhe

Komplexe Schutzvarianten für die Hufe stellen die anschnallbaren Hufschuhe dar. Sie eignen sich für Pferde, die nur zeitweise einen Hufschutz benötigen und hauptsächlich geradeaus geritten werden. Spezielle Exemplare sind beschränkt auch in der Huforthopädie einsetzbar, z. B. bei akuter Hufrehe. Die Standardmodelle setzen jedoch eine regelmäßige Gliedmaßenstellung und Hufform voraus. Im Turniersport und bei Pferden mit Bewegungsstörungen finden sie keine Anwendung. Die Gefahr des Verlustes bei hoher Geschwindigkeit oder engen Wendungen ist zu hoch. Häufig ist auch der Gleitschutz unzureichend.

Zu den Vorteilen zählen die gute Stoßdämpfung und die Langlebigkeit des Materials. Von Nachteil sind das hohe Gewicht, die Gefahr des Abtretens sowie die Gefahr von Scheuerstellen. Außerdem ist der Anschaffungspreis sehr hoch.

Die Handhabung von Hufschuhen ist aufwendig. Sie müssen zunächst an den jeweiligen Huf angepasst werden, damit sie gut sitzen. Außerdem muss man vor jedem Anlegen die Hufe sorgfältig säubern. Nach dem Reiten werden die Hufschuhe wieder abgenommen. Auch das Material bedarf der regelmäßigen Pflege.

Zur Wiederholung und Vertiefung

1. Welche Aufgaben hat der Hufschutz zu erfüllen?
2. Beschreiben Sie ein Standardhufeisen für den gesunden regelmäßig geformten Vorder- und Hinterhuf.
3. Wählen Sie für folgende Pferde einen geeigneten Hufschutz aus. Begründen Sie ihre Wahl:
   a) Dressurpferd,
   b) Springpferd,
   c) Galopprennpferd,
   d) Pferd mit relativ steiler Fessel, das viel auf hartem Boden geritten wird,
   e) Freizeitpferd,
   f) Pferd für Distanzreiten,
   g) Fohlen mit Bockhuf,
   h) Pferd mit akuter Hufrehe,
   i) Pferd wird nur zeitweise geritten.

2.4 Pflegemaßnahmen für Zucht- und Sportveranstaltungen durchführen

?

Pferdewirtin Claudia erhält den Auftrag Dressurpferd Kelly fürs Turnier herauszuputzen. Die Reiterin von Kelly legt besonderen Wert auf ein optisch ansprechendes Pferd. Welche Pflegemaßnahmen außer der Alltagspflege kann Claucia beim Pferd Kelly noch durchführen?

Alle in der Öffentlichkeit auftretenden Pferde unterliegen bezüglich des Erscheinungsbildes relativ fest vorgeschriebenen Vorstellungen und Regeln. Ein gepflegtes Äußeres ist Grundvoraussetzung für ein erfolgreiches Auftreten.

2.4.1 Pflege der Langhaare

Die **Langhaarpflege** erfolgt bei Pferden rassespezifisch, aber auch subjektiv-eigenwillig nach Eigentümergeschmack.

Schau- und Turnierordnungen können Aufmachungsformen empfehlen.

Bei Ponys und Robustpferden lässt man in der Regel das Langhaar natürlich wachsen. Auch „Naturmähne“, „Naturschweif“ und Behang müssen bisweilen gereinigt (Wasser und Seife), entwirrt und ausgedünnt werden.

Kommen die Tiere auf Turniere oder Schauen, gelten unter Beibehaltung rassentypischer Langhaarmerkmale die Pflegegrundsätze für Großpferde.

In den Langhaarwuchs z. B. der Araber darf man kaum eingreifen. Man sollte aber bemüht sein, den seidigen Glanz zu erhalten.

> **!**
> Bei allen öffentlich auftretenden Pferden stellt die Langhaarfrisur eine Visitenkarte des Pferdes und des Vorstellenden dar.

Die Mähnen wünscht man möglichst auf der rechten Halsseite liegend und 12 bis 22 cm lang, weil dann bei Vormusterungen zunächst die mähnenfreie Seite gezeigt werden kann. Länge und Dichte sollten dem Hals und dem Pferdetyp angepasst sein.

Schlecht liegende Mähnen flicht man gleichmäßig straff mit Gummibändern und Klebeband ein. Nach Öffnen der Zöpfchen feuchtet man sie an und deckt sie mit einer zusammengefalteten Decke ein, bis sie trocken sind. Manchmal genügt es auch, die Mähnen mit einer angefeuchteten Bürste zu glätten. Überdicke, zerfranste Mähnen werden durch Zupfen der Unterhaare mit einem schmalen Mähnenkamm ausgedünnt. Die Hand ist dabei mit einem Handschuh zu schützen. Die Deckhaare sollten erhalten bleiben.

Man beginnt mit der Langhaarfrisur am **Schopf**, den man zunächst mit der Hand lockert. Dann wird der Haarboden gebürstet und zum Schluss der Schopf mit Kardätsche oder Bürste auf der Stirn geglättet. Danach kann mit dem Mähnenkamm nachgearbeitet werden, weil keine Gefahr mehr dafür besteht, dass unkontrolliert Haare ausgerupft werden.

Mit der **Mähne** wird, am Kopf beginnend, in gleicher Weise vorgegangen.

Um ausgeprägte Halskonturen hervorzuheben, bevorzugt mancher Pferdebesitzer das Vorführen mit farbig eingeflochtener Mähne oder er entscheidet sich für Bürsten- oder Stehmähne (Fjordpferde).

Der **Schweif** wird handverlesen und die Schweifrübe mit der Bürste gereinigt. Anschließend streicht man die Haare mit der Bürste glatt. Bei Warmblütern und sonstigen Reitpferden entfernt man mit einer Spezialschere die seitlich langwachsenden Schweifhaare bis zu der Stelle, wo bei getragenem Schweif der Bogen nach unten beginnt (Übergang in die senkrechte Haltung).

Pferdeschweife lässt man lang wachsen. Bei Wagenpferden und Vollblütern werden sie oft in Sprunggelenkshöhe (getragen) abgeschnitten.

In unterschiedlichen Zeitabständen müssen verschmutze Mähnen und Schweife mit Wasser und Seife gewaschen werden. Bei Reit- und Wagenpferden, weniger bei Rennpferden, werden die Fesselhaare üblicherweise geschoren. Dadurch fällt der natürliche Schutz weg und die sorgfältige Pflege der Fesseln (Reinigen, Trocknen) wird besonders wichtig.

Die **Langhaare der Ohrmuscheln** dürfen dann gekürzt werden, wenn sie über den Rand hinausragen. Die **Tasthaare ums Maul** müssen dagegen stehen bleiben, weil sie wichtige Aufgaben als Tastorgane zu erfüllen haben.

2.4.2 Scheren

Pferde im Turniersport sowie im Reit- und Fahrdienst werden überwiegend geschoren, weil in der Regel sowohl die Hallen als auch die Stallungen klimatisiert sind und sich die Temperaturschwankungen in Grenzen halten. Für diese Pferde bedeutet das Scheren eine Entlastung des Organismus, weil sie weniger schwitzen und schneller abtrocknen. Dagegen sollten Pferde, die bei jedem Wetter ihre Arbeit im Freien verrichten oder draußen länger verweilen nicht geschoren werden, weil ihnen dadurch der natürliche Witterungsschutz genommen würde und sie dann schnell Krankheiten bekämen.

Für alle Haltungsbedingen und jeden Bedarf gibt es Schnitte:

1. Jagdschnitt: Viel und hart arbeitende Pferde werden bis auf die Beine und Sattellage geschoren.
2. Deckenschnitt: Beine und Rücken in Form einer Nierendecke bleiben bei dieser Variante ungeschoren. So bleiben der Rücken und die empfindliche Nierenpartie bei Ausritten geschützt.
3. Streifenschnitte: Ein Streifen parallel zur Mähne und Rücken des Pferdes sowie die Beine werden nicht geschoren. Je nach Bedarf kann der ungeschorene Bereich schmal, mittel oder breit angelegt werden. Streifenschnitte sind besonders bei Freizeitreitern beliebt.
4. Ralleystreifen: Bei dieser Variante wird ein Streifen entlang der Luftröhre geschoren, der an der Brust breiter wird und zwischen den Vorderbeinen bis zum Ende des Bauches reicht. Pferden, die viel im Freien arbeiten müssen und die ihr Reiter nicht eindecken möchte, kann so geholfen werden.

Bei Stillstand des Winterhaarwuchses (Oktober-Novemberwende) ist der richtige Zeitpunkt für das Scheren gekommen, weil dann nicht nachgeschoren werden muss. Wer sein Pferd jedoch schon Anfang Herbst geschoren hat muss spätestens im Januar nachscheren.

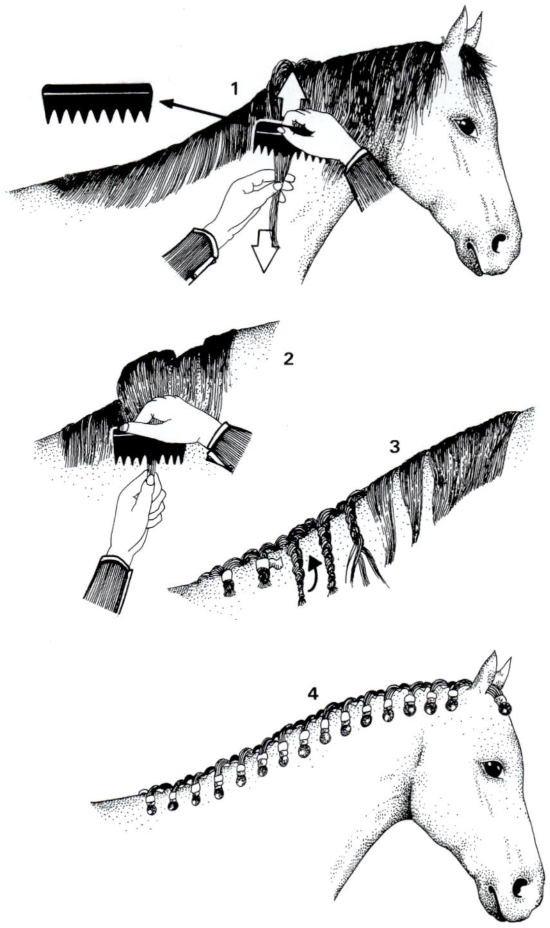

Abb. 85: Frisieren und Einflechten der Mähne: 1 und 2 = gleichmäßiges Verziehen der Mähne mit dem Reißkamm, 3 = die Arbeitsgänge beim Einflechten der Mähne, 4 = fertig geflochtene Mähne.

Es empfiehlt sich, den geplanten Schnitt mit Kreide anzuzeichnen. An den Beinen schert man eine schräge Linie. Beim Einsatz der **Schermaschine** ist äußerste Vorsicht geboten. Ein Helfer sollte das Pferd beruhigen. Eventuell muss ein Beruhigungsmittel verabreicht werden. Besonders sensible Stellen sind Beine, Knie und Kopf. Hier sollte man immer zuletzt

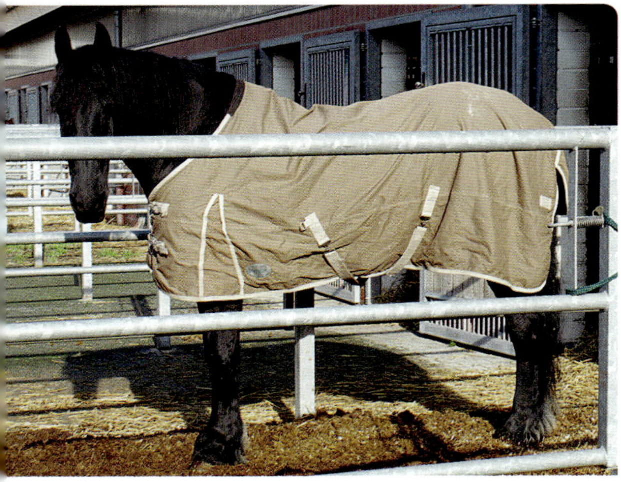

Abb. 86: Stalldecke.

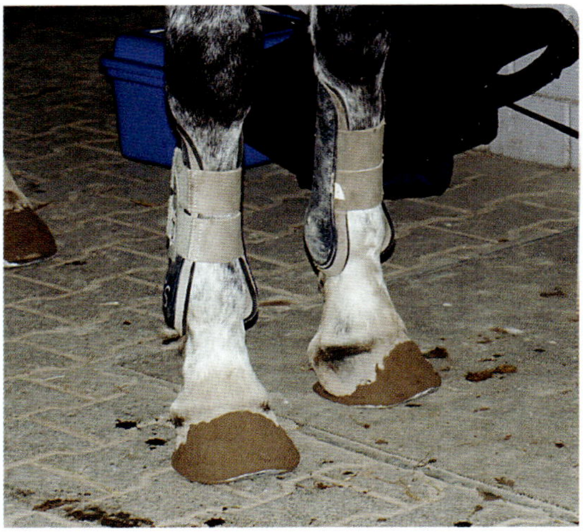

Abb. 87: Gamaschen mit offener Vorderfront (Sehnenschoner).

scheren. Mit der Schermaschine fährt man langsam gegen den Strich der Haare. Zur Vermeidung von Streifen, muss bei mehreren Reihen leicht überlappend geschoren werden. Das frisch geschorene Pferd wird gut abgebürstet und mit einem feuchten Tuch abgewischt. Damit es sich nicht erkältet, deckt man es ein.

Das **Eindecken** kann auch für nicht geschorene Pferde in kalten, zugigen Ställen und beim Transport sinnvoll sein. Im Training und bei sonstigen Ritten im Freien haben sich Ausreit- und Nierendecken als Nässe- und Kälteschutz bewährt. Spezielle Abschwitzdecken besitzen ein besonders hohes Schweißaufnahmevermögen und leiten die Feuchtigkeit nach außen ab. Sie sind winddicht, warm und fellfreundlich.

Die im Fachhandel erhältlichen Pferdedecken kann man maßgerecht angepasst auswählen. Gurte, Schnallen oder Verschlussriemen sowie Schweifriemen sichern gegen Abrutschen ab.

2.4.3 Bandagieren

Bandagen dienen dem vorbeugenden Schutz gegen Streichen und Anschlagen während der Arbeit, im Stall und beim Transport. Sie können auch unterstützend als kühlende Umschläge oder als Angußverbände angebracht werden.

Bei der Vorstellung des Pferdes vermitteln sie optische Eindrücke, wenn sie der Pferdefarbe angepasst sind.

Falsch bzw. nicht sachgemäß angelegte Bandagen schaden jedoch mehr als sie nützen. Sie können Blutstauungen, Druckschäden und Bewegungsstörungen hervorrufen.

Bevor man sie anlegt, ist eine Reinigung der Beine erforderlich. Man darf keine Fremdkörper, z. B. Strohreste oder Sandkörner, mit einbandagieren. Scheuerstellen und Entzündungen wären die Folge.

> **!**
> Bandagen sind falten- und fremdkörperfrei sowie gleichmäßig straff, aber nicht zu stramm anzulegen.

Das Wickeln beginnt mit frei überstehendem Anfang dicht unterhalb des Vorderfußwurzel- bzw. Sprunggelenks und führt in schrägen, sich halb deckenden Windungen Richtung Fesselkopf. Der Anfang darf nicht auf einer Sehne liegen. Bei **Arbeitsbandagen** wickelt man direkt unter dem Fesselkopf wieder nach oben. Dagegen wird bei **Stall-** und **Transportbandagen** die Fesselbeuge mit einbandagiert.

Der Bandagenabschluss sollte immer oben liegen. Als Sicherung gibt es Spezialverschlüsse (Klettverschlüsse) oder angenähte Bänder. Knoten und Schleifen dürfen nicht auf Knochen oder Sehnen drücken. Die Enden werden zwischen die Bandagenwindungen geschoben.

Als Stall- und Transportbandagen verwendet man Wollbandagen mit dicken Unterlagen (z. B. aus Baumwolle).

Auf ein Bandagenkissen kann bei Arbeitsbandagen eventuell verzichtet werden, wenn die Bandage nicht vollelastisch ist. Die Bandage muss dann jedoch völlig glatt und gleichmäßig anliegen.

Bandagen aus elastischem und reißfestem **Neopren** (Synthesekautschuk) sollen Sehnen und Bänder optimal schützen. Eine weiche Unterlage ist bei diesen Bandagen mit eingearbeitet.

Combi-Bandagen bestehen aus zwei Teilen, der eigentlichen elastischen Bandage und einem weichen Fleece. Sie sind etwa 10 cm breit und etwa 210 cm lang.

Bandagen können größtenteils durch **Gamaschen** ersetzt werden. Für alle Nutzungsarten und Pferderassen werden entsprechende Modelle vom Fachhandel angeboten.

Bei Springpferden werden häufig Gamaschen mit offener Front (sog. Sehnenschoner) eingesetzt, damit sie Stangenkontakte ungedämpft spüren. Die Beugesehnen werden durch eine robuste, anatomisch geformte Hartschale aus Plastik, die innen gefüttert ist, geschützt. Klettverschlüsse oder Riemen laufen über das Röhrbein und fixieren den Schoner.

Zum Schutz der Fesselköpfe gibt es spezielle Streichkappen.

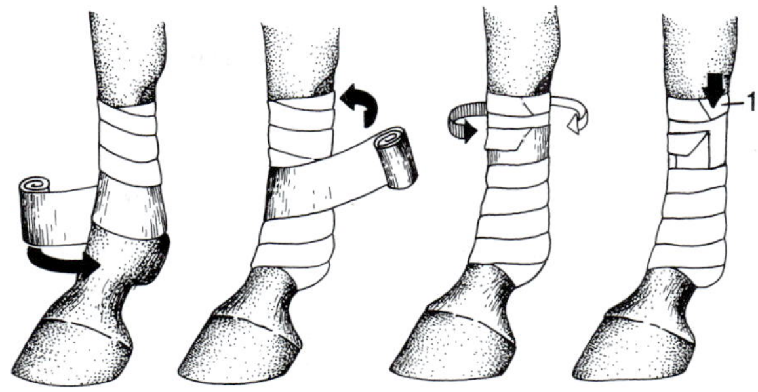

Abb. 88: Anlegen der Bandagen. 1 = Lage von Knoten und Bandende zwischen Griffelbein und Sehne.

Gamaschen sind meist leicht zu reinigen und lange haltbar. Ihre Handhabung ist relativ einfach. Es ist jedoch darauf zu achten, dass keine Druck- und Scheuerstellen entstehen.

Zur Wiederholung und Vertiefung

1. Schildern Sie, wie Sie das äußere Erscheinungsbild
   a) eines Dressurpferdes,
   b) eines Springpferdes für ein Turnier vorbereiten.
2. Schildern Sie, wie Sie das äußere Erscheinungsbild
   a) eines Galopprennpferdes,
   b) eines Trabrennpferdes für ein Rennen vorbereiten.
3. Schildern Sie, wie Sie das äußere Erscheinungsbild einer Warmblutstute bzw. eines Warmbluthengstes für eine Zuchtveranstaltung vorbereiten.
4. Welche Funktion hat das Scheren und welche verschiedenen Schnitte gibt es?
5. Wozu dient das Bandagieren? Beschreiben Sie, wie man eine Arbeitsbandage richtig anlegt.
6. In welchen Fällen können Gamaschen die Bandagen ersetzen?

2.5 Pferde verladen und transportieren

?

Der erfahrene Pferdewirt Johannes soll zwei Springpferde verladen und zum 40 km entfernten Turnierplatz transportieren. Das jüngere der beiden Pferde weigert sich mit aller Kraft die Verladerampe zu betreten. Es droht Verletzungsgefahr für Mensch und Tier.

Das Verladen und Transportieren von Pferden gehört für die meisten pferdehaltenden Betriebe zum Arbeitsalltag. Sowohl Züchter als auch Berufsreiter und Amateure sind darauf angewiesen, dass sich ihre Pferde „verladefromm" zeigen. Tiere, die starken Widerstand leisten oder sich überhaupt nicht mehr verladen lassen, sind für die meisten Reiter nur bedingt oder gar nicht mehr zu gebrauchen. Deshalb muss schon bei der Aufzucht und bei der Ausbildung eines jungen Pferdes dem Verladen besondere Bedeutung beigemessen werden.

2.5.1 Einüben des Verladens

Für Pferde ist es etwas völlig Artfremdes, in ein kleines, dunkles, hohlklingendes, schwankendes Vehikel zu klettern, da dadurch ihr für die freie Wildbahn entwickeltes, überlebenswichtiges Wahrnehmungsvermögen (Sehen, Hören, Riechen) und ihre Fluchtmöglichkeiten weitgehend eingeschränkt sind.

Wenn ein Pferd aber den Menschen als ranghöher anerkennt und es größtes Vertrauen zu ihm hat, ist es in der Lage, fremde Verhaltensweisen und Umgebung relativ schnell anzunehmen. Deshalb muss das Verladen mit viel Ruhe und Geduld eingeübt werden. Größerer Zwang beim ersten Verladen verursacht eine grundsätzliche Scheu, die oft nie mehr ganz abgelegt wird. Man sollte deshalb nicht warten, bis ein Transport plötzlich notwendig wird, sondern ein Pferd rechtzeitig mit dieser neuen Aufgabe vertraut machen.

Zunächst muss das Pferd sich an das neue Fahrzeug gewöhnen können. Hierzu kann man den Anhänger zweckmäßigerweise ein paar Tage zur freien Besichtigung geöffnet auf die Weide, in die Reithalle oder den großen Laufstall stellen. Pferde sind von Natur aus neugierig. Sobald sie im Verlaufe eines Tages den Hänger als ungefährlich eingestuft haben, werden sie ihn also freiwillig erst von außen, dann von innen inspizieren. Dies kann man auch dadurch unterstützen, dass man Futter hineinlegt.

Vor dem ersten Verladen sollten dem Pferd Rückwärtsrichten und Seitwärtsrichten, Antreten und Anhalten an Halfter und Führstrick geläufig sein. Außerdem sollte es sich die Hufe gut aufhalten lassen. Beim Hinaufführen an Halfter und Strick sollten zwei im Umgang mit Pferden erfahrene und dem Pferd vertraute Personen anwesend sein. Nichts beunruhigt ein Pferd mehr und weckt erst sein Misstrauen, als ein hektischer Menschenauflauf, während es mit einer neuen Aufgabe konfrontiert wird.

Ein Pferd wird zum Verladen zunächst ganz gerade, ruhig und selbstverständlich auf den Hänger zugeführt.

Der Führende betritt dann zuerst die Klappe und läuft langsam in den Hänger hinein. Im Idealfall kommt das Pferd direkt hinterher. Es wird mit der Stimme und durch Streicheln gelobt und mit Futter belohnt, während der Helfer die hintere Begrenzungsstange befestigt, wobei auch er zunächst das Pferd ruhig anspricht und klopft. Dann schließt er die Verladerampe, bevor das Anbinden vorne erfolgt.

Beim Hinausführen muss man ebenso sorgfältig, allerdings in umgekehrter Reihenfolge (erst Lösen des Stricks vorne, dann Öffnen der Heckklappe und der hinteren Begrenzungsstange) verfahren. Dabei ist zu beachten, dass die Pferde rückwärts gehen müssen und außerdem die ersten Male nicht wissen, wohin sie treten. Die Rampe ist schmal und abschüssig, außerdem manchmal auch rutschig. Der Führende veranlasst das Pferd beim Hinausklettern demnach zum besonnenen Rückwärtstreten, Tritt für Tritt, Pausen einlegend, die zum Loben und Beruhigen dienen können. Wenn die Hinterhand nicht ganz gerade auf der Rampe steht, stellt sich der Helfer an der entsprechenden Seite auf und drückt sie ruhig ein Stück in die richtige Richtung. Sobald die Vorhand an der Rampe angekommen ist, hat das Pferd Gelegenheit, Kopf und Hals umzuwenden und sich selber zu orientieren.

Sollte das Pferd versuchen, möglichst schnell aus dem Hänger zu stürmen, tritt es häufig mit einem Hinterbein neben die Rampe, panikartige Reaktionen oder gar schwere Verletzungen können die Folge sein.

> **!**
> Das oberste Gebot beim Führen des Pferdes in den Transporthänger bzw, aus dem Transporthänger heißt Ruhe

Außerdem konzentriert es sich nicht auf das Erlernen des richtigen Ablaufs, es erlangt keine Sicherheit und Ausgeglichenheit.

Maßnahmen bei unwilligen Pferden

Läuft das Pferd die ersten Male nicht willig in den Hänger hinein, so bleibt man nahe bei seinem Kopf stehen und lässt es in Ruhe die große schwarze Öffnung betrachten und beschnauben, damit es Witterung aufnehmen kann.

Dann tritt man einen Schritt weiter auf die Rampe und lockt das Pferd mit einem Stückchen Futter, wobei man den Strick leicht anzieht. Sollte das Pferd auch nach längerer Zeit nicht reagieren, so nimmt der Helfer ein Vorderbein auf und setzt es auf die Rampe. In einer kurzen Pause kann das Pferd sein Gewicht wieder auf alle vier Beine gleichmäßig verteilen, der Helfer stellt dann das zweite Vorderbein auf die Rampe. Pausieren – das Pferd tritt hinten nach, um sein Gleichgewicht wieder zu finden. Anschließend nimmt der Helfer wieder ein Vorderbein usw.

Sollten diese Versuche nicht zum Erfolg führen, weil vorherige Negativerfahrungen nachwirken, können folgende Maßnahmen ein Verladen ermöglichen oder erleichtern:

- ein ruhiges, erfahrenes Führpferd zuerst verladen,
- die Plane des Anhängers teilweise abdecken,
- den Anhänger direkt vor die Außenboxe oder Stallgasse stellen,
- die Verladerampe seitlich begrenzen,
- die Verladerampe mit Stroh einladender gestalten (allerdings Rutsch- und Stolpergefahr),
- zwei Longierleinen seitlich am Anhänger befestigen und hinter dem Pferd überkreuzen. Der leichte Druck wirkt auf die Flanken und die Hinterbeine des Pferdes.

2.5.2 Ausrüstung für den Pferdetransport

Um eine bequeme, sichere und verletzungsfreie Fahrt zu gewährleisten, sollte das Pferd mit folgenden Gegenständen für den Transport ausgerüstet sein:

- einem stabilen, gut sitzenden Halfter und einem Führstrick mit Panikhaken,
- einer Decke, in Abhängigkeit von Witterung, Jahreszeit und Transportfahrzeug,
- eventuell einem Schweifschoner zur Verhinderung des Wundscheuerns der Schweifrübe an der Transporterwand,
- eventuell Gamaschen oder wattierte Bandagen (vom Kronsaum bis zum Vorderfußwurzelgelenk bzw. Sprunggelenk).
- Bei beschlagenen Pferden eventuell Stollen entfernen.

> **!**
> Beim Ziehen eines Pferdeanhängers mit dem Auto benötigt man i. d. R. den Führerschein der Klasse BE (oder einen alten Führerschein der Klasse III, in dem diese Zusatzqualifikation bereits enthalten war).

Der **Pferdeanhänger** wird an ein dafür geeignetes Kraftfahrzeug angehängt. Das Auto mit Anhängerkupplung muss als Zugfahrzeug zugelassen sein, das heißt das nötige Gewicht und die erforderliche Leistung aufweisen. Über ein Kabel müssen Brems-, Blink- und Warnblinklichter auf den Anhänger übertragen werden. Ein gut lesbares Nummernschild muss ebenfalls an der Rückseite des Hängers angebracht sein.

!

Im Anhänger stehen die Pferde grundsätzlich mit dem Kopf zur Fahrtrichtung.

Beim Pferdetransport unterscheidet man zwei Fahrzeugtypen:

1. Der **Ein-Pferde-Hänger** kann einachsig sein. Dieser Typ ist allerdings kaum noch in Gebrauch, da er seine Stützlast auf das Auto überträgt, an diesem große Verschleißerscheinungen hervorruft und das Pferd neben der Zentrifugalkraft auch noch Schwankungen nach vorne und hinten während der Fahrt ausgleichen muss. Üblich ist auch für Einpferdehänger die Doppelachse, die dem Anhänger ein eigenes, stabiles Gleichgewicht verleiht. Dieser Typ kommt für Pferdebesitzer in Frage, die auf längere Sicht immer nur ein Pferd befördern wollen oder deren Zugfahrzeug nur für ein Pferd zugelassen ist.
2. Der **Zwei-Pferde-Hänger** ist immer doppelachsig und das häufigste Pferdetransportfahrzeug, da man sowohl ein Pferd als auch zwei Pferde mit gleichbleibendem Aufwand transportieren kann. Es gibt ihn in verschiedensten Abmessungen und Ausführungen mit Plane oder mit „Hard-Top“. Er ist mit einer versetzbaren Trennwand ausgestattet. Dies erleichtert das Hineinführen unerfahrener Pferde. Auch wenn nur ein Pferd transportiert wird, sollte die Trennwand festgesetzt werden, um den seitlichen Spielraum für das Pferd zu begrenzen und es in scharfen Kurven durch die Wände abzufangen.

Der aufwendige **Pferdetransporter**, Zugmaschine und Transportraum in einem Fahrzeug, lohnt sich nur für Personen oder Betriebe, die regelmäßig mehr als zwei Pferde transportieren wollen. Dieses Spezialfahrzeug wird ausschließlich zur Pferdebeförderung hergestellt.

Die Pferde stehen meist quer zur Fahrtrichtung und werden durch Stangen voneinander abgetrennt.

In allen Transportfahrzeugen muss der Boden, einschließlich der Verladerampe, stabil und rutschfest sein, Gummimatten dämpfen das Auftreten und verhindern ein Ausrutschen. Die Seitenwände müssen glatt und nach Möglichkeit mit einer Abpolsterung versehen sein. Heunetz und Innenbeleuchtung gehören ebenso selbstverständlich zu einem Pferdehänger wie Türöffnungen, Haken und Verschlüsse, die so angebracht sind, dass Verletzungen bei Mensch und Tier weitgehend ausgeschlossen werden können. Seitenfenster und Belüftungseinrichtungen sorgen ebenfalls für eine angenehme Fahrt.

2.5.3 Fahrweise beim Pferdetransport

Ein **behutsamer Fahrstil** trägt dazu bei, die Nerven der Pferde während der Fahrt zu schonen und Verletzungen zu vermeiden. Je unerfahrener oder aufgeregter ein Pferd ist, desto vorsichtiger muss gefahren werden, denn es wirken in jeder Kurve Zentrifugalkräfte auf das Pferd ein, die es ausbalancieren muss; es muss aber auch Bremsung, Beschleunigung und Bodenunebenheiten ausgleichen. Nach einigen ruhigen Übungsfahrten wird ein Pferd diese Aufgabe spielend meistern, sodass dann auch etwas flüssiger gefahren werden kann.

Wenn ein unerfahrenes Pferd bei den ersten Fahrten nach links oder nach rechts, vor und zurück und nach oben geschleudert wird, ohne zu wissen, wie ihm geschieht, kann es leicht passieren, dass es nie wieder einen Hänger betreten will.

Hört man das Pferd im Hänger trampeln, treten und unruhig werden, muss die Geschwindigkeit zunächst vermindert werden, um dem Pferd die Einstellung auf die Fahrt zu ermöglichen.

Der Fahrer muss sich aber auch darüber klar sein, dass die veränderte Fahrweise Auswirkungen auf die Verkehrssicherheit hat:

- Brems- und Beschleunigungsweg sind wesentlich länger,
- der Anhänger ist eventuell breiter als das Zugfahrzeug,
- Auto und Hänger haben zusammen eine beträchtliche Länge,
- der Anhänger fährt einen kleineren Kurvenradius,
- der Hänger kann ins Schleudern geraten und das Lenkverhalten des Autos verändern.

Aus diesen Gründen sollte ein Überholen möglichst vermieden werden.

Deshalb ist auch eine Geschwindigkeitsbegrenzung von 80 km/h (u. U. 100 km/h auf Autobahnen) vorgeschrieben, außerdem dürfen Pferdeanhänger nicht mit Gegenständen beladen gefahren werden.

Bevor man zum ersten Mal ein Pferd transportiert, ist es ratsam, sich mit dem Rückwärtsfahren, mit Wendemanövern, mit dem Anfahren am Hang usw. mit Anhänger vertraut zu machen, um sich vor unliebsamen Überraschungen zu schützen.

Am **Ankunftsort** sollte man vor dem Abstellen des Transportfahrzeuges folgendes bedenken:

!

Eine ruhige und vernünftige Fahrweise ist gekennzeichnet durch
- behutsames Anfahren,
- sehr vorsichtigen Einsatz der Bremsen (Ausrollen),
- langsame Kurvenfahrten.

Abb. 89: Zwei-Pferde-Hänger mit Polyesterhaube.

- Anfahren beim Rücktransport ist auf geradem oder leicht abschüssigem Weg am leichtesten.
- Man sollte so parken, dass man genug Raum für andere lässt, keinen behindert oder mehr Platz als nötig in Anspruch nimmt. Andererseits darf man nicht Gefahr laufen, eingekeilt zu werden oder sich erst durch knifflige Rangiermanöver aus der Parklücke befreien zu können.
- Es ist schlecht, den Anhänger auf nicht befestigtem Untergrund abzustellen, obwohl solche Parkplätze (Wiesen, Felder, Straßenränder usw.) oft zugewiesen werden. Wenigstens das Zugfahrzeug sollte auf festem Boden stehen. Es ist für einen normalen Pkw mit Zweiradantrieb nahezu unmöglich, einen Pferdehänger aus einem feuchten, tiefen Acker oder aus einer verschlammten Wiese (Regenwetter) zu ziehen.
- Wird der Pferdeanhänger auf stark abschüssigem Gelände abgestellt, so empfiehlt es sich, Keile unter die Räder zu schieben.

2.5.4 Der Zielort

Aufgaben, Erlebnisse und Eindrücke am Zielort haben ebenfalls entscheidenden Einfluss darauf, ob sich ein Pferd gerne verladen lässt.

In einer fremden Umgebung muss sich ein Pferd ganz neu orientieren. Gerüche, Geräusche und Perspektiven sind dem Pferd fremd, der Untergrund ist ihm nicht vertraut. Es trifft auf andere Pferde, mit denen die Rangordnung nicht geklärt ist, unbekannte Menschen verwirren es.

Schwere und ungewohnte Aufgaben, die das Pferd eventuell körperlich oder nervlich überfordern, verbinden sich in der Erinnerung des Pferdes mit dem Transport und setzen sich nachhaltig in seinem Gedächtnis fest.

Hektik, Nervosität und Stress bei seinen „Vertrauenspersonen" übertragen sich auf das Pferd besonders in fremder Umgebung. Daher sollte der erste Transport eine Übungsfahrt sein, am besten nur einige Kilometer, mit Ein- und Ausladen am Heimatstall. Zeigt das Pferd dabei keinerlei Unruhe mehr, ist es ratsam, zunächst ein nahes, für das Pferd angenehmes Ziel anzusteuern, beispielsweise eine entlegene Weide oder ein schönes Ausreitgelände, bevor man das Pferd mit Transport und Anforderungen konfrontiert.

> !
> Das Pferd muss behutsam an den Transport gewöhnt werden.

Ist der Transport für das Pferd selbstverständlich geworden, verbindet es Negativerlebnisse (z. B. Tierklinik) auch nicht mehr mit dem Anhänger.

Aufgaben an anderen Orten sollten dem Pferd Spaß machen, es sollte nicht mehr leisten müssen, als es gewöhnt ist. Schließlich muss man sich bewusst sein, dass ein Pferd in fremder Umgebung besonders auf die Ruhe und Ausgeglichenheit seines „Vertrauten" angewiesen ist.

2.5.5 Tierschutztransportverordnung

Gesetzliche Regelungen für den Transport von Tieren enthält die neue **Verordnung (EG) Nr. 1/2005** vom 22. Dezember 2004**, eine EU-Verordnung**. Diese wurde zum 05. Januar 2008 in deutsches Recht umgesetzt und löst somit das bisherige Tiertransportgesetz ab.

Der Gesetzgeber unterscheidet danach – vereinfacht dargestellt – drei Arten von Tiertransporten:

1. Transporte durch Landwirte, die ihre eigenen Tiere in eigenen Transportfahrzeugen bis zu 50 km weit von ihrem Betrieb entfernt befördern, z. B. im Rahmen der Wanderhaltung,
2. Transporte bis maximal 65 km und
3. Transporte über 65 km.

Nicht unter die Verordnung fallen

a) der Transport von Tieren, der nicht in Verbindung mit einer wirtschaftlichen Tätigkeit durchgeführt wird und
b) der Transport kranker Tiere unter Anleitung eines Tierarztes in eine bzw. aus einer Tierarztpraxis oder Tierklinik.

Für die oben angeführte Fallgruppe 1 gelten nur „Allgemeine Bedingungen für den Transport von Tieren". Für die Fallgruppen 2 und 3 gelten darüber hinaus zusätzliche Vorschriften.

> !
> Grundsätzlich gilt für alle Tiertransporte, dass Tiere nur dann transportiert werden dürfen, wenn sie transportfähig sind und wenn gewährleistet ist, dass ihnen unnötige Verletzungen und Leiden erspart bleiben.

Die zusätzlichen Vorschriften betreffen u.a. die Durchführung des Transports sowie das Transportmittel. Ferner wird die Mitführung von Papieren verlangt, aus denen Folgendes hervorgeht:

- Herkunft und Eigentümer der Tiere,
- Versandort,
- Tag und Uhrzeit des Beginns der Beförderung,
- vorgesehener Bestimmungsort sowie
- voraussichtliche Dauer der geplanten Beförderung.

!

Die EU-Tierschutztransportverordnung gilt nur für
- gewerbliche Spediteure
- für den Transport von nicht registrierten Pferden, sowie
- für den Transport von registrierten Pferden zur Schlachtung.

!

Hobbyzüchter und -reiter, die Pferde zu Zuchtschauen oder Turnieren fahren, sind von der EU-Tierschutztransportverordnung nicht betroffen.

Für Transporte über eine Entfernung von mehr als 65 km ist eine behördliche Zulassung des Transportunternehmers erforderlich. Fahrer von Straßenfahrzeugen und Personen, die als Betreuer der Tiere bei solchen Transporten tätig sind, müssen über einen Befähigungsnachweis verfügen. Der Befähigungsnachweis kann durch eine Schulung mit anschließender Prüfung erworben werden.

Darüber hinaus fordert der Gesetzgeber ein Satellitennavigationssystem an Bord von Langstreckenfahrzeugen. Das gilt zunächst für erstmals eingesetzte Straßentransportmittel ab Januar 2007 und ab Januar 2009 für sämtliche Straßentransportmittel. Für den Straßen- und Schienentransport gelten die in Tabelle 12 angegebenen **Mindestbodenflächen.**

Pferde sind in Einzelständen zu transportieren, ausgenommen Stuten, die ihre Fohlen mitführen. Abweichungen hiervon sind jedoch gemäß einzelstaatlicher Vorschriften möglich. Der Transport in Multideck-Fahrzeugen ist nicht erlaubt. Als Ausnahme ist der Transport in solchen Fahrzeugen nur zugelassen, wenn die oberen Decks unbelegt bleiben. Die Laderaumdecke muss mindestens 75 cm über der höchsten Stelle des Widerristes des größten Tieres liegen. Nicht zugerittene Pferde dürfen nicht in Gruppen von mehr als vier Tieren befördert werden. Für den Transport auf dem

Tab. 12. Flächenbedarf beim Straßen- und Schienentransport von Pferden

Tierkategorie	Mindestbodenfläche (m^2 je Tier)
Erwachsene Pferde	1,75 (0,7 × 2,5 m)
Jungpferde (6–24 Monate)	
bei Fahrten bis zu 48 Stunden	1,20 (0,6 × 2,0 m)
bei Fahrten über 48 Stunden	2,40 (1,2 × 2,0 m)
Ponys (Stockmaß bis 144 cm)	1,08 (0,6 × 1,8 m)
Fohlen (bis 6 Monate)	1,40 (1,0 × 1,4 m)

Tab. 13. Flächenbedarf beim Transport von Pferden auf dem Luftweg

Lebendgewicht (bis zu kg je Tier)	Mindestbodenfläche (m^2 je Tier)
100	0,42
200	0,66
300	0,87
400	1,04
500	1,19
600	1,34
700	1,51
800	1,73

Tab. 14. Flächenbedarf beim Transport von Pferden auf dem Seeweg

Lebendgewicht kg je Tier von ... bis	Mindestbodenfläche je Tier in m^2 von ... bis
200–300	0,900–1,175
300–400	1,175–1,450
400–500	1,450–1,725
500–600	1,725–2,000
600–700	2,000–2,250
700 und mehr	2,250–

Quellen: Amtsblatt der Europäischen Union

Tab. 15. Anforderungen an Verladeeinrichtungen

Tierkategorie	Höchster Neigungswinkel der Verladeeinrichtung	Höchster Abstand zwischen Boden und Verladeeinrichtung	Höchster Abstand zwischen Verladeeinrichtung und Ladefläche
Einhufer	20°	25 cm	6 cm

Luft- und Seeweg sind die Mindestbodenflächen in den Tabellen 13 und 14 aufgeführt.

Auch an die Verladeeinrichtungen werden bestimmte Anforderungen gestellt (Tab. 15). Die zulässige **Transportdauer** ist zeitlich begrenzt. So darf die Transportdauer von Schlachttieren im Inland vom Versandort zur Schlachtstätte nicht länger als acht Stunden dauern. Eine Überschreitung der Zeit ist nur aus unvorhersehbaren Umständen zulässig. Nicht zum Schlachten bestimmte Pferde müssen spätestens nach acht Stunden entladen und im Rahmen einer 24-stündigen Ruhepause gefüttert und getränkt werden.

Für Pferde – ausgenommen Renn- und Turnierpferde –, die grenzüberschreitend durch die EU befördert werden, gilt, dass sie nach spätestens acht Stunden Transportdauer getränkt und soweit notwendig gefüttert werden müssen. Bei längeren Transporten, sind sie spätestens nach 24 Stunden zu entladen, und im Rahmen einer 24-stündigen Ruhepause zu füttern und zu tränken.

Tierschützer halten diese Vorschriften jedoch für völlig unzureichend und bezeichnen sie als legale Tierquälerei. Insbesondere der Transport von Schlachttieren über längere Distanzen ist äußerst kritisch zu bewerten. So werden jährlich rund 65 000 Pferde aus Osteuropa zu italienischen, französischen und belgischen Schlachthäusern verschickt. Im Vergleich zu Schlachtpferden reisen Renn- und Turnierpferde i. d. R. „Erster Klasse“.

Zur Wiederholung und Vertiefung

1. Zu welchen Anlässen kann der Transport von Pferden erforderlich werden?
2. Berichten Sie anhand eines Beispiels aus ihrem Ausbildungsbetrieb, wie Sie ein Pferd für den Transport ausgerüstet und verladen haben.
3. Welche Gründe können dazu führen, dass ein Pferd das Betreten des Anhängers verweigert?
4. Welche Maßnahmen können versucht werden, wenn ein Pferd den Anhänger nicht betreten will?
5. Welche Anforderungen muss ein Pferdeanhänger erfüllen?
6. Worauf sollte der Fahrer während des Pferdetransportes stets achten?
7. Wer benötigt einen Befähigungsnachweis zum Transport von Tieren?
8. Wie lange darf der Transport von Schlachtpferden im Inland höchstens dauern?
9. Nach welcher maximalen Transportdauer müssen Renn- und Turnierpferde entladen werden? Wie lange muss die Ruhepause vor dem Weitertransport mindestens dauern?
10. Welche Regelungen gelten für grenzüberschreitende Schlachtpferdetransporte innerhalb der EU?
11. Warum bezeichnen Tierschützer die Bestimmungen der EU-Tierschutztransportverordnung als legale Tierquälerei?

2.6 Die Gefährdung des Pferdes durch Infektionskrankheiten einschätzen

?

Die Neukundin ist mit dem Angebot des Trainings- und Ausbildungsstalles sehr zufrieden. Beim Abschluss des Einstellervertrages wird sie stutzig. Hierin wird der Nachweis eines vollständigen Impfschutzes verlangt sowie die Ersteinstallung in einer Quarantänebox vorgeschrieben – was soll das?

2.6.1 Einteilung der möglichen Krankheitserreger

Wie alle Lebewesen gehören Mikroorganismen (Bakterien, Viren, Pilze, Einzeller u.a.) als natürlicher Bestandteil zu einem intakten Ökosystem. Auf eine Vielzahl dieser Mikroorganismen ist der gesunde Säugetierorganismus sogar angewiesen, um optimal leben zu können. So gehören z.B. verschiedene Bakterien zu einer gesunden Magen-Darmflora der Pferde. Auch die äußere Haut ist von einigen Mikroorganismen besiedelt, um diese gesund zu erhalten.

Bestimmte Mikroorganismen können jedoch bei Tieren Krankheiten auslösen. Wenn diese in den Körper eindringen, sich dort vermehren und ihre schädigenden Eigenschaften zur Geltung bringen, spricht man von Infektionskrankheiten.

Mikroorganismen, die Infektionen auslösen können, sind im Wesentlichen Bakterien, Viren (keine selbstständigen Lebewesen) und Pilze.

Bakterien und Pilze unterscheiden sich vor allem durch die Art und Weise ihrer Vermehrung. Bakterien vermehren sich durch Zellteilung, während sich Pilze durch Knospung (sog. Pilzhyphen) vermehren. Es ist wichtig zu wissen, ob bestimmte Mikroorganismen für die jeweilige Tierart krankmachende Eigenschaften besitzen oder nicht. Besitzen sie krankmachende Eigenschaften, spricht man von **pathogenen** Mikroorganismen. Treten diese krankmachenden Eigenschaften nur unter bestimmten Voraussetzungen auf, z. B. durch schlechte Haltung und Pflege, so spricht man von »fakultativ pathogenen« Mikroorganismen. Besitzen sie für die entsprechende Tierart keine krankmachenden Eigenschaften, spricht man von »apathogenen« Mikroorganismen.

Es wird weiter unterschieden nach dem Grad der krankmachenden Eigenschaften. So gibt es z. B. pathogene Mikroorganismen, deren einzelne Unterstämme avirulent, d. h. für eine bestimmte Tierart nicht krankmachend sind. Diese Eigenschaft von bestimmten Krankheitserregern macht man sich zum Beispiel bei Schutzimpfungen zu Nutze. Man unterscheidet die Virulenzgrade (Grad der krankmachenden Eigenschaft):

- starkvirulent
- schwachvirulent
- nichtvirulent (avirulent)

Unter bestimmten Einflüssen kann sich auch die Virulenz eines Stammes ändern.

2.6.2 Spezielle Schadwirkungen der einzelnen Mikroorganismen

2.6.2.1 Schadwirkungen durch bakterielle Erkrankungen

Diese werden durch die Art der produzierten Bakteriengifte unterschieden.

a) Exotoxine
Exotoxine sind Gifte, die von einem in einen Körper eingedrungenen Bakterium aktiv ausgeschieden werden (z. B. Tetanus- und Botulismustoxine, s. Seite 158, 163). Hier zeigen sich typische Krankheitssymptome, wie z. B. die Krampfanfälle beim Tetanus (Wundstarrkrampf).

b) Endotoxine
Endotoxine sind Gifte, die beim Zerfall eines Bakteriums im Körper frei werden. Hier sind häufig unspezifische Krankheitssymptome wie Fieber und Herz-Kreislauf-Störungen festzustellen.

Tab. 54. Die wichtigsten Unterschiede der Mikroorganismen

Mikroorganismen	Größe	Zellkern	Nukleinsäure	künstliche Vermehrung	sonstige Eigenschaften
Bakterien	1 µm–20 µm	nur ein Kernäquivalent vorhanden	DNS + RNS	auf Nährboden möglich	Wachstumshemmung durch Antibiotika
Viren	< 300 nm	kein Zellkern oder Kernäquivalent vorhanden	DNS oder RNS	Vermehrung nur in lebenden Zellen möglich	keine Wachstumshemmung durch Antibiotika
Pilze	6–10 µm	nur ein Kernäquivalent vorhanden	DNS + RNS	auf Nährboden möglich	teilweise Wachstumshemmung durch Antibiotika

1 µm = 1/1000 mm, 1 nm = 1/1 000 000 mm

2.6.2.2 Schadwirkungen durch Pilzerkrankungen

Es werden unterschieden:

a) Dermatomykosen (Hautpilzerkrankungen, s. Seite 107)
b) Systemmykosen (innere Pilzerkrankungen), z. B. Lungenaspergillose (Pilze befallen die inneren Organe, vorwiegend die Lunge und können zu erheblichen Funktionsstörungen führen)
c) Mykotoxikosen (Vergiftungen, durch die vom Pilz produzierten Gifte, s. Seite 196).

2.6.2.3 Schadwirkungen bei Viruserkrankungen

a) Absterben der von einem Virus befallenen Zelle
b) Auslösung von Tumorerkrankungen (ungehemmtes Wachstum der befallenen Zellen)
c) Viruspersistenz (Verbleiben eines Virus in einer Zelle ohne sofortige Reaktion). Aktivierung eines solchen »verkappten« Virus bei besonderen Körperbelastungen, z. B. Stress. Ein typisches Beispiel für diese Viruspersistenz ist die Infektion mit Herpesviren.

2.6.3 Inkubationszeit

Die Zeit vom Haften und Eindringen eines Mikroorganismus in einen Organismus bis zum Ausbrechen der ersten klinischen Krankheitserscheinungen nennt man die Inkubationszeit. Diese Zeit ist bei den einzelnen Krankheitserregern unterschiedlich lang. Es gibt sehr kurze Inkubationszeiten, z. B. bei der Influenza (1–2 Tage), mittlere Inkubationszeiten, z.B. infektiöse Anämie des Pferdes (15–30 Tage), aber auch sehr lange Inkubationszeiten bis zu acht Monaten, z.B. bei der Tollwut.

Die besondere Gefahr, besonders der langen Inkubationszeiten, besteht darin, dass die Tiere während dieser Phase den Erreger bereits im Körper tragen, diesen auch ausscheiden und andere Tiere anstecken können, während die Erkrankung beim Tier selbst noch nicht erkennbar ist. Oft spielen daher infizierte Tiere bei Krankheiten mit langer Inkubationszeit als Krankheitsüberträger bzw. Krankheitsverbreiter eine entscheidende Rolle.

2.6.4 Eintrittspforten für Krankheitserreger in den Körper

Krankheitserreger suchen sich bestimmte Infektionswege, durch die sie in den Körper gelangen können. So unterteilt man:

- aerogen (über die Luft, z.B. Influenza)
- Tröpfcheninfektionen (durch Speichel und Nasensekrete)
- Wundinfektionen (z.B. Tetanus/Wundstarrkrampf)
- neurogene Infektionen (an den Nervenbahnen entlang)
- Deckinfektionen (Scheide und Penis, z.B. durch ansteckende Gebärmutterentzündung).

2.6.5 Schema des Ablaufes einer Infektionskrankheit

Haften und Vermehren des Erregers an der Eintrittsstelle = Inkubation
↓
Verteilung des Erregers über den gesamten Organismus (Blut, Lymphe); erkennbar zuerst an meist unspezifischen Allgemeinsymptomen wie Fieber und Appetitlosigkeit
↓
Organbesiedlung/Ausbruch der typischen Krankheitserscheinung
↓
Fortgang der Infektion → Tod des Organismus oder
↓
Begrenzung und Zurückdrängung
↓
Genesung des Organismus durch die körpereigenen Abwehrmechanismen

2.6.6 Abwehrmechanismen des Körpers

Trotz Haftens und Eindringens von pathogenen Mikroorganismen in einen Körper muss es nicht unbedingt zum Ausbruch einer Infektionskrankheit kommen. Jeder Organismus baut bestimmte Abwehrmechanismen auf, die es ihm ermöglichen, eingedrungene pathogene Mikroorganismen zu neutralisieren, bevor sie zum Ausbruch einer Infektionskrankheit führen können. Bei diesem körpereigenen Abwehrsystem wird prinzipiell unterschieden zwischen unspezifischer Widerstandskraft (= Resistenz) und spezifischer Abwehr (= Immunität).

2.6.6.1 Resistenz

Jeder Organismus verfügt primär über eine unspezifische Abwehr, die gegen jede Art von Erregern reagiert. Es sind verschiedene Resistenzfaktoren, die man unterteilt in:

1. Allgemeine Resistenzmechanismen: (z.B. Tränenfluss, hoher Säureanteil im Magen, Nasenausfluss, Säuremantel der Haut). Diese Resistenzfaktoren sollen für eine Ausschwemmung bzw. für ein Abtöten von Erregern jeglicher Art sorgen.

2. Zelluläre Resistenzfaktoren: Unter den weißen Blutkörperchen und an verschiedenen Stellen des Körpergewebes finden sich polymorphkernige Granulozyten, auch Fresszellen genannt. Diese vernichten die in den Körper eingedrungenen Krankheitserreger in Verbindung mit den humoralen (im Blut gelösten) Resistenzfaktoren.

3. Humorale Resistenzfaktoren: Die humoralen, im Blutserum gelösten Resistenzfaktoren können eingedrungene Mikroorganismen erkennen und diese für die Vernichtung durch die Granulozyten vorbereiten. Diese sind angeboren (erblich bedingt) und bestimmen damit die individuelle Widerstandskraft eines Organismus gegen Krankheitserreger (Konstitution).

Die Resistenzfaktoren können jedoch durch Umwelteinflüsse beeinflusst werden. Zum Beispiel sorgen Cortisongaben, übermäßiger Stress, schlechte Stallluft u.a.m. dafür, dass die Zahl der Leukozyten im Blut unter den Normalwert sinkt und die Resistenzmechanismen bei der Krankheitsabwehr geschwächt werden.

Reichen die vorhandenen Resistenzmechanismen zur Krankheitsabwehr nicht mehr aus, treten gegen jeden einzelnen Krankheitserreger gesondert erzeugte Abwehrreaktionen in Aktion.

Unter diese allgemeinen Resistenzmechanismen fallen auch alle sonstigen organischen Schutzbarrieren des Körpers, wie z.B. die Körperhöhlen auskleidenden Häute (seriöse Häute), die Sehnenscheiden, die Blutgehirnwasserschranke, die Blutplazentaschranke u.a.m.

Diese erblichen Resistenzmechanismen machen einen erheblichen Teil der Widerstandskraft eines Organismus aus.

Auf Grund der Funktionstüchtigkeit dieses Resistenzsystems spricht man von „anfälligen“ bzw. von „robusten“ Pferden und stellt damit ein züchterisch zu beeinflussendes Qualitätsmerkmal für Pferde heraus, das auch als „Konstitution“ bezeichnet wird.

Des Weiteren gibt es so genannte primäre Resistenzfaktoren, die zum einen an Zellen gebunden sind und zum anderen über besondere Proteine im Körper und in den Körperflüssigkeiten verfügen. Die Hauptträger dieser primären zellulären Resistenz sind die Phagozyten oder auch Fresszellen des Blutes und der Gewebe. Diese Zellen sind an verschiedenen Stellen der Organe verteilt, z.B. in der Lunge und in der Leber und können eingedrungene Krankheitserreger unter Zuhilfenahme der im Körper befindlichen sonstigen Proteine erkennen, diese aufnehmen und intrazellulär zerstören.

Die vorher beschriebenen humoralen Resistenzfaktoren spielen auch eine zentrale Bedeutung beim Ablauf einer Entzündung.

Entzündungen

Zu den allgemeinen Resistenzmechanismen gehören auch Entzündungen. Als weitere Abwehrstufe versucht der Körpers durch den Ablauf entzündlicher Vorgänge Schäden durch eingedrungene Krankheitserreger, wie auch durch Verletzungen eingetretene Gewebszerstörungen, zu begrenzen.

Durch die sich bei der Entzündung zersetzenden Gewebeteile werden die humoralen und zellulären Resistenzfaktoren aktiviert.

Durch ein Zusammenwirken dieser Entzündungsmediatoren (Entzündungsvermittler) kommt es zu den bei jeder Entzündung auftretenden Symptomen:

1. Rötung durch vermehrte Durchblutung.
2. Schwellung des betroffenen Organs bzw. Gewebeteils.
3. Wärme.
4. Schmerzen.
5. Funktionsstörungen des Organs bzw. Körperteils.

Entzündungen verlaufen je nach Ursache unterschiedlich. Nach dem Eindringen von bakteriellen Krankheitserregern entweder unter Eiterbildung, wie z.B. bei der Phlegmone (s. Seite 185), oder ohne Eiterbildung bei Virusinfektionen.

Häufiger kommt jedoch der gemischte Verlauf vor, bei dem sich primäre Virusinfektionen durch bakterielle Sekundärbesiedlung in eitrige Entzündungen umwandeln. Sterile Entzündungen – ohne Beteiligung von Krankheitserregern – beobachtet man in der Regel bei gedeckten Verletzungen. Das bekannteste Beispiel einer solchen Entzündung stellt der partielle (teilweise) Sehnenanriss beim Pferd dar (Bogen auf der Sehne).

2.6.6.2 Immunität

Neben den unspezifischen Resistenzmechanismen gibt es die speziell gegen bestimmte Erreger vorbereitete spezifische Immunität. Diese setzt sich aus zwei Teilen zusammen, aus einem humoralen Anteil und aus einem zellulären Anteil. Die humorale Immunität bedeutet, dass sich im Blut und in den Gewebeflüssigkeiten bestimmte Eiweißkörper (Antikörper) befinden, die in der Lage sind, eingedrungene pathogene Mikroorganismen zu neutralisieren. Bei diesen

Eiweißkörpern spricht man von den Immunglobulinen. Diese können **passiv** erworben sein oder **aktiv** vom Körper produziert werden.

Passive Immunität

Von passiver Immunität spricht man, wenn diese Immunglobuline dem Körper zugeführt werden. Das geschieht beim Fohlen über das Kolostrum (Biestmilch).

Während der Trächtigkeit können dem Fetus nämlich von der Stute nur sehr wenige Antikörper (Immunglobuline) übertragen werden. Unmittelbar nach der Geburt verfügt das Fohlen somit über wenige spezifische Abwehrkräfte gegen eindringende Mikrororganismen. Wie bereits ausgeführt, muss jeder Organismus mit den Mikroorganismen leben – auch das Fohlen. Es wird über die unmittelbar nach der Geburt aufgenommene Muttermilch (Kolostrum/Biestmilch) mit Antikörpern gegen die pathogenen Mikroorganismen versorgt (passive Immunität). Daher ist es verständlich, dass die Aufnahme der Biestmilch sehr bald nach der Geburt erfolgen muss. Sie ist überlebenswichtig.

Immunglobuline können ferner passiv aufgenommen werden, wenn sie vom Tierarzt durch Injektionen verabreicht werden (s. Prophylaxe und Therapie der Fohlenlähme Seite 162, 163).

Aktive Immunität

Eine aktive humorale Immunität wird dadurch erreicht, dass die B-Lymphozyten aus der Fraktion der weißen Blutkörperchen in die Lage versetzt werden, gegen zuvor aufgenommene Mikroorganismen spezifische Antikörper zu produzieren und diese in die Blutbahn bzw. in die Gewebe abzugeben. Diese Bildung von Immunglobulinen kann aber erst etwa ab dem dritten Lebensmonat funktionieren. Vorher ist das Fohlen auf die passive Immunität durch die Biestmilch angewiesen.

Neben diesen Immunglobulinen gibt es noch eine zelluläre Immunität. In der Fraktion der weißen Blutkörperchen des Blutes finden sich die T-Lymphozyten, die mit der Fähigkeit ausgestattet sind, spezielle Mikroorganismen, mit denen der Organismus zuvor bereits einmal Kontakt hatte, abzuwehren. Diese Zellen inaktivieren, ähnlich wie die bereits zuvor genannten Immunglobuline, die eingedrungenen Mikroorganismen.

Die spezifische Immunität macht man sich bei den Schutzimpfungen zu Nutze. Man verabreicht dem Organismus eine bestimmte Menge bzw. Art eines pathogenen Mikroorganismus und trainiert so die Immunzellen, auf diesen Mikroorganismus durch Produktion von Immunglobulinen und von T-Lymphozyten zu reagieren, um den Mikroorganismus zu neutralisieren.

Zur Wiederholung und Vertiefung

1. Welche Mikroorganismen können Infektionen auslösen?
2. Beschreiben Sie die Schadwirkungen
   a) für bakterielle Erkrankungen
   b) für Pilzerkrankungen
   c) für Viruserkrankungen.
3. Erklären Sie den Begriff »Inkubationszeit«.
4. Beschreiben Sie die Eintrittspforten für Krankheitserreger anhand von Beispielen.
5. Erläutern Sie den schematischen Ablauf einer Infektionskrankheit.
6. Stellen Sie den Unterschied von
   a) unspezifischer Widerstandskraft
   b) spezifischer Abwehr
   dar.
7. Nennen Sie die Symptome einer Entzündung, und geben Sie Gründe für ihr Entstehen an.
8. Stellen Sie die Besonderheiten der
   a) passiven
   b) aktiven
   Immunität dar und erläutern Sie, welche Bedeutung sie bei Schutzimpfungen haben.

Zusammenfassend kann festgehalten werden: Durch die komplexen, schwierigen Vorgänge der unspezifischen Resistenz und der spezifischen Immunität sollen eingedrungene und sich vermehrende Schadmikroorganismen aus dem Körper eliminiert und somit die Schadwirkungen begrenzt werden.

Diese oben besprochenen Resistenz- und Immunitätsmechanismen werden durch nicht artgerechte Haltung, Pflege und Fütterung negativ beeinflusst. Kommt Stress hinzu, kann es zu einer unzureichenden Funktion der Immunitäts- und Resistenzmechanismen kommen. Schlecht gehaltene und falsch ernährte Pferde sind im Regelfall wesentlich krankheitsanfälliger als Tiere, die artgerecht versorgt werden. Es ist wichtig, Pferde immer in guter Kondition zu halten, damit die körpereigene Krankheitsabwehr funktonsfähig bleibt und bestmögliche Widerstandskraft gegen Infektionskrankheiten besteht.

2.7 Bakteriell bedingte Infektionskrankheiten erkennen und Maßnahmen ergreifen

2.7.1 Druse

Die Druse ist eine weit verbreitete, akut verlaufende Infektionskrankheit der Pferde. Vor der Verfügbarkeit von Antibiotika verursachte sie in vielen Gestüten große Ausfälle.

Erreger der Druse ist *Streptococcus equi*, für den Pferde ganz besonders empfänglich sind.

Nach einer Inkubationszeit von 4 bis 8 Tagen erkranken die infizierten Pferde zunächst an akutem Fieber mit 40 bis 41,5 °C. Sie sind apathisch und fressen nichts mehr. Ferner haben sie einen trockenen Husten und einen wässrigen Nasenausfluss, der alsbald eitrig wird. Zusätzlich kommt es dann zu einer Schwellung der Kehlgangslymphknoten. Diese werden warm und schmerzen. Häufig kommt es auch zur Abszedierung (Geschwürbildung) dieser Lymphknoten. Sie öffnen sich entweder von allein oder müssen nach vorheriger scharfer Einreibung gespalten werden.

Als Komplikation kann eine Weiterverbreitung der Krankheitserreger in den gesamten Körper erfolgen (Blutvergiftung). Das führt im Regelfall zum Tode. Diese Verlaufsform findet man gelegentlich bei sehr jungen, meistens unter drei Tage alten Fohlen. Bei älteren Pferden läuft die Krankheit gedämpfter ab. Hier bleibt sie in den meisten Fällen auf den Hals-Rachen-Raum beschränkt.

Wegen der Empfänglichkeit der Pferde für das Bakterium *Streptococcus equi* ist die Ansteckungsgefahr innerhalb eines Pferdebestandes sehr groß. Oftmals kommt es sogar in Ställen oder Gestüten zu einem seuchenhaften Verlauf.

Therapeutisch (heilend) wendet der Tierarzt Antibiotika an. Als vorbeugende Maßnahme ist der Einsatz von speziellen Impfstoffen möglich, die bereits Fohlen im Alter von 4 Monaten in die Schleimhaut der inneren Oberlippe verabreicht bekommen. Betriebe, die häufig Fremdpferde einstallen, müssen Quarantäneställe vorsehen, damit im Falle eines Krankheitsausbruchs die bestandseigenen Pferde geschützt sind. Ställe, in denen erkrankte Pferde gestanden haben, lassen sich mit handelsüblichen Desinfektionsmitteln (s. Liste Desinfektionsmittel der Deutschen Veterinärmedizinischen Gesellschaft DVG) desinfizieren.

2.7.2 Wundstarrkrampf (Tetanus)

Der Wundstarrkrampf wird ausgelöst von einem vorwiegend unter Sauerstoffabschluss wachsenden Bakterium *(Clostridium tetani)*. Clostridien bilden als Dauerform Sporen, die sehr umweltresistent sind. Diese Sporen halten sich in der Erde über Jahre hinweg und bleiben auch ansteckungsfähig. Viele Pflanzenfresser scheiden Clostridiensporen mit dem Kot aus. Gelangt der Erreger durch Verletzungen, wie Nageltritte, Drahtverletzungen oder Operationswunden, in den Körper eines Pferdes und lebt dort unter Sauerstoffabschluss, wie es z.B. bei gestörtem Wundabfluss oder bei Nageltritten und Vernagelungen nach Verschluss des Stichkanals der Fall ist, hat der Erreger optimale Wachstumsmöglichkeiten. Der Erreger selbst bleibt im Regelfalle an oder in der Nähe der Verletzungsstelle.

Seine krankmachenden Eigenschaften entwickelt er durch die Produktion eines Nervengiftes. Wenige Tage, manchmal erst nach mehreren Wochen, kommt es zu den ersten klinischen Erscheinungen beim infizierten Pferd. Zuerst versteift die Körpermuskulatur. Die Pferde nehmen eine sägebockartige Stellung ein und spreizen die Vorderbeine. Ein Wenden der Pferde ist kaum möglich. Der Gang wird stelzig, und die Pferde sind nicht mehr in der Lage, die Füße hochzuheben. Am Kopf des Pferdes fällt die starr gespreizte Nüsternhaltung und der Vorfall des 3. Augenlides auf.

Mit fortschreitender Erkrankung kommt es zur Maulsperre, das Pferd kann dadurch nicht mehr fressen und trinken. Eine enorme Schreckhaftigkeit kommt hinzu. Die Pferde neigen zu Krampfanfällen, sobald sie hellem Licht oder lauteren Geräuschen ausgesetzt werden. Die Körperinnentemperatur ist bei verzögertem Verlauf leicht erhöht. Kommt es jedoch zu einem akuten Schub, steigt die Körpertemperatur auf Werte um 42 °C, sodass anschließend der Tod eintritt.

Die Therapie dieser Erkrankung gestaltet sich außerordentlich schwierig. Zunächst muss versucht werden, den Infektionsherd aufzuspüren, was gelegentlich nicht mehr möglich ist. Liegen jedoch Verletzungen vor, so müssen diese vom Tierarzt chirurgisch behandelt werden. Daneben empfiehlt es sich, die Infektionsstelle mit einem Hyperimmunserum zu umspritzen, um die von den Bakterien ausgeschiedenen Nervengifte zu neutralisieren. Ferner wird das Tier mit Antibiotika in hohen Dosen versorgt, um dadurch den Erreger in seinem Wachstum zu hemmen. Weiterhin werden dem Tier (Gesamtorganismus) hohe Dosen eines Immunserums verabreicht und die Krampfneigung und Schreckhaftigkeit durch Gaben von Tranquilizern (Beruhigungsmitteln) gedämpft. Die Chancen einer Heilung liegen bei einem sehr schnellen Krankheitsverlauf (Inkubationszeit ein bis zwei Tage) bestenfalls bei ungefähr 20 %. Bei einer Inkubationsdauer von drei bis sechs Tagen kann mit einer Heilungschance von etwa 60 % gerechnet werden.

Die Rekonvaleszenz dauert allerdings vier bis sechs Wochen und ist mit erheblichen Mühen und Anstrengungen der Pfleger, aber auch erheblichen Leiden der Pferde verbunden.

Pferde sind neben dem Menschen die für Tetanuserreger empfänglichsten Lebewesen. Daher sollte jeder Tierbesitzer Vorsorge treffen. Fohlen werden im Allgemeinen durch die Aufnahme der Biestmilch einer geimpften Stute während der ersten drei Monate geschützt. Ab dem 3. Lebensmonat ist die passive Immunität durch die Muttermilch erloschen, sodass jetzt aktive Schutzimpfungen durchgeführt werden müssen.

Zur Schutzimpfung werden Tetanustoxoide verwandt. Bei den Toxoiden handelt es sich um die von den Clostridien produzierten Nervengifte, denen die krankmachenden Eigenschaften durch chemische Behandlungsverfahren genommen wurden. Bei nicht geimpften Pferden, bei denen Verletzungen gefunden wurden, muss eine sofortige Applikation (Verabreichung) von Tetanusimmunserum erfolgen, das als Simultanimpfung mit einer aktiven Schutzimpfung kombiniert wird. Als Grundimmunisierung sollte die Tetanusimpfung zunächst zweimal im Abstand von etwa vier Wochen durchgeführt werden, um anschließend nach einem Jahr und dann in zweijährigem Abstand wiederholt zu werden. Tetanusvaccine werden häufig in Kombinationsimpfungen angeboten, sodass sie bei sonstigen jährlich erforderlichen Schutzimpfungen leicht mitverabreicht werden können (s. Impfplan Seite 170,171).

Wer einmal die Leiden eines an Tetanus erkrankten Pferdes gesehen hat, wird auf eine Schutzimpfung nicht verzichten.

2.7.3 Salmonellose

Die Salmonellose ist eine weltweit verbreitete Infektionskrankheit von Mensch und Tier. Die klassische Salmonellose des Menschen wird auch als Typhus bezeichnet, während die abgewandelten Erreger bei den Tieren als Paratyphuserkrankungen bezeichnet werden. Die Salmonellen sind kleine Stäbchenbakterien, die in vielen verschiedenen Unterarten vorkommen. Weltweit sind derzeit ca. 1500 Unterarten bekannt. Die Salmonellen werden häufig über den Kot ausgeschieden und können in der Umgebung sehr lange überleben. Die Aufnahme und Weitergabe erfolgt vorzugsweise über den Kot bzw. über Futtermittel, die mit salmonellenhaltigem Kot verunreinigt worden sind.

Auch eine Infektion von Stuten durch infizierte Hengste ist bei einem Deckakt möglich.

Einige Salmonellenarten zeigen besondere Anpassungsfähigkeiten an eine bestimmte Tierart. Beim Pferd handelt es sich um den Typ *Salmonella abortus equi*. Er löst die unterschiedlichsten Krankheitsbilder aus.

Nach der Aufnahme von Salmonellen über das Futter vermehren sich die Erreger im Darm. Sie siedeln sich dort an und überschwemmen den gesamten Organismus. Bei den klinischen Erscheinungen stehen Koliken mit Durchfällen zunächst im Vordergrund. Bei einer Ansiedlung in den inneren Organen kommt es zusätzlich zu periodenweisen Fieberschüben, die durch Giftausschüttung der Salmonellen bedingt sind. Des Weiteren werden schleimig blutiger Durchfall, struppiges Fell und u. U. auch Gelenkentzündungen beobachtet.

Bei tragenden Stuten siedelt sich *Salmonella abortus equi* besonders massiv in der Gebärmutter an. Dadurch kommt es zur Ablösung der Eihäute mit folgendem Abort (Verfohlen). Die abortierten Feten und Eihäute sind massiv mit Salmonellen infiziert, sodass von dort aus eine sehr leichte Übertragung auf die anderen Tiere des Bestandes möglich ist. Die Folge davon kann ein seuchenhafter Verlauf der *Salmonella abortus-equi*-Infektion in Gestüten sein.

Werden Stuten gegen Ende der Trächtigkeit infiziert, können u. U. auch lebensschwache Fohlen geboren werden, die bereits in den ersten Tagen nach der Geburt verenden.

Bei den infizierten Stuten treten häufig Folgeerkrankungen auf wie Sehnenscheidenentzündungen, Hufrehe, Lungenentzündungen und verschiedene Abszesse. Derartige Krankheitsprozesse sind die Folge der Ausschwemmung von Salmonellen aus der Gebärmutter in den gesamten Organismus. Diese Blutvergiftungen enden für die erkrankten Pferde häufig tödlich.

Kann die Salmonelleninfektion auf den Genitalbereich beschränkt werden, ist für den Krankheitsverlauf und für die Heilungschancen eine relativ gute Aussicht vorhanden, weil ein Abort durch *Salmonella equi* im Regelfall beim gleichen Pferd nur einmal auftritt.

Neben den Salmonelleninfektionen, die mit klinischen Erscheinungen verlaufen, gibt es auch häufig solche, bei denen zwar eine Infektion stattfindet, die Tiere zunächst aber nicht sichtbar erkranken. Hier siedeln sich die Erreger vorzugsweise im Darm an und werden fortlaufend über den Kot ausgeschieden. Dieser Zustand kann auch nach Salmonelleninfektionen mit klinischen Erscheinungen eintreten. Diese Tiere sind sog. Dauerausscheider, die eine potenzielle Gefahr für den übrigen Bestand darstellen. Sie laufen aber Gefahr, dass bei plötzlich auftretenden Stresssituationen, wie z. B. Virusinfektion, intensivem Training, längeren Transporten, Operationen, diese Salmonelleninfektion aktiviert wird und dann oftmals unter blutvergiftungsähnlichen Erscheinungen mit Fieber, Durchfall und Gelenkentzündungen zum Tode führt.

Als Therapie verbleiben lediglich der Einsatz von Antibiotika und Dauertropfinfusionen. Intensive tierärztliche Behandlung, meistens sogar die Einweisung in eine Klinik, ist unumgänglich.

Auf Grund der beschriebenen großen Ansteckungsfähigkeit dieser Bakterien müssen erkrankte Tiere in eine Quarantänebox verbracht werden. Strenge Hygienemaßnahmen sind durchzuführen, um eine Verschleppung in andere Ställe zu verhindern. Als Vorbeugungsmaßnahme kann eigentlich nur auf Hygiene und peinliche Sauberkeit verwiesen werden. Die Salmonelleninfektion ist im Wesentlichen eine Schmutz- und Schmierinfektion, die durch infizierte Futtermittel, Gegenstände oder Ställe hervorgerufen wird.

Ist die Salmonellose jedoch in einem Bestand aufgetreten, sollten für alle Pferde Kotprobenuntersuchungen und evtl. serologische Untersuchungen erfolgen, um die stillen Erregerausscheider zu ermitteln und diese dann isolieren zu können.

Die Isolierung infizierter Pferde ist auch für das betreuende Personal wichtig, da Salmonellen auch für Menschen krankmachende Eigenschaften besitzen und der Mensch vom Pferd angesteckt werden kann.

2.7.4 Deckseuchen/Ansteckende Gebärmutterentzündung (CEM)

Die Contagiöse Equine Metritis (CEM) wird durch Infektionen mit dem Bakterium *Taylorella equigenitalis* hervorgerufen. Sie trat Ende der 70er-Jahre in verschiedenen Vollblutgestüten erstmalig auf und ist seitdem als Deckinfektion registriert. Die Infektion erfolgt fast ausschließlich über den Deckakt, wobei indirekte Übertragungen durch Tröpfcheninfektion und Benutzung von gleichem, kontaminiertem Putzzeug nicht auszuschließen sind.

Nach einer Inkubationszeit von 24 bis 48 Stunden kommt es zu einem graugelben, schleimigen Scheidenausfluss, der von unterschiedlich schweren entzündlichen Erscheinungen der Scheide, des Gebärmutterhalses und der Gebärmutter stammt.

Insgesamt ist mit einem ein- bis dreiwöchigen Anhalten des Ausflusses zu rechnen. Die Krankheit kann nach ca. zwei bis sechs Wochen ohne therapeutische Maßnahmen abheilen.

Das Hauptproblem aber liegt darin, dass sich der Erreger in den Sekretionsdrüsen der Klitorisgrube 100 bis 200 Tage halten kann. Bei weiteren Bedeckungen, auch nach Abheilung der klinischen Erscheinungen, können dann erneut Hengste infiziert werden.

Infizierte Hengste können ebenfalls über einen längeren Zeitraum Keimträger sein. *Taylorella equigenitalis* lagert sich im Harnleiter sowie in der Grube der Penisspitze ab und ist im Vorsekret nachweisbar. Auf Grund des langen Keimträgertums besteht die Gefahr, dass unerkannt infizierte Hengste gesunde Stuten decken bzw. gesunde Hengste von infizierten Stuten angesteckt werden. Schwere Deckinfektionen mit erheblichen wirtschaftlichen Schäden sind die Folge.

Daher ist eine konsequente Bekämpfung dieser Deckinfektion erforderlich. Infizierte Stuten müssen über einen längeren Zeitraum mit verschiedenen Antibiotika sowie mit Desinfektionsmitteln intensiv behandelt werden. Hengste müssen sowohl mit Antibiotika als auch lokal behandelt werden. Ihr Zuchteinsatz darf erstmals wieder nach Vorliegen von mindestens drei negativen Klitoristupferproben bzw. Vorsekretproben erfolgen.

Neben der Infektion mit *Taylorella equigenitalis* spielen auch die Infektionen mit anderen bakteriellen Krankheitserregern im Fortpflanzungsgeschehen eine bedeutsame Rolle. So sind Infektionen mit *Streptococcus zooepidemicus* (betahämolysierende Streptokokken) wie auch *Streptococcus equi* (sog. Deckdruse) und *Salmonella abortus equi* von Bedeutung (s. Seite 160 und 162). Diese Infektionen führen, wie z. T. schon beschrieben, zu Infektionen des Tieres mit nachfolgender Gebärmutterentzündung oder sogar zu Aborten. Um diese Deckinfektionen zu verhindern, ist bei güst gebliebenen Stuten sowie bei Altstuten eine Cervixtupferprobe vor der Bedeckung vorgeschrieben. Ebenso werden die Hengste in der deckfreien Zeit untersucht. Dabei werden je eine Tupferprobe aus der Vorhaut und eine Vorsekretprobe entnommen.

Die Beschälseuche s. Seite 210.

In der Vollblutzucht besteht gem. Nr. 139 der Rennordnung eine Meldepflicht gegenüber dem Direktorium für Vollblutzucht und Rennen.

2.7.5 Fohlenfrühlähme

Bei der Fohlenfrühlähme handelt es sich um eine weltweit vorkommende bakterielle Allgemeininfektion mit besonderer Manifestation in den Gelenken und Nieren. Zum Komplex der Fohlenlähme zählen durch verschiedene Krankheitserreger hervorgerufene bakterielle Infektionskrankheiten neugeborener Fohlen. Als Hauptursache gilt die ungenügende, zu späte Versorgung mit Immunglobulinen aus dem Kolostrum. Verschiedene Bakterien, insbesondere *Actinobacillus equuli, Escherichia coli, Salmonellen* und *Klebsiellen* dringen über den Nabel bzw. oral (über das Maul) in den Körper ein. Der junge Organismus des Fohlens ist nicht in der Lage, diese Infektionen abzuwehren. So kommt es schnell zu allgemeiner Schwäche, Fieber, Hinfälligkeit, Mattigkeit. Das Auftreten der Fohlenfrühlähme führt im Regelfalle innerhalb von 24 Stunden zum Tode. Überstehen Fohlen diese Erkrankung, kommt es auf Grund septikämischer (blutvergiftungsartigen) Veränderungen im Bereich der Gelenke zu chronischen, unheilbaren Gelenksveränderungen (Arthritiden).

Die Therapie derartiger Fohlenfrühlähmen ist äußerst schwierig. Es sind alle möglichen Vorsorgemaßnahmen zu treffen. Eine Heilung kann durch Gaben von Antibiotika, Entzündungshemmern und Immunseren versucht werden.

Auf Grund der ungünstigen Therapieaussichten haben vorbeugende Maßnahmen einen sehr hohen Stellenwert bei der Bekämpfung dieser Erkrankung. Wichtig in diesem Zusammenhang sind die Durchführung hygienischer Maßnahmen zur Senkung des Infektionsdrucks im Stallbereich sowie die Impfung der Stuten mit eigens für den Bestand hergestellten Impfstoffen. Fohlen können direkt nach der Geburt mit Antiserum oder Stutenplasma versorgt werden. Bei Risikogeburten (z. B. in häufig betroffenen Ställen oder nach Schwergeburten) wird ein Immunglobulindefizit durch die Gaben von Blutplasma ausgeglichen. Dazu wird von Stuten gegen Ende der Trächtigkeit eine größere Menge Blut gewonnen, die Blutkörperchenfraktion abzentrifugiert und das Plasma eingefroren, um es im Bedarfsfall verwenden zu können. Bei den Risikofohlen, die nicht oder nicht früh genug saugen wollen, gibt es die Möglichkeit, das Kolostrum innerhalb der ersten 24 Stunden einzugeben. Falls dieses nicht möglich ist, wird das zuvor gewonnene Blutplasma intravenös verabreicht. Durch diese Maßnahmen können die in der Stute gebildeten Immunglobuline direkt auf das Fohlen übertragen werden. Prophylaktische Antibiotikagaben haben sich nicht bewährt.

2.7.6 Fohlenspätlähme (klassische Fohlenlähme)

Die Fohlenspätlähme tritt in der Regel ab dem Ende der 1. bis zur 6. Lebenswoche auf. Sie verläuft als eitrige Entzündung, bei der die verursachenden Erreger über die Blutbahn in alle Bereiche des Körpers gelangen können und zur Ausbildung von Abszessen (Eiteransammlungen) führen. Der Erreger *Streptococcus zooepidemicus,* der auch bei anderen Infektionen maßgeblich beteiligt ist u. a. Genitalinfektionen der Stute, Aborte, Nabel- und Wundinfektionen, ist hauptverantwortlich für die Spätlähme der Fohlen. Die Fohlen bekommen Fieber, wollen nicht mehr saugen, sie werden apathisch und bewegen sich nicht mehr gerne und zeigen im weiteren Verlauf eine ausgeprägte Lahmheit. Betroffene Gelenke schwellen an.

Die Eintrittspforte für die Bakterien ist in den meisten Fällen der Nabel; Maul und Nüstern können aber auch dem Erreger Eintritt verschaffen. Über die Blutbahn breitet er sich allmählich im gesamten Organismus aus und bewirkt eine Blutvergiftung mit Schädigung der Gelenke. Im Allgemeinen verläuft die Infektion eher verzögert, in sehr seltenen Fällen kommt es zu sofortigem hochgradigem Fieber und schnellem Tod.

Als Hauptausscheider dieses Erregers gelten latent infizierte Stuten, die ihn mit der Fruchthülle ausscheiden. Insbesondere die Nabeldesinfektion des Fohlens ist wichtig, weil der Erreger sehr häufig durch den Nabel in den Organismus der Fohlen eindringt. Zur Identifikation solcher latent (verborgen) infizierter Stuten werden vor der Bedeckung Tupferproben untersucht.

Die Behandlung der Fohlenspätlähme gestaltet sich recht schwierig. Sinnvoll erscheint es, dem Fohlen ein „Hyperimmunserum" zu verabreichen (s. Fohlenfrühlähme), ebenso eine intravenöse Plasmagabe, die von der Stute gewonnen wurde. Daneben sind Antibiotikagaben unerlässlich.

Als vorbeugende Maßnahmen sind Muttertierschutzimpfungen mit bestandsspezifischen Impfstoffen sowie die Verabreichung von Stutenplasma an das Fohlen sinnvoll. Wichtig sind die Maßnahmen zur Reinigung und Desinfektion der Stallungen sowie die Nabeldesinfektion unmittelbar nach der Geburt. Auf eine ausreichende Versorgung mit Kolostrum nach der Geburt ist zu achten.

2.7.7 Botulismus

Bei dieser Erkrankung handelt es sich um keine Infektionskrankheit im klassischen Sinne, sondern um eine reine Vergiftung mit einem durch das Futter aufgenommenen Nervengift, welches von Sporen bildenden Stäbchenbakterien mit dem Namen *Clostridium botulinum* gebildet wird.

Das Botulinumtoxin gehört zu den giftigsten biologischen Substanzen überhaupt. Es kommt im Boden und im Wasser vor. Für seine Vermehrung sind bestimmte Faktoren wie anaerobes Milieu, ein bestimmter ph-Wert, organische Substanzen, bestimmte bakterielle Gegenspieler und eine Temperatur von 20 °C entscheidend. Eine bedeutende Rolle spielen hierbei erregerhaltige Tierkadaver, die bei der Futterwerbung zur Kontamination pflanzlicher Futtermittel führen können (z. B. Mäusekadaver oder Fliegenmaden in der Silage).

Pferde sind sehr empfänglich für das Botulinumtoxin. Nach Aufnahme des vergifteten Futters kann es zu apathischem Verhalten, Mattigkeit und Futterverweigerung kommen. Es treten kolikartige Beschwerden auf, die Pferde schwitzen stark. Im weiteren Krankheitsverlauf beobachtet man Lähmungserscheinungen im Bereich des Rachens, der Zunge und der Gliedmaßen. Es handelt sich um schlaffe Lähmungen ohne Auftreten von Fieber (im Gegensatz zur Tetanus-Infektion). Der Tod tritt durch Atemlähmung ein.

Therapeutisch verspricht eine Behandlung mit antitoxischem Serum im Frühstadium Erfolg.

Beim Auftreten dieser Erkrankung muss sofort eine Probe des verdächtigen Futters untersucht werden!

Prophylaktisch muss eine Kontamination des Futters mit Tierkadavern vermieden werden.

2.7.8 Borreliose/Lyme-Disease

Unter dem Begriff der Borreliose, auch Lyme-Disease genannt, versteht man eine Infektion mit einer speziellen spiralförmigen Bakterienart, den *Borrelien*. Die Erreger persistieren in frei lebenden Nagetieren sowie anderen Säugetieren (Igel und Hirsch) und werden von dort durch Zeckenbiss auf andere Tiere und den Menschen übertragen. In Europa wird diese Infektion durch den gemeinen Holzbock *Ixodes ricinus* verursacht. Auf Grund der Klimaveränderungen, die ein zunehmend wärmeres und regnerisches Wetter in unseren Breitengraden erwarten lassen, werden die Lebensbedingungen für Zecken günstiger werden, d.h. Zecken legen keine klassische Winterruhe mehr ein und sind das ganze Jahr aktiv und erhöhen somit das Infektionsrisiko.

Nach dem Biss einer mit *Borrelien* infizierten Zecke kann es eine sehr lange Zeit (Monate bis Jahre) dauern, bis beim Pferd überhaupt Symptome einer Erkrankung auftreten. Beobachtet werden allgemeine Anzeichen einer Infektion wie Leistungsabfall, Fieber, Appetitlosigkeit und Gewichtsverlust. Weitere Symptome sind Lahmheiten, Gelenkschwellungen, Haut- und Augenerkrankungen sowie zentralnervöse Störungen.

Für den Nachweis einer erfolgten Infektion mit *Borrelien* müssen Blutuntersuchungen und ein Erregernachweis aus einer Hautprobe oder die Untersuchung von Gelenksflüssigkeit erfolgen. Eine Therapie mit Antibiotika ist möglich, aber langwierig und schwierig, da die Erreger sich im Organismus zurückziehen können und somit nicht immer vom Antibiotikum erreicht werden.

Um eine Infektion mit *Borrelien* zu vermeiden, ist der Vorsorge besondere Beachtung zu schenken. Ein- bis zweimalige Kontrolle der Pferde und bei Zeckenbefall, die richtige Entfernung derselben, kann eine Infektion verhindern, da eine Übertragung der *Borrelien* von der Zecke auf das Pferd erst 12–24 Stunden nach dem Biss beginnt.

Zur Wiederholung und Vertiefung

1. a) Was ist Wundstarrkrampf?
   b) Wie äußert er sich?
   c) Wie beugt man dem Auftreten vor?
   d) Welche Aussichten auf Heilung bestehen?
2. Beschreiben Sie die Maßnahmen, die beim Auftreten von Salmonellose zu treffen sind.
3. Nennen Sie die wichtigsten Deckseuchen und die möglichen Vorbeugemaßnahmen.
4. Stellen Sie die Unterschiede zwischen
   a) Fohlenfrüh- und
   b) Fohlenspätlähme
   fest und erläutern Sie Vorbeuge- und Gegenmaßnahmen.
5. a) Wodurch kann ein Pferd an Borreliose erkranken?
   b) Wie können Sie eine Infektion mit Borrelien vermeiden?

2.8 Virusinfektionen erkennen und Maßnahmen ergreifen

2.8.1 Equine Herpesvirusinfektionen

Herpesviren sind bei fast allen Tierarten für das Auftreten seuchenhafter Krankheiten verantwortlich. Ihr gemeinsames Merkmal ist die lebenslange Latenz (Verborgensein) oder Persistenz (Bestehenbleiben) in einem infizierten Organismus. *Herpesviren* können verschiedene Organsysteme befallen und dadurch zu einer Vielfalt von Krankheitserscheinungen führen. Betroffen von einer Herpesvirusinfektion können Haut und Schleimhäute des Atmungs- und Genitaltraktes sein; Nieren und das zentrale Nervensystem können ebenso betroffen sein wie auch lymphatische Organe und Immunzellen.

Herpesviren sind in der Umwelt häufig vorhanden und jeder Organismus tritt sehr schnell mit diesen Erregern in Kontakt. Die *Herpesviren* verbleiben nach durchlaufener Infektion mit entsprechender Antikörperbildung im Organismus. Nach Abbau des Antikörperspiegels im Blut können diese Erreger dann unter Stresseinwirkung aus ihrer Ruhephase im Organismus aktiviert werden. Sie vermehren sich wieder im Körper, werden massiv ausgeschieden und können auch beim Trägertier neue Krankheitsschübe auslösen.

Bei den Pferden sind vier verschiedene equine Herpesviren als Infektionserreger bekannt:

1. Virusabort der Stute: *EHV I*
2. Lungenverlaufsform (Rhinopneumonitis): *EHV IV*
3. Bläschenausschlag (Koitalexanthem): *EHV III*
4. Equine Zytomegalie: *EHV II*

2.8.1.1 Virusabort der Stute/Rhinopneumonits

Der Erreger des Virusaborts der Stuten (*EHV I*) sowie der Erreger der Rhinopneumonitis (*EHV IV*) sind hoch ansteckend. Sie werden über das Nasensekret ausgeschieden und durch direkten Kontakt sowie durch Tröpfcheninfektion (Schnauben und Husten) übertragen. Über den Deckakt sowie den Atmungstrakt gelangt das Virus in den Organismus, infiziert diesen und verbreitet sich über das Vorhandensein im Fruchtwasser, in der Nachgeburt und in Aborten.

Bei Fohlen und jungen Pferden verläuft die Herpesvirusinfektion vorwiegend als respiratorisches Krankheitsgeschehen. Betroffen sind die oberen Luftwege und die Lunge; Fieber, Nasenausfluss und Husten sind die Folge. Durch Beteiligung von zusätzlichen Bakterien (Sekundärinfektion) kann es zu eitrigem Nasenausfluss und chronischem Husten kommen. Werden solch erkrankte Pferde belastet, ist das Entstehen einer Lungenentzündung und einer Brustfellentzündung möglich.

Bei älteren Pferden verläuft die Rhinopneumonitis meistens unauffällig, obwohl es kurzzeitig zu einem Anstieg der Körpertemperatur kommen kann. Komplikationen wie bei jungen Pferden sind möglich.

Vom Virusabort werden tragende Stuten vorwiegend im letzten Teil der Trächtigkeit befallen. So kommt es nach einer Inkubationszeit von drei Wochen bis zu vier Monaten zu einem Spätabort, der vorwiegend zwischen dem 7. und 10. Monat der Trächtigkeit erfolgt. Ohne große vorherige Allgemeinerkrankung geht die Frucht mit den Fruchthüllen komplett ab.

Bei Infektionen am Ende der Trächtigkeit werden lebensschwache oder auch tote Fohlen geboren.

Bei Infektionen mit dem *EHV I* oder dem *EHV IV* kann es auch zu zentralnervösen Erscheinungen kommen. Bei Stuten nach einem Abort sowie bei jungen Pferden wurden diese Symptome beobachtet, die von einer milden Ataxie (Bewegungsstörung) bis hin zu einer hochgradigen Lähmung auftreten können (Meldepflicht an das Direktorium für Vollblutzucht und -Rennen für die Vollblutzucht gem. Nr. 139 der Rennordnung).

Eine Therapie ist nicht möglich. Nach Eintreten der klinischen Erscheinungen kann das Pferd durch Antibiotikagaben vor weiteren bakteriellen Infektionen geschützt werden. Beste Haltungsbedingungen und frische Luft vermögen die Krankheitssymptome abzumildern.

Bei Virusaborten muss die abgestoßene Frucht mit den Fruchthüllen und dem Fruchtwasser unschädlich beseitigt werden, damit möglichst keine Neuinfektionen erfolgen können. Für Vollblüter gelten Sonderbestimmungen (siehe Rennordnung).

Umfassende Reinigungs- und Desinfektionsmaßnahmen müssen erfolgen, weil sich der Erreger auch im Stroh, an Stallwänden, Geräten und Pferdehaaren über Wochen infektionsfähig halten kann. Es sind Desinfektionsmittel der aktuellen DVG-Desinfektionsmittelliste einzusetzen.

Die wirksamste Methode, die Rhinopneumonitis sowie den Virusabort der Stute zu bekämpfen, liegt in den vorbeugenden Maßnahmen. Regelmäßige Schutzimpfungen und die Einhaltung der seuchenhygienischen Maßnahmen, besonders nach erfolgten Aborten, sind unerlässliche Maßnahmen, um das Infektionsrisiko zu minimieren. Um einen ausreichenden Impfschutz gegen die Rhinopneumonitis und den Virusabort der Stute zu erreichen, sind folgende Voraussetzungen zu erfüllen:

Alle Pferde eines Bestandes müssen einer Grundimmunisierung sowie den regelmäßig erforderlichen Wiederholungsimpfungen unterzogen werden. In den Bestand dürfen nur ausreichend geimpfte Pferde eingestallt werden. Mit diesen Maßnahmen soll ein Auftreten der Rhinopneumonitis und damit eine Virusausscheidung und -vermehrung verhindert werden.

Zur Bekämpfung des Virusaborts der Stute müssen Impfungen im 3./4. Monat und im 7./8. Trächtigkeitsmonat erfolgen. Das Ziel ist hier der sichere Schutz vor dem Virusabort.

2.8.1.2 Bläschenausschlag (Koitalexanthem)

Der Bläschenausschlag wird durch eine Infektion mit dem *EHV III-Virus* hervorgerufen. Das Virus wird beim Deckakt sowie durch enge Kontakte übertragen und führt nach einer Inkubationzeit von 2 bis 10 Tagen zur Bildung von typischen Bläschen, Pusteln und Erosionen (Substanzverlust der Haut), die bei der Stute im Scheidenvorhof und an der benachbarten Haut, beim Hengst am Penis und am Präputium (Vorhaut) zu finden sind. Pferde, die sich mit diesem Erreger infiziert haben, bleiben lebenslang Virusträger und können, selbst wenn sie selber gesund sind, bei Aktivierung des im Organismus verborgenen Virus andere Tiere anstecken. Die Trächtigkeit der Stute wird nicht gestört.

Die Abheilung der Hautveränderungen erfolgt nach 2–3 Wochen, wenn keine weitere bakterielle Infektion hinzukommt. Es entstehen Narben in Form von pigmentlosen Flecken, die über Jahre sichtbar sind.
Die Bekämpfung der *EHV III*-Infektion ist nur über eine Decksperre und durch Ausschluss infizierter Tiere von der Zucht möglich.

2.8.1.3 Equine Zytomegalie

Als weitere Herpesvirusinfektionen sind Ansteckungen mit dem *EHV II-Virus* bekannt. Dieser Erreger ist in nahezu 85% der Pferdepopulation verbreitet. Infektionen damit können als Ursache für gelegentlich auftretende Horn- und Bindehautentzündungen des Auges sein. Die Behandlung erfolgt symptomatisch unter Verwendung von Virostatika (Medikament, welches die Vermehrung von Viren hemmt).

2.8.2 Influenza/Hoppegartener Husten / Seuchenhafter Husten

Die Influenza des Pferdes ist eine akut verlaufende, hochkontagiöse, lokale oder allgemeine Erkrankung des Atmungsapparates, die mit sehr trockenem und schmerzhaftem Husten einhergeht. Das *Influenzavirus* gehört zur Familie der *Orthomyxoviren,* die landläufig alle so genannten Grippeviren zusammenfasst.

Nach einer Inkubationszeit von 18 Stunden bis zu 5 Tagen kommt es zu Fieberschüben von 39° bis zu 41 °C, die ein bis drei Tage anhalten können. Zusätzlich setzen Nasenausfluss, Kreislaufstörungen, erhöhte Herzfrequenz und Kehlkopfentzündungen ein, die mit Schwellungen der regionalen Kehlgangslymphknoten einhergehen. Danach tritt ein charakteristischer, trockener, hohler Husten ohne eitrige Schleimabsonderung auf. Die Erkrankung heilt ohne Behandlung innerhalb von ein bis drei Wochen wieder ab, vorausgesetzt, dass den Pferden in der Zwischenzeit Ruhe und optimale Haltungsbedingungen mit viel frischer Luft gewährt werden. In Ausnahmefällen kommt es als Folge der Infektion auch zu Aborten.

Treten als Komplikationen bakterielle Sekundärinfektionen ein und wird das Ruhebedürfnis der Pferde nicht beachtet, kann es, wie bei allen anderen respiratorischen Infektionskrankheiten auch, zu schwersten Folgeerscheinungen kommen. Hier sind insbesondere die Chronische Obstruktive Lungenerkrankung oder der als Dämpfigkeit (s. Seite 95) beschriebene Krankheitskomplex zu nennen.

Eine direkte Bekämpfung des Krankheitserregers ist nicht möglich. Lediglich flankierende Maßnahmen zur Unterstützung des Heilungsprozesses z. B. durch Verbesserung der Haltungsbedingungen können ergriffen werden. Im Falle einer bakteriellen Sekundärinfektion wird eine Therapie mit Antibiotika durchgeführt. Die wichtigste Behandlungsmaßnahme liegt in der absoluten Schonung der erkrankten Pferde.

Die Prophylaxe steht bei der Influenzainfektion im Vordergrund. Wichtig sind eine korrekt durchgeführte Grundimmunisierung und regelmäßige Wiederholungsimpfungen. Ein wirksamer Schutz gegen die Influenzainfektion des Pferdes bietet die Impfung nur dann, wenn ein möglichst großer Teil der Pferdepopulation gegen die Erkrankung geimpft ist. Für Rennpferde und Turnierpferde besteht seitens der entsprechenden Pferdeorganisationen Impfpflicht. Es besteht eine Meldepflicht im Infektionsfalle gem. Nr. 139 der Rennordnung in der Vollblutzucht.

2.8.3 Ansteckende Blutarmut des Pferdes / Infektiöse Anämie

Die infektiöse Anämie des Pferdes spielt weltweit eine bedeutende Rolle und verursacht große Ausfälle. Sie ist in allen EU-Mitgliedsstaaten anzeigepflichtig und wird durch veterinärpolizeiliche Maßnahmen bekämpft. Erreger ist ein *Lentivirus*, das vorwiegend von Stechinsekten übertragen wird. Daher ist eine besonders große Ausbreitungstendenz in Feucht- und Sumpfgebieten zu beobachten, in denen besonders viele Blut saugende Stechinsekten leben. Auch durch indirekte Kontakte, z.B. über Speichel, Kot und Urin, kann die Krankheit übertragen werden. Der Deckakt kann ebenfalls zur Verbreitung beitragen. Nach einer Inkubationszeit von etwa 9 bis 30 Tagen treten Fieberschübe auf, die bis zu 40 °C gehen.

Durch Vorgänge im Immunsystem kommt es dabei zum Zerfall der roten Blutkörperchen (Erythrozyten). Dadurch wiederum werden innere Organe, z. B. die Leber, stark belastet und es kommt zur Gelbsucht unterschiedlichen Ausmaßes. Die Blutarmut führt zu einer allgemeinen Schwäche und Hinfälligkeit der Pferde. Solche Anfälle dauern im Regelfall ca. drei bis fünf Tage, und es kommt anschließend zu einer Rekonvaleszenz (Erholung).

Die akute Verlaufsform kann – falls die Pferde daran nicht sterben – in eine chronische übergehen. Dabei wechseln sich akute Fieberschübe mit Erholungsphasen ab. Nach einer gewissen Rekonvaleszenzzeit sind die Pferde wieder voll belastungsfähig und können genutzt werden. Solche Pferde stellen jedoch dann ein besonders gefährliches Erregerreservoir dar. Sie bleiben lebenslang Virusträger und können den Erreger ausscheiden. Dieser wird durch Insekten auf andere Tiere übertragen.

Der Nachweis einer bestehenden Infektion wird mit dem „Cogginstest“ geführt. Mit diesem Test werden Antikörper im Blut nachgewiesen.

Eine Heilung ist nicht möglich. Impfungen und Heilversuche sind auf Grund der staatlichen Bekämpfungsbestimmungen verboten. Infizierte Tiere gelten als Erregerreservoir und können auf behördliche Anordnung getötet werden.

Prophylaxemaßnahmen zur Infektionsvermeidung sind schwierig. Bei Pferdekauf aus betroffenen Anämiegebieten empfiehlt sich im Vorfeld die Durchführung des „Coggingstests“ zum Ausschluss der Infektiösen Anämie.

2.8.4 Tollwut

Die Tollwut ist eine akute, tödlich verlaufende Infektionskrankheit, die durch *Rhabdoviren* verursacht wird. Sie ist bis auf wenige Gebiete wie z.B. Großbritannien oder Australien, weltweit verbreitet. Der Erreger verursacht beim Menschen und beim Säugetier entzündliche Veränderungen im Gehirn, die zu verschiedenartigen Krankheitssymptomen führen. Die Übertragung der Tollwut erfolgt in der Regel durch Biss, daher infizieren sich Pferde beim Weidegang in tollwutgefährdeten Gebieten fast ausschließlich über den Speichel tollwütiger Füchse. Der Erreger dringt von der Bissstelle längs der Nervenbahnen zum Gehirn vor und verursacht dort die klinischen Erscheinungen. Entsprechend der Entfernung von der Bissstelle bis zum Gehirn kann die Inkubationszeit 10–276 Tage betragen. In der Regel liegt sie zwischen 14–60 Tagen.

Die klassische Tollwut umfasst prinzipiell drei Stadien. Das erste Stadium, das Prodromalstadium, äußert sich durch verändertes Verhalten des Tieres, das aber häufig übersehen wird. Dem Prodromalstadium folgt das Erregungsstadium, in welchem das erkrankte Pferd Schluckbeschwerden und Speichelfluss zeigt, die durch Lähmung des Schlundes hervorgerufen werden. Auch kolikartige Symptome werden beobachtet, die zu Fehldiagnosen führen können. Tollwutkranke Pferde haben vermehrten Juckreiz im Bereich der Bissstelle, sie scharren mit den Hufen und benagen die Krippe. Aggressives Verhalten gegenüber Menschen und Hunden ist möglich. Ferner ist beim Pferd eine so genannte Wasserscheue (Hydrophobie) ausgeprägt. Beim Anblick von Wasser zittert das Pferd am ganzen Körper. Auf das Erregungssstadium folgt das sog. Paralysestadium (Lähmungsstadium). Die Pferde zeigen zunehmend Lähmungserscheinungen und verenden.

Die Krankheitsdauer beim Pferd beträgt 4 bis 5 Tage.

Tollwut ist eine anzeigepflichtige Tierseuche. Sie ist unheilbar, therapeutische Maßnahmen sind bei Tieren verboten. Als wirksame Prophylaxemaßnahme sollte in tollwutgefährdeten Gebieten Schutzimpfungen für alle Haustiere durchgeführt werden.

2.8.5 Equine virale Arteritis/Pferdestaupe/ Rotlaufseuche

Die equine virale Arteritis (EAV) wird durch die *Arteriviren* verursacht. Es handelt sich um eine fieberhafte Allgemeinerkrankung, die mit erheblicher Schädigung des Gefäßsystems einhergeht. Typische Anzeichen einer Erkrankung sind neben Fieber auch Husten, Durchfall und Ödembildungen (Schwellungen durch Wasseransammlungen im Gewebe) an den Beinen, am Bauch und im Genitalbereich sowie Augenveränderungen. Die Pferde erkranken nach einer Inkubationszeit von 3–10 Tagen, wobei am 6. Tag ein typischer Anstieg der Körpertemperatur zu beobachten ist. Es kommt zu den genannten Schwellungen, vor allem im Unterbauchbereich, am Gesäuge oder am Präputium (Vorhaut). Weitere charakteristische Symptome dieser Infektion sind stark gerötete und entzündete Konjunktiven (Bindehäute) mit Tränenfluss und Lichtscheue. Man spricht von dem Auftreten des so genannten „pinkeye“. Die Augenlider schwellen stark an. Viele Pferde zeigen kolikartige Symptome, die einerseits mit Verstopfungen, andererseits mit Durchfällen einhergehen können. Der Atmungsapparat reagiert mit Entzündungen im Bereich des Rachens und des Kehlkopfes, Husten, Atemnot und Nasenausfluss können auftreten.

Bei tragenden Stuten kommt es durch die EAV-Infektion zu Frühaborten durch Schädigung der Plazenta (Mutterkuchen). Eine Übertragung des Erregers auf das ungeborene Fohlen ist möglich.

Die Infektion mit dem Erreger erfolgt über direkten Kontakt mit infiziertem Nasen- und Augensekret, über Speichel und Kot. Sehr stark mit dem Erreger behaftet sind auch Flüssigkeiten und Gewebe von abortierten Früchten. Infizierte Hengste können das Virus über Jahre mit dem Samen beim Deckakt übertragen.

Die Therapie bei einer EAV-Infektion beinhaltet die Ruhigstellung und die symptomatische Behandlung auftretender Krankheitserscheinungen wie z. B. Kreislaufmittel, Augensalben, Flüssigkeitsgabe. Spezielle Maßnahmen der Seuchenhygiene wie die Isolierung verdächtiger und erkrankter

Pferde, Desinfektionsmaßnahmen und Quarantäneaufstallungen bei Zukäufen müssen erfolgen. Hengste müssen bezüglich einer eventuellen Virusausscheidung mit dem Samen überprüft werden. Pferde, die EAV in sich tragen, müssen von der Zucht ausgeschlossen werden. Einige Länder verlangen für den Import von Pferden ein amtstierärztliches Zeugnis, aus dem hervorgeht, dass die entsprechenden Pferde frei von Antikörpern gegen das EAV-Virus sind. Die EAV-Infektion ist eine meldepflichtige Erkrankung gem. dem Tierseuchenrecht. In der Vollblutzucht verlangt die Rennordnung gemäß Nr. 139 bei Auftreten der Infektion eine Meldung an das Direktorium für Vollblutzucht und Rennen.

2.8.6 Borna-Krankheit

Die Borna-Krankheit wurde das erste Mal 1885 bei Kavalleriepferden in der sächsischen Stadt Borna entdeckt. Sie wird ausgelöst durch das *Bornavirus,* das vor allem Pferde und Schafe befällt. Diese ansteckende Virusinfektion befällt Gehirn und Rückenmark. Die Pferde infizieren sich wahrscheinlich über die Schleimhaut der oberen Atemwege. Es kommt zunächst zu unspezifischen Krankheitssymptomen, später zu vielfältigen Störungen im Verhalten, in der Bewegung und in der Futteraufnahme. Die Symptome der Erkrankung im Einzelnen sind abhängig von der Lokalisation und der Schwere der entzündlichen Veränderungen im zentralen Nervensystem. Beobachtet werden Verhaltensänderungen wie Absondern von der Herde, Depression, gesenkte Kopfhaltung, Leerkauen, z.T. große Schreckhaftigkeit, Aggressivität und gesteigerter Bewegungsdrang. Die Pferde zeigen motorische Störungen, wobei sie abnorme Stellungen der Gliedmaßen einnehmen. Im Endstadium kommt es zu Lähmungen im Kopfbereich, Kauen und Schlucken sind gestört, starker Speichelfluss tritt auf. Komaartiges Festliegen mit Ruderbewegungen oder selten auftretende Krampfanfälle stellen sich ein.

Die Letalität (Zahl der Todesfälle bezogen auf die Zahl der Erkrankungen) der Borna-Krankheit beträgt bis zu 90%.

Eine spezielle Therapie existiert nicht. Eine symptomatische Behandlung bei Beginn kann eine eventuell mögliche Selbstheilung unterstützen. Als vorbeugende Maßnahme wird empfohlen, in verseuchten Gebieten, wo häufiger Erkrankungen auftreten, das gemeinsame Füttern und Tränken von Pferden zusammen mit anderen Tieren zu vermeiden. Auch eine gemeinsame Weidehaltung von Pferden und Schafen oder Kühen sollte nicht stattfinden.

Die Borna-Krankheit gehörte zu den meldepflichtigen Tierkrankheiten, die Meldepflicht in Deutschland wurde mit Wirkung vom 26.02.2011 aufgehoben.

2.9 Infektionen durch Bakterien und Viren vorbeugen

2.9.1 Allgemeine Verhaltensregeln zur Infektionsvermeidung bzw. beim Auftreten von Infektionen

1. **Vor Einstallung** eines neuen oder zugekauften Pferdes immer eine allgemeine **Gesundheitskontrolle** durchführen. Überprüfung der PAT-Werte und Kontrolle des Allgemeinzustandes (Körperhaltung, Verhalten, Fellzustand, Ernährungszustand, Schleimhäute, Ausfluss etc.) und des erforderlichen vollständigen Impfschutzes (**Kontrolle des Equidenpasses**)
2. Wenn möglich, das **neue Pferd** zunächst **getrennt** vom übrigen Bestand **aufstallen**, z. B. in einer Isolierbox oder in einem Quarantänestall.
3. Infektionen beginnen sehr oft mit dem Ansteigen der Körpertemperatur und Appetitlosigkeit, bei Infektionen des Zentralen Nervensystems sind die ersten Symptome meistens Bewegungsstörungen und ein beeinträchtigter Allgemeinzustand. Besteht der **Verdacht einer Infektionskrankheit**, so ist das betroffene Pferd zu **isolieren** bis die Art

der Erkrankung durch den Tierarzt geklärt wird.
4. Stehen Pferde im Verdacht an einer Infektion erkrankt zu sein, müssen sie **absolute Ruhe** bekommen. Für sie sind eigenes Putzzeug, Halfter und Fütterungsutensilien erforderlich.
5. Der beste Schutz vor Infektionen wird durch die möglichen **Schutzimpfungen** gewährt, wenn diese vollständig und regelmäßig durchgeführt werden.
6. Zur Aufrechterhaltung der Immunität sollten möglichst **alle Pferde eines Bestandes geimpft werden.** Dies gilt in besonderem Maße für die EHV-Infektion.
7. **Impfungen** dürfen **nur gesunde** Pferde erhalten.
8. Erforderliche spezielle **Reinigungs- und Desinfektionsmaßnahmen** sind je nach aufgetretener Infektion durchzuführen.
9. **Optimierung der Lebens- und Haltungsbedingungen**, um den Infektionsdruck zu senken (frische Luft, Bewegung, Vermeidung von Schadgasen, Staub, Stress etc.)

2.9.2 Schutzimpfungen beim Pferd

Impfungen gegen EHV 1/4

1. Grundimmunisierung:
    1. Impfung ab dem 4.–5. Lebensmonat bei nichtgeimpfter Mutter, 6. Lebensmonat bei geimpfter Mutter
    2. Impfung nach 6–8 Wochen
    3. Impfung nach 6 Monaten
2. Auffrischungen:
   alle 6 Monate notwendig.

Impfungen gegen Influenza

1. Grundimmunisierung
    1. Impfung ab dem 3.–4. Lebensmonat bei nichtgeimpfter Mutter, ab dem 6. Lebensmonat bei geimpfter Mutter
    2. Impfung nach 6–8 Wochen
    3. Impfung nach 5–7 Monaten
2. Auffrischungen: alle 6–9 Monate erforderlich.

Impfungen gegen Tetanus

1. Grundimmunisierung
    1. Impfung ab dem 4.–6. Lebensmonat
    2. Impfung nach 4–6 Wochen
    3. Impfung nach einem Jahr
2. Auffrischungen:
   sind alle zwei Jahre erforderlich. Manche Tierärzte empfehlen eine jährliche Wiederholung.

Impfungen gegen Tollwut

1. Impfung im Alter von 5–6 Monaten
2. Auffrischung:
   nach einem Jahr, am sinnvollsten 3 Wochen vor Weideauftrieb.

Impfungen gegen Druse

1. Grundimmunisierung:
    1. Impfung 4.–5. Lebensmonat
    2. Impfung nach 4 Wochen
2. Auffrischung: alle 3–5 Monate erforderlich

Die Impfung bietet maximal Schutz für den Zeitraum von 6 Monaten.

2.9.3 Impfvorschriften gem § 66.6.10 LPO (Deutsche Reiterliche Vereinigung) für Turnierpferde, die an Leistungsprüfungen teilnehmen (Stand 2013)

Impfungen gegen Influenzavirusinfektion sind für alle an Leistungsprüfungen gem. LPO teilnehmenden Pferden Pflicht. Die Impfungen müssen nach folgendem Schema durchgeführt und im Equidenpass dokumentiert werden:

1. **Die Grundimmunisierung** besteht aus drei Impfungen. Die ersten zwei Impfungen müssen im Abstand von mind. 28, höchstens 70 Tagen erfolgt sein bzw. erfolgen. Die dritte Impfung muss im Abstand von max. 6 Monaten (+ 21 Tage) nach der zweiten Impfung erfolgt sein bzw. erfolgen.
2. **Wiederholungsimpfungen** müssen im Abstand von max. 6 Monaten (+21 Tage) erfolgt sein bzw. erfolgen.

Eine Teilnahme am Turnier ist möglich, wenn bei der Grundimmunisierung die ersten zwei Impfungen erfolgt sind und nach der zweiten Impfung 14 Tage oder bei Wiederholungsimpfungen 7 Tage nach der letzten Impfung vergangen sind.

Bei fehlender Information über die Grundimmunisierung darf ein Pferd starten, wenn es in den letzten 3 Jahren nachweislich einer regelmäßigen Impfung im Abstand von max. 6 Monaten +21 Tage (bis einschließlich 31.12.2012 im Abstand von max. 7 Monaten +21 Tage) unterzogen wurde.

Die Kontrolle des Impfschutzes gegen Influenzavirusinfektion erfolgt durch den Turniertierarzt; diese Kontrolle kann bei der Anreise zur Pferdeleistungsschau sowie jederzeit während derselben erfolgen.

Eine Impfung gegen Herpesvirusinfektionen wird dringend empfohlen. Ordnungsgemäße Impfungen gegen Tetanus werden als selbstverständlich erachtet.

2.9.4 Empfehlungen zur Schutzimpfung gegen Influenza und Herpes-Virus-Infektionen gem. Rennordnung (Direktorium für Vollblutzucht und Rennen)

Galopprennpferde sind zu schützen vor
- Influenza (seuchenhaftem Husten)
- Herpes-Virus-Infektionen:
  - Rhinopneumonitis
  - Virusabort der Stute
  - zentralnervösen Erscheinungen

Im Galopprennsport ist die Impfung gegen Influenza für eine Startererlaubnis international vorgeschrieben. Impfschema der Rennordnung gegen die Influenzavirusinfektion:

Die **Grundimmunisierung** umfasst drei Impfungen:
1. ab dem 5. Lebensmonat
2. nach 21–92 Tagen
3. nach 150–215 Tagen

Die **Wiederholungsimpfung** ist alle 6–9 Monate durchzuführen. Ebenso ist die Impfung gegen **Herpesvirusinfektionen in Vollblutgestüten Pflicht**.

2.9.5 Impfvorschriften gem § 28 Abs. 1 d der Trabrennordnung (Hauptverband für Traber-Zucht und -Rennen) (Stand 2013)

An Trabrennen dürfen u.a. nur Pferde mit aktuellem Impfschutz gegen Influenzavirusinfektion teilnehmen. Gemäß den Durchführungsbestimmungen zu § 28 Abs. 1d muss folgendes Impfschema eingehalten werden:

Die **Grundimmunisierung** umfasst drei Impfungen:
1. Fohlen ab dem 4. Lebensmonat
2. nach 4–6 Wochen
3. nach 6 Monaten

Die **Wiederholungsimpfung** hat nach 365 Tagen (12 Monaten) zu erfolgen.

Zur Wiederholung und Vertiefung
1. Erläutern Sie mögliche Auswirkungen einer Herpesvirusinfektion in einem Gestüt!
2. Welche Maßnahmen können Sie treffen, um eine Herpesvirusinfektion zu vermeiden?
3. Welche Krankheitsanzeichen treten bei einer Influenzainfektion auf? Was ist dagegen zu tun?
4. Was versteht man unter Infektiöser Anämie? Was müssen Sie im Infektionsfall beachten?
5. Welche Stadien treten bei einer Tollwuterkrankung auf? Welche Vorsorgemaßnahmen können Sie treffen?
6. Was verstehen Sie unter dem Begriff der EAV?
7. Welche allgemeinen Maßnahmen können zur Infektionsvermeidung getroffen werden?
8. Welche Schutzimpfungen bei Pferden gibt es? Erläutern Sie diese!

2.10 Parasiten des Pferdes bekämpfen

?

Seit einigen Tagen gibt es im Ausbildungsstall Müller ein neues Pferd. Rocka, ein 3-jähriger

Wallach, ist direkt von der Weide zum Anreiten gebracht worden. Der Auszubildenden Tina fällt auf, dass der Wallach im Vergleich zu anderen Altersgenossen ein sehr stumpfes, glanzloses Fell hat. Außerdem scheuert er sich seit einigen Tagen heftig an der Schweifrübe. Bei genauem Hinsehen kann man die Rippen unter der Haut sehen, obwohl er einen dicken Weidebauch zu haben scheint. Sie beschließt, den Tierarzt bei seinem nächsten Besuch auf ihre Beobachtungen anzusprechen.

Unter einem Parasit versteht man ein Lebewesen, das sich zum Zwecke der Nahrungsaufnahme und/oder Entwicklung temporär (zeitweise) oder stationär (immer) in oder auf einem Organismus aufhält und diesen schädigt. Befindet sich der Parasit auf der Körperoberfläche, nennt man ihn **Ektoparasit.** Lebt er innerhalb des Organismus, wird er als **Endoparsit** bezeichnet.

2.10.1 Erkrankungen durch äußere Parasiten (Ektoparasiten)

Zu den Parasiten, die sich ständig auf oder in der Pferdehaut befinden, gehören Räudemilben, Haarbalgmilben, Haarlinge und Läuse. Befallene Pferde zeigen im Allgemeinen starken Juckreiz und sind oft unruhig. Durch den Juckreiz und das anschließende Scheuern werden die Haare geschädigt, sie brechen und fallen aus. Oft entwickeln sich an solchen haarlosen Stellen Hautveränderungen mit Entzündungen oder Ekzem- und Borken- oder Schuppenbildungen. Ständiger starker Juckreiz kann zu Leistungsminderung führen.

2.10.1.1 Räude

Siehe Kapitel 2.2.3

2.10.1.2 Demodikose

Die Demodikose des Pferdes wird durch die Haarbalgmilbe *Werneckiella equi equi* verursacht. Diese kleinen Milben leben in den Haarfollikeln der Pferdehaut und zerstören das Haar in den Follikeln. Es kommt zur Entstehung kleiner haarloser Stellen. Juckreiz fehlt zunächst, kann aber durch bakterielle Sekundärinfektionen sekundär entstehen.

2.10.1.3 Haarlingsbefall

Haarlinge leben von Hautschuppen, Hautdrüsensekreten und Haaren. Sie lösen durch ihre Bewegungen und durch das Verkleben von Haaren Juckreiz aus. Bei stark unterernährten und geschwächten Pferden kann es zu einem Massenbefall mit Haarlingen kommen, der zu starkem Juckreiz, erheblicher Unruhe und zu Scheuer- und Bissverletzungen (räudeähnlichen Erscheinungen) führt. Der Pferdehaarling wird als Überträger der infektiösen Anämie angesehen.

Die Therapie erfolgt mit entsprechenden Insektiziden, die der Tierarzt verordnet. Stall, Geschirr und andere Utensilien müssen mehrmals nach der Behandlung gereinigt und desinfiziert werden, um eine erneute Infektion durch Haarlingseier zu verhindern.

2.10.1.4 Läusebefall

Läuse sind permanente Parasiten, die sich durch Blutsaugen ernähren. Sie bohren mit ihrem Stechrüssel die Haut am Mähnenkamm, im Nacken um die Ohren und an der Schweifrübe an, um an das Blut ihres Wirtes zu gelangen. Es entstehen Hautveränderungen und Leistungsabfall bei Pferden aller Altersstufen. Juckreiz und Beunruhigung der Pferde durch den Läusestich treten auf. Bei hochgradigem Läusebefall beim Fohlen kann es zur Anämie (Blutarmut) kommen. Beim Blutsaugen können Krankheitserreger übertragen werden.

Läuse bevorzugen wie auch Haarlinge vernachlässigte Pferde besonders in größeren Pferdebeständen. Lichtarme Verhältnisse, warme Stallungen (Laufställe) und mangelhafte Ernährungszustände in Verbindung mit langem, ungepflegtem und verschmutztem

Haarkleid begünstigen die Lebensbedingungen der Läuse.

Die Therapie erfolgt mit entsprechend verordneten Insektiziden. Ist ein Pferd eines Bestandes erkrankt, müssen alle Pferde einer Bekämpfungsaktion mit dem Ziel der Parasitentilgung unterzogen werden. Vorbeugend sollte bei neu einzustallenden Pferden eine Untersuchung hinsichtlich eines eventuellen Läuse oder Haarlingbefalls vorgenommen werden.

Abb. 90: *Ixodes ricinus* – gemeiner Holzbock (Zecke).

2.10.1.5 Zeckenbefall

Die am häufigsten in Mitteleuropa vorkommende Zecke, der Gemeine Holzbock *Ixodes ricinus*, kommt beim Pferd als Überträger bestimmter Krankheiten zur Geltung. Diese Zeckenart bevorzugt Nadel-Laub-Mischwälder mit viel Unterholz oder Gebiete mit dichtem, langen Grasbewuchs. In der Weidesaison wird das Pferd vornehmlich am Kopf, den Ohren, am Hals sowie an den Innenflächen der Vorder- und Hinterbeine temporär (über einen gewissen Zeitraum) befallen. Haben sich die Zeckenweibchen mit ausreichend Blut vollgesogen, so fallen sie von ihrem Wirt ab. Befallene Pferde zeigen unter Umständen Unruhe und Juckreiz an den Bissstellen. Bei Fohlen kann starker Zeckenbefall Entwicklungsstörungen und Blutarmut verursachen. In bestimmten Gebieten übertragen Zecken beim Blutsaugen Erreger, die u.a. die Zeckenborreliose (Lyme Disease, s. Seite 163) auslösen.

Die Therapie eines Zeckenbefalls besteht in der korrekten und vollständigen (inkl. des Kopfes mit den Beißwerkzeugen) Entfernung der Zecke. Abgenommene Zecken können auf Borrelioseerreger getestet werden.

2.10.2 Erkrankungen durch innere Parasiten (Endoparasitosen)

Die Magen-Darm-Würmer des Pferdes gehören zu den inneren Parasiten (Endoparasiten) und stellen eine wichtige Gruppe von Parasiten dar. Sie spielen in der Pferdehaltung eine wesentliche Rolle und ihre stete Bekämpfung und Niederhaltung ist eine Daueraufgabe. Prinzipiell haben alle Magen-Darm-Würmer eines gemeinsam: Mit dem Futter werden Eier oder Larven aufgenommen, die in den Magen-Darm-Trakt gelangen, von dort aus eine Wanderung durch die verschiedensten Körperorgane antreten und dabei schwerste Organschäden verursachen können. Während der Körperwanderung entwickeln sich die Parasiten zur Geschlechtsreife, siedeln sich vorwiegend wieder im Magen-Darm-Trakt an und scheiden über den Kot Eier bzw. Larven aus. Daneben werden im Kot auch gelegentlich ausgewachsene Parasiten gefunden. In der Umwelt (Stall, Weide, Boxenwände) können sich die Eier bzw. Larven aufhalten, erneut in das Futter des Pferdes gelangen oder abgeleckt werden und den Zyklus aufrechterhalten. Organe wie Magen-Darm-Trakt, Blutgefäße, Leber und Lunge werden von diesen Parasiten geschädigt. Sie reagieren in den meisten Fällen durch entzündliche Veränderungen.

Anzeichen für Parasitenbefall sind im Regelfall: struppiges Fell, Abmagerung, Koliken, Fressunlust sowie Blutarmut. Alle diese Auffälligkeiten zeigen sich in erster Linie durch vermindertes Leistungsvermögen der Pferde.

Die wichtigsten Magen-Darm-Parasiten sollen nachfolgend beschrieben werden.

2.10.2.1 Der große Palisadenwurm oder Blutwurm (Strongylus vulgaris)

Der große Palisadenwurm bevorzugt den Blind- und Grimmdarm des Pferdes. In diesen Darmabschnitten legen die geschlechtsreifen weiblichen Würmer ihre Eier ab, die mit dem Kot ausgeschieden werden. In der Außenwelt entwickeln sich innerhalb von fünf bis acht Tagen infektionsfähige Larven, die aus dem Kot auswandern und mit Gras oder Heu vom Pferd aufgenommen werden. Die Larven gelangen dann erneut in den Blind- oder Grimmdarm, wandern von dort in die Darmschleimhaut und gehen weiter in die angrenzenden Blutgefäße des Darmes. In den Gefäßwänden bewegen sie sich zur vorderen Gekrösewurzel (Aufhängung des Magen-Darm-Trakts) und gelangen von dort an die große Schlagader (Aorta).

Im weiteren Fortgang der Entwicklung wandern die Larven durch die Blutgefäße wieder zurück zum Blind- bzw. Grimmdarm, dringen durch die Darmschleimhaut erneut in den Dickdarm des betroffenen Pferdes ein, werden dort zu geschlechtsreifen Würmern und scheiden nach vorheriger Paarung erneut Eier mit dem Kot aus.

Während dieser Wanderung können sie schwerste Gefäßschäden verursachen, sodass die betroffenen Blutgefäße verstopfen oder reißen. Dadurch treten starke Blutungen oder auch Gefäßverschlüsse auf, die zu lebensbedrohlichen Koliken bei Pferden führen. Durch den Verschluss bestimmter Blutgefäße werden diese Darmabschnitte nicht mehr versorgt und sterben ab. Sofortige tierärztliche Behandlung, evtl. verbunden mit einer Operation, wird erforderlich.

Die Ansteckung mit diesen Parasiten erfolgt vorwiegend auf der Weide, im Regelfall während der feuchten Tagesstunden. Die sich aus den Eiern entwickelnden Larven kriechen an den feuchten Grashalmen empor und werden vom Pferd mitgefressen. Bei Trockenheit und intensiver Sonneneinstrahlung ziehen sich die Larven dagegen in die Grasnarbe zurück. Auch in den Boxen ist die Entwicklung der Parasiten möglich. In feuchter Einstreu sowie an feuchten Boxenwänden ist die Entwicklung vom Ei zur infektionstüchtigen Larve nicht auszuschließen. Daher kann sich ein Pferd auch bei ausschließlicher Stallhaltung infizieren. Mit dem Kot gelegentlich ausgeschiedene Würmer sind 1,7 bis 2,5 cm lange, rotbraune Rundwürmer mit einer becherförmigen Mundkapsel. Die Unterbringung in trockenen, sauberen Boxen ist darum die wichtigste Vorbeugung.

2.10.2.2 Die kleinen Strongyliden des Pferdes (Strongylinae und Trichonomatinae)

Wie *Strongylus vulgaris* sitzen auch die kleinen Strongyliden vorwiegend im Blind- und Gesamtdickdarm des Pferdes. Sie sind aber wesentlich kleiner (4–26 mm lang) und weiß. Die Eier werden von den Weibchen im Dickdarm abgelegt und gelangen mit dem Kot in die Außenwelt. Dort entwickeln sie sich über zwei Zwischenstufen zu infektionsfähigen Larven, die bereits nach sechs Tagen erneut zu Ansteckungen führen können. Diese Larven sind sehr widerstandsfähig, sodass sie monatelang in der Außenwelt überleben und sogar überwintern können. Die infektionsfähigen Larven kriechen bei Feuchtigkeit (Tau, Regen) an Futterpflanzen oder an feuchten Stallwänden hoch und können so vom fressenden bzw. leckenden Pferd aufgenommen werden. Sie gelangen auf dem Futterwege erneut in den Blind- oder Dickdarm und siedeln sich dort in der Darmschleimhaut an. Die Veränderungen an den Organen sind im Regelfall zwar nicht so massiv wie bei den Blutwürmern, können jedoch auch zu erheblichen Verletzungen der Darmschleimhaut führen. In der Darmschleimhaut bilden sich aus den infektionsfähigen Larven unter Knötchenbildung die geschlechtsreifen Würmer, die nach der Entwicklungszeit in den Darm einwandern. Die Darmverletzungen besiedeln sich oft mit Bakterien und können dann zu schweren Entzündungen bzw. zu erheblichen Blutungen führen. Als sichtbare klinische Symptome werden in erster Linie Durchfall, mangelnder Appetit, struppiges Fell, Abmagerung und Leistungsminderung erkennbar.

2.10.2.3 Der Spulwurm des Pferdes (Parascaris equorum)

Der Spulwurm des Pferdes belastet am häufigsten Fohlen und Jährlinge und hat seinen Sitz vorwiegend im Dünndarm, während die Larven eine Körperwanderung durchführen. Spulwürmer sind im Gegensatz zu den Strongyliden große und lange Würmer, die eine gelbliche Farbe haben und 15 bis 50 cm lang werden können. Im Dünndarm legen die geschlechtsreifen Würmer Eier ab, die mit dem Kot ins Freie gelangen. Innerhalb von 8 bis 15 Tagen entwickeln sich aus dem Ei infektionsfähige Larven, die vom Pferd meistens über die Nahrung aufgenommen werden. Dieselben wandern durch die Darmschleimhaut auf dem Blut- und Lymphweg in Richtung Leber und Lunge. Auf dieser Wanderung hinterlassen sie Bohrgänge, die zu erheblichen Blutungen führen können. In der Lunge entwickeln sie sich weiter und gelangen über die Bronchien in den Rachenraum, werden erneut abgeschluckt und landen schließlich wieder im Dünndarm, wo sie zu geschlechtsreifen Würmern heranwachsen. Neben den Bohrgängen in Lunge und Leber ist vor allen Dingen die dadurch hervorgerufene Anfälligkeit der Lunge gegenüber Infektionen mit Bakterien und Viren als Schadwirkung hervorzuheben. Eventuell vorgeschädigte Organe der Pferde sind stets eine geeignete Brutstätte für verschiedene Mikroorganismen, die dann Krankheiten auslösen können.

Klinisch sichtbar wird der Spulwurmbefall bei den jüngeren Pferden in erster Linie durch struppiges Fell, Abmagerung, Durchfälle und Fieber. Aber auch Lungenerkrankungen mit Husten können ein wichtiges Indiz für das Vorhandensein von Spulwurmbefall sein.

Bei massivem Befall treten bisweilen Darmverschlüsse auf, die zu erheblichen Koliken mit Todesfolge führen können. Klinisch sichtbar wird ein Darmverschluss in erster Linie durch hochgradige Schmerzen mit fehlendem Kotabgang.

Ältere Pferde werden seltener befallen. Die klinischen Krankheitssymptome treten nicht deutlich auf. Als Ausscheider von Spulwurmeiern spielen ältere Pferde aber eine Rolle. Sie verbreiten die Spulwürmer.

Wie bereits bei anderen Parasiten beschrieben, sind auch die Spulwurmeier in der Außenwelt sehr widerstandsfähig, und nur regelmäßige Kotentfernung sowie Reinigung und auch Desinfektion der Ställe können hierbei eine massive Parasiteninvasion verhindern.

2.10.2.4 Der Pfriemenschwanz des Pferdes (Oxyuris equi)

Pfriemenschwanzbefall tritt vorwiegend bei älteren Pferden auf und ist durch heftigen Juckreiz im Analbereich gekennzeichnet. Der Juckreiz tritt vorwiegend nachts auf und führt zu erheblicher Unruhe und Verstörung der Pferde.

Pfriemenschwänze sind geschlechtsabhängig unterschiedlich große Parasiten von 1,9 bis 18 cm Länge mit einem pfriemenartigen Hinterende. Sie sitzen vorwiegend im Blind- und Grimmdarm, wobei besonders der Enddarm befallen wird. Die geschlechtsreifen Würmer saugen sich im Enddarm an der Darmschleimhaut fest und können dort zu Schleimhautschäden mit entzündlichen Veränderungen führen.

Vorwiegend nachts lösen sich die kleineren weiblichen Pfriemschwänze von der

Darmschleimhaut, wandern aktiv aus dem After und legen in der Analgegend ihre Eier in Form von Eischnüren mit einer zähen, klebrigen Flüssigkeit ab. Dieser Vorgang – Auswandern und Eiablage – löst beim Pferd den massiven Juckreiz aus, der schließlich zu starkem Scheuern führt. Typisch dafür ist der »Rattenschwanz«, die Schweifrübe ist völlig abgescheuert.

Nach etwa einer Woche entwickelt sich aus dem Ei in der Analregion eine Larve, die schließlich in die Einstreu fällt. Durch die Aufnahme der Larven mit dem Stroh dringen dieselben erneut in den Dickdarm ein und entwickeln sich dort wieder zu geschlechtsreifen Parasiten.

Die Männchen sterben unmittelbar nach der Begattung ab, die weiblichen Pfriemschwänze dagegen erst nach der Ablage der Eier im Analbereich und anschließender Rückkehr in den Darm.

Abb. 91: Lebenszyklus der Pfriemenschwänze (*Oxyurus equi*).

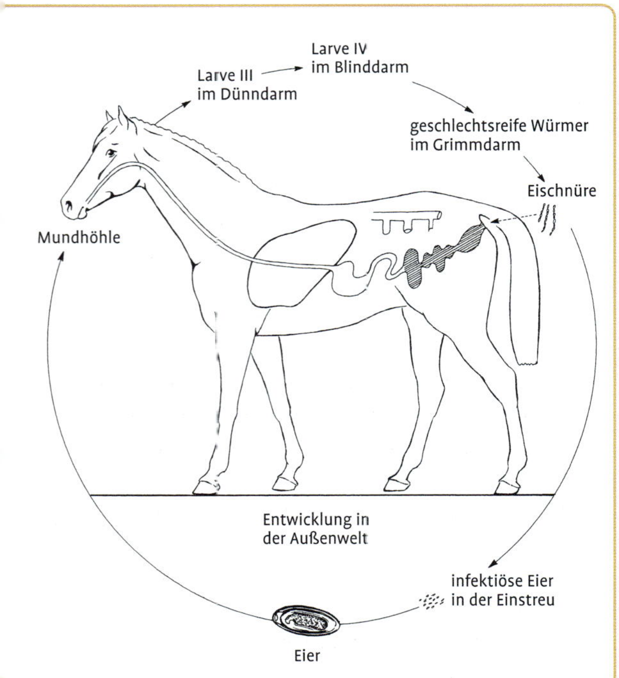

Als erste Gegenmaßnahme muss eine umfassende Reinigung der Analgegend durch Abwaschen mit einer Seifenlösung vorgenommen werden. Die Entfernung der Eier kann den Juckreiz vermindern. Bodenfütterung (Heu) leistet einer Neuinfektion Vorschub. Sie sollte vermieden werden. Stallhygiene spielt auch beim Pfriemenschwanzbefall eine besondere Rolle und muss peinlich genau vorgenommen werden. Parallel erfolgt die medikamentöse Entwurmung.

2.10.2.5 Die Magendassel des Pferdes (Gasterophilus intestinalis)

Magendasseln sind mit Recht gefürchtete Parasiten der Pferde, die enorme Schäden verursachen.

Vorwiegend in den Monaten Juni bis September ist die weibliche Dasselfliege aktiv und legt die typischen, gelblichen Eier im Bereich der Beine und Mähne des Pferdes ab. Diese Eier haften sehr fest an den Haaren. Aus den Eiern entwickeln sich Larven, die zu Juckreiz an den betroffenen Hautstellen führen. Als Reaktion lecken Pferde diese Stellen. Die Larven dringen dabei in die Mundschleimhaut ein. Während der Reifungsphase verbleiben sie dann in der Zungenschleimhaut und verweilen hier für etwa drei bis vier Wochen.

Während dieser Phase kann es zu größeren Verletzungen der Maul- bzw. Zungenschleimhaut kommen. Erhebliche Kau- und Schluckbeschwerden sind die Folge. Danach verlassen die Parasiten den Zungen-/Maulbereich und gelangen in den Magen, wo sie sich in der Schleimhaut festbohren. Hier können sie erhebliche entzündliche Veränderungen mit Geschwürbildung hervorrufen. Daneben treten wieder allgemeine Symptome wie Inappetenz, struppiges Fell und auch Leistungsminderung auf. Die Larven verbleiben bis zum Beginn der warmen Jahreszeit im Magen und werden

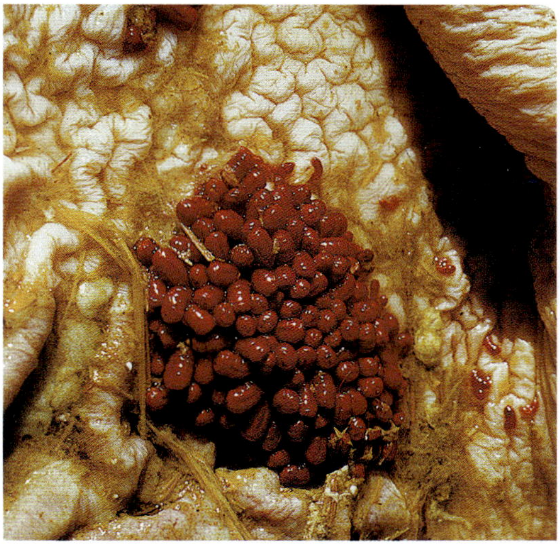

Abb. 92: Magendasselbefall.
a) Larven in der Magenschleimhaut.

b) Erstlarven der Dasselfliege vor dem Schlüpfen am Pferdehaar.

schließlich mit dem Kot ausgeschieden. Sie verpuppen sich vornehmlich auf der Weide, und nach drei bis vier Wochen Puppenruhe schlüpfen aus den Larven schließlich Dasselfliegen, welche nach der Paarung wieder mit der Eiablage beginnen.

Als Prophylaxemaßnahme dient die regelmäßige Entwurmung der Pferde vorwiegend im Winter und die Entfernung der abgelegten, gelblichen, gut sichtbaren Eier an allen Körperpartien. Hierzu eignet sich ein nicht zu scharfes Rasiermesser. Damit können die Eier vorsichtig entfernt werden.

2.10.2.6 Der Zwergfadenwurm (Strongyloides westeri)

Der Zwergfadenwurm ist der typische Parasit des Fohlens, das bereits unmittelbar nach der Geburt befallen werden kann. Die Infektion mit dem Erreger erfolgt in erster Linie galaktogen, d.h. über die Milch infizierter Stuten. Sie ist jedoch auch perkutan, d.h. über die Haut möglich. Im zweiten Fall bohren sich infektionsfähige Larven durch die Haut des Tieres und gelangen so in den Organismus. Nach galaktogener Aufnahme wandern die Larven entweder durch die Magen- oder durch die Darmwand in die Blut- bzw. Lymphgefäße. Die Lunge wird von den Larven dann auf dem Blut- bzw. Lymphweg erreicht.

In der Lunge werden sie hochgehustet, abgeschluckt und gelangen von dort in den Magen-Darm-Trakt. Die Larven entwickeln sich während dieser Wanderungsphase zu geschlechtsreifen Parasiten, die sich im Dünndarm ansiedeln, dort Eier legen und mit dem Kot ausscheiden.

Bereits neun Tage nach erfolgter Infektion werden geschlechtsreife Würmer im Dünndarm gefunden, die mit dem Kot ausgeschieden werden.

Klinisch treten neben Husten und Lungenentzündungen auch Durchfälle auf, typischerweise sieben bis zehn Tage nach der Geburt. Häufig werden sie mit der fast immer gleichzeitig auftretenden Fohlenrosse der Stute in Zusammenhang gebracht.

Ursächlich für diese Durchfälle sind jedoch häufig Infektionen mit *Strongyloides westeri*.

Die von den geschlechtsreifen Würmern ausgeschiedenen Eier entwickeln sich in der Umwelt sehr schnell über verschiedene Larvenstadien zu infektionstüchtigen Larven, die dann, wie schon beschrieben, perkutan das Fohlen infizieren können. Daher kann es neben den beschriebenen Störungen des Darmes auch zu Juckreiz und Hautveränderungen kommen.

Ältere Pferde werden zwar auch mit *Strongyloides westeri* infiziert, klinische Erscheinungen zeigen sich aber nur weniger deutlich. Sie fungieren vornehmlich als stille Ausscheider des Parasiten und sind damit für die Weiterverbreitung mitverantwortlich.

Es ist offensichtlich, dass die Bekämpfung von *Strongyloides westeri* ein wesentlicher Faktor zur Gesunderhaltung der Pferde ist. Darum sollten hoch tragende Stuten bereits vor dem Abfohltermin mit geeigneten Mitteln entwurmt werden, während Fohlen erstmalig spätestens am 7. Lebenstag mit einem geeigneten Antiparasitikum behandelt werden müssen. Neben hygienischen Maßnahmen sollten weitere Entwurmungen in wöchentlichem Abstand bzw. alle zwei Wochen erfolgen (s. Entwurmungsplan, Seite 181).

Parasitenbefall bei Pferden stellt ein erhebliches Gesundheitsrisiko dar. Neben akuten Schäden und Erkrankungen sind die langfristigen Konsequenzen zu bedenken, welche die Parasiten bei ihren Organ- und Körperwanderungen verursachen.

Konsequente Parasitenbekämpfung, nach einem mit dem Tierarzt verabredeten Plan, sollte für jeden ordnungsgemäß geführten Stall eine Selbstverständlichkeit sein (s. Beispiel Seite 181). Daneben ist darauf zu achten, dass die eingesetzten Präparate ihre Wirksamkeit behalten und die Wurmkuren ordnungsgemäß verabreicht werden. Das Anbieten von Wurmmitteln allein ist nicht ausreichend, sondern es muss gewährleistet sein, dass die Medikamente auch aufgenommen werden.

Regelmäßige Kotprobenuntersuchungen bieten die sicherste Möglichkeit, den Parasitenbefall zu kontrollieren.

2.10.2.7 Der Bandwurm des Pferdes (Anoplocephala perfoliata)

Der Bandwurmbefall beim Pferd kommt in den vergangenen Jahren immer häufiger vor. Es handelt sich um eine Weideparasitose (Weideparasiteninfektion), bei der sich das Pferd über Moosmilben mit den Bandwürmern infiziert. Besonders auf feuchten Weiden kommen in größeren Mengen Moosmilben vor, die über den Kot der Pferde Bandwurmeier bzw. bereits geschlüpfte Larven des Bandwurms aufnehmen. In der Moosmilbe entwickeln sich diese zu Cysticercoid-Larven weiter. Das Pferd wiederum nimmt mit Moosmilben behaftetes Weidegras auf und wird so mit den Larven infiziert, die sich im Dünndarm zu ausgewachsenen Bandwürmern entwickeln. Man unterscheidet beim Pferd drei verschiedene Bandwurmarten, von denen *Anoplocephala perfoliata* die höchsten krankmachenden Eigenschaften aufweist. Bei schwachem Bandwurmbefall sind klinische Erscheinungen selten, eine Leistungsminderung ist auf Grund des chronischen Krankheitsverlaufes feststellbar. Bei sehr starkem Befall kommt es zu Entzündungen im Bereich des Übergangs zwischen Hüft- und Blinddarm, die zu heftigen Kolikerscheinungen führen können. Bei chronischem Verlauf der Infektion kommt es zu Verdauungsstörungen, Durchfall, Kolik und Abmagerung.

Ab und zu kann man im Kot des Pferdes ein Stück eines Bandwurms (Proglottide) finden und hat somit einen sicheren Hinweis auf das Vorhandensein einer Bandwurminfektion.

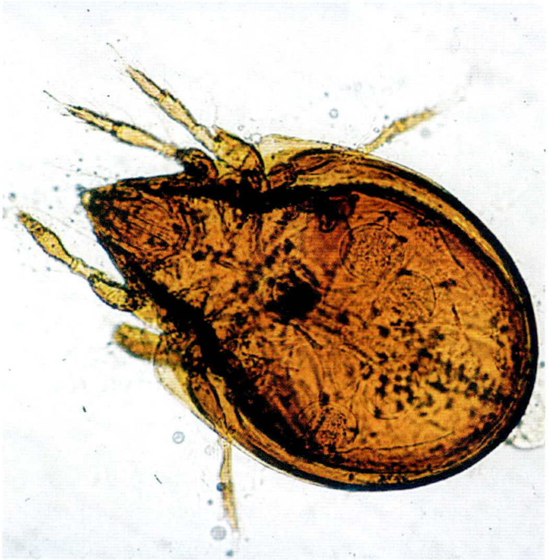

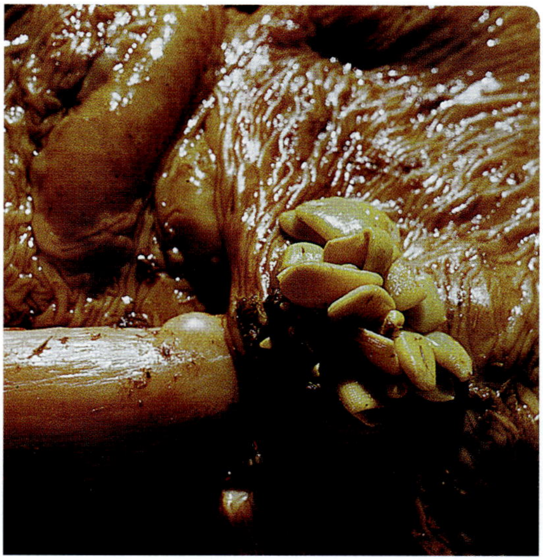

Abb. 93: Pferdebandwurm, *Anoplocephala perfoliata*. a) Moosmilbe als Zwischenwirt des Bandwurms. b) Bandwürmer am Eingang des Hüftdarms in den Blinddarm.

Die Bandwurmbekämpfung sollte routinemäßig zweimal im Jahr im Frühjahr und im Spätsommer mit einem speziellen Präparat erfolgen.

2.10.3 Strategien der Parasitenbekämpfung

Die Bekämpfung der Endoparasiten bietet zwei grundsätzliche Angriffspunkte. Zum einen können die Würmer mit den entsprechenden **Medikamenten** bekämpft werden. Da aber die meisten Medikamente nur gegen die geschlechtsreifen Würmer wirksam sind und die verschiedenen Larvenstadien somit nicht ausreichend erfasst werden, muss die Behandlung in regelmäßigen Abständen wiederholt werden. Der zweite wesentliche Angriffspunkt in der Endoparasitenbekämpfung liegt in der **Senkung des Infektionsdrucks** durch fachgerechtes **Stall- und Weidemanagement**. Die vollständige Eliminierung der Parasiten aus der Umwelt des Pferdes kann aber sowohl mit Medikamenten als auch mit einer Senkung des Infektionsdrucks nicht erreicht werden, daher besteht das Ziel der Endoparasitenbekämpfung in der **Infektionsverhinderung (Prophylaxe)** bzw. auf eine **Schadensbegrenzung nach erfolgter Infektion.** Den größten Erfolg hierbei verspricht eine strategisch sinnvolle und zeitlich aufeinander abgestimmte Kombination aus medikamentöser Parasitenbekämpfung und ordentlichem Stall- und Weidemanagement. Der zeitliche Abstand zwischen den einzelnen Wurmkuren ist abhängig vom verwendeten Wirkstoff und dem vorhandenen Infektionsdruck.

Die Art der Pferdehaltung, das Alter des Pferdes sowie der Immunstatus sind unbedingt zu berücksichtigen. Grundsätzlich gilt, je jünger ein Pferd ist, desto mehr Weidegang es hat und je häufiger die Zusammensetzung der Herde wechselt, desto häufiger muss entwurmt werden. Wesentlich ist die gleichzeitige Behandlung aller Pferde eines Bestandes sowie die korrekte Dosierung und sichere Verabreichung der Präparate sowie eine tierärztliche wiederholte Kontrolle

Tab. 16. Die Parasitosen der Pferde

Parasit	Ansiedlung im Organismus	Schädigungen	klinische Symptome/ Diagnose	Therapie (T), Prophylaxe (P)
Strongylus vulgaris, Großer Palisadenwurm, Blutwurm des Pferdes	Blind- und Grimmdarm	Wanderung in den Blind- und Grimmdarm, u. U. Absterben von Darmteilen durch Verschluss der Blutgefäße	Abmagerung, Koliken, Thrombosen in Darmarterien, Ausscheiden von Parasiten im Kot (Bilder)	T: regelmäßige Entwurmung insbesondere der jungen Pferde
die kleinen Strongyliden	Blind- und Grimmdarm	Darmverletzungen mit bakteriellen Sekundärinfektionen	u.U. Darmentzündungen mit Blutungen, Durchfall	T: regelmäßige Entwurmung
Parascaris equorum, Spulwurm des Pferdes	Dünndarm	Bohrgänge in Leber und Lunge mit Infektionsanfälligkeit	Abmagerung, Durchfall, Fieber, Husten	T: s. oben, P: Stalldesinfektion; Kotsammeln auf Weiden
Habronema muscae, Magenwurm des Pferdes	1) Magen 2) Haut	1) Magengeschwüre. Verdauungsstörungen 2) Sommerwunden	1) Inappetenz, Koliken 2) chronische Dermatitis, nichtheilende Wunden	T: s. oben P: 1) Stallhygiene, Einsatz von wirksamen Wurmmitteln 2) lokale Behandlung der Sommerwunden mit Larven abtötenden Präparaten und fachgerechter Versorgung durch einen Tierarzt
Dictiocaulus arnfieldi, Lungenwurm des Pferdes	Lunge	Lungengewebszerstörungen, Erhöhung der Infektionsgefahr	Lungenentzündung, Husten, Fieber, Fressunlust	P: mit Pferden gehaltene Esel intensiv entwurmen T: Entwurmen
Oxyuris equi, Pfriemenschwanz des Pferdes	Blind- und Grimmdarm	Haut- und Schweifrübenschädigungen durch juckreizbedingtes Scheuern	Scheuerstellen im Afterbereich, Ausfallen der Schweifhaare mit Bildung des Rattenschwanzes	T: Reinigung der Afterregionen des Pferdes; Entwurmen
Anoplocephala perfoliata, Bandwurm	Übergang Hüft-Blinddarm	Entzündungen	heftige Koliken, Abmagerung	T: regelmäßige Entwurmung gegen Bandwürmer
Gasterophilus intestinalis, Magendassel	Magenschleimhaut	Entzündungen mit Geschwürbildung	Verdauungsstörungen, Abmagerung	T: regelmäßige Entwurmung („Nikolaustermin“)

über den Erfolg der Bekämpfungsmaßnahmen.

2.10.3.1 Entwurmung mit Medikamenten

Boxenhaltung: Etwa alle drei Monate gegen Fadenwürmer. Zweimal im Jahr gegen Bandwürmer (März und September). Einmal im Jahr gegen Magendasseln (Nikolaus).

Saisonale Weidehaltung: Jährlinge und alle anderen Pferde alle 10 Wochen gegen Fadenwürmer. Zweimal im Jahr gegen Bandwürmer (März und September). Einmal im Jahr gegen Magendasseln (Nikolaus). Unbedingt zu entwurmen ist vor Weideauftrieb mit einem langanhaltenden Wirkstoff. Nach Weideabtrieb zur Aufstallung muss ein Präparat mit Wirkung gegen Magendasseln verwendet werden. Bei nur zweimaliger Entwurmung im Jahr muss der Infektionsdruck durch Stall- und Weidemanagement gering gehalten werden.

Werden Pferde und Esel zusammen gehalten, muss bei Aufstallung ein Präparat mit Wirkung gegen Lungenwürmern verwendet werden. Soll ein neues Pferd in eine Herde integriert werden, muss es vorher separat entwurmt und frühestens drei Tage nach Behandlung in die Herde gestellt werden.

Fohlen: ab dem 10. Tag wöchentlich gegen Fadenwürmer bis 8. Lebenswoche. Ab der 8. Lebenswoche alle 8 Wochen v. a. gegen Spulwürmer. Einmal im Jahr gegen Magendasseln („Nikolaustermin“).

Bei der medikamentösen Therapie sollte die Anzahl der Behandlungen auf ein notwendiges Minimum reduziert werden, um eine Ausbildung von **Resistenzen** (Widerstandsfähigkeit von z. B. Parasiten gegenüber bestimmten Wirkstoffen) zu **vermeiden.** Ein jährlicher Wechsel der Wirkstoffgruppen ist ebenfalls zur Resistenzvermeidung zu empfehlen.

2.10.3.2 Stall- und Weidemanagement

Das Stall- und Weidemanagement hat grundsätzliche Bedeutung in der Parasitenbekämpfung. Ziel aller Maßnahmen muss die **Senkung des Infektionsdrucks** sein.

Zur Verbesserung der Stall- und Weidehygiene sind folgende Maßnahmen wichtig:

- Tägliches gründliches Misten der Box
- Ställe und Boxen trocken halten
- Regelmäßige Reinigung mit Dampfstrahlern mit anschließender Desinfektion (ca. 1–2 × im Jahr)
- Fliegenbekämpfung
- Vermeidung von Überbesatz der Weideflächen (max. 2 Pferde pro ha)
- Regelmäßiges Absammeln der Kothaufen von den Weiden (1–2 × in der Woche)
- Wechselbeweidung mit Rindern
- Trockenlegung feuchter Stellen auf Weiden
- Jahreszeitliche Nutzung der Fläche als reine Mähwiese
- Zeitgleiche Entwurmung des gesamten Bestands
- Pferde und Esel nicht gemeinsam oder auf den gleichen Flächen weiden lassen, um eine Infektion des Pferdes mit Lungenwürmern zu verhindern

Zur Wiederholung und Vertiefung

1. Nennen Sie Parasiten
   a) des Magens
   b) des Dünndarms
   c) des Dickdarms
2. Erläutern Sie die Schadwirkungen der einzelnen Parasiten!
3. Welche vorbeugenden Maßnahmen gegen Magen-Darmparasiten können Sie treffen?
4. Ein Pensionspferdebetrieb mit 20 Pferden (Boxenaufstallung, Weidegang von April–November, Reitpferde von 4–20 Jahren) möchte einen Entwurmungsplan erstellen und weitere vorbeugende Maßnahmen gegen Parasitenbefall treffen. Erstellen Sie praxisnahe Empfehlungen und begründen Sie diese!

2.11 Wundverletzungen beim Pferd behandeln

> ?
>
> Auf dem Putzplatz hinter dem großen Stall in Meiswinkel herrscht mal wieder Hochbetrieb. Anne ist heute spät im Stall und möchte noch an der Reitstunde teilnehmen. Schnell holt sie ihr Pferd Mäxchen aus der Box und will ihn an den letzten freien Platz bringen. Da sie in Eile ist und nicht aufpasst, bemerkt sie nicht, dass ihr Pferd einem anderen zu nahe kommt. Wallach Fritz fühlt sich von Mäxchen bedrängt und schlägt aus. Eine stark blutende Wunde ist auf Mäxchens linker Hinterröhre entstanden. Was ist nun zu tun?

Eine Wunde ist eine Zusammenhangstrennung von Körpergewebe, die zum einen durch eine mechanische Einwirkung (Schlag, Stich, Schnitt, Quetschung etc.), durch Hitze (Verbrennung) oder Kälteeinwirkung (Erfrierung), durch chemische Mittel (Verätzungen) sowie durch Einwirkung von Strahlung (UV-Strahlung) entstehen kann.

2.11.1 Wunden durch mechanische Schädigungen

Durch mechanische Einwirkung entstandene Wunden werden in offene und gedeckte Verletzungen unterschieden.

2.11.1.1 Die offenen Wundverletzungen

Man kann diese weiter unterteilen in:
1. Schnittwunden
2. Risswunden
3. Stichwunden

Schnittwunden

Sie werden hervorgerufen durch Verletzungen an scharfen Gegenständen. Es entstehen relativ glatte Wundränder. Auf Grund der dann meistens eng umschriebenen Gewebezerstörungen kann durch eine alsbald nach der Verletzung angelegte Wundnaht gute Heilung erzielt werden. Voraussetzung ist jedoch, dass die Wände nicht bakteriell infiziert sind und die Wundfläche völlig ruhig gestellt werden kann.

Bei glatten Schnittwunden werden im Regelfalle nur die direkt betroffenen Gewebestellen in Mitleidenschaft gezogen. Es besteht aber die Gefahr, dass die Einschnittstellen sehr tief gehen und dass dabei Blutgefäße getroffen werden. Starke Blutungen sind die Folge, besonders wenn Arterien verletzt werden.

Risswunden

Risswunden treten häufig auf der Weide und auch im Stallbereich auf. Draht, besonders Stacheldraht, Nägel, defekte Gatter u.a.m. sind ständige Gefahrenquellen.

Die Haut wird durch Rissverletzungen nicht glatt unterbrochen, sondern sie »franst« an den Rändern aus. Das Wundgebiet bleibt nicht eng umschrieben, sondern dehnt sich weiter aus. Ganze Hautstücke können herausgerissen werden.

Solche Risswunden sind chirurgisch meistens schwer zu versorgen und nur selten gelingt eine die Wunde verschließende Wundnaht. Oft muss mit sekundärer Wundheilung gerechnet werden, die dann mit Narbenbildungen einhergeht.

Stichwunden

Die Stichwunden stellen außerordentlich gefährliche Verletzungen dar. Die schmale Stichstelle wird oftmals sehr spät erkannt. Spitze Gegenstände, z.B. Nägel, Gabelzinken u.a., dringen nicht selten sehr tief in den Körper ein. Die häufigste Stichverletzung ist der Nageltritt. Ein Nagel dringt zwischen Strahlfurche und Seitenstrebe in den Huf bis in tiefer gelegene Regionen des Hufgelenkes ein. Solche Verletzungen können zu einer eitrigen Infizierung der Gelenke führen, die irreversible Schädigungen nach sich ziehen. Außerdem besteht die Gefahr, dass Bakterien, die unter Luftabschluss besonders gut wachsen,

Toxine produzieren und damit den gesamten Organismus schwer erkranken lassen. Die gefährlichsten Erreger dieser Krankheiten sind die Tetanus- und die Rauschbrandbakterien.

Zu Gabelstichen kommt es häufig beim Einstreuen oder Ausmisten der Boxen, wenn dabei die Pferde noch im Stall sind. Stichverletzungen in Gliedmaßen und Gelenken, besonders in den Sprunggelenken, können zu Schäden führen, die nur langsam oder gar nicht ausheilen.

2.11.1.2 Die gedeckten Wundverletzungen

Bei gedeckten Verletzungen wirkt ein äußeres Trauma auf tiefer liegende Gewebestrukturen ein ohne Durchtrennung der äußeren Haut. Es können z.B. Quaddeln nach Insektenstichen sein, Schürf- und Scheuerwunden (darunter gequetschte Gewebe heilen erst nach Verschorfung ab) oder Quetschungen, bei denen es zu blutigen Durchtränkungen, Blutergussbildung oder auch zur Zerstörung der tieferen Gewebe kommt.

Ursachen für diese Arten von Verletzungen können sein: Anschlagen gegen Hindernisse, Anrennen gegen Stallecken, Huftritte, Stürze u.v.a.

Zur wirksamen Schadensbegrenzung ist eine schnelle und exakte Feststellung der Verletzungsart und ein unverzügliches Ergreifen der notwendigen Gegenmaßnahmen erforderlich. Erst dann gibt es eine Chance zur vollständigen Heilung. Nur der erfahrene Pferdehalter wird beurteilen können, ob eine Verletzung so geringgradig ist, dass sie durch eigene Maßnahmen erfolgreich behandelt werden kann.

Es ist ein großer Fehler, eine aussichtslose Eigenbehandlung einzuleiten, um Tierarztkosten zu sparen. 8 bis 14 Tage alte Verletzungen kann auch der Tierarzt oftmals nicht mehr durch therapeutische Maßnahmen vollständig heilen. Er muss rechtzeitig zu Rate gezogen werden.

Die Behandlung von Schnitt-, Riss- und Quetschwunden setzt besondere Gewissenhaftigkeit voraus. Zunächst ist für eine exakte Wundreinigung zu sorgen. Die Abtrennung von nekrotischem, abgestorbenem Gewebe und die Zusammenlegung der Wundränder sind der nächste Therapieschritt. Die Zusammenfügung der Wundränder (Naht), mit anschließender Abheilung bei geringgradiger Narbenbildung, wird als primäre Wundheilung bezeichnet. Sekundäre Wundheilung erfolgt über die Bildung von Granulationsgewebe. Ist ein Wundverschluss für eine primäre Wundheilung nicht möglich, kommt es als Komplikation bisweilen zu überschießender Bildung von Granulationsgewebe (Narbengewebe), dem sog. wilden Fleisch. Dies führt zu einer Verhinderung der Epithelisierung der Haut und somit zu verzögertem Wundverschluss mit hässlicher Narbenbildung.

Offene Wunden bedürfen vielfach einer antibiotischen Versorgung, da durch das Eindringen von Krankheitserregern verschiedenster Art Wundinfektionen hervorgerufen werden können, die den Heilungsprozess zusätzlich komplizieren.

Aus dem Gesagten wird deutlich, dass bei Pferden eine ordnungsgemäße Tetanusimpfung vorliegen sollte. Auffrischungsimpfungen sollten nicht versäumt werden. Wird ein noch nicht geimpftes Pferd verletzt, ist eine Simultanimpfung mit Tetanusserum und Tetanustoxoid vorzunehmen.

Die Behandlung gedeckter Verletzungen sieht etwas anders aus. Am häufigsten kommt wohl der Satteldruck vor. Er ist häufig bedingt durch unpassendes oder minderwertiges Sattelzeug und auch durch Eindringen von Schmutz zwischen Satteldecke und Sattellage. Das führt zur Reizung der Unterhaut und zur Ausbildung von Quaddeln u. U. zur Hämatombildung.

Pferde mit Satteldruck müssen außer Dienst gestellt werden und die betroffenen Stellen sind zu kühlen. Vorab muss eine gründliche

Wundreinigung stattfinden, z. B. mit physiologischer Kochsalzlösung oder auch zunächst mit klarem Wasser und einer jodhaltigen Seife. Abschließend sollte eine antiseptisch wirkende Salbe aufgetragen werden. Danach wäre eine durchblutungsfördernde und entzündungshemmende Salbe zu empfehlen. Ist die Wunde mit Eiterbakterien infiziert, muss eventuell eine antibiotikahaltige Salbe aufgetragen werden. Es kann erst wieder gesattelt werden, wenn die Wunde vollständig abgeheilt ist. Erst dann ist die Sattellage wieder voll belastbar. Zur Vermeidung von Satteldruck ist zu beachten, dass nur passendes Sattelzeug angelegt wird, die Satteldecke sauber und gepflegt ist, und die Sattellage vor dem Aufsatteln ordnungsgemäß gereinigt wurde. Zur Vorbeuge gehört außerdem die ordnungsgemäße Versorgung der Pferde nach dem Reiten (Fahren), wie Abschwammen und Abwischen der Sattellage, die vollständige Entfernung des Schweißes u. a. m. Als Nebeneffekt wird die Sattellage durch den Kältereiz besser durchblutet und damit widerstandsfähiger.

Quetschungen und Prellungen infolge Einwirkung von stumpfen Traumen, z. B. durch heftiges Anschlagen an Stangen, sind zunächst für etwa 24 Stunden zu kühlen. Durch die Kühlung sollen die Blutgefäße eng gestellt werden, sodass weitere Blutungen begrenzt werden. Nach etwa 24 Stunden sollte man die Behandlung ändern und von der Kältetherapie in die Wärmetherapie übergehen. Hierzu eignen sich Verbände mit z. B. Hirudoidsalbe, warmem Enelbin, Salbenverbände mit Hepathrombin u. a. Durch die erhöhte Durchblutung sollen die Blutgerinnsel und zerstörten Gewebeanteile schneller abtransportiert werden. Das trägt zu einer zügigen Heilung bei.

Bei Ballentritten ist festzustellen, ob eine tiefe, offene Verletzung vorliegt, die eine tierärztliche Behandlung erforderlich macht. Ist keine tierärztliche Versorgung nötig, werden Ballentritte mit einem Angussverband behandelt. Hierbei wird ein Watteverband um den Huf gelegt und dieser mit einem Desinfektionsmittel (vorwiegend Acridinfarbstoffe, z. B. Rivanol, Entozoon) getränkt, um für Wundreinigung mit Kühlung zu sorgen. Je nach Ausmaß des Ballentrittes muss dann über die weitere Versorgung, z. B. mit Wundsalben usw., entschieden werden.

2.11.2 Verletzungen durch physikalische Schädigungen

2.11.2.1 Verbrennungen

Die häufigsten Ursachen für das Auftreten von Verbrennungen beim Pferd sind Stallbrände. Durch die große Hitzeentwicklung und die Berührung mit glühenden Materialien erleidet das Pferd Schädigungen an der Körperoberfläche. Durch das Einatmen von heißen, giftigen Dämpfen werden die Schleimhäute des Atmungsapparates geschädigt.

Bei einer Verbrennung unterscheidet man vier verschieden Grade:

Verbrennung 1. Grades: Es kommt zur Hautentzündung mit Rötung, Schwellung und Schmerzempfindlichkeit. Das Fell ist angesenkt.

Verbrennung 2. Grades: Innerhalb von 24 Stunden bilden sich mit Flüssigkeit gefüllte Blasen. Es besteht eine erhebliche Schmerzempfindlichkeit. Platzen die Blasen auf, entstehen durch Sekundärinfektionen mit Bakterien schlecht heilende Wunden.

Verbrennung 3. Grades: Durch massive Hitzeeinwirkung kommt es zum Absterben von Gewebe (Nekrosenbildung) und zur endgültigen Zerstörung von Gefäßen. Betroffene Gebiete sind mit Brandschorf belegt.

Verbrennung 4. Grades: Unter Einwirkung größter Hitze kommt es zur Verkohlung. Betroffen sind beim Pferd zunächst oft körperferne Partien wie Ohren, Schweif und auch Wimpern und Augenlider.

Infolge einer erlittenen Verbrennung kann es zum Entstehen der allgemeinen **Verbren-**

nungskrankheit und zum Verbrennungsschock kommen. Es besteht hier sofortiger Bedarf an intensiver tierärztlicher Hilfe.

Verbrennungen 1. Grades können mit sofortiger Kühlung und dem Auftragen mit austrocknenden, kühlenden, fettenden und schmerzstillenden Salben oder Pudern behandelt werden. Verbrennungen 2.–4. Grades müssen mit tierärztlicher Hilfe behandelt werden.

2.11.2.2 Erfrierungen

Erfrierungen entstehen durch intensive Kälteeinwirkung und treten beim Pferd an haarlosen Körperstellen und an vollständig durchnässten Körperbereichen auf. Auf Grund der hier herrschenden klimatischen Bedingungen treten Erfrierungen eher selten auf. Die Behandlung sollte durch einen Tierarzt erfolgen.

2.11.3 Verletzungen durch UV-Strahlung

Zu den Schädigungen durch ultraviolette Strahlung beim Pferd zählt in erster Linie der Sonnenbrand *(Dermatitis solaris)*. Beim Sonnenbrand entzündet sich im Bereich der wenig pigmentierten Stellen (Nüstern, Maul, Fesseln) die Haut. Kleine Blässchen und Krusten entstehen, die sich nach dem Aufplatzen weiter entzünden können. Juckreiz tritt auf. Therapeutisch wirksam sind kühlende Umschläge und Salbenverbände. Bei größer geschädigten Hautpartien besteht die Gefahr einer bakteriellen Sekundärinfektion. Hier kommen ggf. Antibiotika zum Einsatz. Die Sonneneinstrahlung muss vermieden werden.

Pferde, die v.a. im Sommer längere Zeit auf der Weide stehen, müssen die Möglichkeit eines Unterstands haben, um sich vor der Sonneneinstrahlung schützen zu können. Pferde, die eine helle Grundfarbe besitzen wie Füchse, Isabellen oder Schimmel dürfen der Sonneneinstrahlung nicht zu sehr ausgesetzt werden.

Bestimmte Stoffe, die in einigen Pflanzen wie Bärenklau, Buchweizen, Johanniskraut enthalten sind, erhöhen die Empfindlichkeit der Haut für Sonneneinstrahlung. Auch bestimmte Medikamente können eine so genannte Photosensibilität hervorrufen, die ähnlich dem Sonnenbrand zu Hautentzündungen führt.

2.11.4 Zusammenfassung möglicher Komplikationen nach einer Verletzung

Durch Verschmutzung einer Wunde mit Bakterien kommt es zur **Wundinfektion.** Oft bilden sich eitrige Beläge auf der Wundoberfläche. Wundflüssigkeit wechselt ihre Beschaffenheit von klar zu milchig, trübe. Es tritt ein unangenehmer Geruch auf. Durch den Entzündungsprozess kommt es zu Verzögerungen in der Wundheilung.

Nekrosenbildung tritt auf. Unter Nekrosen versteht man das Absterben von Gewebe durch unzureichende Blutversorgung über längere Zeit. Hautnekrosen trocknen ein und fallen mit der Zeit ab. Neue Haut wächst von intakten Wundrändern her, um den Defekt abzudecken.

Einschuss/Phlegmone: Unter einem Einschuss versteht man die Infektion der Unterhaut durch eingedrungene Keime. Auch durch eine sehr kleine Verletzung haben die Infektionserreger die Möglichkeit, sich sehr schnell und über eine große Fläche in der Unterhaut auszubreiten. Es kommt zu einer Anschwellung des betroffenen Gebietes. Bei keiner oder unzureichender Behandlung kann es zur dauerhaften Gewebeschädigung kommen.

Blutergussbildung (Hämatombildung) und **Seromentstehung:** Durch Sickerblutungen im Gewebe, die nicht ablaufen können, bildet sich ein Bluterguss. Kleinere Blutergüsse kann der Organismus resorbieren (auflösen). Bleiben große Blutergüsse bestehen, entwickeln sich Serome. Die Blutzellen verklumpen und setzen sich ab, es bleibt nur noch die zelllose Blutflüssigkeit (Serum) übrig.

Abszessbildung: Unter einem Abszess versteht man eine Eiteransammlung im Gewebe. Er muss durch Eröffnung entleert werden (Abszesspaltung).

Auflösung von Wundnähten (Nahtdehiszenz): Bei starker Keimbelastung einer genähten Wunde kann diese ihre Festigkeit verlieren und sich auflösen. Die Verletzung muss dann von innen heraus durch Bildung von Granulationsgewebe selbst heilen **(Sekundärheilung).** Oft ergibt sich hieraus das Problem der Bildung von s. g. wildem Fleisch (überschießendes Granulationsgewebe). Es entstehen oft unelastische, derbe Narben.

2.11.5 Grundsätze der Wundversorgung

- Bei Hautwunden ist immer eine in der Tiefe liegende Schädigung möglich. Es muss eine genaue Untersuchung der Verletzung erfolgen.
- Wunden sind immer mit Keimen kontaminiert, auch wenn diese nicht auf den ersten Blick ersichtlich sind. Es besteht immer die Gefahr einer Wundinfektion.
- Wird eine Wunde durch schnelle unüberlegte Handlung ohne gründliche Reinigung und Desinfektion verschlossen, so sind die Heilungschancen schlechter, als wenn die Wunde in Ruhe gelassen worden wäre.
- Wichtig für die Erstversorgung einer Wunde ist die Auswahl des passenden Verbandmaterials sowie ein korrekter Verband (Technik).
- Der **Tetanusimpfschutz** ist **immer zu überprüfen** und ggf. zu aktualisieren.

2.11.6 Verbände

Ein Verband hat die Aufgabe, erkrankte oder verletzte Körperpartien vor dem Eindringen von Keimen zu schützen oder Medikamente über einen längeren Zeitraum auf bestimmten Körperstellen einwirken zu lassen. Verbände können über eine bestimmte Zeit Temperaturen in einem erkrankten Bereich stabil halten. Durch das Anlegen eines Verbandes kann ein Teil des Körpers z.B. ein Gelenk ruhig gestellt werden, um so eine Ausheilung der erkrankten Struktur zu ermöglichen.

Grundsätzlich kann nur ein korrekt angelegter Verband seinen Zweck erfüllen, d.h. es erfordert das Wissen um die richtige Verbandstechnik und ausreichend Routine, um im Notfall schnell und sicher handeln zu können. Fehlerhaftes Anlegen von Verbänden kann zu weiteren Folgeschäden für das Pferd führen und unter Umständen gefährliche Situationen verursachen. Pferde, die einen Verband tragen, müssen unter Aufsicht gestellt werden. Freigang auf der Weide oder in der Reitbahn muss wegen der erheblichen Verletzungsgefahr unbedingt vermieden werden. Um das richtige Anlegen von Verbänden zu erlernen, ist der Tierarzt der beste Ansprechpartner.

2.11.6.1 Schutzverband

Dieser Verband wird über einer offenen Wunde angelegt. Nach Desinfektion und Reinigung der Wunde wird als erste Abdeckung eine sterile (keimfreie) Wundauflage aufgelegt. Falls erforderlich kann diese mit einer Salbe bestrichen werden. Anschließend wird als Polstermaterial Watte oder ummantelte Watte (z. B. Equimoll) großflächig verarbeitet. Sind diese Materialien nicht vorhanden, können auch alte, saubere Handtücher Verwendung finden.

Wichtig dabei ist, dass markante Körperstellen wie z. B. Knochenvorsprünge oder empfindliche Areale, wie beispielsweise die Ballen, sorgfältig abgepolstert werden, um Schädigungen des Gewebes durch Druck zu vermeiden. Mit elastischen Binden wird die Polsterung befestigt, die an beiden Enden des fertigen Verbandes ca. 2 cm überstehen sollte.

Abschließend wird eine selbsthaftende Binde über den Verband gelegt, um zusätzliche Stabilität zu gewährleisten. Das Ende wird mit Klebeband befestigt.

Ein korrekt angelegter Verband ist gleichmäßig in Dicke und Wicklung. Er sitzt korrekt, ohne zu Verrutschen oder Körperteile abzuschnüren und hält mindestens bis zum nächsten Tag. Eine tägliche Verbandskontrolle ist notwendig. Gegebenenfalls ist der Verband zu wechseln.

2.11.6.2 Angussverband

Der Angussverband kommt häufig bei der Behandlung eines Einschusses zum Einsatz. Er hat die Aufgabe, die verwendeten Medikamente für eine längere Zeit im erkrankten Gebiet zu speichern, damit die Wirkstoffe intensiver im geschädigten Gebiet einwirken können.

Auch bei entzündlichen Prozessen wie z.B. Sehnenschädigungen, wo längere Zeit gekühlt werden soll, findet der Angussverband Verwendung. Er besteht aus genügend dickem Polstermaterial und einer fixierenden, selbst klebenden Binde. Es ist beim Anlegen z.B. an der Vorderröhre darauf zu achten, dass das Fesselgelenk mit einbezogen wird, um die Stabilität des Verbandes zu gewährleisten.

2.11.6.3 Druckverband

Eine Verletzung, die mit einer stark blutenden Wunde einhergeht, muss zunächst mit einem Druckverband versorgt werden. Prinzipiell sind zwei Arten der Blutungen zu unterscheiden, die **venöse und die arterielle Blutung**. Die erstgenannte erkennt man am immer wieder aus der Wunde heraus fließendem Blutschwall, die Farbe des Blutes ist dunkelrot. Bei der arteriellen Blutung spritzt das hellrote Blut strahlförmig aus der Wunde heraus.

Auf die Wunde wird eine sterile Kompresse aufgelegt, die mit Polstermaterial ummantelt wird. Das Ganze wird mit einer elastischen oder selbst klebenden Binde fest umwickelt. Anschließend legt man 1–2 zusammengerollte Mullbinden im Bereich der Wunde auf den ersten Verband und umwickelt diese mit weiteren Binden. Durch diese Anordnung des Verbandsmaterials versucht man, genügend Druck aufzubauen, um die Blutung zum Stillstand zu bringen.

Der Druckverband sollte nicht länger als ca. eine Stunde auf der verletzten Stelle verbleiben, um die Gefahr einer Abschnürung gering zu halten. Frühstmöglich ist ein Tierarzt zu Rate zu ziehen.

2.11.7 Notfallversorgung beim Pferd

Jeder, der sich mit Pferden befasst, wird früher oder später mit gesundheitlichen Notsituationen konfrontiert werden. Neben offensichtlichen Verletzungen können aber auch innere Erkrankungen wie akute Koliken, Lahmheiten oder Geburten zu Notfällen werden, in denen bis zum Eintreffen des Tierarztes erste Hilfe geleistet werden muss. Um im Falle einer erforderlichen Erstversorgung kompetent handeln zu können, sind folgende **Verhaltensregeln** hilfreich:

- **Ruhe und Besonnenheit** sind das Wichtigste. Zunächst muss sich der Ersthelfer einen kurzen Überblick über die Situation verschaffen, um richtig handeln zu können. Verletzte Pferde sind oft nervös und hektisch, sie stellen ein nicht zu unterschätzendes Gefahrenpotenzial dar. Eventuell anwesende Pferdebesitzer sind ebenfalls aufgeregt, es herrscht zumeist eine angespannte Atmosphäre. Durch zielgerichtetes, besonnenes Handeln können Pferde beruhigt und die Besitzer zur unterstützenden Hilfe gewonnen werden. Die Erstversorgung kann effektiv und fachgerecht durchgeführt werden.
- **Keine Panikreaktionen bei vermeintlich starken Blutungen.** Blut besitzt stark färbende Eigenschaften und schon ein Liter Blut kann für manche Personen einen dramatischen Anblick bieten. Bis ein Pferd lebens-

bedrohliche Mengen an Blut verloren hat (über 8 Liter beim erwachsenen Pferd), dauert es relativ lange und das Pferd zeigt mit der Zeit zunehmend Kreislaufprobleme. Hat man die Möglichkeit, das Blut in einem Gefäß aufzufangen, so ist ein Überblick über den Blutverlust möglich.
- Verletzte Pferde sollten an einen **ruhigen, abgeschirmten Platz** gebracht werden. Gute Lichtverhältnisse gewährleisten eine sichere Einschätzung, welche Maßnahmen der Erstversorgung durchgeführt werden müssen.
- Pferde mit **akuten, schweren Koliken** sollten **aus beengten Räumlichkeiten** wie Stallgasse oder Box in sichere Räume z. B. Reitbahn o. Ä. **gebracht werden**, um die Verletzungsgefahr zu verringern.
- Bei **Kreislaufstörungen** wie Zittern etc. sollte das Pferd warm eingedeckt werden.
- **Hochgradig lahme Pferde nicht bewegen**, beim Nageltritt den Nagel nur dann entfernen, wenn die Gefahr eines weiteren Eintretens besteht. Die Eintrittsrichtung und -tiefe des Nagels müssen unbedingt markiert und später dem Tierarzt mitgeteilt werden. Ein Schutzverband ist erforderlich. Der Nagel oder Fremdkörper sollte zur Information für den Tierarzt aufgehoben werden.
- Bei Verdacht auf **Kreuzverschlag** Pferde **warm** eindecken und **ruhig** stellen.
- **Aufgaben**, die nicht direkt am Pferd selber durchgeführt werden, wie z. B. Verbandsmaterial holen etc., **sollten** an umstehende Personen **delegiert werden.**
- **Keine Medikamente verabreichen**, Wundverletzungen nicht mit Salben oder Pudern vorbehandeln. Falls erforderlich, Schutz- oder Druckverbände anlegen.
- **Aufnehmen der PAT-Werte (Puls, Atmung, Temperatur)**, Kontrolle der Schleimhäute, Einschätzung des allgemeinen Zustands des Pferdes (Körperhaltung, Verhalten), Hautelastizität.

Über diese Kriterien dem **Tierarzt einen kurzen telefonischen Vorbericht** abgeben und seine **Anweisungen abwarten**.

Nach dem Eintreffen des Tierarztes ist eine kurze Information über den Patienten und den bisherigen Verlauf der Erkrankung hilfreich. Der Tierarzt übernimmt ab dem Zeitpunkt seiner Ankunft beim Patienten die Verantwortung und das Management der gesamten Situation. Seinen Anweisungen ist unbedingt Folge zu leisten.

2.11.8 Die Stallapotheke

Um für den Notfall oder zur täglichen Gesundheitsfürsorge geeignetes, in guter Qualität und ausreichender Menge Material ständig griffbereit zur Verfügung zu haben, muss in jedem Pferdebetrieb eine Stallapotheke vorhanden sein.

Abhängig von der Anzahl der eingestallten Pferde kann die Stallapotheke von einer einfachen Kiste über einen Schrank bis hin zum Apothekenraum mit Kühlschrank in ihrer Größe durchaus variieren. **Folgende Grundsätze** sind bei der Einrichtung einer Stallapotheke zu berücksichtigen:

1. Die Stallapotheke soll sich an einem kühlen, vor Licht, Staub und Feuchtigkeit **geschützten Ort** befinden.
2. Sie sollte **verschließbar** und somit unerreichbar für Kinder, unbefugte Personen und Tiere sein.
3. Jede Stallapotheke sollte mindestens **zweimal im Jahr überprüft** werden. Hierbei müssen alle überzähligen, verdorbenen, abgelaufenen und angesammelten Restbestände fachgerecht entsorgt werden sowie Ergänzungen bezüglich Material und Medikamenten durchgeführt werden.
4. Medikamente, denen ein **Etikett** oder eine **Bezeichnung fehlt**, dürfen **nicht mehr** verwendet werden.
5. Die **Anweisungen zur Aufbewahrung** der

Medikamente (z. B. kühl und unter Lichtabschluss) und die Haltbarkeitshinweise des Herstellers sind unbedingt zu beachten.
6. **Augentropfen** sind in der Regel **nur vier Wochen** nach Anbruch haltbar.
7. Alle **Dosierungsempfehlungen** des Tierarztes/Herstellers sind **genau einzuhalten**.
8. Jedes **Medikament** wird nach Untersuchung **speziell für einen Patienten verordnet** und darf **nur diesem** verabreicht werden.
9. **Andere Mittel**, wie z. B. Reinigungs- und Desinfektionsmittel, Spritzmittel, Waschmittel, Verdünnungslösungen, Benzin o. Ä. dürfen **niemals gemeinsam mit Medikamenten** aufbewahrt werden.
10. Die **Telefonnummern** des Dienst habenden Tierarztes und seines Stellvertreters, des Hufschmieds, der nächsten Tierklinik, der Giftnotrufzentrale sowie aller Pferdebesitzer sollten übersichtlich notiert sein.
11. Kopien aller **Equidenpässe, Impf- und Entwurmungspläne** sowie das **Stall**- oder **Bestandsbuch** zur Dokumentation der Behandlungen bei Schlachttieren sollten dort vorhanden sein.
12. Bei **Fragen** hinsichtlich der Bestückung, der Anwendung, Aufbewahrung oder der Überprüfung auf Verwendbarkeit von Medikamenten ist der **Tierarzt** der kompetente Ansprechpartner.

Instrumente und Gerätschaften:
- rostfreie, gebogene Verbandsschere mit stumpfem Ende
- Taschenmesser
- Hufmesser
- Hufraspel
- Hufzange
- Hufsack zum Verbandsschutz eines Hufverbandes
- Pinzette
- Thermometer mit Wäscheklammer und Bindfaden zur sicheren Befestigung
- Nasenbremse
- Henkelgefäß zum Mischen von Flüssigkeiten
- Zeckenzange
- Maulkorb
- Einwegspritzen 5 ml, 10 ml, 20 ml zum Eingeben von Medikamenten ins Maul
- Einweghandschuhe
- frisch gewaschene Pferdedecke mit Gurt
- Kühlelemente (Coolpacks)

Verbandsmaterialien:
1. sterile Wundkompressen
2. sauber verpackte Verbandswatte auf Rolle, z. B.Equimoll
3. elastische, selbst klebende Binden
4. 6–8 Mullbinden ohne Webkante 10 cm und 12 cm breit
5. Gewebeklebeband, Teerband
6. Pflaster
7. 2 Wollbandagen
8. 2–4 Bandagierunterlagen
9. 1 weißes Laken, gekocht, gebügelt und eingeschweißt zur keimarmen Abdeckung großer Wunden
10. 2 Babywindeln zum Anlegen eines Hufverbandes

Medikamente:
1. **Medikamente,** die vom Tierarzt für **aktuelle Behandlungen** verordnet worden sind, müssen mit Namen des Patienten und Dosierungsangabe sowie Behandlungsdauer separat aufbewahrt werden.
2. **Medikamente,** die der **Wundversorgung und der Erstversorgung** dienen wie zum Beispiel:
   - Jodsalben
   - desinfizierende jodhaltige Waschlösungen
   - Desinfektionssprays
   - verschiedene Wund- und Heilsalben, z. B. Zinklebertransalbe, Panthenolsalbe
   - heparinhaltiges Gel oder Salbe
   - Kühlgel, Acetat
   - Kamillosan

- 2–4 kleine Ampullen steriler Kochsalzlösung
- Granulat oder Paste mit beruhigender Wirkung
- Tierkohle in ausreichender Menge bei Vergiftungen
- Stullmissan gegen Durchfall
- Schleim lösende Mittel zum Inhalieren, z. B. Thymianöl, Eukalyptusöl

3. **Schmerzstillende oder entzündungshemmende Medikamente** müssen im Einzelfall vom Tierarzt verordnet werden.

Zur Wiederholung und Vertiefung

1. Wunden können durch verschiedene Einflüsse entstehen. Erläutern Sie im Detail, welche Wundarten wie entstehen können!
2. Welche Arten der Verbände kennen Sie? Erklären Sie, zu welchem Zweck der jeweilige Verband Verwendung findet! Erklären Sie kurz, wie der entsprechende Verband angelegt wird!
3. Welche Komplikationen können nach einer Verletzung auftreten?
4. Welche Grundsätze sind bei einer fachgerechten Wundversorgung zu beachten?
5. Wie handeln Sie in einem medizinischen Notfall bis der Tierarzt eintrifft?
6. Nennen Sie die wichtigsten Bestandteile einer Stallapotheke! Welche generellen Punkte müssen beim Führen einer Stallapotheke berücksichtigt werden?

2.12 Vergiftungen vermeiden

?

Die beiden Auszubildenden Anja und Petra richten im August die Einzäunung einer abgelegenen Weide her, die von einem benachbarten Landwirt übernommen wird. Ihnen fällt im relativ hohem Grasbestand hier und dort ein gelb blühendes Kraut auf. Ist es das giftige Jakobskreuzkraut? Sind diese einzelnen Pflanzen für Pferde giftig? Soll man die Pflanzen beseitigen? Fragen, mit denen sie in der Mittagspause zum Ausbilder gehen.

Alle bei Pferden möglichen Vergiftungen können hier nicht beschrieben werden. Nach dem Grad der Wichtigkeit soll eine Unterteilung in Vergiftungen durch Pflanzen, durch Futtermittel und durch chemische Substanzen vorgenommen und einige Beispiele erläutert werden.

2.12.1 Giftpflanzen

Die Bedeutung der Vergiftungen bei Pferden mit Giftpflanzen hat in den letzen Jahrzehnten abgenommen. Auf Grund immer besserer Weidepflege sowie sorgfältiger Stallfütterung ist die Wahrscheinlichkeit, dass Giftpflanzen in größerer Menge vom Pferd aufgenommen werden, eher gering. Allerdings hat das Pferd im Laufe seiner Domestizierung den natürlichen Instinkt, der vor dem Fressen von Giftpflanzen schützt, oftmals verloren und gerade bei Pferden, die sich langweilen, sehr neugierig oder auch sehr hungrig sind, kann es schnell zur Aufnahme eventuell vorhandener Giftpflanzen kommen. Auch bei Ausritten besteht die Gefahr in einem Moment der Unachtsamkeit des Reiters, dass das Pferd schnell einmal seinem Appetit auf Grünpflanzen nachkommt und so versehentlich zur Aufnahme von Giftpflanzen kommt.

Die Symptome nach Aufnahme von Giftpflanzen sind sehr uneinheitlich. Beobachtet werden im Allgemeinen: Koliken, Durchfall, Speicheln sowie eine Beeinträchtigung des zentralen Nervensystems mit Übererregbarkeit, Muskelzuckungen und auch Lähmungserscheinungen. Auf Grund der Vielfältigkeit der Krankheitssymptome sind häufig Verwechslungen mit anderen Erkrankungen möglich. Als besonders giftig gelten folgende Pflanzen:

2.12.1.1 Der Sumpfschachtelhalm

Der Sumpfschachtelhalm stellt eine besonders für Pferde giftige Art dar und enthält neben verschiedenen toxischen Substanzen Thiaminase, die das lebensnotwendige Vitamin B_1 im Körper des Pferdes spaltet und so dem Tier entzieht. Etwa vier bis fünf Wochen nach der Aufnahme von Sumpfschachtelhalm treten die klinischen Erscheinungen auf, die unter dem Begriff „Taumelkrankheit“ zusammengefasst werden.

Im Krankheitsverlauf kommt es zunächst zu einer allgemeinen Übererregbarkeit (Unruhe, Muskelzittern), die im späteren Krankheitsverlauf in eine Phase der Ataxie übergeht, die durch unkoordinierte Bewegungsabläufe mit stark schwankendem Gang sichtbar wird. Im Endstadium zeigen die Tiere dann vollkommene Lähmungserscheinungen.

Als Therapieversuch kann die Verabreichung von Vitamin-B1-Präparaten versucht werden. Außerdem müssen Herz-Kreislauf-Präparate verabreicht werden.

2.12.1.2 Der Adlerfarn

Bei der Aufnahme von Adlerfarn wird ebenfalls eine Thiaminase frei, die ähnliche Symptome im Nervensystem des Pferdes auslöst. Es tritt ein der Taumelkrankheit ähnliches klinisches Krankheitsbild auf. Bei einer rechtzeitigen Behandlung mit Thiamin besteht für die betroffenen Pferde eine gute Heilungschance.

2.12.1.3 Die Eibe

Die Eibe *(Taxus baccata)* ist besonders gefährlich für Pferde, da sie nicht nur – wie die meisten anderen Giftpflanzen – bei Futtermangel, sondern generell sehr gerne gefressen wird. Schon 100 bis 200 g Eibennadeln können durch die Freisetzung des Atmungs- und Herzgiftes Taxin ein ausgewachsenes Pferd töten. Die klinischen Erscheinungen beginnen mit einer Phase der Übererregbarkeit, die von Fieber begleitet ist. Daneben sind Koliken, Durchfall und Blutharnen zu beobachten, dazu Muskelkrämpfe und ein schwankender, unkoordinierter Gang (Ataxien). Bereits nach 5 Minuten werden die Pferde apathisch und der Tod tritt durch Herzversagen ein.

2.12.1.4 Der Hahnenfuß

Beim Hahnenfuß müssen drei Arten unterschieden werden:

a) der Gifthahnenfuß
b) der scharfe Hahnenfuß
c) der knollige Hahnenfuß.

Die Hahnenfußgewächse werden fast ausschließlich von Weidepferden aufgenommen, aber nur dann, wenn die Weide abgegrast ist und die Pferde unter Futtermangel leiden. Der Hahnenfuß ist wenig schmackhaft und wird normalerweise von Pferden gemieden. Wird er dennoch gefressen, kommt es in erster Linie zu Erregungszuständen mit anschließender Lähmung. Dies wird begleitet von entzündlichen Veränderungen der Häute und Schleimhäute mit daraus resultierendem Durchfall. Daneben kommen Muskelzittern, Pupillenerweiterung und Blindheit vor.

2.12.1.5 Die Robinie

Die Robinie, auch als Falsche Akazie bezeichnet, enthält besonders im Herbst in der Rinde in großer Menge giftige Eiweißstoffe, die zu erheblichen Störungen des Organismus führen können. Die Tiere zeigen Herzbeschleunigungen, Speicheln, Harndrang sowie Kolikerscheinungen mit Durchfall- und Verstopfungssymptomen. Vergiftungen durch Robinien lassen sich mit entsprechend sorgfältiger Behandlung therapeutisch gut in den Griff bekommen. Nach etwa 10-tägiger Therapie verschwinden die Krankheitserscheinungen im Allgemeinen wieder.

2.12.1.6 Die Bucheckern

Pferde, die über 1 kg Bucheckern aufnehmen, zeigen heftige Kolikerscheinungen mit Tobsucht und Automutilisation (Selbstzerfleischung). Daneben werden diese Vergiftungserscheinungen von Krämpfen, Taumeln,

Abb. 94: Pflanzen, die für Pferde giftig sind. Von oben links nach unten rechts: Eibe, Bucheckern, Robinie, Jakobskreuzkraut, Fingerhut, Sumpfschachtelhalm, Gundermann, Herbstzeitlose, Hahnenfuß, Adlerfarn.

Zittern, Atemnot und Lähmungen der Hinterhand begleitet. Der Tod tritt im Regelfall bis zu 12 Stunden nach der Vergiftung ein. Nur im Ausnahmefall ist eine Genesung möglich.

2.12.1.7 Der Gundermann

Der Gundermann hat die Eigenschaft, auch im getrockneten Zustand seine vergiftende Wirkung beizubehalten. Daher kann auch frisch verfüttertes Heu zu Krankheitserscheinungen führen. Insbesondere findet man den Gundermann vermischt mit Luzerneheu. Die Krankheitssymptome zeigen sich etwa vier bis sechs Tage nach der Aufnahme. Insbesondere sind hier Pupillenerweiterung, Schweißausbruch und Atemstörungen zu beobachten, die von einer Blauverfärbung der Schleimhäute begleitet werden. In vielen Fällen tritt der Tod schon wenige Stunden nach Sichtbarwerden der Krankheitserscheinungen ein.

2.12.1.8 Die Herbstzeitlose

Die Herbstzeitlose ist eine kleine, giftige Blühpflanze, die in Europa weit verbreitet ist. Sie blüht im Herbst bis in den Oktober hinein und ist auch unter den Namen **Giftkrokus** oder **Hundsblume** bekannt. Die Herbstzeitlose enthält in allen Pflanzenteilen das Alkaloid Colchicin, das Zellen mit hoher Teilungsrate (Knochenmark, Darmschleimhaut) und kleinste Blutgefäße (Kapillaren) stark schädigt. Vergiftungen treten beim Pferd oft im Frühjahr durch Aufnahme der Samen und Knollen auf. Die Vergiftungserscheinungen treten etwa 2–6 Stunden nach Aufnahme ein, es zeigen sich Kolikerscheinungen, vermehrtes Speicheln, Lähmungen, blutig braun veränderter Harn und Kreislaufstörungen. Der Tod tritt durch Atemlähmung nach 1–7 Tagen ein. Die Giftigkeit bleibt im Heu erhalten!

2.12.1.9 Der Fingerhut

Der Fingerhut ist in Europa weit verbreitet. Er wächst gerne im Halbschatten an Waldrändern und als Zierpflanze in nährstoffreichem Boden. In Deutschland findet man drei Arten: den Großblütigen Fingerhut, den Gelben Fingerhut und den Roten Fingerhut.

Die in den Pflanzen enthaltenen Digitalisglykoside verursachen in hoher Dosierung Herzrhythmusstörungen, die zum Tod führen. Als tödliche Menge gelten für das Pferd 100–200 g frische Blätter. Nach Aufnahme des Fingerhutes treten Symptome wie Schwitzen, blutig wässriger Durchfall, unregelmäßige Atmung, Taumeln, Zittern, Zuckungen auf. Das Pferd verendet durch Herzstillstand.

Tab. 17. Giftpflanzen

Pflanzenname	Giftigkeit	giftige Pflanzenteile	tödliche Menge
Giftige Hecken, Bäume und Sträucher in Parks und Gärten			
Eibe, Beeren-Eibe	stark giftig, schnell tödlich	Nadeln	100–200 g Nadeln/Pferd
gemeiner Goldregen	sehr stark giftig	gesamte Pflanze	200–250 g Samen/Pferd cave Heu
gemeiner Buchsbaum	stark giftig	Blätter, Rinde, Früchte	750 g frische Blätter
weiße Robinie	stark giftig, tödlich	gesamte Pflanze, Rinde, Früchte	150 g Rinde
gemeiner Seidelbast	sehr stark giftig	alle Pflanzenteile, besonders Rinde	30 g Rinde cave Heu, Kontakt mit Haut vermeiden
Gundelrebe	sehr stark giftig	gesamte Pflanze	cave Heu
gemeiner Liguster	giftig	Beeren, Blätter, Rinde	100–150 g
Eiche	stark giftig	Früchte, Blätter, Rinde	
Pfaffenhütchen	stark giftig	gesamte Pflanze, Früchte	

Tab. 17. Giftpflanzen (Fortsetzung)

Pflanzenname	Giftigkeit	giftige Pflanzenteile	tödliche Menge
Lebensbaum, Thuja	sehr stark giftig	gesamte Pflanze	
Sadebaum	sehr stark giftig	alle Pflanzenteile	
Oleander	sehr stark giftig	alle Pflanzenteile	20–60 grüne Blätter
Giftpflanzen in Gärten, auf Äckern und Feldern			
schwarzer und bittersüßer Nachtschatten	stark giftig	gesamte Pflanze, Beeren	
Lupine	giftig bis stark giftig	v. a. Samen	cave Heu
Rittersporn	giftig bis sehr stark giftig	alle Pflanzenteile, v. a. Samen	
Rhodendron	giftig bis stark giftig	Blätter, gesamte Blüte	
Engelstropete	sehr stark giftig	gesamte Pflanze, v. a. in der Blüte	
Rhizinus	sehr stark giftig	Blätter und Samen	50 g Samen
Giftpflanzen in Sümpfen, Ufergebüschen und feuchten Wiesen			
Blauer Eisenhut	sehr stark giftig, tödlich	gesamte Pflanze, v.a. Wurzel und Samen	
Gefleckter Schierling	sehr stark giftig tödlich	gesamte Pflanze v.a. Früchte	3000g der frischen Pflanzen
Wasserschierling	sehr stark giftig tödlich	gesamte Pflanze v.a. Wurzel und Stengel	eine Wurzel ist tödlich, cave Heu
Sumpfschachtelhalm	sehr stark giftig,tödlich	gesamte Pflanze	Heu mit 20 % Anteil der Pflanze über ca einen Monat gefüttert, cave Heu
Giftpflanzen in Wäldern, Waldrändern, Lichtungen und Gebüschen			
Adlerfarn	sehr stark giftig, kann tödlich sein	gesamte Pflanze außer Wurzel	2000–3000 g über 30 Tage, 20 % im Weidegras gefährlich, cave Heu
Gefleckter Aronstab	sehr stark giftig	gesamte Pflanze	
Bingelkraut	stark giftig	gesamte Pflanze	cave Heu
Christrose, Schwarze Nieswurz	sehr stark giftig	gesamte Pflanze	8–10 g frische und getrocknete Wurzeln
Weißer Germer	sehr stark giftig	gesamte Pflanze	cave Heu 1 g/KGW der Wurzeln

Tab. 17. Giftpflanzen (Fortsetzung)

Pflanzenname	Giftigkeit	giftige Pflanzenteile	tödliche Menge
Roter Fingerhut	sehr stark giftig, tödlich	gesamte Pflanze, cave im Heu hochgiftig!	25g trockene, 100–200 g frische Blätter
Glockenbilsenkraut	sehr stark giftig	gesamte Pflanze v. a. Wurzel	180 g frische Pflanze, cave Heu
Johanniskraut	giftig bis stark giftig	gesamtePflanze v. a. Blüten, Blätter	cave Heu
Schwarze Tollkirsche	sehr stark giftig	gesamte Pflanze v. a. Beeren, Samen, Blätter	tödlich 125g Samen, 120g Blätter, 180g Wurzel
Maiglöckchen	sehr stark giftig	gesamte Pflanze, v. a. Blüte, Frucht	
Giftpflanzen in Wiese, Heide, an Wegrändern			
Herbstzeitlose	sehr stark giftig	gesamte Pflanze, v. a. Knolle und Samen	cave Heu
Schwarzes Bilsenkraut	sehr stark giftig	gesamte Pflanze, v. a. Wurzeln und Samen	300 g der frischen Pflanze
Ginster, Besenginster	stark giftig	gesamte Pflanze	
Jakobskreuzkraut	sehr stark giftig	gesamte Pflanze, v. a. Blüte	Aufnahme von 4–8 % des Körpergewichtes an Frischpflanze, cave Heu
Adonisröschen	stark giftig	gesamte Pflanze	cave Heu
Schöllkraut	stark giftig	alle Pflanzenteile, Milchsaft	

Zusammenfassung erstellt aus Inhalten des Pferdegesundheitsbuches von Dr. med. vet. B. Dülffer-Schneitzer.
Der Hinweis „cave (lat. hüte Dich vor, beachte) Heu“ bedeutet, dass die entsprechende Pflanze auch im Heu noch giftig /hochgiftig ist!

Die Giftigkeit der Pflanze bleibt im Heu erhalten!

2.12.1.10 Das Jakobskreuzkraut

Das in ganz Mitteleuropa vorkommende Jakobskreuzkraut ist eine Giftpflanze. Die häufigsten Vergiftungserscheinungen treten in der Blütezeit auf. Als Symptome kommen beim Pferd je nach Aufnahmemenge akute Vergiftungen, aber auch subakute Formen vor. In der akuten Form sind Übererregbarkeit und schwankende Gänge mit schleifenden Hufen zu beobachten. Bei der subakuten Form ist stets eine Leberfunktionsstörung vorhanden, die zu einer Gelbsucht führen kann. Eine Therapie solcher Vergiftungen ist meistens aussichtslos.

2.12.2 Vergiftungen durch Pilze (Mykotoxikosen)

Bei den Pilzvergiftungen muss man unterscheiden zwischen einer direkten Schadwirkung durch aufgenommene Pilzsporen und einer indirekten durch Gifte, die Pilze aussenden, die dann im Körper des Pferdes Störungen verursachen.

Zunehmende Bedeutung erlangen auch die sog. Fusarientoxikosen. Diese Pilzgifte werden von den Fusarienpilzen vorwiegend im feuchten Futter gebildet und greifen in erster Linie das Blut bildende System des Körpers an. Daneben gibt es auch eine Art des Giftes, die östrogene (hormonelle) Wirkung hat und somit einen indirekten Einfluss auf die Geschlechtsorgane des betroffenen Tieres ausübt.

Der Nachweis der Pilzgifte im Futter ist außerordentlich schwierig und unter Praxisbedingungen im Regelfall kaum zu erbringen. Daher ist es wichtig, Futtermittel vor der Verfütterung sensorisch zu prüfen. Verschimmeltes Futter, das sich meistens auch durch muffigen Geruch auszeichnet, darf auf gar keinen Fall verfüttert werden. Neben Pilzen haften am Futter oftmals Milben (z. B. auf Möhren oder Quetschhafer). Futter wird gerne befallen, wenn es warm und feucht gelagert wird. Die Milben sind ein Indikator für die beginnende Zersetzung des Futtermittels. Insbesondere gequetschter Hafer, dessen natürliche Abwehrstruktur durch das Quetschen zerstört wird, ist anfällig für Milbenbefall. Nach Verfütterung milbenhaltigen Futters werden bei Pferden Verdickungen der Gliedmaßen, Fressunlust und Lähmungserscheinungen beobachtet, die sich nach Weglassen des Futters innerhalb von acht bis zehn Tagen wieder bessern. Mit Futtermilben befallene Futtermittel gehören auf gar keinen Fall in den Pferdetrog.

2.12.3 Vergiftungen durch chemische Substanzen

Als dritte wesentliche Vergiftungsursache sind chemische Substanzen zu beachten. In Kontakt mit ihnen gelangen Pferde z.B. über Pflanzenschutzmittel, Holzschutzmittel und Insektizide. Als Substanzgruppe mit akuter Toxizität sind Phosphorsäureester bekannt. Sie werden als Insektizide zur Bekämpfung von Mücken, Flöhen und Läusen eingesetzt. Phosphorsäureestervergiftungen sind im Regelfall recht typisch gekennzeichnet durch Krampfanfälle, Unruhe, starke Durchfallerscheinungen, Speicheln und Lähmungen. Eine Therapie ist nur in der Frühphase Erfolg versprechend. Der Tierarzt muss durch gezielte Maßnahmen (Linderung) versuchen, die Krankheitserscheinungen zu bekämpfen.

Schwere Vergiftungserscheinungen rufen bisweilen die Rodentizide (Rattengift) hervor. Sie bestehen heute in erster Linie aus Cumarinderivaten. Cumarin hat die Eigenschaft, Vitamin K im Blut zu binden und somit die Blutgerinnung zu verzögern oder sogar zu unterbinden. Nach der Aufnahme von Cumarin kommt es nach einer längeren Latenzzeit zu erheblicher Mattigkeit und Kurzatmigkeit der Pferde. Kleine Verletzungen bluten sehr lange weiter, ohne dass es zum Stillstand der Blutungen kommt. In der Endphase der Vergiftung kommt es zu inneren Blutungen, an denen die Pferde schließlich verenden. Als sofortige Gegenmaßnahme muss Vitamin K1 verabreicht oder sogar Blut übertragen werden.

Einige Holzschutzmittel und Bauhilfsstoffe sind z. T. giftig, z. T. geruchsaktiv oder gar ätzend. Es kommt durch diese stark riechenden und oft ätzenden Flüssigkeiten und Dämpfe zu erheblichen Irritationen der Nasen- und Lungenschleimhäute mit entzündlichen Erscheinungen. Abgeleckte bleihaltige Schutzanstriche (z. B. Mennige) können Krankheiten, wie z. B. Fressunlust, stumpfes Haar, Kümmern, Unwohlsein u. a., erzeugen.

2.12.4 Vergiftungen durch Nitrate, Nitrite

Die zunehmende Belastung des Grundwassers mit Nitraten und Nitriten kann Pferde schädigen, wenn sie mit unkontrolliertem, aus dem Hausbrunnen stammenden Wasser getränkt werden. Gesetzliche Regelungen schreiben vor, dass das Grundwasser regelmäßig kontrolliert und analysiert werden muss. Kommen größere Mengen von Nitriten bzw. Nitraten über das Wasser in das Pferd, ist mit der typischen Methämoglobinbildung zu rechnen.

Die frei werdenden Nitrite bzw. Nitrate binden sich an Stelle des Sauerstoffs an den roten Blutfarbstoff der Erythrozyten. Die Erythrozyten sind mit Nitraten besetzt. Dadurch kann der Sauerstoff nicht mehr transportiert werden. Dies führt letztlich zum Ersticken des Tieres. Klinisch sichtbar wird ein solcher Zustand durch zunehmende Blauverfärbung der Schleimhäute, insbesondere der Nasenschleim- und der Lidbindehäute.

2.12.5 Maßnahmen beim Verdacht einer Vergiftung

Weitere Vergiftungen durch eine Vielzahl anderer Substanzen sind möglich. Oft ist eine Diagnosestellung schwierig, da sich auftretende Krankheitssymptome ähneln.

Besteht der Verdacht einer Vergiftung, sind folgende Maßnahmen sinnvoll:

- Unverzüglich einen Tierarzt anrufen und seine Anweisungen befolgen!
- Wenn bekannt, weitere Giftaufnahme verhindern.
- Zur Diagnosestellung die vermutliche Giftquelle sicherstellen (z. B. Pflanzenteile), nicht wegwerfen!
- Jede weitere Futteraufnahme unterbinden, Wasser zur freien Verfügung stellen.
- Das erkrankte Pferd sollte in eine ruhige, weich eingestreute Box gebracht werden, um weitere Verletzungen bei Krampfanfällen oder bei starken Koliken zu vermeiden.
- Bereitstellung eines Autos mit Pferdeanhängers, um ggf. schnell in eine Klinik zu fahren.

Zur Wiederholung und Vertiefung

1. Nennen und beschreiben Sie fünf Giftpflanzen und erklären Sie deren Schadwirkungen.
2. Welche gesundheitlichen Schädigungen entstehen bei der Aufnahme von Fusarienpilzen? Wie können Sie diesem Problem vorbeugen?
3. Welche Chemikalien sind gesundheitsschädigend für Pferde? Welche Auswirkungen auf die Gesundheit des Pferdes können beobachtet werden?
4. Wann kommt es zu einer Methämoglobinbildung und wodurch wird sie verursacht?
5. Wie können Sie erkennen, dass sich ein Pferd vergiftet hat? Welche Maßnahmen treffen Sie in solch einem Fall?

2.13 Tierschutz im Pferdesport umsetzen

?

Der Discoabend hatte so schön begonnen. Die Pferdewirtinnen Christiane und Karin haben zwei nette Jungs kennen gelernt. Als die von ihrem Beruf „Pferdewirt" hörten, wurde die Unterhaltung deutlich gespannter: Pferdesport sei Tierquälerei; Doping und unerlaubte Ausbildungsmethoden würden die Tiere zu Höchstleistungen treiben; auch sei die Haltung von Pferden in dunklen Ställen nicht artgerecht. So die Vorwürfe der Jungs, die unsere beiden Auszubildenden in Erklärungsnot bringen.

2.13.1 Das Tierschutzgesetz

Die wichtigste gesetzliche Grundlage für den Tierschutz im Pferdesport stellt das Tierschutzgesetz in seiner aktuellen Fassung vom 18.5.2006 dar. Verfassungsrechtlich beruht es auf dem **Staatsziel Tierschutz**, der seit dem 01.08.2002 ausdrücklich in Artikel 20 a des Grundgesetzes festgelegt ist.

In **§ 1** des Tierschutzgesetzes wird grundsätzlich die Verantwortung des Menschen für das Mitgeschöpf Tier definiert. Des weiteren wird festgelegt, dass niemand einem Tier ohne vernünftigen Grund Schmerzen, Leiden oder Schäden zufügen darf.

Mit dem Begriff **„Mitgeschöpf"** wird dem Tier als schmerzempfindliches Wesen auch juristisch Rechnung getragen, da bis 1989 ein Tier im Sinne des BGB als Sache betrachtet wurde.

§ 2 regelt die Pflicht des Menschen für angemessene Pflege, Ernährung und Bewegung sowie für eine verhaltensgerechte Unterbringung zu sorgen. Jeder, der ein Tier hält, betreut oder zu betreuen hat, muss über die erforderlichen Kenntnisse und Fähigkeiten verfügen.

Nach **§ 3** des deutschen Tierschutzgesetzes ist es u. a. **verboten**:

- einem Tier außer in Notfällen Leistungen abzuverlangen, denen es wegen seines Zustandes offensichtlich nicht gewachsen ist oder die offensichtlich seine Kräfte übersteigen
- einem Tier, an dem Eingriffe und Behandlungen vorgenommen worden sind, die einen leistungsmindernden körperlichen Zustand verdecken, Leistungen abzuverlangen, denen es wegen seines körperlichen Zustandes nicht gewachsen ist
- an einem Tier im Training oder bei sportlichen Wettkämpfen oder ähnlichen Veranstaltungen Maßnahmen, die mit erheblichen Schmerzen, Leiden oder Schäden verbunden sind und die die Leistungsfähigkeit von Tieren beeinflussen können, sowie an einem Tier bei sportlichen Wettkämpfen oder ähnlichen Veranstaltungen Dopingmittel anzuwenden
- ein Tier auszubilden, sofern damit erhebliche Schmerzen, Leiden oder Schäden für das Tier verbunden sind
- einem Tier Futter darzureichen, das dem Tier erhebliche Schmerzen, Leiden oder Schäden bereitet
- ein Tier zu einer Filmaufnahme, Schaustellung, Werbung oder ähnlichen Veranstaltung heranzuziehen, sofern damit Schmerzen, Leiden oder Schäden verbunden sind

Im weiteren Verlauf des Tierschutzgesetzes wird in **§ 11** die Erlaubnispflicht für gewerbsmäßige Reit-, Fahr- und Pferdehandelsbetriebe geregelt. Es wird festgelegt, dass diejenigen Pferdehalter, die gewerbsmäßig Pferde für andere halten oder für andere unterbringen über:

1. die notwendige Sachkunde
2. die erforderliche Zuverlässigkeit
3. die erforderlichen räumlichen Möglichkeiten verfügen müssen.

Dieses Erlaubnisverfahren wird im Regelfall von den zuständigen Veterinärämtern abgewickelt. Als Sachkundenachweis dient eine abgeschlossene Berufsausbildung z. B. als Landwirt oder als Pferdewirt. In einem Fachgespräch mit dem zuständigen Amtstierarzt kann ebenfalls die Sachkunde unter Beweis gestellt werden. Zusätzlich ist ein polizeiliches Führungszeugnis vorzulegen.

§ 16 des Tierschutzgesetzes bestimmt, dass Nutztierhaltungen einschließlich der Pferdehaltungen der Kontrolle der zuständigen Behörde unterliegen. Regional unterschiedlich sind das z. B. das Veterinäramt einer Stadt oder die Kreisveterinärbehörde. Bei festgestellten Verstößen gegen das Tierschutzgesetz ist die Behörde befugt, entsprechende Anordnungen (z. B. Wegnahme der Tiere, anderweitige Unterbringung, Tötung, Verbot der Tierhaltung) zur Beseitigung oder zur Verhütung künftiger Verstöße zu treffen.

Das Tierschutzgesetz stellt in **§ 17** die ungerechtfertigte Tötung von Wirbeltieren und die rohe oder tierquälerische Misshandlung von Tieren unter Strafe (Freiheitsstrafe bis zu drei Jahren oder Geldstrafe). **§ 18** benennt die Ordnungswidrigkeiten, die vorsätzlich oder fahrlässig begangen werden können. Hier können Geldstrafen bis zu 25 000 Euro ausgesprochen werden.

2.13.2 Leitlinien zur Beurteilung von Pferdehaltungen unter Tierschutzgesichtspunkten

Um dem Tierschutzgesetz insbesondere dem § 2 gerecht zu werden, sind 1995 die **Leitlinien Pferdehaltung** entstanden. Sie haben es sich zur Aufgabe gemacht, die in § 2 des Tierschutzgesetzes gestellten Anforderungen mit konkretem Inhalt zu füllen, um einerseits dem Tierhalter die Möglichkeit der Eigenkontrolle zu ermöglichen, andererseits den zuständigen Behörden Entscheidungshilfen über die Sachkunde des Tierhalters auf Grund der vorgefundenen Haltungs- und Lebensbedingungen an die Hand zu geben. Die Leitlinien dienen ebenfalls als Grundlagen bei gerichtlichen Auseinandersetzungen.

In den Leitlinien wird zunächst grundsätzlich die seit 5000 Jahren bestehende züchterische Einflussnahme des Menschen auf das Pferd festgestellt. Im Gegensatz dazu haben sich das Verhalten und die Ansprüche, die das Pferd an seine Umwelt stellt, nicht wesentlich verändert. In Bezug auf den § 2 des Tierschutzgesetzes wird auf Grund der Häufigkeit von aufgetretenen Erkrankungen und Dauerschäden beim Pferd davon ausgegangen, dass den Anforderungen hinsichtlich verhaltensgerechter Unterbringung und tierschutzgerechter Nutzung vielfach nicht entsprochen wird. Demzufolge kann diese problematische Situation nur verbessert werden, wenn Fehler in der Haltung und Nutzung vermieden und die Leitlinien zur Beurteilung von Pferdehaltungen unter Tierschutzgesichtspunkten sowie die Leitlinien Tierschutz im Pferdesport erfüllt werden.

Zusammenfassend sind folgende tierschutzrelevanten Grundsätze zu erfüllen (die wesentlichen Auszüge entnommen und zusammengefasst aus den Richtlinien):

- **Vermeidung von Schmerzen, Leiden und Schäden**
  Ställe, bauliche Gegebenheiten und Gegenstände müssen aus gesundheitsunschädlichem Material bestehen, es dürfen durch ihre Verwendung keine Schmerzen, Leiden und Schäden entstehen. Bei Erkrankungen oder Verletzungen ist ein Tierarzt hinzuzuziehen.
- **Soziale Kontakte**
  Hier wird auf das Bedürfnis des Pferdes nach sozialen Kontakten hingewiesen. Als in Gruppen lebende Tiere führen fehlende soziale Kontakte zu Problemen im Umgang und zu Verhaltensstörungen. Das Haltungssystem muss diese Kontakte gewährleisten. Fohlen und Jungpferde dürfen aus Gründen der sozialen Entwicklung nicht einzeln gehalten werden.
- **Körperpflege**
  Sinnvolle Körperpflege ist für das Wohlbefinden des Pferdes unerlässlich. Durch die Pflegemaßnahmen wird das Vertrauen zwischen Mensch und Pferd gefördert und eine weitere soziale Kontaktmöglichkeit geschaffen.
- **Hufpflege**
  Fohlen und Jungpferde sind frühzeitig an den Hufschmied und seine Arbeiten zu gewöhnen. Im Allgemeinen sind Hufe regelmäßig auf ihren Zustand zu prüfen und so zu pflegen, dass der Huf gesund bleibt. Das Zeitintervall zum Ausschneiden und Beschlagen liegt in der Regel zwischen 6–8 Wochen.
- **Bewegung**
  Bewegungsmangel ist die Ursache sehr vieler Erkrankungen. Insbesondere Schäden am Bewegungsapparat und am Atmungsapparat sowie eine negative Beeinflussung des gesamten Stoffwechsels sind die Folgen. Pferde unter naturnahen Bedingungen bewegen sich im Sozialverband zur Futteraufnahme bis zu 16 Stunden täglich. Die meiste Zeit davon wird der entspannte Schritt bevorzugt. Ist auf Grund der gewählten Haltungsform eine mehrstündige Bewegungsmöglichkeit in dieser Form nicht möglich, muss ein zusätzliches Bewegungsangebot wie Weidegang, Auslauf o. Ä. geschaffen werden. Zuchtstuten, Fohlen und Jährlinge müssen täglichen Auslauf oder Weidegang bekommen.
- **Weide**
  Weidegang ist Pferden so oft wie möglich zu gewähren, da die Weide ihrem natürli-

chen Lebensraum am ehesten entspricht. Weidegang sollte in geeigneten Gruppen erfolgen. Im Weiteren wird auf die Anforderungen einer tierschutzgerechten Weide eingegangen. Wichtig sind die Hinweise, dass defekte oder unzureichende Einzäunungen tierschutzwidrig sind, ein ausreichend großer Witterungsschutz und eine Tränke bereitstehen müssen. Ist kein Weidegang möglich, ist ein entsprechend großer Auslauf eine Alternative. Weiden, Ausläufe und Futterplätze müssen hygienischen Anforderungen genügen.

- **Futter und Futteraufnahme**
  Qualität, Zusammensetzung und Menge des Futters müssen stets dem Erhaltungs- und Leistungsbedarf des einzelnen Pferdes entsprechen. Fütterungsfehler sind zu vermeiden. Futter und Wasser müssen gesundheitlich unbedenklich sein. Strukturiertes Futter muss ausreichend angeboten werden und ist ebenso wie portioniertes Kraftfutter mindestens dreimal am Tag zu füttern. Zur Futteraufnahme sind dem Pferd Zeit und Ruhe zu gewähren, da sie nicht nur der Ernährung, sondern auch der Beschäftigung dient. Wasser muss ständig zur Verfügung stehen. Belohnungen in Form von Leckerbissen sollten sinnvollerweise nur in der Erziehung oder Ausbildung eingesetzt werden, um unerwünschtes Verhalten zu vermeiden.
- **Gestaltung des Stallklimas**
  Ausreichende Frischluftzufuhr und angemessene Luftzirkulation müssen sichergestellt werden. Staub- und Keimgehalt, relative Luftfeuchte und Schadgaskonzentration müssen für das Pferd unbedenklich sein. Die Stalltemperatur soll nicht gleichmäßig sein, sondern der Außentemperatur folgen, um das Training der thermoregulatorischen Mechanismen anzuregen. Das Pferd ist ein Tier mit einem großen Lichtbedürfnis. Zur Anregung des Stoffwechsels und seinen dadurch positiven Auswirkungen auf Widerstandskraft, Leistungsfähigkeit und Fruchtbarkeit ist die häufige Aufnahme von Sonnenlicht unabdingbar.
- **Management**
  Der Pferdehalter muss über Fachwissen in allen Bereichen rund um das Pferd verfügen, die arttypischen Bedürfnisse

Abb. 95: Artgerechte Pferdehaltung. Das Bedürfnis des Pferdes nach sozialen Kontakten lässt sich nur in der Gruppe (Herde) befriedigen.

Abb. 96: Artgerechte Pferdehaltung: Weidehaltung kommt dem natürlichen Lebensraum des Pferdes am nächsten.

des Pferdes kennen, sein Sozial- und Ausdrucksverhalten richtig deuten und Krankheitszeichen frühzeitig erkennen.

- **Aufstallungsarten**
  Dem Pferd muss unter den gewählten Haltungsbedingungen eine größtmögliche Entfaltung seines arttypischen Verhaltens möglich sein. Unabhängig von der Aufstallungsart müssen sich Pferde ungehindert ablegen und aufstehen sowie in Seitenlage liegen und sich wälzen können.
- **Gruppenhaltung**
  Hier wird unterschieden in Einraumlaufstallhaltung und Gruppenhaltung mit angeschlossenem Auslauf. Es wird empfohlen, Pferde, wo immer möglich, in Gruppen zu halten. Auf die Verträglichkeit der Gruppen ist besonders zu achten. Die Gruppenhaltung erfordert eine besondere Befähigung des Tierhalters, um auftretende Probleme hinsichtlich der Rangordnung und der Futtersituation rechtzeitig zu erkennen und im Sinne der Pferde zu lösen. Die individuelle Futterzuteilung und die ungestörte Futteraufnahme muss gewährleistet sein. Prinzipiell sollten Pferde in Gruppenhaltungen zur Minimierung des Verletzungsrisikos an den Hinterhufen unbeschlagen sein.
- **Einzelaufstallung**
  Die Haltung von Pferden im Ständer ist abzulehnen, für Fohlen und Jungpferde ist sie tierschutzwidrig. Einzelboxen müssen soziale Kontaktmöglichkeiten unter den Pferden weitestgehend zulassen. Beschäftigung durch Beobachtung muss möglich sein (bauliche Einrichtungen, wie häufig zu öffnende Boxentüren oder Außenfenster).
- **Möglichkeiten der Pferdehaltung entsprechend der Nutzungsart**
  Hier werden die geeigneten Haltungssysteme in Abhängigkeit von der Nutzungsart vorgestellt. Für Stuten mit Fohlen sind demnach Einzelboxen, Gruppenauslaufhaltung und Einraumgruppenlaufstall mit der Bedingung einer vorhandenen Weide geeignet. Die Haltung auf der Weide mit Witterungsschutz ist uneingeschränkt als Haltungssystem geeignet.
- **Richtmaße**
  Festgelegt werden hier die Maße für den Flächenbedarf eines Pferdes in Abhängigkeit zur Körpergröße und zum Haltungssystem, wie z. B. ein großes Pferd in einer Einzelbox benötigt nach der Berechnungsformel $(2 \times \text{Widerrist})^2$ etwa 13,0 m^2 an Fläche. Weitere Angaben zu baulichen Vorrichtungen werden festgelegt (Höhe der Boxentrennwände, der Krippensohle, Breiten von Stallgassen u. v. m.) Grundsätzlich darf kein Pferd durch Bauteile oder durch eine bauliche Maßnahme verletzt werden. Bei den angegebenen Richtwerten ist zu beachten, dass geringe Abweichungen bei entsprechenden ausgleichenden Managementmaßnahmen toleriert werden können.

2.13.3 Leitlinien Tierschutz im Pferdesport

Als Grundlage der Leitlinien Tierschutz im Pferdesport dienen insbesondere die §§ 1 und 3 des Tierschutzgesetzes (s.o.). Grundsätzlich wird festgestellt, dass in der heutigen Zeit das Pferd überwiegend seine Aufgabe in der Freizeitgestaltung des Menschen gefunden hat. In der Ausbildung des Pferdes, bei seinem Training und seiner Nutzung ist ein hohes Maß an Wissen und Können erforderlich, um den Aspekten des Tierschutzes zu entsprechen. Die Befindlichkeit des Pferdes wird durch sein Verhalten zum Ausdruck gebracht. Alle Personen, insbesondere diejenigen, die häufig mit Pferden umgehen, müssen durch ausreichende Kenntnisse in der Verhaltenslehre in der Lage sein, Ausdrucksweisen des Pferdes richtig zu interpretieren und die entsprechende Hilfe anzuwenden oder die momentane Leistung zu akzeptieren.

Die Leitlinien Tierschutz im Pferdesport legen die Anforderungen fest, die an Umgang, Ausbildung und Training von Pferden sowie an jegliche Nutzung dieser Tiere, insbesondere in sportlichen Wettbewerben (einschließlich Leistungsprüfungen), in der Freizeit, bei der Reiter- und Fahrerausbildung, aber auch in der Land- und Forstwirtschaft unter dem Aspekt des Tierschutzes zu stellen sind. Folgende wesentliche Auszüge sind wichtig:

I. Umgang mit Pferden bei der Ausbildung und Nutzung

1. **Ziel aller Ausbildung** des Pferdes muss die volle Entfaltung seiner angeborenen Anlagen und der Einklang des Pferdes mit seiner Umwelt und dem Menschen sein. Um das zu erreichen, muss das Pferd artgemäß behandelt und seine artgemäßen Lebensanforderungen müssen erfüllt werden.
2. **Sinnesreize** aus der Umgebung werden vom Pferd hinsichtlich ihrer möglichen Konsequenzen für den Organismus erfasst. Als Folge daraus entwickelt sich ein Verhalten, welches der Bedarfsdeckung dient, oder das Pferd zeigt ein Meideverhalten, das zur Schadensvermeidung beitragen soll.
3. Unter naturnahen Bedingungen bewegen sich Pferde im Sozialverband zur Futteraufnahme bis zu 16 Stunden am Tag. Unter Haltungsbedingungen ist daher täglich für **angemessene Bewegung** zu sorgen.
4. **Das Pferd ist ein Fluchttier.** Dieses beim Pferd hoch spezialisierte Verhalten bewahrt es vor möglichen Schäden. Beim Umgang mit dem Pferd sowie in seiner Ausbildung ist diesem Verhalten unbedingt Rechnung zu tragen. Pferde wegen Scheuen oder Schreckhaftigkeit zu bestrafen ist daher falsch und führt zu weiteren Angstreaktionen sowie zur vermehrten körperlichen Anspannung.
5. **Das Pferd ist ein Herdentier.** Alleinsein ist für das Pferd wesensfremd. Es fühlt sich nur in Gesellschaft von Artgenossen oder von anderen Lebewesen, die es als Partner akzeptiert hat, sicher. Dem Pferd außerhalb des Herdenverbandes Sicherheit zu vermitteln, bedarf ständiger und geduldiger Zuwendung.
6. Tierlehrer und Personen, die häufig Umgang mit dem Pferd haben (Ausbilder, Tierärzte, Schmiede, Reiter, Fahrer etc.) müssen über das notwendige **Wissen** und **Einfühlungsvermögen** hinsichtlich des Verhaltens und der arttypischen Ausdrucksverhaltensweisen verfügen.
7. **Das Vertrauen zum Menschen ist die Basis jeglicher Zusammenarbeit** mit dem Pferd. Ein Pferd, welches dem Menschen vertraut, lernt die Zeichen und Hilfen zu verstehen. Es fühlt sich in für ihn bedrohlich wirkenden Situationen beim Menschen sicher, wenn diese es verstehen, das Pferd langsam mit sinnvoller Hilfengebung an unbekannte Schwierigkeiten heranzuführen. Die Häufigkeit der so genannten Vermeidungsreaktionen nimmt mit Festigung des Vertrauensverhältnisses Pferd-Mensch ab.
8. **Der Mensch wird zum sozialen Partner für das Pferd.**
   Er kann ranghöher, ranggleich, rangniedriger oder aber Feind sein. Alle Positionen, die nicht ranghöher als das Pferd sind, führen zu Problemen im Umgang und in der Ausbildung. Seine ranghöhere Stellung erreicht der Mensch durch Einfühlungsvermögen und Zuwendung zum Pferd, verbunden mit Wissen, Erfahrung, Konsequenz und Bestimmtheit. Durch Brutalität wird der Mensch dem Pferd gegenüber nicht ranghöher, sondern er wird zum Feind. Eine Ausbildung wird verhindert.

- **Verständigung zwischen Mensch und Pferd**
  1. **Hilfen** sind als Verständigung zwischen Mensch und Pferd definiert. Auf eine vom Menschen bestimmte Aktion wird eine entsprechende Reaktion des Tieres erwartet. Die Hilfengebung muss für das Pferd verständlich und konsequent erfolgen, Schmerzen dürfen nicht entstehen.

2. Die **Verständigung zwischen Mensch und Pferd** erfolgt durch Stimm-, Berührungs-, Gewichts-, und Führungshilfen sowie durch die Körpersprache des Ausbilders. Voraussetzung erfolgreicher Einwirkung ist die Verständigung durch die richtige Hilfengebung, die zum einen theoretischer Grundkenntnisse und zum anderen konsequenter Übung bedarf.
3. Durch **Verknüpfung** von Hilfengebung, Reaktion auf die Hilfengebung und Belohnung des Pferdes wird ein Lernen ermöglicht. Das Pferd versteht den Willen des Ausbilders am besten, wenn seine richtige Reaktion auf die Hilfengebung positiv belohnt wird. Ist seine Reaktion falsch, erfolgt keine Belohnung. Eine **Bestrafung des Pferdes** führt nicht zum Erreichen von Ausbildungszielen, sie ist nicht verhaltensgerecht, sondern **ineffektiv und tierschutzwidrig**.
4. **Strafen oder Zurechtweisungen** mit Hand oder Gerte sind nur in unumgänglichen Situationen akzeptabel. Sie dürfen nur in unmittelbarem Zusammenhang mit dem jeweiligen Verhalten erfolgen und müssen in Art und Weise angemessen sein. Keinesfalls dürfen länger dauernde Schmerzen und niemals Schäden auftreten. Strafaktionen nach missglücktem Einsatz bewirken nichts und sind tierschutzwidrig.

- **Ausbildung und Training**
  1. **Ziel** der Ausbildung ist die Entfaltung der von Natur aus angelegten Fähigkeiten des Pferdes. Körperliche Eignung und das entsprechende Verhalten sind die Voraussetzungen zum Erreichen der angestrebten Ziele. Die Verantwortung des Menschen lässt ihn Eignung als auch Grenzen des ihm anvertrauten Pferdes erkennen.
  2. Der **Aufbau und das Training** eines jungen Pferdes muss langsam und schonend erfolgen. Alter und Entwicklungsstand des Pferdes sind stets zu berücksichtigen. Talentierte Pferde, die Leistungen anbieten, die ihrem Entwicklungsstand vorauseilen, müssen vom Ausbilder hinsichtlich ihrer körperlichen Entwicklung gut beobachtet werden. Die körperliche Entwicklung muss mit der Leistungsbereitschaft Schritt halten. Grundsätzlich ist auf einen sinnvollen Aufbau der Ausbildungseinheiten zu achten.
- **Haltungsumfeld**
  Zur Verantwortung des Menschen gegenüber dem Mitgeschöpf Pferd bei Ausbildung, Training und Nutzung gehört die **artgemäße und verhaltensgerechte Gestaltung** seines **Umfeldes**. Das gesamte Umfeld soll dem Pferd ein Maximum an Sicherheit und Geborgenheit bieten. Weitere Randbedingungen hierzu s.o.

II. Ausbildungsbeginn, Einsatz und Wettbewerbe
In diesem Abschnitt der Leitlinien zum Tierschutz im Pferdesport werden folgende Aspekte beleuchtet:

- Mindestalter für Ausbildung und Einsatz der Pferde
- Wettbewerbseinsatz, weiterführende Ausbildung, Hengstleistungsprüfungen und Auktionen
- Begrenzung der Wettbewerbseinsätze und Erholungszeiten
- Gesundheitszustand bei der Nutzung der Pferde
- Stürze und Verweigerungen

Einzelheiten zu diesen Punkten können den gängigen Regelwerken entnommen werden (z.B. LPO).

III. Ausrüstung und Geräte
Hier werden Details zur Ausrüstung von Pferd und Reiter unter Tierschutzgesichtspunkten erläutert:

- Ausrüstung allgemein
- Zäumung

- Zügelhilfen
  Besondere Beachtung muss hier der Hinweis zur Verwendung von Hilfszügeln finden. Es wird festgestellt, dass wenn ein Pferd durch Hilfszügel z. B. Schlaufzügel oder durch Zügelhilfen häufig oder länger anhaltend in Spannung versetzt oder zu stark beigezäumt wird, es zu erheblichen Schmerzen oder Schäden kommen kann. Ein derartiger Gebrauch von Führungshilfen ist tierschutzwidrig!
- Sporen
  Es dürfen keine Verletzungen entstehen. Zum Einsatz dürfen nur solche Sporen gelangen, die nicht zu Stich- oder Schnittverletzungen führen.
- Peitschen und Gerten
  Der Einsatz von Peitsche oder Gerte am Kopf und an den Geschlechtsteilen ist tierschutzwidrig!
- Führmaschinen
- Unerlaubte Hilfsmittel und Manipulationen
  Unerlaubt und tierschutzwidrig ist die Durchführung von Manipulationen oder die Anwendung von Hilfsmitteln durch die einem Pferd bei der Ausbildung, Training oder Nutzung ohne vernünftigen Grund Schmerzen zugefügt werden oder durch die Leiden und Schäden entstehen können. Dazu gehören:
  - die Anwendung Strom führender Hilfsmittel wie Elektrotreiber, Elektroführmaschinen mit Strom führenden Treibhilfen, Strom führende Sporen und Peitschen
  - die Durchführung von Manipulationen am Pferd zur Beeinflussung der Leistung wie Blistern, präparierte Bandagen
  - die Anwendung schädigender Beschläge oder das Anbringen von Gewichten an den Extremitäten
  - die Anwendung einer Methode des Barrens, bei der dem Pferd erhebliche Schmerzen zugefügt werden, um es zum stärkeren Anziehen der Karpal- oder Tarsalgelenke zu veranlassen, z. B. Schlagen mit Hindernisstangen, Gegenständen oder Stangen aus Eisen, Verwendung Strom führender Drähte über dem Hindernis.
- **Unerlaubte Eingriffe**
  Mit einem Pferd mit einem Nervenschnitt (Neurektomie) oder eingesetzter Luftröhrenkanüle (Tracheotubus) in einem Wettbewerb zu starten, kann zu Schmerzen, Leiden und Schäden führen und ist daher unzulässig. Das Entfernen von Tasthaaren oder Ohrhaaren ist ebenfalls tierschutzwidrig.

Im weiteren Text werden Erläuterungen zu tierschutzgerechten Anforderungen an Hindernisse und Geräte, zu Fahrzeugen und Fahrgeräten und zum Transport von Pferden gegeben. Das letzte Kapitel der Leitlinien Tierschutz im Pferdesport ist dem Thema Doping gewidmet.

IV. Doping

Zusammenfassend wird festgelegt, dass im Körper des Pferdes zum Zeitpunkt eines Wettkampfes kein Medikament und keine körperfremde Substanz enthalten sein darf. Es die Aufgabe der Pferdesportverbände, Dopingrichtlinien zu erlassen und diese mithilfe verbandsrechtlicher Mittel zu verfolgen und durchzusetzen. Alle am Pferdesport beteiligten Personen müssen sich mit der Problematik des Dopings auseinander setzen. Das Verbot von der Anwendung von Dopingmitteln muss ihnen bekannt sein. Um Doping zu verhindern, werden Kontrollen durchgeführt, die sich auf den Nachweis chemischer Substanzen („Dopingmittel"), das Verbot von Eigenblut- und Sauerstoffbehandlung und die tierärztliche Überwachung erstrecken. Reiter, Fahrer und Trainer oder deren Beauftragte tragen vor und nach dem Wettbewerb die alleinige Verantwortung für das Pferd.

Weitere Details zum Tierschutz können den oben genannten Richtlinien entnommen werden. Sie werden vom **Bundesministerium**

für Ernährung, Landwirtschaft und Verbraucherschutz herausgegeben.

2.13.4 Doping

Unter Doping versteht man die missbräuchliche Verabreichung von Mitteln zur Leistungssteigerung oder Leistungsminderung sowie die Nutzung von unerlaubten Methoden zur Steigerung der sportlichen Leistung. Die ältesten Dopingbestimmungen stammen aus dem Jahre 1666. In England wurde die Verabreichung von Anregungsmitteln an Pferde verboten. In Preußen stellte man von 1881 an die Verabreichung alkoholischer Getränke an Pferde unter Strafe. Bereits zur Jahrhundertwende unterlag die Verabreichung von Dopingmitteln der Strafverfolgung, weil zu dieser Zeit die Entwicklung dopingwirksamer Arzneimittel einen rasanten Fortschritt nahm.

Bekannt ist der alte Rosstäuschertrick, mageren Pferden in schlechtem Ernährungs- und Pflegezustand geringe Mengen Arsen zu verabreichen. Dies führt zu einer leichten Vergiftung der peripheren Gefäße und bewirkt einen höheren Tonus (Gefäßspannung). Durch diesen höheren Blutgefäßtonus erscheint die Haut des Pferdes glatt und glänzend, sodass ein wesentlich besserer Gesundheitszustand als tatsächlich vorhanden vorgetäuscht wird.

Das heutige **Dopingverbot** hat folgende Aufgaben:

1. Durchführung sportlich fairer Wettkämpfe – Chancengleichheit.
2. Moralische Verantwortung für das Pferd.
3. Verhindern falscher Zuchtauslese durch Vortäuschung nicht normal erbrachter Leistungen.
4. Schutz vor Wettbewerbsverzerrung und damit Schutz vor Täuschung des wettenden Publikums.
5. Schutz anderer Renn- und Turnierteilnehmer vor der Gefährdung durch gedopte Tiere.

Im Trabrennsport dienen Rennleistungen (1000-m-Zeiten auf verschiedenen Distanzen) der Zuchtauslese. Bei Vollblütern wird das Generalausgleichgewicht (GAG) als Hauptselektionsmerkmal herangezogen. Würden gedopte Pferde beider Sparten besonders gute Leistungen erbringen und dann zur Zucht verwandt, entstände ein völlig verzerrtes Bild über ihr Können.

Es werden folgende Dopingformen unterschieden:

1. Doping auf Sieg.
2. Doping auf Niederlage.
3. Doping zur Wiederherstellung der normalen Leistungsfähigkeit.
4. Doping mit körpereigenen Substanzen.
5. Unabsichtliches Doping.
6. Maßnahmen zur Erschwerung des Dopingnachweises.
7. Physikalisches Doping.

Doping kann durch viele verschiedene Substanzen wie auch durch unterschiedliche Maßnahmen erreicht werden. Man hat sich deshalb dazu entschlossen, lediglich die verbotenen Wirkstoffguppen und nicht die einzelnen Arzneimittel in die Dopingliste aufzunehmen. Die Bestimmungen des Hauptverbandes für Traber, Zucht und Rennen, des Direktoriums für Vollblutzucht und Rennen sowie der Deutschen Reiterlichen Vereinigung decken sich im Wesentlichen.

Die Entnahme der Dopingproben geschieht nach unterschiedlichen Kriterien. Zum einen werden oftmals die Gewinner von Prüfungen herangezogen, zum anderen gilt auch das Lossystem. Bei verschiedenen Veranstaltern gibt es eine Kombination dieser Auswahlkriterien. Gelegentlich werden Verdachtsproben entnommen, vor allen Dingen in Situationen, in denen Pferde ungewöhnliche Leistungen bzw. ungewöhnliches Verhalten zeigen (z.B. bei Beruhigungsmitteln).

Die Proben werden von damit beauftragten Tierärzten entnommen und an zugelassene Untersuchungsinstitute versandt. Gleichzeitig werden Gegenproben angefertigt, die versiegelt zurückgelegt und erst beim Vorliegen eines positiven Ergebnisses, meistens von einem anderen Untersuchungsinstitut, nachkontrolliert werden.

Bei Verstößen gegen die Dopingbestimmungen werden die zuständigen Personen zur Rechenschaft gezogen. Die Rennordnung des Direktoriums für Vollblutzucht und Rennen legt fest, dass in jedem Fall der Trainer eines Pferdes die verantwortliche Person ist. Bei anderen reitsportlichen Veranstaltungen werden die verantwortlichen Personen während der Entnahme der Blutprobe ermittelt. Bei einem positiven Ergebnis verhängen die Verbände Sperren (Reiter und Pferd) und/oder Geldstrafen. Das Pferd wird disqualifiziert, und evtl. eingenommene Gewinngelder müssen zurückgezahlt werden.

Die Untersuchungen werden über Blut- bzw. Urinproben durchgeführt, auch Speichelproben können in Einzelfällen herangezogen werden. Erfahrungsgemäß stellt die Entnahme von Urinproben fast immer ein größeres Problem dar, weil die Pferde nur unwillig in fremder Umgebung Urin ablassen. Die Urinprobe erlaubt aber besonders sichere Aussagen und eindeutige Hinweise auf die Verabreichung verbotener Substanzen (s. Veröffentlichung Prof. Donicke, Equitana Essen 1989). In jedem Einzelfall sind die exakten Verbandsbestimmungen, die die Entnahme von Dopingproben festlegen, zu beachten. Mit der Meldung zu einem Turnier bzw. zu einem Rennen unterwirft sich jeder Besitzer bzw. Halter eines Sportpferdes den Verbandsbestimmungen.

Nach einem positiven Dopingbefund kommen nicht nur verbandsinterne Restriktionen zum Tragen, sondern auch ordnungsbehördliche Maßnahmen können nach dem Tierschutzgesetz eingeleitet werden. Die Verabreichung von Dopingmitteln stellt eine Ordnungswidrigkeit im Sinne des § 3 Nr. 1b des Tierschutzgesetzes dar. Sie kann gemäß § 18 Nr. 4 TSchG mit einem Bußgeld bis zu 25000 Euro geahndet werden.

Nachstehend sind die verbotenen Substanzen verschiedener Pferdesportorganisationen aufgeführt:

2.13.4.1 Deutsche Reiterliche Vereinigung (FN) Anti-Doping und Medikamentenkontrollregeln für den Pferdesport (ADMR)

Seit dem 28. April 2010 hat die Deutsche Reiterliche Vereinigung neue Anti-Doping- und Medikamentenkontrollregeln erlassen. Diese Regeln, die Bestandteil der Leistungs-Prüfungs-Ordnung (LPO) sind, sollen national eine verbindliche Basis schaffen, damit Pferdesport fair und frei von Doping oder von der Anwendung verbotener Substanzen betrieben werden kann. Die ADMR basieren auf vier Grundregeln:

1. Das Wohl des Pferdes steht über allen anderen Ansprüchen und Interessen.
2. Erst wenn eine Krankheit vollständig auskuriert ist, darf ein Pferd am Wettkampf teilnehmen.
3. Das Pferd ist zum Zeitpunkt des Wettkampfes frei von verbotenen Substanzen.
4. Die verantwortliche Person ist immer der Reiter, Fahrer, Longenführer oder Voltigierer.

In den ADMR werden Definitionen für Begriffe wie

- Nulltoleranz
- Grenzwerte
- Nachweiszeiten
- Nachweise von Substanzen
- Karenzzeiten
- Doping
- unerlaubte Medikation
- freiwilliger Test
- Reiten auf internationalen Veranstaltungen

erklärt und festgelegt.

Im Anhang an die ADMR finden sich Listen, in denen die verbotenen Substanzen und Methoden detailliert aufgeführt sind:

Anhang I: Liste der Dopingsubstanzen und verbotenen Methoden (im Wettkampf verboten).

Anhang II: Liste der verbotenen Substanzen – unerlaubte Medikation (im Wettkampf verboten). Verbotene Substanzen sind Substanzen, die, auch wenn sie als Arzneimittel eingesetzt werden, im Wettkampf verboten sind.
Anhang III: Liste der im Training und Wettkampf verbotenen Dopingsubstanzen und Methoden.

Ausnahmen
Die Anwendung folgender bei Pferden zugelassener Substanzen in zeitlichen Zusammenhang mit einer Turnierteilnahme ist erlaubt:
- Impfstoffe
- Substanzen der Endoparasitenbekämpfung
- Paramunitäts-Inducer
- externe Desinfektionsmittel, bestimmte Insektenschutzmittel
- orale Verabreichung von Mineralstoffen, Vitaminen, Elektrolyten, Hyaluronsäure, Chondroitinsulfat, Glykosaminoglykanen

Außerdem erlaubt sind:
- manuelle Therapieverfahren
- Eiswasser, Kühlmaschinen
- Magnetdecken

Weitere inhaltliche Details können der Broschüre „Fairer Sport" der Deutschen Reiterlichen Vereinigung Warendorf entnommen werden.

2.13.4.2 Hauptverband für Traber-Zucht und -Rennen (HVT), Durchführungsbestimmungen zur Feststellung und Verhinderung von Doping gem. § 93 Abs. 1 und 7 (Auszüge)

I. Erlaubte und nichterlaubte Mittel
1. Eine Aktualisierung der Liste erlaubter und nichterlaubter Mittel und Substanzen kann zu jeder Zeit erfolgen.
2. Grundsätzlich ist die Anwendung nachfolgender Mittel oder deren Aufnahme durch das Futter erlaubt, so weit nichts anderes bestimmt wird:

Liste I: Erlaubte Substanzen
Impfungen mit anerkannten Impfstoffen ausschließlich gegen Infektionskrankheiten
Liste II: Substanzen mit Grenzwerten
Arsen, Salicylsäure, Nandrolon,Theobromin, DMSO, Cortisol, Peptidhormone und Analoge Hordenin, Testosteron, verfügbares CO_2, Methoxytyramin, Boldenon
Liste III: Kontrolliert erlaubte Substanzen (antiinfektiöse Substanzen)
- antibiotische und antibakterielle Substanzen
- antimykotische Substanzen
- antiparasitäre Substanzen

Behandlungen mit antiparasitären Substanzen müssen im Medikamentenbuch eingetragen sowie bei Dopingprobenentnahme deklariert werden.

II. Nichterlaubte Mittel
a) Liste IV: Dopingsubstanzen
- Stimulantia (Substanzen, die anregend auf die Nervenaktivität wirken)
- Sedativa (Beruhigungsmittel)
- Opioide (i.w.S. Schmerzmittel)
- Anabolika (Körper aufbauende Substanzen)
- Beta-2-Agonisten
- Diuretika (Substanzen mit entwässernder Wirkung)

b) Liste V: Sonstige nicht erlaubte Substanzen
Alle Mittel, die nicht in den Listen I, III und IV enthalten sind, sowie die in Liste II enthaltenen Mittel oberhalb der festgelegten Grenzwerte.

c) Nichterlaubte Mittel sind ferner:
- Infusionen von Blut oder Blutbestandteilen
- Nervenschnitte an den Gliedmaßen
- Technische Mittel, die in Rennen mitgeführt oder angewendet werden

Unabhängig von dem **generellen Verbot der Verabreichung von Substanzen oder Mitteln** dürfen Pferde innerhalb von 72 Stunden vor Beginn des Rennens keine Injektionen, Infusionen, Intubationen, Inhalationen oder orale

Applikationen erhalten. Die natürliche Futteraufnahme ist hiervon ausgenommen.

Zur Wiederholung und Vertiefung

1. Welchen Zweck verfolgt das Tierschutzgesetz? Erläutern Sie die Kernaussagen der ersten drei Paragrafen!
2. Welche Gesichtspunkte einer tierschutzgerechten Pferdehaltung kennen Sie? Erklären Sie diese!
3. Es gibt die Leitlinien zum Tierschutz im Pferdesport. Erläutern Sie die für Sie wichtigsten Punkte!
4. Erläutern Sie ausführlich, was unter dem Begriff „Doping" zu verstehen ist!

2.14 Tierseuchen nach dem Tiergesundheitsgesetz vermeiden helfen

?

Die Auszubildende Ina hat ihr eigenes Pferd in einem kleinen Pensionsstall in der Nähe ihres Ausbildungsbetriebes stehen. Heute Abend möchte sie die monatliche Stallmiete bezahlen und stellt fest, dass sie 3 Euro TSK auf ihrer Rechnung stehen hat. Sie überlegt, was denn das wohl sein könnte und fragt bei dem Stallbesitzer nach. Dieser erklärt ihr, dass es sich um den Beitrag zur Tierseuchenkasse handelt. Tierseuchenkasse – das hat sie zum ersten Mal gehört. Sie beschließt, nächste Woche ihren Fachlehrer in der Berufsschule zu fragen.

2.14.1 Anzeigepflichtige Pferdeseuchen

Bereits im Jahre 1904 wurde das Tierseuchengesetz verabschiedet. Neben den üblichen, gängigen Krankheiten, gibt es Tierseuchen, die vom Staat bekämpft werden müssen. Hierbei handelt es sich um Erkrankungen, die große wirtschaftliche Schäden verursachen, für nichtbeteiligte Tierbestände außerordentlich gefährlich sind und gegen die der Tierbesitzer sich durch eigene Vorsichtsmaßnahmen nicht ausreichend schützen kann.

Das 2013 in Tiergesundheitsgesetz umbenannte Gesetz regelt Maßnahmen, die einer dauernden Krankheitsvorbeuge dienen und auch nach Ausbruch einer Seuche spezielle Maßnahmen zur Tilgung festlegen. Zusätzlich wird geregelt, welcher Rahmen für Entschädigungen bei auf staatlicher Anordnung hin getöteten Tieren angewendet werden kann.

!

Für die Pferdehaltung kommen folgende anzeigepflichtigen Tierseuchen in Betracht:

1. Afrikanische Pferdepest
2. Ansteckende Blutarmut des Pferdes
3. Beschälseuche des Pferdes
4. Milzbrand
5. Pferdeenzephalomyelitis (alle Formen)
6. Rotz
7. Stomatitis vesicularis
8. Tollwut
9. Infektion mit dem West-Nil-Virus

In der entsprechenden Rechtsverordnung **„Verordnung über anzeigepflichtige Tierseuchen"** werden die Tierseuchen benannt, die nach dem Tiergesundheitsgesetz anzeigepflichtig sind.

Durch die Anzeigepflicht sollen Seuchenausbrüche frühzeitig erkannt und Tilgungsmaßnahmen schnellstmöglichst durchgeführt werden. Bereits der Seuchenverdacht ist neben dem Seuchenausbruch anzeigepflichtig. Zur Anzeige bei der zuständigen Behörde oder dem beamteten Tierarzt sind der Tierbesitzer, sein Vertreter, wer an Stelle des Besitzers zeitweilig mit der Aufsicht der Tiere beauftragt ist oder aber wer berufsmäßig mit Tierbeständen zu tun hat (u. a. Pferdewirte, Viehhändler etc.) verpflichtet. Die Seuchenanzeige hat unverzüglich zu erfolgen. Wer eine Tierseuche nicht oder nicht unverzüglich anzeigt, handelt ordnungswidrig und kann mit einer Geldstrafe bis zu 25 000 Euro bestraft werden.

2.14.1.1 Afrikanische Pferdepest

Die Afrikanische Pferdepest wird durch ein Virus verursacht, das im Regelfalle durch stechende Insekten übertragen wird. Die größte Ausbreitung hat sie in Afrika und in südeuropäischen Ländern. Insbesondere Spanien wird regelmäßig von Seuchenzügen heimgesucht. Die klinischen Erscheinungen sind Mattigkeit, Apathie, Blutgefäßstörungen, Einsetzen von inneren Blutungen und schließlich der Tod. Die Gefahr dieser Erkrankung liegt darin, dass Tiere, die Virusträger sind, u. U. den Erreger über längere Zeit verbreiten und so wiederum andere Tiere anstecken können.

Staatlicherseits wird nach Feststellung der Afrikanischen Pferdepest die unverzügliche Tötung der Pferde angeordnet und deren unschädliche Beseitigung verfügt. In Deutschland ist die Afrikanische Pferdepest bisher noch nicht aufgetreten. Durch Transporte zu Rennen und Turnieren in südeuropäische Länder ist die Gefahr einer Ausbreitung aber groß.
Als Maßnahme wird eine Einfuhrsperre für Einhufer aus Ländern, in denen die Pferdepest herrscht, verhängt.

2.14.1.2 Ansteckende Blutarmut des Pferdes (Infektiöse Anämie)

Auf staatliche Anordnung werden bei Feststellung des klinischen Verlaufs dieser Erkrankung die betroffenen Tiere getötet. Der Besitzer erhält eine Entschädigung. Es treten Sperrmaßnahmen für die betroffenen Gestüte, Pferdeställe oder Gehöfte und auch für pferdesportliche Veranstaltungen in Kraft (Krankheitsverlauf s. Seite 167).

2.14.1.3 Beschälseuche des Pferdes (Dourine)

Hier werden einzellige Lebewesen *(Trypanosoma equiperdum)* durch den Deckakt übertragen, die sich in der Scheidenschleimhaut einnisten und dort zu Infektionen mit anschließender Sterilität bei Stuten führen. Der Hengst gilt als Überträger der Beschälseuche und leidet selber u. U. an einer Entzündung der Vorhaut. Bei Stuten wird eine Infektion mit den einzelligen Krankheitserregern durch das Auftreten sog. weißer Krötenflecken im Bereich der Scheidenschleimhaut sichtbar.

Staatlicherseits werden nach dem Auftreten dieser Erkrankung Sperrmaßnahmen verfügt, insbesondere Deckverbote für Hengste und Stuten. Die Behandlung erkrankter Pferde kann angeordnet werden und wird überwacht.

2.13.1.4 Milzbrand

Der Milzbrand des Pferdes ist eine durch Bakterien hervorgerufene Erkrankung, die einen septikämischen Verlauf (Ausschwemmung der Erreger über die Blutbahn) mit Austritt von Blut aus Nase, After und Scheide verursacht. Der Verlauf dieser Erkrankung endet meistens tödlich. Das austretende Blut verendeter Pferde ist himbeerfarben und gerinnt schlecht, sodass daraufhin die Verdachtsdiagnose gestellt werden kann. Gelegentlich verläuft der Milzbrand auch ohne eindeutige klinische Anzeichen so, dass diese Pferde den Erreger dann noch unerkannt über einen längeren Zeitraum ausscheiden können.

Besonders gefährlich ist der Milzbrand, weil auch Menschen daran erkranken können. Außerdem bleiben die ausgeschiedenen Erreger durch Sporenbildung oft über Jahrzehnte hinweg infektiös.

Tiere, die nachweislich eine Erkrankung an Milzbrand aufweisen, dürfen nicht geschlachtet werden, sondern sind ohne Blutentzug zu töten und zu entsorgen. Ferner regelt das Tiergesundheitsgesetz für diese Erkrankung auch Desinfektions-, Absonderungs- und Sperrmaßnahmen.

2.14.1.5 Pferdeenzephalomyelitis (alle Formen außer Borna)

Es handelt sich bei dieser Infektionserkrankung um eine meistens akut verlaufende Entzündung des Gehirn und Rückenmarks. Verursacher ist ein *Togavirus,* das durch Stechmücken übertragen wird. Zu unterscheiden sind verschiedene Formen wie Western equine Encephalomyelitis (WEE), Eastern equine Enzephalomyelitis (EEE) und Venezuelan equine Enzephalomyelitis. Seuchenausbrüche sind bisher nur auf den amerikanischen Kontinent beschränkt und sollen durch eine Einfuhrsperre in Deutschland verhindert werden.

2.14.1.6 Rotz

Der Rotz ist eine Erkrankung, die durch das Bakterium *Burkholderia mallei* hervorgerufen wird. Es handelt sich hierbei um eine klassische Erkrankung der Equiden, die auch für den Menschen eine lebensgefährliche, direkte Infektionskrankheit (Zoonose) ist. Der letzte Seuchenausbruch in Deutschland wurde in der Zeit des Ersten Weltkrieges beobachtet. In Europa und Nordamerika gilt die Seuche als getilgt. In Asien, Afrika und in Teilen der Türkei kommen Seuchenausbrüche vor und können durchaus durch die Globalisierung des Pferdehandels in nichtbetroffene Gebiete verschleppt werden.

Man unterscheidet zwischen Haut-, Nasen- und Lungenrotz. Die Infektion erfolgt durch infektiösen Speichel, der sich z. B. auf gemeinsam genutzten Krippen und Tränken befindet. Zu Beginn der Erkrankung zeigen die Pferde hohes Fieber, danach tritt Nasenausfluss, Atembeschwerden sowie eine Schwellung der Kehlgangslymphknoten auf. Es kommt je nach Lokalisation des Erregers zur Bildung von Knötchen und Geschwüren. Ältere Rotzknötchen und Geschwüre werden zu den typischen eisblumenförmigen „Rotznarben".

Alle Therapieversuche sind verboten. Erkrankte Pferd müssen getötet und unschädlich beseitigt werden. Es besteht ein Schlachtverbot.

2.4.1.7 Stomatitis vesicularis

Die Stomatitis vesicularis ist eine hoch ansteckende, fieberhafte, virusbedingte (Vesiculovirus) Infektionskrankheit. Sie wird durch direkten Kontakt übertragen und führt zum Auftreten von Blasen in der Maulhöhle, an der Zunge, den Hufen und am Euter. Nach einer kurzen Inkubationszeit (24 Stunden) tritt Fieber auf und die Pferde verweigern die Futteraufnahme, es kommt zur Blasenbildung. Nach 3–5 Tagen heilen die Blasen ohne Komplikationen ab. Eine Einfuhrsperre soll die Einschleppung der Seuche verhindern.

2.14.1.8 Tollwut

Die Tollwut ist eine anzeigepflichtige Krankheit. Beim Auftreten eindeutiger Symptome können vom zuständigen Amtstierarzt Tötungsanordnungen ausgesprochen werden, denen jedoch meistens Absonderungs- und Beobachtungsphasen vorausgehen (Krankheitsverlauf s. Seite 167).

2.14.2 Die Tierseuchenkassen

Die Tierseuchenkassen sind als eine Solidargemeinschaft aller Tierhalter zu verstehen und haben versicherungsähnlichen Charakter. Sie haben die Aufgabe Beiträge von Tierhaltern einzufordern, Rücklagen in gesetzlich vorgeschriebener Höhe zu bilden und den Tierhaltern im Seuchen- oder im Seuchenverdachtsfall finanzielle Entschädigungen zu gewähren. Des Weiteren können Beihilfen und andere Unterstützungen geleistet werden. Die Organisation der Tierseuchenkassen erfolgt auf Länderebene.

Jeder Tierhalter ist verpflichtet, seinen Tierbestand auf einem speziellen Meldebogen bei der Tierseuchenkasse schriftlich anzumelden. Die Tierzahlen bilden die Grundlagen für die Festsetzung der Beiträge. Meldet ein Tierhalter keinen oder eine zu niedrige Anzahl der Tiere, muss er im Schadensfall mit einer

Versagung oder Kürzung der Leistungen der Tierseuchenkasse rechnen.

Entschädigungen werden gewährt, wenn

- die Tiere auf behördliche Anordnung hin getötet wurden oder nach der Anordnung der Tötung verendet sind
- nach dem Tode des Tieres eine anzeigepflichtige Seuche festgestellt wurde
- Tiere, die auf Grund vorgeschriebener oder vom Amtstierarzt angeordneten Maßnahmen oder im Zusammenhang mit ihrer Durchführung getötet werden mussten oder verendet sind

Es wird der so genannte gemeine Wert des Tieres entschädigt. Dieser wird vom Amtstierarzt und zwei sachkundigen Schätzern ermittelt.

Ein Anspruch auf Entschädigung besteht nur dann, wenn der Tierhalter seinen gesetzlichen Verpflichtungen ordnungsgemäß nachkommt (Tierzahlmeldung, Beitragszahlung, Anzeige im Seuchen- oder Seuchenverdachtsfall s. o.)!

2.14.3 Meldepflichtige Pferdeseuchen

Gesetzliche Grundlage ist auch hier das Tiergesundheitsgesetz, das in der „**Verordnung über meldepflichtige Tierkrankheiten**" die entsprechenden Erkrankungen festlegt.

!

Folgende Erkrankungen sind bei Pferden meldepflichtig:

1. Borna-Krankheit*
2. Ansteckende Metritis des Pferdes (CEM)
3. Echinokokkose
4. Equine Virus-Arteritis-Infektion
5. Listeriose
6. Salmonellose
7. Säugerpocken
8. Toxoplasmose
9. Tuberkulose
10. Verotoxin-bildende Escherichia coli (VTEC)

* Die Meldepflicht in Deutschland wurde mit Wirkung vom 26.02.2011 aufgehoben.

Es existiert keine staatliche Bekämpfungspflicht, sondern es soll ein ständiger Überblick gewonnen werden, um zu prüfen, ob staatliche Maßnahmen gegebenenfalls erforderlich werden.

Zur Meldung verpflichtet sind die Leiter der Veterinäruntersuchungsämter und Tierärzte.

2.14.4 Verordnung zum Schutz gegen die Verschleppung von Tierseuchen / Viehverkehrsverordnung (ViehVerV)

Diese Verordnung ist ebenfalls Bestandteil der tierseuchenrechtlichen Vorschriften. Sie regelt Vorschriften, die im Tierverkehr einzuhalten sind. Insbesondere sind Regelungen zur Kennzeichnung und Registrierung von Tieren festgelegt. Für den Pferdehalter ist im Abschnitt 13 § 44 festgeschrieben, dass bei Verbringen eines Pferdes (Einhufers) ein so genannter **Equidenpass** erforderlich ist. Unter dem **Begriff des Verbringens** versteht man i.e.S. den Transport von Pferden aus einem in einen anderen Bestand oder zu Veranstaltungen wie z.B. Zuchtschauen oder Turnieren. Ein Ausritt fällt nicht unter den Begriff des Verbringens. Der Equidenpass muss von einer anerkannten Züchtervereinigung oder von einer internationalen Wettkampforganisation ausgestellt sein. Wer ein Pferd ohne einen mitgeführten Equidenpass transportiert oder abgibt, handelt ordnungswidrig im Sinne des Tiergesundheitsgesetzes und kann mit einer Geldstrafe bis zu 25000 Euro bestraft werden.

2.14.5 Das Tierische Nebenprodukte-Beseitigungsgesetz (TierNebG)

Anstelle des bis 2005 geltenden Tierkörperbeseitigungsgesetzes ist das Tierische Nebenprodukte-Beseitigungsgesetz getreten. In diesem Gesetz ist u.a. festgelegt, wie mit verendeten oder z.B. eingeschläferten Pferden umzugehen ist.

Der Tierhalter hat die Pflicht, jedes **tote Tier** unverzüglich der zuständigen Stelle zu melden und abzuliefern bzw. abholen zu lassen. Bis zur Abholung muss er den Tierkörper vor Witterungseinflüssen geschützt sowie getrennt von anderen Abfällen aufbewahren. Es besteht eine **Ablieferungspflicht für tote Pferde**. Der Tierhalter ist des Weiteren zur unentgeltlichen Mithilfe bei Abholung des Tierkörpers verpflichtet, insbesondere bei verkehrsungünstiger Lage des Geländes. Nach Abgabe des Tierkörpers muss der Aufbewahrungsort gereinigt und desinfiziert werden.

Die Beseitigung von toten oder verendeten Tieren obliegt der öffentlichen Hand, um auch in wirtschaftlich schlechten Zeiten den Schutz von Mensch, Tier und Umwelt unter seuchenhygienischen Gesichtspunkten zu gewährleisten.

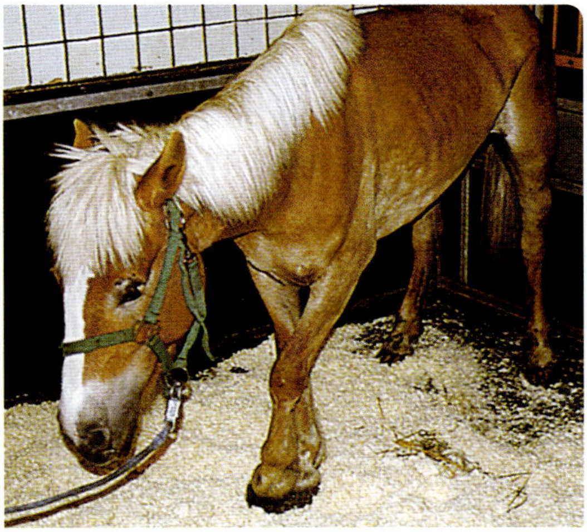

Abb. 97: Bornasche Krankheit. Apathie. Kauen und Schlucken sind gestört. Unphysiologische Körperhaltung (gekreuzte Vorderbeine).

2.14.6 Die Bestandsbuchverordnung

Bei der Anwendung und Abgabe von Arzneimitteln, die für Tiere bestimmt sind, die zur Gewinnung von Lebensmitteln dienen, besteht eine **Dokumentationspflicht** seitens der Tierärzte und der Pferdehalter. Gesetzliche Grundlagen sind die **Verordnung über tierärztliche Hausapotheken (TÄHAV)** und nach der **Verordnung über Nachweispflichten für Arzneimittel, die zur Anwendung bei Tieren bestimmt sind (AATV)**, auch **Bestandsbuchverordnung** genannt.

Die Führung eines Bestandsbuches betrifft Pferdehalter, deren Tiere im Equidenpass den Eintrag „**Zur Schlachtung bestimmt**" eingetragen haben. Die Anwendung aller apotheken- und verschreibungspflichtigen Medikamente (auch Homöopathika) ist unverzüglich festzuhalten. Das Bestandsbuch kann als gebundenes Buch, als Einzeltierkarteikarte oder auch als elektronisches Dokument geführt werden. Alle vom Tierarzt ausgestellten Anwendungs- und Abgabebelege sind, wie auch andere Nachweise über bezogene, zur Anwendung bei Lebensmittel liefernden Tieren bestimmte Arzneimittel, 5 Jahre lang aufzubewahren.

Die Dokumentationen (Bestandsbuch und Nachweise) müssen auf Verlangen der zuständigen Behörde jederzeit vorgelegt werden können. Die Führung eines Bestandsbuches und die Nachweispflicht über angewendete Medikamente dienen der Gewährleistung des Verbraucherschutzes bei der Gewinnung von Lebensmitteln tierischer Herkunft.

Zur Wiederholung und Vertiefung

1. Welchen Zweck verfolgt das Tierseuchengesetz?
2. Nennen Sie die anzeigepflichtigen und die meldepflichtigen Tierseuchen des Pferdes!
3. Worin besteht der Unterschied zwischen Anzeigepflicht und Meldepflicht?
4. Erklären Sie kurz das Krankheitsbild der Tollwut! Was tun Sie bei Tollwutverdacht?
5. Welche Maßnahmen treffen Sie, wenn ein Pferd in Ihrem Betrieb eingeschläfert werden musste?
6. Wann müssen Sie ein Bestandsbuch führen? Wie ist dieses praktisch umzusetzen und welche Nachweise müssen Sie außerdem beibringen?

3 Pferde füttern

Pferde füttern bedeutet mehr als nur Futterzuteilung!

Futterzuteilung gehört zu den Routinearbeiten des Pferdewirtes / der Pferdewirtin, für die er / sie mehrmals täglich verantwortlich ist. Die Futtermenge auf einer Tafel an der Boxentür oder einfach nur mit Kreide angeschrieben ist hierbei eine sinnvolle, arbeitserleichternde Anweisung des Futtermeisters, die dann selbst von ungelernten Aushilfskräften ausgeführt werden kann. Bereits bei der Futterzuteilung übernimmt man große Verantwortung für einen wertvollen Pferdebestand, dessen Leistung und Gesundheit. Der Pferdewirt / die Pferdewirtin muss beachten, ob das Pferd seine letzte Mahlzeit aufgefressen hat, ob der Trog verschmutzt ist, ob die Futterqualität stimmt und vieles mehr. Es sollte ihm bewusst sein, dass viele Probleme und Gesundheitsstörungen durch Fehler in der Fütterung verursacht werden. Nur so kann er Leiden und Schmerzen der Pferde und wirtschaftliche Schäden, wie unnötige Tierarztkosten, vermeiden. Laut Futtermittelverordnung können Pferdehalter und Pferdehüter schadenersatzpflichtig werden für Beeinträchtigungen, die durch ungeeignete Futtermittel und unsachgemäße Fütterung entstanden sind.

Abb. 98: „Ausgewogene Fütterung“. Verantwortungsbewusstes Füttern verlangt Kenntnisse der Futtermittel, der Verdauungsvorgänge, der Bedürfnisse des Pferdes und der Gestaltung und Berechnung der Rationen.

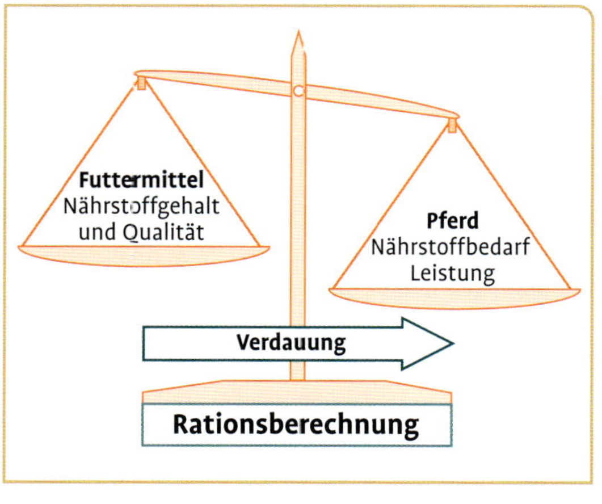

?

Sie sind im Pensionspferdebetrieb der Fam. Steinmann für die Futterzuteilung verantwortlich. Zur Vereinfachung ist die jeweilige Futtermenge z. B. ½ H 1P (½ Scheppe Hafer; 1 Scheppe Pellet) an der Boxentür angeschrieben. Die Pferde werden täglich von den Einstellern oder deren Reitbeteiligungen geritten. Der Besitzer eines Ihrer Lieblingspferde, das in einer Box im alten Stalltrakt eingestallt ist, teilt Ihnen mit, dass sein Pferd in den nächsten Tagen nicht geritten werden kann. Was ist zu tun?

Fütterung bedeutet mehr als nur Futterzuteilung. Um ein Pferd ausgewogen zu füttern, müssen folgende Probleme erkannt und beseitigt werden:

- Ist das Pferd satt und zufrieden?
- Ist der Nährstoffbedarf des Pferdes gedeckt und kann das Pferd die geforderte Leistung erbringen?
- Werden geeignete Futtermittel eingesetzt?
- Wird die Tagesration bedarfsgerecht zusammengestellt?
- Wie kann man durch richtige Fütterung Krankheiten vorbeugen?

Um sich bei diesen oder ähnlichen Problemstellungen richtig verhalten zu können, muss der Pferdewirt oder die Pferdewirtin folgende Kompetenzen besitzen:

- Besonderheiten der Verdauung beachten.
- Bedarf an Wasser und Nährstoffen ermitteln.
- Futtermittel bestimmen und beurteilen.
- Tagesrationen bedarfsgerecht zusammenstellen.
- Fütterungsfehler vermeiden.

?

Aufträge:
Wiegen Sie den Inhalt der Behältnisse: ein Maß, eine Scheppe, ein Becher oder Ähnliches, die von Ihnen zur Futterzuteilung eingesetzt werden, sowie eine gebräuchliche Menge Raufutter: eine Lage, ein Korb oder eine Gabel voll Heu, Stroh und/oder Silage.
Errechnen Sie aus den zugeteilten Futtermengen die Tagesrationen einiger von Ihnen betreuter Pferde.

3.1 Arttypische Bedürfnisse befriedigen

?

Der Halbblutwallach Glen setzt mit den Schneidezähnen auf dem Krippenrand auf und zieht mit einem rülpsenden Geräusch Luft in die Speiseröhre, die teilweise wieder geräuschvoll entweicht. Glen ist, wie bis zu 8 % aller Pferde, ein Kopper! Der Besitzer möchte von Ihnen wissen, ob Koppen zu behandeln ist bzw. dieser Verhaltensstörung vorgebeugt werden kann?

Wer Pferde halten und füttern will, darf sich nicht darauf beschränken, sie vor Witterungseinflüssen zu schützen und irgendwie mit Wasser und Futter zu versorgen. Er muss sich mit ihren arttypischen Bedürfnissen auseinandersetzen. Werden diese Bedürfnisse nicht befriedigt, führt das zu Stress, Störungen und Krankheiten.

!

Ziel einer verantwortungsbewussten Pferdehaltung ist die art- und bedarfsgerechte Fütterung.

Artgerecht füttern berücksichtigt die arttypischen Bedürfnisse und das Verhalten des Pferdes. Es ist ein **Pflanzenfresser**, **Raufutterfresser**, **Dauerfresser** (Dauerkäuer) und **Gewohnheitsfresser**. So selbstverständlich diese Bedürfnisse zu sein scheinen, erstaunt es, dass in mancher Mash-Rezeptur Eier als Zutat zu finden sind. Auch das für die Beschäftigung des „Dauerfressers" Pferd notwendige Raufutter wird durch sehr große Kraftfuttergaben verdrängt. Ein wohlgemeintes, abwechslungsreiches Füttern widerspricht den Bedürfnissen eines Pferdes als Gewohnheitsfresser, dem jede Umstellung auf ein neues Futtermittel schwer fällt. Die Folgen davon sind nicht selten Verhaltens- und Verdauungsstörungen.

Bedarfsgerecht füttern bedeutet eine vollwertige Versorgung mit allen Nährstoffen zur Erhaltung aller Körperfunktionen und die notwendige Zulage für Leistungen wie Arbeit, Zucht und Wachstum. Mangel und Überschuss führen zu Leistungsbeeinträchtigungen und schließlich zu Gesundheitsschäden.

Fress- und Trinkverhalten eines Pferdes beachten

Unter natürlichen Bedingungen verbringen Pferde den ganzen Tag mit der Futteraufnahme. Diese zeitaufwendige, aber stressfreie Beschäftigung in ruhiger Bewegung hat neben der Versorgung mit Nährstoffen eine entscheidende Bedeutung für die Psyche des Pferdes.

Als Steppentiere weiden Pferde nahezu während des gesamten Tages und auch nachts bis zu 18 Stunden täglich. Die in relativ kleinen Mengen pro Zeiteinheit aufgenommene Nahrung wird gleichzeitig mit der Aufnahme intensiv gekaut und eingespeichelt.

Beim Fressen werden mit den beweglichen, sehr tastempfindlichen Lippen, seltener mit den Schneidezähnen, kleinere Grasbüschel sehr geschickt ausgesucht (selektiert) und abgerissen. Gleichzeitig können unerwünschte Bestandteile aussortiert werden. Zudem besitzen Pferde einen ausgeprägten Geruchs- und Geschmackssinn. Pferdefuttermittel werden nur akzeptiert, wenn Mindestansprüche an Geruch und Geschmack erfüllt sind.

Beim Fressen sind Pferde durch ihre großen Nüstern gefährdet, Futterstaub einzuatmen. Die Folge kann chronischer Husten sein. Aus diesem Grunde muss beim Füttern Staub vermieden werden. Es dürfen nur qualitativ hochwertige, hygienisch einwandfreie Futtermittel an Pferde verfüttert werden.

Pferde benötigen lange Fresszeiten. Bei genügend Ruhe kauen Pferde ausgiebig mit großer Zufriedenheit. Ihr ausgeprägtes Kaubedürfnis muss durch die Rationsgestaltung abgedeckt werden. Die Mindestmenge von 1 kg kaufähigem Raufutter pro 100 kg Körpergewicht ist unbedingt einzuhalten. Zuchtstuten und Aufzuchtpferde sowie empfindliche Tiere erhalten größere Mengen an Raufutter. Rohfaser- und strukturreiches Heu guter Qualität erfüllt das Kaubedürfnis des Pferdes am besten. Die benötigte Fresszeit wird durch Menge und Beschaffenheit (Härte) des Raufutters und damit durch Ausmaß und Zahl der Kauschläge bestimmt. Man rechnet mit 60 bis 80 Kauschlägen pro Minute.

Das Pferd benötigt für 1 kg Krippenfutter 700 Kauschläge und 10 Minuten, für 1 kg Heu,

Tab. 18. Fresszeiten – Bezug zwischen Futtermitteln, Fresszeiten, Kauschlägen und Speichelproduktion

Beispielration in kg pro Tag, mittelgroßes Pferd (550 kg)		Erhaltung	leichte Arbeit	mittlere Arbeit	schwere Arbeit
Raufutter		10	6	5	4
Krippenfutter (Hafer und Pellets)		1	3	4	6,5
Fresszeit in Stunden	pro 1 kg	Erhaltung	leichte Arbeit	mittlere Arbeit	schwere Arbeit
Raufutter	0,8	8	5	4	3
Krippenfutter (Hafer und Pellets)	0,2	0,2	0,7	0,8	1,3
Summe		8,2	5,7	4,8	4,3
Anzahl der Kauschläge	pro 1 kg	Erhaltung	leichte Arbeit	mittlere Arbeit	schwere Arbeit
Raufutter	3 000	30 000	18 000	15 000	12 000
Krippenfutter (Hafer und Pellets)	800	800	2 400	3 200	4 800
Summe		30 800	20 400	18 200	16 800
Speichelproduktion in Liter	in kg	Erhaltung	leichte Arbeit	mittlere Arbeit	schwere Arbeit
Raufutter	5	50	30	25	20
Krippenfutter (Hafer und Pellets)	1	1	3	4	6
Summe		51	33	29	26

in Anlehnung an D. Meyer 1997

Tab. 19. Fresszeiten von Hafer unterschiedlicher Zubereitung Bezug zwischen Futtermitteln, Fresszeiten, Kauschlägen und Speichelproduktion

	Fresszeit (in Min./kg)	Kauschläge etwa	Speichelproduktion (in l)
ganzer Hafer	Ø 10 (6–16)	700	1,1
gequetschter Hafer	Ø 9 (5–16)	630	1
ganzer Hafer + 10% Häcksel	Ø 15 (9–21)	1050	1,7
ganzer Hafer + 20% Häcksel	Ø 20 (11–26)	1400	2,4
Heu	Ø 40 (30–50)	2800	5

In Anlehnung an Launer 1999

Mitte der Blüte, mehr als 2800 Kauschläge und 40 Minuten Fresszeit. Ein mittelschweres Reitpferd ist bei einer Tagesration, bestehend aus 5 kg Heu und 4 kg Hafer, nur etwa 5 Stunden mit Kauen beschäftigt.

Quetschen, Pelletieren oder Schroten beschleunigt noch die Aufnahme. Deshalb ist das Quetschen von Hafer nur für jüngere Pferde im Zahnwechsel oder für ältere mit Zahnproblemen zu empfehlen.

Beschäftigung

Der Pferdemagen ist unter natürlichen Bedingungen nie leer.

In der heutigen Praxis werden die meisten Pferde, aus arbeitswirtschaftlichen Gründen, rationiert gefüttert, das heißt, sie sind nur wenige Stunden am Tag mit Fressen beschäftigt. Eine strohlose Einstreu verschärft den Beschäftigungsmangel. Eine solche Fütterung ist nicht artgerecht. Verdauungs- und Verhaltensprobleme finden hier ihren Ursprung, wodurch ein Mehrfaches an Kosten entstehen kann. Eine ausreichende Nährstoffversorgung ist wichtig, darf aber nicht zu Lasten der Fresszeiten gehen. Der oberste Grundsatz der Fütterung muss die Beschäftigung des Pferdes und die Befriedigung des Kaubedürfnisses sein (siehe Kap. 3.4.7 Futtermittel pferdegerecht zuteilen).

Trinkverhalten

Pferde pressen beim Trinken Ober- und Unterlippe fest zusammen, damit eine kleine Öffnung zum Einsaugen entsteht. Der Trinkvorgang wird auch bei Hauspferden ständig zur Beobachtung der Umgebung unterbrochen. Wassertrinken unterscheidet sich vom Milchsaugen, sodass Saugfohlen das Wassertrinken erst lernen müssen. Sie trinken aber in den ersten Lebensmonaten nur wenig Wasser, da ihr Flüssigkeitsbedarf über eine ausreichende Milchproduktion der Mutterstute gedeckt ist.

Pferde aus trockenen Herkunftsländern (Araber) trinken verhältnismäßig weniger Wasser. Steht ständig Wasser zur Verfügung trinken sie mehrmals täglich kleinere Mengen. In freier Wildbahn suchen Pferde meist nur einmal täglich, spätestens jedoch jeden zweiten Tag, Tränken auf und legen dazu Distanzen von bis zu 20 km zurück. Stallpferde befriedigen ihren Wasserbedarf in der Regel unmittelbar vor oder nach jeder Mahlzeit.

Hinweise für ein gestörtes Trinkverhalten sind eingefallene Flanken, Leistungsrückgang, verminderte Futteraufnahme und schließlich Verdauungsstörungen. Die allgemein üblichen Selbsttränken erschweren die Kontrolle einer ausreichenden Wasseraufnahme. Die Tränken sollten aber täglich auf ihre Funktion und auf Verunreinigungen kontrolliert werden. In der Natur findet eine gleichzeitige Futter- und Wasseraufnahme nicht statt, denn Wasserstellen befinden sich selten in der Nähe des jeweiligen Fressplatzes. Deshalb ist das Verdauungssystem des Pferdes nicht auf eine Wasseraufnahme während des Fressens eingestellt. Selbsttränken sollen deshalb in der gegenüberliegenden Stallecke räumlich vom Fressplatz getrennt sein, um ungünstige Gewohnheiten und Verdauungsstörungen zu vermeiden.

Viele sogenannte Untugenden entstehen durch Missachtung der pferdetypischen Verhaltensweisen und Bedürfnisse. Die Folge ist ein Triebstau, der zu Ersatzhandlungen führt. Diese Ersatzhandlungen (Weben, Koppen usw. siehe Kap. 1.2.2.1 Verhaltensstörungen) sind in der Regel nicht mehr rückgängig zu machen. Versuche bestätigten nicht, dass Pferde solche Fehlverhalten durch Nachahmung vom Boxennachbarn übernehmen.

Kotfressen
Bei Fohlen ist Kotfressen eine natürliche, sinnvolle Verhaltensweise. Zeigen erwachsene Pferde dieses Verhalten, ist die Ursache oft eine nicht art- und bedarfsgerechte Fütterung. Aber auch gesunde, gut versorgte Pferde zeigen gelegentlich diese Untugend.

Lecksucht
Die Pferde lecken kontinuierlich an Wänden, Gittern oder Gegenständen. Ursache kann unter anderem eine unzureichende Versorgung mit Natrium oder Spurenelementen sein.

Stress
Werden die Bedürfnisse des Pferdes bei der Haltung und besonders bei der Fütterung nicht ausreichend befriedigt, führt dies zu Stress. Die Pferde sind futterneidisch, scharren und treten zur Futterzeit gegen die Boxenwand. Mangelnde Beschäftigung durch zu geringe Fresszeiten (Kauen und Speichelproduktion) sowie ständiges Hungergefühl sind die häufigsten Ursachen und müssen durch geeignete Maßnahmen vermieden werden.

Eine Folge des Koppens und Barrenwetzens ist ein übermäßiger Verschleiß der Schneidezähne, der auch zu Beschädigungen und Zahnverlust und damit zu Zahn- und Kauproblemen führen können. Weben und Boxentreten stellt eine hohe Belastung des Bewegungsapparates dar, die zu Schäden führen können. Ein erhöhtes Kolikrisiko durch das Luftschlucken ist hingegen nicht nachgewiesen.

Zur Wiederholung und Vertiefung

1. Erläutern Sie die arttypische Bedürfnisse von Pferden.
2. Durch welche Fütterungsmaßnahmen werden Sie diesen Bedürfnissen gerecht?
3. Wie können Verhaltensstörungen entstehen? Beschreiben Sie geeignete Maßnahmen, um Verhaltenstörungen vorzubeugen.

3.2 Besonderheiten der Verdauung beachten

3.2.1. Kopf
Das Pferd nimmt das Futter, wie zuvor beschrieben mit den Lippen und den Schneidezähnen selektiv auf.

Kauen und Einspeicheln
In der Maulhöhle wird das Futter zwischen den Backenzähnen zermahlen. Das Pferd kann aufgrund des schmaleren Unterkiefers jeweils nur auf einer Seite kauen, wobei die Seite nach Kaumuskelermüdung immer wieder gewechselt wird.

Das Kauen fördert die Speichelproduktion. Unterkiefer-, Unterzungendrüse und hauptsächlich Ohrspeicheldrüse produzieren am Tag über 30 Liter Speichel.

Der Pferdespeichel enthält zwar keine Verdauungsenzyme, hat aber wichtige ver-

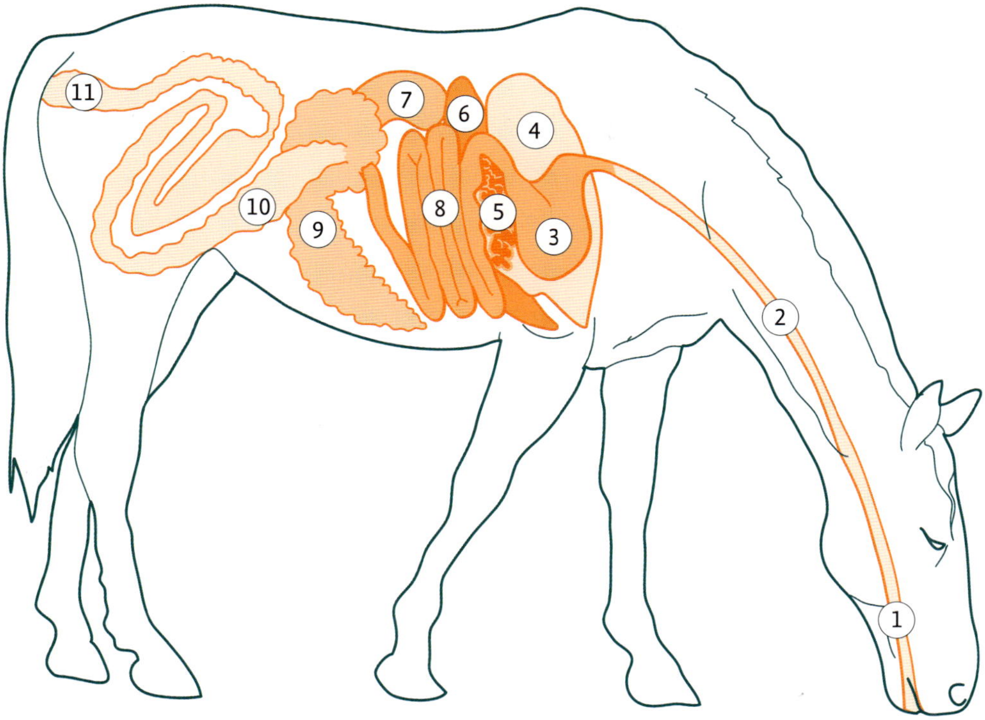

Abb. 99: Der Verdauungstrakt des Pferdes (schematische Darstellung): 1 = Maul, 2 = Schlund, 3 = Magen, 4 = Leber, 5 = Bauchspeicheldrüse, 6 = Milz, 7 = Niere, 8 = Dünndarm, 9 = Blinddarm, 10 = Grimmdarm, 11 = Mastdarm und After.

?

Nach internationalen Studien und Untersuchungen anerkannter Pferdesportverbänden weisen mehr als 10 % aller Pferde Stereotypien wie Koppen, Weben, Barrenwetzen usw. auf. Bereits mehr als 20 % der Jährlinge leiden unter Knochenanomalien und Gelenksveränderungen. Mehr als 30 % aller Pferde werden infolge von Zahnproblemen, z. B. Zahnspitzen behandelt. Sogar mehr als 50 % der untersuchten Reitpferde sind an Magenschleimhautveränderungen bis hin zu Magengeschwüren erkrankt!
Die Fütterung, durch Fehler in der Futterauswahl, der Futterzuteilung und der Rationsgestaltung, wird mit für diese erschreckenden Ergebnisse verantwortlich gemacht.

Welche Maßnahmen können Sie in Ihrem Ausbildungsbetrieb – als Verantwortlicher für die Fütterung – ergreifen, um solchen Störungen vorzubeugen?

Tab. 20. Verdauungsorgane; Volumen (500 kg); Dauer der Nahrungspassage; pH Wert des Nahrungsbreies

Verdauungsorgane	Volumen[1)]	Dauer[1)] der Nahrungspassage	pH Wert	
			Heu[2)]	Kraftfutter[2)]
1. Kopf	0,1 l/Bissen	0,1–0,5 h/Bissen	7,5	7,5
2. Schlund		10–15 sec/Bissen	7,5	7,5
3. Magen	15 l	1–5 h	5,1–2,2	4,5–4,1
drüsenloser Teil			5,1–4,5	4,4–4,3
Magengrund			2,2–3,8	4,1–4,4
Magenausgang			2,9	4,5
4. Dünndarm	15 l	1,5 h	6,3–7.5	5,6
5. Blinddarm	30 l	15–20 h	6,7	6,5
6. Grimmdarm	100 l	18–24 h	6,6	6,0
7. Mastdarm		1–2 h	6,6	6,0

1) durchschnittliche Werte bei RaT von >50% – [2)]3 ½ h nach Fütterung v on Heu/ Kraftfutter in Anlehnung an H. Meyer 1995
2) in Anlehnung an Lengwenat/ Pferdeworkshop 2007

dauungsfördernde Funktionen. Er schützt die Schleimhäute und macht den Nahrungsbrei gleitfähiger. Speziell der Pferdespeichel ist aufgrund seines hohen Bikarbonat-Gehaltes als Säurepuffer in der Lage, aggressive Säuren abzumildern.

Die Abhängigkeit zwischen Futtermittel, Kauschlägen und Speichelproduktion erkennt man in den Tabellen 18 und 19. Mit 1 kg Raufutter gelangt bis zu 5 Liter Speichel in den Magen, mit 1 kg Krippenfutter weniger als 1 Liter. Der hohe Anteil an Magengeschwüren bei Hochleistungspferden kann u.a. durch zu große Krippenfutter-Mengen und damit zu geringer Speichelproduktion erklärt werden. Deshalb ist es sinnvoll, Pferden zuerst immer Heu vor dem Krippenfutter zu füttern. Der Anteil an kaufähigem Raufutter in einer Ration sollte deshalb, auf die Leistung des Pferdes abgestimmt, nicht unter 50 % der Gesamttrockenmasse sinken. Im Erhaltungsbedarf liegt der Wert bei 95 %, das heißt, es kann fast ausschließlich Raufutter gefüttert werden.

Durch das Kauen wird das Futter, besonders Raufutter wie Heu und Stroh, stark zerkleinert und eingespeichelt. Der Trockensubstanzgehalt eines Bissens variiert je nach Kauintensität zwischen 15 % und 40 %. Intensives Kauen und Einspeicheln ist für eine störungsfreie Passage durch den Verdauungskanal notwendig. Ungenügend gekautes Futter erhöht die Gefahr einer Verstopfung.

Zahnaufbau

Die Zähne gehören zum Knochengewebe und bestehen aus Zahnbein, Zahnschmelz und Zahnzement. Der nicht sichtbare Teil, die Zahnwurzel, sitzt im Zahnfach des Kiefers. Die sichtbare Zahnkrone ist mit Zahnschmelz, der härtesten Körpersubstanz, überzogen. Im Inneren des Zahnes befindet sich die Wurzelhöhle mit Blutgefäßen und Nerven, wodurch

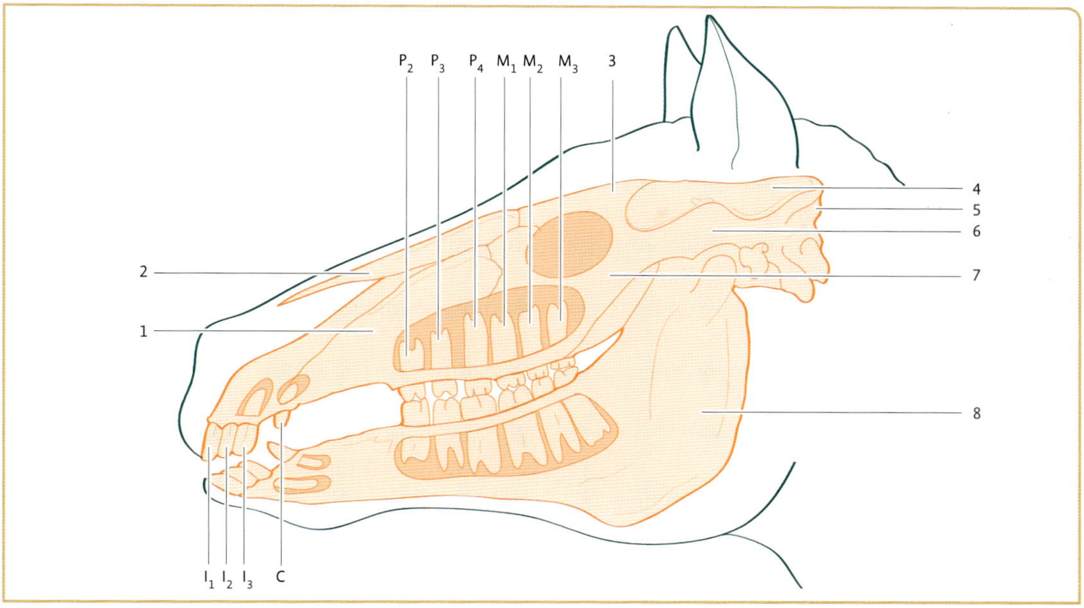

Abb. 100: Schädelskelett und Zähne: I = Schneidezähne, I_1 = Zangen, I_2 = Mittelzähne, I_3 = Eckzähne, C = Haken- o. Hengstzähne, P = vordere Backenzähne, M = Backenzähne, 1 = Oberkieferbein, 2 = Nasenbein, 3 = Stirnbein, 4 = Schläfenbein, 5 = Hinterhauptsbein, 6 = Kiefergelenk, 7 = Jochbein, 8 = Unterkieferbein.

Abb. 101: Speicheldrüsen: a = Ohrspeicheldrüse, b = Unterkieferspeicheldrüse, c = Unterzungenspeicheldrüse.

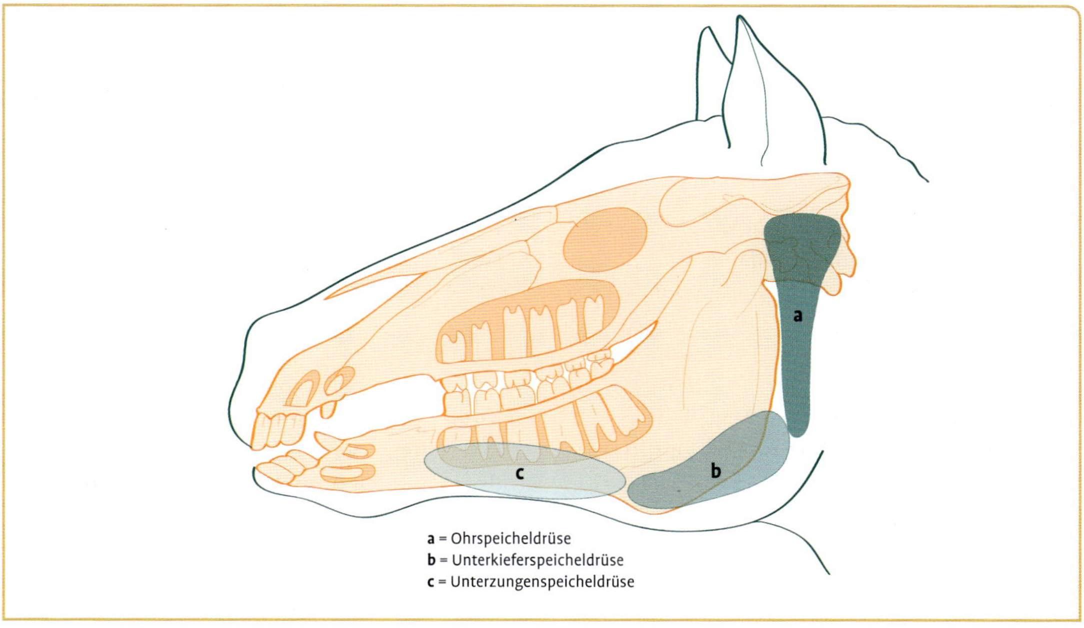

der bis zum fünften Lebensjahr wachsende Zahn ernährt wird.

Die Kauflächen junger Pferde haben Schmelzeinstülpungen (Kunden), die in den Schneidezähnen des Unterkiefers etwa 6 bis 7 mm, in denen des Oberkiefers 12 bis 14 mm tief sind. Durch das Kauen werden die Schneidezähne jährlich um etwa zwei Millimeter abgenutzt. Das leicht abriebfähige Zahnbein und die härteren Zahnschmelzleisten bilden eine raue Oberfläche. Für die Futteraufnahme und Futterzerkleinerung ist ein gesundes, vollständiges Gebiss unerlässlich.

Zahnalter

Da beim Pferd in bestimmten Zeitabschnitten charakteristische Veränderungen an den Zähnen auftreten, ist es möglich, das Alter des Tieres anhand der Zähne zu schätzen. **Durchbruch**, **Wechsel** und **Abnutzungserscheinungen** der Schneidezähne sowie Kaufläche, Zahnbogen und Zahnwinkel lassen sich dem Alter zuordnen. Die Genauigkeit der Altersbestimmung wird durch die Art der Fütterung, Besonderheiten der Pferderassen, Beschaffenheit und Stellung der Zähne sowie durch vorhandene Untugenden (z. B. das Koppen) beeinflusst.

Der Durchbruch der Milchzähne zum vollständigen Milchgebiss erfolgt bis zum Alter von 6 Monaten. Während die vorderen Milchbackenzähne (P_2, P_3, P_4) bereits bei der Geburt vorhanden sind, brechen die Milchzangen (I_1) im Alter von 6 Tagen, die Milchmittelzähne(I_2) im Alter von 6 Wochen, und die Milcheckzähne (I_3) im Alter von 6 Monaten durch. Alle Milchzähne wechseln bis zum fünften Lebensjahr in die bleibenden Zähne. Die Zangen wechseln im Alter von 2,5 Jahren, die Mittelzähne im Alter von 3,5 Jahren, die Eck-

Tab. 21. Zahnaltersbestimmung: Durchbruch, Wechsel und Kundenschwund

Zahnalter	Schneidezähne				Vordere Backenzähne				Backenzähne		
	Zangenzähne	Mittelzähne	Eckzähne	Hakenzahn	Wolfszahn						
	I_1	I_2	I_3	C	P_1	P_2	P_3	P_4	M_1	M_2	M_3
Durchbruch Milchzähne	6. Tag	6. Woche	6. Monat	–	Fehlt i. d. R.	vor der Geburt			–		
Wechsel Milchzähne	2 ½ Jahre	3 ½ Jahre	4 ½ Jahre	–	–	2 ½ Jahre	3 Jahre	4 Jahre	–		
Durchbruch bleibender Zähne	–	–	–	4 ½ Jahre	½–3 Jahre	–			1 Jahr	2 Jahre	3 ½ Jahre
Kundenschwund Unterkiefer	6 Jahre	7 Jahre	8 Jahre	Stuten: i. d. R. 36 Zähne Hengste und Wallache: i. d. R. 40 Zähne							
Kundenschwund Oberkiefer	9 Jahre	10 Jahre	11 Jahre								

Abb. 102 (rechts): Querschnitt und Zahnabrieb einer bleibenden Zange (I_1) des Unterkiefers:
1 = Kunde, 2 = Kundenspur, 3 + 4 = Zahnzement, 5 + 6 = Zahnschmelz, 7 = Zahnbein, 8 = Wurzelhöhle, 9 = Kernspur, 10 = Krone, 11 = Wurzel, 12 = Wurzelkanal, Kaufläche A = 3 bis 6 jährig, B = ca. 10 jährig, C = ca. 14 jährig, D = ca. 18 jährig, E = > 20 Jahre.

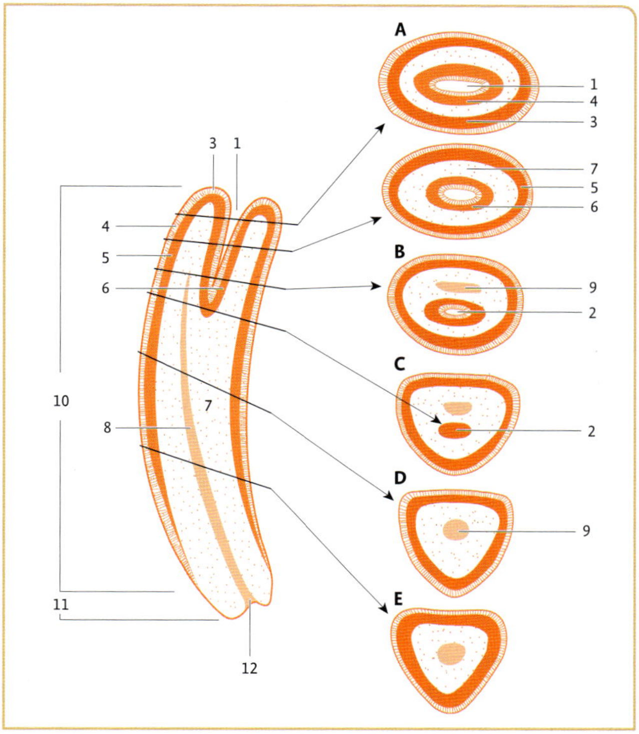

Abb. 103 (unten): Gebissveränderungen. Veränderung des Zahnwinkels im Alter bis 8 Jahre: Zangengebiss ca. 135 Grad; bis 15 Jahre: Halbzangengebiss; über 15 Jahre: Winkelgebiss < 90 Grad
Stellung der Schneidezähne
a = korrekte Stellung, b = Überbiss (Karpfengebiss), c = Unterbiss (Hechtgebiss).

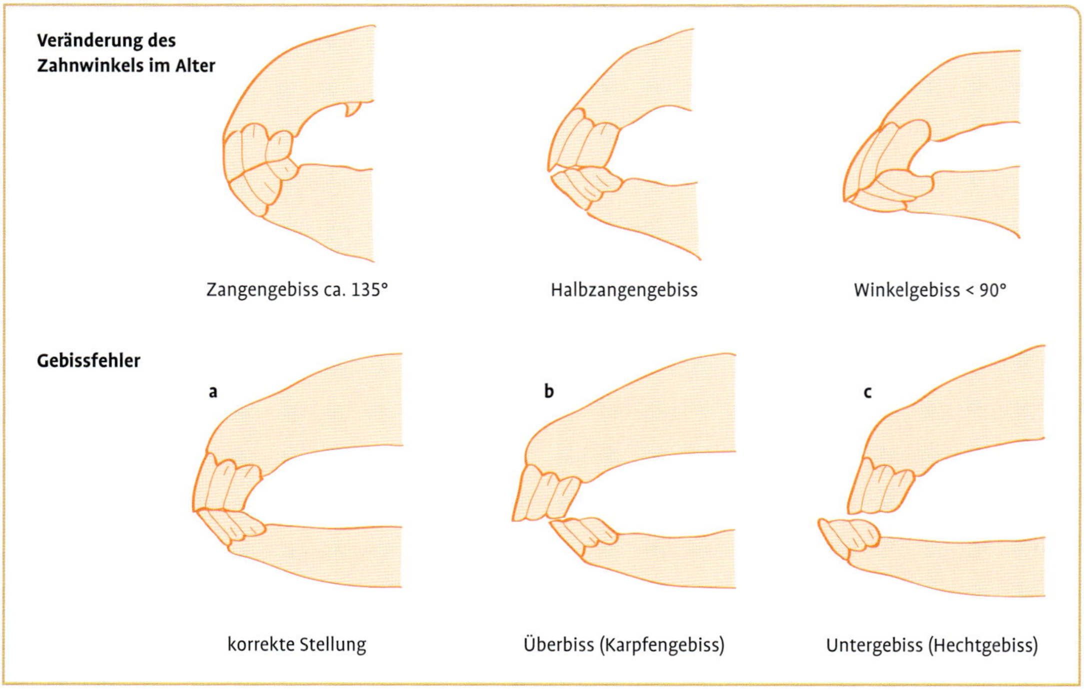

zähne im Alter von 4,5 Jahren. Die vorderen Milchbackenzähne wechseln im Alter von 2,5 bis 3,5 Jahren.

Die Backenzähne (M1, M2, M3) und der Hakenzahn (C) werden nicht als Milchzähne angelegt. Die Backenzähne brechen im Alter von 1 bis 3,5 Jahren, die Hakenzähne (bei männlichen Pferden; fehlen in der Regel bei den Stuten) im Alter von 4 Jahren als bleibende Zähne durch.

An den bleibenden Schneidezähnen ist am Zahnabrieb ein Altersnachweis vom 5. bis zum 11. Lebensjahr möglich. Der „Kundenschwund" ist Kriterium der Zahnaltersbestimmung nach dem Zahnwechsel. Bei einem jährlichen Zahnabrieb von etwa 2 mm sind die 6 bis 7 mm tiefen Kunden der Schneidezähne des Unterkiefers im 6. bis 8. Lebensjahr verschwunden. Die tieferen Kunden der Oberkieferschneidezähne (12 bis 13 mm), verschwinden mit 9, 10, und 11 Jahren.

Zahnwinkel, **Zahnbogen**, **Kaufläche** der Schneidezähne und Einbisse sind Hilfsmittel zur Altersbestimmung älterer Pferde.

Bis zum Alter von 8 Jahren bilden die Schneidezähne ein Zangengebiss von 135 Grad, das bis zum 15. Lebensjahr in ein Halbzangengebiss und später in ein Spitzzangengebiss von nur noch 90 Grad abflacht. Bei Pferden über 15 Jahre wird der Zahnbogen des Unterkiefers deutlich flacher, mit 24 Jahren ist er völlig gerade. Die Kaufläche der Unterkieferschneidezähne ändert ihre querovale Form mit 12 bis 14 Jahren zu einer rundlichen und mit 18 bis 20 Jahren zu einer dreieckigen Form. Im Alter von 7 Jahren bildet sich am

Abb. 104: Organisation Atem- und Bissenweg (Bissenweg offen).
Bissenweg: 1 = Lippen u. Zähne, 2 = Maulhöhle, 3 = Zungengrund, 4 = Rachen, 5 = Schlund.
Atemweg: 6 = Nasenhöhle, 4 = Rachen, 7 = Kehlkopf, 8 = Luftröhre.
Organisation: A = harter Gaumen, B = Gaumensegel, C = Kehlkopfdeckel.

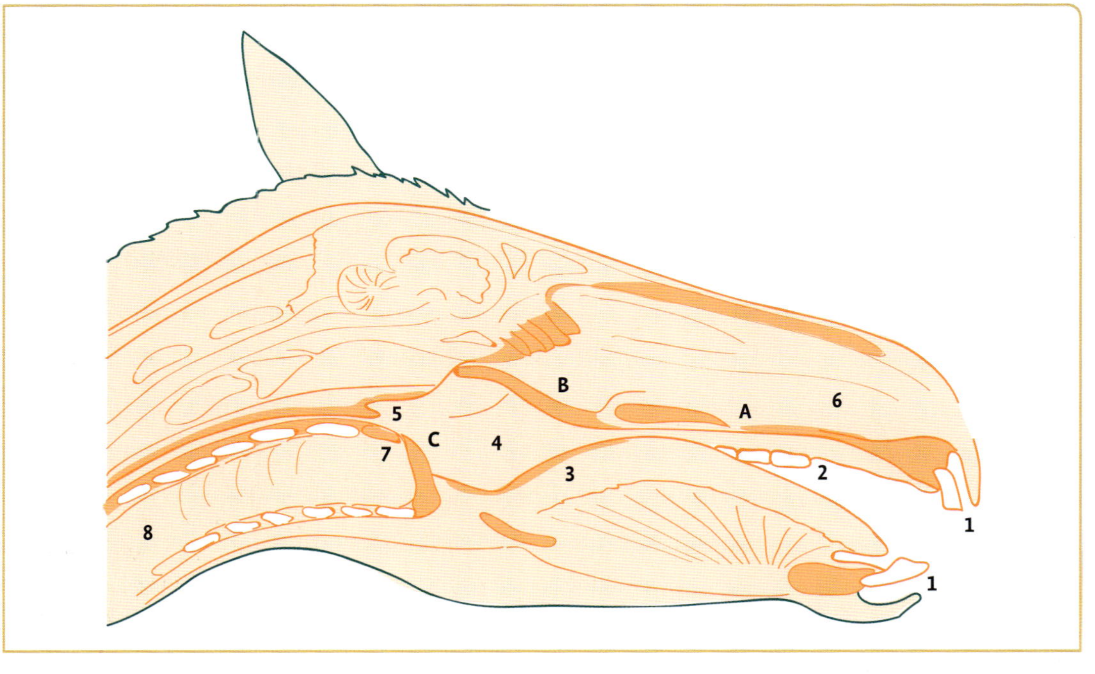

oberen Eckschneidezahn der Einbiss aus und im Alter von 10 Jahren entwickelt sich die Galvanische Rinne, eine dunkle Furche, die bis zum Alter von 20 Jahren zunehmend länger wird und sich dann bis zum Alter von 30 Jahren wieder zurückbildet.

Organisation Bissenweg

Der feste Gaumen trennt die Maulhöhle von der Nasenhöhle. In der Rachenhöhle kreuzen sich jedoch Atem- und Bissenweg. Beim Abschlucken drückt der Zungengrund den Bissen in den Schlund, der ihn zum Magen weiter transportiert. Um ein „Verschlucken" zu vermeiden, wird die Atmung kurz unterbrochen. Der Gaumensegel verschließt dabei die Nasenhöhle, der Kehldeckel den Kehlkopf, sodass kein Futter in den Atemweg gelangen kann.

Bei Störung des Abschluckens können Speichel oder Futterteile in die Luftröhre gelangen. Mangelhaftes Kauen kann eine Schlundverstopfung verursachen und auch die Atmung beeinträchtigen. Pferde können auch bei Not nicht über das Maul atmen, ebenso kann Schleim aus dem Rachenraum nicht über das Maul, sondern nur über die Nase abfließen.

3.2.2 Schlund und Magen

Der **Schlund** des Pferdes verläuft neben der Luftröhre durch den Hals in den Brustraum. Er durchquert das Zwerchfell und mündet nach etwa 150 cm im Bauchraum in den Magen. Nach intensivem Kauen und Einspeicheln wird das Futter durch wellenförmige Muskelbewegungen zum Magen transportiert, der in unmittelbarem Kontakt zu Zwerchfell, Leber, Bauchspeicheldrüse und Milz liegt.

Der **Magen** ist beim Pferd einhöhlig, aber aus mehreren Teilen zusammengesetzt. Er ist mit etwa 15 Liter Fassungsvermögen relativ klein und von bohnenförmiger Gestalt. Der **Mageneingang** ist von einem kräftigen Schließmuskel umgeben. Dies ist die Ursache für die fehlende Fähigkeit des Pferdes Futter zu erbrechen. Aufgrund der bohnenförmigen

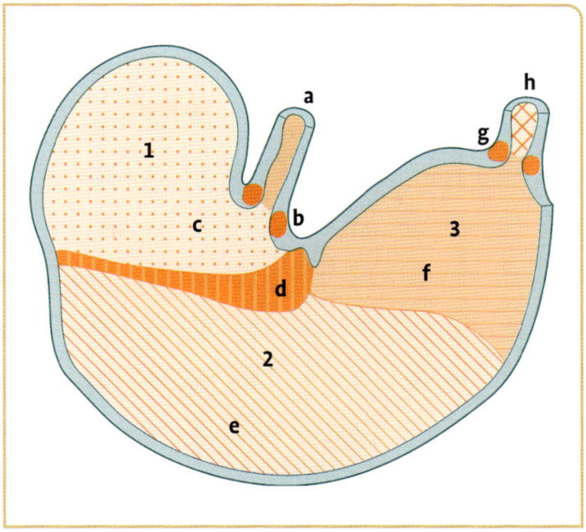

Abb. 105: Pferdemagen (schematisch): 1 = Blindsack, 2 = Magengrund, 3 = Magenausgang, a = Schlund, b = Schließmuskel, c = drüsenlose Schleimhaut, d = Kardiadrüsenzone, e = Fundusdrüsenzone, f = Pylorusdrüsenzone, g = Pförtner, h = Zwölffingerdarm.

Krümmung des Magens liegen Eingang und Ausgang relativ dicht beieinander.

Der Magen besteht im Wesentlichen aus zwei Teilen, dem **drüsenlosen Blindsack** und dem **Drüsenmagen** mit **Magengrund** und **Magenausgang**. Der Drüsenmagen selbst kann in drei Zonen unterteilt werden, der **Kardiadrüsenzone**, einem schmalen Streifen zwischen Blindsack und Magengrund, der **Fundusdrüsenzone** des Magengrundes und der **Pylorusdrüsenzone** des Magenausgangs. Die Kardia- und Pylorusdrüsen produzieren Schleim, der die Magenwand vor der Selbstverdauung schützen soll. Salzsäure und Pepsinogen sind die Sekrete der Fundusdrüsen. Am Magenausgang (Pförtner) ist ein kreisförmiger Schließmuskel als Abgrenzung zum Zwölffingerdarm ausgebildet. Hier wird der Weitertransport des Futterbreies geregelt.

Aufgrund seines geringen Fassungsvermögens ist der Magen nur zur kurzfristigen

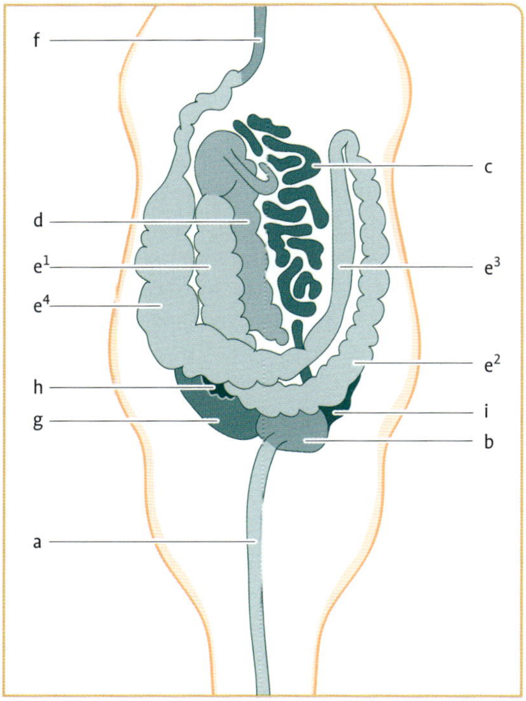

Abb. 106: Magen-Darm-Trakt (schematische Aufsicht): a = Schlund, b = Magen, c = Dünndarm, d = Blinddarm, e = Grimmdarm, e1 = rechter unterer, e2 = linker unterer, e3 = linker oberer, e4 = rechter oberer Grimmdarm, f = Mastdarm und After, g = Leber, h = Bauchspeicheldrüse, i = Milz

Speicherung geringer Futtermengen geeignet.

Der gekaute und eingespeichelte Futterbrei wird im Magen schichtweise abgelagert. Die Schichtung bleibt grundsätzlich während der gesamten Magenverdauung beibehalten, sodass zuerst gefressenes Raufutter unter dem später gefressenen Kraftfutter lagert. Die durchschnittliche Verweildauer der Nahrung im Magen beträgt 1 Stunde bei Rauhfuttergabe bis maximal 5 Stunden bei größeren Kraftfutterrationen. Intensiv eingespeicheltes Raufutter wird somit schneller weitertransportiert als Kraftfuttermittel.

Der erste Magenabschnitt, der Blindsack, ist mit einer glatten, drüsenlosen Schleimhaut ausgekleidet. Hier werden keine Sekrete produziert. Mikroorganismen (Kleinstlebewesen, wie Bakterien und Protozoen), die am Futter haften und der abgeschluckte, alkalische Speichel beeinflussen die Vorgänge in diesem Magenabschnitt. Der Speichel sorgt als Säurepuffer für einen säurearmen (bis basischen) Bereich, in dem die Mikroorganismen in der Lage sind leichtverdauliche Futterbestandteile (z. B. Zucker) abzubauen. Dabei entstehen chemische Abbauprodukte und Gase wie z. B. Kohlendioxid.

Im zweiten Magenabschnitt, dem Drüsenmagen, wirken die Sekrete der Schleimhautdrüsen (Magensäure und Verdauungsenzyme). In der Fundusdrüsenzone des Magengrundes werden die mit dem Futter aufgenommenen Mikroorganismen durch die Magensäure weitgehend abgetötet. Dies gelingt bei intensiv gekautem, eingespeicheltem und durchweichtem Futterbrei besser als beim zähflüssigem. Der pH-Wert des Futterbreis sinkt bei günstigen Bedingungen am Magenausgang bis auf einen pH-Wert von unter 3 (stark sauer). Wasser, das nicht an quellfähiges Futter gebunden ist, passiert den Magen über die sogenannte **kleine Magenstraße**, sodass über die Tränke aufgenommenes Wasser, anders als der Speichel, nicht bei der Verflüssigung des Futterbreies hilft.

Transportbewegungen der ringförmigen Muskulatur regen die Sekretion der Drüsen an. Neben der Magensäure wird hier von Drüsen auch Pepsinogen produziert, welches erst durch die Magensäure zu dem eiweißspaltenden Verdauungsenzym Pepsin aktiviert wird. In diesem Magenabschnitt beginnt die Eiweißverdauung.

Der von den Kardia- und Pylorusdrüsen produzierte Schleim schützt die Magenschleimhaut des Drüsenmagens vor der ätzenden Säure und dem eiweißspaltenden Pepsin.

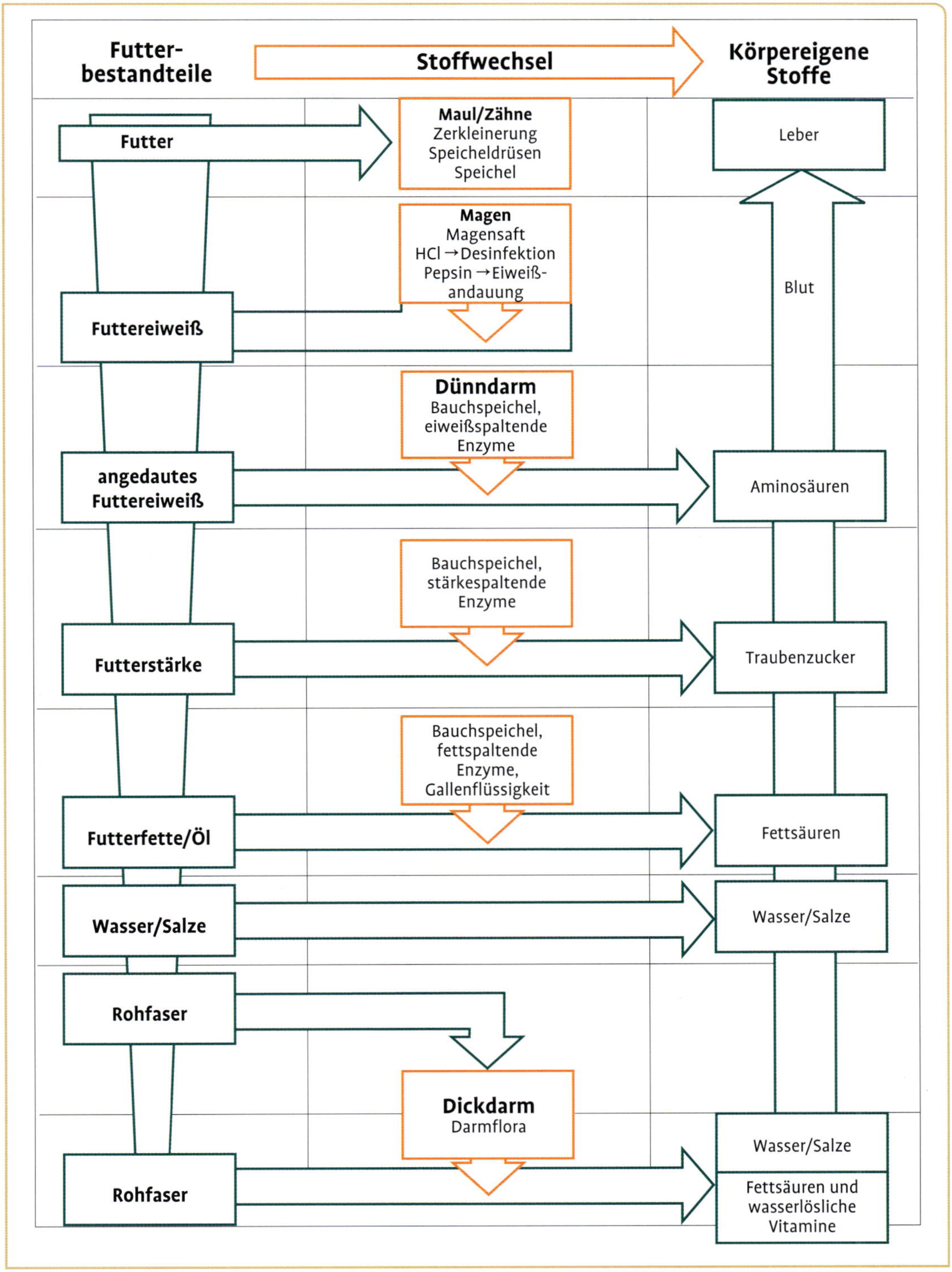
Futter-
bestandteile
Stoffwechsel
Körpereigene
Stoffe
Futter
Maul/Zähne
Zerkleinerung
Speicheldrüsen
Speichel
Leber
Magen
Magensaft
HCl → Desinfektion
Pepsin → Eiweiß-
andauung
Blut
Futtereiweiß
Dünndarm
Bauchspeichel,
eiweißspaltende
Enzyme
angedautes
Futtereiweiß
Aminosäuren
Bauchspeichel,
stärkespaltende
Enzyme
Futterstärke
Traubenzucker
Bauchspeichel,
fettspaltende
Enzyme,
Gallenflüssigkeit
Futterfette/Öl
Fettsäuren
Wasser/Salze
Wasser/Salze
Rohfaser
Dickdarm
Darmflora
Rohfaser
Wasser/Salze
Fettsäuren und
wasserlösliche
Vitamine

3.2.3 Dünndarmverdauung

Beim Pferd nimmt der Darmtrakt den größten Teil der Bauchhöhle ein. Er wird anhand seiner unterschiedlich großen Durchmesser in zwei Darmabschnitte eingeteilt: dem Dünndarm und dem Dickdarm.

Der **Dünndarm** verbindet den Magen mit dem Dickdarm. Er ist beim Pferd etwa 20 m lang und besteht, wie bei fast allen Säugetieren, aus drei Teilen, dem **Zwölffingerdarm**, dem **Leerdarm** und dem **Hüftdarm**.

In den ungefähr 1 m langen Zwölffingerdarm münden kurz hinter dem Magenausgang (Pförtner) der Ausführungsgang der Bauchspeicheldrüse und der Gallengang der Leber. Der Leerdarm ist mit etwa 18 m der längste Abschnitt des Dünndarms. Die stark von Blutgefäßen durchzogene Dünndarmschleimhaut besteht aus winzigen Zotten und einem Bürstensaum (siehe Abb. 107 Der Pferdedünndarm), wodurch die Aufnahmeoberfläche um ein Vielfaches vergrößert wird. Eine kräftige Ringmuskulatur sorgt für die Darmmotorik, den Transport und die Durchmischung des Futterbreies. In nur 1 ½ Stunden wird der gesamte Dünndarm durchwandert. Diese Darmmotorik wird durch die Schrittbewegung des Pferdes begünstigt, während bewegungsarme Aufstallung die Gefahr von Verstopfungen vergrößert. Der Hüftdarm mit nur etwa 0,5 m Länge besitzt besonders starke, aber auch einengende Muskeln. Er mündet als letzter Dünndarmabschnitt am Blinddarmkopf in den Dickdarm, in den er den Futterbrei mit Druck befördert. Schlecht gekautes, rohfaserreiches Futter kann in diesem Abschnitt zu Verstopfungen führen.

Der durch das Kauen mechanisch vorbereitete und durch Speichel und Magensäfte stark verflüssigte Futterbrei gelangt durch den Magenausgang in den Zwölffingerdarm. Die Sekrete der beiden großen Drüsen – Bauchspeicheldrüse und Leber – werden hier dem Nahrungsbrei beigemischt. Der Bauchspeichel enthält stark wirksame Verdauungsenzyme und Säurepuffer. Diese puffern die im Magen entstandenen Säuren von sauren pH 2,6 auf neutrale Werte von pH 6,5 bis pH 7 ab, da die bei Pferden recht geringe Menge an Enzymen ihre optimale Wirkung nur bei neutralen pH-Werten entfalten können. Das Pferd besitzt keine Gal-

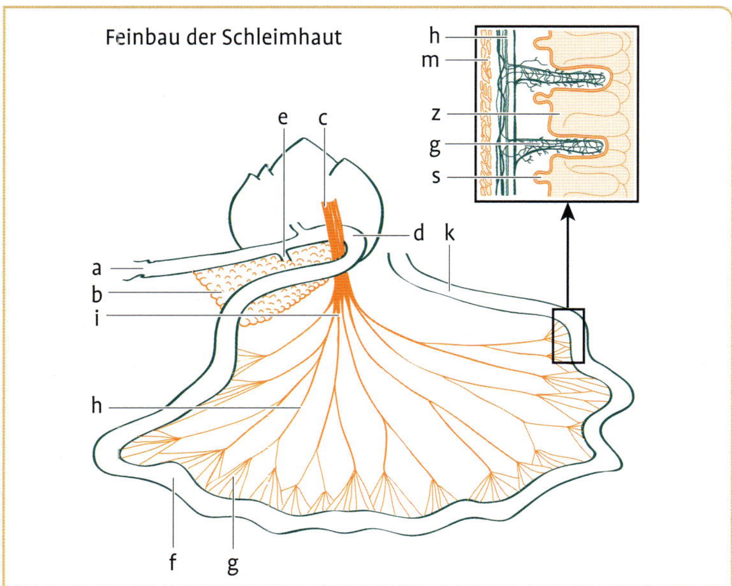

Abb. 107: Der Pferdedünndarm: a = Magenausgang, b = Bauchspeicheldrüse, c = Leber, d = Zwölffingerdarm, e = Mündung der Bauchspeicheldrüse und der Leber (Gallengang), f = Leerdarm, g = Darmzotten mit Haargefäßen, h = Blut- und Lymphgefäße, i = Pfortaderkreislauf, k = Hüftdarm.
Abb. Feinbau der Schleimhaut: m = Ringmuskeln, z = Bürstensaum, s = Schleimdrüse.

Abb. 108: Dickdarm des Pferdes: a = Hüftdarmmündung, b = Blinddarm, b1 = Kopf, b2 = Spitze, c = Grimmdarm, c1 = rechter unterer, c2 = rechter oberer, c3 = linker unterer, c4 = Beckenflexur, c5 = linker oberer, c6 = kleiner hinterer Grimmdarm, d = Mastdarm.

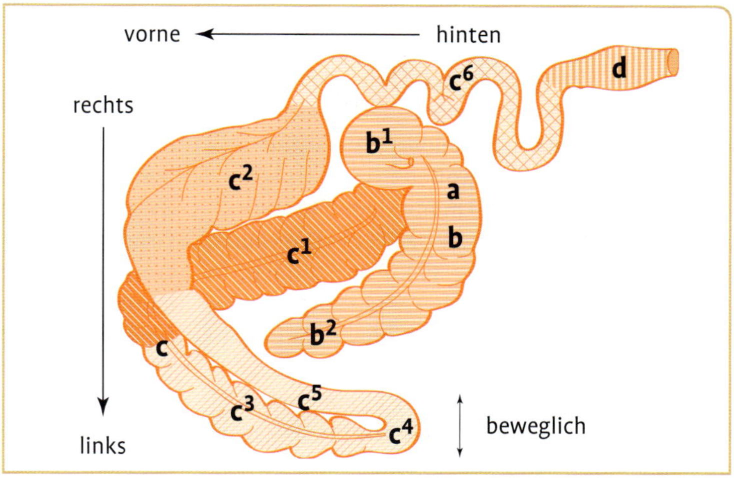

lenblase, 5 bis 6 l Gallenflüssigkeit fließen täglich ohne Dosierung aus der Leber kontinuierlich in den Zwölffingerdarm. Im anschließenden Leerdarm ist der Hauptort der Verdauung. In kurzer Zeit laufen, im jetzt wieder alkalischen Futterbrei, intensive Verdauungsvorgänge ab. Die Futternährstoffe werden zersetzt und in die Blut- und Lymphbahn aufgenommen.

Während wasserlöslicher Zucker direkt über die Darmwand ins Pfortaderblut zur Leber gelangt, müssen die nicht wasserlöslichen Futterbestandteile erst in wasserlösliche Stoffe gespalten werden. Die Stärke (z. B. Getreidestärke) wird durch stärkespaltende Enzyme zu Traubenzucker gespalten. Die Enzymaktivität ist beim Pferd vergleichsweise gering, was bei stärkereicher Fütterung zu schlechter Verdauung und nachfolgend zu Verdauungsstörungen führen kann. Eiweiße und Fette werden ebenfalls im Dünndarm enzymatisch verdaut. Eiweißspaltende Enzyme trennen die im Magen bereits angedauten Eiweiße in einzelne, wasserlösliche Aminosäuren. Den Fettabbau bewerkstelligen fettspaltende Enzyme, die das mithilfe der Gallenflüssigkeit in feinste Tröpfchen verteilte Fett in seine wasserlöslichen Bestandteile, Alkohol und Fettsäuren teilen.

Die nun wassergelösten Futterbestandteile – Traubenzucker, Aminosäuren und Fettsäuren – können durch die Darmschleimhaut des Leerdarms „aufgesaugt" und ins Blut aufgenommen und weitertransportiert werden. Sie dienen dann dem Körper als Baustoffe, Kraftstoffe und Energiereserve. Neben den oben erwähnten Stoffen werden im Dünndarm auch die Mineralstoffe Chlor, Kalzium, Kalium, Magnesium und geringe Phosphormengen aufgenommen. Schwer verdauliche Futterbestandteile wie Zellulose gelangen weitgehend unverändert in den Dickdarm.

3.2.4 Dickdarmverdauung

?

Obwohl die Besitzer der Zuchtstute Gina sehr stolz auf die problemlose Geburt ihres ersten Fohlens sind, sorgen sie sich über dessen ungewöhnliches Verhalten. Obwohl Pferde grundsätzlich den Kontrakt mit eigenem oder fremdem Kot meiden, frisst das Fohlen bereits in den ersten Lebenstagen ständig frischen Mutterkot. Ihr Chef beauftragt Sie, die besorgten Besitzer über die Bedeutung dieses Verhaltens zu informieren.

Nach dem Hüftdarm, dem letzten Abschnitt des Dünndarms, folgt der Dickdarm als abschließender Verdauungskanal.

Der **Dickdarm** des Pferdes gliedert sich in drei Teile, **Blinddarm**, **Grimmdarm** und **Mastdarm**. Bei einem mittelgroßen Pferd beträgt die Gesamtlänge 7 bis 9 m mit dem enormen Fassungsvermögen von 35 bis 75 kg. Die Nahrungspassage dauert hier 35 bis 46 Stunden.

Der **Blinddarm** als erster Teil des Dickdarms ist knapp 1 m lang und besteht aus Kopf und Spitze. Die Mündung des Hüftdarms in den Blinddarmkopf ist durch eine Klappe grundsätzlich geschlossen, die als Barriere zwischen dem keimarmen Dünndarm und dem stark mit Mikroorganismen besiedelten Dickdarm dient. Die für den Dickdarmbereich nützlichen Mikroorganismen würden im Dünndarm zu schweren Störungen führen.

Der Blinddarmkopf liegt in der rechten Flanke des Pferdes und ist mit der Bauchdecke fest verbunden. Die gekrümmt verlaufende Blinddarmspitze ist frei beweglich, sodass sie innerhalb der Bauchhöhle verschiedene Positionen einnehmen kann. Sie liegt in der Bauchmitte und reicht bis zum Brustbein. Durch Muskelbewegungen des Dünndarms öffnet sich die Klappe und stoßweise gelangt Nahrungsbrei in den Blinddarm. Der Blinddarm ist ein blind endendes Rohr mit einem Fassungsvermögen von etwa 25 bis 30 l. Die Verbindung zwischen Blind- und Grimmdarm ist im Verhältnis zur Größe der Därme sehr klein. Sie befindet sich ganz in der Nähe der Hüftdarmklappe.

Der **Grimmdarm** schließt in Form eines doppelten Hufeisens mit einer Länge von 6 bis 7 m und einem Durchmesser von 20 bis 25 cm an. Er wird in mehrere Abschnitte unterteilt. Er beginnt mit dem rechten unteren Grimmdarm, der am Blinddarmkopf entspringt und nach vorne verläuft. Nach der Zwerchfellkrümmung nach links geht er in den linken unteren Grimmdarm über, der seinen Weg in Richtung Becken zurücklegt. Vor dem Eingang zur Beckenhöhle erfolgt eine scharfe Wendung von 180 Grad, die Beckenflexur. Es folgt der linke obere Grimmdarm.

Diese linken Dickdarmabschnitte sind sehr beweglich und anfällig für Verlagerungen. Sie münden nach einer weiteren, oberen Zwerchfellkrümmung in den rechten oberen Grimmdarm. Als letztes folgt der kurze kleine Grimmdarm, der mit seiner Form und einem Durchmesser von nur noch 7,5 bis 10 cm die typische Ballenform des Pferdekots bestimmt. Im folgenden etwa 30 cm langen **Mastdarm** wird der Darminhalt durch Wasserentzug eingedickt und durch den After mithilfe von Ringmuskeln ausgeschieden.

Mikrobielle Verdauung im Dickdarm

Neben Rohfaserbestandteilen werden sowohl im Blinddarm als auch im Grimmdarm dünndarmunverdaute Nährstoffe zersetzt und lebenswichtige Stoffe synthetisiert. Diese große Gärkammer des Pferdes ist mit den Vormägen des Rindes vergleichbar. Hier finden mikrobielle Verdauungsvorgänge statt. So kann das Pferd – wie der Wiederkäuer – schwer verdauliche Futterbestandteile verdauen. Neben Rohfaserbestandteilen werden auch andere unverdaute Nährstoffe zersetzt und verwertet. Es finden aber nicht nur Abbau, sondern auch lebenswichtige Aufbauprozesse statt. Die Mikroorganismen stellen große Mengen wasserlöslicher Vitamine (Vitamine des B-Komplexes und Vitamin C) und energiereiche Fettsäuren (Essigsäure, Propionsäure und Buttersäure) her, die über die Darmschleimhaut ins Blut aufgenommen werden können. Sie versorgen das Pferd mit wertvollen Wirkstoffen und Energie. Abgestorbene Bakterien selbst werden zu wertvollen Aminosäurenlieferanten. Die Verwertbarkeit für den Aufbau körpereigener Eiweiße ist jedoch unklar.

Ausscheidung

Nicht vollständig verwertete Futterbestandteile und Abbauprodukte des Stoffwechsels müssen ausgeschieden werden. Gelöste Abfallstoffe verlassen den Körper hauptsächlich über den Harn. Unverdaute feste Bestandteile werden als Kot ausgeschieden. Der Kot besteht zu etwa 80 % aus Wasser. Die festen Bestandteile bestehen aus unverdauten, unter Umständen ungenügend gekauten Futterresten, Schmutzanteilen, Sekreten, Schleimhautzellen sowie Bakterien, aber auch Magen-Darm-Parasiten. Menge und Konsistenz des Kotes hängt stark vom Futter, aber auch von der individuellen Verdauungsaktivität des Pferdes ab. Durchschnittlich setzen Pferde täglich 12 bis 16 Kothaufen in Abständen von 1 bis 2 Stunden ab. Die Kotmenge beträgt bei einem 600 kg schweren Warmblutpferd täglich bis 18 kg (1 bis 3 % des Körpergewichtes/Tag).

3.2.5 Darmflora

Zur **Darmflora** zählen Mikroorganismen wie **Hefen**, **Protozoen** und **Bakterien**.

Mikroorganismen sind komplette, selbständige, wenn auch einzellige Organismen mit eigenem Stoffwechsel. Es handelt sich um unterschiedlich geformte Einzeller. Ihre Größe liegt zwischen 0,0001 und 0,02 Millimeter, im Lichtmikroskop gerade noch sichtbar. Der pH-Wert beträgt im Dickdarm in der Regel pH 7,0. Dieses neutrale Milieu benötigt die Darmflora zum Leben und für ihre Aufgaben. Bei solch günstigen Lebensbedingungen setzt eine ungeheure Vermehrung ein. Ein Bakterium teilt sich durchschnittlich alle 3 Minuten, das sind viele Milliarden von Nachkommen täglich. So enthält 1 g Dickdarminhalt bis zu 2 500 000 000 Mikroorganismen.

Es gibt aber unzählige unterschiedliche Mikroorganismen, die alle hochspezialisiert sind und sich in ihrer Arbeitsweise deutlich unterscheiden. Fäulnisbakterien zersetzen aerob (unter Lufteinwirkung) organisches Material, während z. B. Milchsäurebakterien nur anaerob (unter Luftabschluss) arbeiten und gedeihen.

Als **Symbionten** (Lebewesen, die mit Lebewesen anderer Arten in Symbiose leben) wird der Teil der Darmflora bezeichnet, der durch mikrobielle Vorgänge (Zersetzung und Synthese) zur Ernährung des Pferdes maßgeblich beiträgt.

Ihre Hauptaufgabe ist der Abbau schwerverdaulicher Zellulose, wobei sie aber auf ein geringes, aber ständiges Angebot an Kohlenhydraten und Stickstoffverbindungen (Eiweiß) angewiesen sind.

Je nach Rationszusammenstellung variieren die Mikroorganismen in Arten, Menge und Tätigkeit. Dadurch entsteht ein Abhängigkeitsverhältnis zwischen der aufgenommenen Nahrung, den bakteriellen Vorgängen und Produkten, welche die Verdauungsvorgänge im Dickdarm stark beeinflussen. Bei der Vergärung entstehen energiereiche Fettsäuren (Essigsäure, Propionsäure und Buttersäure), die über die Darmschleimhaut in das Blut aufgenommen werden und der Energieversorgung des Pferdes zufließen.

Es finden aber nicht nur Abbauvorgänge statt, sondern auch lebenswichtige Aufbauprozesse. Die Mikroorganismen synthetisieren große Mengen Vitamine (Vitamine des B-Komplexes, Vitamin C und K). Selbst die Eiweißsubstanz abgestorbener Bakterien wird zu wertvollen Aminosäuren abgebaut, wobei die Verwertbarkeit noch unklar ist.

Gelangen aus dem Kraftfutter zu große Mengen dünndarmunverdaute Stärke oder über das Weidegras zu viel Zucker (Fruktan) in den Dickdarm, beginnt ein „heißer“ Gärprozess. Große Mengen an Fettsäuren werden gebildet, was zur Übersäuerung und zur Schädigung (siehe Kap. 3.6 Ernährungsbedingte Erkrankungen vermeiden) der Darmflora führt.

Eine wesentliche Aufgabe der Pferdefütterung ist also die Gesunderhaltung und Förderung der Darmflora.

3.2.6 Leber und Bauchspeicheldrüse

Die **Leber** entspricht in ihrer Masse etwa 1,5 % des Körpergewichtes. Sie liegt mittig im vor-

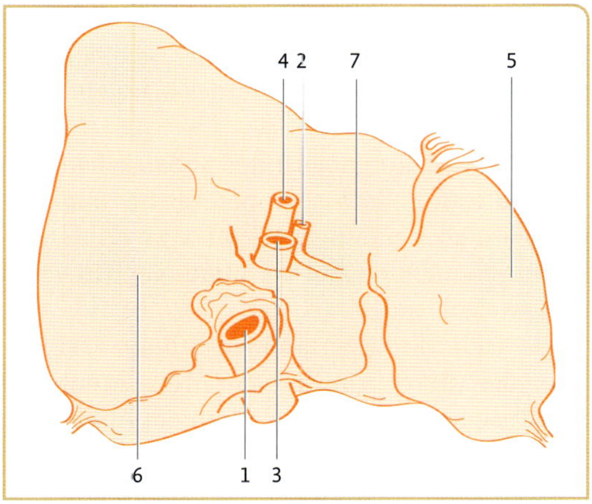

Abb. 109: Pferdeleber: 1 = Lebervene, 2 = Leberarterie, 3 = Pfortader, 4 = Gallengang, 5 = linker Leberlappen, 6 = rechter Leberlappen, 7 = kleiner Leberlappen.

deren Teil der Bauchhöhle, wobei der rechte Teil größer ausgeprägt ist als der linke. Die Leber spielt in der Verdauung eine wichtige Rolle. Als größte **Drüse** des Körpers produziert sie aus den Abbauprodukten überalterter roter Blutzellen täglich 5 bis 6 l **Gallenflüssigkeit**. Diese bewirkt die Feinverteilung der Nahrungsfette im Darm sowie die Aktivierung fettspaltender Enzyme der Bauchspeicheldrüse. Durch das Fehlen einer Gallenblase bei Einhufern wird die Flüssigkeit permanent durch den Gallengang direkt in den Zwölffingerdarm abgegeben, was eine optimale Fettverdauung ermöglicht.

Darüber hinaus erfüllt die Leber lebenswichtige Funktionen im Kohlenhydrat-, Fett- und Eiweißstoffwechsel. Sie ist als **Filter** und **Ausscheidungsorgan** für die Entsorgung von

Tab. 22. Stoffwechselfunktion der Leber

Darm		Leber		Blut
Emulgator	◀	**Drüse** ▼ Gallenflüssigkeit	◀	überalterte Blutkörperchen
Vitamine Minerale	▶	**Speicher** ▲▼ Vitamine (A, D, E, K, B_{12}) Eisen, Kupfer, Zink und Mangan	▶	Vitamine Minerale
Kohlenhydrate	▶	Glykogen (Speicher) ▲▼ Glucose (Traubenzucker)	◀▶	Blutzucker
Fette	▶	Fett (Speicher) ▲▼ Fettsäuren	▶	Fettsäuren
Eiweiße	▶	Aminosäuren (Speicher) ▼ NH_3 ▼ Harnstoffzyklus	▶	Aminosäuren
Gifte	▶	**Entgiftung**	▶	Nieren/Harn

Stoffwechselschlacken, Fremd- und Giftstoffen, z. B. Harnstoff aus dem Abbau überschüssigen Eiweißes, verantwortlich. Schließlich ist sie Speicherorgan für Energiestoffe (Glykogen, tierische Stärke) und Eiweiß (Aminosäuren), Vitamine (A, D, E, K, B12) und Minerale (Fe, Cu, Zn, Mn). Die Leber ist, besonders durch Fütterungsfehler, starken Belastungen ausgesetzt, die ihr enormes Regenerationsvermögen überfordern können. Gesundheitsstörungen sind die Folge.

Die dreieckige **Bauchspeicheldrüse** ist ein weiteres wichtiges Verdauungsorgan. Sie liegt in der Biegung des Zwölffingerdarmes, in der ihr Ausführungsgang in gleicher Höhe mit dem Gallengang mündet. Der von ihr gebildete **Bauchspeichel** enthält **Verdauungsenzyme** (Trypsin, Amylase und Lipase), die für die Eiweiß-, Kohlenhydrat- und Fettverdauung benötigt werden. Darüber hinaus werden Alkalien produziert, die den durch die Magensäure sauren Futterbrei neutralisieren und damit die Wirkung der Verdauungsenzyme verbessern. Eine weitere Aufgabe ist die Produktion des Hormons Insulin, dem eine große Bedeutung im Zuckerstoffwechsel zukommt.

3.2.7 Milz und Nieren

Die sensenblattförmige **Milz** des Pferdes ist stahlblau bis rotbraun. Das Durchschnittsgewicht beträgt etwa 1,5 kg, kann aber aufgrund ihrer Funktion als **Blutspeicher** in Volumen und Gewicht erheblich schwanken. Vollblutpferde haben im Vergleich zu kaltblütigen Pferderassen eine relativ größere Milz und ein entsprechend größeres Blutspeichervermögen. Die Milz baut verbrauchte Blutkörperchen ab und ist für die **Abwehr** von Krankheitserregern verantwortlich.

Die **Nieren** reinigen das Blut von unerwünschten Stoffwechselabbauprodukten und produzieren den Harn. Über die harnableitenden Organe **Harnleiter**, **Harnblase** und **Harnröhre**, wird dieser ausgeschieden. Zum Schutz gegen Stöße liegen die Nieren, in Fettgewebe eingebettet, beiderseits der Wirbelsäule unter den Querfortsätzen der Lendenwirbel, in unmittelbarer Nähe der zentralen Blutgefäße. Pferde haben normalerweise zwei unterschiedlich geformte braunrote Nieren. Die linke ist bohnenförmig, die rechte eher herzförmig ausgebildet. Die linke Niere ist über das Milz-Nieren-Band mit der Milz verbunden. Im Hohlraum des Nierenbeckens wird der Harn gesammelt. Durch Entzug von Wasser und noch brauchbaren Bestandteilen wird er konzentriert und vom Harnleiter zur Harnblase weitergeleitet und gesammelt. Ein Schließmuskel am Blasenhals steuert die Entleerung in die Harnröhre, die bei Stuten an der Grenze zwischen Scheide und Vorhof, beim Hengst im Penis endet.

Der Urin ist eine gelbliche, etwas trübe Flüssigkeit, die bei Pflanzenfressern alkalisch reagiert. Die Urinmenge ist abhängig von der über Futter und Tränke aufgenommenen Flüssigkeit. Stoffwechselschlacken der Leber, z. B. Harnstoff werden ausgeschieden. Eiweißüberschüsse in der Fütterung führen so zur vermehrten Harnstoff- und Urinausscheidung. Harnstoff wird in Verbindung mit Einstreu zu Ammoniak umgewandelt. Die Folge ist eine vermehrte Belastung der Stallluft und somit auch der Atemwege. Urinuntersuchungen geben Auskunft über unterschiedliche Erkrankungen.

3.2.8 Milchdrüse und Milchbildung

Das Euter gehört zu den sekundären Geschlechtsmerkmalen und kommt in der Anlage bei beiden Geschlechtern vor. Bis zur Geschlechtsreife verharrt es auch bei der Stute im kindlichen Zustand. Zum leistungsfähigen Organ wird es unter hormoneller Steuerung erst mit der Trächtigkeit. Zu voller Ausbildung gelangt das Euter in der Laktation bzw. Säugeperiode. Das Euter der Stute sitzt in der Leistengegend versteckt zwischen den Oberschenkeln. Das länglich-runde, relativ kleine Drüsenorgan wird von zwei starken Bändern

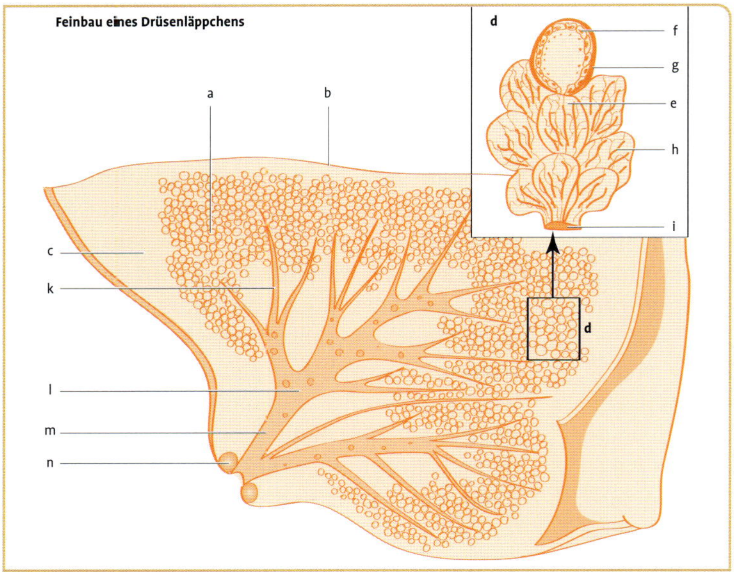

Abb. 110: Aufbau der Milchdrüse. Feinbau eines Drüsenläppchens: a = Drüsengewebe, b = Bauchhaut, c = Bindegewebe, d = Drüsenläppchen, e = Drüsenbläschen, f = Drüsenzellen, g = Muskelgewebe, h = Nerven und Blutgefäße, i = Milchausführungsgänge, k = Milchsammelgänge, l = Milchzisternen, m = Strichkanal, n = Ringmuskel.

der Bauchhaut getragen und in zwei Hälften geteilt. Eine elastische Bindegewebskapsel hält das Organ zusammen. Bindegewebe, Drüsengewebe und glatte Muskulatur bilden das Grundgerüst des Euters, in dem umfangreiche Netzwerke an Blutgefäßen und Nerven verlaufen.

Für die Bildung von einem Liter Milch werden etwa 300 bis 400 Liter Blut benötigt. Aus den Bestandteilen des Blutes werden in den Drüsenzellen die Milchbestandteile produziert. Stuten leisten in der Spitze nicht selten bis über zwanzig Liter Milch am Tag.

Der Drüsenteil des Euters besteht aus Drüsenbläschen (Alveolen), die traubenförmig zu Drüsenläppchen verbunden sind. Die Drüsenbläschen sind hohl, ihre Wand ist mit einer Schicht von Milchbildungszellen ausgekleidet. Sie besitzen einen Ausführungsgang, der mit den Milchsammelgängen der Drüsenläppchen zu einem System verbunden ist. Die Milchgänge erweitern sich zur Milchzisterne, die in den Strichkanal einmündet. Jede Euterhälfte besteht aus zwei getrennten Drüsenkomplexen, die jedoch in einer kurzen, stumpfen, kegelförmigen Zitze münden. Am Ende der

Tab. 23. Zusammensetzung der Stutenmilch / Milchleistungskurve

1 kg	T (g)	DXP (g)	Fett (g)	Zucker (g)	Ca (g)	P (g)	Cu (mg)	Zn (mg)	Fe (mg)
Kolostrum	200	100	10	50	0,9	0,8	1	6	1,3
1. LM	107	27	18	62	1,2	0,7	0,3	2,5	0,9
2. LM	105	22	17	64	1	0,6	0,3	2	0,7
3. LM	100	18	14	65	0,8	0,5	0,3	1,8	0,5

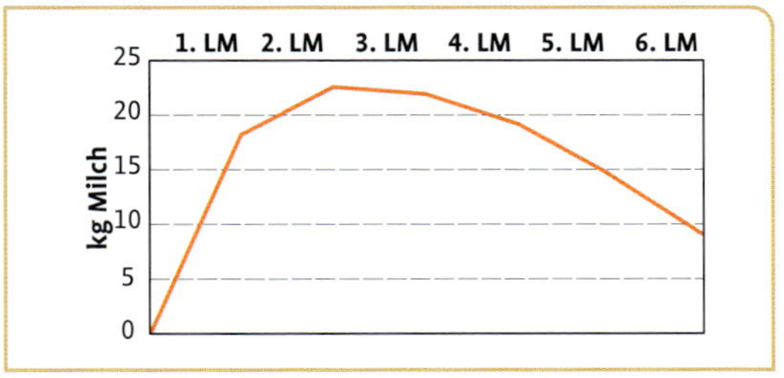

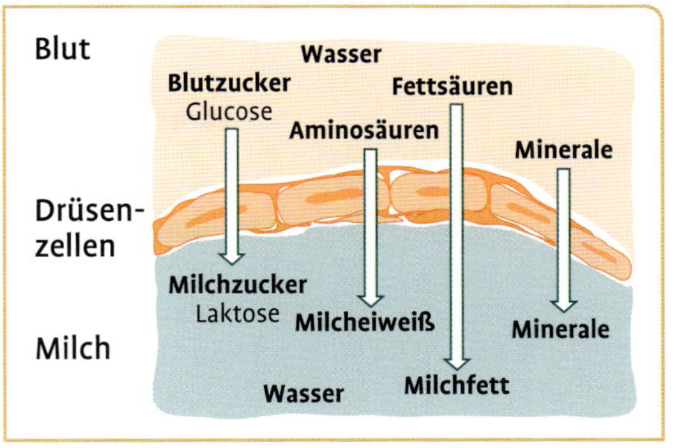

oben: Milchleistungskurve
Abb. 111 (rechts): Milchbildung.

Zitze verschließt ein Ringmuskel den Strichkanal. Die Milch fließt erst, wenn der Ringmuskel durch den Sog des Fohlens geöffnet wird.

Die **Milchbildung** und Milchsekretion beginnt normalerweise pünktlich mit der Fohlengeburt. Dies leisten Hormone. **Östrogen** und **Progesteron** steuern das Wachstum des Gesäuges während des letzten Abschnittes der Trächtigkeit. Das Milchbildungshormon **Prolaktin** regt die Milchbildung in den Drüsenzellen an. Größere Mengen davon werden nach Abgang der Nachgeburt bereitgestellt. Dadurch wird die Milchbildung eingeleitet. Das Saugen des Fohlens regt die Prolaktinproduktion an. Für die Fortdauer der Milchbildung ist eine ständige Prolaktinausschüttung notwendig, die durch einen regelmäßigen Saugreiz immer wieder aufs Neue angeregt und somit erhalten wird.

Für die Milchabgabe ist das Hormon **Oxytocin** verantwortlich, das auch die Geburtswehen auslöst. Es sorgt für das Einschießen der Milch in die Zisternen. Spezielle Verhaltensweisen des Fohlens fördern durch eine Eutermassage die Oxytocinausschüttung. Bei zunächst schwachen Fohlen muss der Pfleger in den ersten Tagen die Eutermassage übernehmen, um das Einschießen der Milch und damit die Nahrungsaufnahme des Neugeborenen zu sichern. Nur bei entleerten Milchdrüsen erfolgt eine Neubildung der Milch. Gesunde Fohlen verhindern durch ständiges Saugen einen Druckanstieg im Eutergewebe und dadurch den Rückgang der Milchbildung. Hört der Reiz der Euterentleerung auf, versiegt auch nach und nach die Milch.

Etwa drei Monate nach Beginn einer neuen Trächtigkeit bewirkt eine steigende Bildung des Gelbkörperhormons Progesteron den Rückgang der Milchbildung. Die Laktationskurve fällt ab. Nach etwa sechsmonatiger Trächtigkeit zeigen die Stuten oft nur noch wenig Neigung, ihr großes Fohlen zu säugen. Güste Stuten mit Fohlen bei Fuß laktieren meistens länger.

Die Zusammensetzung der Stutenmilch ist in der Tabelle 23 dargestellt.

Zur Wiederholung und Vertiefung

1. Beschreiben Sie den Weg eines Haferkorns vom Trog durch den Verdauungstrakt des Pferdes. Welchen Verdauungsvorgängen ist es ausgesetzt?
2. Stellen Sie die Verdauung der Haferbestandteile in den verschiedenen Verdauungsabschnitten dar.
3. Erläutern Sie an mehreren Beispielen die Funktion und Bedeutung von Drüsen.
4. Zeigen Sie Fütterungsmaßnahmen auf, die die Besonderheiten des Verdauungstraktes von Pferden berücksichtigen.

3.3 Nährstoffe unterscheiden

?

Die Pinto-Stute Ravenna wird von ihren Besitzern jeden Tag mindestens eine Stunde geritten. Sie sind verantwortlich für Ravennas Fütterung. Weil nach Meinung der Besitzerin „Heu und Hafer, vielleicht noch Gras und Möhren" völlig ausreichen, sollen Sie ihr täglich nur 4 kg Heu, 1,5 kg Hafer und 1 kg Möhren füttern. Sie fragen sich, ist die Stute überhaupt ausreichend gefüttert?

Futtermittel sind lediglich Träger von Nähr-, Energie und Ballaststoffen. Sie bestehen, genauso wie der Pferdekörper selbst, grundsätzlich aus den gleichen Stoffen, nämlich aus Wasser, Eiweiß, Kohlenhydraten, Fett, Vitaminen, Mineralstoffen usw.

Die Menge der enthaltenen Stoffe ist jedoch unterschiedlich. Pflanzen bestehen bis zu 70 % aus Kohlenhydraten (Zuckerverbindungen), die als Bau- und Betriebsstoffe verwendet werden. Der Pferdekörper verbrennt

Abb. 112: Querschnitt durch ein Haferkorn.

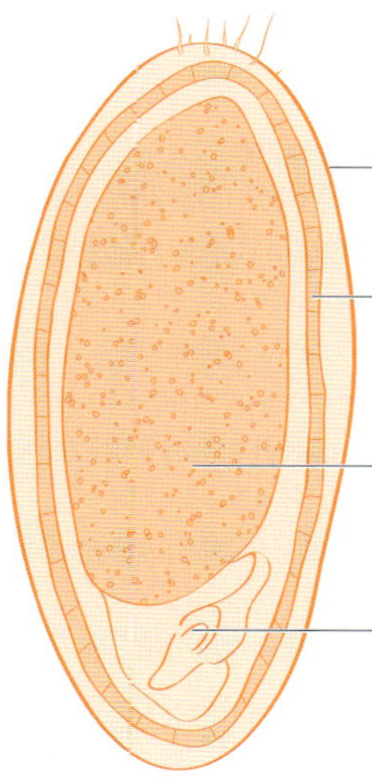

Tab. 24. Nährstoffgruppen

Gruppe	Nährstoff	Aufgabe
Ballaststoffe	strukturreiche Rohfaser	fördern Beschäftigung, Kauen und Verdauen
Brennstoffe	Energiestoffe: Kohlenhydrate, Fette und Eiweiße	liefern Energie für alle Körperfunktionen
Baustoffe	Eiweiße bzw. Aminosäuren, Fette, Mineralstoffe	bauen Körpergewebe auf und erhalten es
Wirkstoffe	Spurenelemente, Vitamine	unterstützen Aufbau und Funktion

Kohlenhydrate als Betriebsstoff im Energiestoffwechsel. Der Anteil im Körper beträgt nur etwa 1 %. Unverbrauchte Kohlenhydrate werden möglichst schnell in Form von Fett gespeichert. Unterschiede bestehen aber auch im arttypischen Aufbau der Nährstoffe. So ist das Eiweiß des Hafers anders zusammengesetzt als das Körpereiweiß des Pferdes.

3.3.1 Nährstoffe einteilen

Ein Pferd benötigt für schwere Arbeit mehr Futter als für leichte. Die Mehrleistung erfordert unter anderem mehr Energie. Wichtig für das Pferd sind also nicht die Futtermittel an sich, sondern die in ihnen enthaltenen Nährstoffe. Als „Nährstoffe" werden alle Verbindungen und Elemente bezeichnet, auf deren regelmäßige Zufuhr über das Futter (die Nahrung) der Organismus angewiesen ist. Sie dienen sowohl der Erhaltung des Körpers als auch seiner Leistungsbereitschaft.

Bedarfsgerechtes Füttern bedeutet die ausreichende Versorgung des Pferdes mit den, für die jeweilige Leistung (Wachstum, Trächtigkeit oder Arbeit) benötigten Nährstoffen.

!

Die Nährstoffe werden nach ihren Aufgaben wie folgt charakterisiert:

- **Ballaststoffe:** Strukturreiche und kaufähige Futterbestandteile (Rohfaser) zur Beschäftigung und zur Förderung der Verdauung.
- **Baustoffe:** Organische Baustoffe (Eiweiß, Fett) und anorganische Baustoffe (Wasser, Mineralstoffe) für Wachstum und Regeneration.
- **Brennstoffe:** Verbrennung organischer Stoffe (Kohlenhydrate, Fett, Eiweiß) für den Energiestoffwechsel.
- **Wirkstoffe:** Minerale, Vitamine unterstützen Aufbau und Stoffwechsel.

Ballaststoffe dienen weniger als Nährstofflieferant. Sie sind aber notwendig zur Beschäftigung und fördern die Verdauungsprozesse des Pferdes.

Bau- und Wirkstoffe sind lebensnotwendig (essenziell). So fordert das Knochengerüst als Baustoff große Mengen an Mineralstoffen, der Muskel aber hauptsächlich Eiweiß. Wirkstoffe helfen bei diesen Vorgängen. Bau- und Wirkstoffe können sich nicht gegenseitig ersetzen.

Dies ist bei den Brennstoffen (Energieträgern) anders. Neben Kohlenhydraten und Fetten kann auch der Baustoff Eiweiß als Betriebsstoff „verbrannt" bzw. im Überschuss als Energiereserve (Depotfett) eingelagert werden; was in Notzeiten zum Überleben sinnvoll ist. Im Übermaß belastet dies jedoch den Organismus und sollte weitgehend vermieden werden.

Neben diesen Nährstoffgruppen finden wir in Futtermitteln auch Stoffe, die nicht der Ernährung des Pferdes dienen, wie z. B. Färb-, Geschmacks- oder auch Giftstoffe. Sie werden unter dem Namen Begleitstoffe zusammengefasst.

3.3.2 Nährstoffgehalte ermitteln

Für die Berechnung von Rationen ist es notwendig, den Nährstoffgehalt der eingesetzten Futtermittel zu ermitteln. Die einfachste Möglichkeit ist, Futterwerttabellen (DLG Futterwerttabelle 1995 oder Datenbank Futtermittel der DLG 2009 http://datenbank.futtermittel.net/) zu benutzen. Sie geben aber nur durchschnittliche Werte der analysierten Futtermittel an.

Eine individuelle Bestimmung des Futterwertes bieten u.a. die Landwirtschaftlichen Untersuchungs- und Forschungsanstalten (LUFA) der einzelnen Länder gegen Entgeld an. Futterproben werden mithilfe verschiedener Analyseverfahren nach Rohnährstoffen, verdaulichen Inhaltsstoffen, Mineralen, Vitaminen und Futterqualität untersucht.

Die Weender Futtermittelanalyse

Dieses ältere Standardverfahren zur Untersuchung von Futtermitteln ist bereits 1860 von Henneberg und Strohmann in Weende (heute ein Stadtteil von Göttingen) entwickelt worden und wird auch heute noch angewendet. Durch die Weender Analyse lassen sich nur Rohnährstoffe ermitteln, die zwar nicht mit den entsprechenden Nährstoffen identisch sind, aber Ähnlichkeiten im chemischen Verhalten aufweisen. Aus der Frischsubstanz (FS) der Futterprobe werden Trockensubstanz (T), Rohwasser (XW), Rohasche (XA), Organische Substanz (OS), Rohprotein (XP), Rohfett (XL), Rohfaser (XF) und NfE, stickstofffreie Extraktstoffe (XX) ermittelt.

Vom Brennwert zur verdaulichen Energie

Bei der Verbrennung der brennbaren, organischen Futterbestandteile wird die Futterenergie als sog. Brennwert freigesetzt. Wird bei einer Verbrennung eine Wärmemenge freigesetzt, die 1g Wasser um 1Grad Celsius erwärmt, so wird eine Kalorie (1 cal) Wärmeenergie erzeugt. Für Umrechnungen in die aktuell gebräuchliche Einheit Joule (J) gilt: 1 cal = 4,184 J.

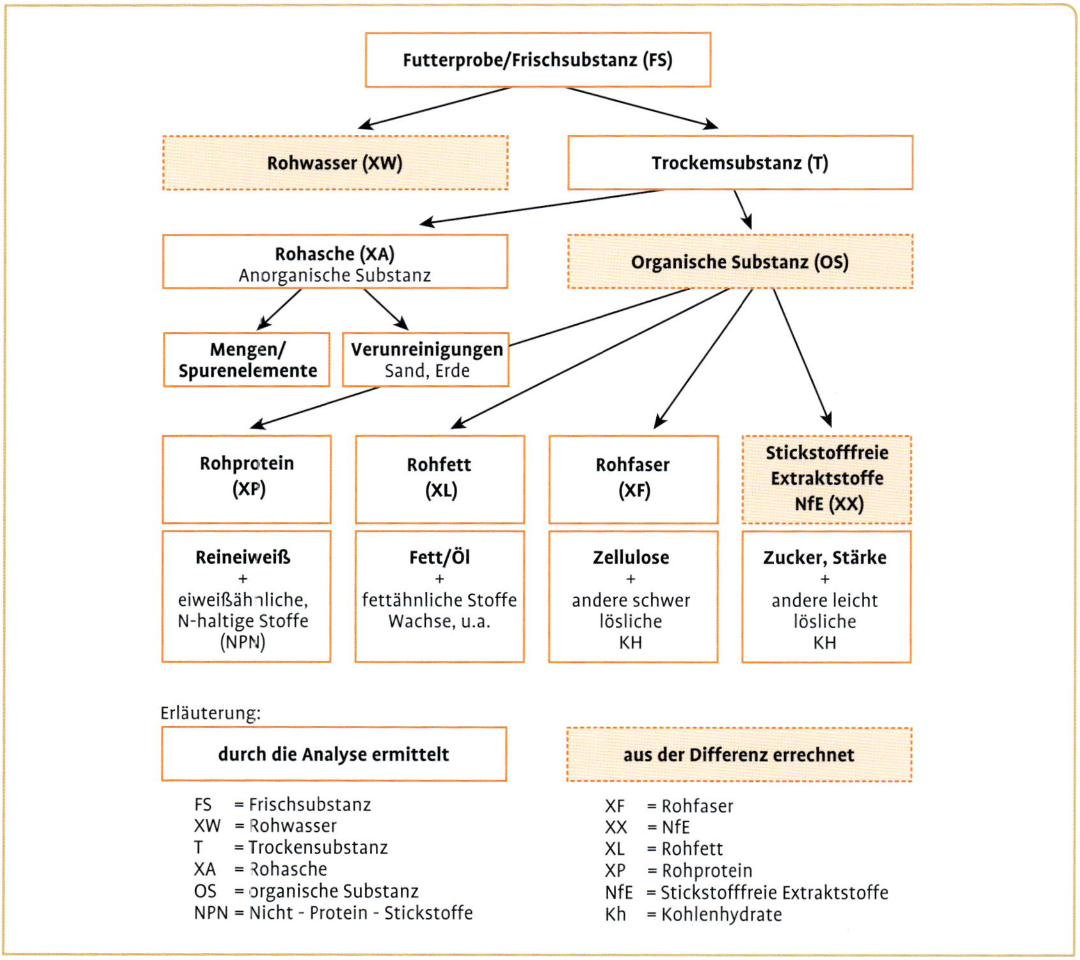

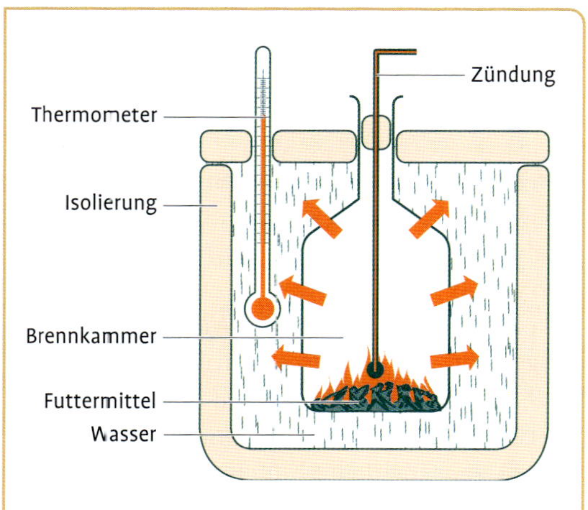

Abb. 113 (oben): Weender Analyse.

Abb. 114 (links): Kalorimeter zur Brennwertmessung. Verbrennung erwärmt das Wasser; 1 °C Temperaturerhöhung entspricht 1 kcal = 4,19 kJ

Der Brennwert des Futters wird auch als Bruttoenergie bezeichnet. Von dieser Bruttoenergie kann das Pferd nur einen Teil nutzen. Der andere Teil wird mit dem Kot ausgeschieden. Er enthält aber noch organische, verbrennbare, energiehaltige Bestandteile. Aus dem Brennwert des Futters abzüglich des Brennwertes der entsprechenden Menge Kot ergibt sich die verdauliche Energie, ausgedrückt in MJ DE (= Mega Joule Digestible Energie) pro kg Futtertrockenmasse (TM).

Verdauliche Nährstoffe ermitteln

Als verdaulich wird der Anteil der aufgenommenen Nahrung bezeichnet, der während der Passage durch den Magen-Darm-Trakt aufgenommen und nicht mit dem Kot ausgeschieden wird. Die Verdaulichkeit variiert bei verschiedenen Futtermitteln erheblich und ist umso geringer, je mehr Rohfaseranteil ein Futtermittel enthält. Nährstoffe im Stroh sind also deutlich schlechter verdaulich als die Nährstoffe des Hafers. Der Anteil kann experimentell durch Verdauungsversuche bestimmt werden. Die Ergebnisse der Verdauungsversuche sind Grundlage für die Schätzung der Verdaulichkeit und werden in einer Schätzformel angewandt.

Die Bearbeitung von Futtermitteln, wie das Walzen ganzer Haferkörner, führt zu einer geringfügigen Verbesserung der Verdaulichkeit und kann bei Pferden mit Gebissanomalien, Gebisserkrankungen oder für Fohlen und junge Pferde während des Zahnens sinnvoll sein. Gersten- und Maiskörner müssen jedoch, um ausreichend verdaulich zu sein, mindestens gebrochen, besser hydrothermisch aufgeschlossen werden. Besonders das Fressverhalten des Pferdes – hastiges Schlingen, unzureichendes Kauen – beeinflusst die Verdaulichkeit eines Futtermittels. Hier besteht die Möglichkeit durch Beigabe von Häcksel oder Kraftfutterdosierung einerseits die Verwertung der Nahrung zu verbessern und andererseits häufigen, ernährungsbedingten Erkrankungen vorzubeugen.

Die Auswahl eines Mischfuttermittels unter Einbeziehung der verdaulichen Nährstoffe ist schwierig. Angaben zur verdaulichen Energie und zum verdaulichen Eiweiß sind, obwohl sie wichtige Grundlagen der Rationsberechnungen und der Rationsbeurteilung sind, nicht vorgeschrieben. Futtermittelhersteller sind gesetzlich nur verpflichtet, Zusammensetzung (verwendete Einzelfuttermittel) und Inhaltstoffe (Rohnährstoffe) ihrer Futtermittel zu deklarieren. Dennoch geben manche Hersteller die Werte der verdaulichen Nährstoffe zumindest auf Anfrage an, wobei diese Werte durch die

Tab. 25. Ermittlung der verdaulichen Nährstoffe

Verdauliches Eiweiß (DXP)			
Futtermittel	**Rohprotein XP g/kg**	**Verdaulichkeit dP %**	**verdauliches Rohprotein DXP g/kg**
Stroh	39	28	10,92
Heu Mitte Blüte	107	63	67,41
Hafer	108	79	85,32
Verdauliche Energie: DE (MJ/kg T) = Faktor – 3,54 + 0,0209 **XP** + 0,042 **XL** + 0,0001 **XF** + 0,0185 **XX**			

XP = Rohprotein; dP = Verdaulichkeit des XP; DXP = verdauliches Rohprotein; DE = verdauliche Energie; XP = Rohprotein; XF = Rohfaser; XL = Rohfett; XX = N-freie Extraktstoffe.
Angaben in g pro kg T nach Gesellschaft für Ernährungsphysiologie (GfE)

Verwendung unterschiedlicher Schätzformeln zur Ermittlung verdaulicher Nährstoffe häufig nicht vergleichbar sind. Zur Ermittlung der verdaulichen Energie (MJ DE) wird im Folgenden die aktuelle Schätzformel der Gesellschaft für Ernährungphysiologie (GfE) eingesetzt.

3.3.3 Futteraufnahme beurteilen

Pferde sind Dauerfresser (besser „Dauerkäuer"). Auf der Weide sind sie den größten Teil des Tages mit Grasen beschäftigt. Dabei fressen z. B. Warmblüter etwa 50 kg Gras pro Tag. Im Stall werden bis zu 12 kg Rau- und Krippenfutter aufgenommen. Das Fressverhalten des Pferdes ist auf seine Herkunft – die Steppe – zurückzuführen. Wie viel das Pferd bis zur Sättigung fressen muss, ist vom Futter selbst, z. B. von der Futtertrockensubstanz, vom Körpergewicht, von der Leistung und vom Typ des betreffenden Tieres abhängig.

Trockensubstanzaufnahme ermitteln

Um ein vergleichbares Maß für die Futteraufnahme des Pferdes zu bekommen, wird die **Trockensubstanz** (T) als Bezugsgröße verwendet. Trockensubstanz ist die wasserfreie (getrocknete) Originalsubstanz von Futtermitteln (s. Tab. 26).

Sie wird durch die Weender Analyse ermittelt. 1 kg Heu enthält etwa 860 g Trockensubstanz, 1 kg Gras nur etwa 200 g. Die Trockensubstanz enthält die wertbestimmenden, organischen und anorganischen Futternährstoffe. Sie ermöglicht einen Vergleich von Futtermitteln im Bezug auf Nährstoffgehalt und Preis.

Eine weitere wertvolle Aussage des Trockensubstanzgehaltes ist die Beurteilung der **Lagerfähigkeit** von Futtermitteln und die damit verbundene Futtermittelqualität. Trockenfuttermittel benötigen zur **Lagerfähigkeit** einen Trockensubstanzgehalt von mindestens 85 %, also maximal 15 % Restwasser. Geringere Trockensubstanzwerte führen zum leichteren Verderb. So lassen sich gut lagerfähige Futtermittel (z. B. Hafer 88 % T) von schlecht lagerfähigen Saftfuttermitteln mit geringerer Trockensubstanz (z. B. Gras etwa 20 % T) unterscheiden.

Tab. 26. Tägliche Trockensubstanzaufnahme (T) mittelgroßer Pferde in Prozent des Körpergewichtes (KG) bei unterschiedlicher Leistung

Leistung	Ø T/KG %	max. T/KG %	Bedarf an T/KG % Bedarfstabellen
Absatzfohlen	2,5		
Jährlinge	2,2	3,0	
Zweijährige	1,8		
erwachsene Pferde:			
Erhaltung	1,4	2,0	
leichte Arbeit	1,5		Ø 2 %
mittlere Arbeit	1,6		
schwere Arbeit	2,4	3,0	
hochtragende Stute	1,8		
laktierende Stute	2.5		

Im Durchschnitt nehmen Pferden zur **Sättigung** 2 % ihres Körpergewichtes an Trockensubstanz auf. So ist ein 500 kg schweres Pferd bei einer Aufnahme von 10 kg Trockensubstanz täglich gesättigt. Das erreicht ein Warmblutpferd bei einer Aufnahme von etwa 50 kg Weidegras oder 12 kg Heu.

Für die Berechnung des Futterbedarfes spielen aber neben Trockensubstanzaufnahme und Gewicht des Pferdes auch der Nährstoffgehalt der Futtermittel sowie Futterzustand und Typ des Pferdes (leicht- oder schwerfuttrig) eine wichtige Rolle. Dies beinhaltet die Aussage: „Das Auge des Herrn füttert das Vieh“. Pferde im schlechten Futterzustand sowie schwerfuttrige Pferde benötigen einen Zuschlag (etwa 10 bis 15 %) zum ermittelten Bedarf, während fette oder leichtfuttrige entsprechend knapper gefüttert werden müssen (siehe Kap. 3.5.1 Nährstoffbedarf ermitteln, Abb. 113 (Gewichtsmittlung) und Tab. 47 (Futterzustand).

Ballaststoffreiche Rationen sind nährstoffärmer, voluminöser, schwerer verdaulich. Sie enthalten eine geringere Nährstoffkonzentration als eine kraftfutterreiche Ration. Das bedeutet, ein Pferd muss zur Deckung seines Nährstoffbedarfes von diesem Futter mehr aufnehmen. Langes, härteres, in der Blüte geschnittenes Heu wird dem weicheren, stängelarmen Heu vorgezogen.

Neben der Struktur spielen aber auch Geschmack und Qualität der Futtermittel eine Rolle. So wird muffig riechender Hafer oder schimmliges Heu von Pferden gemieden. Ungern gefressenes Mineralfutter wird im Trog liegengelassen, während Futterrüben oder Möhren auch dann noch gefressen werden, wenn das Pferd eigentlich schon satt ist.

Auch äußere Faktoren wirken auf die Höhe der Futteraufnahme ein. An heißen, schwülen Tagen geht sie zurück. Eine geringere Futteraufnahme als gewohnt kann auch das Anzeichen für die Erkrankung eines Tieres sein. Fehlt den Pferden ausreichend Trinkwasser, wird ebenfalls weniger Futter aufgenommen. Die Gruppenhaltung von Pferden wirkt demgegenüber förderlich auf die Höhe der Futteraufnahme. Schließlich sind Pferde sehr individuell in ihrem Fressverhalten und äußere Faktoren können sehr unterschiedlich auf die Futteraufnahme wirken. So führt ein Pfleger- oder Stallwechsel bei dem einen Pferd zur Futterverweigerung, ein anderes lässt sich davon nicht beeindrucken.

> **!**
>
> Einflussfaktoren der Futteraufnahme
>
> **Tier:** Körpergewicht, Leistung (Alter), Gesundheitszustand.
>
> **Futter:** Geschmack, Geruch, Struktur, Konsistenz.
>
> **Äußere Faktoren:** Außentemperatur, Umgebung, Haltung.

Futterzuteilung beachten

In der Pferdehaltung wird üblicherweise das Kraftfutter in drei, manchmal sogar in nur zwei Mahlzeiten verabreicht. Für den „Dauerfresser“ Pferd bringt diese Fütterungsmethode erhebliche Nachteile mit sich! Es reagiert mit übermäßigem Fressen, hastigem Schlingen sowie Futterneid. Der gesamte Pferdeorganismus ist auf „Dauerfressen“ eingestellt. Deshalb haben Pferde im Verhältnis zum Körper einen sehr kleinen Magen und können auf eine Gallenblase verzichten (siehe Kap. 3.2. Besonderheiten der Verdauung beachten).

Eine nicht artgerechte Fütterung verursacht Stress. Kündigt sich eine Mahlzeit an, schlagen die Pferde an die Boxenwände, beißen dann heißhungrig in das Kraftfutter und schlingen es schlecht zerkaut herunter. Futterverluste und schlechte Verdauung sowie Verdauungs- und Verhaltensstörungen sind das Ergebnis. Raufutter zur ständigen Verfügung oder vor dem Kraftfutter zugeteilt, führt häufig schon zu einer Verbesserung.

Dem natürlichen Fressverhalten des Pferdes entspricht der Einsatz eines Kraftfutter-

Dosiergerätes, welches die Kraftfutter-Tagesration über den gesamten Tag verteilt. Sowohl für die Einzel- als auch für die Gruppenhaltung gibt es Futterdosierer, mit denen z. B. das Krippenfutter in kleinen Portionen auf viele Mahlzeiten, über den ganzen Tag verteilt, verabreicht werden kann. Es wird immer nur so viel zugeteilt, wie das Pferd gerade mit den Lippen aufnehmen kann. So wird es gezwungen, die Nahrung langsam aufzunehmen, gründlich durchzukauen und einzuspeicheln. Wie in der Praxis erprobt, ist diese Form der Fütterung für Pferde wesentlich artgerechter als eine rationierte Fütterung, selbst bei mehr als drei Mahlzeiten täglich. Sie vermindert Stress, fördert Beschäftigung und Zufriedenheit und begünstigt Kauen und Verdauung.

Die Futterdosierung trägt dazu bei, das Auftreten von Verhaltensstörungen und ernährungsbedingte Erkrankungen erheblich zu reduzieren, sodass Investitionen in diese Technik auch wirtschaftlich sind.

Wasseraufnahme berücksichtigen

Wasser ist ein wesentlicher Bestandteil des Pferdekörpers. Die Aufgaben des Wassers im Organismus sind vielfältig. Es besitzt als Baustoff (Bestandteile der Zellen), als Transportmittel (Bestandteil von Blut und Harn), als Lösungsmittel (Bestandteil von Speichel und Verdauungssäften), als Wärmeregulator (Bestandteil von Schweiß) und als Nährmittel (Bestandteil der Stutenmilch) eine erhebliche Bedeutung für das Wohlbefinden und die Leistungsfähigkeit des Pferdes.

Die benötigte Wassermenge hängt wesentlich vom Körpergewicht und vom Trockensubstanzgehalt des Futters und von der Außentemperatur ab. Erhöhte Schweißabgabe bei entsprechender Leistung des Pferdes, Trächtigkeit und Laktation erhöhen den Wasserbedarf. Durch die Aufnahme wasserreicher Futtermittel wie Gras oder Futterrüben wird der Bedarf mehr als ausreichend abgedeckt. Wasser im Überschuss vergrößert die Harnmengen und die Pferde schwitzen schneller. Da unsere Sport- und Freizeitpferde überwiegend sehr trockenes Futter wie Hafer, Heu und Stroh erhalten, sollte stets sauberes, frisches Wasser zur Verfügung stehen. Bei schlechter Wasserqualität trinken Pferde weniger oder überhaupt nicht.

Formel zur Ermittlung des durchschnittlichen Wasserbedarfes abhängig vom Körpergewicht (KG):

$(KG/100 \times 2) \times 3$ bis 3,5

z. B. 500 kg

$500/100 \times 2 \times 3$ bis 3,5 = 30 bis 35 Liter

- ohne Arbeit 15–25 l
- leichte Arbeit 25–35 l
- schwere Arbeit 35–50 l
- Laktation 40–50 l

Große Mengen des aufgenommenen Wassers werden als Harn über die Niere zusammen mit Abfall- und Überschussprodukten wieder ausgeschieden. Weitere Wasserverluste entstehen über den Darm (Kot), die Haut (Schweiß), die Lunge (Atem) und über das Euter der Stute (Milch).

Der Wassergehalt des Kotes schwankt zwischen 75 % und 80 %, bei Durchfällen steigt er auf über 90 % an. Diese zusätzlichen Wassermengen werden dem Körperinneren, insbesondere dem Blut, entzogen. Bei schwerer Arbeit und hohen Temperaturen sondert das Pferd über die Haut erhebliche Mengen an Schweiß ab. Der Schweiß ruft Verdunstungskälte hervor, sodass die Körperoberfläche abgekühlt wird. Hier wirkt das Wasser also als Wärmeregulator.

Stutenmilch hat einen Wassergehalt von rund 90 %. Bei Milchmengenleistungen von 10 bis 20 Liter pro Tag werden auch hier ständig größere Wassermengen umgesetzt. Entsprechend höher ist der Wasserbedarf der Stute. Wasser sollte das Pferd über den ganzen Tag verteilt aufnehmen können. Dies erreicht man im Stall durch Selbsttränken, beim Weidegang durch Wasserfässer bzw. Wasserpumpen. Alle

Wasserbehälter müssen stets auf Sauberkeit kontrolliert werden. Nur so kann stets frisches, sauberes und geschmacksneutrales Wasser angeboten werden. Mangelnde Hygiene bei der Weidetränke führt zur Vermehrung von Parasiten (Magen-Darm-Würmer, Leberegel) oder Bakterien (Colikeime, Salmonellen). Neben einer guten Wasserqualität ist auch die Wassertemperatur, die bei 9 °C bis 12 °C liegen sollte, von Bedeutung. Eiskaltes Wasser ist wegen Kolikgefahr ungeeignet.

Stark erhitzte und schwitzende Pferde sollten zunächst durch Führen etwas abkühlen und die Blutzirkulation sollte sich normalisieren, bevor sie getränkt werden.

Zur Wiederholung und Vertiefung

1. Stellen Sie das Körpergewicht eines Ihrer Pferde mit einer Pferdewaage oder mithilfe der Formel zur Gewichtsermittlung fest.
2. Ermitteln Sie den täglichen Bedarf an Trockensubstanz und Wasser.
3. Vergleichen Sie den Trockensubstanzbedarf mit dem Trockensubstanzgehalt der Tagesration.

3.3.4 Ballaststoffe (Rohfaser) zuteilen

Zusätzlich zu den Nähr- und Wirkstoffen benötigt jedes Pferd täglich strukturierte Ballaststoffe. Als Ballaststoffe werden Futterbestandteile mit einem geringen Nährwert bezeichnet, denen aber größte Bedeutung bei der Verdauung zukommen. Bei naturbelassener Struktur sind sie für Kautätigkeit, Speichelproduktion, Darmmotorik und Dickdarmfunktion unersetzlich. In zerkleinerter Form verlieren sie die Kaufähigkeit und die damit verbundenen Eigenschaften. Raufuttermittel (Heu, Grassilage oder Futterstroh) enthalten Ballaststoffe in größeren Mengen. Hauptbestandteil der Ballaststoffe ist die **Rohfaser**. Als Rohfaser (siehe Abb. 113 (Weender-Analyse) werden schwerverdauliche Kohlenhydrate (Zellulose, Lignin, Pentosane und Kutin) benannt, die besonders in Gerüstteilen der Pflanze (Zellwände, Stamm und Stängel, Leitbahnen etc.) zu finden sind.

Bevor die Verwertung der Rohfaser im Dickdarm des Pferdes beginnt, fördert sie bei entsprechender Struktur das Kauen und damit Beschäftigung, Speichelproduktion und den gleichmäßigen Zahnabrieb.

Ballaststoffreiches Futter wird beim Kauen

Tab. 27. Bedeutung der Rohfaser

	Rohfasergehalt in g	Dauer der Futteraufnahme in Min/kg FM	Kauschläge pro kg	Speichelbildung in l/kg FM
Hafer (zum Vergleich)	100	10	700	1–1,5
Roggenstroh	420		>3 500	
Weizenstroh	385	40–60		
Haferstroh	383			
Heu, früh geschnitten	210			4–5,5
Heu in der Blüte	260	30–40	2 800 bis 3 500	
Heu überständig	300			
Luzerneheu	280			

Rohfaserreiche Futtermittel (g Rohfaser pro kg FM), Dauer der Futteraufnahme (min/kg), Kauschläge pro kg, Speichelbildung (l/kg) mechanisch zerkleinert und eingespeichelt. Das starke Einspeicheln führt zu einer Auflockerung des Nahrungsbreies, der dadurch besser abgeschluckt und weitertransportiert werden kann. Im Magen ist die Magensäure in der Lage, das aufgenommene Futter besser zu durchdringen und somit ihre Aufgaben wirkungsvoller zu verrichten. Die Rohfaser kann im Magen und auch im folgenden Dünndarm noch nicht verwertet werden. Nicht die körpereigenen Verdauungssäfte des Pferdes, sondern die in den Gärkammern des Dickdarms (Blinddarm und Grimmdarm) lebenden Kleinstlebewesen (Darmflora) schließen die Rohfaser zu energiereichen Fettsäuren auf. Diese gelangen über die Darmwand in die Blutbahn und werden anschließend zur Energiegewinnung verwandt. Im Erhaltungsbedarf kann das Pferd so seinen Energiebedarf aus dem Rohfaseraufschluss des Dickdarmes decken. Ebenso werden Vitamine und Eiweißsubstanzen synthetisiert (siehe Kap. 3.2.5 Darmflora).

Eine ausreichende Versorgung mit strukturierter Rohfaser ermöglicht die Speicherung von ausreichend Wasser und Elektrolyten im Dickdarm. Rohfaser ist somit für die art- und verhaltensgerechte Fütterung von Pferden unverzichtbar.

Der Bedarf an Rohfaser wird in Prozent der Futtertrockensubstanz (% XF/T) angegeben. Der Rohfasergehalt einer Ration sollte durchschnittlich mehr als 20 % der aufgenommenen Trockensubstanz (>20 % XF/T) betragen. Dies entspricht pro Tag etwa 1 kg Raufutter pro 100 kg Körpergewicht.

Zuchtpferde werden in der Regel deutlich rohfaserreicher gefüttert (25 bis 30 % XF/T). Bei sehr rohfaserreicher Fütterung kann das Gewicht des Dickdarms bis zu 20 % des Körpergewichtes ausmachen. Dies ist für Aussehen und Kondition von Zuchtstuten und Aufzuchtpferden jedoch ohne Bedeutung.

Durch einen höheren Krippenfutteranteil mit höherer Nährstoffkonzentration liegt bei Sportpferden der Rohfasergehalt der Ration häufig nur bei 16 bis 18 % XF/T. Das Ziel, Pferde sportlicher aussehen zu lassen und eine für den Sport vermeintlich geeignetere Körperform zu erreichen, führt häufig zu Raufutterabzug. Auch arbeitswirtschaftliche Gründe der Futterlagerung und Futterzuteilung sowie strohlose Einstreuverfahren und ungeeignete Raufutterqualitäten (z. B. zu früh (zu Beginn der Blüte) geschnittenes Heu) führen häufig zur Verminderung der Raufutteraufnahme und damit zu Rohfasermangel.

Viele ernährungsbedingte Erkrankungen werden durch diese Fütterungsfehler verursacht. Deshalb sollte bei der Fütterung von Sportpferden der „Raufutteranteil einer Ration“ (RaT) beachtet werden (siehe Kap. 3.4.3 Raufutter).

> **!**
>
> Rohfaser im Futter
> - sorgt für Beschäftigung und Sättigung,
> - bedingt intensives, anhaltendes Kauen und Einspeicheln,
> - lockert und durchmischt die Nahrung,
> - fördert die Darmtätigkeit,
> - ermöglicht die Speicherung von Wasser und Elektrolyten,
> - ist Energie und Wirkstofflieferant.

3.3.5 Eiweiß

Von Pferden als Pflanzenfresser werden i. d. R. Eiweiße pflanzlicher Herkunft (Gras, Heu etc.) aufgenommen. Lediglich für Saugfohlen steht das tierische Eiweiß der Stutenmilch zur Verfügung. Eiweiße (Proteine) dienen dem Aufbau von Körperzellen (z. B. Muskeln, Knochen, Bindegewebe, Haut, Haare usw.), aber auch der Herstellung von Enzymen, Hormonen und Immunstoffen. Chemisch besteht Eiweiß, ebenso wie die Grundnährstoffe Kohlenhydrate und Fette, hauptsächlich aus Kohlenstoff (C), Wasserstoff (H) und Sauerstoff (O). Zusätzlich sind jedoch etwa 16 % Stickstoff (N) sowie in geringen Mengen Schwefel (S) und Phosphor (P) enthalten.

Eiweiß ist eine **Aminosäurenkette**. 20 verschiedene Aminosäuren, die zu Hunderten spiral- oder ringförmig aneinandergereiht sind, bilden diese Ketten. Der Abbau des Eiweißes im Futter geschieht durch Verdauungsenzyme im Dünndarm. Die Aminosäurenketten werden zu einzelnen Aminosäuren gespalten, die anschließend zur Leber transportiert werden. Hier können sie in geringen Mengen gespeichert werden. Bei Bedarf dienen diese Aminosäuren nun dem Pferd als Bausteine körpereigener Eiweiße.

Von den 20 Aminosäuren sind rund 10 essenziell. Als „Spezialbausteine" müssen sie unbedingt mit dem Futter aufgenommen werden, da der Pferdekörper sie selbst nicht aufbauen kann und sie auch durch keinen anderen Stoff zu ersetzen sind. Solche wichtigen Aminosäuren sind Lysin, Isoleucin, Leucin, Methionin, Phenylalanin, Threonin, Tryptophan, Arginin, Histidin und Valin.

Die übrigen, nicht essenziellen Aminosäuren können vom Pferd selbst aus anderen Aminosäuren hergestellt werden. Nach dem Gehalt der essenziellen Aminosäuren im Futtereiweiß wird der Wert des Eiweißes bestimmt. Wertvolles Milch- und Sojaeiweiß ist besonders reich an essenziellen Aminosäuren.

Der Eiweißgehalt von Futtermitteln bzw. der Eiweißbedarf des Pferdes wird in Gramm (g) verdaulichem Rohprotein (DXP; **D**igestible **X** **P**rotein) angegeben (siehe Tab. 37/43). Eine **Neuerung** ist die Verwendung nur des **dünndarmverdaulichen Proteins**, wodurch der Anteil an nutzbarem Eiweiß verringert wird. Diese Neuerung wird den Gehalt an verwertbarem Eiweiß bestimmter Futtermittel beeinflussen.

Für eine optimale Versorgung des Pferdes ist neben dem absoluten Bedarf an Eiweiß auch das Verhältnis von Eiweiß zu Energie in der Gesamtration zu berücksichtigen. Es wird als Protein-Energie-Quotient (PEQ) bezeichnet.

Der Eiweißbedarf ist abhängig von der Leistung des Pferdes.

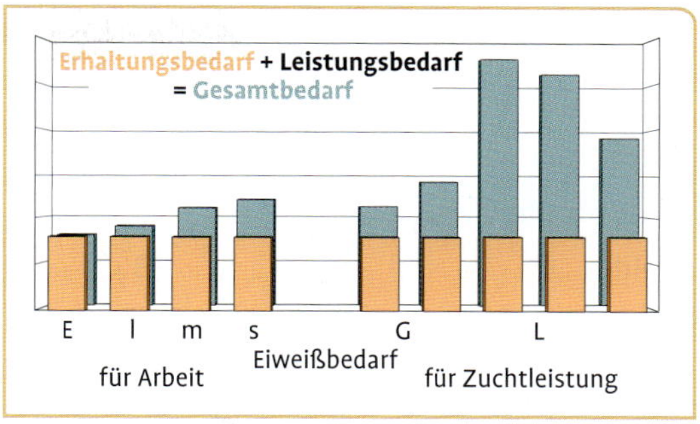

Abb. 115: Eiweißbedarf.
Vergleich von Erhaltungsbedarf und Leistungsbedarf zum Gesamtbedarf
E = Erhaltung; l = leichte; m = mittlere; s = schwere Arbeit; G = Trächtigkeit; L = Laktation

Im **Erhaltungsbedarf** haben Pferde keinen erhöhten Eiweißbedarf. Sie benötigen dennoch Eiweiß um die Funktionen des Organismus (Blutkreislauf, Verdauung, Atmung usw.) aufrecht erhalten zu können.

Erwachsene **Sportpferde** haben für ihre Arbeitsleistung keinen erhöhten Eiweißbedarf. Mit zunehmender Leistung steigen zwar sowohl der Eiweiß- als auch der Energiebedarf. Das Verhältnis zwischen Eiweiß- und Energiebedarf bleibt jedoch wie unter Bedingungen des Erhaltungsbedarfes bestehen.

Zuchtstuten haben bis einschließlich dem siebten Trächtigkeitsmonat keinen erhöhten Eiweißbedarf. Sie werden als niedertragende Stuten wie ein Pferd im Erhaltungsbedarf gefüttert.

Der Bedarf am Baustoff Eiweiß steigt aber ab dem achten Trächtigkeitsmonat stärker als der Energiebedarf. Bis zur höchsten Milchmengenleistung im zweiten Laktationsmonat steigt der Eiweißbedarf bis zum 3,5-fachen des Erhaltungsbedarfs. Neben dem hohen Eiweißbedarf muss auch die Versorgung mit essenziellen Aminosäuren berücksichtigt werden. So hat z. B. eine 600 kg schwere Warmblutstute in der höchsten Milchleistung einen Lysinbe-

Tab. 28. Eiweiß- und Energiegehalt von Futtermitteln, Eiweiß-Energieverhältnis PEQ

Futtermittel	Eiweiß DXP, (g/kg)	Energie DE, (MJ/kg)	PEQ etwa
Sojaextraktionsschrot	412	14,6	28:1
Magermilchpulver	319	15,4	20:1
Weide	30	2,0	15:1
Grünmehl, Luzerne	120	8,9	13:1
Leinsamen	164	14,0	12:1
Luzerneheu	98	8,6	11:1
Weizenkleie	105	9,7	11:1
Grassilage, sehr früher Schnitt	40	4,2	10:1
Kleeheu	73	7,9	9:1
Wiesenheu, früher Schnitt	74	9,0	8:1
Grassilage mittel	25	3,5	7:1
Wiesenheu mittel	54	8,0	7:1
Haferkörner	85	12,2	7:1
Gerstenschrot	87	12,8	7:1
Wiesenheu spät	44	7,3	6:1
Grassilage spät	18	3,0	6:1
Trockenschnitzel	51	11,8	4:1
Maisflocken	59	13,7	4:1
Stroh, Weizen	9	4,8	2:1
Pflanzenöl	0	36,1	0:1

darf von etwa 75 g täglich, der durch Verwendung von Futtermittelanteilen mit einer hohen Eiweißqualität wie Magermilchpulver oder Sojaextraktionsschrot gedeckt werden kann.

Bei **Jungpferden** ist der Eiweißbedarf stark von der Wachstumsintensität abhängig. Er ist im ersten Lebensjahr sehr hoch und fällt im zweiten Lebensjahr deutlich ab. Sie haben ebenfalls einen Mehrbedarf an essenziellen Aminosäuren, der bei der Rationsgestaltung berücksichtigt werden muss. Die Versorgung ist in der Säugeperiode über die Milch zum größten Teil sichergestellt. Nach dem Absetzen muss jedoch das Ergänzungsfutter dies vollständig übernehmen. Eine ausreichende Futteraufnahme, bei entsprechendem Gehalt an essenziellen Aminosäuren, ist notwendig.

Deckhengste sind nach ihrer Arbeitsleistung zu versorgen. Bei einer starken Deckbeanspruchung von 15 Sprüngen pro Woche steigt der Eiweißbedarf etwas stärker an als der Energiebedarf. Der Mehrbedarf ist mehr durch die beim Deckakt erhöhte Bewegungsaktivität bedingt, als durch die Energie- und Nährstoffabgabe über das Sperma. Mit jedem Ejakulat werden nur etwa 1 g Protein abgegeben.

Eine unzureichende Eiweißversorgung führt zu Leistungseinbußen, Wachstumsstörungen und Schwächung des Immunsystems. Das Fehlen schon einzelner essenzieller Aminosäuren stoppt die Neubildung und Regeneration von Körperzellen. Bei Zuchtpferden und besonders bei Fohlen im Wachstum muss deshalb sowohl auf eine ausreichende Eiweißversorgung als auch besonders auf den geeigneten Aminosäuregehalt geachtet werden.

Die Auswahl eines geeigneten Mischfuttermittels wird durch die Deklaration der Gehalte an essenziellen Aminosäuren, besonders des Lysingehaltes, erleichtert. Für ausgewachsene Pferde im Erhaltungsstoffwechsel ist die Eiweiß- und Aminosäureversorgung normalerweise ausreichend. Eine vorübergehende Unterversorgung bringt keine Probleme.

Da die meisten Futtermittel eiweißreich sind, besteht oft ein sehr deutliches Eiweißüberangebot, das vom Pferd kurzfristig toleriert wird und nicht direkt zu Störungen führen muss. Wird Eiweiß als Energielieferant genutzt, entstehen (im Unterschied zur Kohlenhydrat- und Fett- „Verbrennung") giftige Stickstoffverbindungen, die durch Entgiftungsmechanismen der Leber und der Nieren zu Harnstoff umgewandelt und mit dem Urin ausgeschieden werden müssen. Bei höherem Eiweißüberschuss muss das Pferd zur Entsorgung viel Wasser aufnehmen und häufiger Urin absetzen, um Harnstoff auszuscheiden.

Dies führt zu einer Überbelastung von Leber und Niere und zu Störungen des Energie-, Wasser- und Mineralstoffhaushaltes. Der mit dem Urin ausgeschiedene Harnstoff wird durch Bakterien im Einstreu zu Ammoniak abgebaut, der über die Stallluft die Atemwege belastet.

Eiweißüberschuss, z. B. in jungem Grünfutter, wird fälschlicherweise als „Eiweißvergiftung" für die Hufrehe (Entzündung der Huflederhaut) verantwortlich gemacht. Ursache ist jedoch in erster Linie ein hoher Energieüberschuss, aber auch die rohfaserarme Struktur des jungen Grünfutters, die zu Störungen der Dickdarmverdauung führt. (siehe Kap. 3.6 Ernährungsbedingte Erkrankungen vermeiden)

3.3.6 Treibstoff Energie

Die Sicherstellung der Energieversorgung ist ein vorrangiges Ziel der Tierernährung. Auf Energie ist der Körper angewiesen, damit die Organe arbeiten können und die Körpertemperatur erhalten bleibt. Für Bewegung und Leistung, aber auch für die Erneuerung des Gewebes wird Energie benötigt. Energiemangel führt zum Absinken der Leistung, zu Gesundheitsbeeinträchtigungen und zu Fruchtbarkeitsstörungen. Eine Energieüberversorgung erzeugt unnötige Kosten und beeinträchtigt durch Stoffwechselstörungen und Verfettung die Gesundheit der Pferde.

Energie liefern alle brennbaren organischen Bestandteile des Futters. Als Energiestoffe (Brennstoffe, Kraftstoffe) werden Kohlenhydrate, Fette, aber auch überschüssiges Eiweiß bezeichnet. In den Körperzellen entsteht die benötigte Energie durch stufenweise Oxydation („Verbrennung").

Während Baustoffe wie Eiweiß und Minerale nicht austauschbar sind, können Energiestoffe sich gegenseitig ergänzen oder auch ersetzen.

Kohlenhydrate, die Energielieferanten

Kohlenhydrate stellen für Pferde die wichtigste Energiequelle dar. Sie kommen im Wesentlichen in Pflanzen vor. Kohlenhydrate setzen sich ausschließlich aus Kohlenstoff (C), Wasserstoff (H) und Sauerstoff (O) zusammen. Die größte Bedeutung haben dabei die Stärke der Getreide, der Traubenzucker (Glukose), der Fruchtzucker (Fruktose), der Haushaltszucker aus der Zuckerrübe (Saccharose) sowie der Milchzucker (Laktose) der Stutenmilch. Aber auch der schwerverdauliche Ballaststoff Rohfaser enthält Kohlenhydrate (Zellulose, Pentosane, Lignin).

Bausteine der Kohlenhydrate sind die **Einfachzucker**, z. B. der Traubenzucker (Glukose).

Haushaltszucker (Saccharose) und Milchzucker (Laktose) sind Zweifachzucker, die aus zwei Einfachzuckern (Saccharose = Fruktose + Glukose; Laktose = Galaktose + Glukose) gebildet werden.

Der Traubenzucker entsteht durch Photosynthese in den Blättern der Pflanzen. Hierzu benötigen diese lediglich Sonnenlicht, Kohlendioxid aus der Luft und Wasser. Die Energie des Sonnenlichtes wird dabei in chemischer Form als Traubenzucker festgehalten.

Der Traubenzucker wird von den Pflanzen zu wasserunlöslichem, speicherfähigem **Mehrfachzucker** (z. B. Stärke) umgewandelt und z. B. in Samenkörnern gespeichert. Stärke dient den Pflanzen als Energiereserve. Die in der Stärke enthaltene Energie steht dem Pferd nach der Spaltung durch die Verdauungsenzyme im Dünndarm schnell zur Verfügung. Bei der Verdauung wird der Mehrfachzucker Stärke wieder in den wasserlöslichen Einfachzucker Traubenzucker abgebaut. Der Traubenzucker gelangt über die Darmzotten in die Blutbahn. Aufgrund seiner physiologischen Besonderheiten ist das Pferd, im Vergleich zu anderen Nutztieren, kein besonders guter Stärkeverdauer.

Nicht sofort verbrauchter Traubenzucker wird in begrenzten Mengen in Leber und Muskulatur als „tierische Stärke“ (Glykogen) gespeichert. Dieser Energievorrat des Pferdes reicht aus, um den Bedarf im Erhaltungsstoffwechsel für einen Tag zu decken (siehe Kap. 3.2.3 Dünndarmverdauung).

Die Verdaulichkeit der Stärke ist von der Herkunft abhängig. Die Stärke des Haferkorns ist deutlich besser verdaulich als Gersten- oder Maisstärke. Erst nach entsprechender Aufbereitung (schroten, flocken usw.) können diese ausreichend verwertet werden.

Vielfachzucker nennt man Kohlenhydrate, die aus sehr vielen (mehreren hundert) Einfachzuckern bestehen und insgesamt nicht mehr als Zucker zu erkennen sind. Hierzu zählt unter anderem die in der **Rohfaser** enthaltene Zellulose. Sie ist die Gerüstsubstanz der Pflanzen. Für die Energiebereitstellung hat die Rohfaser eine untergeordnete Rolle. Zellulose kann vom Pferd im Dickdarm nur in geringem Maße aufgeschlossen werden und die Energie steht erst viele Stunden nach der Futteraufnahme zur Verfügung. Der Holzstoff Lignin, der neben Zellulose und Pentosane die Rohfaser ausmacht, dient als wichtiger Ballaststoff, ist aber unverdaulich. Ein hoher Ligningehalt vermindert die Verdaulichkeit der gesamten Ration (siehe Kap. 3.2.4 Dickdarmverdauung).

Bei der **Verdauung der Kohlenhydrate** arbeitet der Verdauungstrakt des Pferdes arbeitsteilig. Leichter verdauliche Kohlenhydrate (Stärke, Zucker) aus Getreide, Zuckerschnitzeln und jungem Weidegras werden im Dünndarm durch entsprechende **Verdauungsenzyme** abgebaut. Zellulose und verholzte Bestandteile (Heu, Stroh, älteres Weidegras) werden von den **Mikroorganismen** des Dickdarms zersetzt.

Da das Pferd im Vergleich zu anderen Nutztieren eine geringere Menge an stärkespaltenden Verdauungsenzymen besitzt, ist es häufig durch einen zu hohen Stärke-(Getreide-)anteil in der Ration überfordert. Es besteht die Gefahr, dass im Dünndarm unverdaute Stärke in größeren Mengen in den Dickdarm gelangt. Dort wird sie von der Darmflora zu Milchsäure vergoren. Der Darminhalt wird sauer, die nützlichen Mikroorganismen sterben daraufhin in großem Umfang ab. Das Pferd kann dann schwere Verdauungsstörungen von Durchfall über Koliken bis zur Hufrehe erleiden. (siehe Kap. 3.6 Ernährungsbedingte Erkrankungen vermeiden)

Fett, die „Energiebombe“

Fette werden heute vermehrt, besonders bei Hochleistungspferden, eingesetzt und können Kohlenhydrate als Energielieferanten vertreten. Sie sind wie die Kohlenhydrate aus Kohlenstoff (C), Wasserstoff (H) und Sauerstoff (O) aufgebaut, allerdings in veränderter Anordnung und mit geringerem Wasseranteil.

Fette bestehen aus **Fettsäuren**, die über eine Brücke (Glyzerin) miteinander verbunden sind. An der Bildung sind kurzkettige, langkettige, gesättigte und / oder ungesättigte Fettsäuren beteiligt. Fette mit einem höheren Anteil kurzkettiger, ungesättigter oder mehrfach ungesättigter Fettsäuren sind besser verdaulich und deshalb zu bevorzugen. Langkettige, gesättigte Fettsäuren führen zu härteren und schwerverdaulichen Fetten und sind deshalb ungeeignet.

Für die Pferdefütterung werden normalerweise Pflanzenöle mit einem hohen Gehalt an mehrfach ungesättigten Fettsäuren eingesetzt. Mit Öl wird nur der flüssige Zustand eines Fettes bezeichnet. Bestimmte Fettsäuren (Omega-3-Fettsäuren usw.) sind für Pferde lebensnotwendig (essenziell), da sie an zahlreichen Stoffwechselvorgängen beteiligt sind. Sie werden nur in kleinsten Mengen benötigt, dennoch können bei Mangel Störungen im Hautstoffwechsel (z. B. Haarausfall), Funktionsstörungen der Nerven und Fortpflanzungsstörungen auftreten.

Fette sind die konzentrierteste Form der Kraftstoffe. Sie enthalten pro Kilogramm (etwa 36 MJ DE) mehr als doppelt soviel Energie wie Kohlenhydrate. Fettsäuren stehen direkt als Kraftstoffe für die Muskelarbeit besonders bei Ausdauerleistungen zur Verfügung (siehe Kap. 3.5.8 Sportpferde füttern).

Fette besitzen aber auch noch andere wichtige Aufgaben. So sind sie für die Aufnahme und Speicherung fettlöslicher Vitamine unverzichtbar. Viele pflanzliche Fette enthalten selbst Antioxydantien (z. B. Vitamin E), die im Körper wichtige Funktionen erfüllen. Als isolierendes Unterhautfett und Schutzhülle um innere Organe (z. B. Nierenfett) haben sie auch eine wichtige Baustofffunktion.

Mithilfe der Gallenflüssigkeit, die als Emulgator die Wirkung der fettspaltenden Enzyme unterstützt, werden Fette im Dünndarm zu energiereichen Fettsäuren aufgespalten. Dabei benötigen Pferde als „Dauerkäuer“ keine Gallenblase als Speicher. Die Gallenflüssigkeit wird ständig direkt in den Darm abgegeben. Pferde sind so in der Lage ständig Fett zu verwerten. In zu fettreichen Rationen wird Fett unverdaut ausgeschieden, was zu Durchfall und im Extrem zu Dickdarmfehlfunktionen führen kann. Die Tagesmenge sollte bei entsprechendem Bedarf auf maximal 0,1 kg pro 100 kg Körpergewicht begrenzt werden.

Überschüsse werden als Depotfett gespeichert. Das Pferd verfettet. Fett- bzw. Ölgaben müssen immer in die Ration eingerechnet und mit dem Bedarf abgeglichen werden.

Stoffwechselerkrankungen wie Hufrehe, das Equine Metabolische Syndrom (EMS), das Equine Cushing Syndrom (ECS), die Muskelerkrankung PSSM (Polysaccharide Storage Myopathie), Kreuzverschlag o.Ä. (siehe Kap. 3.6 Ernährungsbedingte Erkrankungen vermeiden) sind hauptsächlich auf eine Überversorgung mit Stärke aus Getreide zurückzuführen. Durch Verminderung des Stärkeanteils einer Ration und Zugabe geeigneter Mengen von Fett / Öl kann diesen Störungen vorgebeugt werden. Die Verbrennung körpereigener Fettpolster wird angeregt und das Pferd gewinnt mehr Energie aus Körperreserven.

Energie bewerten

Der Energiegehalt der Futtermittel bzw. der Energiebedarf des Pferdes wird in Megajoul (MJ) verdaulicher Energie (DE; **D**igestible **E**nergie) angegeben (siehe Tab. 37).

Eine **Neuerung** ist die Verwendung der **metabolischen Energie (ME MJ)**, wodurch auch geringe Energieverluste über Harn und Methan in der Energieverwertung berücksichtigt werden. Diese Neuerung wird aber die Rationsgestaltung und -beurteilung nur geringfügig beeinflussen.

Eher beeinflusst die **Neuerung** der Einbeziehung des **Trainingszustands** den Energiebedarf, denn je **muskulöser** ein Pferd umso **höher**, je

fetter umso **geringer** ist sein Energiebedarf für die **Erhaltung** (siehe Tab. 43).

Die verdauliche Energie der geläufigen Futtermittel kann anhand einer Schätzgleichung aus den Rohnährstoffgehalten mal Korrekturfaktoren und Verdaulichkeitsfaktoren ermittelt werden.

Die folgende Schätzformel wurde zur Ermittlung der verdaulichen Energie verwendet.
DE in MJ =
$-3{,}54 + 0{,}0209 \times XP + 0{,}042 \times XL + 0{,}0001 \times XF + 0{,}0185 \times XX.$
(XP = Rohprotein, XL = Rohfaser, XF= Rohfett, XX= N-freie Extraktstoffe, Angaben in g pro kg T).

Energiebedarf
Der tägliche Erhaltungsbedarf an verdaulicher Energie (MJ DE) von Pferden, die keine besonderen Leistungen erbringen, nicht arbeiten, keine Milch produzieren und nicht wachsen, wird abhängig vom Körpergewicht (KG) über die Formel

$KG^{0,75}$ mal 0,55–0,66 MJ

berechnet oder der Bedarfstabelle (siehe Tab. 43) entnommen. Dabei benötigen kleinere Pferde, wegen ihrer relativ größeren Oberfläche, pro kg Körpergewicht mehr Energie als größere.

Die Tabellenwerte liefern aber nur grobe Anhaltspunkte. Klimafaktoren, wie niedrige Temperaturen, Wind und Regen sowie eine bewegungsreiche Haltung erhöhen den Bedarf; bewegungsarme, warme Boxenhaltung verringert ihn. Aber auch individuelle Faktoren oder Rasseeigenschaften beeinflussen den Erhaltungsstoffwechsel. Temperament, d.h., erhöhte Bewegungsaktivität sowie geringere Länge und Dichte des Fells und geringe Isolation durch Fetteinlagerung erhöhen den Erhaltungsbedarf um 10 bis 20 %. Ältere Tiere haben durch abnehmende Verwertungsleistung in der Regel ebenfalls einen steigenden Bedarf. Im Erhaltungsstoffwechsel benötigen Pferde in der Ration pro 1 MJ verdauliche Energie etwa 5 g verdauliches Rohprotein (siehe Tab. 43 Bedarfstabelle und Abb. 107 Eiweißbedarf).

Abb. 116: Energiebedarf.
Vergleich von Erhaltungsbedarf und Leistungsbedarf zum Gesamtbedarf
E = Erhaltung; l = leichte; m = mittlere; s = schwere Arbeit; G = Trächtigkeit; L = Laktation

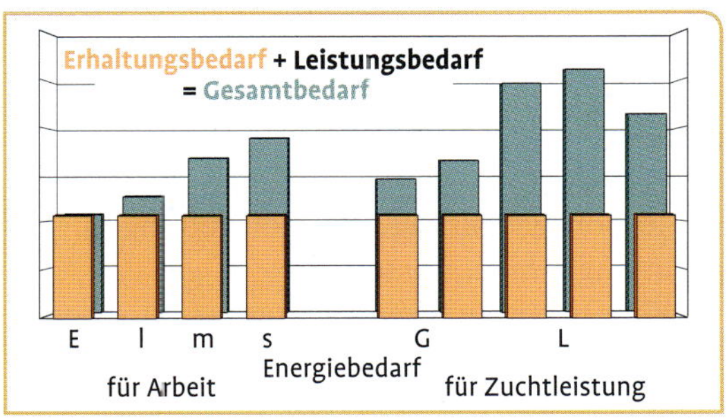

! **Leistungsbedarf**
Bei Leistung entsteht zusätzlich zum Erhaltungsbedarf der Leistungsbedarf. Er ist bei Bewegungsleistung von
- Körpergewicht,
- zurückgelegter Strecke,
- Dauer der Leistung abhängig.

In Galopprennen, bei Geschwindigkeiten von etwa 60 Stundenkilometern, benötigen Rennpferde mit einem Körpergewicht von 450 bis 500 kg etwa 46 Mega Joule verdauliche Energie (46 MJ DE) zusätzlich, um einen Kilometer zurücklegen zu können. Dies entspricht etwa 4 kg Hafer oder rund 1,3 Liter Pflanzenöl.

Der Mehrbedarf wird bei leichter Arbeit auf 25 %, bei mittlerer auf 25 % bis 50 %, bei schwerer auf 50 % bis 100 % und bei sehr schwerer Arbeit auf gut 200 % des Erhaltungsbedarfes geschätzt (siehe Tab. 43 Bedarfstabelle).

Ein zusätzlicher Energiebedarf für Zucht-

und Aufzuchtleistung entsteht in der Hochträchtigkeit. Den höchsten Energiebedarf haben Zuchtstuten in der Laktation.

3.3.7 Eiweiß-Energieverhältnis (PEQ)

Für eine optimale Ernährung des Pferdes ist noch mehr als die ausreichende Versorgung mit Nährstoffen das Verhältnis bestimmter Nährstoffe zueinander von Bedeutung. Das Verhältnis zwischen dem Eiweiß- und Energiegehalt einer Ration muss berücksichtigt werden. Es wird als Protein-Energie-Quotient (PEQ) bezeichnet und ist definiert als Verhältnis zwischen aufgenommenem, verdaulichem Eiweiß und verdaulicher Energie. PEQ = DXP (g) : DE (MJ) (siehe Tab. 43 ((Bedarfstabelle))).

Ein 600 kg schweres Pferd im **Erhaltungsbedarf** benötigt durchschnittlich 365 g Eiweiß (DXP) und 73 MJ Energie (DE).

Das Verhältnis zwischen Eiweiß- und Energiegehalt (PEQ) beträgt **5 : 1**.

Bei **Sportpferden** steigt mit zunehmender Leistung sowohl der Eiweiß als auch der Energiebedarf. Ein 600 kg schweres Reitpferd, das schwer gearbeitet wird, benötigt durchschnittlich 635 g Eiweiß und 125 MJ Energie.

Das Verhältnis (PEQ) bleibt jedoch mit **5 : 1** gleich, wie unter Bedingungen des Erhaltungsbedarfes.

Zuchtstuten werden als **niedertragende** Stuten bis einschließlich des siebten Trächtigkeitsmonats wie ein Pferd unter Erhaltungsbedingungen im Eiweiß- und Energie-Verhältnis von **5 : 1** gefüttert.

Der Bedarf an Eiweiß als Baustoff steigt während der **Trächtigkeit** stärker als der Energiebedarf. Entsprechend verändert sich das Verhältnis von 5 : 1 auf **5,7 : 1** im achten Trächtigkeitsmonat und auf **6,4 : 1** in den letzten Wochen vor der Geburt.

Mit der Milchleistung ist die größte Veränderung des PEQ festzustellen. Bei einem durchschnittlichen Bedarf einer 600 kg schweren Stute im zweiten Laktationsmonat von 1275 g Eiweiß (DXP) und 135 MJ Energie (DE) ist der PEQ mit **9,4 : 1** am höchsten. Bei abnehmender Milchleistung zum fünften Laktationsmonat beträgt der PEQ jetzt **7,4 : 1**.

Bei Jungpferden ist im ersten Lebensjahr mit einem PEQ von **9 bis 8 : 1** und im zweiten Lebensjahr von **7 bis 6 : 1** zu rechnen. **Deckhengste** sind nach ihrer Arbeitsleistung wie ein Sportpferd zu versorgen.

Selbst bei einer starken Deckbeanspruchung von 15 Sprüngen pro Woche beträgt der PEQ nur **6 : 1**.

3.3.8 Mineralstoffversorgung beachten

?

Als Erfolg versprechendes Nachwuchspferd wird der noch junge Wallach Glen sehr energiereich gefüttert.
Er erhält von Ihnen täglich 5 kg Heu und 5 kg Hafer:
Ist mit dieser Ration auch eine bedarfsdeckende Mineral- und Vitaminversorgung gewährleistet?

Sowohl der Pferdekörper, als auch Futtermittel enthalten anorganische, mineralische Bestandteile. Bei einer Verbrennung bleiben diese als Rohasche übrig. Ein hoher Rohaschewert kann aber auch auf eine starke Verunreinigung mit Erde oder Sand hinweisen. Deshalb ist die Angabe des Rohaschegehaltes bei Mischfuttermitteln gesetzlich vorgeschrieben.

Eine ausgewogene Mineralstoffversorgung ist lebensnotwendig für die Ernährung des Pferdes. Mineralstoffe kann das Pferd nicht selbst aufbauen. Sie müssen unbedingt mit der Nahrung aufgenommen werden. Ein Mangel dieser Elemente führt oft sehr rasch zu akuten Erkrankungen.

Mineralstoffe, die das Pferd in größeren Mengen (g bis kg) benötigt, werden als Mengenelemente bezeichnet. Lässt sich deren Bedarf nur in sehr kleinen Einheiten (mg) bestimmen, spricht man von Spurenelementen.

Zu den notwendigen **Mengenelementen** zählen Kalzium (Ca), Phosphor (P), Magnesium (Mg), Kalium (K), Natrium (Na), Chlor (Cl) und Schwefel (S).

Kalzium und **Phosphor** kommen am häufigsten im Pferdekörper vor und sind somit die wichtigsten Mengenelemente. Der Hauptanteil (99 % des Kalziums und 80 % des Phosphors) befindet sich im Skelett. Der Gehalt in den übrigen Geweben ist sehr gering. Die Hauptfunktion dieser beiden Elemente ist Aufbau und Erhaltung der Knochen. Neben dieser Baustofffunktion sind sie aber auch als körpereigene Wirkstoffe bei der Blutgerinnung, der Reizleitung und beim Energiestoffwechsel des Muskelgewebes beteiligt. Ein Mangel beider Elemente führt bei Fohlen und wachsenden Pferden zu Knochenauftreibungen und Knochenweiche, bei älteren Tieren zum Mineralstoffentzug aus den Knochen. Eine Neigung zu Knochenbrüchen ist häufig die Folge.

Tab. 29. Kalzium- und Phosphor-Gehalte und Kalzium-Phosphor-Verhältnis wichtigster Pferdefuttermittel

Futtermittel	Ca (g)	P (g)	Ca : P
Melasse	2,5	0,2	12,5 : 1
Luzerneheu	14	2	7,0 : 1
Trockenschnitzel	6,8	1	6,8 : 1
Stroh, Weizen	2,6	0,8	3,3 : 1
Grassilage	2,5	1,3	1,9 : 1
Heu	4,3	2,6	1,7 : 1
Maissilage	1	0,6	1,7 : 1
Gras	1,1	0,7	1,6 : 1
Mohrrüben	0,4	0,3	1,3 : 1
Sojaextraktions-schrot	3	6,4	0,5 : 1
Leinsamen	2,5	5	0,5 : 1
Hafer	1	3	0,3 : 1
Gerste	0,6	3,6	0,2 : 1
Bierhefe	3	16	0,2 : 1
Mais	0,3	3	0,1 : 1
Weizenkleie	1,6	11,5	0,1 : 1

Laktierende Stuten haben einen besonders hohen Kalzium- und Phosphorbedarf. Unterversorgung kann zu Muskelstörungen, Festliegen und Lähmungen führen. Ähnliche Auswirkungen wie Kalziummangel hat auch eine Überversorgung mit Phosphor, da hierdurch das Pferd Kalzium schlechter aus dem Futter aufschließen und nutzbar machen kann, sodass ein Kalziumdefizit entsteht. Somit ist neben dem absoluten Bedarf das Verhältnis von Kalzium zu Phosphor von erheblicher Bedeutung.

Das Verhältnis der Mengenelemente zueinander ist besonders zu berücksichtigen. Das **Kalzium-Phosphor-Verhältnis** in tierischem Gewebe beträgt durchschnittlich 1,7 : 1. Die Fütterungsempfehlungen lauten 1,5 bis 2 : 1. In den Futtermitteln bestehen erhebliche Unterschiede in den Gehalten dieser beiden Mengenelemente und auch in ihrem Verhältnis zueinander.

Der Bedarf an Kalzium und Phosphor ist abhängig von Leistung und Entwicklung des Pferdes. Das Verhältnis zwischen den beiden Mineralstoffen sollte in den verschiedenen Leistungsstufen mit etwa 1,5 bis 2 : 1 gleich bleiben.

Heu hat ein günstiges Verhältnis und ist somit als Alleinfutter geeignet. Bei hohen Getreideanteilen in einer Futterration besteht jedoch die Gefahr eines Phosphorüberschusses und dadurch ein zu enges Kalzium-Phosphor-Verhältnis. Eine Kalziumergänzung wird notwendig.

Neben Kalzium und Phosphor ist **Magnesium** (Mg) das quantitativ drittwichtigste Mengenelement. Es ist ebenfalls Baustoff des Skelettes aber auch ein wichtiger Wirkstoff. Magnesium ist gemeinsam mit Kalzium an der Reizleitung zur Muskulatur und gemeinsam mit Phosphor an der Bildung des Muskeltreibstoffes ATP (Adenosintriphosphat) beteiligt und somit für Nerven- und Muskelfunktion mit verantwortlich. Im Normalfall ist die Versorgung mit Magnesium, besonders in getreidereichen Rationen, gesichert. Laktierende Stuten geben mit der Milch größere Mengen an Magnesium ab. Hier muss die Versorgung überprüft und sichergestellt werden. Magnesiummangel ergibt sich zuweilen auch bei einseitiger Fütterung mit jungem Gras. Als Symptome können unsicherer Gang, Muskelzittern und Muskelkrämpfe beobachtet werden.

Die Elektrolyte **Natrium** (Na), **Kalium** (K) und **Chlor** (Cl) regulieren den osmotischen Druck der Körperzellen. Sie sind damit verantwortlich für Wasserhaushalt und Zellfunktion und somit für die Leistungsfähigkeit des Körpergewebes. Ein erhöhter Bedarf an diesen drei Mengenelementen entsteht besonders bei Durchfällen, da mit dem flüssigen Kot auch größere Mengen an Natrium, Kalium und Chlor ausgeschieden werden. Auch während der Arbeit verliert der Pferdekörper größere Mengen dieser Elemente mit dem Schweiß.

Der Bedarf an Kalium, Natrium und Chlor ist somit in erster Linie von der körperlichen Leistung abhängig. Ein Mangel hat Leistungseinbußen und schnelle Ermüdung zur Folge. Bei Natrium- und Chlor-Mangel können Kreislaufstörungen bis hin zum totalen Zusammenbruch auftreten.

Die Versorgung des Pferdes mit Kalium und Chlor ist, wenn genügend Raufutter angeboten wird, in der Regel gesichert. Anders

Tab. 30. Schweißmenge und Schweißzusammensetzung

Schweißmenge	**Liter/100 kg kg pro Tag**	**Ø Liter 500 kg Sportpferd**
leichte Arbeit	0,5–1	3,75
mittlere Arbeit	1–2	7,50
schwere Arbeit	2–5	17,50
sehr schwere Arbeit	>5	>25
Schweißzusammensetzung	**pro Liter**	**g bzw. mg/Tag**
Natrium	3,1 g	11–78 g
Kalium	1,6 g	6–40 g
Chlor	5,5 g	19–138 g
Kalzium	0,12 g	0,5–3 g
Magnesium	0,05 g	0,2–1,25 g
Stickstoff	1–3 g	5–75 g
Phosphor	<10 mg	37–250 mg
Zink	11 mg	38,5–275 mg
Eisen	5 mg	19–125 mg
Kupfer	0,3 mg	1–7,5 mg
Selen	Spuren	Spuren

in Anlehnung an H. Meyer

sieht es bei Natrium aus. Getreide weist nur geringe Gehalte auf. Auch im Grünfutter und seinen Konserven (Heu und Grassilage) ist kaum Natrium vorhanden. Die etwas höheren Natriumgehalte in Futterrüben, Trocken- bzw. Melasseschnitzel sind noch nicht ausreichend. Hieraus folgt, dass eine ständige Natriumergänzung, eventuell mittels Salzleckstein, notwendig ist, wobei überprüft werden muss, ob er ausreichend angenommen wird. Für Sportpferde mit hoher Leistung reicht häufig der Zugang zu einem Salzleckstein nicht aus. Elektrolyte müssen als Futterzusatz ergänzt werden. Fohlen entwickeln gerne eine Lecksucht, die dann aufgrund der übermäßigen Salzaufnahme zu Durchfällen führt. Der Salzleckstein sollte deshalb für Fohlen unerreichbar angebracht werden. Aber bereits Absetzer benötigen wieder eine Salzergänzung.

Schwefel (S) ist ein Bestandteil der essenziellen Aminosäuren Methionin und Cystein. Ein Mangel, der nur selten auftritt, kann zu Störungen der Darmflora führen.

Mineralische Elemente, die nur in geringen Mengen (mg) in Futter und Tierkörper vorkommen, nennt man **Spurenelemente**. Unentbehrlich sind **Eisen** (Fe), **Kupfer** (Cu), **Zink** (Zn), **Mangan** (Mn), **Jod** (J) und **Selen** (Se).

Eisen ist in allen Pferdefuttermitteln ausreichend enthalten. Lediglich die Stutenmilch ist recht eisenarm. Fütterungsbedingte Mangelzustände kommen deshalb nur selten, eventuell bei Saugfohlen und Hochleistungspferden, vor. Eine unzureichende Eisenversorgung kann aber durch Infektionen und parasitäre Erkrankungen (starker Wurmbefall) verursacht werden.

Die wichtigste Aufgabe hat Eisen als Bestandteil des Blut- und Muskelfarbstoffes. In ihm befinden sich 60 % des im Tierkörper enthaltenen Eisens. Es ist verantwortlich für den Sauerstofftransport und somit auch für den Energiestoffwechsel.

Mangelerscheinungen führen zum Rückgang der roten Blutkörperchen (Blutarmut), was eine verringerte Sauerstoffausnutzung und somit Leistungsschwäche und Infektionsanfälligkeit bewirkt. Der Tagesbedarf an Eisen von 60 bis 100 mg je kg Futtertrockensubstanz ist in der Regel über Grundfuttermittel gedeckt.

Der **Kupfergehalt** natürlicher Futtermittel nimmt in den letzten Jahrzehnten deutlich ab. Ursache ist u.a. die intensive Landwirtschaft, aber auch die Umweltverschmutzung. Neben Eisen wird Kupfer zur Bildung des Blutfarbstoffes benötigt. Es ist, neben dem Pigmentschutz von Haut und Haar, an der Ausbildung des Skeletts und besonders an der Gelenkentwicklung beteiligt. Auf die bedarfsgerechte Kupferversorgung der trächtigen Stuten ist besonders zu achten. Kupfermangel führt hier zu Störungen der Knochenentwicklung und zu Gelenkschäden bereits der Föten im Mutterleib, aber auch bei wachsenden Pferden. Die Stutenmilch ist zudem kupferarm, sodass Fohlen längere Zeit von ihren Kupferreserven leben müssen. Ein Zusammenhang mit der OCD Erkrankung (siehe Kap. 3.6 Ernährungsbedingte Erkrankungen vermeiden) wird vermutet. Pro Tag benötigt ein Pferd 10 bis 12 mg Kupfer pro kg Futtertrockensubstanz. Eine geeignete Ergänzung ist notwendig.

Obwohl **Zink** in allen Futtermitteln in Spuren vorkommt, besteht ohne Ergänzung häufig ein Mangel. Durch ein Kalzium-Überangebot oder bestimmte Eiweißverbindungen wird die Verwertbarkeit von Zink negativ beeinflusst. Weidehaltung auf Muschelkalk- und Lößböden erhöhen die Gefahr von Zinkmangel. Zink ist Bestandteil vieler Fermente und Hormone im Kohlenhydrat- und Eiweißstoffwechsel und besitzt eine spezifische Schutzfunktion für Haut und Hufe. Zinkmangel bewirkt ein verringertes Wachstum, Haut- und Hufhornveränderungen, Haarausfall und erhöhte Infektionsneigung. Zinksalbe wird zur Wundheilung eingesetzt. Der tägliche Zinkbedarf beträgt 50 mg pro kg Futtertrockensubstanz.

Mangan ist Bestandteil und Aktivator wichtiger Enzyme im Mineral- und Fettstoffwechsel. Entsprechend ist es für die Ausbildung des Skeletts, für die Funktion der Muskulatur, die Pigmentierung des Haarkleides und die Funktion der Geschlechtsorgane notwendig. Fruchtbarkeitsstörungen durch stille Brunst, Abortneigung, embryonaler Fruchttod und Sterilität sind beim Pferd mögliche Folgen einer Manganunterversorgung. Übermäßige Kalk- und Phosphorgaben vermindern die Verwertung. Der Bedarf beträgt 40 mg pro kg Futtertrockensubstanz und ist weitgehend über Grünfutter und Heu gedeckt. Mangelregionen können durch Bodenproben erkannt werden.

Selen kommt in Spuren in allen Futtermitteln vor. Mangelversorgung entsteht vor allem bei Fohlen und robustgehaltenen Pferden in Selenmangelregionen und bei Pferden mit extremer Muskelbeanspruchung. Selen ist im Zusammenwirken mit Vitamin E vor allem für den Muskelstoffwechsel verantwortlich. Selenmangel führt bei Fohlen zu Muskelschwund und häufig zum Tode, in leichteren Fällen zu Muskelschmerzen, die sich in steifem Gang, Lahmheiten oder Saugschwierigkeiten äußern können. Der Bedarf beträgt 0,15 bis 0,2 mg pro kg Futtertrockensubstanz pro Tag. Es ist aber immer darauf zu achten, dass Selen bei einer täglichen Dosis von mehr als 2 mg pro kg Futtertrockensubstanz stark giftig wirkt und sogar zum Tode führen kann. Vergiftungsanzeichen sind Haarausfall und

Tab. 31. Mineralstoffgehalte*) der Futtermittel (pro kg FS)

Futtermittel	Magnesium (Mg), g	Eisen (Fe), mg	Kupfer (Cu), mg	Zink (Zn), mg	Selen (Se), mg
Gras	0,2–0,5	40,5	1,9	6	0,0008
Heu	1,7–2,0	172	5,2	25,8	0,04-0,1
Futterrüben	0,2	10,7	0,9	5,2	0,003
Melasse	0,2	105	8	21	0,003
Trockenschnitzel	2,3	450	14,3	18	0,005
Möhren	0,2	6	0,7	4,2	0,002
Hafer	1,6	57	4,5	30	0,07
Weizenkleie	4,6	150	13,5	79	0,05–0,35
Sojaextraktionsschrot	2,7	145	17	63	0,18–0,35

*) Gehalte können variieren – FS = Frischsubstanz nach DLG Futterwerttabelle/H. Meyer

Tab. 32 a. Mineralstoffbedarf pro 100 kg KG/Tag

Mineralstoffbedarf	Magnesium, Mg, (g)	Eisen, Fe, (mg)	Kupfer, Cu, (mg)	Zink, Zn, (mg)	Selen, Se, (mg)
Erhaltung/Arbeit	2–2,5	100	10–15	100	0,25
Zucht/Aufzucht	1–2,5	180	20	120	0,3

nach GfE/H. Meyer

Tab. 32 b. Empfehlungen zur Mineralstoffversorgung (g bzw. mg/Tag)

Leistungsgruppe	Calcium	Phosphor	Magnesium	Natrium	Eisen	Kupfer	Zink	Mangan	Kobalt	Selen	Jod
	Ca (g)	P (g)	Mg (g)	Na (g)	Fe (mg)	Cu (mg)	Zn (mg)	Mn (mg)	Co (mg)	Se (mg)	J (mg)
Sportpferde											
400 kg Erhaltung	20	12	8	8	560	64	333	320	4,8	1,2	1,2
400 kg mittlere Arbeit	21	12	9	29	560	64	333	320	4,8	1,2	1,2
500 kg Erhaltung	25	15	10	10	700	80	417	400	6,0	1,5	1,5
500 kg mittlere Arbeit	27	15	11	36	700	80	417	400	6,0	1,5	1,5
600 kg Erhaltung	30	18	12	12	840	96	500	480	7,2	1,8	1,8
600 kg mittlere Arbeit	32	18	13	43	840	96	500	480	7,2	1,8	1,8
Zuchtstuten											
400 kg 11. GM	30	20	9	9	720	80	480	400	1,0	2,0	1,2
400 kg 3. LM	41	31	10	11	720	80	480	400	1,0	2,0	1,2
500 kg 11. GM	38	25	11	12	900	100	600	500	1,25	2,5	1,5
500 kg 3. LM	51	38	13	13	900	100	600	500	1,25	2,5	1,5
600 kg 11. GM	45	30	13	14	1080	120	720	600	1,5	3	1,8
600 kg 3. LM	61	46	15	16	1080	120	720	600	1,5	3	1,8
Aufzucht (6 M)											
EG 400 kg (KG 180 kg)	27	19	4	4	324	36	216	180	0,45	0,9	0,5
EG 500 kg (KG 225 kg)	34	24	5	5	405	45	270	225	0,6	1,1	0,7
EG 600 kg (KG 260 kg)	40	28	6	6	468	52	312	260	0,7	1,3	0,8
Aufzucht (18 M)											
EG 400 kg (KG 310 kg)	21	14	6	6	558	62	372	310	0,8	1,6	0,9
EG 500 kg (KG 380 kg)	26	18	8	8	684	76	456	380	1,0	1,9	1,1
EG 600 kg (KG 440 kg)	31	21	9	9	792	88	528	440	1,1	2,2	1,3

M = Monat; GM = Trächtigkeitsmonat; LM = Laktationsmonat; EG = Endgewicht; KG = Körpergewicht, nach GfE

Huferkrankungen, bis hin zum „Ausschuhen" der Hufe.

Jod ist, außer in Jodmangelgebieten, in Spuren in allen Futtermitteln enthalten. Tragende Stuten haben einen erhöhten Bedarf. Jod übt als Bestandteil des Schilddrüsenhormons wichtige Funktionen im Ablauf des gesamten Stoffwechsels aus. Starker Mangel führt zu übermäßigem Wachstum der Schilddrüse (Kropfbildung), geringgradige Unterversorgung führt zu verzögertem Haarwechsel, Ödembildung an den Gliedmaßen, lethargischem Verhalten und frühzeitiger Erschöpfung. Der Bedarf liegt bei 0,1 bis 0,2 mg pro kg Futtertrockensubstanz. In Jodmangelregionen kann der Bedarf einfach über jodhaltiges Haushaltssalz gedeckt werden.

3.3.9 Vitaminversorgung einbeziehen

Vitamine sind organische Verbindungen, die der Körper in kleinen Mengen für Stoffwechselfunktionen, zur Aufrechterhaltung der Gesundheit, zum Wachstum und zur Erhaltung des Körpers benötigt. Sie fördern die Neubildung und Versorgung von Geweben. Sie sind an der Bildung von Hormonen, Blutzellen, Stoffen des Nervensystems und genetischem Material beteiligt. Vitamine fördern als Wirkstoffe Stoffwechselvorgänge, die ohne Vitamine verlangsamt oder gar nicht mehr ablaufen würden. Vitaminmangel kann eine Vielzahl von Stoffwechsel- und anderen Funktionsstörungen zur Folge haben. Die komplizierte Wirkungsweise der Vitamine ist jedoch weitgehend ungeklärt.

Vitamine werden nach ihren Lösungseigenschaften in **fettlösliche** und **wasserlösliche** Vitamine eingeteilt. Die fettlöslichen Vitamine A, D, E und K werden nur mit fetthaltigen Futtermitteln aufgenommen. Sie können in den Fettdepots des Körpers gespeichert werden, müssen also nicht jeden Tag ergänzt werden. Vitaminüberschuss, durch übermäßige Aufnahme fettlöslicher Vitamine, hemmt die Wirkung anderer Vitamine und kann sogar schwere Vergiftungen hervorrufen. Die wasserlöslichen Vitamine, z. B. die **B-Vitamine** und **Vitamin C**, können nicht gespeichert werden. Sie müssen regelmäßig, möglichst jeden Tag, ergänzt werden.

Vitamin A (Retinol) dient vor allem dem Schutz und der Regeneration von Haut und Schleimhaut, dem größten Organ des Pferdes. Es ist aber auch an der Synthese wichtiger Enzyme beteiligt. Das fettlösliche Vitamin A ist nur in Nahrungsmitteln tierischen Ursprungs enthalten, z. B. Milch, Eier, Lebertran. Futtermittel pflanzlicher Herkunft enthalten lediglich seine wasserlösliche Vorstufe, das Karotin. In der Darmschleimhaut erfolgt die Umwandlung von Karotin in Vitamin A.

Neben der Gesunderhaltung von Haut und Schleimhäuten spielt Vitamin A bzw. Karotin eine Rolle bei der Knochenbildung und ist für das Sehvermögen von Bedeutung. Es wirkt positiv auf die Gesunderhaltung der Gebärmutterschleimhaut und hat so eine Bedeutung im Bereich der Fruchtbarkeit. Eine Überdosierung von Vitamin A ist jedoch schädlich und kann zu Wachstumsstörungen, Leber- und Hautdefekten führen.

Die einfachste Möglichkeit eine Überdosierung zu vermeiden, ist die Verabreichung in Form des wasserlöslichen Karotins. Karotin ist eine orangfarbige bis rote, kristalline, wasserlösliche Substanz, welche aus Retinolmolekülen besteht. Beliebige Mengen des völlig ungefährlichen Karotins, setzt der Körper nur exakt in die Menge Vitamin A um, welche er gerade akut benötigt. Ein mg Karotin bildet so bis zu 400 bis 500 IE (internationale Einheit) Vitamin A. Karotin ist aber nicht nur als Vorstufe von Vitamin A, sondern auch aufgrund eigenständiger Funktion von Bedeutung. Hohe Gehalte an Karotin weist der Eierstock der Stute auf. Daraus kann geschlossen werden, dass bestimmte Fruchtbarkeitsstörungen auf einen Mangel an Karotin zurückzuführen sind. Überschüssiges Karotin hingegen wird ausgeschieden oder in der Haut abgelagert.

Mangel an Vitamin A bzw. Karotin kommt vor allem bei Heufütterung am Ende der Winterfütterung vor. Bei Grassilagefütterung entsteht kein Karotinmangel, da bei der Silierung, im Gegensatz zur Trockenkonservierung, nur geringe Karotinverluste auftreten.

Mangelsymptome sind übermäßig trockene Haut und durch unzureichende Schleimsekretion gestörte Schleimhäute, wodurch das Eindringen von Krankheitskeimen mit entsprechenden Folgen begünstigt wird. Äußerlich sichtbar sind das matte Haarkleid und spröde Hufe.

B-Vitamine (z. B. B_1, B_2, B_{12})
Die auch als Vitamin-B-Komplex bekannten Substanzen sind wasserlöslich und leicht zerstörbar. Viele von ihnen sind besonders wichtig für den Nährstoffwechsel.

Vitamin B_1 (Thiamin) wirkt im Kohlenhydrat- und somit im Energiestoffwechsel. Es ermöglicht die Freigabe der in den Kohlenhydraten enthaltenen Energie und spielt eine wichtige Rolle bei der Bereitstellung nervenberuhigender Substanzen. Mit steigendem Kohlenhydratumsatz in Sportpferderationen nimmt der Bedarf zu.

Mangel von Vitamin B_1 führt zu Krankheiten, die durch Muskelschwäche, Herzstörungen und Krämpfe gekennzeichnet sind. Anfangs sind verminderte Futteraufnahme, Leistungsrückgang sowie Lahmheiten und Erregbarkeiten zu beobachten, Folge der unzureichenden Kohlenhydratverwertung und der Bildung störender Abbauprodukte.

Im Dickdarm findet eine beträchtliche Eigensynthese des Vitamin B_1, wie auch anderer wasserlöslicher Vitamine, durch die Darmbakterien statt. Bei übermäßiger Stärkefütterung und gleichzeitigem Rohfasermangel, was häufig bei Rationen von Hochleistungspferden

Tab. 33. Vitamingehalte*) einiger Futtermitteln (pro kg FS)

Futtermittel	ß-Karotin (mg)	Vitamin A (IE)	Vitamin D_2 (IE)	Vitamin E (mg)
Gras	50–75		30–50	25–80
Heu	5–10		500–1000	20–100
Luzerneheu	30		800	50
Möhren	50–60			4
Hafer	0			19
Gerste	0			36
Weizenkleie	3			17
Maisflocken	4			37
Melasse			200–500	
Luzernegrünmehl	100–200			
Pflanzenöl		4		300
Leinsamen				570
Lebertran		1 000 000	100 000	8000

*) Gehalte können variieren nach GfE/DLG Futterwerttabelle/ H. Meyer. FS = Frischsubstanz

der Fall ist oder bei Störungen der Mikrobentätigkeit im Dickdarm infolge von Verdauungsstörungen, kann ein Vitamin B_1 Mangel entstehen.

Durch Zugabe von Weizenkleie, Weizenkeimen, Milchprodukten, Futterhefen oder eine direkte Vitamin B_1 Ergänzung kann einem Mangel abgeholfen werden.

Vitamin B_2 (Riboflavin) ist am Eiweiß- und Fettstoffwechsel beteiligt und trägt zur Gesunderhaltung der Schleimhäute bei. Tierische Futtermittel und Trockenfutterhefe (Bierhefe) sind reich an Vitamin B_2. Auch hier findet eine Eigensynthese durch die Darmbakterien statt. Mangelerscheinungen sind Durchfälle und Wachstumsverzögerungen.

Vitamin B_{12} (Cobalamin) ist bedeutend für die Blutbildung, für das Wachstum, für die Funktionen des Nervensystems und für verschiedene Stoffwechselprozessen, insbesondere für den Eiweißstoffwechsel. Es wirkt appetitanregend. Es kommt nur in tierischen Futtermitteln ausreichend vor. Vitamin B_{12} wird jedoch bei rohfaserreicher Fütterung im Dickdarm des Pferdes eigensynthetisiert. Voraussetzung ist jedoch das Vorhandensein von Kobalt. B_{12} Mangel führt zu Anämie, rauem Haarkleid, Leistungsrückgang, Appetitmangel und schlechter Fruchtbarkeit.

Andere B-Vitamine

Folsäure wird für die Bildung von körpereigenem Eiweiß und Hämoglobin benötigt. Ein Mangel an diesem Vitamin ist selten, da es in allen grünen Pflanzen, Getreide und Bierhefe vorkommt. Folsäure wird jedoch durch Lagerung und Erhitzen zerstört. Im Gegensatz zu anderen wasserlöslichen Vitaminen kann sie in der Leber gespeichert werden und muss nicht täglich zugeführt werden. Ein Mangel an **Nikotin-, Pantothensäure, Vitamin B_6** und **Cholin** ist bei Pferden nicht zu beobachten.

Vitamin C (Ascorbinsäure) ist in grünen Pflanzen und Rüben in ausreichenden Mengen enthalten und wird bei rohfaserreicher Fütterung im Dickdarm des Pferdes von der Darmflora hergestellt.

Die Bedeutung des **Vitamin D** liegt in der Aufnahme und dem Stoffwechsel der Mineralstoffe Kalzium und Phosphor. Es verbessert die Ausnutzung der im Futter enthaltenen Gehalte dieser Minerale und ihre Speicherung im Skelett. Die Vitamin D Versorgung der Pferde ist abhängig von der Haltung. Das wirksame Vitamin D_3 (Cholekalziferol) ist nur in tierischen Futtermitteln und Milchprodukten enthalten. Die Pferde können dieses Vitamin in Zellen unter der Haut, jedoch nur unter Mitwirkung von Sonneneinstrahlung (UV-Strahlen) selbst aufbauen. Dazu benötigen sie die Vorstufe D_2 (Ergokalziferol), die wiederum in allen sonnebestrahlten Futtermitteln (Heu, Grassilage, Grünmehl und Gras) ausreichend enthalten ist. Bis zu 90 % des benötigten Vitamins D_3 wird im Körper aus der Vorstufe D_2 mithilfe des Sonnenlichtes in der Haut selbst erzeugt. Dies bedeutet, dass Pferde im Stall (UV-Licht geht nicht durch Fensterglas) auf eine Vitamin D-Versorgung über ein Ergänzungsfuttermittel angewiesen sind.

Besonders bei Fohlen und bei laktierenden Stuten ist auf eine bedarfsgerechte Versorgung zu achten. D_3-Mangel verursacht Knochendeformationen (Rachitis) und Knochenbrüchigkeit. Vitamin D_3 ist fettlöslich und kann im Körper gespeichert werden, eine übermäßige Zufuhr kann jedoch zu einer Vitaminvergiftung führen.

Vitamin E (Tokopherol) ist für Pferde ein essenzieller Wirkstoff. Es ist für die Bildung von roten Blutkörperchen, für den Stoffwechsel in den Körperzellen (Mitochondrien) und somit für eine störungsfreie Funktion aller Organe, vor allem der Muskeln, verantwortlich. Ein erhöhter Bedarf entsteht also bei schwerer, körperlicher Arbeit. Vitamin E verhindert zusammen mit anderen Wirkstoffen die Zerstörung von Körperzellen durch freie Sauerstoffradikale, die im Stoffwechsel

Tab. 34. Vitaminbedarf

Leistungsgruppe	Vit A, (IE)	Vit D3, (IE)	Vit E, (mg)	Vit B_1, (mg)	Vit B_2, (mg)	Biotin, (mg)
Sportpferde						
400 kg Erhaltung	30 000	3 000	400	24	20	0,40
400 kg mittlere Arbeit	30 000	3 000	800	24	20	0,40
500 kg Erhaltung	37 500	3 750	500	30	25	0,50
500 kg mittlere Arbeit	3 500	3 750	1 000	30	25	0,50
600 kg Erhaltung	45 000	4 500	600	36	30	0,60
600 kg mittlere Arbeit	45 000	4 500	1 200	36	30	0,60
Zuchtstuten						
400 kg	50 000	6 000	400	24	20	1,6
500 kg	62 500	7 500	500	30	25	2
600 kg	75 000	9000	600	36	30	2,4
Aufzucht (6 M)						
EG 400 kg (KG 180 kg)	31 500	3 150	180	14	11	0,45
EG 500 kg (KG 225 kg)	39 375	3 938	225	17	14	0,56
EG 600 kg (KG 260 kg)	45 500	4 550	260	20	16	0,65
Aufzucht (18 M)						
EG 400 kg (KG 310 kg)	54 250	5 425	310	23	19	0,78
EG 500 kg (KG 380 kg)	66 500	6 650	380	29	24	0,95
EG 600 kg (KG 440 kg)	77 000	7 700	440	33	28	1,10

M = Monat, EG = Endgewicht, KG = Körpergewicht, nach GfE

entstehen. Vitamin E wirkt förderlich auf die Fruchtbarkeitsleistung. Mangel an Vitamin E führt zur Beeinträchtigung der Zellfunktionen. Folgen können Muskelschwund und Leistungsminderung sein. Im Grünfutter sind gewisse Mengen an Vitamin E vorhanden, sodass Weidegang die Versorgung im Erhaltungsbedarf sicherstellt. Höhere Vitamin E-Mengen kommen in Pflanzenölen, Weizenkeimen und Lebertran vor. Obwohl es im Körper gespeichert wird, scheinen Überdosen im Gegensatz zu denen anderer fettlöslicher Vitamine keine giftigen Wirkungen hervorzurufen.

Als **Vitamin F** werden auch essenzielle Fettsäuren (siehe Kap. 3.3.6 Treibstoff Energie) bezeichnet.

Das **Vitamin H** ist als Biotin bekannt. Es wird durch die Darmflora erzeugt, kommt aber auch in vielen Futtermitteln vor. Biotin spielt eine Rolle im Energiestoffwechsel. Höher dosierte Biotingaben fördern Wachstum und Qualität des Hufhorns.

Vitamin K ist beteiligt an Bildung und Funktion der Thrombozyten und somit für die Blutgerinnung notwendig. Bei einem gesunden Pferd reicht die Produktion von Vitamin K

Tab. 35. Vitamineigensynthese – B Vitamine im Futter und im Darm des Pferdes (mg/kg T)

	Futter	Darm
B_1	1,1	21
B_2	0,4	28
B_6	0,2	15
Nikotinsäure	3	330
Biotin	0,01	6

nach Kolb u. Gürtler

durch die Darmflora aus. Verdauungsstörungen und Schädigung der Darmflora können zu einer unzureichenden Vitamin K Versorgung und zu Störungen der Blutgerinnung führen.

Der Vitaminbedarf eines Pferdes ist über die Grundfuttermittel häufig nur minimal abgedeckt. Bei erhöhter Leistung oder in besonderen Stresssituationen entsteht dann leicht ein Mangel mit Anzeichen wie Leistungseinbuße und Infektionsanfälligkeit. Zum Wohlbefinden des Pferdes und zur Erhaltung seiner Leistungsbereitschaft sollte deshalb der Optimalbedarf abgedeckt, jedoch Überschüsse vermieden werden. Deshalb muss zur Sicherheit ein Vitaminzusatz über Ergänzungsfuttermittel oder spezielle Vitaminpräparate erfolgen. Höhere Vitamingaben (Vitaminstoß) sollten mit dem Tierarzt abgesprochen werden.

Zur Wiederholung und Vertiefung

1. Beschreiben Sie die Bedeutung der Rohfaser in der Pferdefütterung. Wie können Sie die Versorgung gewährleisten?
2. Stellen Sie Aufgaben von Bau- und Energiestoffen dar. Worin unterscheiden sich Kohlenhydrate, Eiweiße und Fette?
3. Erläutern Sie Unterschiede im Eiweiß- und Energiebedarf von Sport- und Zuchtpferden.
4. Demonstrieren Sie die Bedeutung von Mengen und Spurenelementen in der Pferdefütterung.
5. Stellen Sie den Unterschied zwischen fett- und wasserlöslichen Vitaminen dar.
6. Wie können Sie die Versorgung sichern?

3.4 Futtermittel bestimmen und beurteilen

?

Im Pferdebetrieb der Familie Bergewald häufen sich Klagen über wechselnde Heu-Qualitäten. Herr Bergewald veranlasste eine LUFA-Analyse der unterschiedlichen Lieferungen mit den folgenden Ergebnissen:

a.
Heu 860 g T; 220 g XF; 90 g DXP; 9 MJ DE; 6 g CA; 3 g P
b.
Heu 860 g T; 250 g XF; 76 g DXP; 8 MJ DE; 5 g Ca; 3 g P
c.
Heu 860 g T; 300 g XF: 56 g DXP; 7 MJ DE; 5 g Ca; 2 g P

Der Auszubildende Daniel Düse soll nun den Einstellern die Unterschiede erläutern und bei der nächsten Lieferung bereits vor der Einlagerung die Qualität überprüfen.

3.4.1 Futtermittel einteilen

Futtermittel sind Träger wertbestimmender Nähr- und Inhaltsstoffe. Als **Grundfuttermittel** bezeichnet man Futtermittel mit einer geringeren Nährstoffkonzentration (z. B. weniger als 10 MJ DE/kg Futter). Sie sind die Grundlage jeder gesunden Pferdefütterung. Der Einsatz von **Kraftfuttermitteln** ist erst bei höheren Leistungen sinnvoll, da sie eine hohe Nährstoffkonzentration von mehr als 10 MJ DE/kg aufweisen.

Eine Einteilung der Futtermittel in selbst produzierte, wirtschaftseigene Futtermittel oder Zukauffuttermittel, ist im Pferdebereich weniger sinnvoll, da häufig die als wirtschaftseigen eingestuften Futtermittel (z. B. Heu und Hafer) von Pferdebetrieben zugekauft werden.

Die folgende Einteilung unterscheidet Einzel- und Mischfuttermittel und Futtermittel nach ihren wertbestimmenden Eigenschaften.

Als **Einzelfuttermittel** bezeichnet man Futtermittel einer Herkunft.

Saftfuttermittel (Grünfutter, Möhren) enthalten sehr viel Wasser und sind deshalb nur begrenzt lagerfähig. Sie können durch Silierung (Grassilage, Maissilage) haltbargemacht werden. Sie werden gerne gefressen und sind natürliche Vitaminlieferanten. Durch Wasserentzug (Trocknung) entstehen **Trockenfuttermittel** (Heu, Grünmehl), die bei mehr als 85 % Trockensubstanz gut haltbar und damit lagerfähig sind. **Kraftfuttermittel** sind kohlenhydratreiche (Getreide, Rübenschnitzel) oder fettreiche (Ölsaaten) Futtermittel, die als Energieträger eingesetzt werden. Solche Futtermittel fallen auch als Nebenprodukte bei der Nahrungsmittelindustrie an (z. B. Kleien, Extraktionsschrote).

Die für Pferde notwendige Rohfaser liefern **Raufuttermittel** (Heu und Stroh). Sie enthalten i. d. R. mehr als 20 % XF und sind für das Pferd zur Beschäftigung, für das Kauen und die Verdauung unverzichtbar.

Mischfuttermittel bestehen aus mindestens zwei Einzelfuttermitteln. In der Futtermittelverordnung ist geregelt, wie Mischfuttermittel zu kennzeichnen sind und welche Angaben über Zusammensetzung, Inhaltsstoffe und Verwendung gemacht werden müssen. Sie werden entsprechend ihrer Verwendung als **Alleinfuttermittel** oder **Alleinkraftfuttermittel**, **Ergänzungsfuttermittel** und **Diätfuttermittel** angeboten.

Tab. 36. Einteilung der Futtermittel

Einzelfutter		
Grundfutter geringe Nährstoff-Konzentration <10 MJ DE/kg	**Raufutter** Heu Heulage Stroh Häcksel	**Saftfutter** Gras Möhren Futterrüben Maissilage
Kraftfutter hohe Nährstoffkonzentration > 10 MJ DE/kg	**Getreide** Hafer Gerste Mais Dinkel	**Nebenprodukte** Trockenschnitzel Weizenkleie Sojaschrot Leinkuchen
Mischfutter		
Alleinfutter decken allein den kompletten Nährstoffbedarf ab	**Ergänzungsfutter** vervollständigt den Nährstoffgehalt anderer Futtermittel – für Sportpferde – für Zuchtpferde – für Fohlen	**Zusatzfutter** Verschiedene Wirkstoffzusätze zur Gesamtration Mineral- und Vitaminergänzer Diätfuttermittel usw.
Alleinkraftfuttermittel werden allein zu Raufutter gefüttert		

3.4.2 Futtermittel beurteilen

Die seit Januar 2006 gültigen Bestimmungen der EU-Futtermittel-Hygieneverordnung über Herstellung und Verfütterung von Futtermitteln ist zu beachten. Sie verbietet die Verwendung von Futtermitteln, die der Gesundheit von Tieren abträglich sein können. Dies verlangt von Pferdehaltern und besonders von Pferdehütern (z. B. Pensionspferdehaltern), nicht zuletzt wegen möglicher Schadenersatzforderungen, besondere Sachkenntnisse.

Sinnenprüfung

Mit Hilfe der Sinnenprüfung muss vor jedem Futtereinsatz die Qualität des jeweiligen Futtermittels beurteilt werden. Rückschlüsse auf die Eignung, den Nährstoffgehalt und den Wert des Futters sind so möglich. Die Sinnenprüfung kann grundsätzlich bei jedem Futtermittel angewendet werden. Wie der Name schon sagt, werden zur Beurteilung die Sinne (Sehen, Riechen und Fühlen) eingesetzt. Hierbei werden das Aussehen, der Geruch, die Griffigkeit und mögliche Verunreinigungen des vorliegenden Futtermittels beschrieben und mit dem Idealzustand verglichen. Abweichungen weisen auf einen Qualitätsverlust hin, der sogar zu Gesundheitsgefährdungen führen kann. Bei kleineren Abweichungen sind entsprechende Umstellungen bzw. Ergänzungen der Tagesration notwendig, um diesen Mangel auszugleichen. Wie im Einzelnen eine derartige Sinnenprüfung durchgeführt wird, soll an den Beispielen Heu, Silage und Hafer gezeigt werden.

Die Sinnenprüfung beim Heu

Aussehen

Mit den Augen prüft man den Pflanzenbestand und das Aussehen. Heu soll zu mehr als 80 % aus unterschiedlichen Gräsern bestehen. Spezielle Heusorten können jedoch auch höhere Anteile an Kleearten, Luzerne und Kräutern enthalten. Die Beurteilung der Farbe ist für die Qualität entscheidend. Ein dunkelgrünes, fast bläuliches Aussehen deutet auf einen hohen Blattanteil und damit auf einen frühen Schnittzeitpunkt hin. Für die speziellen Bedürfnisse des Pferdes ist ein späterer Schnittzeitpunkt mit gelblicheren Anteilen günstiger. Bei hellem, grauem, ausgebleichtem Heu ist der Trocknungsverlauf höchstwahrscheinlich durch längere Regenperioden unterbrochen worden. Die Blätter haben einen Großteil der Nährstoffe verbraucht und sind ausgebleicht. Ein zügiger Trocknungsverlauf ist vorteilhaft. Häufiges Wenden des Erntegutes begünstigt Bröckelverluste und Staubbildung. Ist das Heu dunkelbraun bis schwarz verfärbt oder erkennt man weiße Schimmelnester, ist es für die Pferdeernährung nicht mehr zu gebrauchen. Ursachen können längere Regenperioden während der Bodentrocknungsphase und schlechte Lagerung sein.

Geruch

Gutes Heu riecht aromatisch und würzig. Geruchloses, fades Heu war entweder längere Zeit dem Regen ausgesetzt oder stammt von der vorjährigen Ernte. Muffiger, fauler Geruch ist ein Warnzeichen für schlechtes, gesundheitsgefährdendes Futter.

Griffigkeit

Durch Anfassen prüft man die Merkmale Härte und Feuchtigkeit. Blattreiches, nährstoffreiches Heu fühlt sich weich und zart an. Je mehr Stängel und je weniger Blätter vorhanden sind, umso härter wird das Heu. Wie schon erwähnt, ist ein etwas härteres Heu dem weichen vorzuziehen. Eine geeignete Struktur bei gewünschter Trockensubstanz ist mit dem Begriff „knackig“ zu beschreiben, der sogar mit dem Gehör überprüft werden kann. Fühlt sich das Heu klamm an, enthält es noch zu viel Wasser. Erst bei einer Trockensubstanz von 85 % ist Heu weitgehend verlustfrei zu lagern. Eine Einlagerung mit höherem Feuchtegrad kann zur Erhitzung im Futterstapel von über 70 °C führen. Nicht selten führt dies zur Selbstentzündung.

Verunreinigungen

Gutes Heu muss frei von Erde, Staub, Milben, Stallmistresten, Plastik- oder Blechteilen etc. sein. Verfahrensbedingt weist bodengetrocknetes Heu mehr Erdstaub auf. Eine Schnitthöhe von mindestens 10 cm ist für die Heuqualität förderlich. Ein erhöhter Staubgehalt durch Schimmelpilzsporen ist problematisch. Er ist auf einen zu hohen Feuchtigkeitsgehalt bei der Einlagerung zurückzuführen. Die ohnehin in vielen Ställen staubhaltige Luft wird zusätzlich belastet, sodass Allergien und durch Reizung der Schleimhäute Erkrankungen der Atemwege und andere Gesundheitsschäden ausgelöst werden können (siehe Kap. 3.6 Ernährungsbedingte Erkrankungen vermeiden).

Die Sinnenprüfung bei Silagen

Bei Gras- und Maissilage spielen die Merkmale Geruch, Gefüge und Farbe eine entscheidende Rolle. Der Geruch hat die größte Bedeutung, da hieran der richtige Gärverlauf beurteilt werden kann. Silagen sollten aromatisch und leicht säuerlich riechen. Essig- oder Röstgeruch zeigen Fehlgärungen an, schimmeliger, jauchiger oder widerlicher Geruch ist typisch für verdorbene Silagen. Pflanzenteile müssen, wie beim Ausgangsmaterial, gut erkennbar sein. Schmieriges und schleimiges Gefüge sind Merkmale eines beginnenden Verderbens, dessen Ursachen bei der Ernte und Lagerung zu suchen sind. Die Farbe sollte bei Grassilage möglichst grün bis hellgrün, bei Maissilage heller sein. Eine Farbveränderung nach grau, braunschwarz bis grauschwarz ist auf den Einfluss von Fehlgärungen oder auf hohen Schmutzanteil zurückzuführen.

Die Sinnenprüfung beim Hafer

Für die Beurteilung des Hafers nach der Sinnenprüfung ist die Kornform und die Ausbildung der Spelzen von Bedeutung. Schmale, kleine Körner sind in der Kornform spitzig und besitzen einen relativ hohen Spelzenanteil von über 28 %. Große, vollrunde Körner sehen breit und spitzbogig aus. Ihr Spelzenanteil ist geringer, der Nährstoffgehalt ist entsprechend höher. Kornform bzw. Korngröße lassen sich indirekt durch das Tausendkorngewicht messen (1 000 kleine Körner wiegen 20 bis 30 g; große Körner über 40 g). Eine bedeutende Maßeinheit ist das Liter- (oder Hektoliter-) Gewicht. Man unterscheidet leichten (unter 450 g/l), mittleren (450 bis 550 g/l) und schweren (über 550 g/l) Hafer. Leichter Hafer findet als Industriehafer Verwendung in der Mischfutterherstellung. Der mittlere Hafer mit durchschnittlich 500 g/l wird in der Pferdefütterung bevorzugt. Schwerer Hafer, in der Regel ein Auslandshafer, ist teurer aber auch nährstoffreicher und wird vorwiegend in der Fütterung von Hochleistungspferden eingesetzt (siehe Kap. 3.4.5.1 Getreide). Die Farbe des Haferkornes wird von der Färbung der Spelzen bestimmt. Die natürliche Farbskala reicht von gelblich über goldgelb bis braunschwarz und ist unabhängig vom Nährstoffgehalt. Farbverblassungen sind ein Zeichen für unsachgemäße Lagerung oder hohes Alter. Grüne Körner entstammen dem sogenannten Zwiewuchs. Sie sind noch nicht abgereift und enthalten somit noch relativ viel Wasser, was zur Schimmelbildung während der Lagerung führen kann.

Hafer ist geruchsneutral. Fremdgeruch (muffig, dumpf, ranzig) ist immer ein Hinweis auf Verderb. Probiert man einige Haferkörner, stellt man einen mehligen, walnussartigen Geschmack fest. Kein Geschmack deutet auf alten Bestand hin, bitterer Geschmack auf Pilzbefall. Verunreinigungen mit Staub, Erde, Steinchen, Milben, Mäusekot oder Unkrautsamen sollte guter Hafer nicht aufweisen. Bei erhöhtem Anteil sollte von einer Verfütterung aus Gesundheitsgründen Abstand genommen werden.

LUFA-Analyse

Ist eine genaue Kenntnis der Inhaltsstoffe von Futtermitteln erforderlich, empfiehlt sich eine chemische Untersuchung. Von dem zu untersuchenden Futtermittel wird eine Probe genommen. Beim Grundfutter (Heu oder Silagen) und bei loser Ware entnimmt man die Proben an mehreren Stellen, beim Kraftfutter aus mehreren Säcken. Die Futtermenge wird gut durchmischt und etwa 0,5 bis 1 kg hiervon in Versandbehälter verpackt. Futterproben kann der Pferdehalter selbst ziehen, es sei denn, es handelt sich um eine amtliche Probennahme (z. B. bei Reklamationen). Hier darf nur ein amtlich bestellter Probennehmer tätig werden, ansonsten könnte die gegnerische Partei die Identität der Probe bezweifeln. In einem Begleitschreiben (z. B. LUFA Untersuchungsbogen) ist das Futtermittel genau zu beschreiben (Futtermittelart, Herkunft, Gewinnungsart, Schnittzeitpunkt, Bezugsquelle oder Einsatz von Konservierungsmitteln). Außerdem muss man die gewünschten Untersuchungskriterien ankreuzen: Gehalt an Rohnährstoffen, Mineralstoffen, Spurenelementen oder Vitaminen. Auch die bakteriologische Beschaffenheit, Fremdbesatz oder die Zusammensetzung von Mischfutter kann untersucht werden.

Solche Futteranalysen helfen die eingesetzten Futtermittel besser zu bewerten und eine bedarfsgerechte Tagesration zusammenzustellen. Auch beim Verdacht, dass Erkrankungen in Zusammenhang mit dem Einsatz eines Futtermittels stehen könnten, kann die Analyse einer Futtermittelprobe zusätzliche Erkenntnisse bringen.

Futterwerttabellen

Zuverlässige Angaben über den Futterwert sind sowohl für eine art- und bedarfsgerechte als auch ökonomische Fütterung unentbehrlich. Die Ergebnisse umfangreicher Futtermittelanalysen der Landwirtschaftkammern und der Deutschen Landwirtschafts-Gesellschaft (DLG) werden in Futterwerttabellen bzw. in einer Datenbank für Futtermittel zusammengefasst. Die Tabellenwerte, besonders die Angaben der verdaulichen Nährstoffe, werden ständig, zuletzt im Jahr 2008, neu überarbeitet und nach neuen Schätzformeln berechnet. Bei den Tabellenwerten handelt es sich um Mittel- oder Näherungswerte, die nicht mit einer vorliegenden Futtermittelanalyse vollständig identisch sein können. Futtermittel sind Naturprodukte, die durch unterschiedliche Wachstums-, Ernte- und Lagerungsbedingungen in ihren Nährstoffgehalten beeinflusst werden und deshalb erheblichen Schwankungen unterliegen. Die Gehalte werden in Gramm bzw. in Megajoule pro Kilogramm Originalfutter angegeben und sind somit für die direkte Verwendung in der praktischen Fütterung und Rationsgestaltung geeignet.

Futtermittel Warentest

Überregional werden in Mischfuttermitteln Herstellerangaben bezüglich Energie, Rohnährstoffe, Mineralien und Aminosäuren überprüft und Abweichungen veröffentlicht. Die Ergebnisse der Warenteste erleichtern dem Pferdehalter die Qualitätsbeurteilung und somit die Auswahl von Zukauffuttermitteln und verbessern die Ernährung der Pferde.

Futtermittelpreise

Der jeweilige Sackpreis eines Futtermittels ist zum Vergleich der Kosten ungeeignet, da die Inhalte der Säcke sehr unterschiedlich sein können. Bezieht sich der Preis auf eine Gewichtseinheit, besitzt er eine bessere Aussagekraft. Als Bezugsgröße wird in der Regel eine Dezitonne (dt = 100 kg) verwendet. Die durchschnittlichen Futtermittelpreise in €/dt sind der Futterwerttabelle zu entnehmen. Sie können jedoch aufgrund unterschiedlicher Mengen, Mengenrabatte, Lagerkosten, Lieferkosten usw. erheblichen Schwankungen unterliegen.

Die **Preiswürdigkeit** bezieht sich nicht nur auf die gleiche Gewichtseinheit, sondern gibt den Geldwert eines Futtermittels aufgrund seines Nährstoffgehaltes an. In der Regel wird der Energiegehalt des Futters zum Preisvergleich herangezogen. Hat man die Wahl zwischen Futtermitteln, ist die Ermittlung der Preiswürdigkeit aussagekräftiger als der Preis pro Einheit. In der Futterwerttabelle ist die Preiswürdigkeit in Cent pro 1 MJ angegeben (siehe Tab. 37 (Futterwerttabelle)).

Vergleicht man in der Futterwerttabelle die Mischfutterbeispiele „XYZ Ergänzer Sport“ mit „XYZ Alleinkrippenfutter“, so ist das Futtermittel XYZ Alleinkrippenfutter mit 34,– €/dt günstiger. Im Vergleich der Nährwerte in Bezug auf den Energiegehalt pro kg wird aber deutlich, dass das Futtermittel XYZ Ergänzer Sport mit 2,9 Cent pro MJ preiswürdiger ist:

	Preis	Energiegehalt	Preiswürdigkeit
XYZ Ergänzer Sport	35,– €/dt	12 MJ DE	2,9 Cent/MJ
XYZ Alleinkrippenfutter	34,– €/dt	10,5 MJ DE	3,2 Cent/MJ

3.4.3 Raufutter

Das Pferd als Steppentier und Langgrasfresser hat einen hohen Bedarf an Ballast- und Strukturstoffen, der in der Stallfütterung durch Raufutter mit einem Anteil von 25 % bis 30 % Rohfaser gedeckt werden muss. Durch intensives Kauen wird die Speichelproduktion angeregt und dadurch die Verdauung gefördert. Raufutter bildet die Grundlage jeder Pferdefütterung. In der Zuchtpferdefütterung hat die Raufutterversorgung bereits aus wirtschaftlichen und arbeitswirtschaftlichen Gründen einen hohen Stellenwert. Bei der Fütterung von Sportpferden sollte, aufgrund der Gefahr einer Raufutterverdrängung durch hohe Kraftfuttergaben der Raufutteranteil einer Ration (RaT) beachtet werden.

Grünfutterkonserven Heu und Grassilage

Dauergrünland (Wiesen und Mähweiden) oder Ackerfutterflächen liefern besonders im Mai und Juni Futter im Überschuss, das für den Winter in Form einer Trocken- (Heu) oder Sauerkonserve (Silage) eingelagert werden kann. Solches Grünfutter besteht zu etwa 80 % aus Gräsern, lediglich zu 5 % bis 10 % aus Kräutern und zu etwa 10 % bis 15 % aus Klee.

3.4.3.1 Trockenkonserve Heu

Die älteste und einfachste Konservierungsmethode ist die Trocknung. Bei der Bodentrocknung muss das geschnittene Heu bei Sonneneinstrahlung innerhalb von drei bis vier Tagen auf der Wiese trocknen. Dann wird es in Klein- oder Großballen (Rund- und Quaderballen) gepresst und eingelagert. Heu ist erst mit einem Wassergehalt von unter 15 % lagerfähig und muss bei leicht höherer Feuchtigkeit sechs bis acht Wochen nachschwitzen. Um Verdauungsstörungen zu vermeiden, darf es in dieser Zeit noch nicht verfüttert werden. In der Schwitzphase entweicht Wasserdampf und es findet eine bakterielle Aktivität mit Wärmeentwicklung statt. Dieser Vorgang ist in geringem Umfang erwünscht, da die Verdaulichkeit und der Gehalt an Geschmacksstoffen zunimmt und der Anteil an Giftstoffen von Pflanzen sowie der Gehalt an gesundheitsgefährdenden Keimen abnimmt. Ist die Belüftung des Heulagers jedoch mangelhaft, kommt es zu einer vermehrten Keim- und Milbenbelastung und zu Schimmelbildung. Es besteht ab 70 °Celsius (mit der Heusonde messbar) sogar die Gefahr der Selbstentzündung. Man kann versuchen, durch Kochsalz das auftretende Kondenswasser zu binden und so einer Schimmelbildung vorzubeugen. Dazu verteilt man bei der Einlagerung von Kleinballen je Ballen eine halbe Tasse Salz, das entspricht 400 bis 500 g/dt, über jede Lage. Riecht das Heu bei der Sinnenprüfung muffig und staubt aufgrund der hohen Belastung mit Schimmelpilzsporen, ist die „Qualität“ für Pferde ungeeignet. Verdorbenes Heu verur-

Tab. 37. Futterwerttabelle

Futtermittel	Trockensubstanz (T)	Rohfaser (XF)	verdaul. Eiweiß (DXP)	verdaul. Energie (DE[1])	PEQ {Eiweiß : Energie}	Kalzium (Ca)	Phosphor (P)	Kalzium: Phosphor (Verhältnis Ca:P)	Natrium (Na)	Karotin (IE Vit.A)	Preis[2]	Preis-würdigkeit[2]
Einheit	g	g	g	MJ	:1	g	g	:1	g	mg	€/dt	Cent/ 1 MJ
Saftfutter												
Weide (extensiv)												
Weidegras 1. A. vor der Blüte	190	47	17	1,7	10	1,9	0,7	2,7	0	50	2	1,2
Weidegras 1. A. Mitte der Blüte	220	62	17	1,8	9	2,2	0,8	2,8	0	50	2	1,1
Weide (intensiv)												
Weidegras 1. A. vor der Blüte	180	43	25	1,6	16	1,1	0,7	1,6	0	50	2	1,3
Weidegras 1. A. Mitte der Blüte	220	59	27	2,1	13	1,3	0,8	1,6	0	50	2	1,0
Weidegras 2. A. vor der Blüte	180	44	31	1,7	18	1,1	0,6	1,8	0	50	2	1,2
Futterrüben	112	9	7	1,5	5	0,3	0,3	1,0	0,4	0	4	2,7
Mohrrüben	110	10	9	1,3	7	0,4	0,3	1,3	0,3	55	16	13,3
Maissilage	350	71	19	3,4	6	1,1	0,8	1,4	0,1	0	4	1,2
Grassilage 1. A. Beginn der Blüte	500	145	45	4,3	10	2,9	1,8	1,6	0	50	8	1,9
Grassilage 1. A. Ende der Blüte	500	160	28	4	7	2,9	1,7	1,7	0	50	8	2,0
Heulage Mitte der Blüte	650	225	35	4,6	8	3,5	1,5	2,3	0	55	8	1,7

Tab. 37. Futterwerttabelle

Futtermittel	Trockensubstanz (T)	Rohfaser (XF)	verdaul. Eiweiß (DXP)	verdaul. Energie (DE[1])	PEQ {Eiweiß : Energie}	Kalzium (Ca)	Phosphor (P)	Kalzium: Phosphor (Verhältnis Ca:P)	Natrium (Na)	Karotin (IE Vit.A)	Preis[2]	Preis-würdigkeit[2]
Einheit	g	g	g	MJ	:1	g	g	:1	g	mg	€/dt	Cent/ 1 MJ
Heulage Ende der Blüte	670	245	25	4,5	6	3,1	1,3	2,4	0	45	8	1,8
Melasse	770	0	80	11	7	4	0,2	20,0	5,6	0	17	1,5
Stutenmilch	100	0	18	1,7	11	0,7	0,3	2,3	0,2	0	0	0,0
Kraftfutter												
Hafer schw. 550 g/l	880	99	85	12,2	7	1,1	3,2	0,3	0,2	0	13	1,1
Gerste (Winter)	880	50	87	12,6	7	0,6	3,4	0,2	0,2	0	12	1,0
Mais, Flocken	880	23	64	13,6	5	0,4	2,8	0,1	0,1	0	35	2,6
Trocken-schnitzel	900	140	55	10	6	7	1	7,0	2	0	12	1,0
Sojaextrak-tionsschrot	883	60	412	12,4	33	3	6	0,5	0,3	0,2	35	2,8
Leinsamen	910	66	172	14,5	12	2,5	5	0,5	0,8	0	100	6,9
Bierhefe, getrocknet	950	24	400	12,5	32	3	16	0,2	1	0	100	8,0
Pflanzenöl	999	0	0	36	0	0	0		0	0	60	1,7
Weizenkleie	880	108	107	11	10	1,6	11,5	0,1	0,5	0	10	0,9
Mischfutter										(IE Vit. A)		
XYZ Fohlen-starter	860	65	144	11	13	11	7	1,6	3	(48000)	35	3,2
XYZ Ergän-zer Zucht	860	120	95	11	9	16	4	4,0	2	(30000)	35	3,2
XYZ Ergän-zer Sport	860	130	75	12	6	12	4	3,0	2	(24000)	35	2,9

Tab. 37. Futterwerttabelle

Futtermittel	Trockensubstanz (T)	Rohfaser (XF)	verdaul. Eiweiß (DXP)	verdaul. Energie (DE[1])	PEQ {Eiweiß : Energie}	Kalzium (Ca)	Phosphor (P)	Kalzium: Phosphor (Verhältnis Ca:P)	Natrium (Na)	Karotin (IE Vit.A)	Preis[2]	Preis-würdigkeit[2]
Einheit	g	g	g	MJ	:1	g	g	:1	g	mg	€/dt	Cent/ 1 MJ
XYZ Allein-krippen-futter	860	170	96	10,5	9	10	6	1,7	3	(10000)	34	3,2
Raufutter												
Heu, Wiese 2.A. früh	860	237	61	7,9	8	4,6	2,9	1,6	0,5	10	10	1,3
Heu, Wiese Mitte der Blüte	860	269	58	7,3	8	4,3	2,6	1,7	0,5	8	10	1,4
Heu, Weide Ende der Blüte	860	289	56	6,9	8	4,3	2,4	1,8	0,6	8	10	1,4
Luzerne, Grünmehl	900	256	106	8,2	13	18	3	6,0	0,8	100	35	4,3
Luzerneheu	860	333	86	6	14	13,6	2,1	6,5	1,6	30	14	2,3
Stroh, Weizen	860	367	9	5,2	2	2,6	0,8	3,3	1	0	8	1,5
Stroh, Roggen	860	418	9	5	2	2,5	0,9	2,8	1,3	0	8	1,6
Stroh, Hafer	860	381	11	5,2	2	3,2	1,2	2,7	1,3	0	8	1,5
Mineralfut-termittel			–	–						(IE Vit.A)		
XXY Min 5,5	950	–	–	–		220	40	5,5	53	(600000)	150	
XYZ Min 4	950	–	–	–		160	40	4,0	45	(600000)	130	
YZZ Min 2 (Weide)	950	–	–	–		80	45	1,8	50	(300000)	140	
Leckstein	950	–	–	–		–	–		370	–	13	

1) nach DLG und GfE
2) ØPreise 2009 (können stark variieren)

In Abhängigkeit von der Leistung muss der Rau- bzw. Kraftfutteranteil der Trockensubstanz beachtet werden.

Leistung	Trockensubstanz der Ration	
	Raufutteranteil in%	Kraftfutteranteil in %
1. Erhaltung	95	5
2. Leichte Arbeit	85	15
3. Mittlere Arbeit	75–80	20–25
4. Schwere Arbeit	50	50

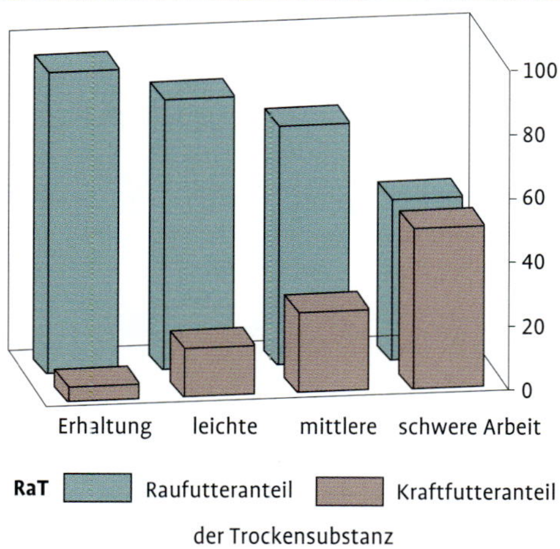

sacht Verdauungsstörungen und Atemwegserkrankungen und ist komplett zu entsorgen.

Luzerne-Heu

Luzerne wird als Königin der Futterpflanzen bezeichnet. Es handelt sich um eine Leguminose, einen Schmetterlingsblütler, der durch seine dreizähligen Blätter und die Blütenform die Verwandtschaft mit Klee, Lupine, Erbsen und Bohnen erkennen lässt. Die Luzerne stammt aus den vorderasiatischen Steppenländern, der Heimat vieler Pferderassen. Entsprechend ihrer Herkunft verlangt sie ein warmes Klima und kalkreiche Böden. Wie alle Leguminosen bindet Luzerne mithilfe von Knöllchenbakterien an den Wurzeln Luftstickstoff, was die Eiweißbildung verbessert. Neben einem hohen Gehalt an Eiweiß ist die Luzerne auch reich an Kalzium. Bis zu 5 kg Luzerneheu ist für tragende und säugende Stuten sowie für Pferde in der Aufzucht eine Alternative zu Wiesenheu. Aufgrund des hohen Eiweiß- und Kalziumgehaltes ergänzt Luzerne Getreiderationen. Luzernehäcksel als Krippenfutterzusatz verhindert hastiges Fressen und fördert das Kauen.

Luzernegrünmehl-, Graspellets oder Heucobs

Bei der industriellen Unterdachtrocknung wird Weide- oder Ackergrünfutter (Weidelgras, Luzerne, Rotklee) mit Luft in einem Heuturm nachgetrocknet, anschließend in Ballen gepresst oder zu Trockengrünprodukten verarbeitet. Der Nähr- und Wirkstoffgehalt dieser Produkte entspricht annähernd dem Ausgangsmaterial. Protein-, Energie- und ß-Karotin-Gehalt sind höher als beim Heu, da die künstliche Trocknung erheblich schonender und verlustärmer ist als die Bodentrocknung. Obwohl die Grünmehlpellets rohfaserreich sind, wurde durch das Mahlen die Struktur der Rohfaser zerstört und dadurch die Kaufähigkeit stark gemindert. Grünmehlpellets sind aber eine wichtige Komponente in Pferdemischfuttermitteln.

Heucobs sind wegen höherer Eiweißgehalte und verminderter Rohfasergehalte nur zusätzlich zu Heu, Grassilage oder Futterstroh geeignet. Aufgrund der fehlenden Struktur können sie Heu nicht ersetzten. Für Pferde mit einer Heustauballergie oder auch für alte Pferde, die Raufutter aufgrund fehlender Zähne nicht mehr genügend kauen können, sind Heucobs vorteilhaft. Das Einweichen führt zur Verringerung der Kautätigkeit und Einspeichelung, zur Verkürzung der Fresszeit und dadurch zu geringerer Beschäftigung.

3.4.3.2 Sauerkonserve Grassilage

?

Die Pferdebesitzer und Einsteller im Betrieb Wiesengrund wehren sich gegen die Planung, statt Heu in Zukunft Grassilage zu füttern. Sie äußern die Meinung: „Grassilage!? Nein danke, die ist uns viel zu eiweißreich!!". Die Auszubildende Steffi Schnell erhält den Auftrag, mithilfe von Handzetteln die Pferdebesitzer über die Unterschiede zwischen Heu und Grassilage zu informieren.

In der landwirtschaftlichen Nutztierhaltung wird Silage aus gemähtem und angewelktem Grünfutter seit etlichen Jahren als Grundfutter eingesetzt. In der Pferdefütterung, und nicht nur für Pferde die unter Stauballergie leiden, gewinnt sie zunehmend an Bedeutung. Grünfuttersilage in guter Qualität konkurriert zunehmend mit dem traditionell üblichen Heu. Ein Vorteil ist vor allem die Zeitersparnis. Nach zwei Tagen anwelken kann das Grünfutter bereits gepresst und luftdicht verschlossen werden. Die Ernteabwicklung erfordert etwa zwei Tage weniger als bei der Heuernte. Dies verringert das Witterungsrisiko. Zwei trockene Tage sind wahrscheinlicher als vier Tage, die zur Heuernte benötigt werden. Ein weiterer Vorteil sind die geringeren Nährstoffverluste (Bröckel- und Lagerungsverluste), wodurch Zusatzfutter eingespart werden kann.

Voraussetzung ist eine moderne Erntetechnik, die das feste Pressen zum Luftausschluss und das Wickeln mit geeigneten Folien zum Luftabschluss sicherstellt. Nur unter vollständigem Luftabschluss ist eine qualitätsfördernde Gärung zu erreichen. Gärfähig sind Pflanzen mit ausreichenden Anteilen leichtlöslicher Kohlenhydrate und einem nicht zu hohen Eiweißgehalt.

Bei der Gärung wird aus Zucker und Stärke unter geeigneten Bedingungen Milchsäure gebildet, die das Futter einsäuern (pH-Wert 3 bis 4) und somit haltbar machen. Die Milchsäuregärung ist mit einem geringen Energieverlust verbunden und führt zu einem schmackhaften Futter. Deshalb müssen anaerob wirkende Milchsäurebakterien gefördert und andere Mikroorganismen, z. B. Buttersäurebildner, Schimmelpilze und Fäulnisbakterien, unterdrückt werden. Hierzu ist ein ausreichender Anteil Zucker oder Stärke im Ausgangsmaterial, eine zügige Verarbeitung, eine gute Verdichtung des Futters und vor allem ein luftdichter Abschluss notwendig. Undichtigkeiten der Folie stören den Silierverlauf. Es entsteht übelriechende Buttersäure und Schimmelnester die das Futter verderben und durch Abgabe von Giften (Toxinen) unbrauchbar machen. Ein solches Futter ist unter keinen Umständen einzusetzen. Die gelungene Grassilage wird nach einer Angewöhnungszeit als angenehm riechendes, staubfreies, saftiges Futter von den meisten Pferden gern gefressen.

Die Nährstoffzusammensetzung wird durch den Schnittzeitpunkt bestimmt. Ein früher Schnitt ist eiweißreich, ein später Schnitt rohfaserreich. Im Vergleich zum Heu ist der Vitamingehalt höher. Für Pferde geeigneter sind Anwelksilagen mit einer höheren Trockensubstanz, z. B. Heulage mit etwa 60 % T, die jedoch bezüglich guter Verdichtung und luftdichtem Abschluss besondere Ansprüche an die Erntetechnik stellt.

Schnittzeitpunkt für Heu und Grassilage
Generell unterscheidet man bei Grünfutterkonserven die Schnittzahl (erster, zweiter und gar dritter Schnitt) und den Schnittzeitpunkt

Blattstadium	Ähren/Rispenschieben	Blüte Beginn Mitte Ende	Nach der Blüte
oberster Halmknoten ca. 10 cm über dem Erdboden	erste Blütenspitzen treten aus der Halmscheide	volle Halmstreckung erreicht, Halme grün	abgeblüht, Halme grün-gelb, Samen lösen sich
zu früh		geeignet	zu spät

Abb. 117: Für Pferde geeigneter Schnittzeitpunkt für Heu und Gassilage am Beispiel des Knaulgrases.

(Schnitt vor / Beginn / Mitte / Ende oder nach der Blüte). Der optimale Schnittzeitpunkt für Pferdeheu liegt Mitte bis Ende der Blüte der hauptbestandsbildenden Gräser, also deutlich später als bei der üblichen Heu- und Silagegewinnung für Milchvieh. Dieser Schnittzeitpunkt ist bei normalem Pflanzenbesatz nur mit dem ersten Schnitt vereinbar. Vor der Blüte geschnittenes Heu, sowie Heu des zweiten oder dritten Schnittes, ist in der Regel sehr fein und mit einem geringen Rohfaseranteil ernährungsphysiologisch weniger geeignet. Härteres, stengelhaltiges Material erfüllt die Bedürfnisse des Pferdes eher. Heu für Pferde sollte deutlich mehr als 20 % Rohfaser aufweisen. Auch der Nährstoffgehalt des Heus ist vom Schnittzeitpunkt abhängig. Je älter das Gras, je länger die Halme und je höher der Stängelanteil desto größer ist der Rohfasergehalt, aber umso geringer der Eiweißgehalt.

Früh geschnittenes, weiches, blattreiches Gras ist eiweißreicher und begrenzt in der Fohlen- und Stutenfütterung einsetzbar. Überständiges, strohiges Heu erfüllt bei einwandfreier Qualität die Funktion des Raufutters, besitzt aber nur noch einen geringen Futterwert.

Eine früh im Blattstadium geschnittene, typische „Rindviehsilage“, sollte wegen des geringen Rohfasergehaltes von unter 20 %, des sehr hohen Eiweißgehaltes und häufig zu geringen Trockensubstanzgehaltes von unter 35 % nicht gefüttert werden.

3.4.3.3 Maissilage

Den gleichen Herstellungskriterien wie die Grassilage unterliegt auch die Maissilage. Futtermais (auch Silomais genannt) ist eine Ackerfutterpflanze. Die ganze Pflanze wird bei der Ernte im Herbst gehäckselt und anschließend siliert. Die Teigreife der Maiskörner ist der richtige Erntezeitpunkt. Die Nährstoffeinlagerung im Korn ist fast abgeschlossen und der Wassergehalt auf weniger als 70 % gesunken. Maissilage ist weniger anfällig für Fehlgärungen als die Grassilage. Sie ist arm an Eiweiß aber reich an Stärke. Durch ihren Einsatz kann der in vielen Rationen bestehende Überschuss an Eiweiß abgebaut und der Energiebedarf gedeckt werden. 10 bis 15 kg Maissilage können 2 bis 3 kg Heu und 0,5 bis 1,5 kg Hafer ersetzen. Maissilage ist jedoch arm an Mineralstoffen und Vitaminen, sodass auf eine ausreichende Ergänzung zu achten ist.

3.4.3.4 Stroh

Stroh ist besonders gut als Einstreu geeignet. Es ist günstig und leicht kompostierbar. Als Futtermittel kann Stroh im begrenzten Maße (max. 1 kg/100 kg) als Heuersatz dienen. Probleme mit Stroh entstehen in der Regel durch menschliche Fehler während der Ernte, der Lagerung und der Zuteilung.

Stroh ist nährstoffarm aber sehr rohfaserreich. Werden größere Strohmengen aufgenommen kann das zu Mangelversorgung der Darmflora und damit zu Störungen im Dickdarm führen. Dennoch ist Stroh wie Heu für die Psyche des Pferdes wichtig. Auf der Weide fressen Pferde 14 bis 16 Stunden, Pferde in der Wildnis sogar bis zu 20 Stunden täglich. Die Fresspausen liegen bei maximal zwei Stunden. Im Stall dagegen frisst ein Großpferd ein Kilo Krippenfutter in 10 Minuten, ein Kilo Stroh in immerhin 60 Minuten. Strohaufnahme aus der Einstreu fördert durch Kauen und Einspeicheln nicht nur die Verdauung, sondern stellt auch eine sinnvolle Beschäftigung dar.

Weizenstroh ist das häufigste und geeignetste Stroh. Es taugt nicht nur als Streu sondern auch als Futter. Bei geeigneter Qualität ist es goldgelb und wird gern gefressen. In trockenen Jahren ist es meist recht kurzhalmig.

Gerstenstroh ist die zweithäufigste Strohsorte. Es fühlt sich weicher an als andere Strohsorten. Gerste ist leicht an den Ähren mit sehr langen Grannen zu erkennen. Diese spitzen, mit Widerhaken gespickten Grannen können unangenehme Reizungen hervorrufen. Diese Gefahr ist jedoch durch die heutige Erntetechnik stark verringert. Gerstenstroh wirkt wie glasiert und ist als Einstreu weniger saugfähig.

Eine Verunreinigung mit Windhalm, einem Gras mit langen, sehr dünnen Halmen, das sich massig in Gerstenfeldern entwickeln kann, ist zu vermeiden, da es im Darm des Pferdes Verstopfungen verursacht.

Roggenstroh fällt pro Jahr deutlich weniger an als andere Strohsorten. Man erkennt es an Ährenresten mit mittellangen Grannen und an langen und harten Stängeln. Aufgrund des höchsten Lignin- und Rohfasergehaltes und seines etwas bitteren Geschmackes fressen Pferde es weniger gern. Roggenstroh ist in seiner Saugfähigkeit dem Weizenstroh gleichgestellt.

Haferstroh ist sehr blattreich. Es schmeckt den Pferden gut und ist als Futterstroh begehrt. Aufgrund der geringen Anbaufläche ist es jedoch die seltenste Strohsorte.

Haferstroh enthält häufig noch grüne Halme. Um eine geeignete Qualität zu erhalten, muss es auf dem Feld gut nachtrocknen.

3.4.4 Saftfutter

Die Besonderheit des Saftfutters ist der hohe Wassergehalt, der zwischen 90 % (bei Möhren) und 50 % (bei Silage) liegen kann. Entsprechend gering ist der Nährstoffgehalt je kg Frischsubstanz. Durch natürliche Wachstumsbedingungen und den leichten Verderb entstehen große Nährstoffschwankungen und Qualitätsunterschiede. Saftfuttermittel müssen frisch verfüttert oder haltbar gemacht (konserviert) werden. Aufgrund des günstigen Preises und da sie von Pferden gerne angenommen werden, finden diese Futtermittel dennoch eine häufige Verwendung. Saftfutter zählt zu den wirtschaftseigenen Futtermitteln. Pferdehaltende Betriebe mit landwirtschaftlicher Nutzfläche produzieren Gras, Grassilage, Rüben oder Maissilage vielfach selbst.

3.4.4.1 Grünfutter

Grünfutter kommt entweder vom **Dauergrünland** (Wiesen, Weiden oder Mähweiden) oder vom Acker. Wiesen werden zur Heu- und Silagewerbung genutzt, und Weiden werden von den Pferden selbst abgeweidet. Auf Mähweiden wird in der Regel der erste Aufwuchs gemäht, der weitere Aufwuchs dann abgeweidet. Als **Ackerfutter** bezeichnet man Grünfutter, das in einer jährlich wechselnden Fruchtfolge hauptsächlich zur Silagegewinnung angebaut wird.

Eine artenreiche Sommerweide wird dem Fressverhalten der Pferde gerecht. Sie fördert selektives Fressen und ermöglicht kontinuierliche Aufnahme kleiner Futtermengen in ruhiger Bewegung. Die Weide ist also nicht nur Futterfläche, sondern gleichzeitig auch Bewegungsraum und ermöglicht bei Gruppenhaltung die notwendigen sozialen Kontakte.

Die Futterproduktion auf dem Grünland ist in unserer Region überwiegend auf Milchkuhfütterung ausgerichtet. „Moderne", blattreiche Gräser liefern ein Hochleistungsfutter zur Milchproduktion. Sie reagieren ertragreich auf Düngung und produzieren viel Zucker und Eiweiß; die Rohfaserwerte sinken. Das Steppentier Pferd ist als „Raufutterfresser" aber mehr auf stängelreiches, rohfaserreicheres, reiferes Gras angewiesen.

Rinder weiden gleichmäßig, während Pferde auswählend (selektiv) grasen und lieber die für sie schmackhaften Pflanzen fressen. Dadurch beeinflusst das Freßverhalten der Pferde sehr viel stärker die Bestandszusammensetzung der Weiden. Weniger beliebte Gräser und Kräuter können ungestört weiter wachsen, sich vermehren und somit wertvollere verdrängen. Das führt zu der Notwendigkeit, Pferdeweiden häufiger nachzusäen oder sogar neu einzusäen. Durch die Auswahl einer geeigneten **Weidemischung** können die Bedürfnisse der Pferde besser berücksichtigt werden.

Auf natürlichem Grünland kommen über 100 verschiedene Pflanzenarten vor. Meist werden aber nur 20 bis 30 verschiedene Arten festgestellt. Diese lassen sich grob einteilen in Gräser, Kleearten und Kräuter. Hierbei sorgen Gräser und Kleearten für den Ertrag und für den Energie- und Eiweißgehalt, Kräuter für die Schmackhaftigkeit des Futters. Erwünscht ist ein Gräseranteil von mindestens 80 %.

Gräser sind die Massenbildner des Grünlandes und beeinflussen daher Quantität und Ertrag des Futters. Klima, Boden, Nutzungsart, Pflege und Düngung haben einen zusätzlichen Einfluss. Auf Weiden spielen das **Deutsche Weidelgras**, der **Rotschwingel**, die **Wiesenrispe** und der **Wiesenschwingel** eine überragende Rolle. Neben der hohen Ertragsfähigkeit vertragen diese Gräser eine scharfe Beweidung und bilden schnell eine geschlossene, feste Grasnarbe. Sie sind aber für Pferde nicht unproblematisch, da sie die höchsten Zuckergehalte ausbilden, von denen Fruktan als Auslöser der Hufrehe ermittelt wurde. Auf Wiesen, die schnittgenutzt werden und nicht den Belastungen der Beweidung ausgesetzt sind, können sich pferdegerechtere Obergräser besser entwickeln. Das **Knaulgras**, das **Lieschgras** und der empfindliche **Glatthafer** bringen hier gute Erträge. Diese Gräser haben geringere Fruktangehalte.

Neben der Unterteilung der Gräser nach Wuchsform in die hoch wachsenden, stängelreichen Obergräser und die niedrig wachsenden, blattreichen Untergräser ist der Futterwert mit einer Skala von acht (wertvoll)

Tab. 38. Für Pferdegrünland geeignete Saatgutmischungen

Saatgutmischungen	Standard			Pferde	
Grasarten	G III o[1)] %	G IV[2)] %	G V[3)] Nachsaat %	Weide %	Heu/Silage %
Untergräseranteil					
Deutsches Weidelgras					
früh	20		25		
mittel	26		25	5	
spät	27	27	50		30
Wiesenrispe	10	10		15	10
Rotschwingel				15	5
Obergräseranteil					
Lieschgras	17	17		30	10
Wiesenschwingel				25	40
Rohrschwingel				15	
Wiesenfuchsschwanz				5	
Knaulgras		40			
Glatthafer					5
Kleeanteil					
Weißklee		6			

1) G III o = Standardmischungen Grünland für Standorte mit hoher Nutzung bei überwiegender Beweidung ohne Weißklee.
2) G IV = Knaulgrasbetonte Mischung für leichte, austrocknungsgefährdete Standorte
3) G V = Nachsaatmischung bei lückiger Grasnarbe
Pferdeweide = Strapazierfähige, fruktanarme Weidemischung
Heu/Silage = Mischung für Heu und Silagewerbung

bis eins (wertlos) eine geeignete Beurteilung. Dieser Futterwert ergibt sich aus Schmackhaftigkeit und Nährstoffgehalt.

Schnittzeitpunkt
Der Nährstoffgehalt ist abhängig vom Vegetationszustand zum Zeitpunkt der Nutzung. Mit der Dauer der Vegetation des Grünlandes nimmt der Rohfasergehalt (XF) infolge einer Erhöhung des Stängelanteils stetig zu, während die Gehalte an Eiweiß (DXP) und Energie (DE) deutlich abnehmen. Junges, blattreiches Gras ist somit eiweiß- und energiereicher, älteres, stängelreiches bis überständiges Gras ballaststoffreicher.

Die zweikeimblättrigen Pflanzen des Grünlandes unterteilt man in **Klee** und **Kräuter**.

Von den Kleearten finden wir auf dem Grünland besonders häufig den Weißklee, aber auch andere Kleearten, wie **Wiesenrotklee**, **Hornklee** und **Gelbklee**. Zu dieser Gruppe gehören auch die Wickenarten (Vogelwicke, Zaunwicke) und die Wiesenplatterbse. Kleeartige sind Leguminosen, die Wurzelknöllchen

Untergräser mit brauchbarem Futterwert

Deutsches Weidelgras: Hochleistungsgras; sehr widerstandsfähig; hoher Futterwert WZ 8; düngerliebend NZ 7; blattreich; sehr hoher Fruktangehalt

Rotschwingel: brauchbar; unempfindlich; mittlerer Futterwert WZ 5; düngerliebend NZ 6; blattreich; niedriger Fruktangehalt

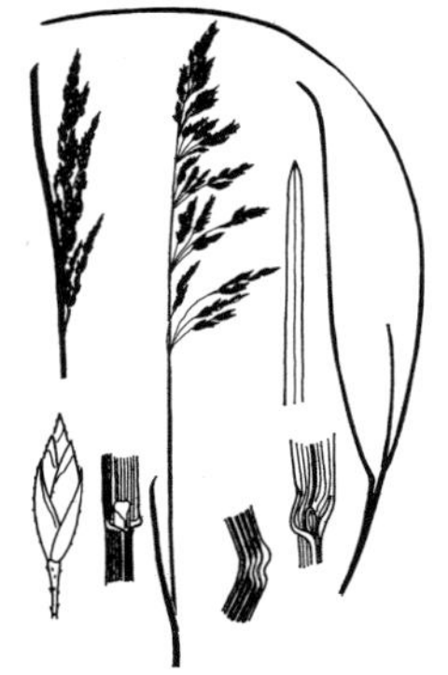

Wiesenrispe: sehr wertvoll; widerstandsfähig; hoher Futterwert WZ 8; ausläufertreibend; narbenbildend; mittlerer Fruktangehalt

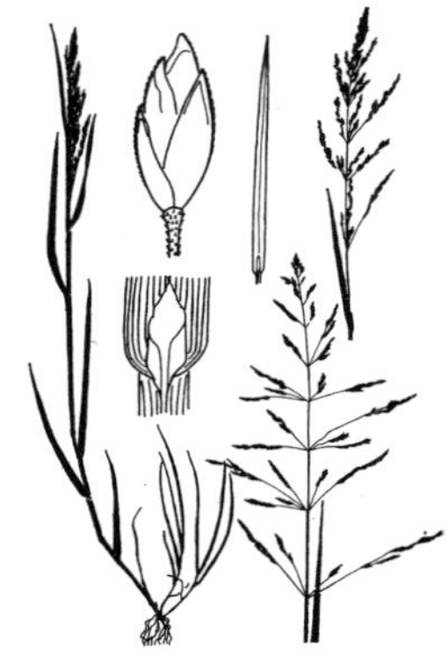

Gemeine Rispe: wertvoll; widerstandsfähig; Ausläufertreibend; hoher Futterwert WZ 7; mittlerer Fruktangehalt Obergräser mit brauchbarem Futterwert

Obergräser mit brauchbarem Futterwert

Wiesenlieschgras: sehr wertvoll; ertragreich; spätblühend; hoher Futterwert WZ 8; stengelreich; geringer Fruktangehalt

Knaulgras: wertvoll; ertragreich; frühblühend; hoher Futterwert WZ 7; stengelreich; geringer Fruktangehalt

Glatthafer: sehr wertvoll; ertragreich; trittempfindlich; hoher Futterwert WZ 7; stengelreich

Wiesenschwingel: wertvoll; widerstandsfähig; hoher Futterwert WZ 8; düngerliebend NZ 6; blattreich; sehr hoher Fruktangehalt Gräser mit geringem Futterwert

Gräser mit geringem Futterwert

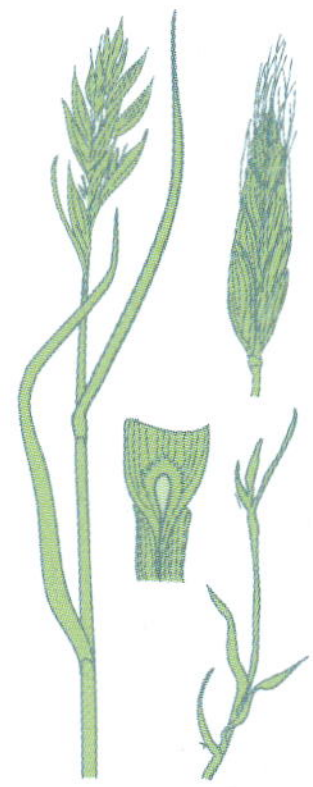

Trespengras: anspruchslos; frühreifer Lückenfüller; geringer Futterwert

Quecke: Ackerschadgras; ausläuferbildend; geringer Futterwert

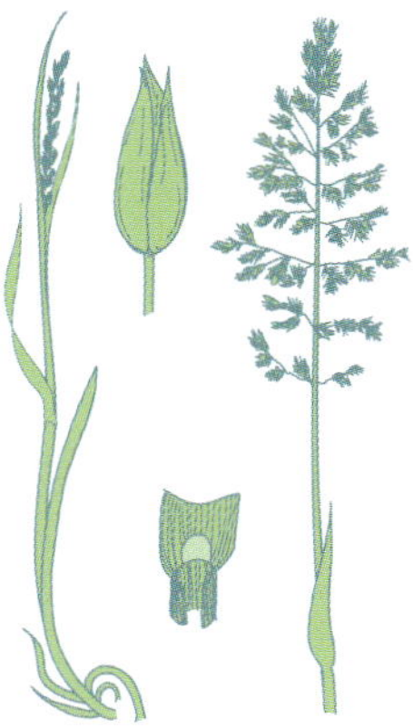

Wolliges Honiggras: ausdauerndes Obergras; wird ungern gefressen; geringer Futterwert

Jähriges Rispengras: ertragsarmer Lückenfüller; geringer Futterwert Ackerfuttergras

Ackerfuttergras

Welsches Weidelgras: nicht ausdauernd; im Feldfutterbau einsetzbar; als Dauersaat ungeeignet; Obergras; hoher Futterwert WZ 8; hohe Nährstoffansprüche

Abb. 118: Wichtige Gräser des Grünlandes.

Abb. 119
Nährstoffgehalt der Gräser in Abhängigkeit vom Vegetationszeitpunkt.

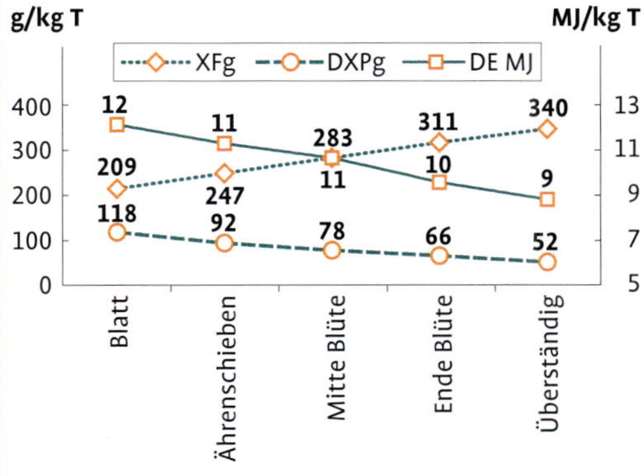

ausbilden in denen Mikroorganismen leben. Mithilfe dieser Symbiose sind sie in der Lage, Luftstickstoff zu verwerten. Sie werden als Stickstoffsammler charakterisiert, was auch ihren hohen Eiweißgehalt erklärt. An Mineralstoffen enthalten sie besonders viel Kalzium und Magnesium.

Tab. 39. Pflanzen des Grünlands

1. Gräser
Obergräser
Wiesenschwingel (*Festuca pratensis*)
Wiesenlieschgras (*Phleum pratense*)
Wiesenfuchsschwanz (*Alopecurus pratensis*)
Glatthafer (*Arrhenatherum elatius*)
Goldhafer (*Trisetum flavescens*)
Knaulgras (*Dactylis glomerata*)
Rohrglanzgras (*Phalaris arundinacea*)
Wehrlose Trespe (*Bromus inermis*)
Untergräser
Deutsches Weidelgras (*Lolium perenne*)
Wiesenrispengras (*Poa pratensis*)
Gemeines Rispengras (*Poa trivialis*)
Weißes Straußgras (*Agrostis alba*)
Rotschwingel (*Festuca rubra*)
Jähriges Rispengras (*Poa annua*)
2. Kleeartige Pflanzen
Weißklee (*Trifolium repens*)
Wiesenrotklee (*Trifolium pratense*)
Bastardklee (*Trifolium hybridum*)
Zaunwicke (*Vicia sepium*)
Vogelwicke (*Vicia cracca*)
Wiesenplatterbse (*Lathyrus pratensis*)
3. Kräuter
U. a. Löwenzahn (*Taraxacum officinale*)
Schafgarbe (*Achillea millefolium*)
Goße Bibernelle (*Pimpinella major*)
Spitzwegerich (*Plantago lanceolata*)
Großer Wiesenknopf (*Sanguisorba officinalis*)
Großer Sauerampfer (*Rumex acetosa*)

Zu den **Kräutern** zählen sowohl wertvolle Futterpflanzen mit z. T. heilsamer Wirkung sowie giftige Wildkräuter. Auf extensiven, weniger genutzten und gedüngten Flächen kommen Kräuter im Allgemeinen häufiger vor, mit steigender Nutzung geht ihr Anteil zurück. Kräuter wie **Löwenzahn**, **Schafgarbe** und **Spitzwegerich** sind wertvoll, wenn sie in nicht zu großen Mengen vorkommen. Nimmt ihre Zahl überhand, wirken sie ertragsmindernd. Von mäßigem Futterwert sind u.a. Gänseblümchen, Margerite, gemeines Hornkraut, Flockenblume, kriechender Hahnenfuß. Ohne Wert sind Kräuter, die nicht gefressen werden, z. B. Heidekraut, Krauser Ampfer. Giftig wirken Scharfer Hahnenfuß, Sumpfdotterblume, Wiesenschaumkraut, Sumpfschachtelhalm, Adonisröschen, Herbstzeitlose, Adlerfarn und Johanniskraut.

Weidefütterung

In der Zucht und Aufzucht von Pferden kann die Weide als hauptsächliches Alleinfutter genutzt werden. Folgende, einschränkende Besonderheiten müssen beachtet werden:

- Pferde können 40 kg bis 70 kg Gras täglich aufnehmen. Der Übergang von Stall- auf Weidefütterung muss, wie bei jeder Futterumstellung, langsam erfolgen. Zur Gewöhnung muss die Grasaufnahme begrenzt werden.
- Die Natrium-Versorgung der Pferde ist auf der Weide immer unzureichend, eine Salzleckschale, besser eine Mineralleckschale, ist erforderlich, denn auch andere Mengen- und Spurenelemente sind besonders bei sehr jungem, aber auch bei überständigem Gras nicht ausreichend enthalten.
- Besonders junges Gras hat einen sehr hohen Eiweißgehalt, der von Zucht- und Aufzuchtpferden benötigt oder toleriert wird. Es besteht jedoch ein Rohfasermangel, der durch Heu oder Strohgaben behoben werden kann.

Tab. 40. Der Futterwert*) wichtiger Grünlandpflanzen

Futterwertzahl	Gräser	Kleeartige Pflanzen und Kräuter
8 bis 7 Hochwertig	Deutsches Weidelgras Wiesenrispengras Lieschgras Wiesenschwingel Welsches Weidelgras Glatthafer	Klee
6 bis 5 Mittelwertig	Kammgras Quecke Knaulgras Wiesenfuchsschwanz Gemeines Rispengras Straußgras Trespe Rohrglanzgras	Spitzwegerich Wicken Löwenzahn Schafgarbe
4 bis 2 Geringwertig	Wolliges Honiggras, Rasenschmiele, Jähriges Rispengras	Sauerampfer Mädesüß Breitwegerich
1 bis 0 Wertlos	Binsen, Seggen Heidekraut	Sumpf-Kratzdistel, Johanniskraut
–1 Giftig		Herbstzeitlose, Hahnenfuß, Sumpfdotterblume

*) Der Futterwert ergibt sich aus der Schmackhaftigkeit der Einzelpflanze und dem Nährstoffgehalt des Gesamtbestandes.

- Je nach Aufwuchs und Leistung ist auch eine Energieergänzung notwendig.

Für Reitpferde und besonders für Pferde im Erhaltungsbedarf ist Weidehaltung, abhängig von der Pferderasse, häufig problematisch. Besonders bei Robustpferderassen können Schäden entstehen. Deshalb sollte beachtet werden:

- Reitpferde, die mittel bis stark gearbeitet werden, sollten nur stundenweise Weidegang erhalten. Eine übermäßige Aufnahme voluminöser Grasmengen beeinträchtigen die Leistungsfähigkeit (Weidebauch). Ohne Zufütterung ist eine bedarfsgerechte Nährstoffversorgung auf der Weide nicht gesichert (Eiweißüberschuss, Energie- und Rohfasermangel).
- Für Pferde ohne Beanspruchung ist eine knappe, durch verminderte Düngung extensive Weide günstiger. Durch die Ansaat pferdegerechter Obergräser und einen späteren Nutzungszeitpunkt wird die Aufnahme blattreicher Gräser reduziert. Ansonsten kann durch zeitliche und / oder räumliche Portionierung des Weidegangs oder durch einen speziellen Weidemaulkorb die Grasaufnahme verringert werden.

- Eiweißüberschuss und Rohfasermangel der Weide müssen durch Heu oder Strohgaben ausgeglichen werden.

Eine Salz- und Mineralstoffergänzung (Mineralleckschale) ist immer vorzunehmen.

3.4.4.2 Wurzelfrüchte und Knollen

Wurzelfrüchte und Knollen zählen aufgrund ihres geringen Trockensubstanzgehaltes zu den Saftfuttermitteln. Die Verdickungen dienen der Einlagerung von Speicherstoffen. Neben einem hohen Wassergehalt besitzen sie einen hohen Anteil an leichtverdaulichen Kohlenhydraten. Es mangelt ihnen jedoch an Rohfaser. Aufgrund des recht hohen Zuckergehaltes sind sie schmackhaft und werden von Pferden gern gefressen, auch dann noch, wenn die Tiere schon satt sind oder infolge einer Erkrankung die Futteraufnahme eingeschränkt haben. Sie verbessern die Futterakzeptanz.

Zu dieser Gruppe sind folgende einheimische Futtermittel zu zählen: **Futter-, Zucker-, Stoppel-, Mohrrüben, Rote Beete** und **Kartoffeln**. Gründe für den begrenzten Einsatz dieser Futtermittel sind ein erhöhter Arbeitsaufwand für die notwendige Säuberung und die aufwendige Verfütterung. Bei ausreichender Raufuttergabe könnten bis zu 20 kg Futterrüben verfüttert werden. Eine Vorratslagerung ist im Sommer schwer möglich.

Mohrrüben enthalten einen hohen Anteil an Karotin (etwa 60 mg ß-Karotin/kg), der ihnen auch die charakteristische Farbe verleiht. Sie besitzen die größte Bedeutung für die Pferdefütterung. Da die Karotingehalte der Mohrrüben im Gegensatz zu Heu während der Lagerung kaum zurückgehen, sind mit 2 kg Mohrrüben der Tagesbedarf eines Warmblutpferdes an Vitamin A (1 mg Karotin bildet etwa 400 IE Vit. A) sichergestellt (siehe Kap. 3.3.9 Vitaminversorgung mit einbeziehen).

Kartoffeln enthalten als Energieträger 12 % bis 20 % Stärke. Der Eiweißgehalt ist niedrig, der Gehalt an Vitaminen des B-Komplexes hingegen hoch. Sie dürfen nicht gekeimt noch grün verfärbt sein, da sonst Vergiftungen auftreten können. Gedämpfte Kartoffeln wurden früher in Mengen bis 25 kg an Arbeitspferde verfüttert. Heute können 1 bis 2 kg weich gekochte Kartoffeln täglich eingesetzt werden, um magere, rekonvaleszente oder alte Pferde mit Zahnproblemen „aufzupäppeln".

3.4.5 Kraftfutter

?

Mit einem Preisaufschlag von „nur" 10 % wird Ihrem Ausbildungsbetrieb „Schwarzhafer" angepriesen. Als Alternative zu Hafer werden Ihnen auch Gerste und Mais angeboten.
Zu welchem Getreide raten Sie Ihrem Ausbilder?

Als Kraftfutter bezeichnet man Futtermittel mit einem Energiegehalt von mehr als 10 MJ DE je kg Originalsubstanz. Sie stellen, bereits in kleineren Mengen verfüttert, dem Pferd Energie und Nährstoffe in hoher Konzentration zur Verfügung. Der hohe Energiegehalt ist nur durch einen geringen Wasser- (i. d. R. mehr als 85 % Trockensubstanz) und Rohfasergehalt zu erreichen. Kraftfutter wird zur Raufutter – Grundration gefüttert. Es darf nur einen begrenzten Anteil der Gesamtration ausmachen (siehe Seite 272, Raufutteranteil der Ration (RaT)). Kraftfuttermittel sind aufgrund der hohen Trockensubstanz und des geringen Volumens leicht zu verfrachten, zu transportieren und zu lagern. Deshalb bauen viele Betriebe kein Getreide mehr selbst an, sondern kaufen Kraftfutter zu. Getreide zählen, wie die Mischfuttermittel, zu den Handelsfuttermitteln. Durch steigende Nachfrage, auch auf dem Weltmarkt, gehören sie zu den teureren Futtermitteln.

Die Bezeichnung „Krippenfutter" zeigt, dass sie nur in Krippen oder Trögen verlustarm, exakt in der benötigten Menge zugeteilt

Abb. 120: Getreidefruchtstände im Vergleich. 1 = Gerste, 2 = Roggen, 3 = Weizen, 4 = Dinkel, 5 = Hafer, 6 = Mais, 7 = Reis, 8 = Hirse.

werden können. Automatische und halbautomatische Kraftfutterdosierer helfen Kraftfutter zuzuteilen und zu sparen. Die benötigte Kraftfuttermenge sollte nicht nur aus Kostengründen genau berechnet und zugeteilt werden, auch die arttypischen Bedürfnisse des Pferdes und der leistungsabhängige Bedarf (siehe Kap. 3.5.1 Nährstoffbedarf ermitteln) sind zu berücksichtigen.

3.4.5.1 Getreide

Geschichtlich ist nachgewiesen, dass vor über 12 000 Jahren die Menschen Körner bestimmter Gräser als Nahrung entdeckt haben. Zunächst wurden sie nur gesammelt, später in der Nähe der Behausungen ausgesät und geerntet. Die heutigen Getreidesorten entstanden aus der bevorzugten Auswahl größerer Körner und Ähren. Im Mittelalter war der Hafer in Mittel- und Nordeuropa die am meisten gegessene Frucht. Er wurde aber später durch die Kartoffel und durch die Brotgetreide Roggen und Weizen verdrängt.

Botanisch gehört Getreide zur Familie der Gräser (Süßgräser). An dem etwa 1 bis 1,8 m hohen Stängel mit lanzettlichen Blättern sitzen die Blüten, die aus lockeren Rispen oder Ähren mit oder ohne Grannen bestehen. Die bekanntesten Getreidearten sind Weizen, Gerste, Roggen, Hirse, Hafer, Mais und Reis. Dinkel ist eine alte Spelzenweizensorte. Das Futtergetreide Triticale ist eine Artenkreuzung zwischen Weizen und Roggen.

Das Getreidekorn besteht im Wesentlichen aus Spelze, Schale, Keimling und Mehlkörper. Es enthält 60 % bis 65 % Stärke im Mehlkörper. Zellulose und Mineralstoffe findet man im Spelzen- und Schalenbereich. Der Keim enthält vorwiegend Eiweiß und Fett (siehe Abb. 104; Querschnitt durch ein Haferkorn). Getreidekörner werden als Kraftfutter bei erhöhtem Leistungsbedarf oder als Energiezulage – bei starker Kälte im Erhaltungsstoffwechsel – zusätzlich zum Grundfutter gefüttert.

Hafer ist ein Rispen- und Spelzgetreide. Als einziges einheimisches Rispengetreide ist

Tab. 41. Getreide-Nährstoffgehalte im Vergleich (Hafer (unterschiedliche Gewichte) sowie Getreide und Getreideprodukte)

Futtermittel	T (g)	XF (g)	DXP (g)	DE (MJ)	Ca (g)	P (g)	XF/T (%)	PEQ (: 1)	Ca : P (: 1)
Hafer leicht (< 450 g/l)	880	150	95	11,0	1,3	3,0	17	8,6	0,4
mittel (450–550 g/l)	880	100	85	12,2	1,2	3,6	12	6,9	0,3
schwer (> 550 g/l)	880	80	75	12,8	1,1	4,0	9	5,8	0,3
Nackthafer	880	26	106	13,4	0,7	3,7	3	7,9	0,2
Haferschälkleie	910	230	43	7,1	1,3	2,3	26	6,1	0,6
Haferspelzen	910	325	42	4,6	1,1	1,0	37	9,1	1,1
Sommergerste (Braugerste)	880	47	83	12,8	0,6	3,4	5	6,5	0,2
Wintergerste	880	50	87	12,8	0,6	3,4	6	6,8	0,2
Dinkel	880	98	83	10,8	0,4	3,1	11	7,7	0,1
Maisflocken	880	18	59	13,7	0,4	4,9	2	4,3	0,1
Reis	880	109	59	10,6	0,8	2,8	12	5,6	0,3
Triticale	880	26	94	13,5	0,3	3,8	3	7,0	0,1
Weizen	880	26	88	13,5	0,4	3,3	3	6,5	0,1
Weizenkleie	880	118	105	9,7	1,3	11,8	13	10,8	0,1
Roggen	880	25	76	14,0	0,5	3,1	3	5,4	0,2

er gut von den Ährengetreiden zu unterscheiden. Die einzelnen Haferkörner sind von den Spelzen, die nicht mit dem Korn verwachsen sind, umgeben. Hafer ist eine anspruchslose, gesunde Frucht, die aufgrund tiefgehender und verzweigter Wurzeln auch auf kargen Böden gedeiht. Von weltweit vielen Arten sind Gelb-, Weiß-, Schwarz- und der Nackthafer am bekanntesten.

Trotz des großen Angebotes an industriellen Mischfuttermitteln als Haferersatz, hat Hafer in der Pferdefütterung nach wie vor eine große Bedeutung. Aufgrund des hohen Spelzenanteils und seiner Korngröße wird er von Pferden sehr gut gekaut und im Dünndarm zu fast 90 % verdaut. Das Quetschen des Hafers ist nur für Fohlen, Jungpferde bis zum Alter von 3 ½ Jahren im akuten Zahnwechsel sowie für sehr alte Pferde erforderlich. Wenn ganze Haferkörner im Mist zu sehen sind, wird wahrscheinlich eine Zahnbehandlung notwendig sein. Ein paar unverdaute Körner sind wirtschaftlich gesehen bedeutungslos.

Hafer enthält relativ hohe Mengen an wertvollen ungesättigten Fettsäuren und verdauungsfördernd wirkenden Schleimstoffen. Er ist das eiweiß- und fettreichste Getreide mit nennenswerten Gehalten an Vitaminen und Mineralstoffen, wie Eisen, Silizium, Zink, Mangan sowie Vitamin B1 und E. Die Nährstoffgehalte des Hafers sind jedoch nicht ausgeglichen. Besonders das Ca : P-Verhältnis (wie in allen Getreidearten) ist mit 0,3 : 1 sehr eng. Es muss – bei starkem Haferanteil in der Futterration – durch Zugabe von Kalzium, z. B. über geeignete Mineralfutter, ausgeglichen werden. Für Absatzfohlen ist die Eiweißqualität (Anteil an essenziellen Aminosäuren) unzureichend. Die Aussage „der Hafer sticht“ bezieht sich auf die besonders schnell und gut verdauliche Haferstärke. Für Hafer empfehlen sich bei entsprechender Leistung Grenzwerte von 0,3 bis 0,5 kg je 100 kg Körpergewicht und Mahlzeit.

Die **Haferqualität** schwankt in Abhängigkeit von der Herkunft (Klima, Bodenart), der Pflege und den Ernte-, Trocknungs- und Lagerbedingungen ganz erheblich. Die Körner müssen mindestens 86 % Trockensubstanz aufweisen. Feuchtere Körner verderben, sie werden muffig und schimmelig, enthalten vermehrt Milben und sind als Futter wertlos bis gesundheitsgefährdend. Durch die Spelzenfalte und der dort verbleibenden Restfeuchte ist der Hafer qualitätsanfällig. Gequetschter Hafer ist nicht lagerfähig, er sollte sofort verfüttert werden.

Das **Hafergewicht** dient als Liter- oder Hektolitergewicht der Qualitätsbeurteilung. Leichter Hafer wiegt weniger als 450 g/l (45 kg/hl), mittlerer Hafer 450 bis 550 g/l (45 bis 55 kg/hl) und schwerer Hafer mehr als 550 g/l (55 kg/hl). Große, runde, schwere Körner besitzen einen höheren Nährwert als schmale, spitze, leichte Körner.

Gerste zählt zu den ältesten Getreidesorten. Sie wurde bereits im alten Griechenland als wichtigstes Getreide angesehen. Gerste ist ein Ährengetreide mit besonders harten Körnern, einer dünnen aber glasharten Schale und fingerlangen Grannen. Sie wächst fast überall, ist anspruchslos und widerstandsfähig. Als „Hafer des Orients“ ist sie ein typisches Körnerfutter für Pferde. Eiweißarme Sorten, wie Braugerste (Sommergerste), sind der Wintergerste vorzuziehen. Der größte Teil der Wintergerstenernte geht in die Futtermittelindustrie; die Sommergerste als Rohstoff in die Brauerei und in die Herstellung von Getreidekaffee. Im Vergleich zum Hafer hat Gerste einen höheren Energiegehalt und einen geringeren PEQ. 0,9 kg Gerste ersetzen etwa 1 kg Hafer. Gerste ist ein ideales Futter für die Schweinemast. Die Gerstenstärke ist aber im Gegensatz zur Haferstärke im Pferdedünndarm deutlich schwerer verdaulich. Gerste sollte deshalb immer in aufgeschlossener Form, z. B. fein geschrotet, besser als Flocken, verfüttert werden. Neben dem Nährstoffverlust kann dünndarmunverdaute Stärke in den Dickdarm gelangen. Dies führt zu Fehlgärungen und zur Dickdarmübersäuerung. Die Darmflora wird geschädigt. Es entstehen giftige Stoffe, die in die Blutbahn gelangen und Störungen, wie Koliken, Lahmheiten oder Hufrehe, verursachen. Die Nährstoffgehalte, besonders das Ca : P-Verhältnis mit etwa 0,2:1, sind, wie in allen Getreidearten, nicht ausgewogen. Sie müssen durch Zugabe geeigneter Ergänzer ausgeglichen werden. Die Menge pro Mahlzeit sollte deshalb entsprechend der Leistung auf 0,2 bis 0,3 kg je 100 kg Körpergewicht beschränkt werden.

Mais bildet als Fruchtstand einen Kolben. Er stammt traditionell aus Zentralamerika, wird aber mittlerweile weltweit angebaut. Maisanbau als Viehfutter konkurriert sehr stark mit der zunehmenden Nachfrage an Biomasse zur Energiegewinnung. Dies treibt den Preis in die Höhe. Bei geringstem Rohfasergehalt weist der Mais die höchste Nährstoffkonzentration auf, ist aber das eiweißärmste Getreide. Aufgrund seiner geringen Eiweißqualität fehlen auch wichtige

Aminosäuren. Mais ist in der Neuen Welt ein typisches Pferdefutter. Allerdings verlangt er einen hohen Raufutteranteil in der Ration. Die Maisstärke ist wie die Gerstenstärke schwer dünndarmverdaulich. Dies erhöht die Gefahr von Fehlgärungen und Übersäuerung im Dickdarm, sodass Mais durch Zubereitung für die Pferde verdaulich gemacht werden muss.

Der Aufschluss des Maiskornes kann mechanisch durch Quetschen oder Schroten erfolgen. Besser ist eine thermische Bearbeitung (poppen, flaken, expandieren). In aufgeschlossener Form, am besten als Flocken, sollte die Menge auf 0,2 bis 0,3 kg je 100 kg Körpergewicht pro Mahlzeit beschränkt werden. 0,85 kg Maisflocken ersetzen dabei etwa 1 kg Hafer. Mais fördert als Ansatzfutter die Zunahme an Körpersubstanz. Dies ist besonders bei schwerfuttrigen Pferden erwünscht. Der Maisanteil der Ration sollte für Pferde mit hohem Kraftfutter-Bedarf jedoch maximal 30 % betragen. Eine Mineralstoffergänzung ist wegen des engen Ca:P-Verhältnis mit etwa 0,1:1 unbedingt erforderlich. Die Versorgung mit Heu von pferdegerechter Qualität ist hier besonders wichtig.

Dinkel ist ein beinahe in Vergessenheit geratener Spelzenweizen, ein Urahn des heutigen Weizens. Schon vor 3 000 Jahren wurde er von den Kelten und alten Ägyptern angebaut. Hildegard von Bingen (1098 bis 1179), eine Ordensfrau und Heilkundlerin, lobte Dinkel als Heil- und Nährpflanze. Seine Erträge sind aber im Vergleich zu Weizen dürftig und die Verarbeitung durch den Spelzenanteil schwierig. Als Ökogetreide gewinnt der Dinkel wieder an Bedeutung. Auch in Pferde-Müslis wird häufiger Hafer durch Dinkel ersetzt und / oder zusätzlich werden Dinkelspelzen beigemischt. Dinkel ist zwar für Pferde leicht verdaulich, aber nicht besser als Hafer. Er besitzt wie Weizen und Roggen einen höherer Kleberanteil (Kleber-Eiweiß oder Gluten), der zum Brotbacken notwendig, aber in der Pferdefütterung unerwünscht ist. Trotz dem Hafer ähnlichen, günstigen Nährstoffgehalten, kann Dinkel den Hafer nicht ersetzen, zumal er deutlich teurer ist.

Reis ist ein kleberfreies Spelzengetreide. Er gehört zu den wichtigsten Getreidearten der Welt. Reis ist das Grundnahrungsmittel für bevölkerungsreiche Länder wie China, Indien, Indonesien oder Pakistan. Reisanbau lässt sich in China bis 3500 vor Christus belegen. Der überwiegende Teil des Reisanbaus dient der menschlichen Ernährung. Die Sumpfpflanze gedeiht am besten in tropischen Klimazonen. Reis besteht zu 70 % aus Stärke, 1 % Fett und 8 % Eiweiß. Reiskleie findet man in stärkearmen Pferdediäten.

Weizen und **Roggen** sind die wichtigsten Brotgetreide, mit einem hohen, für die Backeigenschaften wichtigen Kleberanteil. In der Intensivlandwirtschaft hat Weizen eine Vormachtstellung, da er auf Düngungsmaßnahmen mit hohen Erträgen anspricht. Aufgrund der hohen Klebergehalte und einer geringen Stärkeverdaulichkeit ist der Anteil dieser Getreide auf maximal 10 % der Futtermischungen zu begrenzen, um die Gefahr der Magenverkleisterung zu meiden.

3.4.5.2 Nebenprodukte der Nahrungsmittelindustrie

Neben Getreiden, Samen und anderen Marktfrüchten werden Nebenprodukte der Nahrungsmittelindustrie als Einzelfuttermittel oder in Futtermischungen eingesetzt. Nebenprodukte fallen in allen nahrungsmittelverarbeitenden Industrien an. Von besonderer Bedeutung sind Produkte von Ölmühlen, Mehlfabriken oder Müllereien, Brauereien, Fruchtsaftkeltereien, Zuckerfabriken und Molkereien.

Ölmühlen

Ölfrüchte wie Sojabohnen und Leinsamen, aber auch Getreidekörner werden in Ölmühlen zur Herstellung von Pflanzenöl verarbeitet.

Mithilfe von Lösungsmitteln wird den zerkleinerten Produkten das Öl entzogen (extrahiert). Aus den Resten der Pflanzen entsteht ein sehr wertvolles Nebenprodukt, das Extraktionsschrot. Sojaextraktionsschrot zählt mit einem hohen Gehalt an verdaulichem Eiweiß (DXP >40 %) zu den eiweißreichsten Kraftfuttermitteln überhaupt. Neben dem hohen Eiweißgehalt macht auch die Eiweißqualität dieses Futter so wertvoll. Es enthält große Mengen lebenswichtiger (essenzieller) Eiweißbausteine (Aminosäuren z. B. Lysin 30 g/kg). Diese können die Pferde nicht selbst herstellen. Sie müssen über das Futter aufgenommen werden. Andere pflanzliche Eiweiße erreichen diese Qualität nicht. Lediglich das tierische Milcheiweiß (Lysin 25 bis 40 g/kg) ist vergleichbar. Besonders wachsende Pferde und laktierende Stuten haben einen erhöhten Bedarf an essenziellen Aminosäuren. Getoastet ist Sojaextraktionsschrot für Pferde besonders gut verdaulich und verträglich.

Aufgrund des hohen Eiweißgehalts haben Leinsamenextraktionsschrot und Leinkuchen (DXP 35 %; Lysin 12 g/kg), Rückstände der Leinölgewinnung, eine ähnlich große Bedeutung in der Zuchtpferdefütterung. Ebenso wie der Leinsamen enthalten sie Schleimstoffe, die im Darm Wasser binden und die Magen-Darm-Schleimhaut mit einem schützenden Film überziehen.

Günstig auf die Eiweißversorgung und die Verdauungsvorgänge wirken auch Sonnenblumenrückstände. Ihr Wert ist jedoch von der Höhe des Schalenanteils abhängig, da die Schalen nahezu unverdaulich sind. Rückstände der Rapsölgewinnung, Rapsextraktionsschrot und Rapskuchen (25 % DXP) gewinnen in der Mischfutterherstellung an Bedeutung.

Die an sich wertvollen Erdnussrückstände, die bei der Herstellung von Erdnussbutter anfallen, enthielten vielfach Pilzgifte (Aflatoxine), sodass ihre Verwendung stark zurückgegangen ist.

Müllerei

Bei der Mehlherstellung aus Weizen und Roggen wird nur der Mehlkörper des Kornes verwendet. Neben stärkereichen Nachmehlen fällt besonders Kleie an, die aus den äußeren Kornschichten – Schale, Aleuronschicht und geringen Anteilen von Keim und Mehlkörper – besteht. Der Schalenanteil erklärt den hohen Rohfasergehalt (XF 10 bis 15 %), Aleuronschicht und Keimanteile den Eiweißgehalt (DXP 10 %). Zu beachten ist das besonders enge Kalzium-Phosphor-Verhältnis (0,1 : 1). Ein Kalzium-Ausgleich ist notwendig, um eine Störung der Mineralstoffversorgung zu vermeiden. Der Anteil an Schleimstoffen in der Kleie ist hoch, deshalb wirkt sie leicht abführend und hat besonders bei kolikgefährdeten Pferden eine diätetische, verdauungsfördernde Wirkung. Da sie leicht verdirbt, ist sie jedoch schlecht lagerfähig.

Beim Schälen von Reiskörnern fällt Reiskleie an. Sie ist diätetisch, leichtverdaulich und liefert Energie aus Fett. Diese Form der Energiegewinnung entlastet, im Gegensatz zur Energiegewinnung aus Kohlenhydraten, den Stoffwechsel. Störungen der Dickdarmverdauung (siehe 3.6 Kapitel Ernährungsbedingte Erkrankungen vermeiden), die bei Stärkeüberschuss entstehen, können vermindert werden.

Altbrot soll nur gut getrocknet gefüttert werden. Grund ist nicht der Gehalt an gärenden Hefen, wie viele glauben, da bei etwa 95 Grad Celsius gebackenes Brot keine aktive Hefe mehr enthält. Der Grund ist, dass frisches Brot sehr weich ist und deshalb von den Pferden ungekaut in großen Bissen abgeschluckt wird. Diese können in Schlund oder Magen quellen und die Verdauung stören. Getrocknetes Brot und trockene Brötchen werden gründlicher gekaut und eingespeichelt, dienen aber lediglich als Leckerli-Ersatz. Brot soll nicht in größeren Mengen verfüttert werden, da es ein reiner Stärkelieferant ist. Man riskiert bei Überfütterung Fehlgärungen im Darm bis hin zu Koliken. Das gilt besonders für bereits verdorbenes Brot.

Brauerei

Bei der Bierherstellung fallen als Nebenprodukte Malzkeime, Biertreber und Bierhefe an.

Malzkeime sind eiweiß- und fettreich, aber beschränkt lagerfähig, da sie besonders schnell verderben und Schimmel bilden. Sie enthalten Hordenin, was als dopingrelevante Substanz zu beachten ist.

Biertreber ist rohfaser- und eiweißreich (XF 15 %; DXP 17 %). Er besteht aus der Schale und der eiweißreichen Aleuronschicht und dem Keim der verwendeten Braugerste. Getrockneter Biertreber enthält doppelt so viel Eiweiß wie Hafer.

Bierhefe ist ein Mikroorganismus, der für das Bierbrauen benötigt wird. Als Nebenprodukt wird sie in getrockneter Form angeboten. Bierhefe zeichnet sich durch einen hohen Eiweißgehalt (DXP 50 %) und durch besondere Eiweißqualität aus, die tierischem Eiweiß nahe kommt. Dies fördert den Muskelaufbau. Sie ist reich an Vitaminen des B-Komplexes. Mikroorganismen der Bierhefe wirken probiotisch, das heißt, sie stabilisieren die Darmflora und verbessern die Dickdarmfunktion. Deshalb wirkt sich der Einsatz von Bierhefe bei Verdauungsstörungen, Schädigungen der Darmflora, Appetitlosigkeit oder allgemeiner Leistungsschwäche günstig aus. Bei Sportpferden mit kraftfutterreichen, strukturarmen Rationen kann Bierhefe die Versorgung mit B-Vitaminen verbessern. Bei Fohlen fördert die Bierhefe die Dickdarmausbildung und -funktion. Man findet sie häufig in der Zusammensetzung von Mischfuttermitteln.

Zuckerfabrik

Zuckerrübenmark und -melasse sind Abfallprodukte der Weißzuckerherstellung. Zuckerrübenmark wird als Rübenschnitzel, Zuckerrübenschnitzel oder Trockenschnitzel getrocknet und häufig zu Pellets gepresst angeboten. Rübenschnitzel dürfen nur geweicht verfüttert werden. Durch das Quellen auf das Vielfache des Volumens drohen bei mangelhaftem Einweichen Schlundverstopfungen, Magenrisse und Koliken! Aufgeweichte Schnitzel verderben im Sommer schnell. Tröge und Schüsseln müssen nach dem Füttern immer sorgsam gereinigt werden.

Rübenschnitzel sind ein preiswertes, für Pferde wohlschmeckendes Kraftfutter. Sie sind eiweißarm, rohfaserreich und fördern die Darmaktivität. Etwa 1 Kilogramm trocken abgewogene Rübenschnitzel (entsprechen eingeweicht mehr als 5 kg Mus) ersetzt ein Kilogramm Hafer. Diese Menge ist auch die täglich Obergrenze. Zusätzlich brauchen Pferde immer genügend Wasser, einen Salzleckstein und eine Mineral- und Vitaminergänzung.

Melasse steckt zu 0,5 % bis 5 % in fast jedem Fertigfutter. Das sirupartige Abfallprodukt der Zuckerindustrie wird aus Zuckerrüben oder Zuckerrohr gewonnen. Es bindet Futterstaub, dient als Presshilfsstoff und fördert durch den süßlichen Geschmack die Futterakzeptanz. Nicht schmackhafte Zugaben, z. B. Mineralstoffe oder Medikamente, können so besser verabreicht werden. Zuckerrohr- und Zuckerrübenmelasse haben rund 50 % Restzuckergehalt. Mit einem Energiegehalt von etwa 11 MJ/kg zählt Melasse zu den Kraftfuttermitteln. Andere wertvolle Nährstoffe sind in Melasse nicht enthalten. Vor allem der Mineralstoffgehalt ist minderwertig. Melasse enthält viel Kalium, welches bei Pferden kein Mangelmineral ist. Phosphor, Kalzium und Eiweiß dagegen fehlen. Ein weiterer Nachteil der Melasse ist ihre geringe Haltbarkeit.

Molkerei

Milchprodukte sind für Pferde (Pflanzenfresser) die einzigen artgerechten Futtermittel tierischer Herkunft. Sie zeichnen sich durch einen hohen Eiweißgehalt mit bester Eiweißqualität (essenzielle Aminosäuren) und Verdaulichkeit aus und werden vorwiegend für Fohlen eingesetzt. Kuhmilchprodukte werden getrocknet im Gemisch mit anderen Futtermitteln, z. B. in Ersatzstutenmilch (Milchaustauscher) und Fohlenstarterfutter verfüttert.

Magermilchpulver entsteht aus Vollmilch durch Entzug von Fett (Butter) und Wasser. Alle übrigen Nährstoffe, besonders Eiweiß mit einem hohen Anteil essenzieller Aminosäuren, bleiben erhalten. Wird auch noch das Eiweiß Kasein entzogen, bleibt Molkepulver übrig.

Milchzucker (Laktose) können ausgewachsene Pferde – anders als Fohlen – nicht in größeren Mengen im Dünndarm verdauen. Deshalb wird er verstärkt im Dickdarm durch Mikroorganismen abgebaut. Größere Laktosemengen können Fehlgärungen und Durchfälle auslösen. Geringere Mengen wirken jedoch diätetisch und stimulieren die Darmflora.

3.4.5.3 Mischfuttermittel auswählen

?

Nicht nur auf der Equitana, sondern auf fast allen Veranstaltungen, Turnieren und Schauen stellen Mischfuttermittelhersteller den Pferdehaltern ihre neusten Produkte vor. Mit ansprechenden Hochglanzprospekten, verführerischem Geruch und „Geschmack" werben sie für ihre Futtermittel. In Ihrem Ausbildungsbetrieb konkurrieren die Einsteller mit unterschiedlichen Mischfutterzugaben. Als Fachkraft sollen Sie nun den Streit schlichten und erläutern, welche Mischfutter in welchen Mengen geeignet sind.

Kein Futtermittel wird allen Ansprüchen des Pferdes vollkommen gerecht. Aus diesem Grunde werden Kombinationen aus Rau- und Kraftfuttermitteln eingesetzt. Solche Kombinationen sind zwar reich an Nährstoffen, in vielen Fällen ist der Nährstoffgehalt jedoch nicht ausgewogen und vollwertig. Bereits vor vielen hundert Jahren wurde versucht, durch Mischung verschiedener Einzelfuttermittel in Form von Futterbroten oder Pferdebiskuits bedarfsgerechte Mischfutter für Pferde herzustellen. Mischfuttermittel können auch als Eigenmischungen im Pferdebetrieb selbst hergestellt werden. Dabei entsteht jedoch ein erheblicher Aufwand für Beschaffung, Lagerung, Wiegen, Mahlen und Mischen, sodass die meisten Mischfutter industriell hergestellt und zugekauft werden. Mischfutter wird dem Pferdehalter entweder als Sackware, zunehmend in Big Packs von bis zu 700 kg oder auch lose in Silofahrzeugen geliefert.

Formen von Mischfuttermitteln

Eine Verfütterung von Mischfutter in Mehlform (wie bei anderen Nutztieren) ist wegen der Staubentwicklung und besonders wegen des speziellen Fressverhaltens des Pferdes ungeeignet. Gemahlene Futterbestandteile werden deshalb entsprechend vermischt und zu **Pellets** gepresst. Durch die Pelletierung des Kraftfutters werden Transport, Zuteilung und Lagerung sehr vereinfacht. Der Handel bietet pelletiertes Mischfutter mit 2 bis 12 mm Durchmesser an. In pelletierter Form erkennt man nicht mehr die Zusammensetzung des Mischfutters. Dadurch kann nicht ausgeschlossen werden, dass auch minderwertige Rohstoffe, stark quellende Bestandteile oder Abfallprodukte untergemischt wurden. Deshalb ist auf fachgerechte Herstellung, geeignete Zusammensetzung und gute Qualität zu achten. Mischfuttermittel, die unter dem reinen Getreidepreis angeboten werden, können nicht aus hochwertigen, ausgewogen zusammengesetzten Rohstoffen bestehen. Eine aufwändige Zubereitung und die gezielte Ergänzung mit Vitaminen und Mineralstoffen haben ihren Preis. Pellets enthalten neben Getreide, Luzerne, Leinsamen und pflanzlichen Ölen weitere Zusätze, um typische Mängel reiner Getreiderationen auszugleichen. Der Energiegehalt guter Produkte liegt im Bereich des Hafers oder ist auf die Leistungsstufe des Pferdes abgestimmt. Pellets werden als **Alleinkraftfutter** zu Heu und Stroh oder als **Ergänzungsfutter** zu einer Heu-Hafer-Ration angeboten.

Entscheidend ist jedoch eine trockene und saubere Lagerung, denn schon geringe Feuchtigkeit führt zum Aufquellen der Pellets, zur Besiedelung mit Bakterien und Pilzen und somit zum Verderb. Um Gesundheitsgefährdungen zu vermeiden, müssen Lagerräume und Futtersilos regelmäßig auf Sauberkeit und Vorhandensein von Futterschädlingen, wie Milben, Schaben, Käfer und Mäuse, kontrolliert werden. Eine Überschreitung der Haltbarkeitsdauer bewirkt nicht nur Nährstoffverluste sondern auch Qualitätseinbußen. Pellets erfüllen aufgrund ihrer keimhemmenden Herstellung (Erhitzung und hoher Druck) in der Regel die Anforderungen an die Lagerfähigkeit in handelsüblicher Dauer.

Müslis werden immer beliebter. Je nach Rezeptur werden Müslis aus dem vollen Korn verschiedener Getreide vermischt, die zuvor zu Flocken (Flakes, Popps) verarbeitet wurden. Pflanzenöl, Leinkuchen, melassierte Häcksel, getrocknete Möhrenschnitzel und viele weitere Zutaten können beigemischt werden. Durch den Zusatz von Melasse wird die Schmackhaftigkeit verbessert und eine Entmischung der Komponenten verhindert. Die Akzeptanz von Müslifutter ist oft auch bei heiklen Fressern überraschend hoch. Dies kann helfen, solche Pferde besser mit den nötigen Nährstoffen zu versorgen. Aber auch Müslis enthalten immer kleine Mengen an Pellets, wie z. B. Mineral- und Vitaminvormischungen zum Ausgleich typischer Getreidedefizite. Für Müsli-Mischungen gelten bezüglich Zusammensetzung und Qualität grundsätzlich die gleichen Anforderungen wie für Mischfutter-Pellets. Müslis sind häufig leichter verderblich. Verantwortlich hierfür ist der durch einen höheren Melasseanteil geringere Trockensubstanzgehalt und die aufgeschlossene Form der Bestandteile. Dies macht die Zugabe von Konservierungsstoffen erforderlich um eine Lagerfähigkeit in handelsüblicher Dauer zu erhalten. Ein zügiger Verbrauch ist angeraten.

Einteilung der Mischfuttermittel

Alleinfuttermittel, die alleine den gesamten Nährstoffbedarf eines Pferdes decken können, sind in der Pferdefütterung eher unüblich, da Pferde auf große Mengen grobfaserigen Futters angewiesen sind, und der Anteil energiereicher Bestandteile sehr stark von der Leistung abhängt.

Als **Alleinkraftfuttermittel** werden Mischfuttermittel bezeichnet die alleine zu Raufutter gefüttert werden und in dieser Kombination den gesamten Nährstoffbedarf abdecken (z. B. für Reitpferde Alleinkraftfutter zu Heu und Stroh).

Ergänzungsfuttermittel sind dazu bestimmt in Ergänzung den Nährstoffgehalt anderer Futtermittel zu komplettieren (z. B. Ergänzungsfutter für Reitpferde zur Ergänzung einer Hafer-Heu-Ration).

Ergänzungsfuttermittel haben den Zweck, nicht ausgewogene Nährstoffgehalte in Grundfuttermitteln und in getreidereichen Rationen auszugleichen. Ergänzungsfuttermittel enthalten höhere Gehalte an Mengen-, Spurenelementen und Vitaminen. Deshalb muss eine genaue Dosierung erfolgen, um eine schädliche Überversorgung zu vermeiden.

Beurteilung von Mischfuttermitteln

Entscheidender als die Form Müsli oder Pellets oder die Bezeichnung Allein- oder Ergänzungsfuttermittel ist die Beurteilung des Mischfutters selbst.

Neben der sinnlichen Überprüfung der Qualität sind Mischfuttermittel ohne aufwendige Analysen nur anhand der Herstellerangaben zu vergleichen. Mischfutter enthalten immer eine gesetzlich vorgeschriebene **Deklaration** am Futtersack oder im Begleitschreiben. Dort sind die Bezeichnung (Ergänzungs-, Allein-, Mineral- oder Diätfuttermittel) sowie Angaben zur Zielgruppe (Sport-, Zuchtpferde usw.) und zur sachlichen Verwendung (Haltbarkeit) sowie das Nettogewicht gesetzlich vorgeschrieben. Jede Deklaration muss die **Zusammensetzung**, die **Inhaltsstoffe** und die **Zusatzstoffe** angeben sowie eine Fütterungsempfehlung enthalten.

Zusammensetzung

Die Eignung eines Mischfuttermittels hängt von Art und Qualität der verwendeten Einzelkomponenten sowie deren Bearbeitung ab. In der Deklaration müssen die Prozentanteile aller zusammengemischten Einzelfuttermittel in absteigender Reihenfolge angegeben werden. Zur Beurteilung des Mischfutters ist die Kenntnis der eingemischten Einzelfuttermittel und ihre Wirkungsweise notwendig. Auch eine Aussage über die Preiswürdigkeit des Futters lässt die Zusammensetzung zu. Hohe Anteile an Nebenprodukten (Kleien, Grieskleien, Schroten, Schnitzel usw.) kennzeichnen ein preiswertes Produkt. Bei allergischen Reaktionen auf Futtermittel oder Futtermittelbestandteile ist erst nach Überprüfung der Zusammensetzung die Auswahl eines geeigneten Mischfuttermittels möglich.

Inhaltsstoffe

Die Inhaltsstoffe geben die chemische Zusammensetzung des Futtermittels wieder. Die mithilfe der Weender Analyse (siehe Abb. 105) ermittelten Rohnährstoffe (Rohprotein, Rohasche, Rohfaser und Rohfett) sind zur Beurteilung und zum Vergleich von Futtermitteln geeignet. Für Rationsgestaltung und Beurteilung sind neben der Rohfaser (XF) die Gehalte an verdaulicher Energie (DE) und verdaulichem Eiweiß (DXP) notwendig. Diese Werte werden über eine Schätzformel, unter Berücksichtigung der Verdaulichkeit der Rohnährstoffe, ermittelt. Es ist zu hoffen, dass die neuste Schätzformel der Gesellschaft für Ernährungsphysiologie (GfE) (siehe Kapitel 3.3.6 Treibstoff Energie), auf der die Angaben dieses Buches basieren, auch für die Deklaration von Mischfuttermitteln verbindlich wird. Bisher kann der Mischfutterhersteller diese Angaben nur als unverbindliche Zusatzinformation angeben.

Zusatzstoffe

Unter dem Begriff Zusatzstoffe werden Gehalte, z. B. an Spurenelementen und Vitaminen, mit sehr unterschiedlichen Funktionen zusammengefasst. Für viele Elemente hat der Gesetzgeber Obergrenzen festgelegt, die vom Futtermittelhersteller unbedingt eingehalten werden müssen. Bei unsachgemäßem Einsatz von Mischfuttermitteln, beispielsweise durch Kombination verschiedener Ergänzungsfuttermittel, kann es zu gesundheitsgefährdenden Überschüssen kommen.

Normtyp

Wird ein Mischfutter mit dem Zusatz „Normtyp“ angeboten, unterliegt es gesetzlichen Mindest- oder Höchstgehalten. Hersteller sind jedoch nicht verpflichtet, ihre Mischungen als Normtypen herzustellen.

3.4.6 Zusatzfuttermittel

Neben den bislang beschriebenen Gruppen von Futtermitteln, gibt es noch eine Reihe von Produkten (meist industriell hergestellt), die sich nicht eindeutig einordnen lassen. In vielen Fällen werden sie in kleinen Mengen (100 bis 200 g) noch zusätzlich zur Gesamttagesration verabreicht. Sie werden deshalb hier unter dem Sammelbegriff Zusatzfuttermittel aufgeführt. Im Handel finden wir eine breite und bunte Palette von energiereichen Futterzusätzen (aus Futterzucker aufgebaut) über eiweißreiche Produkte (meist aus Hefe hergestellt), bis hin zu Kräutermischungen. Vielfach sind bekannte Grundstoffe mit wertvollen Vitamin- und Spurenelementmischungen kombiniert. Vor dem Erwerb sollte ein Fachmann nach der Notwendigkeit solcher Futtermittel um Rat gefragt werden. Auch ein Zuviel kann in der Pferdefütterung oft gesundheitsbedenklich sein. Schließlich sind auch Wirkung und Aufwand gegeneinander abzuwägen.

Mineral-, Vitaminergänzungsfuttermittel
Von den beschriebenen Mitteln grenzt sich die Gruppe der Mineralfutter ab. Futtermittelrechtlich zählen sie mit zu den Ergänzungsfuttermitteln. Da ihr Einsatzbereich sich von den dort dargestellten Mischfuttermitteln unterscheidet, werden sie hier als Zusatzfuttermittel behandelt.

Das Mineralfutter kann sowohl aus einem natürlich vorkommenden Einzelmineral, als auch aus einer industriell hergestellten Mischung bestehen. Von den Einzelmineralien ist das Viehsalz (37 % Na in Form von Leckschalen oder Lecksteinen) am bekanntesten. Es dient der Natrium-Bedarfsdeckung der Pferde bei Weidegang und Stallfütterung.

Bei Mineralfutter stellt man ähnlich wie bei Mischfutter eine große Vielfalt fest. Sie enthalten neben Mengenelementen zusätzlich Spurenelemente sowie Vitamine und Geschmacksstoffe. Diese „Vollwertigkeit" macht sich natürlich auch im Preis bemerkbar.

Das Kalzium-Phosphor-Verhältnis dieser Mineralergänzer kann zwischen 5 : 1 und 1 : 1 variieren.

Besteht das Krippenfutter überwiegend aus Getreide, kann das Kalziumdefizit mit einem kalziumreichen Mineralergänzer abgedeckt werden. Aufgrund des höheren Kalzium- und des niedrigen Phosphorgehaltes (5 : 1) können sie als **„Getreide-Ergänzer"** angesehen werden. Ein ausgewogenes Verhältnis von 1,5 bis 2 : 1 spricht für einen **„Weide-Ergänzer"**, zur Ergänzung von Grünfutter- oder Heurationen.

Die Tagesmenge an Ergänzungsfuttermitteln sollte sich immer nach den notwendigen Ergänzungen richten. Der Bedarf des Pferdes und die Gehalte der eingesetzten Futtermittel müssen berücksichtigt werden. Mischfuttermittel (Allein- und Ergänzungsfutter) enthalten entsprechend ihrer Verwendung in der Regel bereits ausreichend Mineralstoffe und Vitamine, sodass eine zusätzliche Mineral-Ergänzung unnötig oder sogar nachteilig ist.

3.4.7 Futtermittel pferdegerecht zuteilen

Von Natur aus ist das Pferd ein „Dauerfresser". In der freien Wildbahn lebt es als Herdentier in engem Kontakt zu seinen Artgenossen und ist täglich 15 bis 17 Stunden auf Futtersuche. Unter diesen natürlichen Bedingungen nimmt das Pferd stets nur kleinste Futtermengen auf, kaut lange und gründlich und verdaut deshalb gut. Der gesamte Organismus des Pferdes hat sich über den langen Zeitraum seiner Entwicklung auf dieses Fressverhalten eingestellt. (siehe Kap. 3.2 Besonderheiten der Verdauung beachten und Tab. 25 Trockensubstanzaufnahme)

In der Pferdehaltung ist es üblich, Krippenfutter in drei, manchmal sogar in nur zwei Gaben und Raufutter in ein bis zwei Gaben pro Tag zu verabreichen. Das Pferd ist gezwungen viel zu große Futtermengen in kurzer Zeit aufzunehmen, für die es unter natürlichen Bedingungen mehrere Stunden benötigen würde. Die Futterzuteilung mit dem Futterwagen verursacht Stress. Die Pferde schlagen an die Boxenwände, sie stürzen sich heißhungrig auf das Futter und schlingen es schlecht zerkaut hinunter, ein Grund Hafer vorher zu quetschen, um die Futterverwertung zu verbessern. Neben Futterverschwendung und schlechterer Verdauung sind Verhaltens- und Verdauungsstörungen häufige Folgen.

Die Verwendung eines **Kraftfutter-Dosiergerätes** kommt dem natürlichen Fressverhalten des Pferdes am nächsten. Über den gesamten Tag verteilt werden kleine Mengen Krippenfutter in den Futtertrog abgegeben. Das Pferd ist in der Lage, die Nahrung gründlicher zu kauen, einzuspeicheln und dadurch besser zu verdauen. Es ist ständig beschäftigt, zufriedener und ausgeglichener.

Raufutter in geeigneter Qualität sollte dem Pferd ständig zur Verfügung stehen. Um Verunreinigungen des Futters, die bei Zuteilung einer größeren Menge zwangläufig entstehen, zu vermeiden, sind Fressgitter zum Futtergang oder Eckraufen in der Box sinnvoll. Eine unerwünschte übermäßige Raufutteraufnahme sollte nicht durch Raufutterentzug, sondern durch die Erschwerung der Aufnahme erreicht werden. Hierfür bieten sich Sparraufen oder Futtersparnetze an, die die Futteraufnahme regulieren, die Beschäftigung aber erhalten.

3.4.8 Futterplanung

In einem Pferdebetrieb werden jedes Jahr große Futtermengen teilweise selbst geerntet oder eingekauft, gelagert, bewegt und verfüttert. Ein Großpferd benötigt täglich bei Stallhaltung 10 bis 15 kg Futter (Heu, Getreide, Mischfutter, Stroh usw.), das sind pro Jahr 3 bis 5 t, plus Einstreu. Abhängig von den Raumgewichten der Futtermittel wird ausreichend Lagerraum (siehe Kap. 1.3.4 Lagerstätten für Futtermittel und Einstreu) benötigt.

Bei der Futterplanung geht es aber im Wesentlichen um die Abwägung von Futterbedarf und Futtervorrat und um den notwendigen Futterzukauf. Ein Futterzukauf, unter Berücksichtigung günstiger Marktpreise und der zur Verfügung stehenden Lagerkapazität, ist ein wesentlicher Kostenfaktor. Im Berichtsheft für den Ausbildungsberuf Pferdewirt / Pferdewirtin ist unter 4. Betriebsbeschreibung das Formular 7.2, Futterplanung, auszufüllen.

Die Futterplanung bezieht sich auf die Stallfütterung; ausschließliche Weidetage werden nicht berücksichtigt. Mithilfe dieses Formulars wird der Futterbedarf des Pferdebestandes ermittelt. Unter Abzug der Vorräte bzw. der Eigenerzeugung kann der Zukaufbedarf errechnet werden.

Bezieht man noch durchschnittliche oder besser aktuelle Preise der Futtermittel in die Futterplanung mit ein, lassen sich die Futterkosten anschaulich darstellen.

Zur Wiederholung und Vertiefung

1. Beurteilen und beschreiben Sie die Qualität der Futtermittel Ihres Betriebes.
2. Erstellen Sie eine individuelle Futterwerttabelle der in Ihrem Betrieb verwendeten Futtermittel. Übernehmen Sie gegebenenfalls vorhandene Analysewerte (LUFA). Ansonsten wählen sie geeignete Werte aus Tabellen.
3. Überprüfen Sie die Eignung der verwendeten Mischfuttermittel.
4. Erläutern Sie die Bedeutung der pferdegerechten Futterzuteilung.
5. Ermitteln Sie mithilfe der Futterplanung den Futterbedarf Ihres Betriebes.
6. Was kostet in Ihrem Betrieb die Tagesration für ein Pferd?

3.5 Futterrationen zusammenstellen, berechnen und beurteilen

?

Nach einer sehr guten Abschlussprüfung, ausgezeichnet mit der „Graf Lehndorf Plakette“, wurde die Pferdewirtin Tina Teuer sofort in einem renommierten Privatstall angestellt. Ihre vornehmliche Aufgabe ist die Fütterung der Pferde.
Im Stall werden 6 Zuchtstuten plus Nachzucht und 10 Reitpferde, von der 3 jährigen Remonte bis zum 25 jährigen „Rentner“ versorgt. In den letzten Jahren sind sehr hohe Tierarztkosten aufgrund ernährungsbedingter Erkrankungen entstanden. Deshalb verlangt ihr Chef die Überprüfung aller Rationen.

In Pferdebetrieben wird mehr nach „Gefühl” gefüttert. Die Chance, durch eine Rationsberechnung und -beurteilung Mängel in den Futterrationen frühzeitig zu erkennen, wird zu selten genutzt. Damit wird die Möglichkeit vernachlässigt, ernährungsbedingte Störungen zu vermeiden.

Neben dem Bedarf an Nähr-, Mineral-, Wirk- und Ballaststoffen, sind auch physiologische sowie anatomisch vorgegebene Bedürfnisse des Pferdes zu berücksichtigen. Wird durch Fehler bei der Fütterung die Anpassungsfähigkeit des Pferdes überschritten, sind Erkrankungen die Folgen.

3.5.1 Nährstoffbedarf ermitteln

Unser Ziel muss sein, eine Tagesration zusammenzustellen, die alle Bedürfnisse des Pferdes befriedigt. Um auch eine aussagekräftige Beurteilung der Ration vornehmen zu können, muss man einerseits den **Nährstoffbedarf** des Pferdes ermitteln können, andererseits Kenntnisse der **Nährstoffgehalte** von Futtermitteln besitzen (siehe Kapitel 3.4 Futtermittel bestimmen und beurteilen). Verschiedene Computerprogramme zur Rationsberechnung stehen zur Verfügung. Sie erleichtern die Rechenvorgänge. Ohne fachkundige Eingaben sind jedoch die Ergebnisse der Berechnung und die Beurteilung der Rationen nicht aussagekräftig.

Das Rationsberechnungsformular im Berichtsheft für den Ausbildungsberuf Pferdewirt / Pferdewirtin ist zur Berechnung kleiner Rationen geeignet. Mithilfe von Tabellenkalkulationen (z. B. Excel) lässt sich der Rechenaufwand reduzieren.

Wichtigste Voraussetzung bei der Gestaltung einer bedarfsgerechten Tagesration ist die Ermittlung des Bedarfes! In Anlehnung an die Empfehlungen zur Nährstoffversorgung der Gesellschaft für Ernährungsphysiologie

Tab. 42. Rationsberechnungsformular – Berechnung der Tagesration für ein Pferd

Name des Pferdes				Körpergewicht (kg)					Leistung				
Futtermittel	1000 g Futtermittel enthalten						Die Ration enthält						
	T (g)	XF (g)	DXP (g)	DE (MJ)	Ca (g)	P (g)	kg	T (g)	XF (g)	DXP (g)	DE (MJ)	Ca (g)	P (g)
1.													
2.													
3.													
4.													
5.													
Summe													
Gesamtbedarf des Pferdes													
Differenz													
6.													
7.													
8.													
Summe													
Gesamtbedarf des Pferdes													
Mangel (–), Überschuss (+)													

RaT: ... % T/KG: ... % XF/T: ... % DXP:DE = ... : 1 Ca : P = ... : 1

Beurteilung:

Erläuterung: Ra = Raufutteranteil; T = Trockensubstanz; XF = Rohfaser; DXP = Verdauliches Rohprotein; DE = Verdauliche Energie; KG = Körpergewicht

Tab. 43. Bedarfstabelle

Leistungsgruppen	Trocken-Substanz	Rohfaser	verdaul. Eiweiß	verdaul. Energie	Eiweiß: Energie	Kalzium	Phosphor	Kalzium: Phosphor	Natrium
	T	XF	DXP	DE	PEQ	Ca	P	Ca : P	Na
Einheit	(g)	(g)	(g)	(MJ)	(: 1)	(g)	(g)	(: 1)	(g)
Sportpferde									
400 kg Erhaltung	8000	2000	270	54	5,0	20	12	1,7	8
400 kg leichte Arbeit	8000	2000	310	62	5,0	21	12	1,8	18
400 kg mittlere Arbeit	8000	2000	375	75	5,0	21	12	1,8	29
400 kg schwere Arbeit	8000	2000	475	95	5,0	23	13	1,8	60
500 kg Erhaltung	10000	2500	320	64	5,0	25	15	1,7	10
500 kg leichte Arbeit	10000	2500	360	72	5,0	26	15	1,7	23
500 kg mittlere Arbeit	10000	2500	440	88	5,0	27	15	1,8	36
500 kg schwere Arbeit	10000	2500	555	111	5,0	29	16	1,8	70
600 kg Erhaltung	12000	3000	365	73	5,0	30	18	1,7	12
600 kg leichte Arbeit	12000	3000	415	83	5,0	31	18	1,7	27
600 kg mittlere Arbeit	12000	3000	505	101	5,0	32	18	1,8	43
600 kg schwere Arbeit	12000	3000	645	129	5,0	34	19	1,8	85
Zuchtstuten									
400 kg Erhaltung	8000	2000	250	50	5,0	20	12	1,7	18
400 kg 8. GM	8000	2000	380	66	5,8	28	19	1,5	9
400 kg 11. GM	8000	2000	470	74	6,4	31	21	1,5	9
400 kg 1. LM	8000	2000	945	100	9,5	44	30	1,5	11
400 kg 3. LM	8000	2000	875	105	8,3	44	30	1,5	11
400 kg 5. LM	8000	2000	655	88	7,4	44	30	1,5	11

in Anlehnung an DLG: M = Monat; GM = Trächtigkeitsmonat; LM = Laktationsmonat; EG = Endgewicht; KG = Körpergewicht

Tab. 43. Bedarfstabelle

Leistungsgruppen	Trocken-Substanz	Rohfaser	verdaul. Eiweiß	verdaul. Energie	Eiweiß: Energie	Kalzium	Phosphor	Kalzium: Phosphor	Natrium
	T	XF	DXP	DE	PEQ	Ca	P	Ca : P	Na
Einheit	(g)	(g)	(g)	(MJ)	(: 1)	(g)	(g)	(: 1)	(g)
Zuchtstuten (Fortsetzung)									
500 kg Erhaltung	10000	2500	320	64	5,0	25	15	1,7	10
500 kg 8. GM	10000	2500	450	79	5,7	35	23	1,5	12
500 kg 11. GM	10000	2500	560	88	6,4	38	26	1,5	12
500 kg 1. LM	10000	2500	1115	118	9,4	53	36	1,5	14
500 kg 3. LM	10000	2500	1040	124	8,4	53	36	1,5	14
500 kg 5. LM	10000	2500	756	108	7,0	53	36	1,5	14
600 kg Erhaltung	12000	3000	365	73	5,0	30	18	1,7	12
600 kg 8. GM	12000	3000	515	91	5,7	45	30	1,5	14
600 kg 11. GM	12000	3000	640	101	6,3	45	30	1,5	14
600 kg 1. LM	12000	3000	1275	135	9,4	63	43	1,5	16
600 kg 3. LM	12000	3000	1185	142	8,3	63	43	1,5	16
600 kg 5. LM	12000	3000	885	119	7,4	63	43	1,5	16
Aufzucht (7–18 M)									
400 kg EG 7–12 M	1,8 %–2,5 % des KG	18 %–20 % der T	475	58	8,2	24	16	1,5	5
400 kg EG 13–18 M			400	58	6,9	21	14	1,5	6
500 kg EG 7–12 M			540	66	8,2	28	19	1,5	6
500 kg EG13–18 M			465	66	7,0	26	17	1,5	8
600 kg EG 7–12 M			610	74	8,2	32	21	1,5	7
600 kg EG 13-18 M			540	77	7,0	31	21	1,5	9

in Anlehnung an DLG: M = Monat; GM = Trächtigkeitsmonat; LM = Laktationsmonat; EG = Endgewicht; KG = Körpergewicht

(GfE) ist die vorliegende Bedarfstabelle (siehe Tab. 43 Bedarfstabelle) erstellt worden. Beim Einsatz der Tabelle zur Bedarfsermittlung ist Folgendes zu beachten:

Die Bedarfstabelle beschränkt sich auf die wichtigsten Nähr- und Inhaltsstoffe (T, XF, DXP, DE, Ca, P und Na) die zur Rationsberechnung und -beurteilung benötigt werden. Zusätzliche Tabellen geben weitere Empfehlungen zur Mineral- und Vitaminversorgung. Die angegebenen Werte entsprechen dem Tagesbedarf eines Pferdes.

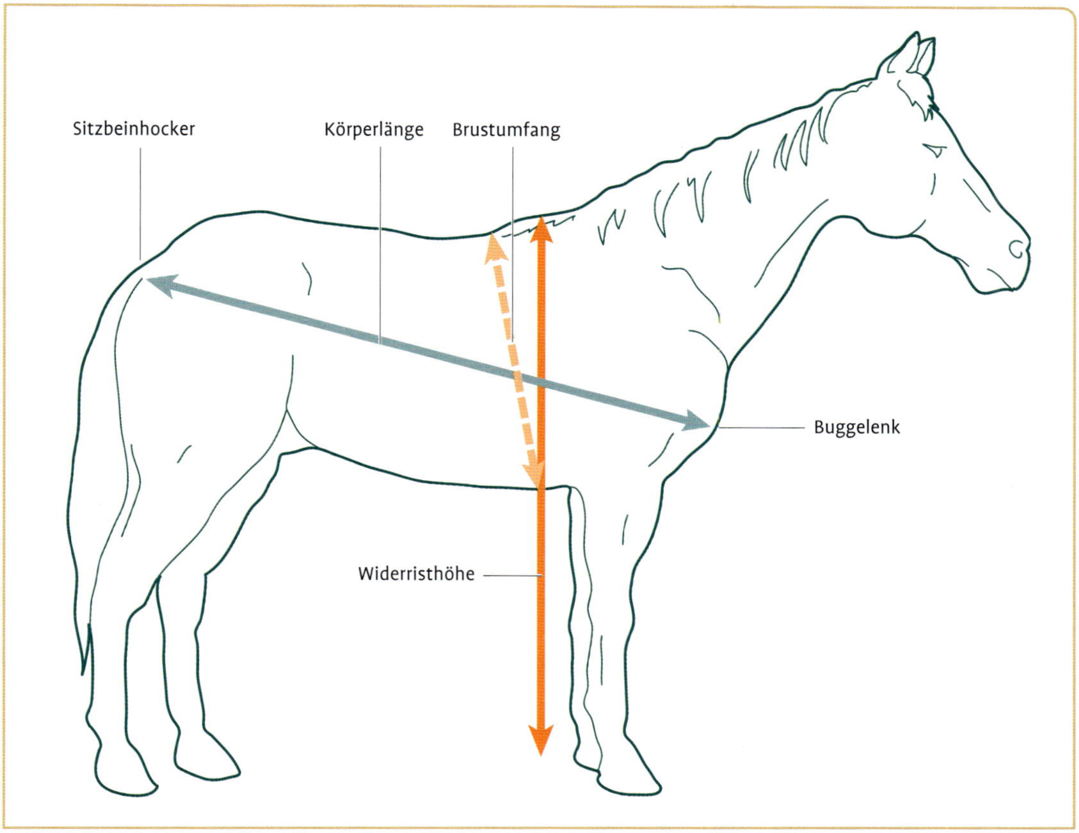

Abb. 121: Gewichtsermittlung. Berechnung des Körpergewichts aus Brustumfang und Körperlänge:

$$\text{Körpergewicht (KG) kg} = \frac{\text{Brustumfang (cm)}^2 \times \text{Körperlänge cm}}{11\,900}$$

Das Gewicht des Pferdes ermitteln

Um den Bedarf realistisch ermitteln zu können, muss das Gewicht des zu fütternden Pferdes bekannt sein. Die genaueste Gewichtsermittlung liefert natürlich das Wiegen des Pferdes auf öffentlichen Waagen beim Transport oder mit „Mobilen Waagen", die auf den Betrieben gegen Entgeld die Gewichtsermittlung anbieten.

Genauer als ein ungeübtes Schätzen ist es, das Gewicht mithilfe einer Berechnungsformel aus der Körperlänge und dem Brustumfang des Pferdes zu „messen".

Bedarfstabelle an das ermittelte Körpergewicht anpassen

In der Bedarfstabelle werden lediglich runde Körpergewichte vorgegeben. Wahrscheinlich weicht das ermittelte optimale Körpergewicht davon ab, sodass auch die Bedarfswerte angepasst werden müssen. Aus den vorgegebenen Tabellenwerten wird der passende Näherungswert errechnet.

Wurde z. B. das optimale Gewicht eines Pferdes mit 535 kg ermittelt, werden alle Bedarfswerte der nächstliegenden Zeile (hier 500 kg) auf dieses Gewicht angepasst.

Tab. 44. Bedarfstabelle an das KG anpassen (Rechenbeispiel 535 kg Körpergewicht)

Gewicht	Erhaltungsbedarf pro Tag						
	T (g)	XF (g)	DXP (g)	DE (MJ)	Ca (g)	P (g)	Na (g)
400 kg	8000	2000	268	54	20	12	8
500 kg	10000	2500	318	64	25	15	10
600 kg	12000	3000	363	73	30	18	12
Rechenweg z. B.: 10000 / 500 × 535 = 10700 2500 / 500 × 535 = 2675 usw.							
535 kg	10700	2675	340	68	27	16	11

Rechenweg:
T: 10000 g durch 500 mal 535 = 10 700 g;
XF: 2500 g durch 500 mal 535 = 2 675 g; usw.
Das Ergebnis ist korrekt aufzurunden (max. eine Kommastelle).

Energiebedarf für Erhaltung und Leistung ermitteln

Die Ermittlung des Energiebedarfes steht im Vordergrund der Bedarfsermittlung. Ihr Erfolg ist relativ leicht anhand des Futterzustandes und der Leistungsbereitschaft des Pferdes zu kontrollieren. Der Gesamtbedarf des Pferdes setzt sich zusammen aus dem Erhaltungsbedarf und dem Leistungsbedarf.

Der **Erhaltungsbedarf** dient der Erhaltung aller Körperfunktionen und der Körpertemperatur. Im Erhaltungsbedarf werden z. B. „Stehpferde" gefüttert, die aufgrund von Verletzungen oder sonstigen Gründen nicht gearbeitet werden. Viele Freizeitpferde, die selten oder nur gering reiterlich beansprucht werden, benötigen lediglich den Erhaltungsbedarf. Aber auch niedertragende Zuchtstuten im ersten bis einschließlich siebtem Trächtigkeitsmonat (1. bis 7. GM; GM = Graviditätsmonat), werden im Erhaltungsbedarf gefüttert. Der Erhaltungsbedarf wird auch von Haltungs- und Klimafaktoren beeinflusst. So haben Pferde in der Offenstallhaltung gegenüber der Boxenhaltung aufgrund höherer Bewegungsintensität und intensiverer Witterungseinflüsse einen höheren Energiebedarf.

Der **Leistungsbedarf** ist der zusätzliche Bedarf für eine Leistung. Die Werte der Bedarfstabelle für Pferde, die eine Arbeits- oder Zuchtleistung erbringen, geben den Gesamtbedarf aus Erhaltungs- plus Leistungsbedarf an (siehe Tab. 43 Bedarfstabelle).

Der Bedarf für **Arbeitsleistung** von erwachsenen Reit- und Zugpferden wird in leichte, mittlere und schwere Arbeit unterteilt (siehe Kap. 3.5.8 Sportpferde füttern). Eine genauere Einstufung der Leistung in Abhängigkeit zur Intensität der Belastung ist mit der Tabelle 45, Energiebedarf für Bewegungsleistung zusätzlich zum Erhaltungsbedarf, möglich.

Beim Bedarf für **Zuchtleistung** unterscheidet die Tabelle hochträchtige Zuchtstuten im 8. und 11. Trächtigkeitsmonat (GM = Trächtigkeitsmonat) und laktierende Zuchtstuten im 1., 3. und 5. Laktationsmonat (LM = Laktationsmonat) (siehe Kapitel 3.5.6 Zuchtpferde füttern).

Neben der Leistung bestimmt das ermittelte Körpergewicht den Bedarf des Pferdes.

Den Eiweißbedarf ermitteln

Der Eiweißbedarf eines Pferdes ist abhängig von seiner Leistung. Er lässt sich mithilfe des

Tab. 45. Energiebedarf für Bewegungsleistung zusätzlich zum Erhaltungsbedarf (nach H. Meyer)

Gangart	Schritt		Trab			Galopp		
	langsam	schnell	langsam	mittel	schnell	Arbeits-	starker	Renn-
km/h	3,5	6	12	15	18	21	30	60
m/Min.	58	100	200	250	300	350	500	1000
Belastung in Min.	**Leistungsbedarf MJ DE (pro 100 kg Pferd und Reiter)**							
2		–	–	0,13	0,19	0,27	0,83	8
4		–	0,18	0,27	0,38	0,54	1,67	
6		–	0,27	0,4	0,5,7	0,81	2,50	
8		–	0,36	0,53	0,76	1,08	3,33	
10		0,17	0,45	0,67	0,95	1,35	4,17	
20	0,23	0,33	0,90	1,33	1,90	2,70	8,33	
30	0,35	0,50	1,35	2,00	2,85	4,05		
40	0,47	0,67	1,80	2,70	3,80	5,40		
60	0,70	1,00	2,70	4,00	5,70	8,10		

Tab. 46. Berechnung des Eiweiß-Energie-Verhältnisses (PEQ)

Eine 500 kg schweres Reitpferd bei mittlerer Arbeit hat laut Bedarfstabelle einen Eiweißbedarf von 440 g DXP und Energiebedarf von 88 MJ DE.			Eine 500 kg schwere Zuchtstute im 1. Laktationsmonat hat laut Tabelle einen Eiweißbedarf von 1 115 g DXP und Energiebedarf von 118 MJ DE.		
g DXP	**:**	**MJ DE**	**g DXP**	**:**	**MJ DE**
440	:	88	1115	:	118
DXP/DE		DE/DE	DXP/DE		DE/DE
440/88		88/88	1115/118		118/118
5	:	1	9,4	:	1

Eiweiß-Energie-Verhältnisses verdeutlichen, d.h., der Bedarf an verdaulichem Eiweiß (DXP) wird pro MJ verdaulicher Energie (DE) dargestellt. Das Eiweiß-Energie-Verhältnis wird auch als Protein-Energie-Quotient (PEQ) bezeichnet (siehe Tab. 46 (Eiweiß-Energiegehalt von Futtermitteln, Eiweiß-Energieverhältnis PEQ) sowie Kap. 3.3.7 (Eiweiß-Energieverhältnis (PEQ)). Erwachsene Arbeits- und Sportpferde haben keinen erhöhten Eiweißbedarf. Das ideale Eiweiß-Energie-Verhältnis der Rationen liegt wie im Erhaltungsbedarf bei 5:1.

Zucht und Aufzuchtpferde haben einen erhöhten Eiweißbedarf. Der PEQ beträgt durchschnittlich 6 bis 10:1 (siehe Tab. 43 Bedarfstabelle).

Tab. 47. Futterzustand

		Hals	Rücken / Rippen	Becken
	**sehr dünn 90 %**	Knochenstruktur leicht zu fühlen, grätig, keine Muskeln	Dornfortsätze und Rippen deutlich hervortretend	Hüfthöcker ragt heraus, Schweifansatz steht vor, seitlich tiefe Gruben
	dünn 95 %	Knochen fühlbar	Dornfortsätze fühlbar, Rippen einfach zu sehen	Kruppe eingefallen, Beckenknochen sichtbar, Haut weich
	**gut, normal 100 %**	Kein Kamm, fließender Übergang zur Schulter	Dornfortsätze, Rippen leicht tastbar	Becken von Fett bedeckt, runde Form
	dick 105 %	leichter Kamm, Fettansatz am Hals	Rippen bedeckt, nur mit starkem Druck tastbar, Rinne entlang des Rückgrats	Hüfthöcker schwer fühlbar, Rinne bis zur Schweifwurzel
	**sehr fett 110 %**	ausgeprägter Kamm, sehr breit und kräftig, Speckfalten	Rippen nicht mehr fühlbar, tiefe Rinne, breiter Rücken	Becken nicht fühlbar und flach, gespaltene Kruppe

Individuelle Eigenschaften berücksichtigen

Aber auch individuelle Eigenschaften des Pferdes wie Futterzustand, Rasse bzw. Futterverwertung und Alter sind zu berücksichtigen.

Das ermittelte, tatsächliche Gewicht entspricht nicht immer dem optimalen Gewicht des Pferdes bei gutem **Futterzustand**. Der Futterzustand ist mithilfe der Tabelle zu ermitteln.

Weichen Pferde aufgrund von Fehlernährung vom „guten Futterzustand" ab, ist bei der Bedarfsermittlung nicht das tatsächliche Über- oder Untergewicht, sondern das angestrebte optimale Gewicht eines normal genährten Pferdes zugrunde zu legen. Dazu muss zur Bedarfsermittlung das tatsächliche Gewicht um 5 % bis 10 % reduziert oder erhöht werden. Der Bedarf eines dünnen Pferdes mit tatsächlichem 575 kg Körpergewicht wird, ebenso wie der eines dicken Pferdes mit 625 kg, in der Bedarfstabelle besser unter dem optimalen Gewicht von 600 kg zu finden sein.

Auch zwischen den **Rassen** sind erhebliche Unterschiede im Nährstoff-, besonders im Energiebedarf, festzustellen. Die Werte der Bedarfstabellen orientieren sich am Bedarf von Warmblutpferden. Bei Robustrassen (Shetland- und Islandponys, Fjordpferde, Haflinger u.a.) muss der Energiebedarf aufgrund ihres ruhigeren Temperamentes, dichteren Haarkleides und stärkeren Unterhautfettgewebes um mindestens 10 % reduziert werden. Für Vollblut- und vollblutgeprägte Pferde reichen die Energiewerte der Bedarfstabelle nicht aus. In der Regel sind diese Pferde schlechtere Futterverwerter. Der Tabellenwert sollte um etwa 10 % erhöht werden.

Der **Zustand der Zähne** hat einen großen Einfluss auf die Futterverwertung. Plane Kauflächen müssen durch raufutterreiche Rationen erhalten oder durch eine zahntierärztliche Behandlung widerhergestellt werden. Der Zahnwechsel bei Jungpferden sowie Zahnabrieb bzw. Zahnverlust bei Senioren ist bei der Bedarfsermittlung zu berücksichtigen. Bei alten Pferden ist häufiger eine Verschlechterung der Futterverwertung festzustellen. In solchen Fällen ist mit einem erhöhten Energiebedarf zu rechnen.

Tab 48. Mittlere Trockensubstanzaufnahme in % des Körpergewichtes

Leistung	Rassen		
	klein	mittel	schwer
Mittlere Aufnahme			
Erhaltung	1,5	1,3	1,2
Arbeit	2,4	2,0	1,8
Hochträchtigkeit	2,0	1,7	1,5
Laktation	2,7	2,3	2,0
Wachstum			
3. bis 6. Lebensmonat	3,0	2,3	1,9
7. bis 12.	2,8	2,0	1,8
13. bis 24.	2,3	1,7	1,5

Die Trockensubstanzaufnahme ermitteln

Der **Trockensubstanzbedarf** (T) zur Sättigung und Nährstoffversorgung ist in der Bedarfstabelle mit 2 % des Körpergewichtes (KG) angegeben. Dies trifft durchschnittlich zu bei Reitpferden mittlerer Arbeit sowie bei Zuchtstuten zu Beginn der Laktation. Kleine Pferderassen, sowie stark wachsende Pferde haben eine höhere Trockensubstanzaufnahme (bis 3 % des Körpergewichtes (KG)). Pferde im Erhaltungsbedarf, also auch niedertragende Zuchtstuten, erreichen nur schwer eine Trockensubstanzaufnahme von 2 % des Körpergewichtes (KG). Eine genauere gewichts- und leistungsabhängige Trockensubstanzaufnahme ist der Tabelle 48, Mittlere Trockensubstanzaufnahme in % des Körpergewichtes, zu entnehmen und bei der Bedarfsermittlung zu berücksichtigen.

Den Rohfaserbedarf ermitteln

Das Pferd ist ein Raufutterfresser. Eine ausreichende Rohfaserversorgung ist existenziell. Der **Rohfaserbedarf** (XF) beträgt mindestens 20 % der aufgenommenen Futtertrockensubstanz. Die Werte der Bedarfstabelle erfüllen mit 25 % diese Forderung. Im Hochleistungssport liegen die Rohfasergehalte der Rationen mit 16 % bis 18 % häufig deutlich darunter. Die Begründung dafür ist ein sportliches Aussehen und ein Verzicht auf „totes Gewicht". Werden in einer Sportpferderation die geforderten Tabellenwerte für die Rohfaserversorgung nicht erreicht, ist eine erhöhte Aufmerksamkeit auf Futterzuteilung (siehe Kapitel 3.4.7) und Beschäftigung des Pferdes zu richten.

Fehler in der Rationsgestaltung können Verhaltens- und Verdauungsprobleme verursachen, die unter ernährungsbedingten Erkrankungen (siehe Kapitel 3.6 Ernährungsbedingte Erkrankungen vermeiden) nachzulesen sind. In der Fütterung von Zucht- und Aufzuchtpferden ist eine ausreichende Rohfaserversorgung zu gewährleisten. Raufutter sollte diesen Pferden zur ständigen Verfügung stehen. So können die Tabellenwerte eingehalten oder sogar überschritten werden.

Den Mineralstoffbedarf ermitteln

In der Bedarfstabelle werden nur die Mengenelemente Kalzium (Ca), Phosphor (P) und Natrium (Na) berücksichtigt. Für Kalzium und Phosphor können die Werte der nächstliegenden Zeile verwendet werden. Ein geeignetes

Tab. 49. Drei Beispiele zur Bedarfsermittlung unter Berücksichtigung individueller Eigenschaften:

A. Bedarfsermittlung „Flotter Feger“

„Flotter Feger“ ist ein 8-jähriger Vollblutwallach. Er wiegt 465 kg bei gutem Futterzustand. Er wird bei schwerer Arbeit vielseitig geritten.

Körpergewicht (KG)	T (g)	XF (g)	DXP (g)	DE (MJ)	Ca (g)	P (g)	Na (g)
Tabelle schwere Arbeit 500 kg	10000	2500	500	100	29	16	61
A. Flotter Feger 465 kg	9300	>1600	500	100	29	16	61

1. Schritt (Trockensubstanzbedarf ermitteln)
Der Trockensubstanzbedarf beträgt durchschnittlich 2 % des Körpergewichtes.
Für das Sportpferd trifft dies zu.
Rechenweg: (465/100 mal 2 ≈) 9,3 kg = 9 300 g T

2. Schritt (Rohfaserbedarf ermitteln)
Zur Bedarfsdeckung sollte der Rohfasergehalt mehr als 20 % der Trockensubstanz betragen.
Als Tribut an das sportliche Aussehen liegt der Wert häufig unter dem Tabellenwert (z. B. 18 %)
Rechenweg: (9 300/100 mal 18 ≈) >1 600 g XF

3. Schritt (Energie-, Eiweiß-, Kalzium-, Phosphor- und Natriumbedarf)
Vollblutpferde sind i.d.R. schwerfuttrig, dies verlangt ein Zuschlag von 10 %.
Die Tabellenwerte für 500 kg KG schwere Arbeit (≥465 kg KG) können übernommen werden.

B. Bedarfsermittlung „Alte Tante“

„Alte Tante“ ist eine 17-jährige Vollblutzuchtstute mit 3 Monate altem Fohlen bei Fuß (3. LM) und wieder im 2. Monat tragend. Sie wiegt 465 kg und ist in einem knappen Futterzustand.

Körpergewicht kg	T (g)	XF (g)	DXP (g)	DE (MJ)	Ca (g)	P (g)	Na (g)
Tabelle 3. LM 500 kg	10000	2500	1040	125	52	40	14
B. Alte Tante 465 kg	~11600	>2900	1165	140	61	46	16

1. Schritt (Trockensubstanzbedarf ermitteln)
Bei Zuchtpferden (hier 3. LM) kann der Trockensubstanzbedarf bis 2,5 % des Körpergewichtes angenommen werden.
Rechenweg: (465/100 mal 2,5 ≈) 11,6 kg = ~11 600 g T

2. Schritt (Rohfaserbedarf ermitteln)
Der Rohfaserbedarf liegt bei Zuchtpferden mit 25 % bis 30 % deutlich über dem Tabellenwert.
Rechenweg: (11 600/100 mal 25≈) >2 900 g XF

3. Schritt (Energie-, Eiweiß-, Kalzium-, Phosphor- und Natriumbedarf)
Die Zuchtstute ist als Vollblut i.d.R. schwerfuttrig (+ 10 %). Der knappe Futterzustand verlangt einen zusätzlichen Zuschlag (+ 5 bis 10 %). Die Bedarfswerte liegen > + 10 % über Tabellenwerten für 500 kg.

C. Bedarfsermittlung „Dralle Dirn"

„Dralle Dirn" ist eine 5-jährige Haflingerstute im 6. Monat tragend (6. GM). Sie wiegt 465 kg und ist leicht zu dick.

Körpergewicht (KG)	T g	XF g	DXP g	DE MJ	Ca g	P g	Na g
Tabelle Erhaltung 500 kg	10000	2500	318	64	25	15	10
C. Dralle Dirn 465 kg	< 9300	>2300	268	54	23	14	9

1. Schritt (Trockensubstanzbedarf ermitteln)
Der Trockensubstanzbedarf beträgt durchschnittlich 2 % des Körpergewichtes. Im Erhaltungsbedarf (hier 6.GM) wird der Wert nur knapp erreicht.

2. Schritt (Rohfaserbedarf ermitteln)
Der Rohfaserbedarf liegt bei Zuchtpferden mit 25 bis 30 % deutlich über dem Tabellenwert.
Rechenweg: (9300/100 mal 25 ≈) >2300 g XF

3. Schritt (Energie-, Eiweiß-, Calcium-, Phosphor- und Natriumbedarf)
Haflinger sind i. d. R. leichtfuttrig (–10 %),
Rechenweg: Tabellenwerte für 500 kg KG mal 465/500 minus 10 %

Verhältnis zwischen den Werten (Ca:P Verhältnis) ist wichtiger als der Wert selbst. Der Natriumbedarf ist sehr stark von der körperlichen Leistung abhängig. Die Leistungsgruppen leichte bis sehr schwere Arbeit sind zu berücksichtigen.

Den Gesamtbedarf des Pferdes eintragen
In der Tabelle 43 ist die Bedarfsermittlung mithilfe der Bedarfstabelle, unter Berücksichtigung von **Körpergewicht**, **Leistung** und **individuellen Eigenschaften** an drei Beispielen dargestellt.

Die gewichteten Bedarfswerte werden als Gesamtbedarf des Pferdes in die dafür vorgesehene Zeile des Rationsberechnungsformulars eingetragen.

3.5.2 Rationen berechnen

Rationsberechnung Schritt 1:
Das Nährstoffangebot der Futtermittel berücksichtigen!

Im ersten Arbeitschritt werden geeignete Futtermittel ausgewählt. Sie müssen vom Pferd gern gefressen und gut vertragen werden, preisgünstig oder preiswürdig sein und vor allem geeignete Nährstoffe enthalten. In der Regel geht man von einer „Ist"-Situation aus, das heißt, man ermittelt die derzeit eingesetzten Futtermittel als Tagesration in Kilogramm.

Schwierig ist die richtige Einschätzung des Nährstoffgehaltes der Futtermittel. Genaue Angaben erhält man durch eine Nährstoffanalyse, die u.a. von Landwirtschaftlichen Untersuchungs- und Forschungsanstalten (LUFA-Analyse) durchgeführt werden.

Die Gehalte eingesetzter Mischfuttermittel müssen den gesetzlich vorgeschriebenen Deklarationen entnommen werden, die am Sack oder auf dem Lieferschein zu finden sind. In den Deklarationen fehlen wichtige Angaben: die Gehalte des Futtermittels an Trockensubstanz, verdaulicher Energie und verdaulichem Eiweiß. In Folge der angestrebten Vereinheitlichung der Schätzformel zur Ermittlung der verdaulichen Nährstoffe (siehe Kap. 3.3.2 Nährstoffgehalte ermitteln), werden

Tab. 50. Rationen berechnen

1 kg (1000 g) Futtermittel enthalten:						
	g T	**g XF**	**g DXP**	**MJ DE**	**g Ca**	**g P**
Hafer	880	99	85	12,2	1,1	3,2
Heu, Wiese, Mitte der Blüte	860	269	58	7,3	4,3	2,6
Stroh, Weizen	860	367	9	5,2	2,6	0,8

Rationsberechnung Schritt 1:	**Die Ration enthält:**						
	kg/Tag	**g T**	**g XF**	**g DXP**	**MJ DE**	**g Ca**	**g P**
Hafer	2,5	2200	247,5	212,5	30,5	2,75	8
Heu, Wiese, Mitte der Blüte	5	4300	1345	290	36,5	21,5	13
Stroh, Weizen	2	1720	734	18	10,4	5,2	1,6

Rationsberechnung Schritt 2 + 3:	**Die Ration enthält:**						
	kg/Tag	**g T**	**g XF**	**g DXP**	**MJ DE**	**g Ca**	**g P**
Hafer	2,5	2200	247,5	212,5	30,5	2,75	8
Heu, Wiese, Mitte der Blüte	5	4300	1345	290	36,5	21,5	13
Stroh, Weizen	2	1720	734	18	10,4	5,2	1,6
Summe:		8220	2326,5	520,5	77,4	29,45	22,6
Gesamtbedarf:		9000	2250	375	75	25	15
Differenz:		−780	+76,5	+145	+2,4	+4,45	+7,6

diese von der Mischfutterindustrie sicher häufiger angegeben. Der Gehalt an verdaulicher Energie und verdaulichem Eiweiß von Mischfuttermitteln ist für die Rationsberechnung und eine folgerichtige Beurteilung unbedingt notwendig.

Die Tabellenwerte von Futtermitteln, wie z. B. Grassilage, die im Trockensubstanz- und Nährstoffgehalt besonders hohen Schwankungen unterliegen, sind oft nicht aussagekräftig. Eine Nährstoffanalyse (LUFA) ist sinnvoll.

Bei der Futterauswahl muss realistisch vorgegangen werden, denn nicht immer ist ein gewünschtes Futter verfügbar oder preislich zu verwirklichen. Die Forderungen nach einer geeigneten Qualität sind jedoch ohne Kompromisse einzuhalten, denn was nützt es, wenn Futtermittel preisgünstig eingekauft werden, die Pferde sie aber nicht fressen oder sogar daran erkranken.

Die zur Verfügung stehenden Futtermittel des Betriebes werden in das Rationsberechnungsformular eingetragen.

Durch die Multiplikation der Gehalte (pro 1 kg Futtermittel) mit der eingesetzten Futtermenge in Kilogramm ergibt sich der Nährstoffgehalt der Ration.

Rechenweg: Bei der Verfütterung von täglich 2,5 kg Hafer stehen dem Pferd also
2,5 mal 880 g T gleich 2 200 g T,
2,5 mal 99 g XF gleich 247,5 g XF usw.
zur Verfügung.

Ebenso wird mit den anderen Inhaltsstoffen und Futtermitteln der Ration verfahren. Die errechneten Werte werden in die dafür vorgesehenen Felder – die Ration enthält – des Formulars eingetragen.

Rationsberechnung Schritt 2:
Angebot und Bedarf „abwägen"!
Füttern bedeutet abwägen von Nährstoffangebot und -bedarf. Das Gesamtnährstoffangebot aus Rau-, Kraft- und Mineralfutter wird in der Zeile „Summe" addiert und stellt das **Nährstoffangebot** des Futters dar. Die in Kapitel 3.5.1 ermittelten und gewichteten Bedarfswerte werden als **Gesamtbedarf des Pferdes** in die dafür vorgesehene Zeile des Rationsberechnungsformulars eingetragen.

Dem Nährstoffangebot wird der Gesamtbedarf des Pferdes gegenübergestellt.

Rationsberechnung Schritt 3:
Abweichungen ermitteln
Die Abweichungen zwischen Angebot und Bedarf werden ermittelt und als Mangel oder Überschuss in der Zeile Differenz eingetragen. Nicht immer ist eine Abweichung gleichzusetzen mit einer „schlechten" Ration. Eine Nährstoffversorgung zu 100 % wird nie erreicht, geringe Differenzen sind normal. Es kommt darauf an, die ernährungsphysiologische Bedeutung der Abweichung zu erkennen und eine richtige Entscheidung für Rationsänderungen zu treffen. Hierzu muss die Ration beurteilt werden.

3.5.3 Rationen beurteilen

Rationsbeurteilung Schritt 1:
Ist die ermittelte Trockensubstanzaufnahme realistisch und sättigend?
Das **Futteraufnahmevermögen** bis zur Sättigung richtet sich hauptsächlich nach dem Trockensubstanzgehalt des Futters. Die tägliche Trockensubstanzaufnahme des Pferdes beträgt durchschnittlich 2 % des Körpergewichtes (T/KG) (Tab. 48 Mittlere Trockensubstanzaufnahme in Prozent des Körpergewichtes). Im Erhaltungsstoffwechsel liegt der Wert bei 1,4 %, steigt aber bei körperlicher Beanspruchung bis auf 2,4 % des Körpergewichtes an. Eine noch höhere Futteraufnahme mit mehr als 2,5 % T/KG wird in der Laktation und in der Wachstumsphase erreicht.

Weicht die berechnete Ration deutlich von dieser Forderung ab, ist die Ration unrealistisch. Ein Ermittlungs- oder Rechenfehler sollte ausgeschlossen werden, z. B. muss die Strohaufnahme aus der Einstreu berücksichtigt werden. Eine ausreichende Trockensubstanzversorgung dient der Sättigung und Beschäftigung und beugt Verhaltensauffälligkeiten vor.

Rationsbeurteilung Schritt 2:
Erfüllt die Ration die arttypischen Ansprüche des Pferdes?
Pferde sind von Natur Raufutterfresser, deshalb sollte der größere Teil einer Futterration aus Raufuttermitteln bestehen. Für eine störungsfreie Verdauung ist eine ausreichende Rohfaserversorgung erforderlich. Strukturierte Rohfaser fördert die Kautätigkeit und die Speichelbildung. Rohfasermangel führt zu Verdauungs- und Verhaltensstörungen. Eine Regulierung der Rohfaserversorgung erfolgt über die Einstreu, die deshalb aus einwandfreiem Getreidestroh bestehen sollte.

Vereinfacht dargestellt sollten Pferde 1,0 bis 1,5 kg Raufutter (Heu / Stroh / Grassilage) pro 100 kg Körpergewicht erhalten.

Aussagekräftiger ist die Berechnung des **Raufutteranteils der Trockensubstanz** (siehe Seite 270), der immer mehr als 50 % betragen sollte. Der **Rohfasergehalt der Ration** (XF/T) soll mehr als 20 % der aufgenommenen Trockensubstanz ausmachen. In Sport- und besonders in Rennpferderationen wird dieser Wert oft deutlich unterschritten. 16 bis 18 % sind hier eher

Tab. 51. Rationen beurteilen

Rationsbeurteilung Schritt 1 + 2:	**Die Ration enthält:**						
	kg/ Tag	g T	g XF	g DXP	MJ DE	g Ca	g P
Hafer	**2,5**	2200	247,5	212,5	30,5	2,75	8
Heu, Wiese, Mitte der Blüte	5	**4300**	1345	290	36,5	21,5	13
Stroh, Weizen	2	**1720**	734	18	10,4	5,2	1,6
Summe:		**8220**	**2326,5**	**520,5**	**77,4**	**29,45**	**22,6**
		RaT	**XF/T**				
		73 %	**28 %**				
soll		**> 50 %**	**>20 %**				
Rationsbeurteilung Schritt 3 + 4:	**Die Ration enthält:**						
	kg/Tag	g T	g XF	**g DXP**	**MJ DE**	**g Ca**	**g P**
Hafer	**2,5**	2200	247,5	212,5	30,5	2,75	8
Heu, Wiese, Mitte der Blüte	5	4300	1345	290	36,5	21,5	13
Stroh, Weizen	2	1720	734	18	10,4	5,2	1,6
Summe:		8220	2326,5	**520,5**	**77,4**	29,45	22,6
		RaT	**XF/T**	**PEQ**		**Ca : P**	
		73 %	28 %	**6,7 : 1**		**1,3 : 1**	
soll				**Leistungsabhängig**		**1,5–2 : 1**	

die Regel. Ursache ist das „Tote Gewicht" der Rohfaser, die als Ballaststoff „lang und schwer" im Dickdarm liegen bleibt. Das Gewicht des gefüllten Dickdarms kann bis zu 20 % des Körpergewichtes betragen. Dies behindert Beweglichkeit und vermindert die Geschwindigkeit des Pferdes.

Solche rohfaserarmen Rationen erfüllen aber nicht den Anspruch der artgerechten Fütterung und können zu Gesundheitsrisiken führen. Bei Zucht- und Aufzuchtpferden kann mit über 25 % Rohfaser in der aufgenommenen Trockensubstanz die Forderung nach artgerechter Versorgung leicht sichergestellt werden. Eine höhere Rohfaseraufnahme widerspricht nicht den Leistungsanforderungen dieser Pferde und ist gesünder und preiswürdiger. Hochtragende Stuten verlangen aus „Platzmangel" wieder eine etwas konzentriertere Nährstoffversorgung.

Zur Ermittlung des Raufutteranteils der Ration (RaT) wird der Trockensubstanzgehalt der Raufuttermittel (hier: Heu 4 300 g T und Stroh 1 720 g T = 6 020 g T) der Trockensubstanzgehalt der Ration (hier: 8 229g T) gegenübergestellt. Der Rauhfutteranteil sollte je nach Leistung mehr als 50 % betragen.

Rechenweg RaT:
6 020 : 8 229 × 100 = 73 % RaT

Zur Beurteilung der Rohfaserversorgung wird der Rohfasergehalt der Ration (hier: 2 326,5 g XF) der aufgenommenen Trockensubstanz (hier: 8 229 g T) gegenübergestellt. Eine Pferdegerechte Ration sollte je nach Leistung mehr als 20 % XF/T enthalten.

Rechenweg XF/T:
2 326 : 8 220 × 100 = 28 % XF/T

Die Rechenergebnisse werden in die Felder RaT und XF/T des Formulars eingetragen (siehe Tab. 42).

Rationsbeurteilung Schritt 3:
Ist die Energie- und Eiweißversorgung bedarfsdeckend?
Der Energiebedarf ist bei der Zusammenstellung der Ration vorrangig abzudecken. Dabei muss das Futteraufnahmevermögen des Pferdes mithilfe der aufgenommenen Trockensubstanz berücksichtigt werden. Die in der Sportpferdefütterung eingesetzten Futtermittel enthalten häufig einen zu hohen Eiweißgehalt, wodurch in der Regel bei bedarfsdeckender Energieversorgung größere Eiweißüberschüsse entstehen.

Das für Sportpferde ideale Eiweiß-Energie-Verhältnis (PEQ) von 5:1 ist schwer zu realisieren. Der PEQ von Hafer beträgt aber bereits 7,3:1, der von Heu oder Grassilage je nach Schnittzeitpunkt 6 bis 10:1. Der Eiweißgehalt kann nur durch den Einsatz von spät geschnittenem Heu (6:1), eiweißfreiem Pflanzenöl (0:1) und / oder Futterstroh (1,7:1) gesenkt werden.

Zuchtstuten in ihrer Höchstleistung (Laktation) und Aufzuchtpferde benötigen deutlich mehr Eiweiß (bis zu 10:1), sodass Anteile besonders eiweißreicher Futtermittel, wie zum Beispiel Sojaschrot, mit einem PEQ von 28:1, notwendig werden.

Obwohl Pferde vorrübergehend auch höhere Mengen an Eiweiß tolerieren, ist ein langfristiger Überschuss von **mehr als 25 %** zu vermeiden. Die Ration muss geändert werden. Dazu bieten sich nur wenige Futtermittel wie z. B. Pflanzenöl (PEQ 0:1) aber auch Maisflocken (PEQ 4:1) in einer geeigneten Menge an. Das Eiweiß-Energie-Verhältnis der Ration wird ins Feld (DXP:DE bzw. PEQ) eingetragen und entsprechend beurteilt.

Zur Ermittlung des PEQ wird der Eiweißgehalt der Ration (hier: 520,5 g DXP) dem Energiegehalt (hier: 75,65 MJ) gegenübergestellt (siehe Tab. 46).

Rationsbeurteilung Schritt 4:
Sind Fehler in der Mineralstoffversorgung zu erkennen?
Bei ausschließlichem Getreide- und Heueinsatz ist die Mineralstoff- und Vitaminversorgung häufig nicht bedarfsdeckend, und selbst in der Ration mit Mischfutteranteil bestehen Mängel.

Das vorgegebene Rationsberechnungsformular berücksichtigt lediglich die Mengenelemente Kalzium, Phosphor und Natrium. In der Gesamtration sollte ein Kalzium-Phosphor-Verhältnis (Ca : P) von 1,5 bis 2 : 1 angestrebt werden. Getreidereiche Rationen werden dazu mit kalziumreichen Mineral- oder Mischfuttermitteln ergänzt. Das Kalzium-Phosphor-Verhältnis der Ration wird in Feld (Ca : P) angegeben und entsprechend beurteilt.

Das Kalzium-Phosphor-Verhältnis (Ca : P) wird durch abwägen des Kalziumgehaltes (hier: 29,45 g Ca) und Phosphorgehaltes (hier: 22,6 g P) der Ration ermittelt.

Rechenweg Ca : P:

Ca	: P
29,45	: 22,6
Ca/P	: P/P
29,45/22,6	: 22,6/22,6
1,3	: 1

Die **Natriumversorgung** ist, besonders wenn die Pferde bei der Arbeit viel Schweiß verlieren, durch Futtermittel nicht sichergestellt. Auch über den angebotenen Salzleckstein ist ein erhöhter Bedarf nicht immer ausreichend abgedeckt. In diesen Fällen muss der Mangel durch zusätzliche Salzgaben (100 g Salz enthalten 39 g Na und 61 g Cl) oder durch spezielle Elektrolytlösungen behoben werden.

Die im Rationsberechnungsformular nicht erfasste Versorgung mit **Spurenelementen** und **Vitaminen**, die in Grundfuttermitteln häufig nur mangelhaft vorhanden sind, ist gesondert zu beachten.

3.5.4 Rationen zusammenstellen

Wird das Futter pferdegerecht zugeteilt und die Futteraufnahme kontrolliert?

Eine noch so bedarfsgerechte und ausgewogene Ration ist ohne eine geeignete Futterzuteilung nichts wert. Pferde sind naturgemäß auf eine kontinuierliche Aufnahme kleiner Futtermengen eingestellt. Raufutter sollte deshalb durch entsprechende Zuteilung ständig zur Verfügung stehen. Ideal ist eine Kraftfuttergabe in vielen kleinen Mahlzeiten, was nur mithilfe von Dosiergeräten zu bewerkstelligen ist. Ansonsten ist Kraftfutter mindestens dreimal täglich anzubieten. Raufutter sollte grundsätzlich vor dem Kraftfutter ausgeteilt werden, um einen reibungslosen Verdauungsablauf zu gewährleisten.

Der Aufwand einer Rationsberechnung lohnt sich nur, wenn ständig überprüft wird, ob die angenommenen Futter- und Bedarfswerte der Realität entsprechen. Hierzu sollte das zugeteilte Futter häufiger nachgewogen werden. Die Futterqualität muss ständig zumindest mithilfe der Sinnenprüfungen, gegebenenfalls durch eine Futteranalyse überprüft werden. Das Verhalten des Pferdes muss beobachtet und sein Futterzustand beurteilt werden.

3.5.5 Rationen mit Weidegang berechnen und beurteilen

Die Weidehaltung wird den artspezifischen Bedürfnissen des Pferdes bezüglich der Umwelt- und Klimareize (Steppentier), der Sozialkontakte (Herdentier) und des Bewegungsangebotes (Lauftier) am ehesten gerecht. Auch ermöglicht sie dem Raufutter- und Dauerfresser Pferd die artgerechte Futterzuteilung. Massive Probleme entstehen jedoch in der bedarfsgerechten Versorgung mit Nährstoffen. Hierbei entstehen abhängig von der Leistung sowohl Mangel- als auch Überschussprobleme. Eine Pferdezucht ohne ausreichende Weideflächen als Futtergrundlage und ohne ganztägigen Weidegang ist kaum vorstellbar.

Auch für Reitpferde ist der Weidegang vorteilhaft. Er fördert die Bewegung und trainiert Muskeln, Sehnen und Lungen. Der Kreislauf wird angeregt Wind, Regen und Temperaturwechsel härten die Pferde ab. Das Wohlbefinden und die Vitamin D3 Eigensynthese werden durch Sonnenstrahlen aktiviert. Das Grasen beruhigt, bietet dauerhafte Beschäftigung und liefert verdauungsförderndes, vitaminreiches Grünfutter. Pferde können Stress abbauen und regenerieren.

Längere Aufenthalte auf der Weide können sich bei Leistungspferden auch nachteilig auswirken. Die voluminöse Fütterung führt zum Weidebauch, der die sportliche Leistung beeinträchtigen kann. Eine bedarfsgerechte Futterzuteilung ist nur schwer möglich. Auch erfordert der Weideaufenthalt einen erhöhten Pflegeaufwand.

Deshalb wird bei aktiven **Sport- und Rennpferden** der Weidegang auf ein bis zwei Stunden täglich beschränkt. Rekonvaleszenten (Genesende) können sich auch ganztägig auf der Weide erholen.

Auch für **Freizeitpferde** (Robustpferde, Ponys und Kleinpferde) ist der ganztägige Weideaufenthalt sehr problematisch, da Nährstoffüberschüsse entstehen, die zu gravierenden Störungen führen können. Deshalb sollten nur Weideflächen mit knappem Aufwuchs angeboten oder diese zunächst z. B. von Rindern abgeweidet werden, um zu vermeiden, dass große Mengen junges, übermäßig eiweißreiches Gras aufgenommen werden. Eine solche Wechselbeweidung zwischen Rindern und Pferden dient zudem der Parasitenprophylaxe, da Rinder pferdespezifische Parasitenlarven

Tab. 52. Rationsberechnung Weiderationen (6 GM)

> **?** ***Die Haflingerstute „Dralle Dirn" ist im 6. Monat tragend. Ihr Körpergewicht beträgt 465 kg. Sie wird nach ausreichender Gewöhnung auf der Weide gehalten.***
> ***Ihr Bedarf wurde mit etwa 9300g T; 2300g XF; 268g DXP; 54 MJ DE; 23g Ca und 14g P ermittelt.***
>
> ***Wie viel kg Gras wird die Stute bis zur Sättigung aufnehmen? Rechnen Sie die Ration unter Zugabe einer geeigneten Menge Gras zuende. Beurteilen Sie die Ration. Machen Sie gegebenenfalls Verbesserungsvorschläge.***

Name des Pferdes		"Dralle Dirn"		Gewicht			465 kg			Leistung		6. GM	
		5jährige Haflingerstute, leicht zu dick											
		1 kg Futtermittel enthält:						Die Tagesration enthält:					
Futtermittel		T TS g	XF Rohfaser g	DXP Eiweiß g	DE Energie MJ	Ca g	P g	**kg**	T TS g	XF Rohfaser g	DXP Eiweiß g	DE Energie MJ	Ca g	P g
1.	Weidegras v.d. Bl.	190	47	17	1,7	1,9	0,7							
						Gesamtbedarf des Pferdes:			**9300**	**2300**	**268**	**54**	**23**	**14**
						Mangel (-), Überschuß (+)								
									1.	2.	3.	4.	5.	6.

	RaT	T /KG	XF/T	Überschuss	DXP : DE	Ca : P
	%	%	%		: 1	: 1
	7.	8.	9.	10.	11.	12.
soll:	> 50%	Ø 2%	> 25%	< 25%	5 : 1	1,5-2 : 1

aufnehmen, ohne selbst Schaden zu nehmen, die Parasiten aber im Verdauungstrakt des Rindes zugrunde gehen. Rinderspezifische Parasiten werden umgekehrt im Verdauungskanal des Pferdes abgetötet.

Für **Zucht- und Aufzuchtpferde**, tragende Stuten, Absetzer, Stuten mit Fohlen bei Fuß, Jährlinge und Jungpferde ist eine gute Weide während der Weideperiode die Hauptnahrungsquelle. Deshalb müssen für die Zuchtpferdehaltung ausreichend Weideflächen zur Verfügung stehen. Der Bedarf pro Pferd richtet sich nach dem Körpergewicht und der Bewegungsaktivität (zertreten der Grasnarbe), nach Boden, Klima, Futteraufwuchs und nach der Bewirtschaftungsintensität (Pflege, Düngung). Man rechnet für eine Stute mit Nachzucht einen Weideflächenbedarf von 0,75 bis 1,5 ha.

Weidenutzung (siehe Kap. 1.4 Pferde auf der Weide halten)

Die Problematik der Weidefütterung von Sport-, Freizeit- und Robustpferden zeigt sich bei der Berechnung entsprechender Rationen. Durch die intensivste Form der Weidenutzung, die **Portionsweide**, bei der die Weidefläche Portionsweise zugeteilt wird, lässt sich die Grasaufnahme der Pferde regulieren.

Weidegang und Stallfütterung kombinieren

Eine kombinierte Weide-/Stallfütterung ist geeignet die Grasaufnahme zu reduzieren und das Nährstoffangebot zu ergänzen. Vor dem Weidegang sollten Heu, Grassilage oder Stroh, aber kein Kraftfutter gefüttert werden, da durch die im Gras enthaltenen Mikroorganismen eine Fehlgärung der leichtverdaulichen Kraftfutterbestandteile ausgelöst werden kann.

Zur Gewöhnung sollte der Weidegang zu Vegetationsbeginn im April / Mai auf eine halbe Stunde täglich begrenzt werden, damit die Darmflora des Pferdes sich auf den Weidegang neu einstellen kann. Dies hilft, gravierenden Verdauungsstörungen und der Hufrehe vorzubeugen. Ebenso ist die Gewöhnung im Stall durch Zugabe von frisch gemähtem Gras zum gewohnten Raufutter günstig. Die tägliche Weidezeit kann langsam ausgedehnt und gleichzeitig die tägliche Raufutterration vermindert werden. Nach etwa 14 Tagen hat sich die Darmflora weitgehend an den Futterwechsel angepasst.

Weiderationen berechnen

Ein Problem der Berechnung von Weiderationen ist die Ermittlung der Futtermenge. Die Grasaufnahme pro Stunde Weidezeit kann etwa mit 1 % des Körpergewichtes angenommen werden, sie ist aber von verschiedenen Faktoren abhängig. Robustpferderassen sind mit einer Grasaufnahme von bis zu 1,4 % des Körpergewichtes pro Stunde fressgieriger als Vollblüter mit 0,8 %. Die Grasaufnahme ist aber auch stark vom Aufwuchs abhängig. Sie nimmt nach längerer Grasungszeit durch die zunehmende Sättigung ab. Warmblutjährlinge können 30 bis 40 kg Weidegras täglich aufnehmen, ältere Pferde bei ganztägiger Weide sogar 40 bis 60 kg.

Ein weiteres Problem der Rationsberechnung ist die richtige Schätzung des Nährstoffgehaltes, der sich im Weidegras innerhalb weniger Wochen verändert. Der Eiweißgehalt nimmt durch das Heranreifen ab, der Rohfasergehalt steigt an. Die Beispielsrationen zeigen die Besonderheiten und die Problematik der Fütterung auf der Weide (siehe Tab. 52 ((Rationsberechnung Weiderationen (6. GM))).

Weidefütterung ergänzen

Bei nicht ausreichendem Aufwuchs ist eine Zufütterung besonders bei Zuchtstuten und Fohlen notwendig. Auf der Weide können außerdem Defizite an essenziellen Aminosäuren und Mineralstoffen entstehen. Eine Mangelversorgung der Spurenelemente Kupfer, Zink, aber auch Selen kann z. B. durch eine Weideleckschale vermieden werden.

3.5.6 Zuchtpferde füttern

Deckhengste werden häufig überfüttert, weil die Meinung vorherrscht, die Fortpflanzung sei stark nährstoffzehrend. Pro Ejakulat werden aber nur etwa 1 g Eiweiß (DXP) und 0,018 MJ verdauliche Energie (DE) benötigt. Deckhengste, die stark beansprucht werden (mehr als 10-mal die Woche beim Decksprung an der Hand) benötigen als Leistungsbedarf einen Zuschlag an verdaulicher Energie von rund 40 % des Erhaltungsbedarfs (siehe Tab. 43 Bedarfstabelle). Dies gilt besonders bei starker Erregung und erhöhtem Bewegungsdrang oder bei zusätzlicher Arbeitsleistung an der Longe oder unter dem Sattel.

Jede Verfettung ist jedoch zu vermeiden, denn sie führt zu Deckunlust. Der PEQ soll bei 6:1 liegen. Bei Hengsten, die frei in einer Stutenherde laufen, liegt durch die verstärkte Bewegungsaktivität der Bedarf erheblich höher und muss durch tägliche Zufütterung gedeckt werden. Entscheidend in der Zuchtpferdefütterung ist aber immer der Futterzustand. Es gilt der Grundsatz – die Rippen müssen tastbar, sollten aber nicht sichtbar sein. Eine hohe tägliche Bewegungsleistung des Hengstes führt bei höheren Temperaturen zu erheblichem Schweißverlust, der durch tägliche Gaben handelsüblicher Elektrolytmischungen oder durch Beimischung von rund 50 g Kochsalz (NaCl) täglich ins Kraftfutter ergänzt werden muss.

Zuchtstuten sollen jedes Jahr ein gesundes Fohlen zur Welt bringen. Ohne art- und bedarfsgerechte Fütterung ist es nicht möglich, dieses Ziel zu erreichen. Deshalb muss die Leistung der Stute berücksichtigt werden. Die Leistung einer **güsten Stute**, z. B. einer Sportstute, die in der Zucht eingesetzt werden soll, ist die Fruchtbarkeit. Der Rossezyklus der Stute ist licht- und jahreszeitabhängig. Im Frühjahr und Frühsommer bestehen die günstigsten Bedingungen für das Einsetzen einer gesunden, intensiven Rosse und einer erfolgreichen Bedeckung. Das Bestreben, die Stuten möglichst früh im Jahr abfohlen zu lassen, steht diesem natürlichen Rhythmus entgegen und birgt vermeidbare Probleme in der Fohlenaufzucht. Ein guter Futterzustand bei vollwertiger, art- und bedarfsgerechter Fütterung ist die natürlichste Maßnahme zur Verbesserung der Fruchtbarkeit. Sie ist Manipulationen zur Beeinflussung der Rosse vorzuziehen. Der Energie- und Eiweißbedarf bei gutem Futterzustand entspricht dem **Erhaltungsbedarf** oder liegt leicht darüber. Dies wird durch praxisübliche Rationen erfüllt. Es muss jedoch zusätzlich auf eine ausgewogene Mineral- und Vitaminversorgung geachtet werden. Ein Mangel mindert die Befruchtungsaussichten. Im Winter enthalten Futtermittel nur geringe Mengen an Vitaminen. Durch Zugaben von Karotin, Vitamin A und Vitamin E im Januar bis April vor der Bedeckung werden die Aktivität der Eierstöcke verbessert und Fruchtbarkeitsprobleme gemindert. Während Karotin in Grassilage, Möhren oder Grünmehlpellets ausreichend enthalten ist und damit den Vitamin A-Bedarf abdeckt, muss Vitamin E über Mineral- und Vitaminergänzungsfutter zugefüttert werden. Aus der Schweinezucht stammt die „Flushing" Methode, eine Maßnahme zur Auslösung der Brunst und Verbesserung der Fruchtbarkeit. 2 bis 3 Wochen vor dem vorgesehenen Decktermin wird die Kraftfuttermenge um 20 % (oder mehr, je nach Futterzustand) angehoben. Diese Methode ist bei Pferden jedoch umstritten, da die Gefahr der Zwillingsträchtigkeit erhöht wird.

Trächtigkeit

In den ersten 8 Wochen nach der Belegung ist der Embryo noch sehr empfindlich. Störungen in der Fütterung der Stute, z. B. durch Futterumstellung, Verdauungsstörungen oder Schwankungen in der Energieversorgung durch den Weideauftrieb kann zum Verlust des Embryos führen. Ähnlich wie Deckhengste werden aber tragende Stuten vielfach überfüttert. Eine intensiv gedüngte, fette Grasweide ist für diesen Leistungsabschnitt ebenso ungünstig wie eine Unterversorgung durch

Tab. 53. Beispielration Reitpferd leichte Arbeit

? ***Die Stute Gina ist im 3 Monat (3.GM) tragend. Sie wird täglich 1 Stunde geritten. Im Stall wird sie wie beschrieben gefüttert und erhält ca. 2 Stunden Weidegang.***
Ermitteln Sie den Gesamtbedarf der Stute und übernehmen Sie ihn in Ihre Rationsberechnung!
Wie viel kg Hafer benötigt die Stute noch? Begründen Sie Ihre Annahme!
Rechnen Sie die Ration unter Zugabe einer geeigneten Menge Hafer zu Ende. Beurteilen Sie ihre Ration.

Name des Pferdes **Gina**		**Reit- u. Zuchtstute**						Gewicht		**500** kg		Leistung	**3.GM/ leichte A.**	
		1 kg Futtermittel enthält:						Die Tagesration enthält:						
	Futtermittel	T TS g	XF Rohfaser g	DXP Eiweiß g	DE Energie MJ	Ca g	P g	**kg**	T TS g	XF Rohfaser g	DXP Eiweiß g	DE Energie MJ	Ca g	P g
1.	Heu	860	300	56	7	5	2	**5,00**	4300	1500	280	35	25	10
2.	Mischfutter	880	100	75	12,5	12	4	**1,00**	880	100	75	12,5	12	4
3.	Stroh, Weizen	860	390	7	4,5	2,6	0,6	**2,00**	1720	780	14	9	5,2	1,2
4.	Weidegras	180	50	24	1,9	2,4	1	**10,00**	1800	500	240	19	24	10
5.	Hafer	880	99	85	12,2	1,1	3,2							
							Summe:							
							Gesamtbedarf des Pferdes:							
							Mangel (-), Überschuß (+)							

	1.	2.	3.	4.	5.	6.
	RaT	T /KG	XF/T	Überschuss	DXP : DE	Ca : P
	%	%	%	%	: 1	: 1
	7.	8.	9.	10.	11.	12.
soll:	> 50%	Ø 2%	> 25%	< 25%	5 : 1	1,5-2 : 1

Tab. 54. Stallfütterung Robustpferd (5 GM)

? *Die Haflingerstute „Dralle Dirn" ist im 5. Monat tragend. Ihr Körpergewicht beträgt 465 kg. Sie wird im Stall gefüttert. Ihr Bedarf wurde mit etwa 9300g T; 2300g XF; 268g DXP; 54 MJ DE; 23g Ca und 14g P ermittelt.*

Wie viel kg Heu wird die Stute bis zur Sättigung aufnehmen?
Rechnen Sie die Ration unter Zugabe einer geeigneten Menge Heu zu Ende.
Beurteilen Sie die Ration. Machen Sie gegebenenfalls Verbesserungsvorschläge.

Name des Pferdes		"Dralle Dirn"				Gewicht		465 kg		Leistung		5. GM		
		5jährige Haflingerstute, leicht zu dick												
		1 kg Futtermittel enthält:						Die Tagesration enthält:						
Futtermittel		T TS g	XF Rohfaser g	DXP Eiweiß g	DE Energie MJ	Ca g	P g	kg	T TS g	XF Rohfaser g	DXP Eiweiß g	DE Energie MJ	Ca g	P g
1.	Hafer	880	99	85	12,2	1,1	3,2	0,50	440	49,5	42,5	6,1	0,55	1,6
2.	Mineralergänzer	0	0	0	0	220	40	0,10	0	0	0	0	22	4
3.	Stroh, Weizen	860	367	9	5,4	2,6	0,8	2,00	1720	734	18	10,8	5,2	1,6
4.	Heu 1.A. Ende Bl.	860	289	56	6,9	4,3	2,4							
					Summe:									
					Gesamtbedarf des Pferdes:				9300	2300	268	54	23	14
					Mangel (-), Überschuß (+)									
									1.	2.	3.	4.	5.	6.
					RaT		T /KG		XF/T		Überschuss	DXP : DE	Ca : P	
					%		%		%		%	: 1	: 1	
					7.		8.		9.		10.	11.	12.	
			soll:		> 50%		Ø 2%		> 25%		< 25%	5 : 1	1,5-2 : 1	

ein nähr- und wirkstoffarmes Futterangebot. Die Trächtigkeit wird unterteilt in die niedertragende Phase bis einschließlich des siebten Monats und die hochtragende Phase vom achten bis zum elften Monat.

In der **niedertragenden Phase** entspricht der Bedarf dem Erhaltungsbedarf. Die Versorgung muss jedoch vollwertig sein und den Mineral- und Vitaminbedarf der Stute befriedigen. In dieser frühen Phase findet die vollständige Entwicklung der Körperzellen und -gewebe des Foetus, so zum Beispiel die Ausbildung der Gelenke, statt. Weidefütterung mit vielseitig zusammengesetztem, nicht zu eiweißreichem Grünfutter bei entsprechender Mineralergänzung sowie Bewegung und Aufenthalt in Licht und Luft, sind günstigste Voraussetzungen für eine ungestörte Entwicklung der Frucht.

Hochtragende Stuten benötigen eine Zulage für die Trächtigkeitsleistung. Während sich die Frucht bis Ende des siebten Trächtigkeitsmonats lediglich bis auf 17 % des Geburtsgewichtes entwickelt, was durchschnittlich 2,4 % Zuwachs je Monat entspricht, steigt die monatliche Entwicklung auf +18 % bis +23 % im achten bis elften Monat an. Entsprechend steigt der Energiebedarf auf das 1,25- bis 1,4-fache, der Eiweiß-, Kalzium- und Phosphorbedarf auf das 1,5-fache des Erhaltungsbedarfs an. Der PEQ steigt von 5:1 auf über 6 bis 7:1, d.h., hochtragende Stuten benötigen im elften Monat pro MJ verdaulicher Energie (DE) 6 g bis 7 g verdauliches Rohprotein (DXP). Die Stute soll bei gutem Futterzustand abfohlen, damit sie möglichst bald wieder rossig wird. Verfettung führt jedoch zu Geburtsschwierigkeiten. Am Ende der Trächtigkeit ist die Salz- (Natrium-) Versorgung zu beachten, da ein Mangel beim neugeborenen Fohlen den Abgang des Darmpechs verzögert.

Rationen für hochtragende Stuten bestehen in der Regel aus Raufutter und einem eiweißreichen Ergänzungsfutter für Zuchtstuten, welches auch während der Laktation gefüttert werden kann, damit keine große Futterumstellung nach dem Abfohlen nötig wird. Durch diese Ergänzung ist es möglich, Mängel in der Spurenelement- und Vitaminversorgung auszugleichen. Dies beeinflusst auch die Gehalte an Wirkstoffen im Kolostrum. Da das Fohlen ohne ausreichende Wirkstoffreserven geboren wird, ist dies von großer Bedeutung. Die Futteraufnahmekapazität verringert sich gegen Ende der Trächtigkeit durch den zunehmenden Platzbedarf des Fötus. Leicht abführend wirkende Futtermittel (Weizenkleie, Melasse, Kochsalz und Leinsamen) fördern die Darmtätigkeit und sind vor und nach der Geburt hilfreich. Die Qualität der Futtermittel muss immer, aber besonders in der letzten Phase der Trächtigkeit, beachtet werden, da verdorbene Futtermittel Ursache für Verdauungsstörungen und Aborte sein können. Vor der Geburt wird die Futtermenge gedrosselt um die Belastung des Verdauungstraktes während der Geburt zu vermindern.

Laktation

Nach dem Abfohlen wird die Stute in den ersten Tagen knapp gefüttert, dann wird die Ration dem steigenden Bedarf angepasst. Eine zu rasche Steigerung der Futtermenge führt zu einer zu hohen Milchproduktion. Dies kann Verdauungsstörungen bei Fohlen verursachen. Eine zu knappe Fütterung führt zum Ausbleiben der Fohlenrosse. Das Trockensubstanzaufnahmevermögen steigt etwa 2 Wochen nach der Geburt wieder an (>2,5 % des Körpergewichtes), sodass zunehmende Mengen voluminösen Futters aufgenommen werden können. Die Ernährung des Fohlens ist in den ersten Lebensmonaten von der Milchleistung der Mutterstute abhängig. Nach neuesten Erkenntnissen erbringt die laktierende Stute **bereits zum Ende des errsten Laktationsmonats** (1LM) die höchste Milchleistung (bei 300–600 kg KG > 20 Liter/Tag) und nicht wie bisher angenommen zum Dritten Laktationsmonat (3LM) (siehe Tab. 43). Dies verlangt eine

Tab. 55. hochtragende Stute (11. GM)

? ***Die Stute Gina ist im 11. Monat tragend. Sie wiegt 500 kg (KG). Sie erhält die folgende Tagesration.***
Ermitteln Sie mit Hilfe der Bedarfstabelle den Gesamtbedarf der Stute.
Rechnen Sie die Ration unter Zugabe von Stroh zu Ende. Begründen Sie Ihren Stroheinsatz!
Beurteilen Sie die Ration. Finden Sie Ursachen für Fehler!

Name des Pferdes **Gina** **Zuchtstute** | Gewicht **500** kg | Leistung **11.GM**

		1 kg Futtermittel enthält:							Die Tagesration enthält:					
	Futtermittel	T TS g	XF Rohfaser g	DXP Eiweiß g	DE Energie MJ	Ca g	P g	**kg**	T TS g	XF Rohfaser g	DXP Eiweiß g	DE Energie MJ	Ca g	P g
1.	Heu Mitte Blüte	860	269	58	7,3	4,3	2,6	**7,00**	6020	1883	406	51,1	30,1	18,2
2.	Mischfutter, Zucht	860	120	95	11	16	4	**2,50**	2150	300	237,5	27,5	40	10
3.	Hafer	880	99	85	12,2	1,1	3,2	**1,00**	860	390	7	4,5	2,6	0,6
4.	Möhren	110	10	9	1,3	0,4	0,3	**2,00**	220	20	18	2,6	0,8	0,6
5.	Mineralergänzer	900	0	0	0	220	40	**0,10**	88	9,9	8,5	1,22	0,11	0,32
6.	Stroh, Weizen	860	390	7	4,5	2,6	0,6							
					Summe:									
					Gesamtbedarf des Pferdes:									
					Mangel (-), Überschuß (+)									
									1.	2.	3.	4.	5.	6.

	RaT	T /KG	XF/T	Überschuss	DXP : DE	Ca : P
	%	**%**	**%**	**%**	**: 1**	**: 1**
	7.	8.	9.	10.	11.	12.
soll:	**> 50%**	**Ø 2%**	**> 25%**	**< 25%**	**6,4 : 1**	**1,5-2 : 1**

Tab. 56. Weiderationen einer laktierenden Stute (1. LM)

Die Stute Gina hat ein 1.Monat altes Fohlen bei Fuß (1.LM) und steht ganztägig auf der Weide. Sie wiegt 500 kg (KG).
Der Gesamtbedarf der Stute ist entsprechend der Bedarfstabelle angegeben.
Wie viel Weidegras frisst die Stute?
Rechnen Sie die Weideration zuende. Beurteilen Sie die Ration! Ist eine Ergänzung notwendig?

Name des Pferdes	Gina	Zuchtstute	Gewicht	500 kg	Leistung	1.LM

Futtermittel	1 kg Futtermittel enthält: T TS g	XF Rohfaser g	DXP Eiweiß g	DE Energie MJ	Ca g	P g	kg	Die Tagesration enthält: T TS g	XF Rohfaser g	DXP Eiweiß g	DE Energie MJ	Ca g	P g
1. Weidegras v.d. Bl.	180	43	25	1,6	1,1	0,7							
2. Mischfutter, Zucht	860	120	95	11	16	4							
3. Hafer	880	99	85	12,2	1,1	3,2							
4. Mineralergänzer	900	0	0	0	220	40							
							Summe:						
							Gesamtbedarf des Pferdes:	10000	2500	1115	118	53	36
							Mangel (-), Überschuß (+)						
								1.	2.	3.	4.	5.	6.

	RaT	T /KG	XF/T	Überschuss	DXP : DE	Ca : P
	%	%	%	%	: 1	: 1
	7.	8.	9.	10.	11.	12.
soll:	> 50%	Ø 2%	> 25%	< 25%	5 : 1	1,5-2 : 1

bedarfsgerechte Fütterung. Die Stutenmilch ist bei höherem Milchzuckergehalt energie- und eiweißärmer als Kuhmilch.

Der Bedarf der laktierenden Stute an Nähr- und Mineralstoffen steigt bis auf das 3-fache des Erhaltungsbedarfs an. Bei ganztägigem Weidegang nehmen laktierende Stuten (500–600 kg) mindestens 10 bis 12 kg Futtertrockensubstanz auf, was etwa 55 kg Gras entspricht. Damit stehen etwa 1 500 g verdauliches Eiweiß (DXP) und 120 MJ verdauliche Energie (DE) zur Verfügung. In der Regel ist der Eiweiß-, Karotin- und Phosphorbedarf auf der Weide gedeckt, der Energie-, Rohfaser-, Kalzium- und Spurenelementbedarf jedoch nicht immer. Auch die Natriumversorgung auf der Weide ist unzureichend. Aus diesem Grunde ist bei ausschließlicher Weidehaltung zumindest eine Mineralergänzung vorzunehmen.

Bei der Stallhaltung ist mit Heu und Hafer der Bedarf der Stute an essenziellen Aminosäuren nicht ausreichend gedeckt. Der hohe Energie- und Eiweißbedarf muss durch ein geeignetes Kraftfutter ausgeglichen werden, das bei entsprechender Eiweißqualität ausreichend essenzielle Aminosäuren sowie Fettsäuren, Vitamine und Mineralstoffe enthält. Zum Hafer können Ergänzungsfuttermittel für Zuchtpferde (siehe Kap. 3.4.6. Zusatzfuttermittel) eingesetzt werden, die Mängel der Heu-Hafer-Ration ausgleichen. Eine mangelhafte Versorgung wirkt sich negativ auf die Milchleistung der Stute und auf die Entwicklung der Fohlen aus. Bei einer hohen Milchleistung muss stets der erhöhte Wasserbedarf beachtet werden.

3.5.7 Aufzuchtpferde füttern

Die bedarfsgerechte Fütterung von Jungpferden ist von besonderer Bedeutung, da Folgen einer Fehlernährung das ganze Pferdeleben beeinträchtigen können.

Saugfohlen versorgen

Fohlen sind „Nestflüchter" das heißt, sie sollen bereits innerhalb 15 Minuten bis 2 Stunden nach der Geburt selbstständig stehen und saugen. Die erste Nahrung der Fohlen, die Muttermilch, verändert sich im Laktationsverlauf in Bezug auf Menge und Zusammensetzung. Die Milch der ersten Tage, die **Biestmilch** oder **Kolostralmilch** ist anders zusammengesetzt als die normale Stutenmilch. (siehe Tab. 23 Zusammensetzung der Stutenmilch/Milchleistungskurve)

Auffallend ist der hohe Trockensubstanzgehalt. Er ist mit etwa 200 g T pro Liter doppelt so hoch wie in der Normalmilch. Dies resultiert aus dem besonders hohen Eiweißgehalt, der jedoch innerhalb weniger Stunden von 100 g DXP auf unter 27 g pro Liter abfällt. Die Kolostralmilch besitzt mehrere Funktionen. Der wesentliche Teil ihres Eiweißes besteht aus Antikörpern. Fohlen sind mit der Geburt ungeschützt der keimreichen Umwelt eines Stalles ausgesetzt, und es kann selbst in den ersten Lebenswochen noch keine Schutzstoffe gegen Bakterien bilden. Das Kolostrum enthält von der Mutter vorproduzierte Antikörper, die in den beiden ersten Lebenstagen die Darmwand, ohne verdaut zu werden, passieren können. Durch diese „passive Immunisierung" ist das Neugeborene vor Keimen seiner neuen Umwelt geschützt, vorausgesetzt die Stute lebte mindestens 4 bis 6 Wochen vor der Geburt in dieser Umgebung und konnte so selbst genügend Antikörper aufbauen. Die Zahl der Antikörper verringert sich jedoch sehr schnell, und die Aufnahme durch die Darmwand verschlechtert sich, sodass der erste Saugakt möglichst bald nach der Geburt erfolgen muss. Des Weiteren liefert die erste Milch, abhängig von der Versorgung der Stute während der Trächtigkeit, hochwertige Nährstoffe und Vitamine. Bemerkenswert ist der hohe Vitamin A-Gehalt der Kolostralmilch. Er ist notwendig, da Fohlen ohne ausreichende Reserven in Leber und Blut geboren werden.

Darmpechverhalten (das Fohlen setzt innerhalb von 12 Std. nach der Geburt keinen Kot ab) muss vom Tierarzt mit Abführmitteln behandelt werden. Durch bedarfsgerechte Salzversorgung der hochtragenden Stute kann dem vorgebeugt werden.

Die Fohlen nehmen mit dem ersten Schluck

Tab. 57. Ration Fohlen vor dem Absetzen

? ***Ein Warmblutsaugfohlen (erwartetes Endgewicht 600 kg) wird im 5. Lebensmonat zum Weidegang mit Hafer und Ergänzungsfutter gefüttert. Der Gesamtbedarf ist entsprechend der Bedarfstabelle angegeben. Das Fohlen soll abgesetzt werden.***

Berechnen und beurteilen Sie die derzeitige Ration. Planen Sie mit den vorhandenen Futtermitteln eine Ration für den Absetzer.

Name des Pferdes		vor dem Absetzen						Endgewicht	600 kg		Leistung	Aufzucht		
		1 kg Futtermittel enthält:							Die Tagesration enthält:					
	Futtermittel	T TS g	XF Rohfaser g	DXP Eiweiß g	DE Energie MJ	Ca g	P g	**kg**	T TS g	XF Rohfaser g	DXP Eiweiß g	DE Energie MJ	Ca g	P g
1.	Weidegras	180	43	25	1,6	1,1	0,7	**10,00**	1800	430	250	16	11,0	7,0
2.	Hafer	880	99	85	12,2	1,1	3,2	**3,00**	2640	297	255	36,6	3,3	9,6
3.	Mischfutter, Zucht	860	120	95	11	16	4	**0,50**	430	60	47,5	5,5	8,0	2,0
4.	Stutenmilch	100	0	18	1,7	0,7	0,3	**9,00**	900	0	162	15,3	6,3	2,7
								Summe:						
								Gesamtbedarf des Pferdes:	**6000**	**1200**	**610**	**74**	**32**	**21**
								Mangel (-), Überschuß (+)						
									1.	2.	3.	4.	5.	6.

RaT	T /KG	XF/T	Überschuss	DXP : DE	Ca : P
%	%	%	%	: 1	: 1
7.	8.	9.	10.	11.	12.
soll: > 50%	Ø 2%	> 25%	< 25%	8,2 : 1	1,5-2 : 1

Milch die Larven des Zwergfadenwurmes auf, die im Euter der Mutterstute auf die Geburt gewartet haben. Aus den Larven entstehen nach einer Körperwanderung innerhalb von zwei Wochen die erwachsenen, geschlechtsreifen Würmer. Zu diesem Zeitpunkt treten häufig Durchfallerkrankungen auf. Veränderungen der Stutenmilch, die durch die Fohlenrosse entstehen, werden für diese Störungen verantwortlich gemacht. Verursacher ist jedoch häufig der Parasit. Da Fohlen instinktiv den frischen Kot der Stuten aufnehmen, ist eine geeignete Entwurmung der Stuten direkt vor oder nach der Geburt nicht nur wegen der Zwergfadenwürmer eine wichtige Maßnahme. Fohlen werden ohne funktionstüchtigen Dickdarm geboren. Das Fressen von Mutterkot ist ein natürliches Verhalten, welches die Besiedlung des Dickdarms mit der Darmflora – Bakterien, Hefen und Protozoen – bewirkt.

Im ersten Laktationsmonat bietet die Milch der Stute dem Fohlen ausreichend Nahrung in richtiger Dosierung und Zusammensetzung. Fohlen saugen etwa 50-mal in 24 Stunden und nehmen pro Mahlzeit zwischen 150 ml und 250 ml Milch auf.

Durch Nachahmung lernt das Fohlen im zweiten Lebensmonat spielerisch, geringe Mengen Heu und Kraftfutter aus dem Trog der Stute zu fressen. Da sich die Dickdarmverdauung erst langsam entwickelt, ist nicht zu grobes Heu bester Qualität geeignet. Sobald das Fohlen mehr Beifutter frisst, braucht es auch Wasser. Eine Tränke muss zugänglich sein. Um den Missbrauch des Salzlecksteins durch übermäßiges Lecken zu vermeiden, sollte er für die jungen Saugfohlen nicht erreichbar sein.

Ab dem dritten Lebensmonat reicht der Nährstoffgehalt der Milch nicht mehr aus, das Fohlen bedarfsgerecht zu versorgen. Weidegang sowie zusätzliche Gaben von Rau- und Kraftfutter werden erforderlich. Hafer als alleiniges Kraftfutter ist ungeeignet, da er eine unzureichende Eiweißqualität, zu geringe Mineralstoffgehalte bei schlechtem Kalzium-Phosphor-Verhältnis und Vitaminenmangel aufweist. Eine gezielte Ergänzung ist vorzunehmen.

Ideal zur Fütterung von Fohlen sind spezielle Fohlentröge, die in entsprechender Höhe befestigt und durch verstellbare Gitter für Stuten unzugänglich sind. So kann das Kraftfutter zur freien Aufnahme angeboten oder täglich, mit einer Steigerung von etwa 0,5 kg pro Lebensmonat für Fohlen mittelgroßer Rassen, zugeteilt werden.

Als Grundsatz der Fohlenfütterung gilt: Knappe Fütterung führt mit geringen Tageszunahmen zu verzögertem Wachstum. Nachteilig ist aber auch eine mastige, zu intensive Fütterung. Ein zu schnelles Wachstum überfordert durch schnelle Zunahme der Körpermasse das langsamer wachsende Skelett. Eine mittlere Wachstumsintensität vermindert dieses Problem. Eine Energieüberversorgung ist zu vermeiden, eine bedarfsgerechte Ernährung ist sicherzustellen.

Auf der Weide erhalten Fohlen aus arbeitswirtschaftlichen oder technischen Gründen häufig nicht das nötige Ergänzungsfutter zum Gras. Auf knappen oder schlechten Weiden nimmt man eine verlangsamte Entwicklung in Kauf. Durch die Anlage von Fohlenkrippen oder eines Fohlenschlupfes mit schmaler Öffnung, durch die nur Fohlen eintreten können, kann man gezielt beifüttern. Besonders auf intensiv genutzten Weiden ist auf eine bedarfsgerechte Mineralstoffversorgung zur Verbesserung des Kalzium-Phosphor-Verhältnisses und der Selen- und Kupferversorgung zu achten. Menge und Zusammensetzung richten sich nach der Qualität des Weidefutters. Bei jungem, eiweißreichem und rohfaserarmen Gras muss Raufutter zugegeben werden.

Absetzer füttern

Fohlen werden im Alter von 5 bis 6 Monaten von der Mutter abgesetzt. Der Termin sollte jedoch vom Entwicklungszustand und der

Beifutteraufnahme abhängig gemacht werden. Mit dem Absetzen fehlen dem Fohlen nun die wertvollen Inhaltsstoffe der Muttermilch. Der Energiebedarf kann zwar mit Hafer ausgeglichen werden, der Bedarf an Eiweiß, Minerale und Vitamine verlangt den Einsatz eines speziellen Ergänzungsfuttermittels. Da die Umstellung der Ernährung für das Verdauungssystem eines Pferdes eine Belastung darstellt, sollten Fohlen bereits zu einem frühen Zeitpunkt an entsprechende Aufzuchtfutter gewöhnt werden. Die Gewichtszunahme ist in dieser Lebensphase sehr groß. Das Fohlen hat nach nur 6 Monaten etwa 45 %, am Ende des ersten Jahres bereits mehr als 60 % seines Endgewichtes erreicht.

Die Absetzer haben zunächst einen sehr hohen Eiweißbedarf, der aber in den folgenden Monaten sinkt (Warmblutabsetzer etwa 600 g DXP, Warmblutjährling etwa 550 g, Warmblutzweijähriger etwa 440 g). Aber nicht nur die Eiweißmenge, sondern auch die Eiweißqualität, der Gehalt an essenziellen Aminosäuren, ist von Bedeutung. Der Körper kann diese nicht selber herstellen und muss sie über die Nahrung aufnehmen. Lysin und Methionin sind notwendige essenzielle Aminosäuren, die nicht durch andere Stoffe ausgeglichen werden können.

Eine Energieüberversorgung kann gravierende Störungen, z. B. Defekte des Bewegungsapparates, zur Folge haben. Der Energiebedarf ist stark abhängig von der Haltungsform. Er steigt z. B. im Winter zur Regulation der Körpertemperatur an.

Bei der Rationsgestaltung müssen wichtige Verhältnisse beachtet werden. Das Verhältnis zwischen Eiweiß- und Energiegehalt (PEQ) sollte in einer Futterration für Absetzer zwischen 8 bis 10 : 1 liegen. Bei der Versorgung mit Mineralstoffen (Mengen- und Spurenelementen) sind sowohl Mangel- als auch Überschusssituationen zu vermeiden. Das Kalzium-Phosphor-Verhältnis der Ration (Ca : P = 1,5 bis 2 : 1) sollte eingehalten werden. Jungpferde haben einen deutlich höheren Vitaminbedarf als ausgewachsene Pferde. Die Vitamineigensynthese durch Mikroorganismen im Dickdarm ist noch nicht voll ausgebildet. Aber auch eine Überversorgung bestimmter Vitamine kann gesundheitliche Schäden zur Folge haben. Die Bedarfstabelle ist ein unverzichtbares Hilfsmittel zur Gestaltung bedarfsgerechter Jungpferderationen, wobei die individuelle Berücksichtigung von Rasse, Futterverwertung, Temperament, Futterzustand und Haltungsform wichtig ist.

Jährlinge und Zweijährige füttern

Weidegang in Gruppen ist für Jährlinge und zweijährige Pferde unverzichtbar. Er fördert soziale Kontakte und Bewegung und regt die Futteraufnahme an.

Die Trockensubstanz-Aufnahmekapazität beträgt in dieser Phase 2 kg bis 2,5 kg/100 kg/Tag (siehe Tab. 43 (Bedarfstabelle)). Im Frühsommer deckt Gras bei ausreichendem Aufwuchs den Bedarf der Jährlinge an Energie und Eiweiß ab. Auf überweideten Flächen oder in trockenen Jahren ist die Nährstoffversorgung unzureichend. Es muss zugefüttert werden. Vollblutjährlinge werden im Rennsport früher genutzt und deshalb intensiver aufgezogen. Sie benötigen wie zweijährige Warmblutpferde eine Ergänzung zum Weidegras, um eine gleichmäßige Entwicklung zu gewährleisten. Übermäßige Wachstumsschübe sind jedoch zu vermeiden. Höhere Kraftfuttergaben reduzieren die Grünfutteraufnahme. Auf intensiv genutzten Weiden ist eine mineralstoffreiche Ergänzung notwendig. Natrium fehlt immer und die Spurenelemente Kupfer, Selen und Zink sind häufig nicht ausreichend enthalten. Diese können auf der Weide über Mineralleckschalen verabreicht werden.

3.5.8 Sportpferde füttern

Auch durch noch so hohe Mengen an Energie-, Nähr- oder Wirkstoffen sind mit einem schlecht veranlagten oder schlecht trainierten Pferd keine Höchstleistungen zu erreichen. Andererseits beeinträchtigen Fehler in der Fütterung die Leistungsfähigkeit, sodass auch gut veranlagte Pferde ihr Leistungsvermögen nicht ausspielen können. Die Leistungsfähigkeit von Sportpferden wird neben der Nährstoffversorgung vor allem von der Funktionsfähigkeit der Atmungsorgane, des Kreislaufs und des aktiven und passiven Bewegungs-Apparates bestimmt. Training fördert die Durchblutung, den Auf- und Abbau der Energiespeicher in Muskulatur und Leber und den Aufbau neuer Muskelmasse. Es bestimmt damit die Leistungsfähigkeit der Organe und Gewebe. Die bedarfsgerechte Fütterung schafft hierfür die notwendigen Voraussetzungen.

Nährstoffbedarf für Bewegungsleistung

Arbeit ist eine horizontale oder gelegentlich (z. B. beim Springen) auch vertikale Bewegung des Körpers, die jedes Freizeit-, Schul-, Sport- oder Rennpferd leistet. Üblich ist die pauschale Einteilung in leichte, mittlere, schwere und sehr schwere Arbeit (siehe Tab. 43 (Bedarfstabelle)). Durch die Arbeit entsteht zusätzlich zum Erhaltungsbedarf ein Mehrbedarf. Der zusätzliche Bedarf an verdaulicher Energie wird bei leichter Arbeit auf 25 %, bei mittlerer auf 25 % bis 50 %, bei schwerer auf 50 % bis 100 % und bei sehr schwerer Arbeit auf bis zu 200 % geschätzt. Der genauere Energiebedarf kann in Abhängigkeit von der Bewegungsintensität (Trainingsplan) mithilfe der Tabelle (siehe Tab. 45 (Energiebedarf für Bewegungsleistung zusätzlich zum Erhaltungsbedarf)) ermittelt werden.

Muskelfunktion und Energieumwandlung

Die Bewegungen des Körpers werden durch Muskeln hervorgerufen. Ein Muskel besteht aus Muskelfaserbündeln, diese wieder aus einer

Tab. 58. Heu Hafer Sportpferderation (m. A.)

Der 600 kg schwerer Warmblutwallach Glen wird mit einer Heu Hafer Standartration gefüttert. Stroh kann er aus den Einstreu aufnehmen. Die Futterwerte wurden der Futterwerttabelle entnommen.
Der Wallach leistet „mittlere Arbeit“. Der Gesamtbedarf wurde der Bedarfstabelle entnommen.
Die Bedeutung der Abweichung Mangel (-), Überschuss(+) wird durch die Farben bedarfsdeckend, tolerabel, mangelhaft erläutert.

Name des Pferdes:	Glen	Warmblutwallach				Gewicht		600		kg		Leistung	mittlere A.	
		1 kg Futtermittel enthält:						Die Tagesration enthält:						
	Futtermittel	T TS g	XF Rohfaser g	DXP Eiweiß g	DE Energie MJ	Ca g	P g	kg	T TS g	XF Rohfaser g	DXP Eiweiß g	DE Energie MJ	Ca g	P g
1.	Hafer	880	99	85	12,2	1	3	5,00	4400	495	425	61	5	15
2.	Heu Mitte Bl.	860	269	58	7,3	4,3	2,6	5,00	4300	1345	290	36,5	21,5	13,0
3.	Weizenstroh	860	390	7	4,5	2,6	0,6	2,00	1720	780	14	9	5,2	1,2
4.														
5.														
6.														
7.														
					Summe:				10420	2620	729	106,5	31,7	29,2
					Gesamtbedarf des Pferdes:				12000	3000	505	101	32	18
					Mangel (-), Überschuß (+)				-1580	-380	224	5,5	-0,3	11,2
									1.	2.	3.	4.	5.	6.

	RaT	T /KG	XF in T	Überschuss	DXP:DE	Ca : P
	57,8 %	1,7 %	25%	44%	7 : 1	1,1 : 1
soll:	> 50%	Ø 2%	> 25%	< 25%	5 : 1	1,5-2 : 1

Tab. 59. Beispielsration Reitpferd schwere Arbeit

? **Das 500 kg schwere Sportpferd „Chaos" wird im Training schwer gearbeitet. Seine Box ist mit Holzspänen eingestreut. Der Gesamtbedarf des Pferdes ist entsprechend der Bedarfstabelle angegeben. Seine Tagesration besteht aus Heu, Hafer und Ergänzungsfutter. Zur Ergänzung der Ration stehen Ihnen verschiedene Mischfuttermittel - Pferdeglück, Optimal, Sieger und Pferdemineral – zur Verfügung.**

Wählen Sie das geeignete Mischfutter begründet aus. Berechnen und beurteilen Sie die Ration.

Name des Pferdes	"Chaos"	Sportpferd				Gewicht		500 kg			Leistung	schwere Arbeit		
		1 kg Futtermittel enthält:							Die Tagesration enthält:					
Futtermittel		T TS g	XF Rohfaser g	DXP Eiweiß g	DE Energie MJ	Ca g	P g	kg	T TS g	XF Rohfaser g	DXP Eiweiß g	DE Energie MJ	Ca g	P g
1.	Heu	860	300	56	7	5	2	**5,00**	4300	1500	280	35	25	10
2.	Hafer	880	99	85	12,2	1,1	3,2	**5,00**	4400	495	425	61	5,5	16
3.	Pferdeglück	860	120	95	11	16	4							
4.	Optimal	860	130	75	12	12	4							
5.	Ideal	860	170	96	10,5	10	6							
6.	Pferdemineral	950	0	0	0	220	40							
					Summe:									
					Gesamtbedarf des Pferdes:				**10000**	**2500**	**555**	**111**	**29**	**16**
					Mangel (-), Überschuß (+)									
									1.	2.	3.	4.	5.	6.
					RaT		T /KG		XF/T		Überschuss	DXP : DE	Ca : P	
					%		%		%		%	: 1	: 1	
					7.		8.		9.		10.	11.	12.	
				soll:	**> 50%**		**Ø 2%**		**> 25%**		**< 25%**	**5 : 1**	**1,5-2 : 1**	

Vielzahl von Muskelfasern. Muskelarbeit entsteht durch Kontraktion (= Zusammenziehung) des Muskels. Die Wiederausdehnung nach dem Zusammenziehen ist kein aktiver Vorgang des Muskels selbst, dafür ist ein Gegenmuskel zuständig. Nicht alle Muskelfasern der Skelettmuskulatur sind gleich leistungsfähig.

Das Futter liefert Energie in Form von Traubenzucker, Fettsäuren und Eiweiß. In den Muskelfasern werden diese Energielieferanten zu **Adenosintriphosphat** (ATP) „verbrannt", dem „Muskeltreibstoff".

Schnelle Vollblutpferde und Quarter Horses besitzen einen kräftigeren, durch weniger **Muskelfarbstoff (Myoglobin)** helleren Muskelfasertyp. Diese Muskelfasern können sich sehr schnell zusammenziehen. Ihre Leistung ist aber aufgrund schnellerer Erschöpfung zeitlich stark begrenzt. Als Energiequelle nutzen sie vor allem Kohlenhydrate, die im Blut als Traubenzucker und im Muskel als tierische Stärke (Glykogen) vorhanden sind. Sie können aber nur in geringen Mengen Fettsäuren verwerten.

Die Muskeln ausdauernder Distanzpferdetypen enthalten mehr rote Muskelfasern mit viel Myoglobin. Rote Muskelfasern arbeiten zwar langsamer, ermüden aber deutlich später. Sie benötigen viel Sauerstoff und benutzen Fettsäuren und Traubenzucker zur Energiegewinnung. Rote Muskelfasern werden hauptsächlich für Ausdauerarbeiten im Schritt und Trab benötigt, da sie weniger Ermüdungserscheinungen zeigen. Sie verwerten als Energiequelle auch Fettsäuren, die u. a. bei der Verdauung von Fetten anfallen. Deshalb kann für Ausdauerleistungen mehr Fett oder Öl als Energieträger eingesetzt werden. Für Sprintleistungen sind Kohlenhydrate wichtiger.

Aerober Energiestoffwechsel

Traubenzucker (Glukose) und Fettsäuren der Nahrung liefern Energie, die über das Blut in den Muskel transportiert wird. In Gegenwart von Sauerstoff (aerob), der ebenfalls über den

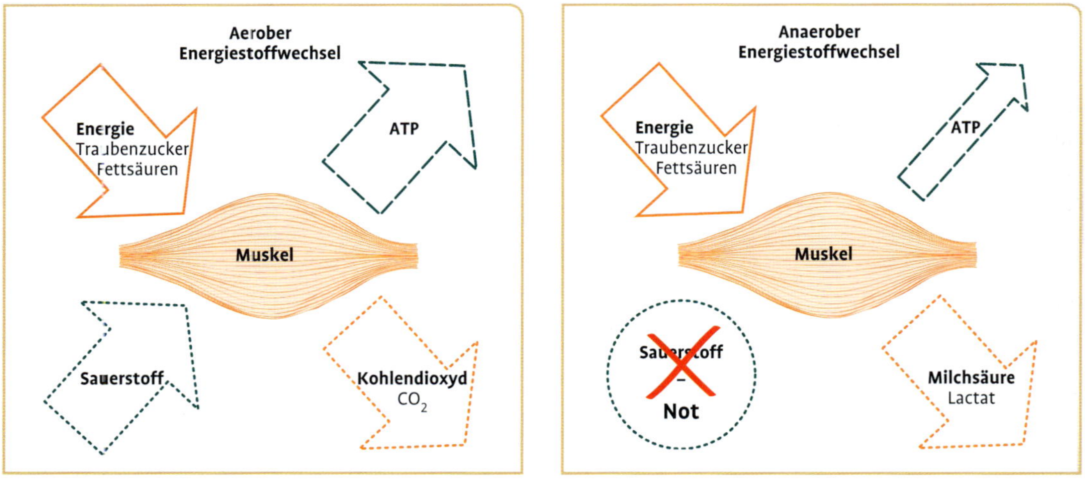

Abb. 122: Aerober (links) und anaerober (rechts) Energiestoffwechsel.

Blutkreislauf angeliefert wird, werden sie in den Kraftwerken der Zelle (Mitochondrien) in Adenosintriphosphat (ATP) und Kreatinphosphat (KP) umgewandelt. Die für die Muskelarbeit benötigte Energie liefert nun das energiereiche Adenosintriphosphat (ATP), das dabei zu Adenosindiphosphat (ADP) abgebaut aber schnellstmöglich über Kreatinphosphat (KP) wieder zu ATP regeneriert wird. Bei diesem Prozess werden Traubenzucker, Fettsäuren und Sauerstoff verbraucht, als Abfallprodukt entsteht lediglich Kohlendioxyd, das über den Blutkreislauf entsorgt wird. ATP wird nur in geringen Mengen im Muskel gespeichert, sodass nur ein begrenzter Energievorrat zur Verfügung steht.

Anaerober Energiestoffwechsel
Bei Sauerstoffmangel (anaerob) liefert Traubenzucker nur einen Bruchteil der möglichen Energie, da er nur bis zur Milchsäure abgebaut werden kann. Die entstandene Milchsäure belastet die Muskelfunktion und führt, wenn sie nicht rechtzeitig entsorgt wird, zu Übersäuerung und Erschöpfung. Da am Anfang einer Muskelarbeit die Muskelfasern noch nicht ausreichend mit Sauerstoff versorgt sind, wird zunächst Energie auf anaerobem Wege um den Preis einer geringeren Energieausnutzung und vermehrter Milchsäurebildung gewonnen. Nach kurzer Zeit läuft der aerobe Energiestoffwechsel an, dann hängt die Energiegewinnung von der Durchblutung des Gewebes und der Sauerstoffzufuhr ab.

Bei Höchstbelastung kann es schon nach kurzer Zeit zu einer Sauerstoff -Schuld kommen, sodass wiederum Energie anaerob gewonnen werden muss. Dadurch steigt der Gehalt an Milchsäure in Blut und Muskulatur an, was schließlich zu Erschöpfung führt. Bei schwerster Belastung und in Nahrungsmangelsituationen werden auch Aminosäuren aus dem Eiweißabbau zur Energiegewinnung herangezogen. Deren stickstoffhaltige Abbauprodukte belasten jedoch den Organismus überdurchschnittlich stark.

Für die Muskelfunktion ist neben der Energieversorgung eine geeignete **Mineralstoffversorgung** notwendig. Die Muskelarbeit wird durch Nervenimpulse gesteuert. Für die Reizleitung der Nerven sind die Mineralstoffe Kalzium und Magnesium verantwortlich. Für die Bildung von Adenosintriphosphat (ATP) ist eine ausreichende Phosphorversorgung wichtig. Eine bedarfsdeckende Versorgung mit Natrium und Chlor ist zur Aufrechterhaltung der Muskel- und Nervenfunktion erforderlich. Durch **Training** und **Fütterung** steigt die Muskelmasse und die Speicherkapazität von Nährstoffen wird erhöht. Bei gut aufgewärmten Pferden, die sich bei mäßiger Geschwindigkeit bewegen, überwiegt die Energieumwandlung mithilfe von Sauerstoff (= aerob). Die Energie wird dabei vollständiger, wirtschaftlicher und unbelasteter ausgenutzt.

Schlecht vorbereitete, stärkere Muskelbelastung und höhere Geschwindigkeit können zur Unterversorgung der Muskelfasern mit Sauerstoff führen. Die Energieumwandlung findet unter Sauerstoffmangel (= anaerob) statt. Dies führt zu Milchsäurebildung (Laktat) in der Muskulatur und im Blut. Die Folgen sind Ermüdung, Muskelkater und eine schlechtere Energieausnutzung. Das Pferd wird „sauer“! Untrainierte Pferde mit mangelnder Kondition oder unzureichender Konstitution (krank oder im schlechten Futterzustand) werden überfordert. Sie neigen verstärkt zu anaerobem Energiestoffwechsel.

Den Nährstoffbedarf von Sportpferden beachten
Der Mehrbedarf an Energie wird in der Sportpferdefütterung hauptsächlich über Getreidestärke aber zunehmend auch über Pflanzenöl gedeckt. Der Einsatz von Zucker (z. B. Traubenzucker) unmittelbar vor einer Höchstleistung ist nicht sinnvoll, da der Blutzuckerspiegel durch das Hormon Insulin reguliert wird. Der Zucker wird in Körperzellen eingelagert und steht nicht direkt als Energie zur Verfügung. Durch die Insulinreaktion kann sogar der Blutzuckerspiegel sinken und die Leistungsfähigkeit des Pferdes gemindert werden.

Der Krippenfutteranteil einer Sportpferderation ist aufgrund des Energiebedarfs sehr hoch. Es besteht dabei die Gefahr, dass größere Anteile der aufgenommenen Stärke bis zum Ende des Dünndarms nicht verdaut werden können. Sie gelangen dann in den nächsten Darmabschnitt, den Blinddarm, wo sie durch Mikroorganismen abgebaut werden. Dabei entstehen vermehrt Wärme und Fettsäuren in großer Menge. Die Folge kann eine Übersäuerung des Blinddarminhaltes sein. Die Darmschleimhaut kann geschädigt werden. Im schlimmsten Falle führt diese Übersäuerung zum Absterben von Mikroorganismen, wodurch Giftstoffe (Endotoxine) freigesetzt werden, die zu Hufrehe und anderen Stoffwechselstörungen führen können. Durch geeignete **Fütterungstechnik** (z. B. eine Dosierung des Krippenfutters auf viele kleine Mahlzeiten) oder Verringerung des Stärkeanteils der Ration durch höhere Fettgaben können diese Nachteile vermindert werden.

Der Bedarf an **Eiweiß** steigt bei erhöhter Muskelarbeit durch Muskelwachstum und -erneuerung. Für die Muskelarbeit selbst wird kein Eiweiß benötigt. Bei steigendem Energiebedarf bleibt das Eiweiß-Energie-Verhältnis (PEQ) eines erwachsenen Sportpferdes wie im Erhaltungsbedarf bei 5:1. In Überschuss- und Hungersituationen kann auch Eiweiß als Energielieferant genutzt werden. Beim Abbau von Eiweiß fällt jedoch giftiges Ammoniak an, welches von der Leber zu Harnstoff entgiftet und von den Nieren ausgeschieden werden muss. Das belastet Leber und Nieren stark. Gleichzeitig werden dem Körper durch vermehrtes Urinieren Wasser und Elektrolyte entzogen. Leistungseinbußen können die Folge sein. Es empfiehlt sich deshalb einen Eiweißüberschuss von mehr als 25 % zu vermeiden.

Eine übermäßige Aufnahme von **Rohfaser** kann die Leistungsfähigkeit des Pferdes beeinflussen. Unter „totem Gewicht“ versteht man die Füllung des Verdauungskanals. Wird vermehrt Raufutter gefüttert, steigt der Dickdarminhalt und durch eine vermehrte

Wassereinlagerung das Gewicht. Die an sich günstigen Eigenschaften von Raufutter (Beschäftigung durch Futteraufnahme, Kautätigkeit, Speichelproduktion, Wasser- und Elektrolytspeicher usw.), kann durch Gewichtsbelastung der Leistung des Sportpferdes abträglich sein. Die Reduzierung der Raufuttermengen verschlechtert jedoch die Wasser- und Elektrolytversorgung und erhöht die Gefahr von Verdauungsstörungen. Eine wünschenswerte Steigerung der Raufutteraufnahme gelingt jedoch nur bei Reduzierung der Kraftfuttermenge.

Eine ausgewogene, bedarfsgerechte Versorgung mit **Mineralstoffen** ist Voraussetzung für sportliche Leistungen. Eine getreidereiche Fütterung führt zu Kalziummangel und Phosphorüberschuss. Für den Aufbau und die Stabilität des Skelettes junger Sportpferde und die Funktion der Muskulatur ist eine bedarfsgerechte Versorgung im ausgewogenen Verhältnis von Kalzium und Phosphor (1,5 bis 2 : 1) in der Ration erforderlich. Eine geeignete Mineralergänzung ist vorzunehmen.

Da Sportpferde bei der Arbeit größere Schweißmengen verlieren, die erhebliche Mengen an Natrium und Chlorid enthalten, muss vermehrt auf die Salzversorgung geachtet werden, die häufig nicht ausschließlich über einen Salzleckstein sichergestellt werden kann (Tab. 30 Schweißmenge und Schweißzusammensetzung).

Auch **Vitamine** beeinflussen die Leistung der Pferde. So ist z. B. das Vitamin E zu beachten, da es eine besondere Bedeutung für die Muskelfunktion hat. Bei kraftfutterreichen Sportpferderationen kann die Eigensynthese der wasserlöslichen Vitamine im Dickdarm beeinträchtigt sein und eine Zugabe z. B. von Vitamin B1 notwendig werden (siehe Kap. 3.3.9 Vitaminversorgung mit einbeziehen).

Durch den Einsatz von Mischfuttermitteln (**Ergänzungsfuttermittel für Sportpferde**) kann eine Sportpferderation bedarfsdeckend ergänzt werden (siehe Tab. 59 (Beispielsration Reitpferd schwere Arbeit)).

Renn- Vielseitigkeit- und Distanzpferde füttern

Die physiologische Belastung von Hochleistungspferden liegt deutlich über der eines normalen Reitpferdes. Der Energieverbrauch eines Rennpferdes wird sehr stark von der Renngeschwindigkeit beeinflusst. Traber legen in einer Minute etwa rund 750 m zurück, was in etwa der Geschwindigkeit von 45 km/h entspricht. In Galopprennen werden noch höhere Geschwindigkeiten erreicht, die z. T. bei 60 Stundenkilometer liegen können. Um einen Kilometer mit der Geschwindigkeit von 60 km/h zurücklegen zu können, benötigt ein 500 kg schweres Pferd etwa 46 Mega Joule verdauliche Energie (46 MJ DE), dies entspricht etwa 4 kg Hafer. Der Energiebedarf der Hochleistungspferde steigt bis auf das Dreifache des Erhaltungsbedarfs.

Bei hohen Geschwindigkeiten überwiegt der anaerobe Energiestoffwechsel. Als Energiequelle dient Glykogen, das bei geeignetem Training in der Leber aus Traubenzucker gebildet und gespeichert wird.

Eine Ausdauerleistung wird bei geeignetem Trainingszustand überwiegend im aeroben Energiestoffwechsel erbracht. Außer Traubenzucker werden vermehrt Fettsäuren energetisch verwertet.

Hochleistungspferde haben aufgrund ihrer Leistung keinen erhöhten Eiweißbedarf. Zum Muskelaufbau entsteht jedoch im Training sowie bei jungen, noch wachsenden Rennpferden ein erhöhter Bedarf an essenziellen Aminosäuren.

Aufgrund der extrem hohen Schweißverluste und der häufig geringen Reserven im Dickdarm entsteht ein Elektrolyt-Defizit, die Versorgung mit Wasser und Elektrolyten (Natriumchlorid, Kaliumchlorid, Traubenzucker u.a.) muss besonders beachtet werden.

Die bedarfsgerechte Versorgung mit Vitamin E und dem Spurenelement Selen ist bei Hochleistungspferden besonders wichtig. Sie verhindert die Zerstörung von Muskel- und Körperzellen durch schädliche Sauerstoffradikale, die bei erhöhten Stoffwechselprozessen vermehrt entstehen. Vitamin E fördert die Regeneration und erhält so die Leistungsfähigkeit der Muskulatur.

3.5.9 Leichtfuttrige Pferde (Kaltblut, Ponyrassen) füttern

Durch Züchtung aus wirtschaftlichen Gründen sind leichtfuttrige Kaltblutpferderassen entstanden. Aber auch die natürliche Auslese karger Lebensräume ist für die Entstehung leichtfuttriger Pferderassen (z. B. Islandpferde, Haflinger usw.) verantwortlich.

Diese Rassen neigen bei zu kohlehydratreicher Fütterung und mangelnder Bewegung leichter zum Verfetten, zu Kreuzverschlag und zu anderen Stoffwechselerkrankungen. Aus diesem Grund sollten diese Pferde mit viel geeignetem Raufutter versorgt werden und eine Kraftfutterzuteilung streng nach der Arbeitsbelastung erfolgen.

Auch der Weidegang, unter den in Mitteleuropa herrschenden, sehr üppigen Vegetationsbedingungen, führt zu einem Überangebot an Nährstoffen. Neben der Stoffwechselbelastung führt dies zu einer Erhöhung der Allergiebereitschaft.

Bei Robustpferden treten vermehrt allergisch bedingte Hauterkrankungen, wie z. B. das Sommerekzem, auf. Ob intensiv bewirtschaftete Weiden hierfür verantwortlich sind, ist jedoch unklar. Eine mineral- und vitaminreiche Ergänzung (z. B. Biotin, Zink) sowie Ölzugaben (z. B. Leinöl), das entzündungshemmende Omega-3-Fettsäuren enthält, wirken sich günstig aus. Eine mastige Fütterung ist die häufigste Ursache für Gesundheitsstörungen. Das oberste Ziel der Robustpferdefütterung muss ein optimaler Futterzustand sein.

Zur Wiederholung und Vertiefung

1. Ermitteln Sie den gewichts- und leistungsabhängigen Nährstoffbedarf einiger Pferde Ihres Betriebes. Beschreiben Sie wichtige Grundsätze der Bedarfsermittlung.
2. Wie können Sie bei Weidefütterung eine bedarfsgerechte Versorgung von Zucht- und Aufzuchtpferden sicherstellen.
3. Berechnen und beurteilen Sie mithilfe des Rationsberechnungsformulars (Tab. 42) Rationen unterschiedlicher Pferde Ihres Betriebes.
4. Erläutern Sie die Bedeutung der Nährstoffversorgung für die Leistung von Zucht- Aufzucht- und Reitpferden.

3.6 Ernährungsbedingte Erkrankungen vermeiden

3.6.1 Erkrankung der Zähne vorbeugen

?

Was ist bloß mit Cindarella los? Das Pony verstreut sein Krippenfutter und sie finden Heuwickel im Trog und unverdaute Futterbestandteile im Kot. Der Allgemeinzustand hat sich verschlechtert und das Fell wirkt stumpf. Es nimmt nur widersetzlich das Trensengebiss an und schlägt bei Zügelhilfen mit dem Kopf.

80 bis 90 % aller in Boxen gehaltenen Pferde haben Probleme mit den Zähnen, die auch für gravierende Verdauungsstörungen verantwortlich sind. Dies kann die Folge von Fütterungsfehlern sein.

Um Erkrankungen vorzubeugen, ist deshalb das Fressverhalten des Pferdes sowie Besonderheiten in Aufbau und Funktion der Verdauungsorgane zu beachten.

Zahnfrakturen, **Zahnkaries**, **überdauernde Milchzähne** und **Wolfszähne** aber auch **Wellen-** oder **Treppengebisse**, **Kopper-** oder **Wetzerge-**

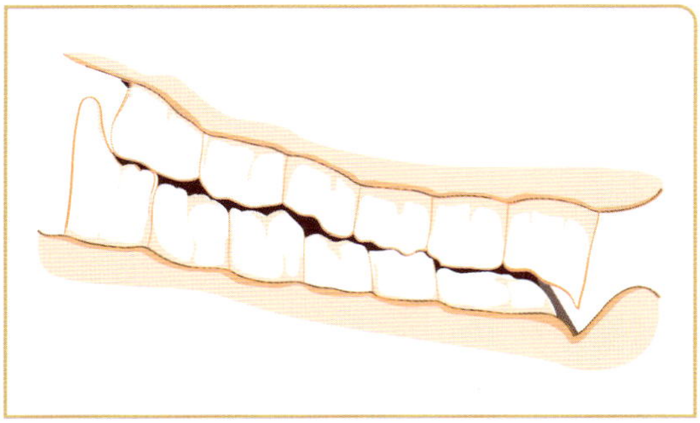

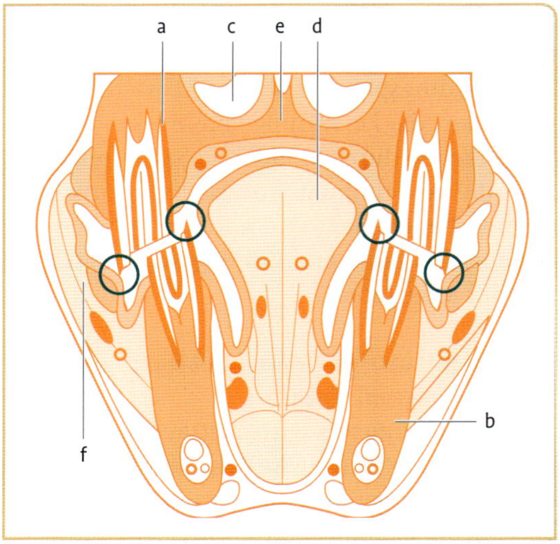

Abb. 123 (oben): Zahnhaken.

Abb. 124 (rechts): Querschnitt durch die Maulhöhle mit Zahnspitzen: a = Oberkiefer, b = Unterkiefer, c = Nasenhöhle, d = Zunge, e = Gaumen, f = Backen.

bisse sowie **Gebissanomalien** (siehe Abb. 103 Gebissveränderungen) sind in der Regel nicht ernährungsbedingt. Sie können jedoch die Verdauung stark beeinträchtigen.

Zahnfrakturen entstehen durch äußere Einwirkungen. Auch durch eine fehlerhafte Zahnbehandlung können gesunde Zähne zerbrechen.

Unter Zahnkaries versteht man eine meist von außen nach innen fortschreitende Zerstörung der harten Zahnsubstanzen (Zahnschmelz, Zahnzement) durch Säuren. Diese entstehen bei der Vergärung von Futterbestandteilen in Zahnlücken.

Kappenzähne, überdauernde Milchzähne, kommen relativ häufig vor. Durch sie entstehen Schmerzen und Kaustörungen. Deshalb sollten man sie bei Pferden, die bereits im Alter von 2 1/2 bis 5 Jahren gearbeitet werden, entfernen, um eine bedarfsentsprechende Futteraufnahme zu gewährleisten.

Als Wolfszähne werden kleine rudimentäre Zähne bezeichnet, die gelegentlich vor dem voll ausgebildeten ersten Backenzahn (P2) im Oberkiefer oder Unterkiefer zu finden sind. Es handelt sich hierbei um den, im Laufe der Entwicklung des Pferdes kleiner gewordenen und zum Teil auch schon vollständig verschwundenen, ersten Prämolar (P1). Wolfszähne stören nicht beim Fressen, sondern sie verursachen beim Zug an der Trense Schmerzen. Die Pferde reagieren beim Reiten mit verschiedenen Abwehrreaktionen. Die Wolfszähne sollten deshalb beim jungen Pferd entfernt werden.

Als Wellen- und Treppengebiss bezeichnet man Höhenunterschiede der Backenzähne, die durch Störungen beim Zahndurchbruch oder Zahnwechsel oder durch unregelmäßige Abnutzung entstanden sind. Die Pferde zeigen eine gestörte Kautätigkeit, vielfach die Ursache verschiedener Verdauungsstörungen. Die Wiederherstellung eines völlig normalen Gebisses durch eine Zahnbehandlung ist problematisch. Zahnüberstände können vorsichtig gekürzt und einige, extreme Wellen durch Abschleifen korrigiert werden.

Kopper- und Wetzergebisse entstehen durch das Aufsetzen beim Koppen oder Wetzen an harten Gegenständen. Dies führt zu einer übermäßigen Abnützung von Kanten und Flächen der vorderen Schneidezähne, wodurch deren Funktion beeinträchtigt wird.

Die Zähne können sogar beschädigt oder zerstört werden.

Zahnspitzen und **Zahnhaken** zählen bei Pferden zu den häufigsten Zahnproblemen.

Zahnspitzen entstehen an den Oberkieferbackenzähnen außen und an den Unterkieferbackenzähnen innen. Unter Zahnhaken versteht man eine ungenügende Abnützung des ersten oder letzten Backenzahns.

Ursache dieser Erkrankung ist neben Gebissfehlstellungen vor allem eine reduzierte Kautätigkeit durch kraftfutterreiche und zu raufutterarme Ernährung. Dies führt zu weniger Kauschlägen und zu einer reduzierten, ungleichmäßigen Abnützung.

Scharfe Spitzen führen zu Schleimhautverletzungen an der Backen- und Zungenschleimhaut. Entzündungen und Infektionen können die Folge sein. Die Kautätigkeit nimmt noch weiter ab, wodurch das Futter ungenügend zerkleinert, zu wenig eingespeichelt, zu früh abgeschluckt und schlechter verwertet wird, was zu weiteren Verdauungsstörungen führen kann. Schlechtes Fressen, Abmagern, ein stumpfes Haarkleid, Probleme mit dem Trensengebiss und Koliken können hieraus resultieren.

Durch das fachgerechte Abraspeln der scharfen Kanten und Wiederherstellung planer Kauflächen sind die Probleme oft schnell zu beheben.

Zur Vorbeugung muss der Anteil groben, strukturierten Raufutters in der Ration erhöht werden. Zugaben von Häcksel zum Kraftfutter verlängern die Kauzeiten und verbessern den gleichmäßigen Abrieb der Zähne. Regelmäßige Kontrollen des Gebisses und gegebenenfalls eine frühzeitige Behandlung sind zu empfehlen.

3.6.2 Koliken erkennen und die richtigen Maßnahmen ergreifen

Krankheiten des Magen- und des Darmtraktes werden häufig mit dem Begriff Kolik (Bauchschmerzen) umschrieben. Die Kolik ist jedoch nur ein auffälliges Verhalten, mit dem das Pferd Schmerzen und Unbehagen zum Ausdruck bringt.

!

Folgende Anzeichen weisen auf eine Kolik hin:
Das Pferd
- zeigt ein verändertes Verhalten, Unruhe, Scharren und Schweifschlagen.
- frisst sein Futter nicht oder nicht ganz auf.
- schwitzt vermehrt und flehmt.
- sieht sich zum Bauch um.
- schlägt mit den Hinterbeinen unter den Bauch.
- legt sich häufig hin und wälzt sich.

Folgende Maßnahmen sind zu ergreifen:
- Der Tierarzt ist sofort zu verständigen.
- Die Symptome sind ihm mitzuteilen.
- Das Pferd ist bis zur Ankunft des Tierarztes zu führen.
- Jegliche Futteraufnahme ist zu verhindern.

Außer durch Fütterungsfehler, können Koliken durch folgende Ursachen ausgelöst werden:
- Magen- und Darmerkrankungen.
- Leber- und Gallengangserkrankungen.
- Erkrankungen der Harn- und Geschlechtsorgane.
- Erkrankungen im Brust- und Schlundbereich.
- Infektionskrankheiten wie Tetanus, Tollwut, Salmonellose und Milzbrand.
- Erkrankungen der Muskulatur und der Gliedmaßen (z. B. Lumbago und Hufrehe).
- Wasser- und Futtermangel.

3.6.3 Magenerkrankungen vorbeugen

Nach wissenschaftlichen Erkenntnissen leiden mehr als 90 % der Galopprennpferde und fast 60 % aller sonstigen Reitpferde an Magenproblemen.

Die Symptome sind oft unspezifisch. Die Leistungsfähigkeit des Pferdes nimmt ab. Milde Koliken treten auf. Das Pferd leckt an Gegenständen, gähnt und flehmt, kaut und speichelt ohne Futter und knirscht mit den Zähnen. Es hat keinen Appetit und wird mager. Das Fell wird stumpf und der Bauch ist häufig aufgedunsen. Oft steigen aus dem Magen üble Gerüche auf. Es bekommt immer wieder Durchfall.

Obwohl auch ein leerer Magen schmerzen kann, ist die **Magenüberladung** eine häufige Magenerkrankung. Sie tritt auf, wenn zu große Mengen Kraftfutter in kurzer Zeit gefressen werden. Dies kann durch falsche Rationsgestaltung verursacht werden, aber auch, wenn ein Pferd aus der Box freikommt und an die Hafer- bzw. Pellet-Kiste gelangt, oder wenn nicht eingeweichte Schnitzel oder Weizenkleie gefressen werden. Diese quellen im Magen auf und überdehnen ihn. Der vergrößerte Magenumfang verursacht einen erheblichen Druck auf das Zwerchfell. Kurzatmigkeit, Herzrasen und Kreislaufversagen können die Folgen sein. Da das Pferd nicht erbrechen kann, können derartige Magenüberladungen auch zum Zerreißen der Magenwand führen, was in jedem Fall tödlich endet. Deshalb ist nach Feststellung der Erkrankung äußerste Eile geboten. Ein Tierarzt wird nach Ruhigstellung des Pferdes den Magen mit der Magen-Schlund-Sonde entlasten.

Auch **Magendruck** durch **Aufgasung** ist eine häufige Störung. Eine Besonderheit des Pferdemagens, der besonders ausgeprägte, erste drüsenlose Magenabschnitt, ermöglicht es Mikroorganismen, sich hier sehr stark zu vermehren. Verdorbenes, keimhaltiges Futter und Gaben leichtlöslicher Kohlenhydrate (Zucker) unterstützen die Aktivität der Mikroorganismen. Dies kann zu einer starken Aufgasung und Milchsäurebildung führen.

Bei unverhältnismäßiger Kraftfutterfütterung wird durch unzureichende Einspeichelung auch die desinfizierende Funktion der Magensäure im Drüsenmagen verringert. Dies kann zu bakterieller Zersetzung des Futters mit heftiger Gas- und Milchsäurebildung (Magendruck/Kolikbeschwerden) führen.

Die Ursache für **Magenschleimhautentzündungen** und **Magengeschwüren** ist vor allem in eine nicht pferdegerechte Fütterung, zu viel Kraftfutter und zu große Kraftfutterportionen, zu wenig Raufutter und in zu langen Futterpausen zu suchen.

Der relativ kleine Magen des Pferdes ist auf eine kontinuierliche Futteraufnahme über den ganzen Tag ausgerichtet. Drüsen der Magenschleimhaut produzieren beim Dauerfresser Pferd deshalb den ganzen Tag über Magensäure, unabhängig von der Futteraufnahme. Frisst das Pferd zu wenig Raufutter und produziert deshalb weniger säurepuffernden Speichel, kommt es zur Übersäuerung. Schnell verschlungenes Kraftfutter ebenso wie Stress vermehren zudem noch die Ausschüttung der Magensäure. Im Bereich des Magengrundes schützt ein zäher Schleim die Magenschleimhaut vor der ätzenden Säure. Der erste drüsenlose Magenabschnitt ist nicht ausreichend geschützt. Gelangt Magensäure aus dem Magengrund vermehrt in diesen ungeschützten Magenabschnitt, wird im Übergangsbereich die Schleimhaut stark gereizt, Entzündungen fressen sich in die Magenwand und Geschwüre entstehen. Brechen sie durch die Magenwand durch, stirbt das Pferd im schlimmsten Fall an den Folgen einer akuten Bauchhöhleninfektion.

Genügend alkalischer Speichel lockert nicht nur den Futterbrei auf, sondern schützt den drüsenlosen Magenabschnitt, puffert die Magensäure und begrenzt sie in den für sie bestimmten Bereich des Magengrundes.

Durch eine Magenspiegelung (Gastroskopie) können Entzündungen der Magenschleimhäute und Geschwüre zweifelsfrei diagnostiziert werden. Medikamente, welche die Säureproduktion im Magen drosseln, oder Diätfutter, welches den pH-Wert im Magen nach dem Fressen reguliert, sind im akuten Fall notwendig. Lecithin und Glyzerin schützen die Magenschleimhaut. Geringe Mengen Glaubersalz und Leinsamenschleim können die Aufgabe des Speichels unterstützen und die Magensäureproduktion mindern. Vorbeugen ist aber immer besser als behandeln.

Man sollte deshalb genügend Raufutter geeigneter Qualität und so wenig Kraftfutter wie nötig füttern. Das Kraftfutter muss auf möglichst viele Portionen verteilt und erst nach dem Raufutter gefüttert werden. Zugabe von Häcksel zum Kraftfutter fördert ausgiebiges Kauen und verhindert das Schlingen. Die Zähne müssen regelmäßig kontrolliert werden, um Problemen beim Kauen und Einspeicheln vorzubeugen. Fütterungsstress durch unregelmäßige Fütterung, abrupte Futterwechsel und Futterneid sind zu vermeiden. Geeignete Wurmkuren verhindern, dass Parasiten die Magenschleimhaut vorschädigen.

3.6.4 Schlundverstopfungen vermeiden

Bei einer Schlundverstopfung hört das Pferd plötzlich auf zu fressen, würgt und hustet mit vorwärts- abwärts gestrecktem Hals. Größere Mengen Speichel und Futterreste rinnen aus Maul und Nüstern. Dabei zeigt es leichte Koliksymptome, Unruhe, Scharren und bekommt Schweißausbrüche.

In der Drosselrinne auf der linken Halsseite ist im Verlauf der Speiseröhre häufig eine Verdickung zu erkennen.

Eine Schlundverstopfung entsteht, wenn schlecht gekautes, trockenes oder sperriges Futter oder Fremdkörper in der Speiseröhre, meistens im hinteren Teil vor der Einmündung in den Magen, stecken bleiben.

Pferde schlingen Pellets, Heucobs oder Zuckerrübenschnitzel ungenügend zerkaut und eingespeichelt herunter. In der Speiseröhre saugen sich die trockenen Pellets mit Flüssigkeit voll und quellen auf. Auch klein geschnittene Äpfel und Karotten können im Schlund leichter stecken bleiben. Die Muskeln der Speiseröhre verkrampfen und die Schleimhaut schwillt an, der Bissen sitzt fest. Es besteht die Gefahr, dass Speichel mit Futter vermischt über den Kehlkopf in die Luftröhre gelangt und Erstickungsanfälle auslöst. Bakterien im Futter können eine Lungenentzündung verursachen. Narben oder Risse in der Speiseröhre erhöhen die Anfälligkeit des Pferdes für eine Schlundverstopfungen.

Nach größeren Anstrengungen sind Pferde besonders gefährdet, da auch die Muskeln der Speiseröhre ermüden. Pferde mit Zahnproblemen, so wie hastig fressende Futterneider, die eine zu große Kraftfutterportion erhalten, haben ein erhöhtes Risiko.

Bei Schlundverstopfung muss man sofort den Tierarzt rufen und eine weitere Futter- und Wasseraufnahme mit einem Maulkorb verhindern. Der Tierarzt verabreicht zur Entspannung der Speiseröhrenmuskulatur ein krampflösendes Medikament. Schwerere Verstopfungen kann der Tierarzt nur durch Spülungen mit einer Nasenschlundsonde beseitigen. Nach der Behandlung darf das Pferd nur Wasser saufen und muss erst langsam wieder an Futter (Gras, Heu und Mash) gewöhnt werden. Zur Sicherheit sollte Fieber gemessen werden, um eine eventuell drohende Lungenentzündung zu erkennen.

Die meisten Schlundverstopfungen lassen sich durch richtiges Füttern vermeiden. Durch grobstängeliges Raufutter und Häcksel zum Kraftfutter fördert man Kauen und Einspeicheln. Äpfel und Möhren sollten immer in großen Stücken angeboten werden, damit die Pferde sie gründlich kauen. Trockenrübenschnitzel sind immer, je nach Sorte, vier bis zehn Stunden lang einzuweichen und die Weizenkleie ist immer anzufeuchten. Raufutter sollte ständig zur Verfügung stehen oder wenigstes immer vor dem Kraftfutter gereicht werden, damit das Kraftfutter nicht so gierig verschlungen wird. Kraftfutter sollte in möglichst vielen, kleinen Mahlzeiten (Futterdosierer) pro Tag gefüttert werden.

3.6.5 Störungen der Darmfunktion erkennen

Bei vielen Pferden sind der Schweif und die Hinterbeine dauernd hässlich bespritzt, gleichzeitig treten andere Störungen wie Darmgeräusche, Blähungen oder kolikartige Symptome auf.

Der Pferdedarm arbeitet arbeitsteilig. Leichtverdauliche Nährstoffe werden in der keimarmen Umgebung des Dünndarms mithilfe der Verdauungsenzyme aufgeschlossen und aufgenommen. Schwerverdauliche Futterbestandteile, Zellulose und holzartige Fasern werden von Mikroorganismen im Dickdarm verarbeitet. Fütterungsfehler können die Funktion der Verdauungsenzyme vermindern und die im Dickdarm notwendigen Mikroorganismen schädigen.

Störungen der Dünndarmverdauung

Wichtigste Aufgabe der Magensäure ist die Herstellung eines keimarmen Milieus durch das Abtöten im Futter enthaltener Mikroorganismen. Erhöhte Gehalte an Mikroorganismen in verdorbenen Futtermitteln und in erhitztem Grünfutter sowie leicht gärfähige Futtermittel, wie frisches Brot, Zucker und Melasse, erschweren diese notwendige Funktion. Ebenso vermindern kleberhaltige Futterbestandteile (Weizen und Roggen) durch Verkleisterung die Desinfektionsleistung des Magens.

Da der saure Futterbrei im Dünndarm durch den Bauchspeichel neutralisiert wird, finden überlebende Mikroorganismen optimale Lebensbedingungen vor. Durch ihre erhöhte Aktivität werden vermehrt leichtlösliche Nährstoffe vergoren, Gase und Gärsäuren produziert. Diese Störungen treten meist wenige Stunden nach der Futteraufnahme als Krampfkolik auf. Das Pferd zeigt äußerste Unruhe mit starken Schmerzen und krampfartigen Kolikattacken. Die Puls- und Atemfrequenz steigt dabei kaum merklich an. Die durch Gärungen verstärkte Gasbildung führt zum Aufblähen und zu Reizungen der Schleimhäute. Dünndarmverlagerung, schließlich sogar Verdrehung und Darmverschluss können die Folge sein.

Verstopfungen im Dünndarmbereich beschränken sich im Wesentlichen auf den Abschnitt vom Hüftdarm zum Blinddarm, wo ein natürlicher Engpass die Futterpassage behindert. Dünndarmunverdaute Futterbestandteile müssen aus dem relativ schnell fließenden Dünndarm in den träge arbeitenden Dickdarm transportiert werden. Grobe Futterpartikel, aber auch stark vorzerkleinerte Futterbestandteile und feinfaserige Gräser (z. B. Windhalm), die nicht ausreichend gekaut und eingespeichelt wurden, können Verursacher einer Verstopfung sein. Aber auch Parasitenbefall wirkt als Passagehindernis. Die überforderte Darmmuskulatur verkrampft. Die durch den Darmkrampf festgehaltenen Futtermassen werden zu einem festen Hindernis. Die Verstopfungen des Dünndarms führen sehr schnell zu einer heftigen Anschoppungskolik (Verstopfungskolik).

Probleme bei der Dickdarmfunktion

Aufgabe des Dickdarms ist der Abbau dünndarmunverdauter Futterbestandteile mithilfe von Mikroorganismen. Wenn stärkereiches Kraftfutter im Dünndarm nicht ausreichend durch die Verdauungsenzyme verdaut wurde, gelangen Stärkereste in den anschließenden Blinddarm. Diese Stärke wird dann nicht durch Verdauungsenzyme, sondern durch Mikroorganismen abgebaut. Die erhöhte mikrobielle Aktivität führt zu **Fehlgärungen**. Neben Gasbildung entstehen große Mengen an Gärsäuren (z. B. Milchsäure), sodass der pH-Wert im Dickdarm stark abfällt. Diese Übersäuerung kann zum Absterben vieler Mikroorganismen führen. Auch antibiotisch wirkende Substanzen (Medikamente), zu lange Fütterungspausen oder Hungerperioden können die empfindliche Dickdarmflora schädigen. Absterbende Mikroorganismen produzieren Endotoxin (Bakteriengift), das weitere Stoffwechselstörungen auslöst (siehe Kap. 3.6.6 Fütterungsfehler vermeiden).

Verstopfungen im Dickdarm entstehen häufiger im Übergang zwischen Blinddarm zum Grimmdarm und im Bereich der engen Beckenflexur des linken Grimmdarms. Rohfaserreiches, grobstängeliges, verholztes Material (Stroh, zu spät geerntetes Heu), das aufgrund von Störungen im Fressverhalten (hastiges Fressen) oder wegen Zahnproblemen (Zahnspitzen) nicht ausreichend gekaut wurde, ist oft der Verursacher. Auch zu starke Zerkleinerung von Raufutter (Heukops) verhindert notwendiges Kauen und Einspeicheln. Verstopfungsursachen können auch Parasitenbefall, vermehrte Sandaufnahme, zu wenig Bewegung und Wassermangel sein. Verstopfungen, aber auch Fehlgärungen durch blähende Futtermittel wie frisches Gras, große Mengen Obst, Klee oder Getreideschrot können zu einer Aufgasung führen, die sich im Dickdarm als Gaskoliken mit typischen Koliksymptomen äußert. Gas gefüllte Abschnitte des Darms steigen im Bauchraum nach oben, schwerere futter- und kotgefüllte Darmabschnitte sinken nach unten ab. Diese Verlagerung diagnostiziert der Tierarzt durch eine rektale Kontrolle. Sie betrifft häufig die beweglichen Dickdarmabschnitte, den Blinddarm und den linken Grimmdarm im Bereich der Beckenflexur. Schlimmstenfalls kommt es hierdurch zu einer Verdrehung des Darms, wodurch Darmteile abgeschnürt werden und absterben können. Bei einer Darmverschlingung muss das Pferd sofort operiert werden.

Auch für **Durchfall** sind Fütterungsfehler die häufigsten Ursachen. Jede abrupte Futterumstellung, wie der Wechsel eines Mischfutterherstellers oder ein Weideauftrieb im Frühjahr ohne sachgemäßes Anweiden, führt zu Störungen im empfindlichen Dickdarm und kann zu Durchfall führen. Eine Störung der empfindlichen Darmflora beeinträchtigt die Funktion der Darmschleimhaut. Dies vermindert die Wasserrückgewinnung und die Eindickung des Kotes im letzten Grimmdarmabschnitt und im Mastdarm. Durchfall ist die Folge.

Durchfälle bei Saugfohlen werden durch Ernährungsfehler, aber auch durch Parasiten, Viren und Bakterien verursacht. Wie häufig fälschlich angenommen, ist nicht eine Veränderung der Stutenmilch im Zusammenhang mit der Rosse für Durchfall in der zweiten Lebenswoche verantwortlich. Ursache ist eher eine Zwergfadenwurminfektion oder die erste Aufnahme fester Futterbestandteile zusätzlich zur Milch, auf die der Darm mit Durchfall reagieren kann.

Eine häufige Störung des Dickdarms äußert sich durch **Kotwasser**. Der Schweif und die Hinterbeine sind dauernd hässlich bespritzt, gleichzeitig treten andere Störungen, wie Darmgeräusche, Blähungen oder kolikartige Symptome, auf. Verkeimte Futtermittel, aber auch die zuvor beschriebenen Störungen mit erhöhter Säurebildung verändern die Zusammensetzung der Darmflora (siehe Kap. 3.2.5 Darmflora). Krankmachende Keime nehmen überhand, nützliche Keime (Symbionten) werden zurückgedrängt. Eine tierärztliche Diagnose ist anhand einer Kotprobe und einer pH-Wert Messung des Kotes möglich. Die Leberwerte dieser Pferde sind auch häufig verändert.

Bei der Fütterung muss die Erhaltung einer intakten Darmflora im Vordergrund stehen. **Probiotische Maßnahmen** können die Balance der Darmflora wiederherstellen. Neben verschiedenen probiotischen Ergänzungsfuttermitteln bietet sich zur Vorbeugung besonders die Bierhefe und Apfelpektin an. Eine ausreichende Versorgung mit kaufähiger Rohfaser, wie hochwertigem Heu und Häcksel, ist unverzichtbar. Durch eine gesunde Darmflora verbessern sich die Vitamineigensynthese, die Energie- und Nährstoffversorgung und damit auch Gesundheit, Widerstandsfähigkeit und Leistungsfähigkeit des Pferdes.

3.6.6 Fütterungsrehe vermeiden

Bei Hufrehe streckt das Pferd die Beine nach vorne weg und belastet nur noch die Trach-

ten. Im Schritt und Trab lahmt es und an der Zehenarterie ist eine etwas stärkere Pulsation zu spüren. Die Hufe sind auch etwas wärmer als im Normalzustand. Beim Abtasten mit der Hufzange zeigt das Pferd Schmerzen, doch diese lassen sich nicht eindeutig lokalisieren. Für eine sichere Diagnose geben Röntgenaufnahmen Aufschluss über das Stadium der Krankheit.
Hufrehe ist eine Entzündung der Huflederhaut, die Hufbein und Hornkapsel miteinander verbindet. Als Folge der Entzündung kann sich diese Verbindung lösen, das Hufbein senkt sich ab und durchbohrt im schlimmsten Fall die Hufsohle.

Eine fütterungsbedingte Hufrehe wird durch Fehler in der Futtermittelauswahl, Fütterungstechnik und durch Fehler in der Rationsgestaltung verursacht.

Obwohl die Hufrehe häufig als Folge eines Eiweißüberschusses angesehen wird, ist schon lange bekannt, dass Zucker und Stärke die entscheidenden Auslöser sind, was auch zu der früher üblichen Bezeichnung „Gerstenkrankheit" geführt hat. Die **Zuckerverbindung Fruktan** ist reheauslösend. Gräser enthalten vermehrt Fruktan, wenn Zucker aus der Photosynthese nicht für das Wachstum verbraucht und in der Pflanze vermehrt vorhanden ist. Wie viel Fruktan in Pflanzen enthalten ist, hängt von der **Pflanzenart** und von **Witterungsbedingungen** ab. Besonders viel Fruktan ist im Weidelgras (*Lolium*) und in Schwingelgräsern (*Festuca*) enthalten, die beide zu den Hauptbestandsbildnern ertragreicher Weiden zählen. An kalten, trockenen Sonnentagen weisen Gräser die höchsten Fruktangehalte auf, da bei diesen Temperaturen kaum Pflanzenwachstum stattfindet. Spät geschnittenes, reifes Gras, Heu (Mitte bis Ende der Blüte) und Grassilage enthalten die geringsten Fruktankonzentration.

Fruktan kann im Dünndarm des Pferdes nicht ausreichend verdaut werden und gelangt, wie übermäßig aufgenommene Stärke, in den Dickdarm. Dort kommt es durch Fehlgärung zu einer erhöhten Milchsäurebildung. Der pH-Wert fällt bis auf pH 4 ab. Der Darminhalt wird so sauer, dass Mikroorganismen der Darmflora absterben und die Darmschleimhaut gereizt und geschädigt wird. Die abgestorbenen Mikroorganismen bilden Giftstoffe (Endotoxine), die das Blut überschwemmen und in den engen Blutgefäßen der Huflederhaut die typischen Hufrehesymptome auslösen.

Eine Behandlung der Hufrehe muss zuerst die starken Schmerzen des Pferdes lindern. Das Pferd ist auf einen weicheren Untergrund zu stellen und Bewegungen sind zu vermeiden. Im akuten Hufrehestadium darf kein Kraftfutter gefüttert werden. Entzündungshemmende Medikamente sind notwendig, aber auch ungesättigte Fettsäuren (Omega-3-Fettsäuren) in Leinsamen oder Leinöl sind hilfreich.

Auch bei Pferden, die an **EMS** (Equine Metabolische Syndrom) und an ECS (Equine Cushing-Syndrom) erkrankt sind, kommt es vermehrt zu Hufreheschüben. EMS ist eine Kohlenhydratstoffwechselstörung, die leichtfuttrige, übergewichtige Pferde betrifft und zu einer vermehrten Insulinproduktion führt. Dies kann im Blut nachgewiesen werden. Das Pferd baut Muskulatur ab, bekommt einen Hängebauch und bildet Fettpolster über den Augen und am Mähnenkamm aus. Das Equine Cushing-Syndrom ist eine Funktionsstörung der Hirnanhangdrüse. Erkrankte Pferde sind am unnatürlich langen, dichten, lockigen Fell zu erkennen. Eine übermäßige Produktion des Hormons Kortisol schwächt die Abwehrkräfte und mindert den Eiweißstoffwechsel. Die Pferde magern ab.

Zur Vorbeugung sind Futterumstellungen zu vermeiden. Die Stärkemenge der Tagesfutterration ist auf max. 1,5 g/kg Körpergewicht zu beschränken und auf mehrere kleine Mahlzeiten aufzuteilen. Raufutter in Form von bestem Heu und Stroh ist immer reichlich anzubieten. Wenn überhaupt, ist Mais und Gerste nur in aufgeschlossener Form, z. B. als Flocken oder Popcorn, zu verfüttern.

3.6.7 Kreuzverschlag erkennen

Nach kurzzeitiger Belastung des Pferdes kommt es zu einer völligen Versteifung der Rückenmuskulatur mit starken Schmerzen. Das Pferd ist kaum noch in der Lage zu gehen und die Rückenmuskulatur wird bretthart. Das Pferd leidet unter Kreuzverschlag.

Unter Kreuzverschlag versteht man die Zerstörung von Muskelfasern der Rückenmuskulatur des Pferdes. Dies tritt insbesonders dann auf, wenn Pferde trotz fehlender Bewegung voll mit stärkereichem Kraftfutter versorgt werden. Stark bemuskelte Pferde sind besonders gefährdet. In den dicken Muskelpaketen der Rückenmuskulatur sammelt sich das aus der Stärke gebildete Glykogen an, das bei plötzlicher Belastung sehr schnell durch den anaeroben Stoffwechsel zu Milchsäure abgebaut wird. Wird die Milchsäure nicht schnell genug abtransportiert, zerstört sie die Zellwände der Muskelfasern. Durch das austretende Myoglobin (roter Muskelfarbstoff), welches über die Niere mit dem Urin ausgeschieden wird, färbt sich der Harn der erkrankten Pferde rostbraun. Bei schweren Anfällen werden sehr viele Muskelfasern zerstört. Die Nieren werden durch das anfallende Myoglobin geschädigt, Nierenerkrankungen und Harnstoffvergiftung können die Folge sein.

Erkrankte Pferde müssen sofort ruhiggestellt und die gesamte Rückenmuskulatur muss warm eingedeckt werden. Nur ein unverzüglich konsultierter Tierarzt kann Folgeschäden mindern oder gar verhindern.

Pferde, die mit sehr viel Kraftfutter gefüttert und nicht entsprechend belastet werden, sind gefährdet. Deswegen heißt Kreuzverschlag auch Feiertagskrankheit.

Vorbeugend müssen Pferde bei fehlender Belastung, besonders an Ruhetagen, Kraftfutter reduziert gefüttert werden. Wenig gerittene Freizeitpferde und Pferde im Erhaltungsbedarf kommen auch ohne Kraftfutter, nur mit Heu, ergänzt durch Mineralfuttermischung und Salzleckstein, aus. Reitpferde sollen bedarfsgerecht, entsprechend ihrer Arbeitsleistung gefüttert werden. An Stehtagen bekommen sie Stehfutter, mit einem auf den Erhaltungsbedarf reduzierten Energiegehalt.
Der in vielen Ställen praktizierte Ruhetag bringt für Pferde eher Nachteile als Vorzüge. Besser ist es, die Pferde regelmäßig zu bewegen und völlige Ruheperioden auf ein Minimum zu beschränken. Sinnvolles Muskeltraining beugt Kreuzverschlag vor, dazu gehört ein ausreichendes Aufwärmen zu Beginn eines Trainingsintervalls. Pferde, die einmal einen Anfall hatten oder unter der wiederkehrenden, belastungsbedingten Form des Verschlages leiden, sind besonders anfällig. Die Auslöser können neben zu viel Stärke im Kraftfutter, Stress, Elektrolytverlust durch vermehrtes Schwitzen, eine Verschiebung des Kalzium- Phosphor-Verhältnisses sowie ein Mangel von Vitamin E und dem Spurenelement Selen sein. Zur Vermeidung von Überschüssen ist eine fachgerechte Rationsberechnung sinnvoll. In einer Diät werden Stärke bzw. Zucker im Futter durch Fett (Pflanzenöl) ersetzt und Vitamin E und Selen ergänzt.

3.6.8 Entwicklungsstörungen vermeiden

Die Bedeutung der einzelnen Futterinhaltsstoffe wurde bereits dargestellt (siehe Kap. 3.3.2 Nährstoffgehalte ermitteln).

Auf Störungen in der Entwicklung junger Pferde, die in einem Zusammenhang mit Ernährungsfehlern stehen, soll noch eingegangen werden. Durch die zur Verfügung stehenden energie-, eiweiß- und wirkstoffreichen Futtermittel (Ergänzungsfuttermittel für Aufzuchtpferde) ist Nährstoffmangel in der Pferdeaufzucht seltener geworden. Das riesige Angebot energiereicher, hoch vitaminierter und mineralisierter Zusatzfuttermittel beinhaltet die Gefahr der Überversorgung. Der Einsatz solcher Futtermittel fördert ein schnelleres Wachstum bei gleichzeitig verstärktem Muskelansatz. Folgenschwere Störungen im Knochenwachstum und in der Gelenkentwicklung sind möglich. Über eine Rationsberechnung muss eine ausgewogene Ernährung sichergestellt und eine Nährstoffüberversorgung vermieden werden. Besonders der übermäßige Einsatz, gleichzeitig mehrerer mineralisierter und vitaminierter Misch- und Mineralfutter, sollte in der Aufzucht aber auch in der Fütterung erwachsener Pferde vermieden werden.

Entwicklungsstörungen des Skeletts kündigen sich durch Verdickungen (Epiphysitis) im Bereich der Gelenke, besonders des Vorderfußwurzelgelenkes an. Das Längenwachstum der Röhrenknochen findet an den Knochenenden durch die Verknöcherung der knorpeligen Wachstumsfugen (Epiphysen) statt. Entwicklungsstörungen können sich in Veränderungen des Knochen- und Knorpelgewebes bis hin zu Abspaltungen von Knorpelteilchen (Chips) im Gelenk darstellen. Sie führen zu Stellungsfehlern und Lahmheiten. Störende Knorpelteilchen müssen operativ entfernt werden. Ursache für Entwicklungsstörungen des Skelettes ist häufig zu intensive Fütterung und zu schnelles Wachstum. Auf eine bedarfsgerechte Kalzium (Ca) und Phosphor (P) Versorgung ist zu achten. Ein zu geringes Kalzium- und ein relativ hohes P-Angebot führen zu einem schlechten Kalzium-Phosphor-Verhältnis und zu Störungen der Knochenentwicklung.

Kupfer-(Cu), und Zink-(Zn) Mangel müssen ausgeschlossen werden. Kupfer und Zink sind u. a. an der Gelenkentwicklung beteiligt, die bereits vor der Geburt im frühen Embryonalstadium beginnt. In dieser Phase werden die Gelenke und der Gelenkknorpel intensiv über Blutgefäße versorgt. Später erfolgt die Ernährung weniger wirkungsvoll über die Gelenkflüssigkeit. Neben einer genetischen Veranlagung und Bewegungsmangel begünstigt ein Mangel an diesen Spurenelementen die Störungen der Gelenkentwicklung und ist für die Bildung von Gelenkchips (OCD/ Osteochondrosis dissecans) mitverantwortlich. Jedes fünfte Pferd ist durch Knorpelteilchen in den Gelenken geschädigt und schlimmstenfalls unreitbar. Da Grundfuttermittel (Weidegras) häufig zu wenig Kupfer enthält, muss durch Ergänzung die Vollwertigkeit der Ernährung einer Zuchtstute bereits ab den frühen Trächtigkeitsmonaten sichergestellt werden. Durch geeignete Ergänzungsfuttermittel kann die Mineralstoffversorgung sichergestellt werden.

3.6.9 Sonstige durch die Ernährung beeinflusste Erkrankungen

Husten

Bei schlechter Rau- oder Kraftfutterqualität gelangen mit dem Staub Schimmelpilzsporen und Milben in die Atemwege. Dies reizt die Schleimhäute und führt zu allergischen Reaktionen. Die Schleimhäute schwellen an, die Bronchien werden eng. Schleim kann nicht abtransportiert werden, was die Atmung erschwert. Häufig sind Infektionen der Atemwege die Folge. Die Qualität der Futtermittel ist mithilfe der Sinnenprüfung zu kontrollieren. Nur Futtermittel geeigneter Qualität dürfen eingesetzt werden.

Nesselfieber

Nesselfieber kann z. B. durch eine Futtermittelallergie ausgelöst werden. Der Ausschlag konzentriert sich häufig auf die Umgebung des Afters. Die Tiere scheuern sich dann die Schweifrübe, ähnlich wie bei Wurmbefall oder Sommerekzem. Auch Verdauungsstörungen, wie Durchfall oder Koliken, können von einer Futtermittelallergie stammen. Verschiedene Futtermittel werden dafür verantwortlich gemacht. Eiweißreiche Kraftfutter wie Sojaprodukte, aber auch junges Grünfutter, Grassilage oder Luzerne-Kleeheu können Nesselfieber auslösen. Gefahr droht auch bei abruptem

Futterwechsel. Frisches Getreide oder frisches Heu, ebenso wie unzureichende Futterqualität lösen bei empfindlichen Pferden plötzlich Nesselfieber aus.

Zur Wiederholung und Vertiefung

1. Beschreiben Sie mögliche Fütterungsfehler in Ihrem Ausbildungsbetrieb.
2. Welche Fehler bei der Auswahl und Zuteilung von Futtermitteln können Erkrankungen hervorrufen?
3. Ermitteln Sie den Zusammenhang zwischen Fütterungsfehlern und
   a. Zahnproblemen
   b. Schlundverstopfung
   c. Magen- und
   d. Darmerkrankungen.
4. Erläutern sie die Ursachen für Fütterungsrehe und Kreuzverschlag. Wie können Sie diesen Erkrankungen vorbeugen?

4 Pferde züchten

4.1 Pferde anpaaren

4.1.1 Pferde identifizieren

?

Susanne möchte sich eine Zuchtstute (Dt. Reitpferd) kaufen, aber es soll natürlich nicht irgendeine sein. In einem Zuchtbetrieb wird ihr eine Fuchsstute für 20 000 € angeboten, die Susanne auch sehr gefällt und für die sie einen Kauf in Erwägung zieht. Der Verkäufer weist Susanne auch nochmals darauf hin, dass die Stute zudem eine prämierte Stute sei und über eine exzellente Abstammung verfüge, die einen Zuchteinsatz in der Zukunft lukrativ machen wird. Stolz zeigt er Susanne den Pferdepass mit dem Stammbaum. Für Susanne hört sich das alles sehr gut an, aber sie fragt sich natürlich auch, ob der vorliegende Pferdepass wirklich zu der ihr vorgestellten Fuchsstute gehört.

Um ein Pferd einwandfrei zu identifizieren, stellt man Geschlecht, Farbe, Abzeichen und Wirbel, Alter, Größe und Brandzeichen fest. Man vergleicht nun diese Identitätsmerkmale mit den Angaben dazu im Pferdepass, die zum Teil in Form von Symbolen in einem Diagramm vermerkt und / oder schriftlich in Worten niedergeschrieben sind. Eine eindeutige Identifizierung ist insofern wichtig, da dem Pferdepass wiederum weitere Informationen zu entnehmen sind, die hilfreich sind, um den Gesundheitsstatus und die Eignung für einen Zuchteinsatz zu beurteilen. Man denke hier vor allem an Angaben zur Medikation, zu Impfungen und Zuchtbucheintragungen sowie zur Abstammung.

Gegebenenfalls ist eine eindeutige Identifizierung auch mit einem unter der Haut implantierten Chip möglich; dazu bedarf es allerdings eines Lesegerätes.

Farbe und Abzeichen

Die Angaben der Merkmale Farbe und Abzeichen sollen in nachstehender Reihenfolge vorgenommen werden:

- Farbe
- Abzeichen Kopf
- Abzeichen Gliedmassen
- Abzeichen Körper

Farben

In Deutschland erfolgt die Bestimmung aufgrund der Farbe des Deckhaares und des Schutzhaares, also Schopf, Mähne, Schweif und Kötenbehang sowie der Tasthaare.

- Rappe (R.): Deckhaar und Schutzhaar sind schwarz,
- Brauner (B.): Deckhaar ist braun; das Schutzhaar schwarz,
- Fuchs (F.): Deckhaar ist rötlich, Schutzhaar fuchsfarben oder heller,
- Schimmel (Sch.): vornehmlich weißes Deckhaar, Hautfarbe schwarz, Wimpern weiß,
- Albino: weißes Deckhaar, rosafarbene Haut, Wimpern weiß, rote Augen,
- Isabell (Is.): gelbes Deckhaar, Schutzhaare hell,
- Falbe: gelbes Deckhaar, Schutzhaare schwarz,
- Schecke: Vorhandensein von großen, zusammenhängenden Flecken; kommt in allen Farben vor,
- Tiger: verschieden große Flecke, die mehr oder weniger auf dem ganzen Körper verteilt sind,
- Palomino: gold glänzendes Deckhaar, Schutzhaare weiß,
- Appaloosa: Deckhaar weißgrau und mit einem Mosaik schwarzer oder brauner Flecken bedeckt.

PFERDEPASS **Lebensnummer:** DE 331 310317493 **2**

Lebensnummer DE 331 310317493
Identification No./No. d'identification

Rasse Hannoveraner
Breed/Race

Name First Lady R
Name/Nom

Geschlecht Stute
Sex/Sexe

Farbe Dunkelbraun
Colour/Robe

Letztes Deckdatum der Mutter
Date of last cover of the mare/Dernière date de saillie de la mère

Geburtsdatum 15.03.1993
Date of birth/Date de naissance

Geburtsort
Place where bred/Lieu d'élevage

Züchter [redacted]
Breeder/Eleveur
[redacted]

Besitzer [redacted]
Owner/Propriétaire
[redacted]

Aktive Kennzeichnung am
Identifikation on/Marquage activ le

Bezirk/Ort
Location/Circonscription

Zuchtbrand
Brand/Marque au fer rouge

Nummernbrand 743
Brand number/Marque d'un numéro au fer rouge

Mikrochip (Nummer/Injektionsstelle)
Microchip (number/location of insertion)/Puce électronique (numéro/lieu d'injection)

Abstammungsprüfung
Verification of authenticity/Analyse de pedigrée

Abzeichen
Markings/Signalement

1) Kopf Head/Tête 2) Vorderbein links Foreleg L/Ant. G 3) Vorderbein rechts Foreleg R/Ant. D 4) Hinterbein links Hindleg L/Post G 5) Hinterbein rechts Hindleg R/Post D 6) Körper Body/Corps 7) Sonstige Abzeichen/am Markings/on/Marques/le

wg.Sth.,Obl.u.Utl.kl.Fl.,l.Vf.unreg.gefl.halb w.,r.Vfsl.gefl.w.,l.Hf.unreg.
w.,r.Hfsl.unreg.gefl.hoch w.,---

Abb. 125
Auszug aus dem Pferdepass.

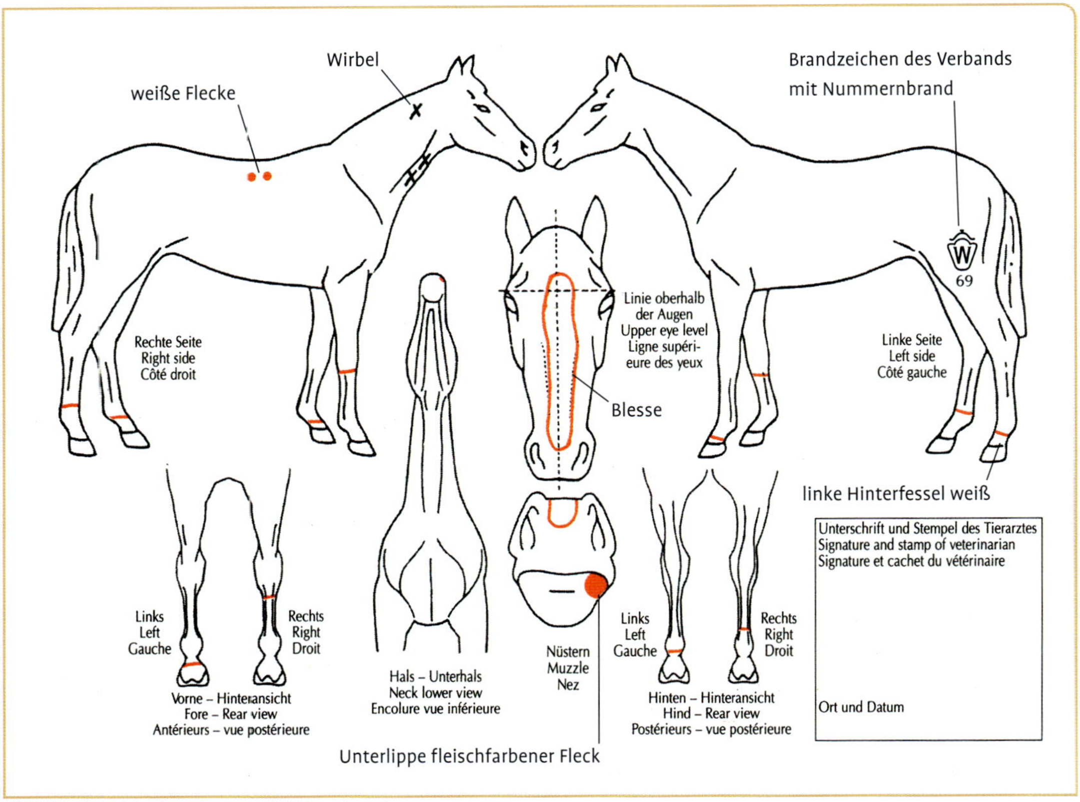

Abb. 126: Das Diagramm im Pferdepass.

Abzeichen

Wirbel sind Wechsel im Haarkleid und können in verschiedenen Formen auftreten – glatt, buschig, gefiedert oder gewunden. Wirbel am Kopf und unter der Mähne müssen bei allen Pferden in der Beschreibung und der grafischen Darstellung des Pferdepasses aufgeführt werden.

Weiße Abzeichen

Es gibt „regelmäßige“, „unregelmäßige“, „gezackte“ oder „schiefe“ Formen der Abzeichen.

„Stichelhaarig“ sind sie, wenn auf dem jeweils begrenzten Raum des Abzeichens einzelne weiße Haare auftreten, sodass die Körperfarbe noch überwiegt.

„Schattiert“ sind sie, wenn auf dem jeweils begrenzten Raum des Abzeichens die Körperfarbe auf der ganzen Fläche bzw. am Rand durchschimmert, die weißen Haare jedoch überwiegen.

„Gefleckt“ ist ein Abzeichen, wenn es innerhalb der Fläche ein oder mehrere farbige Flecken aufweist.

„Fleischfarben“ sind Abzeichen, wenn die Haut an der Stelle pigmentlos ist.

Kopf: Die Abzeichen am Kopf sind von der Stirn beginnend abwärts über Nasenrücken und Maul bis zur Kinngrube anzugeben.

Gliedmaßen: Die Abzeichen der Gliedmaßen werden aus Sicht des Pferdes in

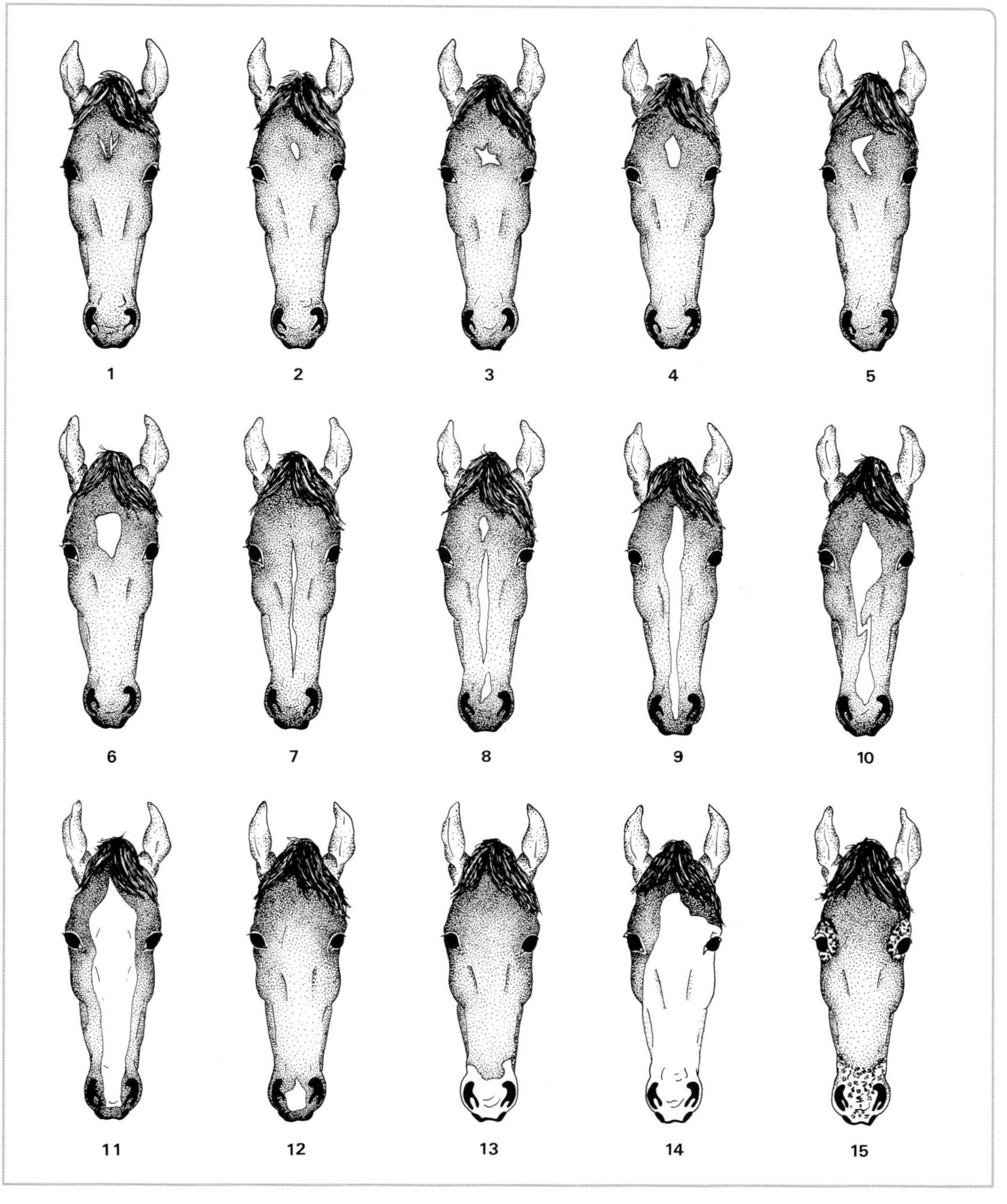

Abb. 127: Kopfabzeichen des Pferdes:
1 = Stirnhaare, 2 = Flocke, 3 = Stern, 4 = länglicher Stern, 5 = Mond, 6 = Keilstern, 7 = Schnurblesse, 8 = unterbrochene Blesse, 9 = durchgehende Blesse, 10 = unregelmäßige Blesse, 11 = breite Blesse, 12 = Schnippe, 13 = Milchmaul, 14 = Laterne mit Glasauge, 15 = Krötenmaul.

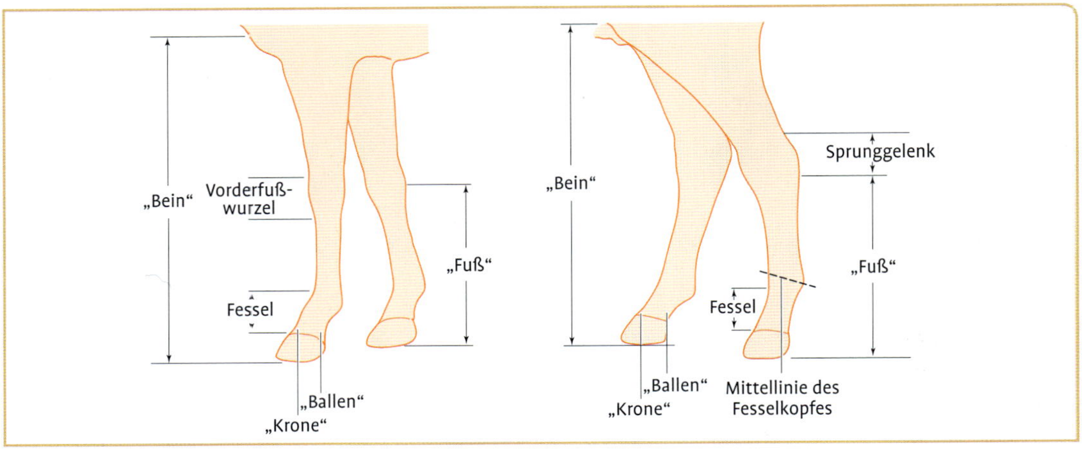

Abb. 128: Für die korrekte Beschreibung der Gliedmaßenabzeichen ist die anatomische Lage der oberen Begrenzung des Abzeichens maßgeblich.

Abb. 129: Beispiele für die korrekte Bezeichnung von Gliedmaßenabzeichen: a) linke Vorderkrone weißer Fleck, rechte Vorderkrone und Vorderballen weiß; b) linke Vorderfessel weiß, rechte Vorderfessel weiß; c) linke Vorderfessel unregelmäßig weiß, Kötenfleck, rechte Vorderfessel weiß; d) linker Vorderfuß unregelmäßig halb weiß, rechte Vorderfessel weiß, innen Kronflecke; e) beide Vorderfüße unregelmäßig halb weiß; f) linkes Vorderbein weiß, rechter Vorderfuß hoch weiß.

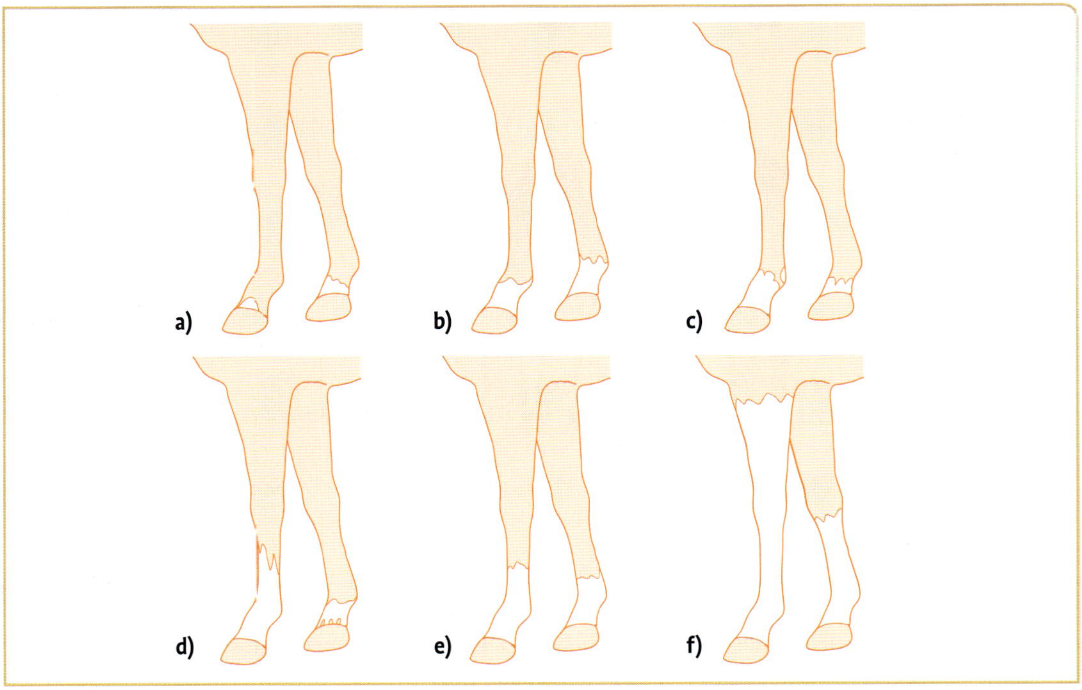

dieser Reihenfolge angegeben: vorne links, vorne rechts, hinten links, hinten rechts. Die Abzeichen sind unter Verwendung der in Abbildung 128 erläuterten Bezeichnungen zu beschreiben. Für die korrekte Beschreibung ist die anatomische Lage der oberen Begrenzung des Abzeichens maßgeblich. Ist die Gliedmaße z. B. bis zur Mitte der Vorderröhre weiß, spricht man von „Vorderfuß halb weiß". Farbige Flecke in weißen Abzeichen müssen angegeben werden. Schwarze Flecke in einer weißen Krone werden als „Kronenflecke" bezeichnet.

Körper: Alle weißen oder sonstigen Abzeichen am Körper müssen gemäß ihrer anatomischen Lage festgehalten werden. So gibt es neben den Wirbeln u.U. auch noch Narben, Druckstellen oder Muskeldellen. Bei Pferden ohne Abzeichen und nur wenigen Wirbeln müssen die Umrisse der Kastanien dokumentiert werden.

Das Brandzeichen und der Nummernbrand sind mit dem Eintrag im Pferdepass zu vergleichen (siehe Abb. 125).

!

Ausführliche Informationen zum Identifizieren von Pferden finden sich in der FN-Broschüre „Identifikation von Pferden", FN-Verlag.

4.1.2. Pferde vorführen und beurteilen

?

Bettina hat gerade ihre Ausbildung zur Pferdewirtin begonnen. Gleich nächste Woche soll sie auf eine Stuteneintragung für die Rasse Deutsches Reitpferd mitfahren und auch selbst eine Stute ihres Ausbildungsbetriebes vorstellen. Ihr Ausbilder hat ihr erklärt, dass die Stuten auf einer Dreiecksbahn vorzustellen sind und unter anderem auch das Exterieur von einer Richterkommission beurteilt werden wird. Eine optimale Präsentation der Stute sei deshalb für das gute Abschneiden der Stute sehr wichtig. Bettina ist etwas ratlos, sie weiß weder wie eine Exterieurbeurteilung vorgenommen wird noch wie man ein Pferd in einem derart offiziellen Rahmen vorstellt. Ihr Ausbilder beruhigt sie und meint, dass sie noch eine Woche Zeit haben wird, das Vorführen mit ihm zu üben. Bis sie selbst ein Pferd sicher beurteilen könne, das würde wohl noch einige Zeit dauern ...

Vorführen

Zum Vorstellen und Vorführen von Pferden hat sich die Dreiecksbahn als besonders geeignet erwiesen, da das zu beurteilende Pferd in der Bewegung sowohl von der Seite, als auch von vorne und hinten zu sehen ist.

Die Trense gilt bei der Vorstellung als korrekte Zäumung. Frei am mittellangen Zügel gehend sollen die Pferde sich optimal präsentieren, das heißt, sie sollen sich ruhig, gelassen und in der Bewegung ausbalanciert geben. Zwei Personen sind für eine optimale Vorstellung notwendig: Eine, die führt und eine, die mit der Peitsche hilft.

Damit die Pferde eine optische Anlehnung finden und möglichst geradeaus gehen, kann die Dreiecksbahn, auf einer ebenen Fläche angelegt, mit Stangen, schöner noch mit Blumenkästen oder Hecken, gekennzeichnet sein. Bei der offenen Dreiecksbahn beginnt das Vorstellen mit dem Hereinführen im Schritt durch die Mitte der Bahn. Nach Erreichen des Aufstellungsplatzes erfolgt die Aufstellung des Pferdes vor die Beurteilenden. Dabei ist Folgendes zu beachten:

Der Abstand zu den Beurteilern sollte vier bis sechs Meter betragen, damit das Pferd in seiner Ganzheit zu betrachten ist. Das Pferd steht zu den Betrachtern in der so genannten „Offenen Stellung", das heißt, alle vier Gliedmaßen müssen sichtbar und gleichmäßig belastet sein. Die Geschlechtsteile bei Hengsten sind deutlich erkennbar.

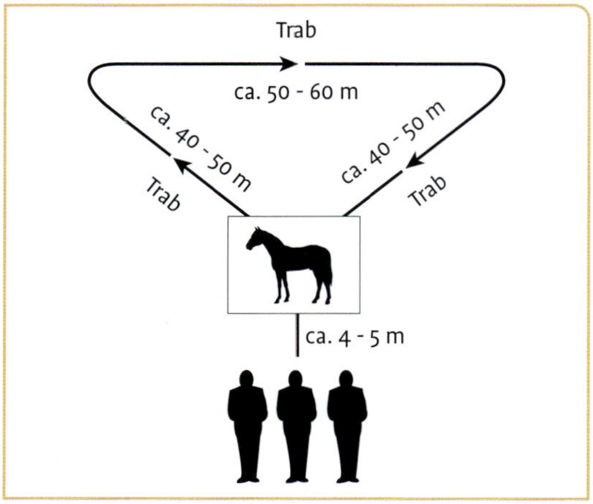

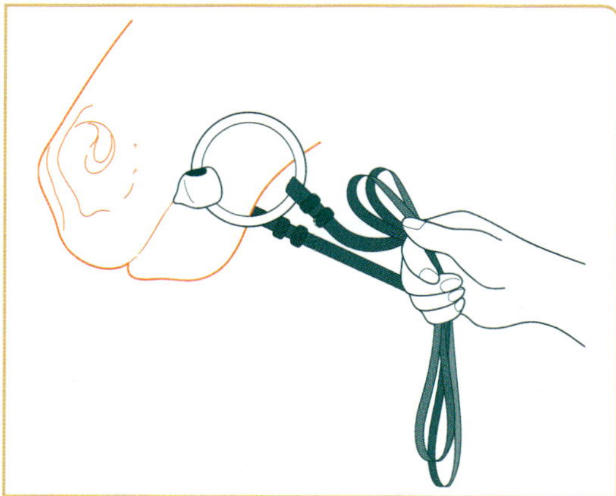

Abb. 130 (oben): Die Dreiecksbahn.

Abb. 131 (unten): Zügelhaltung beim Vorführen.

Die vorführende Person soll das Pferd am mittellangen Zügel halten und vor diesem stehen. Das Pferd darf zur Korrektur des Standes nicht zurückgeschoben werden; es wird nur nach vorne korrigiert.

Die peitschenführende Person steht währenddessen etwa 5 Meter vor dem Pferd mit hoch aufgestellter Peitsche, um das Pferd aufmerksam zu machen.

Während des Führens läuft der Vorführer auf der linken Seite in Schulterhöhe des Pferdes ohne es mit den Zügeln zu stören und achtet darauf, dass er und das Pferd sich auf einer geraden Linie bewegen.

Hin- und Herschlängeln erregen den Verdacht auf Unkorrektheit und erschweren die Bewertung.

Bei der Vorführung im Trab wird auf der ersten und der letzten Dreiecksseite vor allem auf die Korrektheit der Bewegungsmechanik geachtet, das Tempo sollte hier also ruhig sein. Während auf der langen Seite Schwung, Elastizität und Raumgriff beurteilt werden. Hier ist das Tempo zu erhöhen, allerdings mit vorsichtiger Unterstützung des Peitschenführers, damit das Pferd nicht angaloppiert.

Grundsätzlich läuft der Peitschenführer stets etwas außen hinter dem Pferd, um es an die innere Begrenzung der Dreiecksbahn heranzutreiben und damit die Geradeausrichtung des Pferdes zu unterstützen.

Aus Sicherheitsgründen erfolgt das Wenden und Drehen des Pferdes immer nach rechts.

Beurteilen eines Pferdes

Pferde werden hinsichtlich ihres Exterieurs („das Äußere“, d.h. hinsichtlich ihres Körperbaus) und ihres Interieurs („das Innere“, d.h. hinsichtlich ihrer psychischen und geistigen Eigenschaften) beurteilt, um ihre Leistungsfähigkeit und Eignung für einen bestimmten Verwendungszweck festzustellen.

Für eine Pferdewirtin bzw. einen Pferdewirt ergeben sich viele Gelegenheiten, ein Pferd sicher beurteilen zu müssen: Z. B., um geeignete Zuchttiere für eine Anpaarung auszuwählen, beim Kauf eines Sportpferdes oder vor und während der Ausbildung von Pferden, um das Training darauf entsprechend abzustimmen. Sehr gute Kenntnisse der Anatomie des Pferdes sind dabei unbedingt erforderlich.

Das Exterieur bestimmt zum einen die Bewegungsfähigkeit und damit auch die Leistungsfähigkeit eines Pferdes, zum anderen auch seine langfristige Gesundheit. Denn gerade Exterieurmängel im Gliedmaßenbereich führen auf Dauer zu Gesundheitsstörungen.

Gewünscht ist also ein funktionelles Pferd, das möglichst lange ohne Beeinträchtigung seiner Gesundheit im Sport und in der Zucht einsetzbar ist.

> **!**
> Gewünscht ist also ein funktionelles Pferd, das möglichst lange ohne Beeinträchtigung seiner Gesundheit im Sport und in der Zucht einsetzbar ist.

Man sollte sich von kleineren, körperlichen Mängeln nicht schrecken lassen, denn ein Pferd, das völlig frei von Mängeln ist, gibt es natürlich nicht. Einzelne Mängel können durch andere Vorzüge unter Umständen ausgeglichen werden. So können beispielsweise ungünstige Winkel- oder Hebelverhältnisse durch günstige Kraftentwicklungen an anderer Stelle in ihrer Wirkung aufgehoben werden.

Die Beurteilung eines Pferdes erfolgt im Stand und in der Bewegung an der Hand oder unter dem Sattel.

Es gilt, das Pferd als Gesamtheit zu beurteilen. Das heißt, sowohl seine körperlichen als auch seine inneren Eigenschaften wie Charakter, Temperament, Nervenstärke und Leistungsbereitschaft zu erkennen. Gerade die inneren Eigenschaften, das Interieur, spielen eine entscheidende Rolle nicht nur für Pferde von Freizeitreitern, sondern oder gerade auch für solche im Spitzensport: was nützt ein körperlich optimal gebautes Pferd, das weder umgänglich noch bereit ist, „mitzumachen“, dem die nötige Intelligenz fehlt, auf Reiterhilfen sensibel zu reagieren und diese schnell umzusetzen? Wichtig ist, dass ein Pferd für den vorgesehenen Einsatzbereich vom Exterieur **und** Interieur her geeignet ist. Man sollte jedoch nicht vergessen, dass auch das bestveranlagte Pferd durch unsachgemäßen, nicht art- und entwicklungsgerechten Umgang und falsches Training psychisch wie körperlich Schaden erleiden kann.

Um zu einer fundierten Beurteilung zu gelangen, sollte man strukturiert vorgehen: Zunächst verschafft man sich einen Überblick über die Gesamterscheinung und geht dann über zur Beurteilung einzelner Körperpartien, beginnend bei der Vorhand, über die Mittelhand bis zur Hinterhand, um schließlich ein Gesamturteil zu formulieren.

Die Gesamterscheinung

Bei der Gesamterscheinung ordnet man ein Pferd bezüglich Typ, Rahmen, Format, Kaliber und Kondition ein.

Der Typ

Er wird nach dem äußeren Erscheinungsbild beurteilt. Dabei sind zu unterscheiden:

- Rassetyp: Hier wird überprüft, inwieweit das vorgestellte Pferd mit den Zielvorstellungen der zu verkörpernden Rasse übereinstimmt; gerade Zuchttiere sollten in besonderem Maße dem Rassetyp entsprechen.
- Geschlechtstyp: Beurteilungsgrundlage sind hier die primären und sekundären Geschlechtsmerkmale, die bei Hengsten mit kräftiger Halsmuskulatur und stärker entwickelter Vorhand gekennzeichnet sein sollen, während bei den Stuten der Kopf feiner, die Halsmuskulatur weniger stark, jedoch die Hinterhand und Beckenpartie kräftiger und breiter ausgebildet sein sollen als die Vorhand.
- Leistungstyp: z. B. Reitpferd, Rennpferd, Zugpferd.

Rahmen

Unter Rahmen versteht man die Begrenzung eines Pferdes, so als wolle man einen Bilderrahmen drumherum bauen. Dabei bildet der Boden die untere, eine Senkrechte vom Maul zum Boden die vordere, eine Senkrechte vom Sitzbeinhöcker zum Boden die hintere, und ausgehend von den Ohren eine Parallele zum Boden die obere Begrenzungslinie. Der Rahmen wird also maßgeblich von der Widerristhöhe (Stockmaß) und der Länge eines Pferdes beeinflusst. Der Rahmen beschreibt, ob ein Pferd – gemäß der rassetypischen Möglichkeiten – viel Raum einnimmt oder eher wenig. Zu unterscheiden sind klein-, mittel- oder großrahmige Pferde.

Bei durch korrekte Linien und herausragende Konturen besonders positiv auffallenden Tieren spricht man ebenfalls von einem großen oder bedeutenden Rahmen.

Format

Unter dem Format des Pferdes versteht man das Verhältnis zwischen Körperlänge (gemessen vom Schultergelenk bis zum Sitzbeinhöcker) und Widerristhöhe. Wobei die Länge eines Pferdes nicht nur durch die Länge des Rückens bestimmt werden soll, sondern möglichst auch durch eine lange, schräge Schulter und eine lange schräge Kruppe. Man unterscheidet:

- Längsrechteckformat: der Körper ist länger als hoch.
- Quadratformat: der Körper ist etwa genauso lang wie hoch.
- Hochrechteckformat: der Körper ist höher als lang.

Das Längsrechteckpferd kann tendenziell im Rücken leichter mitschwingen und lässt den Reiter besser sitzen als das Quadratpferd. Zudem hat das Format Einfluss auf den möglichen Raumgriff und damit auf die Geschwindigkeit, die das Pferd erzielen kann. Man stelle sich dazu das Pferd als eine Wippe vor: Bei Pferden im Rechteckformat ist der Abstand zwischen der Ruheposition des Schwerpunktes und der vorderen Kante der Unterstützungsfläche, also den Vordergliedmaßen, größer als bei Pferden im Quadratformat und damit kann das Pferd in der Bewegung die Vorhand weiter nach vorne führen, ehe es zur Erhaltung des Gleichgewichtes wieder auffußen muss. Bei sehr langen Pferden ist allerdings das Untertreten der Hinterhand unter den Schwerpunkt und damit die Versammlung erschwert.

Eine Quadratform weisen viele Araber und Andalusier auf. Ein typischer Vertreter für das Hochrechteckformat ist der Achal Tekkiner. Das Deutsche Reitpferd im Dressur- oder Springsport steht meist gerade eben im Längsrechteckformat.

Kaliber

Aus dem Verhältnis von Lebendgewicht in kg zur Höhe (Stockmaß) ergibt sich das Kaliber. Je mehr also ein Pferd – bei gleicher Widerristhöhe – wiegt, desto schwerkalibriger ist es.

Abb. 132: Formate: a = Langrechteckpferd, b = Quadratpferd, c = Hochrechteckpferd.

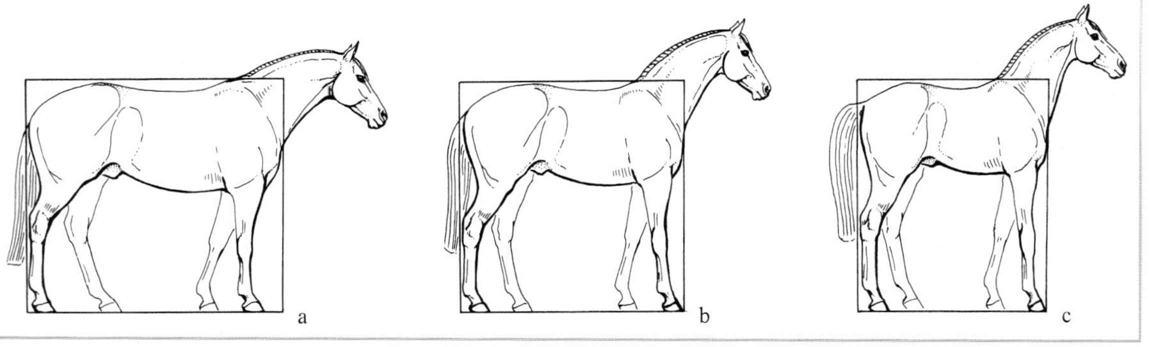

Abb. 133: Kopfformen: a = Hechtkopf, b = gerader Kopf, c = Keilkopf, d = Schweinskopf, e = Ramskopf, f = Ramsnase, g = Schafskopf.

Die Pferde werden unterteilt in: leicht-, mittel- und schwerkalibrig.

Kondition

Unter Kondition versteht man die körperliche Leistungsfähigkeit. Hier unterscheidet man:

- Zuchtkondition (Stuten sollten weder zu fett noch zu dünn sein, was das Zyklusgeschehen stört),
- Leistungs- oder Gebrauchskondition,
- Mastkondition,
- Unterernährung.

Nach dem ersten Gesamteindruck beurteilt der Betrachter nun das Pferd im Einzelnen.

Beurteilung der einzelnen Körperpartien

Die Vorhand

Die Vorhand liegt vor einer gedachten Senkrechten vom Widerrist zum Boden. Die Vorhand umfasst also Kopf, Hals, Widerrist, Schulter, Vordergliedmaßen und Vorderbrust.

Der Kopf soll zum einen harmonisch zum Gesamtbild passen, zum anderen den Rassetyp verkörpern. Ein freundlich und ruhig blickendes Auge verbunden mit einem aufmerksamen Ohrenspiel sind bei allen Rassen erwünscht. Kieferanomalien, wie Über- oder Unterbeisser, werden vermutlich vererbt und entsprechend veranlagte Hengste für die Zucht abgelehnt.

Eine ausreichend lange Maulspalte kann das Gebiss (Trense und Kandare) besser aufnehmen.

Aus Sicht des Reiters sollte der Kopf außerdem frei in den Ganaschen sein. Die Ganaschen (Unterkieferäste) müssen genügend Abstand voneinander haben und deutlich abgegrenzt von der unteren Halsmuskulatur sein.

Abb. 134: Stutenkopf mit guter Ganaschenfreiheit.

Die Ganaschenfreiheit in Verbindung mit einem leichten, nicht zu breiten Genick erleichtert die Beizäumung. Durch Ganaschenzwang entsteht Druck auf den Kehlkopf und ein Einzwängen der Ohrspeicheldrüse, was Schmerzen verursacht und die Bereitwilligkeit des Pferdes die Anlehnung an den Zügel zu suchen, mindert. Eine Beugung des Genicks durch Gewalt (z. B. mit entsprechenden Hilfszügeln) führt zur Gegenwehr. Die untere Halsmuskulatur wird angespannt, was letztlich zu einem unerwünschten vermehrten Muskelaufbau im Unterhalsbereich („Unterhals") führt.

Hals

Der Hals dient als Balancierstange und hilft dem Pferd das Gleichgewicht zu halten. Zudem bestimmt die Länge des Halses die Möglichkeit der Verlagerung des Schwerpunktes nach vorne und damit den Raumgriff. Pferde mit kurzem Hals haben also nicht nur Schwierigkeiten, das Gleichgewicht zu halten, sondern zeigen auch einen geringeren Raumgriff. Damit die Balancierstange Hals aber auch ihre Funktion optimal ausüben kann, muss sie an der Schulter und Brust breit und bemuskelt angesetzt sein.

Die Halsform ist hinsichtlich der Anlehnung, Durchlässigkeit und Versammlung von großer Bedeutung. Eine nach oben gewölbte Oberhalslinie in Verbindung mit einer geraden Unterhalslinie, also mit einer wenig ausgeprägten Unterhalsmuskulatur, im Verhältnis 2:1, begünstigen die Beizäumung.

Lange, dünne Schwanenhälse entziehen sich gern der Reiterhand, weil der Kopf leicht und schnell hinter die Senkrechte kommt. Das Pferd „rollt sich auf". Von einem Hirschhals (verkehrtem Hals) spricht man bei einer ausgeprägten Unterhalsmuskulatur und einer dazu ungefähr parallel verlaufenden Oberhalslinie. Solche Pferde tragen den Kopf fast waagerecht, halten sich im Rücken fest und sind somit nicht korrekt an den Zügel zu reiten.

Als Halsaufsatz bezeichnet man die Richtung, in der der Hals aus der Schulter kommt. Beträgt der obere Winkel zwischen Schulter und einer gedachten Linien längs durch den Hals weniger als 90 Grad, so spricht man von einem hohen Halsaufsatz.

Dies begünstigt bei einem Dressurpferd die Aufrichtung und die Verlagerung des Schwerpunktes nach hinten. Für Rassen wie Andalusier oder Lipizzaner ist dieser hohe Halsaufsatz typisch. Der beim Deutschen Reitpferd meist zu findende rechtwinklige Aufsatz ist für alle Reitnutzungen geeignet, während Pferde – wie z. B. Western- , Polo- oder Rennpferde – mit niedrigem Aufsatz den Hals weit nach vorne strecken und damit einen großen Raumgriff erzielen können, aber Probleme mit der Verlagerung des Schwerpunktes nach hinten haben.

Widerrist

Er wird von den Dornfortsätzen der ersten sieben Rückenwirbel gebildet. Ein hoher, kräftiger und gut bemuskelter Widerrist, der

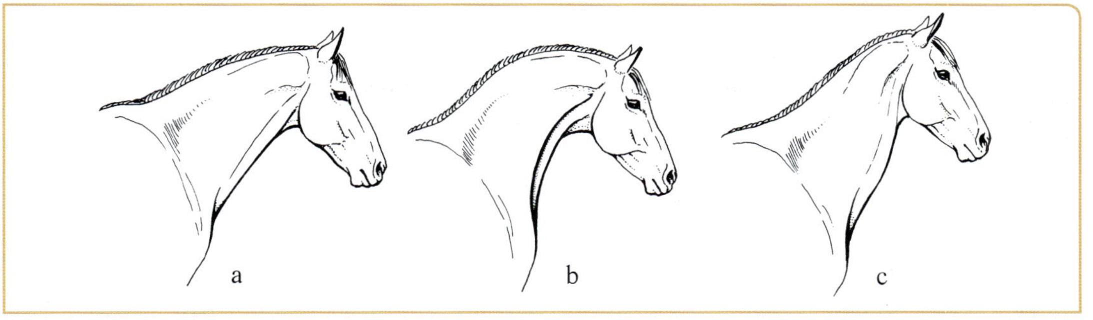

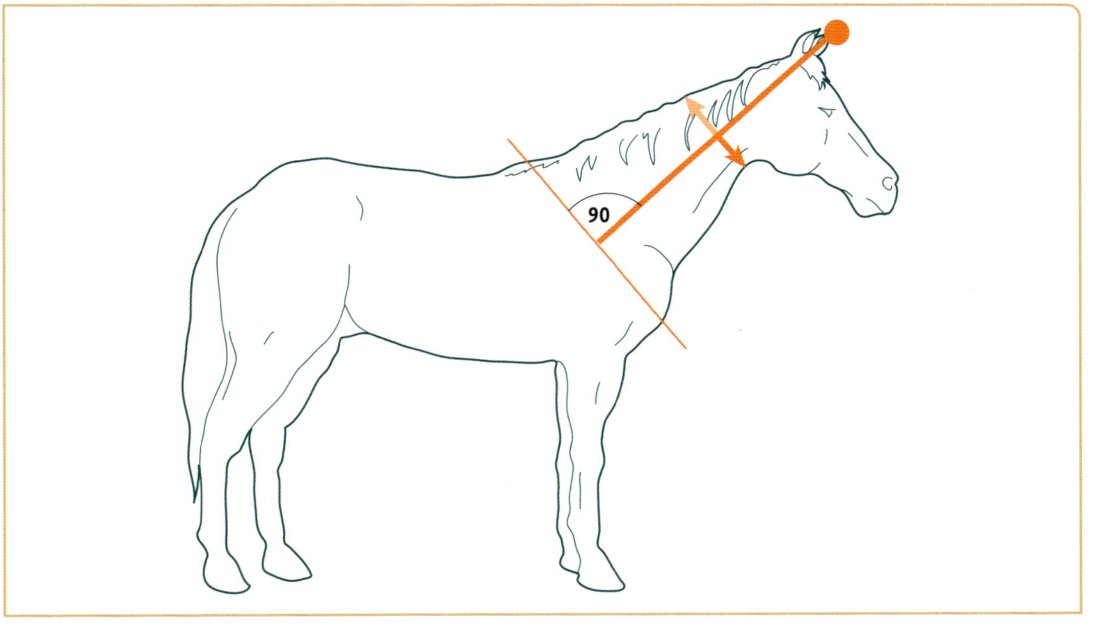

Abb. 135 (oben): Die Halsform ist hinsichtlich Anlehnung, Durchlässigkeit und Versammlung von großer Bedeutung: a = in der Oberlinie leicht gebogener Hals, Unterhalslinie gerade, b = Schwanenhals, c = Hirschhals

Abb. 136 (unten): Halsaufsatz. Hier beträgt der obere Winkel 90°; ist er kleiner als 90°, spricht man von einem hohen Aufsatz.

lang und allmählich in den Rücken verläuft, garantiert für Reitpferde aller Nutzungsrichtungen eine sichere, gute Sattellage. Der höchste Punkt sollte einige Zentimeter höher liegen als die Kruppenspitze. Ein kaum erkennbarer Widerrist in Verbindung mit einer überhöhten Kruppe (Überbautsein) bietet dem Sattel keinen Halt und vermittelt dem Reiter das Gefühl, bergab zu reiten. Die damit einhergehenden Gewichtsverlagerungen des Reiters stören das Gleichgewicht des Pferdes und belasten die Vordergliedmaßen unnötig stark. Satteldruck kann ebenfalls eine Folge sein.

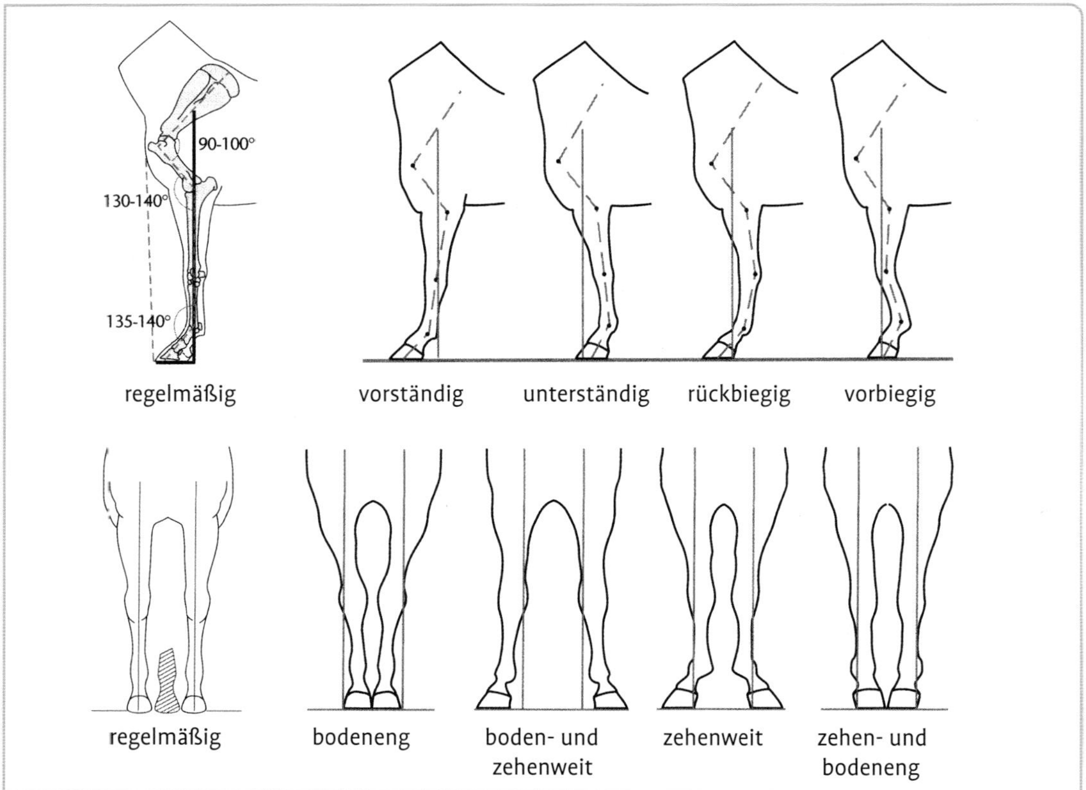

Abb. 137: Stellung der Vordergliedmaßen von der Seite und von vorne.

Brust

Die Brustbreite und -tiefe beeinflussen die Geräumigkeit des Brustkorbes.

Darin sollte eine große und belastbare Lunge ausreichend Platz haben. Deshalb ist ein breiter – allerdings nicht zu breiter – tiefer und langer Brustkorb wünschenswert. Ein zu breiter Brustkorb schränkt die Bewegungsmöglichkeiten der Vordergliedmaßen ein.

Gliedmaßen

Die Beurteilung der Gliedmaßen verdient besondere Aufmerksamkeit, da Erkrankungen im Gliedmaßenbereich, vor allem der Vordergliedmaßen, bei Reitpferden die Ausfallursache Nummer 1 darstellen. Eine große Rolle bei der Beurteilung der Gliedmaßen spielen die Größe der Gelenksfläche und die korrekte Winkelung der Gelenke. Bei einer großen Gelenksfläche ist die Gewichtsverteilung innerhalb des Gelenkes günstiger als bei einer kleinen und die Belastung pro Quadratzentimeter dementsprechend geringer. Große kräftige Gelenke sind daher eine wichtige Voraussetzung für eine lange Haltbarkeit der Gelenksknorpel. Ebenso wichtig ist eine korrekte Winkelung der einzelnen Gelenke. Jede Abweichung von der korrekten Winkelung führt zu einer punktuellen Mehrbelastung begrenzter Abschnitte der Gelenksfläche und damit zu einem frühzeitigen Verschleiß des Gelenksknorpels. Eine von der Mitte des obe-

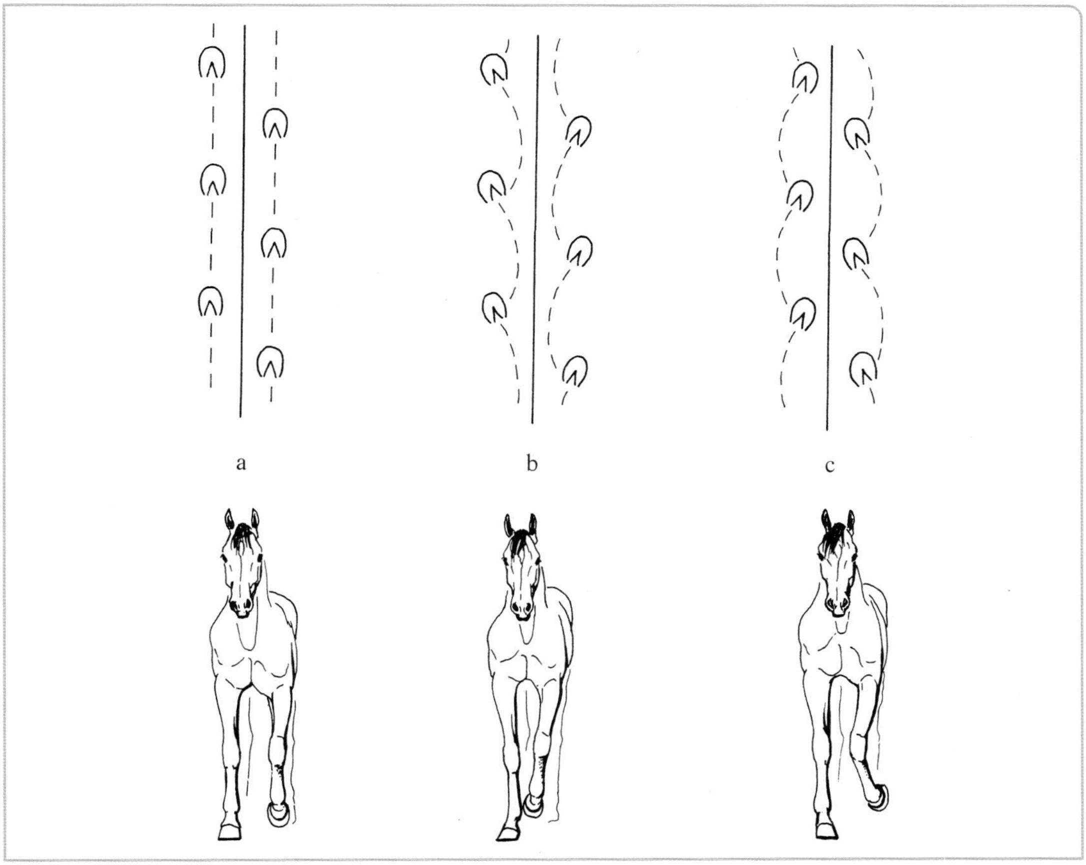

Abb. 138: Fehlstellungen der Gliedmaßen und ihre Auswirkungen auf den Gang: a = korrekter Gang, b = Gang mit zehenweiter Stellung, c = Gang mit zehenenger Stellung.

ren Schulterblattes nach unten gefällte Linie soll das Ellenbogengelenk, Vorderfusswurzelgelenk und Fesselgelenk halbieren und ungefähr am Ende des Ballens den Boden berühren.

Stellungsfehler der Gliedmaßen führen aber nicht nur zu vermehrtem Verschleiß, sondern beeinträchtigen auch den Raumgriff und den Takt sowie das Gleichgewicht im Stand und in der Bewegung. Darüber hinaus kommt es leichter zu Verletzungen durch Streichen oder Greifen.

Die **Schulter** verläuft vom Widerrist vorwärts-abwärts zum Buggelenk. Sie wünscht man sich lang, breit und schräg, umfangreich mit kräftigen Muskeln bepackt und zum Hals hin deutlich abgegrenzt. Durch die Lage des Schulterblattes wird das Nachvorneführen des Oberarms im Buggelenk vorgegeben. Bei steiler Schulter kann die Vorhand weniger weit nach vorne geführt werden als bei einer schrägen Schulter, was meist zu einer Einschränkung des Raumgriffes führt.

Die möglichst lange und schräge Schulter sollte mit einem langen Oberarm einen rechten oder sogar spitzen Winkel bilden, was das Abfedern von Stößen im Trab oder Galopp erleichtert. Bei einer offeneren Winkelung entstehen kürzere, mehr stoßende Gänge mit weniger Raumgriff und Elastizität.

Vom **Ellenbogen** ist meist nur der Ellenbogenhöcker sichtbar. Er dient Sehnen und Muskeln als Ansatzstelle; deshalb wünscht man sich ihn stark ausgeprägt mit genügend Abstand zur Seitenbrust. Ein frei beweglicher Ellbogen nach vorne und hinten ist wichtig für einen freien und korrekten Gang nach vorne und erleichtert das Seitwärtstreten beispielsweise in den Traversalen. Der Zwischenraum zwischen Ellbogenhöcker und Brustkorb sollte mindestens so sein, dass man eine flache Hand dazwischen legen kann.

Die Ausbildung des **Unterarms** muss differenziert betrachtet werden. Beste Bemuskelung wird in allen Fällen bevorzugt. Im Verhältnis zur Vorderröhre erweisen sich lange, nahe an den Boden heranreichende Unterarme mit tief liegenden Vorderfusswurzelgelenken als Vorteil für alle Pferde, bei denen es darum geht, rasch vorwärts zu kommen: die Bewegungen werden flach und raumgreifend. Für Dressur- und Wagenpferde kann der kürzere Unterarm gepaart mit einer verhältnismäßig langen Röhre erwünscht sein. Dies bedingt eine hohe Aktion, die von vielen als elegant empfunden wird.

Unterarm und **Vorderröhre** werden durch das Vorderfusswurzel- oder Karpalgelenk verbunden. Das viel und stark gebeugte **Vorderfusswurzelgelenk** sollte trocken, breit und kräftig sein, da es aufgrund seiner stoßbrechenden Funktion hohen Belastungen ausgesetzt ist.

Vorbiegige Stellungen (siehe Abb. 137) erleiden eine erhöhte Belastung im Vorderfußwurzelgelenk, insbesondere bei der einbeinigen Stützbeinphase im Galopp und der Belastung mit hoher Geschwindigkeit, wie sie zum Beispiel beim Galopprennpferd auftreten. Die typische Folge sind dann Absprengungsfrakturen am vorderen Rand der Karpalknochen. Rückbiegige Stellungen treten bei einer Erschlaffung des Sehnen- und Bandapparates auf, insbesondere auf der Beugeseite. Chronische Schäden in den Unterstützungsbändern der tiefen oder oberflächlichen Beugesehnen, im Fesseltrageapparat, in den Gleichbeinen oder in den Beugesehnen selbst sind häufig die Ursache für derartige Gliedmaßenstellungen.

Bei rückständigen Vordergliedmaßen ist die Unterstützungsfläche verkleinert, was eine verkürzte Vorführphase der Vordergliedmaße zur Folge hat; die Gliedmaße muss früher auffußen. Insgesamt verursacht diese Stellung nicht nur eine Überlastung der Knochen, Sehnen und Bänder, sondern hat auch eine verminderte Geschwindigkeit zur Folge.

Kurze Vorderröhren sind stabiler als lange Röhren und erleichtern es dem Pferd, das Gleichgewicht zu halten. Auch der Röhrbeinumfang kann einen Hinweis auf die Stabilität geben und so werden bei Zuchtschauen regelmäßig diese Umfänge gemessen. Bei einem mittelschweren Warmblutpferd sollte ein Umfang von 20 Zentimetern nicht unterschritten werden. Am Röhrbein entlang verlaufen wichtige Sehnen bis zum Kron- bzw. Hufbein. Diese Sehnen sind gut ertastbar und sollten klar und nicht angeschwollen sein.

Vorderfessel

Die Vorderfessel stellt über das Kronbein die Verbindung zum Huf her. Die Vorderfessel sollte zum Boden einen Winkel von ungefähr 45 Grad bilden und weder zu kurz noch zu lang sein.

Bei steiler Fesselung (der Winkel ist größer als 45 Grad) werden Druck- und Stoßbelastung der Gelenke so groß, dass Schäden die Folge sein können. Die Gänge werden hart und das eher senkrechte Auffußen führt leichter zum Stolpern. Die weiche Fesselung hingegen (der Winkel ist kleiner als 45 Grad) federt die Bewegung ab und lässt auch den Reiter angenehmer sitzen. Sie strapaziert jedoch die Beugesehnen stark, sodass hier schneller Schäden auftreten. Steht bei weicher Fessel zudem das Hufbein steil, spricht man von einer gebrochenen Zehenachse oder Bärentatzigkeit, die ebenfalls zu einer schnelleren Abnutzung führt.

Hufe

Der Wert eines Pferdes hängt in hohem Maße von der Qualität der Hufe ab – wie auch schon der alte Spruch „Ohne Huf kein Pferd" zum Ausdruck bringt. Die grundsätzliche Form der Hufe ist genetisch bedingt und variiert auch von Rasse zu Rasse, die Qualität wird aber ebenso stark von der Pflege, der Fütterung, dem Boden und dem Klima beeinflusst. Weiche, feuchte Böden fördern über Generationen sinnvollerweise die Ausbildung großer, oft flacher Hufe mit erweiterter Auftrittsfläche, die auf einem solchen Untergrund einen sichereren Stand bieten. Trockene, harte Böden führen zu relativ kleinen, oft engen, aber harten Hufen. Gesunde Hufe bestehen aus hartem, elastischem Horn, wachsen gleichmäßig und haben eine glatte Hornwand ohne Spalten, Risse oder unregelmäßige Ringe. Außerdem sollen die Abnutzungserscheinungen erkennen lassen, dass der Huf über die Zehenspitze abrollt. Die Gleichmäßigkeit der Abnutzung spiegelt die gleichmäßige Belastung der Gliedmaße wider.

Für einen optimalen Bewegungsablauf sollte der Huf in etwa zur Zehenachse passen. Die Zehenachse ist eine gedachte Linie durch die Knochenmitte von Fesselbein, Kronbein und Hufbein, sowohl bei Betrachtung von der Seite, als auch von vorne und von hinten.

Diese sollte von der Seite betrachtet parallel zur Hufwand verlaufen. Brechungen der Zehenachse haben schwerwiegende Folgen für die Belastung der Zehengelenke, aber auch für die gesamte Gliedmaßenachse und können Deformierungen des Hufes nach sich ziehen. Typische Fehler sind hier der Bockhuf, der Stelzfuß oder die Durchtrittigkeit.

Damit der Hufmechanismus optimal funktioniert, sollten die Trachten weder zu niedrig noch zu hoch sein. Von der Seite betrachtet

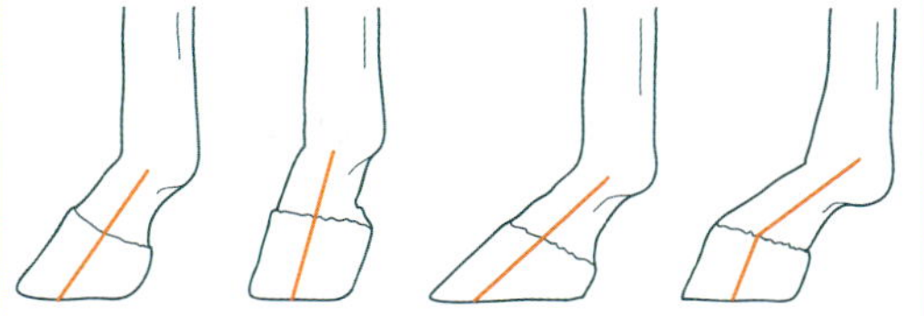

Abb. 139: Fesselstand und Hufform: a = normaler Huf bei normaler Fesselstellung, b = stumpfer Huf mit hohen Trachten bei steiler Fesselung (Bockhuf), c = spitzer Huf mit niedrigen Trachten bei weicher Fesselung, d = bärentatzige Fesselstellung mit gebrochener Zehenachse.

beträgt das Verhältnis der Länge der Vorderwand zu der Länge der Trachten am niedrigeren Vorderhuf 3:1, am höheren Hinterhuf 2:1. Der regelmäßige Vorderhuf ist also niedriger und weiter als der entsprechende Hinterhuf, und die Seitenwände verlaufen am Vorderhuf etwas schräger zum Boden. Die Vorderwand am Vorderhuf bildet mit dem Erdboden einen Winkel von 45 bis 50°, am Hinterhuf einen Winkel von 50 bis 55°, das heißt, der Hinterhuf ist steiler gestellt, als der Vorderhuf.

Von der Sohlenfläche betrachtet ist die Form des Tragerandes beim Vorderhuf in der vorderen Hälfte rund, die weiteste Stelle des Hufes liegt etwas hinter der Mitte und die Sohle ist mäßig gewölbt. Beim Hinterhuf ist die Form des Tragerandes eiförmig, die weiteste Stelle liegt am Übergang vom mittleren zum hinteren Drittel, die Sohle ist stärker gewölbt und der Strahl ist kräftiger.

Der Tragrand sollte breit und die weiße Linie klar sichtbar sein. Den Strahl wünscht man sich trocken, ausgeprägt und klar geformt; die Hufsohle gleichmäßig stark nach innen gewölbt. Fehlerhaft sind der extreme Flachhuf ohne Innenwölbung der Sohle oder der Zwanghuf, bei dem der Strahl reduziert und die Trachten niedrig sind. Die daraus resultierenden Störungen des Hufmechanismus führen zu einer Überlastung anderer stoßbrechender Mechanismen, allen voran die der Hufrolle.

Früh erkannte Stellungs- bzw. Aufbaufehler der Hufe können bei Fohlen oft korrigiert oder später durch fachgerechten Hufbeschlag in der Auswirkung gemildert werden.

Die Mittelhand

Die Mittelhand liegt zwischen den gedachten Senkrechten von Widerrist und Hüfthöcker zum Boden. Es zählen dazu: Rücken, Lende, Unterbrust, Bauch, Flanke.

Rücken

Schauen wir uns zunächst die Konstruktion der Wirbelsäule bzw. des Rückens an:

Der Rücken stellt den Teil der Wirbelsäule dar, der aus den 18 Brustwirbeln, 6 Lendenwirbeln und 5 Kreuzbeinwirbeln gebildet wird; daran schließen sich 20 bis 23 Schwanzwirbel an. Über den Rücken wird die von der Hinterhand ausgehende Bewegungsenergie nach vorne bis zum Kopf übertragen. Der Rücken eines Pferdes ist wie eine Brücke konstruiert, mit den Gliedmaßen als Stützpfeiler. Unterstützt wird diese Brückenkonstruktion durch das vom Hinterhaupt bis zum Kreuzbein reichende Nackenrückenband. Die Brustwirbelsäule wird zusätzlich stabilisiert durch den Brustkorb und seine Muskulatur, wohingegen im Bereich der Lendenwirbel die Wirbelsäule eher als „freitragend" zu bezeichnen ist. Daraus ergibt sich für diesen Bereich eine höhere Beweglichkeit verbunden jedoch mit einer geringeren Tragkraft.

Aus reiterlicher Sicht soll der Rücken zwei wichtige Kriterien erfüllen: Er soll zum einen stabil genug sein, um Reiter und Reiterinnen tragen zu können. Dabei bedenke man, dass am Rücken schon ohne Reitergewicht 250–300 kg hängen. Zum anderen muss der Rücken beweglich genug sein, um sowohl eine gewisse Biegung des Pferdes in der Längsachse als auch ein Schwingen nach oben und unten zuzulassen. Letzteres bietet den Reitenden zudem einen bequemeren Sitz. Der mittellange, relativ gerade Rücken, der hinter dem Widerrist eine leichte Eintiefung zeigt, erfüllt diese Anforderungen am besten. Ein kurzer Rücken ist zwar stabil, aber weniger beweglich. Er geht meist mit einer Verkürzung der Körperlänge in Richtung Quadratformat einher, was wiederum den Raumgriff des Pferdes einschränkt. Ein langer Rücken ist beweglich, aber nicht besonders belastbar. Besonders für schwere und ungeübte Reiterinnen und Reiter sind Pferde mit langem Rücken problematisch. Durch die geringere Belastbarkeit des langen Rückens kann das Pferd die zu schwere Person als unangenehm bis schmerzhaft empfinden und versucht sich diesem Unbehagen durch Durchgehen oder Buckeln zu entziehen. Pferde mit langem Rücken entwickeln im Laufe der Zeit leichter einen Senkrücken, wodurch sich die Belastbarkeit des Rückens weiter verringert. Der Senkrücken ist nicht nur schwächer bezüglich seiner Tragkraft, er birgt auch die Gefahr der Berührung zweier Dornfortsätze (kissing spines), was schmerzhaft ist.

Wie oben schon erwähnt, ist der Rücken im Lendenbereich weniger stabil. Deshalb sollte man darauf achten, dass dieser Bereich nicht zu breit ist. Von der gewünschten geschlossenen Lende spricht man, wenn zwischen letzter Rippe und Hüfthöcker etwa eine Handbreite Platz hat. Nur dann ist eine genügende Beweglichkeit bei ausreichender Tragfähigkeit gewährleistet.

Die Hinterhand

Die Hinterhand ist der „Motor" des Pferdes und sollte daher möglichst stark bemuskelt und korrekt gewinkelt sein, damit die Kräfte optimal zur Vorhand übertragen werden können.

Die **Kruppe** wird von den fünf, fest miteinander verwachsenen Kreuzbeinwirbeln, den ersten Schweifwirbeln und auf jeder Seite je

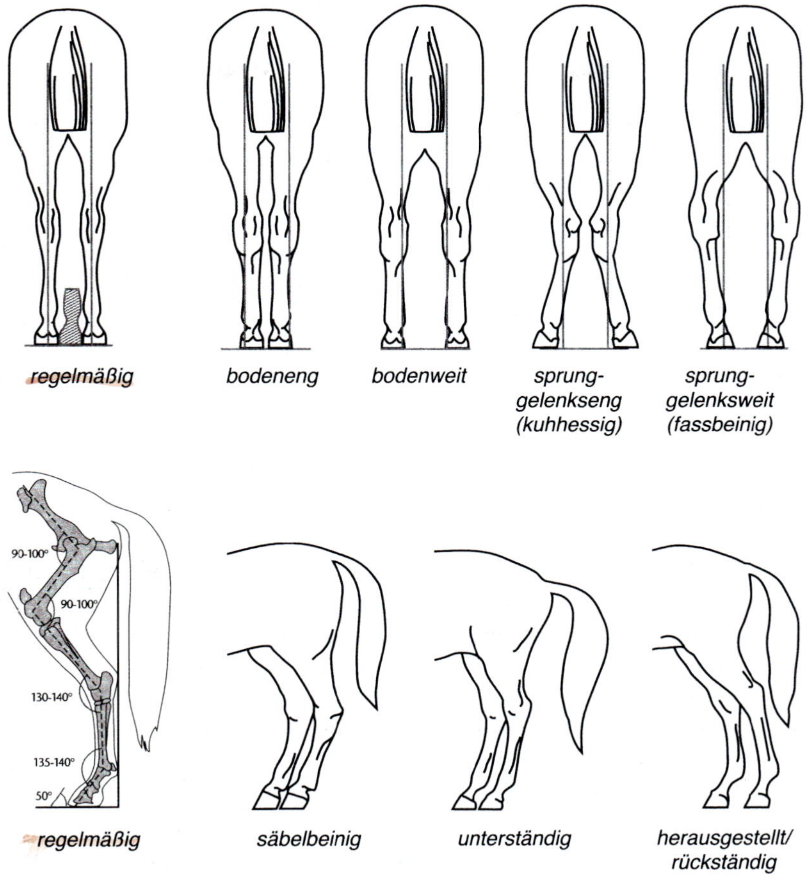

Abb. 140: Korrekte und fehlerhafte Stellungen der Hintergliedmaßen.

drei Hüftknochen, dem Darmbein, Schambein und Sitzbein gebildet.

Eine wichtige Grundlage für einen optimalen Bewegungsablauf der Hinterhand ist die Lage des Beckens. Der Winkel zwischen Längsachse des Beckens und Oberschenkel beträgt im Optimalfall etwa 100 Grad oder weniger. Bei einem flachen Becken, also einer geraden Kruppe, kann die Muskelkraft der Hinterhand den Schub besser nach vorne entwickeln; allerdings verringert sich die Tragkraft. Diese Beckenlage wie man sie beispielsweise bei vielen Arabern sieht, ist für die Entwicklung großer Schnelligkeit – wenn kein hohes Reitergewicht stört – sehr günstig.

Bei einem stark abfallenden Becken, der sogenannten abgeschlagenen Kruppe, ergibt sich der gegenteilige Effekt: Hier ist die Tragkraft besser zu entwickeln, weniger der Schub nach vorne. Typischerweise findet man diese Kruppe häufig bei Kaltblütern oder Isländern. Eine leicht abfallende Kruppe mit einem Winkel zum Oberschenkel von 90 bis 100 Grad vereint also beides: Schub- und Tragkraft.

Je länger der Oberschenkel, desto größer ist die mögliche Schrittlänge des Pferdes. Wenn das Kniegelenk senkrecht unter dem Hüfthöcker liegt, ist der Oberschenkel ausreichend lang und ein gutes Untertreten möglich.

Der Unterschenkel sollte gut bemuskelt sein sowie mit dem Oberschenkel einen Winkel von 90 bis 100 Grad bilden.

Das **Sprunggelenk** wünscht man sich wegen der hohen Beanspruchung breit, klar und ohne Auftreibungen. Es sollte ohne deutlich sichtbare Übergänge aus dem Unterschenkel kommen und in die Hinterröhre übergehen. Ein Hinweis für ein nicht so kräftiges Gelenk ist die Hasenhacke, die entsteht, wenn die hintere Begrenzung des Sprunggelenks nicht gerade ins Röhrbein übergeht. Auch Spat, Knochenauftreibungen meist an der Innenseite des Sprunggelenks, weisen auf eine chronische Überanstrengung hin. Der Fersenbeinhöcker sollte deutlich ausgeprägt sein, da er Ansatzpunkt der Achillessehne ist und als Hebel dient. Die Hebelwirkung im Sprunggelenk wird umso günstiger sein, je länger der Fersenbeinhöcker ist.

Der Sprunggelenkswinkel, also der Winkel zwischen Unterschenkel und Hinterröhre, beträgt im günstigen Fall etwa 130 Grad. Offene Sprunggelenkswinkel (über 130 Grad) behindern Springpferde nicht, wenn der Winkel zwischen Becken und Oberschenkel nicht zu groß ist. Es leidet zwar der Raumgriff im Schritt, dafür kann sich ein solch gebautes Pferd im Sprung aber schneller abstoßen. Ein Pferd mit einem geraden Hinterbein tritt weniger leicht unter den Schwerpunkt und lässt sich dadurch schwerer versammeln.

Die **Hinterröhre** ist länger und kräftiger als die Vorderröhre. Folglich liegt das Sprunggelenk stets höher als das Vorderfusswurzelgelenk. Ansonsten gelten die für die Vorderröhre weiter oben besprochenen Kriterien.

Die **Hinterfessel** ist etwas steiler als die Vorderfessel. Sie bildet mit dem Boden einen Winkel von etwa 50 Grad. Die Hinterhufe haben passend dazu steilere Wände und sind ovaler geformt.

Wenn man die Hintergliedmaßen von hinten besieht, sind nicht gern gesehene Fehlstellungen die Fass- (O-)beinigkeit bzw. Kuhhessigkeit (X-beinigkeit). Im ersten Fall erscheinen die Sprunggelenke auseinandergedrückt; in der Bewegung wird diese Erscheinung durch Drehen im Sprunggelenk oft noch verstärkt. Hierdurch wird die Stabilität in diesem für die Bewegung so wichtigen Gelenk zusätzlich geschwächt. Die x-förmige Stellung mit angedrückten Sprunggelenken ist besonders ungünstig für das Erreichen des Ausbildungszieles, die Hinterbeine vermehrt in Richtung Schwerpunkt treten zu lassen. Solche Pferde tun sich schwer in engen Wendungen, im Außengalopp und auch beim Kreuzen der Hinterbeine in den Seitengängen. Kuhhessige Pferde finden sich daher kaum im Dressursport. Die bekannteste gesundheitliche Folgeerscheinung einer derartigen Fehlstellung ist der Spat.

Es bleibt zusammenfassend zu wiederholen, dass Unkorrektheiten in der Stellung einseitige Belastungen und damit Überbelastungen zur Folge haben, die mit einem schnelleren Verschleiß der Gelenke, Sehnen und Bänder einhergehen.

!

Unkorrektheiten in der Stellung der Gliedmaßen haben einseitige Belastungen und damit Überbelastungen zur Folge, die mit einem schnelleren Verschleiß der Gelenke, Sehnen und Bänder einhergehen.

Beurteilung der Gänge

!

Eine detaillierte Beschreibung der Bewegungsabläufe sind dem Kapitel 5.2 zu entnehmen.

Die Gangarten werden unter dem Reiter, teils auch an der Hand, beurteilt. Es wird dabei auf die Korrektheit und Mechanik des Ganges geachtet.

Erwünscht sind:

- harmonische, ohne Zwang ablaufende Bewegungen,
- gleichmäßige, taktklare, raumgreifende Schritte, Tritte oder Sprünge,
- gerade Bewegungen ohne Schwanken, wobei, von vorne besehen, die Vorderbeine die Hinterbeine verdecken und umgekehrt.

Der **Schritt** sollte fleißig und raumgreifend sein, was man daran erkennt, dass die Hinterhufe deutlich vor den Spuren der Vorderhufe auffußen. Ein guter Schritt wird vor allem von Dressurpferden, aber auch von Galopppferden verlangt, da ein guter Schritt oft mit einem guten Galopp korreliert.

Der Schub des **Trabes** sollte sich aus einer energisch abfußenden Hinterhand entwickeln, wobei die Hinterhufe die Abdrücke der Vorderhufe erreichen sollten.

Der **Galopp** soll mühelos und leicht erscheinen, mit einer deutlichen Schwebephase, und einen vorwärts-aufwärts gesprungenen Bewegungsablauf erkennen lassen. Deutliche Bewegungsfehler sind der Kreuzgalopp und der Hahnentritt, der sich in einem ruckartigen, hohen Abheben eines der Hinterbeine äußert.

Im **Tölt** sollte ein reiner Viertakt mit gleichen Abständen zwischen den einzelnen Phasen zu erkennen sein. Verschiebungen zum Trab oder Pass sollten nur minimal sein. Dabei sollte ein guter Raumgriff mit einer hohen Vorhandaktion gepaart sein. Dabei ist der Hals hoch aufgerichtet und der Kopf wird ein bis höchstens zwei Handbreit vor der Senkrechten getragen.

Merkmale eines Dressurpferdes

Wie ein ideales Dressurpferd auszusehen hat, ergibt sich aus den oben genannten Kriterien. Man wird ein Pferd, das gerade eben im Längsrechteckformat steht, auf jeden Fall einem langen Längsrechteckformat vorziehen, weil die versammelnde Arbeit dadurch erleichtert wird. Ein leichtes Genick in Verbindung mit einer genügenden Ganaschenfreiheit sind unabdingbar, da die für die Dressur notwendige Beizäumung dadurch erleichtert wird. Ein im 90-Grad-Winkel aufgesetzter Hals, der lang und leicht gewölbt ist, ist für die notwendige Aufrichtung und für versammelnde Lektionen von Vorteil. Die Schulter sollte lang und schräg sein, um raumgreifende Bewegungen zu ermöglichen. Angedrückte Ellbogen sind von Nachteil, da sie die Balancefähigkeit behindern, was sich vor allem in der Dressur in den Seitengängen als ungünstig erweist. Keinesfalls sollte ein Dressurpferd überbaut, also die Kruppe höher als der Widerrist sein, da dann das Gewicht zu sehr auf die Vorhand verlagert wird. Eine günstig gewinkelte und bemuskelte Hinterhand, die sowohl den Schwung nach vorne bringen als auch Last in versammelnden Lektionen aufnehmen kann, ist eine wichtige Voraussetzung. Ein im Sprunggelenk gerades oder auch ein herausgestelltes Hinterbein wären sehr ungünstig. Dass das Fundament korrekt sein sollte, ist selbstverständlich. Es ist jedoch beim Dressurpferd besonders auf die Fesselung zu achten: Kurze, steile Fesselbeine führen oft zu stoßenden, wenig federnden Bewegungen.

Merkmale eines Springpferdes

Es gibt nur wenige Gebäudefehler, die ein Pferd für den Springsport ausschließen, sodass man einem Pferd im Stand oft nicht ansieht, ob es springen kann oder nicht. Es gibt allerdings Gebäudemerkmale, die besonders häufig bei Springpferden zu finden sind. Das Springtalent ist deshalb erst in der Bewegung, also im Freispringen oder unter dem Sattel einzuschätzen. „Innere“ Eigenschaften wie Springfreude, Geschicklichkeit gepaart mit Vorsicht, aber auch Gelassenheit sind dabei oft entscheidend.

Mehreren Untersuchungen in Deutschland zur Folge, steht das erfolgreiche Springpferd im nicht sehr ausgeprägten Längsrechteckformat und hat ein Stockmaß nicht über 1,68 m.

Eine mächtige Kruppe, ein möglichst korrektes Fundament mit vor allem kräftigen Vorderfußwurzel-, Fessel-, Knie- und Sprunggelenken sind von großem Vorteil, da sie den hohen Belastungen beim Springen besser standhalten. Lange weiche Fesseln sind bei einem Springpferd abzulehnen, da sie beim Absprung und der Landung zu große Belastungen erfahren. In Bezug auf optimale Abfederung sind gute, breite Hufe deshalb günstig.

Außerordentlich wichtig ist die Fähigkeit, Schrittfolge und -länge schnell ändern und über dem Sprung die Extremitäten schnell anwinkeln und strecken zu können. Für den reitsportlichen Einsatz sehr nachteilig sind an den Brustkorb angedrückte Ellenbogenhöcker. Pferde mit diesem Mangel sind in ihrer Balancefähigkeit behindert, was beim Springen vor allem bei der Landung problematisch ist. Die wichtigste Gangart beim Springpferd ist der Galopp. Der Galoppsprung sollte energisch, rhythmisch und nicht zu aufwändig sein, wobei das Hinterbein weit unter den Schwerpunkt fußt, um beim Absprung entsprechend Last aufnehmen zu können.

Merkmale eines Vielseitigkeitspferdes

Vielseitigkeitspferde sind Allround-Pferde, da sie sowohl in der Dressur als auch im Springen und im Gelände überzeugen sollen. Dazu sollen sie über gute Grundgangarten, viel Springvermögen und eine schnelle, aber kraftsparende Galoppade verfügen. Ein erfolgreiches Vielseitigkeitspferd muss mit einer hervorragende Konstitution ausgestattet sein, das heißt: ein kräftiges Herz und eine große Lunge haben und ein Fundament frei von Fehlstellungen aufweisen, mit kräftigen Gelenken und belastbaren Sehnen und Bändern. Da Ausdauer und Galoppiervermögen eine wichtige Rolle spielen, haben viele Vielseitigkeitspferde einen Vollblutanteil von mindestens 50 Prozent.

Merkmale eines Westernpferdes

Das Westernreiten entstand als Gebrauchsreiterei in den USA, wo die Cowboys auf ihren Pferden sitzend Rinderherden hüteten. Die Pferde mussten ausdauernd, gehorsam und wendig sein. Außerdem sollten sie über „Cow Sense“ (Sinn für die Kuh) verfügen, der es ihnen bei der Arbeit mit den Rindern ermöglichte, selbstständig mitzuarbeiten, ohne dass der Reiter die entsprechenden Kommandos geben musste. Grundsätzlich kann man mit jedem Pferd Westernreiten, es hat sich jedoch gezeigt, dass die Quarter Horses mit ihrem Exterieur und Interieur besonders geeignet sind. So stehen die bis zu 1,60 m großen Quarter Horses eher im Quadratformat, was sie wendig macht. Da die Pferde nicht in Aufrichtung geritten werden, ist ein mittellanger und eher tief aufgesetzter Hals günstig. Die Aktion der Vorhand soll flach und kraftsparend sein; auch eine oftmals überbaute Kruppe ist daher nicht hinderlich. Auffallend ist die überaus stark bemuskelte Kruppe und die großen, stabilen Sprunggelenke, die für Lektionen bei der **Reining** (Dressur des Westernreitens) nötig sind. So dreht sich das Pferd beim Spin (360°-Drehung) beispielsweise in schnellem Tempo auf der Stelle. Beim Sliding Stop halten die Pferde aus dem Galopp indem sie das Gewicht abrupt auf die Hinterhand verlagern.

Merkmale eines Rennpferdes

Das typische Galopprennpferd ist ein Englischer Vollblüter. Strecken zwischen 1 200 und 2 500 Metern sind möglichst schnell zu bewältigen. Dazu bedarf es einer enormen Ausdauer, Härte und Leistungsbereitschaft. Deshalb ist eine breite Brust mit viel Platz für Herz und Lunge sehr wichtig. Der Hals ist eher tief aufgesetzt, da das Pferd sich für einen großen Raumgewinn weit nach vorne strecken

Zur Wiederholung und Vertiefung

1. Erläutern Sie die Vorteile des Vorführens auf der Dreiecksbahn im Vergleich zum Auf- und Abführen wie bei der „Pflasterprüfung".
2. Beschreiben Sie den Weg des Pferdes beim Vorführen auf der Dreiecksbahn.
3. Beschreiben Sie für ein Pferd Ihrer Wahl (z. B. aus Ihrem Ausbildungsbetrieb) die Abzeichen in der richtigen Reihenfolge und notieren Sie diese. Überprüfen Sie die Richtigkeit Ihrer Angaben mit den Eintragungen im zum Pferd gehörenden Pferdepass.
4. Welches Format besitzen ausgewählte Pferde Ihres Ausbildungsbetriebes? Messen Sie dazu die Widerristhöhe (Stockmaß) und die Länge des Pferdes.
5. Beschreiben Sie die Winkelungen korrekter Vorder- bzw. Hintergliedmaßen.
6. Welche Vorteile hat der kürzere Rücken gegenüber dem längeren Rücken?
7. Benennen und beschreiben Sie verschiedene Fehlstellungen der Vorder- und Hintergliedmaßen.
8. Warum sind Fehlstellungen unbedingt zu vermeiden?
9. Welche Exterieurmerkmale unterstützen bzw. behindern die Versammlung des Pferdes?

muss. Unterstützt wird der Raumgriff durch eine möglichst lange und schräge Schulter und eine lange, gut bemuskelte Kruppe. Damit das Fundament den enormen Belastungen eines Rennens Stand hält, ist auch hier eine korrekte Gliedmaßenstellung erforderlich.

4.1.3 Rosse und Anpaarung

?

Es ist April. Auf dem Gestüt Rosental beginnt das Deckgeschäft. Zehn Stuten sollen demnächst bedeckt werden. Damit die Bedeckungen möglichst zu einer Trächtigkeit führen, sind die Stuten und die zum Deckeinsatz kommenden Hengste zuvor auf Geschlechtsgesundheit überprüft worden. Jetzt gilt es, den Geschlechtszyklus und das Verhalten der Stuten genauestens zu beobachten und festzuhalten um den geeigneten Zeitpunkt für eine Bedeckung bzw. Besamung zu bestimmen.

4.1.3.1 Die Geschlechtsorgane von Stute und Hengst

Vor dem Zuchteinsatz einer Stute bzw. eines Hengstes sollten diese sich einer Zuchttauglichkeitsprüfung unterziehen. Dabei werden die Funktionsfähigkeit der Geschlechtsorgane, der allgemeine Gesundheitszustand und die Erbgesundheit tierärztlich untersucht.

Dazu sollte der Pferdepass vorliegen, aus dem die Identität, das Alter, die Rasse und der aktuelle Impfstatus hervorgehen. Wichtig ist außerdem, dass Informationen über eine bisherige Zuchtnutzung vorliegen. Bei der Stute sind das Informationen zur Anzahl von Trächtigkeiten, Geburten und deren Verlauf, beim Hengst Angaben zum bisherigen Deck- bzw. Besamungseinsatz.

Im Folgenden werden die Geschlechtsorgane gesunder Tiere beschrieben und wichtige Untersuchungskriterien erläutert.

Die weiblichen Geschlechtsorgane

Den Geschlechtsapparat kann man in einen äußeren und inneren gliedern. Die äußeren Geschlechtsorgane bestehen aus der Scham (Vulva) mit Schamlippen, Schamspalte, Klitoris sowie der Milchdrüse.

Die inneren Geschlechtsorgane werden von der Scheide (Vagina) mit Scheidenvorhof, dem Gebärmutterhals (Zervix), der Gebärmutter (Uterus), bestehend aus Gebärmutterkörper und zwei Gebärmutterhörnern, den paari-

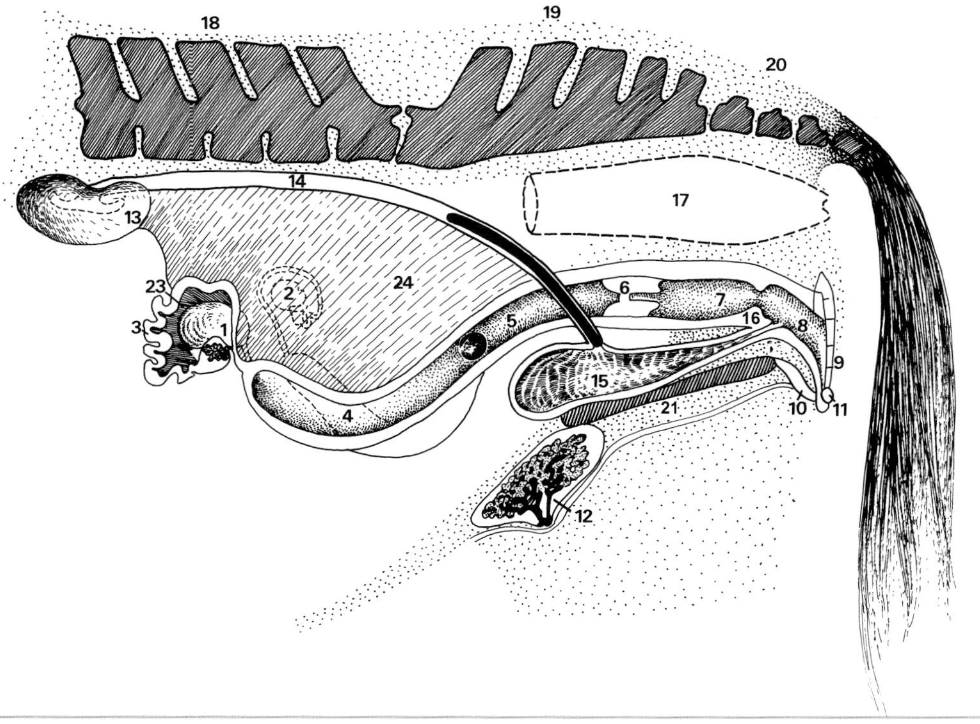

Abb. 141: Die Harn- und Geschlechtsorgane der Stute: 1 = linker Eierstock, 2 = rechter Eierstock, 3 = linker Eileiter, 4 = linkes Uterushorn, 5 = Uteruskörper, 6 = Uterushals, 7 = Scheide, 8 = Scheidenvorhof, 9 = Scham, 10 = Klitoris, 11 = Eichel der Klitoris, 12 = Euter, 13 = linke Niere, 14 = Harnleiter, 15 = Harnblase, 16 = Mündung der Harnröhre, 17 = Mastdarm, 18 = Lendenwirbel, 19 = Kreuzbein, 20 = Schwanzwirbel, 21 = Beckenboden, 23 = Eierstocktasche, 24 = „breites Mutterband", Aufhängung des Uterus.

gen Eileitern sowie den paarigen Eierstöcken (Ovarien) gebildet.

Der oben beschriebenen Vulva mit den Schamlippen kommt eine wichtige Schutzfunktion zu und sollte auf Schamschluss überprüft werden. Ein mangelnder Schamschluss führt zu einem Eindringen von Luft und Schmutzteilchen in den inneren Genitalapparat, was zu einer Kontamination mit Keimen führen kann, die eine Trächtigkeit verhindern. Ein Augenmerk gilt auch möglichen Verletzungen, Narben, Ausfluss und Verkrustungen im Bereich der Scham. Vom hygienischen Aspekt her sollte man auch darauf achten, dass der After nicht hinter der Scham zurückliegt, da es sonst während des Kotabsatzes leichter zur Verschmutzung der Scham mit den oben genannten Folgen kommt. Infektionsrisiken entstehen ebenfalls durch eine nicht senkrecht stehende Scham, wie man sie oft bei älteren Stuten beobachten kann. Sie wird durch Verlust des Fettgewebes im Analbereich und Schwäche des Bindegewebes verursacht.

Die Scheide, in die während des Deckaktes der Penis eingeführt wird, ist ein muskulöses Rohr und mit Schleimhaut ausgekleidet, die von Drüsen befeuchtet wird. Am Übergang zum Scheidenvorhof wird die Scheide

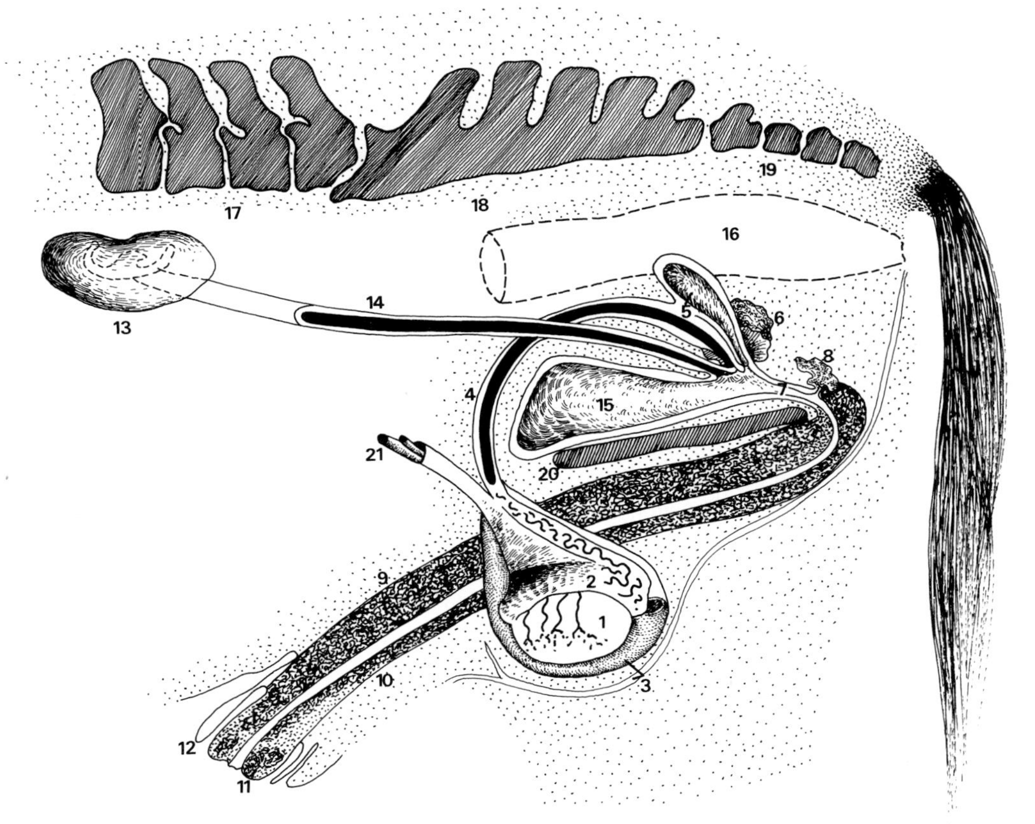

Abb. 142: Harn- und Geschlechtsorgane des Hengstes: 1 = linker Hoden, 2 = Nebenhoden, 3 = Hodensack, 4 = Samenleiter, 5 = Samenblasendrüse, 6 = Prostata, 7 = Beckenstück der Harnröhre, 8 = Harnröhrenzwiebeldrüse, 9 = Penis, 10 = Penisteil der Harnröhre, 11 = Eichel, 12 = Vorhaut, 13 = linke Niere, 14 = Harnleiter, 15 = Harnblase, 16 = Mastdarm, 17 = Lendenwirbel, 18 = Kreuzbein, 19 = Schwanzwirbel, 20 = Beckenboden, 21 = Blutgefäß für den Hoden und Nebenhoden.

von außen durch einen starken Muskelring (Hymenalring) eingeengt. Kurz vor der Grenze Scheidenvorhof / Scheide mündet die Harnröhre in den Scheidenvorhof. Die Scheide schließt zum Körperinneren hin mit dem Scheidenteil des Gebärmutterhalses, dem äußeren Muttermund, ab. Bei einer vaginalen Untersuchung (über die Scheide) mittels eines Spekulums kann man feststellen, dass eine gesunde Schleimhaut während der Rosse rötlich und feucht, in der Nichtrosse blass bis leicht rosa und nicht ganz so feucht ist. Während der Trächtigkeit ist die Schleimhaut blass und eher klebrig trocken. Der Muttermund stellt eine wichtige Barriere zur Gebärmutter hin dar. Während der Rosse erscheint der Gebärmutterhals weich und durchgängig, in der Nichtrosse fester und erlaubt nur eine eingeschränkte Passage. In der Trächtigkeit ist der Muttermund fest verschlossen und mit einem dicken Schleimpfropfen geschützt.

Die Eierstöcke sind etwa kinderfaustgroß und bohnenförmig. Im Eierstock befinden sich tausende von Ureizellen, von denen nur ein kleiner Teil nach und nach in einem Follikel (Eibläßchen) zur Reifung gelangt. Der nahende Follikelsprung ist vom Tierarzt bzw. Tierärztin rektal (über den Darm) zu ertasten oder mittels Ultraschall zu sehen, da die Follikel im Zuge der Reifung größer werden (siehe Abb. 149). Platzt der reife Follikel, so wird das darin enthaltene Ei in den Eileiter entlassen, wo es von einem Spermium befruchtet werden kann. Die Eileiter sind innen mit Flimmerhärchen ausgestattet und außen von Muskelhaut umgeben. Peristaltische (wurmartige) Bewegungen ermöglichen den Transport des befruchteten Eies in den Uterus.

In der Gebärmutter vollzieht sich die Entwicklung des neuen Lebens. Der gesamte Uterus, der zum Ende der Trächtigkeit Gewichte bis zu 80 kg zu tragen hat, ist mithilfe des breiten Mutterbandes an der seitlichen Bauch- und Beckenwand befestigt.

Zum Untersuchnugsstandard gehört auch die Tupferprobe, mit deren Hilfe schädliche Keime aus Uterus, Gebärmutterhals oder Scheide identifiziert werden können.

Das Euter wird betastet und von beiden Seiten betrachtet. Es wird z. B. auf Größe, Symmetrie, Schmerzhaftigkeit und Temperierung des Gewebes geachtet. Stuten mit einer Euterentzündung reagieren bei Berührung mit Schmerz, anschließend kann Sekret entnommen und untersucht werden. Auch Abszesse können so entdeckt werden.

Es gibt darüber hinaus noch weitere speziellere Untersuchungsmethoden der Geschlechtsorgane, die aber nur im Bedarfsfall durchgeführt und hier nicht weiter ausgeführt werden.

Die männlichen Geschlechtsorgane

Zu den äußeren Geschlechtsorganen gehören der Penis und die Hoden. In den Hoden werden die Samenzellen (Spermien) gebildet und im Nebenhoden gespeichert. Auch das wichtige Geschlechtshormon Testosteron wird hier gebildet, das für das typische Hengstaussehen und das sexuelle Verhalten verantwortlich ist. Die etwa hühnereigroßen Hoden sind oval geformt und vom Hodensack umgeben, der zwischen den Oberschenkeln hängt. Die Hoden entstehen embryonal in der Lendengegend und müssen erst nach außen absteigen, was spätestens 14 Tage nach der Geburt geschieht, bei manchen Rassen aber auch erst im Laufe der Pubertät. Erfolgt kein Abstieg eines oder sogar beider Hoden, spricht man von Kryptorchismus. Solche Hengste werden auch als Klopphengste bezeichnet, da sie häufig ein aggressives hengstiges und dadurch wenig umgängliches Verhalten zeigen. Der nicht abgestiegene Hoden ist nicht in der Lage befruchtungsfähige Spermien zu bilden, außerdem treten an ihm häufiger tumoröse Veränderungen auf. Einseitige Klopphengste können allerdings durchaus zeugungsfähig sein, da ein Hoden funktionstüchtig ist. Sie werden aber dennoch aus den meisten Zuchten ausgeschlossen, da eine Erblichkeit dieser Fehlanlage vermutet wird. Zwischen der Hodengröße und dem Spermienbildungsvermögen besteht ein direkter Zusammenhang, deshalb wird bei der Genitaluntersuchung auch die Hodengröße als wichtiges Zuchttauglichkeitsmerkmal erfasst.

Durch Entfernung der Hoden, der Kastration, erreicht man zum einen eine Zeugungsunfähigkeit und zum anderen eine Verhaltensänderung, da das sexuelle Verhalten mangels Testosterons deutlich reduziert wird.

Die Samenzellen bestehen aus Kopf, Hals, Verbindungsstück und Schwanz, der eine Vorwärtsbeweglichkeit ermöglicht. Bei der Ejakulation werden die Spermien über den Samenleiter in die im Penis verlaufende Harnröhre nach außen gestoßen. Dabei werden Sekrete der Anhangdrüsen (Samenblasendrüse, Prostata, Harnröhrenzwiebeldrüse) zugeführt, die aus Wasser, Schleim, Eiweißverbindungen und Mineralien bestehen, die das Ejakulat verdünnen, aber auch schützen. Ein Ejakulat hat im Durchschnitt ein Volumen von etwa 40 ml mit fünf bis sieben Milliarden Spermien, wobei es eine große Schwankungsbreite gibt.

Bei einer Zuchttauglichkeitsüberprüfung werden Spermamenge, Spermiendichte pro ml und die Spermaqualität erfasst. Für die Beurteilung der Spermaqualität spielen die Vorwärtsbeweglichkeit und der möglichst niedrige Anteil von Todsperma eine wichtige Rolle.

Der Penis ist mit zwei muskulösen Schenkeln am hinteren Beckenrand befestigt; eine doppelhäutige Vorhaut umgibt ihn. Der Penis ist mit Schwellkörpern ausgestattet, die sich zur Erektion mit Blut füllen. Das Ende des Penis wird durch die Eichel gebildet, die bei sexueller Erregung sehr breit und abgeflacht erscheint und sich beim Deckakt auf den Gebärmuttermund stülpt, sodass das Ejakulat direkt in den Gebärmutterhals gespritzt wird. Eine Tupferprobe am Penis selbst gibt Aufschluss über eine Belastung mit die Geschlechtsgesundheit der Stute gefährdenden Krankheitserregern. Besonders geachtet wird hier auf das Nichtvorhandensein des meldepflichtigen Erregers *Taylorella equigenitalis*, der die kontagiöse equine Metritis (CEM) verursacht.

Die Pferde beiderlei Geschlechts werden in einem Alter von etwa einem Jahr bis eineinhalb Jahren geschlechtsreif. Das bedeutet, dass erst dann reife Ei- bzw. Samenzellen ausgebildet werden können und ein Paarungsakt zu einer Befruchtung führen kann. Unter Zuchtreife versteht man hingegen den Entwicklungszustand eines Tieres, ab dem es zur Zucht geeignet ist. Sie ist mit drei bis vier Jahren erreicht. Das heißt, der Hengst produziert eine ausreichende Menge Ejakulat mit vielen befruchtungsfähigen Spermien, während zum Zeitpunkt der Geschlechtsreife das Sperma mengenmäßig geringer und weniger konzentriert ist. Die Stute ist dann zuchtreif, wenn die Skelettentwicklung so weit fortgeschritten ist, dass genügend Platz für das in ihr wachsende Fohlen vorhanden und damit das Risiko einer Schwergeburt reduziert ist.

4.1.3.2 Geschlechtszyklus

Stuten sind – im Gegensatz zum Hengst – nicht immer paarungsbereit. Sie sind im Abstand von etwa drei Wochen wenige Tage zum Deckakt mit dem Hengst bereit und befruchtungsfähig; diese Zeit nennt man Rosse oder Östrus und dauert insgesamt etwa fünf bis sieben Tage. Die Kenntnis der Rossezeiten einer Stute ist enorm wichtig, um diese zu einem möglichst günstigen Zeitpunkt bedecken oder besamen zu lassen, denn ein Zuchtbetrieb lebt schließlich von den „Produkten" einer erfolgreichen Bedeckung.

Stuten sind saisonal polyöstrisch, d.h., sie haben mehrmals im Jahr eine Rosse, überwiegend während der Monate April bis August.

Dies liegt daran, dass in dieser Zeit im mitteleuropäischen Raum die Tage deutlich länger sind als die Nächte. Darauf reagiert wiederum ein komplexes Hormonsystem, das das Zyklusgeschehen der Stute in Gang setzt und steuert. Außerdem wirkt sich das zunehmend nährstoffreichere Futterangebot positiv auf die Geschlechtsaktivität aus. Robustrassen (z. B. Islandponys) weisen im Zeitraum Mitte November bis Mitte April gar keine Ovulationen (Eisprünge) auf. Domestizierte Rassen (z. B. Vollblüter) sind weniger auf Jahreszeiten festgelegt. Daraus ergibt sich eine optimale Belegungszeit ab dem späten Frühjahr bis zum Sommer. Unter Wildbedingungen werden dann die Fohlen im Frühjahr und im Sommer des Folgejahres geboren, wenn für ihr Überleben günstige Umweltbedingungen herrschen.

Zu Beginn der Fortpflanzungssaison (Februar bis April) ist der Zyklusverlauf jedoch meist noch etwas unregelmäßig. Die Rosse ist in der Regel verlängert und führt nicht immer zur Ovulation.

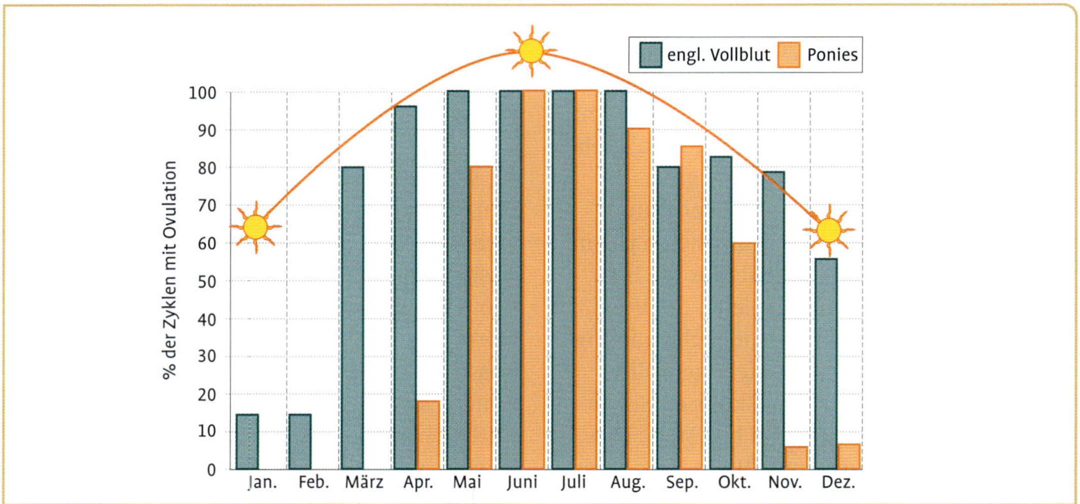

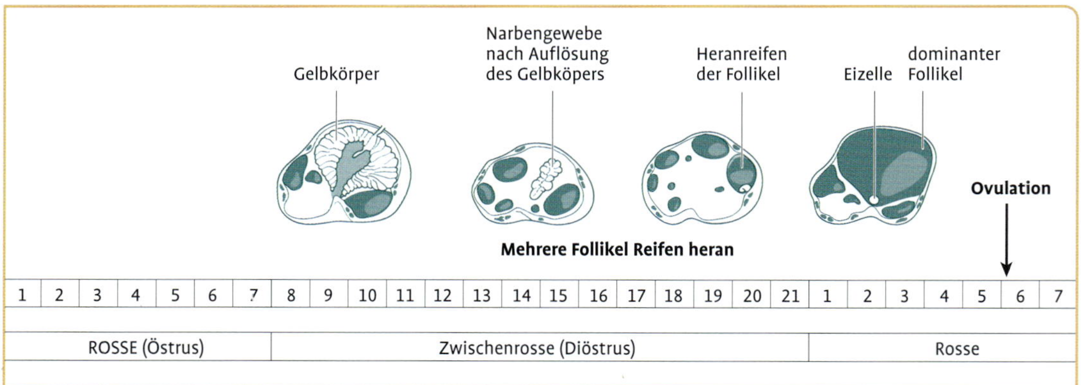

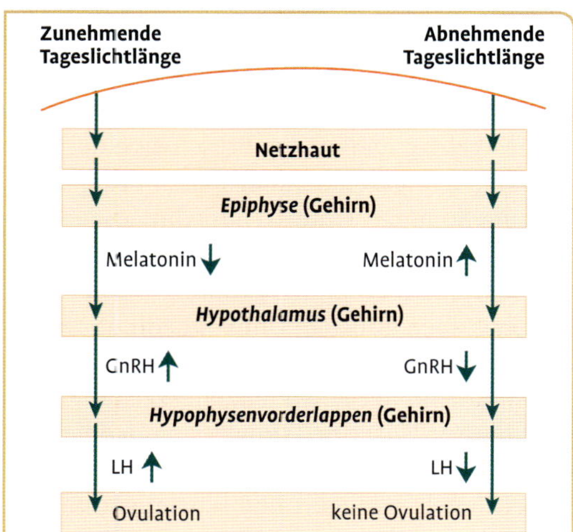

Abb. 143 (ganz oben)
Auftreten von Ovulationen im Verhältnis zur Jahreszeit bei unterschiedlichen Rassen.

Abb. 144 (oben)
Das Follikelwachstum im Verlauf des Stutenzyklus.

Abb. 145 (links)
Steuerung des saisonalen Fortpflanzungsgeschehens bei der Stute (nach Aurich 2005).

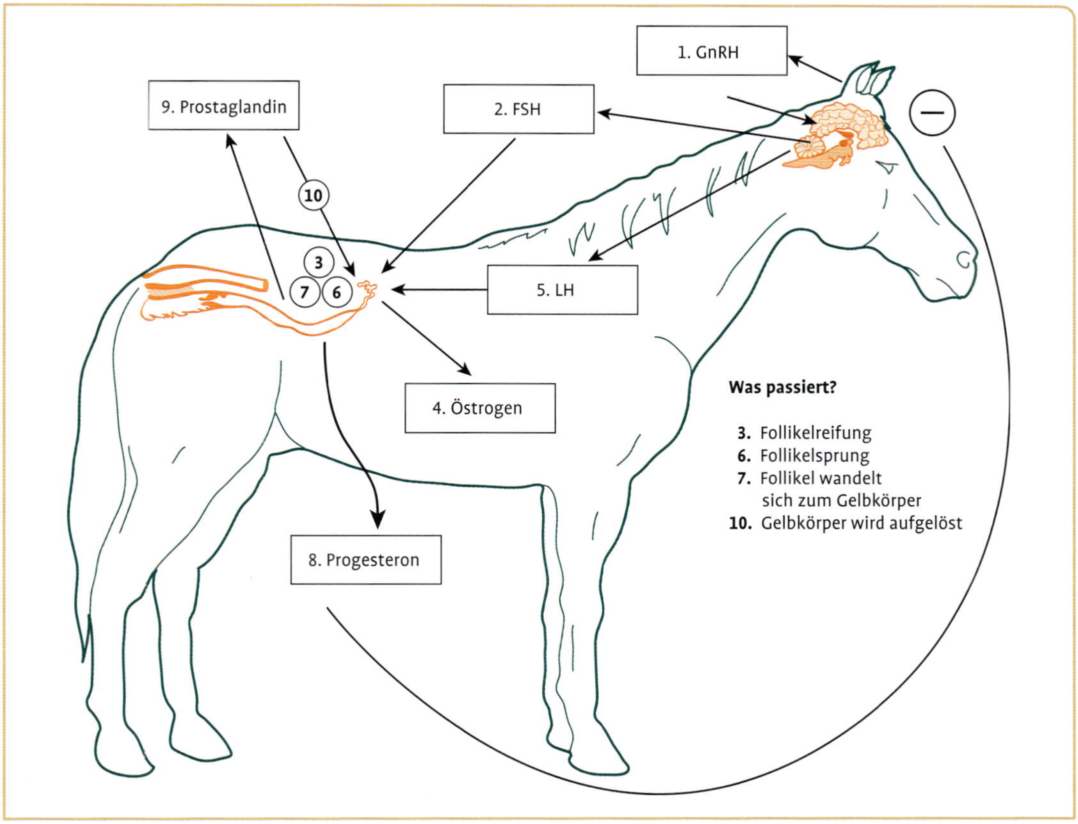

Abb. 146: Die hormonale Steuerung des Stutenzyklus bei Nichtträchtigkeit.

Hormonale Steuerung

Mit dem zunehmenden Tageslicht wird zunächst die Ausschüttung des Schlafhormons Melatonin aus der Epiphyse (im Zwischenhirn) gedrosselt. Das veranlasst den Hypothalamus (ebenfalls im Zwischenhirn) dazu, das Gonadotropin-Releasing-Hormon (GnRH) vermehrt freizusetzen. Dieses regt wiederum die Ausschüttung von FSH (Follikelstimulierendes Hormon) an, was in der Hypophyse (eine Region an der Basis des Zwischenhirns) gebildet wird. FSH gelangt in den Blutkreislauf und setzt an den Eierstöcken die Follikelreifung in Gang. Unter dem Einfluss von FSH haben sich zum Ende der Zwischenrosse (Diöstrus, lateinisch di = zwischen, also die Zeit zwischen den Rossen) Follikel entwickelt, die dann einen Durchmesser von drei bis sieben cm aufweisen. Follikel sind Eibläschen, in denen sich jeweils ein Ei befindet.

Die wachsenden Follikel selbst wiederum bilden ein eigenes Hormon, das Östrogen, auch Brunsthormon genannt. Die Östrogenkonzentration im Blut ist zur Zeit der Rosse besonders hoch. Östrogen bewirkt das typische Verhalten der Stute während der Rosse. Wird die Stute einzeln gehalten, so können die Veränderungen nur schwach sein. Kann sie aber den Hengst riechen, hören oder sehen, ist die Verhaltensänderung intensiv.

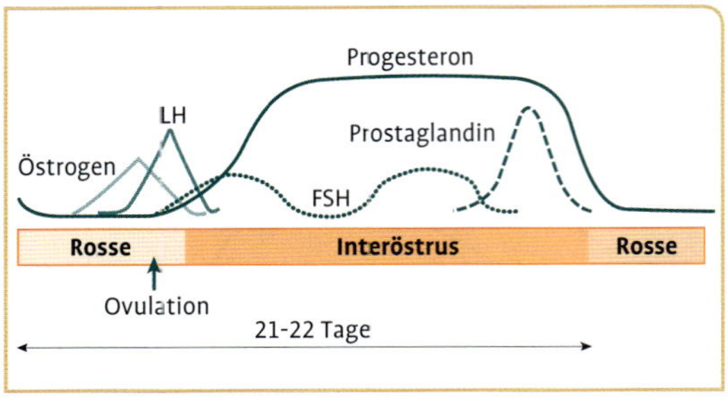

Abb. 147: Konzentrationsverläufe der wichtigsten an der Steuerung des Sexualzyklus beteiligten Hormone (nach Aurich 2005).

In den ersten Tagen der Rosse sind die Anzeichen noch undeutlich. Die Stute ist vor allem noch kitzelig, d. h., sie reagiert unter „Quietschen“ und manchmal mit Verspritzen von Harn; auf Berührungen – z. B. durch einen Hengst – mit Ausweichen und vehementem Auskeilen. Die Stute ist zunächst noch nicht begattungswillig.

Erst in der Hauptrosse zeigt die Stute deutlich ihre Deckbereitschaft: Sie steht nun mit sägebockartig gespreizten Beinen und schwach gesenkter Hinterhand; den Schweif trägt sie etwas erhoben. In dieser Stellung, die über längere Zeit eingehalten wird, sieht sie sich häufig zum Hengst um. Während der Hauptrosse setzt die Stute – allmählich in der Häufigkeit steigernd – Urin und Schleim aus der Scheide ab. Dabei blitzt sie lang andauernd, d.h., sie öffnet ruckartig die Schamlippen, sodass die gerötete, feuchte Schleimhaut und die Klitoris sichtbar werden. Der Muttermund öffnet sich deutlich. Rossige Stuten zeigen allerdings nicht alle Merkmale gleich stark ausgeprägt, dies ist individuell sehr unterschiedlich. Manchmal ist eine Rosse von außen gar nicht zu erkennen.

Ein Follikel ist nun größer und reifer geworden als die anderen, weil er die meisten Östrogene gebildet hat, man nennt ihn den dominanten oder Graafschen Follikel (benannt nach dem Entdecker, dem niederländischen Arzt Reinier De Graaf); er erreicht einen Durchmesser von drei bis sieben cm. Jetzt steht das Platzen des Follikels unmittelbar bevor. Meist platzt er in den Nacht- oder frühen Morgenstunden, etwa 24 Stunden vor dem Ende des Rosseverhaltens und wird letztendlich durch die deutliche Einwirkung von LH (Luteinisierendem Hormon) ausgelöst. Die Eizelle wird dabei an der Oberfläche des Eierstocks durch Ausfließen des Follikels abgegeben. Die Eizelle wird vom Eileitertrichter aufgefangen und durch den Eileiter, in dem sie eventuell befruchtet wird, in die Gebärmutter transportiert. Teile des ausgelaufenen, im Eierstock zurückgebliebenen Follikels, verändern sich anschließend zum Gelbkörper. Dieser Gelbkörper produziert nun Progesteron (Schwangerschaftsschutzhormon), das an die Gebärmutterschleimhaut meldet, sich für die Aufnahme eines befruchteten Eies bereitzuhalten. Die Schleimhaut ist zu diesem Zeitpunkt dick und auch stark durchblutet. Solange Progesteron gebildet wird, kann ein weiterer Follikelsprung nicht stattfinden. Die Deckbereitschaft der Stute lässt nach und schließlich schlägt die Stute den Hengst deutlich ab. Man nennt die nun folgenden 14 bis 16 Tage Diöstrus, Zwischenrosse.

Kommt es nicht zur Einbettung einer befruchteten Eizelle, setzt die Gebärmutter zwischen dem 14. und 17. Zyklustag das Hormon Prostaglandin frei, das auf dem Blutweg zum Eierstock gelangt und dort den Gelbkörper außer Funktion setzt. Damit hört die Progesteronausschüttung auf; die Follikelreifung kann nun ungestört fortgesetzt werden. Kommt es aber zu einer Befruchtung, bleibt der Gelbkörper bestehen, um die Trächtigkeit aufrecht zu erhalten. Der Zyklus ist dadurch unterbrochen.

Als Züchter kann man diese stark lichtabhängigen Zyklusvorgänge unterstützen, indem man den Zuchtstuten ausgiebig Weidegang gewährt, sie in hellen Ställen hält, intensive Sozialkontakte ermöglicht und die Futterration hinsichtlich Menge und Inhaltsstoffen optimiert. In manchen Fällen ist auch ein veterinärmedizinisches Eingreifen in Form von bestimmten Hormongaben nützlich und sinnvoll. Außerdem ist eine sorgfältige Dokumentation des Zyklus, des Sexualverhaltens und der Untersuchungsergebnisse einer Stute durch die Gestütsleitung hilfreich und ermöglicht im Bedarfsfall eine gezielte Problemlösung.

Bestimmung des optimalen Bedeckungszeitpunktes

Der beste Zeitpunkt für eine Bedeckung bzw. Besamung liegt möglichst kurz vor dem Eisprung. Deshalb versucht man, den Beginn der Rosse festzustellen. Die einfachste Methode ist, ungefähr 18 Tage nach Beginn der letzten Rosse Stute und Hengst täglich zusammenzuführen und die Stute auf Rosseanzeichen dem Hengst gegenüber zu beobachten. Genauer ist eine tierärztliche Follikelkontrolle, doch auch diese kann den Termin der Ovulation nur ungefähr vorhersagen.

Bei der Wahl des Bedeckungszeitpunktes ist außerdem zu berücksichtigen, dass die Lebensdauer einer Eizelle im Durchschnitt 12 Stunden, die von Spermien 48 bis 72 Stunden beträgt. Somit ist es möglich, schon weit vor dem Follikelsprung zu besamen oder zu bedecken, was den Spermien, die je nach Bedeckungsverfahren auch noch einen unterschiedlich weiten Weg zum Eileiter zurückzulegen haben, einen „Vorsprung" verschafft. Mit hoher Wahrscheinlichkeit treffen Eizelle und Spermien dann zusammen. Als Erfolg versprechend hat sich eine Besamung bzw. Bedeckung in der Zeit von 24 Stunden vor bis 10 Stunden nach der Ovulation gezeigt. Auch wenn die Ergebnisse wissenschaftlicher Studien dazu differieren, kann man festhalten, dass die Trächtigkeitsrate steigt, je zeitnaher am Eisprung besamt bzw. bedeckt wurde. Das Zeitfenster bei Verwendung von Tiefgefriersperma ist noch enger. Interessant ist auch die

Tab. 60. Fruchtbarkeitsstörungen

verlängerte Zwischenrosse: Gelbkörper bleibt aktiv, teilweise monatelang. Die Stute kommt nicht in die Rosse
Stille Rosse: die Stute zeigt keine Rossemerkmale, ihre Geschlechtsorgane sind aber erkennbar auf eine Bedeckung vorbereitet.
Rosse ohne Eisprung: In der Übergangsphase im Frühjahr reifen zwar Follikel, die Stuten sind auch deckbereit, es findet aber keine Ovulation statt.
Krankhafte Veränderungen an den Eierstöcken, Einschränkungen der Eierstocksfunktion mit z. T. Verhaltensänderungen (Aggressivität, Dauerrosse)
Infektionen und Fehlfunktionen der Gebärmutter
Verletzungen der Scham und Scheide, z. B. geburtsbedingt

Beobachtung, dass Belegungen, die nach der Ovulation erfolgen und zu einer Trächtigkeit führen, höhere Embryoverluste zeigen als Belegungen vor der Ovulation. Um die Wahrscheinlichkeit einer Befruchtung zu erhöhen hat sich – solange die Stute Rosseanzeichen zeigt – ein mehrmaliges Bedecken im Abstand von 24 bis 48 Stunden bewährt.

4.1.3.3 Bedeckungsverfahren

Es gibt vier verschiedene Verfahren eine Trächtigkeit bei Stuten zu erzeugen. Jedes Verfahren hat seine Vor- und Nachteile und ist für verschiedene Voraussetzungen und Ansprüche geeignet und sinnvoll.

Die natürlichste Art Stuten zu belegen ist die **Herdenbedeckung**. Sie wird z. B. bei Robust- und Gebrauchsrassen praktiziert, bei denen ein ausgewählter Deckhengst in der Weidesaison mit einer ganzen Stutenherde mitläuft. Die Vorteile liegen auf der Hand: der Hengst erkennt selber den Rossestatus und die Paarungsbereitschaft der Stuten. Er kann langsam die Stuten kennenlernen und sie umwerben. Stuten (wenn sie kein Interesse am Hengst haben und er sie bedrängt) und Hengst (wenn die Stute abschlägt) können sich gegenseitig ausweichen, damit ist die Unfallgefahr bei der Bedeckung gering. Die Fruchtbarkeitsaussichten liegen hoch, wenn die Stuten vorher wie oben beschrieben auf Zuchttauglichkeit untersucht wurden. Allerdings kann nicht für jede Stute individuell ein anderer Partner ausgesucht werden. Sollte eine Stute doch Trägerin von Geschlechtskrankheiten sein, ist das Risiko einer Ansteckung aller anderen Stuten außerdem sehr hoch.

Dies gilt gleichermaßen für die Bedeckung im **Natursprung an der Hand**. Deshalb muss auf vorbeugende Hygiene auch hier äußerster Wert gelegt werden. Bei diesem Verfahren, das in der Vollblutzucht Vorschrift ist, wird jede Stute einem passenden Hengst zugeführt. Der Mensch muss in das Paarungsgeschehen eingreifen, den Hengst zum optimalen Zeitpunkt der Stute decken lassen. Ein Probierhengst wird notwendig, um sicherzustellen, dass die Stute den Hengst akzeptiert und während des Aufsprungs steht. Trotzdem ist es gerade bei unerfahrenen oder ängstlichen Stuten ein unnatürlicher Vorgang, der in Panikreaktionen enden und zu schweren Verletzungen des (wertvollen) Deckhengstes führen kann. Hatte man vorher noch die Probierwand zum Schutz des Hengstes vor Abwehrmaßnahmen der Stute, ist natürlich bei der Paarung nichts mehr dazwischen. Es gibt diverse Sicherheitsvorkehrungen, die Verletzungen verhindern sollen. Die Stute kann mit Spannstricken um ihre Hinterfüße so gefesselt werden, dass sie sicher stehen, aber nicht ausschlagen kann. Oder sie bekommt sogenannte Deckpantoffeln aus dickem Filz an, die einen etwaigen Schlag abmildern.

Die **künstliche Besamung** bietet dagegen die Vorteile der individuellen Bedeckung und beschränkt die Übertragung von Geschlechtskrankheiten und Verletzungsgefahren auf ein Minimum. Außerdem kann das Ejakulat des Hengstes in viele Portionen aufgeteilt werden. Sie Samenqualität lässt sich überprüfen und gleichbleibend sicherstellen. Bei Tiefgefriersamen kann die Vererblichkeit eines Hengstes über seine Lebenszeit hinaus verlängert werden. Und schließlich: durch die Versandmöglichkeit gekühlten Samens über die ganze Welt brauchen Stuten, eventuell mit Fohlen bei Fuß, nicht zum Hengst transportiert zu werden, was je nach Entfernung mit hohem finanziellen Aufwand verbunden ist. Umgekehrt besteht die Möglichkeit einen Deckhengst auch auf Turnieren einzusetzen, da er nicht so stark im Deckgeschäft gefordert wird. Aber auch hier gibt es nicht nur Vorteile. Die Befruchtungsrate ist zum Teil niedrig, wenn der Besamer den richtigen Zeitpunkt nicht erkennt, der bei Stuten individuell sehr verschieden sein kann. Eine Stimulation der Stuten findet nicht statt. Je nach Lagerung und Alter des Spermas fällt dessen Qualität sehr unterschiedlich aus, wenn es sich nicht um eine Frischsamenübertragung handelt. Insgesamt bietet die künstliche Besamung aber die wenigsten Nachteile und ist das Verfahren der Wahl, wenn individuelle Bedeckung gewünscht wird.

Schließlich gibt es die Möglichkeit des **Embryotransfers**, die der Vollständigkeit halber erwähnt werden soll. Ein sieben Tage alter Embryo wird aus einer Spenderstute entnommen und einer Empfängerstute eingepflanzt. Dies kann bei sehr wertvollen Stuten sinnvoll sein, die kein Fohlen austragen können oder sollen, oder die sich öfter als von der Natur vorgesehen fortpflanzen sollen. Allerdings kann man sich vorstellen, dass es nicht so einfach ist, die Stuten in den genau gleichen Zyklusstand zu versetzen, dann über Spülung oder Operation einen lebensfähigen Embryo zu gewinnen, ihn in der fremden Gebärmutter einzupflanzen, wo er angenommen wird und sich einnistet. Das Verfahren ist finanziell sehr aufwändig und die Erfolgschance zurzeit noch nicht hoch genug, deshalb kommt ihm bisher keine große praktische Bedeutung zu.

Zur Wiederholung und Vertiefung

1. Benennen Sie die weiblichen Geschlechtsorgane von außen nach innen.
2. Erklären Sie die Begriffe Rosse und Zwischenrosse.
3. Beschreiben Sie die typischen Rosseanzeichen einer Stute.
4. Erläutern Sie die Bedeutung des Lichts für das Zyklusgeschehen der Stute.
5. Welche Möglichkeiten bieten sich dem Züchter bzw. der Züchterin, um den Rossezyklus einer Stute positiv zu beeinflussen?
6. Stellen Sie eine Liste zusammen, die die Vor- und Nachteile der künstlichen Besamung gegenüber dem Sprung aus der Hand aufführt.

4.1.4 Trächtigkeit und Geburt

?

Es ist inzwischen Mai. Die Stuten des Gestütes Rosental sind mittlerweile bedeckt worden. Zunächst ist es wichtig, möglichst bald festzustellen, ob die Bedeckungen auch erfolgreich waren. Wenn die Trächtigkeit der Zuchtstuten sich dem ausgezählten Geburtstermin nähert, hat der Auszubildende Florian die Aufgabe die Nachtwachen zu übernehmen. Sollte „irgendwas" bei dem Ablauf der Geburt „nicht stimmen", hat er die Anweisung, über Handy sowohl seinen Chef als auch den Tierarzt zu informieren.

Die Befruchtung der Eizelle findet im Eileiter statt. Dabei durchdringt eins der mehreren Milliarden Spermien die äußere Membran der Eizelle und das genetische Material der Eltern vermischt sich. Ein biochemischer Mechanismus sorgt dafür, dass nach der Befruchtung kein anderes Spermium mehr in die Eizelle eindringen kann.

Die befruchtete Eizelle wandert nun weiter Richtung Uterus, der nach ungefähr sechs Tagen erreicht wird. Währenddessen, schon 24 Stunden nach der Befruchtung, beginnt sich die befruchtete Eizelle zu teilen: Aus einer werden zwei, aus zwei werden vier, aus vier werden acht Zellen usw. Man spricht nun schon vom Embryo. Die Bezeichnung Fetus wird auf den 60 Tage alten und älteren Embryo angewandt. In der Gebärmutter angekommen, bewegt sich der Embryo noch frei und hat sich an der Gebärmutterschleimhaut noch nicht fixiert. Erst zwischen dem 16. und 25. Tag nach der Befruchtung nistet sich der Embryo in der Gebärmutterschleimhaut ein, meist am Übergang Gebärmutterhorn – Gebärmutterkörper. Diese Verbindung ist allerdings noch wenig stabil und somit ist eine Trächtigkeit zunächst noch stark gefährdet. Eine stabilere Verbindung baut der Embryo erst um den 40. Tag auf.

Während seiner Entwicklung ist der Embryo von Fruchthüllen – einer äußeren und einer inneren – umgeben, die beide flüssigkeitsgefüllt sind und ihn schützen und ernäh-

Abb. 148: Aufbau der Fruchthüllen um den Fetus (nach Schnorr 2006).

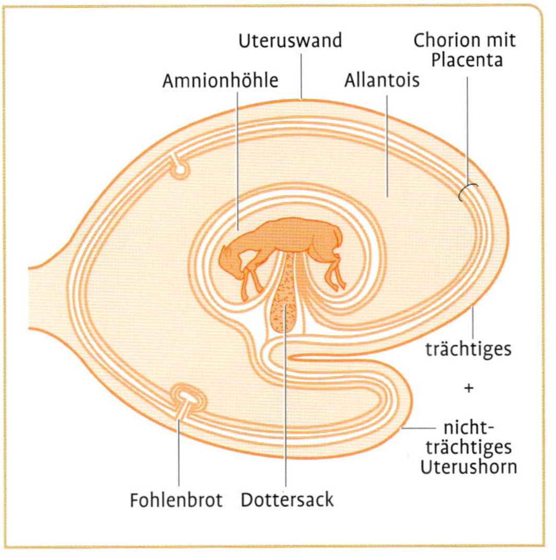

ren. Die innere Eihaut, das Amnion, umgibt das Fohlen direkt. Die äußere Eihaut, das Allantochorion, umgibt das Amnion und bildet die Plazenta, die sich nach etwa 40 Tagen mit der Uteruswand verbindet. Das Fohlen steht über die Nabelschnur in Verbindung mit der Plazenta. Über die Plazenta findet nun ein Austausch zwischen mütterlichem und fötalem Blut statt, der somit auch einen Transport von Sauerstoff, Kohlendioxid und Nährstoffen ermöglicht.

Die nachfolgende Tabelle gibt einen Überblick über die Entwicklungsfortschritte des Fetus im Verlauf der Trächtigkeit.

Untersuchung auf Trächtigkeit

Züchter und Züchterinnen haben schon aus wirtschaftlichen Gründen ein großes Interesse zu einem möglichst frühen Zeitpunkt mit Sicherheit zu wissen, ob eine Stute tragend ist oder nicht. Falls eine Stute nicht aufgenommen hat, besteht dann noch die Möglichkeit, diese erneut in der laufenden Decksaison zu decken. Es gibt mehrere Methoden um eine Trächtigkeit festzustellen. Die gängigste Methode ist die Rektale Ultraschalluntersuchung (Sonografie), da sie sowohl sehr früh anwendbar ist als auch sichere Ergebnisse liefert. Darüber hinaus ist sie die einzige Methode, die eine unerwünschte Zwillingsträchtigkeit diagnostizieren kann.

Bei der Ultraschalltechnik wird durch den Mastdarm (Rektum) mithilfe der Hand eine Sonde eingeführt. Von der Sonde werden Wellen ausgesandt, die durch das Gewebe treten und dieses zum Teil reflektieren. Diese Reflexionen werden in ein Bild umgewandelt, das auf einem Bildschirm sichtbar gemacht werden kann. Da der Mastdarm oberhalb der inneren weiblichen Geschlechtsorgane verläuft, sind diese recht gut darstellbar. Erste Untersuchungen können ab dem 14. Trächtigkeitstag durchgeführt werden, wobei eine einwandfreie Feststellung der Trächtigkeit zu diesem Zeitpunkt nicht einfach ist, da der Embryo bis zum 16. Tag im Uterus frei beweglich ist.

Tab. 61. Wachstum und Entwicklung des Fohlens im Mutterleib

Alter	Gewicht in kg	Größe der Fruchtanlage bzw. später Scheitel-Steiss-Länge	Organe und Behaarung
Tage 9–11		3– 6 mm	
Tage 22–25		25–30 mm	erste Darstellbarkeit der Herzaktion
Tage 60	0,02–0,03	6 cm	
Tage 90	0,1	11 cm	Hufe erkennbar
Tage 150	3– 5	30 cm	Lippenhaare und Augenbrauen erkennbar
Ende 6. Monat	3– 6	40,5 cm	alle Anlagen sind fertig, fortschreitendes Wachstum
Ende 8. Monat	8–15	63 cm	Mähnen- u. Schweifbehaarung beginnen, erste Haare an Rücken und Gliedmaßen
Ende 11. Monat	30–60	110 cm	Behaarung erhält die Eigenfarbe

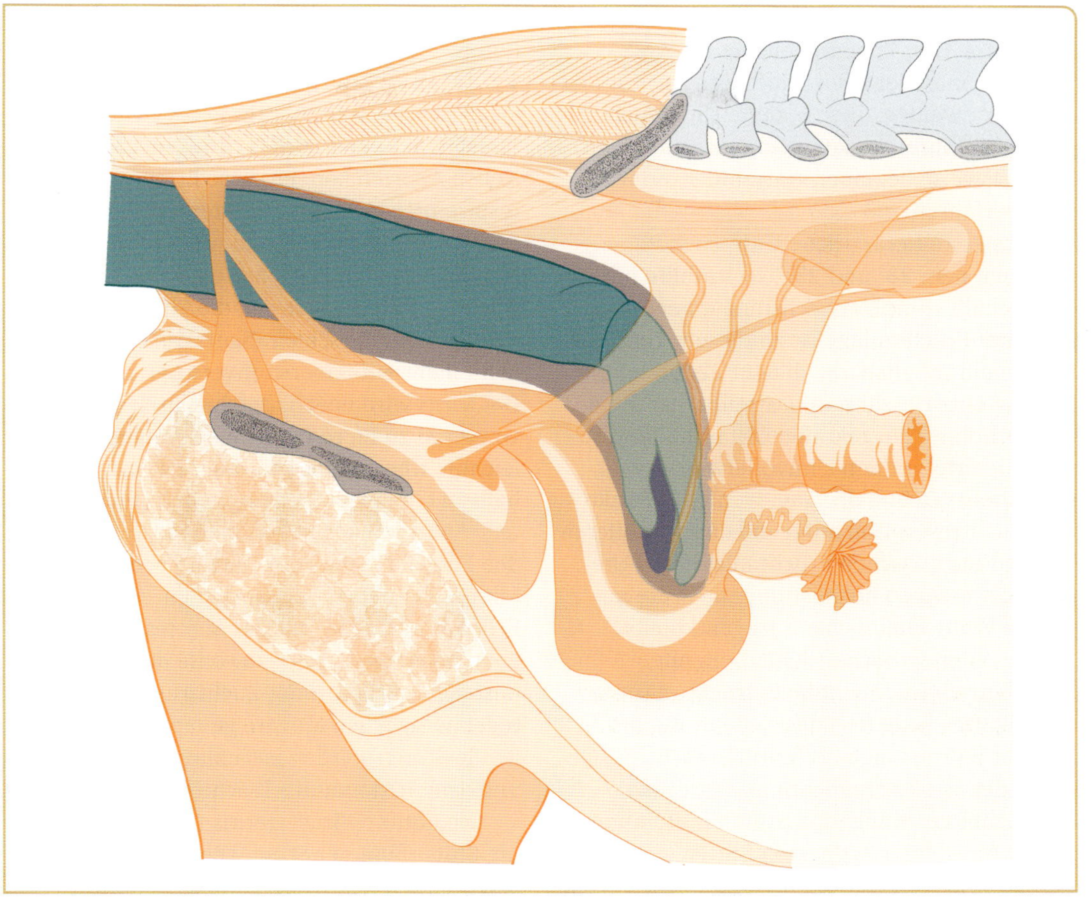

Abb. 149: Ultraschalluntersuchung der Geschlechtsorgane der Stute: der durch einen Handschuh geschützte Arm führt den Ultraschallkopf durch den Mastdarm ein (nach Riegel 2002).

Weitere Untersuchungsmethoden in der Praxis: Das Ausbleiben der Rosse wird getestet durch ein Abprobieren am Hengst. Dieses Verfahren ist offenkundig recht unsicher.

Bei der Rektaluntersuchung zwischen dem 20. und 28. Trächtigkeitstag wird über den Mastdarm der bei einer Trächtigkeit erhöhte Kontraktionszustand der Gebärmutter ertastet.

Im Blut kann ab dem 21. Tag eine Progesteronbestimmung durchgeführt werden. Auch PMSG (Pregnant Mare Serum Gonadotrophine) ist ein typisches Hormon, das die Stute während der Trächtigkeit produziert. Ein Nachweis dieses Hormons im Blut der Stute ist ab dem 35. Tag, am besten zwischen dem 60. und 65 Tag, nicht später als dem 120. Tag, möglich. Der Vorteil dieser beiden Bluttests liegt darin, dass nur Blut abgenommen werden muss, was in einzelnen Fällen, wo eine rektale Untersuchung nicht möglich ist, wie beispielsweise bei Minipferden, angebracht ist. Der Nachteil ist, dass die Untersuchung positiv, sprich „tragend" ausfallen kann, auch wenn der Embryo schon resorbiert wurde.

Eine Untersuchung auf Östrogen im Urin ist ab dem 120. Trächtigkeitstag sinnvoll.

Wenn man der Ökonomie Vorrang gibt und möglichst wenige, aber gezielte Untersuchungen durchführen lassen möchte, könnte man beispielsweise bei einer Warmblutstute wie folgt verfahren:

Eine erste tierärztliche Untersuchung zwischen dem 23. und 25. Tag mithilfe des Ultraschalls. Eine Verwechslung einer Zyste mit einer Fruchtanlage ist zu diesem Zeitpunkt nicht mehr möglich, da ab dem 22. bis zum 25. Tag eine Herzaktion darstellbar ist. Eine Wiederholung der rektalen Ultraschalluntersuchung erfolgt dann sinnvollerweise zwischen dem 40. und 55. Tag, wenn das Risiko der Fruchtresorption aufgrund einer stabileren Verbindung zwischen Fruchtanlage und Uterus nicht mehr so hoch ist und die Stute mit großer Wahrscheinlichkeit tragend bleibt.

Für einen wirtschaftlich arbeitenden Zuchtbetrieb ist eine hohe Befruchtungsrate wichtig. Das bedeutet, dass jede Stute, die bedeckt wurde, auch hoffentlich trächtig geworden ist. Zur Berechnung stellt man die Anzahl der tragenden Stuten in Relation zu der Anzahl der bedeckten Stuten. Eine Befruchtungsrate von 80 % ist möglich; Verluste durch Resorptionen und Aborte sind nicht immer vermeidbar.

Trächtigkeitsstörungen

Störungen der Trächtigkeit kommen in jeder Phase der Trächtigkeit vor. Bei Stuten liegt die Abortrate zwischen 5 und 15 Prozent. Als Ursache für den Fruchttod unterscheidet man infektiöse und nicht infektiöse Ursachen. Nicht infektiöse Ursachen können sein: Mängel in der Fütterung, hohe Milchleistung der Stute, Chromosomenanomalien, Zwillingsträchtigkeit, hormonale Störungen u.a.

Als infektiöse Ursachen kommen Viren, Bakterien, Pilze, Hefen oder Parasiten in Betracht. Etwa ein Viertel aller Aborte beim Pferd sind auf Infektionen zurückzuführen. Besonders erwähnenswert seien hier das Equine Herpesvirus (EHV) und die Equine Virusarteritis (EVA).

EHV verursacht Aborte in der Regel zwischen dem 7. und 10. Trächtigkeitsmonat. Neben Aborten können diese Erreger auch respiratorische – also den Atemapparat betreffende – Erkrankungen und neurologische (die Nerven betreffende) Symptome auslösen. Bei trächtigen Stuten löst sich die Plazenta von der Gebärmutterschleimhaut; das Fohlen wird nicht mehr mit Sauerstoff versorgt, es erstickt. Das Virus wird über Tröpfchen in der Atemluft von Pferd zu Pferd übertragen. Wegen der leichten Übertragbarkeit des Virus kann es deshalb zu einem epidemiologischen (seuchenhaften) Abortgeschehen kommen mit verheerenden Folgen für die betroffenen Zuchtbetriebe. Mit der Durchführung einer Impfung gegen EHV kann dieser Form des Abortes jedoch vorgebeugt werden. Dazu sollte der gesamte Bestand – nicht nur der Zuchtstutenbestand – regelmäßig alle 6 Monate geimpft werden. Tragende Stuten werden zusätzlich z. B. im vierten und achten Monat der Trächtigkeit geimpft.

Die Equine Virusarteritis (EVA) schädigt die Blutgefäße der Stute. Diese Schädigung betrifft auch den Uterus und es kommt zu einer Unterversorgung der Plazenta, was zum Absterben des Fetus führt. Das Virus wird im wesentlichen bei direktem Kontakt über Nasensekret, Speichel, Blut, Urin, Kot, Fruchtwasser sowie über Uterus- und Vaginalsekrete akut erkrankter Tiere übertragen, aber eben auch durch kontaminiertes Sperma verbreitet. Weswegen virusausscheidende Hengste aus der Zucht ganz ausgeschlossen oder nur unter strengen Auflagen als Deckhengste eingesetzt werden. Gefährdet sind allerdings nur Pferde, die seronegativ sind, also in der Vergangenheit mit dem Virus noch nicht in Kontakt kamen und entsprechend noch keine Antikörper gebildet haben.

Solange der Grund für einen Abort nicht bekannt ist, sollte immer von einem infektiösen Geschehen ausgegangen werden. Das bedeutet, dass entsprechende Quarantäne-, Hygiene- und Desinfektionsmaßnahmen durchzuführen sind.

> **!**
> Solange der Grund für einen Abort nicht bekannt ist, sollte immer von einem infektiösen Geschehen ausgegangen werden. Das bedeutet, dass entsprechende Hygiene- und Desinfektionsmaßnahmen durchzuführen sind.

Ein besonderes Augenmerk gilt auch dem Entwurmen von Stuten. Sie sollten vor der Trächtigkeit regelmäßig gegen Würmer behandelt worden sein. Vier Wochen vor dem Abfohltermin empfiehlt sich ein Entwurmen mit für Stute und Fohlen unbedenklichen Wirkstoffen, die vor allem Zwergfadenwürmer und Bandwürmer bekämpfen. Man sollte sich unbedingt tierärztlich beraten lassen! Tückisch ist der Zwergfadenwurm, da sich Larven in der Stutenmilch befinden können. Fohlen können sich mit diesen Larven aber auch aus der Einstreu infizieren. Zwergfadenwürmer führen zu Fohlendurchfall, Saugunlust und Wachstumsstörungen. Die Fohlen selbst werden in der zweiten Woche entwurmt.

Die Trächtigkeit der Stute beträgt im Durchschnitt etwa 335 Tage. Schwankungen zwischen 310 und 380 Tagen kommen vor. Fohlen, die kürzer als 300 Tage getragen werden, sind nicht lebensfähig. Eine übermäßig lange Tragedauer ist meist auf eine embryonale Unterversorgung während der Trächtigkeit zurückzuführen.

Die normale Geburt

Da es bezüglich der Trächtigkeitsdauer eine große Schwankungsbreite gibt, ist es wichtig, die Zeichen einer herannahenden Geburt erkennen und deuten zu können.

Bevor sich diese bemerkbar machen, sollte man die Stute drei bis vier Wochen vor dem errechneten Geburtstermin in eine geräumige, das heißt, mindestens 4 × 4 m große Abfohlbox umstellen, die zuvor gründlich mit einem Hochdruckreiniger und entsprechenden Desinfektionsmitteln gereinigt wurde. Die Stute kann sich dann an die stallspezifischen Keime gewöhnen und entsprechende Antikörper bilden, die das Fohlen über das Kolostrum aufnimmt.

> **!**
> Kolostrum = erste Stutenmilch, Biestmilch

Wichtig ist dabei auch die Kontrolle und Reinigung von Futtertrog und Tränke. Die Hintereisen sind abzunehmen, um Verletzungen von Fohlen und Betreuern zu verhindern. Maidenstuten sollten an die Berührung des Euters durch vorsichtiges Herantasten gewöhnt werden, damit später das Fohlen ohne Ablehnung seitens der Mutter saugen kann. Die Box sollte gut zu beleuchten sein, damit bei eventuellen Geburtskomplikationen kompetent geholfen werden kann. Eine vorherige Gewöhnung der Stute an die helle Beleuchtung ist sinnvoll.

Alle für eine Geburt notwendigen Instrumente sollten griffbereit zusammengestellt sein.

Etwa vier bis sechs Wochen vor der Geburt beginnt das Euter zu schwellen und die Zitzenpartien treten deutlich hervor. Kurz vor der Geburt – wenige Tage vorher – werden die Anzeichen deutlicher. Der Bauch senkt sich ab, er erscheint, von hinten betrachtet, birnenförmig. Die Beckenbänder werden schlaff, was dem Fohlen das Hindurchschlüpfen durch das Becken erleichtert. Die Vulva ist vermehrt gefaltet und wirkt länger. An den Zitzen bilden sich sogenannte Harztropfen, die eingetrocknete Vormilch. Das wässrige oder honigartige Sekret bekommt aber nach und nach Milchcharakter. Unmittelbar vor der Geburt schießt die Milch ein und das Euter wird prall.

Tab. 62. Checkliste Geburt

Zwei ausgekochte Geburtsstricke, eingeschlagen in einem sauberen Handtuch
Eine ausgekochte Schweifbinde
Saubere Tücher für das Entfernen von Schleim in den Nüstern und im Maulbereich
Jod-Alkohol für die Desinfektion des Nabels
Steriles Gleitmittel und Einmalhandschuhe für eine eventuelle Geburtshilfe
Möglichkeit zum Waschen für Helfer: warmes Wasser, Seife, Desinfektionsmittel, Handtücher
Eimer mit warmem Wasser und Desinfektionslösung zur Reinigung der Region um After und Scheide
Schnüre zum Hochbinden der Nachgeburt
Eimer mit kaltem Wasser, um eventuell den Kreislauf des Fohlens anzuregen

Die Harztropfen fallen ab und dafür erscheinen Milchtropfen oder die Milch geht sogar im Strahl ab. Die Anzeichen der bevorstehenden Geburt können individuell sehr unterschiedlich ausfallen. Manche Stuten zeigen die genannten Anzeichen Tage andere erst wenige Stunden vor der Geburt. Einige weniger deutlich oder gar nicht. Allerdings gibt es für die genaue Geburtsterminierung einen Milchtest, der schnell und einfach durchzuführen ist. Anhand dieses Milchtests kann der Tierarzt oder die Tierärztin eine Aussage über den Geburtseintritt innerhalb der nächsten 2–3 Tagen mit einer hohen Wahrscheinlichkeit treffen.

!

Bei dem Milchtest wird der Kalziumgehalt gemessen, der in den letzten Tagen vor der Geburt ansteigt. Wird ein bestimmter Wert überschritten, ist der Beginn der Geburt bei den meisten Stuten innerhalb der nächsten 48 Stunden möglich.

Geburtsüberwachung

Um bei eventuell eintretenden Geburtskomplikationen der Stute und dem Fohlen helfen zu können, ist eine Geburtsüberwachung sinnvoll.

Mehrere Nächte im Stall zu schlafen, um die Geburt nicht zu verpassen ist jedoch etwas unbequem. Auch regelmäßiges auf Patrouille gehen im Stall ist aufwendig und darüber hinaus unsicher, weil es einfach zu viele unbeobachtete Zeitspannen gibt. Man kann die Stuten mittels Videokamera überwachen, allerdings muss dafür auch jemand wach bleiben, um den Monitor zu beobachten. Angenehmer ist es, sich durch Signalgeber die beginnende Geburt anzeigen zu lassen. Dafür werden der Stute spezielle Gurte angelegt, die das typische Schwitzen oder Hinlegen der Stute registrieren. Daneben existieren kleine Chipgeräte, die an der Vulva der Stute eingenäht werden und Alarm auslösen, sobald Fohlenteile in die Vulva eintreten und die Schamlippen gespreizt werden. Der Nachteil all dieser Hilfsmittel ist, dass sie falschen Alarm auslösen oder gänzlich versagen können. Diese Hilfsmittel können also das Aufbleiben oder Aufstehen nicht ganz ersetzten.

Der Geburtsablauf wird in drei Phasen eingeteilt:

1. die Eröffnungsphase,
2. die Austreibungsphase,
3. die Nachgeburtsphase.

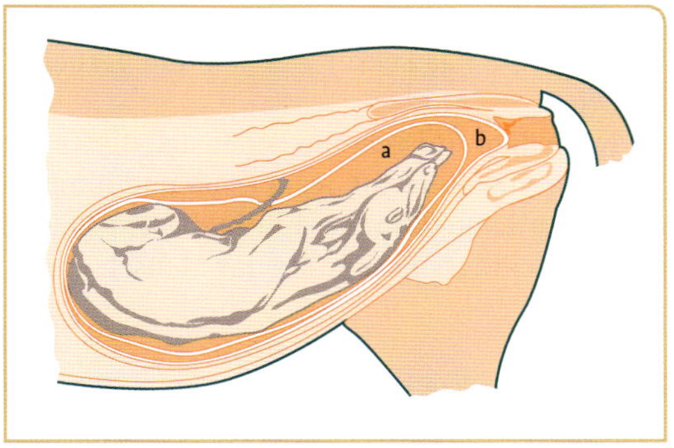

Abb. 150: Situation während der Eröffnungsphase: das Fohlen liegt noch halbseitlich auf dem Rücken; Kopf und Vorderbeine werden bereits gestreckt. a = innere Fruchthülle, b = äußere Fruchthülle (nach Thein 1992).

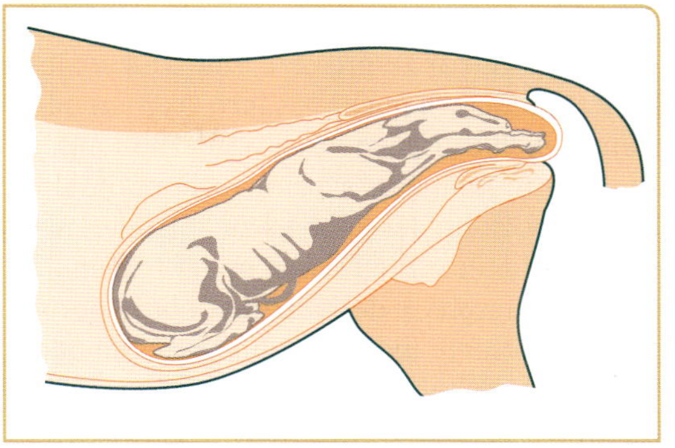

Abb. 151: Situation während der Austreibungsphase: das Fohlen liegt in Vorderendlage. Die Austreibungswehen haben eingesetzt; die innere Fruchthülle ist aus dem Schamspalt ausgetreten (nach Thein 1992).

Die erste Phase der Geburt, die **Eröffnungsphase**, beginnt mit der Kontraktion der Gebärmutter, den Wehen. Das Signal dazu geht vom Fohlen aus, das damit eine ganze Hormonkaskade bis in den mütterlichen Organismus hinein auslöst. Sind die Wehen in Gang gekommen, wird ihre Stärke und Dauer durch das mütterliche Hormon Oxytocin kontrolliert. Stuten können allerdings den Beginn der Eröffnungsphase um mehrere Stunden hinauszögern – eben bis die Umgebung als sicher eingeschätzt wird. Das ist auch daran ablesbar, dass 90 % aller Fohlen in den Nachtstunden zwischen sechs Uhr abends und sechs Uhr morgens geboren werden. Mit dem Einsetzen der Wehen wird das Fohlen in Vorderendlage gedreht und die Fruchthüllen und das darin befindliche Fohlen in den Geburtskanal geschoben.

Die Dauer der **Eröffnungsphase** beträgt im Durchschnitt drei bis vier Stunden. Die Stute ist unruhig und zeigt Schmerzen, was sich durch Umherlaufen, Scharren, Flehmen, Schwitzen und heftiges Schweifschlagen äußert. Auch häufiges Kot- und Harnabsetzen und Hinsehen zum Bauch ist zu beobachten. Diese Phase endet mit dem Zerreißen der äußeren Fruchtblase, sichtbar am Abgang des gelblich-bräunlichen Fruchtwassers. Damit beginnt die zweite Geburtsphase, die **Austreibungsphase**. Sie dauert etwa 10 bis 30 Minuten, wenn es keine Komplikationen gibt. Die Dehnung des Muttermundes durch das nach draußen drängende Fohlen löst eine vermehrte Ausschüttung des wehenstimulierenden Hormons Oxytocin aus; dies nennt man Ferguson-Reflex. Über Dehnungsrezeptoren im Scheidendach erfolgt eine nervale Stimulierung der Bauchpresse (Entleerungsreflex). Die Stute liegt während des Austreibens meist mit ausgestreckten Beinen in Seitenlage. Der Vorgang ist für die Stuten anstrengend und schmerzhaft, was sich in lautem Stöhnen und Schwitzen äußert. Ungefähr fünf Minuten nach dem Platzen der äußeren Fruchthülle sollten die Vorderbeine des Fohlens leicht versetzt zueinander mit der Hufsohle Richtung Sprunggelenk der Stute zeigend im Schamspalt erscheinen. Meist ist das Fohlen noch in der inneren Fruchthülle (Amnion) eingepackt. Der Kopf des Fohlens liegt leicht seitlich verdreht auf den Vordergliedmaßen (Vorderendlage); Kopf und Vordergliedmaßen sind maximal gestreckt. Die Stute beginnt nun deutlich sichtbar zu pressen. Zum Teil verändern Stuten auch nochmals ihre Position oder stehen auch zwischendurch wiederholt auf. Es ist zu vermuten, dass sie eine nicht optimale Geburtsposition des Fohlens zu korrigieren suchen. Helfer sollten schon in der frühen Austreibungsphase deshalb die Geburtsposition überprüfen, indem sie mit sauberen oder durch Handschuhe geschützte Hände vorsichtig im Geburtskanal nach den Vorderbeinen und dem darauf liegenden Kopf tasten.

Nach vollendeter Austreibungsphase liegt das Fohlen auf der Seite, dabei befinden sich zunächst noch die Hinterbeine bis zu den Sprunggelenken in der Scheide. Erst wenn die Stute aufsteht, gleitet das Fohlen ganz heraus und die Nabelschnur reißt an der dafür vorgesehenen Sollbruchstelle.

Die dritte Phase nennt sich **Nachgeburtsphase**, in der die Nachgeburt, nämlich die Fruchthüllen und Reste des Nabels, ausgeschieden werden. Dies geschieht im Normalfall innerhalb der ersten zwei Stunden nach Beendigung der Austreibungsphase. Die einsetzenden Nachwehen beschleunigen das Ablösen, dabei wälzt sich die Stute oftmals, schwitzt und scharrt.

Die Nachgeburt muss vollständig abgehen, weil verbliebene, auch kleinste Fruchthüllenreste, bakteriell zersetzt werden und in der Gebärmutter zu schwerwiegenden Entzündungen und Erkrankungen (z. B. Hufrehe) führen können. Deshalb sollte die abgegangene Nachgeburt in einem Eimer aufbewahrt werden, sodass sie im Anschluss auf Vollständigkeit überprüft werden kann. Nach dem Abgang der Nachgeburt schließt sich der Muttermund bald und die Gebärmutter beginnt mit der Rückbildung, die nach drei bis vier Wochen abgeschlossen ist. Rückstände wie Fruchtwasser, Blut und Zellen werden zum Teil resorbiert, zum Teil nach außen ausgeschieden. Deshalb ist zunächst bei der Stute ein rötlich-wässriger Ausfluss zu beobachten, der dann rötlich-braun wird. Nach etwa einer Woche sollte das Sekret gelblich und geruchlos sein.

Nach dem Aufstehen wendet sich die Stute ihrem Fohlen zu, leckt es ab und nimmt auch über Laute Kontakt auf. In dieser sehr wichtigen Prägephase sollte der Mensch nicht stören.

Geburtskomplikationen

Bei etwa vier Prozent aller Pferdegeburten treten Störungen auf. Eine von der normalen Geburtsposition, der Vorderendlage, abweichende Position ist die Ursache der meisten Schwergeburten. Bei Kaltblutpferden ergeben sich öfter Probleme aufgrund ihrer Größe, aber auch bei Shetlandponys ist mit 10 % eine überdurchschnittliche hohe Schwergeburtenrate zu beobachten.

!

Folgende Geburtsanomalien können einen Hinweis auf Komplikationen geben:

- Die äußere Eihaut ist nicht geplatzt, sondern erscheint unnatürlich dicht als roter Ballon in der Scham (sofort aufreißen!).
- Nach Abgang des Fruchtwassers wird kein Amnion sichtbar.
- Der Kopf und/oder die Vorderbeine im Amnion erscheinen nicht in der Scham. Wehen fehlen über einen längeren Zeitraum.
- Die Stute steht ständig auf und wälzt sich.
- Trotz starker Wehen schreitet die Geburt nicht fort.
- Offenkundige Geburtsverletzungen wie das Durchstoßen des Scheidendachs durch einen Fohlenhuf.

Geburtsstörungen bei Pferden sind immer als Notfälle zu betrachten, die menschliche Hilfe durch entsprechendes Fachpersonal erforderlich machen. Stuten mit Geburtsproblemen sollten bis zum Eintreffen der Hilfsperson am Niederlegen gehindert und im Schritt geführt

Tab. 63. Beurteilung des Gesundheitszustandes eines Fohlens nach der Geburt mit Hilfe des Gießener Fohlenbeurteilungsschemas

Erfassungsschema für Normverhalten und Normabweichung bei Fohlen in den ersten Lebensminuten bis zur ersten Lebensstunde	**Punktzahl**
1. Lage und Situation unmittelbar nach der Geburt	
Kopf-Brust-Lage und regelmäßige Atmung (Mundspalt geschlossen)	3
Seitenlage und regelmäßige Atmung	2
Seitenlage und gestörte Atmung	1
2. Lage und Situation bis zu 30 Minuten nach der Geburt	
Erste Aufstehversuche	3
Verharren in Brust- und Seitenlage	2
Verharren in Brust- und Seitenlage und Krampfanfälle	1
3. Lage und Situation bis zu 60 Minuten nach der Geburt	
Sicheres Stehen und erster Euterkontakt	3
Unsicheres Stehen, häufiges Liegen, Kopf jedoch angehoben	2
Weiteres Verharren in Liegeposition (Seitenlage, aufgestützter Kopf)	1
Gesamtpunktzahl: 9–8: vitales Fohlen 7–6: gefährdetes Fohlen unter 6: hochgradig gefährdetes Fohlen	
Normale Entwicklung in der ersten Lebensstunde Danach:	
1. Stehvermögen	
Vollständiges Stehvermögen/koordinierte Bewegung	3
Stehvermögen unsicher, taumelnde, unkoordinierte Bewegung	2
Häufiges Liegen, schwerfälliges Aufstehen, unkoordinierte Bewegung	1
2. Körpertemperatur	
38,0–39,2 °C	3
> 39,2 °C	2
< 38,0 °C	1
3. Mekoniumabgang	
Normal bis 8 Stunden nach der Geburt, danach Milchkot	3
Geringe Mengen, häufiges Pressen, zunehmende Unruhe	2
Kein Kotabsatz beobachtet, häufiges Pressen, Unruhe, Liegen und Wälzen	1

Tab. 63. Beurteilung des Gesundheitszustandes eines Fohlens nach der Geburt mit Hilfe des Gießener Fohlenbeurteilungsschemas

4. Harnabsatz	
Normal im Strahl mehrfach nach der Geburt in genügender Menge	3
Häufiger Harndrang mit Absatz kleiner Portionen oder Tropfen	2
Kein Harnabsatz trotz häufiger Harnabsatzposition	1
5. Atmung	
Regelmäßig, gleichmäßig	3
Unregelmäßig	2
Stoßweise-flach, geblähte Nüstern	1
6. Kontakt mit Muttertier	
Regelmäßiger Kontakt mit Aufsuchen des Euters und Sauggeräuschen	3
Abstand zur Mutter erheblich, kaum oder abnehmender Euterkontakt	2
Umherirren ohne Mutterkontakt, Kein Aufsuchen des Euters	1
Gesamtpunktzahl: 18: normale Entwicklung 17–15: gefährdet, Tierarztkontrolle notwendig < 15: hochgefährdet, sofortige Konsultation eines Tierarztes notwendig	

werden. Dadurch wird der Mechanismus der Bauchpresse behindert und sowohl das Fohlen als auch die Stute weniger geschädigt. Geburtshilfliche Untersuchungen und Maßnahmen sind außerdem an der stehenden Stute leichter durchzuführen.

Darüber hinaus ist die Stute wieder aufzutreiben, wenn sie beispielsweise ungünstig dicht mit dem Hinterteil an der Wand liegt und das Fohlen deshalb nicht ausgetrieben werden kann.

Kurz nach der Geburt

Das Fohlen beginnt unmittelbar nach Verlassen des Geburtsweges zu atmen, zunächst kurze Zeit über das Maul, dann durch die Nüstern. Die Nabelschnurverbindung sollte erst unterbrochen werden, wenn die sichtbare Pulsation aufhört, da hierbei noch wertvolle Nährstoffe und Sauerstoff in das Fohlen gepumpt werden. Da der Nabel eine wichtige Eintrittspforte für Keime darstellt, ist der Nabelstumpf sofort nach der Geburt mit starken Desinfektionsmitteln wie z. B. Jodtinktur zu behandeln. Diese Maßnahme sollte im Abstand von einigen Stunden mehrmals wiederholt werden.

Gesunde, vitale Fohlen begeben sich nach einer kurzen Verschnaufpause in Seitenlage schnell in die Brustlage. Die Fohlengesundheit lässt sich in seinen ersten Lebensstunden recht gut nach dem Gießener Fohlenbeurteilungsschema einschätzen.

Gesunde Fohlen beginnen nach 5 bis 15 Minuten mit Aufstehversuchen. Nach etwa 30 bis 75 Minuten gelingt ein noch unbeholfenes Stehen und die Neugeborenen orientieren sich zur Mutter hin und suchen nach dem Euter. Die möglichst frühe Aufnahme der ersten Stutenmilch (Biestmilch, Kolostralmilch oder Kolostrum) ist ausgesprochen wichtig, da diese Milch Antikörper (Immunglobuline) enthält, über die das Fohlen zum Zeitpunkt der Geburt noch nicht verfügt und auch in den ersten Wochen noch nicht selbst bilden kann. Bedeutsam dabei ist auch die Tatsache, dass der Gehalt der Antikörper in der Kolostralmilch rasch abnimmt wie Abbildung 152 zeigt und die Passierbarkeit der Antikörper durch die Darmwand des Fohlens bereits nach 12 Stunden stark abnimmt und schließlich nach etwa 24 Stunden gar nicht mehr möglich ist. Deshalb ist es notwendig, dass sich bereits 20 Minuten nach der Geburt ein Saugreflex einstellt, der mit der Zeit immer stärker wird. Nach etwa zwei bis drei Stunden sollte ein Fohlen spätestens Milch aufgenommen haben.

Sobald das Saugen funktioniert, geht ein normal entwickeltes Fohlen etwa alle 30 Minuten an das Euter. Wenn das Fohlen nach der anfänglichen Suchphase nicht in einen halbstündigen Saugrhythmus kommt, sondern hungrig erscheint, muss überprüft werden, ob das Euter der Stute Milch gibt und ob das Fohlen in der Lage ist zu schlucken bzw. ob Milch durch die Nase zurückläuft. Eine ausreichende Kolostrumaufnahme ist über einen Blutschnelltest, der die Konzentration der Antikörper (Immunglobuline) misst, nach der 16. Lebensstunde überprüfbar. Jedes Fohlen, das nicht innerhalb von zwei Stunden steht und am Euter der Mutter saugt, ist als potentiell gefährdet anzusehen.

Zusätzlich kann dem Fohlen eine die Abwehr unterstützende Injektion (Paraimmuninducer) und eine Vitamin- und Spurenelementeinjektion (Vitamin E und Selen) verabreicht werden.

Es kann vorkommen, dass eine Stute keine Milch gibt, ihr Fohlen nicht annimmt oder während oder kurz nach der Geburt verstirbt. Für die weitere Aufzucht gibt es jetzt zwei Möglichkeiten:

1. Man findet eine Ammenstute, die das Fohlen nach vorsichtiger Gewöhnung annimmt und aufzieht. Dies wäre die einfachere und weniger aufwändigere Lösung.
2. Man zieht das Fohlen per Hand auf. Bei der Handaufzucht muss das Pflegepersonal viel Durchhaltevermögen beweisen. Fohlen trinken bis zu 80 Mal am Tag am Euter der Stute. In den ersten acht Lebensstunden sollte es etwa eineinhalb Liter Milch trinken. Daher soll ein Fohlen in Handaufzucht Tag und Nacht mindestens alle zwei Stunden getränkt werden. Falls die Mutterstute noch zur Hand ist und ihr Fohlen aber nicht angenommen hat, kann man eventuell die Milch von der Stute gewinnen und dem Fohlen anbieten. Ansonsten erweist es sich als vorteilhaft, wenn man einen Vorrat an Kolostralmilch eingefroren hat, am besten von Stuten aus dem eigenen Betrieb wegen der dort befindlichen betriebsspezifischen Antikörper; ansonsten ist auch über den Handel Kolostrum erhältlich. Sollte das Fohlen nicht von allein trinken, muss es vom Tierarzt oder der Tierärztin unbedingt zwangsernährt werden, da es sonst keine Überlebenschance besitzt. Insgesamt muss ein Fohlen mindestens 10 % seines Körpergewichts pro Tag trinken.

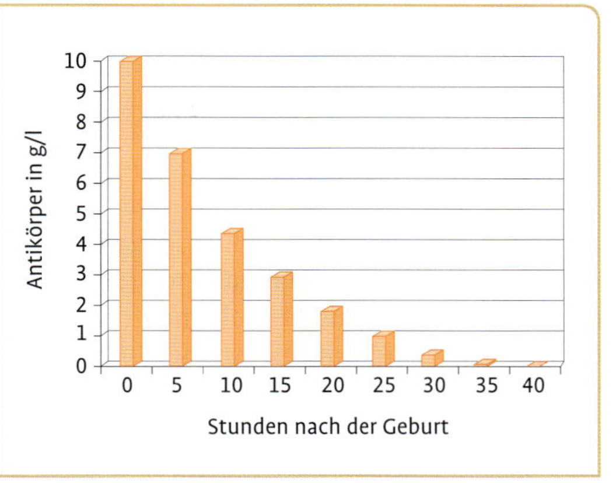

Abb. 152: Der Antikörpergehalt in der Kolostralmilch nimmt allmählich ab.

4.1.5 Fohlenaufzucht

Häufige Fohlenerkrankungen

Neugeborene Fohlen erkranken sehr viel leichter als ausgewachsene Tiere und eine Krankheitssituation entwickelt sich sehr viel schneller zu einer lebensbedrohlichen Situation, da die Abwehrkräfte noch nicht ausreichend ausgebildet sind. Jede der folgenden Erkrankungen sollten deshalb tierärztlich begutachtet und gegebenenfalls behandelt werden. Einige der aufgeführten Erkrankungen lassen sich durch sorgfältig durchgeführte hygienische Maßnahmen abmildern oder vermeiden. Geburts- und Stallhygiene spielen dabei eine entscheidende Rolle! Hier ist also ein besonders umsichtiges und verantwortungsvolles Handeln des Stallpersonals erforderlich. Zudem sollte die tägliche Gesundheitskontrolle beim Fohlen selbstverständlich sein: Beobachtung des Bewegungs-, Trink- und Sozialverhaltens, des Kot- und Harnabsatzes sowie der PAT-Werte (Puls, Atmung, Temperatur).

Darmpechverhalten (Mekoniumverhalten)

Während der Trächtigkeit schluckt das Fohlen Fruchtwasser, indem sich auch Schwebeteilchen wie z. B. Haut- und Haarreste befinden, die sich dann im Darm anreichern und das sogenannte Darmpech bilden. Das Darmpech ist ein etwa 60 bis 100 cm langer, klebriger, schwarzer Strang und sollte vom Fohlen innerhalb der ersten acht Stunden ausgeschieden werden, damit es seine normale Darmfunktion aufnehmen kann. Es hat sich bewährt, zumindest Hengstfohlen, die eher Probleme zeigen, routinemäßig nach dem ersten stabilen Saugakt ein Klistier zu verabreichen. Darmpechverhalten führt zu einer schmerzhaften Kolik; die Fohlen saugen nicht mehr und wälzen sich. Es besteht Lebensgefahr.

Tab. 64. PAT-Werte eines Fohlens

Lebensalter	PAT-Werte
1–12 h	30–40 Atemzüge/min 38 °C Puls 120–140 Schläge/min
nach 12 h	30 Atemzüge/min 38,0–39,2 °C Puls 80–120 Schläge/min
Erwachsene Pferde	8–16 Atemzüge/min 37,5–38,3 °C Puls 28–40 Schläge/min

Durchfall

Durchfall ist ein sehr ernst zu nehmendes Krankheitssymptom, das sowohl beim Neugeborenen als auch beim Absetzer auftritt. Es besteht die Gefahr, dass die Fohlen bei schwerem Durchfall durch den Flüssigkeitsverlust austrocknen und zudem aus Schwäche zu wenig trinken. Durchfall (Diarrhöe) kann durch Infektion mit Viren, Bakterien oder Würmern ausgelöst werden, aber auch durch Ernährungsfehler, Stress oder Medikamente. Vorsicht ist vor allem im Zusammenhang mit Fieber geboten. Je nach Schwere sollte man sofort tierärztliche Hilfe hinzuziehen, da akute Lebensgefahr besteht.

Fohlenlähme

Die Fohlenfrühlähme wird durch Bakterien wie Streptokokken, Salmonellen oder *Escherichia coli* verursacht, die durch den Nabel oder den Verdauungstrakt ins Blut eindringen und sich in Gelenken, aber auch an anderen Orten im Fohlenkörper ansiedeln. Verbunden mit Fieber (mehr als 39 Grad) und Lahmheit zeigt das Fohlen schmerzhafte Schwellungen an den Gelenken. Darüber hinaus kann das Fohlen aber auch unter Durchfall und Atemwegsproblemen leiden. Es besteht Lebensgefahr. Betroffen sind Fohlen in einem Alter von wenigen Tagen bis etwa vier Wochen. Für die bei älteren Fohlen (bis zum fünften Monat) auftretende Fohlenspätlähme wird auch der

Erreger *Rhodococcus equi* diskutiert. Er wird über die Atemwege aufgenommen und führt häufig zu Lungenentzündungen, aber eben auch zu ähnlichen Symptomen, wie sie für die Fohlenfrühlähme beschrieben wurden. Die ausreichende Aufnahme von Kolostralmilch und hygienische Bedingungen verringern das Risiko einer Erkrankung an Fohlenlähme.

Fehlanpassungssyndrom
Als Fehlanpassungssyndrom bezeichnet man eine Störung des Zentralen Nervensystems, woraufhin die Fohlen erhebliche Verhaltensstörungen aufweisen wie Krämpfe, Ausstoßen hundeähnlicher Laute, Orientierungslosigkeit, mangelnder Saugreflex, Apathie bis zur Bewusstlosigkeit. Als ein Grund für diese Auffälligkeiten wird eine mangelnde Sauerstoffversorgung des Gehirns vermutet. Die Symptome treten in einem Zeitraum von kurz bis etwa 24 Stunden nach der Geburt auf.

Nabelbruch
Ist beim Fohlen die Bauchdecke um den Nabel herum nicht vollständig geschlossen, so kann ein Stück Darm durch diese Öffnung rutschen. Von außen sichtbar zeigt sich eine Schwellung. Lässt sich diese Schwellung zusammen drücken, handelt es sich um einen Bruch. Wenn nicht, kann es ein Abszess sein. Meist sind die Nabelbrüche recht klein und sie verschwinden von alleine nach ein bis zwei Jahren. Man sollte darauf achten, dass der Inhalt mit der Hand leicht in die Bauchhöhle zurückverlagert werden kann. Tägliche Kontrolle ist wichtig. Sobald der Bruch größer erscheint, warm und / oder schmerzhaft ist, sollte tierärztliche Hilfe hinzugezogen werden. Gefährlich wird es auch, wenn die Schwellung abgeschnürt wird, dann kommt es zu kolikartigen Symptomen und es muss sofort operiert werden.

Nabelentzündung
Eine relativ häufige Erkrankung ist die Nabelentzündung, meist durch eine Infektion hervorgerufen, mit sehr verschiedenen Schweregraden. Der Nabel erscheint dabei verdickt, eventuell warm und schmerzhaft. Er kann zum Teil nicht abgetrocknet sein und zieht meist als fingerstarker Strang in die Bauchhöhle. Manchmal tritt auch eitriges Sekret aus. Es besteht die Gefahr der Streuung von Keimen in andere Gewebe, wie zum Beispiel Gelenke oder Bauchhöhle. Sehr schwere Nabelentzündungen müssen chirurgisch behandelt werden.

Urachusfistel
Bei einer Urachusfistel hat sich die noch im Mutterleib bestehende Verbindung zwischen Harnblase und Nabel nach der Geburt nicht oder nicht vollständig geschlossen. Daher tritt Harn aus dem Nabel aus und verhindert dessen ordnungsgemäßes Abtrocknen und fördert Infektionen, da die Nabelumgebung ständig feucht ist. Dadurch ist es manchmal schwer zwischen einer Urachusfistel und einer einfachen Nabelentzündung zu unterscheiden. U. U. liegt auch beides gleichzeitig vor. Manchmal reicht es aus, den Nabel und die Fistelöffnung mit Jodtinktur zu betupfen, um einen Verschluss herbeizuführen. Gelingt dies nicht, muss operiert werden.

Gliedmaßenfehlstellungen
Gliedmaßenfehlstellungen treten einzeln oder in Kombination (Durchtrittigkeit, X-beinigkeit, O-beinigkeit, Bockhuf, Stelzfuß, um einige zu nennen; siehe auch Abb. 140) auf. Die Gründe hierfür sind vielfältig. Vorausgesetzt, das Fohlen ist optimal mit Nährstoffen versorgt und das orthopädische Problem ist nicht infektionsbedingt, normalisieren sich einige der genannten Fehlstellungen oft von alleine, wenn sich das Fohlen zunehmend bewegt und die Bänder, Sehnen, Gelenke und Knochen belastet werden. Sofortige Hilfe durch Fachleute (Tierarzt, Schmied) ist allerdings beim Bockhuf und beim Stelzfuß angezeigt. Je früher man hier die Probleme angeht, desto

besser sind die Heilungschancen. Korrekturen können mithilfe einer Hufbearbeitung, durch Einsatz von Hufschuhen, durch fixierende Verbände, Medikamente oder auch durch Operationen vorgenommen werden.

Weitere Fohlenaufzucht

Die Fohlenaufzucht erfordert sehr viel Sorgfalt und Fachwissen, weil hier die Grundlage für die spätere Leistungsfähigkeit und Gesundheit des Pferdes gelegt wird. Zwar sind Leistungsmerkmale wie Springvermögen, Dressurveranlagung, Rennleistung und Gesundheit zu einem gewissen Teil erblich bedingt, dennoch werden diese Merkmale überwiegend durch Umweltfaktoren beeinflusst. Eine artgerechte und ernährungsphysiologisch optimale Aufzucht ist also unabdingbare Voraussetzung.

Viele Fohlen werden im ersten Drittel des Jahres geboren, wenn es noch kalt ist. Das ist an sich kein Problem für ein Fohlen, da Pferde aufgrund ihrer besonders guten Thermoregulation in der Lage sind sowohl sehr hohe als auch sehr niedrige Temperaturen auszuhalten. Nachteilig sind allerdings zugige und nasskalte Ställe. Auf beheizte Fohlenställe kann also verzichtet werden.

Für die korrekte Stellung der Gliedmaßen ist es wichtig, dass das Fohlen auf festem Boden steht. Das kann in einer Box so umgesetzt werden: ein weich eingestreuter Liegebereich und ein weniger weich eingestreuter Stehbereich.

Spätestens einen Tag nach der Geburt werden die Stute und das Fohlen aus der Box genommen, damit das Fohlen herumtollen und sich ausreichend bewegen kann. Am besten kommt es gleich mit seiner Mutter auf eine Weide, deren Zäune aber „fohlensicher“ sein sollten. Hier kann das Fohlen seine Umwelt erkunden und nach Herzenslust herumtollen. Das trainiert den Bewegungsapparat wie Sehnen, Muskeln und Skelett, aber auch die Lunge. Zudem wird durch den Wechsel von Außen- zur Innentemperatur die Thermoregulation trainiert. Gerade bei sehr früh im Jahr geborenen Fohlen besteht die Gefahr, dass die Fohlen nur wenig Bewegung erhalten. Da das Wetter meist kalt und nass ist, lassen einige Fohlenbesitzer die Fohlen oft in der Box stehen oder nur für kurze Zeit in der Reithalle laufen. Wenig Gesamtbewegung in den ersten vier Lebensmonaten erhöht jedoch den Anteil positiver Osteochondrose-Befunde, gemeinhin Chips genannt, die unter Umständen die Leistungsfähigkeit eines Pferdes einschränken können. Eine ausgewogene und ausgiebige Bewegung der Saugfohlen über mehrere Stunden vom Tag nach der Geburt an wirkt sich positiv auf die Skelettentwicklung aus. Eine über einen kurzen Zeitraum zu starke oder unausgewogene Bewegung der Fohlen sollte vermieden werden. Optimale Bewegungsbedingungen ergeben sich aber in unserem Klimaraum erst im April / Mai. Dies ist bei der Terminierung der Bedeckung bzw. Besamung zu bedenken.

Die Art der Fütterung spielt ebenfalls eine wichtige Rolle für die Entstehung von Osteochondrose. Als Risikofaktor gilt eine zu eiweiß- und energiereiche Versorgung, wie sie zur verstärkten Förderung von Körpergröße und Körpergewicht durchgeführt wird. Es bietet sich an, eine Rationsberechnung durchzuführen.

Der Weidegang findet am besten in einer Gruppe von Stuten mit oder ohne Fohlen statt. Es ist ratsam, die Gruppen schon weit vor den Abfohlterminen zusammenzustellen, damit die Rangordnung zwischen den Tieren klar ist. So wird Unruhe in der Herde vermieden.

Am schnellsten wächst das Fohlen in den ersten beiden Monaten nach der Geburt. Seine Schulterhöhe nimmt um etwa 30 Prozent zu. Das Fohlen verdoppelt in den ersten 60 Tagen sein Körpergewicht nahezu.

In den ersten Wochen genügt die Muttermilch als Hauptnahrungsquelle vollkommen. Das Fohlen nimmt zwar bereits nach wenigen

Tagen festes Futter auf, was wichtig ist für die Entwicklung der Darmtätigkeit, doch sind die Mengen nicht nennenswert. Nach etwa acht Wochen reicht die Milch jedoch weder von der Menge der Nährstoffe noch von der Qualität her für eine optimale Versorgung aus. Wann genau die Milch nicht mehr ausreicht, hängt allerdings sehr stark von der individuellen Fohlenentwicklung und auch der Milchproduktion der Stute ab. Deshalb sollte schon ab der vierten bis fünften Lebenswoche in geringen Mengen spezielles Fohlenfutter zur Gewöhnung angeboten werden. Ebenfalls sollte auch schon Heu in sehr guter Qualität zur Verfügung stehen. Auf eine ausreichende Versorgung mit Kupfer, Zink und Selen ist zu achten. Weiteres zur Fohlen- und Jungpferdefütterung findet sich im Kapitel 3 **Pferde füttern**.

Das Fohlen sollte erstmalig im Alter von zwei Wochen gegen den Zwergfadenwurm mit einer Wiederholung in der vierten Woche, behandelt werden. Eine Behandlung gegen Spul- und andere Würmer sollte im Alter von sechs bis acht Wochen erfolgen. Weitere Entwurmungen sind bis zum Alter von einem Jahr alle acht Wochen angezeigt. Es muss darauf geachtet werden, dass Wirkstoffe und Darreichungsform richtig gewählt sowie eine exakte Gewichtseinschätzung und Dosierung ermittelt werden. Das Impfen von Fohlen wird erst ab einem Alter von fünf bis sechs Monaten empfohlen, um den Aufbau des eigenen Immunsystems nicht zu stören.

Absetzen

In der freien Natur bleibt das Fohlen so lange bei der Mutter bis diese es vertreibt, weil sich ein neues Fohlen ankündigt. Für Zuchtbetriebe gibt es einige Gründe, ein Fohlen schon früher abzusetzen: Leichtere Organisation der erneuten Bedeckung und dem damit eventuell verbundenen Transport, die Konkurrenzsituation zwischen saugendem Fohlen und dem Energiebedarf des Fetus, Minimierung der Aufzuchtkosten.

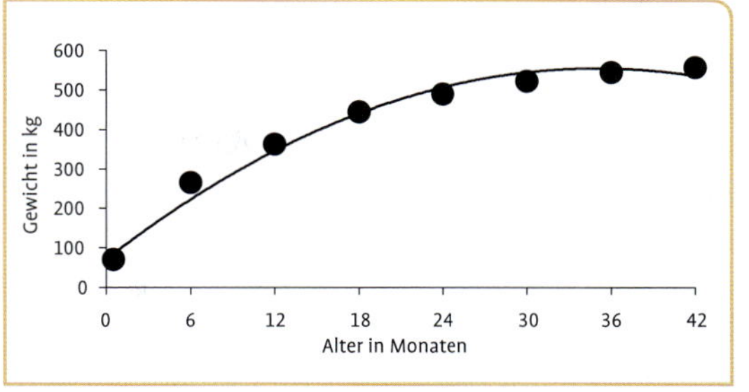

Abb. 153: Gewichtsentwicklung beim Warmblut in den ersten 3 Lebensjahren.

So werden die meisten Fohlen zwischen dem fünften und siebten Lebensmonat abgesetzt. Früher abgesetzte Fohlen werden oft in ihrer Entwicklung gestört; später abgesetzte verkraften die Trennung von der Mutter besser. Ziel muss es sein, den tiefen Einschnitt im Leben eines jungen Pferdes so schonend wie möglich zu gestalten, um Erkrankungen aufgrund des damit verbundenen Stresses zu vermeiden. Eine gute Voraussetzung ist daher ein guter Gesundheitszustand des Jungtiers; es sollte Kraftfutter, Heu und Gras fressen. Auch ein unkomplizierter Umgang mit dem Fohlen sollte möglich sein: Halfter-anlegen, Angebunden-sein und Hufe-geben sollten kein Problem darstellen.

Es gibt verschiedene Methoden, ein Fohlen von der Mutter abzusetzen. Man trennt Stute und Fohlen zunächst nur stundenweise, etwa weil die Mutterstute geritten wird. Oder aber man separiert die beiden tagsüber, nachts werden sie gemeinsam aufgestallt. Dann können die Fohlen nochmals bei der Mutter trinken. Dies erleichtert auch der Stute die langsame Milchrückbildung ohne Euterentzündung. Das Euter der Stute muss nach dem Absetzen ständig kontrolliert und gegebenenfalls gekühlt werden. Auf gar keinen Fall darf die Milch abgemolken werden, da dies nur wieder die Milchbildung anregt. Einige praktizieren das plötzliche Absetzen von einem Tag zum anderen. Aber auch diese Methode kann man etwas erträglicher durchführen, wenn zum Beispiel eine größere Herde vorhanden ist und man nach und nach ein oder zwei Mutterstuten herausnimmt, während die anderen Stuten und die möglichst gleichaltrigen Jungtiere in der Herde verbleiben. Dann sind die abgesetzten Fohlen nicht allein, bleiben in der gewohnten Umgebung und finden bei den älteren Tieren Trost.

Zur Wiederholung und Vertiefung

1. Beschreiben Sie den Vorgang der Befruchtung.
2. Welche Vorteile hat eine Untersuchung auf Trächtigkeit mit dem Ultraschallgerät gegenüber anderen Untersuchungsmethoden?
3. Eine Stute wurde am 20. Mai das letzte Mal bedeckt, eine Trächtigkeit konnte festgestellt werden. Zu welchem Zeitpunkt wird die Stute voraussichtlich abfohlen?
4. Aus welchen Gründen können Stuten verfohlen?
5. Beschreiben Sie den Ablauf einer normalen Geburt. Benennen Sie die einzelnen Phasen, ihre Dauer und die wichtigsten Vorgänge.
6. Wieso ist die rasche Biestmilchaufnahme für das Fohlen so wichtig?
7. Beschreiben Sie das Verhalten eines gesunden Fohlens nach der Geburt.
8. Was versteht man unter Darmpechverhalten beim Fohlen?

4.2. Kenntnisse der Vererbung für die Zucht nutzen

?

Charlotte liebt gescheckte Pferde. Sie besitzt eine Tobiano-Stute, also eine Stute, die gescheckt ist. Mit dieser Stute möchte sie züchten. Es soll auf jeden Fall bei der geplanten Anpaarung ein Tobiano-Fohlen herauskommen. Und so wählt sie mit Bedacht für ihre Stute ebenfalls einen Tobiano-Hengst aus. Nach 11 Monaten fiebert sie der Geburt entgegen – doch die Enttäuschung ist groß: Das Fohlen ist ganzfarbig braun! Charlotte kann sich das überhaupt nicht erklären; Nachkommen ähneln doch meistens den Eltern?

4.2.1. Grundlagen der Vererbung

Ein Züchter möchte die Eigenschaften und damit die Qualität seiner Pferde nicht dem Zufall überlassen, sondern diese möglichst beeinflussen können. Die Eigenschaften eines Pferdes (Phänotyp = P) hängen von den auf den Organismus einwirkenden Umwelteinflüssen (U) und von der genetischen Veranlagung (Genotyp = G) ab.

!

Also: P = G + U

Aufgabe des Züchters ist es nun die Umwelteinflussgrößen (Futter, Pflege, Haltung usw.) zu kennen und entsprechend optimal zu gestalten, aber auch Kenntnisse über die Erblichkeit von Merkmalen wie Farbe, Krankheiten und Leistung zu besitzen, um jene bei der Wahl der Anpaarungspartner gezielt zu nutzen.

Vererbung bedeutet, die Weitergabe von Erbinformationen von den Eltern auf die Nachkommen. Die Erbinformationen befinden sich auf sogenannten Chromosomen. Ein Pferd hat 32 Chromosomen, alle in doppelter Ausführung, da es sowohl von dem Vater als auch von der Mutter 32 Chromosomen über das Ei bzw. das Spermium erhält. Eine normale Körperzelle besitzt also den doppelten (diploiden) Chromosomensatz, d.h., 64 Chromosomen. Auf den Chromosomen liegen die Erbinformationen, Gene genannt, chemisch codiert. Jedes Chromosom mit seinen Genen ist für bestimmte Merkmale „zuständig". Diese Merkmale sind dann nur auf diesem Chromosom codiert. Das bedeutet, bestimmte Merkmale lassen sich bestimmten Chromosomen zuordnen. So weiß man z. B., dass das Gen für die fortschreitende Schimmelung auf dem Chromosom Nr. 25 liegt.

Weil aber jedes Chromosom zweimal vorkommt, kann es sein, dass z. B. für das Merkmal „Tobiano-Scheckung „ja oder-nein“ auf dem einen Chromosom die Merkmalsausprägung „keine Tobiano-Scheckung“, auf dem entsprechenden anderen aber „Tobiano-Scheckung“ codiert ist. In diesem Falle setzt sich das Gen mit der Ausprägung „Tobiano-Scheckung“ durch, überdeckt das andere. Ein Gen, was ein anderes überdecken kann, nennt man dominant und wird mit einem Großbuchstaben abgekürzt: hier mit T. Die Merkmalsausprägung des Gens „keine Scheckung“ ist dagegen rezessiv (zurücktretend) gegenüber dem dominanten und wird mit einem Kleinbuchstaben abgekürzt, also t. Ein Pferd mit einem Genotyp (Erbbild) „Tt“ wäre phänotypisch, also in seiner äußeren Erscheinung, ein Tobiano-Schecke; ebenfalls ein Genotyp TT. Nur bei einem Genotyp tt würde sich ein Nicht-Schecke ergeben.

4.2.2. Zellteilung und Reifeteilung

Ein Wesen wie der Mensch oder ein Pferd besteht aus Millionen von Körperzellen – einst entstanden aus einer befruchteten Eizelle. Doch wie sind aus einer einzigen Zelle so viele Zellen entstanden? Indem sich die Zellen immer wieder teilten und immer noch teilen: aus einer werden zwei, aus zwei werden vier, aus vier werden acht Zellen usw. Nun befinden sich aber in der Ausgangszelle wichtige Erbinformationen, die auf sogenannten Chromosomen chemisch codiert sind. Bei der Zellteilung muss jedoch sichergestellt werden, dass die vollständige Erbinformation auch in den durch die Teilung entstehenden Tochterzellen enthalten ist und nicht verloren geht. Dies wird erreicht, indem sich die Chromosomen in der Körperzelle in einer ganz bestimmten Art und Weise vor der Teilung „sortieren“. Diesen Vorgang, der in Abbildung 154 dargestellt ist, nennt man Mitose.

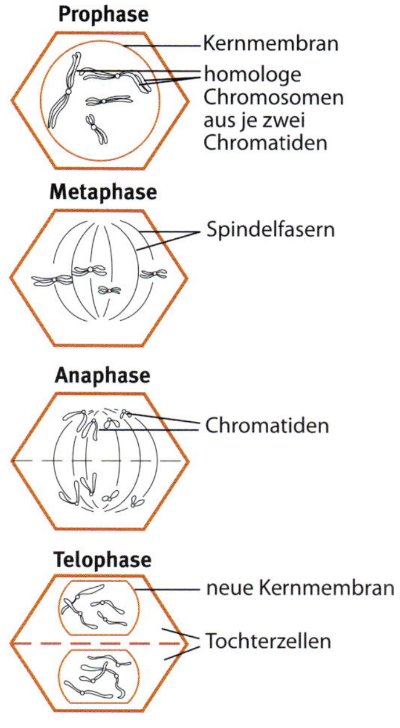

Abb. 154: Stark vereinfachte Darstellung der Mitose. Jedes Chromosom besteht vor der Teilung aus zwei Chromatiden. Die Chromatiden halten am Zentromer zusammen. Vor der Mitose siedeln sich alle Chromosomen in der Äquatorialebene an. Anschließend werden die Chromosomen von Kernspindelfasern auseinander gezogen und die Chromatiden wandern zu den Polen. Die Zellmembran wird eingeschnürt. Zwei genetisch völlig identische Tochterzellen sind entstanden, wobei zunächst jedes Chromosom nur noch aus einem Chromatid besteht.

Bei der sexuellen Vermehrung, wie sie bei allen Säugetieren stattfindet, verschmelzen Eizelle und Samenzelle. Wären Ei- und Samenzellen genetisch genauso aufgebaut wie normale Körperzellen – die ja den doppelten (diploiden) Chromsomensatz tragen – würde durch die Verschmelzung eine neue Zelle mit

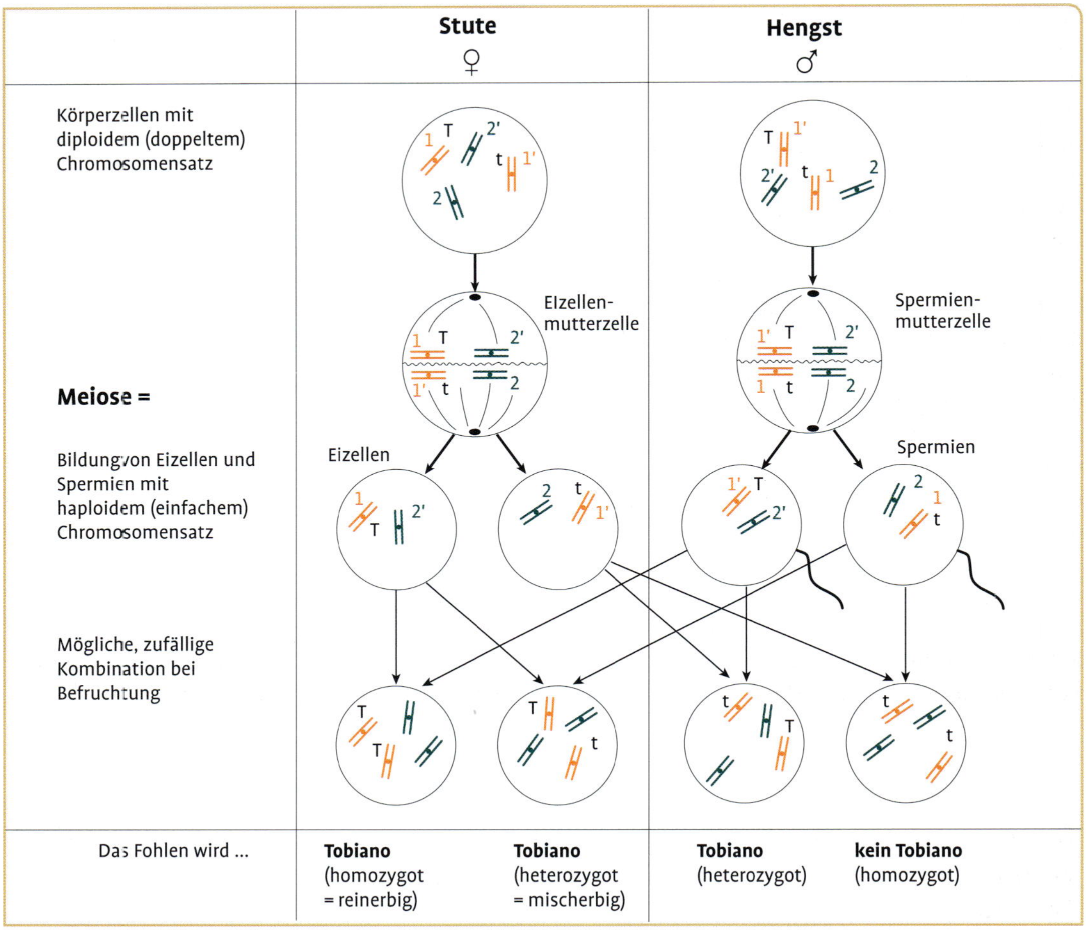

Abb. 155: Stark vereinfachte Darstellung der Meiose am Beispiel der Tobiano-Scheckung. Ausgehend von einer diploiden Körperzelle – die aus Gründen der Übersichtlichkeit mit nur 2 der 32 Chromosomenpaare eingezeichnet wurde – stellen sich vor der Teilung die einander entsprechenden Chromosomenpaare gegenüber. Dann werden die Chromosomenpaare durch Kernspindelfasern zu den Polen gezogen. Zuletzt schnürt sich die Zellmembran ein und es entstehen zwei Tochterzellen mit je einem Chromosomensatz (auf die Darstellung der zweiten Reifeteilung wurde aus Gründen der Übersichtlichkeit bewusst verzichtet).

dem 4-fachen Chromosomensatz entstehen. Dieses Gebilde wäre nicht entwicklungsfähig. Damit aber nach der Befruchtung eine funktionsfähige Zelle mit einem doppelten Chromosomensatz entsteht, müssen sowohl Ei- als auch Samenzellen nur den einfachen (haploiden) Chromosomensatz tragen. Durch den Vorgang der Meiose (Reduktionsteilung) entstehen aus „normalen“ Zellen haploide Ei- und Samenzellen.

Um nun zu verstehen, wieso die anfangs von Charlotte geschilderte Anpaarung nicht das beabsichtigte Ergebnis – ein Tobiano-Fohlen – erbrachte, siehe man sich die Abbildung

155 an. Beide Eltern tragen in ihrem Genotyp auf einem Chromosom das t. Da dieses rezessive Gen aber durch das T auf dem entsprechenden anderen Chromosom überdeckt wird, sind die Eltern vom Phänotyp, also vom Äußeren her, Tobiano-Schecken. Durch die Meiose entstehen haploide Ei- bzw. Spermienzellen, von denen ein Teil das Chromosom mit T, der andere Teil das Chromosom mit t trägt. Es bleibt jetzt dem Zufall überlassen, welche Art der Eizellen mit welcher Art der Spermien verschmilzt. Wie aus der Darstellung ersichtlich ist, besteht die Möglichkeit, dass eine Eizelle mit t von einem Spermium, das ebenfalls ein t trägt, befruchtet wird. Das neu entstehende Fohlen hat dann einen Genotyp tt und ist somit kein Tobiano-Schecke.

Um sich übrigens eine aufwändige Zeichnung wie in Abbildung 155 zu ersparen, kann man auch die möglichen Ergebnisse der oben dargestellten Anpaarung abstrakt in einem Kombinationskreuz darstellen.

Tt \ Tt	T	t
T	TT (Schecke)	Tt (Schecke)
t	Tt (Schecke)	tt (kein Schecke)

Abb. 156: Nachkommen von heterozygoten Tobiano-Eltern.

4.2.3. Farbvererbung

Ein gutes Pferd hat keine Farbe, heißt es immer. Dennoch spielt die Farbe eines Pferdes im Zusammenhang mit dem Gesamterscheinungsbild eines Pferdes unleugbar eine wichtige Rolle und so ist für Pferdezüchter bei der Wahl der Anpaarungspartner die Farbe durch-

Tab. 65. Farbfaktoren und ihre Gene

Faktor	Gen	Auswirkung	Gentest möglich?
Ausbreitungsfaktor schwarz	E	(extension) vollständige Ausbreitung des schwarzen Pigments	ja
	e	Unterdrückung des schwarzen Pigments	
Zuteilungsfaktor von E	A	(Agouti) Schwarzfärbung verdrängt auf Langhaar und Extremitäten; nur wirksam, wenn E vorhanden	ja
	a	Keine Beschränkung der Schwarzfärbung	
Fortschreitende Schimmelung	G	(Grey) Fortschreitende Schimmelung vorhanden; überdeckt alle anderen Faktoren	
	g	Anlage für Schimmelung fehlt	
Aufhellungsfaktor	C^{cr}	Rotes Pigment wird aufgehellt	ja
	C	Aufhellungsfaktor fehlt, normale Pigmenteinlagerung	
Farbverdünnungsfaktor	D	(Dun) Aufhellung, Farbverdünnung der Grundfarben: rot zu gelb, schwarz zu grau	ja
	d	Normale Pigmenteinlagerung	
Tobiano-Scheckung	T	Tobianoscheckung	
	t	keine Tobianoscheckung	

aus ein bedeutendes Merkmal, man denke hier z. B. an Rassen wie Friesen, Lipizzaner oder Quarter Horses.

An dieser Stelle soll die Farbvererbung beim Pferd ausführlich behandelt werden, da sie im Vergleich zur Erblichkeit von Krankheiten und Leistung recht gut erforscht ist und sich damit besonders eignet, Grundkenntnisse der Vererbung zu vertiefen.

Die Fellfarbe hängt in fast allen Fällen von mehreren Genen und ihrem Zusammenspiel ab. Die nachfolgende Tabelle 66 stellt die wichtigsten Gene und ihre Farbfaktoren dar, die einen in die Lage versetzen, die Vererbung der Grundfarbentypen (Fuchs, Braun, Rappe), der Schimmelfarbe, die Aufhellung der Grundfarbentypen (Falben, Isabell, Cremello) und der Schecken zu verstehen.

Wie müsste ein Fuchs genetisch aussehen, wenn man sich klar macht, dass dieser keinesfalls das schwarze Pigment im Deckhaar oder Behang ausweisen darf und „rot" erscheint? Das heißt, das Gen E (vollständige Ausbreitung des schwarzen Pigments) darf nicht vorkommen, wohl aber das Gen e (Unterdrückung des schwarzen Pigments). Wenn gar kein E vorhanden ist, braucht man sich keine Gedanken zu machen um das Gen A oder a (Zuteilungsfaktor von Schwarz), da dies nur eine Rolle spielt, wenn tatsächlich das schwarze Pigment zu verteilen ist. Ein Fuchs sieht genetisch also bezüglich der Faktoren „Ausbreitungsfaktor schwarz" und „Zuteilungsfaktor von E" so aus:

ee Aa, ee aa oder ee AA.

Ein Rappe muss auf jeden Fall reichlich schwarze Pigmente haben und zwar überall.

Deshalb haben wir hier folgende Genotypen bezüglich der Faktoren „Ausbreitungsfaktor Schwarz" und „Zuteilungsfaktor von E": EE aa oder Ee aa.

Ein braunes Pferd, was ja schwarze Pigmente im Langhaar, aber auch an den Beinen aufweist, würde logischerweise bestimmt werden durch EE Aa, Ee Aa, EE AA oder EeAA.

Die fortschreitende Schimmelfärbung vererbt sich dominant gegenüber allen anderen in der Tabelle 65 genannten Faktoren. Aus diesem Grunde ist es bei einem Schimmel egal, welche Farbgene das Pferd sonst noch trägt. Ein Schimmel könnte also bezüglich der Faktoren „Fortschreitende Schimmelung", „Ausbreitungsfaktor Schwarz" und „Zuteilungsfaktor von E" so aussehen: Ee AA Gg oder EE aa GG usw. Ein Isabell entsteht aus einem „aufgehellten" Fuchs, also z. B. $eeAaCC^{cr}$, während der Cremello, ein sehr stark aufgehellter Fuchs, das C^{cr} zweimal führt, also ee aa C^{cr} C^{cr}. Durch das C^{cr} Gen aufgehellte Braune (z. B. $EeAaCC^{cr}$), nennt man Buckskin. Falben entstehen durch den Einfluss des D-Gens, das die Grundfarben aufhellt: Aus einem Brau-

Tab. 66. Pferdefarben und ihr Genotyp

Farbe	Genotyp (beispielhaft), bezüglich der Genorte E, A, C, G, D, T
Fuchs	ee AA CC gg dd tt ee aa CC gg dd tt
Brauner	Ee Aa CC gg dd tt EE Aa CC gg dd tt
Rappe	Ee aa CC gg dd tt EE aa CC gg dd tt
Fortschreitende Schimmelung	EE AA CC Gg dd tt Ee aa CC GG dd tt ee Aa CC^{cr} Gg dd tt
Buckskin	Ee Aa CC^{cr} gg dd tt
Falbe	Ee Aa CC gg Dd tt Ee aa CC gg DD tt
Tobiano Schecke Braun-Schecke	Ee Aa CC gg dd Tt
Isabell	ee Aa CC^{cr} gg dd tt

Tab. 67. Anpaarungsbeispiele und die möglichen Farben der Nachkommenschaft

Beispiel 1				
Stute: EeAa (Braune) / **Hengst: Eeaa (Rappe)**	EA	Ea	eA	ea
Ea	EEAa (Brauner)	EEaa (Rappe)	EeAa (Brauner)	Eeaa (Rappe)
ea	EeAa (Brauner)	Eeaa (Rappe)	eeAa (Fuchs)	eeaa (Fuchs)
Beispiel 2				
Stute: EeAaCCggddtt (Braune) / **Hengst: eeAaCCGgddtt (Schimmel)**	EACgdt	EaCgdt	eACgdt	eaCgdt
eACGdt	EeAACCGgddtt (Schimmel)	EeAaCCGgddtt (Schimmel)	eeAACCGgddtt (Schimmel)	eeAaCCGgddtt (Schimmel)
eACgdt	EeAACCggddtt (Brauner)	EeAaCCggddtt (Brauner)	eeAACCggddtt (Fuchs)	eeAaCCggddtt (Fuchs)
eaCgdt	EeAaCCggddtt (Brauner)	EeaaCCggddtt (Rappe)	eeAaCCggddtt (Fuchs)	eeaaCCggddtt (Fuchs)
eaCGdt	EeAaCCGgddtt (Schimmel)	EeaaCCGgddtt (Schimmel)	eeAaCCGgddtt (Schimmel)	eeaaCCGgddtt (Schimmel)

nen wird z. B. ein Braunfalbe (EeAaCCDd). Äußerlich wäre dieser Braunfalbe vom Buckskin anhand des Aalstrichs zu unterscheiden. Eine Übersicht über einige Fellfarben und ihre Genotypen gibt Tabelle 66.

4.2.4 Geschlechtsvererbung

Manche Reiterinnen oder Reiter bevorzugen als Reittiere aus den unterschiedlichsten Gründen Hengste bzw. Wallache, andere Stuten. Und so stellt sich für Züchterinnen und Züchter die Frage, wodurch denn das Geschlecht beim Pferd bestimmt wird, mit welcher Häufigkeit man z. B. Stutfohlen erwarten darf und ob man darauf Einfluss nehmen kann.

Bei einigen Tierarten wie Krokodilen oder Schildkröten erfolgt die Geschlechtsbestimmung über Umwelteinflüsse wie der Temperatur. Bei den Säugetieren jedoch, wozu die Pferde, aber auch der Mensch gehören, bestimmen Geschlechtschromosomen das Geschlecht. Pferde haben 32 Chromosomen, jeweils in doppelter Ausführung. Eines von den 32 Paaren sind die Geschlechtschromosomen; sie können als so genanntes X-Chromosom oder als so genanntes Y-Chromosom ausgeprägt sein. Bei Stuten sind beide Geschlechtschromosomen X-Chromosome, während Hengste ein X- und ein Y-Chromosom in ihrem Genom (Gesamtheit aller Gene)

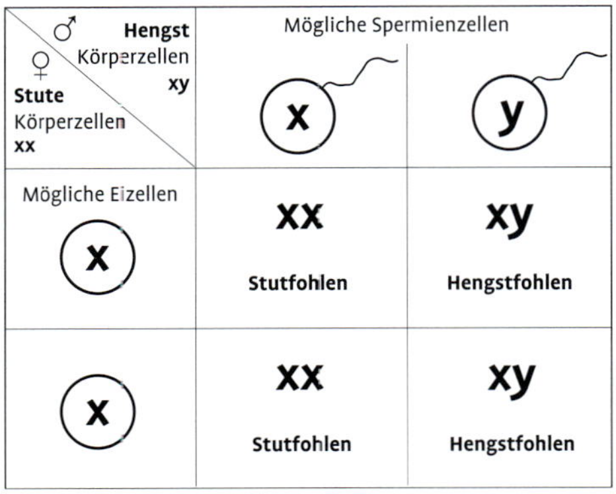

Abb. 157: Die Geschlechtsvererbung.

aufweisen. Dass mit einer Wahrscheinlichkeit von 50 % Stuten bzw. Hengste nach einer Anpaarung und erfolgter Befruchtung zu erwarten sind, zeigt die Abbildung 157.

Entscheidend ist dabei der Hengst, da er entweder zu dem im Ei vorhandenen X-Chromosom ein weiteres X-Chromosom oder aber ein Y-Chromosom über sein Spermium hinzufügt.

4.2.5 Vererbung von Krankheit und Leistung

Bei einigen Krankheiten gibt es bereits genügend Erkenntnisse über ihren Erbgang und dementsprechend sind auch schon Gentests möglich. Dies sind Krankheiten, die sich auf die Ausprägung eines einzelnen Gens zurückführen lassen. Für viele Erkrankungen liegen aber nur Vermutungen über eine erbliche Ursache vor, da man beispielsweise innerhalb bestimmter Familien oder Linien gehäuft Krankheiten beobachten kann. Bei dieser Gruppe von Krankheiten sind vermutlich viele Gene verantwortlich und darüber hinaus bestimmen auch noch Umwelteinflüsse, ob diese genetische Vorbelastungen auch tatsächlich zu einer Krankheitsausprägung führen.

Tab.68. Erbliche Krankheiten beim Pferd (Beispiele)

Name der Krankheit	**HYPP** Hyperkalemische Periodische Paralyse	**SCID** Schwerer Kombinierter Immundefekt	**LOW** Tödlicher Weißer Overo-Defekt
Krankheitsbild	Stoffwechselerkrankung, die zu Muskelkrämpfen führt. Pferde nur bedingt zu Reitzwecken tauglich	Immunschwäche	Nervenentwicklungsstörung
Betroffene Gruppe	Westernpferde v. a. Abstammung „Impressive“	Arabisches Vollblut (10 %) Appaloosa Lippizaner und deren Kreuzungsprodukte	Paints, Pintos Overo-Schecken
Erbgang	dominant	rezessiv	rezessiv
Bemerkungen	Schon Einzelgenträger zeigen Symptome, da Gen dominant, aber leichtere Symptome als Homozygote. Gentest möglich.	Bei Homozygotie tödlich bis zum 50. Lebenstag Weitergabe durch Einzelträger. Gentest möglich.	Homozygote Fohlen sind extrem weiß, nicht lebensfähig. Weitergabe durch Einzelträger. Gentest möglich

Tab. 68. Fortsetzung

Name der Krankheit	**HERDA** Hereditary Equine Regional Dermal Asthenia	**H-JEB** Herlitz-Junktional Epidermolysis Bullosa	**GBED** Glycogen Branching Enzym Defizienz	**Weitere erblich begünstigte Krankheiten**
Krankheitsbild	Hämatome, Flüssigkeitsansammlung unter der Haut, Ablösung der Haut Oft erst beim Anreiten bemerkt (2–4-jährig)	Ausbildung der Oberhaut gestört Ablösen von Haut und des Hufhorns schon beim Fohlen	Stoffwechselerkrankung Allgemeine Schwäche des Fohlens. Niedrige Temperatur, hohe Atemfrequenz.	Kehlkopfpfeifen Spat Hufrollenentzündung Arthrose Osteochondrose Chronische Bronchitis Sommerekzemanfälligkeit Sarkoidanfälligkeit Kreuzverschlag Kryptorchismus Überbeißer
Betroffene Gruppe	Westernpferde v. a. Abstammung „Poco Bueno“, „King“	Belgisches Kaltblut	Quarter Horse Paint Appaloosa	
Erbgang	rezessiv	rezessiv	rezessiv	
Bemerkungen	Homozygote zeigen Symptome	Bei Homozygotie tödlich bis 9. Tag Weitergabe durch Einzelträger Gentest möglich	Weitergabe durch Einzelträger Gentest möglich	

Die Erblichkeit von Leistungsmerkmalen wie Springvermögen oder Dressurveranlagung beim Reitpferd oder auch Fruchtbarkeit beim Zuchttier kann nur geschätzt werden, da diese Merkmale von sehr vielen Faktoren abhängig sind, wie man sich leicht vorstellen kann. Eine Schätzung der Erblichkeit erfolgt über einen Vergleich der Ausprägung dieser Merkmale unter verwandten und unter nicht verwandten Tieren. Man untersucht also die Eltern-Nachkommen-Ähnlichkeit. Ergibt sich hier ein deutlicher Zusammenhang, kann man von einer erblichen Einflussnahme ausgehen. Je höher die Erblichkeit eines bestimmten Merkmals ist, desto besser lässt es sich züchterisch bearbeiten. Die Höhe der Wahrscheinlichkeit des wiederholten Auftretens eines Merkmals bei der Nachkommenschaft wird in einer Zahl zwischen 0 und 1 ausgedrückt. Bei Werten unter 0,2 ist das Merkmal nur gering erblich. Das bedeutet, es macht nicht viel Sinn, Elterntiere auf dieses Merkmal hin zu selektieren.

Tab. 69. Erblichkeit von Leistungsmerkmalen

Erblichkeit (= Heritabilität)	Merkmale
Niedrige Heritabilität (< 0,2)	Fruchtbarkeit Interieur korrekte Vordergliedmassen korrekte Hintergliedmassen
Mittlere Heritabilität (0,2–0,4)	Rennleistung Hals Rahmen Schritt Trab Rittigkeit
Hohe Heritabilität (>0,4)	Stockmaß Sattellage Kopfform Springvermögen

Bei Werten zwischen 0,2 und 0,4 spricht man von einem mittleren, bei Werten über 0,4 von einem hohen Erblichkeitsgrad. Da die Umweltbedingungen eine große Rolle spielen, versucht man deren Einfluss bei der Schätzung der Erblichkeit zu minimieren, indem alle untersuchten Tiere den gleichen Umweltbedingungen – wie das z. B. bei Stationsprüfungen für Hengste oder Stuten geschieht – aussetzt.

4.3. Zuchtmethoden

Entsprechend dem angestrebten Zuchtziel ist eine geeignete Zuchtmethode auszuwählen, die das Zuchtziel auch in absehbarer Zeit erreichen lässt.

So gibt es Zuchtmethoden, die dazu führen, dass der Genotyp der Nachkommen zunehmend homozygot (reinerbig) wird. Dazu gehören:

- Inzestzucht,
- Inzucht,
- Reinzucht.

Andere Zuchtmethoden haben zum Ziel mehr oder weniger stark „fremde“ Gene in eine Population einzubringen. Folgende Kreuzungszuchtmethoden sind dazu geeignet:

- Veredlungskreuzung,
- Kombinationskreuzung,
- Verdrängungskreuzung,
- Gebrauchskreuzung.

!

Population = Gesamtheit der Lebewesen einer Art, Rasse oder eines Schlages in einem bestimmten Gebiet.

Inzestzucht und Inzucht

Unter Inzestzucht versteht man die Anpaarung von Tieren, die im ersten oder zweiten Grad miteinander verwandt sind. Z. B. Mutter × Sohn, Bruder × Schwester.

Die Inzucht ist etwas weiter gefasst. Sie meint die Anpaarung von Tieren, die bis zum 6. Grad miteinander verwandt sind.

!

Nach den Vorschriften des Bürgerlichen Gesetzbuches (BGB) misst man Verwandtschaftsgrade, indem man die Anzahl der Geburten zwischen den Verwandten zählt. Z. B.: Mutter und Sohn sind im 1. Grad, Bruder und Schwester im 2. Grad; Onkel und Nichte im 3. Grad miteinander verwandt.

Man erhofft sich, dass bestimmte Merkmale, die innerhalb einer Familie schon gehäuft auftreten, mit einer höheren Wahrscheinlichkeit an die Nachkommen weitergegeben werden. Der genetische Effekt, der bei der Anpaarung verwandter Tiere entsteht, ist das rasche Entstehen reinerbiger Genorte bei den Nachkommen. Das heißt, infolge der Inzucht nimmt der Grad der Homozygotie im Genom zu. Dies kann sowohl positive als auch negative Folgen haben. Denn, wenn erwünschte Merkmale in einer Population homozygot (reinerbig) vorliegen, spalten diese bei weiteren Anpaarungen innerhalb der Population nicht mehr auf. Diese Merkmale sind dann fest verankert (konsolidiert). Werden allerdings durch Inzucht negative Merkmale, z. B. rezessiv erbliche Krankheiten, homozygot, so zeigen sich dann diese Erkrankungen auch phänotypisch. Das ist zunächst ein Nachteil, der allerdings auch positiv genutzt werden kann, da Elterntiere als Träger von rezessiven Erbkrankheiten „entlarvt" sind und aus der Zucht ausgeschlossen werden können.

Die nachteiligen Effekte der Inzucht bezeichnet man auch als Inzuchtdepression; typische Erscheinungen sind: Fruchtbarkeitsstörungen, kleinerer Wuchs, mangelnde Vitalität.

Reinzucht
Bei der Reinzucht werden Tiere der gleichen Rasse bzw. Population miteinander angepaart, das heißt, Tiere, die zwar nicht miteinander nah verwandt sind, sich aber genetisch schon recht ähnlich sind, pflanzen sich fort. Auf diese Weise werden die Erbanlagen der Eltern auf die Nachzucht sicher vererbt; große Überraschungen bezüglich des Aussehens oder des Interieurs bleiben aus. Deshalb wird diese Methode auch häufig angewandt, wenn es darum geht, eine schon bestehende Rasse zu erhalten. Beispiele für die Anwendung der Reinzucht sind die Isländer oder Englisches Vollblut.

Kreuzungszucht
Bei der Kreuzungszucht allgemein werden Pferde verschiedener Rassen miteinander gepaart (gekreuzt). Die Tiere besitzen also recht unterschiedliche Erbanlagen. Kreuzungen sollten deshalb planvoll und immer mit Blickrichtung auf ein festes Ziel vorgenommen werden. „Wildes" Kreuzen bringt züchterisch eher Chaos als Fortschritt.

Veredelungskreuzung
Die Veredelungskreuzung will wertvolle Merkmale und Eigenschaften der Ausgangspopulation erhalten, aber einige neue, erwünschte einer anderen Rasse hinzufügen. Dazu kreuzt man kurzfristig Hengste der Veredelungsrasse gezielt ein und selektiert aus der Kreuzungsgeneration die dem angestrebten Ziel nahe kommenden Tiere aus. Diese paart man entweder miteinander oder nochmals mit den veredelnden Hengsten. Bedeutung hat diese Zuchtmethode nach wie vor in der Deutschen Reitpferdezucht, wenn z. B. Englische Vollblut-Hengste eingekreuzt werden.

Kombinationskreuzung
Die Kombinationskreuzung verfolgt ebenfalls das Ziel, wertvolle Eigenschaften einer schon vorhandenen Rasse zu erhalten, will diese jedoch mit unverzichtbaren Merkmalen einer oder zweier anderer Rassen kombinieren. Das Resultat ist eine mehr oder weniger neue Rasse, zumindest im Erscheinungsbild. Der Haflinger verdankt seine Entstehung dieser Zuchtmethode. Bergponys waren die Basis, hinzu kamen Noriker, Araber und vereinzelt südosteuropäische Huzulen und Bosniaken.

Verdrängungskreuzung
Von Verdrängungskreuzung spricht man, wenn die nach einer Kreuzung zweier Rassen entstandenen Zuchtprodukte immer wieder mit einem Zuchttier aus einer der Ausgangsrassen angepaart werden. Dadurch wird der Genpool der einen Rasse, hier das Westernpferd mit der Tobianoscheckung (Abb. 158), in den Nachkommen immer kleiner, das heißt verdrängt. So ist es möglich, in eine bestehende Rasse (hier Vollblutaraber) nur ein oder wenige Merkmale zu transportieren, ohne dass die Eigenschaften dieser Rasse wesentlich verändert werden.

Gebrauchskreuzung
Bei der Gebrauchskreuzung geht es vornehmlich darum, die Nachkommenschaft als

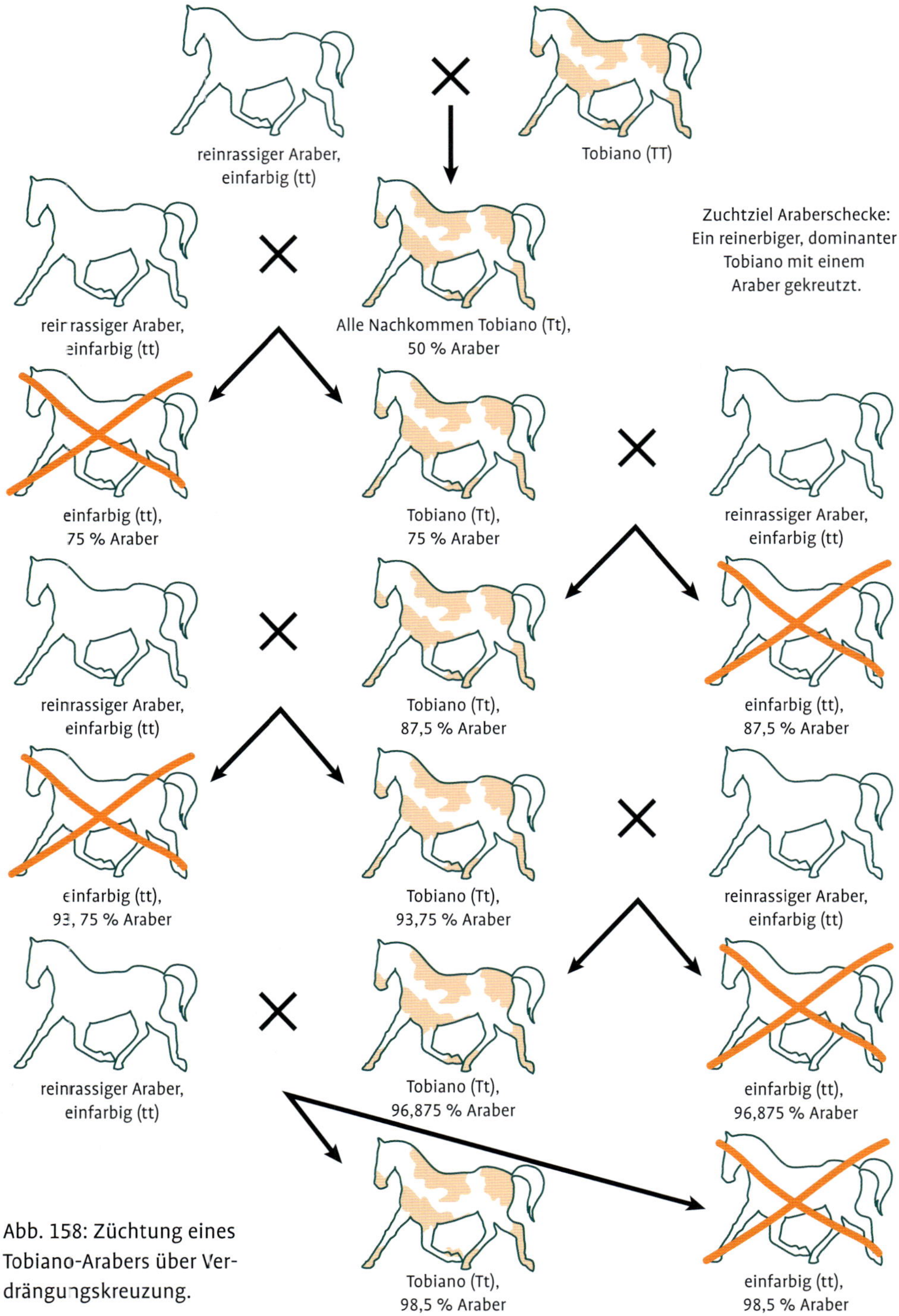

Abb. 158: Züchtung eines Tobiano-Arabers über Verdrängungskreuzung.

Gebrauchspferd zu verwenden und nicht weiter in der Zucht einzusetzen. Diese Methode wird sehr häufig in der Schweine- oder Hühnerzucht angewandt, weniger bei Pferden. Dennoch gibt es Beispiele: Der Irish Hunter, ein Jagdpferd, entsteht aus der Anpaarung einer Stute des Irish Draught Horse, ein schwereres Warmblut, mit einem Englischen Vollbluthengst. Auch die Anpaarung der unterschiedlichen Arten Pferd (*equus ferus caballus*) mit Esel (*equus asinus asinus*) ist als Beispiel zu nennen. Dabei entstehen Maultiere (Pferdestute × Eselhengst) bzw. Maulesel (Eselstute × Pferdehengst).

Zur Wiederholung und Vertiefung

1. Wieso ist der Vorgang der Meiose zur Ei- bzw. Spermienbildung notwendig?
2. Wie müsste ein Elternteil genotypisch aussehen, damit auf jeden Fall ein Fohlen mit Tobiano-Scheckung geboren würde?
3. Bestimmen Sie die möglichen Fellfarben der Nachkommen, die aus folgender Anpaarung entstehen können: Hengst (EeaaGg), Stute (EeAagg). Zeichnen Sie dazu ein Kombinationskreuz.
4. In Hengstleistungsprüfungen werden Hengste bezüglich ihrer Grundgangarten, Rittigkeit und Springleistung bewertet und selektiert. Ist dies aus züchterischer Sicht sinnvoll? Begründen Sie.
5. Welcher Elternteil bestimmt das Geschlecht eines Fohlens. Begründen Sie.
6. Welche Vor- und Nachteile bietet die Zuchtmethode Inzucht?

4.4 Pferderassen bestimmen und auswählen

?

Andreas, Pferdewirt im dritten Ausbildungsjahr, wird von einem befreundeten Ehepaar seiner Eltern um Rat gefragt: Ihre Tochter, 12 Jahre jedoch relativ groß für ihr Alter, habe in den Sommerferien Freude am Reiten gefunden. Sie überlegen, ihr in absehbarer Zeit, sollte sie weiterhin Interesse am Reiten haben, ein Pferd zu kaufen – aber welches? Sie haben von Groß- und Kleinpferden, von unterschiedlichen Temperamenten und Rassen gehört, sie sind ratlos und brauchen Hilfe.

Die Auswahl eines Pferdes wird in erster Linie durch seine gewünschte Nutzung bestimmt. Jahrhunderte lang spielte das Pferd für den Transport als Zugpferd eine wirtschaftlich entscheidende Rolle. Heute hat die sportliche Nutzung des Pferdes als Reit-, Fahr-, Renn-, Sport- und Freizeitpferd die größte Bedeutung Die Möglichkeiten, das Pferd als Arbeitspferd zu nutzen, waren für den Menschen der Anlass, um aus Wildpferderassen die Nutz- und Hauspferderassen zu züchten (Rasse ist in der Zoologie die Bezeichnung einer aufgrund vererbbarer Merkmale einheitlichen Formgruppe unterhalb einer Tierart. Untergruppen innerhalb einer Rasse nennt man „Schlag“ oder „Linie“.). Experten unterscheiden etwa 200 verschiedene Pferderassen. Wer also ein Pferd auswählt, muss sich über die Nutzung im Klaren sein und die für die Nutzung geeigneten Rassen kennen.

Eine allgemeingültige, anerkannte Einteilung der Rassen existiert nicht. In der Pferdebestandstatistik und in Zulassungen für Wettbewerbe wird zwischen Klein- und Großpferd unterschieden. Großpferde sind Pferde ab einem Stockmaß von 148 cm. Das Stockmaß misst die Höhe eines Tieres vom Boden bis zum Widerrist (Dornfortsatz des 1. und 2. Brustwirbels). Hierbei wird mit einem auf dem Boden stehenden Stock im rechten Winkel zum Widerrist des Pferdes gemessen. Im Gegensatz zum Messen mit dem Bandmaß, mit dem die Größe des Pferdes vom Boden bis zum Widerrist gemessen wird indem die Rundungen mit einbezogen werden. Dieses Maß ist stets etwas größer als das Stockmaß.

Eine weitere, häufig zu findende Einteilung richtet sich nach Abstammung und Temperament, in Voll-, Warm- und Kaltblut. (Bluttemperatur liegt bei allen Pferden normalerweise zwischen 37,5 und 38,2 °C.) Vollblüter sind Sportpferde, die sehr sensibel und schnell sind (70 km/h). Warmblüter sind die typischen Reitpferde, die beweglicher und leichter sind als die Kaltblüter, die häufig über 800 kg Lebendgewicht wiegen und zur Feld- und Waldarbeit eingesetzt werden.

Im Folgenden werden beispielhaft einige Pferderassen kurz beschrieben, die gewählte Einteilung lehnt sich den Empfehlungen der Deutschen Reiterlichen Vereinigung (FN) an.

4.4.1 Rennpferde

Englisches Vollblut (XX)

Der Name verdeutlicht, dass England das Mutterland dieser auf Rennleistung gezüchteten, homogenen Rasse ist. Stammmütter waren neben Orientalen und den königlichen Stuten (Royal Mares) mehrere einheimische Stuten, die den keltischen Ponys, vornehmlich den „Galloways", zuzuordnen sind. Drei zwischen den Jahren 1690 und 1730 nach England importierte orientalische Hengste gelten als die eigentlichen Stammväter:

- Darley Arabian – Blut in Deutschland stark verbreitet.
- Byerly Turk – Blutanteil in Deutschland noch beträchtlich.
- Goldophin Arabian (auch Goldophin Barb) – Blut durch einige italienische Importhengste in Deutschland wieder aktuell.

Der wichtigste Meilenstein für den Aufbau der Leistungszucht Vollblut war 1793 das Erscheinen der ersten Ausgabe des General-Stud-Book in England. Damit wurde das Stutbuch für englisches Vollblut geschlossen. Die damals eingetragenen 5500 Pferde, darunter 156 orientalische Hengste, sind die Vorfahren aller heutigen Vollblutzuchten auf der Welt.

In Deutschland fasste die Vollblutzucht am Anfang des 19. Jahrhunderts Fuß. Die ersten Rennen wurden 1822 in Doberan/Mecklenburg gelaufen. Man erarbeitete ein an das englische Rennsystem angelehntes Regelwerk, welches das Leistungsprinzip als Auswahlkriterium voranstellt. Die geltenden Bestimmungen sind bis heute in der Rennordnung festgelegt.

Das Zuchtbuch für Vollblut in der Bundesrepublik heißt Allgemeines Deutsches Gestütbuch für Vollblut. Die Zuchtstätten liegen im Bundesgebiet verteilt mit Schwerpunkt im Rhein-Erft-Kreis (Kölner Bucht). 2011 waren 1849 Vollblutzuchtstuten registriert.

Das Zuchtziel strebt an: Ein auf Schnelligkeit, Ausdauer, Härte und Einsatzbereitschaft für höchste Galoppleistung gerichtetes, frühreifes Vollblutpferd, das aufgrund seiner besonderen Eigenschaften, seines Körperbaus, seiner Bewegungen und seines Charakters einmal die Landespferdezucht verbessern und zum anderen auch als Sportpferd eingesetzt werden kann.

Merkmale: Farblich überwiegen die Braunen, besonders die dunkleren Farbabstufungen, Stockmaß 1,58 bis 1,68 m, edler Kopf, bisweilen tief aufgesetzter Hals, lange, schräge, gut bemuskelte Schultern, mittellanger Rücken, etwas abgedachte Kruppe mit tiefer, breiter Bemuskelung der Hinterhand, trockenes Fundament, flache Bewegungen mit viel Raumgriff.

In den Warmblutzuchten, besonders bei Hochleistungspferden, haben Vollbluthengste zur Veredlung und Leistungssteigerung beigetragen und eigene Blutlinien begründet. Sie sind weiterhin gefragt.

Traber

Der Traber verdankt seine Entstehung der Tatsache, dass Pferde gesucht wurden, die Personen und Güter möglichst schnell über weite

Strecken befördern konnten. Aus dieser Notwendigkeit heraus entwickelte sich die Zucht.

Als wohl älteste Traberrasse entwickelte sich Ende des 18. Jahrhunderts in Russland die Zucht des Orlow-Trabers durch strenge Auslese nach Leistungsprüfungen. Inzucht zur Festigung des Trabervermögens wurde mit Erfolg praktiziert. Graf Orlow züchtete angeblich etwa um 1775 dieses Wagenpferd und war der Namensgeber für diese Rasse. „Orlows" wurden weltweit exportiert und gaben anderen Ländern züchterische Anregungen.

Fast gleichzeitig entstand aus einer Vielfalt von Ausgangsrassen (u. a. Vollblut) in Amerika der Amerikanische Traber. Dieses relativ kleine Pferd (Stockmaß 1,53 bis 1,60 m) zeichnete sich durch Schnelligkeit auf kurzen Strecken aus. In Amerika erfreuten und erfreuen sich diese schnellen „Passgänger" großer Beliebtheit.

Aus der Kreuzung Orlow-Traber mit Amerikanischem Traber resultiert der Russische Traber. Er ist schwerer als der Amerikanische Traber und schneller als der Orlow-Traber.

Aus der Anglonormannenzucht entstand durch Auslese nach Trabvermögen in Frankreich der Französische Traber unter Verwendung von Vollblut. Das Stutbuch wurde 1937 geschlossen. Im Regelfall sind die Französischen Traber rahmiger (Stockmaß 1,62 bis 1,70 m) als die amerikanischen und wohl auch harmonischer im Exterieur. Die Besonderheit der Franzosen, dass 20 bis 30 Prozent aller Trabrennen unter dem Reiter ausgetragen werden, bleibt bis heute erhalten.

In Deutschland sind Trabrennen und -reiten ab Mitte des neunzehnten Jahrhunderts, besonders in Bayern, beliebter Volkssport.

Das Gestüt Mariahall (Rheinhessen 1885) gilt als die erste deutsche Traberzuchtstätte. Hamburg (Traberclub Hamburg-Altona) veranstaltete 1874 die ersten Trabrennen in Deutschland. Die erste Trabrennordnung datiert aus dem Jahre 1892, und bereits 1896 folgte das erste Trabergestütsbuch. Limit für die Aufnahme: Eine Kilometerzeit unter 1:50 Minuten.

Die Basis der systematischen Traberzucht in Deutschland bildeten die „Orlows". Nach der Jahrhundertwende verstärkte sich der Einfluss der schnellen, speedstarken Amerikaner.

Tab. 70. Daten aus der Vollblut- und Traberzucht

	Vollblüter		Traber	
	2010	2011	2010	2011
anerkannte Hengste*)	66**)	65	240	230
eingetragene Stuten	1982	1849	****)	****)
Stutenbedeckungen	1285***)	1102	512	474*****)
Fohlen	1034	977	590	468*****)
Rennpreise €	12609686	13364933	5679379	6500451
Totalisatorumsatz €	31703497	34121886	26212276	26085749

*) mit Deckerlaubnis für die Vollblut- und Traberzucht
**) in Deutschland stationiert
***) von in Deutschland stationierten Hengsten
****) es werden nur gedeckte Stuten dokumentiert
*****) Stand 2.2.2012 – es fehlen noch Auslandsbedeckungen

Quelle: Jahresbericht 2011, Deutsche Reiterliche Vereinigung

Bald fassten auch die leistungsstarken Franzosen Fuß und liefen sich in den Vordergrund des Interesses.

Deutsche Traber messen 1,57 bis 1,65 m Stockmaß. Gutes Temperament, Härte und Anspruchslosigkeit sind gefragte und gerühmte Tugenden. Früher beanstandete Mängel im Exterieur konnten weitgehend abgebaut werden. Trotzdem kommen Traberhengste nur selten in der Landespferdezucht zum Einsatz. Der Bestand an Zuchtstuten ist seit Jahren rückläufig.

4.4.2 Arabische Rassen

Die Heimat der Araber, der Orient und Nordafrika (Wüstenklima), hat diese älteste Vollblutrasse geprägt. Araber haben dank ihrer Ausdauer und Genügsamkeit sowie wegen ihrer Schönheit, Trockenheit und Harmonie zur Veredlung vieler Pferderassen in der Welt wesentlich beigetragen.

In Deutschland hat die Araberzucht Tradition. Das Gestüt Weil, gegründet 1817, beeinflusste die Araberzuchten Europas und wirkte nachhaltig über seine Hengste als Veredler und Former in der deutschen Landespferdezucht. Herauszustellen sind die Hengste Amurath, geboren 1881, auch Weil genannt, und seine großrahmigen Söhne Amurath I sowie vor allem Amurath II. Beide haben in Holstein und Hannover eigene Blutlinien und hervorragende Mutterstutenstämme begründet. Dieses Blut ist bis heute aktuell geblieben.

Vier Beschäler und dreizehn Stuten aus Weil wurden 1932 vom württembergischen Hauptgestüt Marbach übernommen, das heute die Tradition der Araberzucht aufrecht erhält und durch sein Wirken privaten Züchterinitiativen Auftrieb gab und gibt. Diese Entwicklung ermutigte den Araberkenner Landstallmeister Ernst Bielke 1949 zur Gründung eines Zuchtverbandes für arabische Pferde, der sich heute „Verband der Züchter des Arabischen Pferdes e.V.“ nennt. Es war sein Ziel, die altbewährten besonderen Eigenschaften des Arabers weiterhin züchterisch zu fördern. Der 1976 erfolgte Anschluss an die World Arabian Horse Organisation öffnete den Weg zum weltweiten Absatz deutscher Vollblutaraber.

Die Züchtervereinigung betreut fünf Gruppen Araberpferde:

- Arabisches Vollblut (OX oder AV): Die Abstammung geht entweder lückenlos auf arabische Wüstenpferde zurück oder auf Vorfahren, die in anerkannten Vollblutaraber-Stutbüchern registriert sind.
  Rassetypische Merkmale: 1,50 bis 1,55 m Stockmaß, Neigung zu quadratischer Form, kleiner edler Kopf, gerades Nasenprofil oder bisweilen Hechtkopf, große Augen, kleine Ohren, aufgesetzter Hals, hoch angesetzter Schweif, trockenes, leichtes Fundament, seidiges Fell und Langhaar, elastisch-schwebende Gänge.
  Farben: Schimmel, Füchse, Braune.
  Leistungsprüfungen: Turniere, Distanzritte, seit 1977 Rennen.
- Shagya-Araber (ShA): Rassetypische Merkmale: Stockmaß 1,55 bis 1,60 m, im Reitpferdtyp stehend, mittelstarkes Fundament, ausgeprägter Widerrist, lange Schulter.
  Die bekanntesten Pferde dieses Typs entstammen dem ungarischen Staatsgestüt Babolna, darunter der bekannte Vererber Gazal VII. An die Abstammung werden ab der fünften Vorfahrgeneration Konzessionen gemacht.
- Araber (A): Hier werden arabische Pferde zusammengefasst, die einen sehr geringen Fremdblutanteil haben, aber nicht den Shagya-Arabern zugerechnet werden können. Ein einheitliches Rassebild gibt es für diese Araber nicht.
- Anglo-Araber (AA): Sie sind das Kreuzungsprodukt großrahmiger, ruhiger Vollblüter mit Vollblutarabern. Ziel ist es, leistungsstarke Reitpferde zu züchten.

- Anglo-Araber-Halbblut (AAH): Es werden die gleichen Ziele angestrebt wie bei den Anglo-Arabern, aber Einschränkungen bezüglich der Abstammung gemacht.
- Arabische Halbblut (AH) oder Partbred: Hier sind Kreuzungsprodukte zwischen arabischen Pferden aller genannten Gruppen und Pferden anderer Rassen zusammengefasst.

4.4.3 Deutsches Reitpferd / Warmblut

Lange Jahre hindurch war der Sammelbegriff Deutsches Warmblut das weltweit bekannte Markenzeichen für ein vielseitiges Leistungspferd im kleinen und großen Sport, aber auch als Helfer in der Landwirtschaft.

Mit der verstärkten Motorisierung in der Landwirtschaft, etwa ab dem Jahre 1955, begann die durchgreifende Umzüchtung auf

Abb. 159: a) Entwicklung des Bestandes an eingetragenen Zuchtstuten und b) Zuchtstutenbestand in den einzelnen Zuchtgebieten.

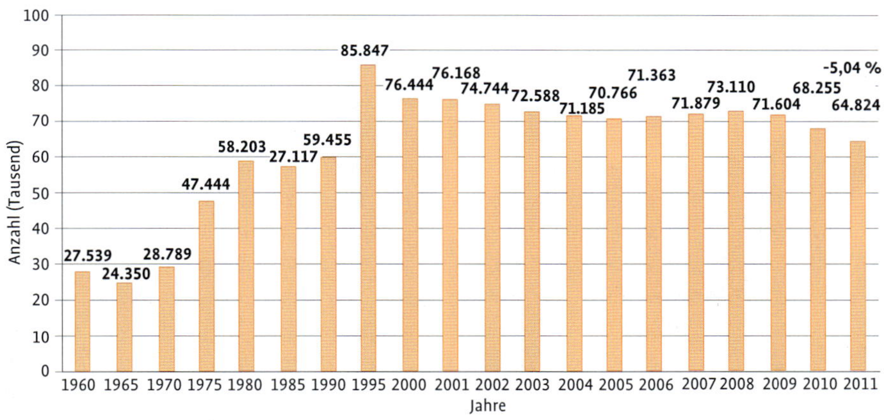

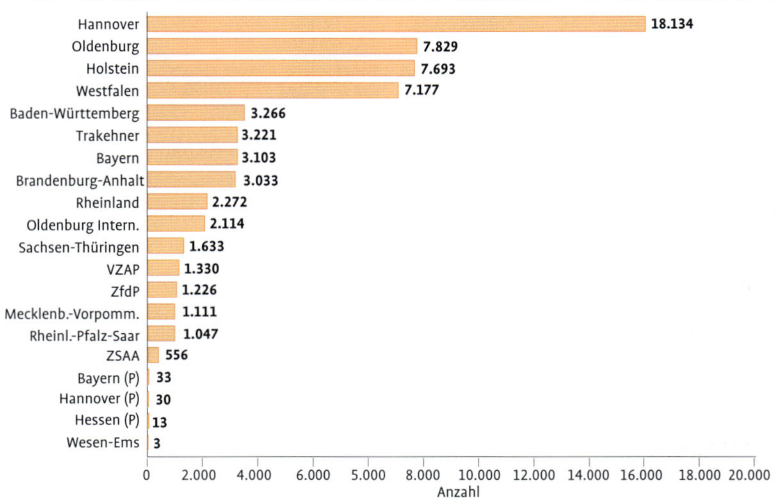

1

2

3

4

5

6

Abb. 160: Wichtige Pferderassen:
1) Arabisches Vollblut
2) Englisches Vollblut
3) Traber
4) Trakehner
5) Holsteiner
6) Rheinisch-Westfälisches Kaltblut
7) Przewalski-Pferd
8) Haflinger

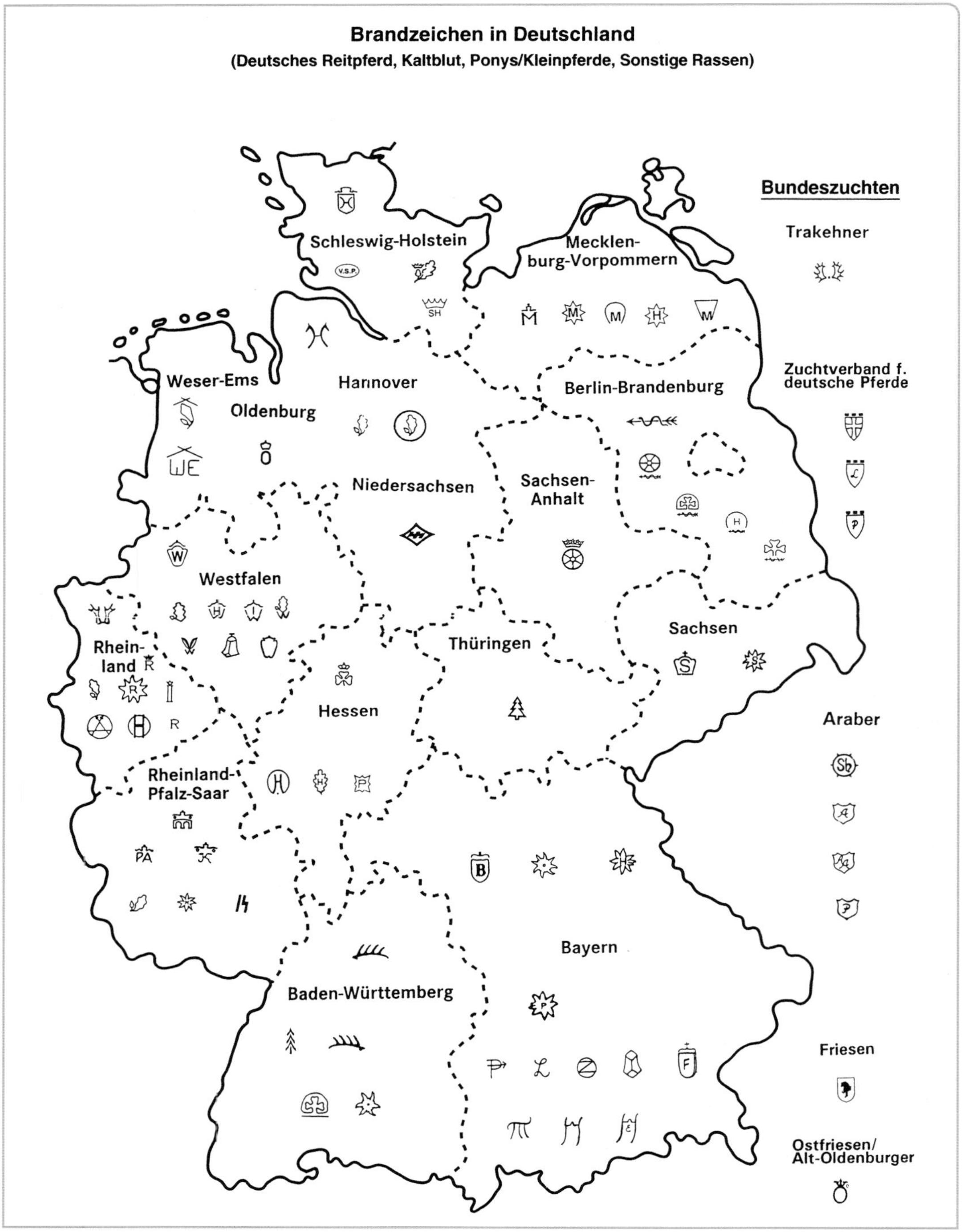

Abb. 161 Brandzeichen in Deutschland.

den Typ des vielseitig verwendbaren Sportpferdes. Bei diesem Bemühen waren die Zuchtgebiete im Vorteil, die bis zu diesem Zeitpunkt bereits schwerpunktmäßig Reitpferde gezüchtet hatten.

Unter Einsatz der drei Veredlerrassen Vollblut, Trakehner und Araber begann in allen Zuchtverbänden die züchterische Umorientierung beziehungsweise Anpassung.

Zusätzlich entwickelte sich bundesweit, und vereinzelt über die Grenzen hinaus, ein reger Austausch von Zuchtpferden. Die Folge war eine typ- und blutmäßige Annäherung der Populationen aller Warmblutzuchtgebiete im Bundesgebiet.

Die FN beschloss darum, auch in Anlehnung an ausländische Anregungen, ab 1.1.1973 die Bezeichnung Deutsches Reitpferd einzuführen. Im April 1975 fand dieser Beschluss offiziell Ausdruck und Bestätigung durch die Formulierung eines gemeinsamen Zuchtziels.

Gezüchtet wird ein großrahmiges, edles, korrektes Reitpferd mit schwungvollen, raumgreifenden und elastischen Bewegungen, das aufgrund seines Temperaments und seines Charakters für Reitzwecke jeder Art geeignet ist. Stockmaß für Stuten 1,62 bis 1,65 m, Hengste entsprechend zwei bis vier Zentimeter größer.

Die Verfolgung dieses gemeinsamen Ziels bedeutet keinesfalls die Aufgabe der alten und neuen selbstständigen Zuchtgebiete und -verbände oder gar die Beschneidung regionaler Traditionen, Rechte und Verfahrensweisen. Sie alle gelten, dem gemeinsamen Ziel angepasst, weiter. Allen Zuchtverbänden gereicht es im Endergebnis zum Vorteil, dass auf diese Weise viele Schranken zur Nutzung vorhandener züchterischer Kapazitäten abgebaut werden konnten. Zu den zahlenmäßig größeren Zuchtgebieten zählen: Hannoveraner, Westfalen, Holsteiner und Oldenburger.

Hannoveraner

Das Zuchtgebiet umfasst Niedersachsen ohne Oldenburg sowie Hessen. Hannoveraner sind in allen bundesdeutschen Zuchtgebieten, mit Ausnahme von Schleswig-Holstein, mehr oder weniger stark verbreitet (Zuchtstutenbestand Im Jahr 2011 rund 19 000 Stuten)

Erste Anfänge einer gelenkten Zucht im Raum Hoya datieren aus dem 15. Jahrhundert. Das Landgestüt Celle (gegründet 1735) beeinflusste die Zucht maßgeblich. Die Hengste stammten bis 1770 vornehmlich aus Holstein, Dänemark, Ostpreußen und England. Andalusier und Neapolitaner kamen hinzu.

Zu Beginn des 19. Jahrhunderts benutzte man insbesondere Hengste aus Mecklenburg und England. Ein kräftiges Warmblutpferd wurde angestrebt, welches sowohl alle landwirtschaftlichen Arbeiten verrichten als auch in der Armee eingesetzt werden konnte.

Ab 1900 überwogen Hengste eigener Zucht, Vollblüter kamen gezielt hinzu. Nach 1950 reduzierte sich der Celler Hengstbestand durch Mechanisierung von Landwirtschaft und Transportgewerbe um etwa 75 % von 540 auf 150 Hengste. Dieser an sich bedauerliche Rückgang der Pferdezucht bot andererseits die große Gelegenheit gezielter Qualitätsselektion in Richtung auf das aktuelle, moderne Reitpferd. Zu dieser Umstellung trugen und tragen Trakehner- und Vollbluthengste wesentlich bei. Araberhengste kamen und kommen vereinzelt zum Einsatz.

In Hannover überwiegt mit etwa 70 % die staatliche Hengsthaltung. Dem zahlenmäßig größten deutschen Warmblutzuchtgebiet mit 19 000 Stuten im Jahr 2011 gliederte sich 1975 Ostfriesland als Bezirksverband und ab 2005 Hessen an.

Hannoversche Hengste und Stuten beeinflussen alle übrigen bundesdeutschen Warmblutzuchtverbände unterschiedlich stark und haben auch weltweit Fuß gefasst.

Verden (Körung, Auktion) gilt als Treffpunkt von Pferdezüchtern als aller Welt.

Wesentliche Grundlagen der systematischen Züchtung sind

- die Berücksichtigung registrierter Turnierleistungen der Pferde,
- die Eigenleistung aller Junghengste seit 1927 in Westercelle,
- die gesetzliche Prüfung ab 1975 auf dem Adelheitshof (100 Prüfungsplätze).

Eine Reihe speziell interessierter Züchter (Zentrum Verden und angrenzende Kreise) züchten Halbblut-Rennpferde. Sie stehen dem Vollbluttyp nahe und können sich in der Spitze in Rennen (besonders bei Hindernisrennen) mit diesen messen. Dieser Spezialzüchtung entstammen einige viel versprechende Sport- und Zuchtpferde.

Westfalen

Westfalen ist das zweitgrößte Warmblutzuchtgebiet (Zuchtstutenbestand im Jahr 2011 7 100 Stuten) im Bundesgebiet. Von Beginn der züchterischen Bemühungen an stand die landwirtschaftliche Nutzung der Pferde im Vordergrund.

Ausgangsbasis waren einheimische Pferdeschläge, die mit Andalusiern, Neapolitanern und Holländern gepaart wurden. 1826 wurde das Landgestüt Warendorf gegründet und ein Jahr später eine Körordnung für Hengste erlassen.

Die Rassenvielfalt war groß. Nach Ostfriesen und Oldenburgern (Ende des 19. Jahrhunderts) kamen anglo-normannische Hengste zum Einsatz. Sie erreichten das Ziel nicht im erhofften Maße, auch nicht die gelegentlich verwendeten Traberhengste.

Mit Gründung des Westfälischen Pferdestammbuches 1904 trennte man die Zucht nach Warm- und Kaltblut. Die Mitgliederversammlung beschloss 1920, auf hannoveranischer Grundlage zu züchten. Gute Erfahrungen mit drei hannoveranischen Hengsten gaben dazu den entscheidenden Anstoß.

Dieser Entschluss brachte der westfälischen Warmblutzucht die entscheidende Wende. Die um 1950 beginnende Umstellung vom Wirtschaftspferd zum Sportpferd war dadurch langfristig vorbereitet worden. Sie wurde fortgeführt unter vorsichtiger Verwendung von Vollbluthengsten, edlen Hannoveranern und dem Anglo-Araber Ramzes. Trakehner spielten kaum eine Rolle. Als Folge dosierter Veredlung blieben Rahmen und Knochenstärke weitgehend erhalten.

Westfälische Warmblut-Zuchtpferde beeinflussten und beeinflussen andere Warmblutzuchtgebiete maßgeblich. Die Auktionen in Münster und seit 1977 das Zentrum für Pferdeausbildung und -verkauf in Handorf/Münster unterstützten die Verbreitung westfälischer Reit- und Zuchtpferde.

Holsteiner

Die Blütezeit der Pferdezucht in Schleswig-Holstein begann im frühen Mittelalter. Adel, Bauern, Klöster und das dänische Königshaus waren die Förderer.

Im 17. Jahrhundert waren Holsteiner als Prunk- und Kutschpferde bekannt und beliebt. Ab dem Jahr 1800 kamen Vollbluthengste und Hengste großbritannischer Kutschpferderassen zum Einsatz. Sie lösten Andalusier und Neapolitaner ab.

Die preußische Gestütsverwaltung gründete 1867 das Landgestüt Travental. Die Zuchtrichtung wechselte in Richtung Kavalleriepferd. Als Gegenpol riefen die Landwirte 1891 den Holsteiner Verband und 1894 die Reit- und Fahrschule Elmshorn ins Leben. Die Ausbildungs- und Vermarktungszentrale betrieb auch Hengsthaltung.

1935 vereinigten sich die bis dahin nach Marsch und Geest getrennt arbeitenden holsteinischen Pferdezuchtverbände.

Nach dem Zweiten Weltkrieg mussten alle Hengste an das Landesgestüt verkauft werden. Es wurde 1960 aufgelöst. Die verbleibenden Hengste übernahm der Verband, der einzige im Bundesgebiet mit Verbandshengsthaltung. Sitz ist Elmshorn.

Bis zur Umzüchtung auf das moderne Reit- und Sportpferd war der Holsteiner ein gängiges Kutschpferd mit besonderer Bewegungsmanier, das sich für landwirtschaftliche Arbeiten und zum Reiten, besonders zum Springen, bestens eignete.

Die Umzüchtung auf verbesserte Reiteigenschaften, besonders auf das Springvermögen, erfolgte unter Einsatz ausgewählter Vollbluthengste, zuerst deutscher, später fast ausschließlich englisch-irischer Zucht. Der Anglo-Araber Ramzes erlangte über seine Söhne enormen Einfluss auf die Holsteiner Zucht.

Holsteiner Leistungspferde genießen weltweit einen guten Ruf (Zuchtstutenbestand im Jahr 2011 7 693 Stuten).

Oldenburger

Das Großherzogtum Oldenburg, Marsch und Geest, ist von den natürlichen Voraussetzungen her für die Pferdezucht prädestiniert. Zudem hatte es bereits im 16. und 17. Jahrhundert Landesherren, die die Pferdezucht zu ihrer eigenen Sache erhoben. In speziell dafür errichteten Schulen wurden Bauern mit der Haltung, Pflege und Nutzung von Pferden vertraut gemacht.

Das Marschpferd bildete die erste züchterische Basis. Andalusische und neapolitanische Hengste sowie Orientalen ließen im 17. Jahrhundert ein beim Adel gefragtes Kutsch- und Prunkpferd entstehen.

Zu Anfang des 19. Jahrhunderts wurden unter anderem englische Halbblüter- und Kutschpferdehengste aus Großbritannien eingekreuzt. Mitte des Jahrhunderts folgten hoch im Blut stehende hannoveranische Hengste und Anglo-Normannen.

Es wurden 1819 das erste Körgesetz, 1820 die erste Körordnung und 1870 das Oldenburger Pferdezuchtgesetz erlassen.

1923 wurde die Trennung in nördliches (schwere Marsch-Pferde) und südliches (leichtere Geest-Pferde) Zuchtgebiet aufgegeben. Dadurch entwickelte sich das Oldenburger Pferd zur ausgeglichenen deutschen Warmblutrasse bezüglich Typ und Vererbung. Gezüchtet wurde ein elegantes Kutsch-, Wagen- und Ackerpferd mit bevorzugt dunklen Farben und umgänglichem Charakter.

Der Vollblüter Lupus und der Anglo-Normanne Condor, über ihre Sohne vorsichtig eingekreuzt, machten die Oldenburger edler und insgesamt schicker, ohne den Typ wesentlich zu ändern. Oldenburg gewann in Deutschland und Europa Nachzuchtgebiete.

Die Umstellung auf die Bedürfnisse des Reitsports begann zu Beginn der 1960er Jahre. Hannoveranische Hengste, Vollblüter und Anglo-Normannen (Furioso II) wurden eingesetzt und außerdem Trakehner, Anglo-Araber, Holsteiner und Westfalen.

Seit dem Jahre 2001 liegt die Organisation der Zucht nicht mehr allein in der Hand des Verbands der „Züchter des Oldenburger Pferds e. V." (Zuchtstutenbestand 2011 rund 7 800 Stuten), sondern auch beim „Springpferdezuchtverband Oldenburg-International e. V.", der es sich zur Aufgabe macht, hochveranlagte Springpferde zu züchten.

Trakehner

Die Rasse konnte durch zielstrebige Erfassung aller im und nach dem zweiten Weltkrieg bei der Flucht in den Westen gelangten Stuten und Hengste erhalten und weitergezüchtet werden. Dr. Fritz Schilke gebührt das Verdienst, dieses ostpreußische Kulturgut „Trakehner" gerettet und im Verband der Züchter und Freunde des Warmblutpferdes Trakehner Abstammung erfasst und züchterisch betreut zu haben. Ausgangspunkt der Trakehner-Zucht war ursprünglich das 1732 von Friedrich-Wilhelm I. gegründete Hauptgestüt Trakehnen. Es hatte die Aufgabe, Hengste für die Landesgestüte zu züchten.

Grundlage der Zucht waren die sogenannten „Schweiken", eine kleine Landrasse Ostpreußens, denen türkisches Blut zugeführt wurde. Trakehnen hielt fünf nach Farben getrennte Stutenherden (zwei Braune, Rappen, Füchse, gemischte Farben). Orientalische Hengste trugen wesentlich zur Erreichung des gewünschten Adels bei, aber auch Vollblüter.

Zuchtziel war ein edles Warmblutpferd als Remonte für die Armee, das auch in der Landwirtschaft eingesetzt werden konnte. Ab 1926 wurden alle Landbeschäler in Zwion einer Leistungsprüfung unterzogen.

Die Verhältnisse nach dem Ersten Weltkrieg zwangen zur Verstärkung der Pferde.

Zum Ende und nach dem Zweiten Weltkrieg traten die meisten Trakehner Pferde den ungewollten Treck nach Südrussland und Polen an. 750 bis 800 Pferde gelangten nach Westdeutschland, davon 43 Hengste. Sie bildeten die Grundlage für den Neuaufbau der Zucht.

Zuchtziel: Stockmaß 1,60 bis 1,66 m, Leichtrittigkeit, harmonische beschwingte Bewegungen in allen drei Gangarten und ein elegantes, harmonisches Exterieur. Besonderer Wert wird auf das Interieur gelegt: Gutartiges Temperament, einwandfreier Charakter, Anhänglichkeit an Menschen.

Das Trakehner Pferd erlangte als Veredler der bundesdeutschen Warmblutzuchten nach dem Zweiten Weltkrieg große Bedeutung. Die züchterische Betreuung dieser Rasse wird dadurch erschwert, dass die Züchter bundesweit verstreut ansässig sind (Zuchtstutenbestand im Jahr 2011 3 086 Stuten).

4.4.4 Kaltblutpferde

Die Blütezeit dieser Rassen lag in der Zeit zwischen 1860 und 1950. Intensivierung der Landwirtschaft und großer Bedarf im Transportgewerbe sorgten für die fast explosionsartige Verbreitung.

Die Vollmotorisierung aller Wirtschaftszweige ab 1950 machte die Kaltblüter weitgehend überflüssig. Im Süden der Bundesrepublik finden Kaltblüter noch vereinzelt in der Landwirtschaft Verwendung. Für Arbeiten im Wald setzt man sie aus Gründen des Umweltschutzes wieder vermehrt ein. Publikumswirksame Werbegespanne (z. B. von Brauereien) üben nach wie vor große Anziehungskraft auf viele Menschen aus.

Einige Liebhaber vervollständigen den Züchterkreis dieser Rassen, die in manchen Feriengebieten auch als Touristenattraktion zum Reiten und Fahren immer beliebter werden.

Zu den Kaltblütern zählen beispielsweise das Rheinische, das Schleswiger, das Süddeutsche Kaltblut oder die Schwarzwälder Füchse. Der Zuchtstutenbestand belief sich im Jahr 2011 immerhin auf 4 955 Stuten mit einem Schwerpunkt in Süddeutschland mit etwa 2 900 Stuten.

4.4.5 Kleinpferde und Ponys

Aus der Vielzahl der Kleinpferde- und Ponyrassen konnten sich einige in den Vordergrund schieben.

Zu den zahlenmäßig bedeutenderen Rassen gehören:

- Haflinger,
- Deutsches Reitpony,
- Shetland.

Kleinpferde und Ponys verdanken ihre zeitweise explosionsartige Ausbreitung vorrangig folgenden Ursachen:

- Die Tiere stellen relativ geringe Anforderungen an Haltung, Fütterung und Pflege und damit auch an die Vorkenntnisse der Eigentümer und Betreuer. Das ist zumindest oft die vorgefasste Ansicht und Meinung.
- Der Platzbedarf ist gering. Unterbringung im oder am Hause ist oft möglich.
- Die Beschäftigung mit diesen Pferden dient Berufstätigen als Stressausgleich und den Heranwachsenden zur Stärkung des Pflichtbewusstseins.
- Kleinpferde und Ponys können vergleichsweise kostengünstig erworben werden. Sie sind relativ unkompliziert bezüglich Temperament und Charakter.

- Sie sind vielseitig verwendbar, so für das Reiten, Fahren, für Freizeit, Turniersport, zum Longieren u. a. m. Infolge der Rassenvielfalt kann man sie nach „Maß“ aussuchen.
- Diese Tiere sind hervorragend dazu geeignet, Kinder ans Pferd heranzuführen und den Reiternachwuchs systematisch zu fördern und auszubilden.

Haflinger

Seine Heimat ist das Bergdorf Hafling bei Meran. Anspruchslose Bergponys gepaart mit Norikern (Kaltblüter) bildeten die Ausgangsbasis der Zucht.

Orientalische Hengste wurden eingekreuzt. Seit Gründung der ersten Zuchtgenossenschaft im Jahre 1904 wird systematisch gezüchtet. Der Haflinger fand Wertschätzung als trittsicheres Tragtier in den Bergen, aber auch als Zugtier in der Landwirtschaft.

Die Entwicklung nach dem Zweiten Weltkrieg zwang zur Erschließung neuer Absatzmärkte. Familien- und Freizeitreiterei boten sich an. Die österreichischen Zuchtverbände verfolgten darum schnell und konsequent den Weg zur notwendigen Typenumstellung auf ein gängiges, edleres Pferd.

In Deutschland begann die Haflingerzucht um 1935 mit der Einfuhr von etwa 125 Stuten. Ziel war die Züchtung eines Lasttieres für das Militär und für die Verwendung in der Landwirtschaft.

Die Anpassung an die heutigen Ansprüche erfolgte einmal durch die Selektion der edleren, eleganteren Typen und Blutlinien, und zum anderen versprach und verspricht die Anpaarung einiger nach Temperament, Charakter und Farbe sorgfältig ausgewählter Araber (OX) weiteren Fortschritt. Angestrebt wird ein rittiges Freizeitpferd und ein zuverlässiges Fahrpferd.

Haflinger sind über die ganze Bundesrepublik Deutschland verbreitet, mit züchterischen Schwerpunkten in Bayern, Westfalen, Sachsen-Thüringen. Seit dem Jahr 2008 werden in Deutschland Haflinger mit mehr als 1,56 Prozent Araberblutanteil als Edelbluthaflinger in einem eigenen Zuchtbuch geführt (Zuchtstutenbestand im Jahr 2011 insgesamt 5 397 Stuten).

Merkmale: Stockmaß 1,36 bis 1,42 m, Füchse mit hellem, seidigem Langhaar herrschen vor; ein trockenes stabiles Fundament ohne Fußabzeichen, ein trockener, relativ breiter Kopf, wenig ausgeprägter Widerrist und starke Beinmuskulatur.

Deutsches Reitpony

Zum deutschen Reitpony zählen insbesondere Kreuzungsprodukte, die keiner bestimmten Rasse zugeordnet werden können. Entsprechend vielgestaltig präsentiert sich das äußere Erscheinungsbild dieser Rassengruppe.

Folgende Ausgangsrassen finden Berücksichtigung: Wildponys (Dülmen, Nordkirchen), Araber, Anglo-Araber, Vollblüter, Achal-Tekkiner, Welsh, New-Forest, Reitponys aus England und den Niederlanden, Fjordpferde und einige andere Schläge.

In allen deutschen Zuchtgebieten werden große Anstrengungen unternommen, um durch Selektion und züchterische Beratung zu einer bodenständigen, homogenen Rasse zu kommen, die genetisch gefestigt ist. Die zahlen- und qualitätsmäßigen Voraussetzungen für eine gezielte Auswahl und Weiterzüchtung sind gegeben. Etwa 30 % aller Kleinpferde und Ponys zählen zu dieser Rassengruppe.

Es wird angestrebt, ein für Kinder, Jugendliche und Erwachsene geeignetes, leistungsbereites, trittsicheres Freizeit- und Turnierpferd zu züchten, welches auch zum Fahren benutzt werden kann. Der Ponytyp soll erhalten bleiben, jedoch Bewegungen und Proportionen des Reitpferdes damit vereinigt werden.
Als unantastbar gelten die Ponyvorzüge Anspruchslosigkeit, Ausdauer und Umgänglichkeit.

Die Hauptzuchtgebiete der Bundesrepublik

sind Westfalen, Hannover, Weser-Ems und das Rheinland (Zuchtstutenbestand im Jahr 2011 5 440 Stuten).

Shetland-Ponys

Die Shetland-Ponys verdanken den Namen ihrer Heimat, den Shetland-Inseln nordöstlich von Schottland. Diese unter Extremhaltungsbedingungen lebenden, wetterharten und anspruchslosen, kleinwüchsigen, lebhaften Pferde sind auf der ganzen Welt verbreitet. Ihre besondere Menschenfreundlichkeit, die Beliebtheit bei Kindern als Fahrpferd, die Verwendbarkeit in Bergwerken und Gärtnereien haben dazu beigetragen.

In Deutschland fassten die „Shetties" auch als Zirkus- und Zoopferdchen Fuß. Nach dem letzten Weltkrieg begann die Züchtung mit Blickrichtung auf den Originaltyp. Dazu trugen Importe bei, vor allem von Hengsten aus den westlichen Nachbarländern (derbe Typen).

Seit etwa 1970 werden die edlen, gängigeren und längerbeinigen Typen, die mit größerem Raumgriff ausgestattet sind, züchterisch bevorzugt. Amerika-Importe halfen, das Ziel zu verwirklichen.

Miniponys (0,75 bis 0,85 m Stockmaß) stellen eine besondere Spielart dieser Rasse dar.

Shetland-Ponys werden in allen Bundesländern gezüchtet (Zuchtstutenbestand im Jahr 2011 2 608 Stuten). Angestrebt wird ein umgängliches Kinderreit- und Fahrpferd.

Merkmale: Stockmaß 0,95 bis 1,05 m (maximal 1,07 m). Die Zahl der Farben und Farbkombinationen ist sehr groß. Farbzüchtungen gelten als spezielle Züchtungsvarianten.

4.4.6 Gangpferde

Als Gangpferde bezeichnet man Pferde, die, anstatt oder neben den Grundgangarten, eine oder mehrere Sondergangarten besitzen z. B. Tölt, Pass, Paso, Walk. Außer dem Pass sind dies alles Schrittarten. Ausgesprochene Gangpferderassen sind z. B.: Isländer, Aegidienberger oder American Saddlebred Horse.

Isländer

Sie gelangten mit Besiedlung Islands durch Europäer (Norweger, Briten) vor etwa 850 Jahren mit auf die Insel. Sie wurden dort unter härtesten Bedingungen in Freilandhaltung weitergezüchtet. In dem unwirtlichen Bergland dienten sie als Lasttier und Fleischlieferant.

Zu Anfang dieses Jahrhunderts begannen die Inselbewohner mit der planmäßigen Züchtung auf Härte, Ausdauer und Genügsamkeit.

Anfang der 60er Jahre konnten diese Pferde preiswert erworben werden, weil für die Schlachtung nicht mehr benötigte Tiere aus Island für einen etwas erhöhten Frachtkostenpreis angeboten wurden. Die speziellen Gangarten, Tölt und Rennpaß, eroberten dem Pony in Deutschland schnell neue Interessenten und Freunde. Für diese Pferde sprachen weiterhin ihre Anspruchslosigkeit, ihr Temperament und ihre vielseitige Verwendbarkeit, z. B. auch für Wander- und Distanzritte.

Als Folge der wachsenden Beliebtheit wurden sehr bald gezielt Zuchttiere importiert und ohne Fremdblutzufuhr weitergezüchtet. In eigens dafür geschaffenen Ausbildungsstätten werden Islandpferde und ihre Reiter geschult.

Islandpferde sind in der ganzen Bundesrepublik verbreitet. Der Schwerpunkt liegt in Hessen und im Rheinland (Zuchtstutenbestand im Jahr 2011 5 300 Stuten).

Merkmale: Stockmaß 1,25 bis 1,35, relativ schwerer Kopf, große, klare Augen, tief angesetzter, kräftiger, höchstens mittellanger Hals, wenig ausgeprägter Widerrist, gut bemuskelter Rücken, mittelstarkes Fundament, relativ kleine Hufe, Kruppe abfallend, Schritt und Galopp vergleichsweise kurz, oft eilig, leistungsbereit und gehlustig.

Besonderheiten: Tölt: Viertaktgangart ohne Schwebephase (Trittsicherheit); Rennpass: Zweitaktgangart.

4.4.7 Westernpferde

Mit der Eroberung Amerikas im 15. Jahrhundert brachten die Spanier Araber, Andalusier und Berber ins Land. Als die Engländer Anfang des 17. Jahrhunderts in Nordamerika Kolonien gründeten, führten sie Pferde mit, die vom Englischen Vollblut abstammten. Die Kreuzungen aus diesen spanisch- und englischstämmigen Pferden stellen die Ursprünge für die Westernrassen American Quarter Horse, Appaloosa und Paint Horse dar.

American Quarter Horse

Mit über 5,5 Millionen eingetragenen Pferden ist das American Quarter Horse die zahlenmäßig größte Pferderasse der Welt. In Deutschland leben im Jahr 2012 rund 35 000 Quarter Horse. Das Quarter Horse gilt als nervenstark, lernfähig, sensibel und freundlich. Bei einem Stockmaß von 142 bis 160 cm wird ein im Rechteckformat stehendes Pferd mit guter Sattellage, ausgeprägter schräger Schulter, mittellangem Rücken mit kräftiger Lendenpartie und tief angesetztem Schweif gewünscht. Die Brust soll breit und ebenfalls gut bemuskelt sein. Der Zuchtverband AQHA unterscheidet 17 verschiedene Fellfarben.

Der Name leitet sich von den sog. Quarter Mile Rennen ab, die im 18. Jahrhundert in Nordamerika über etwa 400 m auf den Dorfhauptstraßen abgehalten wurden. Das Quarter Horse wird auch noch heute gerne wegen seines „Cow Sense" (Sinn für die Kuh) zur Hütearbeit von großen Tierherden eingesetzt. Es wird als problemloses Freizeitpferd, ausdauerndes Wanderreitpferd und als Sportpferd für die verschiedenen Disziplinen des Westernreitens geschätzt. Kompakte Zuchtlinien werden hierbei für die Disziplinen Reining und Cutting, große und schmale Linien für die Disziplinen Pleasure, Horsemanship und Hunter bevorzugt.

4.4.8 Spezialrassen

Manche Pferdeliebhaber bevorzugen das Besondere oder gar das Außergewöhnliche. Sie importieren Pferde, um ihre individuellen Wünsche verwirklichen zu können. Die Zuchtpferdebestände dieser Spezialrassen sind relativ klein, sie sollen trotzdem nicht unerwähnt bleiben. Als Beispiel wird an dieser Stelle das Friesenpferd kurz beschrieben.

Friesenpferd / Friese

Das Friesenpferd ist durch Einkreuzung spanischer Rassen in die niederländische Landeszucht im 16. Jahrhundert entstanden. Es ist ein großrahmiges Warmblutpferd im Quadratformat, mit hoch aufgesetztem Hals, breiter Brust, leicht gespaltener Kruppe, üppiger Mähne und starkem Kötenbehang – heute ausnahmslos als Rappe gezüchtet. Friesen wurden als Barockpferde für Repräsentationszwecke an Fürstenhöfen, als Zugpferde und als Arbeitspferde für die Landwirtschaft gezüchtet.

Wegen seines ruhigen, angenehmen Temperamentes findet es heute als Freizeitpferd Verwendung. Seine hohe Trabaktion und starke und starke Hankenbeugung machen den Friesen für die barocke Dressur und die Hohe Schule geeignet. Wegen seiner Gelehrigkeit machen dem Friesenpferd auch Zirkuslektionen Spaß. Der Zuchtstutenbestand umfasste im Jahr 2011 1260 Stuten in Deutschland.

Zur Wiederholung und Vertiefung

1. Wählen Sie für die Nutzungen Freizeitpferd, Sportpferd Springen, Wanderreiten und Arbeitspferd Waldarbeit jeweils eine Pferderasse aus und begründen Sie Ihre Entscheidung.
2. Fertigen Sie ein Portrait der Pferderasse Ihres Ausbildungsbetriebes an und berücksichtigen

Sie hierbei die Gesichtspunkte: Herkunft, Verbreitung, Zuchtgeschichte, heutige Verwendung, Zuchtziel, Interieur, Exterieur, Zuchtpferdebestand.
3. Definieren Sie die Fachbegriffe Art, Rasse, Linie.
4. Beurteilen Sie die Einteilung der Pferderassen nach Voll-, Warm- und Kaltblut.
5. Beschreiben Sie den Einfluss von Englischen Vollbluthengsten auf die anderen Pferdezuchten.
6. Messen Sie die Größe von fünf Pferden Ihres Ausbildungsbetriebes sowohl mit dem Stockmaß als auch mit dem Bandmaß. Werten Sie Ihre Erfahrungen aus.

4.5. Zuchtorganisation

?

Sie haben Ihre 8-jährige Stute, die bisher als Reitpferd genutzt wurde, letztes Jahr bedecken lassen. Die Stute hat nun ein Hengstfohlen zur Welt gebracht, auf das Sie sehr stolz sind und auch selbst auf einer Fohlenschau vorstellen möchten. Sie sehen in dem Hengstfohlen schon einen neuen Stempelhengst. Ihr Freund Paul, erfahrener Züchter, hört von Ihrem Vorhaben und meint nur: „Das geht doch gar nicht. Die Mutterstute hat doch gar keine Papiere, das ist doch eine Wald- und Wiesenstute. Und war der Vater überhaupt anerkannt?“ Sie sind etwas verwirrt. Kann ein Fohlen, wenn es denn schön ist, nicht einfach Zuchtkarriere machen?

Die Pferdezucht ist straff organisiert – aber warum? Das Ziel jeder ernsthaften tierzüchterischen Tätigkeit ist es, die Leistungen der Pferde von Generation zu Generation zu verbessern bzw. zu stabilisieren und ein bestimmtes Exterieur und Interieur zu erreichen. Das Verfolgen eines Zuchtzieles durch einen einzelnen Züchter oder eine einzelne Züchterin lässt dessen Erreichen allerdings in weite Ferne rücken, und so liegt es nahe, dies gemeinsam mit anderen zu verwirklichen.

In Deutschland wurde deshalb schon relativ früh mit der organisierten Zucht begonnen. Erste Anfänge sind schon im 18. Jahrhundert durch die Gründung von Gestüten zu finden, wo man sich allerdings weitgehend auf die Bereitstellung selektierter Vatertiere beschränkte. Im 19. Jahrhundert bildeten sich aber zunehmend auf regionaler Ebene arbeitende Züchtervereinigungen, die Zuchtziele formulierten, Prüfkriterien vorgaben und Abstammungsnachweise ausstellten.

Bei den Trakehnern beispielsweise begann die genetische Festigung der Rasse mit der Gründung des Hauptgestütes Trakehnen 1732 durch den preußischen König Friedrich Wilhelm I. Aber erst 1787 gelangten von Trakehnen aus Landbeschäler zur Bedeckung von Stuten aus Privatbeständen zum Einsatz.

Die Erstellung des Landgestüts Celle 1735 war maßgeblich für die Entstehung der Rasse Hannoveraner verantwortlich. Es sollte von Anbeginn „dem Wohle des Landes“ dienen und war daher auf die Belange der bäuerlichen Pferdezucht ausgerichtet. Eine einheitliche Zuchtorganisation wurde 1880 mit der Gründung der Stutbuchgesellschaft geschaffen.

In Westfalen erfolgte die Gründung eines ersten Zuchtvereins 1888, der sich zum Ziel setzte, schwere Wagenpferde zu züchten.

Der Gründung des „Verbandes der Züchter des Holsteiner Pferdes“ im Jahre 1935, ging die Gründung des Landgestüts Traventhal 1874 voraus.

Die zum größten Teil regionale Tätigkeit der Züchtervereinigungen macht eine Koordination über die Mitgliedsorganisationen hinweg notwendig. Diese Aufgabe wird vom Bereich Zucht der FN (Fédération Equestre Nationale, Deutsche Reiterliche Vereinigung) übernommen, der die Interessen der Züchtervereinigungen auch gegenüber dem Bundesministerium sowie anderen nationalen und internationalen Organisationen vertritt.

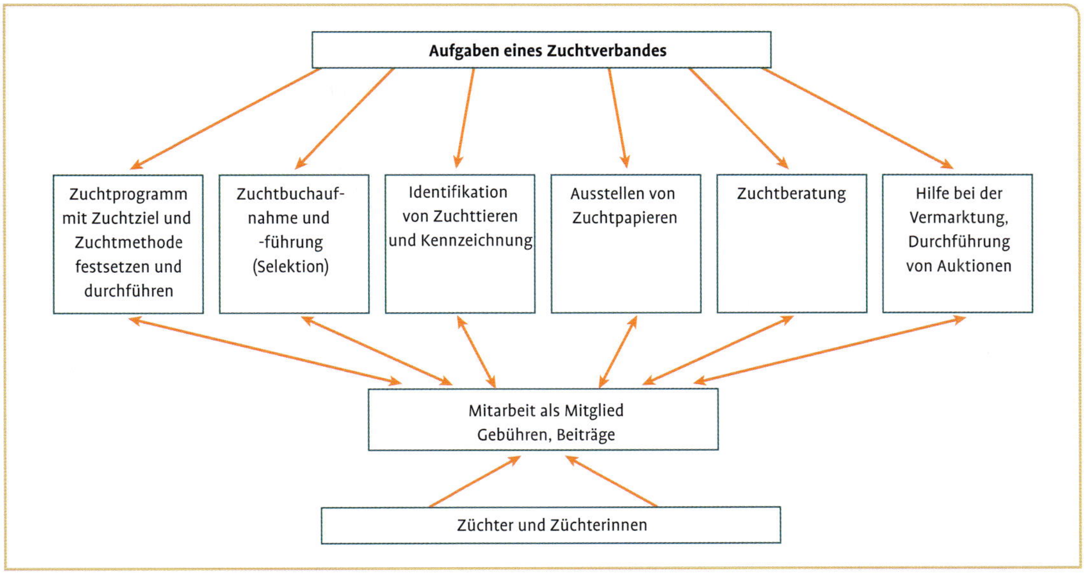

Abb. 162: Die Aufgaben eines Zuchtverbandes.

Dem Bereich Zucht der FN sind 25 staatlich anerkannte Pferde- sowie Pony- und Kleinpferdezüchtervereinigungen angeschlossen, die nahezu 100 verschiedene Pferde-, Kleinpferde- und Ponyrassen betreuen.

Weitere Organisations- bzw. Koordinationsaufgaben des Bereiches Zucht sind unter anderem die Überarbeitung der Zucht-Verbands-Ordnung (ZVO), die Datenkoordination mit den Zuchtverbänden, die Erstellung des Jahrbuches Zucht, das Führen des FN-Leistungsstutbuchs, die Integrierte Zuchtwertschätzung, die Durchführung von FN-Bundesschauen, die Verteilung der Züchterprämie, die Zuchtrichterausbildung und die Erstellung von Broschüren rund um die Pferdezucht.

Im Jahr 2011 waren insgesamt 7 700 Zuchthengste sowie 89 127 Zuchtstuten aller Pferderassen in den Zuchtbüchern der Deutschen Reiterlichen Vereinigung angeschlossenen Zuchtverbände registriert.

Mit über 64 000 eingetragenen Zuchtstuten und etwa 3 600 Zuchthengsten nehmen die Populationen des Deutschen Reitpferdes 2011 den mit Abstand größten Anteil am Gesamt-Zuchtpferdebestand ein.

Der Zuchtbestand der Pony- und Kleinpferderassen zählte mit fast 30 000 eingetragenen Zuchtstuten und gut 4 100 gekörten Hengsten im Jahre 2011 quantitativ ebenfalls zu den größten der Welt. Der Hauptanteil dieses Zuchtpferdebestandes basiert seit Jahren auf ausschließlich etwa 10 Rassen, wobei der Haflinger mit rund 5 400 und das Deutsche Reitpony mit über 5 400 eingetragenen Zuchtstuten die stärksten Rassen darstellten.

Bei den Kaltblutrassen (etwa 5 000 Zuchtstuten und etwa 413 Hengste) und dem Schweren Warmblut (etwa 1 300 Zuchtstuten und 101 Hengste) steht nicht die Erzielung eines maximalen züchterischen Fortschrittes im Vordergrund des Handelns und Denkens der Züchter, sondern vielmehr der Erhalt dieser sehr kleinen Rassen, die größtenteils zu den vom Aussterben bedrohten Nutztierrassen zählen.

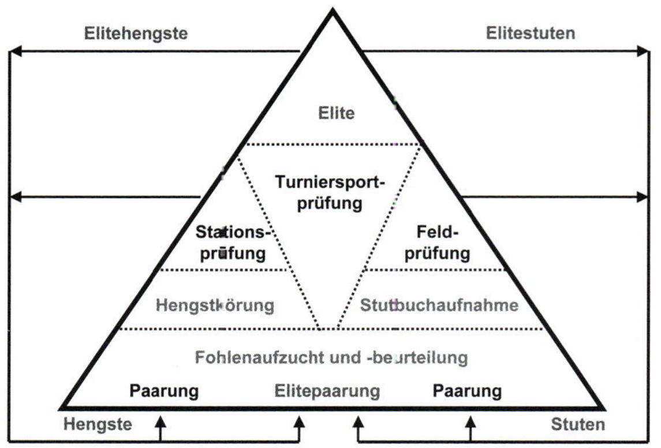

Abb. 163: Die einzelnen Selektionsstufen bei der Zucht des Dt. Reitpferdes (nach Bruns 2004).

Darüber hinaus gibt es Zuchtverbände in Deutschland, die nicht der FN angeschlossen sind. So z. B. das Direktorium für Vollblutzucht und Rennen. Sie ist die oberste Verwaltungsstelle für die Zucht von Vollblutpferden und für die Galopprennen und registrierte im Jahr 2007 1400 Besitzer, 925 Züchter mit rund 2400 Mutterstuten und etwa 4500 Pferden im Training.

Die Zuchtverbände sind privatrechtlich organisiert, in der Regel als Vereine. Das heißt, die Zuchtverbände verfügen über eine Satzung, die die Struktur des Vereins demokratisch regelt, also Mitgliedschaft, Wahl des Vereinsvorstandes, Gebühren usw. und das Zuchtprogramm erstellt. Jeder Zuchtverband formuliert sein Zuchtprogramm und seine Zuchtbuchordnung zwar unabhängig und setzt diese selbstständig um, muss aber dabei im Rahmen der Vorschriften des Tierzuchtgesetzes bleiben. Die Zuchtverbände werden von staatlicher Seite überprüft und anerkannt.

Abbildung 162 gibt einen Überblick über die wichtigsten Tätigkeiten eines Zuchtverbandes.

4.5.1. Praktische Zuchtorganisation am Beispiel Deutsches Reitpferd, Verband Hannoverscher Warmblutzüchter e. V.

Die zuchtorganisatorische Arbeit soll in diesem Kapital am Beispiel des Hannoveraner Verbandes exemplarisch dargestellt werden, weil er der größte deutsche Verband ist, der die Rasse Deutsches Reitpferd züchtet. Die Abläufe in den einzelnen Selektionsschritten sind in den anderen Zuchtverbänden sehr ähnlich, oftmals sogar identisch.

Der Hannoveraner ist eine der bedeutendsten Pferderassen der Welt. Mit rund 19 000 eingetragenen Zuchtstuten und über 400 Hengsten (im Jahr 2011) nimmt Hannover weltweit eine Spitzenposition ein, und nimmt darüber hinaus maßgeblichen Einfluss auf viele andere Warmblutzuchten.

Die Grundlage der züchterischen Arbeit stellt das Zuchtprogramm dar. Das Zuchtprogramm umfasst alle Maßnahmen, um einen züchterischen Erfolg zu erzielen. Im Zuchtprogramm erläutert sind:

- Zuchtziel,
- Zuchtmethoden,
- Selektions- bzw. Eintragungskriterien,
- Leistungsprüfungen.

Das Zuchtziel des Hannoveraner Verbandes lautet:

„Gezüchtet wird der Hannoveraner als Rasse, die für den Reitsport besonders geeignet ist. Es werden Pferde angestrebt, die auf Grund ihrer inneren Eigenschaften, der Rittigkeit, ihres äußeren Erscheinungsbildes, des Bewegungsablaufs, der Springveranlagung und der Gesundheit als Leistungs- und Freizeitpferd geeignet sind. Auf dieser Grundlage wird die Zucht von Pferden mit einer Schwerpunktveranlagung für eine der Disziplinen Dressur, Springen oder Vielseitigkeit angestrebt. Für die jeweils zweite Leistungsanlage (Dressur / Springen) werden Mindestanforderungen verlangt. Mit den oben genannten Eigenschaften wird auch die Zucht von Pfer-

Tabelle 71. Zuchtbücher für Stuten (Deutsches Reitpferd) – Unterteilung und Einteilungskriterien nach ZVO (Zuchtverbandordnung) und beispielhaft für den Zuchtverband der Hannoveraner

Abteilungen	Nach ZVO	Beispiel Hannover	a) Abstammung	b) Bewertung
Hauptabteilung	Stutbuch I	Hauptstutbuch (Symbol H)	Väter (vier Generationen) sind im Hengstbuch I oder einem entsprechenden Hengstbuch einer Züchtervereinigung (ZV) eingetragen. Die Mutter ist in der Hauptabteilung eingetragen oder einer entsprechenden Abteilung einer ZV eingetragen. (**Hannover:** Mutter im Hauptstutbuch oder Stutbuch)	**Hannover:** Gesamtbewertung mindestens die Note 6,0 und in jedem der Teilkriterien nicht schlechter als 5,0. Stuten aller anderen Populationen müssen in der Gesamtbewertung mindestens die Note 7,0 erhalten.
	Stutbuch II	Stutbuch (Symbol S)	Vater in der Hauptabteilung oder entsprechender Abteilung einer ZV eingetragen. Mutter ist in der Hauptabteilung oder einer entsprechenden Abteilung einer ZV eingetragen. **Hannover:** Väter in der Hauptabteilung eingetragen (3 Generationen) und die Mutter muss entweder eine Hauptstutbuch-, eine Stutbuch- oder eine Vorbuch-Stute gewesen sein.	**Hannover:** Gesamtbewertung von mindestens 5,0. In jedem der sechs Teilkriterien mindestens vier Punkte. Es werden nur hannoversche Stuten in das Stutbuch eingetragen.
Besondere Abteilung	Vorbuch	Vorbuch	Entsprechen dem Zuchtziel der erfassten Zuchtpopulation. **Hannover:** Ein Abstammungsnachweis bzw. eine Geburtsbescheinigung muss vorliegen. Der Vater und der Vater der Mutter müssen entweder im Zuchtbuch des Verbandes eingetragen sein oder zu einem Zuchtgebiet gehören, das vom Verband anerkannt ist.	**Hannover:** Gesamtbewertung von mindestens 5,0. In jedem der sechs Teilkriterien mindestens vier Punkte. Es können nur hannoversche Stuten in das Vorbuch eingetragen werden.

den angestrebt, die für den Fahrsport geeignet sind."

Als Zuchtmethode wird die Reinzucht angestrebt. Stuten und Hengste aus anderen Populationen können zwar auch eingetragen werden, an sie werden jedoch höhere Anforderungen gestellt. Um einen Zuchtfortschritt zu erzielen, müssen die besten Tiere ausgewählt (selektiert) werden, um mit ihnen weiter zu züchten. Es ist ökonomisch sinnvoll mit der Selektion schon im Fohlenalter zu beginnen, um nach und nach immer wieder die besten Tiere einer Population auszuwählen. Dieses „Flaschenhalsprinzip" verdeutlicht die Abbildung 163.

4.5.1.1 Stuteneintragung und Fohlenschau

Alle Stuten und Hengste, die in der Hannoveraner Zucht eingesetzt werden und deren Nachkommen einen Abstammungsnachweis erhalten sollen, müssen in entsprechenden Abteilungen des Hannoverschen Stutbuches bzw. Hengstbuches eingetragen sein. Hier werden alle Angaben zu dem Pferd (wie z. B. Abstammung, Farbe, Geschlecht, Geburtsdatum, Eintragungsnoten, Leistungsprüfung, Bedeckungen usw.) festgehalten. Bevor die Eintragung erfolgen kann, müssen die Zuchttiere beurteilt werden. Diese Beurteilung findet für Stuten bei der Stutbuchaufnahme statt. Ein Fohlen kann nur dann registriert und gekennzeichnet werden, wenn seine Mutter spätestens im Jahr der Geburt des Fohlens in eine Abteilung des Stutbuches eingetragen wurde.

Dazu werden die Stuten ab einem Alter von drei Jahren auf der Dreiecksbahn im Schritt und Trab gemustert und von einer Richterkommission beurteilt. Folgende sechs Kriterien werden in Hannover bewertet:

- Rasse und Geschlechtstyp,
- Qualität Körperbau,
- Korrektheit des Ganges,
- Elastizität und Schwung (Trab),
- Schritt,
- Gesamteindruck und Entwicklung.

Die Stutbuchaufnahmekommission vergibt Noten von 1 (sehr schlecht) bis 10 (ausgezeichnet). Es werden nur ganze Noten vergeben.

Entsprechend ihrer Abstammung und der Benotung der genannten Kriterien können die Stuten in drei verschiedene Stutbücher eingetragen werden.

Die Fohlenschauen finden bei den Stuteneintragungen statt. Dort werden sie neben der Mutter laufend hinsichtlich ihres Exterieurs und ihrer Bewegungsqualität beurteilt und rangiert. Die Fohlenschauen sind die erste Gelegenheit, den aktuellen Nachwuchs zu begutachten und damit auch die Zuchtqualität der Vater- und Muttertiere einzuordnen.

4.5.1.2 Stutenschauen

Auf den Stutenschauen können die Stuten weitere Titel und Prämien erlangen, die nicht nur einen Anreiz für die Züchter darstellen, sondern natürlich auch die Vermarktung einer Stute und ihrer Nachkommen verbessern. Begehrt ist beispielsweise der Titel der Staatsprämienstute.

Die Staatsprämie ist eine Förderungsmaßnahme der jeweiligen Landesregierung; sie hat das Ziel, herausragende Stuten in der Zucht zu halten. Zunächst müssen die Stuten auf einer Zuchtschau eine Anwartschaft auf den Titel Staatsprämie erhalten, d.h. sie müssen dort besonders ausgezeichnet worden sein. Dazu werden die Stuten ähnlich wie bei den Stuteneintragungen an der Hand auf der Dreiecksbahn vorgeführt. Den Titel Staatsprämienstute, der auch in den Pferdepass eingetragen wird, und eine Prämienzahlung erhält sie aber erst – und hier gibt es unterschiedliche Regelungen von Verband zu Verband –, wenn sie eine bestimmte Leistung erbringt (z. B. Absolvierung der Stutenleistungsprüfung) und darüber hinaus zur Zucht zur Verfügung steht.

4.5.1.3 Zuchtstutenprüfung

Bei der Zuchtstutenprüfung werden die Grundgangarten, die Springanlage beim Freispringen sowie die Rittigkeit der mindestens dreijährigen Stuten beurteilt. Dies geschieht entweder im Rahmen einer Stationsprüfung oder einer sogenannten Feldprüfung. Die Prüfung darf einmal wiederholt werden.

Feldprüfungen sind Zuchtstutenprüfungen, bei denen die Stuten an einem Tag geprüft werden. Zuerst wird das Freispringen in der Halle beurteilt. Über eine kleine Hindernisfolge von drei Sprüngen wird Springmanier und -vermögen von Richtern beurteilt. Haben alle Stuten das Freispringen absolviert, folgt die Überprüfung der Grundgangarten. Bei den in kleinen Gruppen vorgestellten Pferden wird die Rittigkeit unter dem Reiter auf einem Viereck bewertet. Nach Ansage sind einige Runden mit Handwechsel zu traben, zu galoppieren und Schritt zu gehen. Hier kommt es besonders auf losgelassene, elastische und taktreine Grundgangarten und auf sichere Anlehnung der Stuten an. Zum Schluss wird nach dem Reiten in der Abteilung der Fremdreitertest durchgeführt, bei dem die Rittigkeit zusätzlich von einem Fremdreiter beurteilt wird.

Bei den Stationsprüfungen, die der hannoversche Zuchtverband in Verden durchführt, werden die Stuten in einem Zeitraum von 18 Tagen auf die abschließende Prüfung vorbereitet. Hier werden dieselben Kriterien wie bei der Feldprüfung begutachtet; darüber hinaus aber auch noch Interieurmerkmale wie Temperament, Charakter und Leistungsbereitschaft berücksichtigt. Hier vergeben Richter, Trainingsleiter und Fremdreiter die Noten.

Die Stationsprüfung hat den Vorteil, dass alle Stuten unter gleichen Bedingungen von erfahrenen Reitern auf den Abschlusstest vorbereitet werden. Alternativ zur Prüfung auf Station oder im Feld gilt die Prüfung als abgelegt, wenn die Stuten entsprechende Erfolge in Turniersportprüfungen aufweisen können.

4.5.1.4 Hengstkörung

Die Hengstkörung ist für die jungen Hengste (mindestens 2½-jährig) die zweite Selektionsstufe nach der Fohlenschau und nur eine von mehreren Voraussetzungen für den Zuchteinsatz im Zuchtgebiet.

Nicht jeder Hengst kann auf der Körveranstaltung vorgestellt werden; bestimmte Voraussetzungen müssen erfüllt sein: Die Väter sowie die Väter der fünf weiblichen Vorfahren in der direkten Mutterlinie müssen Hengste sein, die im Hengstbuch I des Hannoverschen Verbandes eingetragen sind, bzw. eingetragen werden können. Die Mutter und deren Mutter müssen in das Hauptstutbuch, die Urgroßmutter mütterlicherseits muss mindestens in das Stutbuch des Verbandes bzw. in eine vergleichbare Abteilung eines anderen anerkannten Zuchtverbandes eingetragen sein. Außerdem werden eine tierärztliche Untersuchung (Röntgenbefund, Erbkrankheiten) und eine Abstammungsüberprüfung verlangt. Die vorausgewählten Hengste werden bei der Körung in Verden an zwei Tagen beim Freispringen, auf der Dreiecksbahn und auf dem Pflaster vorgestellt. Für ein positives Körurteil muss mindestens die Gesamtnote von 7,0 erreicht werden. In manchen Zuchtverbänden werden die Hengste zur Bewertung longiert oder unter dem Sattel vorgestellt.

Aber auch Althengste werden auf Körungen vorgestellt, z. B., wenn sie ihre Leistungsprüfung über die Turniersportprüfungen abgelegt haben oder aus einem anderen Zuchtgebiet stammen und nun in einem anderen Zuchtgebiet zusätzlich anerkannt werden sollen.

4.5.1.5 Hengstleistungsprüfungen

Es gibt für die Hengste verschiedene Möglichkeiten und Wege um als leistungsgeprüft zu gelten und im Zusammenhang mit einem positiven Körurteil die vollständige Anerkennung zu erlangen:

a) Die Veranlagungsprüfung, auch 30-Tage-Test genannt, in Verbindung mit dem 70-Tage-Test.
b) Der 70-Tage-Test allein, auch Stationsprüfung genannt.

Möglichkeiten des Leistungsnachweises für Reitpferdehengste

Alter	Nachweis über HLP		Nachweis über Turniersport	Nachweis über Veranlagungsprüfung und HLP	Nachweis über Veranlagungsprüfung und Turniersport	
					Veranlagungsprüfung (3jährig)	Veranlagungsprüfung (4jährig)
7 jährig und älter			Integrierte ZWS **Zuchtbucheintragung** **Körung** **Turniersport:** 5 x 1.-3. Stelle Dressur- oder Springprf. Kl. S oder 3 x 1.-3. Stelle Vielseitigkeit Kl. M oder S		Integrierte ZWS **Zuchtbucheintragung (5- oder 6jährig)**	Integrierte ZWS **Zuchtbucheintragung (5- oder 6jährig)**
6 jährig					**Nachweise der Qualifikation für BC:** in Dressur, Springen oder Vielseitigkeit **(5- oder 6jährig)**	**Nachweise der Qualifikation für BC:** in Dressur, Springen oder Vielseitigkeit **(5- oder 6jährig)**
5 jährig		Integrierte ZWS **Zuchtbucheintragung**		Integrierte ZWS **Zuchtbucheintragung**	**Fortschreibung der vorläufigen Zuchtbucheintragung** *(gilt nur 5jährig)*	**Fortschreibung der vorläufigen Zuchtbucheintragung** *(gilt nur 5jährig)*
4 jährig	Integrierte ZWS **Zuchtbucheintragung**	**HLP:** mind. 70 Tage **keine vorläufige Zuchtbucheintragung**		**HLP:** mind. 70 Tage	**Turniersport:** Nachweis eines Ergebnisses von mind. 7,5 in Drpf.-, Sprpf.- oder Geländepf. Kl. A oder Eignungsprf. **(4jährig)** oder einer BC-Qualifikation **(3- oder 4jährig)**	**Veranlagungsprüfung:** 30 Tage (4jährig) **sowie** **Turniersport:** Nachweis eines Ergebnisses von mind. 7,5 in Drpf.-, Sprpf.- oder Geländepf. Kl. A oder Eignungsprf. **(4jährig)** oder einer BC-Qualifikation **(3- oder 4jährig)**
				vorläufige Zuchtbucheintragung *(gilt nur 4jährig)*		**keine vorläufige Zuchtbucheintragung**
3 jährig	**HLP:** mind. 70 Tage **vorläufige Zuchtbucheintragung** *(gilt nur 3jährig)*	**vorläufige Zuchtbucheintragung** *(gilt nur 3jährig)*		**Veranlagungsprüfung:** 30 Tage (3jährig) **vorläufige Zuchtbucheintragung** *(gilt nur 3jährig)*		**vorläufige Zuchtbucheintragung** *(gilt nur 3jährig)*
	Körung	**Körung**		**Körung**		**Körung**

TD / Dezember 2005

Abb. 164: Möglichkeiten des Leistungsnachweises für Reitpferdehengste.

c) Zusätzlich zur Mindestnote 7,0 in der Veranlagungsprüfung muss ein Hengst für die endgültige Hengstbucheintragung folgende Bedingungen erfüllen:
Vierjährig mindestens einmal die Note 7,5 in Dressurpferde-, Springpferde- oder Geländepferdeprüfung der Kl. A oder in einer Eignungsprüfung oder nachweislich die Qualifikation zum Bundeschampionat des Deutschen Reitpferdes
und
fünf- oder sechsjährig die Qualifikation zum Bundeschampionat des Deutschen Dressur-, Spring- oder Geländepferdes.
d) Turniersporterfolge in S-Prüfungen (M-Prüfung für Vielseitigkeitspferde)

Der Hengst gilt als leistungsgeprüft, wenn er beispielsweise in Dressur- oder Springprüfungen der Klasse S fünf Platzierungen oder in Vielseitigkeitsprüfungen der Klasse m und / oder Klasse S drei Platzierungen an erster bis fünfter Stelle nachweisen kann.

Wird nur ein Teil der oben genannten Leistungsprüfungen erbracht oder auch nur ein positives Körurteil, erteilen Hannover, aber auch die anderen Zuchtverbände, nur eine vorläufige Anerkennung.

Die Veranlagungsprüfung (30-Tage-Test) und die Leistungsprüfung (70-Tage-Test)
Die Veranlagungsprüfung stellt für die jungen Hengste meist die erste Leistungsprüfung dar. Teilnahmeberechtigt sind 3- bis 6-jährige Hengste. Ziel ist es, frühzeitig eine sichere Aussage über die Grundveranlagung eines Hengstes hinsichtlich der Grundgangarten unter dem Sattel, der Rittigkeit und der Springveranlagung zu erhalten. Darüber hinaus wird den Interieur-Eigenschaften Beachtung geschenkt. Der 70-Tage-Test steht Hengsten ab 3 Jahren offen und stellt etwas höhere Anforderungen an die Hengste (Tab. 72).

Für beide Tests gilt, dass die Prüfungsgruppengröße ausreichend groß sein sollte. Es gibt ein einheitliches Anmeldeverfahren für alle Hengste über die FN. Um Manipulationen zu verringern, teilt die FN die RichterInnen und TestreiterInnen den Prüfungsstationen zu und organisiert das Bewertungsverfahren. Die Ergebnisse des 70-Tage-Tests werden nicht mehr – so wie früher - in Form eines Index ausgewiesen, da hierbei die Prüfergebnisse weder über die Jahre noch über die verschiedenen Prüfungsstationen hinweg vergleichbar waren. Veröffentlicht werden sowohl beim 30-Tage-Test als auch beim 70-Tage-Test die Einzelnoten aus Training und Abschlussprüfung (Notenskala von 1–10), sowie die daraus errechneten gewichteten Einzelnoten. Zusätzlich wird sowohl ein Zuchtwert Dressur als auch ein Zuchtwert Springen geschätzt und veröffentlicht. Ergänzend werden die Abweichungen des Zuchtwertes zum entsprechenden Pedigree-Zuchtwert, der mit Hilfe von Verwandteninformationen geschätzt wird, ausgewiesen.

Der 70-tägige Leistungstest gilt nach ZVO (Zuchtverbandsordnung) der FN als bestanden, wenn im HLP-Zuchtwert Dressur oder Springen mindestens 80 Punkte und eine gewichtete Endnote von mindestens 7,00 oder eine „dressurbetonte“ bzw. „springbetonte“ Endnote von 8,00 und besser erreicht wurden. Und so sind die Ergebnisse aus Tabelle 73 zu lesen: Mit 8,70 erzielte Caprisonne die höchste gewichtete Gesamtwertnote, mit 8,66 die höchste Dressurwertung und mit 8,73 war er zudem bester Springhengst. Nach dem HLP-Zuchtwert Springen, bei dem auch Verwandtenleistungen mit einfließen, steht allerdings Camaro Blue vorn – obwohl seine Springnote von 8,4 unter der von Caprisonne liegt. Sassiko hat die Prüfung nicht bestanden.

Der Hannoveraner Verband selektiert sehr viel strenger: Hannoveraner Hengste und Veredlerhengste müssen in den HLP-Zuchtwerten Dressur und Springen im Durchschnitt mindestens 100 Punkte oder in einem Teilzucht-

Tab. 72. Der 70-Tage-Test, Prüfkriterien und ihre Gewichtung

Gewichtungsfaktoren									
	Gewichtete Gesamtnote			Dressurbetonte Endnote			Springbetonte Endnote		
Merkmale	**TK**	**PR**	**FR**	**TK**	**PR**	**FR**	**TK**	**PR**	**FR**
Interieur*	20,0	–	–	20,0	–	–	20,0	–	–
Trab	2,5	2,5	–	5,0	5,0	–	–	–	–
Galopp	1,25	2,5	–	2,5	5,0	–	–	–	–
Schritt	2,5	2,5	–	5,0	5,0	–	–	–	–
Rittigkeit	15,0	–	15,0	20,0	–	30,0	–	–	–
Springanlage	7,5	–	–	–	–	–	15,0	–	–
Freisspringen		7,5		–	–	–	–	17,5	–
Parcoursspringen			10,0	–	–	–	–	–	17,5
Geländeprüfung									
Springanlage	–	5,0	–	–	–	–	15,0	7,5	–
Galopp	1,25	5,0	–	2,5	–	–	–	7,5	–
Summe Gewichtungsfaktoren	50,0	25,0	25,0	55,0	15,0	30,0	50,0	32,5	17,5

TK = Trainingskommission, PR = Prüfungsrichter, FR = Fremdreiter
* Interieur = Charakter, Temperament, Leistungsbereitschaft, Konstitution

wert mindestens 120 Punkte aufweisen; nichthannoversche Hengste sogar HLP-Zuchtwerte Dressur und Springen im Durchschnitt von mindestens 110 oder in einem Teilzuchtwert von mindestens 130 Punkten.

Zur Wiederholung und Vertiefung

1. Welche Aufgaben hat die FN?
2. Erläutern Sie die Bedeutung der Abstammung eines Pferdes als Auswahlkriterium.
3. Welche Voraussetzungen muss eine Stute (Dt. Reitpferd) erbringen, um in das Hauptstutbuch des Hannoveraner Zuchtverbandes eingetragen zu werden?
4. Welche Arten von Stutenleistungsprüfungen gibt es und welche Leistungsmerkmale werden dabei geprüft?
5. Welche Hengstleistungsprüfungen gibt es beim Deutschen Reitpferd und welche Leistungsmerkmale werden dabei geprüft?

Tab. 73. Ergebnisse 70-tägige Leistungsprüfung – auszugsweise Prüfungsanstalt Schlieckau, August 2012

	Endnoten			HLP-Zuchtwerte			
	Gewichtete Endnote	Dressurbetonte Endnote	Springbetonte Endnote	HLP-Zuchtwert Dressur	Abweichung vom Verwandten-HLP-ZW Dressur	HLP-Zuchtwert Springen	Abweichung vom Verwandten-HLP-ZW Springen
Camaro Blue v. Chacco Blue/ Carinue	8,06	7,69	8,40	88	4	133	10
Forward v. For Pleasure/ Corisco	7,77	7,40	8,23	92	−2	129	−6
Caprisonne v. Contendro I/ Cavalier	8,70	8,66	8,73	127	20	121	13
Sassiko xx v. Auenadlerxx/ Superlative xx	6,37	6,10	6,61	51	−25	68	−10
Diatano v. Diamonit I / Brentano II	7,56	7,88	7,16	123	8	76	−6

5 Pferde ausbilden und trainieren

5.1 Entwicklungs- und Ausbildungsstand beurteilen

?

Ein junges Pferd wird in den Ausbildungsbetrieb eingestellt. Es soll eingeritten und weiter ausgebildet bzw. trainiert werden. Der Ausbilder erklärt dem/der Auszubildenden, dass man bei der Ausbildung eines jungen Pferdes behutsam vorgehen muss, da es sonst zu physischen (körperlichen) und psychischen Schäden kommen kann, die auch in späteren Jahren die Leistungsfähigkeit des Pferdes erheblich beeinträchtigen. Der Auszbildende fragt sich, welcher Art diese Schäden sein können.

Trainieren bedeutet einen Organismus, in diesem Fall ein Pferd, systematisch und gezielt auf eine bestimmte Leistung (z. B. Rennen, Turniersport) vorzubereiten. Das Pferd muss in die Lage versetzt werden, diese Leistung ohne gesundheitliche Schäden zu absolvieren. Die Organsysteme, die zur Erbringung dieser Leistung benötigt werden, müssen durch systematische Trainingsreize gekräftigt werden.

Beginnt man mit dem Ausbilden und Trainieren eines Pferdes, muss man bei einem jungen vom Entwicklungsstand und bei einem älteren Pferd vom Ausbildungs- bzw. Trainingsstand ausgehen.

Folgende Organsysteme werden durch Ausbildung und Training vor allem beansprucht:

- Der passive Bewegungsapparat.
- Der aktive Bewegungsapparat.
- Das Herz-Kreislaufsystem.
- Das Nervensystem.

5.1.1 Der passive Bewegungsapparat

Den passiven Bewegungsapparat bilden das Skelett, Knorpel und Bänder.

Das Skelett besteht aus etwa 300 Knochen. Obwohl das Pferd schon seit etwa 3 000 Jahren als Reittier genutzt wird, wird es nicht als solches geboren. Sein gesamtes Stützgewebe (Knochen und Muskeln) zielt auf schnelle Fortbewegung in horizontaler Richtung. Zur Nutzung als Reittier bedarf es einer sachverständigen Umformung. Knochengewebe besteht zu einem Drittel aus organischen und zu zwei Dritteln aus anorganischen Substanzen, vor allem phosphorsaurem Kalk (85%) und kohlensaurem Kalk (10%).

25% der organischen Knochenmasse besteht aus kollagenen Fasern, die bei Druckbelastung nachgeben können, ohne dass es zu Brüchen kommt. Der Knochen wird außen von der Knochenhaut (Periost) umgeben. Von dem Periost gehen die Impulse für das Dickenwachstum der Knochen und für die Heilung von etwaigen Knochenbrüchen oder Verletzungen aus. Das Längenwachstum geht von den Fugenknorpeln (Epiphysenfugen) aus.

Vereinfacht dargestellt wird Knorpel in Knochenmasse umgewandelt. Mit zunehmendem Alter verlangsamt sich das Längenwachstum. Die **Fugenknorpel** schließen sich, das heißt, sie verknöchern und stellen ihre Tätigkeit ein. Das Pferd ist ausgewachsen.

Knochen reagiert auf Trainingsanreize in Form von Belastung sehr langsam. Es dauert mehrere Monate, bis er sich strukturell der Belastung angepasst hat.

Bewegliche Knochenverbindungen sind Gelenke. Ohne Gelenke wäre eine Fortbewegung nicht möglich.

Der Grundaufbau aller Gelenke ähnelt sich: Ein Gelenkkopf greift in die Gelenkpfanne des anderen Knochens ein. Die Knochenenden sind mit einer Knorpelschicht überzogen.

Das Gelenk wird von einer aus straffem Bindegewebe bestehenden Gelenkkapsel umgeben.

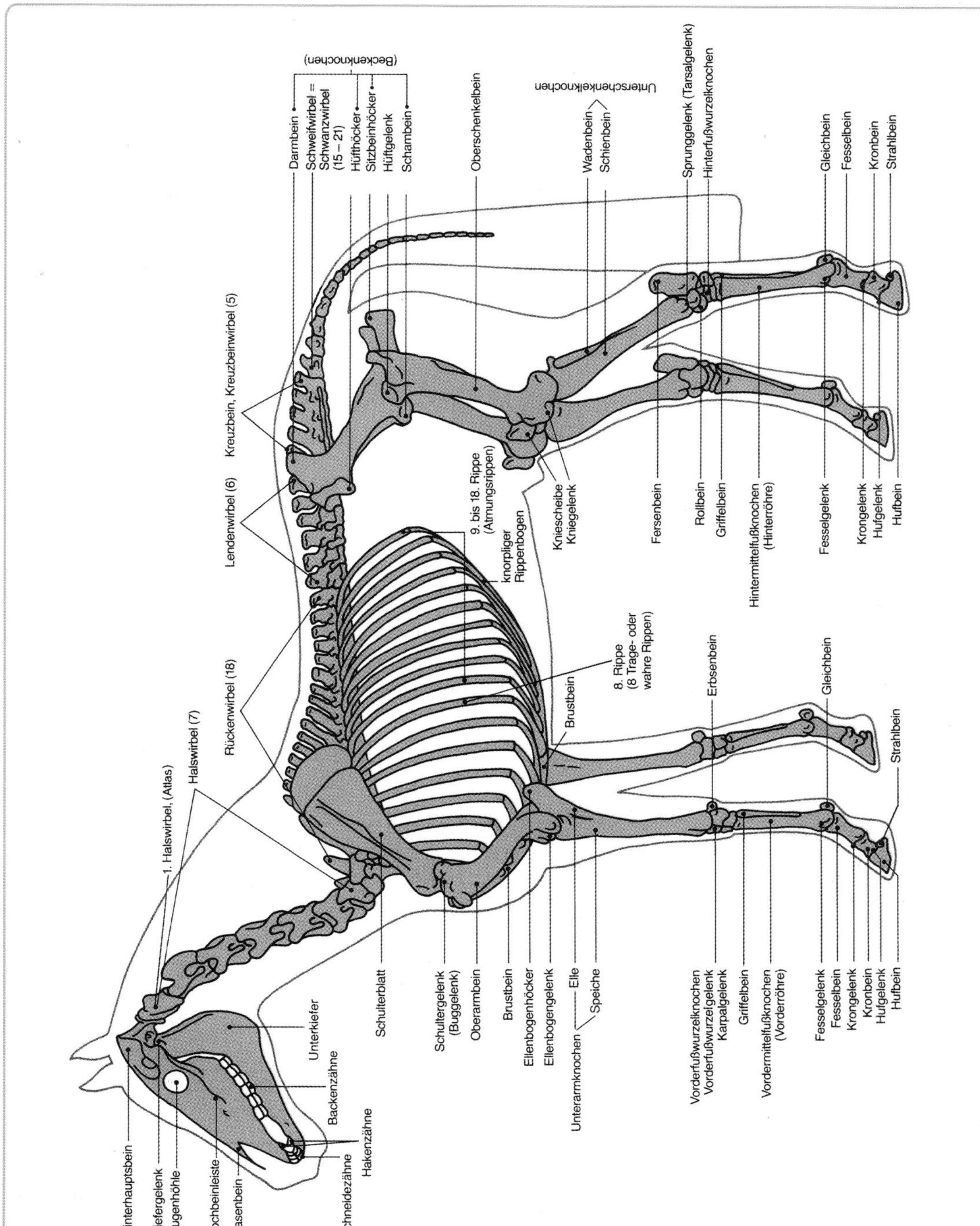

Abb. 165: Das Skelett (nach FN 2006, Richtlinien der FN Band 4).

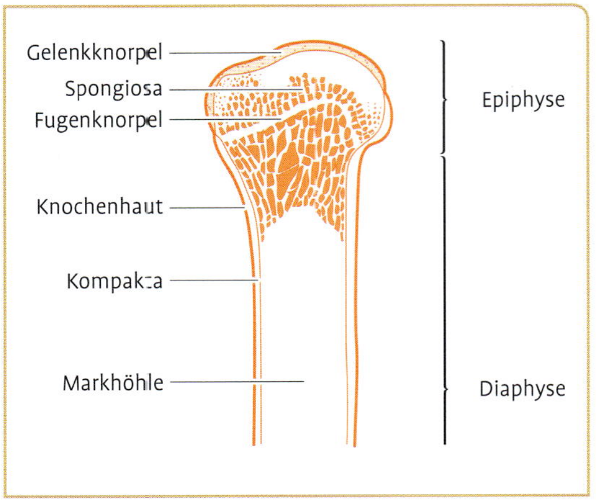

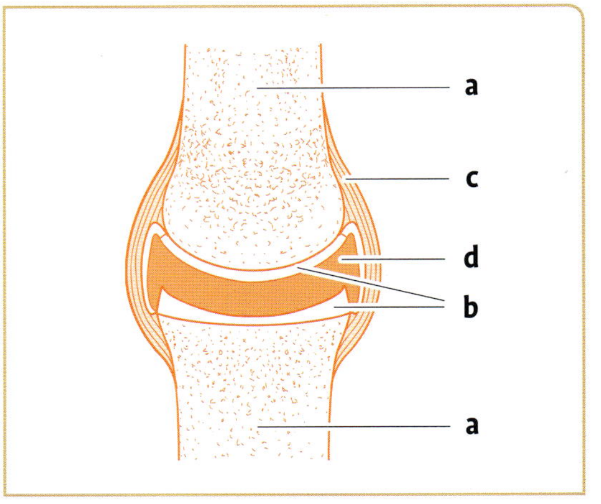

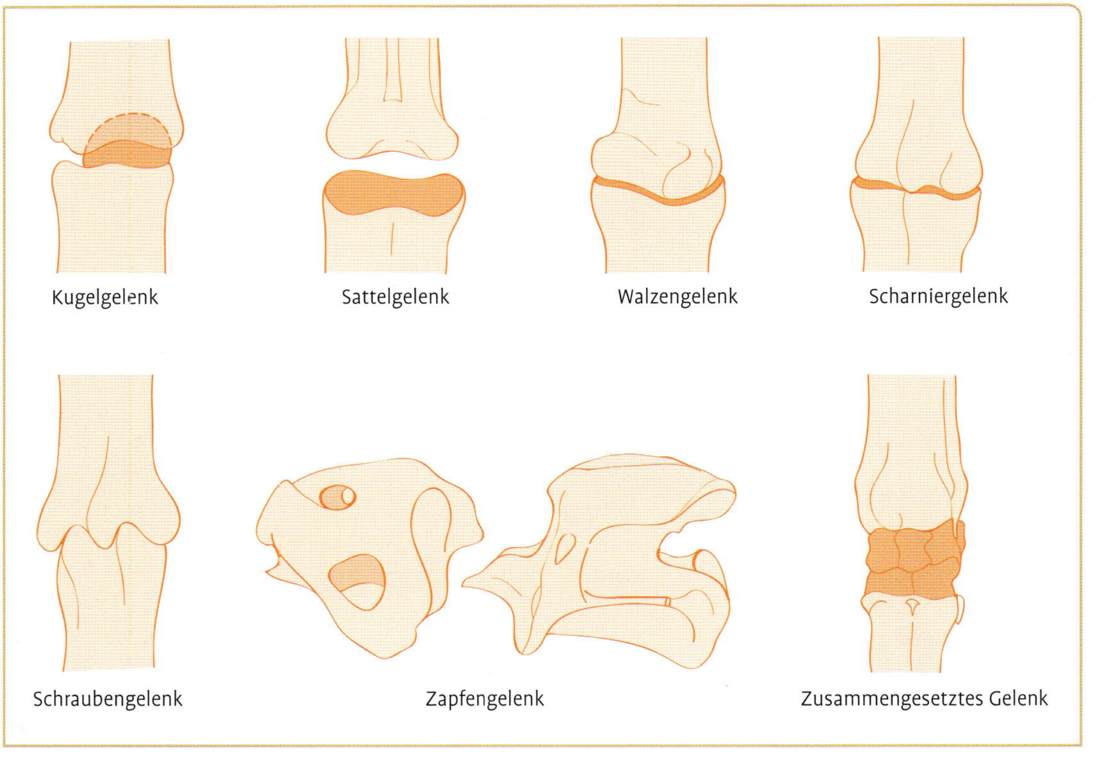

Abb. 166 (oben links): Schema eines Röhrenknochens.

Abb. 167 (oben rechts): Schematische Darstellung eines Gelenkes: a = Knochen, b = Gelenkknorpel, c = Gelenkkapsel, d = Synovia.

Abb. 168 (unten): Gelenkformen.

Abb. 169: Stützbeinlahmheit hinten links.

Abb. 170: Stützbeinlahmheit vorne rechts.

Die Innenseite der Gelenkkapsel ist mit einer Schleimhaut (**Synovialis**) ausgekleidet, die die Gelenkschmiere (**Synovia**) produziert.

Aufgabe der Synovia ist es, den **Gelenkknorpel**, der weder Blutgefäße noch Nerven enthält, zu ernähren und geschmeidig zu halten. Zusätzlich werden Gelenke durch Bänder stabilisiert, die sie umgeben.

Alle Gliedmaßengelenke des Pferdes sind unabhängig von ihrer Form nur in einer Ebene nach vorne und hinten beweglich. Nur Schulter und Hüftgelenk – beides Kugelgelenke – lassen eine begrenzte Seitwärtsbewegung zu. Dadurch wird das Kreuzen der Gliedmaßen bei Seitengängen möglich.

Der Aufbau und die Anpassung an Belastung der verschiedenen Gewebe eines Gelenkes sind von der Bewegung abhängig. Das trifft insbesondere für den Gelenkknorpel zu.

Um die Nährstoffe aus der Synovia in die Knorpelzellen zu bekommen, benötigt das Pferd Bewegung. Fußt ein Pferd auf (Stützbeinphase), wird der Gelenkknorpel zusammengedrückt und die Synovia, die im Gelenkknorpel war, mit den Abfallprodukten des Zellstoffwechsels herausgepresst. Fußt ein Pferd ab (Hangbeinphase), entsteht im Gelenkknorpel ein Vakuum und der Gelenkknorpel saugt sich, wie ein Schwamm, mit nährstoffreicher Synovia voll.

Bei Pferden, die etwa 23 Stunden in der Box stehen, ist dieser Mechanismus gestört und der Gelenkverschleiß ist vorprogrammiert. Das Stützgewebe des Pferdes ist spezialisiert auf Fortbewegung (siehe Entwicklungsgeschichte des Pferdes). Hieraus resultiert auch die Notwendigkeit einer ausreichenden **Lösungs- oder Aufwärmphase** (siehe Skala der Ausbildung).

Wird bei der Umformung des Pferdes vom Lauf- zum Tragtier unsachgemäß vorgegangen, treten Schäden am Stützapparat auf, die sich in erster Linie durch Lahmheit äußern.

Zu unterschieden sind:

- **Stützbeinlahmheiten**, die dadurch gekennzeichnet sind, dass die Belastungsphase der betroffenen Gliedmaße verkürzt wird und das Pferd, was vor allem im Trab sichtbar wird, auf das gegenüberliegende Bein fällt. Dadurch kommt die typische Nickbewegung zustande. Beim Belasten der betroffenen Gliedmaße werden Kopf und Hals zur Entlastung gehoben und beim Belasten der gesunden Gliedmaße werden Kopf und Hals fallen gelassen. Je deutlicher die Nickbewegung, umso größer der Schmerz. Stützbeinlahmheiten an den Hintergliedmaßen äußern sich dadurch, dass die Hüfte der betroffenen Gliedmaße zur Entlastung höher gehalten wird. Je größer das Gefälle von Hüfthöcker zu Hüfthöcker, desto stärker der Schmerz. Bei Stützbeinlahmheiten sind in der Regel die unteren Gliedmaßenbereiche ab Karpal- bzw. Tarsalgelenk betroffen. Sie zeigen sich am deutlichsten auf hartem Boden.

Abb. 171: Spat.

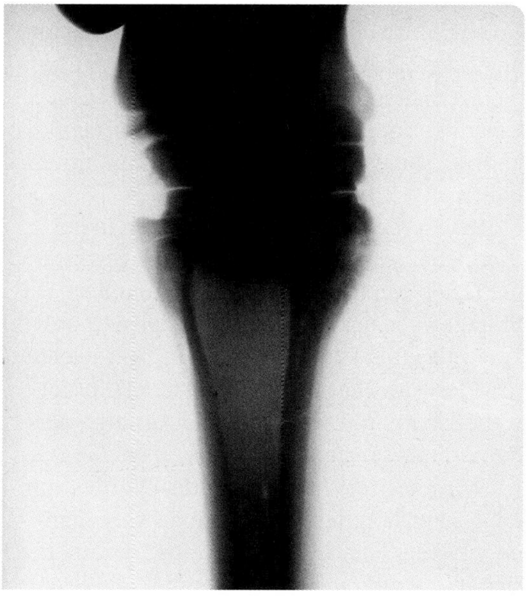

- **Hangbeinlahmheiten**
  Diese sind dadurch gekennzeichnet, dass die geschädigten Gliedmaßen nicht so weit vortreten wie die gesunden. Hangbeinlahmheiten, die im Regelfall in tiefem Boden deutlicher sichtbar werden, haben ihre Ursachen meistens im oberen Gliedmaßenbereich (Schulter, Oberarm, Hüft- bzw. Kniegelenk).
- **Gemischte Lahmheiten**
  Sie sind Störungen der Belastungs- und Entlastungsphase einer oder mehrerer Gliedmaßen. Hier ist oft die exakte Diagnose schwierig. Häufige Schäden des Stützapparates sind:
- **Hufrollenentzündung** (Podotrochlose):
  Die Hufrolle ist ein Teil des **Hufmechanismus**, der vom Strahlbein, dem darüber gleitenden Teil der tiefen Beugesehne sowie dem dazwischen liegenden Schleimbeutel gebildet wird. Aufgrund der Lokalisation und der Funktion dieser Teile im Huf werden hier zu einem großen Teil die auftretenden Belastungen und Stöße abgefangen. Bei der Hufrollenentzündung kommt es zunächst zu Veränderungen am Strahlbein selbst. Durch Druckbelastung, z. B. Reiten auf der Vorhand, viele Trabverstärkungen und Überforderung im Springen bei jungen Pferden, kommt es zur Blutunterversorgung des Strahlbeins und dadurch zu Nekrosen (Absterben von Gewebe). Knorpel, tiefe Beugesehne sowie der Schleimbeutel werden erst später in das Krankheitsbild mit einbezogen. Im fortgeschrittenen Stadium der Entwicklung kommt es zur Auflösung des Strahlbeins. Die Veränderungen im Strahlbein werden durch Röntgenaufnahmen sichtbar. Veränderungen im Strahlbein sind immer in Abhängigkeit vom Alter des Pferdes und einer vorhandenen oder nicht vorhandenen Lahmheit zu sehen. Gleichartige Veränderungen des Strahlbeins sind bei einem drei bis vierjährigen Pferd im Hinblick auf eine

Hufrollenentzündung anders zu beurteilen, als bei einem zehnjährigen oder älteren Pferd. Symptomatisch für die Hufrollenentzündung ist der schleichende (chronische) Verlauf. Der Gang wird zunehmend stumpfer. Vor allem in engen Wendungen zeigen die Pferde Taktfehler. In erster Linie zeigen sich deutliche Lahmheitssymptome am Morgen nach stärkeren Belastungen. Auf unebenen Böden verschlimmert sich die Lahmheit. Von der Hufrollenentzündung werden fast ausschließlich die Vordergliedmaßen betroffen. Grundsätzlich muss gesagt werden, dass die Heilung einer Hufrollenentzündung nicht möglich ist. Die Veränderungen am Strahlbein sind irreversibel (nicht rückgängig zu machen). Begünstigt wird das Auftreten dieser Krankheit durch Stellungsfehler, z. B. kurze steile Fessel, Zwanghuf (siehe Kap. 2 Pferde pflegen und behandeln) sowie Fehler in der Aufzucht. Auch erblich bedingte Faktoren spielen eine Rolle.

- **Arthrosen**: Bei Arthrosen handelt es sich um vorwiegend degenerative Gelenkerkrankungen. Die Ursachen können verschiedenartig sein, wie Überbelastung, altersbedingte Abnutzung und Verletzungen. Begünstigt wird das Auftreten von Arthrosen durch Stellungsfehler. Arthrosen treten hauptsächlich an den Vordergliedmaßen im Fessel-, Kron- und Hufgelenk auf und an den Hintergliedmaßen am Sprunggelenk. Im Gelenk kommt es durch Überlastung zum Knorpelabbau, da sich die Zusammensetzung der Synovia verändert. Die Knorpelzellen werden nicht mehr ausreichend mit Nährstoffen versorgt und auch die Schmierfähigkeit der Synovia ist vermindert. Im fortgeschrittenen Stadium der Arthrose kommt es zu Knochenwucherungen an den betroffenen Gelenken, die als **Schale** bzw. im Sprunggelenk als **Spat** bezeichnet werden.
- **Überbeine**: Unter Überbeinen versteht man Knochenwucherungen durch partielle Reizung der Knochenhaut. Durch Anschlagen und Streichen, vor allem bei jungen Pferden, die ihre Balance unter dem Reiter noch nicht gefunden haben, kommt es zu einer Reizung und Entzündung der Knochenhaut, die mit Neubildung von Knochenzellen reagiert. Durch Einlagerung von Kalzium verhärtet die Knochenwucherung. Führen Überbeine nicht zu Lahmheiten, indem sie auf Sehnen oder z. B. auf die Griffelbeine drücken, sind sie als Schönheitsfehler einzuordnen.
- **Schienbeine**: Diese Knochenveränderungen an der Vorderseite der Vorderröhren kommen bei jungen Rennpferden im frühen Stadium eines harten Trainings häufig vor. Erste Anzeichen sind vermehrte Wärme, Schwellungen und Schmerz. Ursache ist ein unvollständiger Bruch der Rindenschicht des Röhrbeins, der, wie jeder andere Bruch, eine Knochenneubildung nach sich zieht. Der Bruch ist die Folge eines übermäßigen Drucks auf die Rindenschicht des Knochens. Dieser übermäßige Druck entsteht, wenn die jungen Rennpferde mit der schnellen Arbeit beginnen. Bei jungen Rennpferden soll die Vorderseite der Vorderröhren nach jeder Arbeit auf Wärme und Schmerzempfindlichkeit untersucht werden. Sind diese Symptome feststellbar, sollte die Arbeit sofort reduziert werden, wobei vor allem Sprints zu unterlassen sind. Das Pferd sollte weiter bewegt aber nicht gefordert werden, sodass der Umbauprozess des Knochens zur Anpassung an die Belastung fortgesetzt wird. Wird das Pferd ganz aus dem Training genommen, kommt der Umbauprozess des Knochens zum Stillstand und der Vorgang wiederholt sich nach einiger Zeit.
- **Chips** (OCD = Osteochondrosis dissecans) Unter Chips versteht man Absplitterungen von Knochenteilen oder Ablösungen von Knorpelteilen in Gelenken. Die Ursachen für OCD liegen im Bereich Zucht, Haltung

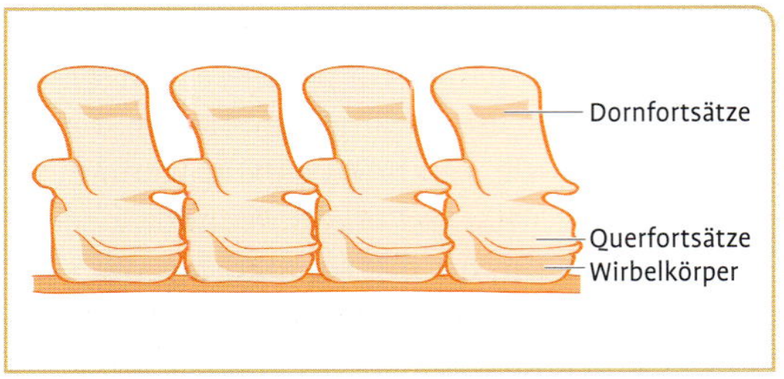

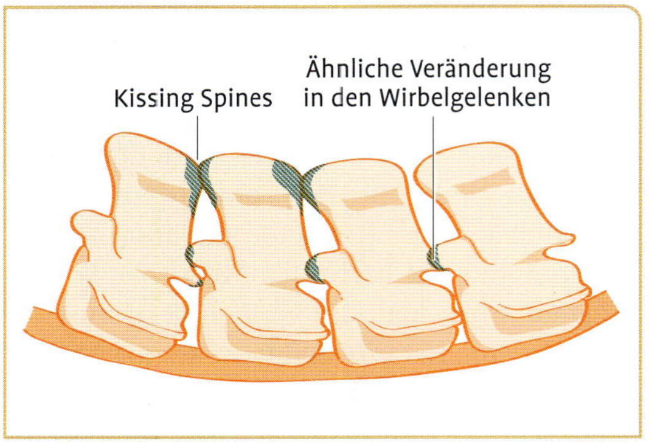

Abb. 172 (oben): Rückenwirbelsäule des Pferdes (gesunder Zustand).

Abb. 173 (unten): Schäden der Wirbelsäule (Entzündungen, Schmerz, Verknöcherung).

und Fütterung (siehe auch Kapitel 4 und 3). Die Symptome zeigen sich jedoch in der Regel erst bei der Ausbildung bzw. beim Training des Pferdes. Die Störungen im Bewegungsablauf sind sehr unterschiedlich, da sie abhängig vom betroffenen Gelenk, der Lage des Chips im Gelenk und der Größe des Chips sind. Auch die Trainingsintensität spielt eine Rolle. Nicht alle Pferde mit OCD müssen aus dem Sport genommen werden. Die meisten OCD-Pferde müssen aber bei intensiverem Training medizinisch betreut werden. OCD-Veränderungen können jedes Gelenk des Pferdes betreffen. Am häufigsten sind jedoch Huf-, Fessel-, Sprung- und Kniegelenk betroffen. Oft haben Pferde OCD-Veränderungen an mehreren Gelenken. Reizungen und Entzündungen im Gelenk äußern sich häufig durch vermehrte Bildung von Synovia, die zur Ausbeulung der Gelenkkapsel führen und als Gelenkgallen bezeichnet werden.

Die Skelettentwicklung des jungen Pferdes ist ausschlaggebend für den Grad der Belastung. Bei jungen Rennpferden, die bereits im Alter von etwa 18 Monaten in den Rennstall überstellt werden, gibt unter anderem ein Röntgenbefund der Epiphysenfugen (Fugenknorpel) der Vordergliedmaßen Aufschluss über den Entwicklungszustand des Skeletts und damit über die Belastbarkeit. Die unteren Epiphysenfugen des Röhrbeins in der Nähe des Fesselgelenks müssen bei einem Jährling geschlossen sein. Es ist auch ein weiterer wichtiger Hinweisstand, ob der Körperbau harmonisch ist oder ob das junge Pferd überbaut ist. Überbaut sein deutet darauf hin, dass das Pferd einen Wachstumsschub macht. In dieser Phase sollen Ausbildung und Training behutsam durchgeführt werden, da der Stützapparat nicht so belastbar ist und das Pferd sich vor allem unter dem Reiter schlecht ausbalancieren kann und die Vorhand stark belastet.
Vor allem Fehler in der Grundausbildung, wie zu intensives Training, erzwungene Kopf- oder Halshaltung eventuell durch falschen Gebrauch von Hilfszügeln sowie falsches oder nicht genügendes Lösen führen zu Schäden am Stützapparat. Pferde, die nicht gelernt haben, sich losgelassen zu bewegen, müssen das Gewicht ihres Körpers und des Reiters fast ausschließlich mit den Gelenken und Sehnen auffangen. Hiervon wird auch die Wirbelsäule, die das Reitergewicht tragen muss, betroffen. Die Wirbelsäule des Pferdes, die im Vergleich zu anderen Tieren, wie z. B. der Katze, geradezu steif ist, ist eine der anfälligsten Stellen für Verspannungen und Blockaden.

Rückenprobleme können sich auf unterschiedliche Art äußern. Taktfehler im Schritt oder Verweigerung vor dem Sprung können ebenso Anzeichen sein, wie gegen die Hand Gehen und Steigen. Blockaden im Rücken können zu „**Kissing Spines**“ führen. Hierunter versteht man das Aneinanderreiben der Dornfortsätze der Rückenwirbel. Das führt zu Entzündungen und durch Knochenzubildungen zu Verwachsungen der Dornfortsätze.

Um diesen Schäden vorzubeugen, ist es unabdingbar, die Pferde in korrekter Haltung über dem Rücken zu reiten bzw. zu longieren. In korrekter Haltung bewegt sich das Pferd in **Dehnungshaltung**, **Selbsthaltung** und **relativer Aufrichtung**. Hierbei werden auch die entsprechenden Muskelgruppen, die das Pferd zum Tragen des Reitergewichts befähigen, trainiert.

5.1.2 Der aktive Bewegungsapparat

Den aktiven Bewegungsapparat bildet die Skelettmuskulatur, die nach dem mikroskopischen Bild ihrer Fasern auch als quer gestreifte Muskulatur oder, da sie vom Zentralnervensystem (Gehirn und Rückenmark) gesteuert wird, auch als willkürliche Muskulatur bezeichnet wird.

Nach ihren Aufgaben unterteilt man **Beuger** und **Strecker**.

Die Streckmuskeln des Halses und des Rumpfes verlaufen oberhalb der Wirbelsäule, die Beuger des Halses und des Rumpfes verlaufen unterhalb der Wirbelsäule. Zu den Streckmuskeln gehören die Oberhalsmuskulatur, die Rücken- und Lendenmuskulatur (langer Rückenmuskel) sowie Kruppen- und Gesäßmuskulatur. Zu den Beugern zählen die Unterhalsmuskulatur und die Bauchmuskeln. Diese Muskelgruppen sind wichtig bei der Ausbildung und dem Training eines Pferdes, da es ein Reitergewicht tragen sollen.

Eine entscheidende Rolle spielt das Nackenband, das am Hinterhauptsbein ansetzt, zu den Dornfortsätzen des Widerrists verläuft und in das Rückenband übergeht. Die eigentliche Aufgabe des **Nackenbandes** besteht darin, dass das Pferd Kopf und Hals in natürlicher Haltung tragen kann, da Bänder im Gegensatz zu Muskeln nicht ermüden.

Bei einem nicht ausgebildeten oder falsch gerittenen Pferd ist die Unterhalsmuskulatur stärker ausgeprägt als die Oberhalsmuskulatur. Rücken- und Lendenmuskeln und die

Abb. 174: Aufbau eines Skelettmuskels in Ausschnitten unterschiedlicher Vergrößerung.

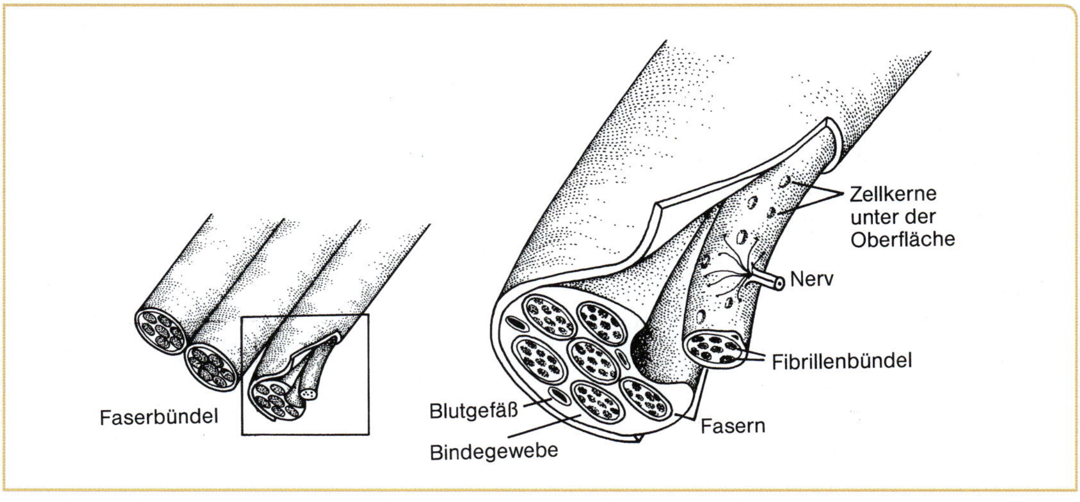

Muskulatur der Kruppe und der Hinterhand sind schwach ausgeprägt. Das trifft auch für die Bauchmuskeln zu.

Die Bauchmuskulatur, die vom Brustbein zum Becken verläuft, trägt den Bauchinhalt und beeinflusst das Vorschwingen der Hinterbeine und die Atmungsvorgänge. Vor allem durch Galopparbeit wird die Bauchmuskulatur trainiert.

In der Ausbildung des Pferdes ist es nun notwendig, Oberhals-, Rücken- und Lendenmuskulatur, Kruppen- und Gesäßmuskulatur sowie die Bauchmuskulatur zu trainieren und die Unterhalsmuskulatur abzubauen. Außer durch korrektes Reiten und Longieren werden diese Muskelpartien durch Bodenrickarbeit, Gymnastikspringen, Klettern im Gelände sowie durch ruhigen Kanter (leichten, ruhigen Galopp) über längere Strecken trainiert.

Bei jüngeren oder verrittenen Pferden, die noch nicht gelernt haben, das Reitergewicht zu tragen, werden Strecker und Beuger gleichzeitig kontrahiert. Die Unterhalsmuskulatur wird angespannt, der Rücken weggedrückt und die Hinterhand schleppt nach.

Sind weder Strecker noch Beuger verkrampft, arbeiten sie koordiniert im Bewegungsablauf zusammen. Das Pferd geht losgelassen in Dehnungshaltung, Selbsthaltung oder in relativer Aufrichtung.

Vor allem in der Dehnungs- und Selbsthaltung spielt das Nackenband eine wichtige Rolle. Es übt bei gedehntem Hals eine starke Zugwirkung auf die langen Dornfortsätze

Abb. 175: Das System der Rumpfstrecker und Rumpfbeuger.

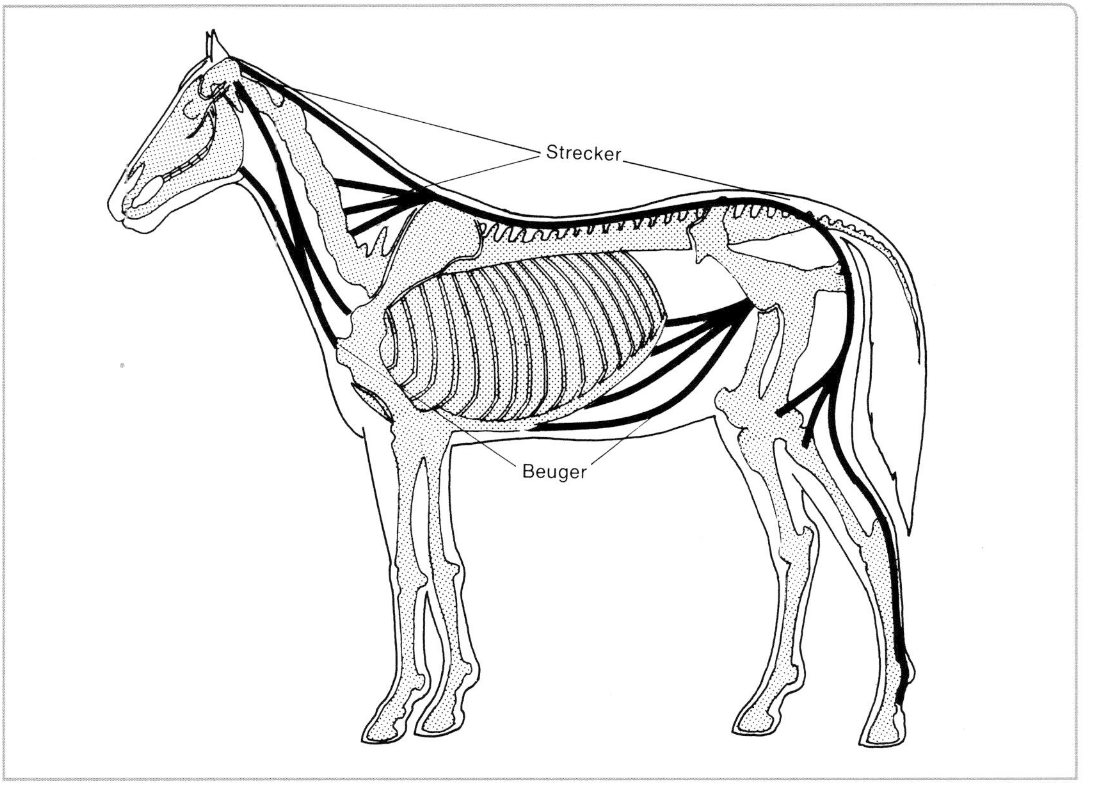

des Widerristes aus. Wenn gleichzeitig die Hinterbeine aktiv vorschwingen, was durch Kontraktion der Bauchmuskeln bewirkt wird, wölbt sich durch das Nackenrückenband der Rücken auf. Nur dann kann die Rücken- und Lendenmuskulatur unverkrampft arbeiten, die Oberhalsmuskulatur wird aufgebaut und die Unterhalsmuskulatur abgebaut. Bei zunehmender Entwicklung der Oberhals- und Bauchmuskulatur bei fortschreitendem Training kann die Tragearbeit vermehrt durch diese Haltemuskulatur geleistet werden. Kopf und Hals werden bei Untertreten der Hinterhand (**Hankenbeugung**) vermehrt getragen.

!

Hankenbeugung: Verkleinerung der Winkel in Hüft- und Kniegelenk durch vermehrte Lastaufnahme der Hinterhand.

Das Pferd geht in relativer Aufrichtung. Wird die höhere Kopf-Halshaltung durch die Reiterhand erzwungen, kommt es zu Verspannungen der Muskulatur. Man spricht von absoluter Aufrichtung.

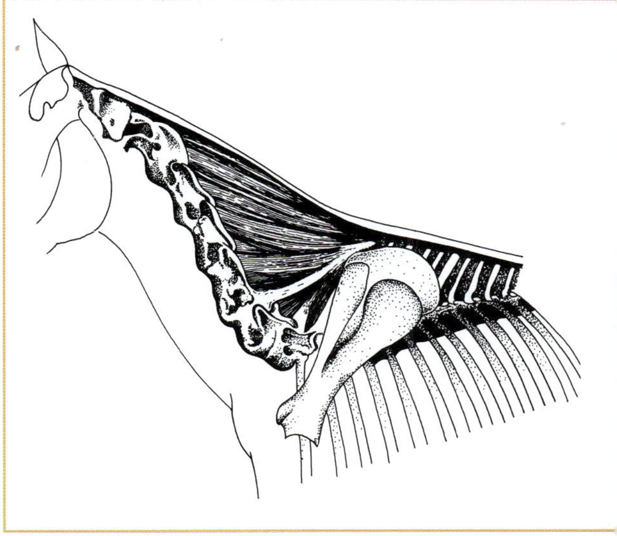

Abb. 176: Nackenband des Pferdes.

Für seine Arbeit benötigt der Muskel Energie in Form von **ATP (Adenosintriphosphat)**, das entweder aerob (Verbrennung mit Hilfe von Sauerstoff) aus Glucose oder Fettsäuren oder anaerob (Spaltung ohne Sauerstoff) aus Glucose gewonnen wird. Bei der anaeroben

Abb. 177: Korrekt entwickelte Muskulatur (links). Muskeln eines verrittenen oder eines untrainierten rohen Pferdes (rechts).

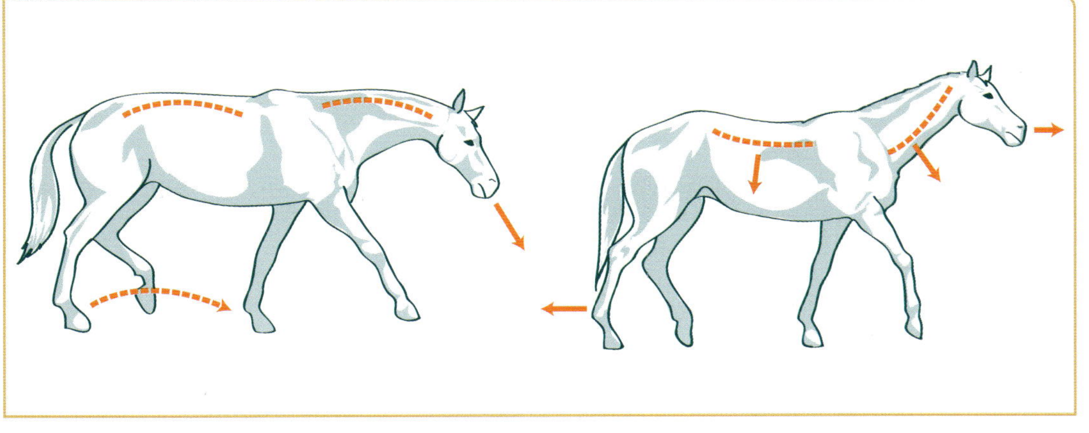

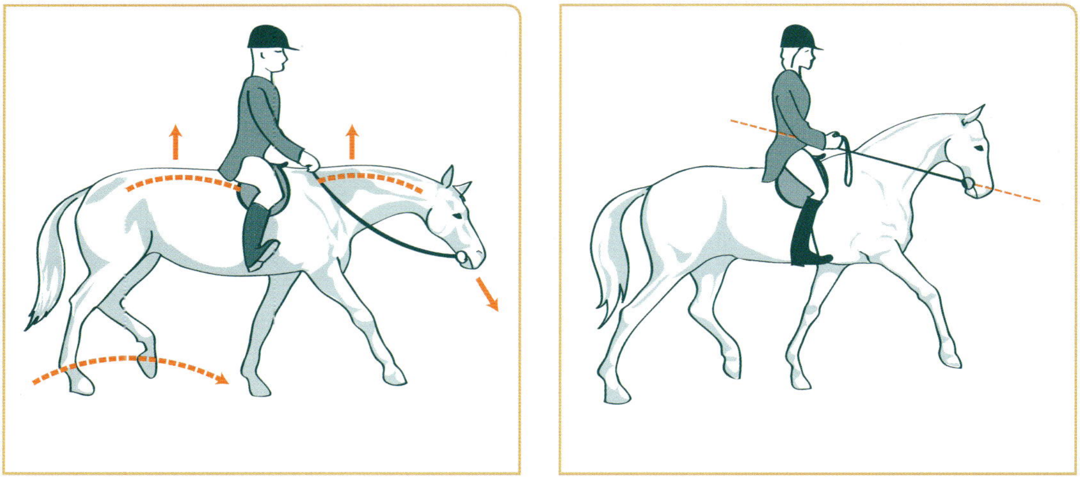

Abb. 178: a) Dehnungshaltung, b) Selbsthaltung.

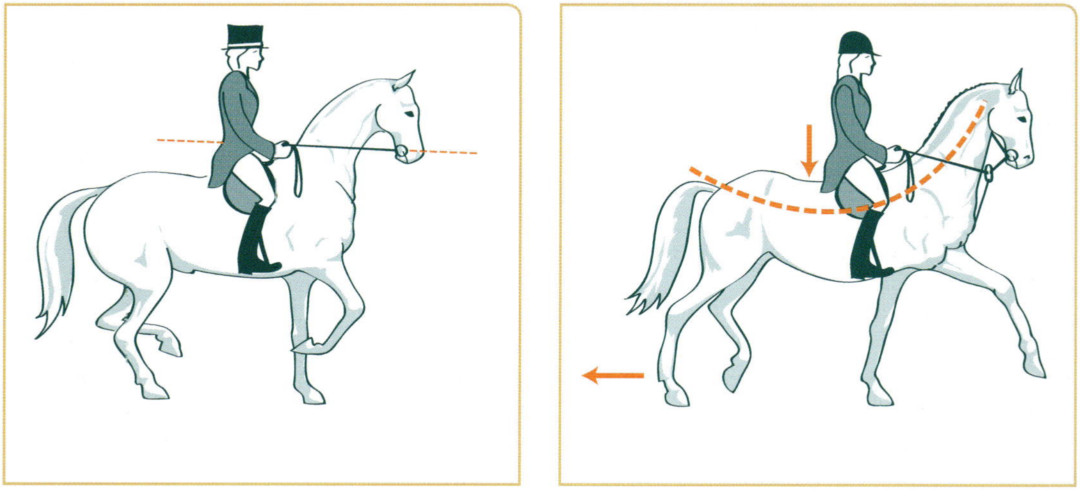

Abb. 179: a) Relative Aufrichtung, b) Absolute Aufrichtung.

ATP-Gewinnung fällt **Laktat** (**Milchsäure**) an, das für die Ermüdung des Muskels verantwortlich ist. Je höher die Laktatkonzentration im Blut, desto stärker ist der Grad der Ermüdung. Laktat spielt auch eine Rolle beim sogenannten **Kreuzverschlag (Lumbago)**. Die Symptome treten meistens kurz nach Beginn der Arbeit auf. Das Pferd bewegt sich steif mit eingeklemmtem Schweif, hat beschleunigte Atmung und Schweißausbrüche. Die betroffenen Muskelpartien vor allem im Lenden- und Kruppenbereich sind verhärtet. In extremen Fällen ist der Harn durch den aus den zerstörten Muskelfasern austretenden Muskelfarbstoff (Myoglobin) dunkel verfärbt. Bis zum Eintreffen des Tierarztes ist das Tier warm zu halten und

Tab. 74. Muskelfasertypen bei Pferden (aus Zusammenstellung von Snow 1983)

	ST	FTH	FT
Kontraktionsgeschwindigkeit	langsam	schnell	schnell
Oxidative Kapazität	hoch	mittel bis hoch	gering
Kapillardichte	hoch	mittel	niedrig
Glykogengehalt	mittel	hoch	hoch
Ermüdung	gering	mittel	hoch

ST = slow twitch (langsame Kontraktion)
FTH = fast twitch, high oxidative (schnelle Kontraktion bei hohem Sauerstoffbedarf)
FT = fast twitch (schnelle Kontraktion ohne Sauerstoffbedarf)

darf nicht mehr bewegt werden. Die Ursachen für Kreuzverschlag sind im Kapitel 3, Pferde füttern, aufgeführt.

Arbeit leistet der Muskel durch Kontraktion der Muskelfasern. Es wird zwischen drei verschiedenen Muskelfasertypen unterschieden, die unterschiedliche Eigenschaften aufweisen.

Die Verteilung dieser Muskelfasertypen in einem Muskel ist in hohem Maße genetisch bedingt. Das erklärt auch, warum das Quarter Horse als Sprinter, der englische Vollblüter für Galopprennen auf längeren Distanzen und der Araber für Distanzritte geeignet ist.

Sehnen

Sehnen sind die Verbindungen zwischen Muskeln und Knochen. Die von der Muskulatur entwickelte Kraft wird durch die Sehnen auf Knochen und Gelenke übertragen. Dadurch wird Bewegung erst möglich. Im Gegensatz zu Muskeln ermüden Sehnen nicht. Da die Hinterhand des Pferdes schiebt und die Vorderhand das Körpergewicht abstützt, treten an der Vorderhand, besonders, wenn das Reitergewicht dazu kommt, starke Belastungen auf, vor allem im schnellen Galopp. An den Hintergliedmaßen befinden sich die gleichen Sehnen, sie werden allerdings erheblich weniger belastet.

Da die Sehnen Verlängerungen der Muskeln sind, gibt es solche mit Streckfunktion und solche mit Beugefunktion. Die gemeinsame Strecksehne verläuft an der Vorderseite der Röhre, die Beugesehnen im hinteren Bereich.

Während Schäden an den Strecksehnen selten sind, treten sie an den Beugesehnen häufig auf.

Bei Pferden, die viel schnellen Galopp gehen, wird vor allem die oberflächliche Beugesehne stark belastet. Bei Springpferden ist es die tiefe Beugesehne und ihr Unterstützungsband. Der Fesselträger, der die Aufgabe der Federung hat, ist bei Trabrennpferden der Schwachpunkt.

Das Ausmaß von Sehnenschäden reicht von Blutergüssen zwischen den Sehnenfasern, die durch Zerreißen der Kapillaren in den Sehnen hervorgerufen werden, bis zum Zerreißen der meisten Sehnenfasern, was durch einen deutlichen Sehnenbogen sichtbar wird. Beim Zerreißen von Sehnenfasern rollen sich diese auf und es kommt zur sogenannten Knäuelbildung. Es bildet sich Narbengewebe, das nicht die Elastizität der Sehnenfasern hat. Deshalb ist eine geschädigte Sehne nicht mehr so belastbar.

Das Ausmaß von Sehnenschäden ist durch die Ultraschalldiagnostik gut erkennbar. Da vor allem schwere Sehnenschäden einen langen Heilungsprozess haben, sind vorbeugende

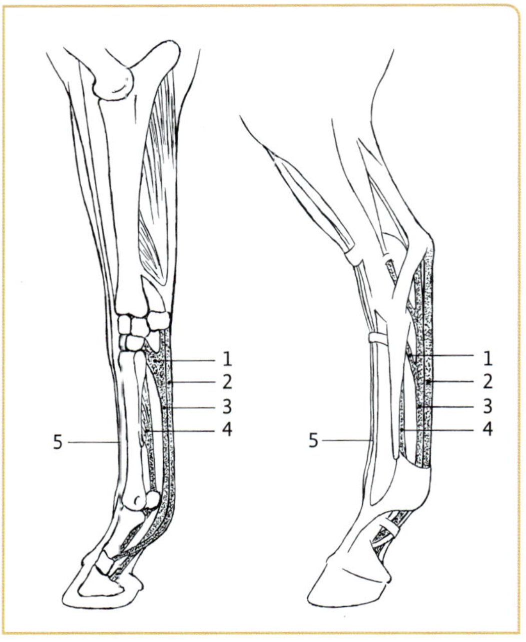

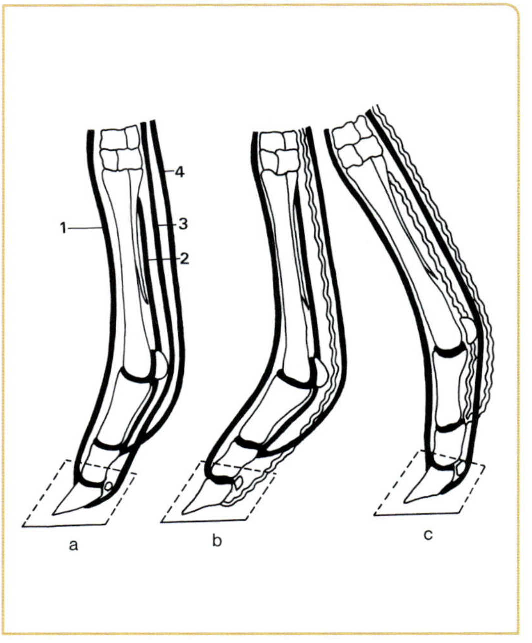

Abb. 180: Sehnen der Vorder- und Hintergliedmaßen, die häufig erkranken: 1) Unterstützungsband der tiefen Beugesehne, 2) Oberflächliche Beugesehne, 3) Tiefe Beugesehne, 4) Fesselträger, 5) Gemeinschaftliche Strecksehne.

Abb. 181: Belastungen der Sehne: a) Im Stand sind alle Sehnen gleichmäßig belastet, b) beim Fußen sind Fesselträger und oberflächliche Beugesehne belastet, tiefe Beugesehne ist entlastet, c) beim Abstemmen ist tiefe Beugesehne belastet, Fesselträger und oberflächliche Beugesehne sind entlastet, 1 = Strecksehne, 2 = Fesselträger, 3 = Tiefe Beugesehne, 4 = Oberflächliche Beugesehne.

Maßnahmen wichtig. Hierzu zählt vor allem ein dosierter Trainingsaufbau, da Sehnen schlecht durchblutet sind und daher einen längeren Anpassungsprozess an Belastung benötigen als Muskeln. Die Sehnen werden gefestigt, wenn das Pferd frühzeitig, am besten schon als Fohlen, an unterschiedliche Bodenverhältnisse, auch an harten Boden, gewöhnt wird.

Die Sehnen des Pferdebeins werden durch die Muskeln straff gehalten. Ermüdet die Muskulatur jedoch, besonders am Ende einer Trainingseinheit oder eines Wettkampfes, lassen die Muskelkräfte nach und es kommt dabei zu ruckartigen Überdehnungen der Sehnen, wobei es zur Zerreißung von Sehnenfasern kommen kann.

Außerdem lässt bei Ermüdung die Konzentrationsfähigkeit des Pferdes nach, wodurch die Koordination der Bewegung gestört wird. Das bedeutet, dass eine Trainingseinheit nie zur Ermüdung führen und nur ein Pferd in den Wettkampf geschickt werden darf, das konditionell den Anforderungen entspricht.

5.1.3 Das Herz-Kreislaufsystem

Das Herz versorgt wie eine Pumpe in einem ständigen Kreislauf den Organismus mit Blut, das Sauerstoff, Nährstoffe und Wirkstoffe in alle Gewebe transportiert und Kohlendioxid sowie alle Stoffwechselabbauprodukte von dort wieder abführt.

Das Herz ist ein Hohlmuskel, der in Abhängigkeit von Rasse und Trainingsstand des Pferdes etwa vier bis sechs Kilogramm wiegt. Das Herz wird durch eine Trennwand in eine linke und rechte Hälfte geteilt. Die linke Herzhälfte ist kräftiger ausgeprägt, als die rechte, da von ihr der **Körperkreislauf** (großer Kreislauf) ausgeht. Von der rechten Herzhälfte geht der **Lungenkreislauf** (kleiner Kreislauf) aus.

Jede Herzhälfte ist nochmals unterteilt in eine kleinere Vorkammer und eine größere Hauptkammer. Die Herzvorkammern sammeln das einfließende Blut. Zu den Hauptkammern besteht ein verschließbarer Durchlass, die Segelklappen, die wie Ventile wirken. Sie lassen das Blut von den Vorkammern in die Hauptkammer aber nicht mehr zurück. Dadurch wird sichergestellt, dass das Blut stets in gleicher Richtung fließt. Die Eigenversorgung des Herzens mit Blut wird durch die Herzkranzgefäße sichergestellt. Umgeben ist das Herz vom Herzbeutel. Die Herztätigkeit wird durch das vegetative Nervensystem über drei im Herzen untergebrachte Zentren gesteuert. In der Ruhe schlägt ein Pferdeherz etwa 25- bis 40-mal in der Minute, was unter anderem auch vom Trainingszustand abhängig ist. Dabei werden bei jedem Schlag etwa 800 ml Blut ausgestoßen.

Durch Training, vor allem **Ausdauertraining**, wie es Distanzpferde, Vielseitigkeitspferde und Galopprennpferde über längere Distanzen benötigen, kann das Schlagvolumen erheblich gesteigert werden.

Bei einem trainierten Pferd kann die Schlagfrequenz kurzfristig bis auf 240 Schläge pro Minute ansteigen, wobei mehr als 1,5 l Blut pro Schlag transportiert werden. Das Herzgewicht und damit das Schlagvolumen sind durch Training vergrößert worden.

Der Blutkreislauf ist ein geschlossenes System.

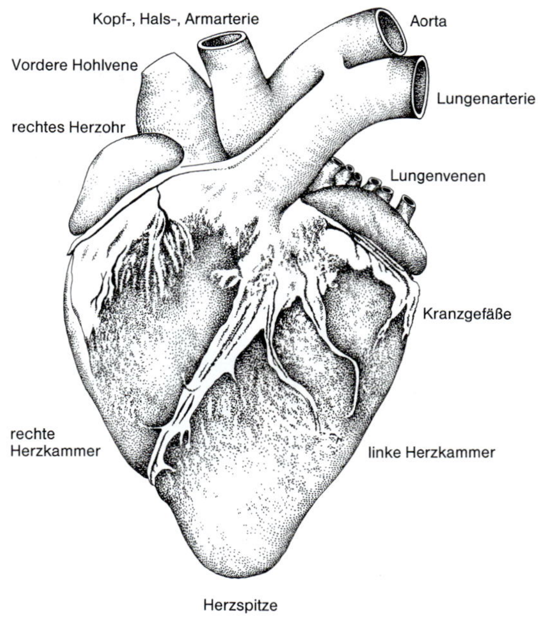

Abb. 182: Das Herz des Pferdes.

Der Körperkreislauf beginnt in der linken Herzkammer und verläuft über die **Schlagadern (Arterien)** bis zu den Kapillaren in den Körperteilen. Die Arterien des Körperkreislaufes transportieren helles, sauerstoffreiches Blut. In den Kapillaren (Haargefäßen) wird der Sauerstoff (O_2) von den Zellen abgegeben und Kohlenstoffdioxid (CO_2) aufgenommen. Die Kapillaren gehen in **Venen (Blutadern)** über, die das dunkle, kohlenstoffdioxidreiche Blut zur rechten Herzvorkammer transportieren. Von dort gelangt das Blut in die rechte Herzkammer und von dort über die Lungenarterie zur Lunge. In den Kapillaren der Lunge findet der Austausch von CO_2 und O_2 statt. Das nun wieder O_2-reiche Blut gelangt über die Lungenvene in die linke Vorkammer und von dort in die linke Herzkammer. Der Kreislauf beginnt von neuem.

Die Blutmenge eines Pferdes beträgt etwa ein Dreizehntel seines Körpergewichts, das

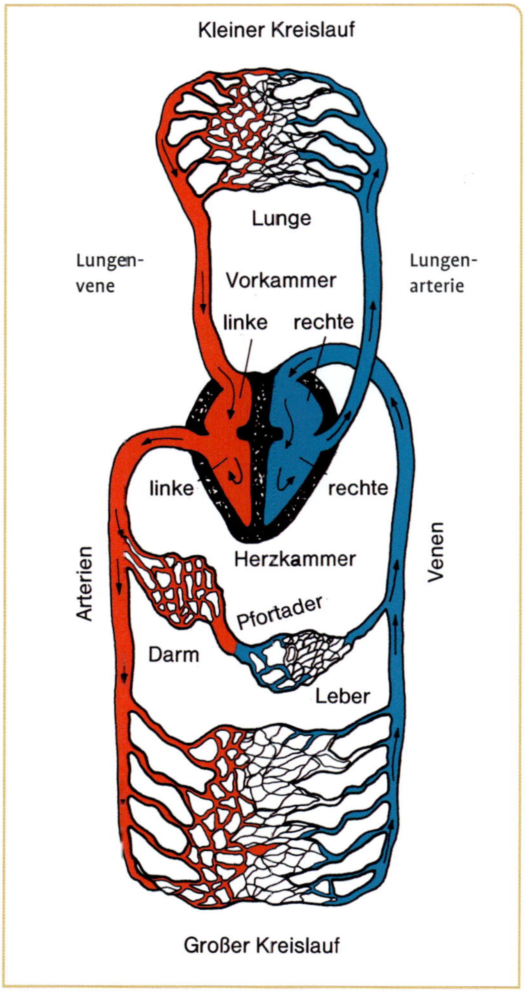

Abb. 183: Schematische Darstellung des Blutkreislaufes.

> **!**
> Als Arterie bezeichnet man Blutgefäße, die vom Herzen wegführen. Im Körperkreislauf transportieren sie O_2-reiches Blut, im Lungenkreislauf CO_2-reiches Blut. Als Venen bezeichnet man Blutgefäße, die zum Herzen hinführen. Im Körperkreislauf transportieren sie CO_2-reiches Blut, im Lungenkreislauf O_2-reiches. Blut.

sind bei einem 500 Kilogramm schweren Pferd etwa 40 bis 50 Liter, wobei auch wiederum der Trainingszustand eine Rolle spielt. Etwa 20 % der Blutmenge befinden sich im Lungenkreislauf und 80 % im Körperkreislauf, wo sich das Blut je nach Tätigkeit (Ruhe, körperliche Arbeit, Verdauung) auf die Organe verteilt.

Bei Pferden ist die Fähigkeit sehr ausgeprägt, die Blutverteilung anzupassen, wobei Blutreserven aus Leber und Milz schnell der Muskulatur zur Verfügung gestellt werden. Diese Mechanismen werden durch gezieltes Training optimiert. Unter Blutreserven sind die in Milz und auch Leber gespeicherten **Roten Blutkörperchen (Erythrozyten)** zu verstehen, die bei erhöhtem Sauerstoffbedarf in den Kreislauf abgegeben werden.

Durch ihren Farbstoff **Hämoglobin**, der dem Blut die rote Farbe verleiht, sind sie in der Lage, sowohl Sauerstoff als auch Kohlendioxid zu binden und im Blutstrom zu transportieren. Die Anzahl der Erythrozyten im Blut, die durch Training gesteigert werden kann, ist vor allem bei Ausdauerbelastung wichtig, da bei ausreichend Sauerstoff für die ATP-Gewinnung im Muskel nicht so schnell Ermüdung durch Laktatanfall (siehe: Muskelstoffwechsel) eintritt.

5.1.4 Das Nervensystem

Die Skelettmuskulatur wird vom **Zentralnervensystem**, das aus Gehirn und Rückenmark besteht, gesteuert.

An jeder Muskelfaser setzen Endigungen eines Bewegungsnervs an, der vom Rückenmark kommt.

Auch das Zentralnervensystem wird durch Training beeinflusst. So kann die Koordination, das heißt das Zusammenwirken und die Steuerung der Muskel- und Nervenaktionen für einen geregelten Bewegungsablauf, verfeinert werden. Durch viele Wiederholungen des Bewegungsablaufes, auch in unterschiedlichen Situationen, wird die Koordinationsleistung gesteigert und die Technik verfeinert. Praktische Beispiele sind die Hilfengebung, die mit fortschreitender Ausbildung immer feiner wird (Von der Grobform zur Feinform) und die Lektionen immer exakter werden oder die Beintechnik und die Bascule eines Springpferdes, die durch das Springen von Hindernisreihen verbessert werden.

!

Bascule: Aufwölben des Rückens über dem Sprung. Der Widerrist ist über dem Sprung der höchste Punkt des Pferdes.

Ebenfalls wird die Koordinationsfähigkeit durch Bodenrickarbeit und durch Reiten in unebenem Gelände gesteigert. Auch die Reaktionsgeschwindigkeit, die bei Spring- und Vielseitigkeitspferden wichtig ist, wird verbessert.

Bei Rennpferden wird das Abspringen aus der Startbox trainiert, was vor allem bei kürzeren Rennen große Vorteile bringt. Bei Westernpferden, die in der Disziplin „**Cutting**“ starten, ist die Reaktionsschnelligkeit ausschlaggebend.

!

Cutting (Westerndisziplin): Das Pferd schneidet einem Rind selbstständig den Weg zur Herde ab.

Trainiert werden die Pferde, obwohl sie einen angeborenen „**Cow sense**“ haben, an einer Attrappe und dann am Rind.

!

Cow sense (übersetzt: Sinn für die Kuh): Das Pferd reagiert intuitiv auf das Verhalten des Rindes.

Ein Grundsatz ist zu beachten: Bewegungslernen niemals im Ermüdungszustand!

Hier können sich falsche Bewegungsmuster einschleichen, die schwer zu korrigieren sind. Außerdem steigt die Gefahr von Unfällen rapide.

Zur Wiederholung und Vertiefung

1. Welche Organsysteme werden bei einem Sportpferd vor allem beansprucht?
2. Welche Aufgaben hat die Synovia?
3. Was versteht man unter Kissing Spines und wie kommt es dazu?
4. Warum sind Sehnen verletzungsanfällig und haben einen langen Heilungsprozess?
5. Welche Pulsfrequenz hat ein ausgewachsenes Pferd im Ruhezustand?

5.2 Pferde nach Gangart und Gangqualität auswählen

?

Beim Longieren des jungen Pferdes fällt es in den Kreuzgallop. Der Ausbilder fragt den Auszubildenden/die Auszubildende:

- Was versteht man unter Kreuzgallop?
- Wie ist die Fußfolge im Kreuzgallop?
- Warum fällt das Pferd in Kreuzgallop?

Der Bewegungsablauf spielt bei der Auswahl eines Pferdes eine entscheidende Rolle, unabhängig davon, ob es sich um ein Gangpferd, ein Dressurpferd, ein Spring-, Vielseitigkeits- oder Rennpferd handelt.

Bei allen gemeinsam ist die Forderung nach einem taktreinen Bewegungsablauf, wobei die Anforderungen hinsichtlich der Gangart sowie nach Schwung und Raumgriff unterschiedlich bewertet werden.

So sollen der beim Westernpferd als „**Jog**“ bezeichnete Trab und der als „**Lope**“ bezeichnete Galopp wenig Schwung und Raumgriff aufweisen, da es so für den Reiter bequemer und für das Pferd kraftsparender ist, wenn der Reiter viele Stunden im Sattel verbringt.

Von einem Dressurpferd verlangt man einen raumgreifenden und schwunghaften Trab und Galopp. Bei Galopprennpferden und

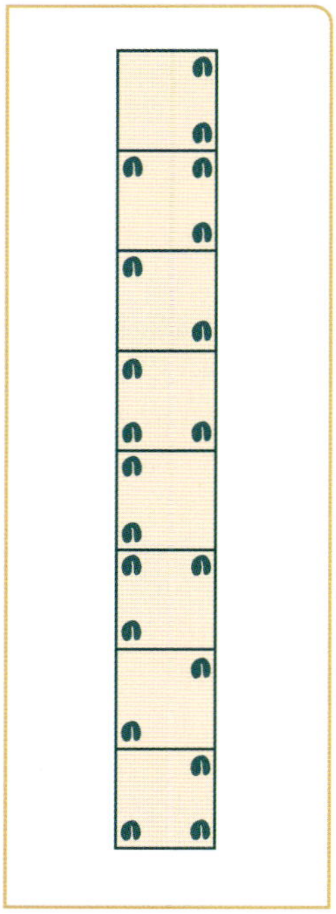

Abb. 184: Schritt.

Abb. 185: Trab.

Vielseitigkeitspferden wird vor allem Wert auf eine raumgreifende Galoppade gelegt, dagegen ist beim Traber der Renntrab entscheidend. Bei den Gangpferden ist die jeweilige Spezialgangart ausschlaggebend, wobei auch hier unterschiedliche Anforderungen an den Raumgriff gestellt werden. So kann der Raumgriff im Tölt bei einem Isländer im Renntempo bis zu 1,8m betragen. Beim Paso Fino kann der Raumgriff in der vergleichbaren Gangart (Classic-Fino) bei hoher Frequenz der Bewegung nur 0,45m betragen, wobei der Reiter vollkommen erschütterungsfrei auf dem Pferd sitzt.

Die Gangarten werden unterteilt in **Grundgangarten** und **Spezialgangarten**.

5.2.1 Die Grundgangarten

Die Grundgangarten, die jedes Pferd beherrscht, sind Schritt, Trab und Galopp.

5.2.1.1 Der Schritt

Der Schritt ist eine schreitende Bewegung im Viertakt mit acht Phasen. Die Fußfolge ist, wenn das Pferd hinten abfußt, z. B. hinten links, vorne links, hinten rechts, vorne rechts. Fängt das Pferd vorne an, ist die Fußfolge z. B. vorne rechts, hinten links, vorne links, hinten rechts.

Der Schritt soll raumgreifend, taktrein und fleißig sein. In der klassischen Reitweise unterscheidet man folgende Gangmaße (Tempi):

- **Mittelschritt**: Er ist der natürliche Schritt des Pferdes.
- **Starker Schritt**: Das Pferd soll mit den Hinterhufen deutlich über die Abdrücke der Vorderhufe fußen.
- **Versammelter Schritt**: Das Pferd soll mit den Hinterhufen höchstens in die Abdrücke der Vorderhufe fußen.

Starker Schritt und versammelter Schritt werden im Laufe der Ausbildung erarbeitet.

In der Islandpferdereitlehre unterscheidet man folgende Tempi:

- **Freier Schritt**: Er wird am langen oder mit hingegebenem Zügel vor allem im Gelände geritten. Die Hinterhufe sollen deutlich über die Spur der Vorderhufe fußen.
- **Mittelschritt**: Das leicht am Zügel stehende Pferd fußt mit den Hinterhufen in die Spur der Vorderhufe. Mittelschritt wird in fast allen Islandpferdeprüfungen verlangt.
- **Verkürzter Schritt**: Das sicher am Zügel stehende Pferd zeigt akzentuierte, erhabene Bewegungen.

In der Westernreitweise wird der Schritt als „**Walk**" bezeichnet und in Pleasureprüfungen verlangt. Er soll taktrein sein.

!

Pleasureprüfungen (Westerndisziplin): Das Pferd wird in Walk, Jog und Lope vorgestellt.

Das Pferd muss sich bei jedem Schritt neu ausbalancieren, was durch die Nickbewegung des Kopfes deutlich wird. Daher ist der Schritt sehr anfällig für Taktfehler. Taktfehler im Schritt sind:

- Passartiger Schritt: Das Pferd fußt gleichseitig, fast gleichzeitig.
- Pass: Das Pferd fußt gleichseitig gleichzeitig.
- Zackeln: Die Fußfolge im Schritt verschiebt sich zum Trab.
- Ungleich treten: Ein Bein tritt kürzer als das andere. (Zügellahm).

Taktfehler im Schritt entstehen vorwiegend durch zu viel Zügeleinwirkung und sind Zeichen mangelnder Losgelassenheit.

Der Raumgriff im Schritt bei einem Großpferd beträgt etwa 0,8 m bis 0,9 m.

5.2.1.2 Der Trab

Der Trab ist eine schwunghafte Gangart im Zweitakt mit vier Phasen. Die Fußfolge ist diagonal gleichzeitig, also z. B. hinten links und vorne rechts, hinten rechts und vorne links.

In der klassischen Reiterei unterscheidet man:

- **Arbeitstrab,**
- **Mitteltrab,**
- **Versammelter Trab,**
- **Starker Trab.**

Da sich das Pferd durch die diagonale Zweibeinstütze im Trab gut ausbalancieren kann, eignet sich der Trab, vor allem der Arbeitstrab, gut zur Gymnastizierung der Pferde unter dem Reiter. Das trifft für alle Reitweisen zu. In der Westernreitweise wird in Pleasureprüfungen der bereits erwähnte „Jog“ verlangt.

Bei Trabern wird **Renntrab** verlangt. Der Traber hat für diese Gangart die genetischen Veranlagungen, jedoch wird erst durch ausgefeilte Trainingsmethoden, Spezialbeschläge und andere Hilfsmittel wie z. B. Scheckgebiss der Trab bis zum Renntempo gesteigert. Trotzdem kann ein Pferd im Rennen aus dem Takt kommen und z. B. in den Dreischlag fallen, wobei es hinten galoppiert und vorne trabt.

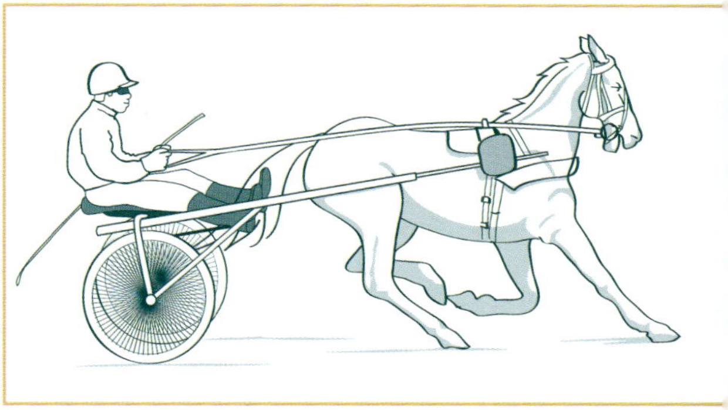

Abb. 186: Dreischlag (vorn Trab, hinten Galopp).

Taktfehler im Trab sind:

- Übereilte Vorhand: Das Vorderbein fußt vor dem diagonalen Hinterbein.
- Übereilte Hinterhand: Das Hinterbein fußt vor dem diagonalen Vorderbein.

Bei einem Großpferd beträgt der Raumgriff im Trab etwa 1,2 m bis 1,4 m.

5.2.1.3 Der Galopp

Der Galopp ist eine schwunghafte Gangart im Dreitakt mit sechs Phasen. Man unterscheidet zwischen Links- und Rechtsgalopp, je nachdem, welches laterale Beinpaar weiter vorgreift.

Die Fußfolge im Galopp ist:

- Äußeres Hinterbein.
- Inneres Hinterbein und äußeres Vorderbein.
- Inneres Vorderbein.

In der Klassischen Reitweise unterscheidet man folgende Tempi:

- **Arbeitsgalopp,**
- **Mittelgalopp,**
- **Versammelter Galopp,**
- **Starker Galopp.**

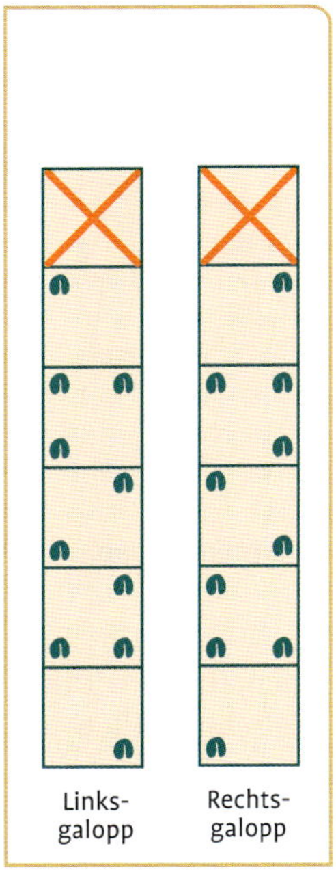

Abb. 187 (links): Links- und Rechtsgalopp.

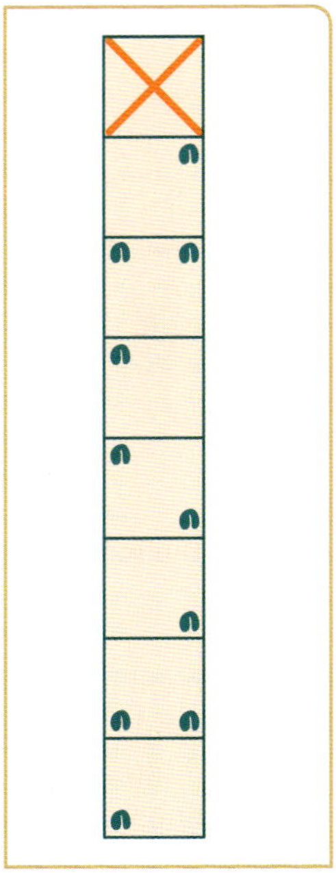

Abb. 188 (rechts): Renngalopp.

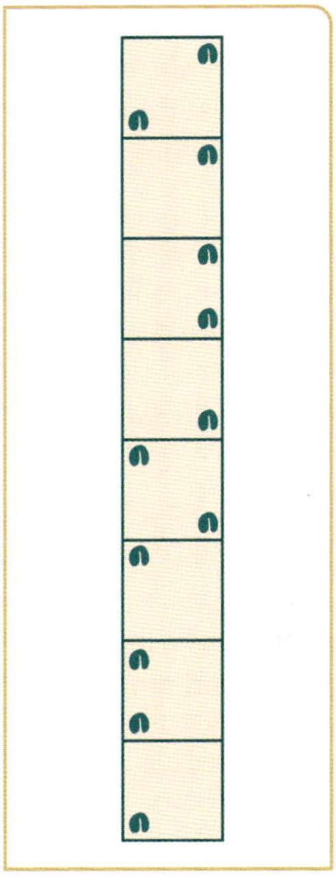

Abb. 189: Tölt.

Abb. 190: Rennpass.

Der Raumgriff beträgt etwa 3,2 m bis 3,5 m.

In der Westernreitweise wird ein ruhiger, mit wenig Schwung gerittener Galopp als „Lope" bezeichnet.

Fehler im Galopp sind:

- Vierschlaggalopp: Hierbei fußt das innere Hinterbein vor dem äußeren Vorderbein.
- Tralopp oder Halbgalopp: Hierbei trabt das Pferd hinten und galoppiert vorne.
- Kreuzgalopp: Hierbei galoppiert das Pferd z. B. vorne wie im Linksgalopp und hinten wie im Rechtsgalopp oder umgekehrt.
- Falscher Galopp: Das Pferd galoppiert z. B. auf der linken Hand ungewollt im Rechtsgalopp oder auf der rechten Hand ungewollt im Linksgalopp.

Entfaltet das Pferd seine höchste Geschwindigkeit im Galopp, wird aus dem Dreitakt ein Viertakt.

Der **Renngalopp** ist kein Taktfehler.

5.2.2 Die Spezialgangarten

!

Der Walk als Spezialgangart des „Tennessee Walkers" darf nicht verwechselt werden mit dem Walk des Westernpferdes in Pleasureprüfungen.

Zu den Spezialgangarten gehören der **Tölt** mit seinen Varianten, der **Rennpass** und der **Walk**.

Spezialgangarten werden geritten, wenn man lange Strecken auf dem Pferderücken zurücklegen muss, da sie mit Ausnahme des Rennpasses schwunglos und so für den Reiter bequem sind.

Der Tölt ist eine gelaufene Gangart im Viertakt mit acht Phasen. Die Fußfolge ist wie im Schritt, nur dass die Beine schneller auf- und abfußen und er dadurch nur Ein- und Zweibeinstützen hat.

Der Tölt ist sehr anfällig für Taktfehler, z. B. **Trabtölt**, bei dem die diagonale Stützphase länger ist oder **Passtölt**, bei dem die laterale Stützphase länger ist.

Der Rennpass ist eine Spezialgangart des Islandpferdes und der „American Standardbred Pacers". Passrennen werden beim Islandpferd unter dem Reiter, beim „Standardbred Pacer" vor dem Sulky, ausgetragen. Der Rennpass ist ein schwunghafter Viertakt mit acht Phasen. Das Hinterbein fußt kurz vor dem lateralen Vorderbein.

Der Walk, der vor allem vom Tennessee Walker verlangt wird, ist ein raumgreifender, schneller Schritt, der bei entsprechendem Training vom „**Flat Walk**" bis zum „**Running Walk**" gesteigert werden kann. Pferde mit Gangveranlagung sind weltweit verbreitet.

Zur Wiederholung und Vertiefung

1. Wie unterscheidet man grundsätzlich die Gangarten der Pferde?
2. Wie ist die Fußfolge
   a) im Schritt?
   b) im Trab?
   c) im Galopp?
3. Welche Taktfehler kommen vor
   a) im Schritt?
   b) im Galopp?
4. Welche Merkmale soll der Mittelschritt (natürliche Schritt) des Pferdes aufweisen?
5. Welchen durchschnittlichen Raumgriff haben Pferde
   a) im Schritt?
   b) im Trab?
   c) im Galopp?

5.3 Pferde ausrüsten

Sattel und Zaumzeug müssen dem Pferd passen und der Reitweise entsprechen. Unpassendes Sattel- und Zaumzeug hat negative Auswirkungen auf den Sitz des Reiters – zum Beispiel **Spaltsitz**, wenn der tiefste Punkt der Sitzfläche des Sattels zu weit vorne liegt oder **Stuhlsitz**, wenn der tiefste Punkt zu weit hinten liegt –, die Hilfengebung und auf die Gesundheit des Pferdes. Außerdem muss der Reiter in dem Sattel ein gutes Sitzgefühl haben.

?

Der / die Auszubildende bekommt von seinem / ihrem Ausbilder den Auftrag, ein Pferd mit Rückenproblemen zu longieren. Er / sie soll seinem / ihrem Ausbilder geeignete Hilfszügel vorschlagen und seine Vorschläge begründen.

5.3.1 Sättel

Je nach Bauart unterscheidet man **Pritschensättel** und **Trachtensättel**. Zu den Pritschensätteln (englische Sportsättel) gehören die in der klassischen Reiterei verwendeten Dressur-, Spring- und Vielseitigkeitssättel, die Rennsättel sowie die Islandpferdesättel.

Abb. 191: a) Vielseitigkeitssattel, b) Springsattel, c) Dressursattel, d) Islandpferdesattel.

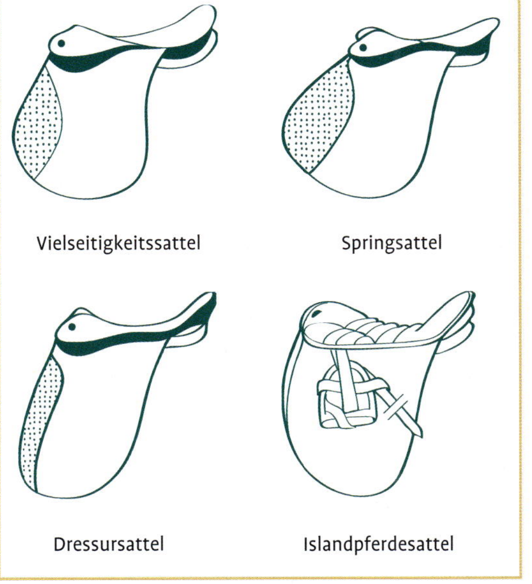

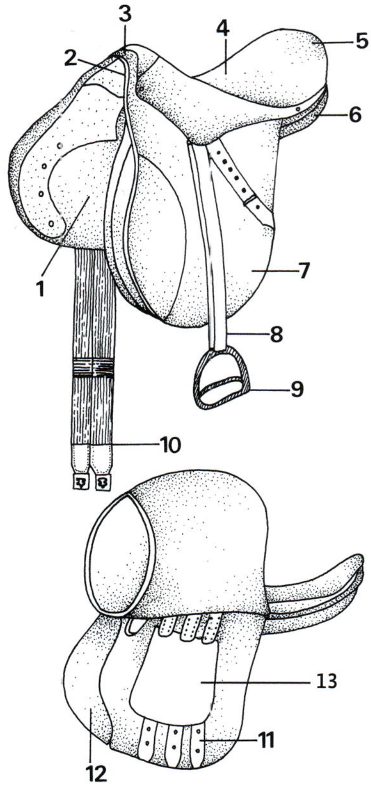

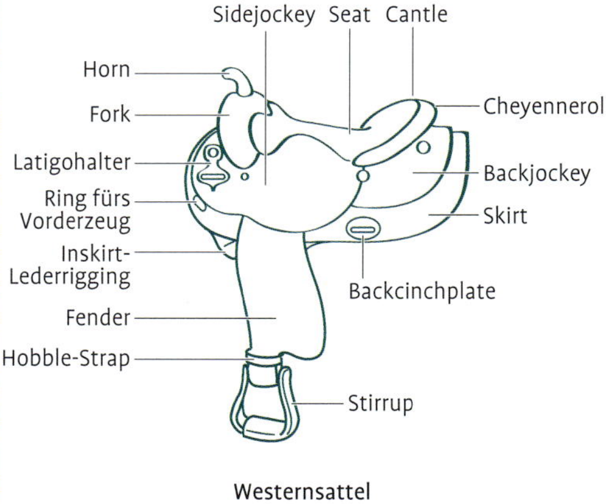

Abb. 193 (oben): Westernsattel.

Abb. 192 (links): Bestandteile des Sattels: 1) Schweißblatt, 2) Sattelkammer, 3) Vorderzwiesel, 4) Sitzfläche, 5) Sattelkranz, 6) Sattelpolster, 7) Sattelblatt, 8) Steigbügelriemen, 9) Steigbügel, 10) Sattelgurt, 11) Gurtenstrupfen, 12) Sattelpausche, 13) Deckblatt.

Beim Dressur-, Spring- und Vielseitigkeitssattel soll der tiefste Punkt in der Mitte der Sitzfläche liegen, beim Islandpferdesattel der Reitweise entsprechend weiter hinten. Beim Anpassen des Sattels, das am Besten ohne Unterlage vorgenommen wird, ist auch darauf zu achten, dass er überall gleichmäßig auf dem Pferderücken aufliegt, dass die Sattelkammer bei Belastung durch den Reiter den Widerrist nicht berührt und dass der Kissenkanal so breit ist, dass die Wirbelsäule des Pferdes nicht belastet wird.

Zu den Trachtensätteln gehören die iberischen Sättel und die von ihnen abgeleiteten Westernsättel. Der Westernsattel wird mit einer Sattelunterlage (Pad) angepasst. Der Sattel soll nicht aufliegen sondern das Pferd umschließen. Beim belasteten Sattel soll zwischen Widerrist und **Fork** etwa zwei bis drei Zentimeter Zwischenraum sein.

!

Die Fork (Gabel) bezeichnet das Vorderteil des Westernsattels.

Zuviel Zwischenraum deutet auf einen zu schmalen Sattelbaum, wodurch die Schulter des Pferdes eingeengt wird. Außerdem darf der Sattel nicht auf der Lende des Pferdes aufliegen.

Für die meisten Disziplinen des Turniersports und für das Freizeitreiten eignet sich der Reiningsattel. Er ermöglicht einen korrekten Sitz und gute Handfreiheit.

Pritschensättel, vor allem Spring-, Vielseitigkeits- und Rennsättel, ermöglichen dem Reiter eine große Beweglichkeit auf dem Pferderücken, die bei diesen Disziplinen notwendig ist, geben aber auch weniger Halt und verteilen das Gewicht von Reiter und Sattel nicht so gut auf dem Pferderücken wie Trachtensättel.

Der Westernsattel ist entwickelt worden, dem Reiter zu ermöglichen, viele Stunden im Sattel zu verbringen und mit halbwilden Rindern zu arbeiten, wobei ein guter Halt im Sattel Sicherheit gewährleistet. Da sich in der Westernreiterei auch unterschiedliche sportliche Disziplinen, z. B. **Reining, Pleasure, Cutting** herausgebildet haben, werden auch hier entsprechende Sattelvarianten verwendet.
Es sei nochmals darauf hingewiesen, dass, unabhängig von Reitweise und Disziplin, der Sattel dem Pferd angepasst sein muss, der Sattel aus solidem Material bestehen sollte und der Reiter ein gutes Sitzgefühl hat.

Billigprodukte bestehen oft aus schlechtem Material und verformen sich nach einiger Zeit.

!

Reining kann als Westerndressur bezeichnet werden, wobei die gesamte Aufgabe im Galopp absolviert wird, und bei der Prüfungselemente wie „Sliding Stops“, „Spins“, „Rückwärtsrichten“ und „Fliegende Galoppwechsel“ verlangt werden.

!

Beim Pleasure werden die Pferde im Schritt (Walk), Trab (Jog) und Galopp (Lope) vorgestellt. Dabei sollen sie für den Reiter in allen Gangarten bequem sein.

!

Beim Cutting wird ein Rind aus der Herde herausselektiert und muss dann gehindert werden, zur Herde zurückzukehren, wobei das Pferd selbstständig, ohne Hilfe des Reiters arbeiten muss.

5.3.2 Zäumungen

Die gebräuchlichen Zäumungen sind **Trensen** und **Kandaren**. Trensengebisse haben keine Hebelwirkung, Kandaren gehören zu den Gebissen mit Hebelwirkung. In der Ausbildung der Pferde und bei der gymnastizierenden Arbeit, sowohl in der klassischen Reitweise, der Westernreiterei als auch in der Islandpferdereiterei, werden Trensengebisse verwendet. Beim Rennreiten werden fast ausschließlich Trensenge-

Abb. 194: Querschnitt durch das Pferdemaul (nach FN-Handbuch Pferdewirt). Doppelt gebrochene Trense – Einfach gebrochene Trense: 1) Gaumen, 2) Lefze, 3) Zunge, 4) Unterkieferknochen.

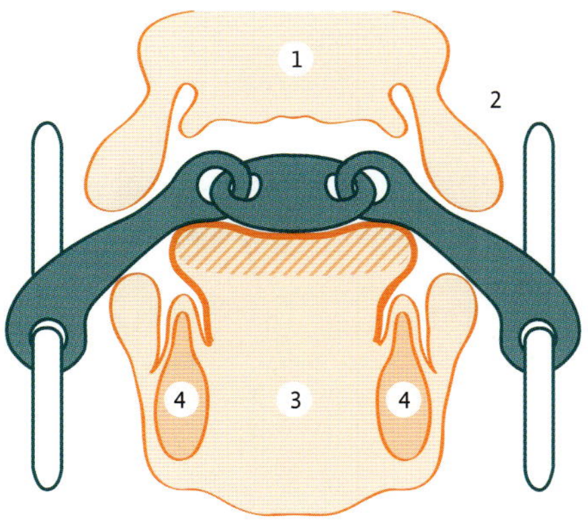

doppelt gebrochene Trense

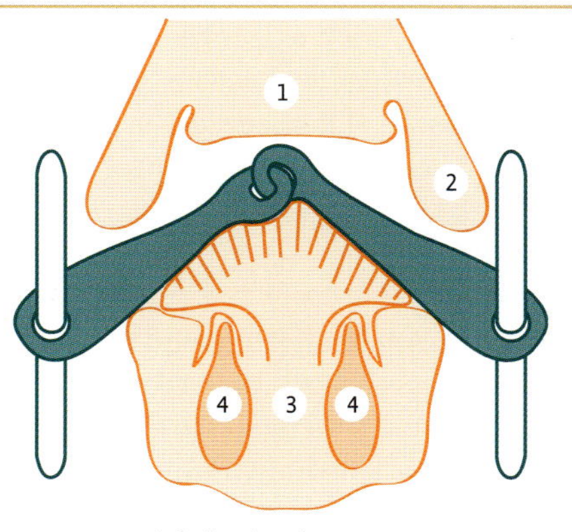

einfach gebrochene Trense

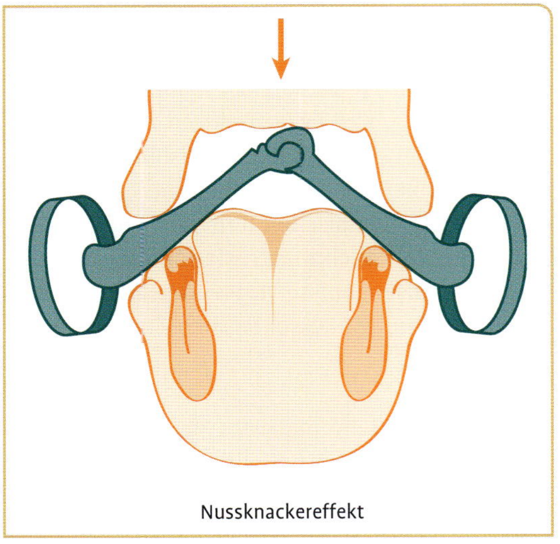

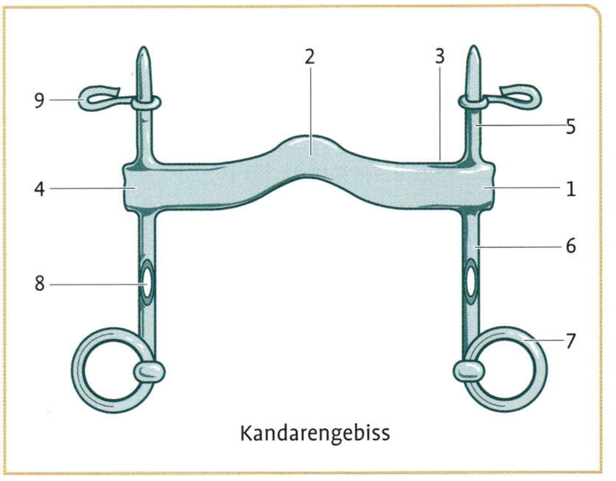

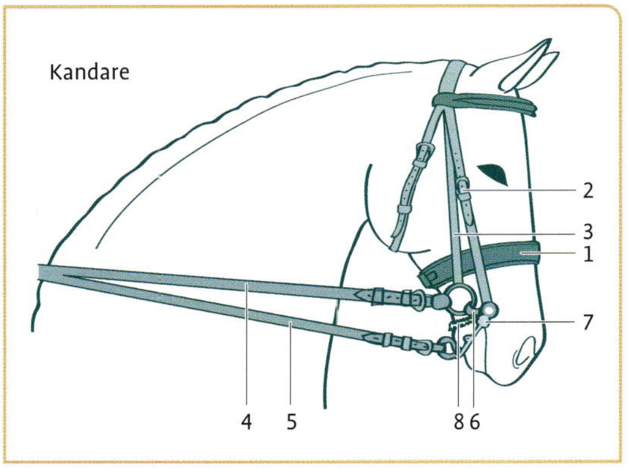

Abb. 195 (oben): Nussknackereffekt.

Abb. 197 (unten): Kandare: 1) Englisches Reithalfter, 2) Backenstück der Kandare, 3) Backenstück der Unterlegtrense, 4) Trensenzügel, 5) Kandarenzügel, 6) Unterlegtrense, 7) Kandarengebiss, 8) Kinnkette.

Abb. 196 (oben): Kandarengebiss (nach FN-Richtlinien Band 1): 1) Mundstück, 2) Zungenfreiheit, 3) Ballen, 4) Kappe, 5) Obergestell, 6) Anzug, 7) Zügelring, 8) Scherriemenlöcher, 9) Kinnkettenhaken.

Abb. 198 (unten): Islandkandare (nach Feldmann, Islandpferde).

bisse benutzt. Am häufigsten wird die einfach oder doppelt gebrochene Wassertrense verwendet.Gebrochene Trensengebisse ermöglichen eine präzise, seitliche Einwirkung und eignen sich daher für die Erarbeitung von Stellung und Biegung.

Trensengebisse wirken über die Zunge auf die Laden des Pferdes. Es gibt sie in unterschiedlicher Dicke und Länge sowie aus unterschiedlichem Material. In der klassischen Reitweise sollen Trensengebisse eine Mindestdicke von 14 mm bei Großpferden und eine von 11 mm bei Ponys haben (am Maulwinkel gemessen). In der Westernreiterei sind die Gebisse allgemein dünner, da die typischen Westernpferde eine kürzere Maulspalte haben und die Pferde nicht wie in der klassischen Reitweise lernen sollen, an das Gebiss heran zu treten sondern ihm zu weichen. Je besser das Gebiss dem Maul angepasst ist, desto besser wird sich das Pferd entspannen und kauen. Ist ein Trensengebiss zu schmal, werden die Maulwinkel eingeklemmt, ist es zu breit, rutscht es im Maul, die Unterkiefer werden eingeklemmt und es kommt bei einfach gebrochenem Trensengebissen zum „**Nussknackereffekt**". Außerdem werden die Pferde verleitet, die Zunge über das Gebiss zu nehmen. Bei fortgeschrittenen Reitern und weiter ausgebildeten Pferden ermöglichen Kandaren eine feinere Hilfengebung.

In der klassischen Reitweise wird das Kandarengebiss nur in Kombination mit einer Unterlegtrense und einer Kinnkette verwendet. In der Westernreiterei werden weiter ausgebildete Pferde nur mit Kandaren, hier „**Bit**" genannt, vorgestellt. Die Wirkung des Kandarengebisses ist abhängig von der Dicke des Gebisses, der Zungenfreiheit und der Länge der Unterbäume, auch Anzüge genannt. Je dünner das Gebiss, je größer die Zungenfreiheit und je Länger die Anzüge, desto schärfer ist die Wirkung. Bei einer großen Zungenfreiheit kann die Zunge nicht so viel abpolstern und die Wirkung auf die Laden ist stärker.

Bei gut gehenden Islandpferden findet die **Isländische Kandare** Anwendung. Es ist ein gebrochenes Gebiss ähnlich einer dünnen Wassertrense mit beweglicher Verbindung der Anzüge zum Gebiss.

Sie wird mit Kinnkette verschnallt und es wird ohne oder mit englischem Reithalfter geritten. Weitere Gebisse mit Hebelwirkung, die vor allem im Springsport eingesetzt werden, sind das **Pelham**, gebrochen oder als Stange sowie das **Kimblewick** (Springkandare).

Zäumungen können mit oder ohne Reithalfter verwendet werden, wobei in der

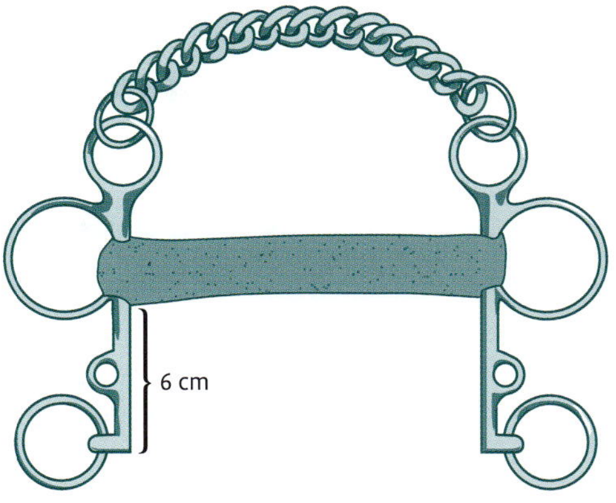

Pelham

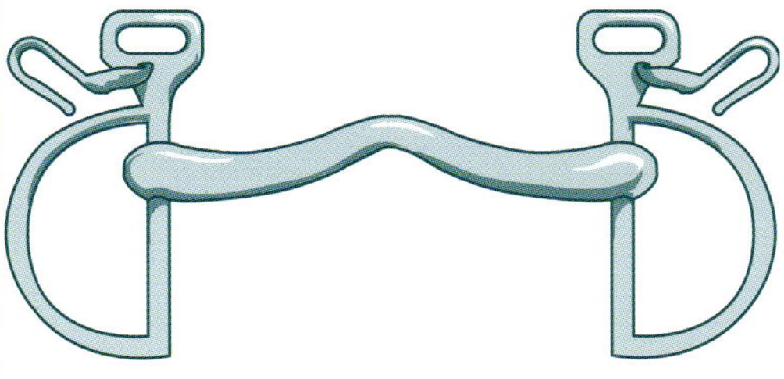

Kimblewick (Springkandare)

Abb. 199: Pelham – Kimblewick (Springkandare).

Westernreiterei überwiegend ohne Reithalfter geritten wird. Ein Reithalfter fixiert die Stellung des Unterkiefers und die Stellung des Oberkiefers, wodurch ein Aufsperren des Mauls und dadurch ein sich Entziehen der Hilfen verhindert werden soll. Außerdem wird die Wirkung des Gebisses auf die Laden verringert, da ein Teil des Druckes auf den Nasenrücken übertragen wird.

Je tiefer der Druckpunkt auf dem Nasenrücken liegt, umso wirkungsvoller ist das Reithalfter. Das ist gegeben beim **Hannoverschen Reithalfter**, wobei aber die Gefahr besteht, dass die Atmung des Pferdes behindert wird.

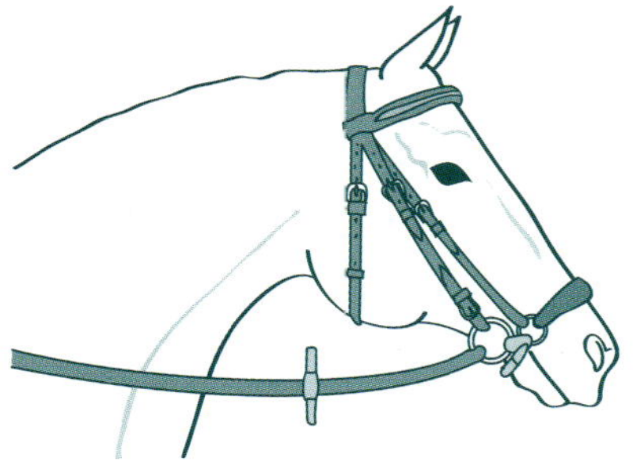

Hannoverisches Reithafter

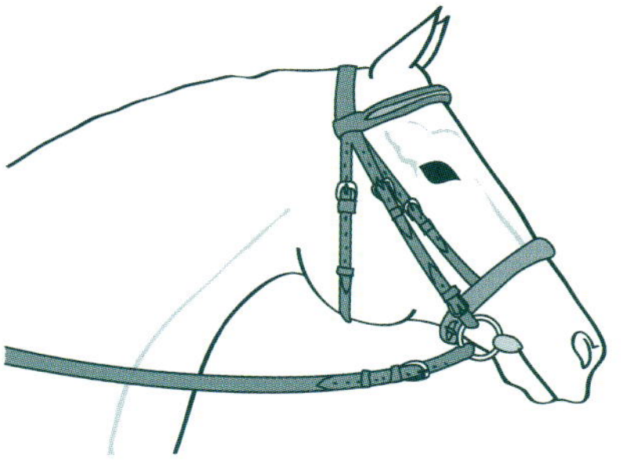

Englisches Reithafter

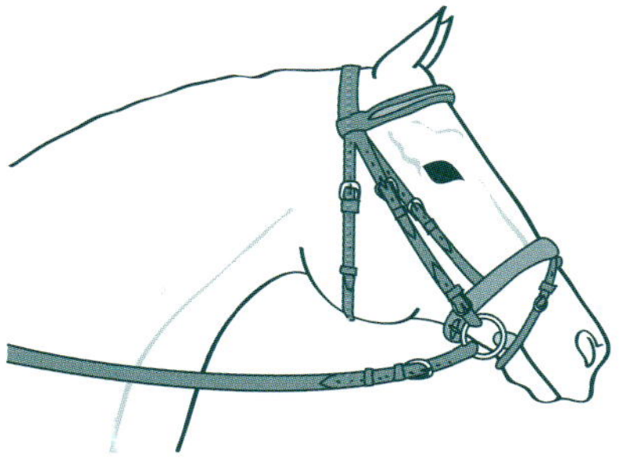

Kombiniertes Reithafter

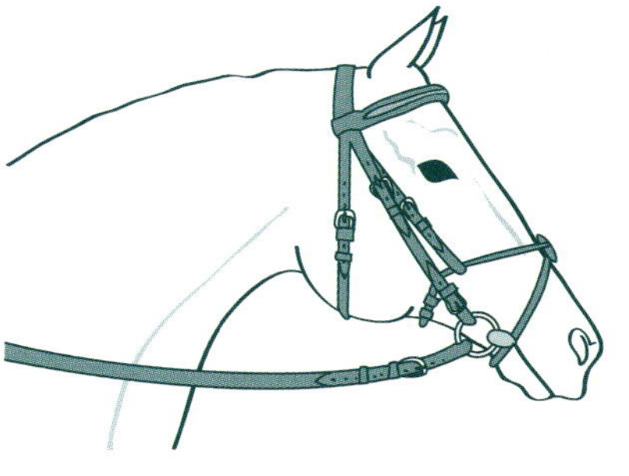

Mexikanisches Reithafter

Abb. 200 (nach FN LPO 2008):
a) Hannoversches Reithalfter,
b) Englisches Reithalfter,
c) Kombiniertes Reithalfter,
d) Mexikanisches Reithalfter.

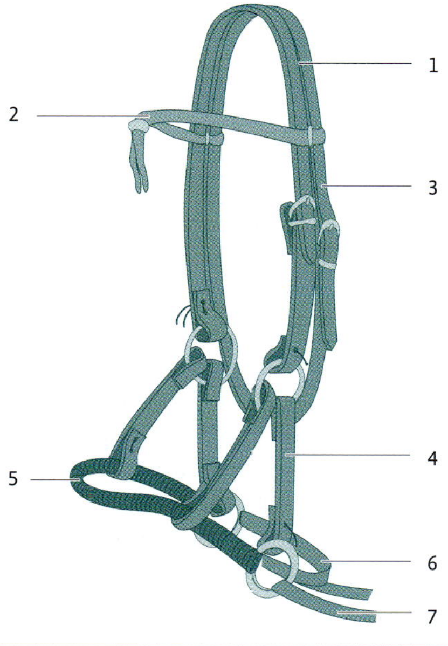

Abb. 201:
Sidepull:
1) crown (Genickstück),
2) browband (Stirnriemen),
3) throat strap (Kehlriemen),
4) check piece (Backenstück,
5) nose strap (Nasenband),
6) chin strap (Kinnriemen),
7) reins (Zügel).

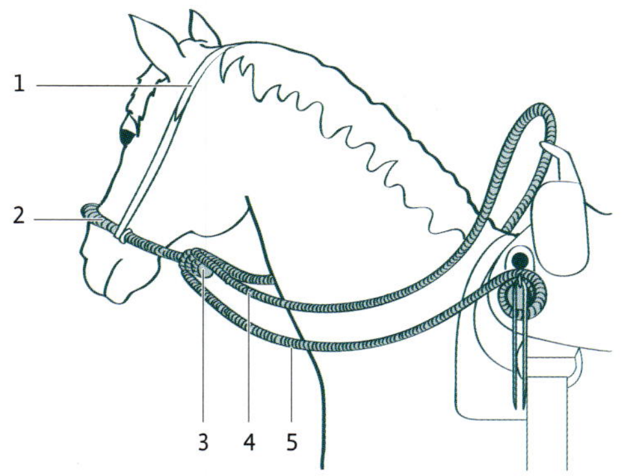

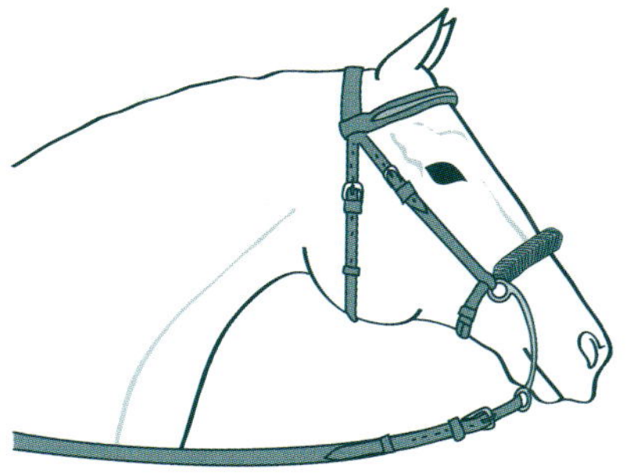

Mechanisches Hackamore

Abb. 202: Hackamore: 1) headstall (Kopfstück), 2) bosal (Nasenring), 3) button (Knaufende) heel knot (Knoten), 4) hair rope (Zügel), 5) lead rope (Führseil).

Abb. 203: Mechanisches Hackamore.

Das **Englische Reithalfter**, kombiniert mit einem Sperrriemen, behindert die Atmung nicht, verhindert aber ein Aufsperren des Mauls.

Das englische Reithalfter ohne Sperrriemen wird bei Kandarenzäumung bzw. Pelham und Kimblewick verwendet. Das **Mexikanische Reithalfter** konzentriert den Druck durch die Rosette wirkungsvoll auf einen Punkt des Nasenrückens.

Welches Reithalfter verwendet wird ist vom Pferd abhängig. In der Ausbildung der Pferde finden auch gebisslose Zäume Anwendung. Vor allem in der Gewöhnungsphase soll das empfindliche Pferdemaul geschont werden. Gebisslose Zäume wirken in der Regel auf Nasenrücken, Unterkiefer und Genick. Zum Longieren und zur Handarbeit eignet sich der **Kapzaum**.

In der Westernreiterei finden **Hackamore**, bestehend aus Bosal und Mecate sowie das **Sidepull** Verwendung.

Das **Mechanische Hackamore**, das nicht mit dem Hackamore aus der Westernreiterei verwechselt werden darf, ist eine Spezialzäumung, die nur von erfahrenen Reitern verwendet werden soll und vor allem im höheren Springsport benutzt wird. Stellung und Biegung lassen sich mit gebisslosen Zäumen nicht so gut erarbeiten wie mit Trensengebissen.

Welche Gebisse und Zäumungen im Turniersport verwendet werden dürfen, ist in den jeweiligen Regelbüchern LPO, Regelbuch der EWU und der IPO festgelegt.

5.3.3 Hilfszügel

Die Verwendung von Hilfszügeln ist bei der Arbeit mit der einfachen Longe ist sinnvoll, da nur so Takt, Losgelassenheit und Anlehnung erarbeitet werden können.

Bei der Arbeit unter dem Reiter sollen Hilfszügel nur vorübergehend zur Korrektur oder bei Anfängern eingesetzt werden. Das Ziel jeder Ausbildung von Pferd und Reiter muss sein, ohne Hilfszügel zu reiten.

Eine Ausnahme bildet das **Gleitende Ringmartingal**. Beim Springen und beim schnellen Galoppieren im Gelände, wobei die Pferde zum Taxieren der Sprünge beziehungsweise zum Ausbalancieren die Stirn-Nasenlinie mehr an der Waagerechten habe, lenkt das korrekt verschnallte Ringmartingal die Wirkung des

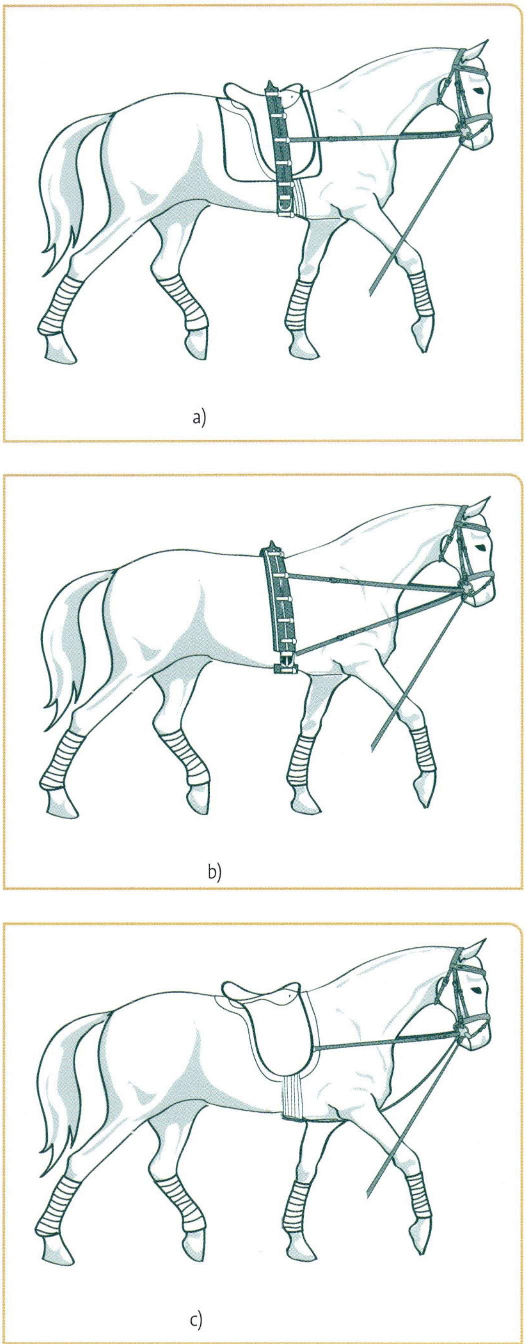

Abb. 204: a) Einfache Ausbindezügel, b) Laufferzügel, c) Dreieckszügel.

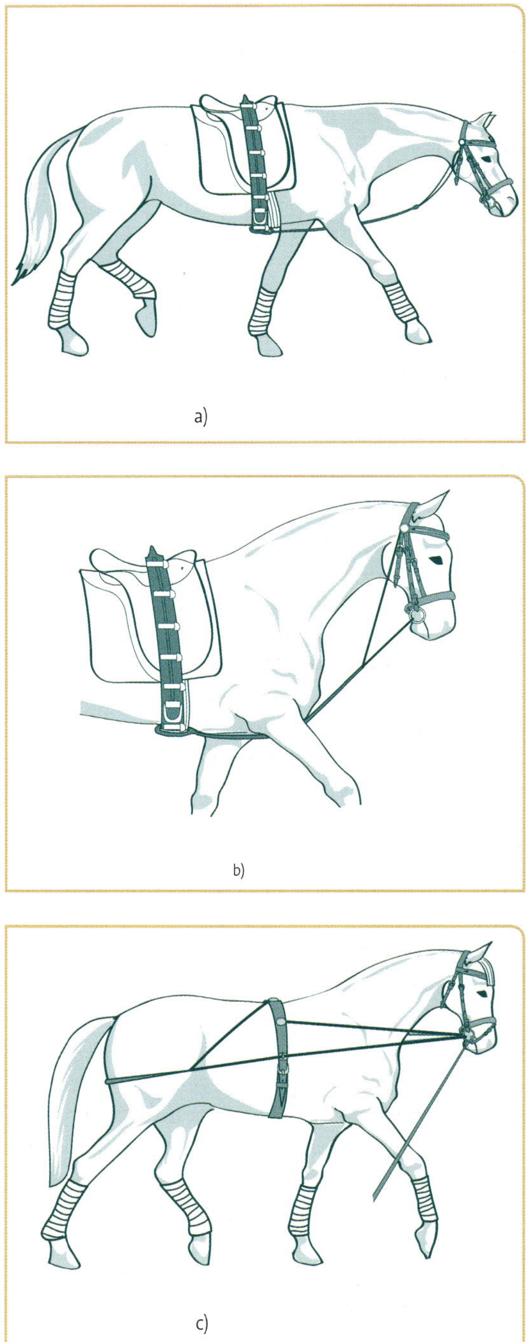

Abb. 205: a) Chambon, b) Gogue, c) Pessoa-Zügel.

Gebisses von den Maulwinkeln auf die Laden, wo das Gebiss wirken soll.

Für die Longenarbeit eignen sich **Seitliche Ausbinder**, **Dreieckszügel**, **Laufferzügel** sowie in Ausnahmefällen **Chambon**, **Gogue**, **Aufsatzzügel** und **Pessoa-Zügel**. Bei der Verwendung seitlicher Ausbinder ist zu beachten, dass sie keine Dehnungshaltung zulassen.

Dreieckszügel begrenzen das Pferd nach oben und lassen eine Dehnungshaltung zu. Der Laufferzügel, bei dessen Verwendung ein Longiergurt notwendig ist, bringt das Pferd je nach Verschnallung in Selbsthaltung oder Aufrichtung. In der Lösungsphase kann der Laufferzügel wie ein Dreieckszügel verschnallt werden.

Das Chambon wirkt, wenn das Pferd Kopf und Hals hochnimmt, auf Genick und Maulwinkel. Das Pferd weicht diesem Druck nach vorwärts-abwärts aus. Das Chambon gibt keine seitliche Begrenzung und keine Anlehnung. Dadurch können die Pferde auf die Vorhand kommen und lose im Hals werden. Es empfiehlt sich eine Kombination mit lang verschnallten seitlichen Ausbindern, die seitliche Begrenzung und Anlehnung geben. Das Gogue wirkt durch das Dreieck zwischen Brust-Genick-Pferdemaul. Den Zug des Gebisses in die Lefzen, den das Chambon ausübt, verhindert das Gogue. Allerdings fehlt auch hier die seitliche Begrenzung.

Der Aufsatzzügel, der mit seitlichen Ausbindern kombiniert wird, soll nur von erfahrenen Ausbildern verwendet werden. Er soll die Kopf- und Halshaltung bei Pferden verbessern, die bereits in Versammlung gehen. Bei unsachgemäßer Anwendung besteht die Gefahr, dass das Pferd in die absolute Aufrichtung kommt.

Beim Pessoa-Zügel soll das Hintergeschirr die Hinterhand des Pferdes aktivieren, wenn das Pferd gegen das Gebiss geht. Durch die Aktivierung der Hinterhand soll sich das Pferd vom Gebiss abstoßen.

Kritisch zu beurteilen, sowohl zum Longieren als auch beim Reiten, sind Halsverlängerer und Stoßzügel. Beim elastischen Halsverlängerer besteht die Gefahr, dass das Pferd gegen das Gebiss geht und dadurch die Unterhalsmuskulatur trainiert und beim Stoßzügel, dass sich das Pferd auf das Gebiss legt.

Vor allem bei Reitanfängern empfiehlt es sich, die Pferde mit seitlichen Ausbindern oder Dreieckszügel auszurüsten. Das dient der Schonung der Pferde und erleichtert es dem Reitanfänger, sich auf dem Sitz zu konzentrieren.

Der **Schlaufzügel** gehört nur in die Hand eines erfahrenen Reiters mit ausbalanciertem Sitz. Dieser Hilfszügel soll nur vorübergehend bei Korrekturpferden eingesetzt werden, um ihnen den Weg vorwärts-abwärts zu weisen. Keinesfalls darf er benutzt werden, um dem Pferd den Kopf herunterzuziehen, da dies nicht zur Losgelassenheit sondern zu Verspannungen beim Pferd führt. Der Schlaufzügel kann auf zwei Arten verschnallt werden. Einmal zwischen den Vorderbeinen des Pferdes am Sattelgurt oder seitlich am Sattelgurt. Die Einwirkung bei der Verschnallung zwischen den Vorderbeinen ist stärker.

Der **Thiedemannzügel** hat eine ähnliche Wirkung wie der Schlaufzügel. Er ist jedoch im Gegensatz zum Schlaufzügel am Trensenzügel eingehakt und daher hat der Reiter nur einen Zügel in der Hand.

5.3.4 Ausbildungshilfen

Bodenricks (Cavalettis) sind ausgezeichnete Hilfsmittel bei der Ausbildung von Pferden und Reitern. Im Gegensatz zu Stangen liegen sie stabiler und sind in der Höhe variabel. Bodenricks können beim Freilaufen, beim Longieren und bei der Arbeit unter dem Reiter eingesetzt werden. Man kann im Schritt, Trab und Galopp über Bodenricks arbeiten, wobei auf die entsprechenden Abstände (Schritt: etwa 0,8–0,9 m, Trab: etwa 1,2–1,4 m, Galopp: etwa 3,2 m) zu achten ist.

Bodenrickarbeit fördert:

- Takt und Losgelassenheit,
- Trittsicherheit,
- Aufmerksamkeit,
- Muskelaufbau.

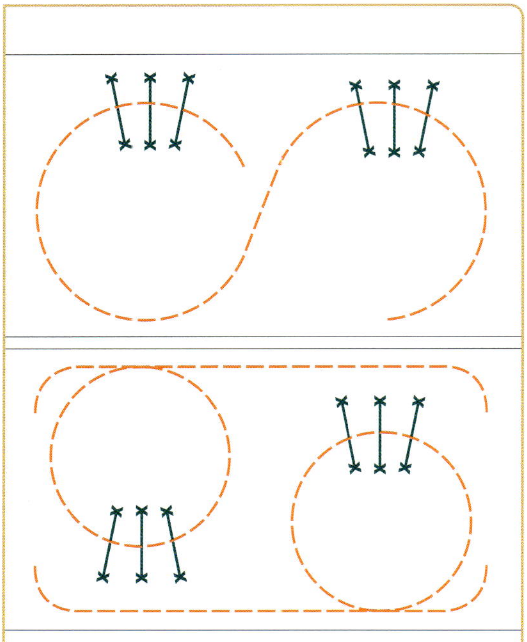

Cavaletti-Aufbau auf gebogenen Linien: Schlangenlinie

Abb. 206 (oben) (nach Klimke, Cavaletti-Ausbildung): Cavaletti-Aufbau auf gebogenen Linien (Schlangenlinien).

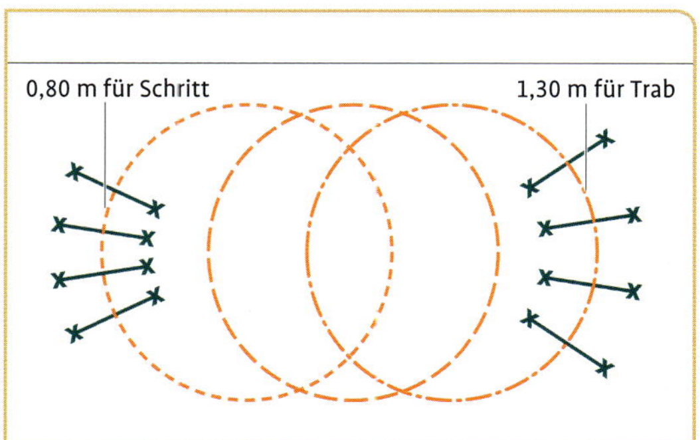

Cavaletti-Aufbau für Longenarbeit

Abb. 207 (unten) (nach Klimke, Cavaletti-Ausbildung): Cavaletti-Aufbau für Longenarbeit.

Außerdem ist Bodenrickarbeit vorbereitend für die Springausbildung. Versammelnde Arbeit kann durch enger und höher gestellte Bodenricks unterstützt werden. Auch der leichte Sitz wird durch das Traben oder Galoppieren über Bodenricks gefestigt.

Zur Wiederholung und Vertiefung

1. Welche Anforderungen werden an einen Sattel gestellt?
2. Wozu verwendet man
   a) Trensengebisse?
   b) Kandarengebisse?
3. Wann ist der Einsatz von Hilfszügeln sinnvoll?
4. Welche Vorteile bietet die Arbeit mit Bodenricks?

5.4 Pferde ohne Reiter ausbilden

?

Bevor die Arbeit unter dem Reiter beginnt, wird das junge Pferd an der Longe gearbeitet. Der/die Auszubildende fragt den Ausbilder nach den Gründen für diese Vorgehensweise und nach der Ausrüstung des Pferdes.

Die Ausbildung und das Training des Pferdes beginnen beim Fohlen unmittelbar nach der Geburt. Als Ausbildung sei hier definiert:

- Prägung auf den Menschen.
- Desensibilisierung (unempfindlich machen) gegenüber bestimmten Reizen wie z. B. Berührungen, Geräusche.
- Sensibilisierung (empfindlich machen) gegenüber Reizen, z. B. Druck, zu weichen.
- Respektvolles Verhalten gegenüber dem Menschen.

Je früher man mit einer Ausbildung beginnt, umso einfacher ist es für den Menschen, der mit dem Fohlen und später mit dem Pferd umgeht und umso leichter fällt es dem Fohlen, sich an eine positive Beziehung zum Menschen zu gewöhnen. Der amerikanische Tierarzt Robert M. Miller hat ein „**Imprint-Training**“ (Imprint = Prägung) entwickelt, das unmittelbar nach der Geburt beginnt, da er die Prägephase, die unmittelbar nach der Geburt am intensivsten ist, ausnutzt. Zu beachten ist, dass mit viel Geduld vorgegangen wird, da sich auch negative Eindrücke einprägen, die später nur schwer oder nicht korrigierbar sind. Übt man z. B. mit einem Fohlen Hufe aufheben, muss das Bein so lange hochgehalten werden, bis das Fohlen keinen Widerstand mehr zeigt. Setzt man das Bein vorher ab, lernt das Fohlen, dass Widerstand Erfolg hat. Versteht man unter Training die Anpassung des Organismus an Belastung, so wird deutlich, dass das Fohlen so früh wie möglich sein Bewegungsbedürfnis ausleben muss, damit sich vor allem Sehnen, Bänder, Gelenke und Knochen so entwickeln können, dass sie später den Anforderungen im Sport gewachsen sind.

5.4.1 Führen

Schon Fohlen sollen halfterführig sein. Sie sollen lernen, sich am Halfter in dem vom Menschen vorgegeben Tempo führen zu lassen, ruhig stehen zu blieben und sich nach rechts und links wenden lassen. Auch Rückwärtsrichten soll ihnen schon frühzeitig beigebracht werden. Bei der Ausbildung des Fohlens ist die Stimme eine wichtige Hilfe, wobei darauf zu achten ist, dass immer die gleichen Anweisungen gegeben werden, z. B. „Halt“ oder bei den Westernreitern „whoa“, wenn das Fohlen halten soll oder „zurück“ bzw. „back“, wenn es zurücktreten soll. All diese Übungen zahlen sich später aus, wenn mit dem Longieren oder Anreiten des Pferdes begonnen wird. Außerdem ist ein Pferd, das sich nicht kontrolliert führen lässt, eine Gefahr für den Menschen und sich selbst.

5.4.2 Longieren

Bei Longieren unterscheidet man die Arbeit mit der **Einfachen Longe** und mit der **Doppellonge**. Die Longenarbeit wird vor allem angewandt zur:

- Gewöhnung des jungen Pferdes an Sattel oder Geschirr,
- Korrektur von Problempferden,
- Erleichterung der Ausbildung von Pferden mit Exterieurmängeln,
- Sitzschulung des Reiters,
- Abwechslung in der Arbeit.

Ziel der normalen Longierarbeit ist das Erreichen von Takt, Losgelassenheit und Anlehnung. Abgesehen vom Anlongieren eines Pferdes ist Longieren mit der einfachen Longe nur bei Verwendung von Hilfszügeln sinnvoll. Hier eignen sich:

- Einfache Ausbindezügel,
- Laufferzügel,
- Dreieckszügel,
- Chambon,
- Gogue.

Chambon und Gogue sollen nur von erfahrenen Ausbildern eingesetzt werden. (siehe Kap. 5.3.3 Hilfszügel)

Mit der Arbeit an der Doppellonge kann begonnen werden, wenn das Pferd mit der Arbeit an der einfachen Longe vertraut ist. Die Vorteile der Doppellongenarbeit bestehen darin, dass der Longeführer präziser einwirken und mit der Hand wie beim Reiten nachgeben kann. Außerdem ist bei fortgeschrittener Ausbildung auch Arbeit in Versammlung möglich. Die Arbeit mit der Doppellonge führt zur **Arbeit am langen Zügel**, bei der unter anderem Seitengänge und Piaffe erarbeitet werden. Für die Vorbereitung eines Fahrpferdes oder Trabers ist die Doppellongearbeit unverzichtbar. Zur Vertiefung des Themas Longearbeit empfehlen sich die von der Deutschen Reiterlichen Vereinigung herausggebenen Richtlinien für Reiten und Fahren, Band 6, FN-Verlag (Warendorf 1998).

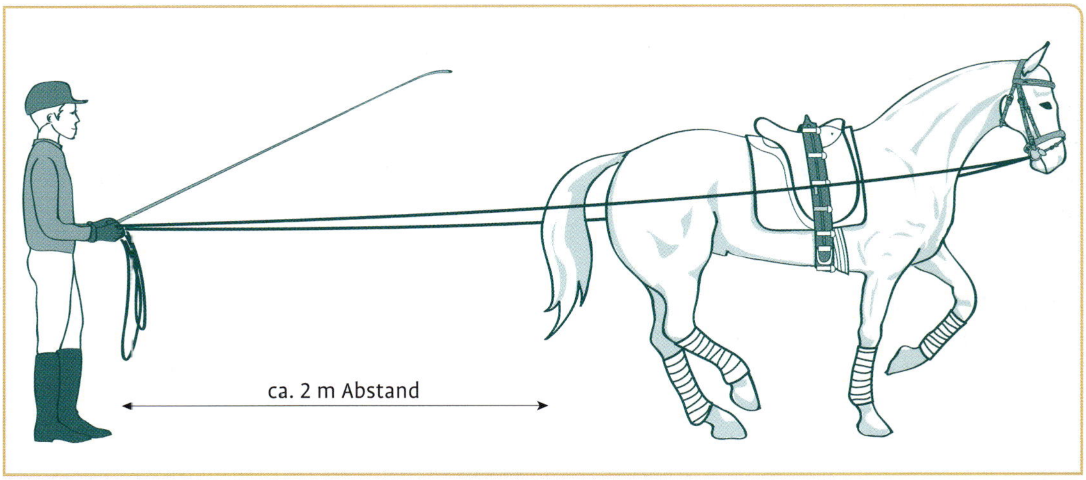

Abb. 208: Piaffe am langen Zügel (nach FN-Richtlinien Band 6).

Eine vereinfachte Form der Arbeit am langen Zügel ist das **Fahren vom Boden**. Diese Arbeit wird im Schritt oder ruhigen Trab durchgeführt. Das noch nicht gerittene oder gefahrene Pferd soll die Zügelwirkung kennen lernen. Übungen beim Fahren vom Boden sind das Wenden nach rechts und links, Anhalten und ruhiges Stehen bleiben, Antreten auf Kommando mit Stimme und Rückwärtsrichten. Das Fahren vom Boden ist vor allem in England und Irland eine beliebte Methode, Vollblutjährlinge auf das Einreiten vorzubereiten.

5.4.3 Handpferdereiten

Handpferdereiten hat in den Ländern Tradition, in denen lange Ritte zum Alltag gehören, wie z. B. auf Island oder dem amerikanischen Kontinent.

Vorteile des Handpferdereitens:

- Junge Pferde werden an das Gelände gewöhnt.
- Junge Pferde lernen, gehorsam zu sein und gleichmäßig zu arbeiten.
- Faule Pferde werden gehfreudig.
- Die Bewegungen werden freier.
- Pferde, die über längere Strecken trainiert werden, z. B. Distanzpferde, können schonend trainiert werden.
- Auf langen Strecken, z. B. Wanderritten, hat der Reiter immer ein frisches Pferd, da das Pferd an der Hand wesentlich weniger belastet wird als das Reitpferd.

Beim Handpferdereiten mit jungen Pferden ist ein ruhiges erfahrenes Führungspferd Voraussetzung. Mit Handpferdereiten kann im Fohlenalter begonnen werden, wenn das Fohlen halfterführig ist.

5.4.4 Arbeit an der Hand

Es gibt viele Möglichkeiten, Pferde an der Hand zu arbeiten. Den Pferden kann Verständnis für Hilfen beigebracht werden sowie Gehorsam und Losgelassenheit. Dabei werden Maultätigkeit und Vertrauen gefördert.

Die Arbeit an der Hand kann bereits im Fohlenalter beginnen, wenn man dem Fohlen beibringt, rückwärts zu treten und auf leichten Druck seitwärts zu treten. Später können Aufgaben aus einem Trail- oder Geschicklichkeitsparcours, wie Überqueren einer Holzbrücke oder einer Plane oder Durchreiten eines Stangenlabyrinths an der Hand, geübt werden. Junge Rennpferde können an die Startmaschine gewöhnt werden. Durch Handarbeit können Pferde auch gymnastiziert werden und bis zu Lektionen der Hohen Schule wie **Piaffe** und **Levade** ausgebildet werden.

> !
>
> Unter Piaffe versteht man eine trabartige Bewegung auf der Stelle mit leichter Vorwärtstendenz. Diese Lektion zählt zur Hohen Schule auf der Erde.

> !
>
> Die Levade ist die Lektion mit dem höchsten Versammlungsgrad, da das Pferd das Gewicht vollkommen mit der Hinterhand trägt. Die Levade gehört zur Hohen Schule über der Erde.

> !
>
> Pilaren sind aus hartem Holz gedrechselte Pfeiler, die in einem Abstand von 1,45 m fest in dem Boden der Reitbahn verankert sind. In der Höhe von 1,05 m bis 1,75 m befinden sich vier Ringe untereinander zum Befestigen der Pilarenzügel.

Diese Methode, wie auch die Arbeit zwischen den **Pilaren** wird z. B. an der Spanischen Hofreitschule in Wien angewendet.
Die Schulung an der Hand und zwischen den Pilaren dient der Vorbereitung der Arbeit unter dem Reiter.

5.4.5 Arbeit am Round Pen

Der Round Pen hat einen Durchmesser von etwa 14 bis 16 Meter und soll eine solide Umzäunung haben. Eine Longierhalle eignet sich ideal für diese Arbeit. Ziel der Arbeit im Round Pen ist, dass sich das Pferd dem Menschen zuwendet, zu ihm kommt und ihm folgt. Um das zu erreichen, sind folgende Schritte notwenig:

- Der Mensch übernimmt die Führung im Round Pen und bestimmt die Richtung, in der das Pferd läuft.
- Der Mensch bestimmt die Gangart des Pferdes.
- Der Mensch holt das Pferd zu sich heran.

Dazu muss das Pferd den Menschen in der Mitte akzeptieren, was es durch Zeichen wie Zuwenden des inneren Ohres, Anschauen mit dem inneren Auge, Hals fallen lassen, Abschnauben und Kauen zu verstehen gibt. Als nächstes soll das Pferd dem Menschen folgen. Pferde haben einen natürlichen Instinkt, jemandem zu folgen, der Mutter, den Herdenmitgliedern und auch dem Menschen, wenn sie ihn akzeptieren. Diese Akzeptanz ist eine wichtige Voraussetzung für die weitere Zusammenarbeit zwischen Mensch und Pferd.

5.4.6 Freispringen

Planvolles Freispringen ist ein Bestandteil der Springausbildung und bietet Möglichkeiten zum Trainieren und Korrigieren jüngerer und älterer Pferde. Beim Freispringen sollen die Pferde eine Hindernisreihe überspringen, wobei folgende Veranlagungen geschult werden:

- Natürliche Balance,
- Rhythmusgefühl,
- Beintechnik,
- Bascule,
- Taxiervermögen,
- Selbstvertrauen.

Außerdem hat Freispringen gymnastizierende Wirkung.

Wichtig ist bei dieser Arbeit, dass das Pferd die Hindernisreihe ruhig und konzentriert angeht und die Reihe in gleichmäßigem Tempo zu Ende springt. Ist das Tempo zu hoch, springt das Pferd flach und unterläuft die folgenden Hindernisse; springt das Pferd zu zögerlich, landet es in einem Sprung oder lernt, einen Galoppsprung mehr zu machen. Diese Fehler

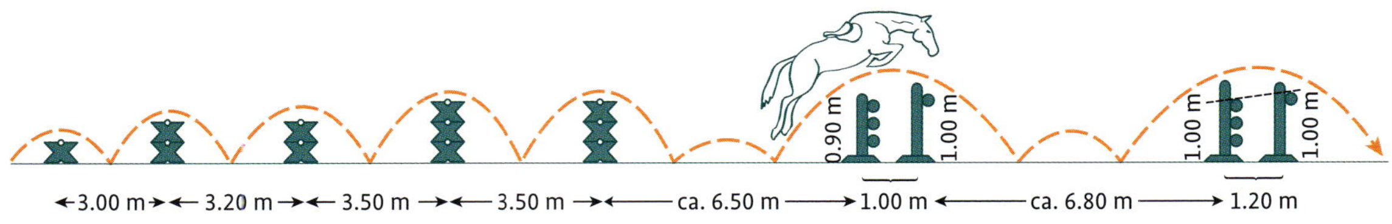

Abb. 209: Beispiel einer Springreihe (nach Paalmann, Springreiten).

müssen vermieden werden, da sie das Pferd nicht verbessern sondern verschlechtern.

Zur Wiederholung und Vertiefung

1. Was versteht man unter Imprint-Training?
2. Warum ist korrektes Führen wichtig?
3. Welche Vorteile bietet die Arbeit mit der Doppellonge?
4. Welche Ziele verfolgt die Arbeit in dem Round Pen und in welchen Schritten geht man vor?
5. Warum läßt man Pferde frei springen?

5.5 Pferd und Reiter mit der korrekten Hilfengebung vertraut machen

?

Der / die Auszubildende im zweiten Ausbildungsjahr soll einem / einer neuen Auszubildenden Reitunterricht erteilen. Dabei muss er / sie auf den korrekten Sitz achten und die korrekte Hilfengebung erklären können.

Unabhängig von der Reitweise und dem späteren Einsatz des Pferdes in einer bestimmten Disziplin muss die Ausbildung eines Pferdes systematische, gymnastizierende Arbeit beinhalten, um die Gesunderhaltung des Pferdes zu gewährleisten.

Voraussetzung dafür ist von Seiten des Reiters ein ausbalancierter und losgelassener Grundsitz zur korrekten Hilfengebung und damit zur Einwirkung auf das Pferd.

5.5.1 Der Grundsitz

Der Grundsitz ist bei allen Reitweisen bis auf kleine Abweichungen gleich.

Das Gesäß ruht mit unverkrampfter Muskulatur im tiefsten Punkt des Sattels, wobei die Körperlast gleichmäßig auf beide Gesäßhälften und die innere Oberschenkelmuskulatur verteilt wird. Oberschenkel, Knie und Wade liegen flach am Sattel bzw. am Pferdeleib ohne zu klemmen. In der Bewegung federt das Fußgelenk nach unten durch; der Absatz wird zum tiefsten Punkt des Reiters. Ohr, Schulter Hüfte und Absatz bilden eine gerade Linie. Der Reiter sitzt gestreckt aber nicht verkrampft. Er darf die Bewegungen des Pferdes nicht stören. Beim Aussitzen muss das Becken den Bewegungen des Pferdes folgen.

Sitzfehler machen eine korrekte Einwirkung unmöglich, führen zu Verspannungen und damit zu gesundheitlichen Problemen beim Pferd.

Abhängig von den unterschiedlichen Disziplinen in den Reitweisen gibt es Abweichungen vom Grundsitz wie den Sitz des Western-

210 a

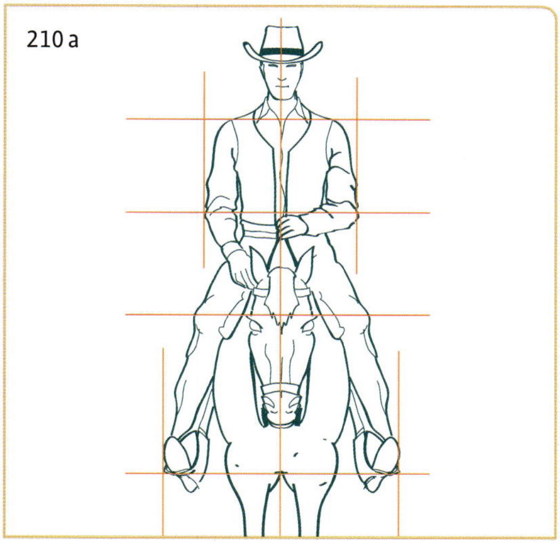

210 b

211

212

213

Abb. 210 (oben):
Grundsitz des Westernreiters:
a) der korrekte symmetrische Sitz,
b) der aufrechte korrekte Sitz von der Seite.

Abb. 211 (Mitte links):
Der Dressur- oder Grundsitz.

Abb. 212 (Mitte rechts):
Grundsitz des Islandpferdereiters.

Abb. 213 (links):
Grundsitz des Rennreiters in Schritt und Trab.

Abb. 214 (oben): Sitzfehler: a) Spaltsitz, b) Stuhlsitz.

Abb. 215 (unten links): Sitzfehler: Der Sitz der gerade bei Westernreitern sehr verbreitet ist: Vorgestreckte und weggestreckte Füße, meistens aufgrund zu langer Bügel, ein fast durchgedrücktes Bein, das Gesäß gegen das Cantle gedrückt oder Oberkörper hinter der Senkrechten. So kann man weder Trab noch Galopp richtig aussitzen. Von der Tendenz her gilt: Wenn der Oberkörper nach vorne kommt, bringt das die Beine zurück unter den Reiter, fällt der Oberkörper nach hinten, werden die Beine und Füße vorgestreckt.

Abb. 216 (unten rechts): Sitzfehler: Alter isländischer Sitz.

Abb. 217 (rechte Seite oben): a) Der leichte Sitz, b) Verschiedene Ausprägungen der Entlastung im leichten Sitz – das Fundament bleibt unverändert.

Abb. 218 (rechte Seite unten): Sitzfehler über dem Sprung. a) hinter der Bewegung; b) vor der Bewegung.

reiters bei Reining oder Cutting oder den Sitz des Gangpferdereiters beim Passrennen.

Auch bei diesen Sitzformen ist darauf zu achten, dass der Schwerpunkt des Reiters über dem des Pferdes liegt, damit der Bewegungsablauf des Pferdes nicht gestört wird. Außerdem muss eine korrekte Hilfengebung möglich sein.

5.5.2 Der leichte Sitz

Der leichte Sitz wird angewendet beim:

- Reiten über Sprünge,
- Reiten im Gelände,
- Reiten junger Pferde.

Der leichte Sitz wird im Spring- oder Vielseitigkeitssattel geritten, wobei die Bügel im Vergleich zum Dressursitz deutlich verkürzt sind. Das Bügelmaß muss der Situation angepasst sein, wobei bei geringer Entlastung zwei bis drei Löcher genügen, beim Spring- oder Geländerreiten jedoch vier bis fünf Löcher erforderlich sein können.

Beim leichten Sitz ist die feste Lage des Unterschenkels, die durch ein elastisch federndes Fußgelenk und einen tiefen Absatz zu Stande kommt, wichtig. Sie bildet das Fundament, das es dem Reiter ermöglicht, sich den wechselnden Situationen der Schwerpunktverlagerung und des Tempos anzupassen, ohne das Pferd in der Balance zu stören.

Zu lange Bügel führen dazu, dass die Unterschenkel des Reiters nach vorne oder

217 a

217 b

218 a

218 b

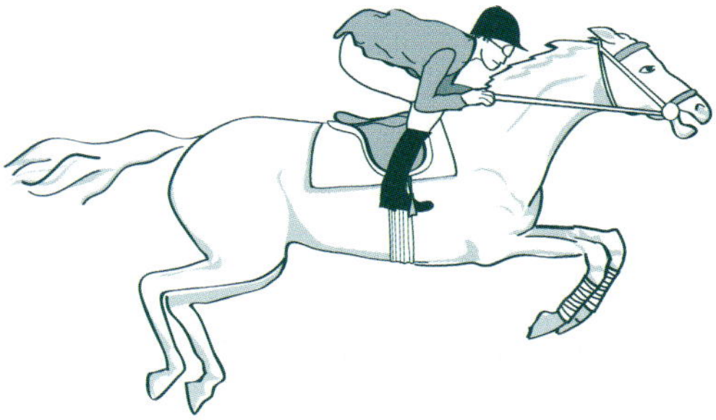

hinten rutschen, wobei der Reiter hinter oder vor die Bewegung kommt.

Der leichte Sitz wurde von dem italienischen Kavallerieoffizier **Federico Caprilli** (geboren 1868) Ende des 19. Jh. eingeführt. Er hatte jahrelang den Bewegungsablauf der Pferde beim Freispringen studiert und festgestellt, dass die Pferde über dem Sprung den Rücken aufwölben (mit **Bascule** springen). Das war mit dem alten Springsitz, bei dem der Reiter über dem Sprung sitzen blieb, nicht möglich.

5.5.3 Der Rennsitz

Die höchst mögliche Entlastung des Pferderückens bietet der Rennsitz. Er ermöglicht dem Pferd im Renngalopp eine maximale Geschwindigkeit zu erreichen. Vom Reiter wird ein Höchstmaß an Balance, Geschicklichkeit, Bewegungsgefühl und Kondition verlangt.

Der moderne Rennsitz wurde 1897 von dem amerikanischen Jockey **Todd Sloan** auf den englischen Rennplätzen eingeführt. Bis zu dieser Zeit ritt man Rennen mit langen Bügeln ohne den Pferderücken zu entlasten.

Anfänglich wurde der moderne Sitz von den Engländern als „monkey seat" (Affensitz) verspottet bis man die Vorteile erkannte. Seit Sloan hat sich der Rennsitz durch immer kürzere Bügel und dem heute üblichen Halt des Bügels unter den Zehen weiterentwickelt.

Der moderne Rennsitz soll

- den Bewegungsablauf des Pferdes im Renngalopp nicht stören,
- den Rücken des Pferdes entlasten um die Hinterhandaktivität zur vollen Entfaltung zu bringen,
- im Finish (Endkampf) möglichst wenig Luftwiderstand bieten.

Abb. 219: Der Rennsitz.

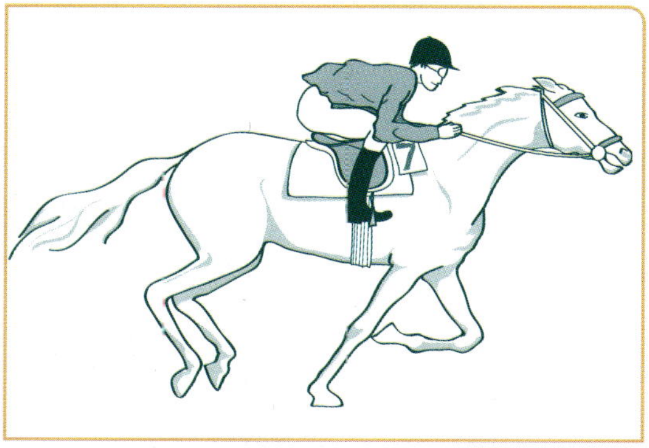

5.5.4 Die Hilfen

Hilfen sind die Verständigungsmittel zwischen Reiter und Pferd. Von ihrer Wirkung her unterscheidet man:

- Treibende Hilfen: Hierzu gehören die Gewichts- und Schenkelhilfen.
- Verhaltende Hilfen: Das sind die Zügelhilfen.
- Unterstützende Hilfen: Stimme, Gerte, Sporen.

Durch das Zusammenspiel der Hilfen wirkt der Reiter auf das Pferd in gewünschter Form ein. Bei allen Reitweisen gilt der Grundsatz: Die Bedeutung treibender Hilfen liegt über denen der verhaltenden Hilfen.

Bei den Hilfen und in der Hilfengebung gibt es Unterschiede zwischen der klassischen Reitweise, deren Grundsätze auch bei der Gymnastizierung von Galopprennpferden und Gangpferden angewandt werden, auf der einen Seite und dem Westernreiten auf der anderen Seite. Westernreiten war ursprünglich eine Arbeitsreitweise, die es notwendig machte, dass das Pferd durch minimale Hilfengebung oder **Signale** in der Lage ist, Aufgaben selbstständig und korrekt auszuführen. In der täglichen Arbeit mit Rindern musste das Pferd auf kleinste Hilfen (Signale) des Reiters die Richtung wechseln, aus hohem Tempo stoppen oder enge Wendungen ausführen. In der klassischen Reitweise wird eine Lektion durch das ständige Zusammenspiel von Gewichts-, Schenkel- und Zügelhilfen **(Paraden)** erarbeitet. Beim Westernreiten lernt das Pferd, auf

Tab. 75. Klassische Reitweise und Westernreitweise

Hilfen	Klassische Reitweise	Westernreitweise
Gewichtshilfen	beidseitig belastend einseitig belastend entlastend	beidseitig belastend einseitig belastend entlastend
Schenkelhilfen	vorwärts treibend vorwärts-seitwärts treibend verwahrend	vorwärts treibend seitwärts treibend verwahrend
Zügelhilfen	annehmend nachgebend durchhaltend verwahrend seitwärtsweisend	annehmend nachgebend verwahrend seitwärtsweisend weichend (Neck Reining)

eine bestimmte Hilfe (Signal) etwas auszuführen, z. B. anzugaloppieren. Gibt der Reiter dann die erlernte Hilfe, so führt das Pferd das Gewünschte so lange aus, bis durch eine erneute Hilfe etwas Neues gefordert wird.

Die Hilfen im Vergleich:

5.5.5 Gewichtshilfen

Bei **beidseitig belastenden Gewichtshilfen** werden beide Gesäßknochen gleichmäßig belastet. Sie werden in der klassischen Reitweise im Schritt und Trab auf geraden Linien und bei der ganzen Parade angewandt, beim Westernreiten auch im Galopp auf geraden Linien.

Bei **einseitig belastenden Gewichtshilfen** wird ein Gesäßknochen mehr belastet, als der andere. In der klassischen Reitweise wird einseitig belastet, wenn das Pferd gestellt bzw. gestellt und gebogen ist. Ist das Pferd in der klassischen Reitweise z. B. nach links gestellt bzw. gestellt und gebogen, so wird die linke Seite als Innen bezeichnet und grundsätzlich wird der innere Gesäßknochen vermehrt belastet. In der Westernreitweise ist die Regelung nicht einheitlich. **Entlastende Gewichtshilfen** hat man beim Leichttraben, beim leichten Sitz, beim Rennsitz und beim Rückwärtsrichten.

Das Leichttraben, bei dem der Pferderücken ebenfalls entlastet wird, wurde im 19. Jh. in England entwickelt, da die schwungvollen, raumgreifenden Trabtritte des Englischen Vollblüters den Reiter nur schwer Sitzen ließen.

5.5.6 Schenkelhilfen

Der **vorwärts treibende Schenkel** liegt in der klassischen Reitweise dicht hinter dem Gurt. Der Absatz ist dabei lotrecht unter der Hüfte. Das soll auch beim Westernreiten so sein.

Der **vorwärts-seitwärts treibende Schenkel** liegt etwa eine Handbreit weiter zurück. Ebenso der **verwahrende Schenkel**, der ein Ausweichen der Hinterhand verhindern soll.

5.5.7 Zügelhilfen

Bei den **annehmenden Zügelhilfen** wird das Zügelmaß für einen Moment verkürzt. Wichtig hierbei ist die gefühlvolle Dosierung. Die annehmende Zügelhilfe darf immer nur im Zusammenspiel mit der nachgebenden Zügelhilfe gegeben werden, d.h., nach jeder annehmenden Zügelhilfe sollte sofort eine nachgebende Zügelhilfe folgen Es ist darauf zu achten, dass die **nachgebende Zügelhilfe** nicht ruckartig erfolgt.

Bei der **durchhaltenden Zügelhilfe,** die beim Westernreiten nicht angewandt wird, verbleiben die fest geschlossenen Hände auf ihrem Platz und halten den vermehrten Druck des Pferdes auf das Gebiss aus, bis sich das Pferd am Gebiss abstößt und leicht in der Hand wird. Dabei wird mit Gewichts- und Schenkelhilfen getrieben. Diese Zügelhilfe darf nicht zu lange ausgedehnt werden. **Die verwahrende Zügelhilfe** verhindert ein Ausfallen des Pferdes über die Schulter und sorgt dafür, dass der Hals des Pferdes nicht zuviel abgestellt wird.

Die **seitwärtsweisende Zügelhilfe** weist dem Pferd bei Wendungen die Richtung. Der Reiter nimmt die innere Hand einige Zentimeter vom Hals der Pferdes, so als ob er die Nase des Pferdes in die entsprechende Richtung führen wolle. Diese Zügelhilfe wird vor allem bei jüngeren Pferden angewandt. Wichtig ist auch hier wieder ein deutliches Nachgeben des Zügels.

Beim Westernreiten wird bei einhändiger Zügelführung die weichende Zügelhilfe, die als „**Neck Reining**" bezeichnet wird, bei im Ausbildungsstand fortgeschrittenen Pferden, die sehr fein auf Gewichts- und Schenkelhilfen reagieren, angewendet. Dem Pferd wird beigebracht, dem äußeren Zügel zu weichen, wenn dieser am Hals angelegt wird.

In der klassischen Reitweise wird die Hilfengebung in den von der Deutschen Reiterlichen Vereinigung herausgegebenen Richtlinien für Reiten und Fahren Band 1, FN-Verlag (Warendorf 1994) und Band 2, FN-Verlag (Warendorf 1997) genau definiert.

In der Westernreiterei gibt es eine solche Regelung nicht. Das Pferd wird so ausgebildet, dass es „Druck" weicht, z. B. beim „Neck Reining" oder beim Angaloppieren. In der klassischen Reitweise gibt der innere, treibende Schenkel den Impuls, um das innere Hinterbein zum Vorschwingen anzuregen. Beim Westernreiten wird mit dem äußeren Schenkel Druck gemacht, also z. B. mit dem rechten, um das Pferd links anzugaloppieren.

In der klassischen Reitweise wird das Zusammenspiel der treibenden und verhaltenden Hilfen als Parade bezeichnet. Man unterscheidet halbe und ganze Paraden.

Halbe Paraden werden gegeben

- bei Übergängen von einer Gangart in eine andere,
- bei Übergängen innerhalb einer Gangart,
- zur Vorbereitung einer Lektion,
- zur Vorbereitung und zum Erhalt von Selbsthaltung und Anlehnung,
- zur Regulierung des Tempos.

Im Prinzip gibt der Reiter dauernd halbe Paraden, was eine Feinabstimmung der Hilfen bedeutet. **Ganze Paraden** führen aus jeder Gangart zum Halten. Sie werden durch halbe Paraden vorbereitet. Die Anzahl der vorbereitenden halben Paraden ist von der Durchlässigkeit des Pferdes abhängig.

In der Westernreitweise kennt man die Paraden im klassischen Sinn nicht. Das Pferd wird anfänglich auch mit Schenkel- und Zügelhilfen eingerahmt. Sobald das Pferd jedoch die gewünschte Haltung und das gewünschte Tempo eingenommen hat, hört die Hilfengebung auf. Der Zügel wird bis zum **hingegebenen Zügel** nachgegeben und der Schenkel treibt nicht mehr.

> **!**
> Beim hingegebenen Zügel besteht keine Verbindung zwischen Reiterhand und Pferdemaul. Der Zügel hängt leicht durch.

Fällt das Pferd aus Haltung und Tempo setzen die Hilfen erneut ein, bis das Pferd gelernt hat, ohne Anlehnung und treibende Hilfen in Haltung und Tempo zu bleiben.

Zur Wiederholung und Vertiefung

1. a) Welche Sitzfehler kommen häufig vor?
   b) Welche Auswirkungen haben sie?
2. Welche Hilfen gibt es?
3. a) Was versteht man unter Paraden?
   b) Wozu gibt man halbe Paraden?

5.6. Pferde unter dem Reiter gymnastizieren

?

Der / die Auszubildende soll ein Pferd, das sich in der Grundausbildung befindet, reiten. Ziel der Trainingseinheit ist die Losgelassenheit. Der / die Auszubildende soll durch systematischen Aufbau der Trainingseinheit die Losgelassenheit erarbeiten, erkennen und überprüfen.

Die Ausbildung des Pferdes umfasst eine systematische Gymnastizierung, die das Pferd in die Lage versetzt, seine natürlichen Möglichkeiten zu entfalten, gesund zu bleiben und gehorsam und zwanglos auf die Hilfen des Reiters zu reagieren. Dies gilt für alle Reitweisen ebenso wie für das Galopprennpferd.

Die Grundausbildung in der Klassischen Reitweise sollte systematisch nach der sogenannten **Skala der Ausbildung** erfolgen. Diese Skala legt fest, wie ein Pferd ausgebildet werden soll. Gleichzeitig sollte sie auch den Aufbau jeder Reitstunde bestimmen. Die Skala lautet:

- Takt.
- Losgelassenheit.
- Anlehnung.
- Schwung.
- Geraderichten.
- Versammlung.

Hierbei ist zu beachten, dass die einzelnen Punkte nie unabhängig voneinander zu sehen sind, sondern dass sie voneinander abhängig sind und sich gegenseitig beeinflussen.

Da es im Westernreiten keine Anlehnung und keine Versammlung im klassischen Sinn, worunter man die Hankenbeugung versteht, gibt, weicht die Skala der Westernreitweise in bestimmten Punkten von der Klassischen Reit-

Abb. 220: Die Ausbildungsskala.

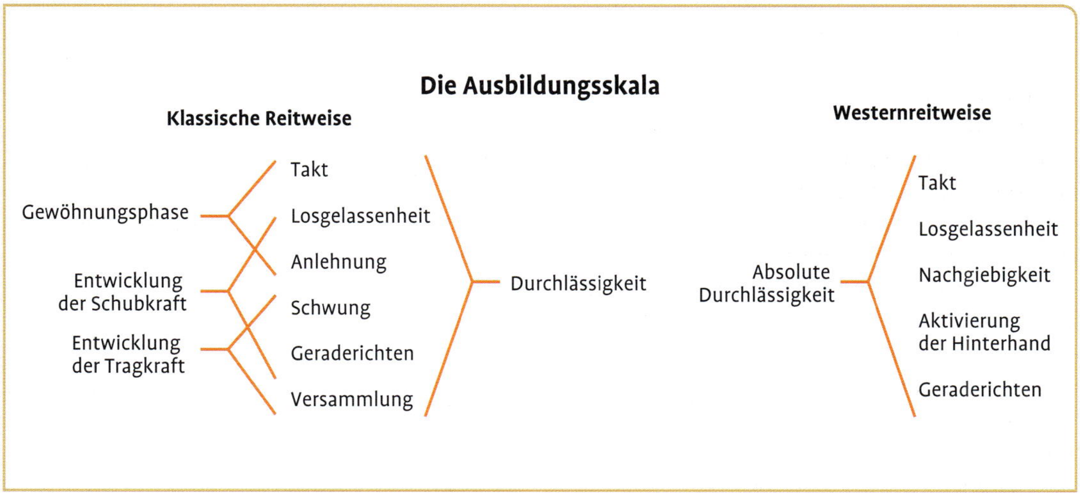

Abb. 221:

a) Energisches Treiben beim Abkauenlassen. Das Pferd bleibt im Gleichgewicht ohne schneller zu werden oder den Takt zu verlieren. So ist das Abkauenlassen korrekt und lässt das Pferd danach gelöster und williger wieder am Zügel gehen.

b) Dieser Reiter lässt sein Pferd abkauen, ohne vermehrt zu treiben: Es verlagert seinen Schwerpunkt nach vorne. Das Pferd wird schneller, fällt auseinander, die Hinterhand schleppt nach. So ist das Abkauen ein Schaden, da das Pferd in den Boden geritten wird (nach Paalmann, Springreiten).

weise ab. Eine Gegenüberstellung macht dies deutlich:

Unter **Takt** versteht man das räumliche und zeitliche Gleichmaß aller Schritte, Tritte und Sprünge auf geraden und auf gebogenen Linien.

Losgelassenheit ist die Voraussetzung für jede sinnvolle Arbeit mit dem Pferd und zieht sich wie ein roter Faden durch die gesamte Ausbildung. Man unterscheidet die **psychische (innere)** und die **physische (körperliche)** Losgelassenheit, wobei die psychische Voraussetzung für die physische ist. Ein Pferd muss mental zur Arbeit bereit sein.

Merkmale der inneren und körperlichen Losgelassenheit sind:

- Das Pferd lässt Kopf und Hals fallen.
- Taktmäßiger Bewegungsablauf.
- Kauen bei geschlossenem Mund.
- Im Bewegungsrhythmus pendelnder Schweif.
- Abschnauben als Zeichen psychischer Entspannung.
- Zufriedener Gesichtsausdruck.
- Der Reiter kommt zum Sitzen.

Das gelöste Pferd kann seine Muskeln taktmäßig an- und abspannen und das Reitergewicht ausbalanciert tragen.

Lösende Lektionen sind:

- **Mindestens** zehn Minuten Schritt am langen oder mit hingegebenem Zügel.
- Leicht Traben auf geraden oder großen gebogenen Linien.
- Häufige Handwechsel.
- Galoppieren im leichten Sitz.
- Übergänge zwischen Schritt und Trab und zwischen Trab und Galopp.
- Trabtritte und Galoppsprünge verlängern.
- Schlangenlinien.
- Schenkelweichen und Vorhandwendungen.

Weitere lösende Arbeit:

- Longieren.
- Bodenrickarbeit.
- Gymnastikspringen.
- Geländereiten.

Die Losgelassenheit wird durch „Zügel aus der Hand kauen lassen" überprüft. Dabei soll das Pferd den Hals dehnen, bis Nüstern und Maul auf Höhe des Buggelenks sind. Die Stirn-Nasenlinie muss dabei vor der Senkrechten sein und das Pferd darf nicht eiliger werden.

Die Losgelassenheit wird am Ende der Lösungsphase, zwischendurch in der Arbeitsphase und am Ende der Arbeitsphase überprüft. Es ist wichtig, dass das Pferd jede Trainingsphase zufrieden und losgelassen beendet.

Anlehnung ist die stete, weich federnde Verbindung zwischen Reiterhand und Pferdemaul. Durch die treibenden Reiterhilfen, die ein zwangloses Vorwärtsgehen des Pferdes bewirken, soll das Pferd die Anlehnung an das Gebiss suchen. Die korrekte Anlehnung gibt dem Pferd die Sicherheit sich im natürlichen Gleichgewicht in jeder Gangart unter dem Reiter auszubalancieren. Außer in der Dehnungshaltung ist das Genick immer der höchste Punkt.

Das Westernpferd soll lernen, bei Druck auf das Nasenbein oder durch das Gebiss auf die Laden im Genick nachzugeben und in Verbindung mit den anderen Hilfen seine Balance zu finden, um am Ende der Ausbildung am losen Zügel (ohne Anlehnung) sein Gleichgewicht unter dem Reiter in allen Gangarten zu halten.

Unter **Schwung** versteht man die Übertragung des energischen Impulses aus der Hinterhand auf die Gesamt-Vorwärtsbewegung des Pferdes. Das Pferd fußt energisch ab und schwingt seine Gliedmaßen in der Schwebephase gut nach vorne. Dabei muss das Pferd losgelassen sein und in korrekter Anlehnung

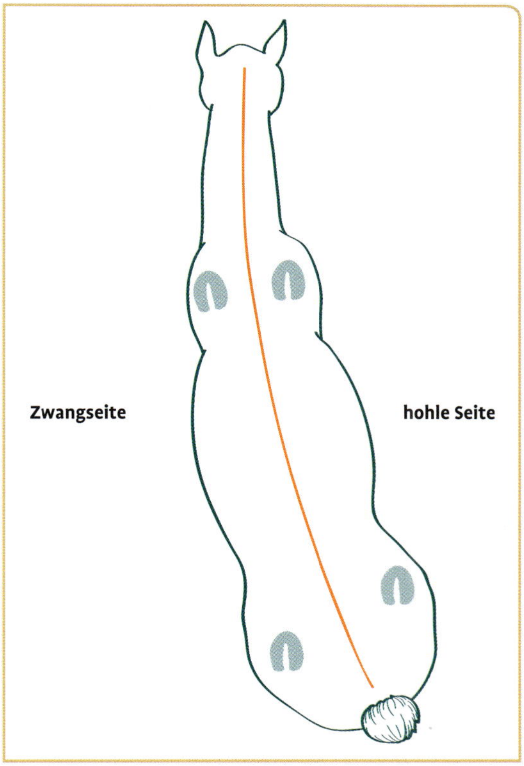

Abb. 222: Rechts schiefes Pferd.

gehen. Schwung wird in der Westernreiterei nicht gefordert, da ein mit flachen, wenig schwungvollen Bewegungen ausgestattetes Pferd für den Reiter über längere Zeit bequemer zu sitzen ist. Das Westernpferd braucht eine aktiv unter den Schwerpunkt tretende Hinterhand vor allem im Galopp, die es ihm ermöglicht, auf kleinstem Raum zu wenden und aus dem Stand in hohem Tempo vorzuschnellen.

Jedes Pferd wird mit einer **natürlichen Schiefe** geboren. Sie ist ähnlich wie beim Menschen die Rechts- und Linkshändigkeit zerebral (das Großhirn betreffend) bedingt. Die meisten Pferde sind rechts schief, das bedeutet, sie haben rechts ihre **hohle Seite** und links ihre **Zwangseite**.

Das hat zur Folge, dass das Pferd mit dem rechten Hinterhuf seitlich neben die Spur des rechten Vorderhufs fußt und sich vermehrt auf den linken Zügel legt und an den rechten nicht herantritt. Das Problem wird dadurch verstärkt, dass die Hinterhand breiter ist als die Vorhand.

Geraderichten bedeutet das Einstellen der Vorhand auf die Hinterhand. Das Pferd muss auf geraden und gebogenen Linien mit seiner Längsachse der Hufschlaglinie angepasst sein. Nur ein gerade gerichtetes Pferd steht sicher und zwanglos an den Hilfen, tritt gleichmäßig an beide Zügel und ist auf beiden Händen gleich geschmeidig. Außerdem wird einem einseitigen Verschleiß der Gliedmaßen vorgebeugt.

Unter **Versammlung** versteht man die Umwandlung der Schubkraft in Tragkraft. Durch vermehrte Beugung der Hanken (Hüft- und Kniegelenk) treten die Hinterbeine vermehrt in Richtung Schwerpunkt und nehmen vermehrt Last auf. Die Vorderbeine werden dadurch entlastet und ihre Bewegungen freier. Schritte, Tritte und Galoppsprünge werden kürzer ohne an Fleiß und Aktivität zu verlieren.

Ziel der Ausbildung ist ein durchlässiges Pferd, das gelassen und zwanglos in jeder Situation auf feine Hilfen des Reiters reagiert.

Unabhängig von der späteren Verwendung sollte jedes Pferd eine **Grundausbildung im Gelände** erhalten. Wenn die jungen Pferde gelernt haben auf die Reithilfen zu reagieren, kann die Ausbildung im Gelände beginnen.

Sinnvoll ist es, sich eines ruhigen, sicheren **Führpferdes** zu bedienen, in dessen Begleitung das junge Pferd mit der neuen Situation vertraut gemacht wird. Die erste Gewöhnung an unterschiedliche Bodenverhältnisse und Geländegegebenheiten soll im Schritt erfolgen. Dann kann zu ruhigen Trabrepriesen übergegangen werden. Bleibt das junge Pferd bei dieser Arbeit ruhig und gelassen, können die ersten ruhigen Galopps erfolgen. Hierbei ist darauf zu achten, dass nicht immer an denselben Stellen angaloppiert wird, da die Pferde dadurch hektisch werden und sich unnötig aufregen.

Auch mit Wasser sollen die Pferde vertraut gemacht werden. Hierbei ist ebenfalls ein erfahrenes Führpferd hilfreich. Bei der Gewöhnung an Wasser ist darauf zu achten, dass das Wasser flach ist und einen festen Untergrund hat.

Die Arbeit im Gelände fördert beim Pferd die
- psychische und physische Losgelassenheit,
- Trittsicherheit,
- Aufmerksamkeit,
- Balance,
- Motivation durch Abwechslung.

Außerdem werden Sehnen, Bänder und Gelenke gekräftigt.

Auch beim Reiter werden Gleichgewichtsgefühl und Geschmeidigkeit des Sitzes verbessert. Ein weiterer wichtiger Grund für eine Geländeausbildung ist, dass nur ein geringer Prozentsatz der Reiter Turniersport betreibt und die große Mehrheit Erholung auf dem Pferderücken in der Natur sucht.

Zur Vertiefung und Wiederholung

1. Welche Kriterien umfaßt die Skala der Ausbildung?
2. Warum ist eine systematische Gymnastizierung des Pferdes notwendig?
3. Welche Lektionen bzw. Übungen sind lösend?
4. Was versteht man unter Anlehnung?
5. Welche Auswirkungen hat die natürliche Schiefe des Pferdes?

5.7 Pferde vor dem Rennwagen ausbilden

?

Der / die Auszubildende soll einen vierjährigen Traberwallach, der seine dritte Rennsaison hat, für das Training mit geeigneter Ausrüstung anschirren.

Abb. 223:
a) Hilfsmittel des Trainers.
1 = Klappzaum, 2 = Scheckoberteil, 3 = Fahrleine, 4 = Ellenbogenbootsträger, 5 = Brustblatt, 6 = Ellenbogenboots, 7 = Kniegamaschen mit Träger, 8 = Zehengewichte, 9 = Vordergummiboots, 10 = Skalper, 11 = Hintergamaschen, 12 = Sulky-Scheerbaum, 13 = Schwanz- oder Schweifriemen, 14 = Handgriffe der Fahrleine, 15 = Sturzhelm mit Kinnriemen, 16 = Dress, 17 = farblose Radscheiben, 18 = Bauchgurt, 19 = Kniegamaschenträger, 20 = Fahrhose (weiß), 21 = braune Stiefeletten, 22 = Peitsche – höchstens 135 cm, 23 = Kehlriemen, 24 = Nasenriemen, 25 = Sulkybrücke

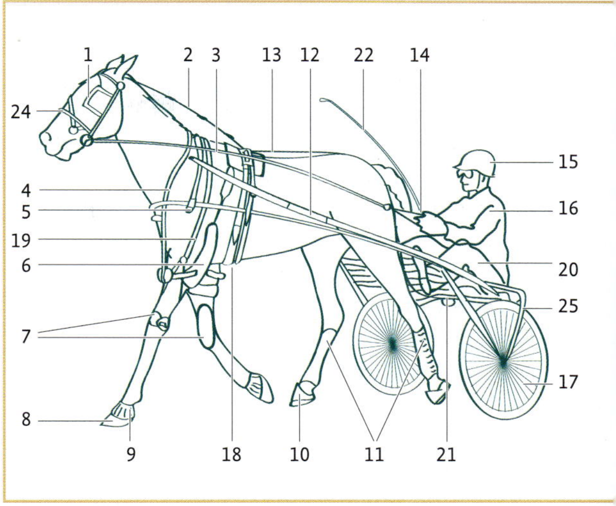

b) Traberanspannung.
1 = Bodenblender, 2 = Scheckgebiss – einfach, 3 = Knebelgebiss, 4 = Geschirr-Tüte, 5 = Brustblatt, 6 = Kammdeckel, 7 = Scheckoberteil mit Scheckacht, 8 = Schwanz- oder Schweifriemen, 9 = Notgurt, 10 = Aufhalteriemen, 11 = Kniegamaschen, 12 = Lederballenboots, 13 = Skalper, 14 = Sulkybügel, 15 = Räder – Größe 26 u. 28, 16 = Sulkygabel, 17 = Dress, 18 = Sturzhelm mit Kinnriemen, 19 = Handgriffe der Fahrleine, 20 = Kniegamaschenträger, 21 = Fahrleine, 22 = Anspannung mit Zwei-Minuten-Geschirr, 23 = Geschirrunterlage, 24 = Bauchgurt, 25 = Zaum-Stirnband

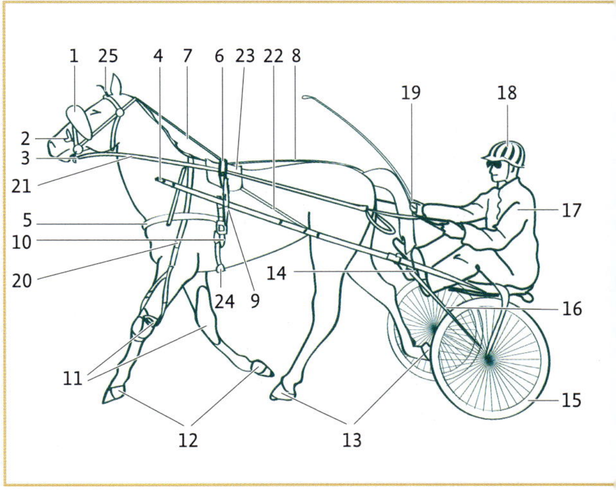

Beim Traber muss die durch Zuchtwahl vorhandene Trabanlage durch systematische Schulung bis zum Renntrab gesteigert werden. Denn wenn ein Traber überfordert wird, ermüdet oder sich greift, fällt er in Galopp, Pass oder Dreischlag (siehe Kap. 5.2 Pferde nach Gangart und Qualität auswählen), da diese Gangarten bei höchster Geschwindigkeit weniger anstrengend sind.

Das „Einbrechen“ der jungen Pferde erfordert vom Trainer Sachkenntnis sowie ein Höchstmaß an Geduld. Das Einfühlen in die Psyche des Pferdes ist die Grundlage für späteren Erfolg.

In der Regel beginnt die Ausbildung des Jährlings an der Doppellonge. Außerdem muss sich das Pferd an das Gebiss gewöhnen. Ist der junge Traber mit der Arbeit an der Doppellonge vertraut, wird er vom Boden aus im Schritt gefahren, um die Leinenhilfen kennenzulernen. Dazu sind am Anfang meistens zwei Hilfskräfte erforderlich, die rechts und links am Kopf des Pferdes gehen.

Verrichtet das junge Pferd diese Arbeit willig, wird es an das Geschirr gewöhnt. Dabei werden zwei Stangen eingeschnallt, die die Scherbäume des Rennwagens ersetzen, wodurch sich der Traber an den Druck in den Flanken gewöhnt. Geht das Pferd willig, wird es vor eine Schleppe gespannt. Dann folgt die Schulung vor dem **Fohlenwagen**. Dieses Gefährt ist mit tief liegenden Scherbäumen ausgestattet und hat Platz für den Fahrer und für einen Helfer. Da der Fohlenwagen schwer und stabil ist, gibt er dem Pferd Halt und Anlehnung. Die Arbeit beginnt auch hier im Schritt. Danach beginnt die Arbeit im Trab, dessen Tempo je nach Veranlagung des jungen Pferdes gesteigert wird. Damit ist die Grundausbildung des Trabers beendet und es beginnt das Training vor dem Rennwagen.

Die schnelle Arbeit im Rennwagen zeigt dem Trainer, wie das Pferd angespannt werden muss und welche Hilfsmittel eventuell notwendig sind.

Für den Renntrab spielen ausbalancierende Hilfen eine wichtige Rolle. Fast unerlässlich ist der Oberscheck, der verhindert, dass das Pferd den Kopf zu tief nimmt und dadurch aus dem Gleichgewicht kommt.

Trabsicherheit, gute Balance und Trabgeschwindigkeit lassen sich außerdem in erheblichem Maße durch den Hufbeschlag und eventuelle Gewichte an Hufen und Fesseln steigern.

Die meisten Hilfsmittel werden an der Vorhand des Trabers angebracht. Sie sollen auch vor Verletzungen durch Eintreten und Greifen schützen. Die Verletzungsgefahr ist besonders groß, wenn der Trabrhythmus verloren geht. Auch für die Hinterhand gibt es Gamaschen, allerdings sind sie nicht so häufig wie vorne, wo der Traber Verletzungen am häufigsten ausgesetzt ist.

Junge Pferde werden vor den **Longshaft** gespannt, der so konstruiert ist, dass das Pferd ziehen muss. Beim **Sulky** ist der Fahrersitz so weit hinter die Fahrachse verlegt, dass der Fahrer mit seinem Gewicht das Pferd schieben kann. Der Sulky kann daher nur bei trabsicheren Pferden verwendet werden, die sich durch den Druck von hinten nicht aus dem Gleichgewicht bringen lassen. Jedes Pferd muss individuell angespannt, ausgerüstet und beschlagen werden, um seine Veranlagung zum höchstmöglichen Erfolg zu führen.

Zur Wiederholung und Vertiefung

1. a) In welche fehlerhaften Gangarten kann ein Traber fallen?
   b) Was sind die Ursachen?
2. Durch welche Maßnahmen lässt sich die Trabsicherheit steigern?
3. Durch welche Maßnahmen kann man der Verletzungsgefahr durch Greifen vorbeugen?

6 Betriebsmanagement

Betriebsmanagement (engl. management = Leitung, Führung) meint das Handhaben eines Betriebes, um durch aktives Handeln unter Nutzung der betrieblichen Möglichkeiten die geplanten Ergebnisse zu erreichen. Hierbei ist es Aufgabe des Betriebsleiters, immer wieder Ziele zu setzen, Abläufe zu planen, Entscheidungen zu treffen, Mitarbeiter zu beauftragen bzw. Aufgaben selbst zu erledigen und Arbeitsergebnisse zu kontrollieren. Aber auch die Mitarbeiter, insbesondere ausgebildete Fachkräfte, benötigen betriebliche Kenntnisse und Fähigkeiten. So wird von ihnen erwartet, dass sie sich im Betrieb auskennen, Fehler und Mängel frühzeitig erkennen, Verbesserungen vornehmen oder Investitionen wirtschaftlich beurteilen können, um die Ertragssicherheit des Betriebes und somit auch die Arbeitsplätze zu sichern. Mit Kenntnissen zum Betriebsmanagement wird es Pferdewirten und Pferdewirtinnen leichter fallen, Antworten auf die Fragen zu bekommen, wie ist ein Betrieb strukturiert und organisiert, wie teuer darf eine Dienstleistung angeboten werden, wie hoch sind die Kosten in einem Betriebszweig, lohnt sich die Pacht einer Reitanlage, oder wie kann ich mehr Kunden für meinen Betrieb gewinnen.

Alle Bestandteile eines Betriebes – Gebäude, Pferdebestand, Personal, Geräte und Maschinen usw. – stehen in einem Zusammenhang, bedingen sich gegenseitig und sind vernetzt. Verändern sich einzelne Bestandteile, so hat dies Einfluss auf den gesamten Betrieb und damit auch auf seinen wirtschaftlichen Erfolg. Sinkt z. B. der Pferdebestand eines Reitstalles bei sonst gleichen Bedingungen, werden die Einnahmen geringer, die Wirtschaftlichkeit nimmt ab. Dieses Kapitel soll helfen, die verschiedenen Abläufe in einem Betrieb zu verstehen und wirtschaftlich richtig einzuordnen. Wir werden deshalb zunächst den pferdehaltenden Betrieb anhand der wichtigsten Einzelfaktoren erkunden, wichtige betriebliche Abläufe ökonomisch und ökologisch beurteilen, Vermarktungsmöglichkeiten einschätzen sowie die Pferdehaltung als Wirtschaftszweig volkswirtschaftlich beurteilen.

6.1 Den Ausbildungsbetrieb erkunden und beurteilen

?

Die Auszubildende Karin hat die Probezeit bestanden, sie ist gerne im Ausbildungsbetrieb und freut sich auf die Ausbildung, die Arbeit mit den Pferden und auf die Zusammenarbeit mit den Kollegen. Aber der Durchblick, wie die Abläufe strukturiert und organisiert sind, fehlt ihr noch. Warum betreut jeder Mitarbeiter gerade sechs Pferde? Welche Flächen gehören alle zum Betrieb und wie werden sie genutzt? Warum wird im Betrieb überlegt, einen Hoftrac anzuschaffen? Was bedeutet der Begriff Besatzdichte? Ihre Mitschülerinnen fragen sie im Berufskolleg stets, welche Besonderheiten ihr Ausbildungsbetrieb vorweisen kann. Auch fühlt sie sich noch nicht sicher im Umgang mit den neuen Pferden und den Gerätschaften des Betriebes, will sie doch keinen Unfall verursachen. Ihr Ausbilder rät ihr, einen Betriebsspiegel anzufertigen und sich über Unfallverhütungsmaßnahmen zu informieren.

Ein **Betriebsspiegel** ist eine schriftliche Beschreibung des Betriebes, der Auskunft gibt über die Haupttätigkeiten, den Bestand an Gebäuden, die Betriebsflächen, den Tierbestand, die Arbeitskräfte, die Maschinen und über die Anordnung der Bestandteile zueinander (innere und äußere Verkehrslage) sowie zu den klimatischen Verhältnissen.

6.1.1 Struktur der Ausbildungsstätte

Die Struktur von Betrieben mit Pferdehaltung ist sehr vielfältig. Dies ist auch ein Grund dafür, warum der Ausbildungsberuf Pferdewirt / Pferdewirtin in die unterschiedlichen Schwerpunktbereiche aufgeteilt wurde. Gemäß den Haupttätigkeiten werden Zuchtbetriebe, Reit- und Fahrbetriebe sowie Rennbetriebe unterschieden. Zuchtbetriebe sind **Produktionsbetriebe**, denn sie dienen der Herstellung eines Gutes, einer Ware. Reit-, Fahr- und Rennbetriebe sind **Dienstleistungsbetriebe**, sie bieten Dienste an bzw. übernehmen Aufträge. Viele Betriebe haben beides, Produktion und Dienstleistungen.

6.1.1.1 Innere Verkehrslage

Die „innere Verkehrslage" eines Betriebes beschreibt die Wege im Betrieb, d.h. sowohl die Wege innerhalb der Gebäude, zwischen den Gebäuden, zwischen den Betriebsgebäuden und Betriebsflächen als auch zwischen den einzelnen Betriebsflächen. Es ist außerordentlich wichtig für einen Betrieb, ob die Wege zwischen den verschiedenen Betriebsteilen kurz oder lang sind, da sie der Arbeitszeit zuzuschreiben sind. Die Zeitdauer, die für das Zurücklegen von Wegstrecken benötigt wird, dient nicht der unmittelbaren Produktion, sie ist ohne direkten Ertrag, deshalb sollte sie möglichst kurz sein. Die Wegzeit gehört zur Rüstzeit (Vorbereitungszeit).

Hier ein Beispiel: Sie wollen ein Pferd satteln. Die Zeiten, die Sie benötigen, um Pferd, Reitzeug, Sattel und Zäumung zum Sattelplatz zu bringen, sind die Wegzeiten. Als Rüstzeit zählt zusätzlich das Putzen, Zäumen und Satteln.

Der Betrieb kann im Ort, am Ortsrand oder in der Gemarkung liegen. Lagen im Ort oder am Ortsrand sind häufig beengt, Einzelbe-

Abb. 224: Eine Reitanlage im Überblick

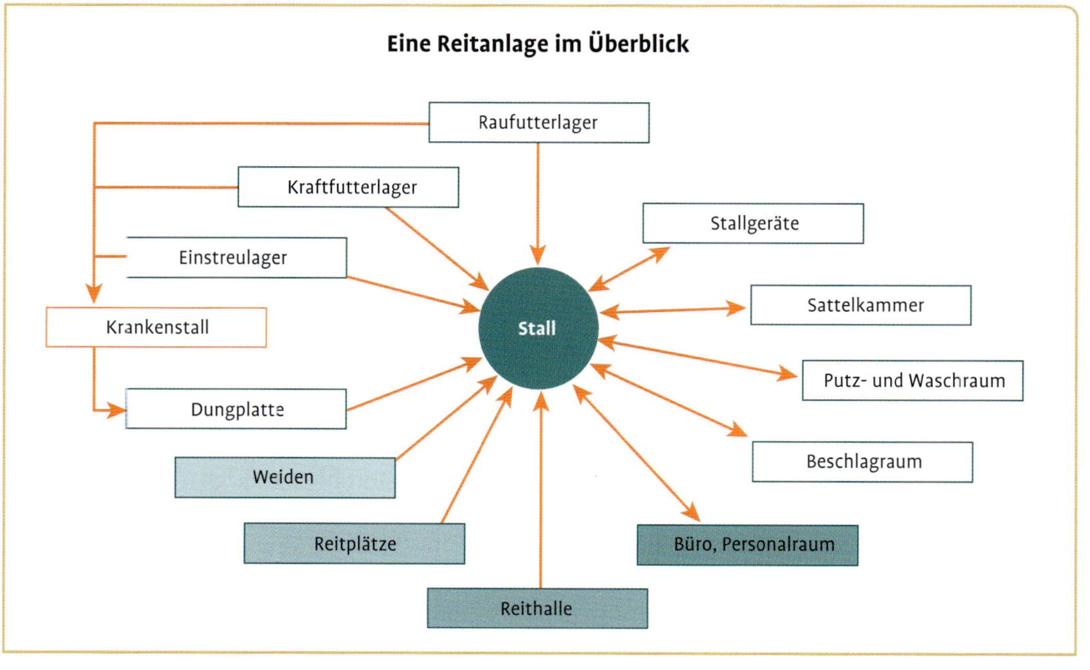

triebslagen außerhalb von Orten sind meistens weiträumig.

> **!**
> Eine gute, innere Verkehrlage spart Arbeitszeit.

Um die Wege innerhalb eines Gebäudes gering zu halten, muss der Pferdebestand berücksichtigt werden. Bei kleineren Beständen (bis zu 12 Tieren) ist eine einreihige Aufstallung möglich; große Bestände müssen in mehrreihigen Stallungen untergebracht werden. So können Wege, die besonders häufig gemacht werden, z. B. zur Futterkammer, zur Sattelkammer oder zur Mistplatte, möglichst kurz gehalten werden.

Ein weiteres Beispiel, um innerhalb eines Gebäudes die Entfernungen gering zu halten, ist die Lagerung von Einstreu und Futtermitteln deckenlastig über den Stallungen.

Die Wege zwischen verschiedenen Betriebsgebäuden – Pferdestall, Heulager, Reithalle, Mistplatz, Nebengebäude einschließlich Wohnhaus – sollten nach Möglichkeit ebenfalls kurz sein. Jedoch sind gerade hierbei Kompromisse zu schließen, wenn es sich um den Ausbau bestehender Hofanlagen handelt bzw. mögliche Erweiterungen oder Änderungen von vornherein vorgesehen sind.

Eine optimale Anlage hat ein Zentrum, von dem aus auf kurzen Wegen Stall, Futterlager, Halle, Nebenräume und Außenreitanlagen zu erreichen sind.

Pferdehaltende Betriebe, die auf das Vorhandensein von Betriebsflächen (z. B. Weiden) angewiesen sind – Zuchtbetriebe oder Pensionspferdehalter mit Weideauslauf –, müssen darauf achten, dass diese Flächen möglichst zusammenhängend in der Nähe der Gebäude liegen. Man bezeichnet diese Lage der Wirtschaftsflächen dann als **arrondiert**. Befinden sich alle Grundstücke in unmittelbarer Nähe des Betriebes, so spricht man von „vollarrondiert“, liegt der überwiegende Teil um die Hofstelle, einige Parzellen jedoch entfernter, so ist dieser Hof „teilarrondiert“. Für die Haltung von Pferden ungeeignet ist die sogenannte „**Streulage**“, bei der alle Grundstücke weit verstreut um den Betrieb liegen. Diese Betriebe besitzen dann oft viele kleine Einzelflächen. Hier ist das tägliche Führen der Pferde zu den Koppeln – wenn überhaupt möglich – mit hohen Wegzeiten verbunden.

Wenn man alle Entfernungen zu den Betriebsflächen addiert und durch ihre Anzahl dividiert, erhält man die „**mittlere Betriebsflächenentfernung**“, die bei der Pferdehaltung unter 500 m liegen sollte.

Um die ungünstige „Streulage“ zu beseitigen, kann der Betriebsleiter mit anderen Grundstückseigentümern freiwillig die Flächen tauschen, sodass sie für alle Beteiligten näher zur Betriebsstelle liegen. Da dieser freiwillige Tausch (Flurtausch) selten zustande kommt, führt der Staat Flurbereinigungsverfahren durch, in denen großflächig oft mehrere tausend Hektar neu geordnet werden. Diese umfangreiche Aufgabe der Flurbereinigung obliegt in vielen Bundesländern den Ämtern für Agrarordnung. Die Flächenei-

Abb. 225: Arrondierte Betriebslage.

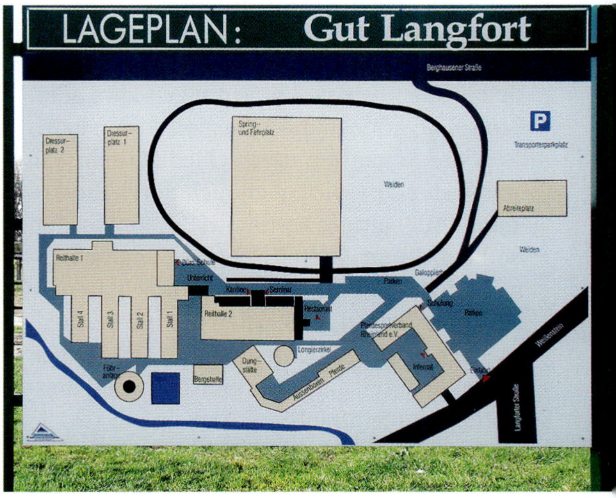

gentümer müssen sich an den Kosten dieses Verfahrens beteiligen, können jedoch auch in einem gewissen Umfang mitplanen und mitbestimmen. Die innere Verkehrslage der Betriebe ist nach einem derartigen Verfahren besser, d.h., die mittlere Betriebsflächenentfernung und die Anzahl der einzelnen Grundstücke sind geringer, dafür ist die mittlere Betriebsflächengröße erhöht worden.

6.1.1.2 Äußere Verkehrslage

Die „äußere Verkehrslage" eines Betriebes beschreibt das Wegeverhältnis zu den notwendigen, auswärtigen Geschäftspartnern (Zulieferer, Abnehmer, Kunde). Welche Personen kommen zu einem pferdehaltenden Betrieb? Folgende Personen kommen zum Betrieb:

- Tierarzt,
- Hufschmied,
- Pferdetransporter,
- Futtermitteltransporteur,
- Pferdebesitzer,
- Reitschüler etc.

Welche Verbindungen muss der Betrieb nach außen wahrnehmen? Die Verbindung

- zur Werkstatt,
- zum Landwarenhandel,
- zur Bank,
- zur Auktionshalle etc.

Je nachdem, ob die Entfernungen kurz oder lang sind, können die Transportkosten bzw. Wegstreckenkosten unterschiedlich sein. Ein guter Standort wird aber auch durch die Art der Pferdehaltung bestimmt. Ein Reitbetrieb sollte dicht an ein Reitwegenetz angeschlossen sein, da das Reiten durch Ortschaften und über befestigte Straßen sowohl bei Reitern als auch bei Anwohnern auf Unbehagen stößt. Andererseits ist es günstig, wenn dieser Betrieb durch öffentliche Verkehrsmittel leicht zu erreichen ist, da viele Reitschüler Kinder oder Jugendliche sind.

Für einen Zuchtbetrieb mit Deckstelle ist es außerdem von Nachteil, wenn er weitab liegt und nur über schlecht ausgebaute Straßen zu erreichen ist. Der günstige Standort eines Rennbetriebes ist nicht nur darin zu sehen, dass er einer Rennbahn angeschlossen ist, sondern dass das häufig notwendige Transportieren der Pferde über gut ausgebaute Straßen und direkte Schnellstraßenverbindungen abgewickelt werden kann.

!

Eine gute, äußere Verkehrslage ist ein wichtiger Standortvorteil.

Wenn man die drei Betriebstypen vergleichen will, so kann man festhalten, dass der Zuchtbetrieb am ehesten auf eine günstige äußere Verkehrslage verzichten kann, da die höheren Transportkosten auf die Gesamtkosten nur einen geringen Einfluss nehmen. Betriebe, die jedoch auf den häufigen, regelmäßigen Kontakt ihrer Kunden angewiesen sind (Reitschule, Pensionspferdehaltung, Verleih von Reitpferden), benötigen als Standort die „**Marktnähe**".

Eine einheitliche, gute, äußere Verkehrslage lässt sich somit nicht bestimmen, jedoch ist der Betrieb mit dem schlechteren Standort gezwungen, diesen Nachteil durch zusätzliche Aufwendungen (z. B. mehr Dienstleistungen, niedrigere Preise, bessere Qualität) wettzumachen.

6.1.1.3 Klimatische Verhältnisse

Das Entstehen der unterschiedlichen Pferderassen ist auch auf die wechselnden klimatischen Verhältnisse der Erde zurückzuführen. Das Klima der Wüsten- und Steppenregion mit wenig Niederschlägen und extremen Temperaturunterschieden zwischen Tag und Nacht verlangt ein anspruchsloses, widerstandsfähiges Pferd (Araber), das gemäßigte Klima unserer Breiten mit auf das Jahr verteilten

Niederschlägen und nur mäßigen Temperaturunterschieden zwischen Sommer und Winter erlaubt die Zucht auf leistungsstarke, hinsichtlich Haltung und Pflege aber anspruchsvolle, Pferde (Warmblut). Neben dem gemäßigten Klima können wir noch zwei weitere Klimabereiche in unserem Land unterscheiden: Das in der Küstenregion befindliche Seeklima (maritimes Klima) zeichnet sich durch höhere Niederschläge und damit verbundene höhere Luftfeuchtigkeit sowie ausgeglichene Temperaturen in den verschiedenen Jahreszeiten aus.

Dagegen können wir heiße Sommer und kalte Winter (Festlandklima, Kontinentalklima) im Osten und Süden unseres Landes feststellen.

Aus diesen Beispielen können wir auch eine allgemeine Erklärung für den Begriff Klima finden: **Klima** beschreibt die Wetterverhältnisse in einer bestimmen Region (Landschaft) im langjährigen Durchschnitt.

Das **Wetter** selbst wird bestimmt durch das Aufeinandertreffen von Licht und Wärme (von der Sonne) sowie Luft und Wasser (von der Erde). Es stellt sich die Frage: „Ist der Einfluss des Klimas auch für pferdehaltende Betriebe von Bedeutung?“

Das Klima wird die Pferdehaltung dort am ehesten beeinträchtigen, wo man auf eine Freilandhaltung angewiesen ist. Dies trifft insbesondere für Zuchtbetriebe zu, die ohne Auslauf nicht geführt werden können. Je länger die Pferde auf den Koppeln weiden können, desto gesünder, tiergerechter und kostengünstiger ist die Haltung. Die Weide bietet, mit wenigen Ausnahmen, eine für das Pferd ideale Nährstoffgrundlage, sie kommt dem Sozialverhalten der Pferde als Herdentier entgegen und sie bietet gute Auslauf- und Bewegungsmöglichkeiten. Bei Weidehaltung sind die Kosten für Arbeit, Haltung und Fütterung niedriger als bei der Stallhaltung. Damit die Weidesaison möglichst lange dauern kann, wäre für Zuchtbetriebe ein gemäßigtes Klima zunächst von Vorteil. Einschränkend muss aber beachtet werden, dass ein raues Klima, insbesondere bei der Aufzucht von Pferden, ihre Robustheit und Widerstandskraft fördern kann.

Auch der Rennbetrieb ist vom Klima abhängig. So wird auf den Galopprennbahnen eine Winterpause eingeschoben, da in dieser Zeit das Geläuf meist keinen ordnungsgemäßen Rennverlauf erlaubt.

Auch in der Pferdehaltung versucht man, nachteilige klimatische Gegebenheiten auszugleichen. Als wichtigste Maßnahmen sind die Bewegungs- und Reithallen anzusehen, die den Bewegungsbedarf der Pferde decken sowie die Fortführung der Ausbildungs- und Trainingsarbeit auch bei ungünstigem Wetter gewährleisten.

Die Allwetterbahnen im Galopp- und Trabrennsport ermöglichen die Aufrechterhaltung des Rennbetriebes im Winter. Dies wird durch einen kostspieligen, frostsicheren Unterbau (Filter- und Tragschicht) und durch intensive Pflege der Fahrschicht erreicht.

Auch im Bereich der Zucht versucht man, das Klima zu steuern, indem durch Lichtprogramme ein längerer Tag bzw. eine kürzere Nacht vorgetäuscht wird, was sich auf die Intensität der Rossemerkmale auswirkt. Letztendlich soll auch das Solarium dem Pferd eine wärmere Jahreszeit vorspiegeln; es reagiert darauf mit dem Ausbleiben des Winterhaares.

Wir erkennen, dass das Klima auf die Art und Weise der Haltung, der Fütterung, der Ausbildung und des Trainings Einfluss nehmen kann.

Wodurch unterscheiden sich nun die klimatischen Verhältnisse der Ausbildungsbetriebe? Unterschiede im Klima sind messbar und lassen sich anhand bestimmter Daten ablesen.

Höhenlage

„Der Betrieb liegt 276 m über NN“. Hiermit soll ausgedrückt werden, dass der Höhenunterschied zwischen der Lage des Betriebes und

Normal-Null (NN entspricht der Meereshöhe) 276 m beträgt. Die Höhenlage vermittelt einen ersten Eindruck über das Klima, da mit zunehmender Höhe der Luftdruck abnimmt, die Lufttemperatur sinkt (etwa 0,7 °C je 100 m Höhe) und die Niederschlagsmenge größer wird.

Mittlere Jahrestemperatur
Die mittlere Jahrestemperatur ergibt sich aus den mittleren Tagestemperaturen, die mithilfe eines Maximum-Minimum-Thermometers festgestellt werden. Sie beträgt in Niederungsgebieten 9 bis 10 °C, in Höhengebieten um 500 m 6 bis 7 °C. Wie schon eingangs erläutert, richtet sich der Anbau der verschiedenen Kulturpflanzen nach der durchschnittlichen Jahrestemperatur einer Landschaft.

Mittlere jährliche Niederschlagsmenge
Die Höhe der Niederschlagsmenge ist nicht nur in den Klimazonen unterschiedlich, sie kann auch von Ort zu Ort wechseln. So müssen Regenschattengebiete mit weniger als 500 mm Niederschlag auskommen, während in Mittelgebirgslagen und Höhengebieten sowie in Küstenregionen der Wert auf 1 500 mm und mehr ansteigen kann. 1 mm Niederschlag entspricht 1 l Wasser je m². Die Niederschläge werden mit dem Regenmesser gemessen.

Windlage und Windschutz
Pferde geben Plätzen mit leichter Windbewegung den Vorzug. Im Sommer sind hier die Temperaturen angenehmer und die Fliegenplage ist nicht so stark. Eine leichte bis schwache Brise entspricht einer Windgeschwindigkeit von 3 bis 5 m/sec. bzw. 8 bis 15 km/h. Nur wenn ständig eine frische Brise weht, suchen Pferde natürliche Windschutzanlagen (Hecken, dichtere Baumbestände) oder Schutzhütten auf. Man spricht von Zugluft, wenn die Luftgeschwindigkeit im Stall 3 m/sec übersteigt.

Für fast jeden Bereich in der Agrarwirtschaft gibt es Termine, an denen man auch die klimatischen Verhältnisse ablesen kann, die für die Durchführung der Produktion in diesem Bereich von Wichtigkeit sind. Für die Pferdehaltung können die folgenden Daten von Bedeutung sein, denn sie haben Einfluss auf die Organisation des Arbeitsablaufes wie

- Weideauftrieb,
- letzte Spätfröste,
- Beginn der Heuernte,
- Weideabtrieb,
- Frostbeginn – erster Frühfrost.

6.1.2 Betriebsgebäude
Die **Lage** eines pferdehaltenden Betriebes wird, wie wir bereits gesehen haben, durch die Verkehrslage und die klimatischen Verhältnisse entscheidend bestimmt. Günstige Verkehrsanbindungen erleichtern den notwendigen Kontakt mit außerbetrieblichen Wirtschaftspartnern und das Erreichen des Betriebes durch Besucher. Die im Betrieb angebotenen pferdesportlichen Möglichkeiten gewinnen an Qualität, wenn sie durch entsprechende Ergänzungen in der Umgebung des Betriebes unterstützt werden (z. B. Reitwegenetz für Reitbetriebe). Andererseits sollten sich Betriebe mit Pferdehaltung, die ja meist über umfangreiche Gebäude verfügen, im Außenbereich dem Landschaftsbild durch geeignete Bauausführung und Eingrünung anpassen.

Nur selten lassen sich alle Forderungen in einem Betrieb vereinen, insbesondere bei Planungen von Neubauten sind sie jedoch zu berücksichtigen.

Die Planung eines Pferdebetriebes beginnt mit der Zuordnung der Funktionsbereiche, d.h., mit der Anordnung der Gebäude. Eine optimale Anlage hat ein **Zentrum,** einen Drehpunkt, vom dem aus auf kurzen Wegen Stall, Futterlager, Halle, Nebenräume und Außenreitanlagen zu erreichen sind. Die Wege für die Besucher sollen übersichtlich und kurz gehalten werden. Störungen des Stallbetriebes

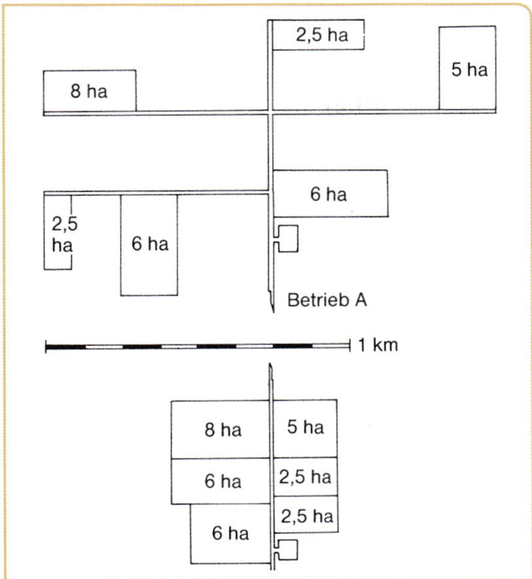

Abb. 226 (links): Arbeitswege im Betrieb.
Abb. 227 (rechts oben): Moderner Pferdestall mit Dachfirst aus Glas.
Abb. 228 (rechts unten): Gestüt Bad Harzburg – ideale Verbindung zwischen Stall und Koppel.

durch Besucher sind auszuschließen. Innerbetriebliche Verkehrswege und Wege der Besucher kreuzen sich nach Möglichkeit nie. Eine der Funktion angemessene Gestaltung und ein gepflegter Zustand der Gebäude und Außenanlagen sind bei der Beurteilung des Betriebes durch die Kundschaft mitbestimmend.

6.1.3 Betriebsflächen

Die Vielfältigkeit pferdehaltender Betriebe spiegelt sich auch in den sehr unterschiedlichen Größen der Betriebsfläche wider. So besitzt zum Beispiel ein Rennbetrieb nur ein Stallgebäude in unmittelbarer Nähe einer Rennbahn, während ein Gestüt neben Stallgebäuden auch noch über mehrere Koppeln, Heuwiesen oder sogar Ackerflächen verfügen kann.

Aus diesen Beispielen erkennt man, dass die Betriebsfläche im Wesentlichen zwei wichtige Aufgaben wahrnimmt: Standort der Betriebsgebäude und Standort der Futtermittelproduktion.

Um die Größe dieser Flächen zu bestimmen, werden in der Bundesrepublik Deutschland folgende Einheiten verwendet:
1 Hektar (ha) 10 000 m^2
1 Ar (a) 100 m^2

Lage, Zuordnung und Nutzung

Die gesamte Betriebsfläche setzt sich aus Teilflächen mit unterschiedlichen Aufgaben zusammen. Die wichtigsten Begriffe sind in untenstehender Abbildung dargestellt und werden im Folgenden erläutert. Die Betriebsfläche umfasst alle Flächen, die vom Betrieb selbst bewirtschaftet bzw. genutzt werden. Hierbei spielt es keine Rolle, ob die Flächen im Eigentum des Betriebes oder nur gepachtet sind. Eigentumsflächen, die der Betrieb einem anderen zur Nutzung überlässt, zählen daher zur Betriebsfläche des anderen Betriebes.

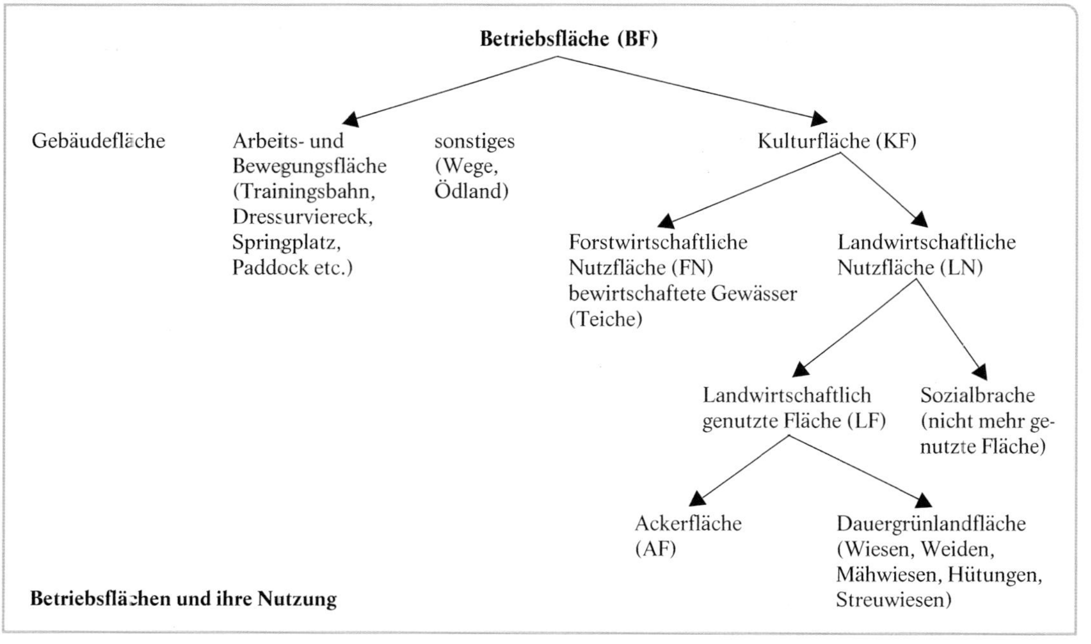

Abb. 229: Betriebsfläche und ihre Nutzung.

Die Kulturfläche dient der Erzeugung von Pflanzen, während der andere Teil der Betriebsfläche den Bereich Gebäude-, Arbeits- und Bewegungsfläche umfasst.

Viele pferdehaltende Betriebe benutzen nur diese Flächenart, so z. B. ein Reitbetrieb, bestehend aus Wohnhaus, Pferdestall, Reithalle, Nebengebäude, Reitplatz und Dressurviereck.

Die **Kulturfläche** setzt sich zusammen aus der forstwirtschaftlichen Nutzfläche (FN), den bewirtschafteten Gewässern (z. B. Teiche) und der landwirtschaftlichen Nutzfläche (LN). Flächen, die genutzt werden könnten, jedoch wegen einer bevorstehenden Bebauung (Wohnhäuser, Straßen etc.) liegengelassen werden, bezeichnet man als Sozialbrache. Die **landwirtschaftlich genutzte Fläche** (LF) besteht in der Regel bei pferdehaltenden Betrieben aus Dauergrünlandflächen. Als Wiesen bezeichnet man Grundstücke, die ausschließlich zur Heu- oder Grassilageherstellung gemäht werden. Weiden dagegen dienen nur der Beweidung mit Pferden. Beweiden die Pferde das ganze Jahr über die gesamte Fläche, so nennt man dies Standweide. Wird die Fläche unterteilt, sodass ein Wechsel zwischen Beweidung und Weideruhe stattfindet, so spricht man von Umtriebsweide. Bei der Portionsweide, der intensivsten Weideführung, werden durch Versetzung eines Zwischenzaunes die Futterflächen den Tieren täglich neu zugeteilt.

Eine Kombinationsform stellt die Mähweide dar. Der erste Aufwuchs im Frühjahr wird z. B. als Heu geworben, der weitere Aufwuchs wird bis zum Herbst abgeweidet. Hutungen sind Grünlandflächen von geringem Wert. Hier kann im ganzen Jahr oft nur ein Aufwuchs mit relativ wenigen Tieren abgeweidet werden. Ähnlich ist die Bedeutung der Streuwiesen einzuordnen. Ihr Gras ist so minderwertig, dass Pferde es nicht fressen. Es wird zur Einstreu gewonnen. Der Anteil des Dauergrünlandes an der landwirtschaftlich genutzten Fläche wird **Dauergrünlandanteil** genannt und in Prozent ausgedrückt. Grundstücke, die nur als Grünland bewirtschaftet werden und nicht zu Ackerland umgebrochen werden können, bezeichnet man als absolutes Grünland.

Auch die Ackerfläche kann Grünfutter liefern. Sie wird mit Gras eingesät und mehrfach geschnitten. Im folgenden Jahr werden jedoch wieder andere Früchte angebaut. Ist genügend Zeit zwischen der Ernte der letzten Frucht (z. B. Gerste Anfang / Mitte Juli) und der Einsaat der folgenden Frucht (z. B. Zuckerrüben Anfang April), kann auf der Ackerfläche ebenfalls Gras eingesät werden, das die Pferde von September bis November abgrasen können. Dies nennt man **Zwischenfruchtfutterbau**. In der Regel dient die Ackerfläche aber dem Anbau von Marktfrüchten (Getreide, Kartoffeln, Zuckerrüben).

Standorte des Grünlands

Wir haben gesehen, dass es Grünland von unterschiedlichem Wert gibt. Warum ist die Ertragsfähigkeit des Grünlands nicht überall gleich? Im Folgenden sollen einige Ursachen kurz angesprochen werden.

Die Wasserversorgung der Pflanzen des Grünlandes ist sehr wichtig. Das im Boden frei bewegliche, die Poren des Bodens füllende Wasser bezeichnet man als Bodenhaftwasser, das aus dem Grundwasser gespeist wird. Die Pflanzen können es durch ihre Wurzeln aufnehmen. Das Grundwasser kann im Boden höher (bei vielen Niederschlägen) oder tiefer (bei einer Dürreperiode) anstehen. Sinkt das Grundwasser so tief, dass den Wurzeln das Bodenhaftwasser entzogen wird, wird das Wachstum gehemmt oder die Pflanzen vertrocknen sogar. Abhilfe kann dann nur eine künstliche Beregnung der Flächen bringen. Ist der Grundwasserstand dagegen sehr hoch, bilden sich in der Niederschlagsperiode schnell Pfützen und die Grasnarbe leidet stark unter Trittschäden. Für die meisten Grünlandflächen ist ein Grundwasserstand von 1 bis 2 m optimal.

Wasser erhalten die Pflanzen des Grünlandes auch aus Niederschlägen. Neben der absoluten Höhe der Niederschläge ist auch die Verteilung übers Jahr von Bedeutung. Bei

Abb. 230: Bewertungsmaßstäbe des Grünlandes.

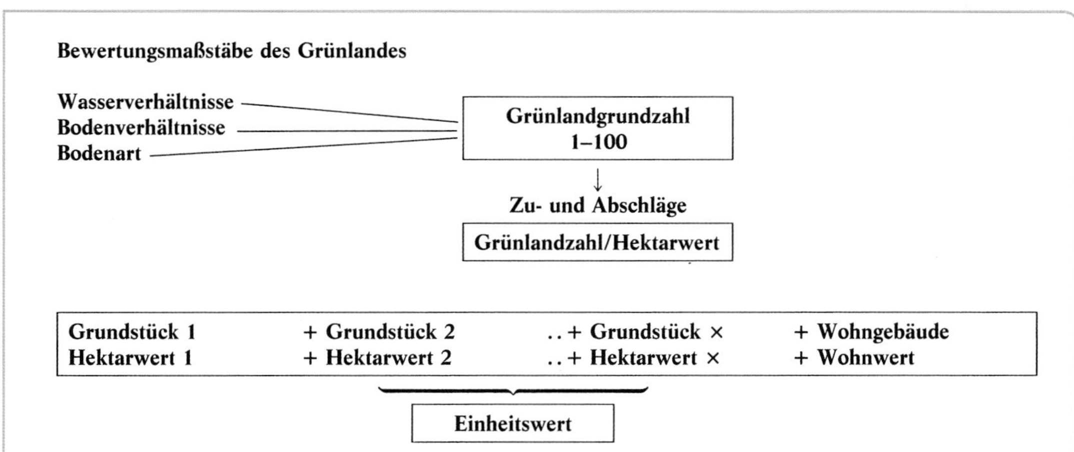

Abb. 231: Erst Pferde, dann Rinder.

günstiger Verteilung reichen 700 bis 850 mm Jahresniederschläge aus. In vielen Grünlandregionen steigen die Niederschlagsmengen auf 1 500 bis 1 800 mm an. Ackerbau ist hier kaum noch möglich.

Der Boden ist außerdem unterschiedlich in der Lage, Niederschläge zu speichern. Leichter Sandboden kann schnell viel Regen aufnehmen, aber nicht lange festhalten. Mittelschwere Lehmböden nehmen das Wasser langsam auf, können es aber auch länger halten. Noch extremer liegen die Verhältnisse bei schwerem Ton.

Die hier bezeichneten Bodenarten unterscheiden sich neben dem Wasseraufnahmevermögen auch in ihrem Gehalt an Nährstoffen für die Pflanzen. So enthalten in der Regel Sandböden weniger Nährstoffe als Lehmböden.

Um verschiedene Grünlandflächen hinsichtlich ihrer Qualität einteilen zu können, ist neben dem Ackerschätzungsrahmen mit einer maximalen Bodenwertzahl von 100 (Magdeburger Börde) auch landesweit ein Schätzungsrahmen für Grünland geschaffen worden. Die Einstufung erfolgt auch hier in Verhältniszahlen. Hierbei hat der beste Grünlandboden die Zahl 100. Gute Grünlanderträge werden auf Flächen mit 50 bis 70 Punkten erzielt, während Zahlen von unter 30 andeuten, dass hier nur geringe Erträge erwartet werden können. Diese Zahlen oder Punkte bezeichnet man auch als **Grünlandgrundzahl**. Durch Zu- oder Abschläge für die den Ertrag mindernden Einflüsse (wie z. B. Hanglage, Nässe, Vegetationszeit, Verkehrslage) erhält man die **Grünlandzahl** oder den Hektarwert (Vergleichswert).

Werden die Hektarwerte aller Grundstücke des Betriebes und der Wohnungswert des Wohngebäudes addiert, so erhält man den **Einheitswert** des Betriebes. Der Einheitswert eines Betriebes wird als Grundlage der Besteuerung (z. B. Grundsteuern) herangezogen.

6.1.4 Pferdebestand

Der Pferdebestand ist definiert als die Zahl an Pferden zu einem bestimmten Zeitpunkt (z. B. an einem Stichtag) oder im Durchschnitt eines Zeitraumes (z. B. im Jahresdurchschnitt). Der Pferdebestand verändert sich laufend durch Geburten, Zukäufe und Verkäufe, Zugänge und Abgänge. Um einen einheitlichen Vergleichsmaßstab für verschiedene Betriebe zu erhalten, werden alle Tierzahlen in Großvieheinheiten umgerechnet. Eine **Großvieheinheit (GV) entspricht 500 kg Lebendgewicht** bei ganzjähriger Haltung im Betrieb.

Der allgemeine Umrechnungsschlüssel in GV sieht bei den Pferden nur zwei Kategorien vor:

Pferde (Großpferd) über 3 Jahre = 1,10 GV
Pferde (Großpferd) unter 3 Jahre = 0,70 GV
Pferde (Kleinpferd) = 0,70 GV

Vom **Viehbesatz** spricht man dann, wenn man den Viehbestand auf eine Flächeneinheit bezieht, z. B. GV/100 ha. Man erhält damit einen Maßstab für die Dichte des Viehbestandes. Für pferdehaltende Betriebe ist diese Zahl weniger aussagekräftig. Hier wird häufig nach dem **Pferdebesatz** je ha Dauergrünlandfläche gefragt. Es ist zu unterscheiden, ob der Flächenbedarf sich nur auf die Weidesaison bezieht oder auch die Gewinnung von Heu einschließt.

Der Pferdebesatz je ha Weidefläche kann nicht genau festgelegt werden. Er ist abhängig von der Pferdeart, Weideart und Qualität der Weidefläche, von der Nutzung des Pferdes, vom Umfang der Beifütterung und von der Nutzung der Weide (Beweidung / Heugewinnung). In vielen Betrieben liegt er bei 2 GV je ha.

6.1.5 Arbeitskräfte im Betrieb

Die Betreuung, das Ausbilden und das Arbeiten der Pferde sind nur durch den Menschen möglich. Maschinen können ihn in pferdehaltenden Betrieben kaum ersetzen (Führmaschine, mechanische Entmistung, automatische Fütterung). So finden wir in Pferdebetrieben, im Gegensatz zu anderen landwirtschaftlichen Betrieben, viele Arbeitskräfte. Die Wirtschaftlichkeit und die Existenz dieser Betriebe hängen daher in starkem Maße von der Leistungsfähigkeit dieser Arbeitskräfte ab. Ihre Aufgabengebiete sind sehr unterschiedlich: Betriebsleiter, Trainer, Futtermeister, Jockey, Auszubildende, Pferdepfleger, Aushilfskraft. Der Erfolg eines Betriebes beruht letztlich auch auf einer guten Zusammenarbeit (Team-Arbeit) dieser Arbeitskräfte.

Betriebe, die hauptsächlich mit Familienmitgliedern bewirtschaftet werden, bezeichnet man als **Familienbetriebe**. Familienfremde Mitarbeiter nennt man auch **Fremdarbeitskräfte**. Personen, die nur vorübergehend Arbeit im Betrieb finden, z. B. zur Heuernte oder zum stundenweisen Bewegen der Pferde, sind die nicht-ständigen Arbeitskräfte, auch Saisonarbeiter oder **Aushilfskräfte** genannt. Schließlich kann man auch noch in entlohnte und nicht entlohnte Arbeitskräfte (Familienmitglieder, Nachbarschaftshilfe) unterscheiden.

Die Einsatzmöglichkeiten der Arbeitskräfte hängen in erheblichem Maße von der beruflichen Ausbildung und Qualifikation ab. Hier kann unterschieden werden zwischen dem Betriebsleiter, den ausgebildeten Fachkräften, den angelernten und ungelernten Kräften. In wirtschaftlich ungünstigen Zeiten wird sich der Betrieb in der Regel zuerst von ungelernten Mitarbeitern trennen. Ein Hinweis für jeden Jugendlichen, eine solide berufliche Ausbildung als Grundstein für die spätere berufliche Tätigkeit abzuleisten.

Arbeitskräftebewertung

Eine voll arbeitsfähige männliche oder weibliche Person, die dem Betrieb ständig zur Verfügung steht, entspricht einer **Arbeitskraft-Einheit**, abgekürzt AK. Die von einer AK geleistete Arbeitsstunde wird mit AKh abgekürzt (h = lat. hora, die Stunde). Hierbei spielt es keine Rolle, ob in dieser Zeit produktive Arbeit, wie z. B. Training von Pferden oder Geburtshilfe, oder unproduktive Arbeit, wie z. B. Stallwache, geleistet wird. Mithilfe dieser Einheiten ist es möglich, Betriebe bezüglich ihres Arbeitskräftebestandes zu vergleichen und zu bewerten. Bevor die Zahl der AK ermittelt wird, ist zu prüfen, inwieweit bei den betreffenden Personen von einer vollen Arbeitsleistung ausgegangen werden kann. Infolge Alters oder einer Behinderung werden Abschläge vorgenommen. Bezüglich des Alters wird folgender AK-Schlüssel verwendet:

15 bis 17 Jahre = 0,7 AK
18 bis 65 Jahre = 1,0 AK
65 Jahre und älter = 0,3 AK

Darüber hinaus ist bei der Arbeitskräftebewertung zu prüfen, ob die AK dem Betrieb ständig zur Verfügung stehen. Eine Vollbeschäftigung wird bei familieneigenen AK mit etwa 2 400 Std. bewertet, bei Fremdarbeitskräften mit der tariflichen Jahresarbeitszeit von beispielsweise 2 140 Std.. Werden tatsächlich mehr Stunden im Jahr gearbeitet, so bleibt es dennoch bei der Bewertung von 1,0 AK.

Setzt man den AK-Bestand in Beziehung zur Zahl der gehaltenen Pferde, so erhält man den **AK-Besatz**. Er gibt Auskunft über die Frage, wie viele Personen sich um 10 Pferde kümmern oder wie viele Pferde eine AK versorgen muss. Der AK-Besatz hängt in starkem

Maße von der Betriebsart ab und schwankt meist zwischen 0,5 und 2,5 je 10 Pferde.
AK-Besatz = AK/10 Pferde
z. B. 0,5 AK/10 Pferde entspricht
1 AK für 20 Pferde
1,6 AK/10 Pferde entspricht
1 AK für 6 Pferde

Die Beispiele machen deutlich, dass der AK-Besatz einen geeigneten Bewertungsmaßstab zur Beurteilung der Betreuungsintensität darstellt. Im ersten Fall handelt es sich um einen Pensionsbetrieb, im zweiten Beispiel um einen Ausbildungsstall.

Den Bedarf an Zeit, um einen Arbeitsvorgang durchzuführen, nennt man **Arbeitszeitbedarf**. Er wird gemessen in AK min/Tag oder in AKh/Jahr. Die Kenntnis des Arbeitszeitbedarfs ist wichtig, um die betrieblichen Arbeiten richtig zu organisieren und zu koordinieren, damit nach Möglichkeit Leerlauf oder zu häufige Arbeitsspitzen vermieden werden. Bei der Planung von neuen Betrieben mit Pferdehaltung muss der Arbeitszeitbedarf für die verschiedenen Arbeiten ebenfalls berücksichtigt werden.

Abb. 232: Arbeitszeitbedarf (Akh/Tier/Jahr) für das Entmisten (1 = von Hand, 2 = mit Mistbahn).

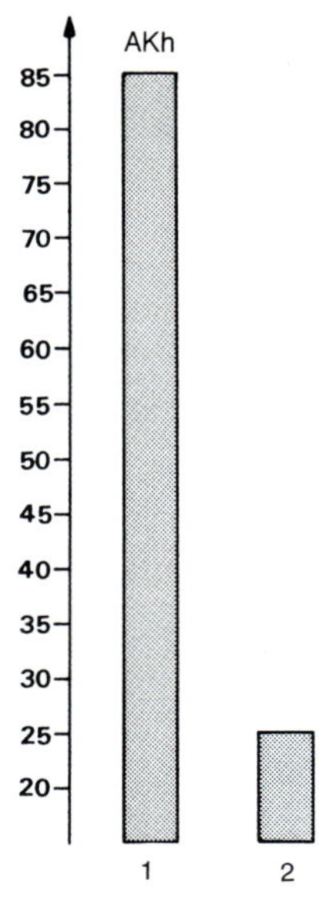

Der Arbeitszeitbedarf für einen bestimmten Vorgang (z. B. Füttern) setzt sich zusammen aus der

- Zeit für die Vorbereitung (Futterwagen füllen),
- Zeit für die zurückzulegenden Wege (Futterkammer-Stallgasse),
- Zeit für die eigentliche Arbeit (Füttern),
- Zeit für Unterbrechungen (Tröge säubern).

Die Vorbereitungszeit je Pferd verringert sich, wenn mit dem gleichen Zeitaufwand mehr Pferde versorgt werden können. Zeitlich ist es unerheblich, ob der Futterwagen für 15 oder 16 Pferde gefüllt wird. So kann durch höhere Tierzahlen der Arbeitszeitbedarf je Tier gesenkt werden. Unterschiedliche Arbeitsverfahren führen auch zu unterschiedlichen Bedarfszeiten beim gleichen Arbeitsvorgang.

Der Bedarf an AKh je Pferd richtet sich für einen Arbeitsvorgang nach

- dem Arbeitsverfahren,
- der Größe des Pferdebestandes,
- der inneren Verkehrslage des Betriebes.

Das bedeutet, dass es keine einheitlichen Arbeitszeitbedarfszahlen für einzelne Arbeitsvorgänge gibt, sondern allenfalls Durchschnitts- oder Richtwerte, die die Größenordnung verdeutlichen können. In diesem Sinne ist auch die folgende Aufstellung zu verstehen.

6.1.6 Maschinen im Betrieb

Natürlich werden auch in Betrieben mit Pferdehaltung Maschinen und Geräte eingesetzt: Haferquetsche, Höhenförderer, Führmaschine, Hallenberegnungsanlage, Stallbelüftung, Stallschlepper, Pferdetransporter, Futterwagen usw. Warum werden diese Maschinen und Geräte eingesetzt?

Der Höhenförderer erleichtert das Einlagern von Heu- und Strohballen unter Dach. Das körperlich anstrengende Hochstemmen der Ballen entfällt. Die Arbeitskräfte können sich schonen und sich anderen Arbeiten widmen. Maschinen sollen also die Arbeit erleichtern, evtl. sogar gesundheitliche Schäden verhindern.

!

Maschinen können die Arbeitszeit mindern und die Arbeitsqualität verbessern.

Der Einsatz von Maschinen bewirkt in der Regel auch eine Zeitersparnis, so z. B. das Entmisten einer Box von Hand (60 AKh/Tier/Jahr) im Vergleich zum Entmisten mit dem Hoftrac oder Frontlader (18 AKh/Tier/Jahr). In diesem Beispiel wird die Arbeitszeitersparnis durch eine höhere Arbeitsgeschwindigkeit erreicht. Eine Ersparnis erhält man auch, wenn ganze Arbeitsgänge eingespart werden, z. B. das Trockenführen mit der Führmaschine, das Abspritzen mit dem Schlauch durch die Beregnungsanlage, das Quetschen von Hand durch die Haferquetsche. Darüber hinaus bewirken Maschinen mit großen Arbeitsbreiten eine zusätzliche Zeitersparnis. So ist ein Hektar Pferdekoppel mit einer Wiesenschleppe von 4 m Arbeitsbreite eher abgeschleppt als mit einer Schleppe von nur 3 m Breite. Nicht zuletzt kann auch die Qualität der Arbeit durch den Maschineneinsatz verbessert werden. So wird der Hallenboden durch eine Beregnungsanlage gleichmäßiger angefeuchtet als mit dem Wasserschlauch. Es wird nicht nur Arbeitszeit eingespart; auch der Wasserverbrauch ist niedriger.

Maschinen und Geräte werden aber nicht nur aus arbeitswirtschaftlichen Gesichtspunkten eingesetzt. Die automatische Stallbelüftung oder das Solarium sind Geräte, die dem Wohl des Pferdes dienen. Sie sind nicht in dem Maße produktiv wie die übrigen Beispiele. Indem sie jedoch das Wohlbefinden der Tiere und ihren Gesundheitszustand fördern, können sie auch indirekt zu einer Leistungs- oder Ertragssteigerung beitragen.

Der Einsatz von Maschinen und Geräten im pferdehaltenden Betrieb kann somit folgende Vorteile haben:

- Erleichterung der Arbeit,
- Verkürzung der Arbeitszeit,
- Verbesserung der Arbeitsqualität,
- Förderung des Wohlbefindens der Pferde.

Durch den Maschineneinsatz wird die Leistungsfähigkeit des Betriebes gefördert, Aufwendungen werden gesenkt und Erträge gesteigert. Der Einsatz von Maschinen verursacht aber auch Kosten. Maschinen und Geräte müssen angeschafft, unterhalten und repariert werden, es entstehen **feste Kosten**, z. B. durch Versicherung oder Abschreibung (Verteilung der Anschaffungskosten auf die Nutzungsdauer), und **veränderliche Kosten** (in Abhängigkeit vom Einsatz), z. B. durch Treibstoffe, Öle und Reparaturen. Die festen Kosten fallen auch dann an, wenn die Maschine nicht genutzt wird. Veränderliche Kosten ergeben sich nur durch den direkten Einsatz. Demzufolge ist der Maschinenkauf dann lohnend, wenn eine gute **Auslastung** (häufiger Einsatz) zu erwarten ist. So wird sich der Kauf einer automatischen Haferquetsche für jeden Betrieb lohnen, da ein täglicher Einsatz möglich ist. Je nach Pferdebestand muss dann die Verarbeitungsleistung (200 bis 800 kg/h) des Gerätes berücksichtigt werden.

Die Wirtschaftlichkeit einer Maschine ist also von der Größe und Ausführung (Kosten) und von ihrer Auslastung (Nutzen) abhängig. Vor dem Kauf einer Maschine sollte deshalb im Einzelnen geprüft werden, ob

- die Maschine im Betrieb ausgelastet werden kann.
- der Einsatz von Arbeitskräften oder der Einsatz einer Lohnmaschine günstiger ist.

Der Umgang mit Maschinen erfordert Erfahrung und Übung. Nur durch einen häufigen Einsatz lernt man, mit der Maschine umzugehen. Die Arbeit mit Maschinen stellt meist keine große körperliche Belastung dar, jedoch wird körperliches Geschick und geistige Konzentrationsfähigkeit verlangt. Nach längerem Arbeiten sinkt jedoch die Konzentrationsfähigkeit, sodass auch bei längerer Erfahrung mit dem Gerät die Unfallgefahr steigt.

6.1.7 Arbeitsschutz- und Unfallverhütungsmaßnahmen

6.1.7.1 Maßnahmen bei Gebäuden und Maschinen

Einen Großteil der Arbeitszeit verbringt der Pferdewirt / die Pferdewirtin in den Betriebsgebäuden. Arbeitsschutz- und Unfallverhütungsmaßnahmen wollen den arbeitenden Menschen vor Verletzungen, Krankheit, Invalidität oder Tod schützen. Betriebsgebäude und andere bauliche Anlagen, die nicht die notwendigen Unfallverhütungsmaßnahmen aufweisen, dürfen nicht benutzt werden. Darüber hinaus sind mangelhafte bauliche Einrichtungen so abzusperren, dass ein Zugang beispielsweise für Kinder nicht möglich ist.

Leider ist auch zu beobachten, dass Betriebsangehörige selbst Unfallverhütungsmaßnahmen beseitigen, um „schneller und bequemer" arbeiten zu können. Diese Begründung ist falsch, da bei richtiger Wahl der Schutzmaßnahmen keine arbeitstechnischen Behinderungen auftreten. Die Art und die Abmessungen der Schutzeinrichtungen sind erprobt und auf den Arbeitsablauf abgestimmt worden. Sie sind in **Unfallverhütungsvorschriften** und in DIN-Normen festgelegt.

Als **Gefahrenquelle** für Unfälle und Verletzungen müssen insbesondere beachtet werden: drehbare Tore, Schiebetore, erhöht liegende Arbeitsplätze, Wandluken, Öffnungen in Böden, Falltüröffnungen, Leitern, Treppen, Treppenöffnungen und Gruben. Unfallgefahrenquellen stellen auch folgende Bereiche bzw. Teile von Maschinen dar: Wellen und Kupplungen, Scher- und Quetschstellen, schnell laufende Arbeitsteile, elektrische Anlagen. Als häufige Schutzvorrichtungen an Maschinen findet man Verkleidungen, die unmittelbar an der Gefahrenstelle angebracht sind und das Erreichen allseitig verhindern (z. B. beim Kettenantrieb des Stalldungstreuers).

?

Informieren Sie sich über § 10 der Unfallverhütungsvorschrift „Arbeitsstätten, bauliche Anlagen und Einrichtungen (VSG 2.1) bei den landwirtschaftlchen Berufsgenossenschaften. Was hat für Sie Bedeutung? Hat Ihr Betrieb diese Vorschriften umgesetzt?

6.1.7.2 Umgang mit Pferden

Die meisten Unfälle in pferdehaltenden Betrieben ereignen sich beim unmittelbaren Umgang mit dem Pferd. In den Unfallanzeigen an die Berufsgenossenschaft ist zu lesen: „Beim Pferdeputzen auf den Fuß getreten worden…", „Pferd scheute plötzlich beim Führen an der Leine…", „Bei der Hufpflege getreten worden…" Das Gros der Unfälle ereignet sich bei der Pflege und dem Führen der Pferde. Folgen dieser Unfälle sind Hand- und Fußverletzungen, häufig als Knochenbrüche, Prellungen an Kopf und Körper, gelegentlich leider auch mit tödlichem Ausgang. Die Zahl der jährlichen Unfälle im organisierten Reitsport liegt nach Angaben der Bundesanstalt für Arbeitsschutz bei 30 000. Zählt man die Unfälle im nicht organisierten Bereich hinzu, gehen die Experten von bis zu 90 000 Unfällen aus. Mit 44 % aller **Reitunfälle** sind besonders junge Reiterinnen betroffen. Die Mehrzahl der Verunfallten (85 %) gibt an, das Pferd habe durch sein Verhalten den Unfall verschuldet, indem es in nicht vorhersehbarer Weise reagiert habe. Das Verhalten des Pferdes ist auch für erfahrene Reiter manchmal schwer beurteilbar, besonders wenn es erschrickt.

!

Junge Reiterinnen sind besonders von Reitunfällen betroffen.

Im Rahmen einer an Unfallschwerpunkten orientierten **Vorsorge** von Unfällen beim Umgang mit dem Pferd verdienen folgende Problembereiche besondere Beachtung:

- Beachtung typischer Verhaltensweisen des Pferdes, vor allem seiner Schreckhaftigkeit sowie seines Herden- und Bewegungstriebes.
- Der Umgang mit dem Pferd, insbesondere die Annäherung an das Pferd, das Führen und die Pflege des Pferdes sowie das Loslassen auf der Weide.
- Ausrüstungsaspekte hinsichtlich Reitkappe, des Sattels und der Trense sowie der Reithose, Reitstiefel und Steigbügel.
- Richtiges Verhalten an der Reitbahn, im Gelände und beim Springen, basierend auf einer realistischen Selbsteinschätzung des eigenen Körpers.

?

Prüfen Sie ihre Reitausrüstung auf Vollständigkeit und Mängel. Die richtige Reitausrüstung besteht aus:

- Reitkappe
- Schutzweste
- Reithose
- Reitstiefel

Ist alles in einem guten Zustand? Muss etwas ausgetauscht oder repariert werden? Davon hängt Ihre Sicherheit ab!

Zur Wiederholung und Vertiefung

1. Erklären Sie die Bezeichnungen „Arrondierung“ und „Streulage“ im Zusammenhang mit der inneren Verkehrslage.
2. Beurteilen Sie die innere und äußere Verkehrslage Ihres Ausbildungsbetriebes.
3. Kennzeichnen Sie die klimatischen Verhältnisse Ihres Ausbildungsbetriebes anhand der vier wichtigsten Merkmale.
4. Erstellen Sie maßstabsgemäß einen Grundrissplan der Gebäude Ihres Ausbildungsbetriebes.
5. Beurteilen Sie die Zuordnung der Gebäude und Einrichtungen Ihres Ausbildungsbetriebes zueinander.
6. Wodurch wird die Ertragsfähigkeit des Grünlandes beeinflusst?
7. Erklären Sie die Bezeichnungen „Grünlandzahl“ und „Einheitswert“.
8. Beurteilen Sie die Flächenausstattung Ihres Ausbildungsbetriebes.
9. Berechnen Sie den Pferdebestand in GV und den Pferdebesatz für Ihren Ausbildungsbetrieb.
10. Erklären Sie die Bezeichnung „Arbeitskraft“ (AK).
11. Beurteilen Sie den AK-Besatz Ihres Ausbildungsbetriebes.
12. Kalkulieren Sie den täglichen Arbeitszeitbedarf für das Versorgen und Arbeiten eines Pferdes Ihres Ausbildungsbetriebes.
13. Begründen Sie den Einsatz von Maschinen in Ihrem Ausbildungsbetrieb.
14. Stellen Sie Unfallgefahrenquellen an Gebäuden im Betrieb und Möglichkeiten der Verhütung dar.
15. Stellen Sie Unfallgefahrenquellen an Maschinen im Betrieb und Möglichkeiten der Verhütung dar.
16. Beurteilen Sie die Unfallgefährdung durch den Umgang mit Pferden in Ihrem Ausbildungsschwerpunkt.
17. Welche geeigneten Ausrüstungsstücke gehören unbedingt in Ihrem Ausbildungsschwerpunkt zur Unfallverhütung?
18. Beschaffen Sie sich bei Ihrer Berufsgenossenschaft Unterlagen zur Unfallverhütung.
19. Erstellen Sie für Ihren Ausbildungsbetrieb einen informativen Betriebsspiegel.

6.2 Betriebliche Abläufe ökonomisch und ökologisch beurteilen

?

Nach der Fohlenauktion unterhalten sich zwei Züchter über den Auktionsverlauf. Insbesondere der erzielte Durchschnittspreis von 7 000 € führt bei den beiden zu unterschiedlichen Auffassungen. Während der eine noch zufrieden zu sein scheint, man sei ja noch einmal mit einem blauen Auge davon gekommen, beklagt sich der andere über zu niedrige Preise, bei denen man als Züchter noch Geld dazu legen müsse. Wie kommen die beiden Züchter zu diesen unterschiedlichen Beurteilungen?

6.2.1 Wirtschaftliche Grundsätze

Die Vielzahl von Voraussetzungen, die man benötigt um beispielsweise ein Pferd zu züchten, nennt man Produktionsmittel oder als Oberbegriff **Produktionsfaktoren** wie

- **Boden** (Weide, Gebäude Standort),
- **Arbeit** (Arbeitskräfte, Betriebsleiter, Aushilfskräfte),
- **Kapital** (Pferde, Gebäude, Maschinen, Geräte).

Bei einem Vergleich wird man feststellen, dass die drei Faktoren in den einzelnen pferdehaltenden Betrieben unterschiedliche Bedeutung haben können. In einem Rennstall, wo die Trainingsarbeit sehr umfangreich ist, wird der Faktor Arbeit eine besondere Gewichtung haben. Zuchtbetriebe kommen ohne größere Weideflächen nicht aus, der Boden hat hier eine größere Bedeutung. Jeder Wirtschaftsbetrieb gründet also auf diesen drei Produktionsfaktoren. In der Betriebsführung versucht man diese Faktoren so einzusetzen, dass möglichst geringe Kosten, aber hohe Erträge mit ihnen erwirtschaftet werden.

Wirtschaften können bedeutet soviel wie haushalten, vernünftig handeln und organisieren können. Dies kann im betrieblichen Alltag völlig verschieden aussehen. Durch Düngungs- und Pflegearbeiten bei der Pferdekoppel erhofft man sich einen hohen Pflanzenertrag, um möglichst viele Pferde

Abb. 233: Aufgaben des Bodens.

Abb. 234 (ganz unten): Einteilung der Arbeit.

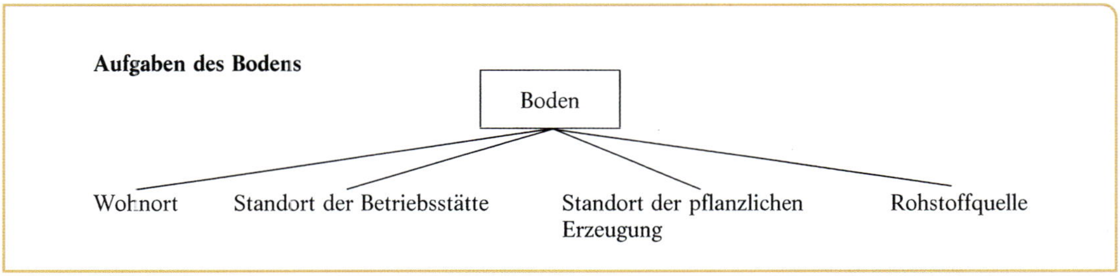

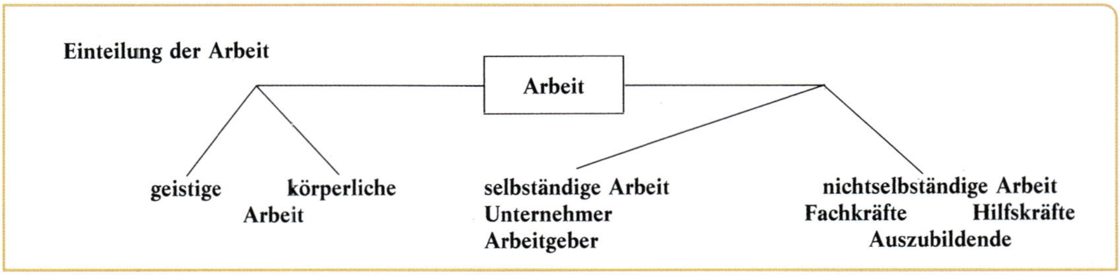

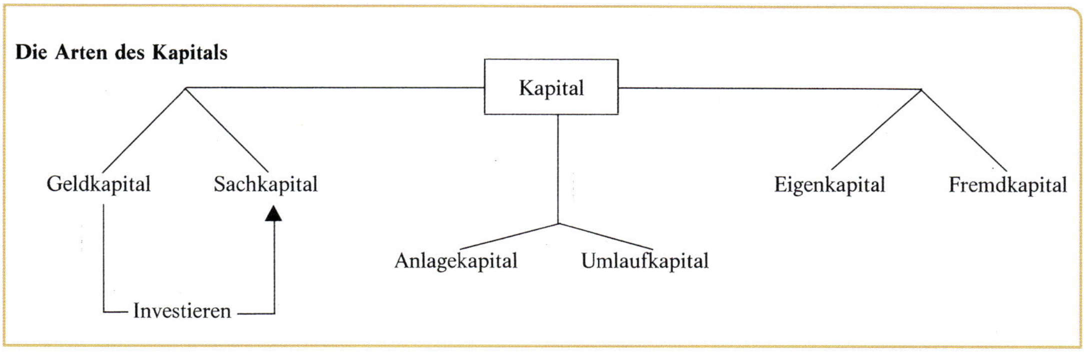

Abb. 235: Die Arten des Kapitals.

weiden lassen zu können. Wenn mit gegebenen Mitteln der größtmögliche Nutzen erzielt werden soll, spricht man vom **Maximalprinzip**. Weiß der Betriebsleiter andererseits, dass die Pferdekoppel nur mit sechs Pferden besetzt werden muss, so versucht er, mit den geringsten Düngungs- und Pflegemaßnahmen genügend Grasaufwuchs zu erzeugen. Soll ein angestrebtes Ziel mit den geringst möglichen Mitteln erbracht werden, so bezeichnet man dieses Handeln als **Minimalprinzip.**

Im Betrieb hat das Minimalprinzip größere Bedeutung, da den Unternehmern das Ziel bekannt ist und sie nun versuchen, es mit den geringsten Kosten zu erreichen. Kosten entstehen dem Betrieb durch den Einsatz der drei Produktionsfaktoren Boden, Arbeit und Kapital. Welchen Anteil jeder dieser drei Faktoren an der Produktion hat, ist davon abhängig, wie knapp und wie teuer er im Vergleich zu den anderen ist.

Ist die Dauergrünlandfläche Boden zu knapp, um die 40 Pensionspferde des Betriebes weiden zu lassen, müssen Futtermittel (Kapital) zugekauft und eine intensive Stall- bzw. Beifütterung (Arbeit) durchgeführt werden. Boden wird durch Kapital und Arbeit ersetzt.

Steigen die Arbeitsgehälter nach drastischen Lohnerhöhungen an, versucht der Betriebsleiter vielleicht mit weniger Mitarbeitern auszukommen und kauft sich eine automatische Fütterungsanlage. Arbeit wird durch Kapital ersetzt. Wenn andererseits der Unternehmer zu wenig Geld für die Anschaffung eines Höhenförderers besitzt, führt er mit möglichst billigen Arbeitskräften das Einlagern von Heu- und Strohballen durch. Kapital wird durch Arbeit ersetzt. Je teurer ein Produktionsfaktor also ist, desto mehr wird versucht, ihn durch andere zu ersetzen.

> **!**
> Die richtige Kombination der Produktionsfaktoren ermöglicht somit die billigste Erzeugung.

Das richtige Kombinieren setzt aber auch immer richtiges Einsetzen der Faktoren voraus.

Beispiel: Ein Betriebsleiter errichtet eine Reitsportanlage, die jährlich Festkosten von € 30 000,– verursacht, die Pflegekosten für 1 Pferd betragen € 3 600,– jährlich. Der Pferdebestand vergrößert sich nur allmählich. So stellt sich die Frage, wann sind die Gesamtkosten je Pferd und Jahr am geringsten?

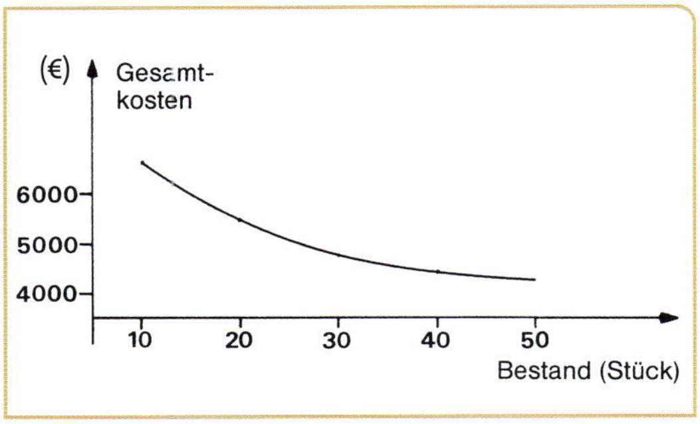

Abb. 236: Gesetz von den abnehmenden Stückkosten.

Abbildung in Tabellenform und Grafik zeigen, dass die Gesamtkosten je Pferd mit zunehmendem Bestand sinken, da sich die Festkosten auf einen größeren Bestand beziehnen. Diese Gesetzmäßigkeit gilt für jede Produktion, es ist das Gesetz der abnehmenden Stückkosten: **Die festen Kosten je Einheit (Pferd) sind umso geringer, je höher die Produktionsleistung (Pferdebestand) ist.**

Man erkennt auch, dass der Unternehmer eine hohe Auslastung der Produktionsfaktoren anstreben muss, um möglichst kostengünstig zu erzeugen.

6.2.2 Leistungen und Kosten im Betrieb

Angebot und Nachfrage haben für jeden wirtschaftlich arbeitenden Betrieb ihre Bedeutung. Alles, was ein pferdehaltender Betrieb anbietet (Pferde, Dienstleistungen), fasst man zusammen als Leistungen (Einnahmen), und alles, was für den Betrieb benötigt wird, als Kosten (Ausgaben). Art und Umfang der Leistungen und Kosten sind in jedem Betrieb unterschiedlich. Natürlich versucht jeder Betrieb die Einnahmen zu steigern und die Ausgaben zu senken. Um dies zu ermöglichen, muss man sich aber einen genauen Überblick verschaffen. Erst wenn bekannt ist, wo die Leistungen zu gering oder die Kosten zu hoch sind, kann man mit geeigneten Gegenmaßnahmen reagieren.

Das Herausfinden (Analysieren) und Gegenüberstellen von Leistungen und Kosten dient somit auch der Prüfung, ob der Betrieb ertragreich ist oder nicht. Erfolgreiche Betriebe sichern dem Unternehmer einen guten Gewinn, den Arbeitnehmern einen angemessenen Lohn und einen beständigen Arbeitsplatz. Jeder, der zum Betriebserfolg beiträgt, sollte somit auch über Kenntnisse von Leistungen und Kosten verfügen.

Leistungen (Einnahmen)

Wodurch erzielt ein pferdehaltender Betrieb Leistungen? Hier kann man grob zwei große Gruppen von Einnahmequellen unterscheiden: Verkauf von Pferden und Dienstleistungen.

Die Marktpreise von Pferden unterliegen starken Schwankungen. Sie sind abhängig von:

- Pferderasse,
- Nutzungsart,
- Alter,
- Abstammung,
- Ausbildungsstand,
- Futter- und Gesundheitszustand,
- Angebot und Nachfrage,
- regionalen Verhältnissen.

Neben Einnahmen aus dem Verkauf von Zucht- und Nutzpferden ist auch der Erlös des Altpferdes zu berücksichtigen. Hier kann man mit etwa 2 € je kg Lebendgewicht rechnen. Ein Großpferd mit 500 kg könnte somit noch rund 1 000 € erbringen.

Der überwiegende Teil der Leistungen eines pferdehaltenden Betriebs besteht aber aus Dienstleistungen. Als Einnahmen fallen dabei je nach Betriebstyp an:

- Unterstell- oder Pensionspreis,
- Preis je Reitstunde,
- Preis je Ausbildungs- oder Trainingsstunde,
- Preis je Trainingstag,
- Ausbildungspauschale,
- Decktaxe usw.

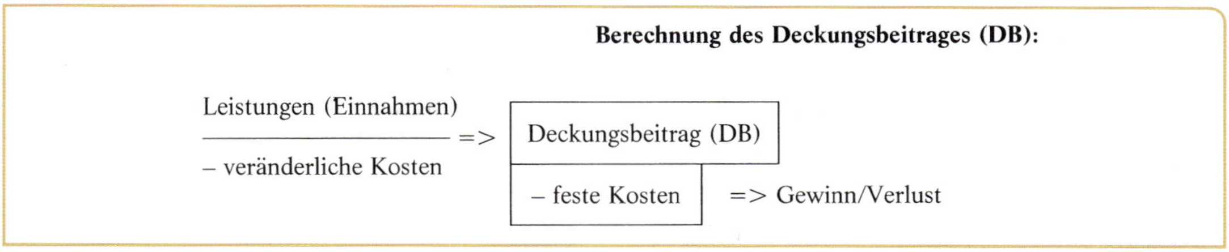

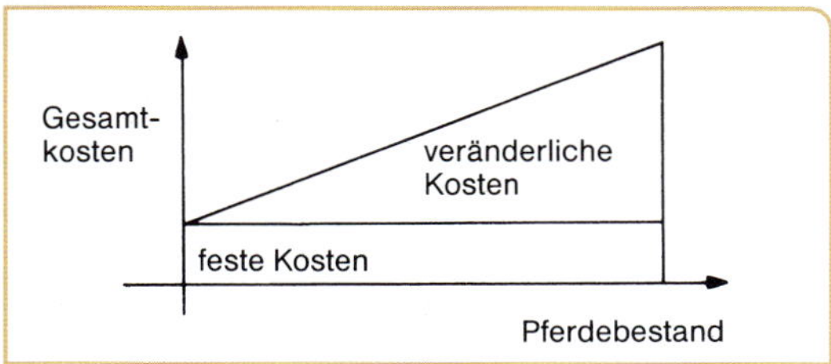

Abb. 238 (oben):
Berechnung des Deckungsbeitrages.

Abb. 237 (links):
Kosten in Abhängigkeit vom Bestand.

Da die meisten pferdehaltenden Betriebe sich spezialisiert haben, ist die Zahl der Einnahmequellen überschaubar und somit schnell zu erfassen.

Kosten (Ausgaben)
Anders sieht es bei den Kosten aus. In jedem Betrieb fällt eine Vielfalt von Kostenarten an, z. B. Futterkosten, Arbeitslohn, Tierarztkosten, Hufschmied, Gebäudereparaturen oder Betriebsversicherungen, um nur einige zu nennen. Die hier aufgezählten Ausgaben kann man in zwei Gruppen einteilen:

1. Futterkosten, Tierarztkosten, Hufschmied.
2. Gebäudereparatur, Betriebsversicherungen, Pacht.

Warum?
Kosten der ersten Gruppe fallen nur an, wenn im Betrieb auch Pferde gehalten werden. Die Höhe dieser Kosten ist abhängig vom Pferdebestand. Unterschiede von Pferd zu Pferd sind auch meistens vorhanden. Kosten dieser Art verändern sich, sie werden deshalb auch **variable (veränderliche) Kosten** genannt.

Im Gegensatz hierzu entstehen die Kosten der zweiten Gruppe auch dann, wenn kein Pferd im Stall steht. Sie fallen allein dadurch an, dass die Betriebe bereit sind, Pferde zu halten. Da diese Ausgaben unabhängig vom Pferdebestand als fester Betrag anfallen, werden sie auch als **fixe (feste) Kosten** bezeichnet.

Die veränderlichen Kosten können durch fachgerechte Arbeit (gutes Produktionsmanagement) niedrig gehalten werden, die festen Kosten durch eine optimale Auslastung der Produktionsfaktoren.

Wenn man von den Leistungen eines Betriebes die Kosten abzieht, die durch die Produktion selbst verursacht werden (veränderliche Kosten), so erhält man den **Deckungsbeitrag (DB)**. Er dient zur Deckung der Festkosten des gesamten Betriebes. Sollte danach noch Geld übrig bleiben, ist der Betrieb gewinnbringend, reicht der Deckungsbeitrag nicht, um die Festkosten zu bezahlen, wird Verlust gemacht.

Im Folgenden wird die Berechnung von Ein- und Ausgaben verschiedener Betriebe mit Pferdehaltung vorgestellt.

Zuchtbetrieb
Im Zuchtbetrieb ist es möglich, die Berechnungen entweder auf das erzeugte Fohlen oder auf die gehaltene Stute zu beziehen. Letzterer

Tab. 76. Leistungen und Kosten von zwei Zuchtbetrieben im Vergleich (Je Zuchtstute und Jahr in €)

	Betrieb A	Betrieb B
I Leistungen		
Abfohlquote	0,50	0,80
Nutzungsjahre der Stute	7	10
Erlös aus Fohlenverkauf 7000,– €	3500,–	5600,–
Erlös Altpferd 1300,– €	185,–	130,–
Leistungen insgesamt	3685,–	5730,–
II Kosten (veränderliche)		
1. Bestandserneuerung	1142,–	1200,–
Betrieb A 8000,– € Betrieb B 12000,– €		
2. Futterkosten		
Hafer (20,– €) 11 dt	220,–	220,–
Pferdeleistungsfutter (40,– €) 3,5 dt	140,–	140,–
Mineralfutter /140,– €) 0,35 dt	49,–	49,–
Fohlenaufzuchtfutter (60,– €) A 1,6 dt	96,–	
Fohlenaufzuchtfutter (60,– €) B 2,3 dt		138,–
Grundfutter (Heu, Weide)	500,–	500,–
3. Einstreu (11,–) 30 dt	330,–	330,–
4. Deckgeld, Fohlengeld, Fahrtkosten	300,–	500,–
5. Tierarzt; Medikamente, Hufpflege	300,–	300,–
6. Wasser, Strom, Geräte	50,–	50,–
7. Tierversicherungen, Verbandbeiträge	250,–	250,–
8. Vermarktungskosten (5 % der Marktleistungen)	175,–	280,–
9. Zinsanspruch		
Umlaufkapital (2000,– €) 6 %	120,–	120,–
Viehkapital	240,–	360,–
Kosten (veränderliche) insgesamt	3912,–	4437,–
III Deckungsbetrag	**–227,–**	**1293,–**

Weg ist dann sinnvoll, wenn man die Wirtschaftlichkeit von einzelnen Stuten oder von verschiedenen Betrieben miteinander vergleichen will. Die Einnahmen im Zuchtbetrieb setzen sich aus dem Erlös für den Verkauf von Nachzucht und Altpferd zusammen. Der Erlös der Nachzucht ist im starken Maße abhängig vom Verkaufspreis und der jährlichen Abfohlquote. Sie gibt das Verhältnis von geborenen Fohlen zu den vorhandenen Zuchtstuten an.

$$\text{Abfohlquote im Betrieb} = \frac{\text{Anzahl geborener Fohlen}}{\text{Anzahl Zuchtstuten}}$$

$$\text{Abfohlquote pro Stute} = \frac{\text{Anzahl geborener Fohlen}}{\text{Nutzungsjahre der Stute}}$$

Der Erlös des Altpferdes muss bei der jährlichen Berechnungsweise auf die Nutzungsjahre aufgeteilt werden. In ähnlicher Art

Tab. 77. Leistungen und Kosten der Reitpferdehaltung (je Reitpferd und Jahr in €)

I Leistungen	
Reitstunden 400 je 25,–€	10000,– €
Erlös Altpferd (2000,– €)	250,– €
Leistungen insgesamt	10250,– €
II Kosten (veränderliche)	
1. Bestandserneuerung (16,– €)	2000,–
2. Futterkosten	
Hafer (20,– €) 11 dt	220,–
Leistungsfutter (40,- €) 7,8 dt	312,–
Heu (15,– €) 18,3 dt	275,–
3. Einstreu (11,–) 36,5 dt	402,–
4. Tierarzt, Medikamente, Hufpflege	800,–
5. Wasser, Strom, Geräte	50,–
6. Versicherungen	200,–
7. Zinssatz Viehkapital 3 %	480,–
Kosten (veränderliche) insgesamt	**4739,–**
III Deckungsbetrag	**5511,–**
IV Kosten (feste)	
1. Gebäudekosten (8 % vom Anschaffungswert)	1000,–
2. Arbeitslohn (250 AKh je 14,– €)	3500,–
Kosten (feste) insgesamt	**4500,–**
V Gewinn/Verlust je Reitpferd und Jahr	**1011,–**

muss bei den Kosten der Wiederbeschaffungswert der Zuchtstute als Bestandserneuerung Berücksichtigung finden. Die Futterkosten schließen sowohl die Futtermittel für die Stute als auch für die Nachzucht ein. Das für die Zuchtstute, für die Futtermittel etc. benötigte Geld hätte auch auf der Bank angelegt Zinsen bringen können. Deshalb wird ein Zinsansatz (Zinsanspruch) von 6 % für das Umlaufkapital (z. B. Futtermittel) und 3 % für das Viehkapital berechnet.

Reitpferdehaltung

Hier werden Pferde zur Ausbildung von Reitern und zum Trainieren von Pferden gehalten. Die Anzahl der Reitstunden, die Höhe der Reitstundengebühr sowie der anteilige Erlös des Altpferdes einerseits, die Gebühr für den Beritt andererseits ergeben die Leistung (etwa 30 € je Reitstunde, etwa 800 € je Berittmonat). Auf der Ausgabenseite fallen Futter-, Haltungs- und Pflege- bzw. Trainingskosten an. Die Gebäudekosten resultieren in der Regel aus den Erstellungskosten für die Pferdeboxen, der Reithalle und dem Reitplatz. Der Arbeitsaufwand ist im Zusammenhang mit den Reitstunden bzw. mit dem Trainingsumfang zu sehen.

Pensionspferdehaltung

Auf der Einnahmenseite steht einzig der Pensionspreis. Seine Höhe richtet sich danach, was

Tab. 78. Leistungen und Kosten der Pensionspferdehaltung (je Pensionspferd und Jahr in €)

I Leistungen	
Pensionspreis je Monat 350,– €	4200,– €
II Kosten (veränderliche)	
1. Futterkosten	
Hafer (20,- €) 11 dt	220,–
Leistungsfutter (40,- €) 7 dt	280,–
Heu (15,- €) 18,3 dt	275,–
2. Einstreu (11,- €) 36,5 dt	402,–
3. Wasser, Strom, Geräte	50,–
4. Versicherungen	100,–
Kosten (veränderliche) insgesamt	**1327,–**
III Deckungsbetrag	2873,–
IV Kosten (feste)	
1. Gebäudekosten (8 % vom Anschaffungswert)	1000,–
2. Arbeitslohn (120 AKh je 10,– €)	1200,–
Kosten (feste) insgesamt	2200,–
V Gewinn/Verlust je Reitpferd und Jahr	**673,–**

der Betrieb an Dienstleistungen bietet und was die Einsteller zu bezahlen bereit sind. Die Futterkosten machen insbesondere die veränderlichen Kosten aus, Gebäudekosten und Lohn für fest angestellte Mitarbeiter die Festkosten. Der monatliche Pensionspreis schwankt zwischen den Betrieben recht stark. So verlangen Betriebe ohne Reithalle, mit nur wenigen Dienstleistungen und einfacher Haltung etwa 175 € je Monat, Betriebe mit Reithallen und Vollversorgung etwa 400 €.

Rennbetrieb

Von der Kostenstruktur ist der Rennbetrieb ähnlich dem Reitbetrieb mit Beritt bzw. dem Pensionsbetrieb. Diese Betriebe sind alle dem Dienstleistungsbereich zuzuordnen. Im Vergleich zum normalen Pensionsbetrieb fallen durch das intensive Training sowie die Teilnahme an Rennen besonders hohe Arbeitskosten an (etwa 450 Stunden pro Pferd und Jahr). Eine Berechnung des Stundenlohns gestaltet sich schwierig, da die Betreuung des Rennpferdes von verschiedenen Personen mit unterschiedlichen Qualifikationen und damit unterschiedlichen Gehaltsgruppen durchgeführt wird. Eine weitere Besonderheit in der Kostenaufstellung ergibt sich aus der Höhe der Futterkosten. Sowohl die Menge an Krippenfutter, aber besonders die hohen Ansprüchen an die Qualität von Krippen- und Grundfutter lassen die Kosten beträchtlich steigen. Wenn man die Gesamtkosten durch die Anzahl der Tage dividiert, erhält man den Mindesttagespreis, der weder einen Gewinn für den Unternehmer, noch mögliche Aufwendungen für Fremdkapital bzw. einen Zinsanspruch oder das Unternehmerrisiko abdeckt.

Tab. 79. Jährliche Kosten und Mindesttagespreis im Rennbetrieb in €

I Kosten (veränderliche)	
1. Futterkosten	
Hafer (20,– €) 13 dt	260,–
Haferergänzungsfutter (40,– €) 6,5 dt	260,–
Mais (18,– €) 7,5 dt	135,–
Zusatzfutter (140,– €) 0,8 dt	112,–
Heu (20,– €) 16 dt	320,–
2. Einstreu (12.- €) 36,5 dt	438,–
3. Wasser, Strom, Geräte	50,–
4. Versicherungen	1327,–
II Kosten (feste)	
1. Gebäudekosten, Rennbahn-	2000,–
kosten	6300,–
2. Arbeitslohn (450 AKh je 14,– €)	
III Kosten (feste) insgesamt	**10075,–**
IV Mindesttagespreis	**27,60**

Versicherungen im Pferdebetrieb

Unternehmerisches Handeln ist mit Risiken verbunden. Jeder schätzt das Risiko in einer Situation anders ein. **Risiko** ist also das von jedem Menschen anders empfundene Defizit an Kontrolle über diese Situation. Risiken entstehen im Unternehmen durch Veränderungen am Markt, durch Veränderungen in den wirtschaftlichen Rahmenbedingungen, der Wirtschafts- und Steuerpolitik. Risiken bestehen aber auch dadurch, dass überhaupt ein Unternehmen betrieben wird. Im Bürgerlichen Gesetzbuch (BGB) heißt es: „Wird durch ein Tier ein Mensch getötet oder der Körper oder die Gesundheit eines Menschen verletzt oder eine Sache beschädigt, so ist derjenige, der das Tier hält, verpflichtet, dem Verletzten den daraus entstehenden Schaden zu ersetzen." Der Pferdehalter haftet mit seinem gesamten Vermögen für den vom Pferd verursachten Schaden. Schon das Halten eines Pferdes stellt nach dem Gesetz eine Gefahr dar und der Pferdehalter muss ohne Verschulden haften. Die Schuldfrage stellt sich nicht, aber die Risiken sind größtenteils versicherbar.

Unfallversicherung

Versichert sind alle Arbeitnehmer, teilweise auch Arbeitgeber und Hilfskräfte bei Unglücksfällen im Betrieb, bei Fahrten zwischen Wohnung und Arbeitsstätte sowie Berufskrankheiten. Die Leistungen umfassen Heilbehandlung, Verletztengeld, Berufshilfe, Verletztenrente, Hinterbliebenenrente und Sterbegeld. Versicherungsträger sind bei Pferdebetrieben die Berufsgenossenschaft für Fahrzeughaltungen oder die landwirtschaftliche Berufsgenossenschaft. Beiträge bringen die Arbeitgeber alleine auf, sie richten sich nach Größe des Unternehmens bzw. dem Umfang der gesamten Arbeitszeit.

Betriebshaftpflicht

Die Betriebshaftpflicht deckt alle Gefahren aus allen Eigenschaften und Betätigungen ab, die üblicherweise dem Betriebszweck dienen. Werden in diesem Rahmen anderen Personen Schäden zugefügt, so sind diese hierdurch gedeckt. Darunter fallen die Risiken des Betriebsinhabers als Eigentümer oder Besitzer von Grundstücken, die Risiken, die von eigenen Pferden ausgehen und die Risiken, die aus dem Einsatz fremder Pferde im Reitbetrieb entstehen können. Nicht eingeschlossen sind die Gefahren, die durch die Betreuung, Pflege und Ausbildung fremder Pferde (z. B. Pensionspferde) ausgehen.

Pferdehalterhaftpflicht

Verhält sich ein Pferd „tiertypisch“ und schädigt dadurch eine Person oder fremde Sachen, dann haftet der Halter des Pferdes. Als Halter wird dabei derjenige angesehen, der für längere Zeit die Sorge für das Pferd durch Pflege und Unterbringung übernimmt. Die Pferdehaftpflichtversicherung schützt in erster Linie also den Halter eines Pferdes vor Ansprüchen Dritter.

Auf Grund der Beitragspflicht zur Berufsgenossenschaft besteht in jedem Betrieb eine Unfallversicherung. Betriebshaftpflicht- und Pferdehalterhaftpflichtversicherungen sollte nach Möglichkeit jeder Betrieb abschließen. Das Versicherungsgewerbe bietet darüber hinaus noch eine Vielzahl spezieller Versicherungsleistungen an, die besondere Gefahren abdecken, so z. B. die Reitlehrerhaftpflicht-, die Weide-, die Transport-, die Pferdekranken-, die Diebstahl-, die Leibesfrucht- bzw. Fohlen- oder die Pferdelebensversicherung.

6.2.3 Entlohnung der Arbeit

?

Klaus erhält vom Gestütsleiter seine erste Lohnabrechnung als Gehilfe (Klaus ist ledig, 22 Jahre alt, bekommt im Gestüt Verpflegung.) Nach längerem Suchen auf seiner Lohnabrechnung stellt er enttäuscht fest, dass von dem Bruttolohn von 1200 € ihm ganze 610,82 € ausgezahlt werden. Er fragt sich, ob das alles seine Richtigkeit hat.

Im Wirtschaftsunternehmen sollen alle Beschäftigten für ihre Arbeit eine angemessene Entlohnung bekommen. Bei Arbeitern spricht man von Lohn, bei Angestellten von Gehalt, dem Betriebsleier steht der Gewinn des Unternehmens zu. Welcher Lohn angemessen ist, hierüber streiten und einigen sich in regelmäßigen Abständen Vertreter der Arbeitgeber und der Arbeitnehmer in sog. Tarifverhandlungen. Die Ergebnisse solcher Verhandlungen finden sich dann als verbindliche Lohnvorschläge in den Tarifverträgen wider.

6.2.3.1 Lohnformen

Die häufigste und älteste Lohnform ist der **Zeitlohn**. Ausschlaggebend ist hierbei die im Betrieb geleistete Arbeitszeit und nicht die Arbeitsmenge. Arbeitnehmer erhalten ihn als Stunden-, Tages-, Wochen- oder Monatslohn. Er berechnet sich aus den Arbeitstunden mal dem Stundenlohn. Der Zeitlohn ist dann üblich, wenn unterschiedliche Arbeitsmengen anfallen oder das Ergebnis nur schwer zu messen ist. Der Zeitlohn bietet nur geringen Leistungsanreiz, ist aber auch nicht mit Zeitdruck verbunden.

Lohnformen, die die tatsächlich geleistete Arbeit als Bewertungsmaßstab haben, sind der **Akkord- und der Prämienlohn**. Beim Akkordlohn erhält der Mitarbeiter für eine genau festgelegte Einzelleistung ein genau bestimmtes Entgeld. Durch Mehrleistung kann der Lohn erhöht werden, aus persönlichen Gründen kann wegen Minderleistung der Lohn auch sinken. Deshalb ist der Akkordlohn häufig durch einen garantierten Mindestlohn nach unten abgesichert. Beim Prämienlohn wird zusätzlich zum Grundlohn (meistens Zeitlohn) für besondere Leistungen eine Prämie gezahlt. In der Pferdehaltung sind Zeitlohn und Prämienlohn die üblichen Lohnformen.

Tab. 80. Lohnabrechnung Klaus in €

	Grundgehalt Monatslohn	1200,–
	vermögenswirksame Leistungen	Keine
I	**Bruttolohn**	**1200,– €**
	Lohnsteuer	118,–
	Solidaritätszuschlag	6,49
	Kirchensteuer	10,69
	Rentenversicherung	119,40
	Krankenversicherung	103,80
	Arbeitslosenversicherung	25,20
	Pflegeversicherung	10,20
II	**Gesetzliche Abzüge insgesamt**	**393,78**
III	**Nettolohn**	**806,22**
	vermögenswirksame Leistungen	Keine
	Sachbezugswerte (Verpflegung)	205,–
	geleisteter Vorschuss	Keiner
IV	**sonstige Abzüge insgesamt**	**205,–**
V	**Ausgezahlter Lohn**	**601,22**

6.2.3.2 Lohnabrechnung

Es ist Pflicht der Arbeitgeber, ihren Beschäftigten schriftliche Lohnabrechnungen auszuhändigen, aus denen **Arbeitsentgeld** und **Lohnabzüge** ersichtlich sind.

Der tariflich oder im Arbeitsvertrag festgelegte **Bruttolohn** wird um die gesetzlichen Abzüge gemindert; es errechnet sich der Nettolohn. Zu den gesetzlichen Lohnabzügen zählen (Stand 31. 12. 2012):

- die Lohnsteuer, sie wird in der Lohnsteuertabelle ermittelt auf der Grundlage des Familienstandes
- der Solidaritätszuschlag als finanzielle Hilfe für die Wiedervereinigung Deutschlands, er beträgt 5,5 % der Lohnsteuer
- die Kirchensteuer für Mitglieder einzelner Religionsgemeinschaften, sie beläuft sich in den meisten Bundesländern auf 9 % der Lohnsteuer
- die Sozialversicherungsbeiträge, die je zur Hälfte vom Arbeitgeber und Arbeitnehmer aufgebracht werden, so die Rentenversicherung 19,9 % (9,95 %), die Krankenversicherung etwa 15,5 % (6,75 + 0,9 % der Versicherten), die Pflegeversicherung 1,7 % (0,85 %) und die Arbeitslosenversicherung 4,2 % (2,1 %).

Vom **Nettolohn** können noch sog. sonstige Abzüge einbehalten werden wie z. B. Beiträge für vermögenswirksame Leistungen, Sachbezüge für Wohnung oder Verpflegung oder die Einbehaltung von geleisteten Vorschüssen. Aus Sicht der Arbeitgeber bleibt es aber auch nicht beim Bruttolohn. Neben den erwähnten Sozialversicherungsbeiträgen sind von ihm aufzubringen: Urlaub und Urlaubsentgeld, bezahlte Feiertage, Lohnfortzahlung bei Krankheit, ggf. Vermögensbildung, Gratifikationen oder betriebliche Altersversorgung. Für den Arbeitgeber beliefen sich die Lohnnebenkosten 2002 in Westdeutschland auf durchschnittlich 77,9 % des Direktentgeldes.

Vom Bruttolohn zum ausgezahlten Lohn

Bruttolohn – gesetzliche Abzüge = Nettolohn
Nettolohn – sonstige Abzüge = ausbezahlter Lohn

gesetzliche Abzüge ↑
- Lohnsteuer
- Kirchensteuer
- Solidaritätszuschlag
- Sozialversicherungsbeiträge

sonstige Abzüge ↑
- z. B. vermögenswirksame Leistungen

Abb. 239: Vom Bruttolohn zum ausgezahlten Lohn.

6.2.4 Pferdehaltung und Umweltschutz

Im Alltag wird Umweltschutz oft mit Umweltverschmutzung gleichgesetzt. Man denkt sofort an Bilder von stark rauchenden Fabrikkaminen, wilden Müllkippen in Naturschutzgebieten, qualmenden Autokolonnen und verschmutzten Flüssen.

Jeder pferdehaltende Betrieb stellt ebenso einen Teil der Umwelt dar, wie alle anderen Errungenschaften des Menschen. So erfordert die Haltung von Pferden Boden als Standort für Gebäude und Futterflächen, Wasser zum Tränken und Pflanzen als Futtermittel. Pferdehaltende Betriebe sind zumindest teilweise auch landwirtschaftliche Betriebe. Gerade der Landwirtschaft wird aber in letzter Zeit häufig umweltschädigendes Verhalten vorgeworfen. Daher müssen sich auch Pferdewirte und Pferdewirtinnen mit diesem Thema auseinandersetzen.

Der Umweltschutz stellt vor allem zwei Forderungen:

1. Schutz des Menschen vor schädlichen Wirkungen bestimmter Stoffe.
2. Schutz der natürlichen Umwelt.

Hieraus ergeben sich zwei Fragen:

1. Ist der pferdehaltende Betrieb als Teil der natürlichen Umwelt ebenfalls von Umweltgefährdungen betroffen?
2. Kann der pferdehaltende Betrieb schädliche Wirkungen auf den Menschen und die Umwelt ausüben?

Um diese beiden Fragen beantworten zu können, müssen zunächst einige Begriffe geklärt werden.

Der Boden

Der Boden als Lebensraum für Pflanze und Tier wird durch die Überbauung mit Straßen, Häusern, Industrieanlagen usw. von Tag zu Tag weniger. So sind in der Bundesrepublik Deutschland 2006 täglich 100 ha für Landwirtschaft und Natur verlorengegangen. Eine Gefährdung des Bodens geht aber auch von der allgemeinen Luftverschmutzung aus. So bewirken hohe SO_2-Gehalte aus Industrieabgasen und privaten Heizungen den sog. sauren Regen.
In Industrie- und Autoabgasen mitgeführte Schadstoffe, wie Blei, Cadmium und andere Schwermetalle, lagern sich im Boden ab und werden dort angereichert. Unsachgemäße landwirtschaftliche Bewirtschaftung der Böden kann die Bodenfruchtbarkeit beeinträchtigen. Sie ist aber der Garant für nachhaltig hohe und sichere Erträge.

Abb. 240: Reitanlage mit Erholungswert.

Das Wasser

Unsere heimischen Gewässer und auch das Grundwasser sind mehr denn je verschmutzt. Die Ursachen sind vielfältig, und der Schuldige lässt sich nicht immer finden. So wird bei überhöhter Stickstoffdüngung in der Landwirtschaft der nicht nutzbare Teil des Düngers ins Grundwasser ausgewaschen. Das in vielen Regionen als Trinkwasserreservoir genutzte Grundwasser wird dadurch mit Nitrat angereichert und so als Lebensmittel unbrauchbar. Immer wieder werden auch giftige Flüssigkeiten in Gewässer eingeleitet und führen dort zu Fischsterben. Phosphate in Waschmitteln bewirken die Eutrophierung (Überdüngung) von Gewässern. Dort bilden sich dann Algen im Übermaß und verzehren den für die tierischen Lebewesen notwendigen Sauerstoff. Teiche und Seen werden dann schnell zu toten, fauligen Gewässern.

Die Luft

In Industrie- und Ballungsgebieten wird die Luft stark mit Abgasen angereichert. Dadurch gelangen giftige Stoffe wie Kohlenmonoxid, Schwefeldioxid oder Ozon auch in andere Gebiete und bewirken dort z. B. das Waldsterben. Unter ungünstigen Wetterbedingungen kann die Luft in unseren Großstädten so schlecht werden, dass Smogalarm ausgerufen werden muss. Durch die Luftverschmutzung sind also auch wir unmittelbar bedroht.

Pflanzen- und Tierarten

Viele Tiere und Pflanzen unserer Heimat sind vom Aussterben bedroht oder bereits ausgestorben. Die Liste der gefährdeten Arten wird täglich länger. Vordergründig betrachtet sieht man den Nutzen dieser Tiere und Pflanzen für unser Leben kaum ein, viele Wissenschaftler warnen jedoch vor einer Verarmung der Artenvielfalt. Es werden dabei folgende Gründe angeführt:

- Jede Art hat ihren Platz und eine damit verbundene Aufgabe in der Umwelt. Das natürliche Gleichgewicht wird gestört, wenn Arten aussterben.
- Jetzt noch als nutzlos bezeichnete Arten können später aufgrund ihrer Besonderheit wichtig werden (z. B. als Ausgangsstoff für Arzneimittel).
- Jede Art zeichnet sich durch eine einmalige Erbanlage aus. Einmal ausgestorbene Arten gelten für immer als verloren.
- Der Mensch als Mittelpunkt der Umwelt hat die moralische Verpflichtung, die ihm anvertraute Natur zu erhalten und zu schützen.

!

Nur eine intakte Natur hat einen hohen Erholungswert und kann dadurch zur Lebensqualität beitragen.

6.2.4.1 Umweltgefährdung im pferdehaltenden Betrieb

Wie andere Böden auch, so sind die Flächen von Pferdebetrieben ebenfalls **Immissionen** (Einwirkungen von Luftschadstoffen) ausgesetzt, dies gilt z. B. bei Blei, Cadmium, Ruß oder auch für radioaktive Belastungen. Durch diese Einwirkungen kann die Qualität des Futters beeinträchtigt werden.

Pferde benötigen Trinkwasser in großen Mengen. Befindet sich die Tränke einer Weide an einem Fluss, so kann bei größeren Verschmutzungen dieses Gewässers auch eine Gefährdung der Pferde nicht ausgeschlossen werden.

Tierärzte stellen allgemein ein stetiges Ansteigen der Erkrankungen der Atemwege und der Lunge bei Pferden fest. Ein Zusammenhang mit dem erhöhten Schadstoffgehalt der Luft wird vermutet.

Diese wenigen Beispiele zeigen, dass auch pferdehaltende Betriebe sich der allgemein bestehenden Gefährdung der Umwelt keineswegs entziehen können.

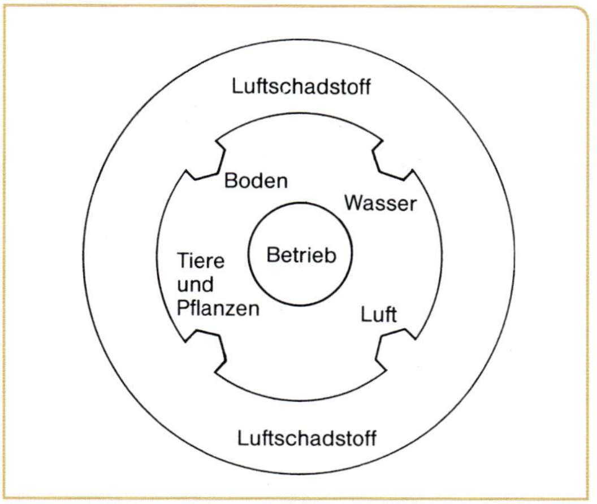

Abb. 241: Immissionen.

6.2.4.2 Umweltgefährdung durch den pferdehaltenden Betrieb

Düngung. Auch Pferdeweiden oder Wiesen zur Heugewinnung werden mit Mineraldünger oder organischem Dünger zusätzlich versorgt. Eine unsachgemäße Ausbringung (zu viel, zum falschen Zeitpunkt) fördert die Auswaschung der Düngemittel ins Fluss- oder Grundwasser und kann deren Qualität beeinträchtigen.

Verhütende Maßnahmen sind:

- Gezielte, bedarfsgerechte Düngung.
- Ausbringung in der Vegetationszeit.
- Düngung auf der Grundlage von Bodenuntersuchungen.
- Beachtung von möglichen Auflagen (Wasserschutzgebieten).

Pflanzenschutz

Pferdeweiden werden meist nicht gleichmäßig abgegrast, sodass Inseln entstehen, auf denen sich Wildkräuter wie Brennnesseln oder Disteln übermäßig ausbreiten. Sie können mit chemischen Pflanzenschutzmitteln bekämpft werden. Durch unsachgemäßen Einsatz dieser Mittel (falsche Menge, falscher Zeitpunkt, falsches Mittel) können andere Pflanzen geschädigt, Kleinlebewesen des Bodens abgetötet oder die Qualität des Grundwassers beeinträchtigt werden.

Verhütende Maßnahmen sind:

- Beachtung der Gebrauchsanweisung und Einhaltung der Wartezeiten (bis zur nächstmöglichen Nutzung).
- Gezielter Einsatz von Pflanzenschutzmitteln (richtige Dosierung, richtige Spritzmenge, richtiger Zeitpunkt, richtiges Mittel).
- Anwendung anderer Bekämpfungsmethoden (z. B. Ausmähen, Wechselbeweidung, richtige Besatzdichte).
- Unterlassen der Spritzung von Gräben, Feldwegrändern, Unlandflächen oder Hecken.

Entmistung

In jedem pferdehaltenden Betrieb fallen größere Mengen an Stallmist und Jauche an. Bei unsachgerechtem Lagern und Ausbringen (Abtransport) können Geruchsemissionen (Abgabe von Gerüchen aus Anlagen an die Umwelt) entstehen. Die Bevölkerung reagiert heute sehr empfindlich auf derartige Emissio-

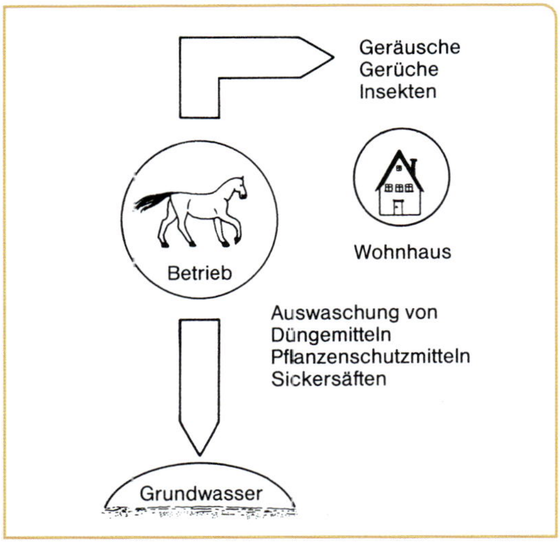

Abb. 242: Emissionen.

nen, sodass alleine schon das Vorhandensein oder sogar der Anblick eines Mistplatzes als Belästigung betrachtet wird.

Verhütende Maßnahmen sind:

- Anlage eines ausreichend großen und dichten Mistplatzes bzw. Jauchebehälters.
- Auffangen von Sickerwasser des Miststapels.
- Installation von Sichtblenden am Mistplatz (Eingrünung).
- Abtransport des Mistes nur an Werktagen.
- Mistausbringung nicht in unmittelbarer Nähe von Wohnsiedlungen.

Einsatz von Tierarzneimitteln und Futterzusatzstoffen

Durch einen unsachgemäßen Einsatz von Tierarzneimitteln und Futterzusatzstoffen (Antibiotika) kann das zu behandelnde Pferd selbst schon gefährdet werden. Bedacht werden sollte auch, dass Schlachtpferde dem menschlichen Verzehr dienen. Falsche Anwendung von Tierarzneimitteln oder von manchen Zusatzstoffen führt zu Rückständen im Fleisch und Fettgewebe. Manche dieser Rückstände stellen für den Menschen eine Gesundheitsgefährdung dar.

Verhütende Maßnahmen sind:

- Befolgung der Anweisungen des Tierarztes.
- Beachtung der Gebrauchsanweisung, Einhalten von Wartezeiten.
- Anwendungsverbot von Tierarzneimitteln des „grauen Marktes“.
- Abgabe der Reste von Arzneimitteln an den Hersteller, Tierarzt oder Apotheker (nicht in die Mülltonne werfen!).
- Kontrolle des Arzneimitteleinsatzes (Nachweispflicht für den Tierhalter über Herkunft, Art sowie Menge der im Besitz befindlichen Arzneimittel).
- Beachtung der Fütterungshinweise bezüglich Tierart, Höchstalter der Tiere, Höchstmenge des Zusatzstoffes und Wartezeit beim Einsatz von Futterzusatzstoffen.

Desinfizieren.

Die unsachgemäße Anwendung von Desinfektions- und Reinigungsmitteln ist mit Risiken für die Gesundheit von Pferd und Mensch verbunden. Rückstandsmengen derartiger Mittel in der Box, in Tränkebecken und Trögen sowie in Lagerbehältern bzw. Lagerräumen für Futtermittel sind in vielen Fällen für Pferde schädlich.

Verhütende Maßnahmen sind:

- Beachtung der Gebrauchsanweisung.
- Einhaltung von Wartezeiten (Räume und Geräte gut abtrocknen lassen!).
- Tragen von Schutzkleidung (Schutzbrille, Gummistiefel, Gummischürze, Handschuhe).
- Restmenge der angesetzten Brühe verdünnen und in einem zweiten Arbeitsgang verteilen (nicht in den Abfluss gießen!).

Tierkörperbeseitigung

Verendete Pferde können mit Krankheitserregern behaftet sein, sodass sie eine akute Gefahrenquelle für den übrigen Bestand, aber auch für den Menschen darstellen. Werden sie

Abb. 243: Ein Pensionspferdebetrieb, der gut ins Landschaftsbild eingebunden ist.

nicht schnell genug beseitigt, so entwickeln sie sich zu einer erheblichen Geruchsbelästigung.

Verhütende Maßnahmen sind:

- Schnellsten Abtransport in eine Tierkörperbeseitigungsanstalt (Ordnungsämter und Veterinärbehörden geben Auskunft über die Anschriften).
- Isolierung des verendeten Tieres vom übrigen Bestand, aber auch von Katzen, Hunden und unbefugten Personen.

Pferdehaltung und **Landschaft**. Viele neue Pferdebetriebe muten den Betrachter an wie Produktionsstätten, in denen eine automatische Fertigung betrieben wird, nicht jedoch der Umgang mit Pferden. Auch das gesamte Landschaftsbild kann durch unpassende Gebäude gestört werden. Da aber pferdehaltende Betriebe in die Landschaft gehören und nicht in ein Industriegebiet, sollte die Einbindung einer geplanten Anlage in das Landschaftsbild eine Selbstverständlichkeit sein. So kann z. B. die Bauweise den landschafttypischen Gebäuden angepasst werden. Eine verschieferte oder mit Holzelementen aufgelockerte Wandseite wirkt natürlicher als eine eintönige Beton- oder Wellblechfläche. Die Eingrünung der Gebäude, aber auch der übrigen zum Betrieb gehörenden Flächen, mit Baumgruppen oder Hecken, lockert das Bild auf und kann Verbindung mit der näheren Umgebung schaffen. Auch die Vielfalt der insektenfressenden Vogelwelt kann mit solchen Maßnahmen gefördert werden.

Letztlich dürfte sich der Kunde oder Besucher in einer derartigen Anlage insgesamt wohler fühlen.

Reiten in der freien Landschaft

Der Pferdewirt / die Pferdewirtin selbst und sein Pferd müssen sich rücksichtsvoll in der Landschaft bewegen. Die Ruhe der im Wald lebenden Wildtiere muss respektiert werden. Zum Reiterpicknick bzw. Reiterbiwak gehören das abschließende Aufsammeln von Abfällen und Beseitigen von Feuerstellen als Selbstverständlichkeiten dazu. Das Reiten ist so auszuüben, dass die Belange der anderen Erholungssuchenden und die Rechte der Eigentümer nicht beeinträchtigt werden. In Ballungsgebieten sowie in Bundesländern mit hoher Bevölkerungsdichte wie z. B. Nordrhein-Westfalen hat der Gesetzgeber **Reitregelungen** erlassen. Hier werden Reiter, die in der freien Landschaft, im Wald oder auf privaten und öffentlichen Straßen und Wegen reiten, verpflichtet, ihre Pferde mit sog. Reitkennzeichen auszustatten. Darüber hinaus ist es auch möglich, dass das Reiten in der Landschaft nur auf dafür gekennzeichneten Wegen, Reitwegen, erlaubt ist. Dass die hier aufgezeigten Umweltgefährdungen nicht auf die leichte Schulter genommen werden dürfen, wird durch die Tatsache bekräftigt, dass der Gesetzgeber zu sehr vielen Bereichen des Umweltschutzes Rechtsvorschriften erlassen hat. Für den Pferdewirt und für die Pferdewirtin sind folgende Rechtsvorschriften wichtig:

- Abfallbeseitigungsrecht,
- Arzneimittelrecht,
- Baurecht,
- Düngemittelrecht,
- Forst- und Jagdrecht,
- Futtermittelrecht,
- Immissionsschutzrecht,
- Landschaftsschutzrecht
- Lebensmittelrecht,
- Naturschutzrecht,
- Pflanzenschutzrecht,
- Tierkörperbeseitigungsrecht,
- Umweltstrafrecht,
- Wasserrecht.

Zur Wiederholung und Vertiefung

1. Beurteilen Sie die Gewichtung der Produktionsfaktoren in Ihrem Ausbildungsbetrieb.
2. Erklären Sie die wirtschaftlichen Grundsätze "Maximalprinzip" und „Minimalprinzip" an Beispielen Ihres Ausbildungsbetriebes.
3. Stellen Sie das Gesetz von den abnehmenden Stückkosten an Beispielen Ihres Ausbildungsschwerpunktes dar.
4. Bestimmen Sie die betriebswirtschaftlichen Leistungen Ihres Ausbildungsbetriebes.
5. Unterscheiden Sie variable und fixe Kosten an Beispielen Ihres Ausbildungsbetriebes.
6. Erklären Sie die Bezeichnungen Deckungsbeitrag sowie Gewinn und Verlust betriebswirtschaftlich.
7. Welche Leistungs- und Kostenfaktoren beeinflussen die Wirtschaftlichkeit der Pferdehaltung Ihres Ausbildungsschwerpunktes wesentlich?
8. Erstellen Sie eine Deckungsbeitrags- bzw. Gewinn und Verlustberechnung für Ihren Ausbildungsschwerpunkt.
9. Begründen Sie den Abschluss betrieblicher Versicherungen.
10. Welche zusätzlichen Versicherungsleistungen halten Sie für Ihren Ausbildungsschwerpunkt für empfehlenswert?
11. Unterscheiden Sie die Lohnformen Zeit-, Akkord- und Prämienlohn.
12. Erläutern Sie die verschiedenen Lohnabzüge einer Lohnabrechnung.
13. Welche Lohnnebenkosten entstehen dem Arbeitgeber zuzüglich zum Bruttolohn?
14. Beschreiben Sie an Beispielen, warum die natürliche Umwelt heute gefährdet ist.
15. Erläutern Sie den Unterschied zwischen Immission und Emission.
16. Überzeugen Sie die Kunden Ihres Ausbildungsbetriebes von der umweltschonenden Wirtschaftsweise Ihres Ausbildungsbetriebes.

Mit den für ihn wichtigen Bestimmungen sollte sich der Pferdewirt / die Pferdewirtin vertraut machen, um keine Übertretungen der Gesetze zu begehen. Informationen über die jeweiligen Regelungen erhält man über Verbände, die Landwirtschaftsämter bzw. Landwirtschaftskammern oder die Kreis- und Gemeindeverwaltungen.

!

Umweltschutz geht alle an, auch den Pferdewirt.

6.3 Pferde und Dienstleistungen kundenorientiert vermarkten

?

Das Ehepaar Steinmann, beide Pferdewirtschaftsmeister, hat vor drei Jahren einen ehemaligen landwirtschaftlichen Betrieb übernommen und mit viel Eigenleistung zu einem schmucken Pferdebetrieb um- und ausgebaut. Während Herr Steinmann sich schwerpunktmäßig um die Zucht ihrer Gangpferderasse und den allgemeinen betrieblichen Ablauf kümmert, sorgt sich Frau Steinmann um die Ausbildung von insbesondere jungen Reitschülern und die untergestellten Pensionspferde. Der Verkauf der selbst gezogenen und teilweise auch ausgebildeten Pferde ist eher schleppend und auch die Boxen für Pensionspferde sind nicht alle belegt. Da ihr Betrieb jedoch teilweise mit Bankkrediten finanziert ist, machen sich beide um die Zukunft des Betriebes Sorgen.

Es genügt nicht, ein gutes Produkt herzustellen oder anzubieten. Insbesondere für Betriebsgründer und Neueinsteiger, aber auch für etablierte, bestehende Betriebe gilt es, einen Markt dafür aufzubauen, zu halten, auszudehnen und immer wieder neue Märkte, neue Absatzwege, neue Kunden zu gewinnen. Ohne geeignete Marketing- und Werbemaßnahmen scheint es heute nicht möglich zu sein, einen Betrieb erfolgreich aufzubauen, zu führen und weiter zu entwickeln. Kundenbeschwerden und Reklamationen sind ernst zu nehmen und Anlass die Betriebsführung zu überprüfen. Um Problemen vorzubeugen, ist es wichtig, klare, eindeutige rechtliche Vereinbarungen zu treffen. Will der Pferdebetrieb sich im Wettbewerb behaupten, muss die zugesagte Qualität auch eingehalten werden können.

6.3.1 Marketing

Marketing (engl. marketing = Absatzwirtschaft) meint mehr als nur Werbung. Marketing, frühere Bezeichnung Absatzwirtschaft, umfasst alle Maßnahmen eines Betriebes, die darauf ausgerichtet sind, den Absatz zu fördern, betriebliche Entscheidungen markt- und kundenorientiert zu treffen. Ziele des Marketings sind einerseits den Markt zu beherrschen durch Gewinnung von Neukunden, durch Markentreue bei bestehenden Kunden, durch Gewinnung von Neukunden vom Mitbewerber, durch Erhöhung der Produktverwendung, andererseits neue Märkte zu erschließen durch Orientierung an neuen Zielgruppen, Eindringen in andere Verwendungsbereiche oder durch Erschließung neuer Absatzgebiete. Die hierfür benötigten betrieblichen Maßnahmen werden in vier Bereiche gefasst, von denen eine Mischung als erfolgreich angesehen wird (**Marketinggebäude**). Es sind dies Maßnahmen

- der Produktpolitik (Welches Produkt, welche Dienstleistung soll vermarktet werden?).
- der Preispolitik (Gibt es Preisnachlässe? Wird ein Preispaket geschnürt?).
- der Kommunikationspolitik, Verkaufsförderung (Wie kann das Produkt dem Kunden bekannt gemacht werden? Wie können Kundenwünsche erfasst werden?).
- der Vertriebspolitik (Ist das Produkt immer für den Kunden verfügbar?).

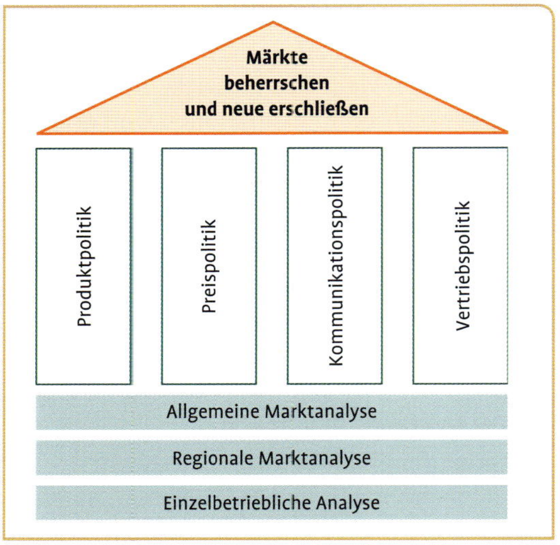

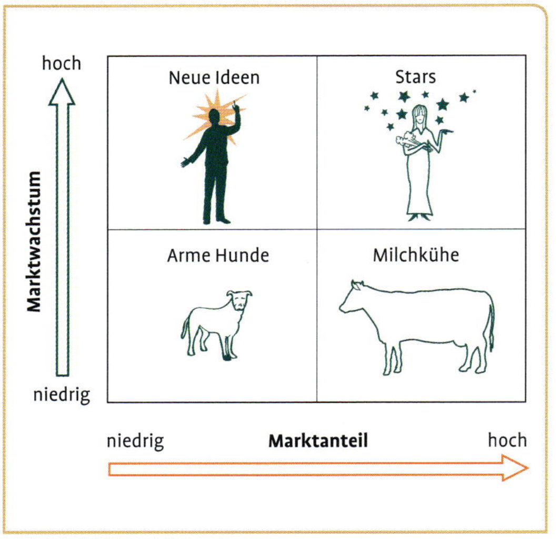

Abb. 244: Das Marketinggebäude

Abb. 245: Portfolioanalyse – Analyse und Zuordnung der einzelnen Produktionszweige bzw. Dienstleistungsbereiche eines Betriebes hinsichtlich Marktwachstum und Marktanteil.

Das richtige Maßnahmenpaket wird man nur dann finden, wenn die betrieblichen Gegebenheiten (Umsatzanteil und Umsatzwachstum der verschiedenen Produktionszweige bzw. Dienstleistungsbereiche eines Betriebes, **Portfolioanalyse**) bekannt sind und die regionalen (örtlichen) und allgemeinen Marktbedingungen genau analysiert werden.

Die **Gesamtmarktentwicklung** im Pferdesport wurde im Auftrag der Reiterlichen Vereinigung 2001 untersucht. Es wird dem Pferdesport insgesamt ein hohes Wachstumspotential bescheinigt. Der Ausbildungsbedarf bei Aus- und Fortbildung kann nicht gedeckt werden. Der Einstieg in den Reitsport weist auf Grund des nicht zufriedenstellenden Schulpferdeangebotes noch Wachstumschancen auf. Entwicklungsmöglichkeiten werden im Bereich der Jugendangebote sowie in der Zurückgewinnung ehemaliger Reiter (etwa 1,5 Mio. Reiter) gesehen. Pferdesport und Pferdehaltung sind Hobbies, die auch noch im Alter ausgeübt werden können. Angesichts der demographischen Entwicklung mit steigendem Rentneranteil bietet diese Zielgruppe in Zukunft Potential. Was die 8,7 Mio. am Pferdesport Interessierte noch abhält, dies sind der benötigte hohe Zeitaufwand und der finanzielle Aufwand.

Regional betrachtet sind Gegenden mit steigenden Einwohnerzahlen, einer hohen Kaufkraft der Bevölkerung (25.000 € je Jahr) und Entfernungen zur nächsten Stadt (über 10.000 Einwohner) von bis zu 20 km bzw. 30 min., eine gute Verkehrsanbindung sowie die Möglichkeit zum Ausreiten in einer attraktiven und abwechselungsreichen Landschaft als günstige Marktvoraussetzungen für Pferdebetriebe mit Dienstleistungen zu betrachten.

6.3.2 Werbung und Kundenbetreuung

Werbung ist Teil des Marketings eines Betriebes und gehört zu den Maßnahmen der Verkaufsförderung. Durch Werbung versuchen die Betriebe ihre Zielkunden und andere Gruppen wirkungsvoll anzusprechen und so zu beeinflussen, dass bei diesen ein Bedürfnis zu handeln entsteht. Werbung spricht an, vergleicht, macht betroffen oder neugierig. Erfolgreiche Werbung ist merkfähig, glaubwürdig, relevant, kontinuierlich und macht aufmerksam.

Werbung hat ökonomische Ziele wie Kauf, Gewinn, Deckungsbeitrag, Umsatz und Abverkäufe steigern und nichtökonomische Ziele wie Gefühle, Bedürfnisse oder Wünsche wecken, Bewusstseinsbildung erreichen durch Aufmerksamkeit, Bekanntheit, Image oder Änderungen von Einstellungen, wie Verhalten aktivieren, das Produkt zu verwenden oder es zu empfehlen.

Das Medium, das die eigentliche Botschaft mithilfe von Gestaltungsmitteln (**Werbemittel**) zum Kunden trägt, nennt man **Werbeträger**.

Als neue Werbeträger sind seit 2003 elektronische „Rabattmarken“ sog. Payback-Karten auf dem Vormarsch, mit dem Ziel, die Kunden stärker an das Unternehmen zu binden. Kuriose Formen wie Raketen, die menschliche

Tab. 81. Werbeträger und Werbemittel

Werbeträger	Werbemittel
Außenwerbung	Litfaßsäule Plakatwand Skywriting Flyer
Werbegeschenke	Feuerzeug Taschenmesser
Medienwerbung	Radio Fernsehen Zeitung Film Internet
Verkehrsmittelwerbung	Bus, Taxi LKW-Plane Heißluftballon
Textilwerbung	Trikot Satteldecke Reitkleidung Capys

Abb. 246: Eine gepflegte Anlage ist auch Werbung.

Haut oder Lebensmittel erweitern die Palette der Werbemittel scheinbar grenzenlos.

Nach Angaben des Zentralverbandes der Deutschen Werbewirtschaft wurden in Deutschland 2011 18,9 Mrd. € für Werbung ausgegeben. Marktführer ist das Fernsehen mit 3,9 Mrd. €, gefolgt von Tageszeitungen (3,6 Mrd. €), Werbung per Post (3,0 Mrd. €) und Anzeigenblätter (2,0 Mrd. €). Rasant ist die Entwicklung auf dem Online-Werbemarkt, dieser wächst jährlich um 10 bis 15 %, 2011 lagen die Ausgaben bei 0,9 Mrd. €

Werbung kostet Geld, deshalb muss jede erfolgreiche Werbeaktion gut vorbereitet werden mit einem **Werbeplan**, der folgende Inhalte aufweisen sollte:

- Marketingziele.
- Werbeziele.
- Werbeetat.
- Auswahl der Zielgruppe.
- Festlegung der Werbebotschaft.
- Auswahl der Werbeträger und Werbemittel.
- Auswahl der Zeit und Region.
- Werbedurchführung.
- Werbekontrolle.

Werbung ist öffentlich und wird deshalb gesetzlich geregelt durch das **Gesetz gegen den unlauteren Wettbewerb (UWG)**, dem Rundfunkstaatsvertrag und dem Teledienstgesetz. Ziel ist es, die Verbraucher, Mitbewerber und andere Marktteilnehmer vor unlauterem Wettbewerb zu schützen und dem Interesse der Allgemeinheit an unverfälschtem Wettbewerb Rechnung zu tragen. So müssen die getroffenen Werbeaussagen objektiv nachprüfbar sein und der Wahrheit entsprechen. Außerdem darf (vergleichende) Werbung nicht irreführend sein und Wettbewerber nicht verunglimpfen oder herabsetzen. Werbung darf keine direkten Kaufappelle an Kinder und Jugendliche enthalten und deren Unerfahrenheit ausnutzen. Sog. Schleichwerbung (Zigarettenpackung in der Hand des Schauspielers) ist in Film- und TV-Programmen verboten.

Neben der Werbung ist die richtige **Kundenbetreuung** (Kundenservice) als Maßnahme der Verkaufsförderung bzw. Kommunikationspolitik zu nennen. Kundenbetreuung bedeutet, auf die Wünsche der Kunden eingehen zu können. Am Beispiel der Pensionspferdehaltung wird dies im Folgenden beschrieben. Die nicht im Verein organisierten Einsteller bevorzugen für die Unterbringung ihrer Pferde Gruppenhaltung im Offenstall oder Einzelbox mit Paddock. Besonderen Wert legt diese Reitergruppe nach einer Marktanalyse der FN auf ganzjährig täglichen Weidegang. 80 % der Befragten gaben an, zwischen zwei und vier Stunden auf der Reitanlage zu verbringen. Allgemein wünschen die Einsteller, dass der Stall und die Nebenräume sauber und mit ausreichend und komfortabel handhabbaren Reinigungs- und Pflegeeinrichtungen und Pflegeprodukten ausgestattet sind, und dass ein guter Umgang mit Pferd und Reitern gepflegt wird. Zudem ist ein Service zur Entlastung der Einsteller, z. B. Weidekontrolle, Wurmkuren oder Hufschmiedetermine erwünscht. Begleitpersonen von Kunden erhoffen sich Aufenthaltsmöglichkeiten, nicht reiterliche Betätigungsmöglichkeiten oder Verpflegung. Hierzu zählen beispielsweise Spielbereiche für mitgebrachte Kinder und ein Reiterstübchen.

6.3.3 Pferde kaufen und verkaufen

Derjenige, der seine Freizeit oder sein Hobby mit dem Pferd verbringen möchte, kann sich hierfür ein Pferd ausleihen, eine Reitbeteiligung mit einem Pferdebesitzer eingehen oder ein Pferd kaufen. Selbst ein Pferd sein Eigen nennen zu können, ist das Ziel aller Pferdeinteressierten. Wer ein Pferd kaufen möchte, sollte dabei systematisch vorgehen, d.h., sich über die gewünschten Eigenschaften vorher im Klaren sein, mehrere Angebote vergleichen und sich rechtlich absichern. Gleiches gilt für den Verkäufer, für welchen Preis und an welchen Käufer soll das Pferd veräußert werden, welcher Verkaufsweg wird gewählt und wie ist der Verkauf rechtlich abzusichern.

Die vom Kunden gewünschten Eigenschaften ergeben sich aus der beabsichtigten Verwendung. Wer beispielsweise eine Zuchtstute kaufen möchte, sollte besonders auf die Eigenschaften achten, die im jeweiligen Zuchtziel beschrieben sind. Dies sind in der Regel:

- Äußere Erscheinung (Typ und Körperbau).
- Bewegungsablauf (Grundgangarten und Springen).
- Innere Eigenschaften, Leistungsveranlagung, Gesundheit.

Der Kauf einer Zuchtstute sollte darüber hinaus durch Informationen und Angaben zur Fruchtbarkeitsleistung (bei Stuten ohne Abfohlung tierärztliche Untersuchung zu den Fruchtbarkeitsaussichten) abgesichert werden. Neben der Qualität ist bei einer Zuchtstute die Abstammung entscheidend. Der von der Züchtervereinigung ausgestellte Abstammungsnachweis (Pedigree) gibt Auskunft über die Vorfahrengenerationen und deren Leistung. Gewünscht sind Väter mit guten Nachkommenleistungen und prämierte Mütter. Bei Reitpferden ist auch der Anteil an Edelblut (englisches Vollblut bzw. Anglo-Araber) beachtenswert.

!

Markt ist das Zusammentreffen von Angebot und Nachfrage.

Verkaufswege

Die meisten Pferde wechseln im Betrieb des Verkäufers ihren Besitzer. Neben diesen sog. „**Ab Stallgasse**“ Verkäufen gibt es Pferdeauktionen, Pferdemärkte, Verkaufswochen und on-line Märkte. Wird das Pferd im Stall des Verkäufers angeboten, so zeigt es sich in seiner vertrauten Umgebung, die Atmosphäre ist persönlich und ohne Zeitdruck. Die Möglichkeiten des Ausprobierens sind vielfältig. Der Käufer gewinnt auch einen Eindruck von der bisherigen Haltung und Ausbildung des Pferdes und hofft, auf die Preisgestaltung Einfluss nehmen zu können. Der Verkäufer hat den Vorteil eines geringen Kosten- und Zeitaufwandes für die Vermarktung. Die Verkaufssituation ist insgesamt weniger öffentlich und mehr individuell. Auf **Pferdeauktionen** werden nach Expertenmeinung etwa 3 bis 5 % der Pferde eines Jahrganges vermarktet. Dies erscheint gering, trotzdem haben Auktionen für die Vermarktung eine große Bedeutung: Kommen doch hier Angebot und Nachfrage in gebündelter Form zusammen. Das Auktionsgeschehen macht die aktuelle Situation von Angebot und Nachfrage öffentlich. Auf Auktionen werden Markttrends deutlich und die Preisentwicklung nimmt Einfluss auf die anderen Verkaufswege. Sowohl für den Käufer als auch für den Verkäufer bringen Auktionen Vorteile. Der Verkäufer bzw. Aussteller braucht sich um die Organisation der Vermarktung nicht zu kümmern, für sein Pferd interessiert sich eine Vielzahl potentieller Käufer, das Pferd muss nur einmal präsentiert werden. Durch den Wettbewerb mehrerer Interessenten an seinem Pferd zum gleichen Zeitpunkt, erhofft er sich einen besseren Preis als beim Verkauf „Ab Stallgasse“. Der Käufer schätzt den Produkt- und Preisvergleich. Durch die vom Auktionsveranstalter bereitgestellten Angaben fühlt sich der Käufer neutral informiert. Dass nur 20 bis 30 % der gesichteten Pferde tatsächlich am Auktionstag zum Verkauf angeboten werden, ist als Maßnahme der Qualitätssicherung zu sehen. Die **Auktionsbedingungen** vermitteln eine rechtliche Absicherung.

Zugelassene Auktionspferde müssen in der Regel auf ihren allgemeinen Gesundheitszustand und röntgenologisch untersucht sein. Der volle Impfschutz (Tetanus, Influenza, Herpes und Hautpilz) muss nachgewiesen werden. In der Vorbereitungszeit, in der interessierte Käufer die Pferde auch mustern und ausprobieren können, finden regelmäßige Gesundheitschecks statt. Kurz vor der Auktion wird nachkontrolliert. Während der Auktion erhält das höchste Gebot den Zuschlag. Der Verkäufer kann mit dem Veranstalter einen realisierbaren Mindest-

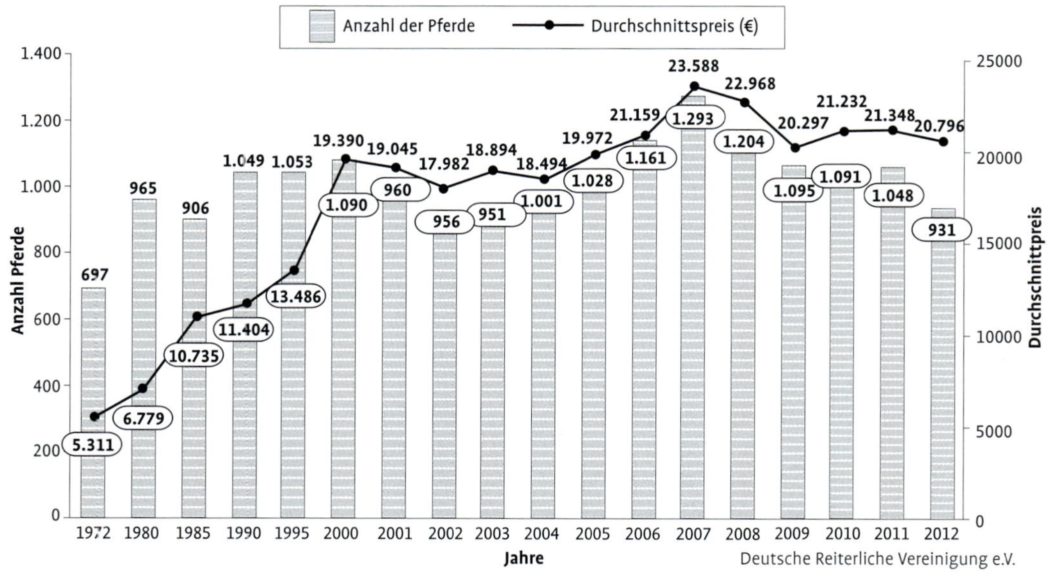

Abb. 247: Entwicklung der Reitpferdeauktionen.

preis festsetzen, unter dem kein Zuschlag erfolgen soll. Der **Zuschlagpreis** ist für den Käufer jedoch nicht der endgültige Preis. Es werden häufig zusätzlich eine sog. Kommissionsgebühr (etwa 6 % des Zuschlages) und die Mehrwertsteuer (19 %) fällig sowie eine Versicherungsprämie von 1 % des Bruttobetrages.

Tab. 82. Gesamtkosten des Pferdekaufes

Zuschlagpreis	**15 000,00 €**
Kommissionsgebühr, 6 % des Zuschlagpreises	900,00 €
Mehrwertsteuer, 19 % des Zuschlagpreises	2 850,00 €
Bruttokosten	**18 750,00 €**
Versicherungsprämie, 1 % der Bruttokosten	187,50 €
Gesamtkosten	**18 937,50 €**

Aber auch der Verkäufer kann nicht über den gesamten Zuschlagspreis verfügen. So hat er die tierärztlichen Untersuchungen zu zahlen, die Unterstellkosten während der Vorbereitungszeit und eine sog. **Verkaufsprovision** an den Auktionsveranstalter in Höhe von 10 bis 15 % des Zuschlagpreises.

Die on-line Vermarktung als **Internet-Auktion** kommt fasst ohne Vermarktungskosten aus und auch der zeitliche Aufwand ist für Käufer und Verkäufer minimal. Es stellt sich die Frage, hat die on-line Vermarktung im Pferdebereich eine Zukunft? Der Vermarktungsexperte P. Krautwig schätzte in einem Interview 2007 die Chancen wie folgt ein: „Internetauktionen sind bislang kein Thema. Denn der Pferdeverkauf ist ein Vor-Ort-Geschäft. Allerdings merken wir schon, dass unsere Kunden unsere Internetseiten immer stärker nutzen, um sich z. B. die Auktionsergebnisse abzurufen oder vorher über die Verkaufstiere zu informieren. Ein Teil der Kunden, gerade die ausländischen

Kunden bzw. die Telefonbieter, verfolgen die Auktionen „live" am Computer. Insgesamt haben wir etwa 700 Nutzer, die per Internet eine Auktion verfolgen."

!

Pferdekauf ist Vertrauenssache und ein Vor-Ort-Geschäft.

Absicherung beim Pferdekauf

Als Lebewesen sind der Gesundheitszustand und die Leistungsfähigkeit eines Pferdes nur schwer zu beurteilen. Unterschiedliche Auffassungen zwischen Verkäufer und Käufer hierüber führen nach dem Kauf immer wieder zu Streitigkeiten, die dann nicht selten vor Gericht enden. Dieses Problem ist nicht neu, so wurde schon **1899** die sog. **Kaiserliche Verordnung über die Hauptmängel beim Pferd** erlassen, die erst 2002 durch die Regelungen des Bürgerlichen Gesetzbuches abgelöst wurde. Das Risiko beim Pferdekauf kann durch eine tierärztliche Ankaufsuntersuchung und einen schriftlichen Kaufvertrag vermindert werden.

Die **Ankaufsuntersuchung** ist kein standardisiertes Untersuchungsverfahren, der Auftraggeber kann Umfang und Inhalt bestimmen. Bestimmte Verfahren haben sich jedoch in der Praxis etabliert, sodass von der „kleinen" und „großen" Ankaufsuntersuchung gesprochen wird. Die „kleine" (klinische) Untersuchung umfasst

- die Adspektion (Betrachtung / Beobachtung) und Palpation (Abtasten) in der Ruhe.
- das Vorführen im Schritt und Trab auf hartem Boden an der Hand.
- die Beugeprobe aller vier Gliedmaßen.
- die Wendeprobe.
- die Untersuchung von Herz, Lunge und Kreislauf vor, während und nach der Belastung.
- die Untersuchung der Augen, der Mundhöhle und der Lymphknoten am Kehlgang.

Röntgenuntersuchungen ergänzen die klinische Untersuchung zur „großen" Ankaufsuntersuchung. Zur röntgenologischen Standarduntersuchung gehören häufig

- 90°-Aufnahmen der beiden Vorderzehen.
- Strahlbeinaufnahmen beider Vorderzehen.
- 90°-Aufnahmen beider Hinterzehen.
- 70°- und 110°-Aufnahmen beider Sprunggelenke.
- Aufnahmen der Kniegelenke.
- Aufnahmen des Rückens.

Die Befunde der Röntgenaufnahme werden gemäß des **Röntgenleitfadens** in vier verschiedene Klassen eingeteilt:

1. Klasse I: Röntgenologisch ohne besonderen Befund und Befunde, die als anatomische Formvarianten eingestuft werden.
2. Klasse II: Befunde, die gering von der Norm abweichen, bei denen klinische Erscheinungen unwahrscheinlich sind.
3. Klasse III: Befunde, die deutlich von der Norm abweichen, bei denen klinische Erscheinungen wenig wahrscheinlich sind.
4. Klasse IV: Befunde, die erheblich von der Norm abweichen, bei denen klinische Erscheinungen wahrscheinlich sind.

Befunde der Klasse III müssen in der Befundbeschreibung erwähnt werden, das Erwähnen von Befunden der Klasse II ist freigestellt. Bislang (bis zum Jahr 2007) gibt es keine gesicherten Erkenntnisse, dass Pferde aufgrund von Befunden der Klasse III prognostisch häufiger lahmen, als aufgrund von Befunden der Klasse II. Fälschlicherweise bemessen Käufer jedoch den Befunden der Klasse III einen grundsätzlichen Krankheitswert oder Mangelcharakter bei.

Durch Handschlag wurde früher üblicherweise der Pferdekauf besiegelt, dies gilt auch heute noch. Um jedoch rechtlichen Streitereien aus dem Wege zu gehen und um den Regelungen des Kaufrechts und den Vorschriften zum Verbrauchsgüterkauf zu entsprechen,

Pferdekaufvertrag[1]

zwischen Frau/Herrn

____

Verkäufer

und

Frau/Herrn

____

Käufer

§ 1 Kaufgegenstand

Der Verkäufer verkauft dem Käufer das Pferd ______________________(Name)

Geschlecht__________ Farbe ______________

Abzeichen________________ Alter bzw. Geburtsjahr ________

Equidenpaß- Nr. ____________ Abstammung ______________

§ 2 Kaufpreis, Zahlungsweise, Fälligkeit

1. Der Kaufpreis beträgt Euro __________ (inkl./zzgl. ____% Mwst.[2])

2. Der Kaufpreis wird gezahlt ○ in bar ○ per Scheck ○ wird auf das Konto des Verkäufers bei der ______________________ Bank BLZ ____________

Kontonummer ________________ überwiesen.

3. Der volle Kaufpreis wird ○ bei Unterzeichnung des Kaufvertrags ○ bei Übergabe des Pferdes nach erfolgreicher Ankaufsuntersuchung fällig.

○ Euro ________ sind bei Unterzeichnung des Vertrags, der Restbetrag von Euro ________ ist bei Übergabe des Pferdes fällig.

§ 3 Ankaufsuntersuchung, Eigenschaftszusicherung

1. Dieser Kaufvertrag wird nur unter der aufschiebenden Bedingung wirksam, daß die tierärztliche Ankaufsuntersuchung[3] erfolgreich verläuft.

2 Es wird ○ keine ○ eine kleine ○ eine große Ankaufsuntersuchung vereinbart. Diese soll enthalten:

____

____

3. Die Ankaufsuntersuchung soll ○ vom Tierarzt ______________________ (Name) durchgeführt werden; bzw. von einem

Abb. 248: Beispiel Pferdekaufvertrag.

Tierarzt, O auf den sich beide Parteien einverständlich einigen O den der Verkäufer aussucht O den der Käufer aussucht.

4. Der Tierarzt wird auch danach ausgesucht, daß er seine Haftung für Mängel bei der Ankaufsuntersuchung nicht durch Allgemeine Geschäftsbedingungen zeitlich oder inhaltlich einschränkt[4].

5. Die Kosten der Ankaufsuntersuchung O trägt der Verkäufer O der Käufer O teilen sich beide Parteien in folgendem Verhältnis ____________

6. O Der Verkäufer sichert dem Käufer folgende Eigenschaften des Pferdes zu:[5]

____

(z.B. schmiedefromm, eingeritten, eingefahren, geländesicher, beißt nicht, schlägt nicht etc.)

7. O Eine bestimmte Beschaffenheit im Sinne von § 434 Absatz 1 BGB ist nicht vereinbart. Die Haftung des Verkäufers wird beschränkt auf gesundheitliche Mängel, die geeignet sind, die Einsatzfähigkeit des Pferdes erheblich zu beeinträchtigen.[6]

§ 4 Rechte Dritter, Eigentumsübergang, Papiere

1. Der Verkäufer versichert, daß das Pferd frei von Rechten Dritter ist und in seinem Eigentum steht.

2. Die Übertragung des Eigentums und die Aushändigung der Papiere erfolgt erst bei vollständiger Bezahlung des Kaufpreises.

3. Nach der vollständigen Bezahlung des Kaufpreises werden folgende Papiere[7] übergeben:

O Abstammungsnachweis O Equidenpaß O Impfpaß O Nennungscheckheft O Stutbuch
O Sonstiges, nämlich____________________________

§ 5 Gefahrenübergang, Transport

1. Die Gefahren der Beeinträchtigung oder des Todes des Pferds gehen auf den Käufer über, sobald der Verkäufer das Pferd der zur Ausführung des Transports bestimmten Person übergeben hat.

2. Die Kosten des Transport trägt der Käufer. Der Transport kann auf Wunsch des Käufers und auf dessen Kosten versichert werden.

3. Sollte das Pferd aus Gründen, die der Verkäufer nicht zu vertreten hat, länger als vorgesehen beim Verkäufer bleiben, so schuldet dieser nur die Sorgfalt, die er auch im Umgang mit seinen eigenen Pferden anwendet. Die Kosten der Unterbringung trägt der Käufer.

§ 6 Sonstiges

1. Außer den in diesem Pferdekaufvertrag schriftlich niedergelegten Vereinbarungen wurden sonstige Abreden nicht getroffen.

2. Sollten einzelne Bestimmungen dieses Pferdekaufvertrages unwirksam oder undurchführbar sein oder werden, so wird dadurch die Wirksamkeit der übrigen Bestimmungen nicht berührt. Anstelle der

unwirksamen oder undurchführbaren Bestimmung gilt diejenige wirksame und durchführbare Bestimmung als vereinbart, die dem wirtschaftlichen Zweck der unwirksamen oder undurchführbaren Bestimmung am nächsten kommt. Entsprechendes gilt für den Fall, daß dieser Kaufvertrag planwidrige Regelungslücken enthält.

3. Gerichtstand ist O der Wohnsitz O der Geschäftssitz O des Verkäufers O des Käufers.

4. Jeder Vertragspartner hat eine Ausfertigung dieses Vertrags erhalten.

______________________________ ______________________________

Ort, Datum, **Verkäufer** Ort, Datum, **Käufer**

Anmerkungen:

1. Ein Pferdekaufvertrag ist auch mündlich wirksam. Es empfiehlt sich jedoch dringend, den Vertrag schriftlich abzufassen. Er zwingt die Parteien dazu, darüber nachzudenken, was sie eigentlich regeln wollen und sollen. Zudem wird im Streitfall der Nachweis vereinfacht.

2. Mehrwertsteuer darf nur ausgewiesen werden, wenn der Verkäufer mehrwertsteuerpflichtig bzw. -berechtigt ist. Dies ist nicht der Fall, wenn der Verkauf durch Privatperson außerhalb jeglichen Geschäftsbetrieb (zum Beispiel einer Zucht) erfolgt. In diesem Fall ist nur der Preis zu nennen und evt. darauf hinzuweisen, daß dieser keine Mehrwertsteuer enthält.

3. Die Ankaufsuntersuchung ist dringend zu empfehlen - nicht nur bei besonders teuren Pferden.

4. Sinn der Ankaufsuntersuchung ist ja, daß Mängel des Pferdes erkannt werden. Außerdem wollen die Parteien die Haftung für nichtentdeckte Krankheiten oder Mängel des Pferdes auf den Tierarzt als dritte Person verlagern. Viele Tierärzte grenzen ihre Haftung jedoch in ihren Allgemeinen Geschäftsbedingungen (AGB) ein, indem sie eine Verjährungsfrist von sechs Monaten für Ansprüche gegen sie festschreiben. Damit läßt sich das für Verkäufer und Käufer wichtige Ziel der Haftung einer dritten Person nicht erreichen. Wenn es sich um ein sehr teures Pferd handelt, sollte man sich auch vergewissern, daß der Tierarzt eine entsprechende Berufshaftpflichtversicherung abgeschlossen hat.

5. Dem Verkäufer wird unbedingt empfohlen, nur solche Eigenschaften zuzusichern, die jederzeit überprüfbar sind und zu denen er stehen kann.

6. Das neue Kaufrecht ab 1. Januar 2002 sichert dem Käufer eine zweijährige Garantie bei neuen und eine einjährige bei gebrauchten Sachen zu. Das neue Kaufrecht gilt auch für Pferde - obwohl keineswegs geklärt ist, wann zum Beispiel ein Pferd "neu" oder "gebraucht" ist. Deshalb soll der Verkäufer äußerst vorsichtig und gewissenhaft bei der Zusicherung von Eigenschaften sein. Im Zweifelsfall sollte er sich entscheiden, Punkt 7 anzukreuzen und keine bestimmten Eigenschaften zuzusichern.

7. Hier sind alle Papiere aufzulisten, die das Pferd besitzt. Der Verkäufer ist zur Übergabe dieser Papiere verpflichtet.

empfiehlt es sich, einen **schriftlichen Kaufvertrag** abzuschließen.

Seit 2002 gibt es keine rechtlichen Sonderregelungen mehr für den Viehkauf, Pferde werden rechtlich wie Verbrauchsgüter behandelt (BGB §§ 433–440, 475,476).

Rechte des Käufers

Der Verkäufer hat die Verpflichtung, dem Käufer eine mangelfreie Sache zu verschaffen. Im Falle eines **Mangels** kann der Käufer im ersten Schritt **Nacherfüllung** verlangen, und nach seiner Wahl entweder durch Beseitigung des Mangels (z. B. Verbesserung des Futterzustandes) oder durch Ersatzlieferung (anderes Pferd). Ist eine Nacherfüllung nicht möglich, z. B. bei chronischen Erkrankungen, das gekaufte Pferd ist einmalig in seiner Art, so kann der Käufer in einem zweiten Schritt entweder vom **Vertrag zurücktreten (Geld zurück / Pferd zurück)** oder den **Kaufpreis mindern** (Herabsetzung des Kaufpreises in Höhe des geldlich bemessenen Mangels) und er kann **Schadensersatz** verlangen (z. B. Tierarztkosten, entgangene Gewinnmöglichkeit).

Beweislast

Grundsätzlich muss der Käufer beweisen, dass ein Mangel vorliegt und dass dieser bei Übergabe des Pferdes bereits bestand. Verkauft jedoch ein gewerblicher Pferdehändler, Landwirt oder Pferdewirt als Unternehmer ein Pferd an eine Privatperson (**Verbrauchsgüterkauf**) und zeigt sich ein Mangel, so hat der Verkäufer zu beweisen, dass bei Übergabe des Pferdes dieser Mangel nicht vorhanden war (**Beweislastumkehr**).

Verjährung

Die Regelverjährung beträgt zwei Jahre. Dies bedeutet, dass alle Mängel, die innerhalb von zwei Jahren nach dem Kauf entstehen, beanstandet werden können, danach tritt die Verjährung ein. Beim Verkauf unter Privatpersonen kann vertraglich eine Verkürzung dieser Frist vereinbart werden. Beim Verbrauchsgüterkauf ist die Möglichkeit der Verkürzung der Verjährungsfrist nur bei gebrauchten Sachen vertraglich auf ein Jahr gegeben. Der private Verkäufer darf die Haftung für gesundheitliche und sonstige Mängel durch Vertrag ausschließen, ist der Verkäufer Unternehmer (Verbrauchsgüterkauf) so ist dies grundsätzlich nicht möglich.

Die hier aufgezeigten rechtlichen Regelungen machen deutlich, dass beim Pferdekauf der Handschlag als Vertragsform der Vergangenheit angehört, dass in jedem Fall die Schriftform gewählt werden sollte.

6.3.4 Qualität im Betrieb sichern

Beschwerden von Einstellern, Reklamationen nach dem Pferdeverkauf, schlechte Leistungen im Sport, häufiger Wechsel der Kunden, viele Kündigungen bei den Mitarbeitern – dies sind alles Anzeichen für Mängel im Betrieb und Fehler im Betriebsmanagement. Nur wenn die Anforderungen mit den Erwartungen übereinstimmen, spricht man von **Qualität**. Qualität bezieht sich dabei auf die angebotenen Produkte und Dienstleistungen, aber auch auf die Arbeitsabläufe und Geschäftsprozesse des Betriebes. Eine gute Qualität ist kostenlose Werbung, verbessert das Betriebsimage und spart Kosten, da weniger Nachbesserungen oder Gewährleistungsansprüche anfallen. Qualität anbieten, heißt, die Beschaffenheit bzw. Güte eines Produktes oder einer Dienstleistung, die versprochen wird, auch einzuhalten. Wichtigstes Ziel der **Qualitätssicherung** ist die Vermeidung von Fehlern, sie erst gar nicht entstehen zulassen. Um dies zu erreichen, müssen in allen Arbeitabläufen und Geschäftsprozessen **Qualitätskontrollen** eingerichtet sein oder schriftliche Verträge abgeschlossen werden (z. B. Einstellervertrag zwischen Pensionsbetrieb und Kunden). Bei Qualitätskontrollen

> **!**
>
> Qualität heißt, das Versprochene auch einzuhalten.

bedient man sich häufig schriftlicher Kontrollpläne wie z. B. Checklisten.

Für den Pferdebetrieb eignen sich Kontrollpläne beispielsweise für die folgenden Bereiche:

- Stallbereich: Bestands- und Belegungsliste, Impfplan, Desinfektionsplan, Trainings- und Ausbildungspläne, Tagebuch.
- Futterkammer: Hygiene- und Desinfektionsplan.
- Reithalle, Reitplatz: Belegungsplan, Pflege- und Instandsetzungsplan.
- Stutenstall: Trächtigkeits- und Abfohlplan.
- Weide: Besatzliste, Beweidungsplan, Düngeplan an Hand von Bodenuntersuchungen.

Tab. 83. SWOT-Analyse (Fragestellungen)

S	Strenghts Stärken	Was lief gut? Was sind unsere Stärken? Worauf sind wir stolz? Was gab uns Energie? Wo stehen wir momentan?
W	Weaknesses Schwächen	Was war schwierig? Wo liegen unsere Fallen, Barrieren? Welche Störungen behinderten uns? Was fehlt uns?
O	Opportunities Chancen	Was sind die Zukunftschancen? Was können wir ausbauen? Welche konkreten Verbesserungsmöglichkeiten haben wir? Was können wir im Umfeld nutzen? Wozu wären wir noch fähig? Was liegt noch brach?
T	Threats Gefahren	Wo lauern künftig noch Gefahren? Was kommt an Schwierigkeiten auf uns zu? Was sind mögliche Risiken, kritische Faktoren? Womit müssen wir rechnen?

Der Umfang der Qualitätskontrollen muss angemessen sein, denn sie verursachen Kosten. Eine erste, gesamtbetriebliche Qualitätskontrolle und -verbesserung kann auch mit der **SWOT-Analyse** (engl. Akronym für Strengths (Stärken), Weaknesses (Schwächen, Opportunities (Chancen) und Threats (Gefahren)) durchgeführt werden.

Viele Betriebe lassen sich ihre Qualität durch unabhängige Kontrolleinrichtungen bestätigen (**zertifizieren**). Werden die von dieser Einrichtung festgelegten Qualitätskriterien und Qualitätssicherungsmaßnahmen eingehalten, wird ein **Qualitätssiegel** bzw. Gütezeichen verliehen. Eine der bekanntesten Qualitätsnormen sind die EN-ISO 9000-9004.

Ein Beispiel für unabhängige Qualitätskontrolle im Pferdebereich ist das Anerkennungsverfahren der FN für Pferdebetriebe. Interessierte Betriebe werden nach Antrag durch FN-Vertreter mittels Betriebsbesichtigung nach festgelegten Kriterien hinsichtlich Personal, Pferdebestand, Gebäude und Anlagen, Versicherungen sowie Bekanntmachung von Arzt, Tierarzt und Schmied überprüft. Die Anerkennung erfolgt für drei Jahre und kann nach erneuter Besichtigung verlängert werden. Äußeres Zeichen dieser Qualitätskontrolle ist das FN-Grundschild „Pferdehaltung". Weitere Anerkennungsverfahren der FN ermöglichen die Kennzeichnung als Zuchtbetrieb, Pensionspferdebetrieb, Schule, Einrichtung für therapeutisches Reiten, Touristikbetrieb, Turnierstall und Ausbildungsbetrieb. Für diese Zusatzkennzeichnungen müssen die Betriebe spezielle Kriterien erfüllen, z. B. müssen in Turnierställen die Leiter die Zugehörigkeit zum A/B- Kader oder zur LK 1 bzw. LK 2 in der Regel mit Ausbilderqualifikation gem. APO oder Erfolge in GVL-Prüfungen nachweisen. Bei Pensionspferdebetrieben wird empfohlen, Einstellerverträge abzuschließen.

Muster eines Pferdeeinstellungsvertrages (für Reitbetriebe)

Zwischen dem Reitbetrieb
- im Folgenden mit RB bezeichnet - und ______________________________

Herrn/Frau
- im Folgenden mit Einsteller bezeichnet – ______________________________

wird folgender Pferdeeinstellungsvertrag geschlossen:

§ 1

Für die Einstellung von __________ Pferd(en) ____________________ (Name)
wird (werden) in dem Stallgebäude des RB ____________________ Boxe(n)
(einschließlich Paddock) vermietet.

Die Benutzung der geschlossenen und offenen Reitbahn ist dem Einsteller lt. Betriebs- und Reitordnung gestattet, die Bestandteil dieses Vertrages ist.

§ 2

Der Vertrag beginnt am ________ und endet am ________ und läuft auf unbestimmte Zeit.

Ist der Vertrag auf unbestimmte Zeit geschlossen, so kann er mit einer Frist von 1 Kalendermonat gekündigt werden. Die Kündigung bedarf der Schriftform. Für die Rechtzeitigkeit der Kündigung kommt es auf die Ankunft des Kündigungsschreibens an.
Der Vertrag kann ohne Einhaltung einer Kündigungsfrist nur aus wichtigem Grund gekündigt werden. Ein wichtiger Grund liegt insbesondere vor, wenn

a) der Einsteller mit der jeweils geschuldeten Vergütung vier Wochen im Rückstand ist;
b) die Betriebs- und Reitordnung trotz Anmahnung wiederholt oder – auch ohne vorherige Abmahnung – schwerwiegend verletzt wird.

Die Regelung gilt auch für einen wichtigen Grund, den eine von dem Einsteller mit dem Reiten des Pferdes oder mit sonstigen in den Bereich dieses Vertrages fallenden Verrichtungen betraute Person setzt.

(Zur Kündigung siehe auch Anmerkung im Anhang.)

§ 3

Der Pensionspreis beträgt € ________ monatlich. Er beinhaltet eine garantierte Futtermenge von Hafer bzw. Haferersatzfuttermittel ________ kg, Heu ________ kg pro Tag sowie täglichen Weidegang in den Monaten April bis Oktober. Die Futtergabe bzw. Futterhäufigkeit kann nach Vereinbarung erhöht (vermindert) werden. Der Pensionspreis ist im Voraus bis spätestens zum 10. Tag des laufenden Monats auf das Konto ________________ des RB bei ______________________________ zu zahlen.

Vorübergehende Abwesenheit (Turnierbesuch etc.) des eingestellten Pferdes wird auf den Pensionspreis nicht in Anrechnung gebracht.

Der RB verpflichtet sich, das (die) eingestellte(n) Pferd(e) mit der Sorgfalt eines ordentlichen und gewissenhaften Pflegers zu füttern, zu pflegen und Krankheiten und besondere Vorkommnisse unverzüglich nach Bekanntwerden dem Einsteller zu melden.

§ 4

Der Einsteller verpflichtet sich, Auskunft hinsichtlich fremder Eigentumsrechte an dem (den) Pferd(en) zu erteilen. Er garantiert dafür, dass das (die) Pferd(e) nicht von einer ansteckenden Krankheit befallen ist (sind) oder aus einem verseuchten Stall kommt (kommen). Der RB ist berechtigt, hierfür gegebenenfalls einen tierärztlichen Bericht auf Kosten des Einstellers zu verlangen.

Abb. 249: Muster Einstellervertrag.

Der Einsteller hat dem RB den Abschluss einer Reitpferdehaftpflichtversicherung nachzuweisen. Er hat Stallhalfter und Anbinderiemen selbst zu stellen, sofern nicht eine andere Vereinbarung getroffen wird.

§ 5

Der RB kann im Namen des Einstellers einen Tierarzt bestellen, wenn das Hinzuziehen eines Tierarztes erforderlich ist. In nicht dringenden Fällen ist die Zustimmung des Einstellers einzuholen.

§ 6

Der Einsteller ist nicht berechtigt, ohne Zustimmung des RB bauliche Veränderungen an der Anlage oder im Stall vorzunehmen.

§ 7

Der Einsteller hat für Schäden aufzukommen, die an den Einrichtungen des Stalles und den Reitbahnen sowie an den Hindernissen durch ihn bzw. sein Pferd oder einen mit dem Reiten seines Pferdes Beauftragten verursacht werden.

§ 8

Der RB hat wegen fälliger Forderungen gegen den Einsteller ein Zurückhaltungsrecht am Pferde des Einstellers und ist befugt, sich aus dem zurückbehaltenden Pferd zu befriedigen. Die Befriedigung erfolgt nach den für das Pfandrecht geltenden Vorschriften des BGB. Die Verkaufsberechtigung tritt 2 Wochen nach Verkaufsandrohung ein.

§ 9

Für den RB und seine Erfüllungsgehilfen (Reitlehrer, Stallpersonal etc.) besteht Versicherungsschutz im Rahmen der Allgemeinen Versicherungsbedingungen für die Haftpflichtversicherung.

§ 10

1. Ansprüche, die im Rahmen der AHB nicht erfasst sind, sind ausgeschlossen. Der Einsteller erkennt ausdrücklich an, dass er über den Umfang der genannten Versicherungen unterrichtet ist.
2. Ansprüche aus Feuerschäden sind ausgeschlossen.
3. Von dem Ausschluss sind Ansprüche wegen Schäden ausgenommen, die zusätzlich durch eine Person verursacht werden, für die der RB kraft Gesetzes haftet.

§ 11

Änderungen dieses Vertrages bedürfen in jedem Falle der Schriftform. Mündliche Erklärungen sind unwirksam.

§ 12

Gerichtsstand und Erfüllungsort ist ________________

________________, den ________________

________________________________ ________________________________

Zur Wiederholung und Vertiefung

1. Erläutern Sie den Begriff „Marketing“ anhand seiner Zielsetzung.
2. Führen Sie für Ihren Ausbildungsbetrieb eine Portfolio-Analyse durch.
3. Beurteilen Sie die allgemeine Marktentwicklung für Ihren Ausbildungsschwerpunkt.
4. Beurteilen Sie die regionalen Marktvoraussetzungen für Ihren Ausbildungsbetrieb.
5. Entwickeln Sie ein Marketing-Mix Konzept für Ihren Ausbildungsbetrieb.
6. Erläutern Sie Ziele und Aufgaben der Werbung.
7. Welche Werbeträger bzw. Werbemittel halten Sie für Ihren Ausbildungsbetrieb grundsätzlich für geeignet?
8. Entwickeln Sie einen Werbeplan für Ihren Ausbildungsbetrieb, gestalten Sie dafür auch ein ausgewähltes Werbemittel.
9. Beurteilen Sie die Maßnahmen zur Kundenbetreuung in Ihrem Ausbildungsbetrieb.
10. Erläutern Sie das systematische Vorgehen beim Pferdekauf.
11. Vergleichen Sie die verschiedenen Wege des Pferdehandels.
12. Begründen Sie die Bedeutung von Pferdeauktionen.
13. Informieren Sie sich in Ihrem Fachbereich über die Auktionsbedingungen für den Aussteller und den Käufer.
14. Beurteilen Sie die Rolle des Internets im Pferdehandel.
15. Stellen Sie die Unterschiede der kleinen und großen Ankaufsuntersuchung heraus.
16. Beurteilen Sie die Röntgenklasse III als Kriterium für den Pferdekauf.
17. Stellen Sie die grundsätzlichen Rechte des Käufers bei Mängelfeststellung am Pferd dar.
18. Erklären Sie die Beweislastumkehr beim Verbrauchsgüterkauf an einem Beispiel.
19. Warum sollten Pferdekaufverträge immer schriftlich erfolgen?
20. Begründen Sie die Notwendigkeit der Qualitätssicherung in Pferdebetrieben.

Abb. 250: FN-Schild Fachschule Reiten.

21. Führen Sie die SWOT-Analyse für Ihren Ausbildungsbetrieb durch.
22. Beurteilen Sie die Maßnahmen zur Qualitätskontrolle in Ihrem Ausbildungsbetrieb.
23. Entwickeln Sie für einen Teilbereich/Arbeitsbereich Ihres Ausbildungsbetriebes eine brauchbare Maßnahme zur Qualitätskontrolle.
24. Wenn Ihr Ausbildungsbetrieb ein Qualitätssiegel führt, beschreiben Sie dieses anhand der notwendigen betrieblichen Voraussetzungen.

6.4 Pferdehaltung als Wirtschaftszweig volkswirtschaftlich beurteilen

Will man die volkswirtschaftliche Bedeutung der Pferdehaltung beurteilen, so ist es sinnvoll, auch auf den **Nutzungswandel** einzugehen. Früher war Europa mit fast 20 Mio. Pferden der pferdereichste Erdteil. Die Ursache hierfür lag in der Nutzungsvielfalt dieses Tieres. Als Transportmittel musste es Eisenbahn und Lastwagen ersetzen, als Zugpferd in der Landwirtschaft den Traktor. Das Militär trug auf seinem Rücken Kriege aus; auch im letzten Weltkrieg sind Pferde noch zum Einsatz gekommen. Sogar die Übermittlung von Nachrichten und Meldungen wurde früher durch die Geschwindigkeit des Pferdes bestimmt. Militär, Landwirtschaft, Handel und Gewerbe waren somit von einer guten und intensiven Pferdezucht abhängig.

Nach dem 2. Weltkrieg, um 1950, nahmen die steigende Technisierung, Automatisierung und insbesondere die Motorisierung dem Pferd die beschriebenen Aufgaben ab. Das Pferd war „arbeitslos" geworden. Die Bedeutung der Pferdehaltung schmolz dahin, was sich auch in den Bestandszahlen niederschlug. 1970 wurden nur noch etwa 250 000 Pferde in der BRD gezählt (1951 etwa 1 570 000).

Die angenehmen Auswirkungen des „Deutschen Wirtschaftswunders" brachten den Bundesbürgern jedoch auch ein Mehr an Freizeit. Jetzt besann man sich wieder auf das Pferd als lieben und treuen Sport- und Freizeitpartner. Die Zucht musste sich den geänderten Wünschen anpassen. Pferde für den Reitsport mit seinen vielfältigen Möglichkeiten (Freizeitreiterei bis Turniersport) waren nun gefragt. So erhöhte sich die **Zahl der Zuchtstuten** von 1970 mit 28 000 Stück auf 64.000 im Jahre 2011. Bezeichnend für diese Entwicklung ist, dass das bevölkerungsstärkste Bundesland, Nordrhein-Westfalen, auch die meisten Pferde zählt, ca. 200.000. Mit etwa 1 Mill. geschätzten und ca. 462.000 gezählten Pferden im Jahr 2011 hält der Bestand in der Bundesrepublik Deutschland sein hohes Niveau.

Wenn nun das Pferd nicht mehr als Arbeits- und Zugpferd dient, sondern „nur" zur Sport- und Freizeitgestaltung benötigt wird, hat es dann noch eine volkswirtschaftliche Bedeutung?

Nach Schätzungen des Deutschen Bauernverbandes werden in der Bundesrepublik durch Sport, Zucht und Haltung von Pferden in spezialisierten Pferdebetrieben und in landwirtschaftlichen Betrieben mit Pferdehaltung 300 000 Arbeitsplätze gesichert. So ist im Bundesland Baden-Württemberg zwischen 1980 und 2001 die Zahl der landwirtschaftlichen Betriebe um 48 % zurückgegangen (von 113 200 auf 59 000), aber der Anteil derer mit Pferdehaltung von 8 auf 15,6 % gestiegen. Wenn die FN 2006 über 760 000 organisierte Reiter in 7 500 Vereinen gezählt hat, **1,6 Mill. Reiterinnen und Reiter** geschätzt werden, nach einer Umfrage 8,7 Mill. Bundesbürger (14 % der Gesamtbevölkerung) Interesse am Pferd bekunden, so

Tab. 84. Gesamtpferdebestand in der Bundesrepublik Deutschland (in Tausend)

Jahr	Gesamtpferdebestand	darunter Ponys (II)	Pferdehalter*) (I/II)
1976	335,0	98,0	120,2/51,3
1986	367,6	86,5	92,8/39,0
1996	652,4	170,9	118,3/56,5
2003**)	524,8	116,9	73,1/30,7
2007	542,0	–	64,1/ –
2010	462,0	–	–

*) Betriebe über 2 ha
**) ab 1999 ist die Vergleichbarkeit aus methodischen Gründen eingeschränkt.
Quelle: Statistisches Bundesamt 2012

ist die gesellschaftliche Bedeutung, also die Bedeutung für die Mitbürger eines Staates, nicht von der Hand zu weisen. Die **volkswirtschaftliche Leistung**, also alle Aufwendungen, Anschaffungen, Arbeiten, Kosten und Mühen für die gesamte Pferdehaltung, lässt sich nur abschätzen. Sie wird für die Pferdezucht und den Pferdesport in der Bundesrepublik insgesamt auf 6 Mrd. € pro Jahr angesetzt. (Wenn man 2000 Fünfhundert-Euro-Scheine auf 10 cm presst und aus diesen Preßlingen einen Turm von 100 m Höhe baut, dann hat man 1 Mrd. € erreicht.) Als umsatzträchtige Teilbereiche seien die Futtermittel (Heu, Stroh, Hafer, Mischfutter etc.) mit 1 Mrd. €, ärztliche Behandlung und Arzneimittel mit 240 Mill. €, Zubehör, Kleidung usw. ebenfalls 250 Mill. € oder auch der Stallbau mit 300 Mill. € genannt.

Wenn wir über diese großen Summen auch erstaunt sind, so sagen sie doch letztendlich nur aus, wie viel Geld für die Haltung aller Pferde aufgewendet werden muss. Die Zusammenhänge werden schnell etwas verständlicher, wenn wir uns die Zahlen für ein Pferd vor Augen halten. Mit Recht wird jeder sagen, dass dies von vielen Dingen abhängig ist (z. B. Pferdesportart, Pferderasse, Anschaffungspreis, Aufstallungsart, Futtergrundlage etc.). So können die monatlichen Aufwendungen von etwa 1800 € für ein Rennpferd im intensiven Training, auf 300 € für ein Robustpferd sinken. Aber alle zusammen tragen zu der volkswirtschaftlichen Gesamtleistung bei und schaffen Arbeitsplätze. 60 Pferde versorgen beispielsweise eine Gestütsleiterin, einen Ausbilder, zwei Auszubildende und einige Pferdepfleger mit Arbeit. Tierärzte, Hufschmiede, Futtermittelhändler, Turnierveranstalter und Sattler unterstützen sie.

!

Qualität macht die Pferdehaltung konjunkturunabhängig.

Wodurch kann die volkswirtschaftliche Leistung der Pferdehaltung beeinflusst werden?

Wenn ein Wirtschaftszweig seine ökonomische Basis so sehr auf Sport und Freizeit setzt, ist er davon abhängig, wie viel die Kunden bereit und in der Lage sind, für ihr Hobby oder ihren Sport aufzuwenden. In Zeiten einer Schwächung des allgemeinen Wirtschaftslebens (Konjunkturrückgang) werden die Bürger an den nicht lebensnotwendigen Freizeitausgaben sparen. Trotz wirtschaftlicher Flaute ist der Durchschnittspreis auf den Reitpferdeauktionen von 13486 € (1995) auf 20.297 € (2009) gestiegen und blieb auch auf diesem Niveau (2012: 20796 €). Dies soll als Zeichen gewertet werden, dass Qualität (gute Nachzucht, gute Ausbildung, gutes Training, gute Pflege) in der Pferdehaltung konjunkturunabhängig gut bezahlt werden. Bei den olympischen Spielen von London 2012 stammten von den insgesamt gestarteten 219 Pferden 65 aus deutscher Zucht. Um diese Qualitätsstufe im jeweiligen Schwerpunktbereich des Pferdesports zu erreichen, gilt als einer der wichtigsten Grundbausteine die gute Ausbildung zum Pferdewirt.

Zur Wiederholung und Vertiefung

1. Beurteilen Sie die volkswirtschaftliche und gesellschaftliche Bedeutung der Pferdehaltung in Deutschland.
2. Wie können Pferdebetriebe sich trotz gesamtwirtschaftlicher, konjunktureller Rückschläge am Markt behaupten?
3. Beurteilen Sie die Zukunftsperspektiven der Pferdebetriebe Ihres Ausbildungsschwerpunktes.

7 Ausbildungsberuf Pferdewirt / Pferdewirtin

Seit Beginn der Pferdezucht und des Pferdesports in Deutschland werden Pferdefachleute auf alle praktischen und theoretischen Bereiche ihres Berufes vorbereitet. Diese Ausbildung erfolgte – zunächst locker, später straffer geordnet – in der Regie der zuständigen Fachverbände und deren Dachorganisationen.

In allen Sparten des Pferdesports kristallisierten sich allmählich Ausbildungswege heraus, die gezielt zu festumrissenen Qualifikationen mit entsprechender Berufsbezeichnung führten. Stiefkind dieser Entwicklung blieben die Pferdezüchter, weil sie sich vornehmlich aus den Reihen fachkundiger Landwirte rekrutierten. In außerlandwirtschaftlichen Betrieben wurden vornehmlich Traber und Vollblüter zu Rennzwecken gezüchtet. Hier entwickelte sich – besonders im Vollblutbereich – zentral gefördert eine fachbezogene Ausbildung für Pferdezüchter.

Infolge der Motorisierung verlagerten sich Pferdezucht und Pferdesport nach dem Zweiten Weltkrieg von der Landwirtschaft in Privat- und Gemeinschaftsgestüte, in gewerbliche Reitställe, Ranches und ähnliche Unternehmen. Diese sind ohne ausgebildetes Fachpersonal nicht zu bewirtschaften.

Die Entwicklung des Bildungs- und Ausbildungssystems in der Bundesrepublik führte zu einer bundeseinheitlichen Regelung für alle anerkannten Ausbildungsberufe. Dadurch kam es zu der Sammelbezeichnung „Pferdewirt“ für alle sich um das Pferd rankenden Berufe und 1975 zur Verabschiedung der „Verordnung über die Berufsausbildung zum Pferdewirt“ (PfWirtAusbV). Seit dem Zeitpunkt werden der „Pferdewirt“ und seine vier Schwerpunkte „Reiten“, „Zucht und Haltung“, „Rennreiten“ und „Trabrennfahren“ dem Berufsfeld Landwirtschaft zugeordnet und damit gelten die Landwirtschaftsministerien, Landwirtschaftsämter oder Landwirtschaftskammern als für die Berufsbildung **zuständigen Stellen**. Mit der zunehmenden Bedeutung des Pferdes als Sport- und Freizeitbegleiter, der Ausweitung der Reitweisen (Western, Gangpferde), der Verschiedenartigkeit der Nutzung (Therapeutisches Reiten, Holzrückearbeiten, Zirkuslektionen) von Pferden einerseits und der Spezialisierung der Tätigkeiten gerade im Dienstleistungsbereich (Pferdedentist, Ostheopat, Pferdetherapeut) andererseits sind neue Arbeitsfelder entstanden, die Einfluss nehmen auf die Zielsetzung und die Inhalte der Berufsausbildung. Die zuständigen Ausschüsse für die Ausbildung zum Pferdewirt / zur Pferdewirtin haben deshalb Ausrichtung und Anzahl der Ausbildungsschwerpunkte geändert, sie lauten:

- Klassische Reitausbildung
- Pferdehaltung und Service
- Pferderennen
- Pferdezucht
- Spezialreitweisen

Im Jahr 2011 waren bundesweit insgesamt 1875 Ausbildungsverhältnisse eingetragen, mit den Hauptanteilen bei der Klassischen Reitausbildung und der Pferdehaltung und Service.

7.1 Beruf und Betrieb auswählen

Kerstin hat die Realschule erfolgreich mit der Fachoberschulreife abgeschlossen. Seit ihrer Jugendzeit interessiert sie sich für Pferde, weshalb sie als Kind im Sommer Reiterferien machte, seit mehreren Jahren ein Pflegepferd betreut und sie in den letzen Ferien einen Lehrgang zum bronzenen Reiterabzeichen absolvierte. Zu einem eigenen Pferd hat es bislang nicht gereicht. Sie könnte sich eine Ausbildung zur Pferdewirtin vorstellen. Ihre Freundinnen und auch ihre Eltern raten ihr ab. Ist der Beruf was für mich? Wie finde ich den richtigen Ausbildungsbetrieb? – Fragen, zu denen Kerstin Antworten sucht.

Die Wahl eines Ausbildungsberufes hat als Zielgröße in der Lebensplanung von Jugendlichen eine besondere Bedeutung. So belegt die 15. Shell-Jugendstudie von 2006, dass Jugendliche besorgt um ihren Arbeitsplatz sind. „Beruf" wird als Erwerbs- und Versorgungschance gesehen, als Entscheidungsgröße für die finanzielle Existenzsicherung. In Anbetracht von etwa 3,5 Millionen Arbeitslosen in Deutschland (im Jahr 2007) wohl ein wesentlicher Aspekt. Dass jeder Vierte ohne Ausbildung arbeitslos wird, unterstreicht die Notwendigkeit der Ausbildung. Die Jugendlichen lassen sich nicht entmutigen, „Aufstieg statt Ausstieg" lautet die Devise.

!

Bildung sichert den Arbeitsplatz.

7.1.1 Anforderungen an den Pferdewirt / die Pferdewirtin

Seit Jahren ist die Anzahl der Ausbildungsverhältnisse mit um die 2000 konstant hoch, der Pferdewirt ist also ein beliebter Ausbildungsberuf. Dass jedoch 46 % der Ausbildungsverhältnisse (gemessenen an der Zahl der neu abgeschlossenen Verträge, Stand 2011) vorzeitig gelöst werden, macht deutlich, wie wichtig es ist, sich über die Anforderungen des Berufes und bei der Auswahl des Betriebes gut zu informieren.

Ein Blick auf das **Ausbildungsberufsbild** nach der Ausbildungsverordnung macht deutlich, wie vielseitig die Anforderungen hinsichtlich Fertigkeiten und Kenntnisse gestellt sind. Ziel der Ausbildung ist eine umfassende Handlungskompetenz, die in allen Arbeitsbereichen des Berufes ein selbstständiges Planen, Durchführen und Kontrollieren ermöglicht. Hierzu zählen u.a. folgende übergeordnete Kompetenzen:

- das artgerechte Halten von Pferden im Stall und auf der Weide,
- das angemessene Versorgen, Pflegen und Behandeln,
- das bedarfsgerechte Füttern,
- die gezielte Züchtung,
- das artgerechte Bewegen, Ausbilden, Trainieren und Arbeiten von Pferden,
- das Einsetzen und Instandhalten von Maschinen, Geräten und Anlagen,
- die kundenorientierte und ökonomisch sinnvolle Betriebsführung.

Grundvoraussetzungen zur Aufnahme der Berufsausbildung sind formal die Erfüllung der allgemeinen Schulpflicht, persönlich die Begeisterung und Liebe zum Pferd. Der verantwortungsvolle Umgang mit dem Geschöpf „Pferd" erfordert Einfühlungsvermögen, Voraussicht und Geduld. Neben geistiger Beweglichkeit und Reaktionsvermögen wird körperliche Belastbarkeit und sportliche Leistungsbereitschaft sowie reiterliches Talent insbesondere bei den Schwerpunkten der Reitausbildung und Pferderennen verlangt. Da viele Ausbildungsbetriebe regen Kontakt zu den Kunden pflegen, sollten Auszubildende ein sicheres und höfliches Auftreten haben, kundenfreundlich und kontaktfreudig sein. Die Ausbildung zum Pferdewirt oder zur Pferdewirtin erfordert ein hohes Maß an Selbstdisziplin und Willensstärke, z. B., wenn es heißt, Überstunden zu machen, da eine Stute in der Nacht fohlt, an Wochenenden zu arbeiten, da Pferde zu Leistungsschauen, Turnieren oder Rennveranstaltungen begleitet werden, oder auf Süßigkeiten oder Nikotin zu verzichten, um körperlich fit zu bleiben oder wie bei den Rennreitern das Startgewicht von 54 kg zu halten. Um sich dieser

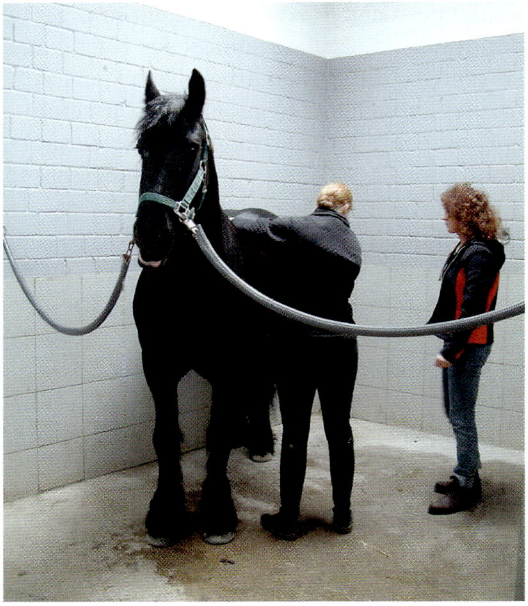

Abb. 251: Der Umgang mit dem Pferd erfordert Verantwortung und Einfühlungsvermögen.

Leistungsbereitschaft und Reife sicher zu sein, stellen viele Ausbilder Auszubildende erst mit einem Alter von 18 Jahren ein.

> **!**
> Pferdewirt ist ein vielseitiger Beruf mit hohen Anforderungen.

Wer sich näher über die Anforderungen und Chancen der einzelnen Schwerpunktbereiche informieren möchte, kann bei den betreffenden Sport- und Zuchtverbänden, den zuständigen Stellen für die Berufsausbildung in der Landwirtschaft oder beim aid infodienst e.V. (Adressen im Anhang) Informationsbroschüren erhalten. Vorbildlich sind die sog. Informationsveranstaltungen der Bundesvereinigung der Berufsreiter in vielen Bundesländern. Experten klären hierbei nicht nur allgemein über den Beruf des Pferdewirtes bzw. der Pferdewirtin auf, sondern sprechen nach einem Vorreiten der Interessenten auch Empfehlungen zur Wahl des Berufes und des geeigneten Schwerpunktes aus. Um Einsicht in den Arbeitsablauf bei Pferdebetrieben zu erhalten, bietet es sich für Interessierte an, in den Schulferien betriebliche Praktika in anerkannten Betrieben abzuleisten. Von einem mehrmonatigen Praktikum, das einer betrieblichen Ausbildung direkt vorangestellt wird, raten die zuständigen Stellen dringend ab, da diese vertraglich nicht gesicherte „Probezeit“ nicht auf die Ausbildungszeit angerechnet wird. Eine Zusammenarbeit von Ausbildungsberatern, Berufschullehrern, erfahrenen Ausbildern, Eltern und Jugendlichen hilft die Unsicherheit bei der Berufswahlentscheidung zu mindern.

7.1.2 Anforderungen an den Ausbilder und an den Ausbildungsbetrieb

Das Vorbereiten von Jugendlichen und jungen Erwachsenen für das Berufsleben wird von der Gesellschaft als wichtige, verantwortungsvolle Aufgabe gesehen, sodass das **Berufsbildungsgesetz** von 2005 (BBiG) hohe Anforderungen an den Ausbilder und den Ausbildungsbetrieb stellt.

Ausbilder müssen persönlich und fachlich geeignet sein. Fachlich geeignet ist derjenige, der einerseits die berufs- und arbeitspädagogischen Kompetenzen andererseits die beruflichen Fähigkeiten für den Pferdebereich besitzt. Diese Anforderungen können Pferdewirtschaftsmeister, häufig auch Hochschulabsolventen der Vetrenärmedizin oder der Agrarwirtschaft sowie Absolventen von Fachhochschulen und Fachschulen mit Zusatzqualifikationen im Pferdebereich nachweisen. Wie Jugendliche sich ihre Ausbilder wünschen, konnte kürzlich in einer Umfrage festgestellt werden. Danach sollten Ausbilder in erster Linie folgende positiven Eigenschaften haben:

- Wissen vermitteln können,
- fachlich sicher sein,
- freundlich und hilfsbereit sein,
- sich Zeit für die Ausbildung nehmen.

!

Nur anerkannte Ausbilder und Ausbildungsstätten dürfen ausbilden.

Die **Ausbildungsstätte** muss ein Pferdebetrieb sein, der je nach dem Ausbildungsschwerpunkt Mindestanforderungen erfüllen muss (PfWirtAusbStEignV 2011):

Pferdehaltung und Service:
- Gesamtbestand von 20 Pferden
- Ganzjährig nutzbare Auslaufplätze, Reit- oder Fahrplätze sowie Flächen und Einrichtungen zur Weidehaltung
- Einrichtungen zur Kundenberatung und -betreuung

Klassische Reitausbildung:
- Mindestens 3 Springpferde und 3 Dressurpferde
- Materiell-technische Voraussetzungen zur Ausbildung von Kunden im Reiten, gedeckte Reitbahn (20 × 40 m), Außenplatz 1200 qm), Springparcours, Auslaufflächen, Bewegungsflächen

Pferderennen:
- Mindestens 10 Pferde im Training
- Räumliche Anbindung an eine Rennbahn oder geeignete Trainingsbahn
- Teilnahme an Pferderennen

Ausbildungsbetriebe müssen sicherstellen können, dass die geforderten Fertigkeiten und Kenntnisse der Ausbildungsverordnung vermittelt, die Vorschriften des Jugendschutz- und Jugendarbeitsschutzgesetzes eingehalten werden können und dass eine stetige Anleitung gewährleistet ist. Die Eignung des Ausbilders und der Ausbildungsstätte muss bei Aufnahme der Ausbildungstätigkeit nachgewiesen werden und wird dann regelmäßig von Ausbildungsberatern überwacht. Anschriften von anerkannten Ausbildungsbetrieben erhält man bei den zuständigen Stellen.

7.1.3 Die Bewerbung

Im Bewerbungsverfahren möchte der Ausbilder möglichst viele Informationen vom Bewerber / von der Berwerberin erfahren. Aber auch der Bewerber / die Bewerberin wird Fragen an den Ausbilder über seinem Ausbildungsbetrieb haben. Als Grundlagen der Entscheidung dienen häufig Bewerbungsunterlagen und ein Bewerbungsgespräch.

Die **Bewerbungsunterlagen** (z. B. Lebenslauf, Zeugnis über den letzten allgemein bildenden Schulabschluss, Fahrerlaubnis, Nachweise bisheriger praktischer Ausbil-

Abb. 252: Darauf achten Ausbildungsbetriebe.

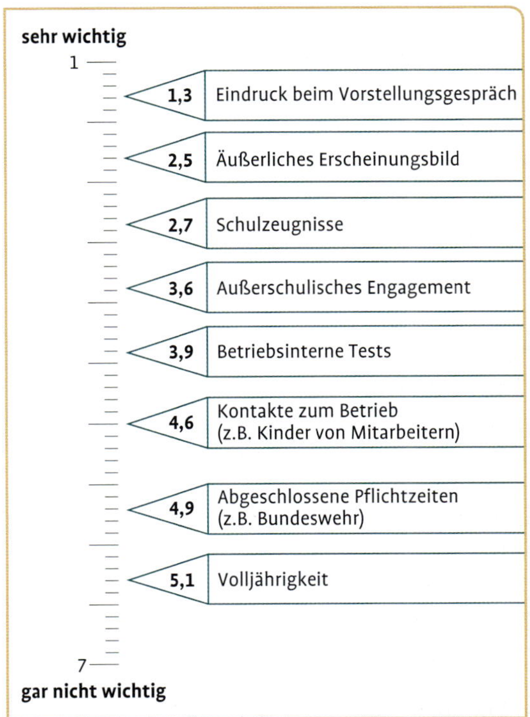

dungsphasen, Passbild) geben in schriftlicher Form einen Überblick über persönliche und berufliche Daten. Beglaubigte Bescheinigungen, Zeugnisse, Urkunden, Nachweise reitsportlicher Erfolge und Referenzen (Empfehlungen) wirken als überprüfbare Nachweise objektiv. Die Beurteilung anhand der Bewerbungsunterlagen entscheidet in vielen Fällen, ob jemand grundsätzlich geeignet ist oder nicht. Selten wird jemand ausschließlich auf Grund dieser Nachweise eingestellt.

Trotz eingereichtem Passbild möchte der Ausbilder sich ein Bild vom Bewerber machen, nicht nur hinsichtlich seiner äußeren Erscheinung. Er möchte durch persönliche Anschauung selbst prüfen, ob die bescheinigten Leistungen und Tätigkeiten dem Bewerber zuzurechnen sind. Somit werden die Aussagekraft und Objektivität von Bewerbungsunterlagen nur als bedingt angesehen.

Der Ausbilder möchte im **Bewerbungsgespräch** den zukünftigen Mitarbeiter kennenlernen. Es dient einmal dazu, die Daten der Bewerbungsunterlagen sich persönlich noch einmal bestätigen zu lassen. Darüber hinaus soll dieses Gespräch Informationen liefern, die nicht aus schriftlichen Unterlagen hervorgehen, wie z. B. Sicherheit im Auftreten, Kommunikationsfähigkeit, Reaktionsfähigkeit, Ausstrahlung, Sympathie oder Antipathie, fachliche Sicherheit, Verhalten gegenüber Vorgesetzten, persönliche Bedürfnisse, berufliche Wünsche, Qualifikation für zukünftige Tätigkeiten. Es ist also noch vieles zu erfragen. Bewerber müssen sich auf eine Reihe von Fragen einstellen. Folgende Fragen werden häufig gestellt:

- Warum gerade dieser Beruf?
- Warum gerade dieser Ausbildungsbetrieb?
- Seit wann besteht Ihr Interesse?
- Welche Vor- und Nachteile sehen Sie in diesem Beruf?
- Woher haben Sie Ihre Informationen?
- Berufsziele nach der Ausbildung?

Zur Wiederholung und Vertiefung

1. Begründen Sie die Notwendigkeit einer intensiven Berufswahlvorbereitung.
2. Welche Maßnahmen empfehlen Sie, um den richtigen Ausbildungsberuf und den geeigneten Ausbildungsbetrieb zu finden?
3. Kennzeichnen Sie das Berufsbild des Pferdewirtes Ihres Ausbildungsschwerpunktes.
4. Welche Einrichtung regelt in Ihrem Bundesland die Aufgaben der Berufsausbildung und führt in diesem Bereich Beratungen durch?
5. Wer darf nach dem Berufsbildungsgesetz in Deutschland ausbilden?
6. Beurteilen Sie die Voraussetzungen zur Anerkennung als Ausbildungsbetrieb in Ihrem Ausbildungsschwerpunkt.
7. Wie bereiten Sie sich auf einen Bewerbungstermin vor?

7.2 Die Berufsausbildung planen und durchführen

?

Kerstin ist mächtig stolz, hat sie sich doch erfolgreich im Reit- und Zuchtbetrieb Feldmannshof beworben. Sie ist aufgeregt und neugierig zugleich, denn heute, am ersten August, soll der Ausbildungsvertrag unterschrieben werden und dann geht es auch schon los mit der Ausbildung. Wird sie sich im Betrieb zurechtfinden? Kommt sie mit dem Ausbilder und den Mitarbeitern aus? Was wird sie alles lernen? Wie wird das in der Berufsschule sein? Was soll man machen, wenn es mal kracht? Und dann die Prüfungen – wird sie den Anforderungen stand halten? Fragen, Fragen ...

Der Beginn der Berufsausbildung bedeutet für viele Jugendliche der Eintritt in die Erwachsenenwelt, in das Arbeitsleben oder er bedeutet, „der Ernst des Lebens“ beginnt. Dieser Übergang ist mit Unsicherheit und dem Bedarf nach

Orientierung, aber auch mit Neugier, Erwartungen und Zielen (manchmal auch Träumen) verbunden. Damit der Berufseinstieg glückt, nicht zur Enttäuschung und zum Scheitern wird, bedarf es einer guten Planung und Betreuung.

7.2.1 Berufsausbildungsvertrag abschließen

Der Ausbildungsvertrag ist vor Beginn der Ausbildung abzuschließen. Normalerweise beginnt die Ausbildung am 1. August eines Jahres und endet drei Jahre später zum 31. Juli – zeitgleich mit den Schuljahren. Bestandteil des Vertrages ist der individuelle Ausbildungsplan, der, den Möglichkeiten des Ausbildungsbetriebes angepasst, rechtsverbindlich den sachlichen und zeitlichen Ablauf der Ausbildung festlegt. Gleichzeitig dient er den Vertragspartnern als Orientierungshilfe, er gibt den Beteiligten Auskunft darüber, welche Ausbildungsinhalte zu welchem Zeitpunkt vermittelt werden.

> !
> Der Ausbildungsvertrag ist zu Beginn der Ausbildung schriftlich abzuschließen.

Die **Vertragsinhalte** sind im Berufsbildungsgesetz vorgeschrieben. Zunächst werden die **Vertragspartner** genannt, dies sind:

- der / die Ausbildende (Gestütsleiter / Gestütsleiterin oder Besitzer / Besitzerin) und eventuell der Ausbilder / die ausbilderin (Gestütsmeister / Gestütsmeisterin),
- der / die Auszubildende,
- die Erziehungsberechtigten (bei Jugendlichen unter 18 Jahren).
- Zweitens ist die **Ausbildungsdauer** festzulegen, die Laufzeit des Vertrages sowie die Länge der Probezeit.

Die Ausbildung dauert

- grundsätzlich drei Jahre.
- zwei Jahre, wenn eine andere, abgeschlossene Berufsausbildung vorausging.
- zwei Jahre bei Anerkennung eines Berufsgrundschuljahres (BGJ) oder einer Berufsfachausbildung.
- in besonderen Fällen zwei Jahre auf Antrag:
  - nach § 8.1 BBiG Verkürzung der Ausbildung,
  - nach § 45.1 BBiG vorzeitige Zulassung zur Abschlussprüfung.

Die **Probezeit** beträgt mindestens einen Monat, maximal vier Monate.

Drittens sind Angaben zur Vergütung, zu den Sachleistungen, der regelmäßigen, täglichen Ausbildungszeit sowie zum Urlaub zu machen. Hierbei sind die tariflichen Empfehlungen, gültigen Tarifverträge, die Sachbezugsverordnung, das Jugendarbeitsschutzgesetz, das Arbeitszeitgesetz bzw. das Bundesurlaubsgesetz zu berücksichtigen. Weiterhin können Ausbildungsmaßnahmen in und außerhalb der Ausbildungsstätte festgelegt werden. Bestandteile des Vertrages sind viertens auch die **Rechte und Pflichten** beider Parteien.

Ausbildungsverträge sind grundsätzlich **schriftlich** auszufertigen, so können die Vertragspartner sich jederzeit über die getroffenen Vereinbarungen informieren, die Aussagen sind nachweislich. Jede Partei erhält ein Exemplar. Die Verträge müssen der „zuständigen Stelle" vorgelegt werden: zur Überprü-

Tab. 85. Pflichten des Ausbilders und des Auszubildenden

Pflichten des Ausbilders:	Pflichten des Auszubildenden:
Ausbildungspflicht	Lernpflicht
Erziehungspflicht	Weisungspflicht
Ordnungspflicht	Sorgfaltspflicht
Schutzpflicht	Schweigepflicht
	Ordnungspflicht

Für die zuständige Stelle

BAV-Nummer

Berufsausbildungsvertrag

Zwischen der/dem Ausbildenden (Betriebsinhaber/in)		**und der/dem Auszubildenden (Heimatanschrift)**	
Name, Vorname		Name, Vorname	
vertreten durch		Straße	
Straße		PLZ, Ort	
PLZ, Ort		Telefon	Fax
Telefon	Fax	geb. am	in
e-mail		Staatsangehörigkeit	
Kreis		Geschlecht: ☐ weiblich ☐ männlich	
Ausbilder/in		gesetzliche/r Vertreter: ☐ Mutter ☐ Vater ☐ Vormund	

wird nachstehender Vertrag (Buchstaben A - F und §§ 1 - 10 auf der Rückseite) zur Ausbildung im

Ausbildungsberuf	ggf. Fachrichtung/Schwerpunkt

geschlossen. *Gleichzeitig beantrage ich, der/die Ausbildende, die Eintragung in das Verzeichnis der Berufsausbildungsverhältnisse.* **Mündliche Nebenabreden, die das Berufsausbildungsverhältnis betreffen, bestehen nicht. Vereinbarungen über eine vorzeitige Lösung sowie Änderungen und Ergänzungen dieses Berufsausbildungsvertrages bedürfen der Schriftform und werden der zuständigen Stelle unverzüglich vorgelegt. Ein Ausbildungsplan gemäß Ausbildungsordnung/Regelung wurde erstellt.**

Ort, Datum

Ausbildende/r (Betriebsinhaber/in) bzw. Vertretungsberechtigte/r — Auszubildende/r

Ausbilder/in — gesetzliche/r Vertreter

Im folgenden Text wird anstelle der weiblichen und männlichen Form - wie im Berufsbildungsgesetz - nur die männliche Form verwandt.

A. Ausbildungsdauer

Die Ausbildungsdauer beträgt

Jahre	Verkürzung wegen (Nachweis erforderlich)

Das mit diesem Vertrag geschlossene Ausbildungsverhältnis

beginnt am:	endet am:

Es gilt als ____ / ____ / ____ betriebliches Ausbildungsjahr.

Die Probezeit beträgt ______ Monate (mind. 1, max. 3 Mon.).

Für den Auszubildenden ist dieser Vertrag ein Folgevertrag:

Vertragsnummer (vorherigen Vertrag in Kopie beifügen) ☐ ja	☐ nein

B. Vergütung

Der Ausbildende zahlt dem Auszubildenden eine angemessene Vergütung; diese beträgt z. Z. monatlich brutto:

1.	2.	3.	Ausbildungsjahr
			Euro

Wohnung und Verpflegung (Sachbezüge) werden

- ☐ nicht gewährt.
- ☐ im Rahmen der Hausgemeinschaft gewährt und sind Teil der Bruttoausbildungsvergütung.
- ☐ in Erfüllung der elterlichen Unterhaltspflicht gewährt und sind nicht Teil der Bruttoausbildungsvergütung.

C. Regelmäßige Ausbildungszeit

Es gelten die Bestimmungen des Jugendarbeitsschutzgesetzes bzw. des Arbeitszeitgesetzes bzw. - bei Tarifgebundenheit - des jeweils gültigen Tarifvertrages. Die regelmäßige Ausbildungszeit beträgt

☐ Stunden täglich, ☐ Stunden wöchentlich.

D. Urlaub

Der Ausbildende gewährt dem Auszubildenden Urlaub nach den jeweils geltenden Bestimmungen (Jugendarbeitsschutzgesetz, Bundesurlaubsgesetz, - bei Tarifgebundenheit - Tarifvertrag). Es besteht ein Urlaubsanspruch von zur Zeit:

Kalenderjahr	20___	20___	20___	20___
☐ Werktage ☐ Arbeitstage				

E. Ausbildungsmaßnahmen in und außerhalb der Ausbildungsstätte

Die betriebliche Ausbildung findet statt in:

Name der Ausbildungsstätte
Ort der Ausbildungsstätte

Zum Besuch von Lehrgängen und Maßnahmen zur überbetrieblichen Ausbildung gelten die Beschlüsse des Berufsbildungsausschusses der zuständigen Stelle. Darüber hinaus werden folgende ergänzende Ausbildungsmaßnahmen vereinbart:

F. Sonstige Vereinbarungen

Herausgeber: Landwirtschaftskammern Rheinland und Westfalen-Lippe
Direktor der Landwirtschaftskammer Westfalen-Lippe als Landesbeauftragter

Abb. 253: Muster Ausbildungsvertrag.

fung, zur Eintragung in das Verzeichnis der Ausbildungsverhältnisse und zur Vergabe der Vertragsnummer. Mit den Verträgen sind der zuständigen Stelle folgende Papiere vorzulegen: bei Jugendlichen ein ärztlicher Untersuchungsbefund, eine Kopie des letzten Schulzeugnisses sowie bei Anträgen auf Verkürzung die entsprechenden Nachweise.

7.2.2 Ablauf der Berufsausbildung

Probezeit

Die Berufsausbildung beginnt mit der Probezeit, in der ein gegenseitiges Kennenlernen, die Überprüfung der Zusammenarbeit und die Berufswahleignung im Vordergrund stehen. Sie dauert deshalb ein bis vier Monate und es kann jederzeit, ohne Angaben von Gründen und ohne Frist von beiden Parteien gekündigt werden. Zur Einführung eines / einer neuen Auszubildenden gehören: die Vorstellung der Mitarbeiter und ihre Arbeitsbereiche sowie Zuständigkeiten, eine umfangreiche Betriebsbesichtigung, Informationen zur betrieblichen Arbeitsorganisation, zur Betriebsordnung und Hausordnung. Die Einarbeitung wird schrittweise erfolgen, von ersten, einfachen Ausbildungsaufgaben, die auch der Erkundung und dem Sichzurechtfinden dienen, bis hin zu solchen Arbeiten, die dem Ausbildungsalltag entsprechen. Am Ende der Probezeit sollte ein Abschlussgespräch stattfinden, in dem die Erfüllung der gegenseitigen Erwartungen, die Eignung für den gewählten Beruf bzw. die zukünftigen Ausbildungsaufgaben Inhalte des Gesprächs sein sollten.

Ausbildung im Betrieb

Die Attraktivität des Lernortes Betrieb liegt in der Möglichkeit, wirtschaftliche, technische und soziale Gegebenheiten des Berufes unmittelbar kennenzulernen, sie liegt in dem Reiz, sich in der Realität bewehren zu müssen, sie liegt in der Genugtuung, etwas verwertbares produziert zu haben, sie liegt in der Aussicht, stets neue Erfahrungen in der Arbeitswelt sammeln zu können. Diese Merkmale weisen dem Betrieb als Lernort eine entscheidende Funktion für die berufliche Qualifikation zu. Im Beruf „Pferdewirt“ findet die Ausbildung am Arbeitsplatz statt.

Was spricht für den Lernort Arbeitsplatz?:

- die Orientierung des Lernens am Ernstfall (learning by doing, Leistungsdruck),
- schnelle Anpassung an aktuelle technische und ökonomische Entwicklungen,
- das Hineinwachsen des / der Auszubildenden in den Betriebszusammenhang,
- die schrittweise Überleitung in das Berufsleben,
- die Weiterverwendung des Ausbildungsergebnisses,
- das Arbeiten im Team.

Der Arbeitsplatz als Lernort bringt auch Probleme mit sich:

- das Lernen findet oft unter Zeitdruck statt,
- eine mangelnde Sorgfalt und Vollständigkeit der vermittelten Fähigkeiten,
- ausbildungsfremde Tätigkeiten nehmen einen zu hohen Zeitanteil ein,
- erhöhtes Sicherheits- und Unfallrisiko.

Auf Grund von Spezialisierungen können manche Betriebe nicht alle geforderten Fähigkeiten vermitteln. Hier ist es sinnvoll, Auszubildenden für einen begrenzten Zeitraum in einem anderen Betrieb auszubilden, z. B. ein Pferdewirt / eine Pferdewirtin, der / die seine / ihre Ausbildung in einem Pensionsstall absolviert, verbringt die Abfohlsaison auf einem Gestüt. Eine weitere sinnvolle **Ausbildungsmaßnahme außerhalb der Ausbildungsstätte** sind die „überbetrieblichen Lehrgänge“. So finden in manchen Bundesländer für Pferdewirte und Pferdewirtinnen des Schwerpunktes „Zucht und Haltung“ ein- bis zweiwöchige Lehrgänge im „Reiten“ statt.

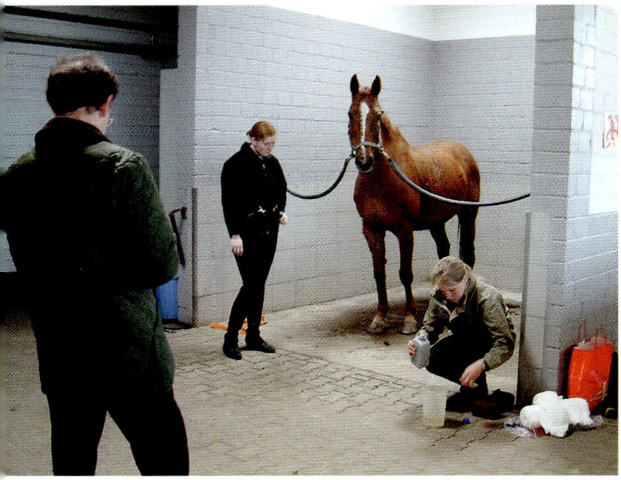

Abb. 254: Arbeitsunterweisung „Bandagieren".

Ausbildung in der Berufsschule

Die Berufsschule vermittelt eine berufliche Grund- und Fachbildung und erweitert die vorher erworbene allgemeine Bildung. Die Berufsschule hat zum Ziel,

1. eine Berufsfähigkeit zu vermitteln, die Fachkompetenz mit allgemeinen Fähigkeiten humaner und sozialer Art verbindet.
2. berufliche Flexibilität zur Bewältigung der sich wandelnden Anforderungen in Arbeitswelt und Gesellschaft auch im Hinblick auf das Zusammenwachsen Europas zu entwickeln.
3. die Bereitschaft zur beruflichen Fort- und Weiterbildung zu wecken.
4. die Fähigkeit und Bereitschaft zu fördern, bei der individuellen Lebensgestaltung und im öffentlichen Leben verantwortungsbewusst zu handeln.

Die Berufsschule ist grundsätzlich folgendermaßen organisiert:

- Der Unterricht an der Berufsschule erfolgt in der Regel als Teilzeitunterricht, der auch in Teilabschnitten zusammengefasst als Blockunterricht erteilt werden kann. Die Dauer des Bildungsganges der Berufsschule entspricht in der dualen Berufsausbildung der Dauer des Berufsausbildungsverhältnisses.
- Dauer und Umfang der Schulpflicht bestimmen die Länder. In der Regel dauert die Berufsschulpflicht solange ein Berufsausbildungsverhältnis besteht, das vor Vollendung des 21. Lebensjahres begonnen worden ist.
- Die Erfüllung des Bildungsauftrages erfordert die Einrichtung von Fachklassen. Der Unterricht soll grundsätzlich in Fachklassen eines Ausbildungsberufes oder verwandter Ausbildungsberufe erteilt werden. Bei geringer Anzahl Auszubildender werden regional übergreifende Bezirksfachklassen oder Landesfachklassen eingerichtet.
- Der Unterricht der Berufsschule sollte mindestens zwölf Wochenstunden umfassen, der an ein bis zwei Tagen erteilt wird. Er besteht aus berufsbezogenem (berufsspezifische Fächer einschließlich Wirtschaftslehre) und dem allgemeinen Unterricht (Politik, Deutsch, Sport, Religion), der sich nach den Lehrplänen der Länder richtet. Zur Vertiefung und Erweiterung können auch Wahlpflicht- beziehungsweise Wahlfächer (zum Beispiel Fremdsprachen) angeboten werden.

Die Berufsschule führt zu einem eigenständigen Abschluss, er umfasst berufliche und allgemeine Qualifikationen. Darüber hinaus ist der Berufsschulabschluss dem Hauptschulabschluss gleichwertig. Schülern und Schülerinnen, die vor Eintreten in die Berufsschule den Hauptschulabschluss erworben hatten, wird zusätzlich die Fachoberschulreife zuerkannt, wenn sie eine Berufsabschlussnote von mindestens 2,5 erreicht, die Berufsabschlussprüfung bestanden und die für die Fachoberschulreife notwendigen Englischkenntnisse nachgewiesen haben.

Die Berufsausbildung findet also in Betrieben der Wirtschaft und entsprechenden Einrichtungen sowie in berufsbildenden Schulen statt. Man spricht hier von den Lernorten „Betrieb" und „Schule", auch von dem „**Dualen Ausbildungssystem**", dem Nebeneinander von betrieblicher und schulischer Berufsausbildung. Beide Lernorte ergänzen sich und arbeiten intensiv zusammen, um Lern- und Ausbildungsprobleme der Auszubildenden zu lösen, um organisatorische und inhaltliche Abstimmung herbeizuführen oder um gemeinsam Ausbildungsmethoden (Projekte, Leittextaufgaben) durchzuführen (Lernortkooperation). Unterstützt und gefördert wird die Zusammenarbeit der Lernorte durch die Ausbildungsberater der zuständigen Stellen. Sie sind auch Ansprechpartner, wenn es einmal nicht so gut läuft, wenn es zwischen den Beteiligten der Berufsausbildung einmal kracht.

!

Das Duale Berufsausbildungssystem ist das zeitliche Nebeneinander von betrieblicher und schulischer Berufsausbildung.

7.2.3 Prüfungen in der Berufsausbildung

Prüfungen in der Berufsausbildung geben an, in welchem Maße die Auszubildenden die Anforderungen des Berufes erfüllen. Sie sind ein Qualifizierungsnachweis und bescheinigen den Absolventen, die geforderten Kompetenzen zu beherrschen. Das Berufsbildungsgesetz sieht generell für die Berufsausbildung Zwischenprüfungen und Abschlussprüfungen (früher Gesellen- oder Gehilfenprüfung genannt) vor. Die zuständigen Stellen bieten Prüfungstermine in der Regel zweimal jährlich an.

Die **Zwischenprüfung** soll laut § 6 der Verordnung über die Berufsausbildung zum Pferdewirt von 2010 vor dem Ende des zweiten Ausbildungsjahres abgelegt werden. Die Teilnahme ist Voraussetzung für die Zulassung zur Abschlussprüfung. Die Zwischenprüfung besteht aus zwei Bereichen:

1. Pferdehaltung und -gesundheit
   Aufgaben sind das Identifizieren und Beurteilen, das Versorgen und Pflegen, Tätigkeiten rund um's Füttern sowie die Beurteilung von Haltungsbedingen. Die Prüfungsdauer beträgt insgesamt 150 Minuten. Hierbei stehen für die Arbeitsprobe 60 Minuten, einschließlich 15 Minuten Fachgespräch, und 90 Minuten für die Bearbeitung von schriftlichen Aufgaben zu Verfügung.
2. Pferde bewegen
   Das fachgerechte Umgehen, Vorstellen sowie die Ausrüstung und die Ausbildung von Pferden sind hier unter Beweis zu stellen. Die Prüfungszeit beträgt 60 Minuten, einschließlich einem Fachgespräch von bis zu 15 Minuten Dauer.

Die Zwischenprüfung dient dem Auszubildenden und dem Ausbilder als Orientierungshilfe und der Standortbestimmung. Beide können erkennen, welche Fähigkeiten schon beherrscht werden und wo noch Kenntnisse und Fertigkeiten zu verbessern sind. Das Ergebnis geht nicht in die Abschlussprüfungsnote ein.

Die **Abschlussprüfung** steht am Ende der Berufsausbildung.

Zugelassen sind nach § 43 BBiG:

- wer die Ausbildungszeit zurückgelegt hat oder wessen Ausbildungszeit nicht später als zwei Monate nach dem Prüfungstermin endet,
- wer an vorgeschriebenen Zwischenprüfungen teilgenommen sowie schriftliche Ausbildungsnachweise (Berichtsheft) geführt hat,
- wessen Berufsausbildungsverhältnis bei der zuständigen Stelle eingetragen ist.

Auszubildende können vor Ablauf der Ausbildungszeit zugelassen werden, wenn ihre Leistungen dies rechtfertigen. Ausbilder und Berufsschule müssen dies jedoch auch unterstützen und empfehlen. Zur Abschlussprüfung ist auch zuzulassen, wer nachweist, dass er mindestens das Eineinhalbfache der Zeit, die als Ausbildungszeit vorgeschrieben ist, in dem Beruf tätig gewesen ist (§ 45 BBiG). Über die Zulassung entscheidet in allen Fällen die zuständige Stelle. Hält sie diese für nicht gegeben, z. B. Mängel in der Berichtsheftführung, entscheidet der Prüfungsausschuss. Die Anmeldetermine werden – wie auch zur Zwischenprüfung – von der „Zuständigen Stelle" rechtzeitig bekannt gegeben unter Beifügung der Anmeldeformulare. Zuständig für die Anmeldung ist der Ausbildende, der auch die Prüfungsgebühren zu entrichten hat.

Prüfungsgegenstand (§ 7–11 Ausbildungsverordnung Pferdewirt, 2010):
Die Abschlussprüfung erstreckt sich auf Kenntnisse und Fertigkeiten der betrieblichen Ausbildung sowie auf den im Berufsschulunterricht vermittelten Lehrstoff. Sie besteht aus 5 verschiedenen Prüfungsbereichen und dauert insgesamt bis zu 6 Stunden. Die Prüfungsbereiche haben eine unterschiedliche Gewichtung für das Gesamtergebnis, sie sind einerseits praktisch und mündlich, andere Bereiche nur schriftlich durchzuführen. Die Anforderungen für die verschiedenen Ausbil-

Prüfungsregelungen - Bestehensregelungen

	Abschlussprüfung - Prüfungsbereiche				
	Fachrichtung „Pferdehaltung und Service"	Fachrichtung „Pferdezucht"	Fachrichtung „Klassische Reitausbildung"	Fachrichtung „Pferderennen"	Fachrichtung „Spezialreitweisen"
20 %	Kundenberatung und -ausbildung **60 min**	Durchführung von Zuchtmaßnahmen **60 min**	Dressurausbildung **60 min**	Gesundheit von Rennpferden **60 min**	Pferdehaltung und -gesundheit **60 min**
20 %	Bewegen von Pferden **75 min**	Haltung und Betreuung von Zuchtpferden **60 min**	Springausbildung **45 min**	Trenning von Rennpferden **60 min**	Ausbildung von Pferden **60 min**
20 %	Haltung und Versorgung von Pferden **60 min**	Vorstellen von Pferden **60 min**	Reitausbildung **60 min**	Leistunsvermögen von Rennpferden **45 min**	Ausbildung und Beratung von Reitern/innen **60 min**
30 %	Betriebs-organisation **120 min**	Planung und Organisation der Zucht **120 min**	Pferdegesundheit Reit- und Sportlehre **45 min**	Plannung von Renneinsätzen **120 min**	Plannung und Organisation **120 min**
10 %	Witschafts- und Sozialkunde **45 min**	Witschafts- und Sozialkunde **45 min**	Witschafts- und Sozialkunde **45 min**	Witschafts- und Sozialkunde **45 min**	Witschafts- und Sozialkunde **45 min**

Abb. 255: Prüfungsregelungen Abschlussprüfung

dungsschwerpunkte entnehmen Sie bitte der Übersicht Prüfungsregelungen.

Die Abschlussprüfung ist bestanden, wenn die Leistungen

- im Gesamtergebnis mit mindestens „ausreichend“,
- im Kernprüfungsbereich des Ausbildungsschwerpunktes mit mindestens „ausreichend“,
- in mindestens drei der übrigen Prüfungsbereiche mit mindestens „ausreichend“
- in keinem Prüfungsbereich mit „ungenügend“

bewertet worden sind.

Dem Prüfling ist bei Bestehen der Prüfung ein **Zeugnis** auszuhändigen, auf Antrag des Auszubildenden kann das Ergebnis berufsschulischer Leistungsfeststellungen auf dem Zeugnis ausgewiesen werden. Im Jahr 2011 nahmen 780 Pferdewirte an der Abschlussprüfung teil, 618 von ihnen waren erfolgreich, 162 oder 21 % mussten wiederholen. Die Abschlussprüfung kann im Falle des **Nichtbestehen** zweimal wiederholt werden. Mit bestandener Abschlussprüfung endet die Berufsausbildung.

Zur Wiederholung und Vertiefung

1. Erläutern Sie in Kürze die vier Hauptabschnitte des Berufsausbildungsvertrages.
2. Begründen Sie, warum Ausbildungsverträge immer schriftlich abzuschließen sind.
3. Begründen Sie die Notwendigkeit der Probezeit in der Berufsausbildung.
4. Erklären Sie den Begriff des „Dualen Berufsausbildungssystems“ der Berufsausbildung und führen Sie Vor- und Nachteile an.
5. Beschreiben Sie Ziele und Inhalte der Zwischenprüfung.
6. Wer darf an der Berufsabschlussprüfung teilnehmen?
7. Beschreiben Sie Ziele und Inhalte der Abschlussprüfung.

7.3 Die Berufliche Weiterbildung

?

Kerstin hatte Glück, gleich nach bestandener Abschlussprüfung vor zwei Jahren von ihrem Ausbildungsbetrieb übernommen zu werden. Die Arbeit macht Spaß, Betriebsleiter und Kunden sind mit ihr zufrieden. Kerstin ist ehrgeizig und neugierig, so spürt sie auch seit geraumer Zeit eine gewisse Unruhe in sich. Das kann es mit der beruflichen Entwicklung doch nicht gewesen sein? Reicht es, den Betrieb zu wechseln um weiter zu kommen? Einmal was Neues lernen, sich weiter qualifizieren – aber welche Möglichkeiten gibt es, und welche Möglichkeit passt zu mir?

Dass das in der Berufsausbildung erworbene Wissen nicht für ein ganzes Berufsleben ausreicht, dürfte nicht nur Kerstin erfahren haben. Über 40 % der Erwerbstätigen nehmen an Maßnahmen der **beruflichen Weiterbildung** teil. Durch die vorausschauende Aneignung bedarfsgerechter, fachlich und überfachlich angelegter sowie entwicklungsmäßig angepasster Kenntnisse und Fertigkeiten verhindert die berufliche Weiterbildung nicht nur den beruflichen Abstieg und sichert den Erhalt des Arbeitsplatzes, sondern ermöglicht darüber hinaus die individuelle Berufskarriere sowie eine allgemein bildende Erweiterung von Wissen und Können und trägt somit zu einer ganzheitlichen Persönlichkeitsentwicklung bei. Das **„Lebenslange Lernen“** hat somit nicht nur den beruflichen Aufstieg, sondern auch die Anpassung und Auffrischung erworbenen Wissens sowie die gesamte Persönlichkeit zum Ziel.

!

Berufliche Weiterbildung verhindert den Abstieg und ermöglicht den berulichen Aufstieg.

Tab. 86. Formen der Weiterbildung

Fortbildung		Umschulung	Erwachsenenbildung
Aufstiegsfortbildung z. B. Pferdewirtschaftsmeister	Anpassungsfortbildung z. B. Seminar „Arbeit mit der Doppellonge“	z. B. vorher Pferdewirt jetzt Kaufmann	z. B. Rhetorik-Kurs

Im Folgenden soll ein Überblick zu den derzeit vorhandenen Möglichkeiten der Aufstiegsfortbildung im Pferdebereich kurz Stellung genommen werden.

7.3.1 Pferdewirtschaftsmeister / -meisterin

Mit der Meisterprüfung können Pferdewirte / Pferdewirtinnen nachweisen, dass sie die erforderlichen beruflichen Kompetenzen besitzen, einen Pferdebetrieb oder einen umfangreichen Teilbereich eines Betriebes selbstständig zu führen, dass sie das Planen, Durchführen und Kontrollieren der im Betrieb vorkommenden Arbeiten meisterhaft beherrschen, und dass sie Auszubildende ordnungsgemäß ausbilden und Mitarbeiter führen können. Darüber hinaus erwirbt man mit der Meisterprüfung in einigen Bundesländern die Fachhochschulreife bzw. die Hochschulreife. Zur Meisterprüfung wird zugelassen, wer nach der Abschlussprüfung eine mindestens zweijährige Tätigkeit in dem Bereich nachweist, in dem er die Prüfung ablegen will. Unbedingt zu empfehlen ist die Teilnahme an einem Vorbereitungslehrgang. Organisation des Lehrganges und Durchführung der Prüfung liegen in der Hand der zuständigen Stellen, in enger Zusammenarbeit mit den Fachverbänden. Für den Bereich Zucht und Haltung sind dies die zuständigen Stellen der Bundesländer: Baden-Württemberg, Bayern, Mecklenburg-Vorpommern, Niedersachsen, Rheinland-Pfalz, Sachsen, Schleswig-Holstein und Thüringen; für den Bereich Reiten: Bayern, Nordrhein-Westfalen; für die Bereiche Rennreiten und Trabrennfahren: Nordrhein-Westfalen. Die Inhalte der Meisterprüfung sind in der Verordnung über die Anforderungen in der Meisterprüfung für den Beruf Pferdewirt vom 4.2. 1980, zuletzt geändert durch die Verordnung vom 20.12.2000, geregelt. Sie sind in vier Prüfungsteile gegliedert und umfassen folgende Prüfungsanforderungen

- im praktischen Teil: Einen bis zu vier Stunden dauernden Arbeitseinsatz im gewählten Fachbereich.
- im fachtheoretischen Teil: In der Regel die Fächer Pferdezucht, Futter und Fütterung, Pferdekunde, Tiergesundheit, Haltung und Technik, schriftlich oder mündlich, einschließlich der Meisterprüfungshausarbeit,
- im wirtschaftlich-rechtlichen Teil: Die Gebiete Wirtschaftslehre, Rechnungswesen, sowie Rechts- und Sozialwesen.
- im Teil Berufsausbildung und Mitarbeiterführung: Eine schriftliche sowie eine praktische Unterweisungsübung.

Im Jahr 2011 haben 117 Prüfungskandidaten als Pferdewirtschaftsmeister /-meisterin erfolgreich bestanden.

7.3.2 Andere Fortbildungsmaßnahmen

Fortbildung im Berufskolleg

Im Anschluss an die Berufsausbildung können Pferdewirte oder Pferdewirtinnen zweijährige Berufsfachschulen, bzw. bei Vorhandensein der Fachoberschulreife die Klasse 12 der Fachoberschule besuchen, um die Fachhochschulreife zu erlangen. Mit einem Jahr praktischer Tätigkeit nach der Berufsausbildung besteht für Pferdewirte und Pferdewirtinnen auch die Möglichkeit, die zweijährigen Fachschulen für Landwirtschaft mit dem Abschluss als Agrarbetriebswirt oder Agrarbetriebswirtin zu absolvieren. Diese Schulen sind nicht für Pferdewirte / Pferdewirtinnen speziell ausgerichtet, behandeln jedoch viele Fachgebiete aus dem Bereich Zucht und Haltung. Standorte dieser Fortbildungsmöglichkeiten im Berufskolleg erfährt man von den zuständigen Stellen.

Studium

Einige Fachhochschulen bieten zurzeit im Fachbereich Agrarwirtschaft das Fachgebiet „Pferdemanagement" mit Bachelor-Abschluss (konzentriertes, wissenschaftliches Studium, das anwendungsorientiert einen deutlichen Bezug zu den beruflichen Aufgaben hat) an. An der Universität Göttingen existiert seit Kurzem ein Fachbereich „Pferdewissenschaft", der zum Master (weiterführender Studiengang mit theoretisch-methodischer Ausrichtung) führt. Pferdewirte und Pferdewirtinnen mit Hochschulberechtigung können auch die Studiengänge Agrarwirtschaft, Schwerpunkt Tierproduktion, oder Tiermedizin wählen, hier ist jedoch die Spezialisierung für den Pferdebereich nur im jeweiligen Fach möglich. Beim Deutschen Sportbund besteht die Möglichkeit, sich in der Trainerakademie Köln zum Diplom-Trainer oder zur Diplom-Trainerin weiterzubilden. Voraussetzungen für das Studium in Vollzeit- (18 Monate) oder Teilzeitform (36 Monate) sind die Fachoberschulreife, Trainer-A-Lizenz des Fachverbandes, Pferdewirtschaftsmeisterprüfung sowie erfolgreiche Arbeit im jeweiligen Sportbereich.

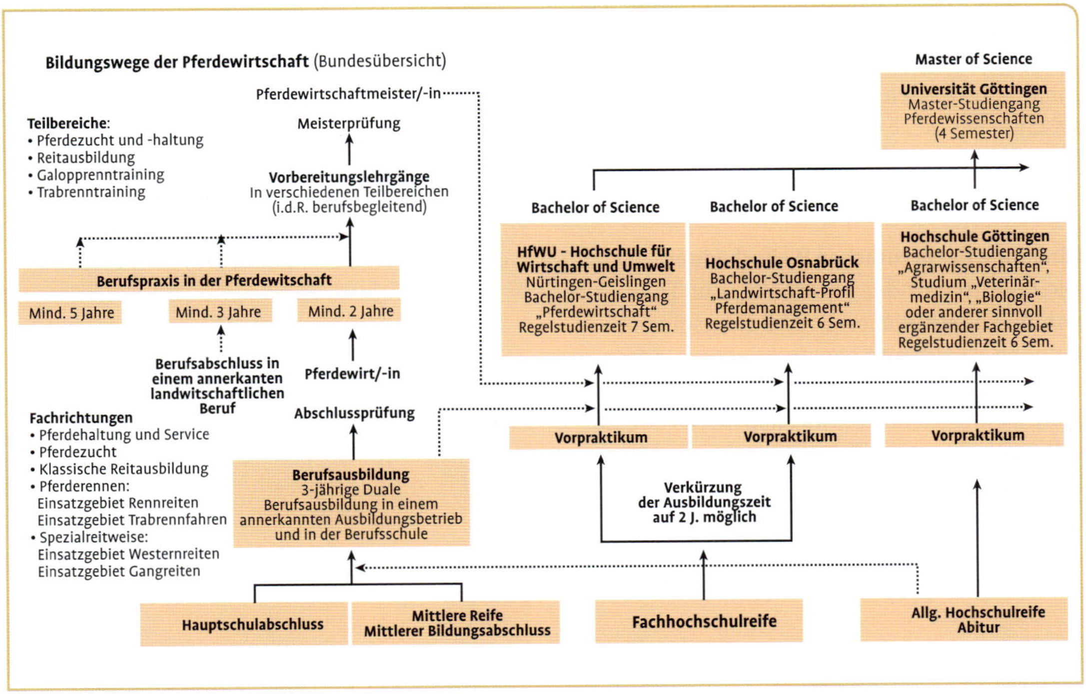

Abb. 256: Bildungswege der Pferdewirtschaft

Fortbildung der Fachverbände

Die einzelnen Fachverbände führen insbesondere im pferdesportlichen Bereich eine Vielzahl von Weiterbildungsmaßnahmen mit Qualifikation durch. Als ein Beispiel sei an dieser Stelle Maßnahmen der FN genannt. So bietet es sich für Pferdewirte / Pferdewirtinnen im Bereich Zucht und Haltung an, nach der Berufsausbildung den Trainer C (Basissport), früher Amateurreitlehrer, zu absolvieren, um im Betrieb auch in der Ausbildung von Reitschülern eingesetzt zu werden. Zu den einzelnen Maßnahmen wenden Interessenten sich direkt an die Fachverbände.

Private Fortbildungseinrichtungen

Vermehrt bieten auch private Einrichtungen Fortbildungen mit Qualifizierung für Interessierte aus dem Pferdebereich an. Eine berufliche Erstausbildung wird in vielen Fällen nicht vorausgesetzt. Diese Lehrgänge haben entweder Teilbereiche der Pferdehaltung wie Hufpflege, Vereinsführung, Eventorganisation oder die gesamte Betriebsführung zum Inhalt. So werden dem entsprechend Modulabschlüsse wie „Eventmanager“ oder Gesamtzertifikate wie „Pferdemanager“, „Pferdebetriebsmanager“ am Ende verliehen.

Förderung der beruflichen Weiterbildung

Die Bereitschaft der Mitarbeiter zur Teilnahme an beruflichen Fortbildungsmaßnahmen wird heute von den Betriebsleitern vorausgesetzt. Der Lohn der Anstrengung ist häufig ein gesicherter Arbeitsplatz oder eine Gehaltsaufbesserung. Zuvor stehen jedoch häufig neben dem Lernen persönliche Entbehrungen, denn die beruflichen Fortbildungen finden nicht selten in der Freizeit statt und verursachen Kosten für Lehrgänge und Prüfungen. Staatlich anerkannte Weiterbildungsmaßnahmen werden zum Teil gefördert. In vielen Fällen kann das sog. BAföG in Anspruch genommen werden, dessen Auszahlung abhängig vom Einkommen der Eltern ist. Alters-, einkommens- und vermögensunabhängig ist das sog. Meister-BAföG. Hier beträgt die Förderhöchstsumme über 10.000 €, 30,5 % wird als Zuschuss vergeben und die restlichen 69,5 % der Summe werden als zinsgünstiges Darlehen gewährt. Alleinstehende ohne Kind erhalten maximal 614 €, davon 202 € Zuschuss und 412 € als Darlehen (2007). Nähere Hinweise hierzu gibt es bei den zuständigen Stellen.

Zur Wiederholung und Vertiefung

1. Erläutern Sie das Prinzip des „Lebenslangen Lernens“.
2. Stellen Sie die Systematik der Weiterbildung an Beispielen dar.
3. Beschreiben Sie das Berufsfeld des Pferdewirtschaftsmeisters.
4. Erläutern Sie die Inhalte der Pferdewirtschaftsmeisterprüfung.
5. Unterscheiden Sie die Förderungsmaßnahmen BAföG und Meister-BAföG.
6. Stellen Sie begründet dar, welche beruflichen Fortbildungsmaßnahmen für Sie nach der Berufsausbildung geeignet erscheinen.

Serviceteil

Literatur

Kapitel 1 Pferde halten

Aid: Pferdehaltung. Heft 1309/1996. aid infodienst e.V., Bonn, 1996

Aid: Rechtsfragen beim landwirtschaftlichem Bauen. Heft 1084/2005. aid infodienst e.V., Bonn. 10. Auflage 2005

Altholzverordnung (AltholzV) vom 15. August 2002, BGBl. I S. 3302, zuletzt geändert durch Art. 5 Abs. 26 G v. 24.2.2012 I 212

Baugesetzbuch (BauGB) i.d.F.d.B. vom 23. September 2004, BGBl. I S. 2414; zuletzt geändert durch Art. 1 G v. 11.6.2013 I 1548 (Nr. 29)

Bauordnung für das Land Nordrhein-Westfalen (BauO NRW) i.d.F. vom 1. März 2000 (G v. 2000 S. 256, 439), zuletzt geändert durch § 49 (Absatz 7) durch Gesetz vom 21.03.2013 (G v. NRW. S. 142)

Bender, I.: Praxishandbuch Pferdehaltung. Franckh-Kosmos Verlags-GmbH & Co. Stuttgart, 1999

Bender, I.: Praxishandbuch Pferdeweide. Franckh-Kosmos Verlags-GmbH & Co. Stuttgart, 2003

Bibliographisches Institut & F.A. Brockhaus AG [Hrsg.]: Der Brock Haus multimedial premium. 2005

Buurman-Paul, U. u. W. Paul: Moderne Pferdezucht und Haltung. 4. Auflage. BLV Verlagsgesellschaft mbH, München 1991

Chemikalien-Verbotsverordnung (ChemVerbotsV) i.d.F. vom 13. Juni 2003, BGBl. I S. 867, zuletzt geändert duch Art. 5 Abs. 40 G v. 24.2.2012 I 212

Deutsche Reiterliche Vereinigung e.V. (FN): Orientierungshilfen Reitanlagen- und Stallbau. FN-Verlag der Deutschen Reiterlichen Vereinigung GmbH, Warendorf, 5. Auflage1992

Deutsche Reiterliche Vereinigung e.V. (FN): Eckdaten Pferd, Heft 1 Haltung. FN-Verlag der Deutschen Reiterlichen Vereinigung GmbH, Warendorf, 2005

Deutsche Reiterliche Vereinigung e.V. (FN): Eckdaten Pferd, Heft 2 Gesundheit. FN-Verlag der Deutschen Reiterlichen Vereinigung GmbH, Warendorf, 2006

Garms, H.: Die Natur 3. Georg Westermann Verlag, Braunschweig, 1971

Gefahrstoffverordnung (GefStoffV) i.d.F. vom 26. November 2010, GBGl. I S. 1643, 1644, zuletzt geändert durch Art. 2 V v. 15.7.2013 I 2514

Greb, E., A. Kemper u. G. Quinzler: Umwelt Chemie. 1. Auflage. Ernst Klett Verlag GmbH u. Co. KG, Stuttgart, 1990

Herman, H. [Schriftl.]; Dehler, E. [Mitarb.]: Agrarwirtschaft Grundstufe 1. BLV Verlagsgesellschaft mbH, München, 2. Auflage 1984

Leistungs-Prüfungs-Ordnung: FN-Verlag der Deutschen Reiterlichen Vereinigung GmbH, Warendorf, 2013

Linder, H.: Biologie. J.B. Metzlersche Verlagsbuchhandlung, Stuttgart, 17. Auflage 1976

Marten, J. u. A. Salewski: Handbuch der modernen Pferdehaltung. Franckh'sche Verlagshandlung, W. Keller & Co., Stuttgart 1989

Nissen, J.: Enzyklopädie der Pferderassen. Europa Band 1. Franckh-Kosmos Verlags-GmbH & Co., Stuttgart, 1997

Schäfer, M.: Handbuch Pferdebeurteilung. Franckh-Kosmos Verlags-GmbH & Co., Stuttgart, 2000

Thein, P. [Red.]; Ahlswede, L. [Mitverf.]: Handbuch Pferd. BLV Verlagsgesellschaft mbH, München, 4. Auflage 1992

Kapitel 2 Pferde pflegen und behandeln

Aid: Anzeigepflichtige Tierseuchen. 12. Auflage, Heft 1046/2012

Aid: Meldepflichtige Tierkrankheiten. 2. Auflage, Heft 1564 I 2012

Bellinghausen, W.: Pferdekrankheiten. Verlag Eugen Ulmer, Stuttgart, 2. Auflage 1996

Boch, J., R. Supperer, T. Schnieder: Veterinärmedizinische Parasitologie. 1992, Verlag Paul Parey

bpt-Info, Ausgabe 11, Nov. 2007, Ausgabe 12, Dez.2007

Bundesministerium der Justiz: Tierschutzgesetz (TierSchG) vom 18. Mai 2006, BGBl. I S. 1206, 1313, zuletzt geändert durch Artikel 2+4 des Gesetzes vom 7.8.2013 (BGBl. I S. 3154)

Bundesministerium für Ernährung, Landwirtschaft und Verbraucherschutz: Leitlinien zur Beurteilung von Pferdehaltungen unter Tierschutzgesichtspunkten 2009, Leitlinien Tierschutz im Pferdesport 1992

Dietz, O. u. B. Huskamp: Handbuch Pferdepraxis. 2.Auflage 1999, Enke Verlag

Dülffer-Schneitzer, B.: Pferde-Gesundheitsbuch. 2.Auflage 2006, FN-Verlag

EU-Tierschutztransportverordnung (Nr. 1/2005): Amtsblatt der Europäischen Union.
Geyer, S.u. A. Grabner: Die Tierarzthelferin. Schlütersche GmbH & Co. KG, Hannover, 6. Auflage 2002
Hermans, W.A.: Hufpflege und Hufbeschlag. Verlag Eugen Ulmer, Stuttgart, 1992.
Hoffmann, C.: Lass mal sehen. Cavallo Nr. 7/2002. Scholten Verlag, Stuttgart, 2002
Homepage des Institutes für Veterinärpharmakologie und -toxikologie der Universität Zürich
Knottenbelt, D. C. u. R.R. Pascoe: Farbatlas der Pferdekrankheiten. Schlütersche GmbH & Co. KG, 2. Auflage Hannover 2000
Launer, P., J. Mill u. W. Richter: Krankheiten der Reitpferde. Verlag Eugen Ulmer, Stuttgart, 2. Auflage 1999
LPO (Leistungsprüfungsordnung) gültig ab 01.01.2013, Deutsche Reiterliche Vereinigung
LZ Rheinland, Ausgabe 7, 14.02.2008
Montes, L. F u. J.T. Vaughan: Atlas der Hautkrankheiten des Pferdes. Schlütersche GmbH & Co. KG, Hannover,1985.
Nassau, R. van: Hufprobleme beim Pferd. Verlag Eugen Ulmer, Stuttgart, 2006
Pschyrembel Klinisches Wörterbuch: 257.Auflage 1994, De Gruyter Verlag
Rau, G. u. B. Rau: Der richtige Hufschutz für mein Pferd. Franckh-Kosmos Verlags-GmbH & Co., Stuttgart, 2001
Rennordnung des Direktoriums für Vollblutzucht und Rennen
Roche Lexikon Medizin: 3.Auflage 1993, Urban & Schwarzenberg
Rolle, M. u. A.Mayr: Medizinische Mikrobiologie, Infektions- und Seuchenlehre. 8.Auflage 2007, Enke Verlag
Scholten H. [Red.]: Cavallo Spezial Medizin-Kompendium, Nr. 2/2012. Scholten Verlag, Stuttgart 2012.
Stabsstelle Ernährungssicherheit am RP Tübingen: Merkblatt Informationen für den Pferdehalter vom 20.11. 2006
Thein, P.: Handbuch Pferd: 6.Auflage 2005, blv Verlag
Tierhalter-Arzneimittel-Nachweisverordnung BGBl. I 2006, 3450
Tierschutztransportverordnung (TierSchTrV) vom 11. Februar 2009 (BGBl. I. S. 375)
Tiergesundheitsgesetz (TierGesG), BGBl. Jahrgang 2013, Teil I Nr. 25
TRO(Trabrennordnung) gültig ab 2011, Hauptverband für Traberzucht und -rennen
Verordnung über meldepflichtige Tierkrankheiten (TkrMeldpflV 1983) v. 11.2.2011 I 252, zuletzt geändert durch Art. 2 V v. 12.6.2013 I 1576
Verordnung über anzeigepflichtige Tierseuchen (TierSeuchAnzV) v. 19.7.2011 I 1404, geändert durch Art. 1 V v. 12.6.2013 I 1576
Viehverkehrsverordnung vom 3. März 2010 (BGBl. I S. 203), zuletzt geändert durch Art. 2 Abs. 88 G v. 22.12.2011 I 3044
Wintzer, H.-J. [Hrsg.]: Krankheiten des Pferdes. Parey Buchverlag im Blackwell Wissenschafts-Verlag GmbH, Berlin, 2. Auflage 1997.

Kapitel 3 Pferde füttern

Bender, I.: Praxishandbuch Pferdefütterung. Franckh-Kosmos Verlags GmbH & Co., Stuttgart 2000
Budras, K.-D.: Atlas der Anatomie des Pferdes. Schlütersche GmbH & Co Hannover, 2000
DLG: DLG-Futterwerttabellen Pferde. DLG-Verlag, Frankfurt (Main), 3. Aufl.1995
GfE: Empfehlungen zur Energie- und Nährstoffversorgung der Pferde. Energie und Nährstoffbedarf landwirtschaftlicher Nutztiere; DLG-Verlag, Frankfurt (Main), 1994
Gody, P.: Anatomie des Pferdes. Verlag Eugen Ulmer, Stuttgart, 2004
Karp, H.-P.: Dr. Karps gesunde Pferdefütterung. Müller Rüschlikon Verlags AG, 2004
Kirchgessner, U.: Tierernährung. DLG-Verlag Frankfurt, 1997
Löffler, K.: Anatomie und Physiologie der Haustiere. Verlag Eugen Ulmer, Sutttgart
Meyer, H. Pferdefütterung. Blackwell Verlag Berlin, 1995
Meyer, H. u. M. Coenen,: Pferdefütterung. Verlag Parey Berlin, 4. Aufl. 2002
Pirkelmann, H., L. Ahlswede u. M. Zeitler-Feicht: Pferdehaltung. Verlag Eugen Ulmer, Stuttgart, 2008
Zeitler-Feicht, M.: Handbuch Pferdeverhalten. Verlag Eugen Ulmer, Stuttgart 2008
Zeyner, A.: Diätetik beim Pferd, Gustav Fischer Verlag Jena, Stuttgart 1995
Zeyner, A.: Untersuchungen zur Schätzung des Gehaltes an verdaulicher Energie in Rationen, Dissertation, Leipzig 1992

Kapitel 4 Pferde züchten

Adams, O.R.: Lahmheiten bei Pferden. Verlag Schaper, Hannover 1980

Aurich, Chr.: Reproduktionsmedizin beim Pferd. Verlag Parey, Stuttgart 2005

Brem, G.: Exterieurbeurteilung landwirtschaftlicher Nutztiere, Verlag Eugen Ulmer, Stuttgart 1998

Hartmann, O.: Pferdezucht. Verlag Eugen Ulmer, Stuttgart 2006

Klug, E. u. H. Sieme.: Samenübertragung beim Pferd. Verlag Schaper, Hannover 2003

Knopfhart, A.: Beurteilung und Auswahl von Reitpferden, Verlag Parey, Berlin 1975

Pferdehaltung Band 4: Richtlinien für Reiter und Fahrer, FN-Verlag, Warendorf 2005

Rossdale, P.: Pferdezucht. Verlag Franck-Kosmos, Stuttgart 1994

Schäfer, M.: Handbuch Pferdebeurteilung. Verlag Franck-Kosmos, Stuttgart 2000

Schnorr, B. u. M. Kressin: Embryologie der Haustiere. Enke Verlag , Stuttgart 2006

Schön, D. Praktische Pferdezucht. Verlag Eugen Ulmer, Stuttgart 1983

Thein, P.: Handbuch Pferd. BLV Verlagsgesellschaft, München, Wien, Zürich 1984

von Butler-Wemken, I.: Faszination Pferdefarben, Verlag Smussen 2004

Kapitel 5 Pferde ausbilden und trainieren

Aguilar, A.: Wie Pferde lernen wollen. Bodenarbeit, Erziehung und Reiten. Franckh-Kosmos Verlag, Stuttgart 2004

Deutsche Reiterliche Vereinigung: FN-Handbuch Pferdezucht. FN-Verlag, Warendorf 2005

Deutsche Reiterliche Vereinigung: Lehren und Lernen Rund ums Longieren. 1. Auflage. FN-Verlag, Warendorf 2004

Deutsche Reiterliche Vereinigung: Richtlinien für Reiten und Fahren. Band 1, 26. Auflage. FN-Verlag, Warendorf 1994, Band 2, 12. Auflage. FN-Verlag, Warendorf 1997, Band 6, 6. Auflage. FN-Verlag, Warendorf 1998

Direktorium für Vollblutzucht und Rennen: Das Rennpferd. Ratschläge für angehende Rennreiter und Trainer. 9. Auflage. Köln 1977

Erste Westernreiter Union Deutschland: Lehren und Lernen rund um Westernreiten. 1. Auflage. Warendorf 2004

Handbuch Pferd, 3. Auflage. BLV Verlagsgesellschaft, München 1990

Heipertz-Hengst, C.: Pferde richtig trainieren. Cadmos-Verlag, Lüneburg 1999

Hislop, J.: Theorie und Praxis des Rennreitens. Direktorium für Vollblutzucht und Rennen. Köln 1975

Jänisch, A. u. K. Stührenberg: Gymnastizierung von Gangpferden. Ausbildung mit Takt und Verstand. Cadmos Verlag, Lüneburg 2001

Klimke, R.: Cavaletti. Ausbildung von Reiter und Pferd über Bodenricks. 4. Auflage. Franckh'sche Verlangshandlung, Stuttgart 1974

Loch, S.: Reitkunst im Wandel. Von der klassischen Lehre zum Dressursport. Franckh-Kosmosverlag GmbH und Co., Stuttgart 1995

Maschalani, G.: Westernreiten Step by Step. Basistraining für Einsteiger, Umsteiger und deren Reitlehrer. Symposionverlag, Sulzbach/Ts. 1997

Miller, R. M.: Imprint Training of the newborn foal. 21. Printing. Published by Western Horsman magazine Morris Communications Corporation, Augusta, GA, USA 2003

Oese, E. u. Autorenkollektiv: Pferdesport. Sportverlag, Berlin 1979

Overesch, B. u. C. Wimks: Buschreiten. Training und Management des Vielseitigkeitspferdes. Franckh-Kosmos Verlag, Stuttgart 1999

Paalman, A.: Springreiten. Franckh'sche Verlagshandlung, Stuttgart 1968

Rossdale, P.: Pferdepraxis. Ferdinand Enke Verlag, Stuttgart 1981

Rostock, A.-K. u. W. Feldmann: Islandpferde Reiterlehre. 12. Auflage. Bad Honnef 1999

Schriftsammlung: Die lebendige Geschichte des Trabrennsports. Stegmöller Verlag, Münster 1981

Schütt, H.-L. u. P. Barm: Eins, zwei ... ab! Trabrennsport in aller Welt. Verlag Paul Parey, Berlin und Hamburg 1970

Todd, M.: Vielseitigkeitsreiten. Schritt für Schritt zur ersten Military. Verlag Eugen Ulmer, Stuttgart 1997

Kapitel 6 Betriebsmanagement

Bemmann, K.: Der Pferdekauf im Jahr nach der Schuldrechtsreform. Agrar- und Umweltrecht, 2003

Bemmann, K.: Tierärztliche Kaufuntersuchung von Pferden. Agrar- und Umweltrecht, 2005

Berufsgenossenschaft für Fahrzeughaltungen: Unfallverhütung in der Pferdehaltung. 2000

Deutsche Reiterliche Vereinigung: FN-Handbuch Pferdewirt. FN Verlag, 2005

Deutsche Reiterliche Vereinigung: Informationen zur Kennzeichnung von Pferdebetrieben gem. APO. 2007
Deutsche Reiterliche Vereinigung: Jahresberichte 2006, 2007, 2008, 2011
Eimern, J. van und H. Häckel: Wetter- und Klimakunde. Verlag Eugen Ulmer, 1984
Heck, H. u. T. Henke: Zur Epidemiologie und Prävention von Sportunfällen im Reiten, ARAG Presse-Information, 2006
Heier, J.: Erst planen – dann bauen. Landw. Wochenblatt Westfalen-Lippe, 2003
Karle, N.: Versicherungen rund ums Pferd. Pferde fit und vital. 2007
Krautwig, P. : Bieten per Telefon. Landw. Wochenblatt Westfalen-Lippe, 2007
N. N. : Das Pferd als Wirtschaftsfaktor. Landw. Wochenblatt Westfalen-Lippe, 2004
Nuding, H. u. J. Haller: Wirtschaftskunde. Ernst Klett Verlag, 2006
Oemichen, J. : Pflanzenproduktion Band I. Verlag Eugen Ulmer,1983
Pirkelmann, H.: Pferdeställe und Pferdehaltung. Verlag Eugen Ulmer, 1976
Reisch, E. : Betriebs- und Marktlehre. Verlag Eugen Ulmer, 1984
Rüb, B.: Aufs richtige Pferd gesetzt. Agrar Aktuell 2007
Segger, V.: Mit Pensionspferden Geld verdienen. www.landwirtschaft-mlr.baden-wuerttemberg.de, 2006
Statistisches Bundesamt: Viehbestände in Deutschland, 2012
Steinhauser, H. u. C. Langbehn: Einführung in die landwirtschaftliche Betriebslehre. Verlag Eugen Ulmer, 1989

Kapitel 7 Ausbildungsberuf Pferdewirt

BMELV: Statistik über die praktische Berufsbildung. Referat 425, 2011
Deutsche Reiterliche Vereinigung: FN-Handbuch Pferdewirt. FN Verlag, 2005
Dörr, R. et al.: Berufsbildung in der Pferdewirtschaft AID, 2011
Möhlenbruch, G.: Ausbilden und Führen im Beruf. Verlag Eugen Ulmer, 2012

Bildquellen

ALB Bayern: Abb. 40
Averde GmbH & Co. KG, Landsberg/Lech: Abb. 59
Baumeister, W., Stuttgart: Seite 192 Abb. 98 unten links, Seite 193 Abb. rechts oben
Bellinghausen, W., Königswinter: Abb. 53 links, 56, 58 oben u. Mitte, 70, 74, 78
Chirurgische Tierklinik der Humboldt-Universität Berlin: Abb. 53 rechts, 57, 58 unten, 73, 77
easywalker Europ AG: Abb. 83
Enzinger, W., Hennef: Abb. 8, 19, 20, 22–32, 34, 38, 39, 42–52, 72, 86, 87, 89
Gläser, B., Swisttal: Abb. 134
Launer, P., Zaschendorf: Abb. 54, 55, 92, 93 rechts, 40, 97
Limbach, U., Solingen: Abb. 95, 96
Lokau, S., Wattenscheid: Abb. 61, 63, 64, 91, 180
marquis Tiermedizintechnik GmbH: Abb. 84
Modl, M., Schnaitsee: Seite 395 unten
Möhlenbruch, G., Bonn: Abb. 225, 227, 228, 231, 240, 246, 250, 251, 252, 254
Pirkelmann, H., Freising : Abb. 21, 33, 37
Polsterer, E., Wien: Abb. 132, 133, 135, 137, 138
Reinhard, H., Heiligkreuzsteinach: Seite 193 rechts unten
Richter, W., Berlin: Abb. 171
Sambraus, H.-H.: Abb. 4, 5, Seite 394 alle, Seite 395 oben
Schein, E., FU-Berlin: Abb. 93 links
Zoonar/Christine Rettig: Abb. 90
Zoonar/Himmelhuber: Seite 192 Abb. 94 links oben
Zoonar/Joerg Hemmer: Seite 192 Abb. links Mitte
Zoonar/Lothar Hinz: Seite 193 Abb. links oben und unten
Zoonar/Milestone: Seite 192 Abb. Mitte rechts
Zoonar/Uwe Wittbrock: Seite 192 Abb. rechts oben

Die Zeichnungen Seite 64, Seite 65, Seite 77, Abb. 1, 2, 3, 6, 7, 9, 10, 13, 14, 15, 36, 41, 60, 62, 65–69, 76, 79–82, 90, 98–124, 128, 129, 130, 131, 136, 139, 140, 143–153, 159, 162, 163, 165–170, 172, 173, 177–179, 184–191, 193–224, 244, 245, 247, 255, 256 fertigte Artur Piestricow, Stuttgart, nach Vorlagen der Autoren.

Aus Möhlenbruch, Der Pferdewirt, 2. Auflage: Seite 98, 11, 12, 16, 17, 18, 35, 71, 85, 88, Seite 98, 127, 141, 142, 174–176, 181–183, 226, 229, 230, 232-238, 241, 242

Register

A

Abfohlquote 478
abgeschlagene Kruppe 349
Ablieferungspflicht für tote Pferde 213
Abmagerung 173 ff., 178
Aborte 162, 165 f.
Abprobieren 365
Abschlussprüfung 515
Absetzen 377
Absetzer 314
absolute Aufrichtung 423, 424
Abstammungsüberprüfung 409
Abszess 107
Abszessbildung 186
Abwarten 102
Abwehrmechanismen 155
Abzeichen 332 ff.
Achenheimpferd 13
Actinobacillus equuli 162
Adenosintriphosphat 423
Adlerfarn 191, 195
ADMR 207
Adonisröschen 196
aerob 423
aerober Energiestoffwechsel 317
Afrikanische Pferdepest 209, 210
AK-Besatz 469
Akkordlohn 482
aktive Immunität 157
aktiver Bewegungsapparat 421
aktive Schutzimpfung 159
Alleinkraftfuttermittel 262, 287 f.
allgemeine Resistenzmechanismen 155
Altbrot 285
Alubeschläge 139
American Quarter Horse 403
American Standardbred Pacers 433
Aminosäuren 245
Ammenstute 373
Ammoniak 319
Amnion 369
anaerob 423
anaerober Energiestoffwechsel 318
Angussverband 187
Ankaufsuntersuchung 495
Anlehnung 455
Anoplocephala perfoliata 178 ff.
anorganische Bestandteile 251
Anpaarung 353
Anschoppungskolik 326
ansteckende Blutarmut des Pferdes 167, 209 f.
ansteckende Gebärmutterentzündung 161
Anti-Doping-Kontrollregeln 207
Antikörper 373
Anwelksilage 271
Anzeigepflicht 167, 209 ff.
anzeigepflichtige Tierseuche 168
Aorta 174
Ar 465
arabische Rassen 392
Arbeit 474
Arbeit am langen Zügel 443
Arbeit an der Hand 444
Arbeitsgalopp 431
Arbeitskraft-Einheit 469
Arbeitsleistung 245, 296, 329
Arbeitsschutz 472
Arbeitstrab 431
arrondiert 461
Arterien 427
Arteriviren 168
artgerechte Pferdehaltung 201
Arthritiden 162
Arthrose 132, 419
arttypische Bedürfnisse 215
Ataxie 165, 191
Atemfrequenz 95
Atemnot 193
Atemstörungen 193
Atmungsorgane 53 f.
ATP 252, 317, 423
Auflösung von Wundnähten 186
Aufsatzzügel 441
Aufstallungsarten 202
Aufwärmphase 417
Aufzucht 278
Aufzuchtpferde 307
Aufzuchtpferde füttern 312
Auge 18 f.
Ausbilder 508
Ausbildung 202 ff.
Ausbildungsberufsbild 507
Ausbildungsdauer 511
Ausbildungsplan 511
Ausbildungsstätte 509
Ausbildungsvertrag 511
Ausdauertraining 427
Ausgaben 477
Ausrüstung 204
Ausscheidungsverhalten 17
Außenboxenstallungen 43
äußere Verkehrslage 462
Austreibungsphase 368 f.

B

Backenzähne 218, 224
Bahnschwellen 82
bakterielle Erkrankungen 153
bakterielle Infektionskrankheiten 158, 162
Bakterien 153 f., 231, 314
Ballaststoffe 237, 243
Ballentritte 184
Bandagen 144, 147
Banden 68
Bänder 414
Bandwurm 178, 180 f.
Barrenwetzen 33, 35
Bascule 429, 450
Bauantrag 75
Bauchspeichel 233
Bauchspeicheldrüse 31 f., 228, 231
Baugesetzbuch 74
Bauplanung 73
Baustoffe 237
Bebauungsplan 74
Beckenflexur 230, 327
Bedarf an Eiweiß 319
Bedarfstabelle 293
Bedeckungsverfahren 361
Beeren-Eibe 194
Befruchtung 363
Befruchtungsrate 366
berufliche Weiterbildung 517
Berufsbildungsgesetz 508
Berufsfachschulen 518
Berufsgenossenschaft 481
Beschäftigung 217
Beschälseuche 210

Beschälseuche des Pferdes 209 f.
Beschläge aus Materialkombinationen 139
Besenginster 196
Bestandsbuch 189
Bestandsbuchverordnung 213
bestandsspezifische Impfstoffe 163
Bestrafung des Pferdes 204
ß-Karotin 230
Betriebsflächen 465
Betriebsgebäude 464
Betriebshaftpflicht 481
Betriebsmanagement 459
Betriebsspiegel 459
Beuger 421 f.
Beurteilen eines Pferdes 338
Beurteilung der Gänge 350
Bewegung 200, 203
Bewegungsleistung 250, 316
Bewegungssinn 26
Bewegungsstörung 165
Bewerbung 509
Bewerbungsgespräch 510
Bierhefe 285
Biertreber 286
Biestmilch 157, 313, 372
Bingelkraut 195
Biotin 260
Bissenweg 225
Bit 437
Bläschenausschlag 166
Blauer Eisenhut 195
Blinddarm 230
Blut 427
Blutadern 427
Blutergussbildung 185
Blutharnen 191
blutig braun veränderter Harn 194
Blutprobe 207
Blutungen 187, 197, 210
Blutuntersuchung 164
Blutvergiftung 158, 160, 163
Blutwurm 174, 180
Blutzucker 319
Bockhuf 123
Boden 474
Bodenanalysen 88
Bodenrickarbeit 422, 429
Bodenricks 441
Bohlen 80
Borna 211
Borna-Krankheit 169, 212
Bornavirus 169
Borrelien 163
Borreliose 163
Bösartigkeit 36
Botulinumtoxin 163
Botulismus 163
Boxen 37, 42
Boxenrichtmaße 39
Boxenställe 43
Brandzeichen 396
Brauerei 286
Brennstoffe 237
Bronchitis 56 f.
Bronchopneumonie 57
Bronchospasmus 57
Brot 326
Brückenkonstruktion 348
Brust 344
Bucheckern 191
Burkholderia mallei 211
B-Vitamine 258

C

Cavalettis 441
CEM 161
Cervixtupferprobe 162
Chambon Gogue 441
Chips 419
Chlor 251, 253
Chlorid 320
Christrose 195
Chromosomen 378
Chronische Obstruktive Lungenerkrankung 166
Cl 306
Classic-Fino 430
Clostridiensporen 158
Clostridium botulinum 163
Clostridium tetani 158
Cogginstest 167
Cow sense 429
Cutting 429, 435

D

Dämpfigkeit 95, 166 f.
Dampfrinne 95
Darmbakterien 258
Darmflora 231, 244, 259, 314
Darmpech 374
Darmpechverhalten 374
Darmwand 229, 313
Dasselfliege 176
Dauergrünland 266, 274
Dauergrünlandanteil 467
Deckakt 161, 165 ff., 210
Deckbereitschaft 360
deckenlastige Lagerräume 60
Deckenschnitt 143
Deckhengste 246, 251, 308
Deckinfektionen 161 f.
Deckseuchen 161
Decksperre 166
Deckungsbeitrag 477
Deckverbote 210
Dehnungshaltung 421
Deklarationen 288, 301
Demodikose 172
Dermatitis solaris 185
Dermatomykosen 154
Desinfektionsmaßnahmen 165, 169 f.
Desinfektionsmittel 158, 165
Deutsches Reitpferd 393
Deutsches Reitpony 401
Deutsches Warmblut 393
Deutsches Weidelgras 86, 274
Diätfuttermittel 262
Dickdarm 229 f., 243, 248 f., 314, 326
Dickdarmverdauung 229
Dictiocaulus arnfieldi 180
Dienstleistungsbetriebe 460
Dinkel 284
diploid 379
Direktorium für Vollblutzucht und -Rennen 162, 165, 169
Distanzpferde füttern 320
Dokumentationspflicht 213
Domestikation 13
dominant 379
Doping 205, 207
Dopingformen 206
Dopingliste 206
Dopingproben 206, 207
Dopingsubstanzen 207
Dopingverbot 206
Doppellonge 443
Dornfortsätze 421
Dosiergerät 290
Dourine 210
Dreiecksbahn 337, 338
Dreieckszügel 441
Dreischlag 431

Drillsämaschinen 86
Druckverband 187
Druse 158, 170
drüsenloser Blindsack 225
Drüsenmagen 225
duales Ausbildungssystem 515
Düngemittel 87
Düngermengen 87
Düngung 86, 88
Düngungsplan 88, 91
Dünndarm 228, 248, 326
Dünndarmverdauung 228
Durchbruch 222
Durchfall 175, 178, 190 f., 248, 314, 327, 374
Durchfälle 175, 177
Durchfallerscheinungen 197
Durchtrittigkeit 122
DVG-Desinfektionsmittelliste 165

E

EAV 168
Eckzähne 222
EHV 366
EHV 1/4 170
EHV I 165
EHV II 165 f.
EHV III 165 f.
EHV IV 165
Eibe 191, 194
Eiche 194
Eierstöcke 356
Eigensynthese des Vitamin B_1 258
Einbrechen 457
Eindecken 144
Einfache Longe 443
Einfachzucker 248
Einfühlungsvermögen 203
Einfuhrsperre 211
Einheitswert 468
Einnahmen 476
Einraumlaufstall 37, 47
Einrichtung 188
Einschuss 185
Einstreumaterial 42
Einzelaufstallung 202
Einzelfuttermittel 262, 284
Einzeller 153
Eisen 254
Eisenbeschläge 138
Eiweiß 244, 229, 305
Eiweißbedarf 245, 296
Eiweiß-Energieverhältnis 250, 297
Eiweißüberangebot 247
Eiweißüberschuss 233, 247, 279, 319
Eiweißverdauung 226
Eiweißvergiftung 247
Eiweißversorgung 305
Ejakulat 357
Ektoparasiten 172
Ekzeme 103 f.
Ekzemerdecke 105
Elektrodraht 81
Elektrozaun 81
Elektrozaungeräte 82
Ellenbogen 346
Embryo 363
Embryotransfer 362
Emissionen 485
EMS 328
Endoparasitenbekämpfung 208
Endoparasiten 172
Endoparasitosen 173
Endotoxine 153, 319, 328
Energie 236, 247, 317
Energiebedarf 250, 296
Energiestoffe 247
Energieversorgung 305
enge Hufe 123
Engelstropete 195
Englisches Reithalfter 439
Englisches Vollblut 390
Entmistung 42
Entschädigungen 212
Entwicklungsstörungen 329
Entwurmung 177, 367
Entwurmungspläne 189
Eohippus 9 f., 37
Epiphysenfugen 414
Equidenpass 169, 189, 212
Equines Herpesvirus 366
Equine Herpesvirusinfektionen 164
Equines Sarkoid 112
Equine virale Arteritis 168
Equine Virusarteritis 366
Equine Zytomegalie 166
Equus 11 f.
Equus ferus 13
Erfrierungen 185
Ergänzungsfuttermittel 262, 287 f.
Erhaltungsbedarf 245, 296, 310, 329
Erkrankung des Atmungsapparates 166
Erkundungsverhalten 16
ernährungsbedingte Erkrankungen 321
Ernährungsverhalten 17
Eröffnungsphase 368 f.
Ersatzhandlung 34 f.
Erythrozyten 428
Escherichia coli 162
Esel 180 f.
Euter 356 f.
Eutrophierung 87
EVA 366
Evolution 9 ff.
Exotoxine 153
Exterieur 338
exzessives Scharren 33, 35

F

Fachhochschulen 519
Fachoberschule 518
Fadenwürmer 181
Fahren vom Boden 444
Falsche Akazie 191
falscher Galopp 432
Familienbetriebe 469
Farbe 332
Farbvererbung 381
Fassbeinigkeit 350
Fédération Equestre Nationale, Deutsche Reiterliche Vereinigung 404
Federico Caprilli 450
Fehlanpassungssyndrom 375
Fehlgärungen 264, 273, 326
Fell 96
Fellpflege 96
Fertigkeitsprüfung 516
Fesselstand 347
Fesselträger 426
feste Kosten 471, 477
Fette 229, 248
fettlösliche Vitamine 257
Fettsäuren 229, 244, 249, 317
Fibrom 111
Fingerhut 194
Fistel 107
Flachhuf 124, 347
Flat Walk 433

Flehmen 24
Fluchttier 203
Fluchtverhalten 16
FN 404
Fohlen 181
Fohlenaufzucht 374
Fohlenerkrankungen 374
Fohlenfrühlähme 162
Fohlenkissen 114
Fohlenlähme 374
Fohlenrosse 177
Fohlenschau 408
Fohlenspätlähme 162
Fohlenstarterfutter 287
Fohlenwagen 458
Folien 271
Follikel 359 f.
Follikelsprung 356, 361
Follikelstimulierendes Hormon 359
Follikelwachstum 358
Folsäure 259
Fork 434
Format 340
Fortbewegungsverhalten 18
Fortpflanzung 308
Fortpflanzungsverhalten 17
freier Schritt 430
freie Sauerstoffradikale 259
Freispringen 411, 445
Fressstand 49
Fressunlust 197
Fressverhalten 215, 274
Fresszeiten 216 f., 271
Friese 403
Friesenpferd 403
Fruchtbarkeitsstörungen 361
Fruchthüllen 363
Frühaborte 168
Fruktan 231, 328
FSH 359
Füchse 168
Fugenknorpel 414
Führen 443
Führmaschinen 72
Führpferd 456
Fundusdrüsenzone 225
Furunkel 107
Fusarientoxikosen 197
Futter 201
Futteraufnahme 201, 240
Futteraufnahmevermögen 303
Futterdosierung 242
Futtermilben 197
Futtermittel 261
Futtermittelpreise 265
Futtermittelverordnung 214
Futtermittel, Warentest 265
Futterplanung 291
Futterrationen 291
Futterrüben 280
Fütterungsrehe 327
Futterverwerter 298
Futterwerttabellen 265 ff.
Futterzustand 298

G

GAG 206
Gallenblase 228
Gallenflüssigkeit 229, 232
Galopp 431
Gamaschen 145, 147
Ganaschen 341
Ganaschenfreiheit 342
Gangmaße 430
Gangpferde 402
Ganze Paraden 452
Gasterophilus intestinalis 176, 180
Gaumen 225
Gebärmutter 353
Gebärmutterhals 355
Gebärmutterhorn 363
Gebärmutterschleimhaut 363
Gebissanomalien 322
Gebrauchskreuzung 386
gebrochene Zehenachse 346
Geburt 235, 251, 311, 363, 367
Geburtsgewicht 310
Geburtskomplikationen 370
Geburtsüberwachung 368
Gefleckter Aronstab 195
Gefleckter Schierling 195
Gefühlssinn 24
Gehirn 29
Gehörsinn 24 f.
Geilstellen 85
geklebter Hufschutz 141
Gekrösewurzel 174
Gelbklee 275
Gelbkörper 360
Gelenke 414
Gelenkgalle 420
Gelenkkapsel 414
Gelenkknorpel 417
Gelenkschmiere 417
Gelenksflüssigkeit 164
Gelenksschale 132 f.
Gemeiner Buchsbaum 194
Gemeiner Goldregen 194
Gemeiner Holzbock 173
Gemeiner Liguster 194
Gemeiner Seidelbast 194
gemeinschaftliche Strecksehne 426
gemischte Lahmheiten 418
Genotyp 379
Geraderichten 456
gerades Hinterbein 350
Geräte 204
Gerste 283
Gerstenstroh 273
Geruchssinn 22
Gesamtmarktentwicklung 490
Geschlechtsdrüsen 33
Geschlechtsorgane 353
geschlechtsreif 357
Geschlechtsvererbung 383
Geschlechtszyklus 357
Geschmackssinn 24
Gesichtsfeld 22
Gesichtssinn 19
Gestaltung des Stallklimas 201
Gesundheitsbeurteilung 92
Gesundheitskontrolle 169
Getreide 281
Gewicht des Pferdes 295
Gewichtshilfen 451
Gießener Fohlenbeurteilungsschema 371 f.
Gift 278
giftig 255
Giftkrokus 194
Giftpflanzen 190
Giftstoffe 233, 237, 266
Ginster 196
Glatthafer 274
Gleichgewichtssinn 26
Gleitendes Ringmartingal 439
Gliedmaßenfehlstellungen 375
Glockenbilsenkraut 196
GnRH 359
Gonadotropin-Releasing-Hormon 359
Grannen 273, 283
Granulationsgewebe 183
Gras 278
Grasaufnahme 308
Gräser 263, 272 ff., 326

Grassilage 271
Grenzwerte 207
Grimmdarm 174, 180, 230
Großballen 266
Großer Palisadenwurm 180
Großvieheinheit 468
Grundausbildung im Gelände 456
Grundfarbentypen 382
Grundfuttermittel 261
Grundgangarten 430
Grundimmunisierung 166 f., 170 f.
Grundsätze 188
Grundsitz 446
Grünfutter 274
Grünfutterkonserven 266
Grünlandgrundzahl 468
Grünlandpflanzen 279
Grünlandzahl 468
Gruppenauslaufhaltung 37
Gruppenhaltung 202
Gummibänder 81
Gundelrebe 194
Gundermann 193
güste Stute 308
Gymnastikspringen 422

H

Haarbalgmilbe 172
Haare 97
Haarlinge 172
Haarlingsbefall 172
Habronematose 109
Hackamore 439
Hafer 236, 281
Hafergewicht 283
Haferqualität 283
Haferstroh 273
Haflinger 401
Hahnenfuß 191
Hakenzähne 224
Halbe Paraden 452
Halbgalopp 432
Halbrundstangen 80
Hallenboden 69 f.
Hallengröße 67
Hallenkonstruktionen 67
Halme 272
Hals 342
Halsaufsatz 342
Halsverlängerer 441
Hämoglobin 56, 428
Handpferdereiten 444
Hangbeinlahmheit 418
Hangbeinphase 417
Hankenbeugung 423
Hannoveraner 397, 406
Hannoversches Reithalfter 437
haploid 380
Harn 231, 242, 329
Harnblase 233
Harndrang 191
Harnleiter 233
Harnröhre 233
Harnstoff 233, 319
Harztropfen 368
Hauptkammer 427
Hauptverband für Traber-Zucht 208
Haut 96
Hautpilzerkrankungen 107
Hautprobe 164
Hautveränderungen 172
head-shaking 34, 35
Hefen 231
Hektar 465
Hengstkörung 409
Hengstleistungsprüfungen 409
Herbstzeitlose 194, 196
Herdenbedeckung 361
Herdentier 203
Heritabilität 386
Herpes-Virus-Infektionen 171
Herzbeutel 427
Herzfrequenz 94
Herzkranzgefäße 427
Herz-Kreislaufsystem 426
Heu 193 ff., 263, 266
Heucobs 270, 325
Heudosierer 50
Heulage 271
Heusonde 266
Hilfen 450
Hilfszügel 439
hingegebener Zügel 452
Hinterfessel 350
Hintergliedmaßen 349
Hinterhuf 120 f.
Hinterröhre 350
hochtragende Stuten 310
Hoden 356
Höhenlage 463
hohle Seite 455
hohle Wand 136
Holsteiner 398
Holzbock 164, 173
Holzteer 127
Hoppegartener Husten 166
Hormondrüsen 31 f.
Hormone 31 f., 235, 244, 254
Hormonsystem 26, 31
Hornklee 275
Hornkluft 135
Hornsäule 131
Hornschuh 116
Hornspalten 134
Hufabszess 127
Hufbeschlag 137
Hufe 347
Huffett 115
Hufform 121 ff., 347
Hufkrebs 130
Huflederhaut 116
Hufmechanismus 115, 119, 126, 138, 418
Hufpflege 114, 200
Hufrehe 127, 160, 249, 283, 307, 327, 370
Hufrolle 119
Hufrollenentzündung 131, 418
Hufschuhe 141
Hufschutz 137
Hüftdarm 228, 326
humorale Resistenzfaktoren 155
Hundsblume 194
Hunger 319
Husten 165 ff., 175, 177, 330
HVT 208
Hyaluronsäure 133
Hydrophobie 168
hydrothermisch aufgeschlossen 239
Hygienemaßnahmen 161
Hygrometer 51
Hyperfusion 58
Hyperimmunserum 163
Hypophyse 31 f.
Hyracotherium 9 f.

I

Identifizierung 332
Immissionen 484
Immunglobuline 157, 162, 373
Immunisierung 313
Immunität 156
Immunseren 162
Impfpflicht 167
Impfpläne 189
Impfstoffe 162, 208

Impfvorschriften 170 f.
Imprint-Training 443
Indexverfahren 411
Infektionsdruck 162, 179, 181
Infektionskrankheiten 153 ff., 167, 211
Infektionsverhinderung 179
Infektionsvermeidung 169
Infektionswege 154
infektiöse Anämie 154, 167, 172, 210
Influenza 166, 170 f.
Influenzavirus 166
Inhalation 57 f.
Inhaltsstoffe 289
Inkubationszeit 154
innere Fruchthülle 369
innere Verkehrslage 460
Insektenschutzmittel 208
Instinkthandlung 14
Insulin 319, 328
Interieur 338
Inzestzucht 386
Inzucht 386
Isländer 402
Isländische Kandare 437
Islandpferd 433
Islandpferdereitlehre 430
Ixodes ricinus 164, 173

J

Jacobsonsches Organ 24
Jagdschnitt 143
Jahrestemperatur 464
Jährlinge 315
Jakobskreuzkraut 196
Jod 254
Jog 429
Johanniskraut 196
Juckreiz 168, 172 f., 176
Jungpferde 312

K

Kaliber 340
Kalium 251, 253
Kaltblutpferde 400
Kalzium 251, 259, 299
Kalzium-Phosphor-Verhältnis 252
Kandaren 435
Kanter 422
Kapital 474
Kapzaum 439
Kardiadrüsenzone 225
Karenzzeiten 207
Karotin 257, 309
Kastration 356
Kauen 225, 243, 266, 325
Kaufläche 224
Kaufvertrag 499
Kauschläge 216
Kenntnisprüfung 516
Kennzeichnung von Tieren 212
Kimblewick 437
Kissing Spines 348, 421
klassische Fohlenlähme 162
Klebsiellen 162
Klee 270, 275
Kleie 285
kleine Strongyliden 174, 180
Kleinpaddock 45
Kleinpferde 400
Klima 463
Klitoristupferproben 161
Knäuelbildung 425
Knaulgras 274
Knochen 252
Knochendeformationen 259
Knochenhaut 414
Knochenwachstum 330
Knollen 280
Knollhuf 125
Knorpel 414
Knotengitter 81
Kohlenhydrate 236 f., 247, 317
Koitalexanthem 166
Kolik 178, 218
Koliken 173 ff., 188 ff., 248, 323
Kolikerscheinungen 178, 191, 194
Kolostralmilch 313, 372
Kolostrum 157
Kombinationskreuz 381
Kombinationskreuzung 386
Komfortverhalten 16
Komplikationen nach einer Verletzung 185
Kompostierung 43
Kondition 341
Konditionierung 18
Koordination 428
Kopfformen 341
Kopfschütteln 34 f.
Koppen 33, 218, 322
Kopperriemen 34
Korngröße 264
Körpergewicht 241
Körperkreislauf 427
Körperpflege 200
Körpertemperatur 95, 247, 296
Kosten 477
Kot 231, 314
Kotfressen 218
Kotprobenuntersuchungen 178
Kotwasser 327
Kraftfutter 241, 280
Kraftfutterabrufstation 49
Kraftfuttermittel 261 f., 287
Krampfanfälle 159
Krämpfe 191
Krankheitserreger 153
Kräuter 263, 275, 278
Kreislaufen 33 f.
Kreislaufstörungen 188, 194
Kreuzgalopp 432
Kreuzverschlag 188, 249, 329, 424
Krippenfutter 220, 280, 290
Krippensetzer 34
Kruppe 348
Kryptorchismus 356
Kuhhessigkeit 350
Kunden 222
Kundenbetreuung 492
künstliche Besamung 362
Kunststoffbeschläge 140
Kupfer 308, 315, 317, 330
Kupfergehalt 254
Kupferversorgung 314

L

Lagerfähigkeit 240
Lähmungen 165, 168, 191, 193 f., 197
Lähmungserscheinungen 163, 168, 190 f., 197
Lähmungsstadium 168
Laktat 424
Laktation 305, 311
Laktationsmonat 296
Laktose 248, 287
Landschaftsschutzgebiet 75 f.
Langhaarpflege 142
Latenz 164
Laufferzügel 441
Läuse 172

Läusebefall 172
Lebensbaum 195
Leber 228, 231, 248, 319, 428
Leberfunktionsstörung 196
Leckschale 278
Lecksucht 218
Leerdarm 228
Leguminosen 270
leichter Sitz 449
leichtfuttrige Pferde 321
Leichttraben 451
Leiden 200
Leinsamen 285, 311, 324, 328
Leistung 384
Leistungen 476
Leistungsbedarf 250, 296
Leistungsminderung 172, 175 ff.
Leistungsprüfung 406
Leithengst 15
Leitlinien Pferdehaltung 199
Leitlinien Tierschutz 202
Leitlinien zur Beurteilung von Pferdehaltungen unter Tierschutzgesichtspunkten 199
Leitstute 15
Lentivirus 167
Levade 445
LH 360
Licht 53
Lieschgras 274
Lignin 243, 247, 248, 273
Lipase 233
Lohnabrechnung 482
Longieren 443
Longshaft 458
Lope 429
Lorbeeröl 115
lose Wand 135
Losgelassenheit 454
Lösungsphase 417
LPO 170
Luftbewegung 53
Luftzusammensetzung 51
Lumbago 424
Lunge 54 ff., 77
Lungenemphysem 57
Lungenentzündung 160, 165, 177
Lungenkreislauf 427
Lungenwürmer 180 f.
Lupine 195
Luteinisierendes Hormon 360
Luzerne 263, 270
Luzernegrünmehl 270
Lyme Disease 163, 173
Lysin 245, 285, 315

M

Magen 225, 244
Magenausgang 225
Magen-Darm-Würmer 173
Magendassel 176, 180 f.
Magendruck 324
Mageneingang 225
Magengeschwüre 220, 324
Magenüberladung 324
Magenwurm 180
Magermilchpulver 287
Magnesium 251 f.
Mähweide 466
Maiglöckchen 196
Mais 239, 283
Maissilage 273
Management 201
Mangan 254
mangelnder Appetit 175
männliche Geschlechtsorgane 356
Marketing 489
Maschinen 471
Mash 215
Maßnahmen bei einer Vergiftung 198
Mastdarm 230
Matratzen-Haltung 41
Mauke 105
Maulesel 13 f.
Maulhöhle 218, 225
Maultier 13
mechanisches Hackamore 439
Medikamente 189
Medikamentenkontrollregeln 207
Megajoule 249, 265
Mehlkörper 281, 285
Mehrfachzucker 248
Mehrraumlaufstall 48 f.
Meiose 380
Meisterprüfung 517
Melanom 113
Melanozyten 113
Melasse 286
Melatonin 359
Meldepflicht 162, 165 ff.
meldepflichtige Erkrankung 169
meldepflichtige Tierseuchen 212
Mengenelemente 251, 299
Merychippus 11
Methämoglobinbildung 197
Mexikanisches Reithalfter 439
Mikroorganismen 153, 230 f., 319, 324 ff.
Milben 197
Milch 234, 367
Milchbildung 233
Milchdrüse 233
Milcheiweiß 245
Milchleistung 311
Milchmengenleistung 245
Milchproduktion 274, 311
Milchsäure 248, 271, 318, 424
Milchsäurebakterien 231, 271
Milchzähne 222
Milchzucker 247, 287
Milz 233, 428
Milzbrand 209 f.
Mineraldünger 88
Minerale 259
Mineralergänzung 312
Mineralergänzungsfuttermittel 290
Mineralfutter 283
Mineralstoffbedarf 299
Mineralstoffe 237, 320
Mineralstoffversorgung 305, 314, 316, 330
Miohippus 10
Mischfutter 266
Mischfuttermittel 239, 262, 287
Mittelgalopp 431
Mittelschritt 430
Mitteltrab 431
Mittelzähne 222
mittlere Betriebsflächenentfernung 461
Mohrrüben 280
Molkerei 286
Moosmilben 178
Mosbachpferd 12 f.
motorische Störungen 169
Müllerei 285
Muskelfarbstoff 317
Muskelfasertypen 425
Muskelfunktion 316

Muskelkrämpfe 191
Muskelzittern 191
Muskelzuckungen 190
Muskulatur 316, 421
Mutterband 356
Muttertierschutzimpfungen 163
Mykotoxikosen 154, 196
Myoglobin 424

N

Na 306
Nabelbruch 375
Nabeldesinfektion 163
Nabelentzündung 375
Nabelinfektionen 162
Nabelschnurverbindung 372
Nachgeburt 165, 370
Nachgeburtsphase 368, 370
Nachsaat 86
Nachtschatten 195
Nachweiszeiten 207
Nackenband 421
Nackenrückenband 348, 423
Nageltritt 136 ff., 188
Nährstoffbedarf 214
Nährstoffbedarf ermitteln 292
Nahtdehiszenz 186
Narbengewebe 183, 425
Nase 54
Nasenausfluss 165
Nasenhöhle 225
Natrium 251, 253, 278, 290, 299, 320
natürliche Schiefe 455
Natursprung 362
Nebennieren 32
Nebenprodukte der Nahrungsmittelindustrie 284
Neck Reining 452
negativer Stimulus 18
Nekrose 418
Nekrosenbildung 185
Nervengift 159, 163
Nervenschnitt 132
Nervensystem 26 ff., 428
Nervenzelle 27, 28
Nesselfieber 108, 330
Netzhaut 18, 19
Neuansaat 86
Nickhaut 21
Niederschlagsmenge 464
Nieren 233, 329
Nikotin 259
Nitrate 197
Nitrite 197
Notfallversorgung 187
Nulltoleranz 207
Nussknackereffekt 436

O

O-Beinigkeit 350
oberflächliche Beugesehne 426
Oberscheck 458
OCD 419
Offene Stellung 337
Ohr 24
Ohrenspiel 25
Öl 249
Oldenburger 399
Oleander 195
Ölmühlen 284
Onchocerose 110
optimaler Bedeckungszeitpunkt 361
organische Dünger 89
organische Substanz 237
Organschäden 173
Orthomyxoviren 166
Orthovoltage 133
Osteochondrose 376
Osteochondrosis dissecans 419
Östrogene 235, 359 f.
Östrus 357
Ovulation 357 f., 361
Oxytocin 235, 369
Oxyuren 176
Oxyuris equi 175, 180

P

Pad 434
Paddock 37
Palisadenwurm 174
Panikhaken 100
Paraden 450
Parafilariose 110
Parascaris equorum 175, 180
Parasiten 171
Parasitenbefall 173, 178
Parasitenbekämpfung 179
Pass 431
passartiger Schritt 431
passive Immunität 157
passiver Bewegungsapparat 414
Passtölt 433
PAT-Werte 94 f., 106, 188
PAT-Werte eines Fohlens 374
Pedigree 493
Peitschenführer 338
Pelham 437
Penis 356
Pepsin 226
PEQ 245, 250, 297, 305, 315, 319
periodische Augenentzündung 23, 93
Periost 414
Persistenz 164
Pessoa-Zügel 441
Pfaffenhütchen 194
Pferdeanhänger 148, 152
Pferdeauktionen 493
Pferdebesatz 468
Pferdebestand 468
Pferdeenzephalomyelitis 209, 211
Pferdehalterhaftpflicht 481
Pferdehirn 29
Pferdepass 333
Pferderassen 389
Pferdestaupe 168
Pferdetransporter 148
Pflanzenöl 319
Pflanzenöle 249
Pfortaderkreislauf 228
Pfriemenschwanz 175 f.
Pfriemschwanz 180
Pheromone 24
Phlegmone 105, 185 f.
Phosphor 251, 299
Photosensibilität 185
Photosynthese 248, 328
physische (körperliche) Losgelassenheit 454
Piaffe 445
Pilaren 445
Pilze 153, 154
Pilzerkrankungen 154
Pinkeye 168
Plattenepithelkarzinom 112
Plazenta 364
Pleasure 435
Pleasureprüfungen 430
Pliohippus 11 f.
Podotrochlose 418
Ponys 400
Portionsweide 79, 466
positiver Stimulus 18
Preiswürdigkeit 266
Prellungen 184

primäre Wundheilung 183
Pritschensättel 433
Probezeit 511
probiotische Maßnahmen 327
Produktionsbetriebe 460
Produktionsfaktoren 474
Progesteron 235, 360
Prolaktin 235
Prophylaxe 179
Prostaglandin 360
Proteine 244
Protozoen 231
Przewalski-Pferd 13
psychische (innere) Losgelassenheit 454
Pulsmessung 94
Putzkasten 101
Putzplatz 100
Putz-Programm 99
Putzutensilien 100
Pylorusdrüsenzone 225

Q

Qualität 499
Qualitätssicherung 499
Quarantäneaufstallungen 169
Quarantänebox 161
Quarantänestall 169
Querlüftung 58
Quetschungen 184

R

Rahmen 339
Ralleystreifen 143
Rangordnung 202
Rasenreitplätze 71
Rationsberechnung 214, 301
Rationsbeurteilung 303
Rattengift 197
Rattenschwanz 176
Räude 110
Räudemilben 172
Raufutter 266
Raufutteranteil 303
Raufuttermittel 243, 262
Raumgriff 345, 429
Reflexe 15
Registrierung von Tieren 212
Reifeteilung 379
Reining 435
Reinzucht 386
Reis 284
Reitanlage 66
Reiten in der Landschaft 488
Reithalle 65 ff.
Reitplatz 70 ff.
Reitplatzboden 71
relative Aufrichtung 421, 424
relative Luftfeuchtigkeit 51, 57
Remagenpferd 13
Renngalopp 432
Rennordnung 165, 169, 207
Rennpass 432
Rennpferde 390
Rennpferde füttern 320
Rennsitz 450
Renntrab 431
Resistenz 155
Resistenzen 181
rezessiv 379, 381
Rhabdoviren 167
Rhinopneumonitis 165
Rhizinus 195
Rhododendron 195
Richtmaße 202
Risiko 480
Risikogeburten 162
Rispengetreide 281
Risswunde 182
Rittersporn 195
Robinie 191
Roggen 284
Rohasche 237, 251, 289
Rohfaser 237, 243, 272 f., 289
Rohfaserbedarf 299
Rohfasergehalt 303
Rohfett 237, 289
Rohnährstoffe 237, 289
Rohprotein 237, 289
Rohwasser 237
Rosse 353, 355, 357, 359
rote Blutkörperchen 428
Roter Fingerhut 196
Rotlaufseuche 168
Rotschwingel 274
Rotz 209, 211
Rotznarben 211
Round Pen 445
Rübenschnitzel 286, 325
rückbiegige Stellung 346
Rücken 348
Rückenband 421
Rückenmark 29, 30
Rückenprobleme 420
rückständige Vordergliedmaßen 346
Ruheverhalten 17
Rundstangen 80
Running Walk 433

S

Sadebaum 195
Saftfutter 273
Saftfuttermittel 240, 262, 280
sägebockartige Stellung 159
saisonal polyöstrisch 357
Salmonella abortus equi 160 f.
Salmonellen 162
Salmonellose 160
Salzleckstein 305, 320
Salzsäure 225
Sättel 433
Satteldruck 183
Sattelkammer 44 f.
Sättigung 241
Sauerstoff 317
Sauerstoffradikale 321
Sauerstofftransport 254
Saugfohlen 217, 254, 312, 327
Schäden 200
Schadgase 52, 57 f.
Schale 419
Scharfsehen 22
Scheide 353
Schenkelhilfen 451
Scheren 143
Schermaschine 143
Scheuen 35
Schienbeine 419
Schilddrüse 31 f.
Schlagadern 427
Schlaufzügel 441
Schleimstoffe 283
Schließmuskel 225
Schlund 225
Schlundverstopfungen 325
Schmerzen 200
Schneidezähne 222
Schnittwunde 182
Schnittzeitpunkt 263, 271, 275
Schöllkraut 196
Schreckhaftigkeit 35, 159
Schritt 430
Schubkraft 456
Schulter 345
Schutzimpfungen 157, 159, 165, 168, 170
Schutzverband 186

Schwanenhals 342
Schwarze Nieswurz 195
Schwarzes Bilsenkraut 196
Schwarze Tollkirsche 196
Schwefel 251, 254
Schweiß 97, 242, 305
Schweißmenge 320
Schwenktüren 40
Schwerkraftlüftung 58
Schwitzen 194
Schwung 429, 455
Segelklappen 427
Sehnen 425
Sehnenbogen 425
Sehnenschäden 425
Sehnenschädigungen 187
Sehnenscheidenentzündung 160
seitliche Ausbinder 441
sekundäre Wundheilung 183
Sekundärheilung 186
Selbsthaltung 421
Selbsttränkebecken 80
Selbstverstümmelung 34, 35
Selektionsstufen 406
Selen 254
Selenversorgung 314
Senkrücken 348
Seromentstehung 185
Seuchenausbruch 209
seuchenhafter Husten 166
seuchenhygienische Maßnahmen 165
Seuchenmeldung 209
Seuchenverdacht 209
sexuelle Vermehrung 379
Shetland-Pony 402
Sich-nicht-Legen 33, 34
Sidepull 439
70-Tage-Test 411
Signale 450
Silage 271
Silagen 264
Silos 62
Sinnenprüfung 263
Sinnesorgane 18
Skala der Ausbildung 453
Skelett 414
Sojaeiweiß 245
Sojaextraktionsschrot 285
Solarium 45
Solutré-Pferd 13
Sommerekzem 104
Sommerluftrate 58
Sonnenbrand 185
soziale Kontakte 200
sozialer Partner 203
Sozialverhalten 15
Spaltsitz 433
Spat 419
Speichel 218
Speicheln 190 f., 194, 197
Speichelproben 207
Spekulum 355
Spelze 281
Spelzgetreide 281
Spermaqualität 357
Spermien 356
Spezialgangarten 430, 432
Spezialrassen 403
spitze Hufe 122
Sporen 158
Sportpferde 315
Springkandare 437
Sprunggelenkswinkel 350
Spulwurm 175, 180
Spurenelemente 254, 289, 306
Staatsprämienstute 408
Stallapotheke 188
Stallboden 41
Stallbuch 189
Stalltemperatur 51
Stall- und Weidehygiene 181
Stall- und Weidemanagement 179, 181
Standweide 79, 466
Stärke 229, 248, 283, 326
starker Galopp 431
starker Schritt 430
starker Trab 431
Stationsprüfung 409, 411
Staub 52 f., 57, 70, 330
Staubbildung 263
steile Fesselung 346
Stellung der Vordergliedmaßen 344
Stellungsfehler der Gliedmaßen 345
Stelzfuß 123
Stereotypie 33 f.
Stichwunde 182
Stickstoff 247
Stomatitis vesicularis 211
Stoßwellentherapie 133
Stoßzügel 441
Strafen 204
Strahlfäule 126
Strahlkrebs 130
Strahlpolster 116
Strecker 421 f.
Streckmuskeln 421
Streichkappen 145
Streifenschnitte 143
Streptococcus equi 158, 161
Streptococcus zooepidemicus 161 f.
Stress 158, 324
Streulage 461
Stroh 273
Strongylinae 174
Strongyloides westeri 177 f.
Strongylus vulgaris 174, 180
strukturiertes Raufutter 323
struppiges Fell 173, 175, 176
Studium 519
Stuhlsitz 433
stumpfe Hufe 122
Stuteneintragung 408
Stutenmilch 234, 327
Stutenschau 408
Stützbeinlahmheit 418
Stützbeinphase 417
Stützgewebe 414
Sulky 458
Sumpfschachtelhalm 191, 195
Symbionten 231
Synovia 417
Synovialis 417
Systemmykosen 154

T

Takt 454
Taktfehler 431
Tapetum 22
Tarpan 13
Tastsinn 24
Taumelkrankheit 191
Taumeln 191, 194
Taylorella equigenitalis 161
Tempi 430
Tennessee Walker 433
Tetanus 158, 170
Tetanusimmunserum 159
Tetanusimpfschutz 186
Tetanusimpfung 159, 183
Tetanusserum 183
Tetanustoxoide 159, 183
Thermoregulationseinrichtungen 51
Thiedemannzügel 441

Thuja 195
tiefe Beugesehne 426
Tierische Nebenprodukte-Beseitigungsgesetz 212
Tiergesundheitsgesetz 210, 212 f.
Tierkadaver 163
TierNebG 212
Tierschutz 198, 203
Tierschutzgesetz 198 f., 202, 207
Tierseuche 209
Tierseuchenkassen 211
Tierseuchenrecht 169
Tierzuchtgesetz 406
Todd Sloan 450
Togavirus 211
Tollwut 154, 167, 170, 209, 211
Tölt 430, 432
Trab 431
Traber 390, 457
Trabtölt 433
Trachtensättel 433
Trachtenzwanghuf 126
Trächtigkeit 309, 363, 364
Trächtigkeitsdauer 367
Trächtigkeitsstörungen 366
Tragkraft 456
Training 202, 204, 443
Trakehner 399
Tralopp 432
Tränke 40 f.
Transportdauer 152
Transportieren 146
Traubenzucker 229, 248, 317
Trensen 435
Tretmistverfahren 42, 47
Trichonomatinae 174
Triebstau 35
Trinkverhalten 215
Trinkwasserversorgung 80
Trockenfuttermittel 262
Trockenschnitzel 286
Trockensubstanz 237, 240
Trockensubstanzaufnahme 299
Trog 40 f.
Tröpfcheninfektion 165
Trypanosoma equiperdum 210
Tumore der Haut 111
Tupferprobe 162, 356
Tupferprobe am Penis 357
Tupferproben 163
Turnierpferde 170
Turniersporterfolge 411
Typ 339

U

Überbeine 419
übereilte Hinterhand 431
übereilte Vorhand 431
Übererregbarkeit 190 f.
Überköten 123
Übersaat 86
Übersäuerung 324, 326
Überschuss 305
Ultraschall 356
Ultraschalltechnik 364
Umgang 202
Umtriebsweide 79, 466
Umweltschutz 483
unerlaubte Eingriffe 205
unerlaubte Medikation 207 f.
Unfälle 472
Unfallverhütungsvorschriften 472
Unfallversicherung 480
Universität 518
Unruhe 191
Unterarm 346
Unterhalsbereich 342
Urachusfistel 375
Urin 233
Urinproben 207
UV-Strahlung 185

V

vegetatives Nervensystem 427
Venen 427
Ventilatorenlüftung 58
veränderliche Kosten 471, 477
Veränderung des Zahnwinkels 223
Veranlagungsprüfung 411
Verbände 186
Verbandsmaterialien 189
Verbandstechnik 186
verbotene Substanzen 207 f.
Verbraucherschutz 213
Verbrauchsgüterkauf 499
Verbrennungen 184
Verbrennungskrankheit 184
Verbrennungsschock 185
Verdacht einer Infektionskrankheit 169
verdaulich 239
verdauliche Energie 240
Verdauung 218
Verdauungsenzyme 226, 228, 248, 326
Verdauungsstörungen 178
Verdrängungskreuzung 386
Veredlungskreuzung 386
Vererbung 378
Vererbung von Krankheit 384
Vergiftungen 163, 190, 196
Vergiftungserscheinungen 191
Verhalten 14
Verhaltensregeln 187
Verhaltensstörungen 33, 218
Verkaufswege 493
verkürzter Schritt 430
Verladen 146 f.
vermindertes Leistungsvermögen 174
Vernagelung 136, 159
Verordnung über anzeigepflichtige Tierseuchen 209
Verordnung über meldepflichtige Tierkrankheiten 212
versammelter Galopp 431
versammelter Schritt 430
versammelter Trab 431
Versammlung 456
Versicherungen 480
Verständigung zwischen Mensch und Pferd 203
Verstopfungen 191, 273, 326
Vertrauen 203
veterinärpolizeiliche Maßnahmen 167
Viehbesatz 468
Viehverkehrsverordnung 212
Vielseitigkeitspferde füttern 320
Vierschlaggalopp 432
Viren 153 f.
Virusabort 165
Viruserkrankungen 154
Virusinfektionen 164
Vitamin A 257
Vitamin D 259
Vitamine 257
Vitamin E 259
Vitaminergänzungsfuttermittel 290
Vitamin H 260
Vitamin K 260
Vitaminvergiftung 259
Vitaminversorgung 305
volkswirtschaftliche Leistung 505
vollblutgeprägte Pferde 298

Vollblutpferde 298
Vollhuf 125
vorbiegige Stellung 346
Vorderendlage 369
Vorderfessel 346
Vorderhuf 120, 121
Vorderröhre 346
Vorführen 337
Vorführer 338
Vorkammer 427

W

Wachstum 314, 316, 330
Walk 430, 432
Walzdraht 81
Wälzplatz 80
Wandfäule 127
Warzen 106
Wasser 217, 242
Wasseraufnahme 242
Wasserbedarf 242
wasserlösliche Vitamine 257
Wasserscheue 168
Wasserschierling 195
Weben 33 f.
Wechsel 222
Wechselstreuverfahren 42
Weender Futtermittelanalyse 237
Weide 200, 278, 306
Weideeinrichtungen 79
Weidegang 179, 306
Weidehaltung 201
Weideleckschale 308
Weidemischung 274
Weiden 274
Weidenutzung 307
Weidepfähle 82 f.
Weidepflegeplan 90
Weidetore 84
Weideunterstand 75
weiße Krötenflecken 210
Weißer Germer 195
Weiße Robinie 194
weite Hufe 123
Weizen 284, 326
Weizenstroh 273
Werbemittel 491
Werbeplan 492
Werbeträger 491
Werbung 490
Werneckiella equi equi 172
Westernpferde 403
Westfalen 398
Wettbewerbe 204
Wetter 463
Wetterschutzeinrichtungen 79
Widerrist 342
Widersetzlichkeit 36
Wiederholungsimpfungen 166 f., 170 f.
Wiesen 274
Wiesenrispe 274
Wiesenrotklee 275
Wiesenschwingel 274
Wiesenwalze 85
Windschnapper 34
Windschutz 464
Winkelung der Gelenke 344
Winterluftrate 58
Wirkstoffe 237
Wirtschaften 474
Wolfszähne 222, 321
Wunde 182
Wundinfektionen 162, 185
Wundreinigung 183 f.
Wundstarrkrampf 158
Wundverletzungen 182 f.
Wundversorgung 186
Wurmkuren 178 f.
Wurzelfrüchte 280

X

X-Beinigkeit 350
X-Chromosom 383

Y

Y-Chromosom 383

Z

Zackeln 431
Zahnalter 222
Zahnaufbau 220
Zahnbogen 224
Zahnhaken 323
Zahnschmelz 220
Zahnspitzen 323
Zahnwinkel 224
Zangen 222
Zäumungen 435
Zaunbau 80
Zeckenbefall 173
Zeckenbiss 163
Zeckenborreliose 173
Zehenwinkel 120
Zeitlohn 481
Zellteilung 379
zelluläre Resistenzfaktoren 155
Zellulose 231, 243, 248
Zentralnervensystem 421, 428
zentralnervöse Erscheinungen 165, 171
Zeugnis 517
Zink 254, 308, 315, 317, 330
Zinsansatz 479
Zittern 194
Zoonose 211
Zuchtauslese 206
Zuchtbücher 407
Zuchtleistung 296
Zuchtmethoden 386
Zuchtorganisation 404
Zuchtpferde 307 f.
Zuchtreife 357
Zuchtstuten 245, 251, 296, 308
Zuchtstutenprüfung 408
Zuchtverbände 405 f.
Zuchtziel 406
Zuckerfabrik 286
Zuckerrübe 247
Zuckungen 194
Zügel aus der Hand kauen lassen 455
Zügelhilfen 451
Zügellahm 431
Zugluft 464
Zungenfreiheit 437
Zungenstrecken 36
Zusammenarbeit 203
Zusammensetzung 289
Zusatzfuttermittel 289
Zusatzstoffe 289
zuständige Stellen 506
Zwanghuf 125, 347
Zwangseite 455
Zweijährige 315
zweijährige Fachschulen 519
Zwergfadenwurm 177, 313
Zwillingsträchtigkeit 366
Zwischenfruchtfutterbau 467
Zwischenprüfung 515
Zwölffingerdarm 225, 228